T0332750

Inleiding in de **bio-organische chemie**

**Prof. dr. Æ. de Groot** is als hoogleraar bio-organische chemie verbonden aan de Leerstoelgroep Organische Chemie van Wageningen Universiteit

**Prof. dr. J.F.J. Engbersen** is als hoogleraar biomedische chemie verbonden aan de faculteit Technische Natuurwetenschappen van de Universiteit Twente

Inleiding in de

# bio-organische chemie

J.F.J. Engbersen

Æ. de Groot

**CIP-data Koninklijke Bibliotheek, Den Haag**

**ISBN 978-90-74134-95-8**
**NUGI 813**

**Trefwoorden:**
**Organische chemie, biochemie**

**Foto omslag:**
**H.J. Bouwmeester**
**Plant Research International**

**1e druk, 1985**
**2e, verbeterde druk, 1986**
**3e, ongewijzigde druk, 1988**
**4e, ongewijzigde druk, 1991**
**5e, geheel herziene druk, 1992**
**6e, verbeterde druk, 1995**
**7e, herziene druk, 2001**
**8e, verbeterde druk, 2004**
**9e, ongewijzigde druk, 2007**
**10e, verbeterde druk, 2011**
**11e, verbeterde druk, 2014**
**12e, ongewijzigde druk, 2018**
**13e, ongewijzigde druk, 2021**

**Wageningen Academic Publishers, 2021**

# Inhoud

# Woord vooraf

De bio-organische chemie is het gebied van de organische chemie dat de relatie legt met chemische processen in de natuur. Dit gebied heeft de laatste jaren een snelle ontwikkeling doorgemaakt. Door de sterk toegenomen kennis binnen de organische chemie en de biochemie is het steeds beter mogelijk geworden een directe relatie tussen beide disciplines te leggen en zodoende vele schijnbaar ingewikkelde processen in de natuur te verklaren met behulp van algemeen geldige organisch chemische basisprincipes.

Door studenten wordt nog te vaak de stof die wordt aangeboden in cursussen organische chemie en biochemie gezien als iets dat onderling weinig verband met elkaar heeft. Wij hebben getracht dit probleem te ondervangen door dit leerboek te schrijven, dat een inleiding geeft in de belangrijkste principes van de organische chemie en waarin, waar mogelijk, gewezen wordt op de toepasbaarheid van deze principes in biologische reacties. Om aan dit laatste aspect aandacht te kunnen besteden is het noodzakelijk om de stof met voldoende diepgang te behandelen. Wij hebben dat in dit boek dan ook zoveel mogelijk gedaan, ook al omdat wij van mening zijn dat alleen het presenteren van een hoeveelheid structuurformules en een oppervlakkige behandeling van een aantal reacties weinig educatieve waarde heeft.

Om toch tot de noodzakelijke beperking m.b.t. de omvang (en daarmee de prijs) van het boek te komen, hebben wij er de voorkeur aan gegeven deze beperking in de eerste plaats te zoeken in een selectie van het aantal reacties dat aan bod komt. De reacties die worden gekozen zijn behandeld met de nodige degelijkheid, dus zoveel mogelijk toegelicht met een volledig reactiemechanisme. Deze keuze heeft tot gevolg gehad dat enkele onderwerpen die men traditioneel nog al eens in een leerboek organische chemie op tertiair onderwijsniveau aan kan treffen niet zijn opgenomen, zoals industriële processen, uitgebreide synthetische toepassingen en spectroscopische eigenschappen van verbindingen. Voor een student die in de eerste plaats geïnteresseerd is in een goede basis in de organische chemie is dit geen bezwaar. Wanneer eenmaal een goede basis is gelegd, zullen de meeste onderwerpen die niet in dit boek behandeld zijn, in een eventuele vervolgcursus gemakkelijk door de student opgenomen kunnen worden.

Het boek begint met een tweetal hoofdstukken over algemene basisbegrippen om daarmee studenten die van verschillende opleidingen binnenstromen enigszins op eenzelfde beginniveau te brengen. De daarop volgende hoofdstukken zijn ingedeeld naar functionele groepen. Deze indeling biedt beginnende studenten het meeste houvast en de effectiviteit van deze benadering is voldoende bewezen. In deze hoofdstukken is steeds de nadruk gelegd op de relatie tussen structuur en reactiviteit van eenvoudige organische verbindingen. De raakvlakken met natuurlijke processen zijn daarbij zoveel mogelijk aangegeven, wat onder meer geleid heeft tot paragrafen over de chemie van het zien, de biosynthese van terpenen, de glycolyse, de transaminering, de biologische decarboxylering, de citroenzuurcyclus en de vetzuursynthese. Bij de behandeling van deze onderwerpen is de relatie met de overige stof zodanig flexibel opgezet, dat de paragrafen die deze onderwerpen behandelen naar keuze ook op een later tijdstip aan de orde kunnen komen zonder dat de continuïteit van de tekst verloren gaat. Door deze flexibele opzet kan het boek gebruikt worden in cursussen van verschillende omvang en is het bruikbaar voor elke student die een goede basiskennis van de organische chemie nodig heeft.

De stereochemie is in twee hoofdstukken ondergebracht. Wij hebben gemerkt dat het belangrijk is dat de onderwerpen die bij de stereochemie aan de orde komen direct in de overige leerstof geïntegreerd worden. Dit maakt een vroege introductie van begrippen als conformatie, configuratie, enantiomeren, diastereomeren, optische activiteit en de *R,S*-nomenclatuur noodzakelijk en deze zijn daarom in hoofdstuk 8 opgenomen. Stereochemische begrippen die te maken hebben met reacties van chirale verbindingen, zoals asymmetrische inductie, racemaatsplitsing en het begrip prochiraliteit, zijn pas later van belang en komen daarom pas in hoofdstuk 15 aan de orde.

Naast de paragrafen die een aantal belangrijke biologische processen bespreken, wordt in afzonderlijke hoofdstukken uitvoerig aandacht besteed aan de koolhydraten, de vetten, de aminozuren en eiwitten en de nucleotiden en nucleïnezuren, zijnde de belangrijkste klassen van natuurproducten. De koolhydraten worden besproken direct nadat de belangrijkste aspecten zijn behandeld die deze klasse van verbindingen kenmerkt, te weten de stereochemie, de hydroxylgroep en de carbonylgroep. Evenzo wordt aansluitend bij de chemie van carbonzuren en carbonzuurderivaten de vetten en de aminozuren en eiwitten behandeld. De biologisch zo belangrijke fosfaatesters worden in een apart hoofdstuk behandeld.

Omdat bijna alle biologische reacties door enzymen gekatalyseerd en gecontroleerd worden, hebben we na de behandeling van de eiwitten een hoofdstuk over enzymen opgenomen. Naast een indeling van de verschillende enzymtypen worden in dit hoofdstuk enige aspecten van enzymwerking besproken. Dit vooral ook om de student duidelijk te maken dat enzymen geen magische deeltjes zijn die het onmogelijke mogelijk maken, maar eiwitten die moeten werken volgens de normale chemische reactie-principes. Daarnaast wordt ruime aandacht geschonken aan coënzymen en vitamines.

De chemie van de aromaten wordt in hoofdstuk 22 behandeld. Dit onderwerp is vrij laat in het boek geplaatst, omdat de aromatische chemie zich in nogal wat opzichten onderscheidt van de voorafgaande stof en zonder bezwaar als een min of meer zelfstandige eenheid wat later in een cursus aan de orde kan komen. Fenolen en anilinen worden apart behandeld, samen met de natuurproducten die deze structuurkenmerken bevatten. In het hoofdstuk over heteroaromaten zijn vooral die heteroaromaten besproken die voorkomen in belangrijke natuurproducten, zoals heem, chlorofyl, de nucleotiden en de nucleïnezuren. Aan de twee laatstgenoemde groepen verbindingen is een apart hoofdstuk gewijd.

Aan de secundaire metabolieten wordt aandacht besteed in hoofdstuk 7 (terpenen en steroïden), hoofdstuk 12 (alkaloïden) en in hoofdstuk 23 (polyketiden, shikimaten en fenylpropanen).

Wij verwachten dat dit boek een goede leidraad kan zijn bij een cursus (bio-)organische chemie voor studenten in de landbouwwetenschappen, voedingsleer, levensmiddelenchemie en -technologie, milieuchemie, biologie, farmacie en aanverwante wetenschappen op universitair en op HBO-niveau. Afhankelijk van het curriculum is het boek ook goed bruikbaar voor chemiestudenten en op laboratoriumopleidingen, met name wanneer in latere cursussen de spectroscopie en zonodig de synthetische methoden nog aan de orde komen. Wij hebben gemerkt dat onder de studenten behoefte bestaat aan een Nederlandstalig leerboek van deze aard en dat dit boek er toe kan bijdragen de aansluitproblemen met het voortgezet onderwijs te verkleinen. Bij dit boek zijn tal van oefenvraagstukken met uitwerkingen beschikbaar in een aparte uitgave:

J.F.J. Engbersen, Æ. de Groot en L.L. Doddema,
Vraagstukkenboek bio-organische chemie,
Wageningen Pers, ISBN 907413498X.

Wij danken een ieder die bij de totstandkoming van dit boek tot steun is geweest. Met name willen wij hier noemen dr. E.R. de Waard (Universiteit van Amsterdam) en dr. J.W. Zwikker (Rijksuniversiteit Utrecht) voor hun nuttige suggesties na het lezen van het manuscript. Ook J. Menkman die met grote zorg alle reactievergelijkingen en figuren getekend heeft, verdient hiervoor alle dank. De Vlaams-Nederlandse Nomenclatuurcommissie en in het bijzonder Dr. D. Tavernier van de Universiteit van Gent en Dr. ir. L. Maat van de Technische Universiteit Delft willen wij zeer hartelijk danken voor het zorgvuldig nagaan van de gebruikte nomenclatuur. Prof. dr. H. Martens (Limburgs Universitair Centrum Diepenheek), Prof. dr. ir. P. Walstra (Wageningen Universiteit), Drs. G. Stout (Stichting Lerarenopleiding Ubbo Emmius), Drs. J. Bos (Zeeuwse Academie voor Chemie en Gezondheidszorg), Dr. J. Raap (Rijksuniversiteit Leiden) en Dr. J.G. Batelaan (AKZO) zijn wij zeer erkentelijk voor hun waardevolle opmerkingen die hebben bijgedragen tot verdere verbetering van volgende edities. Ook de redacteuren R.J.P. Aalpol (Pudoc) en J.C.M. Walkate (Wageningen Pers) danken wij zeer voor hun inspanningen die de uitgave van dit boek mogelijk gemaakt hebben. Tenslotte rest nog de opmerking dat de auteurs zich vanzelfsprekend aanbevolen houden voor opmerkingen en suggesties die zouden kunnen bijdragen aan een verdere verbetering van dit boek.

Bij de vijfde druk en zesde druk

De tekst is in de vijfde druk geheel vernieuwd en heeft een aanzienlijke uitbreiding en wijziging ondergaan ten opzichte van de eerste en de daaropvolgende drukken. In de zesde druk zijn een aantal verbeteringen aangebracht t.o.v. de vorige druk.

Bij de zevende druk

De lay-out van deze druk is geheel vernieuwd en de tekst in deze druk heeft enige aanpassingen ondergaan.

Enschede,
J.F.J. Engbersen

Wageningen,
Æ. de Groot

# Inleiding

Bijna alle verbindingen die in biologische processen een rol spelen, zijn voor een aanzienlijk deel uit koolstof opgebouwd. Dit verschijnsel was dermate opvallend, dat men in het begin van de negentiende eeuw alle chemie die met koolstofverbindingen samenhing organische chemie noemde. Men dacht toen dat alleen levende organismen in staat waren om organische verbindingen te maken. Het is nu echter al meer dan anderhalve eeuw bekend dat veel van de organische verbindingen die in de natuur voorkomen ook langs niet-biologische weg in het laboratorium gemaakt kunnen worden. Desondanks is de term organische chemie voor de chemie van koolstofverbindingen in gebruik gebleven.

Door verdergaande specialisatie binnen de chemie is de chemie van biologische processen tegenwoordig voor een groot gedeelte ondergebracht bij de biochemie. Er is echter geen strikte scheiding aan te brengen tussen de biochemie en de organische chemie. Dit komt omdat de veranderingen die koolstofverbindingen in de levende cel ondergaan in wezen dezelfde zijn als de reacties die uitgevoerd worden in het laboratorium. Biologische verbindingen zijn weliswaar vaak groter en complexer van structuur dan de meeste organische verbindingen, maar het gedeelte dat tijdens een biologisch proces de werkelijk chemische veranderingen ondergaat is slechts beperkt en op zich niet ingewikkelder van structuur dan de meeste kleine organische moleculen.

Organische verbindingen nemen een belangrijke plaats in ons leven in. Veel van de dingen waarmee we vrijwel dagelijks in aanraking komen, zoals kleding, hout, papier, voedingsmiddelen, kunststoffen, medicijnen, kleurstoffen, bestrijdingsmiddelen, geur- en smaakstoffen, bestaan geheel of voor een belangrijk deel uit organische verbindingen. Om iets van de eigenschappen van talrijke verbindingen om ons heen te begrijpen en de ogenschijnlijk ingewikkelde processen in de natuur te kunnen volgen, is het noodzakelijk kennis en inzicht te hebben omtrent de reactiemogelijkheden van organische moleculen. Als we daarbij bedenken dat er momenteel reeds meer dan vijf miljoen verschillende koolstofverbindingen bekend zijn, dan lijkt dit een bijna onmogelijke opgave. Gelukkig is het mogelijk een duidelijke systematisering in het reactiepatroon van de verschillende typen organische verbindingen aan te brengen, onder meer door een aantal algemeen geldende basisprincipes toe te passen. Wanneer eenmaal een goed inzicht in deze basisprincipes verkregen is, kunnen de meeste organische en biochemische reacties beschouwd worden als specifieke voorbeelden van een beperkt aantal elementaire processen. Hoe beter de basisprincipes dan ook begrepen worden, hoe minder het nodig zal zijn ogenschijnlijk weinig met elkaar verband houdende feiten uit het hoofd te leren. Vandaar ook dat bij de bespreking van reacties in dit boek een sterke nadruk zal liggen op het mechanisme van de reactie. Inzicht in reactiemechanismen maakt het mogelijk de diverse reactiepatronen te begrijpen en met elkaar te vergelijken. Het maakt duidelijk dat ogenschijnlijk ingewikkelde processen in de natuur dezelfde chemische basisprincipes volgen als eenvoudige reacties in het laboratorium.

Het gebied van de chemie dat kennis en inzicht omtrent verbindingen en reactiemechanismen, verkregen door het bestuderen van relatief eenvoudige organische reacties, relateert aan chemische omzettingen in de natuur wordt tegenwoordig bio-organische chemie genoemd. De bio-organische chemie vormt aldus de brug tussen de organische chemie en de biochemie.

# 1 Bouw en eigenschappen van moleculen

## 1.1 Atoombouw en chemische binding

Het merendeel van de organische verbindingen is opgebouwd uit een combinatie van koolstof met slechts een beperkt aantal andere elementen, waarvan waterstof, stikstof, zuurstof, zwavel, fosfor en de halogenen de belangrijkste zijn. De miljoenen verschillende moleculen die gevormd kunnen worden door combinatie van koolstofatomen onderling en met de atomen van de andere elementen, kunnen op systematische wijze worden beschreven met behulp van theorieën over atoombouw en chemische binding. In de meest bekende, klassieke beschrijving bestaat het atoom uit een compacte, positief geladen kern bestaande uit protonen en neutronen, omgeven door negatief geladen elektronen die zich in concentrische schillen rond de kern bewegen. Het totale aantal elektronen dat zich rond de kern beweegt, is gelijk aan het aantal protonen in de kern. Elke elektronenschil kan een maximaal aantal elektronen bevatten: twee in de eerste schil, acht in de tweede schil, acht of achttien in de derde schil, enz. Telkens wanneer een schil volledig gevuld is, wordt een stabiele, energetisch gunstige elektronenconfiguratie bereikt, zoals bij de edelgassen helium en neon (zie fig. 1.1). Deze atomen vertonen geen neiging elektronen op te nemen of af te staan en zijn dus niet reactief, vandaar ook dat ze edelgassen genoemd worden. De andere atomen uit figuur 1.1 hebben allen elektronen te veel of te weinig om de stabiele edelgasconfiguratie van helium of neon aan te nemen. Deze atomen vormen nu bindingen door het streven van elk atoom naar een volledig gevulde buitenste schil, met andere woorden, door het streven van elk atoom naar de edelgasconfiguratie. Dit kan gebeuren door overdracht van één of meer elektronen van het ene atoom naar het andere, waardoor ionen ontstaan die een *ionbinding* vormen of door de vorming van een gemeenschappelijk elektronenpaar tussen twee atomen waardoor de *covalente binding* ontstaat.

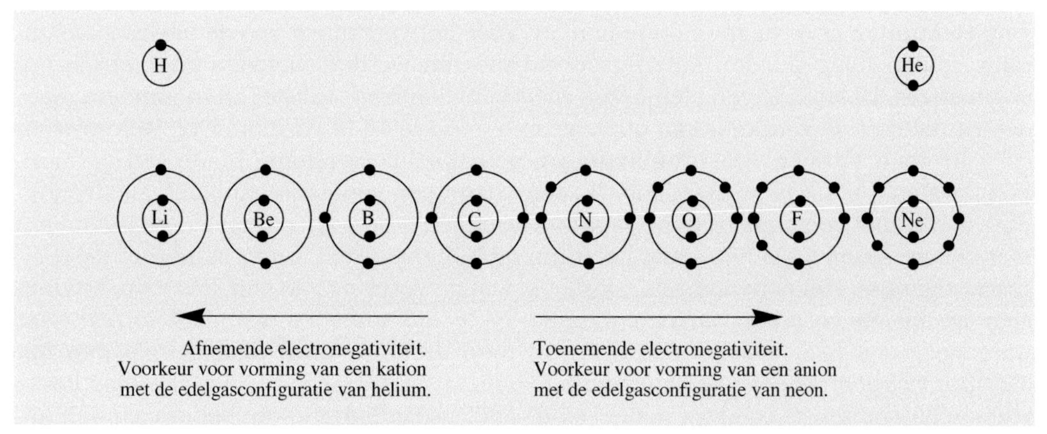


Fig. 1.1. Schematische weergave van de elektronenconfiguraties van de eerste tien elementen van het periodiek systeem.

Atomen met een groot verschil in elektronegativiteit vormen bij voorkeur een ionbinding met elkaar. Gaande van links naar rechts in het periodiek systeem neemt de elektronegativiteit van de atomen toe en daarmee ook hun vermogen om elektronen op te nemen en negatief geladen deeltjes, anionen, te vormen. Atomen links in het periodiek systeem, met één of twee elektronen in de buitenste schil, hebben een sterke voorkeur voor het afstaan van elektronen en vormen zodoende positief geladen kationen. De ionbinding ontstaat door de elektrostatische aantrekking tussen twee tegengesteld geladen deeltjes. Een voorbeeld van de vorming van een ionbinding zien we bij de (theoretische) vorming van lithiumfluoride uit een lithiumatoom en een fluoratoom. Het lithiumatoom heeft slechts één elektron in de buitenste schil en het verlies van dit elektron zal lithium de stabiele edelgasconfiguratie van helium geven:

$$\mathrm{Li}\,\bullet \xrightarrow{-\,e} \mathrm{Li}^{\oplus} \qquad \text{kation, He-configuratie}$$

Het fluoratoom heeft zeven elektronen in de buitenste schil en zal voorkeur hebben voor de opname van één elektron om zodoende de stabiele edelgasconfiguratie van neon te krijgen:

$$:\!\ddot{\underset{\cdot\cdot}{\mathrm{F}}}\,\cdot \xrightarrow{+\,e} :\!\ddot{\underset{\cdot\cdot}{\mathrm{F}}}\!: \qquad \text{anion, Ne-configuratie}$$

Lithiumfluoride wordt nu gevormd door overdracht van één elektron van lithium naar fluor. Lithium krijgt daarbij een positieve lading en fluor een negatieve. De elektrostatische aantrekking tussen deze twee tegengesteld geladen ionen veroorzaakt de ionbinding. Ionbindingen worden vooral gevormd door combinatie van kationen van elektropositieve elementen links in het periodiek systeem met elektronegatieve niet-metalen rechts in het periodiek systeem. Voorbeelden zijn: $Na^+Br^-$, $Li^+Cl^-$, $K^+I^-$, $Ca^{2+}S^{2-}$ en $Mg^{2+}2Cl^-$.

Elementen in het midden van het periodiek systeem hebben een veel geringere neiging elektronen af te staan of op te nemen. Voor het verkrijgen van de edelgasconfiguratie zouden hoog geladen ionen gevormd moeten worden, hetgeen energetisch erg ongunstig is. Daarom geven elementen zoals boor, koolstof, stikstof en in mindere mate ook zuurstof er de voorkeur aan om covalente bindingen te vormen. Ook waterstof en de halogenen kunnen naast ionbindingen gemakkelijk covalente bindingen vormen. Een covalente binding ontstaat doordat een atoom een gemeenschappelijk elektronenpaar vormt met een ander atoom. Daarbij vormt een atoom zoveel covalente bindingen met andere atomen als het nodig heeft om de buitenste schil op te vullen tot de edelgasconfiguratie. Het eenvoudigste voorbeeld van de vorming van een covalente binding zien we bij de vorming van een waterstofmolecuul uit twee waterstofatomen. Het waterstofatoom heeft slechts één elektron rond de kern, maar door samen met het elektron van een tweede waterstofatoom een elektronenpaar te vormen, kunnen beide atomen hun buitenste schil vol maken en de edelgasconfiguratie van helium aannemen.

$$H\bullet + \bullet H \longrightarrow H:H \quad \text{of} \quad H{-}H$$

Zuurstof, met zes elektronen in de buitenste schil, komt nog twee elektronen tekort voor de edelgasconfiguratie en kan de edelgasconfiguratie van neon verkrijgen door twee covalente bindingen te vormen. Stikstof en koolstof kunnen de edelgasconfiguratie van neon krijgen door drie, respectievelijk vier covalente bindingen te vormen. Voorbeelden zijn:

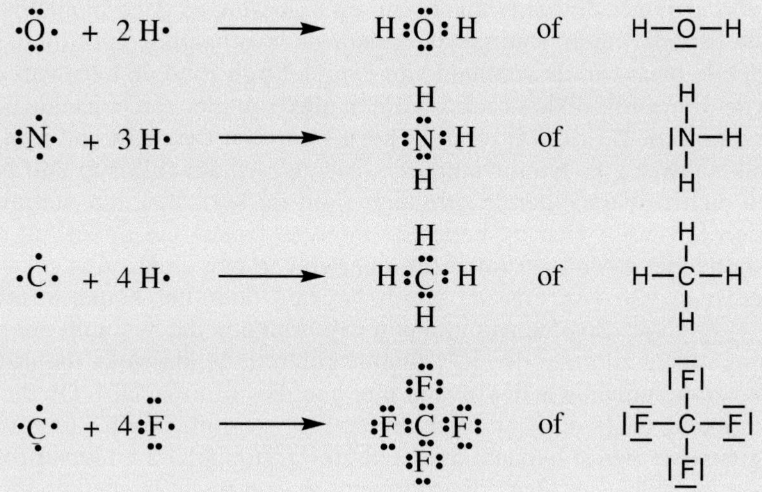

$$\cdot\ddot{\underset{\cdot\cdot}{O}}\cdot + 2\,H\cdot \longrightarrow H:\ddot{\underset{\cdot\cdot}{O}}:H \quad \text{of} \quad H{-}\overline{\underline{O}}{-}H$$

$$:\dot{\underset{\cdot}{N}}\cdot + 3\,H\cdot \longrightarrow NH_3 \ (\text{H}:\ddot{N}:\text{H met twee H boven en onder}) \quad \text{of} \quad |NH_3$$

$$\cdot\dot{\underset{\cdot}{C}}\cdot + 4\,H\cdot \longrightarrow H:\ddot{\underset{\cdot\cdot}{C}}:H \ (\text{met H boven en onder}) \quad \text{of} \quad CH_4$$

$$\cdot\dot{\underset{\cdot}{C}}\cdot + 4\,:\ddot{\underset{\cdot\cdot}{F}}\cdot \longrightarrow CF_4 \ (\text{elektronenstippenformule}) \quad \text{of} \quad CF_4 \ (\text{streepjesformule})$$

In de formules die ontstaan kunnen de elektronen die deel uitmaken van een covalente binding weergegeven worden door stippen. Soms wordt een paar *bindingselektronen* weergegeven door een streepje. Elektronenparen in de buitenste schil van een atoom die geen deel uitmaken van een binding (de zgn. vrije elektronenparen) kunnen weergegeven worden door twee stippen of door een streepje. Voor ammoniak kunnen we dus schrijven:

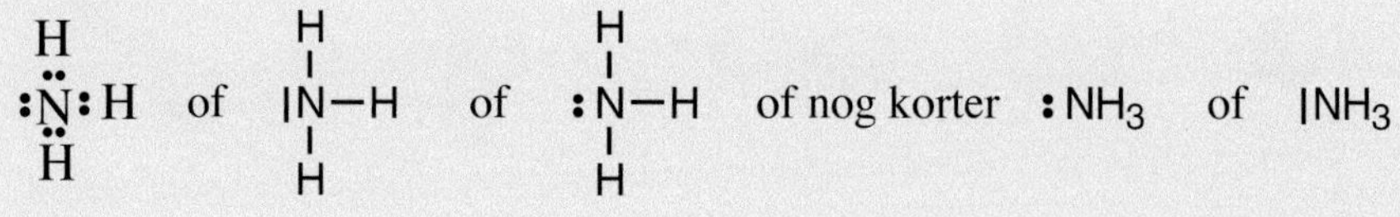

$$H:\ddot{N}:H \ (\text{met H}) \quad \text{of} \quad |N{-}H \ (\text{met H}) \quad \text{of} \quad :N{-}H \ (\text{met H}) \quad \text{of nog korter} \quad :NH_3 \quad \text{of} \quad |NH_3$$

De drijvende kracht om een covalente binding te vormen is de energie die daarbij vrijkomt (bindingsenergie). Voor waterstof is deze bijvoorbeeld 435 kJ/mol (104 kcal /mol)*. Omgekeerd betekent dit dat het ook 435 kJ/mol kost om de H-H-binding te verbreken en twee vrije waterstofatomen te vormen.

$$H\bullet + \bullet H \longrightarrow H{-}H + 435\ \text{kJ/mol}$$

* 1 Joule = 0,2388 cal

## 1.2 Orbitalen

Hoewel het klassieke beeld van de atoombouw en de vorming van bindingen, zoals dat in de vorige paragraaf kort is beschreven, nog vaak wordt gehanteerd, heeft de kwantummechanica de ideeën daarover grondig veranderd. Gebaseerd op het concept dat elektronen niet alleen de eigenschappen van deeltjes vertonen, maar ook die van golven, heeft Schrödinger in 1926 een wiskundige vergelijking opgesteld die de beweging van de elektronen beschrijft in termen van hun energie. Deze wiskundige vergelijking, de golfvergelijking genaamd, is zo ingewikkeld dat ze niet exact is op te lossen en daarom zijn er methoden ontwikkeld om de oplossing zo goed mogelijk te benaderen. De beste benaderingen, weergegeven door de zogenaamde golffuncties, beschrijven niet exact de plaats en de snelheid van een elektron rond de kern van een atoom, maar geven de waarschijnlijkheid aan waar een elektron met een bepaalde energie, kan worden aangetroffen. De ruimte rond de kern waar een dergelijk elektron het meest waarschijnlijk aanwezig is, noemt men een *orbitaal*. Afhankelijk van zijn energie kan een elektron zich in verschillende orbitalen rond de kern van een atoom bevinden. Deze orbitalen bevinden zich op bepaalde energieniveaus die onderling een scherp gedefinieerd energieverschil vertonen (de energie van een elektron is gekwantiseerd). Het energieniveau van een orbitaal wordt bepaald door het hoofdkwantumgetal $n$, waarbij $n$ = 1, 2, 3, enz. Zo ontstaan groepen van orbitalen die, wat hun energieniveaus betreft, te vergelijken zijn met de elektronenschillen in de klassieke theorie.

Het laagste energieniveau is het niveau met hoofdkwantumgetal 1. Op dit niveau ligt slechts één orbitaal, de 1s-orbitaal. Deze orbitaal is bolsymmetrisch van vorm. Het volgende energieniveau wordt bepaald door hoofdkwantumgetal 2 en bevat in totaal vier orbitalen: één 2s-orbitaal en drie 2p-orbitalen. De 2s-orbitaal is evenals de 1s-orbitaal bolsymmetrisch van vorm maar de straal van de bol is groter. De drie 2p-orbitalen hebben onderling hetzelfde energieniveau dat een weinig hoger is dan dat van de 2s-orbitaal en ze bestaan elk uit twee peervormige lobben aan weerszijden van de kern. De drie 2p-orbitalen zijn symmetrisch geplaatst rond assen die onderling loodrecht op elkaar staan; we spreken daarom van de energetisch gelijkwaardige $2p_x$-, $2p_y$- en $2p_z$-orbitalen (zie fig. 1.2 en 1.3).

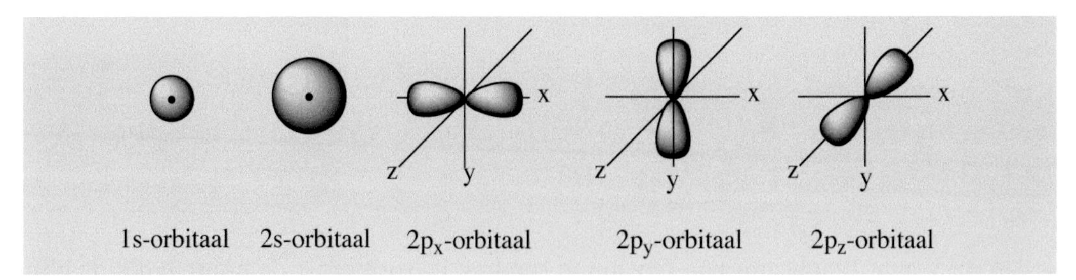


**Fig. 1.2. Ruimtelijke voorstelling van de 1s-orbitaal, de 2s-orbitaal en de drie 2p-orbitalen.**

Het volgende energieniveau heeft het hoofdkwantumgetal 3 en op dit niveau bevinden zich één 3s-, drie 3p- en vijf 3d-orbitalen. De bespreking van deze orbitalen zal hier achterwege blijven, omdat deze orbitalen bij bindingen met koolstof van minder belang zijn; bij bindingen met fosfor en zwavel spelen ze wel een rol (zie § 18.1).

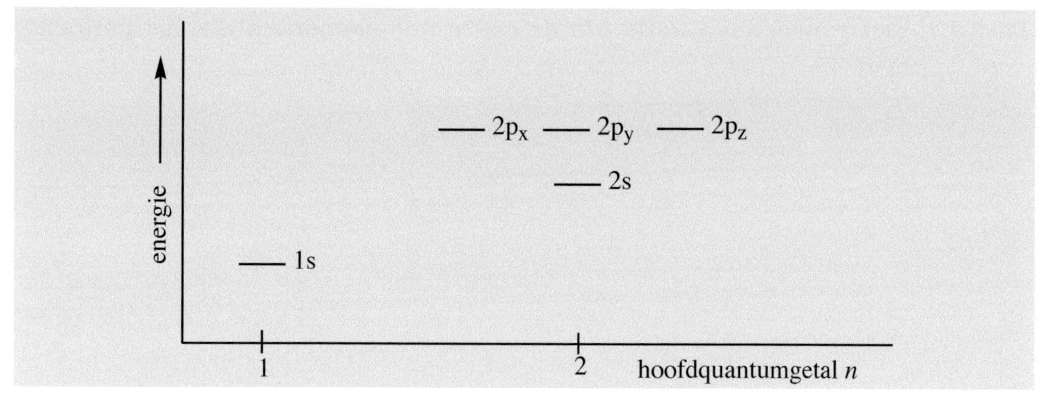


**Fig. 1.3. Energieschema van de 1s-, 2s- en 2p-orbitalen.**

De verdeling van de elektronen van een bepaald atoom over de verschillende orbitalen verloopt volgens een aantal regels die volgen uit de kwantummechanica. De grondregel hierbij is dat de elektronen in de orbitalen geplaatst moeten worden volgens het zogenaamde *Aufbauprincipe*. Dit geeft aan dat de orbitalen met de laagste energie het eerst worden gevuld. Wanneer een aantal orbitalen in energie gelijk is (zoals de $2p_x$-$2p_y$- en $2p_z$-orbitalen), dan worden de orbitalen zo opgevuld dat eerst alle orbitalen één elektron ontvangen alvorens een orbitaal een tweede elektron ontvangt *(Regel van Hund)*. Bij de opvulling van de orbitalen met elektronen moet ook het *Pauli-principe* in acht genomen worden. Dit houdt in dat elke orbitaal maximaal twee elektronen kan bevatten die in dat geval een tegengestelde 'draairichting' (elektronenspin) moeten hebben. Een elektronenspin veroorzaakt een magnetisch moment en het is gunstig dat deze in één orbitaal tegengesteld gericht zijn. De elektronenspin wordt weergegeven door het teken ↑. Twee elektronen met tegengestelde spin in één orbitaal zijn gepaarde elektronen en worden weergegeven met ↑↓. De verdeling van de elektronen in de verschillende orbitalen is voor de eerste tien elementen van het periodiek systeem in tabel 1.1 weergegeven.

De letters s en p in de tabel geven het type orbitaal aan, terwijl de getallen 1 en 2 weergeven tot welk energieniveau zij behoren. Waterstof heeft één elektron rond de kern en dit zal plaatsnemen in de orbitaal met het laagste energieniveau: de 1s-orbitaal. Bij helium bevat de 1s-orbitaal het maximale aantal van twee elektronen met tegengestelde elektronenspin. Het energieniveau met hoofdkwantumgetal 1 is nu volledig bezet met elektronen en helium heeft daardoor een stabiele elektronenconfiguratie. Lithium heeft drie elektronen en hiervan kunnen er twee in de 1s-orbitaal geplaatst worden. Het derde elektron moet in de veel hoger in energie gelegen 2s-orbitaal geplaatst worden. Bij beryllium vult het vierde elektron de 2s-orbitaal. Het vijfde elektron van boor neemt nu plaats in één van de drie gelijkwaardige 2p-orbitalen. Bij koolstof en stikstof worden nu eerst de andere 2p-orbitalen gevuld met één elektron. Pas bij zuurstof wordt een elektron geplaatst in een 2p-orbitaal die reeds door een elektron bezet is zodat daar een elektronenpaar gevormd wordt in één van de 2p-orbitalen. De opvulling van de orbitalen gaat nu door tot en met neon, waar alle orbitalen op het tweede energieniveau gevuld zijn met elektronenparen en er dus weer een stabiele elektronenconfiguratie bereikt is. Het volgende element, natrium, zal zijn extra elektron kwijt moeten in de veel hoger in energie gelegen 3s-orbitaal.

Tabel 1.1. Elektronenconfiguratie van de eerste tien elementen van het periodiek systeem.

| Element | Atoom-nummer | K-schil $n = 1$ | L-schil $n = 2$ | | | | Electronen-configuratie |
|---|---|---|---|---|---|---|---|
| | | 1s | 2s | $2p_x$ | $2p_y$ | $2p_z$ | |
| H | 1 | ↑ | | | | | 1s |
| He | 2 | ↑↓ | | | | | $1s^2$ |
| Li | 3 | ↑↓ | ↑ | | | | $1s^2$ 2s |
| Be | 4 | ↑↓ | ↑↓ | | | | $1s^2$ $2s^2$ |
| B | 5 | ↑↓ | ↑↓ | ↑ | | | $1s^2$ $2s^2$ 2p |
| C | 6 | ↑↓ | ↑↓ | ↑ | ↑ | | $1s^2$ $2s^2$ $2p^2$ |
| N | 7 | ↑↓ | ↑↓ | ↑ | ↑ | ↑ | $1s^2$ $2s^2$ $2p^3$ |
| O | 8 | ↑↓ | ↑↓ | ↑↓ | ↑ | ↑ | $1s^2$ $2s^2$ $2p^4$ |
| F | 9 | ↑↓ | ↑↓ | ↑↓ | ↑↓ | ↑ | $1s^2$ $2s^2$ $2p^5$ |
| Ne | 10 | ↑↓ | ↑↓ | ↑↓ | ↑↓ | ↑↓ | $1s^2$ $2s^2$ $2p^6$ |

Behalve op de wijze zoals in de tabel is weergegeven, kan de elektronenconfiguratie van een atoom ook verkort worden weergegeven door alleen de orbitalen met hun elektronenbezetting aan te geven. De verkorte notatie voor de elektronenconfiguratie van bijvoorbeeld koolstof is dan C ($1s^2$, $2s^2$, $2p^2$).

## 1.3 Orbitalen en de covalente binding - Hybridisatie

Een covalente binding ontstaat doordat tussen twee atomen een gemeenschappelijk elektronenpaar gevormd wordt. Dit kan gebeuren als een atoomorbitaal van het ene atoom overlapt met een atoomorbitaal van het andere atoom. Als atoomorbitalen overlappen vormen ze samen een gemeenschappelijke *molecuulorbitaal*. In deze molecuulorbitaal zitten dan twee elektronen, elk afkomstig uit de afzonderlijke atoomorbitalen. Deze elektronen zijn gepaard, d.w.z. ze hebben een tegengestelde spin. De beste overlap tussen twee orbitalen vindt plaats als deze orbitalen symmetrisch rond de as tussen beide kernen liggen. Een binding die door een dergelijke lineaire overlap van orbitalen tot stand komt heet een *sigma-binding* (*σ-binding*). Voorbeelden zijn de vorming van de molecuulorbitaal van $H_2$ door de overlap van de twee 1s-orbitalen van de waterstofatomen en de vorming van de molecuulorbitaal van $F_2$ door overlap van twee 2p-orbitalen van de fluoratomen (zie fig. 1.4). Voor de duidelijkheid zijn in de tekening van het fluoratoom de 1s- en 2s-orbitaal weggelaten en zijn alleen de 2p-orbitalen met hun elektronenbezetting getekend.

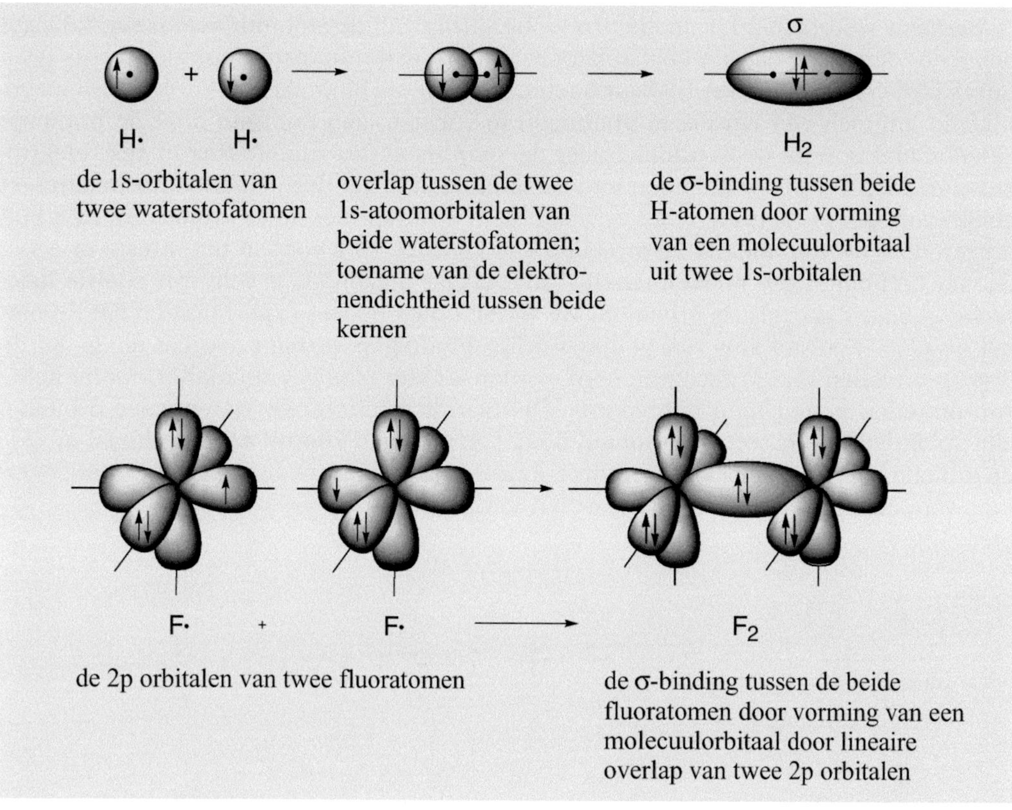


Fig. 1.4. Vorming van molecuulorbitalen door overlap van atoomorbitalen.

De atoomorbitalen die bij de vorming van een covalente binding betrokken zijn, behoeven niet altijd identiek te zijn aan de atoomorbitalen die voorkomen in het niet-gebonden atoom. De energie van een elektron en de waarschijnlijkheid een elektron in een bepaalde ruimte (orbitaal) aan te treffen, wordt namelijk sterk beïnvloed door de aanwezigheid van naburige atomen. Dit kan dan consequenties hebben voor de bindingsvorming. Dit wordt duidelijk gedemonstreerd bij de covalente bindingen die het koolstofatoom vormt. Reeds lang is bekend dat wanneer koolstof vier enkelvoudige bindingen verzorgt, zoals in $CH_4$, deze bindingen gericht zijn naar de hoekpunten van de tetraëder; alle bindingshoeken zijn dan gelijk aan 109,5°.

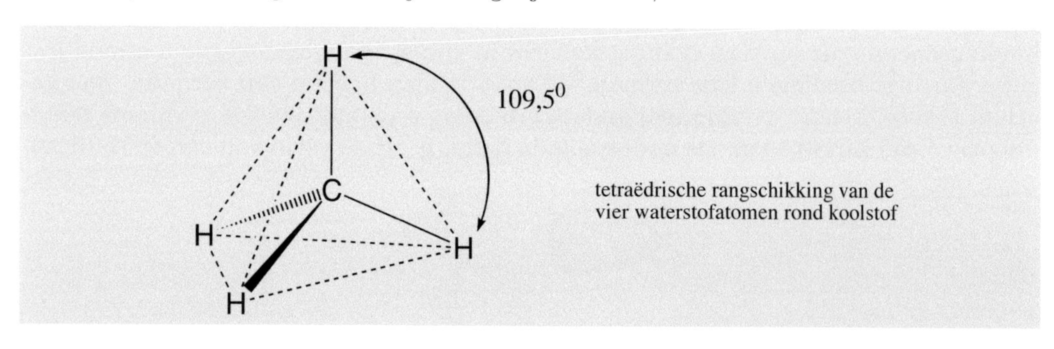

Wanneer we in tabel 1.1 de elektronenbezetting van de atoomorbitalen van koolstof bekijken, dan blijkt dat het koolstofatoom in deze elektronenconfiguratie slechts twee ongepaarde elektronen beschikbaar heeft om covalente bindingen te vormen. De mogelijkheid om toch vier covalente bindingen te vormen, kan ontstaan door de promotie van één elektron uit de 2s-orbitaal naar de 2p-orbitaal. Nu zou binding in deze elektronenconfiguratie weliswaar leiden tot vier bindingen, maar deze bindingen zijn dan niet gelijkwaardig: één binding moet ontstaan door overlap met de 2s-orbitaal en drie bindingen door overlap met de 2p-orbitalen van koolstof. Ook zouden ten minste drie van de vier C-H-bindingen hoeken van 90° met elkaar maken als gevolg van de drie loodrecht op elkaar staande 2p-orbitalen. We weten op grond van experimenten dat dit niet het geval is. Koolstof kan vier gelijkwaardige bindingen vormen doordat de 2s- en de drie 2p-orbitalen samen gecombineerd worden tot vier nieuwe orbitalen. Deze menging van orbitalen noemt men *hybridisatie*. De daaruit resulterende vier nieuwe orbitalen zijn $sp^3$-*hybride-orbitalen*, zo genoemd omdat ze ontstaan zijn uit *één* 2s-orbitaal en *drie* 2p-orbitalen. Bij het hybridisatieproces kunnen we ons in gedachten een energieverloop voorstellen zoals dat is weergegeven in figuur 1.5.

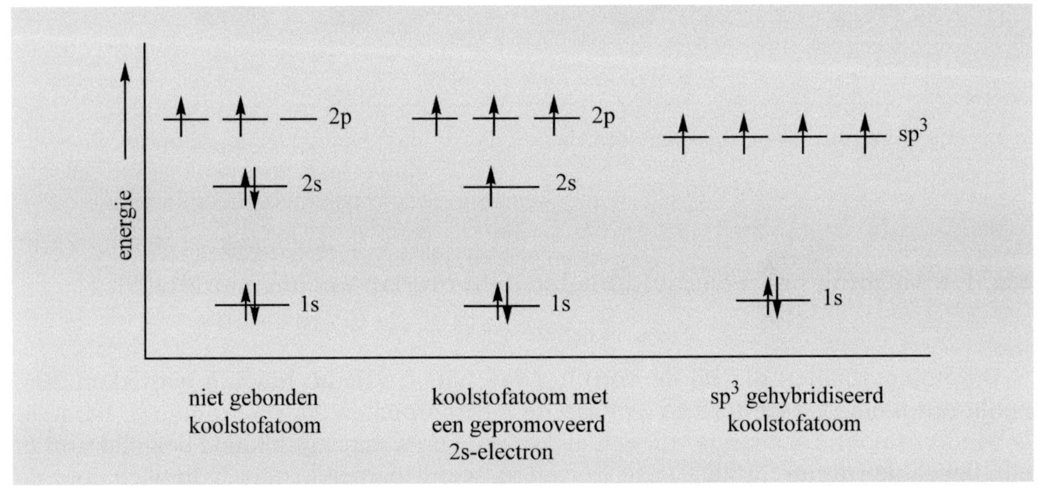


**Fig. 1.5. Energieverloop bij de $sp^3$-hybridisatie van koolstof.**

Het promoveren van één elektron van koolstof van de 2s-orbitaal naar de 2p-orbitaal en de daarmee gepaard gaande hybridisatie kost energie. De energie die daarvoor opgebracht moet worden, wordt echter ruimschoots gecompenseerd door de extra winst in bindingsenergie die ontstaat doordat koolstof in zijn $sp^3$-gehybridiseerde toestand *vier* gelijkwaardige bindingen kan vormen. De $sp^3$-orbitalen hebben een vorm die zeer geschikt is voor lineaire overlap met andere orbitalen, zodat een stevige covalente σ-binding gevormd kan worden. De onderstaande figuur geeft de vorm van een $sp^3$-orbitaal.

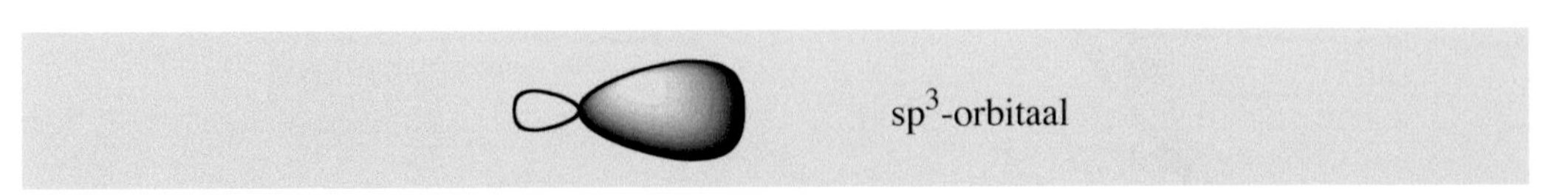

De ruimte aan één kant van de atoomkern wordt ingenomen door een grote peervormige lob die bij overlap met een andere orbitaal de σ-binding verzorgt. De kleine lob aan de andere kant van de atoomkern wordt in tekeningen meestal weggelaten omdat zij geen directe rol speelt bij de verzorging van de covalente binding.

De vier $sp^3$-orbitalen rond het koolstofatoom zijn zodanig ten opzichte van elkaar georiënteerd dat de elkaar afstotende elektronenparen in deze orbitalen zover mogelijk van elkaar verwijderd zijn. Dit wordt het beste gerealiseerd door de orbitalen te richten naar de hoekpunten van een tetraëder (hoeken van 109,5° tussen de orbitalen).

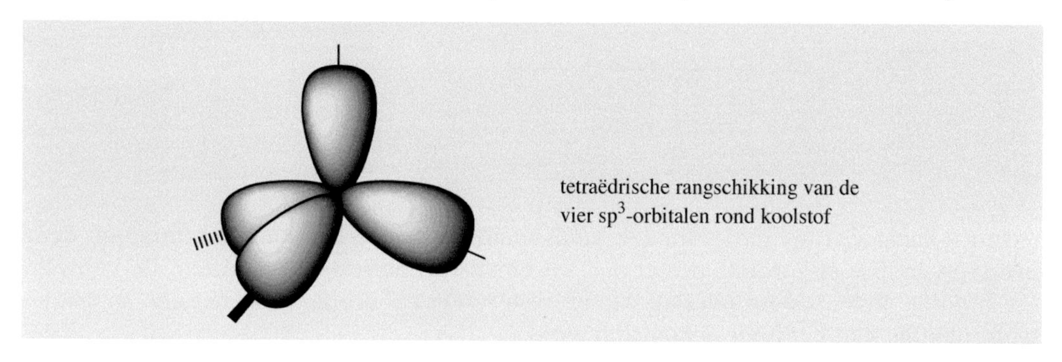

tetraëdrische rangschikking van de vier $sp^3$-orbitalen rond koolstof

Wanneer de $sp^3$-orbitalen van koolstof overlappen met de 1s-orbitaal van waterstof, dan ontstaan er vier nieuwe molecuulorbitalen. De bindingen die door de lineaire overlap van de orbitalen ontstaan zijn σ- bindingen.

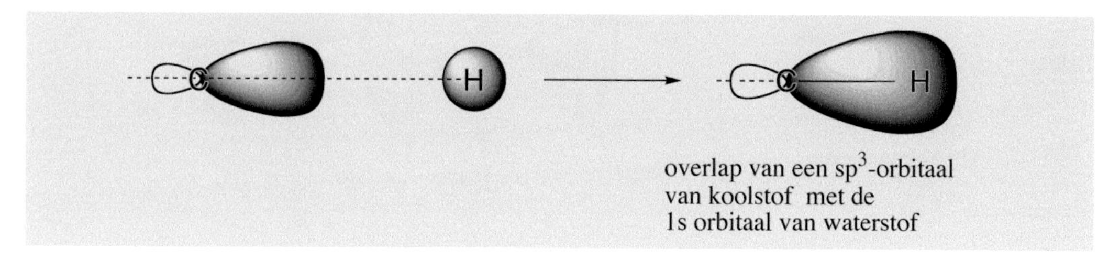


overlap van een $sp^3$-orbitaal van koolstof met de 1s orbitaal van waterstof

In $CH_4$ vormt koolstof met waterstof dus vier σ- bindingen die wijzen naar de hoekpunten van een tetraëder.

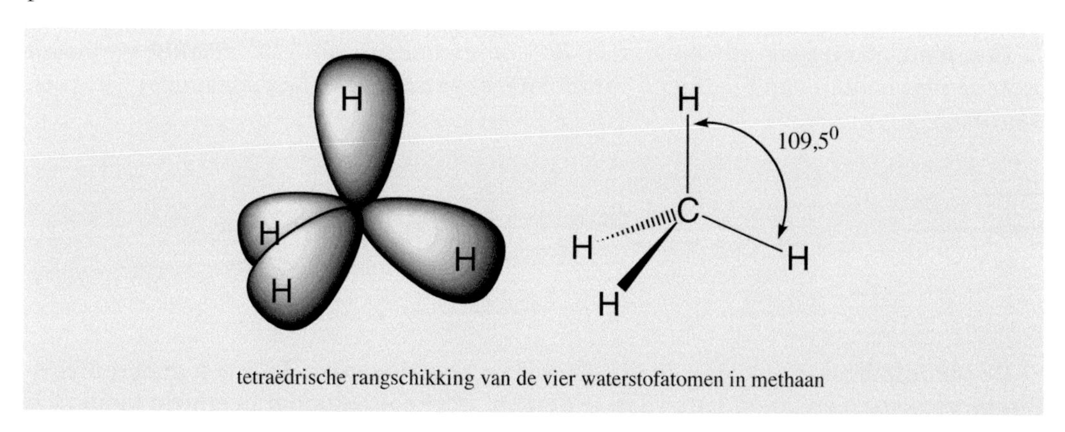


tetraëdrische rangschikking van de vier waterstofatomen in methaan

De centrale rol die koolstof speelt in de organische chemie en in biologische processen wordt onder andere veroorzaakt doordat de $sp^3$-orbitalen van verschillende koolstofatomen goed met elkaar kunnen overlappen waarbij sterke koolstof-koolstof-bindingen worden gevormd. Op deze wijze kan een grote verscheidenheid aan moleculen worden opgebouwd die een stabiel koolstofskelet bezitten. Het eenvoudigste molecuul met een stabiele koolstof-koolstof-binding is ethaan, met de structuurformule:

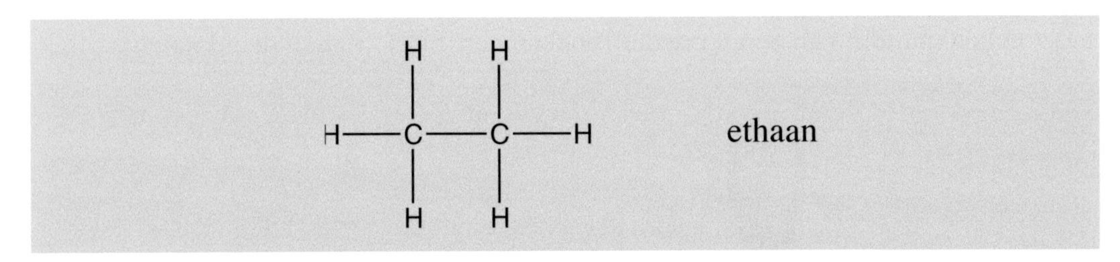


In dit molecuul worden door elk koolstofatoom drie C-H-bindingen verzorgd door overlap van drie $sp^3$-orbitalen met de 1s-orbitaal van de waterstofatomen. De centrale C-C-binding ontstaat door overlap van de resterende $sp^3$-orbitaal van het ene koolstofatoom met die van het andere koolstofatoom.

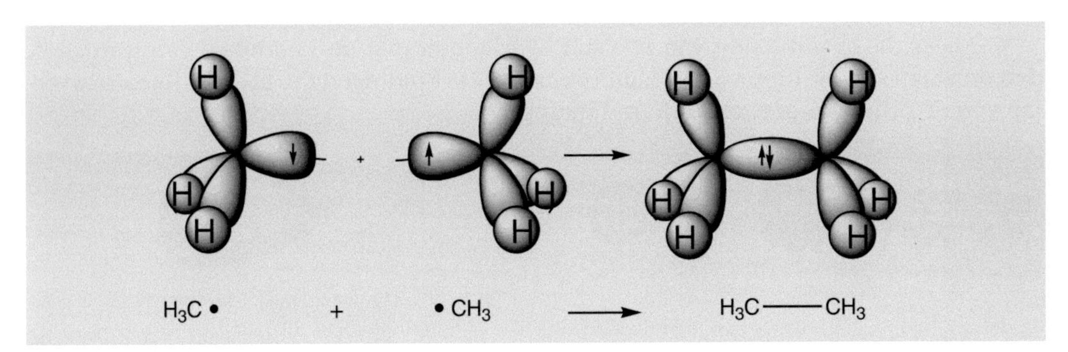


## 1.4 Hybridisatie in dubbel gebonden koolstof - De π-binding

In een molecuul zoals etheen kunnen de valentiehoeken van 120° moeilijk verklaard worden met behulp van bindingen vanuit $sp^3$-gehybridiseerde koolstofatomen (hoeken van 109,5°).

H H
C═C 120°
H H

bindingshoeken van 120° in etheen

De bindingshoek van 120° kan echter wel verklaard worden door een andere hybridisatie van de 2s- en 2p-orbitalen aan te nemen. Elk koolstofatoom in etheen bindt zich met *drie* andere atomen. Wanneer de extra binding tussen de beide koolstofatomen even buiten beschouwing gelaten wordt, dan moet elk koolstofatoom in etheen *drie* σ-bindingen verzorgen met andere atomen. Hiervoor zijn dus drie orbitalen nodig. Deze kunnen energetisch het gunstigst gevormd worden door hybridisatie van de 2s-orbitaal met *twee* 2p-orbitalen waardoor *drie* nieuwe $sp^2$-orbitalen ontstaan. Het energieverloop van dit hybridisatieproces is weergegeven in figuur 1.6.

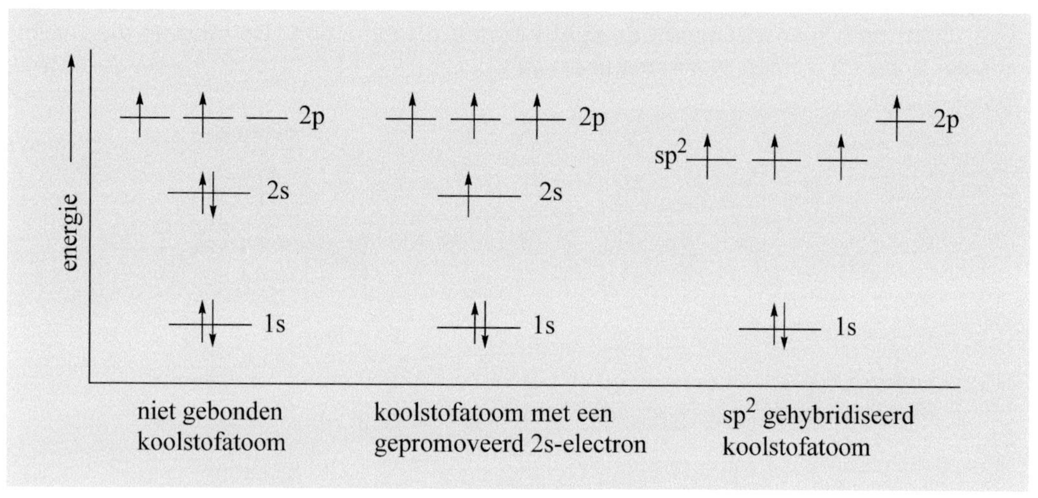


**Fig. 1.6. Energieverloop bij de sp2-hybridisatie van koolstof.**

Doordat slechts twee van de drie oorspronkelijke 2p-orbitalen bij de hybridisatie betrokken zijn, blijft de ene overgebleven 2p-orbitaal in zijn oorspronkelijke vorm aanwezig. De vorm van de $sp^2$-orbitalen lijkt veel op die van de $sp^3$-orbitalen. Door de relatief grotere bijdrage van 2s-orbitaal zijn ze iets ronder van vorm en ligt de energie van een $sp^2$-orbitaal wat lager dan die van een $sp^3$-orbitaal. De drie $sp^2$-orbitalen liggen onderling zo ver mogelijk van elkaar, dus in één vlak onder hoeken van 120° ten opzichte van elkaar. De overgebleven p-orbitaal staat loodrecht op het vlak van de drie $sp^2$-orbitalen.

120° 120° 120° $sp^2$ $sp^2$ $sp^2$

drie $sp^2$ orbitalen

90° $sp^2$ $sp^2$ $sp^2$ 2p

drie $sp^2$ orbitalen en één 2p orbitaal in een $sp^2$ gehybridiseerd koolstofatoom

De bindingen in etheen komen nu op de volgende wijze tot stand: de twee C-H-bindingen (σ-bindingen) aan elk koolstofatoom worden gevormd door lineaire overlap van twee sp2-orbitalen met de 1s-orbitaal van de waterstofatomen. De derde σ-binding vanuit ieder koolstofatoom ontstaat door overlap van de beide overgebleven $sp^2$-orbitalen van de koolstofatomen met elkaar. Hierbij ontstaat een stabiele koolstof-koolstof-σ-binding. Bij de vorming van dit σ-skelet is de niet-gehybridiseerde 2p-orbitaal van elk koolstofatoom niet gebruikt. De beide 2p-orbitalen staan loodrecht op het vlak van de σ-bindingen en bevatten elk één elektron. Door *zijdelingse* interactie van deze parallel aan elkaar staande 2p-orbitalen ontstaat één nieuwe molecuulorbitaal, een π-orbitaal, waarin twee elektronen met tegengestelde spin kunnen plaatsnemen. De binding die hierbij ontstaat noemen we een *pi-binding* (*π-binding*).

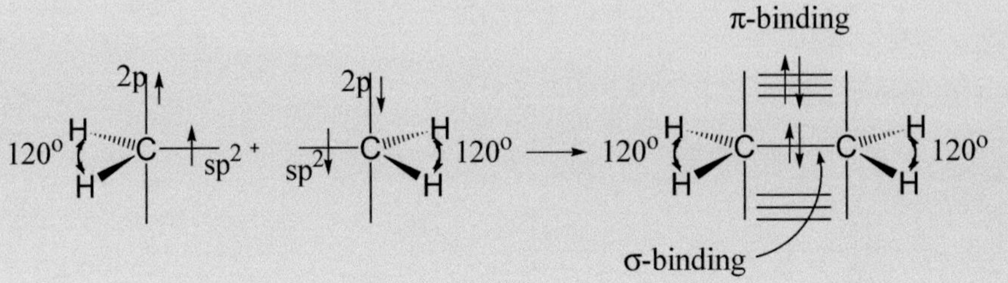

zijdelingse overlap van twee 2p orbitalen tot een π-binding en lineaire overlap van twee $sp^2$ orbitalen tot een σ-binding

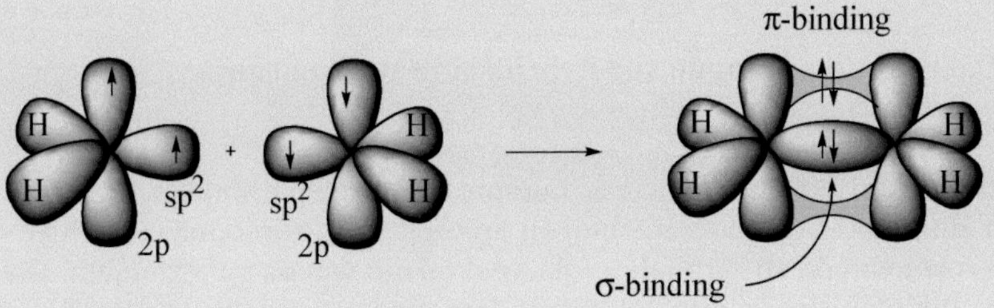

Vorming van een koolstof-koolstof dubbele binding

Doordat de zijdelingse overlap van orbitalen bij een π-binding minder efficiënt is dan de lineaire overlap bij een σ-binding is het duidelijk dat een π-binding zwakker is dan een σ-binding. De sterkte van een dubbele binding is dus niet tweemaal zo groot als die van een enkele binding (C - C: 347 kJ/mol; C = C:610 kJ/mol). Door de $sp^2$-hybridisatie van de koolstofatomen en de extra π-binding is de dubbele binding korter dan de enkelvoudige binding (C - C: 0.154 nm; C = C: 0,134 nm)*. In alle gevallen waarin koolstof een dubbele binding vormt met een ander koolstofatoom of met een zuurstof- of stikstofatoom is het $sp^2$-gehybridiseerd. Deze dubbele binding bestaat steeds uit een σ-binding en een π-binding en komt tot stand op een manier zoals zojuist voor etheen is beschreven.

* 1 nm = 10 Å

## 1.5 Hybridisatie in drievoudig gebonden koolstof

Koolstof gebruikt een derde type hybridisatie als het deel uitmaakt van een drievoudige binding zoals in acetyleen (ethyn).

H—C≡C—H ethyn

In dit geval verzorgt elk koolstofatoom twee σ-bindingen naar twee naburige atomen. Door hybridisatie van de 2s-orbitaal met *één* 2p-orbitaal worden twee nieuwe sp-orbitalen verkregen die deze σ-bindingen verzorgen. De sp-orbitalen lijken nog steeds veel op de $sp^3$- en de $sp^2$-orbitalen; door de relatief grotere bijdrage van de 2s-orbitaal is de vorm echter nog wat ronder. Ook is de energie lager dan die van de $sp^3$- en $sp^2$-orbitalen tengevolge van het grotere s-karakter van de sp-orbitaal, maar uiteraard nog steeds hoger dan die van een 2s-orbitaal (zie fig. 1.7.). De elektronenparen in de twee sp-orbitalen zitten zover mogelijk van elkaar verwijderd wanneer deze orbitalen een hoek van 180° met elkaar maken.

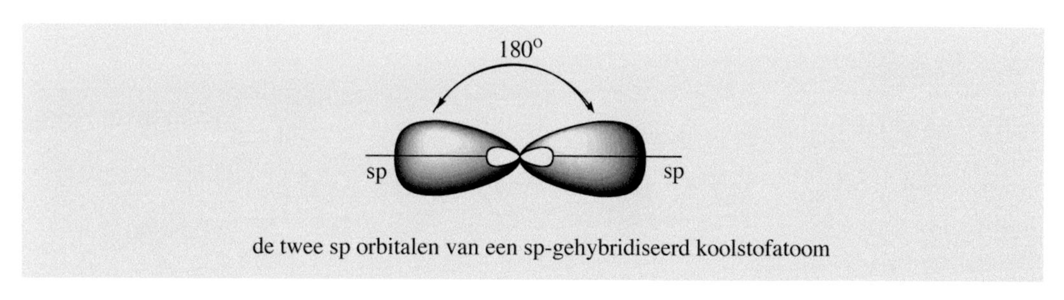


de twee sp orbitalen van een sp-gehybridiseerd koolstofatoom

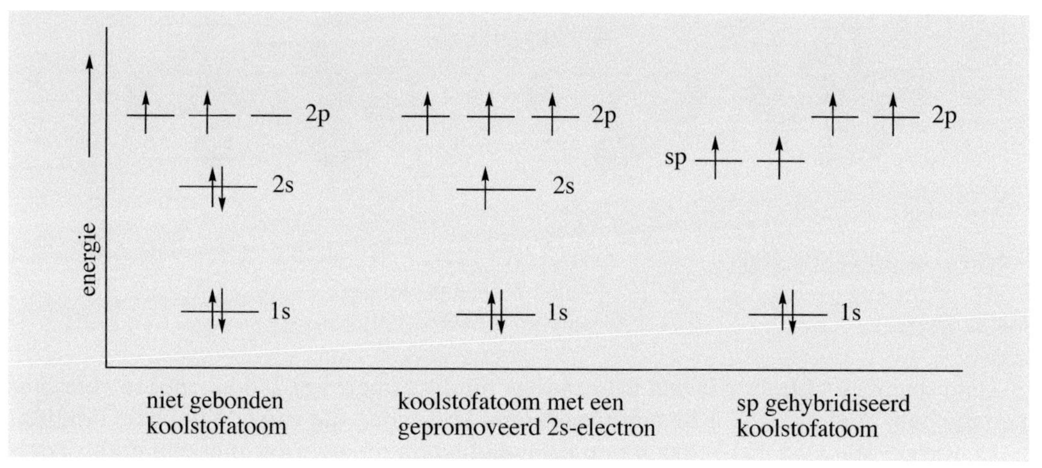


Fig. 1.7. Energieverloop bij de sp-hybridisatie van koolstof.

In een sp-gehybridiseerd koolstofatoom staan de twee overgebleven 2p-orbitalen loodrecht op de lijn door de sp-orbitalen en loodrecht op elkaar.

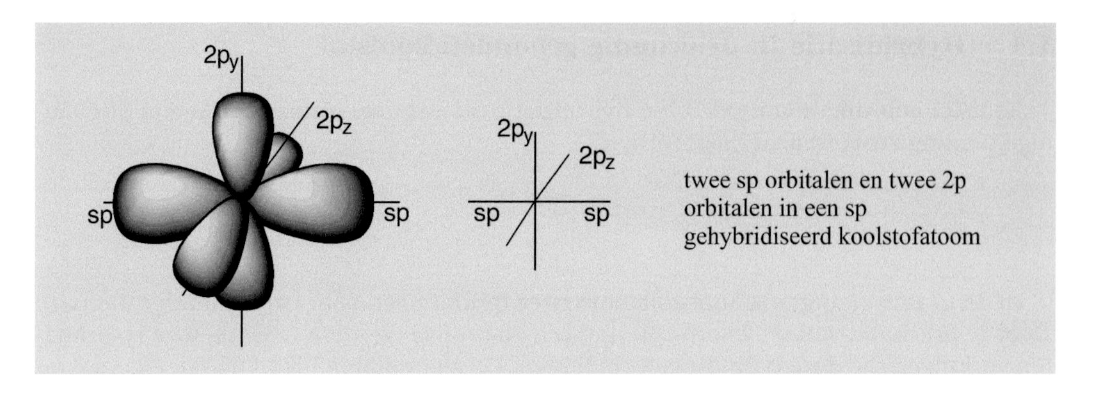

twee sp orbitalen en twee 2p orbitalen in een sp gehybridiseerd koolstofatoom

De bindingen in acetyleen komen nu als volgt tot stand: de C-H-binding (σ-binding) aan elk koolstofatoom wordt gevormd door overlap van een sp-orbitaal met de 1s-orbitaal van een waterstofatoom. Eén van de C-C-bindingen (de σ-binding) komt tot stand door wederzijdse overlap van een sp-orbitaal van beide koolstofatomen; de resterende twee bindingen (π-bindingen) worden gevormd door zijdelingse overlap van de beide oorspronkelijke 2p-orbitalen van elk van de koolstofatomen met elkaar.

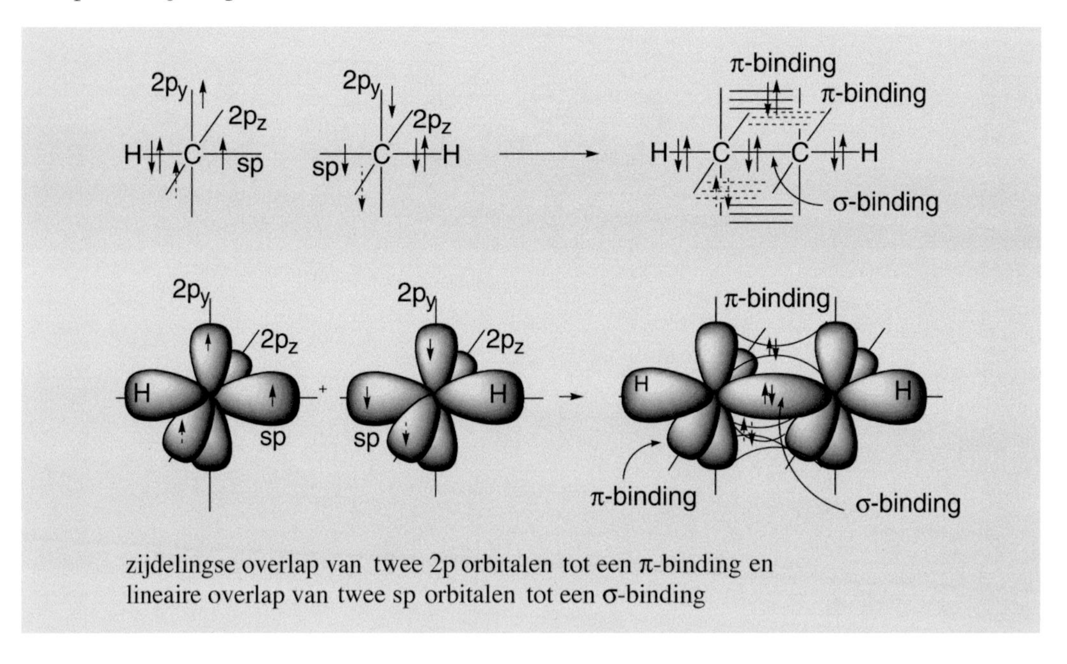

zijdelingse overlap van twee 2p orbitalen tot een π-binding en lineaire overlap van twee sp orbitalen tot een σ-binding

Door de extra π-binding is een drievoudige binding ongeveer 230 kJ/mol sterker dan een dubbele binding. Ook is de bindingsafstand korter dan die van een dubbele binding.

In alle gevallen waarin koolstof een drievoudige binding vormt, met een ander koolstofatoom of met een stikstofatoom, is het sp-gehybridiseerd. De drievoudige binding bestaat steeds uit één σ-binding en twee π-bindingen die tot stand komen op een manier zoals die zojuist voor acetyleen werd beschreven.

## 1.6 Hybridisatie in stikstof en zuurstof

Hybridisatie treedt niet alleen op bij koolstof; ook de atoomorbitalen van andere elementen kunnen hybridiseren wanneer een zo gunstig mogelijke molecuulbouw dit vereist. In verbindingen die stikstof- en zuurstofatomen bevatten, zullen ook deze atomen bijna altijd gehybridiseerd zijn. In $NH_3$ bijvoorbeeld, ontstaan bij $sp^3$-hybridisatie van het stikstofatoom vier $sp^3$-orbitalen, waarin de vijf valentie-elektronen van stikstof geplaatst moeten worden. Dit kan door in drie van de vier $sp^3$-orbitalen één ongepaard elektron te plaatsen; de vierde orbitaal wordt gevuld met een elektronenpaar (zie fig. 1.8). De drie $sp^3$-orbitalen van stikstof die ieder één ongepaard elektron bevatten vormen een N-H-binding door overlapping met de eveneens één elektron bevattende 1s-orbitaal van waterstof.

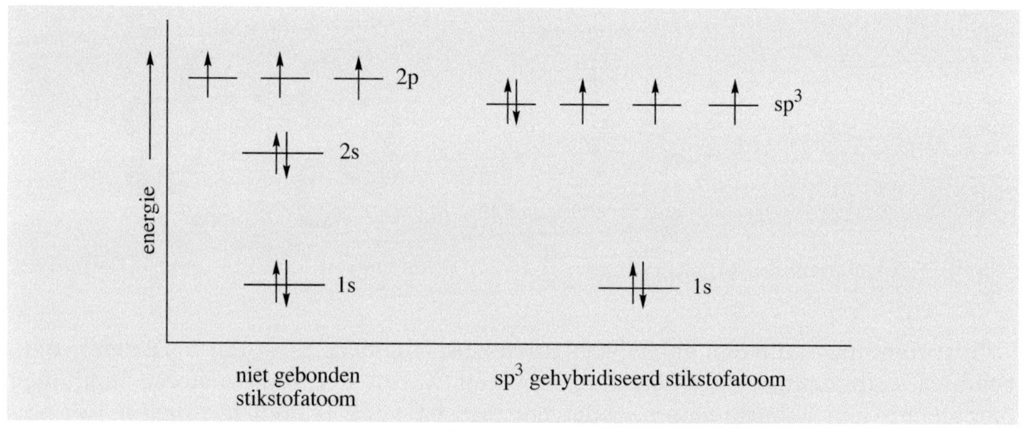


Fig. 1.8. Energiediagram van een $sp^3$-gehybridiseerd stikstofatoom.

Op grond van de tetraëdrische oriëntatie van de $sp^3$-orbitalen rond stikstof zou men een hoek van 109,5° tussen de H-N-H-bindingen verwachten. Experimenteel vindt men echter een hoek van 107°. Deze iets kleinere hoek kan verklaard worden door aan te nemen dat het vrije elektronenpaar een wat grotere afstoting uitoefent dan de bindingselektronen van de N-H-bindingen onderling. Dit lijkt een redelijke aanname omdat bindingselektronen zich tussen twee positieve kernen bevinden, waardoor hun lading meer afgeschermd wordt dan die van het vrije elektronenpaar. Door de grotere afstoting van het vrije elektronenpaar worden de N-H-bindingen iets samengedrukt wat resulteert in de iets kleinere bindingshoek van 107°.

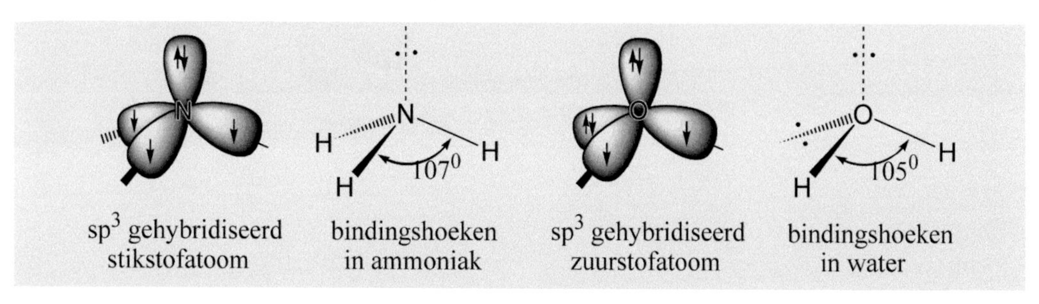

Op dezelfde wijze als in $NH_3$ kunnen we bij de opbouw van een watermolecuul een $sp^3$-gehybridiseerd zuurstofatoom aannemen, waarbij twee van de vier $sp^3$-orbitalen een binding vormen met de waterstofatomen, terwijl in de andere twee $sp^3$-orbitalen de vrije elektronenparen van zuurstof zitten. De wat kleinere bindingshoek van 104,5° in $H_2O$ kan dan op dezelfde wijze verklaard worden als de iets kleinere bindingshoek in $NH_3$. De extra afstotende kracht van de *twee* vrije elektronenparen zal de hoek tussen de O-H-bindingen nog iets meer samendrukken. In alcoholen en ethers, waar de waterstofatomen in water vervangen zijn door één resp. twee alkylgroepen, is het zuurstofatoom eveneens $sp^3$ gehybridiseerd.

In moleculen waarin dubbel of drievoudig gebonden stikstofatomen voorkomen, kunnen we ervan uitgaan dat het stikstofatoom in het algemeen hetzelfde hybridisatiepatroon volgt als het koolstofatoom.

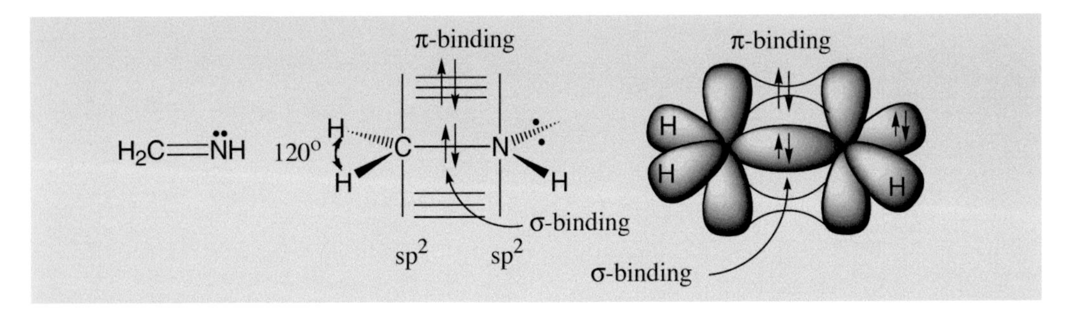


In verbindingen die een dubbel gebonden zuurstofatoom bevatten, zoals aldehyden, ketonen, carbonzuren en carbonzuurderivaten, vormt het zuurstofatoom bindingen met slechts één naburig atoom, zodat het niet mogelijk is door het meten van bindingshoeken na te gaan of het zuurstofatoom in deze verbindingen $sp^2$-gehybridiseerd is of niet. Algemeen wordt aangenomen dat het zuurstofatoom ook hier hybridiseert op een manier die vergelijkbaar is met die in koolstof- en stikstofatomen. De bindingen in een carbonylgroep kunnen dan ontstaan door lineaire overlap van een $sp^2$-orbitaal van koolstof met de $sp^2$-orbitaal van zuurstof, waarbij een σ-binding ontstaat en door zijdelingse overlap van de $2p_y$-orbitalen van koolstof en zuurstof tot een π-binding. De vrije elektronenparen van zuurstof zitten dan in de beide andere $sp^2$ orbitalen.

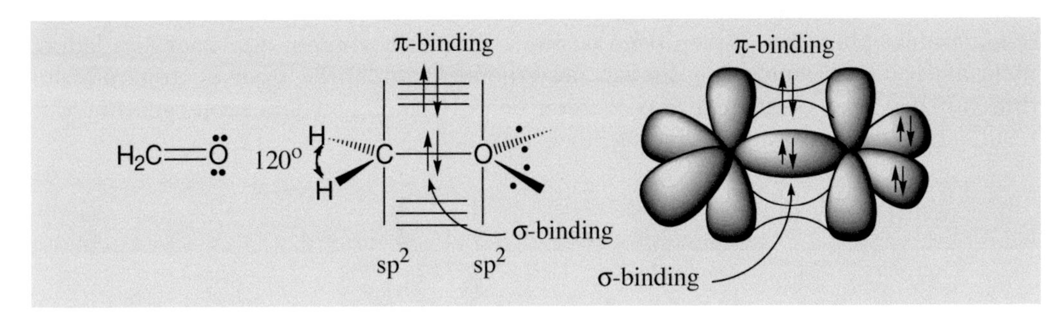

## 1.7 De eigenschappen van de covalente binding

### *1.7.1 Bindingslengte en bindingssterkte*

Om een covalente binding te kunnen vormen, moeten twee atomen dusdanig dicht bij elkaar komen dat hun orbitalen kunnen overlappen. Hoe groter de overlap tussen twee orbitalen is, des te sterker is de binding die tot stand komt. Als de twee positief geladen kernen van de atomen elkaar te dicht naderen, treedt er echter een sterke afstoting op. Daardoor bestaat er bij de vorming van een covalente binding een optimale afstand tussen de atoomkernen waarbij een maximale winst in energie optreedt. Deze afstand wordt de *bindingslengte* genoemd. De maximale energiewinst die optreedt bij het vormen van een binding tussen twee atomen is de *bindingsenergie*. Elke binding heeft een karakteristieke bindingslengte en bindingsenergie. Voor waterstof is de gunstigste afstand tussen de kernen 0,074 nm. De energie die bij de vorming van deze binding vrijkomt is 435 kJ/mol. Enkele bindingslengten en bindingsenergieën van veel voorkomende bindingen zijn weergegeven in tabel 1.2.

Tabel 1.2. **Gemiddelde bindingslengten en bindingsenergieën van enkele veel voorkomende bindingen.**

| *Binding* | *Bindingslengte (nm)* | *Bindingssterkte (kJ/mol)* | *Binding* | *Bindingslengte (nm)* | *Bindingssterkte (kJ/mol)* |
|---|---|---|---|---|---|
| H–H | 0,074 | 435 | C=C | 0,134 | 610 |
| C–C | 0,154 | 345 | C=N | 0,128 | 627 |
| N–N | 0,146 | 209 | C=O | 0,123 | 732 |
| O–O | 0,141 | 146 | C≡C | 0,121 | 836 |
| Si–Si | 0,235 | 213 | C≡N | 0,116 | 900 |
| C–H | 0,109 | 426 | C–F | 0,139 | 451 |
| C–N | 0,147 | 293 | C–Cl | 0,178 | 349 |
| C–O | 0,143 | 355 | C–Br | 0,193 | 293 |
| C–S | 0,181 | 272 | C–I | 0,214 | 234 |

We zien in de tabel dat, met uitzondering van de H-H- en C-C-binding, enkelvoudige bindingen tussen gelijke atomen relatief zwak zijn. Bij atomen die een vrij elektronenpaar bezitten wordt de enkelvoudige binding verzwakt door onderlinge afstoting van de vrije elektronenparen. Dankzij de grote stabiliteit van de C-C-binding kan in organische moleculen een stabiel koolstofskelet opgebouwd worden. De C-C-binding (en ook de C-H-binding) heeft weinig neiging om deel te nemen aan chemische reacties, dit in tegenstelling tot vele andere bindingen zoals de C-N- en C-O-binding. De oorzaak van de geringe reactiviteit van de C-C- en C-H-binding is, dat deze bindingen nauwelijks gepolariseerd zijn (zie § 1.7.3). Bovendien hebben koolstof en waterstof in verzadigde toestand de edelgasconfiguratie en zij bevatten geen vrij elektronenpaar. Dit alles maakt de C-C- en C-H-binding weinig gevoelig voor aanval van elektronenrijke of elektronenarme deeltjes. Door deze eigenschappen is koolstof bij uitstek geschikt als bouwsteen voor moleculen in de natuur.

Silicium is net als koolstof vierwaardig en op grond daarvan zou men kunnen veronderstellen dat er levende materie mogelijk zou kunnen zijn met silicium in plaats van koolstof als bouwsteen. Ondanks de enorme hoeveelheid silicium die in de aardkorst voorkomt, wordt silicium bijna nooit aangetroffen in biologische systemen. De Si-Si-binding is te zwak om stabiele moleculen mee op te bouwen. Bovendien zouden moleculen met een dergelijk skelet onmiddellijk reageren met reagentia die vrij op de aarde worden aangetroffen, zoals water, zuurstof, verdunde zuren en basen. Het is moeilijk voor te stellen dat een mogelijke buitenaardse vorm van leven gebaseerd zal zijn op een ander element dan koolstof. De meeste testen op buitenaardse vormen van leven komen in feite dan ook neer op het onderzoek van een mogelijke deelname van koolstof aan metabolische processen. Daarbij wordt er vanuit gegaan dat overeenkomstige testen voor andere elementen dan koolstof overbodig zijn.

### *1.7.2 Bindingshoeken*

Bij de orbitaalbeschouwing van moleculen hebben we gezien dat de hoeken die bindingen in een molecuul met elkaar maken in de eerste plaats afhankelijk zijn van de hybridisatie van de betrokken atomen. Daarnaast kunnen ook substituenten of vrije elektronenparen invloed hebben op de bindingshoek. Voor de volledigheid volgt hier nog eens een beknopt overzicht van enkele veel voorkomende bindingshoeken.

Bij *$sp^3$-gehybridiseerd* koolstof zijn de bindingen gericht naar de hoekpunten van een *tetraëder* en vormen dus onderling hoeken van 109,5°. In ammoniak en water zijn het stikstof- resp. zuurstofatoom eveneens $sp^3$-gehybridiseerd. Door de afstoting tussen de vrije elektronenparen en de bindingselektronen zijn de bindingshoeken echter iets kleiner en deze zijn respectievelijk 107° en 104,5°.

De σ-bindingen die uitgaan van een *$sp^2$-gehybridiseerd koolstofatoom* liggen *in één vlak*. De hoeken die deze bindingen met elkaar maken, zijn 120°. Deze hoeken kunnen enigszins gedeformeerd worden door substituenten, zoals in propeen.

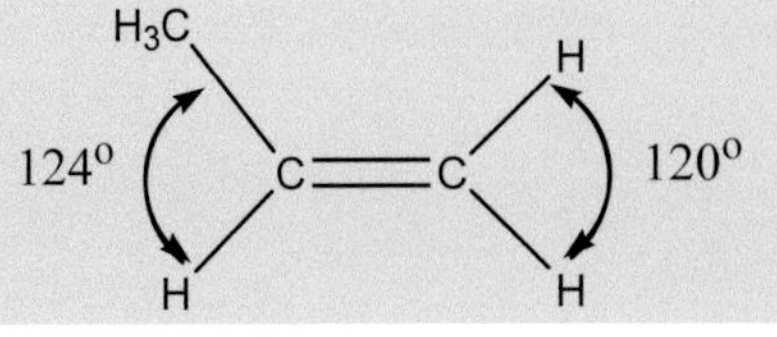

$H_3C$, H, H, H — C=C — $124^o$, $120^o$

bindingshoeken in propeen

De bindingen die uitgaan van een *sp-gehybridiseerd koolstofatoom* liggen *in elkaars verlengde* en maken dus een hoek van 180° met elkaar, zoals in propyn.

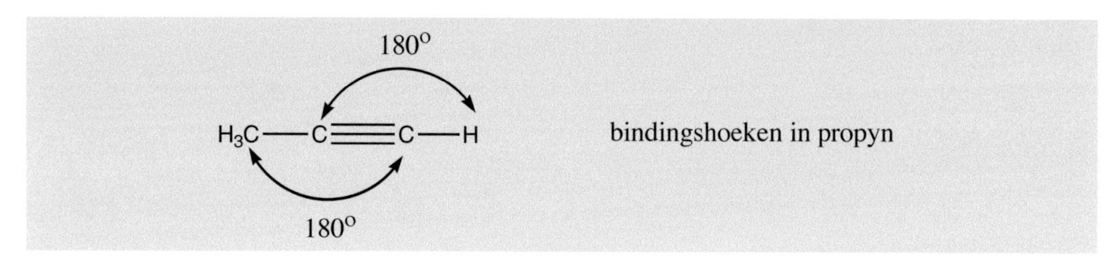


## 1.7.3 *De polariteit van een covalente binding*

Wanneer een covalente binding wordt gevormd tussen twee atomen van verschillende elementen zullen de bindingselektronen meestal niet even sterk door de kernen van deze atomen worden aangetrokken. De relatieve aantrekkingskracht die de kern van een atoom uitoefent op de elektronen van een covalente binding wordt aangegeven met het begrip *elektronegativiteit*. Hoe sterker een atoom aan de bindingselektronen trekt, hoe elektronegatiever het is. De elektronegativiteit van het meest elektronegatieve element, fluor, is arbitrair gesteld op 4,0. De verhouding in elektronegativiteit met enkele andere elementen is weergegeven in tabel 1.3.

**Tabel 1.3. Elektronegativiteit van enkele elementen.**

| | | | | | | |
|---|---|---|---|---|---|---|
| H | | | | | | |
| 2,1 | | | | | | |
| Li | Be | B | C | N | O | F |
| 1,0 | 1,5 | 2,0 | 2,5 | 3,0 | 3,5 | 4,0 |
| Na | Mg | Al | Si | P | S | Cl |
| 0,9 | 1,2 | 1,5 | 1,8 | 2,1 | 2,5 | 3,0 |
| | | | | | | Br |
| | | | | | | 2,8 |
| | | | | | | I |
| | | | | | | 2,5 |

We zien dat de elektronegativiteit in het periodiek systeem van links naar rechts toeneemt. Dit komt omdat de toenemende kernlading van de atomen een steeds sterkere aantrekkingskracht uitoefent op de bindingselektronen rond het atoom. Gaande van boven naar beneden in een bepaalde groep van het periodiek systeem neemt de elektronegativiteit weer af, omdat de toenemende kernlading steeds effectiever wordt afgeschermd door het toenemend aantal elektronen rond de kern.

Elke binding tussen twee atomen met verschillende elektronegativiteit geeft een ongelijke verdeling van de elektronen tussen de beide atomen. Dit leidt tot een polair karakter van de binding. We kunnen de polariteit in een binding aangeven met de symbolen $\delta^+$ en $\delta^-$.

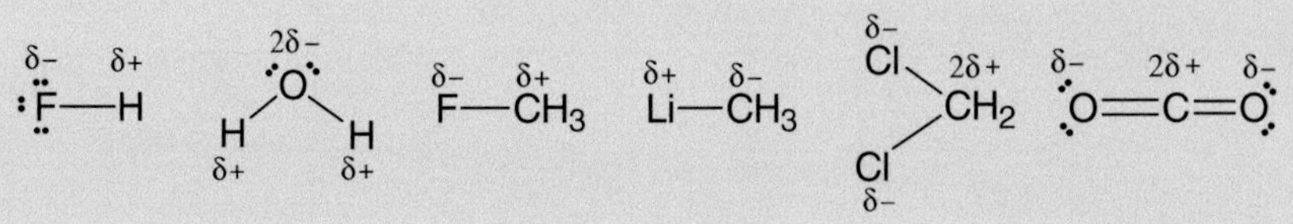

Bij verbindingen zoals HF, $H_2O$ en $CH_3F$ is één kant van het molecuul enigszins positief geladen en de andere kant enigszins negatief. Dergelijke verbindingen hebben een dipool. De grootte van de dipool wordt uitgedrukt door het dipoolmoment μ dat bestaat uit het product van de grootte van de gescheiden ladingen (q) en de afstand die deze van elkaar verwijderd zijn (r).

dipoolmoment: $\mu = q \times r$

De richting van de dipool wordt weergegeven door het symbool +→ , waarbij de pijl van de positieve naar de negatieve kant van de dipool wijst. De eenheid waarin μ wordt uitgedrukt heet debije (D).*

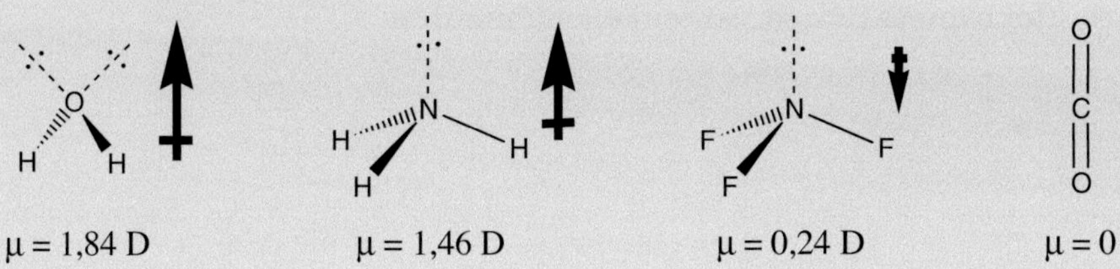

μ = 1,84 D  μ = 1,46 D  μ = 0,24 D  μ = 0

Het totale dipoolmoment in een molecuul is samengesteld uit de vectoren van de afzonderlijke bindingsdipolen. De richting van deze vectoren wordt bepaald door de bouw van het molecuul. Daarbij moet ook rekening worden gehouden met de dipoolwerking van vrije elektronenparen (zie tabel 1.4).

**Tabel 1.4. Dipoolmomenten (in debije) van enige moleculen.**

| | | | | | | | |
|---|---|---|---|---|---|---|---|
| $H_2$ | 0 | HF | 1,75 | $CH_4$ | 0 | $CH_3NH_2$ | 1,32 |
| $O_2$ | 0 | $H_2O$ | 1,84 | $CH_3Cl$ | 1,86 | $C_2H_6$ | 0 |
| $N_2$ | 0 | $NH_3$ | 1,46 | $CCl_4$ | 0 | $C_3H_8$ | 0 |
| $Cl_2$ | 0 | $NF_3$ | 0,24 | $CO_2$ | 0 | $C_6H_{12}$ | 0 |
| $Br_2$ | 0 | $BF_3$ | 0 | $CH_3OH$ | 1,69 | $C_6H_6$ | 0 |

* De SI-eenheid voor het dipoolmoment is coulombmeter (Cm); 1 D = 3,3 $10^{-30}$ Cm.

Bij $NF_3$ is de richting van de bindingsdipolen tegengesteld aan de dipoolrichting van het vrije elektronenpaar, zodat het totale dipoolmoment van het molecuul slechts klein is. Bij $CO_2$ heffen de dipoolmomenten van de beide C $\rightarrow$ O-bindingen elkaar op, doordat ze precies tegengesteld van richting zijn. Een $CO_2$-molecuul heeft dus geen dipoolmoment. Hetzelfde geldt voor andere symmetrische moleculen zoals $CH_4$, $CCl_4$, $C_2H_6$ en $C_6H_6$. Dergelijke verbindingen zonder dipoolmoment zijn apolaire verbindingen.

## 1.8 Intermoleculaire krachten

Talrijke fysische eigenschappen van verbindingen, zoals smeltpunt, kookpunt en oplosbaarheid, worden bepaald door krachten die moleculen onderling op elkaar uitoefenen (intermoleculaire krachten). De voornaamste intermoleculaire krachten die tussen neutrale moleculen optreden zijn *Van der Waals-krachten, dipoolinteracties en waterstofbruggen.*

### *1.8.1 Van der Waals-krachten*

Alleen al het feit dat niet alle apolaire verbindingen gassen zijn, bewijst dat er een niet te verwaarlozen aantrekking bestaat tussen apolaire moleculen. Deze aantrekking bestaat hoofdzakelijk uit Van der Waals-krachten.

Tussen atomen of moleculen onderling bestaat een optimale afstand waarbij de Van der Waals-aantrekking het grootst is. Het energieverloop als functie van de afstand is in figuur 1.9 geïllustreerd voor het eenvoudige geval van de nadering van twee heliumatomen. In het gebied $E<0$ vindt aantrekking plaats; in het gebied $E>0$ stoten de twee heliumatomen elkaar af omdat de atoomkernen en elektronen van beide atomen elkaar te dicht naderen. De optimale afstand wordt bepaald door de som van de *Van der Waals-stralen* van beide atomen.

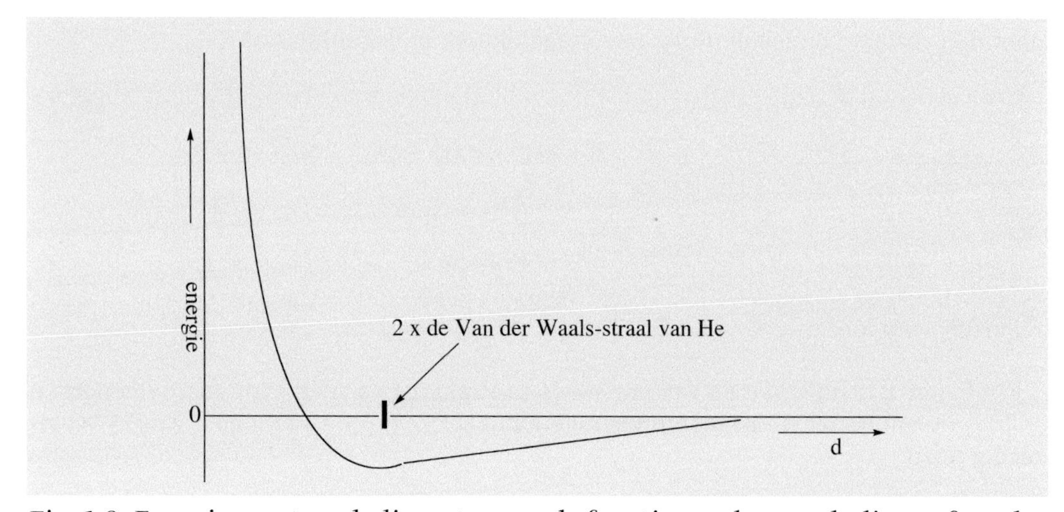


Fig. 1.9. Energie van twee heliumatomen als functie van hun onderlinge afstand.

Van der Waals-krachten komen zonder uitzondering voor tussen alle moleculen en worden veroorzaakt doordat de elektronenverdeling rond de atoomkernen in een molecuul voortdurend varieert. Het gevolg hiervan is, dat er binnen het molecuul steeds gebiedjes ontstaan waar de lading niet evenredig verdeeld is, waardoor er continu zeer kort levende dipooltjes in het molecuul aanwezig zijn. Deze dipooltjes beïnvloeden de elektronenverdeling in een naburig molecuul zodanig, dat ook daar gebiedjes met tegengestelde lading ontstaan. Hoewel de tegenover elkaar liggende dipoolgebiedjes voortdurend van plaats en grootte veranderen, is het nettoresultaat dat naast elkaar gelegen moleculen elkaar aantrekken.

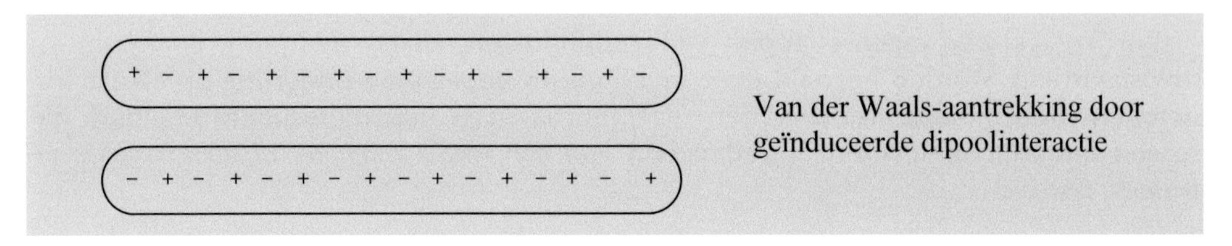

Van der Waals-aantrekking door geïnduceerde dipoolinteractie

De verstoring van de elektronenverdeling in een molecuul die veroorzaakt wordt door een ander molecuul wordt polarisatie genoemd. Het gemak waarmee moleculen polarisatie kunnen ondergaan, hangt af van hun polariseerbaarheid. Moleculen met een grote, diffuse elektronenwolk zoals alkenen, alkynen, aromatische verbindingen, broom-, jood- en zwavelbevattende verbindingen hebben een grote polariseerbaarheid, omdat de elektronen niet zo sterk rond de atoomkernen worden gebonden. Naast de mate van polariseerbaarheid worden de Van der Waals-krachten tussen moleculen sterk bepaald door de grootte van het oppervlak dat in contact is met naburige moleculen. Grote moleculen hebben daardoor een hoger kookpunt dan vergelijkbare kleinere moleculen (vergelijk $CH_4$ en $CH_3$-$CH_3$ in tabel 1.5). Moleculen met een lange rechte keten kunnen over een groter oppervlak contact met elkaar hebben dan moleculen met een vertakte keten. Moleculen met een rechte keten hebben dan ook een hoger kookpunt dan vertakte moleculen met een vergelijkbare molecuulmassa.

$CH_3—CH_2—CH_2—CH_2—CH_3$ | $CH_3—CH(CH_3)—CH_2—CH_3$ | $CH_3—C(CH_3)_2—CH_3$
n-pentaan, kookpunt 36°C | isopentaan, kookpunt 28°C | neopentaan, kookpunt 9,5°C

Uit figuur 1.10 blijkt dat de Van der Waals-aantrekking van één extra methyleengroep (-$CH_2$-) in een lineaire alkaanketen een gemiddelde kookpuntsverhoging van 25 °C tot gevolg heeft.

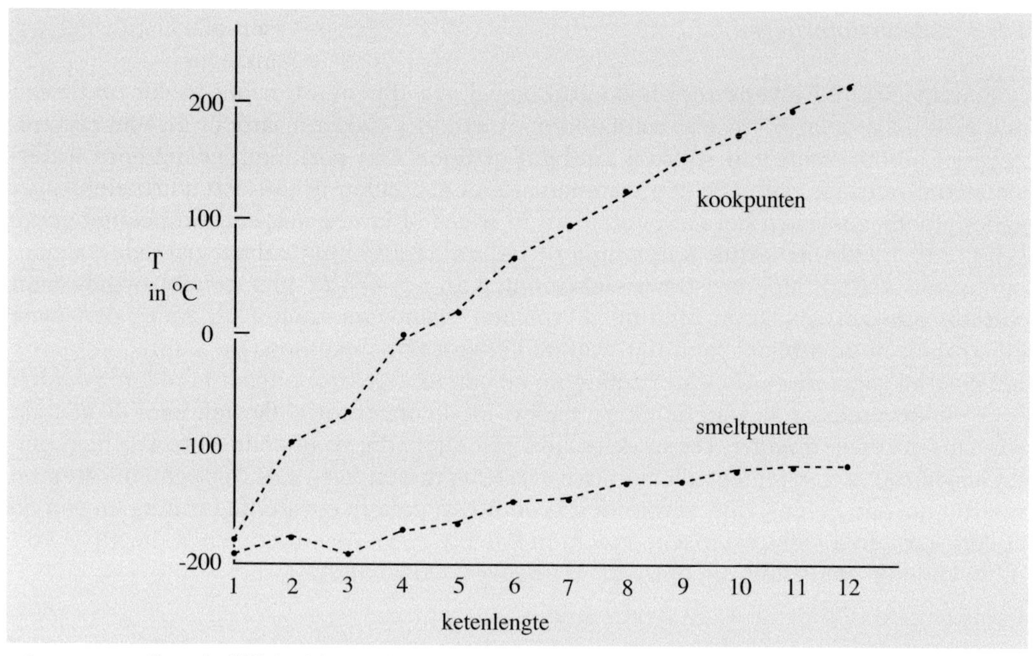


**Fig. 1.10.** Afhankelijkheid van kook- en smeltpunten van de ketenlengte in lineaire alkanen.

### *1.8.2 Dipoolinteracties*

In polaire moleculen komen naast de Van der Waals-krachten ook permanente dipoolinteracties voor. Deze worden veroorzaakt door aantrekking van tegengesteld geladen delen in moleculen. In $CH_3Cl$ wordt bijvoorbeeld de relatief positief geladen $CH_3$-groep in het molecuul aangetrokken door het relatief negatief geladen chlooratoom van een naburig molecuul.

$\delta-$ $\delta+$ $\delta-$ $\delta+$
$Cl—CH_3$ $Cl—CH_3$

dipoolinteracties in methylchloride

$+\delta$ $-\delta$ $+\delta$ $-\delta$
$H_3C—Cl$ $H_3C—Cl$

Door het optreden van deze dipool-interacties trekken polaire moleculen elkaar sterker aan dan apolaire moleculen van vergelijkbare molecuulmassa.

| | | | |
|---|---|---|---|
| $H_3C—O—CH_3$ | molecuulmassa 46u | kookpunt - 25 °C | polair |
| $H_3C—CH_2—CH_3$ | molecuulmassa 44u | kookpunt - 42 °C | apolair |

### *1.8.3 Waterstofbruggen*

Een speciaal en tevens zeer belangrijk geval van dipool-interactie treedt op tussen een positief gepolariseerd waterstofatoom en een vrij elektronenpaar van een elektronegatief atoom, zoals van stikstof, zuurstof of fluor. Een positief gepolariseerd waterstofatoom ontstaat wanneer een waterstofatoom gebonden is aan een sterk elektronegatief atoom, zoals aan het zuurstofatoom in water of in een alcohol. De positief gepolariseerde, elektronenarme waterstofkern oefent aantrekking uit op vrije elektronenparen van andere atomen. Deze elektronen kunnen echter niet geheel opgenomen worden om een covalente binding te vormen, want dan zouden er meer dan twee elektronen in de orbitaal rond het waterstofatoom terechtkomen. De interactie tussen het positief gepolariseerde waterstofatoom en een vrij elektronenpaar is zodanig dat het vrije elektronenpaar de waterstofkern nadert tot op ongeveer anderhalf keer de afstand van een normale binding. De sterk polaire interactie die zo doende ontstaat, heet een *waterstofbrug*: waterstof legt als het ware een brug tussen twee elektronegatieve atomen waarbij het aan de ene kant verbonden is door een polaire covalente binding en aan de andere kant door elektrostatische krachten (zie fig. 1.11). De energiewinst die bij de vorming van een waterstofbrug optreedt is ongeveer 20 kJ/mol.

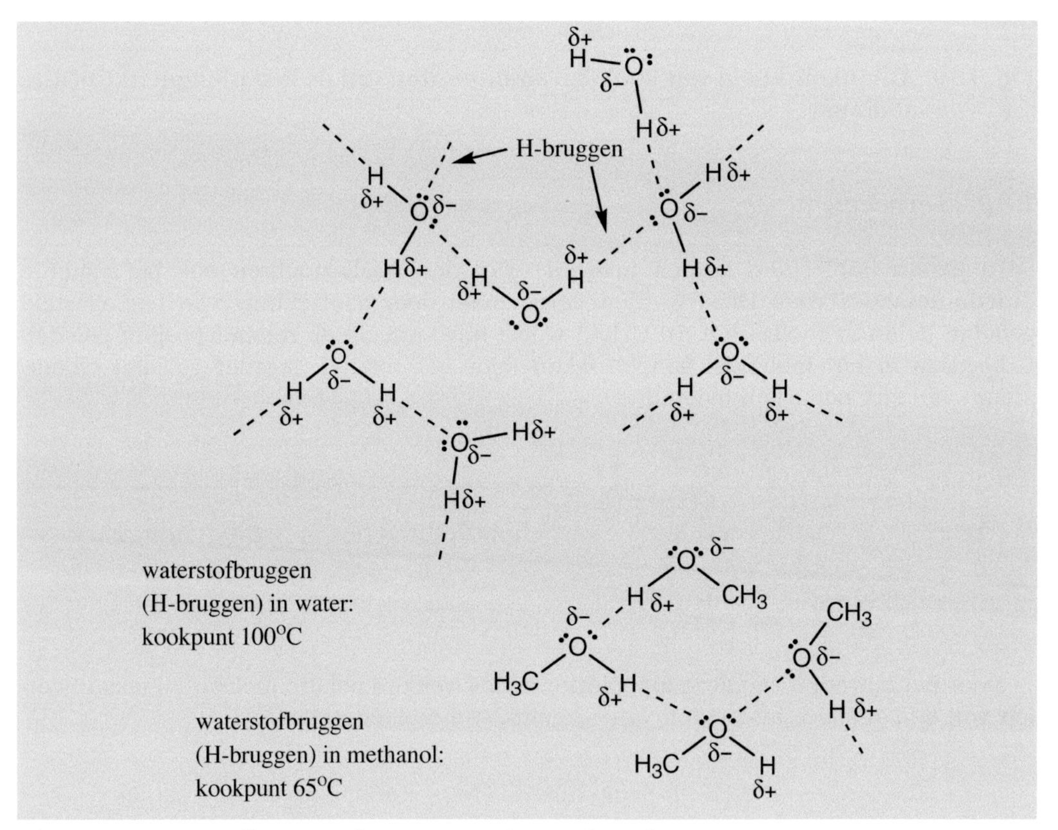


Fig. 1.11. Waterstofbruggen in water en in methanol.

Uit tabel 1.5 blijkt hoe de verschillende intermoleculaire krachten samen van invloed zijn op het kookpunt van verbindingen. Een toename van de molecuulmassa geeft een duidelijke toename van het kookpunt te zien. Tevens blijkt uit de tabel opnieuw dat moleculen met een vertakte keten een lager kookpunt hebben dan lineaire ketens met eenzelfde molecuulmassa. De verbindingen in de tweede kolom hebben alle een permanente dipool en hebben daarom een hoger kookpunt dan de verbindingen met vergelijkbare moleculenmassa uit de eerste kolom. In de derde kolom staan verbindingen die tevens waterstofbruggen kunnen vormen; verbindingen in deze klasse hebben relatief het hoogste kookpunt.

**Tabel 1.5. Kookpunten van enkele organische verbindingen.**

| *Verbinding* | *Kookpunt* | *Verbinding* | *Kookpunt* | *Verbinding* | *Kookpunt* |
|---|---|---|---|---|---|
| $CH_4$ | - 162 | | | $H_2O$ | 100 |
| $CH_3$-$CH_3$ | - 89 | $CH_3$-F | - 78 | $CH_3$-OH | 65 |
| $CH_3$-$CH_2$-$CH_3$ | - 42 | $CH_3$-O-$CH_3$ | - 25 | $CH_3$-$CH_2$-OH | 78 |
| $CH_3$-CH($CH_3$)-$CH_3$ | - 12 | $CH_3$-CH(F)-$CH_3$ | 2 | $CH_3$-CH(OH)-$CH_3$ | 82 |
| $CH_3$-$CH_2$-$CH_2$-$CH_3$ | 0 | $CH_3$-O-$CH_2$-$CH_3$ | 10,8 | $CH_3$-$CH_2$-$CH_2$-OH | 97 |

### *1.8.4 Oplosbaarheid van verbindingen*

Naast smeltpunt en kookpunt wordt ook mengbaarheid en oplosbaarheid van moleculen bepaald door de onderlinge interacties tussen deze moleculen. Als twee vloeistoffen met elkaar gemengd worden, dan worden interacties tussen gelijke moleculen verstoord en hiervoor in de plaats komen interacties tussen ongelijke moleculen. Polaire stoffen zijn vaak goed mengbaar met andere polaire stoffen omdat dan de verbroken polaire interacties worden vervangen door nieuwe polaire interacties. Evenzo zijn ook apolaire stoffen onderling vaak goed mengbaar omdat gelijksoortige interacties als voor het mengen een rol blijven spelen. Ongunstig is echter het mengen van een polaire stof met een apolaire stof, omdat daarbij polaire interacties verbroken worden zonder dat hiervoor nieuwe polaire interacties in de plaats komen.

Dit wordt geïllustreerd door tabel 1.6, waarin een aantal vloeistoffen staat gerangschikt in volgorde van afnemende polariteit. Als de polariteitsverschillen groot worden (rechter bovenhoek en linker benedenhoek van het diagram) zijn de vloeistoffen niet meer volledig mengbaar.

Wanneer een verbinding oplost in een bepaald oplosmiddel treedt dus interactie op tussen de moleculen van de verbinding en de oplosmiddelmoleculen. We noemen deze interactie *solvatatie* (Engels: solvent = oplosmiddel). Wanneer het oplosmiddel water is, wordt de meer specifieke term *hydratatie* gebruikt. Een voorbeeld van de solvatatie van een 1-butanolmolecuul en van natriumchloride door methanol is in figuur 1.12 gegeven.

Tabel 1.6. Mengbaarheid van enkele vloeistoffen.

| | water | methanol | ethanol | ether | benzeen | pentaan |
|---|---|---|---|---|---|---|
| water | | + | + | – | – | – |
| methanol | + | | + | + | + | – |
| ethanol | + | + | | + | + | + |
| ether | – | + | + | | + | + |
| benzeen | – | + | + | + | | + |
| pentaan | – | – | + | + | + | |

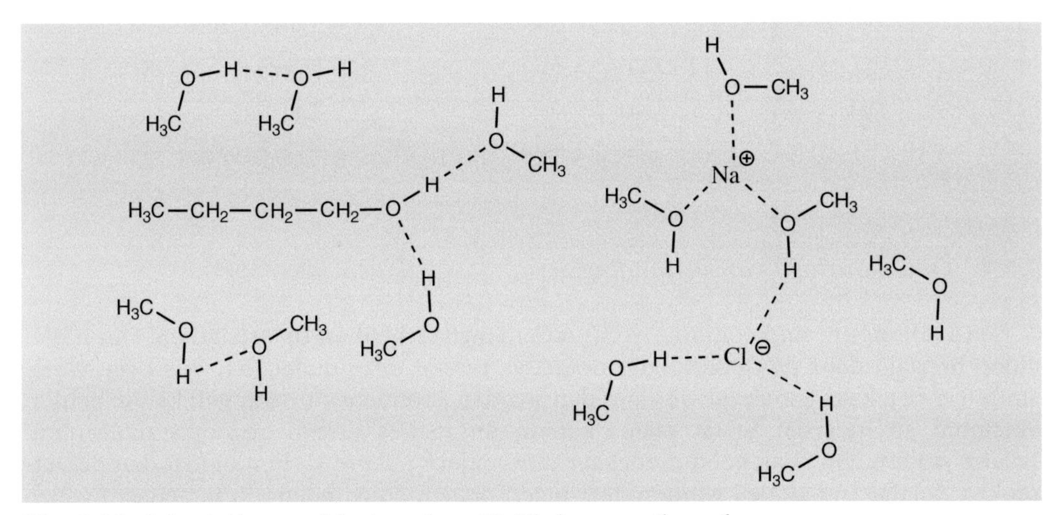


Fig. 1.12. Solvatatie van 1-butanol en NaCl door methanol.

Het vermogen van een oplosmiddel om geladen deeltjes zoals $Na^+$ en $Cl^-$ te stabiliseren kan uitgedrukt worden in de *diëlektrische constante,* ε, van een oplosmiddel. Deze is gebaseerd op de aantrekking of afstoting die er heerst tussen twee geladen deeltjes in dat oplosmiddel volgens de formule voor de Coulomb-kracht:

$$F = \frac{q_1 q_1}{4 \pi \varepsilon r^2}$$

waarbij $\varepsilon = \varepsilon_0 \varepsilon_r$; $\varepsilon_0$ is de diëlektrische constante voor vacuüm en $\varepsilon_r$ is de relatieve diëlektrische constante van het betreffende oplosmiddel.

Hexaan heeft een $\varepsilon_r$ van 1,9 en de $\varepsilon_r$ van water is ca. 78. Dit betekent dat de aantrekking tussen $Na^+$ en $Cl^-$ in hexaan 40 maal zo groot is als die in water. Het is dus niet verwonderlijk dat natriumchloride in hexaan vele malen slechter oplost dan in water.

Oplosmiddelen met een hoge diëlektrische constante noemen we *polaire* oplosmiddelen; die met een lage diëlektrische constante *apolaire* oplosmiddelen. Polaire oplosmiddelen hebben doorgaans het vermogen waterstofbruggen te vormen. Voorbeelden hiervan zijn water, methanol en ethanol. Daarnaast is er een categorie polaire oplosmiddelen die geen waterstofbrugdonerende groep bevatten, de zgn. *dipolaire aprotische oplosmiddelen*. Voorbeelden uit deze categorie zijn dimethylsulfoxide, dimethylformamide, acetonitril en aceton. Veel voorkomende oplosmiddelen met een middelmatige polariteit zijn dichloormethaan, tetrahydrofuraan, chloroform en ether. In deze oplosmiddelen lost een groot aantal verschillende organische verbindingen op. Apolaire oplosmiddelen zijn benzeen, tetrachloormethaan (tetra) en hexaan. Deze oplosmiddelen zijn geschikt om apolaire stoffen, zoals vetten, in op te lossen.

Tabel 1.7. Enkele veel voorkomende oplosmiddelen, gerangschikt in volgorde van afnemende polariteit.

| *Naam oplosmiddel* | *Formule* | *Diëlectrische constante ($\varepsilon_r$)* | *Kookpunt (°C)* |
|---|---|---|---|
| water | $H_2O$ | 78 | 100 |
| dimethylsulfoxide (DMSO) | $CH_3\text{-}S(=O)\text{-}CH_3$ | 45 | 189 |
| dimethylformamide (DMF) | $H\text{-}C(=O)\text{-}N(CH_3)_2$ | 38 | 153 |
| acetonitril | $H_3C\text{-}C\equiv N$ | 38 | 81 |
| methanol | $CH_3\text{-}OH$ | 32 | 65 |
| ethanol | $CH_3\text{-}CH_2\text{-}OH$ | 25 | 78 |
| aceton | $CH_3\text{-}C(=O)\text{-}CH_3$ | 22 | 56 |
| dichloormethaan (methyleenchloride) | $CH_2Cl_2$ | 9.0 | 40 |
| tetrahydrofuraan (THF) | cyclisch $H_2C\text{-}CH_2\text{-}O\text{-}CH_2\text{-}CH_2$ | 7,4 | 67 |
| ethylacetaat | $CH_3\text{-}C(=O)\text{-}O\text{-}C_2H_5$ | 6,0 | 77 |
| chloroform | $CHCl_3$ | 5,0 | 62 |
| diethylether (ether) | $CH_3\text{-}CH_2\text{-}O\text{-}CH_2\text{-}CH_3$ | 4,5 | 35 |
| benzeen | $C_6H_6$ (benzeenring) | 2,3 | 80 |
| tetrachloormethaan (tetra) | $CCl_4$ | 2,2 | 77 |
| hexaan | $CH_3\text{-}(CH_2)_4\text{-}CH_3$ | 1,9 | 69 |

# 2 Chemische reactiviteit en stabiliteit

Dit hoofdstuk geeft een kort overzicht van enkele basisbegrippen uit de chemie die van belang zijn voor het begrijpen van organische reactiemechanismen. Omdat veel reacties worden gekatalyseerd door zuren of basen worden de eigenschappen van deze klasse van verbindingen kort besproken en worden de begrippen Lewiszuur en Lewisbase geïntroduceerd. Voor het verloop van een chemische reactie speelt de energiebalans een belangrijke rol. De begrippen evenwicht en reactiesnelheid worden gerelateerd aan de thermodynamische grootheden enthalpie, entropie en vrije energie en het energiediagram wordt toegelicht. Het hoofdstuk eindigt met een introductie van de meest voorkomende reactieve intermediairen in de organische chemie.

## 2.1 Zuren en basen

In 1884 definieerde Arrhenius een zuur als een stof die protonen levert als deze in water wordt opgelost. Een base kan aldus gedefinieerd worden als een stof die in water hydroxyde-ionen levert. De reactie tussen een zuur en een base is volgens deze definitie dus de reactie tussen $H^+$ en $OH^-$.

$$H^{\oplus} + OH^{\ominus} \longrightarrow H_2O$$

De zuursterkte van een verbinding kan gemeten worden door de mate van protonoverdracht naar water te meten. Sterke zuren zoals HCl dragen hun proton vrijwel volledig over op water terwijl zwakke zuren als azijnzuur dit slechts gedeeltelijk doen. Omdat protonoverdracht naar water een evenwichtsreactie is, kunnen we dit proces uitdrukken met een evenwichtsconstante *K*, die voor ideale systemen de relatie tussen de concentraties van de deelnemende deeltjes vastlegt.

$$HA + H_2O \underset{}{\overset{K}{\rightleftharpoons}} H_3O^{\oplus} + A^{\ominus}$$

$$K = \frac{[H_3O^{\oplus}]\,[A^{\ominus}]}{[HA]\,[H_2O]}$$

Omdat in water de term $[H_2O]$ een constante waarde heeft, kunnen we de evenwichtconstante vereenvoudigen tot de zuurconstante $K_a$.

$$K_a = K\left[H_2O\right] = \frac{\left[H_3O^{\oplus}\right]\left[A^{\ominus}\right]}{\left[HA\right]}$$

Uit de vergelijking blijkt dat $K_a$ groter wordt naarmate het zuur meer geïoniseerd is. Sterke zuren hebben dus een hoge $K_a$-waarde, zwakke zuren een lage $K_a$. De zuursterkte van een zuur is sterk afhankelijk van de stabiliteit van het anion dat na protonafsplitsing ontstaat; naarmate dit anion stabieler is, kan het beter als zodanig bestaan en zal het evenwicht verder naar rechts liggen. Zoals de $H^+$-concentratie meestal wordt weergegeven in pH, zo wordt de zuursterkte van een zuur uitgedrukt in een $pK_a$.

$$pH = -\log\left[H^{\oplus}\right] \qquad pK_a = -\log K_a$$

Bij het gebruik van $pK_a$-waarden van zuren moet vanwege de negatieve logaritme die daarin verwerkt zit, er goed op gelet worden dat geldt:
(1) hoe groter de $pK_a$-waarde, hoe zwakker het zuur;
(2) vanwege het exponentiële karakter stelt elke $pK_a$-eenheid een factor tien in zuursterkte voor, dus voor een zuur met $pK_a = 3$ is het product van $H^+$ en anionconcentratie tienmaal groter dan voor een zuur met $pK_a = 4$. Eenvoudige carbonzuren zoals azijnzuur hebben $K_a$-waarden tussen $10^{-4}$ en $10^{-5}$, dus $pK_a$-waarden tussen 4 en 5. Daarmee zijn het veel sterkere zuren dan bijvoorbeeld de alcoholen: deze hebben een veel lagere ionisatiegraad (protolysegraad) met $pK_a$-waarden tussen 15 en 19 (dus $K_a$ tussen $10^{-15}$ en $10^{-19}$).

**Tabel 2.1. Relatieve sterkte van enkele veel voorkomende zuren en hun geconjugeerde basen**

| | *Zuur* | *Naam* | $pK_a$ | *Geconjugeerde base* | *Naam* | |
|---|---|---|---|---|---|---|
| zwak zuur ↓ | $C_2H_5OH$ | ethanol | 16,0 | $C_2H_5O^{\ominus}$ | ethoxide-ion | sterke base ↑ |
| | $H_2O$ | water | 15,7 | $OH^{\ominus}$ | hydroxide-ion | |
| | $HCN$ | waterstofcyanide (blauwzuur) | 9,2 | $CN^{\ominus}$ | cyanide-ion | |
| | $CH_3COOH$ | azijnzuur | 4,7 | $CH_3COO^{\ominus}$ | acetaat-ion | |
| | $HF$ | waterstoffluoride | 3,2 | $F^{\ominus}$ | fluoride-ion | |
| sterk zuur | $HCl$ | waterstofchloride | - 7,0 | $Cl^{\ominus}$ | chloride-ion | zwakke base |

De definitie van zuren en basen volgens Arrhenius bleek te beperkt te zijn, omdat deze alleen voor oplossingen in water geldt. Brønsted en Lowry stelden daarom veertig jaren later voor een zuur te definiëren als een protondonor en een base als een protonacceptor. Dit concept is zowel in water als in niet-waterige systemen bruikbaar. Zo is de overdracht van een proton van zwavelzuur naar ethanol evenzeer een zuur-base-reactie als de overdracht van een proton van zwavelzuur naar water:

$$\underset{\text{base}}{C_2H_5OH} + H_2SO_4 \rightleftharpoons C_2H_5OH_2^{\oplus} + HSO_4^{\ominus}$$

$$\underset{\text{base}}{H_2O} + H_2SO_4 \rightleftharpoons H_3O^{\oplus} + HSO_4^{\ominus}$$

Water en ethanol fungeren beide als base (protonacceptor) in deze reacties. Als deze verbindingen zelf echter in contact komen met een sterke protonacceptor dan kunnen ze door hun amfiprotisch karakter ook als zuur (protondonor) reageren:

$$\underset{\text{zuur}}{H_2O} + \underset{\text{base}}{NH_3} \rightleftharpoons OH^{\ominus} + NH_4^{\oplus}$$

$$\underset{\text{zuur}}{C_2H_5OH} + \underset{\text{base}}{NH_2^{\ominus}} \rightleftharpoons C_2H_5O^{\ominus} + NH_3$$

Lewis heeft het concept van Brønsted en Lowry verder uitgebreid en is gekomen met een zeer algemene definitie voor zuren en basen. Volgens deze definitie is een *base* een *elektronenpaar-donor* en een *zuur* een *elektronenpaar-acceptor*. Alle zuren en basen uit de vorige definities vallen dus onder de definitie van Lewis, maar het grote voordeel is dat deze definitie niet alleen tot protonen beperkt blijft. Zo is $BF_3$ een sterk Lewis-zuur, want boor heeft in deze verbinding slechts zes elektronen in de buitenste schil en zal dus graag een elektronenpaar opnemen om het elektronenoctet compleet te maken. Verschillende Lewis-basen kunnen zo'n elektronenpaar leveren, zoals $F^-$ of $NH_3$.

$$\underset{\text{Lewis zuur}}{BF_3} + \underset{\text{Lewis base}}{:\!F\!:^{\ominus}} \longrightarrow [BF_4]^{\ominus}$$

$$\underset{\text{Lewis zuur}}{BF_3} + \underset{\text{Lewis base}}{:\!NH_3} \longrightarrow F_3B^{\ominus}\!:\!N^{\oplus}H_3$$

In $AlCl_3$ heeft aluminium eveneens een elektronensextet in de buitenste schil en daarom zal ook $AlCl_3$ snel reageren met een stof die een elektronenpaar kan leveren waarmee de elektronenconfiguratie rond aluminium aangevuld wordt tot een octet.

$$AlCl_3 + :\ddot{Cl}:^{\ominus} \longrightarrow [AlCl_4]^{\ominus}$$

Lewis zuur Lewis base

$$AlCl_3 + :\ddot{O}(C_2H_5)_2 \longrightarrow Cl_3Al^{\ominus}-\ddot{O}^{\oplus}(C_2H_5)_2$$

Lewis zuur Lewis base

Het Lewis-concept voor zuren en basen is zeer belangrijk voor de organische chemie. Vaak worden verbindingen aangeduid met termen als Lewiszuur of Lewis-base om aan te geven dat zij gemakkelijk in staat zijn een elektronenpaar op te nemen resp. af te staan. Bij beschouwingen over reactiemechanismen gebruikt men in de organische chemie ook vaak de term *elektrofiel* voor een deeltje dat gemakkelijk elektronen opneemt. Lewis-zuren zijn dus elektrofiele deeltjes. Een deeltje dat graag zijn elektronenpaar deelt met een ander atoom is een *nucleofiel* (kern-minnend). Lewis-basen zijn dus nucleofiele deeltjes.

## 2.2 Evenwicht en reactiesnelheid

Wanneer we de binding tussen twee waterstofatomen in een waterstofmolecuul willen verbreken, moeten we energie toevoeren. Meestal gebeurt dit in de vorm van warmte. Als een waterstofmolecuul tot enige duizenden graden Celsius verhit wordt, breekt de binding en vormen zich twee afzonderlijke atomen. Een reactie zoals deze, waarvoor warmte toegevoerd moet worden, heet een *endotherme reactie*. Dezelfde hoeveelheid warmte die nodig is om de binding te verbreken, komt weer vrij wanneer twee waterstofatomen combineren tot een waterstofmolecuul. De reactie van rechts naar links, waarbij dus warmte vrijkomt, is een *exotherme reactie*.

$$H_2 \quad + \quad 435\ \text{kJ} \quad \underset{k_{-1}}{\overset{k_1}{\rightleftharpoons}} \quad 2\ H\bullet$$

De warmte-inhoud van het systeem verandert dus tijdens een reactie en is een maat voor de totale hoeveelheid bindingsenergie in het systeem.

Omdat er warmte moet worden toegevoerd om de twee afzonderlijke waterstofatomen te vormen, hebben deze een hogere warmte-inhoud dan het waterstofmolecuul. Het verschil in warmte-inhoud wordt gedefinieerd als het verschil in *standaard enthalpie* $\Delta H^\circ$. Als $\Delta H^\circ$ van een reactie negatief is, dan daalt de warmte-inhoud van het systeem en is de reactie exotherm. Als $\Delta H^\circ$ van een reactie positief is dan moet er warmte aan het systeem worden toegevoegd en is de reactie endotherm.

De verandering in de standaard vrije energie, $\Delta G^\circ$ en in de standaard enthalpie, $\Delta H^\circ$, van een reactie hebben een relatie met elkaar via de volgende vergelijking:

$$\Delta G^o = \Delta H^o - T\Delta S^o$$

waarbij T de absolute temperatuur is en de $\Delta S^\circ$ verandering in standaard *entropie*. De entropieterm $\Delta S^\circ$ geeft de verandering in 'wanorde' van het systeem aan. Hoe meer vrijheidsgraden de deeltjes krijgen tijdens een reactie hoe groter $\Delta S^\circ$ wordt. Voor de reactie

$$H_2 \longrightarrow H\bullet + H\bullet$$

krijgen de waterstofatomen een grotere bewegingsvrijheid en $\Delta S^\circ$ heeft een positieve waarde. Bij de reactie

$$H\bullet + H\bullet \longrightarrow H_2$$

geldt precies het omgekeerde: de bewegingsvrijheid van de waterstofatomen neemt af omdat de twee atomen aan elkaar binden en dan is het teken voor $\Delta S^\circ$ negatief. Uit de afhankelijkheid van $\Delta G^\circ$ van $\Delta S^\circ$ blijkt ook dat, wanneer $\Delta S^\circ$ positief is, $\Delta G^\circ$ afneemt bij toenemende temperatuur. Dit verklaart waarom bij zeer hoge temperatuur $H_2$ dissocieert in twee waterstofatomen.

Bij hoge temperatuur is de vorming van de twee waterstofatomen uit een waterstofmolecuul een *reversibel* proces, d.w.z. dat ook de teruggaande reactie plaatsvindt. Zodra bij een bepaalde temperatuur het evenwicht zich eenmaal heeft ingesteld, zullen de concentraties $H_2$ en H• niet meer veranderen. De vorming van $H_2$ verloopt dan precies even snel als de ontleding van $H_2$ en dan geldt dus $v = k_1 [H_2] = k_{-1} [H\bullet]^2$. Hierbij is $v$ de snelheid van beide reacties en zijn $k_1$ en $k_{-1}$ de snelheidsconstanten die respectievelijk behoren bij de ontledingsreactie en de vormingsreactie van $H_2$. De ligging van het evenwicht wordt bepaald door de evenwichtsconstante $K$ waarvoor geldt:

$$K = \frac{[H\bullet]^2}{[H_2]} = \frac{k_1}{k_{-1}}$$

De grootte van $K$ hangt af van de temperatuur en van het verschil in stabiliteit tussen de deeltjes die bij het evenwicht zijn betrokken. Het verschil in stabiliteit dat bestaat tussen de producten en de uitgangsstoffen wordt gedefinieerd als het verschil in *standaard vrije energie*, $\Delta G^\circ$ .

De relatie tussen de evenwichtsconstante, $K$, de absolute temperatuur, $T$, en het verschil in standaard vrije energie, $\Delta G^\circ$ , wordt gegeven door de vergelijking

$$\Delta G^o = - RT \ln K$$

waarbij $R$ de gasconstante voorstelt (8.3 J/mol °K) en ln $K$ de natuurlijke logaritme van $K$.

Tabel 2.2 laat zien dat geringe verschillen in $\Delta G^\circ$ toch al grote invloed op de ligging van een evenwicht hebben. Wanneer voor een evenwicht A ⇄ B het verschil in standaard vrije energie, $\Delta G^\circ$, gelijk is aan nul, dan is K= 1,00 en zal er evenveel A als B aanwezig zijn. Als B 5,43 kJ per mol stabieler is dan A dan zal het mengsel voor 90% uit stof B bestaan.

**Tabel 2.2. Relatie tussen het verschil in standaard vrije energie en de ligging van het evenwicht A ⇄ B bij 25 °C.**

| $\Delta G^o$ (kJ/mol) | $K$ | percentage B |
|---|---|---|
| + 11,37 | 0,01 | 1 |
| + 5,43 | 0,11 | 10 |
| 0,00 | 1,00 | 50 |
| - 5,43 | 9,00 | 90 |
| - 11,37 | 99,00 | 99 |

## 2.3 Het energiediagram

Tijdens de meeste chemische reacties worden er zowel bindingen gevormd als bindingen verbroken. Beschouwen we bijvoorbeeld de reactie
in de gasfase dan wordt de totale vrije energieverandering van de reactie, $\Delta G^\circ$, groten-

$$A + B{-}C \longrightarrow A{-}B + C$$

deels bepaald door de enthalpie die opgebracht moet worden om de B-C-binding te breken en de enthalpie die gewonnen wordt bij de vorming van de A-B-binding. Als deze laatste enthalpie groter is, dan is de reactie exotherm en is de vorming van de sterkere A-B-binding de *drijvende kracht* voor de reactie. Wanneer reacties in oplossing plaatsvinden, zoals voor de meeste organische reacties het geval is, dan zullen ook de interacties van het oplosmiddel met de reagerende deeltjes een rol spelen in de totale vrije-energiebalans.

Het vrije-energieverloop van een reactie wordt vaak weergegeven in een *energiediagram*. Om een dergelijk diagram te kunnen opstellen is het allereerst nodig om een gedetailleerd inzicht te hebben hoe een reactie stap voor stap verloopt, met andere woorden wat het *mechanisme* van de reactie is. De reactie

$$\ddot{A}^{\ominus} + B{-}C \longrightarrow A{-}B + \ddot{C}^{\ominus}$$

kan bijvoorbeeld zodanig verlopen dat gelijktijdig met het vormen van de nieuwe A-B-binding de oude B-C-binding verbroken moet worden. Dit proces verloopt dan via een toestand waarbij het vrije elektronenpaar van A reeds gedeeltelijk een binding met B gevormd heeft en het bindingselektronenpaar van de B-C-binding al gedeeltelijk door C opgenomen is.

$$\ddot{A}^{\ominus} + B{-}C \longrightarrow \left[\overset{\delta-}{A}\text{----}B\text{----}\overset{\delta-}{C}\right] \longrightarrow A{-}B + \ddot{C}^{\ominus}$$

De toestand met de hoogste energie die in de loop van dit proces ontstaat, wordt de *overgangstoestand* genoemd en wordt weergegeven met het teken $^{\ddagger}$. De moleculen in het reactiesysteem moeten voldoende energie hebben om de overgangstoestand te kunnen bereiken omdat de uitgangsstof alleen via de overgangstoestand in het product kan worden omgezet. De energie die daarvoor nodig is, wordt de *vrije energie voor activering*, $\Delta G^{\ddagger}$, genoemd.

Deze situatie is weergegeven in figuur 2.1. Op de horizontale as is de voortgang van de reactie aangegeven. Op de verticale as is de vrije-energie-inhoud van de reagerende deeltjes uitgezet. De overgangstoestand wordt nu gedefinieerd als die situatie waar de vrije-energie-inhoud maximaal is. Het verschil in vrije energie tussen reactanten en overgangstoestand is de vrije energie voor activering, $\Delta G^{\ddagger}$. De hoogte van $\Delta G^{\ddagger}$ bepaalt of een reactie snel of langzaam verloopt. Als $\Delta G^{\ddagger}$ hoog is, verloopt een reactie langzaam, ook al is de reactie sterk exotherm (heeft een grote reactiewarmte).

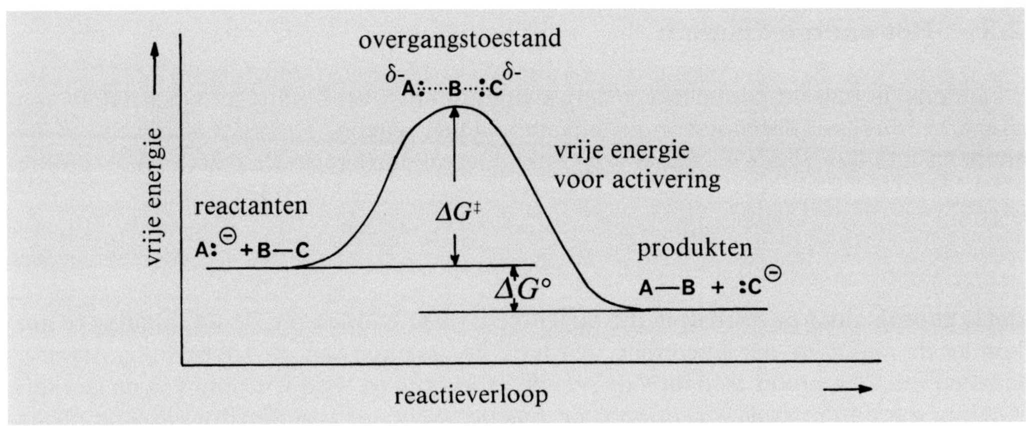


Fig. 2.1. Reactiediagram voor de reactie $\ddot{A}^{\ominus} + BC \rightarrow AB + \ddot{C}^{\ominus}$.

Het komt nogal eens voor dat bij beschouwingen van reactie-energieën het begrip vrije energie van activering, $\Delta G^{\ddagger}$ vervangen wordt door het begrip *activeringsenergie*, $E_a$. Dit is een benadering, omdat in $E_a$ de entropiefactor buiten beschouwing is gelaten en uitsluitend naar verandering in bindingsenergieën wordt gekeken. Ook wij zullen in dit boek de term activeringsenergie nogal eens gebruiken, vooral omdat deze term sterk ingeburgerd is. Bij het hanteren van deze term moet echter bovenstaande opmerking niet uit het oog worden verloren.
Wanneer de reactie

$$\ddot{\mathrm{A}}^{\ominus} + \mathrm{B{-}C} \longrightarrow \mathrm{A{-}B} + \ddot{\mathrm{C}}^{\ominus}$$

volgens een ander dan het hiervoor beschreven mechanisme verloopt, zal ook het energiediagram er anders gaan uitzien. Stel, bijvoorbeeld, dat eerst binding B-C verbroken wordt, alvorens binding A-B gevormd wordt, volgens

$$\ddot{\mathrm{A}}^{\ominus} + \mathrm{B{-}C} \longrightarrow \ddot{\mathrm{A}}^{\ominus} + \mathrm{B}^{\oplus} + \ddot{\mathrm{C}}^{\ominus} \longrightarrow \mathrm{A{-}B} + \ddot{\mathrm{C}}^{\ominus}$$

Voor de bindingsbreuk tussen B en C moet de meeste energie worden opgebracht. In de overgangstoestand van dit proces is de bindingsenergie van de B-C-binding voor het grootste deel verloren gegaan, maar hebben de oplosmiddelmoleculen de ladingen nog niet gestabiliseerd. Dit is wel het geval bij de intermediairen, vandaar dat deze wat lager in energie liggen. Wanneer $\mathrm{B}^{\oplus}$ een reactief deeltje is, zal dat snel verder reageren met $\ddot{\mathrm{A}}^{\ominus}$ of eventueel met $\ddot{\mathrm{C}}^{\ominus}$ in een teruggaande reactie (zie fig. 2.2).

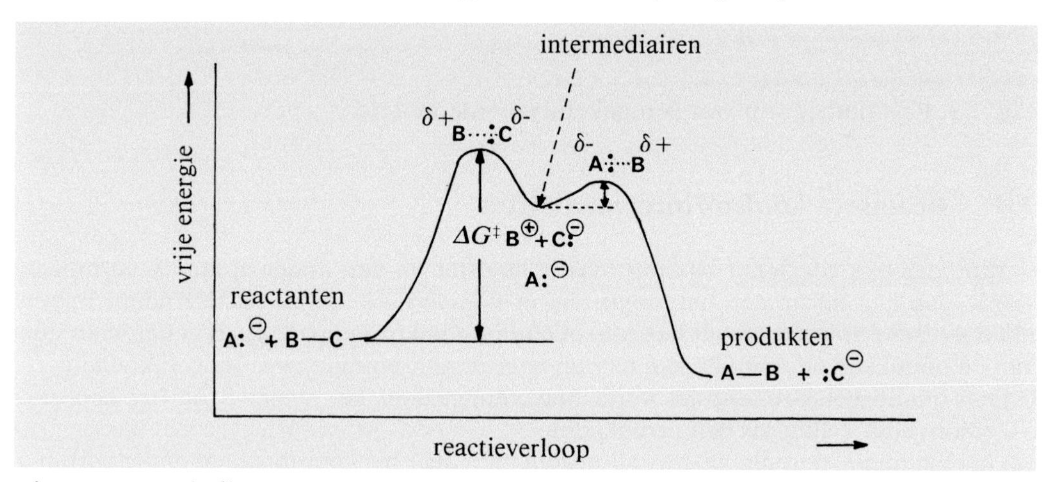


Fig. 2.2. Reactiediagram van een reactie waarbij een intermediair gevormd wordt.

Ook deze bindingsvorming verloopt via een overgangstoestand en heeft dus een geringe vrije energie voor activering omdat de oplosmiddelinteracties met de ionen gedeeltelijk opgeheven moeten worden om de nieuwe binding te kunnen vormen. De vrije energie voor activering voor dit proces is echter veel geringer dan die van de bindingsbreuk, zodat de snelheid van deze stap geen beperking voor de snelheid van het totale proces vormt. De reactiestap met de hoogste vrije energie voor activering bepaalt de snelheid van de reactie en wordt de *snelheidsbepalende stap* genoemd. In dit voorbeeld is dit dus de eerste reactiestap.

Reacties kunnen aanzienlijk versneld worden, wanneer een *katalysator* gebruikt wordt die de vrije energie van activering omlaag brengt. De katalysator kan bijvoorbeeld een gunstige interactie met de overgangstoestand aangaan, waardoor de energie hiervan daalt. Een voorwaarde voor een katalysator is, dat deze zelf weer onveranderd uit het reactieproces te voorschijn komt. Daardoor kan één molecuul katalysator een groot aantal malen de reactie katalyseren en is er maar een kleine hoeveelheid van nodig. De ligging van een evenwicht, dus de energie van begin- en eindtoestand, wordt door de katalysator niet veranderd. Een schematische weergave van de werking van een katalysator is in figuur 2.3 weergegeven.

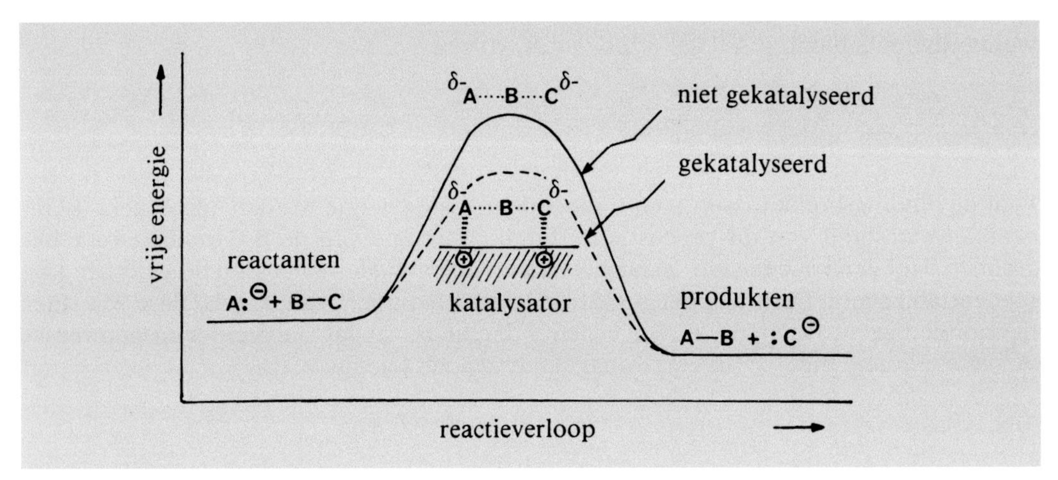


Fig. 2.3. Reactiediagram van een gekatalyseerde reactie.

## 2.4 Reactieve koolstofintermediairen

Wanneer een covalente binding tussen koolstof en een ander atoom X verbroken wordt, dan kan dit op een heterolytische of homolytisehe wijze plaatsvinden. In een heterolytische splitsing wordt het gehele bindingselektronenpaar opgenomen door één van de betrokken atomen. Er zijn daarbij voor de C-X-binding twee mogelijkheden:

(1) het bindingselektronenpaar wordt opgenomen door het atoom X en het koolstofatoom blijft achter als een carbokation.

(2) het bindingselektronenpaar wordt opgenomen door het koolstofatoom onder vorming van een carbanion.

In een homolytische splitsing wordt door elk van de atomen die de binding vormden, één elektron opgenomen waardoor radicalen ontstaan. Deze reactiemogelijkheden zijn in onderstaande reactievergelijkingen weergegeven. Het soort bindingsbreuk dat optreedt, is afhankelijk van de elektronegativiteit van X en van de reactieomstandigheden.

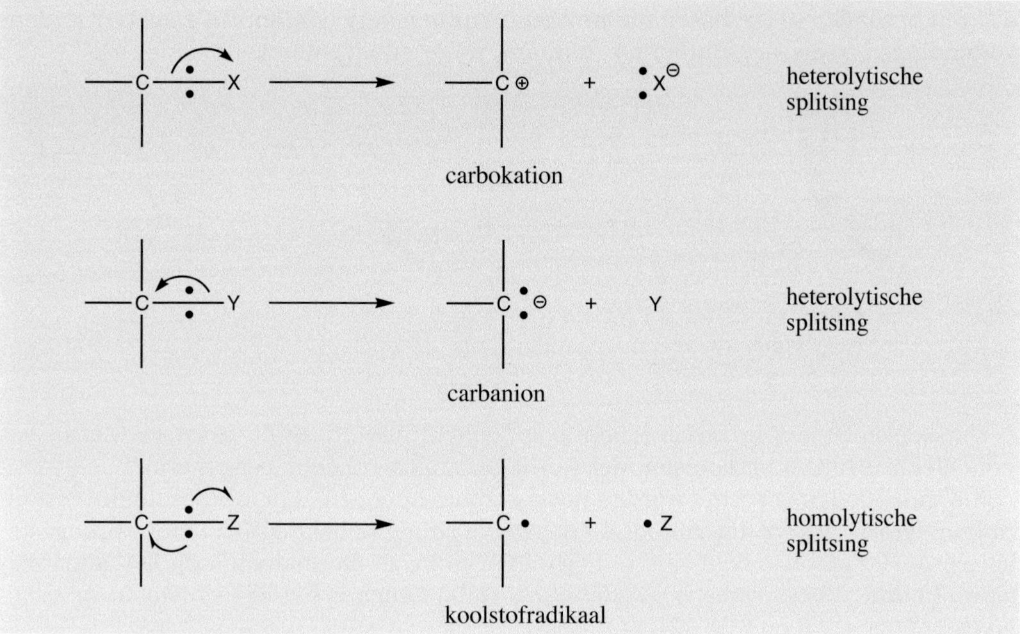

heterolytische splitsing

carbokation

heterolytische splitsing

carbanion

homolytische splitsing

koolstofradikaal

Een *carbokation* is een positief deeltje. Het heeft slechts zes elektronen in de buitenste schil en heeft dus een elektronentekort; het is een *Lewis-zuur* en een *elektrofiel*. Door de grote behoefte een elektronenpaar op te nemen, hebben carbokationen een sterke neiging tot reactie met nucleofiele deeltjes. Een carbokation is $sp^2$-gehybridiseerd en de bindingen rond het positief geladen koolstofatoom liggen in één vlak. De drie $sp^2$-orbitalen verzorgen bindingen naar andere atomen, de niet gebruikte en dus lege 2p-orbitaal vormt een potentiële bindingsmogelijkheid loodrecht op het vlak van de andere drie orbitalen. Bij aanval van een nucleofiel met een vrij elektronenpaar op de lege 2porbitaal completeert dit elektronenpaar het elektronenoctet en gaat het koolstofatoom over op $sp^3$-hybridisatie. De aanval van water op een carbokation is een illustratie van zo'n proces. Reacties van carbokationen worden uitgebreid besproken bij de alkenen, de halogeenalkanen en de alcoholen.

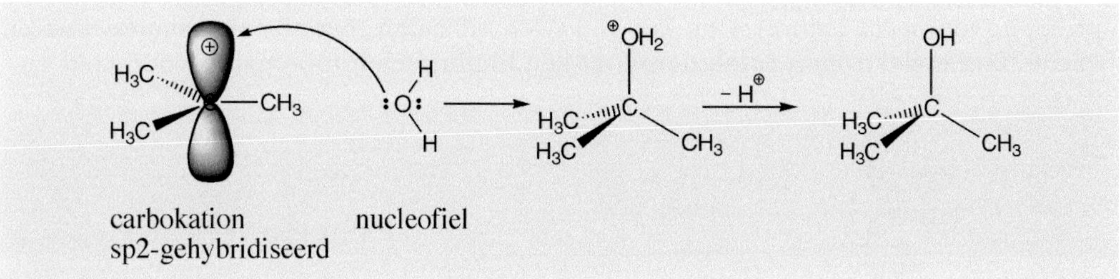

carbokation sp2-gehybridiseerd

nucleofiel

Een *carbanion* is een negatief koolstofatoom met acht elektronen in de buitenste schil. Door het bezit van een vrij elektronenpaar kan een carbanion reageren als *base* en als *nucleofiel*. Daar een koolstofatoom maar weinig elektronegatief is, zal een negatieve lading op een koolstofatoom niet erg gunstig zijn. Carbanionen van dit type zijn daarom bijzonder sterke basen die protonen kunnen verwijderen van zeer veel andere verbindingen, zoals van ammoniak, aminen, water en alcoholen.

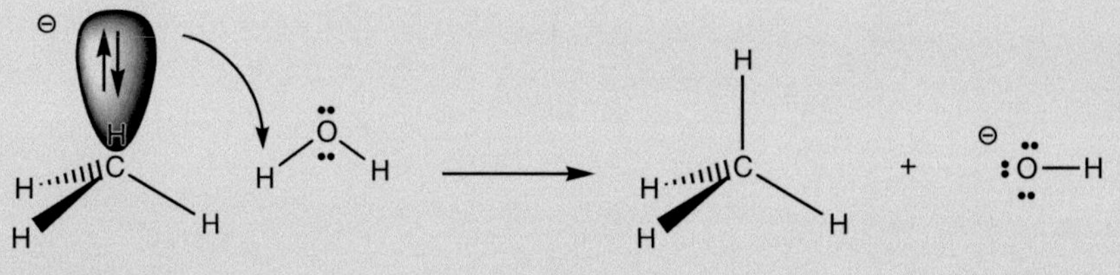

carbanion
$sp^3$-gehybridiseerd

Het koolstofatoom in carbanionen is $sp^3$-gehybridiseerd, in de gevallen waarin het vrije elektronenpaar op koolstof niet wordt gestabiliseerd door mesomerie.

Als carbanionen gevormd worden naast carbonylgroepen, dan zal mesomerie met de carbonylgroep optreden waardoor de negatieve lading in belangrijke mate wordt gestabiliseerd. Het grootste deel van de negatieve lading zit dan namelijk op het zuurstofatoom. In deze *door mesomerie gestabiliseerde* carbanionen is het koolstofatoom *$sp^2$-gehybridiseerd* (zie § 2.6 en § 13.12).

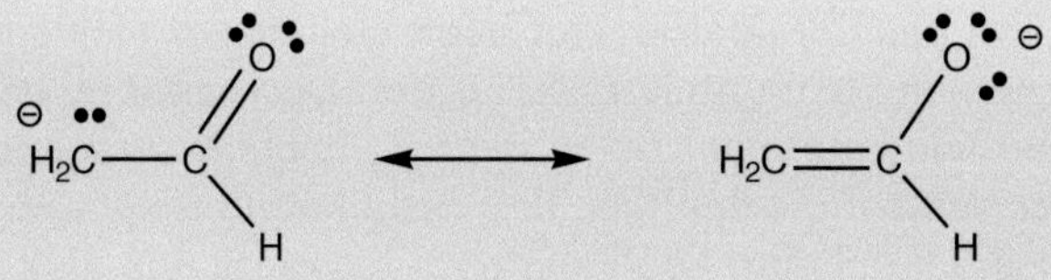

carbanion, gestabiliseerd door mesomerie, $sp^2$-gehybridiseerd

Een *koolstofradicaal* is een *neutraal* deeltje met zeven elektronen in de buitenste schil. Het koolstofatoom is $sp^2$-gehybridiseerd. Koolstofradicalen zijn door de aanwezigheid van één eenzaam elektron zeer reactieve deeltjes die vaak onmiddellijk na hun vorming verder reageren. Bij deze reacties worden dan atomen van andere moleculen geabstraheerd waardoor weer nieuwe radicalen gevormd worden en er kettingreacties optreden (voorbeeld 1 en 2). Ook kunnen twee radicalen met elkaar reageren waarbij twee eenzame elektronen combineren tot een bindingselektronenpaar (voorbeeld 3).

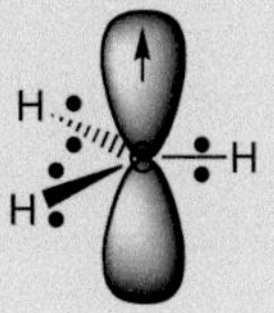

koolstofradikaal

(1)

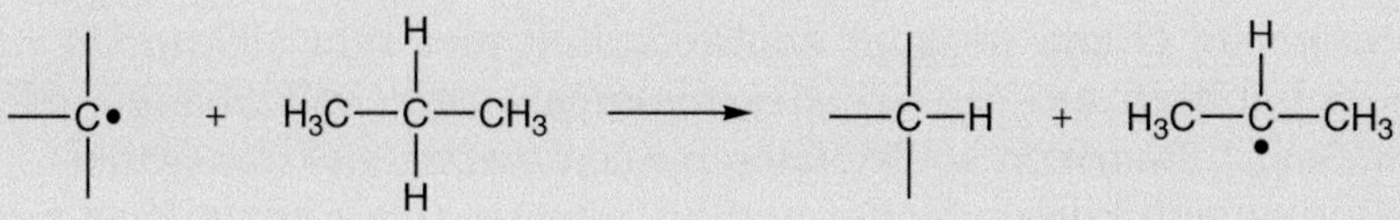

(2) —C• + Cl—Cl ⟶ —C—Cl + •Cl

•Cl + —C—H ⟶ —C• + H—Cl

kettingreactie

(3) $H_3C$—C• + •C—$CH_3$ ⟶ $H_3C$—C——C—$CH_3$

combinatie van twee radikalen

## 2.5 Mesomerie

Een groot aantal organische verbindingen kan op doeltreffende wijze beschreven worden met behulp van één structuurformule. Deze structuurformule geeft dan een duidelijk beeld van de bouw en de elektronenverdeling binnen het molecuul. Daarnaast zijn er echter ook verbindingen waar één enkele structuurformule geen goede beschrijving geeft van het molecuul. Het carbonaation is hier een voorbeeld van.

I II III

Fysische metingen tonen aan dat alle drie C-O-bindingen even lang en gelijkwaardig zijn; dit in tegenstelling tot de suggestie die door formule I gewekt wordt. Het carbonaation kan dan ook beter beschreven worden met behulp van de drie formules II die onderling verbonden worden met een dubbel gepunte pijl. Deze dubbel gepunte pijl geeft aan dat de structuurformules die hij verbindt grensstructuren zijn. Geen enkele van deze *grensstructuren* afzonderlijk is een complete weergave van het molecuul; de structuren vertegenwoordigen afzonderlijk geen bestaande deeltjes maar geven als geheel wel een goede indruk van de ladingsverdeling binnen het molecuul.

De dubbel gepunte pijl ↔ moet vooral niet verward worden met het symbool ⇄ dat gebruikt wordt om aan te geven dat er een evenwicht bestaat tussen twee *verschillende* chemische verbindingen. Het symbool ⇄ beschrijft dus een gebeurtenis; het symbool ↔ beschrijft een toestand, in dit geval de toestand van de elektronenverdeling binnen één molecuul. Het carbonaation moet dus *vooral niet* opgevat worden als een mengsel van drie met elkaar in evenwicht zijnde ionen; evenmin moet het beschouwd worden als een molecuul dat voortdurend oscilleert tussen de drie grensstructuren. De werkelijke elektronenverdeling van het ion ligt in tussen die welke wordt weergegeven door deze grensstructuren en is een hybride van deze grensstructuren, hetgeen ook weergegeven kan worden door formule III. De situatie waarbij de verdeling van de elektronen in een molecuul niet door één structuur is weer te geven, wordt *mesomerie* genoemd. Ook wordt nog vaak de minder correcte term resonantie gebruikt. Mesomerie levert een belangrijke bijdrage aan de stabiliteit van een molecuul of intermediair en bepaalt vaak in belangrijke mate de eigenschappen van het betreffende deeltje.

De vrije elektronenparen en de π-elektronen in het carbonaation hebben geen vaste plaats, maar kunnen zich op verschillende plaatsen bevinden. Dit kan het beste met behulp van een orbitaaltekening duidelijk gemaakt worden.

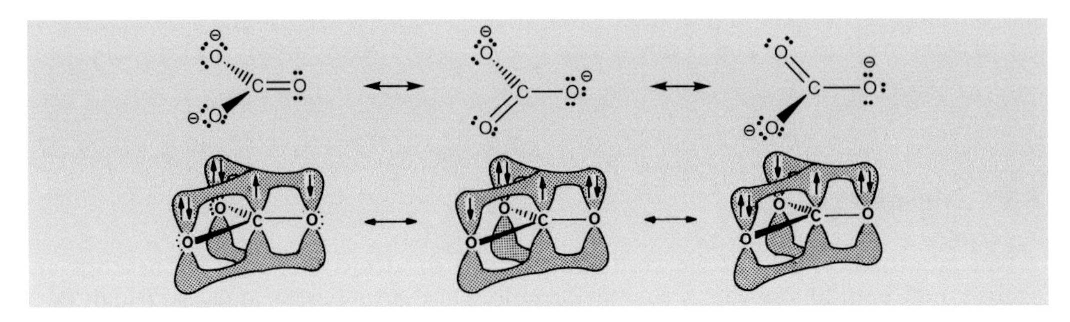

Het koolstofatoom is $sp^2$-gehybridiseerd. De drie $sp^2$-orbitalen van koolstof (niet getekend) worden gebruikt voor een lineaire overlap met een eveneens niet getekende $sp^2$-orbitaal van elk zuurstofatoom waardoor de drie σ-bindingen tussen koolstof en de drie zuurstofatomen gevormd worden. De loodrecht op dit vlak van de σ-bindingen staande 2p-orbitalen van koolstof en zuurstof vormen door zijdelingse overlap *drie* π-orbitalen, waarin in totaal zes elektronen kunnen plaatsnemen. De verdeling van de elektronen is in de orbitaaltekening aangegeven. Zoals in deze tekening te zien is, zijn de elektronenparen in de π-orbitalen niet sterk aan een bepaalde plaats gebonden. Elk zuurstofatoom draagt in principe evenveel bij aan de π-binding en de twee vrije elektronenparen kunnen evenzo gelijkelijk verdeeld worden over de drie zuurstofatomen. We spreken in zo'n geval van gedelokaliseerde elektronenparen.

Een bekend voorbeeld van mesomerie vinden we ook in het benzeenmolecuul. Benzeen is opgebouwd uit een zesring van $sp^2$-gehybridiseerde koolstofatomen. Loodrecht op het vlak van de zesring staan de zes 2p-orbitalen. De zijdelingse overlap van deze 2p-orbitalen met hun buren is aan weerszijden even groot. Uit de zes 2p-orbitalen worden drie nieuwe bindende molecuulorbitalen gevormd, dit zijn de π bindingen waarin de zes elektronen geplaatst worden. Deze π-bindingen in benzeen zijn niet gelocaliseerd en zijn niet eenvoudig door dubbele bindingsstreepjes weer te geven. De linker structuurformule geeft alleen de π-bindingen weer die in de rechter structuurformule getekend zijn.

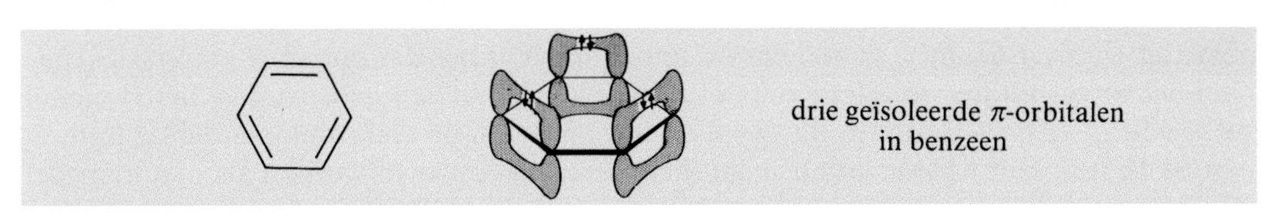


Het werkelijke benzeenmolecuul kan beter weergegeven worden met behulp van twee mesomere grensstructuren:

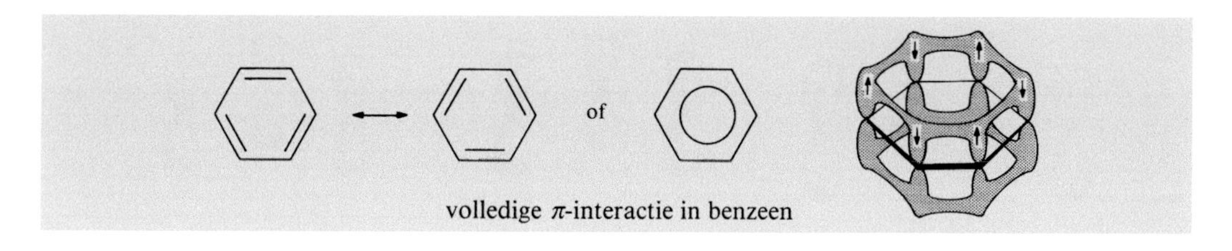


volledige $\pi$-interactie in benzeen

De zes π-elektronen bevinden zich in de π-electronenbindingen boven en onder de ring. Ze zijn daar niet aan één bepaalde plaats gebonden, maar ze zijn gedelokaliseerd, zoals ook in de rechter structuurformule door het ringetje wordt gesuggereerd.

## 2.6 Kenmerken van mesomere structuren

Bij moleculen of intermediairen waarin mesomerie een belangrijke rol speelt, kunnen bepaalde eigenschappen vaak het beste worden duidelijk gemaakt met behulp van een aantal grensstructuren. Het gebruik van grensstructuren is bijvoorbeeld nuttig om de reactieve plaatsen in een molecuul zichtbaar te maken. Zo wordt uit de grensstructuren van het carbonaation duidelijk dat de drie zuurstofatomen van dit ion gelijkwaardig zijn en dat bij protonering van het carbonaation alle drie zuurstofatomen evenveel kans maken een proton op te nemen.

We kunnen bij de moleculen of intermediairen waarin mesomerie een rol speelt een vijftal situaties gemakkelijk herkennen:

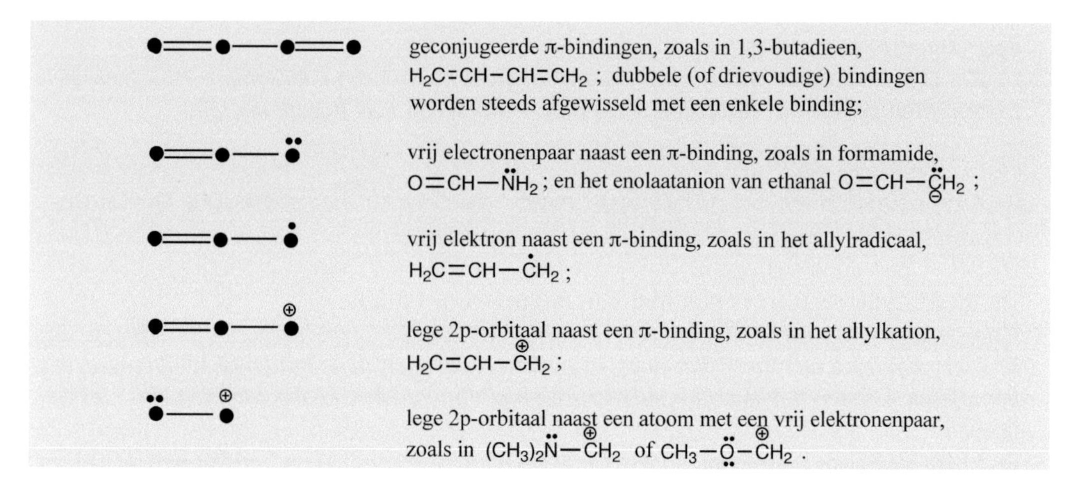


In al deze gevallen treffen we een opeenvolgende serie atomen aan die door sp- of $sp^2$-hybridisatie minimaal één 2p-orbitaal beschikbaar hebben. De 2p-orbitalen van deze atomen staan parallel aan elkaar en vormen door zijdelingse overlap tezamen nieuwe π-molecuulorbitalen waarin, afhankelijk van het type mesomerie, de elektronen kunnen plaatsnemen. In de bovenstaande type-indeling worden de π-molecuulorbitalen bezet door respectievelijk 4, 4, 3, 2 en 2 elektronen.

Voor het opstellen van de grensstructuren die een reële bijdrage leveren aan de mesomerie in het molecuul, gelden de volgende regels:

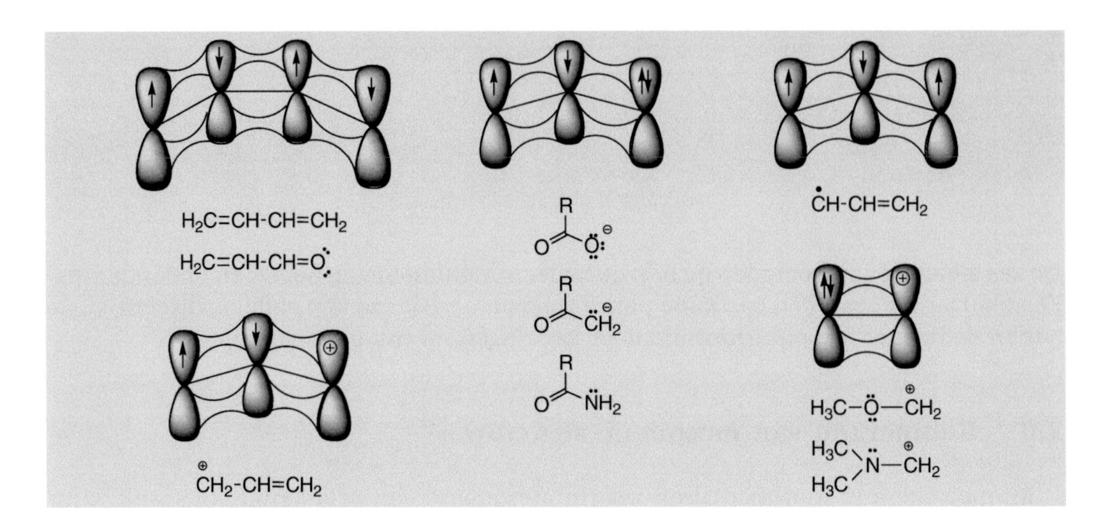


1. *In alle grensstructuren moet de positie van de* ***atomen*** *gelijk blijven; de grensstructuren mogen alleen van elkaar verschillen in de plaats van de* ***elektronen****.*
   Dit betekent dat de drie grensstructuren van het carbonaation precies dezelfde bindingshoeken en bindingsafstanden moeten hebben. Alleen de elektronendichtheid op de atomen is verschillend.
2. *De atomen die bij de mesomerie betrokken zijn, moeten in één vlak liggen en moeten een 2p-orbitaal hebben die loodrecht op dit vlak staat.*
   De delokalisatie van de elektronen vindt plaats in molecuulorbitalen die ontstaan door zijdelingse overlap van 2p-orbitalen.
3. *In alle grensstructuren moet eenzelfde aantal elektronenparen voorkomen. Dus geen elektronenparen splitsen in radicalen want deze hebben een veel hogere energie.*

$CH_2=CH-CH=CH_2 \longleftrightarrow \overset{\oplus}{C}H_2-CH=CH-\overset{\ominus}{\ddot{C}}H_2 \longleftrightarrow \overset{\ominus}{\ddot{C}}H_2-CH=CH-\overset{\oplus}{C}H_2 \not\longleftrightarrow \dot{C}H_2-CH=CH-\dot{C}H_2$

De diradicaalstructuur is dus niet van belang voor butadieen.

4. *Grensstructuren waarbij atomen van de eerste en tweede rij van het periodiek systeem zijn betrokken, mogen niet meer dan twee, resp. acht elektronen in de buitenste schil van de desbetreffende atomen hebben. Grensstructuren met vijfwaardige koolstofatomen zijn niet realistisch.*
5. *Redelijke bijdragen leveren die grensstructuren waarin rekening is gehouden met de elektronegativiteit van de atomen in het π-systeem.*

De polarisatie van de carbonylgroep in aceton is zodanig dat zuurstof enigszins negatief geladen is en koolstof enigszins positief. Dit wordt gesuggereerd door de combinatie van de twee structuren links. De rechter structuur levert geen reële bijdrage aan de mesomerie.

$(CH_3)_2C=\ddot{O}: \longleftrightarrow (CH_3)_2\overset{\oplus}{C}-\overset{\ominus}{\ddot{O}}: \not\longleftrightarrow (CH_3)_2\overset{\ominus}{C}-\overset{\oplus}{\ddot{O}}:$

Grensstructuren geven dus nuttige informatie over de ladingsverdeling in moleculen. De goede grensstructuren kunnen gevonden worden door in de daarvoor in aanmerking komende formules *elektronenparen te verschuiven in dezelfde richting*, en wel bij voorkeur in de richting van het meest elektronegatieve atoom. De formele lading die atomen ten gevolge van deze elektronenverschuiving krijgen, kan daarna bepaald worden. In de volgende voorbeelden is de denkbeeldige elektronenverschuiving voor een aantal verbindingen met gebogen pijlen aangegeven. Elke pijl stelt de verschuiving van een elektronen*paar* voor.

$H_2C{=}CH{-}CH{=}O$ ⟷ $H_2\overset{\oplus}{C}{-}CH{=}CH{-}O^{\ominus}$ dus niet $H_2\overset{\ominus}{C}{-}CH{=}CH{-}O^{\oplus}$

$CH_3{-}C({=}O){-}NH_2$ ⟷ $CH_3{-}C(O^{\ominus}){=}\overset{\oplus}{N}H_2$ dus niet $CH_3{-}C(O^{\oplus}){=}\overset{\ominus}{N}H_2$

$H_3C{-}O{-}\overset{\oplus}{C}H_2$ ⟷ $H_3C{-}\overset{\oplus}{O}{=}CH_2$

$(H_3C)_2N{-}\overset{\oplus}{C}H_2$ ⟷ $(H_3C)_2\overset{\oplus}{N}{=}CH_2$

$H_3C{-}\overset{\oplus}{C}H{-}CH{=}CH_2$ ⟷ $H_3C{-}CH{=}CH{-}\overset{\oplus}{C}H_2$

De laatste twee voorbeelden zijn typerend voor de extra stabilisatie die een carbokation ondervindt ten gevolge van mesomerie met een naburig vrij elektronenpaar. Het elektronensextet rond het carbokation wordt door het atoom met het vrije elektronenpaar aangevuld tot een elektronenoctet, en dit is energetisch bijzonder gunstig. De positieve lading komt in de rechter mesomeriestructuren weliswaar op een meer elektronegatief atoom terecht (stikstof, resp. zuurstof in plaats van koolstof), maar het feit dat alle atomen in deze structuren de edelgasconfiguratie hebben is van dusdanig grote betekenis, dat ze toch een belangrijke bijdrage aan de stabilisatie van deze kationen leveren.

Soms is het lastig vast te stellen welke lading bij een atoom in een mesomere grensstructuur aangegeven moet worden. Hiervoor kan echter een eenvoudige rekensom toegepast worden.

De formele lading van het atoom is gelijk aan het aantal protonen in de kern verminderd met

a) het aantal elektronen in de niet-bindende orbitalen. Dit aantal is dus 2 (in de 1s orbitaal) voor elementen van de tweede rij van het periodiek systeem.
b) het aantal elektronen in de vrije elektronenparen. Dit aantal is 0, 2, 4 of 6.
c) het aantal bindingselektronen gedeeld door twee. Dit aantal is 1, 2, 3 of 4.

Als deze rekensom toegepast wordt op de C- en O-atomen van de onderste grensstructuren uit bovenstaand schema, dan is de uitkomst voor het O-atoom in de linker structuur: lading = 8 - 2 - 4 - 2 = 0,
en voor de rechter structuur: lading = 8 - 2 - 2 - 3 = + 1.
Voor het C-atoom in de linker structuur: lading = 6 - 2 - 0 - 3 = + 1,
en in de rechter structuur: lading = 6- 2 - 0-4 = 0.

# 3 Alkanen

Alkanen spelen een grote rol in ons dagelijks leven, vooral omdat ze onze belangrijkste energiebron vormen. Het gebruik van alkanen als motorbrandstof is iedereen wel bekend. Het is echter zinvol te bedenken dat ook de vetten, die dienen als brandstof in biologische systemen, voor het grootste deel uit alkaanketens zijn opgebouwd.

Alkanen zijn koolwaterstoffen met de brutoformule $C_nH_{2n+2}$. Alle koolstofatomen in een alkaan zijn $sp^3$-gehybridiseerd. Het eenvoudigste alkaan is methaan ($CH_4$). De andere alkanen kunnen hiervan afgeleid worden door steeds een methyleengroep ($CH_2$-groep) toe te voegen aan de voorafgaande verbinding in de reeks. Een dergelijke serie verbindingen, die verkregen wordt door steeds eenzelfde structuurelement toe te voegen aan de voorafgaande verbinding wordt een *homologe reeks* genoemd.

## 3.1 Nomenclatuur

Het complexe karakter van de organische chemie wordt veroorzaakt door de enorme hoeveelheid verschillende verbindingen die met het element koolstof opgebouwd kunnen worden. Om verwarring door verkeerde naamgeving te voorkomen zijn er onder toezicht van de International Union of Pure and Applied Chemistry (IUPAC) nomenclatuurregels ontwikkeld. De naamgeving volgens deze nomenclatuurregels begon echter pas nadat een aantal veel voorkomende verbindingen reeds lange tijd onder hun triviale namen bekend stond. Veel van deze triviale namen zijn dan ook onuitwisbaar gegrift in de literatuur en deze zijn daarom nog steeds in gebruik. Daarbij komt dat sommige systematische namen zo ingewikkeld zijn dat triviale namen hiervoor acceptabel en soms zelfs gewenst zijn. Vandaar dat het noodzakelijk is voor sommige verbindingen verschillende manieren van naamgeving te leren kennen.

| Aantal koolstofatomen | | Naam alkaan |
|---|---|---|
| 1 | $CH_4$ | methaan |
| 2 | $CH_3CH_3$ | ethaan |
| 3 | $CH_3CH_2CH_3$ | propaan |
| 4 | $CH_3CH_2CH_2CH_3$ | butaan |
| 5 | $CH_3CH_2CH_2CH_2CH_3$ | pentaan |
| 6 | $CH_3CH_2CH_2CH_2CH_2CH_3$ | hexaan |
| 7 | $CH_3CH_2CH_2CH_2CH_2CH_2CH_3$ | heptaan |
| 8 | $CH_3CH_2CH_2CH_2CH_2CH_2CH_2CH_3$ | octaan |
| 9 | $CH_3CH_2CH_2CH_2CH_2CH_2CH_2CH_2CH_3$ | nonaan |
| 10 | $CH_3CH_2CH_2CH_2CH_2CH_2CH_2CH_2CH_2CH_3$ | decaan |

Bij het benoemen van alkanen volgens de IUPAC-nomenclatuur worden de volgende regels gehanteerd:

1. De uitgang van de naam is *-aan*.
2. De langste koolstofketen wordt beschouwd als de hoofdketen waaraan eventuele substituenten (zijgroepen) bevestigd zitten. De naam van de hoofdketen wordt bepaald door het aantal koolstofatomen.
3. Elke substituent aan de keten wordt met een nummer en een naam aangegeven. Het *nummer* wordt bepaald door de plaats van de substituent in de hoofdketen, waarbij de nummering van de hoofdketen zodanig is, dat de substituenten een zo laag mogelijk plaatsnummer krijgen.

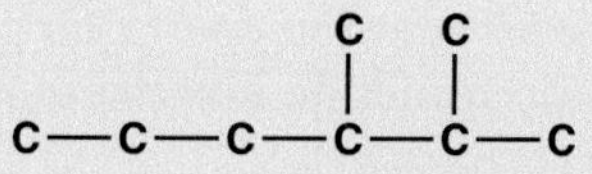

```
            C    C
            |    |
C—C—C—C—C—C

6   5   4   3   2   1   juiste nummering
1   2   3   4   5   6   onjuiste nummering
```

4. Als dezelfde substituent meermalen voorkomt aan de keten dan worden de plaatsnummers voor de naam gegeven. Het aantal keren dat dezelfde substituent voorkomt, wordt aangeduid met het numerieke voorvoegsel di-, tri-, tetra- enz.
5. Als er verschillende alkylsubstituenten aanwezig zijn, kunnen ze voor de naam geplaatst worden in alfabetische volgorde.

De *naam* van een *alkylsubstituent* wordt afgeleid van het corresponderende alkaan door de uitgang *-aan* te vervangen door de uitgang *-yl*.

| *Substituent* | *Naam van de groep* | *Naam van het alkaan* |
|---|---|---|
| $CH_3$- | methyl | methaan |
| $CH_3CH_2$- | ethyl | ethaan |
| $CH_3CH_2CH_2$- | propyl | propaan |

Voorbeelden van IUPAC-namen van alkanen zijn (voor de duidelijkheid zijn de H-atomen weggelaten):

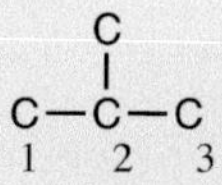

```
    C                 C               C   C
    |                 |               |   |
C—C—C           C—C—C—C         C—C—C—C
1   2   3       4   3   2   1   1   2   3   4

2-methylpropaan   2-methylbutaan   2,3-dimethylbutaan
```

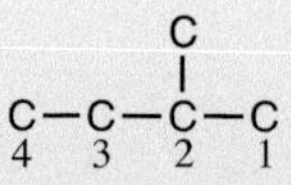

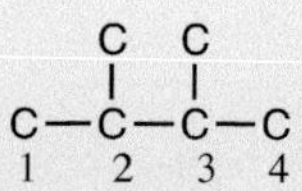

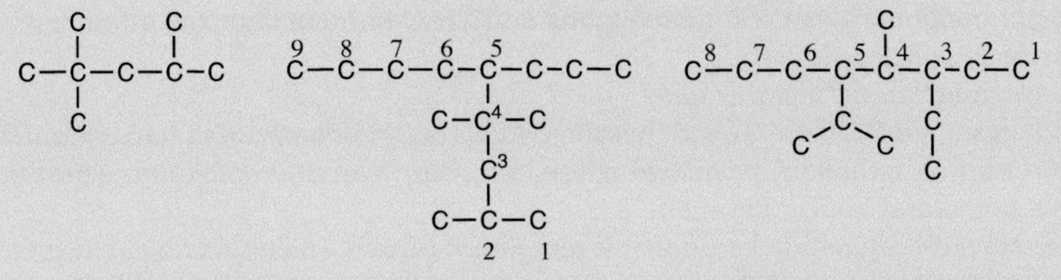

2,2,4-trimethylpentaan | 2,4,4-trimethyl-5-*n* propylnonaan | 3-ethyl-5-isopropyl-4-methyloctaan

Bij de benoeming van methyl- en ethylsubstituenten doen zich geen problemen voor. Een propylgroep kan echter op twee manieren met de hoofdketen verbonden zijn: aan een uiteinde (*n*-propyl) en in het midden (isopropyl).

$CH_3—CH_2—CH_2—$ *n*-propyl

$CH_3—CH—CH_3$ isopropyl

Evenzo zijn er vier isomere butylgroepen te onderscheiden:

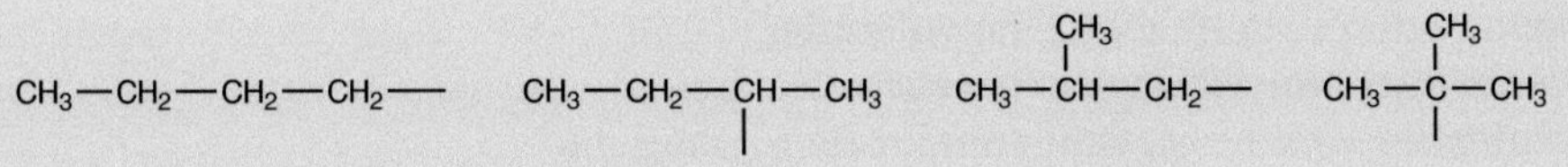

$CH_3—CH_2—CH_2—CH_2—$ *n*-butyl

$CH_3—CH_2—CH—CH_3$ *sec*-butyl

$CH_3—CH(CH_3)—CH_2—$ isobutyl

$CH_3—C(CH_3)—CH_3$ *tert*-butyl

Bij alkylgroepen met meer dan vier koolstofatomen wordt het aantal mogelijke isomeren zo groot, dat voorvoegsels niet meer gebruikt worden om de structuur aan te geven. Er zijn twee uitzonderingen op deze regel.

- Het voorvoegsel *n*- wordt gebruikt om elke onvertakte alkylgroep aan te geven die met het eindstandige koolstofatoom aan de hoofdketen is bevestigd.
- Het voorvoegsel *iso*- wordt gebruikt voor elke alkylgroep van zes atomen of minder die een vertakking van één koolstofatoom heeft aan het een na laatste koolstofatoom gerekend vanaf de hoofdketen.Daarnaast kan men de term neopentyl nog wel eens tegenkomen

$CH_3—CH_2—CH_2—CH_2—CH_2—$ *n*-pentyl

$CH_3—CH_2—CH_2—CH_2—CH_2—CH_2—$ *n*-hexyl

$(CH_3)_2CH—CH_2—CH_2—$ isopentyl

$CH_3—C(CH_3)_2—CH_2—$ neopentyl

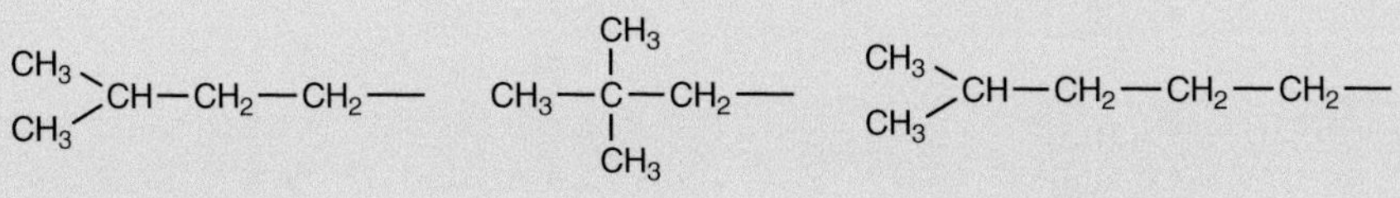

$(CH_3)_2CH—CH_2—CH_2—CH_2—$ isohexyl

Het is niet de bedoeling in dit boek uitgebreid op alle nomenclatuurregels in te gaan. Voor een uitgebreide behandeling van dit onderwerp wordt verwezen naar 'Regels voor de nomenclatuur van de organische chemie, Sectie A, B en C', een uitgave van de Koninklijke Nederlandse Chemische Vereniging (KNCV) en de Vlaamse Chemische Vereniging (VCV).

## 3.2 Bouw van alkanen

Methaan is het eenvoudigste alkaan. Het wordt onder meer gevormd bij anaërobe processen uit plantaardig en dierlijk materiaal en is het voornaamste bestanddeel van aardgas en moerasgas. Het koolstofatoom in methaan is $sp^3$-gehybridiseerd en de vier waterstofatomen zijn daarom equivalent. Methaan en andere alkanen kunnen met behulp van structuurformules op verschillende manieren worden weergegeven.

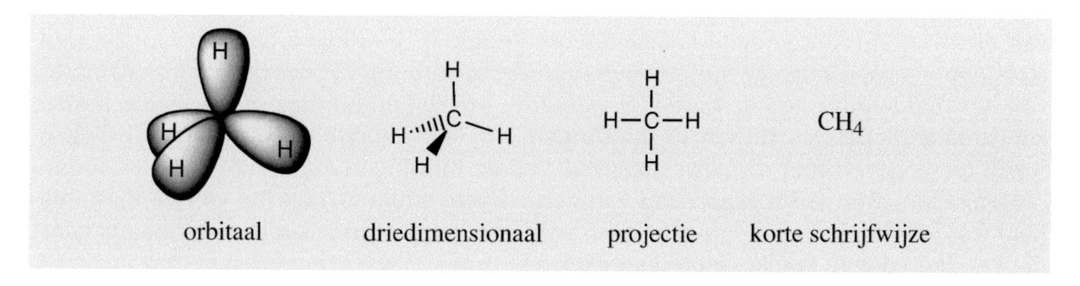


De weergave van een structuur met behulp van orbitalen is zinvol als de hybridisatie wordt besproken. Driedimensionale structuren worden gebruikt als de ruimtelijke bouw van de moleculen van belang is. Bij de weergave van deze structuren wijst een gestippelde binding naar achteren en een dik getrokken binding naar voren. Een projectieformule is een gangbare weergave van een molecuul in een plat vlak. Meestal wordt in gewone structuurformules de verkorte schrijfwijze $CH_4$ gehanteerd.

Een goed inzicht in de bouw van organische verbindingen kan verkregen worden met behulp van molecuulmodellen. Ook hier worden, afhankelijk van het inzicht dat men wil verkrijgen, verschillende soorten modellen gebruikt. 'Ball and Stick'-modellen en Dreiding-modellen geven een goed inzicht in de ruimtelijke bouw van moleculen, 'Spacefilling'-modellen geven een goede indruk van de omvang van een groep.

ball and stick — dreiding — spacefilling

Voor ethaan bestaan dezelfde mogelijkheden voor weergave van het molecuul. Voor een orbitaaltekening van ethaan wordt verwezen naar § 1.3. De verkorte schrijfwijze kan eventueel zodanig uitgevoerd worden, dat de nadruk op één bepaalde binding in het molecuul valt, zoals in onderstaande tekening op de koolstof-koolstof-binding.

$H_3C—CH_3$ $CH_3CH_3$

driedimensionaal projectie verkorte schrijfwijzen

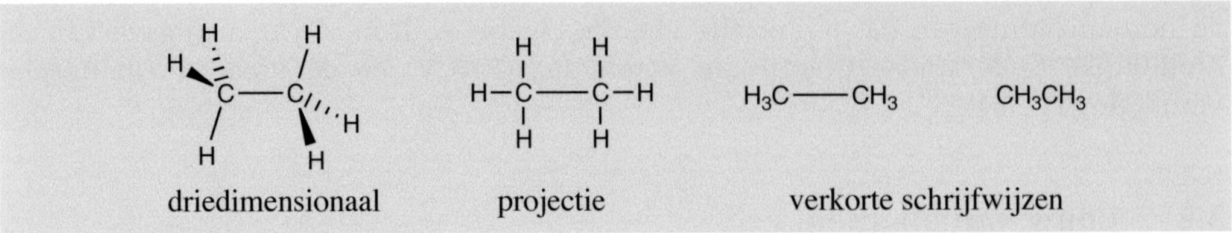

Deze structuurformules kunnen voor ethaan aangevuld worden met de zaagbok-weergave en de Newman-projectieformules. Beide structuurformules zijn bedoeld om de stand van de waterstofatomen ten opzichte van elkaar weer te geven. Een Newman-projectieformule komt tot stand door langs de centrale koolstof-koolstof-binding te kijken en dan de situatie te tekenen zoals die waargenomen wordt. Het achterste koolstofatoom wordt dan niet 'gezien'. De bindingen aan dat koolstofatoom eindigen bij de rand van de cirkel die het voorste koolstofatoom voorstelt. Bindingen aan dit voorste koolstofatoom worden aangegeven met een ononderbroken lijn die doorgetrokken wordt tot aan het middelpunt van de cirkel. De situatie, waarbij de bindingen aan het achterste koolstofatoom precies tussen de bindingen aan het voorste koolstofatoom inliggen, wordt aangegeven met de term *staggered*. Als de bindingen aan beide koolstofatomen samenvallen, dan wordt gesproken van een *eclipsed* situatie. Terwille van de duidelijkheid worden dan in de tekening de bindingen aan het achterste koolstofatoom iets naast die van het voorste koolstofatoom getekend.

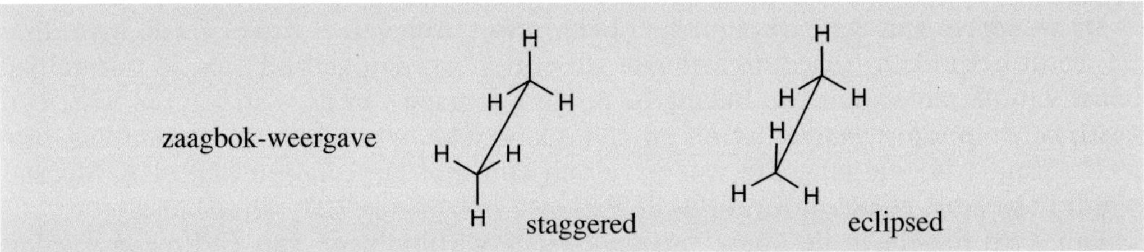

zaagbok-weergave staggered eclipsed

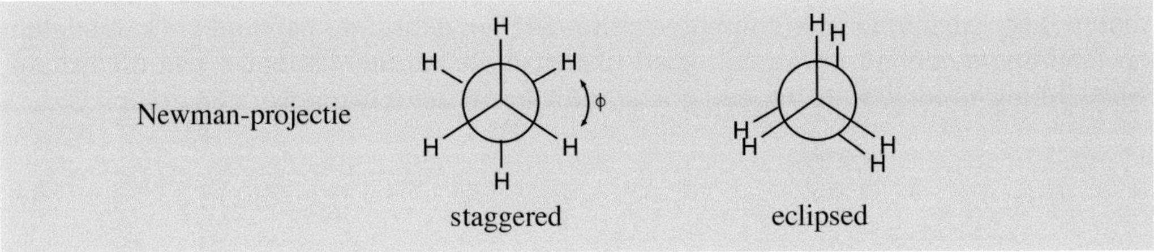

Newman-projectie $\phi$ staggered eclipsed

Structuren zoals de hier getekende staggered en eclipsed situatie worden *conformaties* genoemd. De in de tekening aangegeven hoek $\phi$ wordt de torsiehoek genoemd. Deze hoek is 0° voor de eclipsed conformatie en 60° voor de staggered conformatie.

## 3.3 Conformaties van alkanen

De verschillende standen die de waterstofatomen in ethaan ten opzichte van elkaar kunnen innemen worden aangeduid met de term *conformaties*. De verschillende conformaties van ethaan kunnen door rotatie rond de enkelvoudige binding in elkaar overgaan. Van het in principe oneindige aantal conformaties van ethaan zijn alleen de *staggered* en *eclipsed* conformatie nader gedefinieerd. In de staggered conformatie van ethaan staan alle C-H-bindingen op de grootst mogelijke afstand van elkaar en deze conformatie heeft daarom de laagste energie. Rotatie rond de koolstof-koolstof-binding verhoogt de energie van ethaan tot het maximum van de eclipsed conformatie. In deze conformatie is de afstoting (repulsie) van de koolstof-waterstof-bindingselektronen het grootst omdat de bindingen in deze conformatie het dichtst bij elkaar liggen. Het energieprofiel van de rotatie rond de koolstof-koolstof-binding in ethaan is weergegeven in figuur 3.1.

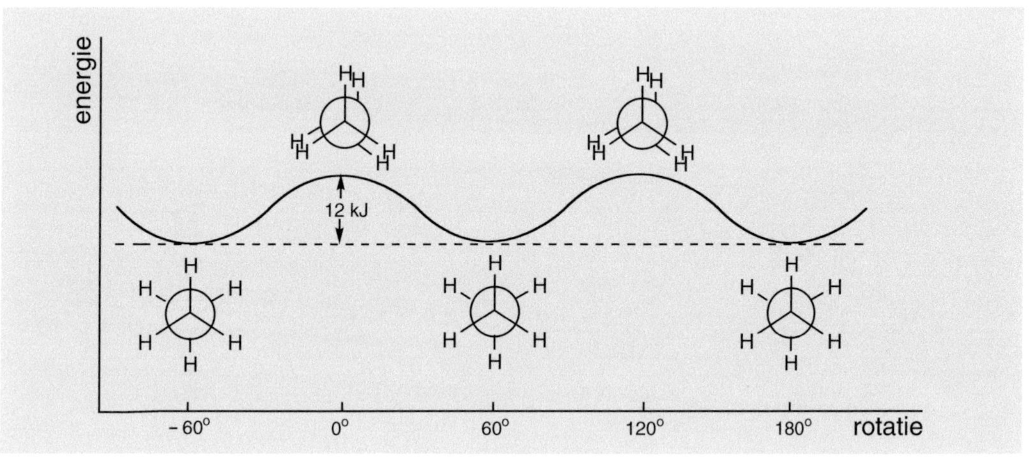


**Fig. 3.1. Energiediagram van de rotatie rond de C-C-binding in ethaan.**

De rotatie rond de koolstof-koolstof-binding in ethaan is dus niet helemaal 'vrij' maar er is een geringe rotatiebarrière van 12 kJ/mol. Bij kamertemperatuur wordt een dergelijke lage energiebarrière gemakkelijk overwonnen en daarom is er daar sprake van een vrije rotatie rond de koolstof-koolstof-binding.

In propaan bestaat eenzelfde type rotatiebarrière met een iets hogere energie (13 kJ/mol); dit duidt er op dat $H,CH_3$ eclipsed interactie iets groter is dan de H,H eclipsed interactie, maar er is kennelijk niet een al te grote sterische hindering in deze eclipsed conformatie.

In butaan is de situatie wat ingewikkelder. De rotaties rond de $C_1$-$C_2$-binding en die rond de $C_3$-$C_4$-binding zijn vergelijkbaar met die rond de C-C-bindingen in propaan.

Bij rotatie rond de $C_2$-$C_3$- binding in butaan zijn echter niet alle staggered en eclipsed situaties gelijk, zoals dat in ethaan en propaan wel het geval is. In de staggered conformaties kunnen de methylgroepen onder een hoek van 60° (gauche) of 180° (anti) ten opzichte van elkaar staan en in de eclipsed conformaties kunnen $CH_3,CH_3$ en $H,CH_3$, eclipsed situaties onderscheiden worden.

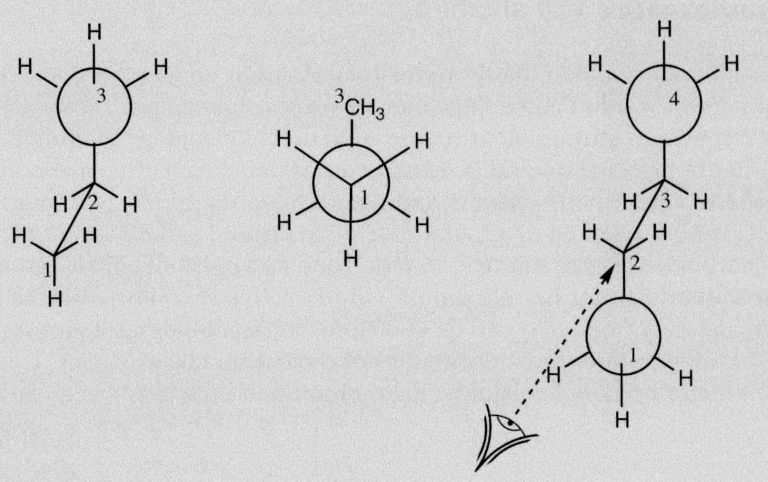

zaagbok-weergave van propaan

Newman-projectie van propaan

zaagbok-weergave van butaan

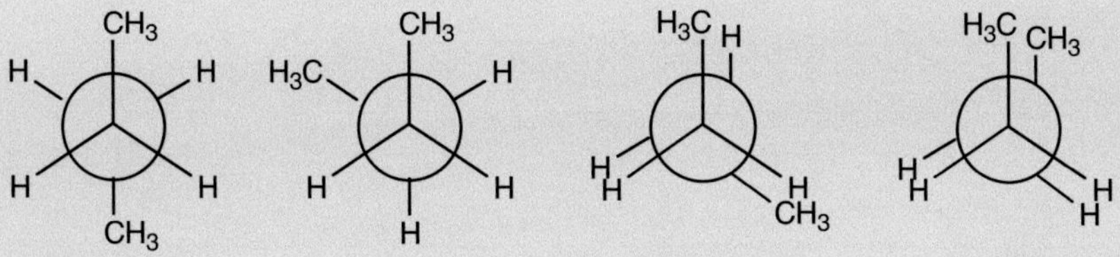

staggered anti

staggered gauche

eclipsed $H,CH_3$

eclipsed $CH_3,CH_3$

In de gauche en vooral in de eclipsed conformaties komen de methylgroepen zo dicht bij elkaar dat de afstand kleiner is dan de som van de Van der Waals-stralen. Onder deze omstandigheden treden repulsiekrachten op die de energie van deze conformaties verhogen.

Uit het energiediagram in figuur 3.2 blijkt dat de grootste afstoting optreedt als de twee methylgroepen in een eclipsed conformatie samenvallen. Er is dan sprake van een aanzienlijk sterische hindering. Ook het energieverschil tussen de anti en de gauche conformatie geeft aan dat de sterische hindering toeneemt als de methylgroepen dichter bij elkaar staan.

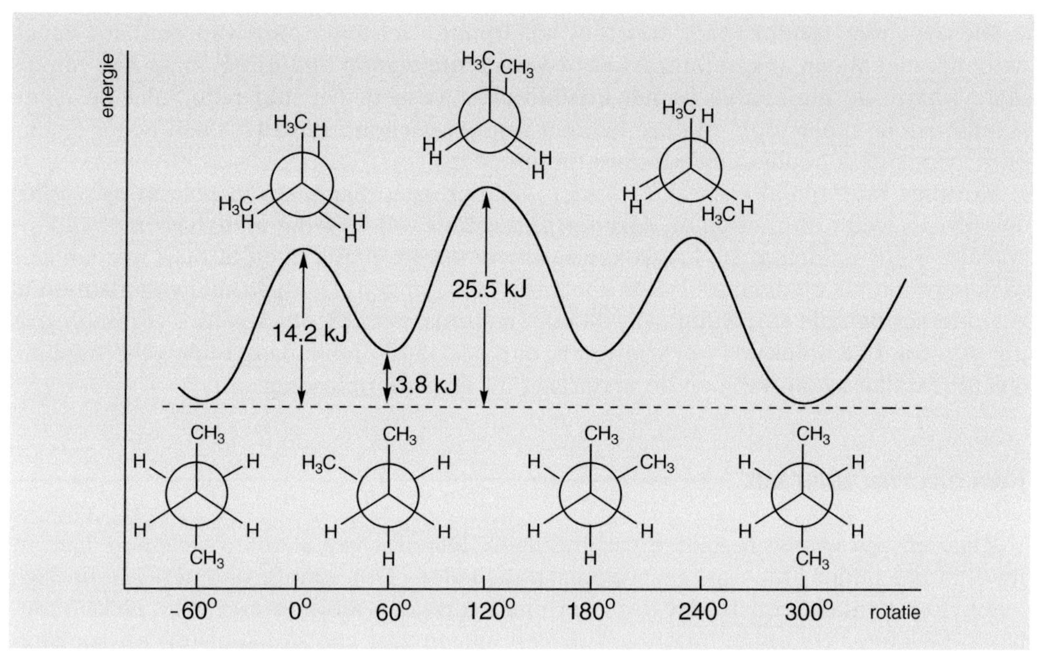


Fig. 3.2. Energiediagram van de rotatie rond de centrale C-C-binding in butaan.

## 3.4 Fysische eigenschappen van alkanen

Alkanen zijn apolaire verbindingen. De koolstof-koolstof-bindingen zijn niet gepolariseerd en er is slechts een klein verschil in elektronegativiteit tussen koolstof en waterstof. Interacties tussen permanente dipolen spelen daarom bij alkanen geen rol van betekenis. De interacties die onderling tussen alkaanmoleculen optreden, berusten op de relatief zwakkere Van der Waalskrachten. Het kookpunt van een alkaan geeft een redelijke indicatie van de energie die nodig is om de Van der Waals-interactie tussen de moleculen te overwinnen. Een groter oppervlak van een molecuul geeft daarbij meer mogelijkheden tot Van der Waals-interactie en dientengevolge een hoger kookpunt. Uit de kookpunten van de homologe reeks van *n*-alkanen (tabel 3.1) kan geconcludeerd worden dat de extra Van der Waals-interactie tussen twee methyleengroepen (-$CH_2$-) ruwweg een kookpuntsverhoging van 20-30 °C tot gevolg heeft.

Lineaire moleculen (*n*-alkanen) hebben meer mogelijkheden tot Van der Waals-interactie dan vertakte moleculen vanwege het grotere contactoppervlak met naburige moleculen. Vertakte alkanen hebben dan ook lagere kookpunten dan de overeenkomstige *n*-alkanen.

$CH_3-CH_2-CH_2-CH_2-CH_2-CH_3$

n-hexaan
kookpunt 69°C

$CH_3-CH_2-CH_2-CH(CH_3)-CH_3$

2-methylpentaan
kookpunt 60°C

$CH_3-CH_2-C(CH_3)_2-CH_3$

2,2-dimethylbutaan
kookpunt 50°C

Dit geldt niet zonder meer voor het smeltpunt. Het smeltpunt van een stof hangt namelijk niet alleen af van interacties tussen de moleculen onderling, maar ook van de mate waarin de moleculen in het kristalrooster passen. Dit lukt beter met de meer symmetrische moleculen en deze hebben daarom verhoudingsgewijs een hoger smeltpunt (vergelijk *n*-pentaan en 2,2-dimethylpropaan).

Vanwege hun apolaire karakter lossen alkanen zeer slecht op in polaire oplosmiddelen zoals water en methanol. Alkanen zijn echter wel volledig mengbaar met andere apolaire oplosmiddelen. De laagkokende alkanen zoals pentaan en hexaan worden zelf vaak gebruikt als oplosmiddel voor apolaire verbindingen. De dichtheid van alkanen is veel kleiner dan die van water. Als alkanen gebruikt worden om apolaire verbindingen uit een waterige oplossing te extraheren, dan bestaat de bovenlaag in de scheitrechter dus uit de alkaanoplossing en de onderlaag uit de wateroplossing.

### *Reacties van alkanen*

Alkanen zijn weinig reactieve verbindingen. Reacties van alkanen verlopen daarom meestal pas onder krachtige reactieomstandigheden. Een van de redenen van de lage reactiviteit van alkanen is, dat deze verbindingen geen atomen met vrije elektronenparen bevatten. De enige bindingen in een alkaan zijn koolstof-koolstof- en koolstof-waterstof-σ-bindingen en reacties van alkanen zullen het verbreken van zo'n binding tot gevolg moeten hebben. Gezien het geringe verschil in elektronegativiteit tussen koolstof en waterstof zal het verbreken van een dergelijke binding veelal via een homolytisch proces verlopen en dit zal dus leiden tot de vorming van radicalen. Een aantal van deze radicaalreacties zullen we in de volgende paragraaf bekijken.

## 3.5 Halogenering van alkanen

### *3.5.1 Chlorering van methaan*

Als methaan en chloor met elkaar vermengd worden, gebeurt er niets zolang het mengsel in het donker bij kamertemperatuur wordt bewaard. Als het mengsel aan het zonlicht wordt blootgesteld of op een hoge temperatuur gebracht wordt, treedt echter vlot een reactie op. De gevormde reactieproducten zijn waterstofchloride en een mengsel van chloormethanen.

$$CH_4 + Cl_2 \xrightarrow[\text{of } \Delta T]{\text{licht}} HCl + CH_3Cl + CH_2Cl_2 + CHCl_3 + CCl_4 +$$

een kleine hoeveelheid andere produkten

Voor het starten van de reactie moet de binding tussen twee chlooratomen verbroken worden. De energie die hiervoor nodig is, zal gelijk moeten zijn aan de bindingsenergie tussen de chlooratomen. Homolytische splitsing van een chloormolecuul geeft twee chloorradicalen, die een verdere reactie op gang brengen (initiëren).

$$:\ddot{\underset{..}{Cl}}:\ddot{\underset{..}{Cl}}: \longrightarrow :\ddot{\underset{..}{Cl}}\cdot + \cdot\ddot{\underset{..}{Cl}}:$$

Een chloorradicaal is een zeer reactief deeltje omdat het graag zijn elektronenschil wil aanvullen tot een octet. Met andere woorden, het energierijke radicaal heeft een sterke neiging deze energie af te staan door een nieuwe binding te vormen. Daarvoor moet een botsing plaatsvinden met een ander molecuul en in een mengsel van chloor en methaan is een botsing met één van deze twee moleculen het meest waarschijnlijk. Er zijn immers maar weinig zeer reactieve andere radicalen aanwezig en een botsing daarmee is veel minder waarschijnlijk dan een botsing met één van de alom aanwezige chloor- of methaanmoleculen. Als een botsing van een chloorradicaal met een chloormolecuul plaatsvindt dan kan heel goed een reactie optreden. Deze is echter niet productief omdat de producten dezelfde zijn als de uitgangsstoffen. Er wordt dus gewoon een nieuw chloorradicaal gevormd.

$$:\ddot{\underset{..}{Cl}}\cdot + :\ddot{\underset{..}{Cl}}:\ddot{\underset{..}{Cl}}: \longrightarrow :\ddot{\underset{..}{Cl}}:\ddot{\underset{..}{Cl}}: + \cdot\ddot{\underset{..}{Cl}}:$$

Als echter een botsing met een methaanmolecuul plaatsvindt, dan kan een reactie optreden die wel nieuwe producten geeft, namelijk een molecuul HCl en een methylradicaal.

$$:\ddot{\underset{..}{Cl}}\cdot + H:\overset{H}{\underset{H}{\ddot{\underset{..}{C}}}}:H \longrightarrow :\ddot{\underset{..}{Cl}}:H + \cdot\overset{H}{\underset{H}{\ddot{\underset{..}{C}}}}:H$$

Dit nieuw gevormde methylradicaal heeft eveneens slechts zeven elektronen in de valentieschil van het koolstofatoom en is daardoor eveneens een zeer reactief deeltje dat graag een nieuwe binding wil vormen. Evenals voor het chloorradicaal, geldt hier dat een botsing met een chloormolecuul of een methaanmolecuul veel waarschijnlijker is dan een botsing met een ander radicaal. Een botsing van het methylradicaal met een methaanmolecuul kan een reactie tot gevolg hebben maar ook in dit geval worden geen nieuwe producten gevormd.

$$H:\overset{H}{\underset{H}{\ddot{\underset{..}{C}}}}\cdot + H:\overset{H}{\underset{H}{\ddot{\underset{..}{C}}}}:H \longrightarrow H:\overset{H}{\underset{H}{\ddot{\underset{..}{C}}}}:H + \cdot\overset{H}{\underset{H}{\ddot{\underset{..}{C}}}}:H$$

De botsing tussen een methylradicaal en een chloormolecuul is eveneens waarschijnlijk en deze leidt wel tot nieuwe producten namelijk methylchloride en een nieuw chloorradicaal. Dit nieuwe chloorradicaal kan de reactie voortzetten op de zojuist beschreven wijze en in elke cyclus wordt één molecuul HCl, één molecuul methylchloride en een nieuw chloorradicaal gevormd. Deze twee reacties vormen de deelreacties van een zogenaamde kettingreactie.

$$H_3C^\bullet + :\ddot{Cl}:\ddot{Cl}: \longrightarrow H_3C:Cl + {}^\bullet\ddot{Cl}:$$

Eén chloorradicaal kan op deze wijze een kettingreactie van aanzienlijke lengte op gang brengen, waarbij per chloorradicaal dat in stap 1 gevormd is tot $10^4$ moleculen methylchloride gevormd kunnen worden als de reactieomstandigheden gunstig gekozen worden.

Het is onvermijdelijk dat af en toe toch een botsing plaatsvindt tussen twee radicalen die dan prompt met elkaar zullen combineren tot één molecuul. In deze reacties worden dus geen nieuwe radicalen gegenereerd maar juist vernietigd. De kettingreactie wordt afgebroken door dit type reacties die daarom ook terminatiereacties worden genoemd.

$$:\ddot{Cl}^\bullet + {}^\bullet\ddot{Cl}: \longrightarrow :\ddot{Cl}:\ddot{Cl}:$$

$$:\ddot{Cl}^\bullet + {}^\bullet CH_3 \longrightarrow :\ddot{Cl}:CH_3$$

$$H_3C^\bullet + {}^\bullet CH_3 \longrightarrow H_3C:CH_3$$

De optredende reacties worden in onderstaand schema nog eens samengevat.

| *stap* | | | | | | | | *ΔH (kJ/mol)* | |
|---|---|---|---|---|---|---|---|---|---|
| 1 | | | $Cl_2$ | $\longrightarrow$ | $2Cl^\bullet$ | | | + 242 | initiatie |
| 2 | $Cl^\bullet$ | + | $CH_4$ | $\longrightarrow$ | HCl | + | $^\bullet CH_3$ | - 4 | propagatie |
| 3 | $^\bullet CH_3$ | + | $Cl_2$ | $\longrightarrow$ | $CH_3—Cl$ | + | $Cl^\bullet$ | - 96 | propagatie |
| 4 | $Cl^\bullet$ | + | $Cl^\bullet$ | $\longrightarrow$ | $Cl_2$ | | | - 242 | terminatie |
| 5 | $^\bullet CH_3$ | + | $^\bullet CH_3$ | $\longrightarrow$ | $CH_3—CH_3$ | | | - 368 | terminatie |
| 6 | $^\bullet CH_3$ | + | $Cl^\bullet$ | $\longrightarrow$ | $CH_3—Cl$ | | | - 351 | terminatie |

Omdat tijdens de reactie de hoeveelheid methylchloride toeneemt, kan ook dit molecuul bij een kettingreactie worden betrokken en in een nieuwe kettingreactiestap wordt dan methyleenchloride gevormd.

$$Cl^{\bullet} + CH_3Cl \longrightarrow HCl + {}^{\bullet}CH_2Cl$$
$${}^{\bullet}CH_2Cl + Cl_2 \longrightarrow CH_2Cl_2 + {}^{\bullet}Cl$$

De vorming van chloroform en tetrachloorkoolstof kan op dezelfde wijze verklaard worden. Alle aanwezige radicalen kunnen bij de terminatiereacties betrokken zijn en daarom worden ook kleine hoeveelheden andere producten gevormd, bijvoorbeeld:

$${}^{\bullet}CH_3 + {}^{\bullet}CH_2Cl \longrightarrow CH_3{-}CH_2Cl$$

Het energieverloop van de reactie is weergegeven in figuur 3.3. Bij de chlorering van methaan wordt speciaal gekeken naar het energieverloop van de kettingreactie, want de reactiewarmte van de reacties die daarin voorkomen, levert de energie voor de voortgang van het proces. De lage activeringsenergie en de aanzienlijke reactiewarmte maken de chlorering van methaan tot een vlot verlopend proces.

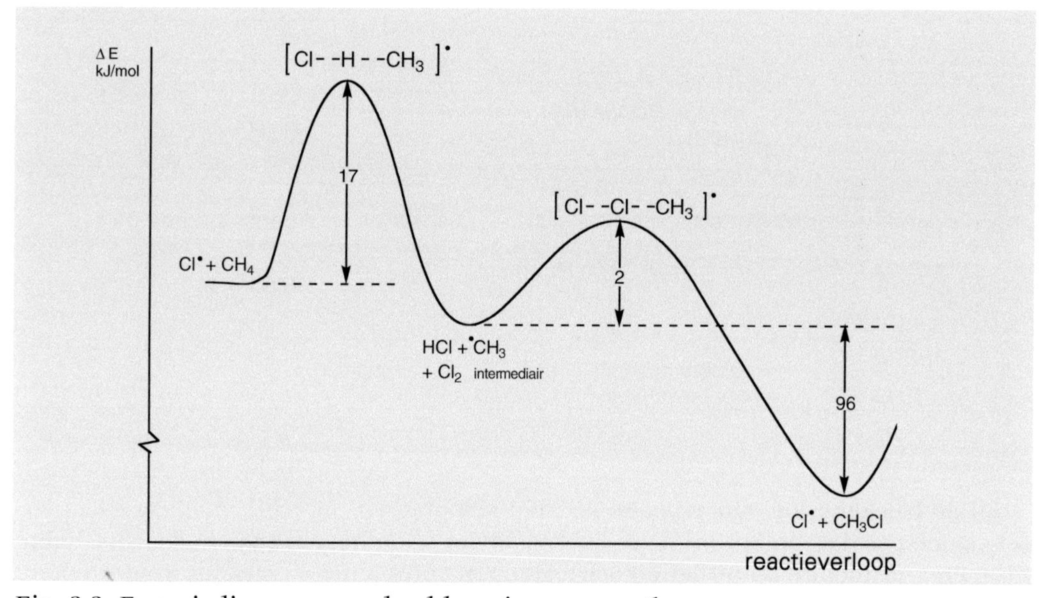


**Fig. 3.3. Energiediagram van de chlorering van methaan.**

### *3.5.2 Chlorering van hogere alkanen*

De chlorering van ethaan verloopt op dezelfde wijze als die van methaan (stap 1 en 2). Er wordt bij deze reactie echter een kleine hoeveelheid etheen als nevenprodukt gevormd. Dit ontstaat als gevolg van een disproportionering van het intermediaire ethylradicaal (stap 3). Disproportioneringsreacties zijn zeer typerend voor radicaalprocessen en een aanvullend bewijs voor het optreden van radicalen als intermediairen tijdens de halogenering van alkanen.

$$Cl^{\bullet} + CH_3{-}CH_3 \longrightarrow HCl + CH_3{-}\dot{C}H_2 \quad (1)$$

$$CH_3{-}\dot{C}H_2 + Cl_2 \longrightarrow CH_3{-}CH_2{-}Cl + Cl^{\bullet} \quad (2)$$

$$CH_3{-}\dot{C}H_2 + H{-}CH_2{-}\dot{C}H_2 \longrightarrow CH_3{-}CH_3 + H_2C{=}CH_2 \quad (3)$$

Tabel 3.2. Classificatie van koolstofatomen, waterstofatomen en koolstofradicalen.

| *Algemene structuur* | *Kenmerk* | *Classificatie* | *Radicaal* | |
|---|---|---|---|---|
| $R{-}CH_3$ (R-C(H)(H)-H) | C-atoom gebonden aan drie H-atomen en één ander C-atoom (R-groep) | C: primair<br>H: primair | $R{-}\dot{C}H_2$ (R-C•(H)(H)) | primair |
| R-C(R')(H)-H | C-atoom gebonden aan twee H-atomen en twee andere C-atomen (R en R' groep) | C: secundair<br>H: secundair | R-C•(R')(H) | secundair |
| R-C(R')(R'')-H | C-atoom gebonden aan één H-atoom en drie andere C-atomen (R, R en R' groep) | C: tertiair<br>H: tertiair | R-C•(R')(R'') | tertiair |
| R-C(R')(R'')-R''' | C-atoom gebonden aan vier andere C-atomen (R, R', R'' en R''' groep) | C: quaternair | | |

Bij de halogenering van propaan kan het chlooratoom terechtkomen op twee verschillende posities: op het primaire koolstofatoom of op het secundaire koolstofatoom. Primaire, secundaire en tertiaire koolstofatomen vertonen een verschil in reactiviteit. Op louter statistische gronden mag bij de chlorering van propaan een productverhouding verwacht worden van primair chloride : secundair chloride = 6 : 2. Dit is ook min of meer het geval als de chlorering bij hoge temperatuur (> 450 °C) wordt uitgevoerd. Bij die temperatuur zijn de uiterst reactieve chloorradicalen niet meer selectief en de productverhouding weerspiegelt in dit geval het aantal beschikbare reactieplaatsen. Als de chlorering echter, geïnitieerd door licht, bij lage temperatuur wordt uitgevoerd, dan wordt 45% 1-chloorpropaan (primair) en 55% 2-chloorpropaan (secundair) gevormd.

$$CH_3—CH_2—CH_3 + Cl_2 \xrightarrow{h\nu} Cl—CH_2—CH_2—CH_3 + CH_3—CH(Cl)—CH_3$$

propaan — 45% 1-chloorpropaan — 55% 2-chloorpropaan

Dit komt omdat bij lage temperatuur het chloorradicaal niet meer met elk waterstofatoom reageert waarmee een botsing optreedt. Secundaire waterstofatomen worden dan gemakkelijker geabstraheerd dan primaire. Eenzelfde situatie doet zich voor bij de reactie van 2-methylpropaan met chloor. Ook hier wordt bij lage temperatuur een productverhouding gevonden die duidelijk afwijkt van de verhouding van de beschikbare reactieplaatsen.

$$CH_3—CH(CH_3)—CH_3 + Cl_2 \xrightarrow{h\nu} CH_3—CH(CH_3)—CH_2Cl + CH_3—CCl(CH_3)—CH_3$$

2-methylpropaan — 64% primair 1-chloor-2-methylpropaan — 36% tertiair 2-chloor-2-methylpropaan

Op basis van een aantal gegevens kan berekend worden dat voor de chlorering van alkanen bij kamertemperatuur de verhouding in reactiviteit van primaire, secundaire en tertiaire waterstofatomen gelijk is aan 1 : 4 : 5.

Broomradicalen zijn minder reactief en dus selectiever dan chloorradicalen. Dit weerspiegelt zich in de verhouding in reactiviteit van primaire, secundaire en tertiaire waterstofatomen in de *bromering* van alkanen. Deze verhouding is 1: 100 : 2000.

De eerste stap in de halogenering van een alkaan bestaat uit het verbreken van een koolstof-waterstof-binding en de vorming van een waterstof-halogeen-binding.

$$—\overset{|}{\underset{|}{C}}—H + {}^{\bullet}X \longrightarrow —\overset{|}{\underset{|}{C}}{\bullet} + HX$$

halogeen-radicaal — alkyl-radicaal

De vorming van de waterstof-halogeen-binding levert in alle gevallen dezelfde hoeveelheid energie op, zodat het verschil in reactiviteit in het verbreken van de C-H-binding moet zitten. Het moet dus gemakkelijker zijn om een tertiaire C-H-binding te verbreken dan een secundaire, respectievelijk primaire C-H-binding. Dit betekent dat een tertiair radicaal een minder hoge energie heeft (relatief stabieler is) dan een secundair en primair radicaal. Anders gezegd: de relatieve stabiliteit van alkylradicalen neemt in het algemeen toe in de volgorde: methyl < primair < secundair < tertiair.

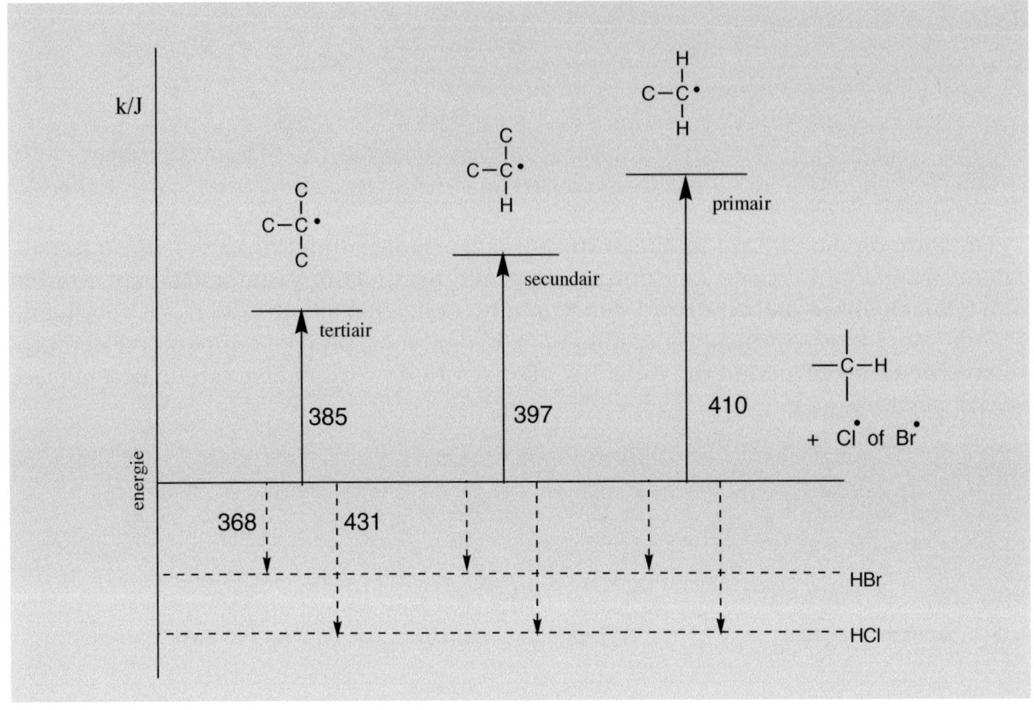


Fig. 3.4. Relatieve stabiliteiten van koolstofradicalen.

In tabel 3.3 is een aantal bindingsenergieën gegeven voor homolytische splitsing van deze bindingen. Let daarbij op het specifieke karakter van de betreffende binding.

Tabel 3.3. Homolytische bindingsdissociatie-energieën (in kJ/mol).

$A{-}B \rightarrow A\cdot + \cdot B$

| | | | | | |
|---|---|---|---|---|---|
| H–H | 435 | $H_3C{-}H$ | 435 | $H_2C{=}CH{-}H$ | 452 |
| F–F | 159 | $CH_3{-}CH_2{-}H$ | 410 | $H_2C{=}CH{-}CH_2{-}H$ | 368 |
| Cl–Cl | 243 | $CH_3{-}CH_2{-}CH_2{-}H$ | 410 | $C_6H_5{-}H$ | 460 |
| Br–Br | 193 | $CH_3{-}CH(H){-}CH_3$ | 397 | $C_6H_5{-}CH_2{-}H$ | 356 |
| I–I | 151 | $CH_3{-}C(CH_3)(H){-}CH_3$ | 385 | | |

## 3.6 Oxidatie van alkanen

Alkanen worden bij hoge temperatuur in aanwezigheid van zuurstof verbrand tot kooldioxide (koolstofdioxide, $CO_2$) en water.

$$CH_4 + 2O_2 \longrightarrow CO_2 + H_2O + 880\ kJ$$

De oxidatie van alkanen is een proces met een hoge activeringsenergie. Mengsels van lucht en alkaandamp kunnen explosief reageren als het alkaangehalte van de damp tussen 5% en 80% ligt, maar het mengsel moet vanwege de hoge activeringsenergie wel aangestoken worden. Verbranding is evenals de halogenering een radicaal-kettingreactie. In de kettingreacties die in de vlam optreden spelen onder meer •O-OH- en •OH-radicalen een rol. Als brandvertragende middelen of als blusmiddel kunnen onder andere halogeenalkanen worden toegepast omdat ze in staat zijn de kettingreacties in de vlam te onderbreken. Bij hoge temperatuur geven broomalkanen bijvoorbeeld langzaam broomradicalen af. Deze zorgen ervoor dat het aantal reactieve zuurstofradicaaldeeltjes in het verbrandingsproces sterk vermindert en werken daardoor brandvertragend. Dit is één van de redenen waarom halogeenhoudend afval zoals polychloorbenzenen en polychloorbifenylen (PCB's) en halogeenhoudende oplosmiddelen met behulp van een verbrandingsproces moeilijk te vernietigen zijn.

Een bekend blusmiddel dat volgens hetzelfde principe werkt is broomtrifluormethaan, $CF_3Br$. Broomtrifluormethaan is niet giftig en voorwerpen die in lucht geplaatst zijn die 5-7% van dit gas bevat zijn niet brandbaar. Computerruimtes, operatiekamers, vliegtuigcabines en meer van dit soort ruimtes, kunnen beveiligd worden tegen brand met systemen die automatisch $CF_3Br$ afgeven wanneer ergens een onaanvaardbare temperatuursverhoging waargenomen wordt.

$$R{-}Br \xrightarrow{\Delta T} R^{\bullet} + Br^{\bullet}$$

$$Br^{\bullet} + R{-}H \longrightarrow R^{\bullet} + HBr$$

$$OH^{\bullet} + H{-}Br \longrightarrow H_2O + Br^{\bullet}$$

## 3.7 Biologische eigenschappen van alkanen

Alkanen worden ook wel paraffinen genoemd, een verouderde naam die aangeeft dat deze verbindingen weinig affiniteit vertonen. Hoewel een klein aantal schimmels en bacteriën in staat is alkanen te verteren, is het voor de meeste organismen onmogelijk deze koolwaterstoffen op te nemen en te verbranden. Hiervan wordt gebruik gemaakt bij de toepassing van hoogkokende, gezuiverde alkanen als laxeermiddel (mineraalolie). In het spijsverteringskanaal worden deze alkanen niet afgebroken, maar zij werken als smeermiddel en zorgen er zodoende voor dat de overige stoffen gemakkelijker kunnen doorlopen. Veelvuldig gebruik van mineraalolie kan echter gevaarlijk zijn, omdat de vet-oplosbare vitaminen in de olie oplossen en daardoor niet opgenomen worden in het lichaam.

Een belangrijk gevolg van de lage reactiviteit van alkanen is ook, dat olie die in het milieu terechtkomt, niet snel wordt afgebroken. Daardoor kan een olieverontreiniging maandenlang aanwezig blijven en schadelijk zijn voor vissen (verstopping van de kieuwen) en vogels (samenkleven van de veren). Het onvermogen van de meeste organismen om alkanen om te zetten, is een voorbeeld van het algemene principe dat de biologische eigenschappen van een verbinding ten nauwste samenhangen met zijn normale chemische eigenschappen.

## 3.8 Petroleum, kolen en biomassa

Organische koolstofverbindingen worden uiteindelijk alle opgebouwd uit kooldioxide en water door middel van de fotosynthese. De fotosynthese wordt gekatalyseerd door het groene pigment chlorofyl en door een aantal enzymen. De benodigde energie voor het hele proces wordt geleverd door het zonlicht.

$$n\,CO_2 + n\,H_2O \longrightarrow (CH_2O)_n + n\,O_2$$

In de loop der tijd heeft een deel van het organische materiaal dat in de natuur gevormd werd zich opgehoopt in geologische formaties en na inwerking van anaërobe bacteriën zijn hieruit koolwaterstoffen in de vorm van aardgas of aardolie ontstaan. Aardgas bestaat grotendeels uit methaan en kleine hoeveelheden ethaan, propaan en butaan. Aardolie bestaat uit een complex mengsel van lineaire en vertakte alkanen, cycloalkanen en aromaten, in verhoudingen die sterk afhankelijk zijn van de vindplaats. Gefractioneerde destillatie van ruwe aardolie geeft een aantal fracties die globaal ingedeeld worden naar kookpunt.

Een van de belangrijkste aardoliefracties is benzine. Vanwege het economische belang van benzine zijn talrijke processen ontwikkeld om andere aardoliefracties in benzine om te zetten. Een aantal van de andere oliefracties levert grondstoffen voor de productie van synthetische vezels, plastics, detergentia, verf en geneesmiddelen.

Opgehoopt organisch materiaal kan ook onder hoge druk in geologische formaties worden omgezet in steenkool. Steenkool varieert, evenals aardolie, sterk in samenstelling, afhankelijk van de vindplaats. Verhitting van steenkool onder uitsluiting van lucht geeft cokes (zuiver koolstof) en koolteer. Destillatie van de koolteer levert vele soorten organische verbindingen, vooral aromaten. Vooral uit olie, maar ook uit steenkool, kunnen vele waardevolle verbindingen geïsoleerd of gesynthetiseerd worden. Daarom is het eigenlijk jammer dat het grootste deel van onze olievoorraden zonder meer verbrand wordt ten behoeve van de productie van energie.

Om energie en grondstoffen te winnen is het niet altijd noodzakelijk miljoenen jaren te wachten op de 'natuurlijke' vorming van olie of steenkool uit organisch materiaal. Ook organisch materiaal afkomstig van plantaardig of dierlijk afval kan omgezet worden in bijvoorbeeld methaan of andere nuttige organische verbindingen. Het onderzoek naar bruikbare processen die biomassa kunnen omzetten in energie is in volle gang, maar voorlopig mag echter nog geen al te grote bijdrage aan de energieproductie vanuit deze hoek verwacht worden.

Tabel 3.4. Fracties die verkregen worden bij gefractioneerde destillatie van aardolie.

| *Fractie* | *Samenstelling* | *Kookpunt ($^0C$)* |
|---|---|---|
| gas | $C_1$-$C_4$ | <20 |
| petroleum-ether | $C_5$-$C_6$ | 20-60 |
| petroleum-ether | $C_6$-$C_7$ | 60-100 |
| benzine | $C_6$-$C_{12}$ | 50-200 |
| kerosine | $C_{12}$-$C_{18}$ | 175-275 |
| stookolie | $C_{15}$-$C_{18}$ | >275 |
| smeerolie | $C_{20}$-$C_{30}$ | >400 |
| paraffine | >$C_{30}$ | vast |
| asfalt | residu | |

# 4 Cycloalkanen

## 4.1 Inleiding

Een cycloalkaan is een koolwaterstof waarbij de $sp^3$-gehybridiseerde koolstofatomen in een ringstructuur zitten. Een cycloalkaan wordt benoemd door het voorvoegsel *cyclo-* vóór de naam van het alkaan te plaatsen. Bevatten de ringen substituenten, dan wordt de plaats daarvan aangegeven door middel van een nummering die begint bij het meest gesubstitueerde koolstofatoom.

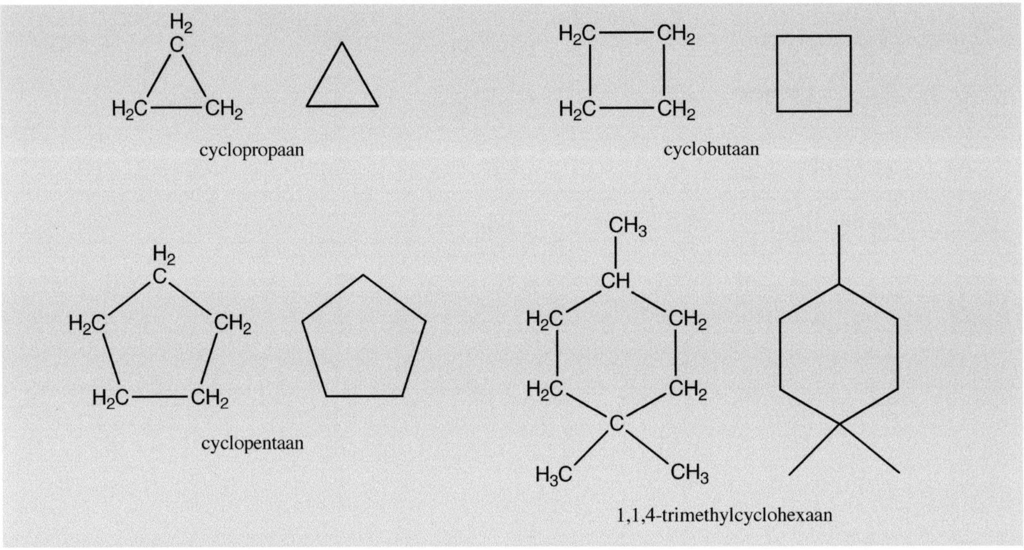

cyclopropaan

cyclobutaan

cyclopentaan

1,1,4-trimethylcyclohexaan

De structuurformules van cycloalkanen worden, ter bevordering van de overzichtelijkheid, meestal weergegeven door middel van veelhoeken. Als in een dergelijke figuur geen verdere aanduiding voorkomt, dan stelt elk snijpunt van lijnen of het eindpunt van een lijn een verzadigd koolstofatoom voor.

Wanneer een cycloalkaan meerdere ringen bevat, dan kunnen deze ringen een, twee of meer koolstofatomen gemeenschappelijk hebben. Twee ringen die één koolstofatoom gemeenschappelijk hebben, worden *spiro*-verbindingen genoemd. Bij de naamgeving wordt het aantal koolstofatomen van de afzonderlijke ringen tussen haken aangegeven; het spiro-koolstofatoom wordt daarbij niet meegeteld. Als twee ringen twee koolstofatomen gemeenschappelijk hebben, spreekt men van een *gecondenseerd* ringsysteem. Een voorbeeld daarvan is decaline. Wanneer twee ringen meer dan twee koolstofatomen gemeenschappelijk hebben dan ontstaat een *gebrugd* ringsysteem. Het aantal koolstofatomen van de ketens tussen de bruggenhoofdkoolstofatomen wordt bij de naamgeving tussen haken aangegeven.

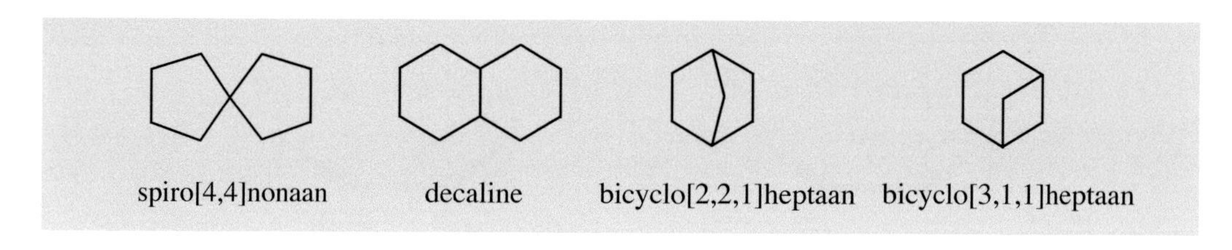


Als een of meer koolstofatomen in een cycloalkaan worden vervangen door andere atomen ontstaat een heterocyclisch ringsysteem. Heterocyclische ringsystemen, zoals die van tetrahydropyraan en tetrahydrofuran, komen voor in suikers en bepalen daar mede de eigenschappen van deze verbindingen.

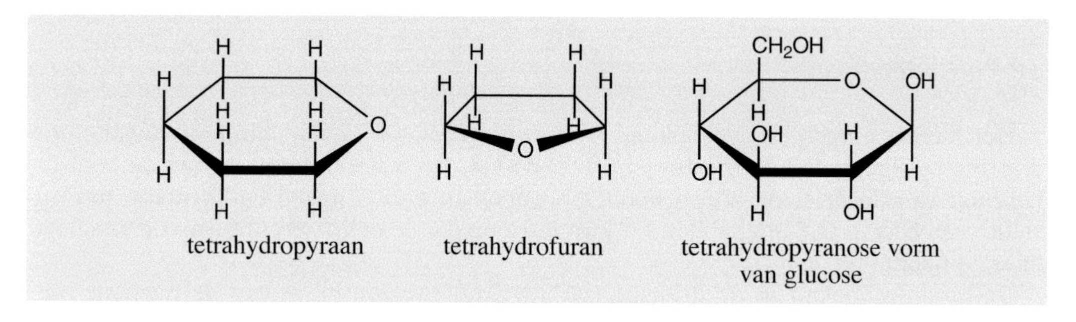


## 4.2 Geometrische isomerie in cycloalkanen

Twee substituenten kunnen aan een cycloalkaanring aan dezelfde kant of aan tegenovergestelde kanten van de ring zitten. Men spreekt dan respectievelijk van een *cis*- of *trans*-gesubstitueerd cycloalkaan.

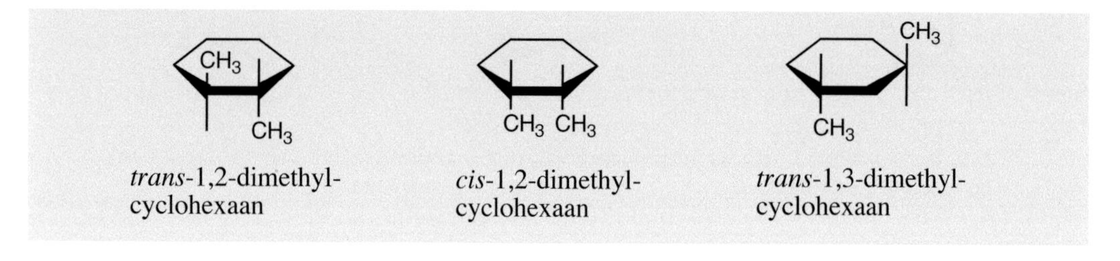


In een ringstructuur is geen volledig vrije draaibaarheid rond de enkelvoudige bindingen mogelijk zonder de ring te breken. Dit betekent dat de *cis*- en *trans*-verbindingen niet zonder meer in elkaar over kunnen gaan en dit zijn dus twee verschillende verbindingen. Deze twee verbindingen zijn *geometrische isomeren* van elkaar.

In de cyclische structuur van glucose zijn alle naburige groepen steeds *trans* ten opzichte van elkaar geplaatst. Galactose heeft een andere configuratie op koolstofatoom 4. Dit heeft tot gevolg dat de groepen aan de koolstofatomen 3, 4 en 5 nu *cis* ten opzichte van elkaar staan. We hebben hier dus te maken met een andere verbinding met andere chemische en fysische eigenschappen dan die van glucose. Dit uit zich bijvoorbeeld in de smaak van glucose die zoeter is dan die van galactose.

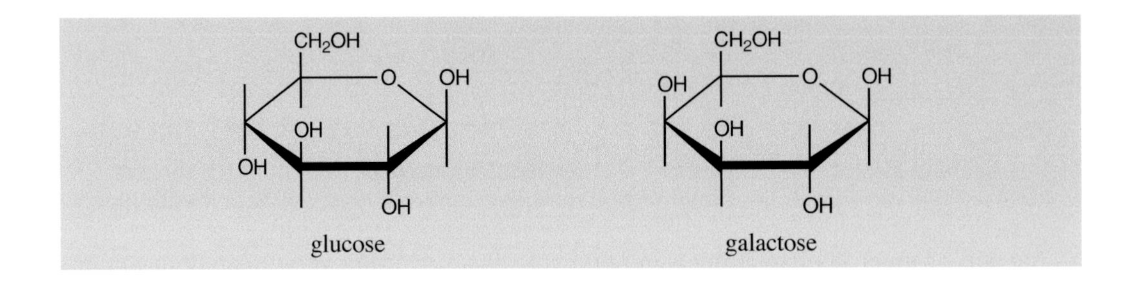


glucose galactose

## 4.3 Vorm en eigenschappen van cyclopropaan, cyclobutaan en cyclopentaan

### *4.3.1 Cyclopropaan*

Het kleinst mogelijke cycloalkaan is cyclopropaan. De koolstofatomen vormen een driering en liggen daardoor uiteraard in één vlak. De waterstofatomen aan de koolstofatomen van de driering zitten noodgedwongen in een eclipsed conformatie ten opzichte van elkaar. In § 3.3 hebben we kunnen zien dat de eclipsed conformatie een hoge energie heeft.

De bindingshoeken in de driering (60°) wijken aanzienlijk af van de normale bindingshoeken in een $sp^3$-gehybridiseerd koolstofatoom (109,5°). Het blijkt dat de orbitalen die de koolstof-koolstof-bindingen van de driering vormen, niet in elkaars verlengde liggen en dus niet optimaal lineair met elkaar kunnen overlappen. Hierdoor ontstaat een zwakkere binding en het verlies aan bindingsenergie dat hierdoor optreedt, wordt meestal aangegeven met de term *hoekspanning*.

Newman-projectie van cyclopropaan eclipsed interacties

niet lineaire overlap van $sp^3$-orbitalen in cyclopropaan

cyclopropaan $\xrightarrow{H_2 / Ni}$ $CH_3—CH_2—CH_3$ propaan

cyclopropaan $\xrightarrow{Br_2}$ $Br—CH_2—CH_2—CH_2—Br$ 1,3-dibroompropaan

De hoekspanning is er verantwoordelijk voor, dat cyclopropaan nogal gemakkelijk reacties geeft waarbij de ring wordt opengebroken. Katalytische hydrogenering geeft bijvoorbeeld propaan en reactie met broom leidt onder milde omstandigheden tot 1,3-dibroompropaan.

### *4.3.2 Cyclobutaan*

In cyclobutaan, met bindingshoeken van 90°, is nog steeds een aanzienlijke afwijking van de normale bindingshoeken nodig, maar minder dan in cyclopropaan. De H-C-H-bindingshoeken in cyclobutaan zijn 112° en het molecuul is niet geheel vlak. Om ongunstige eclipsed interacties van C-H- en C-C-bindingen gedeeltelijk te vermijden, is het molecuul een beetje gevouwen waarbij één atoom ongeveer 25° uit het vlak van de andere drie ligt. Op deze manier zijn twee conformaties mogelijk die bij kamertemperatuur in snel evenwicht met elkaar zijn.

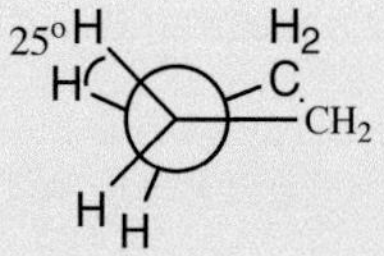

Newman-projectie van cyclobutaan

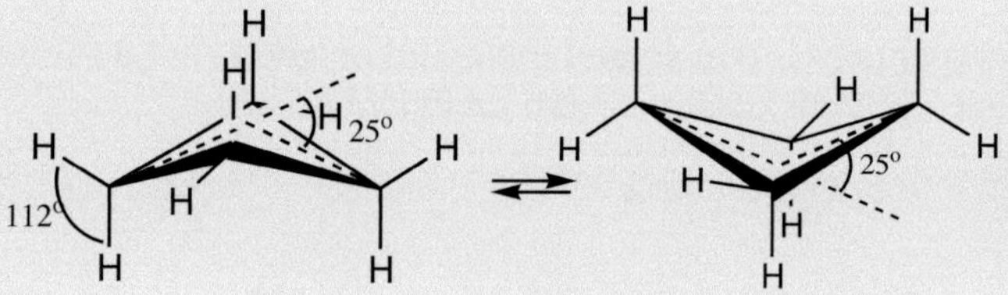

gevouwen conformaties van cyclobutaan

In de reacties van cyclobutaan is reeds minder te merken van de hoekspanning. Katalytische hydrogenering tot *n*-butaan is bij hogere temperatuur nog wel mogelijk, maar behandeling met broom geeft geen ringopening meer.

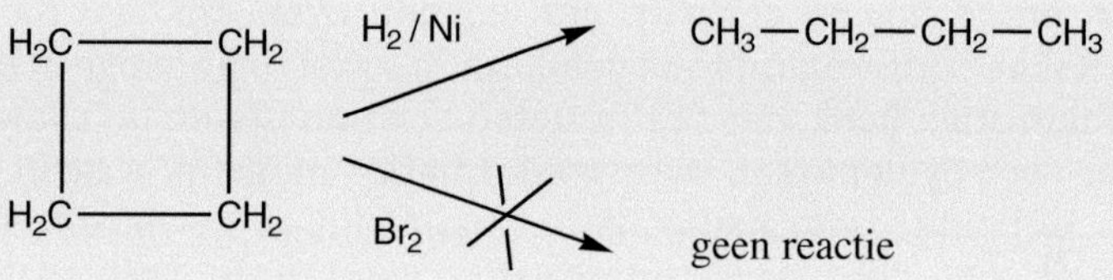

$H_2/Ni$: $CH_3-CH_2-CH_2-CH_3$

$Br_2$: geen reactie

### *4.3.3 Cyclopentaan*

Cyclopentaan zou in principe kunnen bestaan als een volledig vlakke vijfring met vrijwel spanningsvrije bindingshoeken van 108°. In deze vorm zouden echter vijf stellen eclipsed interacties optreden, die de energie van het molecuul aanzienlijk zouden verhogen. Dit is zo ongunstig dat in cyclopentaan, evenals in cyclobutaan, enige extra hoekverbuiging optreedt om een deel van deze eclipsed interacties te vermijden. Eén van de vijf koolstofatomen wordt opgewipt uit het vlak van de andere vier, waardoor een 'envelop conformatie' ontstaat met bindingshoeken van 105° en een hoek tussen de delen van het molecuul van 30°. Het opgewipte koolstofatoom is niet steeds hetzelfde; naburige koolstofatomen nemen deze positie steeds over, zodat de verbuiging van het molecuul op deze wijze de hele ring rondloopt. Dit verschijnsel wordt *pseudorotatie* genoemd. Op deze manier worden eclipsed interacties in de buurt van het opgewipte koolstofatoom verkleind, een winst die kennelijk opweegt tegen de extra hoekverbuiging.

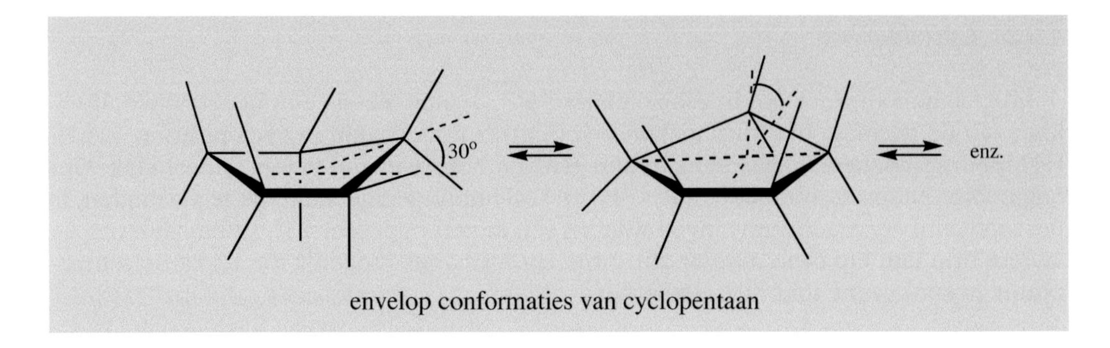

envelop conformaties van cyclopentaan

Cyclopentaan is een stabiel molecuul en geeft niet de ringopeningsreacties die karakteristiek zijn voor cyclopropaan en cyclobutaan.

$H_2C$ $CH_2$ $H_2C$ $CH_2$ $C H_2$ —($H_2$ / Ni)—✗→ geen reactie

## 4.4 Cyclohexaan

Cyclohexaan en de hogere cycloalkanen hebben eveneens een niet-vlakke conformatie. In een vlakke conformatie zou cyclohexaan naast ongunstige eclipsed interacties ook nog een ongunstige hoek van 120° moeten vormen tussen de koolstof-koolstof-bindingen. Er zijn voor cyclohexaan twee conformaties mogelijk waarin geen hoekspanning optreedt. In beide conformaties is het molecuul zo gevouwen, dat de bindingshoeken ongeveer 109° zijn. Deze conformaties worden de *stoel-* en *boot-*conformatie genoemd.

stoelconformatie ⇄ bootconformatie — cyclohexaan

bootconformatie — Newman-projectie — eclipsed

De bootconformatie heeft een hogere energie (29 kJ/mol) dan de stoelconformatie, omdat aan de $C_2$-$C_3$-binding en aan de $C_5$ -$C_6$-binding de waterstofatomen eclipsed ten opzichte van elkaar staan. Ook de binnenste waterstofatomen aan de koolstofatomen 1 en 4 ondervinden sterische hinder van elkaar. De eclipsed interacties kunnen met een Newman-projectie van de bootconformatie duidelijk worden aangegeven.

De stoelconformatie van cyclohexaan is het meest stabiel. Sterische hindering treedt hier niet op, want alle koolstof-waterstof-bindingen zitten in een gunstige staggered situatie. Dit is in de Newman-projectie van de stoelconformatie duidelijk te zien.

stoelconformatie — Newman-projectie — staggered

Van de twaalf koolstof-waterstof-bindingen in de stoelconformatie van cyclohexaan staan er zes loodrecht op de ring; deze bindingen worden de *axiale* bindingen genoemd. Drie axiale bindingen wijzen naar boven en drie naar beneden. De andere zes koolstof-waterstof-bindingen liggen min of meer in het vlak van de ring en deze bindingen worden de *equatoriale* bindingen genoemd. Axiale en equatoriale bindingen kunnen in elkaar overgaan, doordat de ene stoelconformatie in de andere kan overgaan. Deze conformatieverandering vindt plaats via de bootconformatie. Bij kamertemperatuur gaan deze conformatieveranderingen snel, waardoor de waterstofatomen aan een cyclohexaanring bij deze temperatuur niet van elkaar te onderscheiden zijn.

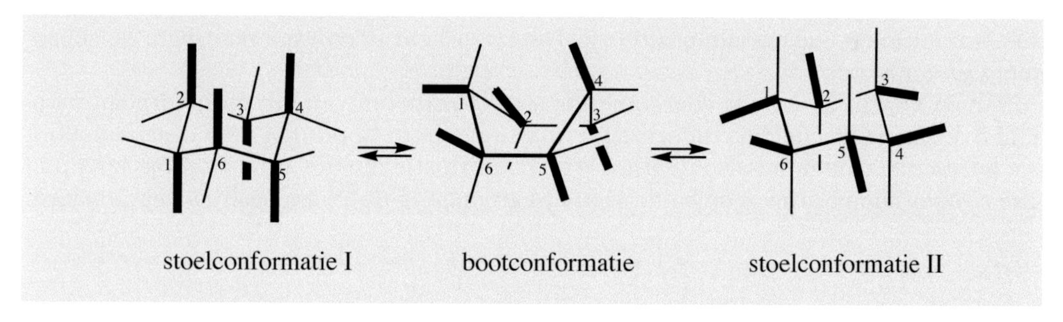

stoelconformatie I — bootconformatie — stoelconformatie II

In methylcyclohexaan komt de methylgroep bij conformatieverandering in een sterisch andere situatie terecht. De equatoriale methylgroep in de linker conformatie ondervindt slechts weinig sterische hinder van de naburige koolstof-waterstof-bindingen. Daarentegen ondervindt de axiale methylgroep in de rechter conformatie wel aanzienlijke sterische hinder van de naburige axiale waterstofatomen aan de koolstofatomen 3 en 5. Deze axiale waterstofatomen zijn op een afstand van drie koolstofatomen in de ring van de axiale substituent verwijderd. Deze interactie wordt daarom *1,3-diaxiale interactie* genoemd.

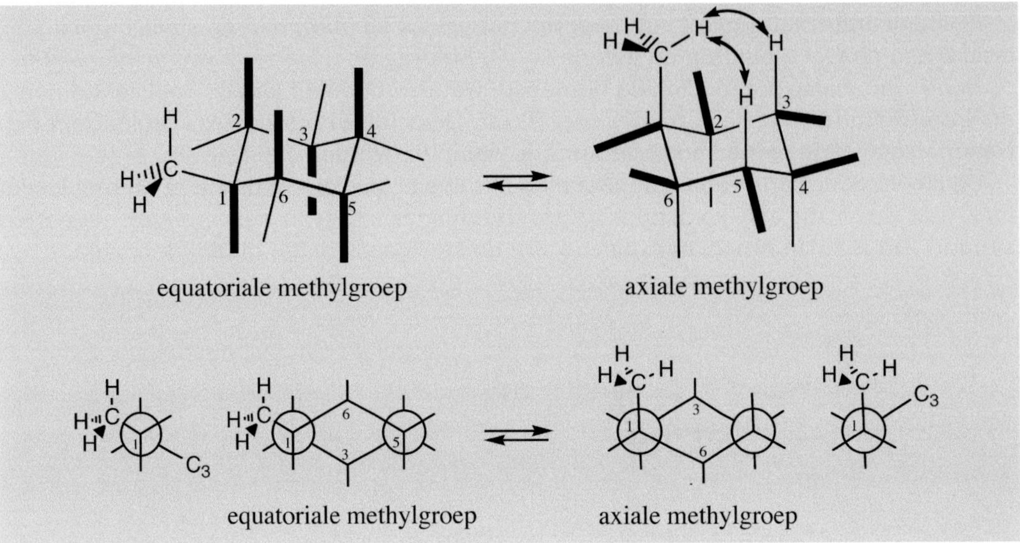

equatoriale methylgroep axiale methylgroep

equatoriale methylgroep axiale methylgroep

De sterisch minder gunstige positie van een axiale methylgroep aan een cyclohexaanring wordt duidelijk geïllustreerd met behulp van Newman-projecties van de twee conformaties. De conformatie waarin de methylgroep equatoriaal zit, is vergelijkbaar met de anti-conformatie van *n*-butaan; de conformatie met de methylgroep in de axiale positie is vergelijkbaar met de gaucheconformatie van *n*-butaan en deze laatste heeft een hogere energie (zie § 3.3). De twee 1,3-diaxiale interacties die de axiale methylgroep heeft met de beide axiale waterstofatomen geven deze conformatie een hogere energie dan de conformatie met de equatoriale methylgroep (ongeveer 7,5 kJ/mol). Daardoor zit bij kamertemperatuur ongeveer 95% van de moleculen in de conformatie met de methylgroep in de equatoriale positie. In het algemeen kan gesteld worden dat een gesubstitueerde cyclohexaanring een voorkeur heeft voor die conformatie, waarin de substituent in de equatoriale positie zit. Deze voorkeur neemt toe naarmate de substituent groter wordt.

Van de vier in de natuur voorkomende stereo-isomeren van het monoterpeen menthol overheerst steeds die conformatie, waarin de grote isopropylgroep in de equatoriale positie zit. Ook in neo-isomenthol is de conformatie met de grote isopropylgroep in een equatoriale positie en de beide kleinere groepen in de axiale posities het gunstigst.

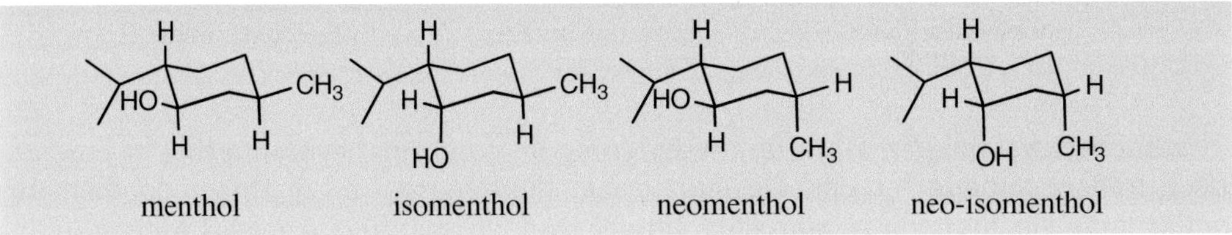

menthol isomenthol neomenthol neo-isomenthol

De bootconformatie is zoals vermeld minder gunstig dan de stoelconformatie. Toch kan de bootconformatie voorkomen wanneer een zesring in deze conformatie gefixeerd wordt, zoals in sommige gebrugde cycloalkanen. Dit is bijvoorbeeld het geval bij de natuurproducten kamfer en cineol.

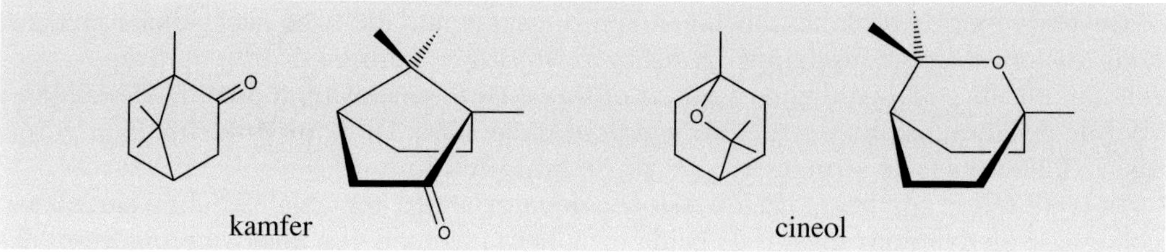

kamfer cineol

## 4.5 Polycyclische ringsystemen

In § 4.2 werd reeds aangegeven dat substituenten aan een cycloalkaan aan dezelfde kant van de ring (in de *cis*-positie ten opzichte van elkaar) of aan weerskanten van de ring kunnen zitten (in de *trans*-positie ten opzichte van elkaar). De cyclohexaanring is daar voor de duidelijkheid getekend als een platte ring. In § 4.4 hebben we echter gezien dat deze ring niet plat is, maar gevouwen en dat waterstofatomen en substituenten in equatoriale en axiale positie kunnen zitten. We zullen nu nagaan of substituenten aan de cyclohexaanring *cis* of *trans* ten opzichte van elkaar staan en op welke wijze ze dan aan de ring gebonden zijn, equatoriaal (e) of axiaal (a).

*Trans*- 1 ,2-dimethylcyclohexaan kan voorkomen in twee conformaties met de methylgroepen in de *trans*-ee- of in de *trans*-aa-positie. In de *trans*-aa-conformatie is duidelijk te zien dat de methylgroepen aan weerskanten van de ring staan. Dit is echter niet de meest voorkomende vorm door de optredende 1,3-diaxiale interacties. De *trans*-ee-conformatie is de meest stabiele omdat de beide methylgroepen daar equatoriaal staan. *Trans*-1,2-dimethylcyclohexaan zal dan ook voornamelijk in de ee-conformatie voorkomen.

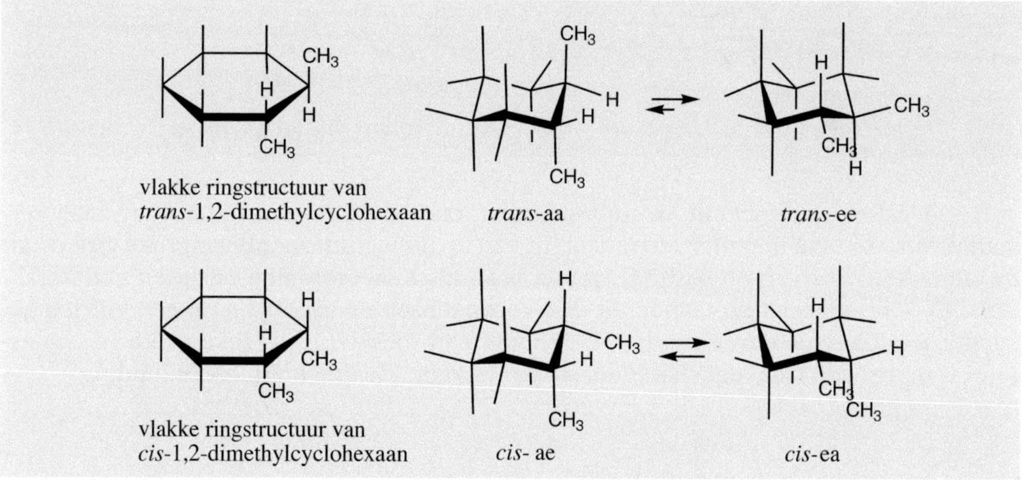

vlakke ringstructuur van *trans*-1,2-dimethylcyclohexaan — *trans*-aa — *trans*-ee

vlakke ringstructuur van *cis*-1,2-dimethylcyclohexaan — *cis*- ae — *cis*-ea

*Cis*- 1 ,2-dimethylcyclohexaan kan eveneens voorkomen in twee conformaties die in dit geval echter volkomen equivalent zijn. Beide conformaties hebben één methylgroep axiaal en één methylgroep equatoriaal. Doordat in *trans*- 1 ,2-dimethylcyclohexaan beide methylgroepen de gunstige equatoriale positie kunnen innemen, is dit molecuul stabieler dan het *cis*-isomeer.

Gecondenseerde cyclohexaanringen zijn ringsystemen die twee naast elkaar gelegen koolstofatomen gemeenschappelijk hebben. De ringen kunnen daarbij op twee manieren aan elkaar gekoppeld zijn, weer *cis* of *trans*. Deze wijze van koppeling is bepalend voor de driedimensionale structuur van deze moleculen. Dit komt duidelijk naar voren als we kijken naar de structuren van *cis*- en *trans*-decaline.

In *cis*-decaline zijn beide ringen met een equatoriale en een axiale binding aan elkaar gekoppeld en daardoor maken de beide cyclohexaanringen een hoek van ongeveer 90° met elkaar. In *trans*-decaline zijn beide ringen met twee equatoriale bindingen gekoppeld, waardoor de beide ringen min of meer in één vlak liggen. In de vlakke weergave wordt de manier waarop de beide ringen aaneen gekoppeld zijn, aangegeven door de positie van de waterstofatomen of eventuele substituenten aan de gemeenschappelijke koolstofatomen, ten opzichte van elkaar aan te geven. Beide gestippeld of dikgetrokken betekent *cis*gekoppelde ringen, de ene gestippeld en de andere dikgetrokken betekent *trans*gekoppelde ringen.

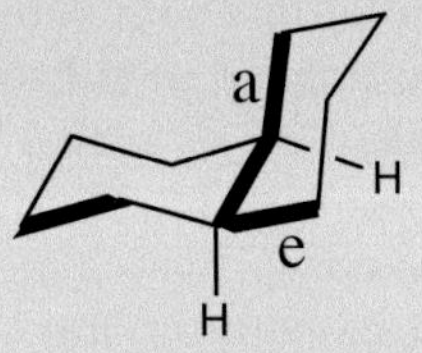

cis-waterstofatomen

cis-decaline; ea-koppeling

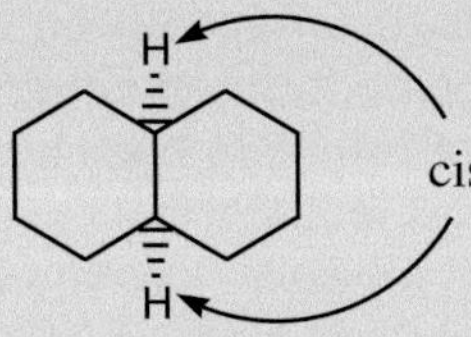

cis-decaline; vlakke weergave

trans-waterstofatomen

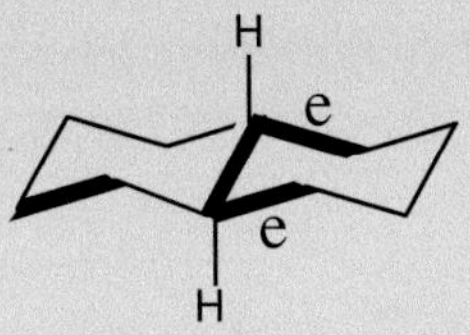

trans-decaline; ee-koppeling

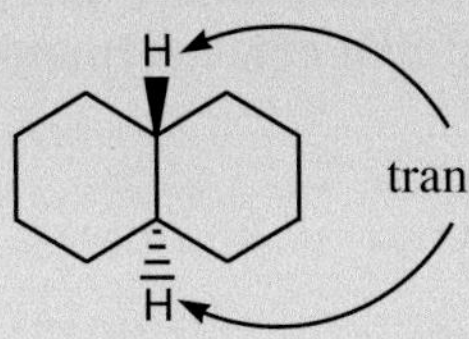

trans-decaline; vlakke weergave

Het decaline-ringsysteem en uitbreidingen daarvan komen in de natuur zeer verspreid voor. Ze maken onder meer deel uit van de biologisch zeer belangrijke groep van de steroïden, waarvan cholesterol wel de bekendste is. Steroïden bevatten een karakteristiek koolstofskelet bestaande uit drie gecondenseerde zesringen en een vijfring gecondenseerd aan de derde zesring. De ringen zijn meestal *trans*-gekoppeld. In cholesterol is de tweede ring afgevlakt door de aanwezigheid van een dubbele binding.

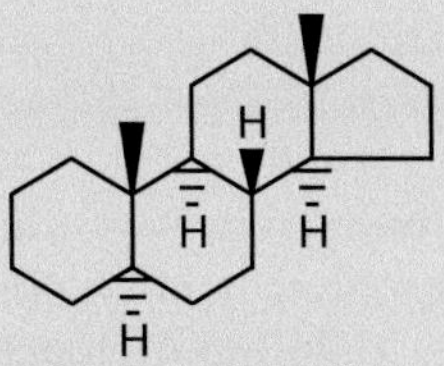

vlakke weergave van een steroïdskelet

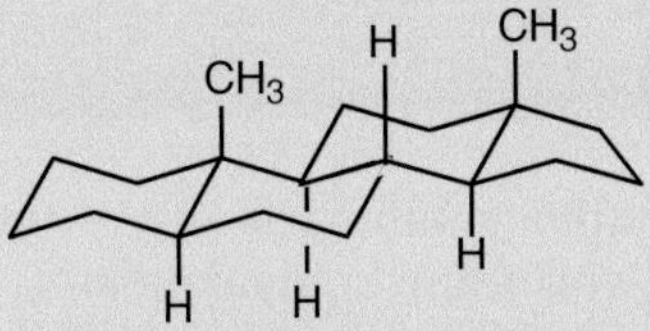

ruimtelijke weergave van een steroïdskelet

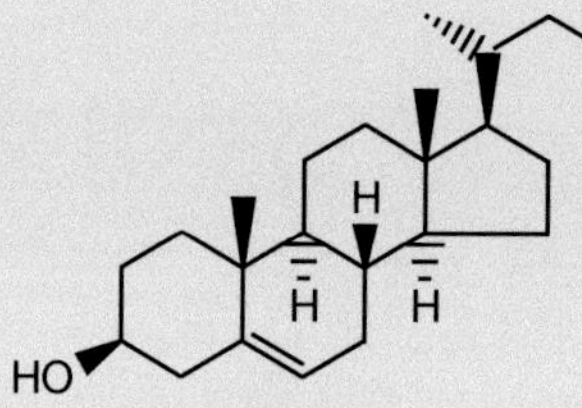

cholesterol
(een steroïd)

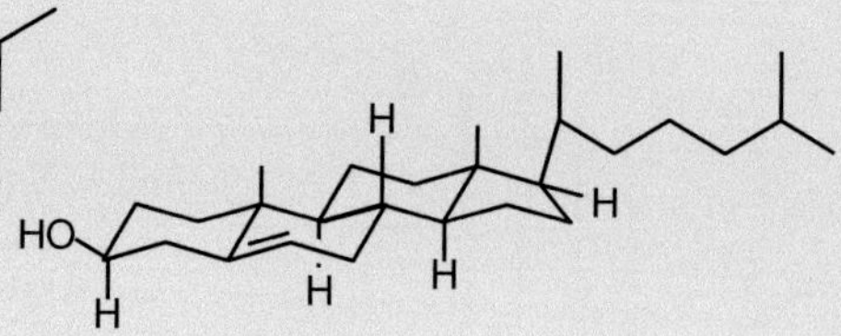

cholesterol
(ruimtelijke structuur)

De wijze waarop de ringen aan elkaar gekoppeld zijn, is van direct belang voor de fysiologische activiteit, dit is zeer duidelijk bij androsteron, één van de mannelijke geslachtshormonen. Androsteron is verantwoordelijk voor de primaire en secundaire geslachtskenmerken van mens en dier. Het isomere androsteron, waarbij de eerste twee ringen *cis*-gekoppeld zijn, vertoont echter geen enkele fysiologische activiteit. Ook de positie van de hydroxylgroep aan de eerste ring (axiaal of equatoriaal) is van invloed op de fysiologische activiteit, deze is aanzienlijk lager voor het onnatuurlijke isomeer met de OH-groep in de equatoriale positie.

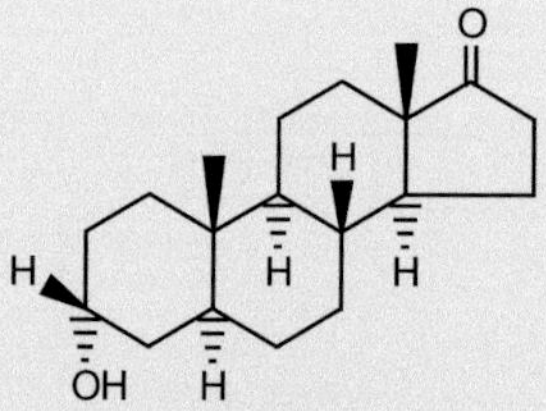

trans-gekoppeld
androsteron

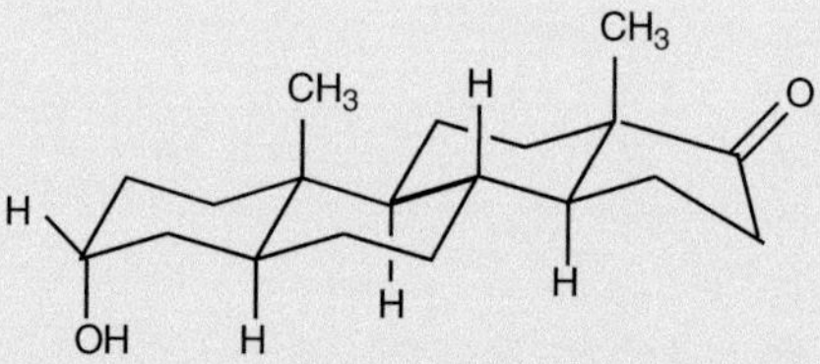

androsteron

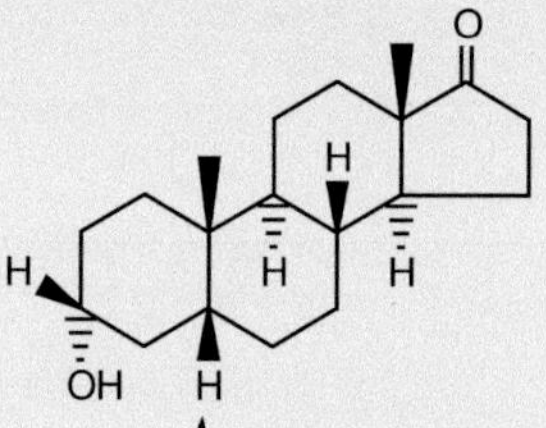

cis-gekoppeld
androsteron

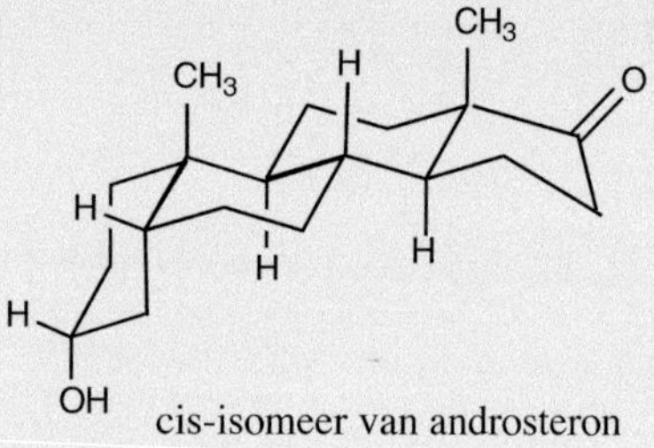

cis-isomeer van androsteron

In de galvloeistof komt een aantal steroïdachtige verbindingen voor, zoals cholzuur, waarbij juist een *cis*-koppeling tussen de eerste twee ringen aanwezig is. Op deze manier wordt een enigszins gebogen molecuul gevormd, waarbij één kant van het molecuul door de aanwezigheid van hydroxy-groepen polair is, terwijl de andere kant apolair is o.a. door de aanwezigheid van de beide methylgroepen. Hierdoor kunnen deze verbindingen een belangrijke emulgerende rol vervullen bij de spijsvertering van vetten (zie § 7.8). Voor een verdere behandeling van de steroïden wordt verwezen naar § 7.8 en 7.9.

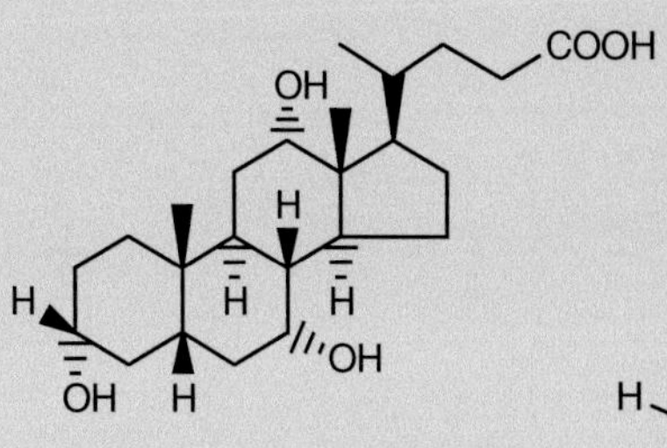

cholzuur (een galzuur)

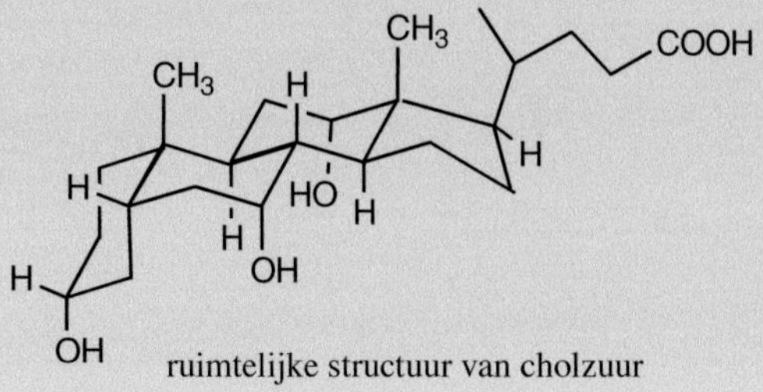

ruimtelijke structuur van cholzuur

# 5 Alkenen en alkynen

Alkenen zijn koolwaterstoffen die één of meer koolstof-koolstof dubbele bindingen bevatten. Alkynen bevatten drievoudige koolstof-koolstof-bindingen. Omdat koolwaterstoffen met een dubbele of drievoudige binding onder invloed van een katalysator nog extra waterstof kunnen opnemen, worden alkenen en alkynen *onverzadigde* koolwaterstoffen genoemd.

alkeen

alkyn

*Alkenen* vormen een belangrijke klasse van bindingen. Een grote verscheidenheid aan verbindingen in het planten- en dierenrijk bevat de koolstof-koolstof dubbele binding. Zo is het eenvoudigste alkeen, etheen, bijvoorbeeld als plantenhormoon betrokken bij de bloesemvorming, de rijping van fruit en de veroudering van de plant. De dubbele binding tussen twee koolstofatomen speelt ook een grote rol in de biosynthese van terpenen, een belangrijke klasse van natuurproducten (zie hoofdstuk 7). Het terpeen limoneen komt o.a. voor in de schillen van citrusvruchten. Dubbele bindingen in vetten en oliën hebben een belangrijke invloed op het smeltpunt en de viscositeit en beïnvloeden mede daardoor de functie van deze stoffen in de natuur. Vervanging in het voedsel van verzadigde dierlijke vetten door plantaardige vetten, die meervoudig onverzadigde vetzuren zoals linolzuur bevatten, kan een gunstige invloed hebben op hart- en vaatziekten en dit verschijnsel is onderwerp van uitgebreide studie.

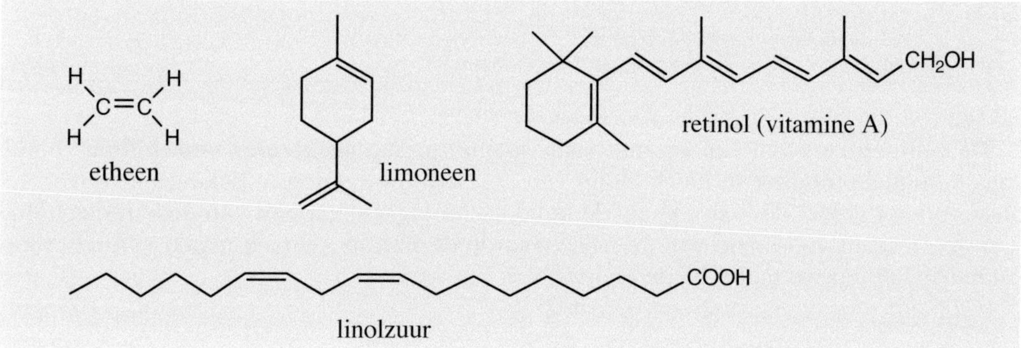

etheen

limoneen

retinol (vitamine A)

linolzuur

In de industrie worden eenvoudige alkeenverbindingen gebruikt als grondstoffen voor de synthese van polymeren zoals polyetheen, polypropeen, polyvinylchloride (PVC), teflon, polyacryl en nog vele andere kunststoffen die uit ons dagelijks leven niet meer weg te denken zijn.

## 5.1 Bouw van alkenen - Geometrische isomerie

Zoals we in § 1.4 gezien hebben is een dubbele binding opgebouwd uit een combinatie van een σ-binding en een π-binding.

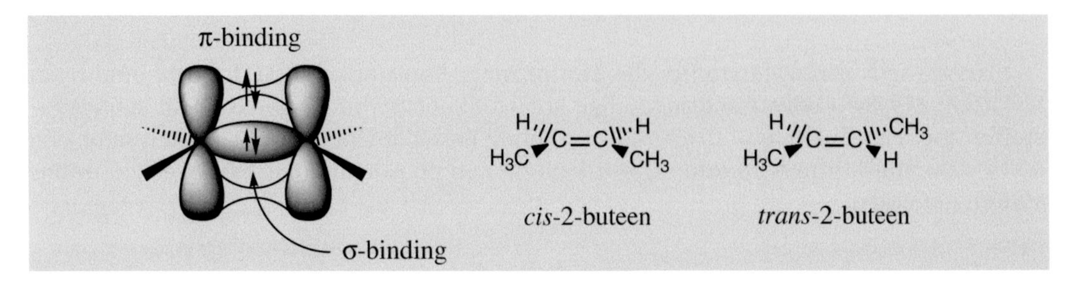


De beide koolstofatomen van de dubbele binding zijn $sp^2$-gehybridiseerd. Deze koolstofatomen vormen met hun drie $sp^2$-orbitalen drie σ-bindingen door lineaire overlap met naburige orbitalen. De niet-gehybridiseerde p-orbitaal van beide koolstofatomen vormt door zijdelingse overlap een π-binding. Kenmerkend voor een alkeen is dat de σ-bindingen direct aan de dubbele binding in één vlak liggen en hoeken van 120° met elkaar maken. Rotatie rond de centrale σ-binding is niet mogelijk zonder de π-binding te verbreken. De energie die daarvoor opgebracht moet worden, is aanzienlijk en komt ongeveer overeen met de sterkte van de π-binding (= 275 kJ/mol). Doordat de π-binding vrije rotatie rond de dubbele binding verhindert, wordt *geometrische isomerie* mogelijk. Substituenten aan de beide $sp^2$-gehybridiseerde koolstofatomen kunnen aan dezelfde kant van de dubbele binding zitten (*cis* ten opzichte van elkaar) of aan tegenovergestelde kanten (*trans* ten opzichte van elkaar). Elk alkeen met twee verschillende groepen aan beide $sp^2$-gehybridiseerde koolstofatomen heeft een *cis*-isomeer en een *trans*-isomeer.

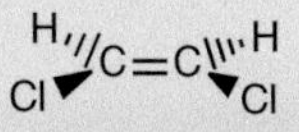

*cis*-1,2-dichlooretheen

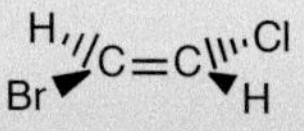

*trans*-1-broom-2-chlooretheen

1-broom-1-chloor-2-methyl-1-propeen

geen cis-trans isomerie mogelijk vanwege de gelijkwaardigheid van de methylgroepen

De ruimtelijke vorm van geometrische isomeren kan aanzienlijk verschillen, vooral als de dubbele binding in het midden van een keten zit. Dit kan belangrijke gevolgen hebben voor zowel de fysische als de biologische eigenschappen van deze moleculen. Een interessant voorbeeld van de wijze waarop de natuur gebruik maakt van *cis-trans*-isomerie komen we tegen bij de chemie van het zien.

## 5.2 De chemie van het zien

De *cis*- en *trans*-isomeren van alkenen zijn onder normale omstandigheden verbindingen die niet zonder meer in elkaar overgaan. Hiervoor moet voldoende energie toegevoegd worden om de π-binding te verbreken. Dit kan onder andere gebeuren door bestraling met licht of door het toevoeren van warmte. De omzetting van geometrische isomeren van alkenen door bestraling met licht is van bijzondere biologische betekenis, omdat de chemie van het zien daarop gebaseerd is. Het netvlies van het oog bevat als lichtgevoelige verbinding het 11-*cis*-retinal.

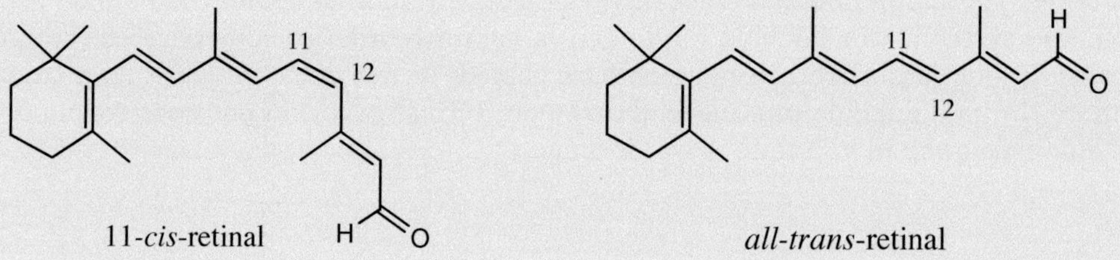

11-*cis*-retinal

*all-trans*-retinal

Deze verbinding is in de receptorcellen van het oog gebonden aan het eiwit opsine tot een lichtgevoelige complex dat *rhodopsine* genoemd wordt. Wanneer rhodopsine licht absorbeert, wordt 11-*cis*-retinal door isomerisatie rond de 11-12 dubbele binding omgezet in *all-trans*-retinal. Hoewel de *cis*- en *trans*-isomeren van retinal chemisch gezien weinig van elkaar verschillen, hebben ze wel sterk verschillende ruimtelijke structuren. Het 11-*cis*-retinal heeft precies de goede ruimtelijke structuur om in de acceptorholte van het eiwit te passen, maar wanneer door absorptie van een lichtkwant deze verbinding overgaat in *all-trans*-retinal, verandert de vorm van het molecuul dusdanig dat het niet meer in de acceptorholte van het opsine past.

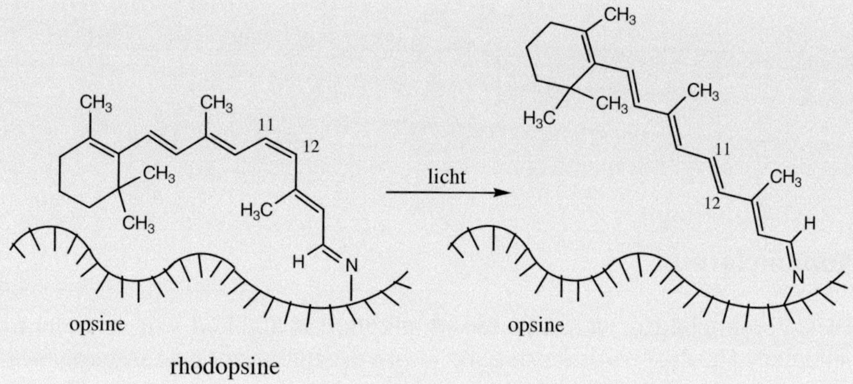

rhodopsine

Door een serie volgreacties worden *trans*-retinal en opsine volledig van elkaar losgemaakt. Hierbij verandert het opsine van vorm en stuurt een signaal naar de hersenen dat er licht is ontvangen. Het vrije *trans*-retinal wordt met behulp van licht weer omgezet in 11-*cis*-retinal, waarna het opnieuw koppelt met opsine tot rhodopsine. Hierna kan weer een lichtkwant geregistreerd worden.

Retinal wordt in het lichaam gevormd door oxidatie van vitamine A (*all-trans*-retin*ol*). Omdat het menselijk lichaam niet in staat is zelf vitamine A te synthetiseren, moeten de grondstoffen hiervoor (de carotenen) met het voedsel worden opgenomen. Een ernstig en langdurig vitamine A-tekort kan aanzienlijke schade toebrengen aan het gezichtsvermogen. Wanneer het tekort minder ernstig is, kan het voor het eerst merkbaar worden door het optreden van nachtblindheid. Voor een goede lichtgevoeligheid in het donker is namelijk meer retinal nodig dan bij daglicht.

De carotenen waaruit retinal en vitamine A in het lichaam gevormd worden, komen voor in sterk gekleurde groenten en fruit zoals spinazie, wortelen, tomaten, rode pepers en dergelijke. Carotenen zijn sterk onverzadigde verbindingen. Het uitgebreide geconjugeerde systeem van dubbele bindingen is verantwoordelijk voor deze sterke kleur, omdat dit licht absorbeert in het zichtbare gebied. In het lichaam wordt door oxidatie van de centrale dubbele binding in β-caroteen, retinal gevormd dat door reductie van de aldehydegroep in vitamine A wordt omgezet.



## 5.3 Nomenclatuur

De IUPAC-nomenclatuur voor alkenen en alkynen is afgeleid van de nomenclatuur voor de alkanen. Hierbij wordt de uitgang *-aan* vervangen door de uitgang *-een* in het geval van de alkenen en door de uitgang *-yn* in het geval van de alkynen. De naam van $H_2C{=}CH_2$ is dus etheen, van $H_2C{=}CH{-}CH_3$ propeen, en van $H{-}C{\equiv}C{-}CH_3$ propyn. Daar in buteen en in de hogere alkenen en alkynen de plaats van de onverzadigde binding in het molecuul kan variëren, wordt de positie van de onverzadigde binding in het koolstofskelet met een nummer vóór de naam aangegeven. Hierbij worden de koolstofatomen in de langste koolstofketen altijd zodanig genummerd, dat de koolstofatomen die deel uitmaken van de dubbele of drievoudige binding een zo laag mogelijk nummer krijgen. Zijgroepen en substituenten worden daarna op dezelfde wijze genummerd en benoemd als bij de alkanen.

$\overset{5}{C}H_3-\overset{4}{C}H_2-\overset{3}{C}H_2-\overset{2}{C}H=\overset{1}{C}H_2$ 1-penteen

$\overset{5}{C}H_3-\overset{4}{C}H_2-\overset{3}{C}H=\overset{2}{C}H-\overset{1}{C}H_3$ 2-penteen

$\overset{1}{C}H_3-\overset{2}{C}\equiv\overset{3}{C}-\overset{4}{C}H_2-\overset{5}{C}H_3$ 2-pentyn

$\overset{7}{C}H_3-\overset{6}{C}H_2-\overset{5}{C}H_2-\overset{4}{C}(CH_3)=\overset{3}{C}H-\overset{2}{C}H_2-\overset{1}{C}H_3$ 4-methyl-3-hepteen

Aangezien een dubbele binding niet vrij draaibaar is, kunnen de groepen aan de dubbele binding op twee verschillende wijzen gerangschikt zijn. Wanneer de twee segmenten van de langste koolstofketen aan dezelfde kant van de dubbele binding zitten, spreken we van de *cis*-isomeer; zitten ze aan tegengestelde kanten dan is het de *trans*-isomeer. Van het 2-penteen en het 4-methyl-3-hepteen zijn dus twee isomeren mogelijk:

*cis*-2-penteen

*trans*-2-penteen

*cis*-4-methyl-3-hepteen

*trans*-4-methyl-3-hepteen

Indien drie of vier substituenten aan de dubbele binding verschillend zijn, is de *cis-trans*-aanduiding niet meer bruikbaar omdat dan niet duidelijk is welke groepen met elkaar vergeleken moeten worden. Het is bij onderstaande structuren bijvoorbeeld niet mogelijk om eenduidig aan te geven aan welke structuur de *cis*-configuratie toegekend zou moeten worden. Daarom wordt de *cis-trans*-nomenclatuur bij de alkenen tegenwoordig vervangen door de meer systematische *E*, *Z*-nomenclatuur.

(E)-1-broom-1-chloorpropeen

(Z)-1-broom-1-chloorpropeen

De regels die gelden voor de benoeming van een alkeen volgens de *E,Z*-nomenclatuur zijn als volgt:

1. Voor elke koolstofatoom van de dubbele binding wordt vastgesteld welke van de twee atomen die direct aan dit koolstofatoom gebonden zijn het laagste atoomnummer heeft en welke het hoogste. De substituenten waarvan deze atomen deel uitmaken krijgen dan resp. de aanduidingen '1' en '2'.

2. Als de twee substituenten die nu het hoogst genummerd zijn ('2') aan dezelfde kant van de dubbele binding zitten, dan wordt de configuratie aangegeven met *Z* (Duits: zusammen = bij elkaar). Zitten de substituenten die het hoogst genummerd zijn aan verschillende kanten van de dubbele binding, dan wordt de configuratie aangegeven met *E* (Duits: entgegen = tegenover elkaar).

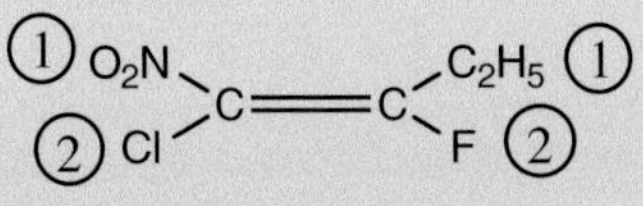

Cl > N F > C
Z
(Z)-1-chloor-1-nitro-2-fluor-1-buteen

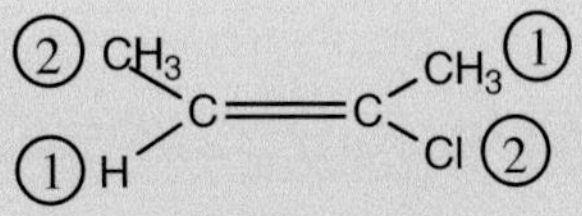

C > H Cl > C
E
(E)-2-chloor-2-buteen

Voorbeelden: Bij 2-chloor-2-buteen bevat het linker koolstofatoom van de dubbele binding een C-atoom (van de $CH_3$-groep) en een H-atoom. Aangezien C een hoger atoomnummer heeft dan H, krijgt C dus de aanduiding '2' en H de aanduiding '1'. Het rechter koolstofatoom van de dubbele binding bevat een C-atoom (van de $CH_3$-groep) en een Cl-atoom. Omdat Cl een hoger atoomnummer heeft dan C, krijgt Cl hier dus de aanduiding '2' en C de aanduiding '1'. Omdat de atomen met aanduiding '2' aan tegenovergestelde kanten van de dubbele binding zitten, is de configuratie van deze verbinding *E*.

Voor 1-chloor-1-nitro-2-fluor-1-buteen kunnen we eenzelfde redenering opzetten. Omdat Cl een hoger atoomnummer heeft dan N (van de $NO_2$ groep), krijgt Cl de aanduiding '2' en N de aanduiding '1'. Evenzo krijgt F de aanduiding '2' en C (van $C_2H_5$) de aanduiding '1', omdat F een hoger atoomnummer heeft dan C. Aangezien nu de beide nummers '2' aan dezelfde kant van de dubbele binding zitten, is de configuratie *Z*.

Merk op dat er steeds gekeken wordt naar de *atomen die direct gebonden zijn* aan de C = C-binding, en *niet naar de hele groepen* aan deze binding. De $NO_2$-groep als geheel heeft een hogere 'molecuul'-massa dan de atoommassa van het Cl-atoom; toch is de rangorde omgekeerd, omdat alleen het N-atoom van de $NO_2$-groep geteld wordt. Hetzelfde geldt voor de $C_2H_5$-groep en het F-atoom. Alleen het C-atoom direct aan de C = C-binding wordt in beschouwing genomen en dit heeft een lager atoomnummer dan het F-atoom.

Het kan voorkomen dat de aanduiding '1' en '2' aan een bepaalde kant van de C = C -binding niet direct toe te wijzen is. Dit is bijvoorbeeld het geval bij onderstaande verbinding.

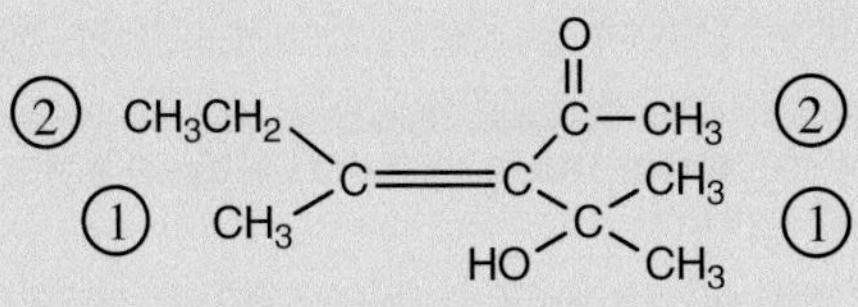

Z

Wanneer we eerst naar de substituenten aan de linkerkant van de C = C-binding kijken dan zitten beide met een C-atoom aan de C = C-binding bevestigd. Omdat dit geen uitsluitsel geeft kijken we vervolgens naar het *eerstvolgende* atoom met het hoogste atoomnummer in elke keten. Bij de bovenste substituent is dit een C-atoom, bij de onderste substituent zijn dit uitsluitend H-atomen. De bovenste groep krijgt dus de aanduiding '2', de onderste groep de aanduiding '1'. Aan de rechterkant van de C = C-binding doet zich een soortgelijke situatie voor. Ook hier is het direct aan de C = C-binding verbonden atoom in beide groepen een C-atoom en we moeten dus een atoom verder kijken. Het eerstvolgende atoom met het hoogste atoomnummer is nu zowel voor de bovenste als onderste groep een zuurstofatoom en dit biedt dus ook niet direct uitsluitsel. In de bovenste groep is zuurstof echter dubbelgebonden aan dit koolstofatoom. Dubbele bindingen tussen atomen worden geteld als tweemaal de enkele bindingen tussen deze atomen.

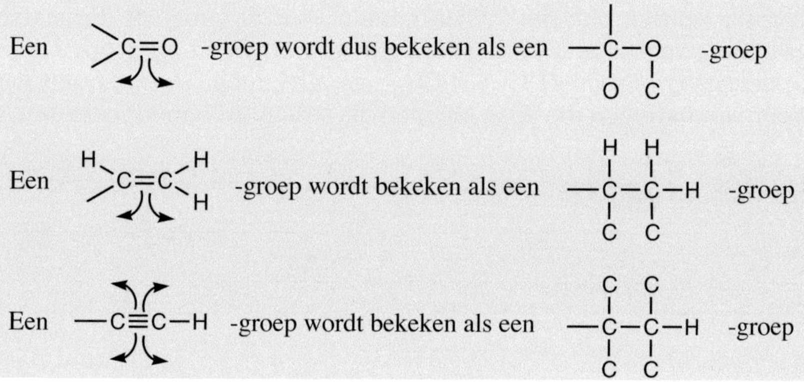

Een >C=O -groep wordt dus bekeken als een —C(O)—O(C) -groep

Een >C=CH₂ -groep wordt dus bekeken als een —C(H)(C)—C(H)(C)—H -groep

Een —C≡C—H -groep wordt dus bekeken als een —C(C)(C)—C(C)(C)—H -groep

De bindingen tussen koolstof en zuurstof in de C = O-groep in het voorbeeldmolecuul kunnen dus tweemaal geteld worden, waardoor de bovenste groep in het molecuul de aanduiding '2' krijgt en de onderste de aanduiding '1'. De configuratie van dit molecuul is dus *Z*.

Andere voorbeelden zijn:

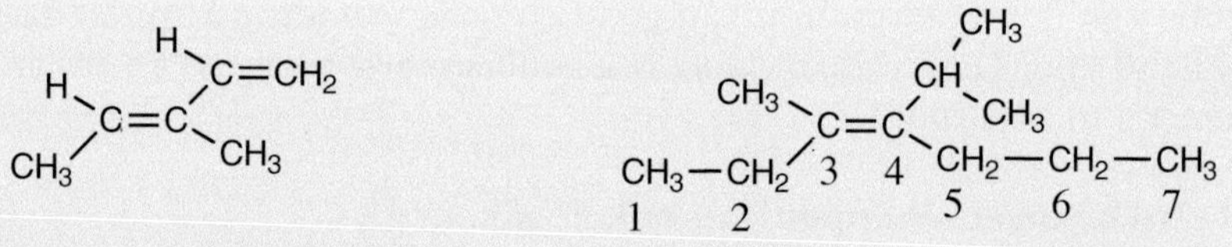

(E)-3-methyl-1,3-pentadieen

(E)-4-isopropyl-3-methyl-3-hepteen

Wij zullen de *cis-trans*-nomenclatuur gebruiken voor eenvoudig herkenbare geometrische isomeren. Bij meer ingewikkelde substituenten rond de dubbele binding wordt de *E*,*Z*-nomenclatuur gebruikt.

Wanneer er meerdere dubbele bindingen in een molecuul aanwezig zijn, wordt het aantal aangegeven door *di-*, *tri-*, *tetra-* enz. te voegen tussen de stamnaam en de uitgang. De plaats van de dubbele bindingen wordt met nummers weergegeven.

$CH_2{=}CH{-}CH{=}CH{-}CH_3$

1,3-pentadieen

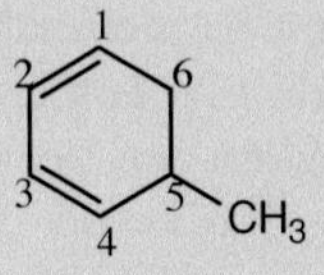

5-methyl-1,3-cyclohexadieen

Speciaal de lagere alkenen en alkynen worden vaak aangeduid met *triviale namen*. De uitgang *-een* wordt dan vervangen door de uitgang *-yleen*, bij voorbeeld:

$CH_2{=}CH_2$

ethyleen

$CH_2{=}CH{-}CH_3$

propyleen

Veel gebruikt worden ook de triviale namen voor de groepen die als substituent in een verbinding voorkomen en afgeleid zijn van ethyleen en propyleen, namelijk: $H_2C{=}CH$-, de vinylgroep en $H_2C{=}CH{-}CH_2$-, de allylgroep. Deze namen worden ook gebruikt voor verbindingen die deze groepen als structuurelement bevatten, zoals:

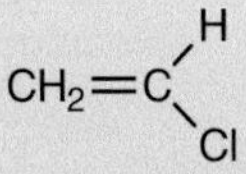

$CH_2{=}C(H)Cl$

vinylchloride

$CH_2{=}C(H)CH_2OH$

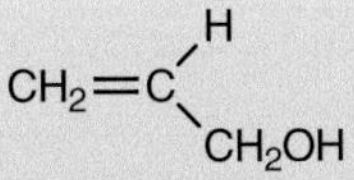

allylalcohol

## 5.4 Fysische eigenschappen van alkenen

De fysische eigenschappen van alkenen komen in grote lijnen overeen met die van de overeenkomstige alkanen. Ze hebben een relatief laag smelt- en kookpunt en zijn onoplosbaar in water. Penteen en de hogere homologen zijn kleurloze vloeistoffen met een geringere soortelijke massa dan die van water. De kookpunten en dichtheden van geometrische isomeren verschillen doorgaans niet veel van elkaar, hoewel ze nooit exact hetzelfde zijn. De smeltpunten van geometrische isomeren kunnen daarentegen heel verschillend zijn. Dit wordt in tabel 5.1 geïllustreerd voor *cis*- en *trans*-2-buteen, waar het verschil in smeltpunt 33 °C is.

Tabel 5.1. Fysische eigenschappen van enkele alkenen.

| *Naam* | *Formule* | *Smelt-punt (°C)* | *Kook-punt (°C)* |
|---|---|---|---|
| etheen | $CH_2{=}CH_2$ | -169 | -102 |
| propeen | $CH_3{-}CH{=}CH_2$ | -185 | - 48 |
| 1-buteen | $H_3C{-}CH_2{-}CH{=}CH_2$ | -185 | - 6 |

Tabel 5.1. vervolg

| | | | |
|---|---|---|---|
| *cis*-2-buteen | $CH_3(H)C=C(H)CH_3$ | -139 | + 4 |
| *trans*-2-buteen | $CH_3(H)C=C(H)CH_3$ | -106 | + 1 |
| 2-methylpropeen (isobutyleen) | $CH_2=C(CH_3)_2$ | -141 | - 7 |
| 1-penteen | $CH_2=CH-CH_2-CH_2-CH_3$ | -138 | + 30 |
| *cis*-2-penteen | $CH_3(H)C=C(H)CH_2-CH_3$ | -151 | + 37 |
| *trans*-2-penteen | $CH_3(H)C=C(H)CH_2-CH_3$ | -136 | + 36 |

## 5.5 Stabiliteit van alkenen

*Cis*-alkenen hebben een geringere stabiliteit dan *trans*-alkenen omdat substituenten aan dezelfde kant van de dubbele binding meer sterische hindering geven door Van der Waals-afstoting tussen deze groepen. Dit is hetzelfde type afstoting dat we gezien hebben bij de conformatie van butaan, waarbij de methylgroepen eclipsed staan (zie § 3.3).

sterische hindering in *cis*-2-buteen

geen sterische hindering in *trans*-2-buteen

Een goede maat voor de relatieve stabiliteit van alkenen is de hydrogeneringswarmte. Dit is de warmte die vrijkomt bij additie van een mol waterstof aan de dubbele binding (zie fig. 5.1). Bij de hydrogenering van *trans*-2-buteen komt 115,4 kJ/mol energie vrij en bij de hydrogenering van *cis*-2-buteen 119,7 kJ/mol. In beide gevallen wordt *n*-butaan als product gevormd. Dit betekent dat bij *trans*-2-buteen 4,3 kJ/mol minder energie vrijkomt dan bij *cis*-2-buteen en dat *cis*-2-buteen dus 4,3 kJ/mol hoger in energie moet liggen dan *trans*-2-buteen.

Bij de hydrogenering van 1-buteen komt 126,8 kJ/mol energie vrij. De energie-inhoud van 1-buteen is dus hoger dan die van zowel *cis*- als *trans*-2-buteen. Dit is een voorbeeld van het verschijnsel dat alkenen in stabiliteit toenemen indien het aantal substituenten rond de dubbele binding toeneemt. Onder substituenten verstaat men atomen of groepen anders dan waterstofatomen.

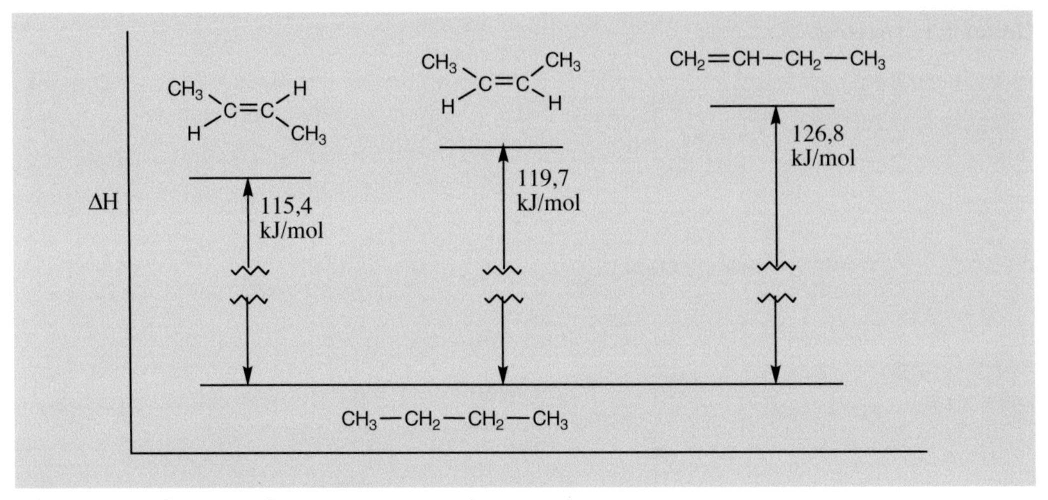


**Fig. 5.1. Hydrogeneringswarmte van butenen.**

Etheen, met vier waterstofatomen rond de dubbele binding, heeft bijvoorbeeld een hydrogeneringswarmte van 137 kJ/mol. Elke vervanging van een waterstofatoom door een alkylgroep doet de energie-inhoud van de dubbele binding met ongeveer 10 kJ/mol afnemen. De reden voor deze stabilisatie is dat een substituent aan de C = C-binding met zijn orbitalen een gunstige interactie kan geven met de π-orbitalen van de dubbele binding. Hoe meer substituenten aanwezig zijn, des te beter wordt de dubbele binding gestabiliseerd.

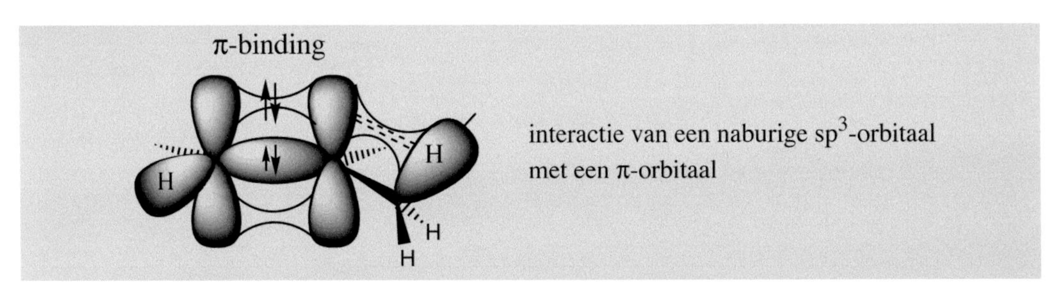


Deze interactie van bindingsorbitalen met de π-orbitalen van de dubbele binding wordt *hyperconjugatie* genoemd. Een waterstofatoom direct aan de dubbele binding heeft deze interactie niet, omdat deze bindingsorbitaal loodrecht op het vlak van de π-orbitaal staat.

De hydrogeneringswarmten van een aantal gesubstitueerde alkenen geven aan dat bovengenoemde trends algemeen zijn.

1-penteen
126 kJ/mol

*cis*-2-penteen
120 kJ/mol

*trans*-2-penteen
115 kJ/mol

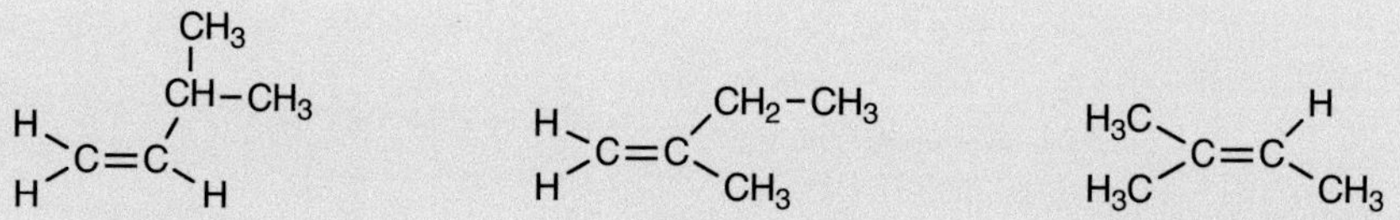

| $CH_2=CH-CH(CH_3)-CH_3$ | $CH_2=C(CH_3)-CH_2-CH_3$ | $(H_3C)_2C=CH-CH_3$ |
|---|---|---|
| 3-methyl-1-buteen | 2-methyl-1-buteen | 2-methyl-2-buteen |
| 127 kJ/mol | 119 kJ/mol | 113 kJ/mol |

In beide series isomere alkenen wordt na hydrogenering steeds hetzelfde alkaan gevormd en steeds blijkt dat meer gesubstitueerde alkenen lagere hydrogeneringswarmten hebben en dus stabieler zijn. In het algemeen kan gesteld worden dat de stabiliteit van alkenen afneemt in de reeks

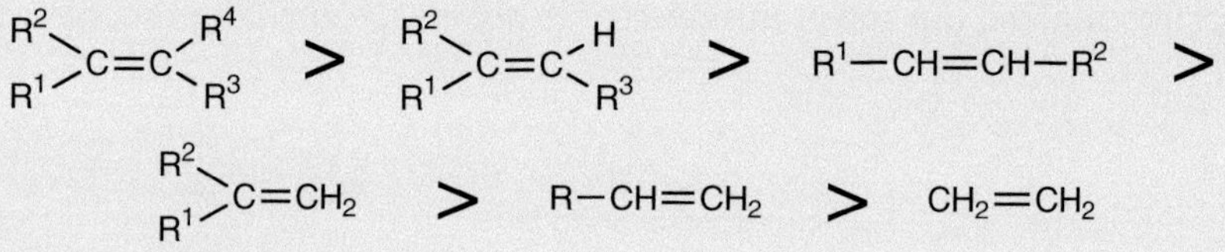

$$R^1R^2C=CR^3R^4 > R^1R^2C=CHR^3 > R^1-CH=CH-R^2 > R^1R^2C=CH_2 > R-CH=CH_2 > CH_2=CH_2$$

## *Reacties van alkenen*

De reactiviteit van alkenen wordt bepaald door de dubbele binding. Omdat een π-binding ongeveer 100 kJ zwakker is dan een σ-binding zal de π-binding gemakkelijker verbroken worden dan een σ-binding. Een kenmerkende reactie voor alkenen is de *additiereactie:*

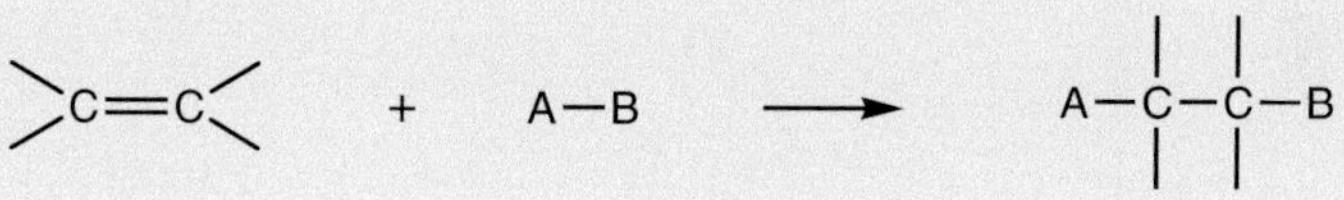

$$>C=C< \; + \; A-B \longrightarrow A-\overset{|}{\underset{|}{C}}-\overset{|}{\underset{|}{C}}-B$$

In deze reactie wordt een verbinding A-B geaddeerd aan de dubbele binding. De drijvende kracht voor dit type reactie is de energiewinst die optreedt bij vervanging van één π-binding en één σ-binding door twee nieuwe σ-bindingen.

De dubbele binding beïnvloedt ook de reactiviteit van de plaats direct naast deze binding. Deze plaats wordt de *allylplaats* genoemd. De verhoogde reactiviteit wordt veroorzaakt doordat een intermediair radicaal, carbokation of carbanion op de allylplaats, wordt gestabiliseerd door mesomerie met de dubbele binding. In het onderstaande voorbeeld wordt een waterstofatoom van de allylplaats afgehaald door een radicaal X waarna het door mesomerie gestabiliseerd allylradicaal verder zal reageren.

$$R{-}CH{=}CH{-}CH_2{-}R' + X^\bullet \longrightarrow HX + R{-}CH{=}CH{-}\dot{C}H{-}R'$$

$$R{-}CH{=}CH{-}\dot{C}H{-}R' \longleftrightarrow R{-}\dot{C}H{-}CH{=}CH{-}R' \longrightarrow \text{produkten}$$

## 5.6 Additie van waterstof - Hydrogenering van alkenen

Bij de additie van waterstof aan de koolstof-koolstof dubbele binding wordt een alkeen omgezet in een alkaan. De 'verzadiging' van de dubbele binding in alkenen is een belangrijke reactie, die zowel in industriële als in natuurlijke processen veelvuldig voorkomt.

$$\text{C=C (alkeen)} \xrightarrow{H_2/Pd} \text{H–C–C–H (alkaan)}$$

In het laboratorium verloopt deze reactie meestal met waterstofgas onder invloed van een katalysator. Hoewel de additie van waterstof aan een alkeen een sterk exotherme reactie is, verloopt deze normaal niet vanwege de hoge activeringsenergie, vandaar dat een katalysator noodzakelijk is (zie fig. 5.2).

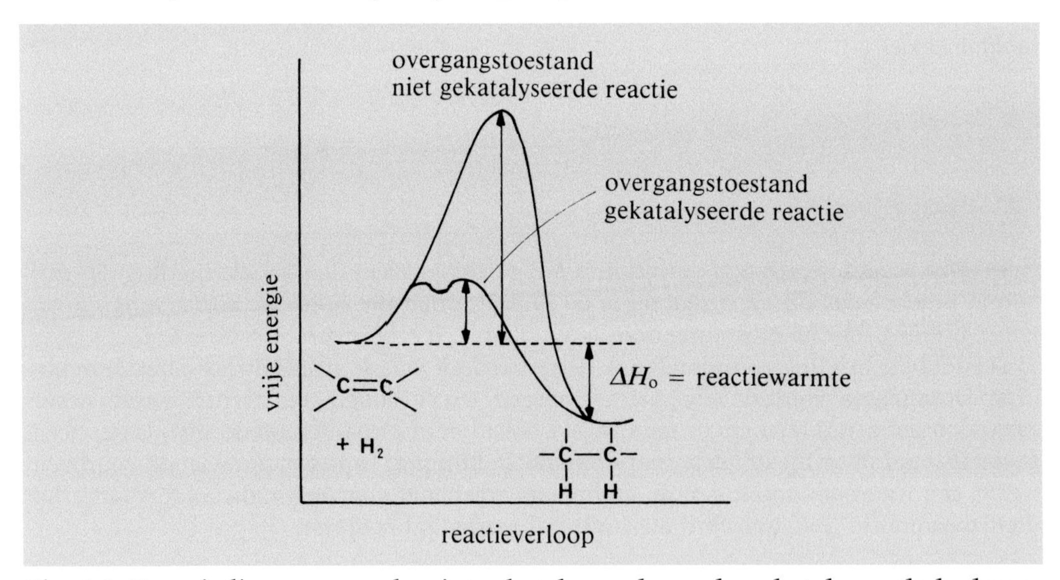


Fig. 5.2. Energiediagram van de niet-gekatalyseerde en de gekatalyseerde hydrogenering.

Meestal is dit een fijn verdeeld edelmetaal op een inert dragermateriaal, zoals platina of palladium op koolstofpoeder. Het grote metaaloppervlak is in staat aanzienlijke hoeveelheden waterstofgas te adsorberen. In het geadsorbeerde waterstof wordt de waterstof-waterstof-binding aanzienlijk verzwakt en daardoor wordt een reactie met de π-binding mogelijk. Door de oriëntatie aan het metaaloppervlak worden beide waterstofatomen aan dezelfde kant van de dubbele binding geaddeerd. Dit type additie wordt aangegeven met de term *syn-additie.* Bij cyclische alkenen komen de waterstofatomen aan dezelfde kant van de ring te zitten en dit leidt dus tot *cis*-additieproducten.

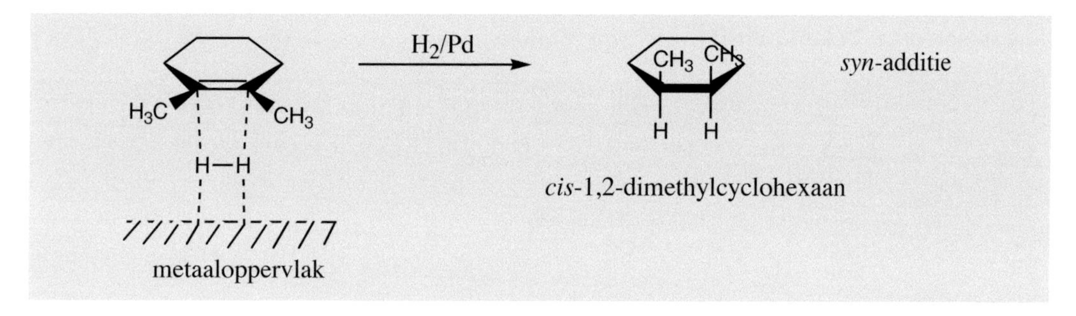


## 5.7 Additie van zuren aan alkenen

Het is niet verrassend dat de elektronenrijke en goed polariseerbare π-binding gemakkelijk reageert met deeltjes die een elektronentekort hebben ($E^{\oplus}$, elektronendeficiënt deeltje of elektrofiel). Een additiereactie die begint met de aanval van een elektrofiel wordt een *elektrofiele additie* genoemd. Protonen en carbokationen zijn voorbeelden van elektrofielen. In hun streven naar de edelgasconfiguratie zijn zij in staat het elektronenpaar van een π-binding op te nemen en daarbij ontstaat dan een nieuwe σ-binding en een (nieuw) carbokation. Dit carbokation kan op zijn beurt als elektrofiel verder reageren met een nucleofiel deeltje ( $:Nu^{\ominus}$ ) dat een elektronenpaar kan leveren.

$$E^{\oplus} + \rangle C{=}C\langle \longrightarrow E{-}C{-}C^{\oplus} + :Nu^{\ominus} \longrightarrow E{-}C{-}C{-}Nu$$

Een van de eenvoudigste en meest voorkomende elektrofiele additiereacties is de additie van een zuur HA aan een alkeen, waarbij eerst een proton als elektrofiel reageert met de dubbele binding en daarna het gevormde carbokation reageert met de geconjugeerde base, $A^{\ominus}$.

$$HA + {>}C{=}C{<} \longrightarrow H{-}\overset{|}{\underset{|}{C}}{-}C^{\oplus} + A^{\ominus} \longrightarrow H{-}\overset{|}{\underset{|}{C}}{-}\overset{|}{\underset{|}{C}}{-}A$$

Het zuur HA kan bijvoorbeeld zijn: HCl, HBr, HI of $H_2SO_4$. Als het alkeen niet symmetrisch is, wordt het proton gebonden aan het *minst* gesubstitueerde koolstofatoom (dit is het koolstofatoom van de dubbele binding dat reeds de meeste waterstofatomen bevat). Het anion addeert daarna aan het meest gesubstitueerde koolstofatoom. Dit additiepatroon staat bekend als de *regel van Markovnikov.*

$$CH_3{-}HC{=}CH_2 + HCl \longrightarrow CH_3{-}\underset{Cl}{\underset{|}{C}H}{-}CH_3 \quad \text{(en niet } CH_3{-}CH_2{-}CH_2{-}Cl)$$

meest gesubstitueerde koolstofatoom — minst gesubstitueerde koolstofatoom

$$(CH_3)_2C{=}CH_2 + HBr \longrightarrow CH_3{-}\overset{CH_3}{\overset{|}{\underset{Br}{\underset{|}{C}}}}{-}CH_3 \quad \text{(en niet } CH_3{-}\overset{CH_3}{\overset{|}{\underset{H}{\underset{|}{C}}}}{-}CH_2{-}Br)$$

Een verklaring voor de regel van Markovnikov is te vinden in het *reactiemechanisme* van de elektrofiele additie. De reactie begint met een aanval van een proton ($H^+$ = elektrofiel) op de dubbele binding. Bij asymmetrische alkenen kunnen hierbij in principe twee verschillende carbokationen gevormd worden, afhankelijk van de plaats van additie van het proton. Daarbij zal de vorming van het energetisch meest gunstige carbokation de voorkeur hebben. Met andere woorden: het relatief stabielste carbokation zal het gemakkelijkst gevormd worden. Hierbij blijkt nu dat er steeds een eenduidige voorkeur bestaat voor de vorming van het meest gesubstitueerde carbokation.

$$CH_3{-}CH{=}CH_2 + H^{\oplus} \longrightarrow$$

- $CH_3{-}CH_2{-}\underset{\oplus}{C}H_2$ — *primair* carbokation (minst stabiel wordt niet gevormd)
- $CH_3{-}\underset{\oplus}{C}H{-}CH_3$ — *secundair* carbokation (meest stabiel, wordt gevormd)

$$(H_3C)_2C{=}CH_2 + H^{\oplus} \longrightarrow$$

- $CH_3{-}\overset{CH_3}{\overset{|}{\underset{H}{C}}}{-}\underset{\oplus}{C}H_2$ — *primair* carbokation (minst stabiel wordt niet gevormd)
- $CH_3{-}\overset{CH_3}{\overset{|}{\underset{\oplus}{C}}}{-}CH_3$ — *tertiair* carbokation (meest stabiel, wordt gevormd)

Het gevormde carbokation is een reactief deeltje dat snel verder reageert met het aanwezige nucleofiel (bijv. $Cl^-$ als HCl als zuur gebruikt wordt) tot het uiteindelijke reactieproduct.

$$CH_3-\overset{H}{\underset{\oplus}{C}}-CH_3 + Cl^{\ominus} \longrightarrow CH_3-\underset{Cl}{CH}-CH_3$$ een secundair alkylchloride

$$CH_3-\overset{CH_3}{\underset{\oplus}{C}}-CH_3 + Cl^{\ominus} \longrightarrow CH_3-\overset{CH_3}{\underset{Cl}{C}}-CH_3$$ een tertiair alkylchloride

Het energiediagram voor de additie van HCl aan 2-methylpropeen is weergegeven in figuur 5.3. De additie verloopt via de route met de laagste activeringsenergie, waardoor uitsluitend het tertiaire carbokation als intermediair gevormd wordt en uitsluitend *tert*-butylchloride als product wordt verkregen.

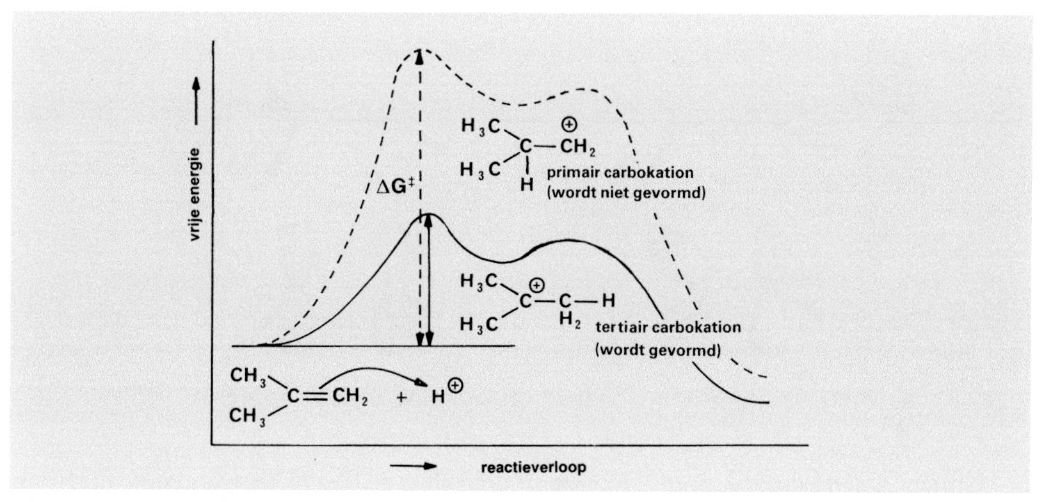


Fig. 5.3. Energiediagram voor de additie van een proton aan 2-methylpropeen via een primair en een tertiair carbokation.

Een tertiair carbokation (omringd door drie alkylgroepen) is stabieler dan een secundair carbokation (omringd door twee alkylgroepen en één waterstofatoom) en dat is op zijn beurt weer stabieler dan een primair carbokation (omringd door één alkylgroep en twee waterstofatomen). Het ongesubstitueerde methylcarbokation is het minst stabiel.

$$C\rightarrow\overset{C\downarrow}{\underset{C\uparrow}{C}}\oplus \;>\; C\rightarrow\overset{C\downarrow}{\underset{H}{C}}\oplus \;>\; C\rightarrow\overset{H}{\underset{H}{C}}\oplus \;\gg\; H-\overset{H}{\underset{H}{C}}\oplus$$

tertiair > secundair > primair >> methyl

Deze volgorde in relatieve stabiliteit wordt bepaald door naburige alkylgroepen, die de positieve lading van een carbokation enigszins kunnen stabiliseren door een geringe elektronenstuwing via de σ-binding. De alkylgroepen worden hierdoor iets positief geladen, waardoor er in geringe mate een gunstige spreiding van lading optreedt. Dit effect is groter naarmate er meer alkylgroepen rond het carbokation zitten. Ook wordt een carbokation enigermate gestabiliseerd door het optreden van gunstige interacties tussen de elektronendeficiënte 2p-orbitaal van het carbokation en de elektronenparen in de naburige $sp^3$-bindingsorbitalen. Bij deze interactie krijgt de betrokken $sp^3$-bindingsorbitaal een gering p-karakter, waardoor de interactie enigszins het karakter krijgt van een π-binding. Het verschijnsel dat een bindingsorbitaal interactie heeft met een p-orbitaal hebben we ook gezien bij de bijdrage van alkylsubstituenten tot de stabilisatie van een π-binding (zie § *5.5*) en staat bekend onder de naam *hyperconjugatie.*

Additie van HCl, HBr of HI aan een alkeen geeft respectievelijk een chlooralkaan, broomalkaan of joodalkaan via het meest stabiele carbokation. Ook zwavelzuur kan reageren met een dubbele binding. Protonering van de dubbele binding geeft ook hier het meest stabiele carbokation. De volgreactie die daarna optreedt, is echter afhankelijk van de omstandigheden waaronder het zwavelzuur gebruikt wordt.

Hyperconjugatie van een $sp^3$-orbitaal met de 2p-orbitaal van een carbocation

Wanneer *geconcentreerd zwavelzuur* wordt gebruikt, is alleen het waterstofsulfaat-ion ($HSO_4^{\ominus}$) als nucleofiel aanwezig. Dit anion reageert vanwege zijn door mesomerie sterk gestabiliseerde negatieve lading relatief langzaam met het carbokation tot een alkylsulfaat. Alkylsulfaten kunnen met warm water gemakkelijk worden omgezet in de overeenkomstige alcoholen.

$$CH_3{-}CH{=}CH_2 + H^{\oplus} \xrightarrow{\text{gec. } H_2SO_4} CH_3{-}\overset{\oplus}{C}H{-}CH_3 \longrightarrow CH_3{-}CH(OSO_3H){-}CH_3$$

propeen — sec-C$^{\oplus}$-ion — isopropylsulfaat

$$CH_3{-}CH(OSO_3H){-}CH_3 \xrightarrow[\Delta T]{H_2O} CH_3{-}CH(OH){-}CH_3 + H_2SO_4$$

isopropylsulfaat — isopropanol

Wanneer een alkeen reageert met *verdund zwavelzuur*, dan is water als nucleofiel in grote overmaat aanwezig. Water zal dan snel aanvallen op het intermediaire carbokation wat resulteert in de vorming van een alcohol.

$$CH_3{-}CH{=}CH_2 + H^{\oplus} \xrightarrow{\text{(verdund } H_2SO_4)} CH_3{-}\overset{\oplus}{C}H{-}CH_3 \xrightarrow{H_2\ddot{O}} CH_3{-}CH(\overset{\oplus}{O}H_2){-}CH_3$$

propeen — *sec*-$C^{\oplus}$-ion

$$\longrightarrow CH_3{-}CH(OH){-}CH_3 + H^{\oplus}$$

isopropanol

Het eindresultaat is dan dat één molecuul $H_2O$ is geaddeerd aan de dubbele binding. Deze reactie is een voorbeeld van zuurgekatalyseerde additie van water aan een alkeen.

## 5.8 Dimerisatie van alkenen

Bij de dimerisatie van een alkeen worden onder invloed van een katalytische hoeveelheid zuur twee alkeenmoleculen aan elkaar gekoppeld. Deze reactie wordt in de petrochemische industrie veel toegepast voor de bereiding van sterk vertakte koolwaterstoffen met een hoog octaangetal. Ook bij de biosynthese van terpenen is de dimerisatie van alkeenbindingen een belangrijke reactiestap (zie § 7.3).

Dimerisatie treedt op onder omstandigheden waarbij een alkeen reageert in aanwezigheid van een *katalytische* hoeveelheid geconcentreerd zwavelzuur. Er is dan geen of zeer weinig nucleofiel aanwezig om te reageren met het carbokation, dat gevormd wordt na additie van een proton. Carbokationen hebben echter een elektronentekort en zijn dus sterk elektrofiel. Wanneer geen nucleofiel aanwezig is om het elektronentekort aan te vullen, dan kunnen carbokationen verder reageren met een tweede molecuul alkeen. De π-elektronen van een dubbele binding treden dan op als het nucleofiele reagens dat aanvalt op het carbokation.

$$CH_2{=}C(CH_3)_2 + H^{\oplus} \longrightarrow CH_3{-}\overset{\oplus}{C}(CH_3)_2 \xrightarrow{CH_2=C(CH_3)_2} CH_3{-}C(CH_3)_2{-}CH_2{-}\overset{\oplus}{C}(CH_3)_2$$

2-methylpropeen — tert-$C^{\oplus}$-ion — tert-$C^{\oplus}$-ion

$$\xrightarrow{-H^{\oplus}} CH_3{-}C(CH_3)_2{-}CH{=}C(CH_3)_2 + CH_3{-}C(CH_3)_2{-}CH_2{-}C(CH_3){=}CH_2$$

hoofdprodukt
2,4,4-trimethyl-2-penteen

nevenprodukt
2,4,4-trimethyl-1-penteen

Afsplitsen van een proton uit het nieuw gevormde carbokation kan nu op twee manieren plaatsvinden, waardoor een mengsel van twee alkenen gevormd wordt, het 2,4,4-trimethyl-2-penteen als hoofdproduct en het 2,4,4 trimethyl-1-penteen als nevenproduct. Het alkeen met de meeste substituenten rond de dubbele binding wordt het meest gevormd, omdat deze het meest stabiel is (zie § 5.5).

Ook in de paragrafen 5.9, 9.9.1 en 10.10 worden voorbeelden genoemd van de vorming van mengsels van alkenen uit carbokationen, waarbij het meest gesubstitueerde alkeen als hoofdproduct wordt gevormd.

## 5.9 Omleggingsreacties van carbokationen

Het streven van een carbokation naar de meest stabiele structuur kan tot gevolg hebben dat er tijdens een reactie waarbij carbokationen betrokken zijn, omleggingen in het koolstofskelet optreden. De additie van HCl aan 3-methyl-1-buteen geeft bijvoorbeeld naast het verwachte 2-chloor-3-methyl-butaan tevens 2-chloor-2-methylbutaan als reactieproduct. De vorming van dit laatste product kan verklaard worden door bij het intermediaire carbokation een hydrideverhuizing van C-3 naar C-2 aan te nemen. De drijvende kracht achter dit proces is de vorming van een relatief stabieler tertiair carbokation uit een relatief minder stabiel secundair carbokation.

3-methyl-1-buteen + $H^{\oplus}$ → sec-$C^{\oplus}$-ion → ($Cl^{\ominus}$) 2-chloor-3-methylbutaan

hydride-verhuizing ↓

tert-$C^{\oplus}$-ion → ($Cl^{\ominus}$) 2-chloor-2-methylbutaan

Ook een methylgroep kan met zijn bindingselektronen verhuizen als daarbij een stabieler carbokation gevormd kan worden. Een typisch voorbeeld van een methylgroepverhuizing zien we bij de isomerisatie van 3,3-dimethyl-buteen onder invloed van een katalytische hoeveelheid zuur. Ook in deze reactie zien we dat bij protonafsplitsing het meest gesubstitueerde alkeen als hoofdproduct gevormd wordt.
Omleggingsreacties zijn belangrijke nevenverschijnselen bij reacties die verlopen via carbokationen. De vorming van omgelegde producten bij additiereacties van zuren aan sommige alkenen kan gelden als een aanvullend bewijs voor het optreden van carbokationen als intermediairen tijdens deze reacties.

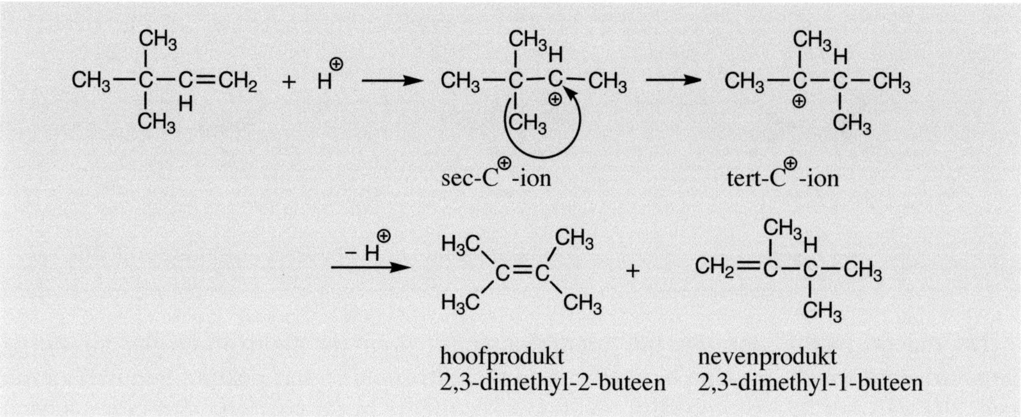

$$CH_3-C(CH_3)_2-CH=CH_2 + H^{\oplus} \longrightarrow CH_3-C(CH_3)_2-\overset{\oplus}{C}H-CH_3 \longrightarrow CH_3-\overset{\oplus}{C}(CH_3)-CH(CH_3)-CH_3$$

sec-C$^{\oplus}$-ion

tert-C$^{\oplus}$-ion

$$\xrightarrow{-H^{\oplus}} (H_3C)_2C=C(CH_3)_2 + CH_2=C(CH_3)-CH(CH_3)-CH_3$$

hoofprodukt
2,3-dimethyl-2-buteen

nevenprodukt
2,3-dimethyl-1-buteen

## 5.10 Additie van halogenen aan alkenen

Broom en chloor reageren gemakkelijk met een alkeenbinding onder vorming van additieproducten.

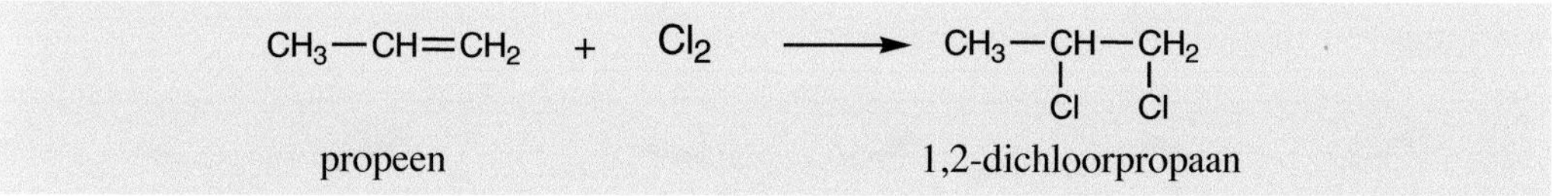

$$CH_3-CH=CH_2 + Cl_2 \longrightarrow CH_3-CHCl-CH_2Cl$$

propeen

1,2-dichloorpropaan

Jood is niet reactief genoeg om met een dubbele binding te reageren, terwijl fluor zo heftig reageert dat vaak complexe mengsels van producten gevormd worden. Een verdunde oplossing van broom in tetra wordt veel toegepast als testreagens op de aanwezigheid van een koolstof-koolstof dubbele binding in een molecuul. Het verdwijnen van de roodbruine kleur van broom is dan een aanwijzing voor de aanwezigheid van een koolstof-koolstof dubbele binding.

$$C_6H_{10} + Br_2 \longrightarrow C_6H_{10}Br_2$$

kleurloos
cyclohexeen

roodbruin

kleurloos
*trans*-1,2-dibroomcyclohexaan

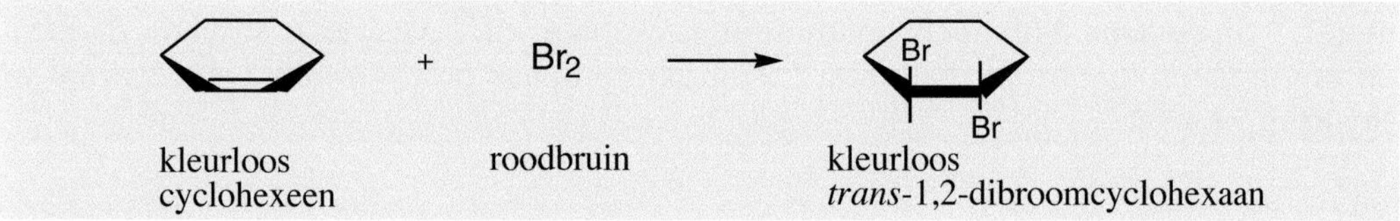

Het mechanisme voor de additie van chloor of broom aan een dubbele binding verloopt geheel anders dan de additie van waterstof. Zoals in het laatste voorbeeld te zien is, geeft reactie van broom met cyclohexeen uitsluitend *trans*-1,2-dibroomcyclohexaan en geen *cis*-product. Dit komt omdat tijdens de bromering van cyclohexeen beide C-Br-bindingen niet tegelijk worden gevormd, maar stapsgewijs via een *bromoniumion* als intermediair.

bromoniumion

*trans*-1,2-dibroomcyclohexaan

De reactie begint doordat het broommolecuul door de elektronenrijke π-binding gepolariseerd wordt, waarna aanval van de π-elektronen op het positief gepolariseerde gedeelte van het broommolecuul volgt. Dit resulteert in de vorming van een cyclisch bromoniumion en een bromide-ion. Het bromide-ion valt daarna van de tegenoverliggende, minst gehinderde kant aan op één van de positief gepolariseerde koolstofatomen. Daardoor komen de broomatomen aan verschillende kanten van de ring te zitten en wordt uitsluitend het *trans*-additieproduct gevormd. Dit type additie wordt aangegeven met de term *anti-additie*. De laatste stap van de reactie is enigszins te vergelijken met de aanval van $Br^{\ominus}$ op een carbokation. In het bromoniumion wordt de positieve lading namelijk verdeeld over het broomatoom en de beide koolstofatomen, zoals is weergegeven in onderstaande grensstructuren.

mesomerie in een bromoniumion

De koolstofatomen hebben dus een zeker carbokationkarakter, waardoor het bromide-ion op één van deze koolstofatomen aanvalt. Als tijdens de broomadditiereactie nog andere nucleofielen in het reactiemilieu aanwezig zijn, kunnen deze concurreren met $Br^{\ominus}$ in de aanval op het bromoniumion. Wanneer $Cl^{\ominus}$ aanwezig is tijdens de reactie van propeen met broom zal naast 1,2-dibroompropaan ook 1-broom-2-chloorpropaan gevormd worden.

propeen

bromoniumion

1,2-dibroompropaan

$$CH_3-\underset{\diagdown\ \diagup}{CH-CH_2} \ (Br^{\oplus}) + Cl^{\ominus} \longrightarrow CH_3-\underset{Cl}{CH}-\underset{Br}{CH_2}$$

1-broom-2-chloorpropaan

Wanneer additie van broom wordt uitgevoerd in waterig milieu kan water als nucleofiel in concurrentie treden met het bromide-ion. Omdat water als oplosmiddel in veel grotere concentratie aanwezig is, wint het deze concurrentiestrijd meestal. Het hoofdproduct dat na de reactie geïsoleerd wordt, is een verbinding met één broomatoom en één hydroxylgroep aan een naburig koolstofatoom, een broomhydrine genaamd. De aanval van een nucleofiel op het bromoniumion vindt bij voorkeur plaats op het secundaire koolstofatoom, omdat dit koolstofatoom meer carbokationkarakter heeft dan het primaire koolstofatoom.

$$CH_3-CH=CH_2 \xrightarrow{Br_2} CH_3-CH-CH_2\ (Br^{\oplus})\ \ Br^{\ominus} \xrightarrow{H_2\ddot{O}} CH_3-\underset{^{\oplus}OH_2}{CH}-CH_2-Br \xrightarrow{-H^{\oplus}} CH_3-\underset{OH}{CH}-CH_2-Br$$

1-broom-2-propanol

## 5.11 Oxidatie van alkenen

De π-elektronen van een dubbele binding worden gemakkelijk aangevallen door oxiderende reagentia. Oxiderende reagentia kunnen goed elektronen opnemen en zijn dus te beschouwen als elektrofiele deeltjes. De reacties die in deze paragraaf nader bekeken zullen worden, zijn samengevat in tabel 5.2.

Tabel 5.2. Oxidatiereacties van alkenen.

| *Reagens* | *Naam* | *Reactiviteit* | *Produkt* |
|---|---|---|---|
| $RCO_3H$ <br> R—C(=O)—O—OH | peroxycarbonzuur | elektronentekort op OH-groep | >C—C< (met O-brug) <br> epoxide |
| $KMnO_4$ | kaliumpermanganaat | electronentekort op Mn | —C(OH)—C(OH)— <br> vicinaal diol |
| $OsO_4$ | osmiumtetroxide | electronentekort op Os | |

$O_3$ ozon electronentekort op O

ozonide

### 5.11.1 *Epoxidatie*

De vorming van een epoxide uit een alkeen kan in het laboratorium het best uitgevoerd worden met behulp van een peroxycarbonzuur. De -O-O-binding in een peroxycarbonzuur is relatief zwak en vergelijkbaar met de Br-Br-binding in broom. Door de polariserende invloed van de π-binding breekt de -O-O-binding en worden een epoxide en een carbonzuur gevormd.

peroxycarbonzuur

alkeen

carbonzuur

epoxide

Epoxiden spelen onder meer een rol in de biosynthese van steroïden en kunnen voorkomen als intermediair in de biologische afbraak van aromatische verbindingen. De gespannen driering in een epoxide kan gemakkelijk ringopeningsreacties ondergaan (zie § 11.5).

### 5.11.2 *Vorming van vicinale alcoholen*

Vicinale alcoholen zijn alcoholen met hydroxylgroepen aan naburige koolstofatomen. Een bereidingsmethode bestaat uit de reactie van een alkeen met basisch permanganaat of met osmiumtetroxide.

vicinaal alcohol

$$\overset{V}{MnO_4^{3-}} + \overset{VII}{MnO_4^-} \longrightarrow 2\left[\overset{VI}{MnO_4^{2-}}\right] \longrightarrow \overset{VII}{MnO_4^-} + \overset{IV}{MnO_2}\downarrow$$

$$C=C + \overset{VIII}{OsO_4} \longrightarrow \text{(cyclisch osmaatester, Os VI)} \xrightarrow{H_2O} -\underset{OH}{C}-\underset{OH}{C}- + \overset{VI}{OsO_3}$$

vicinaal alcohol

De permanganaatreactie wordt ook toegepast om alkenen aan te tonen. Het paarse permanganaat wordt bij reactie met een alkeen ontkleurd en daarbij ontstaat tevens een bruin neerslag van $MnO_2$. Wordt in plaats van een koude basische permanganaatoplossing een warme zure permanganaatoplossing gebruikt, dan treedt verdergaande oxidatie op waarbij ook de koolstofketen verbroken wordt.

$$R(H)C=CH_2 \xrightarrow{MnO_4^{\ominus}/H^{\oplus}} R(H)C=O + H_2C=O \xrightarrow{MnO_4^{\ominus}/H^{\oplus}} R(HO)C=O + CO_2$$

## *5.11.3 Ozonolyse*

Ozon is een zeer reactief elektrofiel dat snel reageert met de elektronenrijke π-binding van een alkeen. Ozon kan gemakkelijk in het laboratorium gemaakt worden door een zuurstofstroom te leiden door elektrische ontladingen van hoog voltage:

$$3\,O_2 \xrightarrow[\text{ontlading}]{\text{electrische}} 2\,O_3$$

Ozon is sterk elektrofiel, wat blijkt uit het elektronensextet in twee van de onderstaande mesomere grensstructuren:

$$:\overset{\ominus}{\ddot{O}}-\ddot{O}-\overset{\oplus}{\ddot{O}}: \longleftrightarrow :\overset{\ominus}{\ddot{O}}-\overset{\oplus}{\ddot{O}}=\ddot{O}: \longleftrightarrow :\ddot{O}=\overset{\oplus}{\ddot{O}}-\overset{\ominus}{\ddot{O}}: \longleftrightarrow \overset{\oplus}{\ddot{O}}-\ddot{O}-\overset{\ominus}{\ddot{O}}:$$

octet octet sextet — octet octet octet — octet octet octet — sextet octet octet

Reactie van ozon met een alkeen geeft in eerste instantie een molozonide maar dat legt snel om tot een ozonide. Met zink in zuur milieu of door toevoegen van dimethylsulfide, kan een ozonide gereduceerd worden tot een aldehyde en/of een keton, afhankelijk van de structuur van het alkeen.

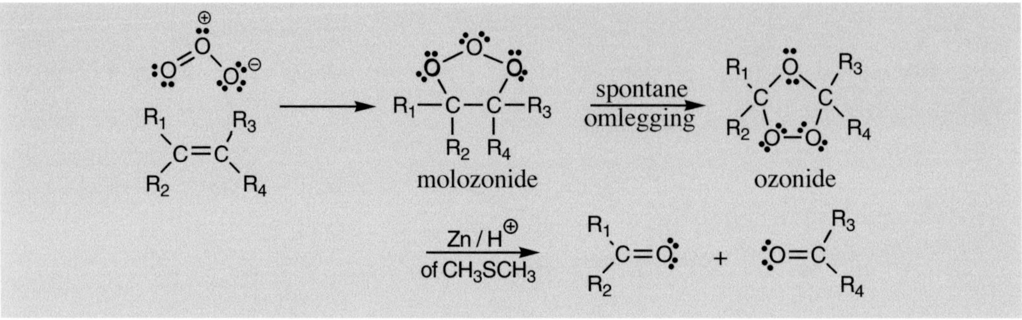

De plaats van de dubbele binding in alkenen kan met behulp van deze reacties (de ozonolyse) bepaald worden. Splitsing van het alkeen geeft twee carbonylverbindingen, waaruit na opheldering van hun structuur meteen de structuur van het oorspronkelijke alkeen gereconstrueerd kan worden.

## 5.12 Syn- en anti-additie aan alkenen

De twee koolstofatomen van een dubbele binding en de vier atomen die daaraan gebonden zijn, liggen alle in één vlak. Deze vlakke dubbele binding heeft dus een bovenzijde en een onderzijde. Additie van twee atomen of atoomgroepen aan de dubbele binding kan in principe op twee manieren plaatsvinden. Als de beide atomen of groepen aan dezelfde zijde adderen, dan noemen we dat een *syn-additie;* als de beide atomen aan tegenover elkaar liggende zijden adderen dan noemen we dat *anti-additie.* Beide manieren van additie aan de dubbele binding zijn in dit hoofdstuk aan de orde geweest.

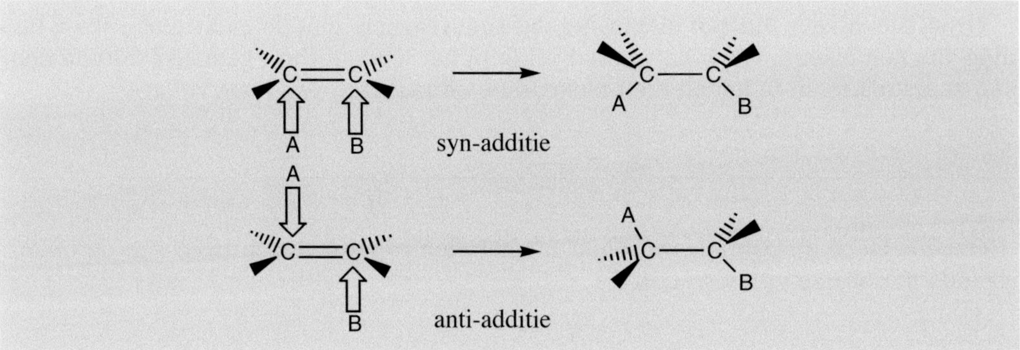

Het is voor de stereochemie van de additieproducten van essentieel belang te weten op welke wijze de additie verloopt, syn of anti. Daarom zullen hier nog kort de additiereacties herhaald worden die via één van deze beide mechanismen verlopen.

Polaire addities aan alkenen, die beginnen met additie van een elektrofiel, geven meestal anti-additie via cyclische halogeenkationen.

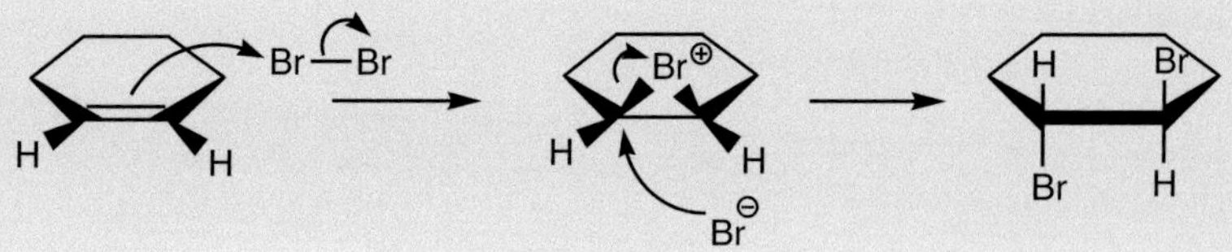

Kenmerkende reacties die syn-additie geven zijn:
- de katalytische hydrogenering

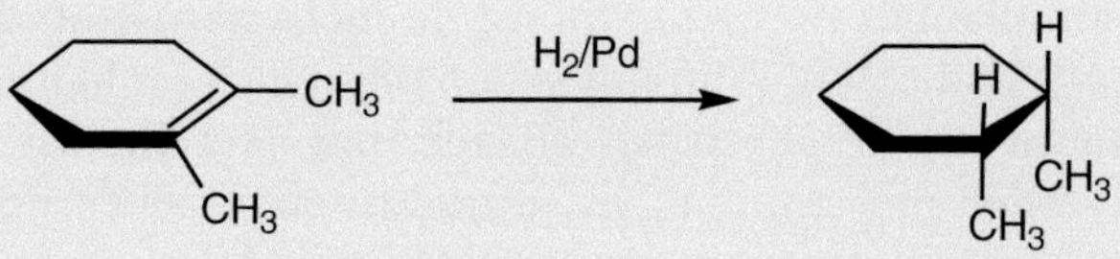

- de epoxidatie met behulp van perzuren

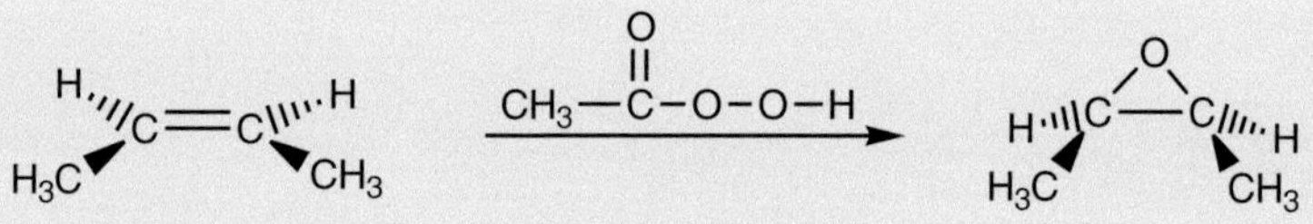

- de oxidatie van alkenen met $KMnO_4$ of $OsO_4$ tot diolen.

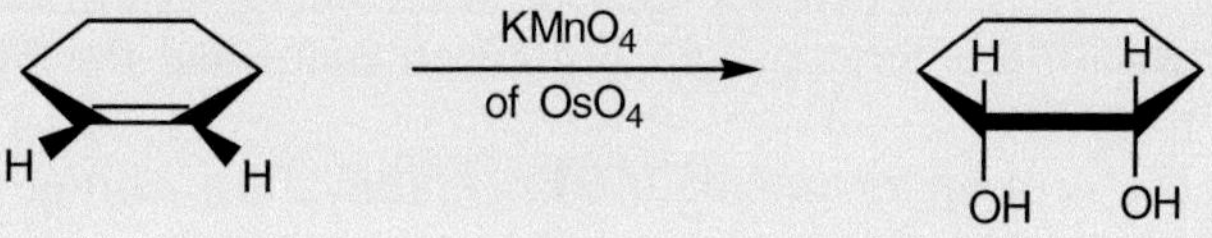

## 5.13 Reacties aan het koolstofatoom naast de dubbele binding

Zoals uit de voorgaande paragrafen duidelijk is geworden, bepaalt de reactiviteit van de dubbele binding voor het grootste deel het reactiepatroon van alkenen. De dubbele binding beïnvloedt echter ook de reactiviteit van de plaats direct naast deze binding. Deze plaats wordt aangeduid als de allylplaats en de extra reactiviteit is een gevolg van de mogelijkheid dat de intermediairen die optreden bij reacties op deze plaats, kunnen worden gestabiliseerd door mesomerie met de 2p-orbitalen van de dubbele binding. Een voorbeeld hiervan is de chlorering van propeen bij hoge temperatuur. Onder deze omstandigheden worden chloorradicalen gevormd die een waterstofatoom van het allylkoolstofatoom abstraheren. Hierbij ontstaan waterstofchloride en een intermediair allylradicaal dat door mesomerie gestabiliseerd wordt. Reactie van dit radicaal met een chloormolecuul geeft daarna allylchloride en een nieuw chloorradicaal dat in een kettingreactie verder reageert.

$$Cl_2 \longrightarrow 2Cl^{\bullet}$$

$$CH_2{=}CH{-}CH_3 + Cl^{\bullet} \longrightarrow HCl + CH_2{=}CH{-}\dot{C}H_2 \longleftrightarrow \dot{C}H_2{-}CH{=}CH_2$$

$$CH_2{=}CH{-}\dot{C}H_2 + Cl_2 \longrightarrow CH_2{=}CH{-}CH_2{-}Cl + Cl^{\bullet}$$

chlorering van de allylplaats

Ook de oxidatie van alkenen met zuurstof uit de lucht berust op de relatief gemakkelijke vorming van allylradicalen. Zuurstof is een diradicaal en kan onder invloed van licht een waterstofatoom van de allylplaats abstraheren. Het daarbij gevormde allylradicaal reageert dan verder met zuurstof in een kettingreactie tot een hydroperoxide. Deze hydroperoxiden kunnen daarna zelf als oxidatiemiddel optreden of verder geoxideerd worden.

$$\sim CH_2{-}CH{=}CH{-}CH_2\sim + \,|\dot{\underline{O}}{-}\dot{\underline{O}}| \longrightarrow H{-}\underline{O}{-}\dot{\underline{O}}| + \sim \dot{C}H{-}CH{=}CH{-}CH_2\sim$$

$$\longrightarrow \sim CH(O{-}O^{\bullet}){-}CH{=}CH{-}CH_2\sim \xrightarrow{\sim CH_2{-}CH{=}CH{-}CH_2\sim} \sim CH(O{-}OH){-}CH{=}CH{-}CH_2\sim + \sim \dot{C}H{-}CH{=}CH{-}CH_2\sim \xrightarrow{O_2,\ enz.}$$

oxidatie van de allylplaats

Het totale proces wordt auto-oxidatie genoemd en het is onder andere verantwoordelijk voor het verweren en vergaan van organisch materiaal dat blootgesteld is aan lucht en zonlicht.

Oliën en vetten die veel onverzadigde bindingen bevatten, zijn gevoelig voor oxidatie door lucht. In eetbare vetten leidt dit tot afbraak van de koolstofketen van de vetzuren, waarbij uiteindelijk carbonzuren met kortere koolstofketens gevormd worden die een ranzige smaak aan de vetten geven. Boter moet daarom afgesloten van lucht en licht bewaard worden (zie § 14.6).

Meervoudig onverzadigde oliën die in een dunne laag op een oppervlak worden aangebracht, vormen door oxidatie een taai buigzaam vlies. Dit komt omdat tijdens de oxidatie, vooral door reacties van allylplaatsen met zuurstof, een netwerk van ketens gevormd wordt (zie § 14.5).

$\sim CH{-}CH{=}CH{-}CH_2\sim$    $\sim CH{-}CH{=}CH{-}CH_2{-}CH_2{-}CH\sim$

(verbonden via $O{-}O$-bruggen met)

$\sim CH_2{-}CH_2{-}CH{-}CH{=}CH{-}CH{-}CH_2{-}CH_2{-}CH\sim$    $\sim CH{-}CH{=}CH\sim$

vernetting van een meervouding onverzadigde keten

Lijnolie dat meervoudig onverzadigd is, wordt om deze reden toegepast als basis voor verf en vernis. Ook het vulcaniseren van rubber berust op de reactiviteit van de allylplaats in onverzadigde koolstofketens (zie § 6.4).

## 5.14 Alkynen

In alkynen is de keten lineair rond de drievoudige binding. De beide koolstofatomen die deel uitmaken van de drievoudige binding zijn sp-gehybridiseerd. De twee niet-gehybridiseerde p-orbitalen van elk koolstofatoom vormen de twee π-orbitalen door zijdelingse overlap. De sp-orbitalen verzorgen de σ-bindingen en maken een hoek van 180° met elkaar. *Cis-trans*-isomerie is hier dus niet mogelijk.

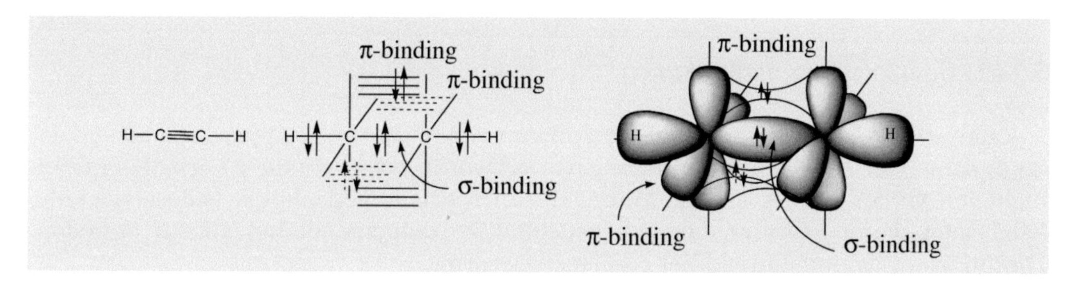


De IUPAC-nomenclatuur voor alkynen wordt verkregen door de uitgang -aan in alkanen te vervangen door de uitgang -yn. Indien nodig wordt de plaats van de drievoudige binding in het koolstofskelet aangegeven door een nummer op dezelfde wijze als bij de alkenen.

$H{-}C{\equiv}C{-}CH_3$ propyn

$H{-}C{\equiv}C{-}CH_2{-}CH_3$ 1-butyn

$CH_3{-}C{\equiv}C{-}CH_3$ 2-butyn

$CH_3{-}C{\equiv}C{-}CH_2{-}CH_3$ 2-pentyn

$\overset{1}{C}H_3{-}\overset{2}{C}{\equiv}\overset{3}{C}{-}\overset{4}{C}H_2{-}\overset{5}{C}H(CH_3){-}\overset{6}{C}H_3$ 5-methyl-2-hexyn

De fysische eigenschappen van alkynen komen in grote lijnen overeen met die van de alkanen en alkenen. Het zijn apolaire koolwaterstoffen met relatief lage smelt- en kookpunten.

De belangrijkste vertegenwoordiger van de alkynen is ethyn, meestal acetyleen genoemd. Deze verbinding wordt als grondstof gebruikt bij een aantal industriële belangrijke processen. Alkynen hebben evenals alkenen een onverzadigd karakter en de reacties die alkynen kunnen ondergaan, zijn dan ook vergelijkbaar met die van de alkenen.

Tabel 5.3. Fysische eigenschappen van enkele alkynen.

| *Naam* | *Formule* | *Smeltpunt (°C)* | *Kookpunt (°C)* |
|---|---|---|---|
| ethyn | $HC\equiv CH$ | - 81 | -84 (sub) |
| propyn | $HC\equiv C-CH_3$ | -102 | -23 |
| 1-butyn | $HC\equiv C-CH_2-CH_3$ | -126 | +8 |
| 2-butyn | $H_3C-C\equiv C-CH_3$ | - 32 | +27 |

## *5.14.1 Hydrogenering van alkynen*

Katalystische hydrogenering van een alkyn verloopt in twee stappen. Het alkeen dat na opname van 1 molecuul waterstof gevormd wordt, reageert onder normale omstandigheden verder tot het alkaan. Wanneer een speciale, gedeeltelijk gedesactiveerde, katalysator wordt gebruikt dan kan gedeeltelijke reductie tot het alkeen optreden. Hierbij wordt dan uitsluitend het *cis*-alkeen gevormd.

$$\underset{\text{1-butyn}}{CH_3-CH_2-C\equiv C-H} \xrightarrow[Ni]{H_2} \underset{\text{1-buteen}}{CH_3-CH_2-CH=CH_2} \xrightarrow[Ni]{H_2} \underset{\text{butaan}}{CH_3-CH_2-CH_2-CH_3}$$

$$\underset{\text{2-butyn}}{CH_3-C\equiv C-CH_3} \xrightarrow[Pd/BaSO_4]{H_2} \underset{\text{cis-2buteen}}{(CH_3)HC=CH(CH_3)}$$

In het bovenstaande voorbeeld is het actieve palladiumoppervlak van de katalysator 'verontreinigd' met bariumsulfaat. Deze verontreiniging heeft tot gevolg, dat een liniaire alkyngroep nog wel aan het palladiumoppervlak kan adsorberen, maar een cis-alkeen door zijn gebogen koolstofskelet niet meer, waardoor de katalytische hydrogenering niet verder verloopt.

## *5.14.2 Elektrofiele additie aan alkynen*

Elektrofiele additiereacties aan alkynen verlopen langzamer dan die aan alkenen, omdat tijdens de additiereactie een vinylkation als intermediair moet ontstaan. Vinylkationen zijn bijzonder hoog-energetische intermediairen die zeer moeilijk te vormen zijn.

$$-C\equiv C- \xrightarrow[\text{langzaam}]{H^{\oplus}} \underset{\substack{\text{vinylkation}\\\text{geen mesomerie}}}{>C=C^{\oplus}(H)<} \xrightarrow[\text{snel}]{Br^{\ominus}} \underset{\text{vinylbromide}}{(H)>C=C<(Br)}$$

alkyn

Bij de zuurgekatalyseerde additie van water aan een alkyn ontstaat in eerste instantie een enol dat echter tautomeriseert naar de stabielere keto-verbinding (zie ook § 13.12).

$$H-C\equiv C-H + H_3O^{\oplus} \longrightarrow \underset{\text{enol}}{H_2C=C(H)OH} \underset{}{\overset{\text{tautomerisatie}}{\rightleftharpoons}} \underset{\text{keto}}{H_3C-C(H)=O}$$

### 5.14.3 *Zuurgraad van alkynen*

Een bijzondere eigenschap van eindstandige alkynen is het betrekkelijk zure karakter van het waterstofatoom aan het eindstandige sp-gehybridiseerde koolstofatoom. Met behulp van een sterke base, zoals $Na^+$ $NH_2^-$, is dit waterstofatoom als proton te verwijderen, waarbij een sp-gehybridiseerd carbanion achterblijft. In dit geval zit de negatieve lading dus in een sp-orbitaal. Vanwege het aanzienlijke s-karakter van deze orbitaal bevindt de negatieve lading zich relatief dicht bij de positieve kern en zal daardoor enigszins gestabiliseerd worden.

$$\underset{\substack{(pK_a\ 25)\\\text{propyn}}}{CH_3-C\equiv C-H} + \underset{\substack{(pK_a\ 34)\\\text{amide-ion}}}{:\overset{\ominus\,\bullet\bullet}{N}H_2} \longrightarrow \underset{\text{propynaation}}{CH_3-C\equiv \overset{\ominus}{C}:} + \underset{\text{ammoniak}}{:NH_3}$$

Alkynen met een eindstandige drievoudige binding kunnen aangetoond worden omdat het 'zure' waterstofatoom vervangen kan worden door zware metaalionen zoals $Ag^+$ of $Cu^+$. De gevormde zilver- of koper(I)acetyliden zijn onoplosbaar. De vorming van een neerslag na toevoeging van een alcoholische oplossing van $AgNO_3$ aan een onbekend alkyn is een bewijs dat de drievoudige binding eindstandig zit.

$$CH_3-CH_2-C\equiv C-H + AgNO_3 \longrightarrow \underset{\text{neerslag}}{CH_3-CH_2-C\equiv C-Ag\downarrow} + HNO_3$$

$$CH_3-CH_2-C\equiv C-CH_3 + AgNO_3 \longrightarrow \text{geen reactie}$$

# 6 Diënen en polymeren

## 6.1 Diënen

Wanneer alkenen meer dan één koolstof-koolstof dubbele binding bevatten, kunnen deze op verschillende manieren ten opzichte van elkaar geplaatst zijn. Onderscheiden worden geïsoleerde, gecumuleerde en geconjugeerde dubbele bindingen.

$$>C{=}CH{-}(CH_2)_n{-}CH{=}C<$$ geïsoleerd (n = 1, 2, 3, 4...)

$$>C{=}C{=}C<$$ gecumuleerd

$$>C{=}CH{-}CH{=}C<$$ geconjugeerd

De eigenschappen van diënen of polyenen met geïsoleerde dubbele bindingen behoeven geen verdere toelichting. De afzonderlijke π-bindingen reageren in het algemeen onafhankelijk van elkaar op dezelfde wijze als in alkenen.

$$CH_2{=}CH{-}(CH_2)_n{-}CH{=}CH{-}CH_3 \xrightarrow{Br_2} CH_2Br{-}CHBr{-}(CH_2)_n{-}CH{=}CH{-}CH_3$$

$$\xrightarrow{Br_2} CH_2Br{-}CHBr{-}(CH_2)_n{-}CHBr{-}CHBr{-}CH_3$$ (n = 1, 2, 3, 4...)

Verbindingen met gecumuleerde dubbele bindingen worden *allenen* genoemd. De hybridisatie van het centrale koolstofatoom komt overeen met die in $CO_2$; het koolstofatoom is sp-gehybridiseerd en de beide π -bindingen staan loodrecht op elkaar. Allenen komen niet veel voor in natuurproducten er daarom zal de chemie van allenen in het kader van dit boek niet verder worden behandeld.

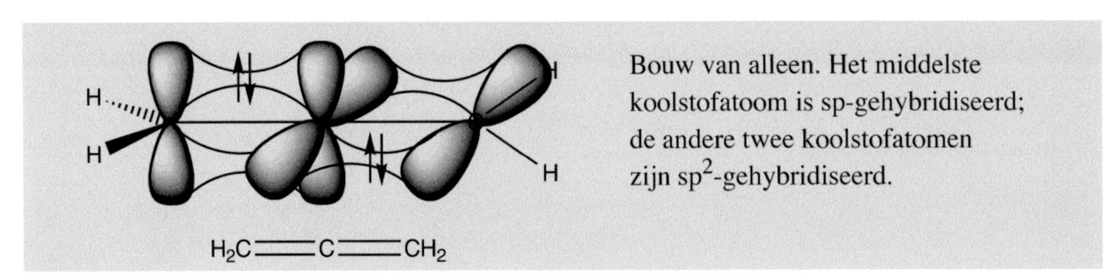


Bouw van alleen. Het middelste koolstofatoom is sp-gehybridiseerd; de andere twee koolstofatomen zijn $sp^2$-gehybridiseerd.

Belangrijk zijn verbindingen waarbij de dubbele bindingen van elkaar gescheiden zijn door slechts één enkele binding; we spreken in dat geval van een *geconjugeerd* dieen of polyeen. Dubbele bindingen die op een dergelijke wijze bij elkaar zitten, beïnvloeden elkaar aanzienlijk en dit komt tot uiting in de fysische eigenschappen en het chemische gedrag van deze verbindingen. Uit metingen van de bindingslengten in butadieen blijkt, dat de enkelvoudige binding in butadieen korter is dan een gewone enkelvoudige C-C-binding (zie tabel 6.1).

Een verklaring hiervoor is, dat er een interactie bestaat tussen de twee π-orbitalen aan weerszijden van de enkelvoudige binding; deze extra interactie geeft de $C_2$-$C_3$-binding een gering dubbele-bindingskarakter, zoals weergegeven is in de onderstaande orbitaaltekening en in de mesomere structuren.

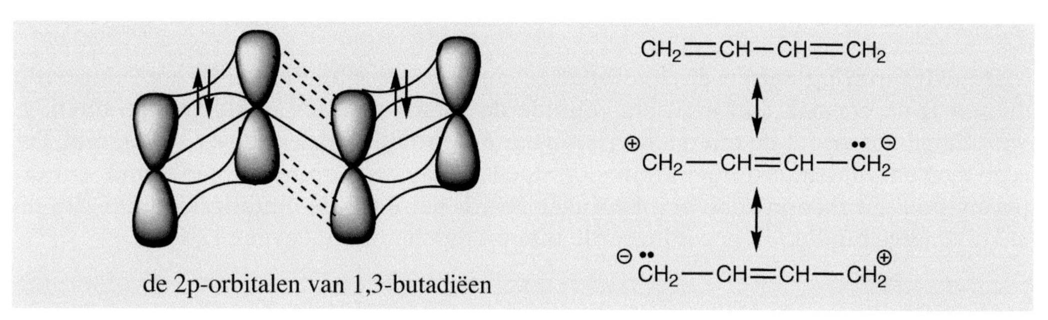


De extra stabiliteit van butadieen en andere geconjugeerde diënen tengevolge van deze mesomere interactie blijkt onder andere uit de hydrogeneringswarmte van deze verbindingen. Deze hydrogeneringswarmte is 14-17 kJ/mol lager dan die welke uit berekeningen en uit vergelijking met niet-geconjugeerde diënen verwacht mag worden (zie tabel 6.2).

**Tabel 6.1. Bindingslengten in diënen en alkenen.**

| | | Bindingslengte (nm) | | |
|---|---|---|---|---|
| Naam | Formule | $C_1$-$C_2$ | $C_2$-$C_3$ | $C_3$-$C_4$ |
| *n*-butaan | $C_1$-$C_2$-$C_3$-$C_4$ | 0,151 | | 0,151 |
| 2-buteen | $C_1$-$C_2$=$C_3$-$C_4$ | 0,154 | 0,139 | 0,154 |
| 1-buteen | $C_1$=$C_2$-$C_3$-$C_4$ | 0,134 | 0,153 | 0,151 |
| 1,3-butadieen | $C_1$=$C_2$-$C_3$=$C_4$ | 0,133 | 0,148 | 0,133 |

Tabel 6.2. Hydrogeneringswarmte van enkele diënen.

| *Naam* | *Structuurformule* | *H(kJ/mol)* | |
|---|---|---|---|
| propeen | $CH_3—CH{=}CH_2$ | 126 | |
| 1-penteen | $CH_3—CH_2—CH_2—CH{=}CH_2$ | 127 | |
| 1,4-pentadieen | $CH_2{=}CH—CH_2—CH{=}CH_2$ | 253 | |
| 1,3-pentadieen | $CH_2{=}CH—CH{=}CH—CH_3$ | 226 | (berekend |
| 1,3-butadieen | $CH_2{=}CH—CH{=}CH_2$ | 238 | 2× 126=252) |

De extra overlap tussen de 2p-orbitalen van de twee π-bindingen in geconjugeerde diënen is de oorzaak van een iets gehinderde rotatie rond de enkelvoudige binding. Voor butadieen wordt de energiebarrière voor deze rotatie geschat op ca. 20 kJ/mol. Dit is zo laag dat bij kamertemperatuur nog steeds rotatie kan optreden. Op grond van experimenten en theoretische berekeningen wordt het dubbele-bindingskarakter van de enkelvoudige binding in geconjugeerde diënen geschat op ongeveer 12%.

*s-trans* ⇌ *s-cis*

De twee conformaties van butadieen kunnen worden aangegeven met de aanduidingen *s-trans* en *s-cis*. De letter *s*, afgeleid van het Engelse woord single (= enkel), geeft aan dat er sprake is van *cis-trans*-isomerie rond een enkelvoudige binding.

## 6.2 Additiereacties aan butadieen

In veel reacties van geconjugeerde diënen is de wederzijdse beïnvloeding van de dubbele bindingen duidelijk merkbaar. Als butadieen reageert met één molecuul broom, dan worden twee producten gevormd in een verhouding die sterk afhankelijk is van de temperatuur waarbij de reactie wordt uitgevoerd. Bij een temperatuur van - 80 °C vindt additie van broom voornamelijk plaats op de 1,2-positie (of op de gelijkwaardige 3,4-positie). Een geringere hoeveelheid van het broom addeert op de 1,4-plaats waarbij tevens de dubbele binding naar de 2,3-plaats is verschoven. Bij een temperatuur van + 40 °C ligt de verhouding van de twee additieproducten precies omgekeerd.

De vorming van 1,4-adduct naast 1,2-adduct kan verklaard worden met het volgende reactiemechanisme. De eerste stap van de bromeringsreactie is, net als bij de geïsoleerde alkeenbinding, een aanval van de π-binding op de positief gepolariseerde kant van het broommolecuul. Er wordt nu echter geen bromoniumion gevormd, maar een mesomeer gestabiliseerd *allylcarbokation* dat zowel positief karakter heeft op de 2-plaats als op de 4-plaats. Reactie van dit intermediaire allylcarbokation met het bromide-ion kan daarom leiden tot zowel het 1,2- als het 1,4-additieproduct.

$$CH_2{=}CH{-}CH{=}CH_2 + Br_2 \xrightarrow{-80^{\circ}C} H_2C(Br){-}CH(Br){-}CH{=}CH_2 + CH_2(Br){-}CH{=}CH{-}CH_2(Br)$$

1,3-butadieen → (−80 °C) 1,2-adduct (80%) + 1,4-adduct (20%)

$$CH_2{=}CH{-}CH{=}CH_2 + Br_2 \xrightarrow{+40^{\circ}C} H_2C(Br){-}CH(Br){-}CH{=}CH_2 + CH_2(Br){-}CH{=}CH{-}CH_2(Br)$$

1,3-butadieen → (+40 °C) 1,2-adduct (20%) + 1,4-adduct (80%)

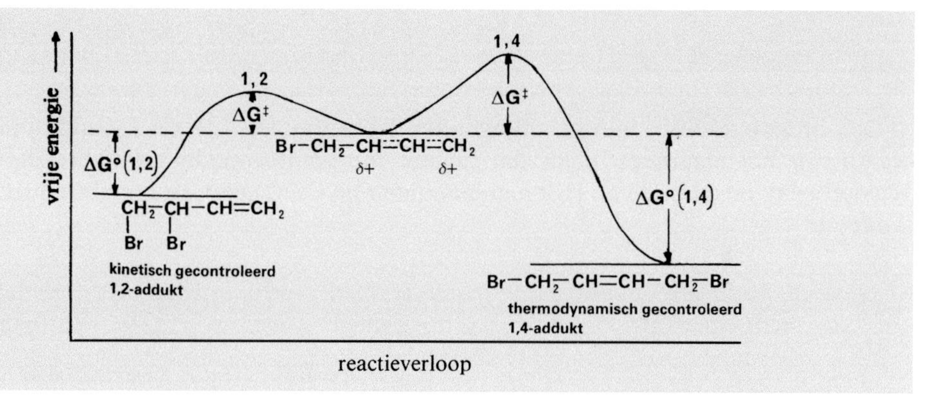


Fig. 6.1. Vrije energiediagram van de reactie van broom aan 1,4-butadieen.

Vanwege de mesomere stabilisatie van het intermediaire carbokation addeert $Br^+$ in de eerste stap ook uitsluitend aan C-l en niet aan C-2; in het laatste geval zou immers een primair carbokation gevormd worden dat niet door mesomerie gestabiliseerd wordt.

De temperatuurafhankelijkheid van de productverhouding is een opmerkelijk effect dat verklaard kan worden uit het feit dat bij - 80 °C de beweeglijkheid van de reagerende deeltjes minder groot is dan die bij + 40 °C. Het bromide-ion dat in de eerste reactiestap tegelijk met het carbokation gevormd wordt, zal bij - 80 °C in de buurt van het carbokation blijven en daar voor het grootste deel direct reageren tot het 1,2-adduct. Dit product wordt bij deze temperatuur het snelst gevormd en we noemen dit het *kinetisch gecontroleerde product.* Het 1,4-adduct dat daarnaast gevormd wordt, is echter energetisch stabieler omdat de dubbele binding in het 1,4-adduct hoger gesubstitueerd is dan in het 1,2-adduct. Bij + 40 °C zijn de gevormde ionen beweeglijker en er bewegen zich dus meer bromide-ionen verder langs de keten, zodat meer van het stabielere 1,4-adduct gevormd wordt. Het 1,4-adduct wordt vanwege zijn grotere stabiliteit het *thermodynamisch gecontroleerde product* genoemd; er is echter een hogere temperatuur (meer energie) voor nodig om dit product te vormen. Dit wordt geïllustreerd in het energiediagram in figuur 6.1.

De vrije energie voor activering, $\Delta G^{\ddagger}$ is voor de 1,2-adductvorming kleiner dan die voor de 1,4-adductvorming (kinetisch gecontroleerde productvorming). De winst in vrije energie, $\Delta G^{\circ}$, is voor de 1,4-adductvorming echter groter (thermodynamisch gecontroleerde productvorming). Wanneer het systeem voldoende energie bevat (en bij

40 °C is dit het geval) dan kan het kinetisch gevormde 1,2-adduct opnieuw ioniseren tot het mesomeer gestabiliseerde carbokation en het bromide-ion. Recombinatie kan dan opnieuw zowel op C-2 als op C-4 optreden. Om het 1,4-adduct opnieuw te ioniseren is meer energie nodig en dit proces zal dus langzamer verlopen, zodat bij 40 °C de productieverhouding ten gunste van het 1,4-adduct verschuift.

$$Br{-}CH_2{-}CH(Br){-}CH{=}CH_2 \rightleftharpoons Br{-}CH_2{-}\overset{\oplus}{C}H{-}CH{=}CH_2 \;\; Br^{\ominus}$$

$$\updownarrow$$

$$Br{-}CH_2{-}CH{=}CH{-}\overset{\oplus}{C}H_2 \rightleftharpoons Br{-}CH_2{-}CH{=}CH{-}CH_2(Br)$$

Ook andere addities aan geconjugeerde diënen geven 1,2- en 1,4-additieproducten, waarbij in het algemeen geldt dat hogere temperaturen de 1,4-additie bevorderen. Bijvoorbeeld, de additie van HBr aan butadieen bij 60 °C geeft als hoofdproduct 1-broom-2-buteen.

$$CH_2{=}CH{-}CH{=}CH_2 + HBr \xrightarrow{60^oC} CH_2(H){-}CH{=}CH{-}CH_2(Br) + CH_2(H){-}CH(Br){-}CH{=}CH_2$$

hoofdprodukt 1-broom-2-buteen; nevenprodukt 3-broom-1-buteen

## 6.3 Cycloaddities en de Diels-Alder-reactie

Geconjugeerde diënen kunnen een speciaal type 1,4-additie ondergaan, waarbij de dubbele binding van een alkeen reageert met de 1,4-posities van een dieen.

$$CH_2{=}CH{-}CH{=}CH_2 + CH_2{=}CH_2 \longrightarrow \text{cyclohexeen}$$

dieen + dienofiel → Diels-Alder-reactie

Dit type reactie staat bekend als de Diels-Alder-reactie, genoemd naar de ontdekkers. Zowel het dieen als het alkeen (in dit type reactie meestal het diënofiel genoemd) kan aanzienlijk in structuur variëren. Een algemene aanduiding voor dit reactietype is een *cycloadditie*, omdat bij deze reactie een cyclisch systeem ontstaat.

Het mechanisme van de Diels-Alder-reactie verloopt nogal verschillend van de reacties die tot nu toe behandeld zijn. Er worden tijdens de reactie geen carbokationen, carbanionen of radicalen als intermediairen gevormd, maar de reactie verloopt in één stap, waarbij gelijktijdig twee nieuwe σ-bindingen worden gevormd uit twee π-bindingen. Bovendien ontstaat een π-binding op de plaats waar eerst de enkelvoudige binding in het dieen aanwezig was. Een dergelijke reactie, waarbij gelijktijdig een aantal bindingen gevormd en/of verbroken wordt, noemt men een 'concerted' reactie. Alles moet gelijktijdig in goed samenspel verlopen. De reactie is goed te begrijpen als we het vormen en verbreken van bindingen beschrijven met behulp van orbitaaloverlap. De p-orbitalen van het alkeen gaan tijdens de reactie in toenemende mate overlappen met de p-orbitalen van de koolstofatomen 1 en 4 van het dieen. Als gevolg van deze overlap gaan de betrokken koolstofatomen tijdens de overgangstoestand over van $sp^2$- naar $sp^3$-hybridisatie. Met de nieuwe $sp^3$-orbitalen kunnen dan volwaardige σ-bindingen worden gevormd.

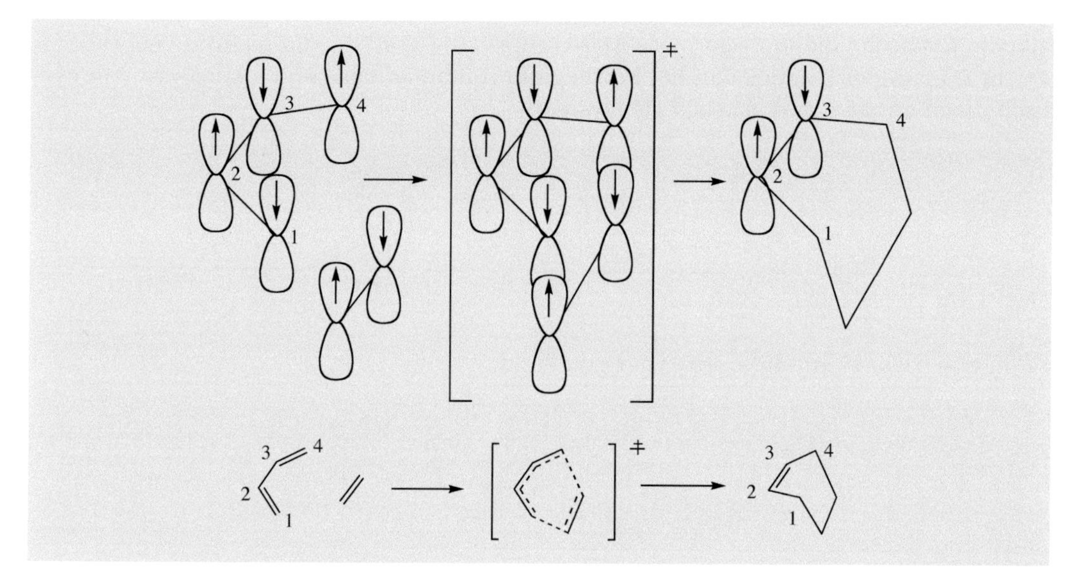


De hiervoor beschreven reactie tussen 1,3-butadieen en etheen is het eenvoudigste voorbeeld van de Diels-Alder-reactie. Het is echter niet het meest representatief omdat een nogal hoge temperatuur nodig is (200 °C) en de opbrengst van cyclohexeen niet erg hoog is (20%). Eén van de redenen voor deze matige reactiviteit is, dat een Diels-Alder-reactie vooral goed verloopt als er een duidelijk verschil bestaat in de elektronendichtheid tussen dieen en diënofiel. Elektronenzuigende groepen aan het diënofiel maken de π-binding van het alkeen elektronenarmer en daardoor gevoeliger voor interactie met het relatief elektronenrijkere dieen. Verbindingen zoals propenal, ethylpropenoaat, propeennitril en maleïnezuuranhydride zijn daarom goede diënofielen. In al deze gevallen is een positief gepolariseerd koolstofatoom gebonden aan de alkeenbinding.

propenal (acryloïne) — ethylpropenoaat (ethylacrylaat) — propeennitril (acrylonitril) — maleinezuuranhydride

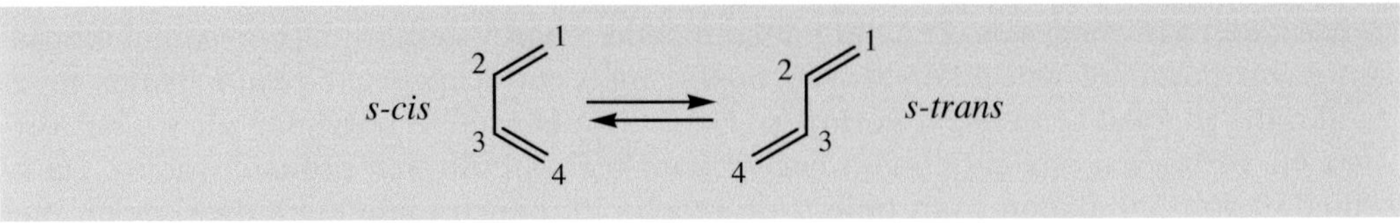

*s-cis* ⇄ *s-trans*

Een tweede reden voor de matige reactiviteit tussen 1,3-butadieen en etheen is dat het dieen in de *s-cis*-conformatie moet zitten om een cycloadditie te kunnen geven. In de *s-trans*-conformatie zijn de koolstofatomen 1 en 4 namelijk zodanig ver van elkaar verwijderd dat ze niet gelijktijdig interactie kunnen aangaan met de p-orbitalen van een alkeen. Cyclische diënen waarin de *s-cis*-conformatie vastligt, zijn daarom veel reactiever in Diels-Alder-reacties dan het beweeglijke 1,3-butadieen. Bij reacties van een cyclisch dieen ontstaat een gebrugd ringsysteem.

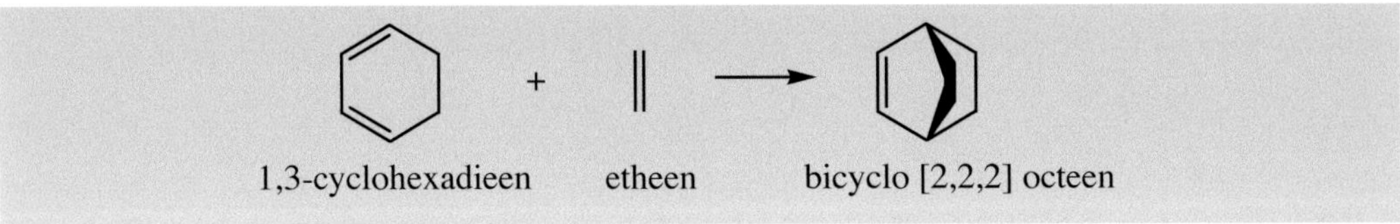

1,3-cyclohexadieen + etheen → bicyclo [2,2,2] octeen

of, in een meer ruimtelijke structuur getekend:

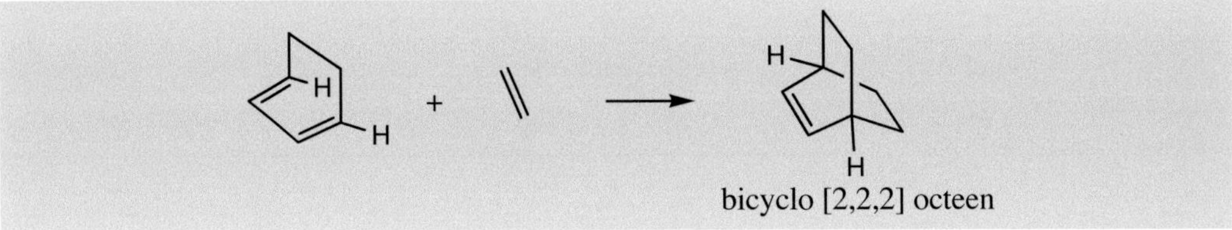

bicyclo [2,2,2] octeen

## 6.4 Organochloor-insecticiden

Cyclopentadieen is zo reactief in een Diels-Alder-reactie, dat het met zichzelf kan reageren. Bij kamertemperatuur (ongeveer 25 °C) dimeriseert cyclopentadieen, waarbij één molecuul optreedt als dieen en een ander als diënofiel.

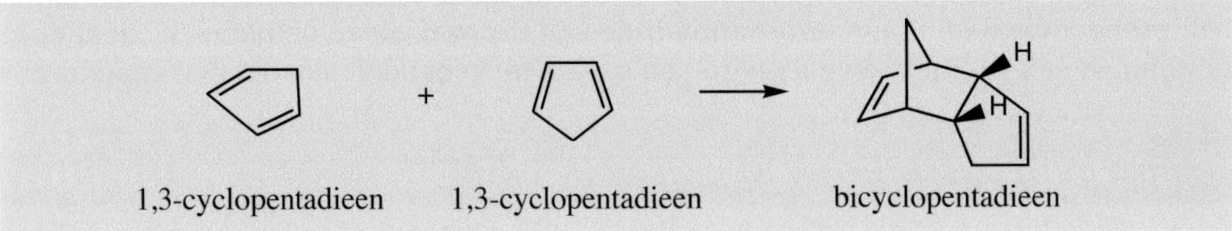

1,3-cyclopentadieen + 1,3-cyclopentadieen → bicyclopentadieen

De synthese van een aantal bekende insekticiden berust op de Diels-Alder-reactie. Als uitgangsstof in deze syntheses wordt hexachloorcyclopentadieen gebruikt, dat verkregen wordt door chlorering van cyclopentadieen bij hoge temperatuur.

$Cl_2$, 360-500°C → hexachloorcyclopentadieen

De insecticiden worden bereid door Diels-Alder-reacties van dit dieen met verschillende alkenen.

chloordeen → ($Cl_2$) chloordaan; → ($SO_2Cl_2$) heptachloor

aldrin → (R–C(=O)–O–OH) dieldrin

endosulfan

De sterk gechloreerde verbindingen zijn vaak niet alleen giftig voor insecten, maar ook voor hogere organismen. De insecticidewerking berust niet zozeer op hun chemische reactiviteit, maar meer op hun speciale vorm en grootte, waardoor ze vermoedelijk in staat zijn zenuwcelmembranen zodanig te verstoren dat impulsen niet meer doorgegeven kunnen worden. Kleine veranderingen in de structuur van de gechloreerde cyclopentadieenderivaten kunnen grote effecten hebben op de insekticideactiviteit. Chloordeen is bijvoorbeeld slechts zwak actief, maar introductie van één extra chlooratoom tot heptachloor verhoogt de toxiciteit ca. 300× voor bepaalde insektenstammen. Chlooradditie tot chloordaan heeft een vergelijkbaar effect. De activiteiten van aldrin en dieldrin zijn ongeveer gelijk aan die van chloordaan en heptachloor. De driedimensionale structuur van de cyclopentadieenderivaten laat zien dat verscheidene chlooratomen dezelfde ruimtelijke rangschikking innemen. Dit is een aanwijzing dat de activiteit van deze verbindingen berust op een gemeenschappelijk werkingsmechanisme.

In het algemeen zijn de chloorcyclopentadieenderivaten stabiele verbindingen die vooral als bodempesticide werden toegepast. Ze zijn effectief tegen termieten, mieren en larven die zich voeden met de wortels van de plant. Voorwerpen die behandeld waren met chloordaan, aldrin of dieldrin, waren meer dan dertig jaar later nog beschermd tegen termieten.

Vanwege hun zeer langzame afbraak zijn de toepassingsmogelijkheden bij teeltgewassen beperkt omdat ongewenste residuvorming in de geoogste gewassen optreedt.

De schadelijke effecten die de organochloorinsekticiden op het milieu uitoefenen, hebben er toe geleid dat de toepassing van deze verbindingen drastisch beperkt is en aan strenge voorschriften is onderworpen. Zoals vermeld zijn deze hoog-gechloreerde verbindingen chemisch weinig reactief en daardoor slecht in het milieu afbreekbaar. Omdat ze vrij apolair zijn, lossen ze goed op in het vetweefsel van organismen en deze verbindingen worden daardoor gemakkelijk opgenomen in de voedselketen. Dieren aan het eind van de voedselketen kunnen daardoor relatief hoge concentraties aan gechloreerde verbindingen binnen krijgen en opslaan in het vetweefsel (bioaccumulatie). Ophoping van gechloreerde verbindingen in het vetweefsel kan diverse schadelijke effecten hebben. Bij vogels is aangetoond dat dit aanleiding kan geven tot een verlate paring en tot het produceren van een te dunne eierschaal. Daardoor worden de kansen op voortplanting van de soort duidelijk verminderd.

Bij zeehondvrouwtjes die duidelijk aantoonbare concentraties gechloreerde koolwaterstoffen in het vetweefsel opgeslagen hadden, werd een sterk verminderde vruchtbaarheid geconstateerd.

## 6.5 Polymeren

De belangrijkste reactie van alkenen is voor de chemische industrie ongetwijfeld de polymerisatiereactie. Bij deze reactie wordt een groot aantal kleine eenheden (monomeren) aan elkaar gekoppeld tot ketens van zeer grote lengte, polymeren genaamd. Polymeren zijn dus macromoleculen, bestaande uit zeer veel repeterende monomeereenheden. Ook in de natuur komen veel polymeren voor. Rubber, cellulose, zetmeel, chitine, eiwitten en nucleïnezuren zijn voorbeelden van natuurlijke polymeren.

Een van de bekendste synthetische polymeren is het polymeer van etheen, het polyetheen. De letter $n$ in de structuurformule geeft het aantal monomeereenheden aan waaruit de keten is opgebouwd. Wanneer twee monomeereenheden worden gekoppeld ontstaat een dimeer; drie monomeereenheden vormen een trimeer en veel monomeereenheden vormen een polymeer (poly = veel, meros = deeltje). Er is geen scherpe grens die bepaalt wanneer een keten voldoende lang is om een polymeer genoemd te worden. Voor polyetheen kan $n$ variëren van 1000 tot meer dan 50.000.

$$n\ H_2C{=}CH_2 \xrightarrow{\text{polymerisatie}} -\!\left(CH_2-CH_2\right)_n\!-$$

etheen → polyetheen

Polymeren kunnen gemaakt worden volgens twee belangrijke processen, de additiepolymerisatie en de condensatiepolymerisatie. Wij zullen ons in dit hoofdstuk voornamelijk beperken tot de *additiepolymerisatie*. Tijdens dit proces worden monomeren met elkaar verbonden via een additiereactie, dus zonder dat er tijdens de reactie atomen of groepen uit het monomeer worden afgescheiden. Tijdens de condensatiepolymerisatie die in § 17.8 besproken zal worden, reageren bij elke polymerisatiestap twee functionele groepen met elkaar, onder afsplitsen van een klein molecuul, zoals water.

De additiepolymerisatie van etheen of van een gesubstitueerd etheen kan op gang gebracht worden door additie van een reactief deeltje aan het monomeer. Afhankelijk van de gebruikte initiator ontstaat dan een kationische-, anionische-, of radicaalpolymerisatie. Als voorbeeld zullen we hier de radicaalpolymerisatie van etheen nader bekijken. Als initiator voor een radicaalpolymerisatie is een radicaal nodig. Organische peroxiden zijn goede verbindingen om radicalen te vormen omdat de zwakke zuurstof-zuurstof-binding gemakkelijk verbroken wordt bij temperatuurverhoging.

$$R-\ddot{\underset{\cdot\cdot}{O}}-\ddot{\underset{\cdot\cdot}{O}}-R \xrightarrow{\Delta T} 2\ R-\ddot{\underset{\cdot\cdot}{O}}\cdot \qquad \text{initiatie}$$

De alkoxyradicalen die bij het verbreken van de zuurstof-zuurstof-binding ontstaan, starten in aanwezigheid van etheen een kettingreactie, waarbij een zeer snelle ketengroei optreedt. Afhankelijk van de reactieomstandigheden kunnen wel duizend addities per seconde optreden.

$$R-O\cdot + CH_2{=}CH_2 \longrightarrow R-O-CH_2-\dot{C}H_2$$

$$R-O-CH_2-\dot{C}H_2 + n\,CH_2{=}CH_2 \longrightarrow R-O-\!\left(CH_2-CH_2\right)_n CH_2-\dot{C}H_2 \qquad \text{propagatie}$$

In principe kan een polymeerketen doorgroeien totdat alle monomeermoleculen opgebruikt zijn. In de praktijk worden de ketens echter niet langer dan $10^4$ -$10^5$ monomeereenheden. De ketenlengte wordt beperkt door de terminatiestappen die tijdens het proces optreden. Eén van deze terminatiestappen is de recombinatiereactie, waarbij de radicaaluiteinden van twee ketens met elkaar koppelen.

$$\sim\!\sim CH_2^{\bullet} + {}^{\bullet}CH_2\!\sim\!\sim \longrightarrow \sim\!\sim CH_2-CH_2\!\sim\!\sim \qquad \text{recombinatie}$$

Een tweede belangrijke terminatiestap is de disproportioneringsreactie. Bij deze reactie abstraheert een radicaal een waterstofatoom van een andere keten waarbij een verzadigde en een onverzadigde keten ontstaat.

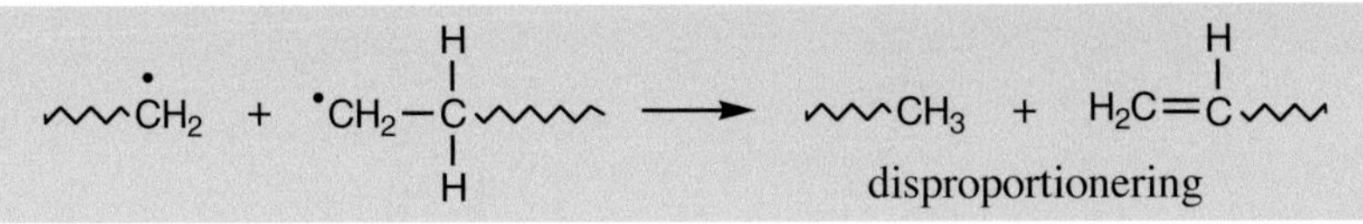

$\sim\!\!\sim CH_2^{\bullet} + {}^{\bullet}CH_2-CH_2\sim\!\!\sim \longrightarrow \sim\!\!\sim CH_3 + H_2C=CH\sim\!\!\sim$

disproportionering

Wanneer geconjugeerde diënen polymeriseren, dan kunnen de monomeermoleculen zowel via een 1,2- als via een 1,4-additie combineren. De dubbele bindingen in het gevormde polymeer kunnen zowel de *cis*- als de *trans*-configuratie hebben. Ongecontroleerde polymerisatie van diënen geeft een willekeurige volgorde van al deze mogelijkheden, zodat zeer onregelmatige structuren verkregen worden. Met behulp van bepaalde katalysatoren kan de polymerisatie echter zodanig gestuurd worden, dat er alleen 1,4-additie optreedt en dat daarbij alleen cis-dubbele bindingen gevormd worden. Polymerisatie van 2-methylbutadieen (isopreen) geeft op deze wijze een polymeer dat identiek is aan natuurlijk rubber.

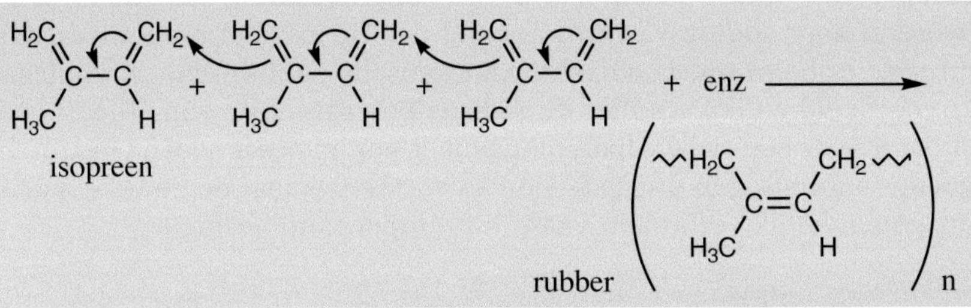

isopreen + isopreen + isopreen + enz $\longrightarrow$ rubber

In de natuur wordt rubber door de rubberboom (*Hevea brasiliensis*) gesynthetiseerd in een proces dat sterk afwijkt van de hierboven beschreven polymerisatiereactie. Rubber is een polyterpeen en de biosynthese verloopt door koppeling van een groot aantal isopentenylpyrofosfaat-eenheden op een wijze zoals beschreven is in § 7.3. Natuurlijk rubber wordt gewonnen door de bast van de rubberboom te beschadigen, waardoor de boom latex produceert. Latex is een suspensie van rubber in water. Het rubber wordt hieruit geïsoleerd als een kleverige massa met beperkte elastische eigenschappen. Om een beter verwerkbaar materiaal met goede elastische eigenschappen te verkrijgen wordt rubber gevulcaniseerd. In dit proces, reeds in 1839 ontdekt door Goodyear, wordt rubber verwarmd met maximaal 8% zwavel. Hierdoor worden de allylplaatsen van verschillende polymeerketens met elkaar verbonden via een brug van een of twee zwavelatomen (verknoping of cross-linking).

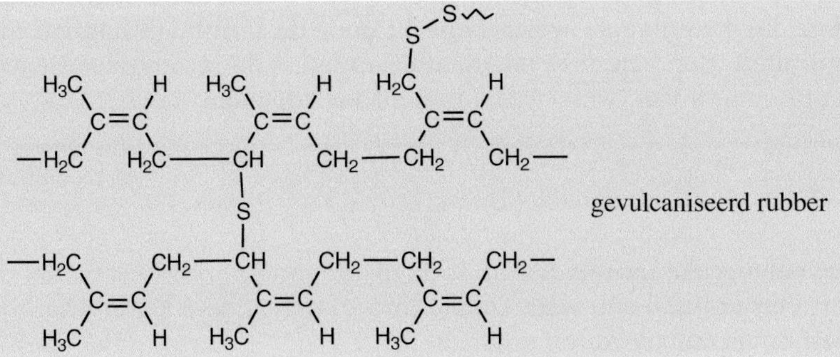

gevulcaniseerd rubber

Het aantal zwavelbruggen tussen de ketens moet nauwkeurig gedoseerd worden, aangezien bij een te groot aantal de elasticiteit sterk afneemt. De taaiheid en slijtvastheid van rubber kan aanzienlijk verbeterd worden door het toevoegen van koolstofpoeder. Dit wordt sterk geadsorbeerd aan de polymeerketen.

Het 1,4-polymeer van isopreen, waarbij alle dubbele bindingen *trans* staan, komt ook voor in de natuur. Het staat bekend als gutta percha.

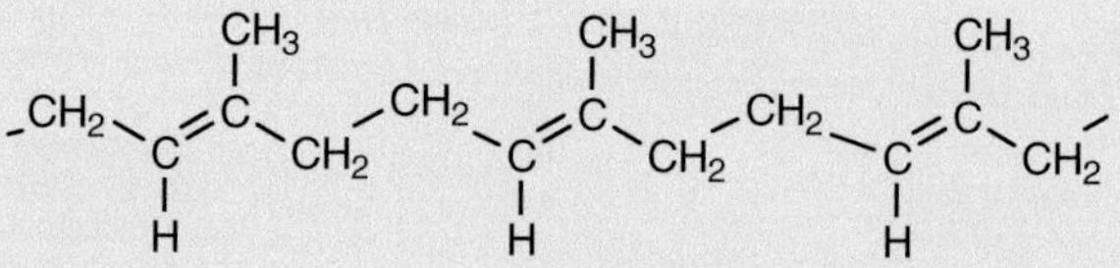

gutta percha

In tegenstelling tot rubber is gutta percha hard en niet elastisch. Vroeger noemde men het harde rubber en werd het gebruikt voor de fabricage van bijvoorbeeld kammen en speelgoedartikelen. Tegenwoordig is het materiaal grotendeels vervangen door plastics.

Veel van de interesse die men aanvankelijk voor de synthese van polymeren aan de dag legde, kwam voort uit de wens synthetische rubber te maken om zodoende aan de groeiende vraag te kunnen voldoen en de afhankelijkheid van natuurlijk rubber te verminderen. Dit resulteerde in het midden van de jaren dertig in het op de markt brengen van de eerste synthetische rubber, het neopreen.

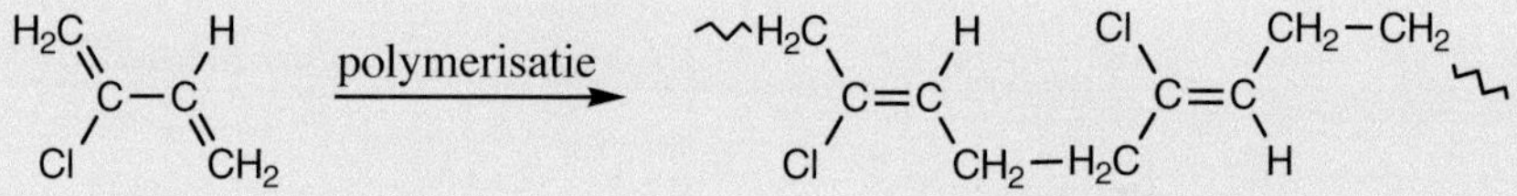

polymerisatie

neopreen

In tegenstelling tot natuurlijk rubber staan in neopreen alle dubbele bindingen *trans*. Niettemin is het zeer elastisch, hoewel niet helemaal zo elastisch als rubber. Het is echter beter dan natuurlijk rubber bestand tegen chemicaliën, oxidatie door lucht en verbranding. De warmtegeleiding van neopreen is echter minder, waardoor het materiaal niet geschikt is voor de fabricage van autobanden.

Sinds de ontdekking van neopreen heeft de polymeerchemie zich stormachtig ontwikkeld. In onze hedendaagse maatschappij nemen de synthetische polymeren in talrijke vormen een belangrijke plaats in. Als voornaamste oorzaken voor deze explosieve ontwikkeling kunnen we noemen:

- De grondstoffen voor de polymeren worden voornamelijk uit aardolie gewonnen. Door de ontwikkeling van efficiënte kraakprocessen werden deze grondstoffen relatief goedkoop en goed verkrijgbaar.
- Veel voorwerpen zijn door de goedkope grondstof en de goede verwerkbaarheid van deze grondstof goedkoper als ze van kunststof zijn gemaakt dan uit een andere grondstof.
- Door de toegenomen kennis van de chemie is men tot op zekere hoogte in staat polymeren te ontwikkelen die voldoen aan vooraf gestelde eisen.

Zo heeft de kunststoftechnologie bijvoorbeeld de latexverven op waterbasis ontwikkeld, hetgeen een doorbraak in de coating-industrie betekende. Evenzo hebben plasticfilms en schuimen het beeld van de verpakkingsindustrie sterk veranderd. Tabel 6.3 geeft een indruk van de toepassingsmogelijkheden van een aantal additiepolymeren.

**Tabel 6.3. Polymeren afgeleid van gesubstitueerde etheenmonomeren.**

| *Monomeer* | *Monomeer naam* | *Polymeer naam* | *Toepassing* |
|---|---|---|---|
| $H_2C{=}CH_2$ | etheen | polyetheen | onbreekbaar verpakkingsmateriaal<br>plastic tassen<br>speelgoed |
| $H_2C{=}C(H){-}CH_3$ | propeen | polypropeen | vezel voor kleding<br>vloerbedekking<br>kratten |
| $H_2C{=}C(H){-}Cl$ | vinylchloride | polyvinylchloride (PVC) | elektrisch isolatiemateriaal<br>aan- en afvoer pijpen<br>vloerbedekking<br>speelgoed<br>magneetbanden<br>film |
| $H_2C{=}C(H){-}CN$ | acrylonitril | polyacrylonitril | dekens<br>tapijten<br>kleding |
| $H_2C{=}C(H){-}C_6H_6$ | styreen | polystyreen | isolatiemateriaal (piepschuim) |
| $H_2C{=}C(H){-}CO_2CH_3$ | methylacrylaat | polymethylacrylaat | bestanddeel van latexverven |
| $H_2C{=}C(CH_3){-}CO_2CH_3$ | methyl-methacrylaat | polymethyl-methacrylaat | plexiglas<br>vervangingsmiddel voor glas |
| $H_2C{=}C(H){-}O{-}C({=}O){-}CH_3$ | vinylacetaat | polyvinylacetaat | water-oplosbare lijmen<br>bestanddeel van latexverven |

## 6.6 Structuur en eigenschappen van polymeren

Wanneer propeen wordt gepolymeriseerd zonder speciale katalysator, dan ontstaan polypropeenketens waaraan de methylgroepen op een onregelmatige wijze langs de keten georiënteerd zijn, het atactisch polypropeen. Het is ook mogelijk met gebruik van speciale katalysatoren het polymerisatieproces zodanig te sturen dat de methylgroepen wel regelmatig langs de ketens georiënteerd zijn en dit is het geval bij isotactisch en syndiotactisch polypropeen. In isotactisch polypropeen liggen de methylgroepen aan één kant van de keten en in syndiotactisch polypropeen zijn de methylgroepen om en om langs de keten gerangschikt.

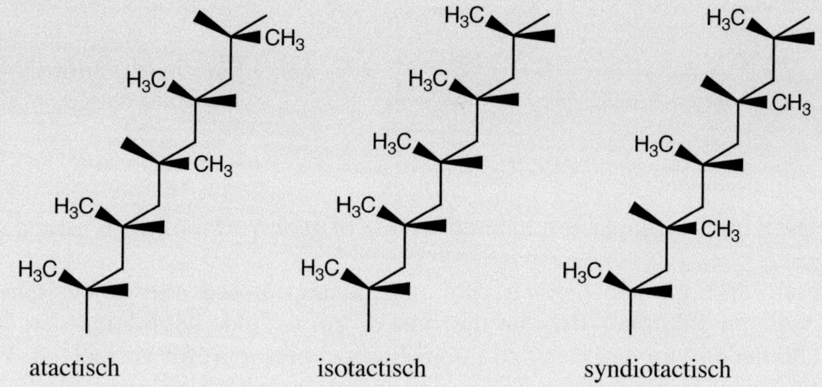

atactisch isotactisch syndiotactisch

Het verschil in fysische eigenschappen tussen de verschillende configuraties kan aanzienlijk zijn. Om de gunstige intermoleculaire interacties zoveel mogelijk te bevorderen, gaan polymeerketens met een regelmatige structuur in vaste toestand bij voorkeur op geordende wijze langs elkaar liggen, waarbij kristallijne gebieden kunnen ontstaan. Deze geordende oriëntatie van de ketens ten opzichte van elkaar is een belangrijke voorwaarde om goede sterke vezels te verkrijgen. Regelmatig opgebouwde polymeren hebben doorgaans hogere smeltpunten en zijn slechter oplosbaar in de meeste oplosmiddelen dan de ongeordende, amorfe polymeren. Wanneer een polymeerketen ongeordend is en grote zijgroepen bevat, dan kunnen de ketens moeilijk een kristalrooster vormen en ontstaat in vaste toestand een glasachtige structuur. Een voorbeeld van een dergelijk polymeer is poly(methylmethacrylaat) dat bekend staat als Plexiglas.

Polyvinylchloride is een atactisch polymeer dat van zichzelf een relatief broze, glasachtige structuur heeft. De eigenschappen van dit materiaal kunnen echter aanmerkelijk verbeterd worden door toevoeging van *weekmakers*. Deze maken het polymeer zachter en elastischer, waardoor het beter verwerkbaar wordt. Weekmakers zijn relatief laagmoleculaire stoffen, zoals esters van ftaalzuur.

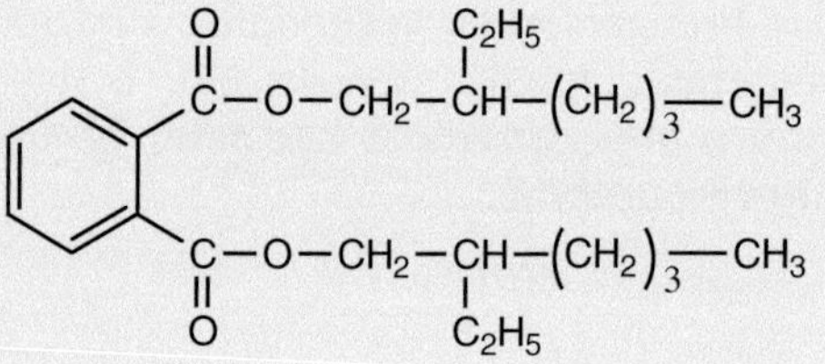

DOP, een veel toegepaste weekmaker voor PVC

Op basis van hun fysische eigenschappen kunnen polymeren onderscheiden worden in drie typen:

(1) de *elastomeren* met rubberachtige, elastische eigenschappen;
(2) de *thermoplasten* die bij verwarmen zacht worden en daardoor gemakkelijk in een geschikte vorm gegoten kunnen worden;
(3) de *thermoharders* die bij verwarmen irreversibel verharden.

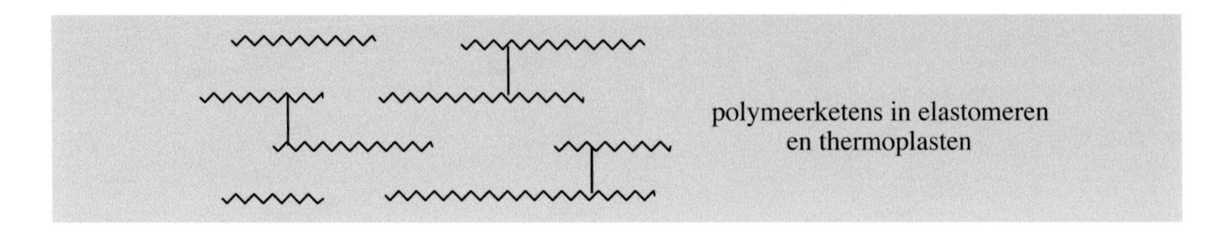


Elastomeren en thermoplasten hebben weinig of geen verknopingen tussen de polymeerketens.

Het aantal verknopingen bepaalt voor een belangrijk gedeelte de fysische eigenschappen van een polymeer, doordat hiermee de gemiddelde ketenlengte en de bewegingsmogelijkheden van de ketens ten opzichte van elkaar wordt vastgelegd. Wanneer een materiaal veel verknopingen bevat, dan is het vaak hard en niet oplosbaar in de meeste oplosmiddelen.

Thermoharders vormen tijdens het hardingsproces bij temperatuursverhoging irreversibel verknopingen tussen de polymeerketens.

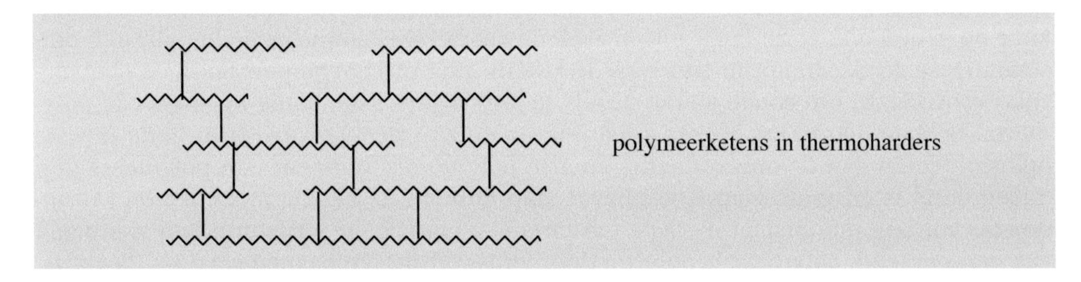


Dubbele bindingen zijn niet absoluut noodzakelijk om een polymeer elastomere eigenschappen te geven. In principe kan elk amorf polymeer omgezet worden in een elastomeer door beperkte verknoping. Een van de nieuwe synthetische rubbers is een copolymeer (= polymeer gemaakt uit meer dan één soort monomeer) van etheen en propeen waaraan een klein beetje dieen is toegevoegd. Het dieen wordt toegevoegd om actieve allylplaatsen in de keten aan te brengen zodat verknoping kan optreden. Het voordeel van een polymeer dat op een dergelijke wijze is verkregen, is dat het minder dubbele bindingen bevat dan natuurlijk rubber, waardoor het beter bestand is tegen oxidatie en de daarmee gepaard gaande veroudering.

# 7 Terpenen en steroïden

## 7.1 Inleiding

De prettige geur van rozen, dennennaalden, eucalyptus, ceder, pepermuntblad, geraniums en talrijke andere planten wordt voornamelijk veroorzaakt door vluchtige **terpenen** die in deze planten voorkomen. Terpenen spelen reeds lang een belangrijke rol in het veraangenamen van het leven van de mens, vooral in hun hoedanigheid als geurstoffen. Daarnaast zijn terpenen van belang omdat vooral de laatste jaren steeds meer terpenen ontdekt zijn die belangrijk zijn in de regulatie van metabolismen bij plant en dier.

De naam terpeen werd oorspronkelijk gegeven aan een mengsel van vluchtige oliën (ook wel etherische oliën genoemd), dat verkregen werd uit hout (terpentijn) of uit allerlei kruiden en bloemen. Het onverzadigde karakter van deze verbindingen werd al snel herkend en de naamgeving kwam dan ook tot stand door samentrekking van de namen **terp**entijn en alk**een**. Reeds vroeg werd onderkend dat het koolstofskelet van veel terpenen kan worden opgedeeld in een aantal vertakte eenheden van vijf koolstofatomen: de isopreeneenheid.

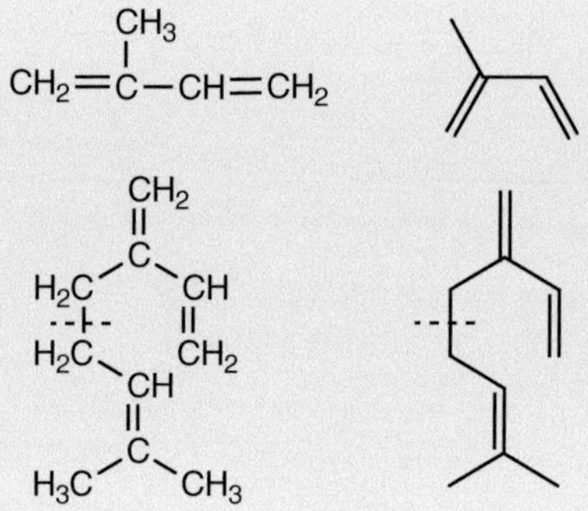

$CH_2{=}C(CH_3){-}CH{=}CH_2$

2-methyl-1,3-butadieen (isopreen)

myrceen (twee isopreeneenheden)

Meestal wordt bij de weergave van de structuur van terpenen de verkorte schrijfwijze gehanteerd zoals deze rechts voor myrceen is weergegeven. De waterstofatomen worden daarbij niet getekend en elk hoekpunt en elk eindpunt van een lijn stelt een koolstofatoom voor waaraan verder alleen nog waterstofatomen gebonden zijn.

Terpenen kunnen het meest overzichtelijk worden ingedeeld op basis van het aantal isopreeneenheden waaruit het molecuul is opgebouwd. Op deze wijze ontstaat de volgende indeling:

| | | |
|---|---|---|
| - monoterpenen | C-10-verbindingen | 2 isopreeneenheden |
| - sesquiterpenen | C-15-verbindingen | 3 isopreeneenheden |
| - diterpenen | C-20-verbindingen | 4 isopreeneenheden |
| - triterpenen | C-30-verbindingen | 6 isopreeneenheden |
| - carotenen | C-40-verbindingen | 8 isopreeneenheden |
| - rubber | $n$×C-5-verbindingen | $n$ isopreeneenheden |

In de meeste mono-, sesqui- en diterpenen zijn de isopreeneenheden op een regelmatige wijze aan elkaar gekoppeld via een zogenaamde kop-staart-binding. Een voorbeeld van een kop-staart-binding van twee isopreeneenheden vinden we in myrceen, een stof die aangetroffen wordt in de olie van laurier, hop, verbena en andere planten.

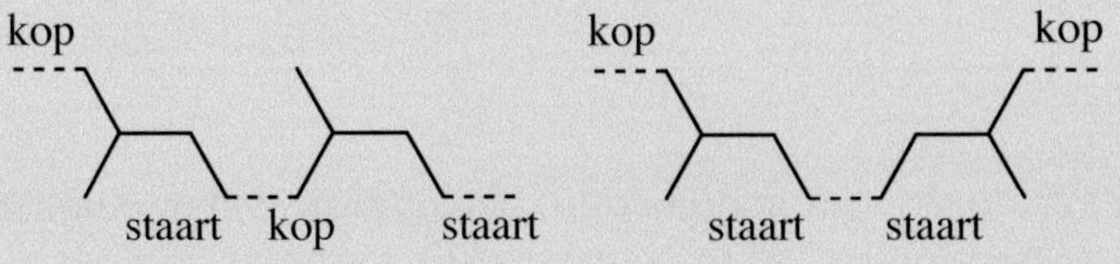

kop staart kop staart kop staart staart kop

De triterpenen en carotenen zijn opgebouwd uit twee helften die in het midden staart-staart aan elkaar gekoppeld zijn (zoals in squaleen en β-caroteen). Daarnaast zijn er veel terpenen die niet strikt aan de isopreenregel voldoen. Meestal is dit een gevolg van omleggingen die tijdens de biosynthese optreden of van gedeeltelijke afbraak van het molecuul.

Een aantal terpenen en steroïden speelt een belangrijke rol als vitamine of hormoon in het primaire metabolisme. Vele monoterpenen en een aantal sesquiterpenen komen we tegen als geurstof in planten en vruchten; aan dit aspect wordt in § 7.2 uitvoerig aandacht besteed. Twee belangrijke sesquiterpenen zijn abscissinezuur, een plantenhormoon, en het juvenielhormoon, een insektenhormoon. Belangrijke diterpenen zijn onder andere de gibberellinezuren (plantenhormonen) en retinol (vitamine A) dat o.a. een rol speelt bij de chemie van het zien (zie § 5.2).

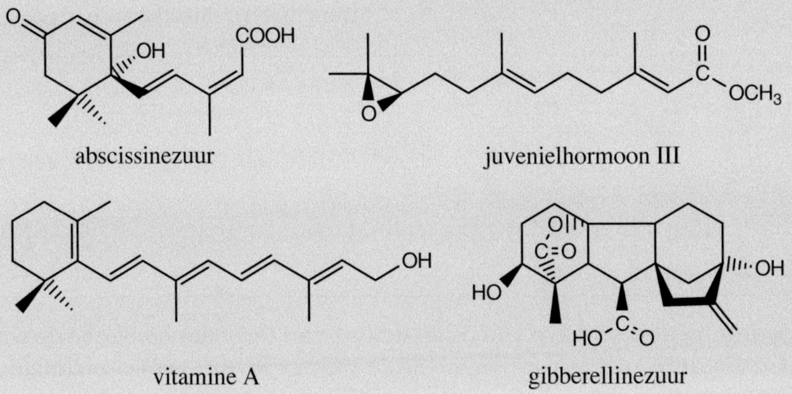

abscissinezuur

juvenielhormoon III

vitamine A

gibberellinezuur

Squaleen is de basisbouwsteen voor de triterpenen. Cyclisatie van squaleen geeft lanosterol, een intermediair in de biosynthese van cholesterol en van de steroïdhormonen waartoe o.a. het zwangerschapshormoon progesteron behoort.

Carotenen zijn gekleurde, sterk onverzadigde verbindingen die een katalytische rol spelen bij het binden van kooldioxide in de fotosynthese. Vitamine A wordt in het lichaam gevormd door oxidatie van β-caroteen. Voorbeelden van verbindingen met een gedeeltelijke terpeenstructuur zijn de vitamines $K_2$ en Q (coënzym Q) die isopreenstaarten bevatten die belangrijk zijn voor het functioneren van deze vitamines in celmembranen.

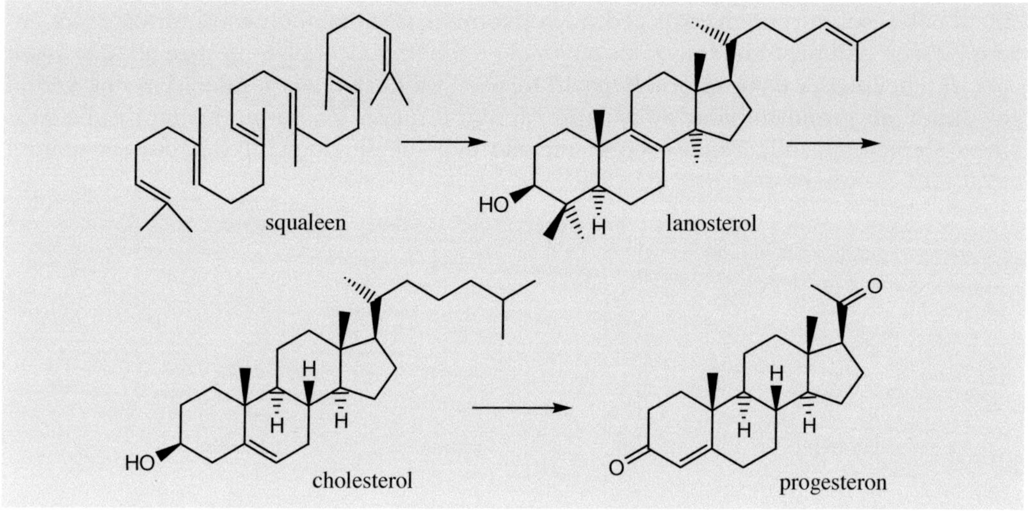

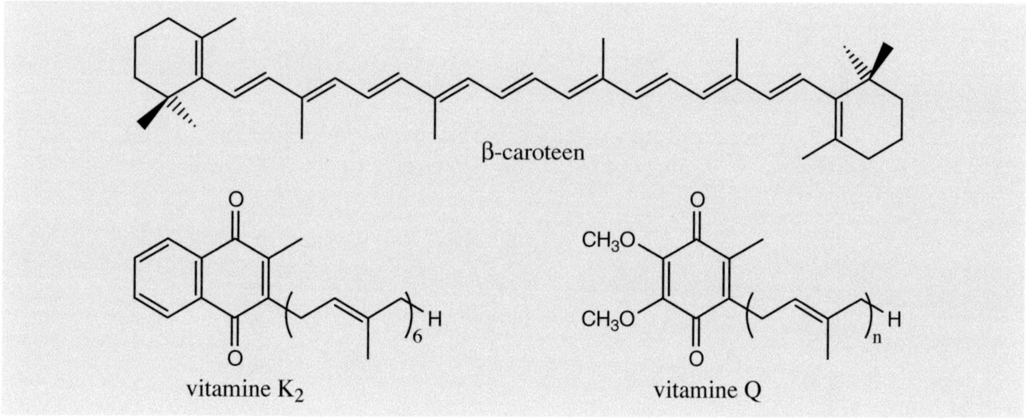

squaleen → lanosterol →

cholesterol → progesteron

β-caroteen

vitamine $K_2$ vitamine Q

## 7.2 Geurstoffen

De fabricage van geurstoffen afkomstig uit planten en bloemen bestaat reeds zeer lang. In Europa wordt al in de 15e en 16e eeuw melding gemaakt van deze 'industrie' en het beroemde Eau de Cologne bestaat al sinds 1725.

Na de ontwikkeling van de moderne analytische methoden heeft de chemie van de geur- en smaakstoffen een revolutionaire ontwikkeling doorgemaakt. Vooral de gaschromatografie, eventueel gecombineerd met massaspectrometrie, heeft er toe bijgedragen dat de samenstelling van veel geuren opgehelderd kon worden. De meeste geuren bestaan uit zeer gecompliceerde mengsels van vaak meer dan 50 verbindingen, waarvan ook die welke in zeer geringe hoeveelheden aanwezig zijn vaak een essentiële bijdrage aan de geur of smaak van de bloem of vrucht leveren.

Het mengsel van vluchtige verbindingen dat uit het plantaardig materiaal geïsoleerd kan worden, is de essentiële olie en deze bevat naast monoterpenen zoals geraniol, nerol, citronellol, linalool, citral, limoneen, carvon, terpineol, α-pineen, borneol en cineol ook sesquiterpenen zoals cedrol, vetiverol en α-santalol en verbindingen van andere klassen natuurproducten, zoals eugenol en fenethylalcohol. Sommige oliën bestaan voor een belangrijk deel uit één bepaald terpeen en deze oliën worden dan ook vooral gewonnen als grondstof voor de isolatie van dat terpeen. Zo bevat eucalyptusolie 75% cineol, lemoengrasolie 75-80% citral en olie geperst uit de schil van citrusvruchten bevat 90% limoneen.

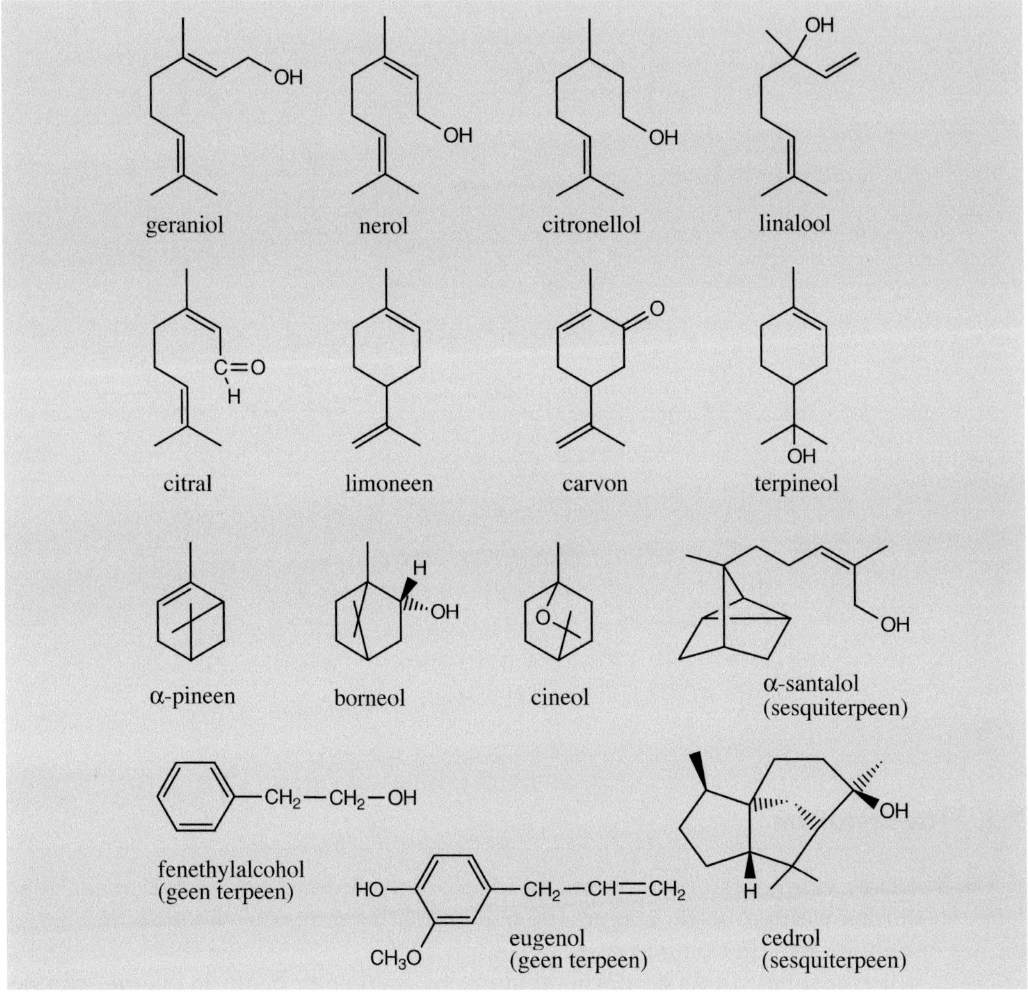

OH
geraniol

OH
nerol

OH
citronellol

OH
linalool

C=O
H
citral

limoneen

O
carvon

OH
terpineol

α-pineen

H
OH
borneol

O
cineol

OH
α-santalol
(sesquiterpeen)

$CH_2-CH_2-OH$
fenethylalcohol
(geen terpeen)

HO
$CH_3O$
$CH_2-CH=CH_2$
eugenol
(geen terpeen)

OH
H
cedrol
(sesquiterpeen)

Rozenolie wordt op een aantal manieren geproduceerd en als grondstof voor de parfumindustrie geleverd. Extractie van pas geoogste bloemen met behulp van laagkokende alkanen geeft een oplossing die na indampen een wasachtige donkere stof achterlaat, de zgn. 'rose concrete'. Bij extractie van de 'rose concrete' met ethanol lossen de geurstoffen op en blijven veel onoplosbare stoffen achter. Indampen van de alcoholoplossing levert een gele olie op die bekend staat als 'rose absolute'. Deze olie wordt veel toegepast als grondstof in de parfumindustrie en is rijk aan fenethylalcohol, citronellol, geraniol en nerol.

Stoomdestillatie van de bloemen van *Rosa damascena Mill.* geeft een gele olie met een kruidige geur die bekend staat onder de naam 'rose otto'. Het bevat vooral citronellol en geraniol en in kleine hoeveelheden linalool, fenethylalcohol, citral, eugenol, carvon en een mengsel van sesquiterpenen.

Sandelhoutolie, verkregen door stoomdestillatie van houtpulp van sandelhout, bevat vooral het sesquiterpeen α-santalol. Geraniumolie (van het eiland Réunion) heeft een sterke rozegeur en het wordt veel gebruikt in zeep en andere cosmetica. Het bevat vooral citronellol (40-50%), geraniol (20-25%) en kleinere hoeveelheden linalool, α-terpineol, fenethylalcohol, eugenol, isomenthon, hex-3-een-1-ol en een aantal sesquiterpenen. Meerdere citronellaoliën kunnen uit grassen gewonnen worden (Sri Lanka, Java). Ze bestaan vooral uit geraniol en citronellol en, omdat ze goedkoop zijn, worden ze veel toegepast in schoonmaakmiddelen, wasmiddelen en andere huishoudelijke producten. Ze worden ook gebruikt als grondstof voor de winning van de zuivere componenten citronellol en geraniol.

## 7.3 De biosynthese van monoterpenen

Terpenen worden in de natuur opgebouwd uit isopreeneenheden die in het organisme aanwezig zijn als isopentenylpyrofosfaten. Het $\Delta^3$-isopentenylpyrofosfaat en het dimethyl-allylpyrofosfaat zijn met elkaar in evenwicht. (De aanduiding $\Delta^3$ geeft aan dat de dubbele binding bij koolstofatoom 3 begint.)

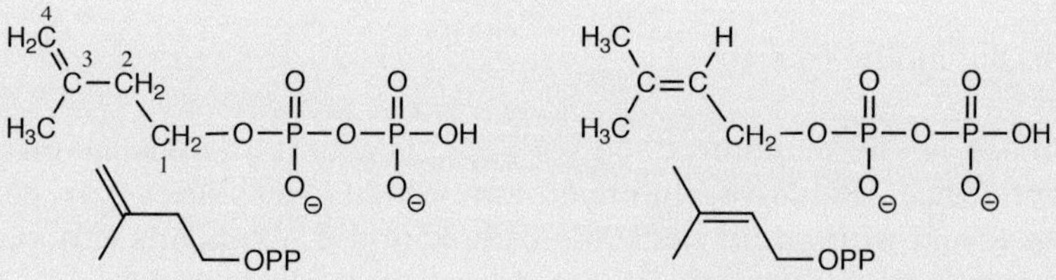

$\Delta^3$-isopentenylpyrofosfaat

dimethylallylpyrofosfaat ($\Delta^2$-isopentenylpyrofosfaat)

Dit evenwicht wordt door een enzym gekatalyseerd en de reactie verloopt waarschijnlijk via protonering, gevolgd door deprotonering, met een carbokation als intermediair.

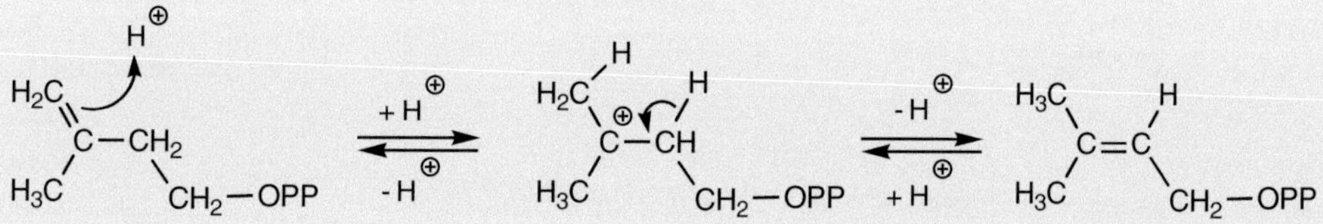

De opbouw van grotere moleculen uit de beide isopentenylpyrofosfaten verloopt waarschijnlijk eveneens via carbokationen als intermediairen. Afsplitsing van het pyrofosfaatanion uit het dimethylallylpyrofosfaat geeft het door mesomerie gestabiliseerde allylcarbokation **1**.

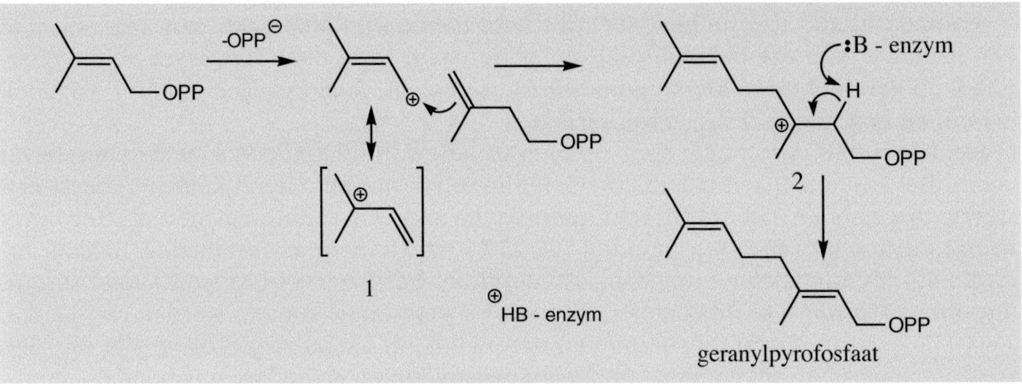

Aanval van de dubbele binding van het $\Delta^3$-isopentenylpyrofosfaat op de goed toegankelijke primaire carbokationpositie van **1** geeft het tertiaire carbokation **2**, waaruit door protonafsplitsing het geranylpyrofosfaat ontstaat.

De biosynthese van terpenen kan goed begrepen worden met behulp van de chemie van carbokationen. De reacties vinden echter plaats onder invloed van enzymen, en het is meestal niet zeker of de intermediairen als vrije carbokationen beschouwd mogen worden of dat deze gebonden zitten aan negatieve groepen van het enzym. In de verdere tekst zal deze verfijning echter genegeerd worden en de biosynthese van een aantal veel voorkomende monoterpenen zal toegelicht worden met behulp van carbokationmechanismen.

### *7.3.1 Acyclische monoterpenen*

De biosynthese van de monoterpenen verloopt via geranylpyrofosfaat en zijn cis-isomeer, nerylpyrofosfaat. Beide verbindingen kunnen door afsplitsing van een verschillend proton gevormd worden uit hetzelfde carbokation **2**. Eveneens kan via dit carbokation een isomerisatie van geranyl- in nerylpyrofosfaat plaatsvinden.

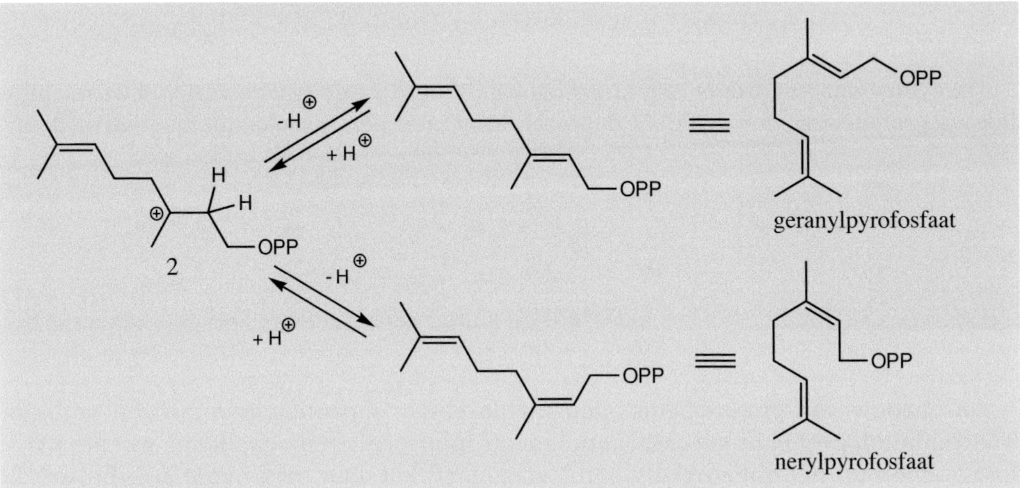

Hydrolyse van geranylpyrofosfaat via carbokation **3** geeft geraniol, een monoterpeen dat men kan ruiken als geraniumbladeren gekneusd worden. Eenzelfde type hydrolyse van nerylpyrofosfaat geeft nerol via het carbokation **4**. De afsplitsing van een proton uit de carbokationen **3** of **4** geeft myrceen of ocimeen, afhankelijk van het organisme waarin de biosynthese plaatsvindt. Een reactie van carbokation **3** of **4** met water geeft linalool. Biochemische oxidaties en reducties kunnen de functionele groepen in deze terpenen nog verder modificeren. Zo kan nerol geoxideerd worden tot citral; reductie van citral, nerol of geraniol geeft citronellol. Deze aldus gevormde acyclische (niet-cyclische) monoterpenen komen voor in vele zogenaamde essentiële oliën; dit zijn complexe mengsels van geurstoffen die verkregen worden uit planten. De onverzadigde terpenen zoals myrceen en ocimeen en de terpeenalcoholen zoals geraniol, nerol, linalool en citronellol komen zeer veel voor en worden dan ook gebruikt bij de bereiding van geur- en smaakstoffen. Geraniol en nerol worden aangetroffen in roosachtig ruikende composities en het zijn belangrijke intermediairen in de synthese van citronellol en citral.

OPP
$-OPP^{\ominus}$
$\oplus$
$+H_2O, -H^{\oplus}$
OH
red
OH
3
geraniol
citronellol
$-H^{\oplus}$
OPP
$-OPP^{\ominus}$
$\oplus$
$-H^{\oplus}$
of
nerylpyrofosfaat
4
myrceen
ocimeen
$+H_2O,$
$-H^{\oplus}$
$+H_2O,$
$-H^{\oplus}$
OH
OH
ox
C=O
OH
linalool
nerol
citral

Linalool wordt gebruikt in de parfumerie in vele bloemachtige composities (lelietjes-van-dalen, lavendel) en om fruitige accenten in geurcomposities aan te brengen. Linalool is stabiel ten opzichte van base en wordt daarom veel in zepen en detergentia toegepast. Het wordt ook gebruikt als uitgangsstof voor de bereiding van vitamine E.

Citronellol wordt van alle terpeenalcoholen het meest toegepast, vooral in geurcomposities met een roosachtige geur. Als smaakstof wordt het toegevoegd om een 'bouquet' te geven aan citruscomposities. Citronellol wordt ook omgezet in verschillende esters met karakteristieke geur- en smaakeigenschappen.

Citral komt voor in lemoengrasolie tot concentraties van 85% en in verscheidene andere essentiële oliën in kleinere percentages. Citral heeft een sterke citroengeur en wordt om die reden veel toegepast in aromacomposities en citrusgeuren.

## *7.3.2 Cyclische monoterpenen*

Het reeds eerder genoemde intermediaire carbokation **4** kan ook intramoleculair reageren met de in het molecuul zelf aanwezige π-binding waarbij dan het tertiaire carbokation **5** ontstaat met een cyclische structuur. Uit dit carbokation **5** kan door reactie met water terpineol gevormd worden. Protonafsplitsing uit het carbokation geeft limoneen of terpinoleen, ook hier is het weer afhankelijk van de plant welke reactie bij voorkeur optreedt. Oxidatie van de allylplaats in de ring in limoneen geeft carvon. Eenzelfde type allyloxidatie in terpinoleen, gevolgd door een aantal reducties leidt uiteindelijk tot de vorming van menthol.

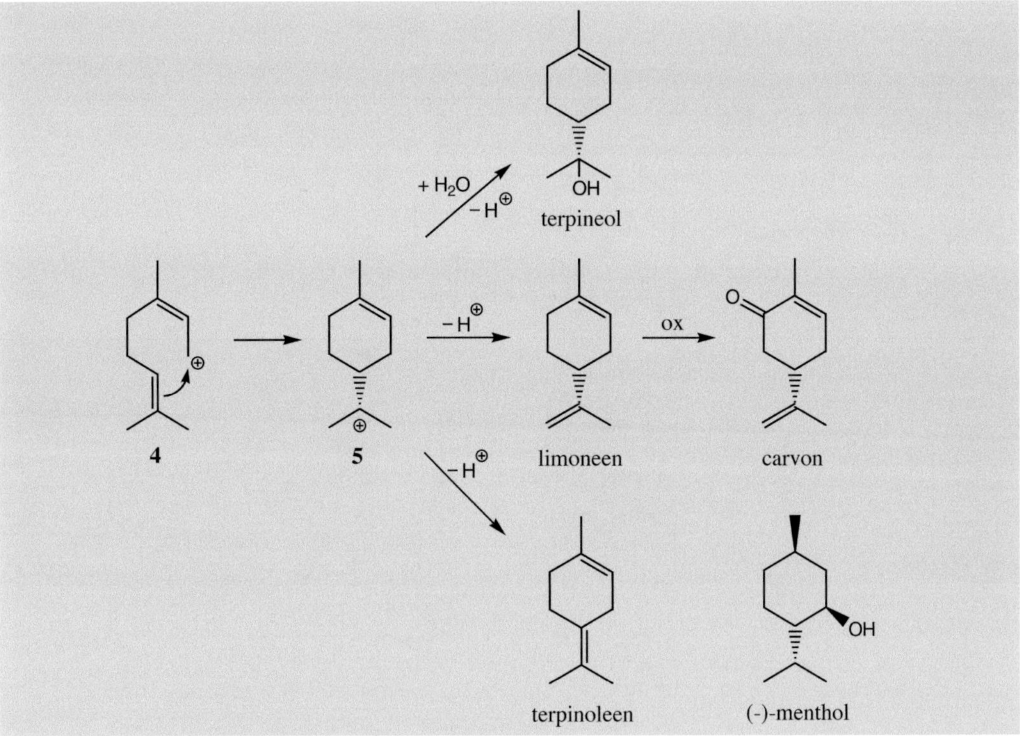

De aldus gevormde cyclische terpenen komen voor in vele essentiële oliën, soms zelfs in aanzienlijke hoeveelheden. In het algemeen dragen de alkanen en alkenen slechts weinig bij aan de geur van de essentiële olie; de geoxideerde verbindingen, de terpeenalcoholen en ketonen, zijn daarvoor van groter belang.

De olie die verkregen wordt uit de schil van citrusvruchten bestaat voor meer dan 90% uit (+)-limoneen. Limoneen heeft een citroenachtige geur en het wordt als geurstof gebruikt in huishoudproducten. Het grootste deel van de limoneen wordt in de industrie echter omgezet in terpeenalcoholen en ketonen.

α-Terpineol en menthol zijn de belangrijkste *cyclische* terpeenalcoholen. α-Terpineol komt in kleine hoeveelheden voor in vele essentiële oliën en het heeft de geur van seringen. Het wordt zeer veel toegepast als geurstof in zeep en cosmetica. Technisch wordt het verkregen uit α-pineen.

Menthol heeft drie asymmetrische koolstofatomen en er bestaan dus vier paar enantiomere mentholen (zie pag. 70). (-)-Menthol komt het meest voor in de natuur en het is een bestanddeel van pepermuntolie, de andere stereoisomeren komen eveneens in deze olie voor. De acht stereoisomere mentholen verschillen in hun organoleptische eigenschappen. (-)-Menthol heeft de karakteristieke pepermuntgeur en heeft tegelijk het zo kenmerkende verkoelende effect. De andere mentholen missen dit verkoelende effect en worden daarom niet als verfrissend ervaren. (-)-Menthol wordt in grote hoeveelheden gebruikt in sigaretten, cosmetica, tandpasta, kauwgom, snoep en medicijnen.

Een ander cyclisch monoterpeen waarvan de organoleptische eigenschappen samenhangen met de stereochemie is carvon. (+)-Carvon is het voornaamste bestanddeel van karwijzaadolie (tot 60%) en dille-olie en het heeft de geur van overrijpe peren. (-)-Carvon komt voor 70-80% voor in pepermuntolie en het heeft een kruidachtige mintgeur. Ze worden gebruikt als smaakstof in voedsel en frisdranken en (-)-carvon wordt gebruikt in mondverzorgingsproducten. Beide isomeren worden geïsoleerd uit de hiervoor genoemde oliën of gesynthetiseerd door oxidatie van (+)- of (-)-limoneen.

### *7.3.3 Bicyclische monoterpenen*

Een intramoleculaire reactie van carbokation **5** met de nog in het molecuul aanwezige π-binding is goed mogelijk en de biosynthese van een aantal meer gecompliceerde (bicyclische) monoterpenen kan door deze reactie verklaard worden.

**5** — $+H_2O$, $-H^{\oplus}$ → borneol — ox → kamfer

**5** — $-H^{\oplus}$ → α-pineen en/of β-pineen

Met behulp van ruimtelijke tekeningen is in te zien dat deze intramoleculaire reactie op zich goed mogelijk is, omdat het carbokation en de π-binding dicht bij elkaar kunnen komen als het molecuul in de juiste conformatie gevouwen wordt. De moleculen die na de ringsluiting gevormd worden zijn eveneens niet zeer gespannen. In kamfer wordt de cyclohexaanring in de bootconformatie gehouden door de brug die C-1 en C-4 met elkaar verbindt.



De bicyclische koolwaterstoffen α- en β-pineen komen in zeer hoge concentraties voor in terpentijn. De samenstelling van terpentijn is afhankelijk van de oorsprong. Zo bestaat Griekse terpentijnolie voor 95% uit (+)-α-pineen. Spaanse en Oostenrijkse terpentijn bestaan voor respectievelijk 90% en 96% uit (-)-α-pineen. β-Pineen komt eveneens voor in terpentijn maar in lagere percentages dan α-pineen. Zowel α- als β-pineen worden toegepast als geurstof in technische producten. Beide pinenen dienen als uitgangsstof voor de synthese van andere belangrijke terpenen, zoals α-terpineol, borneol en kamfer.

Borneol komt in de natuur zeer verspreid voor, vooral in pinaceaen. Het is een kleurloze kristallijne verbinding met een kamferachtige geur. Het komt voor in kamferolie, rozemarijnolie en lavendelolie en wordt gebruikt in kunstmatige composities voor deze oliën.

Ook de beide enantiomeren van kamfer komen in de natuur wijd verspreid voor en zijn het voornaamste bestanddeel van kamferolie. Kamfer heeft een karakteristieke doordringende mintachtige geur en wordt veel in technische producten gebruikt.

## 7.4 Sesquiterpenen

Het molecuul waaruit alle sesquiterpenen gevormd worden, is farnesylpyrofosfaat. Dit wordt gevormd door koppeling van een derde $\Delta^3$-isopentenylpyrofosfaat aan geranylpyrofosfaat. De pyrofosfaatgroep in geranylpyrofosfaat zit ook in dit molecuul in een allylpositie, zodat afsplitsing van het pyrofosfaatanion ook hier een door mesomerie gestabiliseerd carbokation geeft. Aanval van de dubbele binding van isopentenylpyrofosfaat op dit carbokation geeft een nieuw carbokation waaruit na afsplitsing van een proton zowel het *trans-trans-* als het *cis-trans-*farnesylpyrofosfaat kan ontstaan.

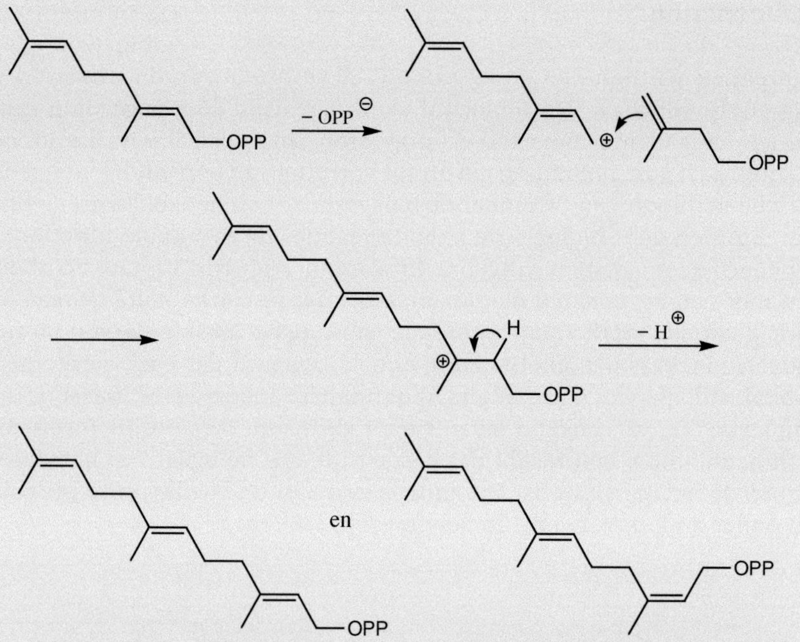

*trans-trans*-farnesylpyrofosfaat
(E), (E)-farnesylpyrofosfaat

*cis-trans*-farnesylpyrofosfaat
(Z), (E)-farnesylpyrofosfaat

Een aantal belangwekkende sesquiterpenen zoals dendrolasine en het juvenielhormoon zijn afgeleid van het lineaire farnesylpyrofosfaat. Dendrolasine is een afweerstof (repellant), die afgescheiden wordt door mieren om hun natuurlijke vijanden op een afstand te houden.

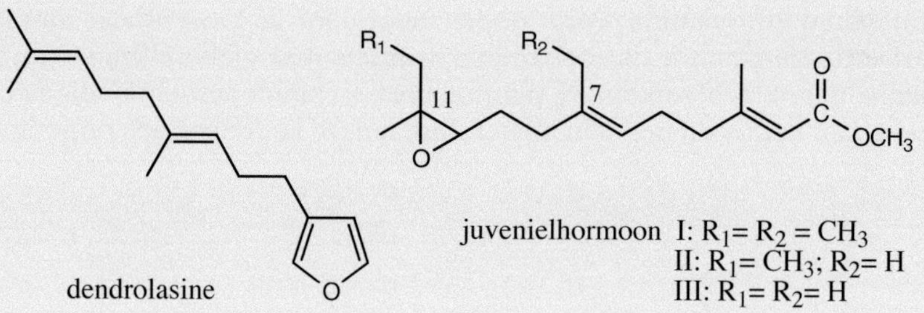

dendrolasine

juvenielhormoon I: $R_1 = R_2 = CH_3$
II: $R_1 = CH_3$; $R_2 = H$
III: $R_1 = R_2 = H$

Het juvenielhormoon speelt een belangrijke rol in de ontwikkeling van insekten. Zolang dit hormoon in voldoende hoge concentratie in een insektenlarve aanwezig is, houdt het de verpopping tegen en gaat de larve over naar een volgend larvestadium. Pas na het vijfde larvestadium daalt de concentratie van het juvenielhormoon en treedt mede onder invloed van het hormoon ecdyson (zie § 7.9) verpopping op. Er zijn drie verschillende juveniele hormonen geïsoleerd uit insekten; de structuren hiervan verschillen in de lengte van de alkylketen op C-7 en C-11.

## 7.5 Diterpenen

De diterpenen vormen een grote groep C-20-verbindingen die gevormd worden uit geranylgeranylpyrofosfaat. Dit molecuul wordt gevormd door koppeling van het farnesylkation aan een vierde molecuul $\Delta^3$-isopentenylpyrofosfaat. Cyclisatie van geranylgeranylpyrofosfaat kan aanleiding geven tot vorming van eenvoudige tot zeer complexe polycyclische verbindingen. Wanneer de biosynthese van het koolstofskelet heeft plaatsgevonden, kunnen door biologische oxidatiereacties de eventuele functionele groepen in de afzonderlijke moleculen aangebracht worden. Ajugarin 1 is een voorbeeld van een diterpeen met een zogenaamd clerodaanskelet dat in sterke mate geoxideerd is. Deze verbinding heeft een sterk vraatremmende werking op insektenlarven en rupsen. Minder sterk geoxideerd is het abiëtinezuur, een carbonzuur dat veel voorkomt in dennenhars. Stoomdestillatie van dennenhars of dennenspaanders levert naast de stoomvluchtige monoterpenen, die bekend staan onder de naam terpentijn (terpineol, α- en β-pineen, thujeen, enz.), een residu dat bestaat uit een mengsel van harszuren waarvan abiëtinezuur de belangrijkste is. Dit zuur is een van de goedkoopste organische zuren en wordt onder andere verwerkt in zepen en in lakken.

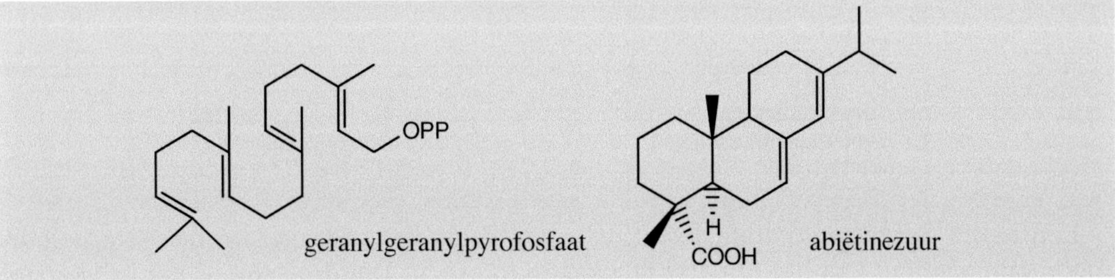

geranylgeranylpyrofosfaat

abiëtinezuur

Een belangrijke groep diterpenen vormen de gibberellinezuren. Deze zuren hebben een belangrijke functie als plantenhormoon; zij stimuleren de celstrekking. De lengtegroei van een aantal klimplanten wordt onder meer door de biosynthese van gibberellinen gereguleerd. Sla-planten die behandeld worden met gibberellinen kunnen een hoogte van enkele meters bereiken. Bij planten die een koudeperiode nodig hebben om te gaan bloeien, kan het toedienen van gibberellinen deze koudeperiode onnodig maken.

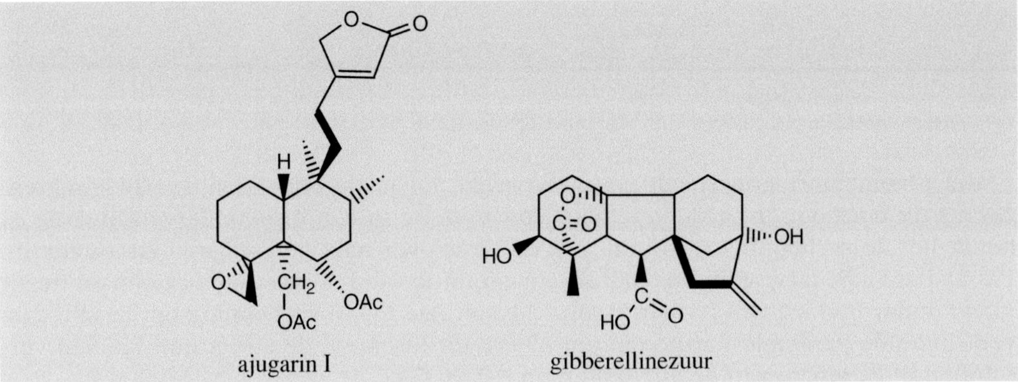

ajugarin I

gibberellinezuur

## 7.6 Triterpenen

De basisbouwsteen voor de triterpenen is *squaleen*. Dit molecuul wordt gevormd door een staart-staart-koppeling van twee moleculen farnesylpyrofosfaat. Deze koppeling gaat gepaard met een reductie waarbij in het midden van het molecuul een enkelvoudige koolstof-koolstof-binding ontstaat. Hierdoor krijgt het gevormde squaleen een flexibele en gemakkelijk te vouwen structuur en dit is van belang voor de volgreacties in de biosynthese.

2 farnesylpyrofosfaat (OPP) —(2 NADPH → 2 NADP⊕; - 2 HOPP)→ squaleen → lanosterol (HO, H)

Squaleen zelf komt in grote hoeveelheden voor in de lever van haaien en wordt in de farmaceutische industrie gebruikt als grondstof voor zalven. Het kan in de biosynthese op verschillende manieren gecycliseerd worden tot polycyclische triterpenen. Eén van deze cyclisaties geeft lanosterol dat verder omgezet kan worden in cholesterol dat op zijn beurt kan worden omgezet in de steroïdhormonen (zie § 7.8).

## 7.7 Carotenen

Carotenen hebben niet de ingewikkelde polycyclische structuren van de di- en triterpenen. Het zijn lineaire moleculen met een uitgebreid π-elektronensysteem. Het geconjugeerde polyeensysteem is temperatuur- en lichtgevoelig en is verantwoordelijk voor de sterke kleur van de carotenen. Carotenen worden onder andere aangetroffen in de fotosyntheseorganellen, waar zij een rol spelen bij de excitatie van chlorofyl door het zonlicht. Het geëxciteerde (aangeslagen) chlorofyl levert op zijn beurt de energie die nodig is voor de reactie van kooldioxide met ribulose, de eerste stap in de fotosynthese.

Carotenen worden opgebouwd uit twee moleculen geranylgeranylpyrofosfaat via een staart-staart-koppeling. Deze koppeling gaat *niet* gepaard met een reductie zoals in de biosynthese van squaleen, waardoor er in het gevormde fytoëen ook in het midden van het molecuul een dubbele binding ontstaat. Deze binding maakt hier nu deel uit van een tamelijk star trieensysteem in het midden van het molecuul, waardoor vouwen gevolgd door cyclisatie zoals bij squaleen niet optreedt. In plaats daarvan wordt door enzymatische oxidatie het centrale trieensysteem in fytoeen omgezet in een uitgebreider geconjugeerd systeem. Op deze wijze wordt lycopeen verkregen, een rode kleurstof, die voorkomt in rode pepers en tomaten.

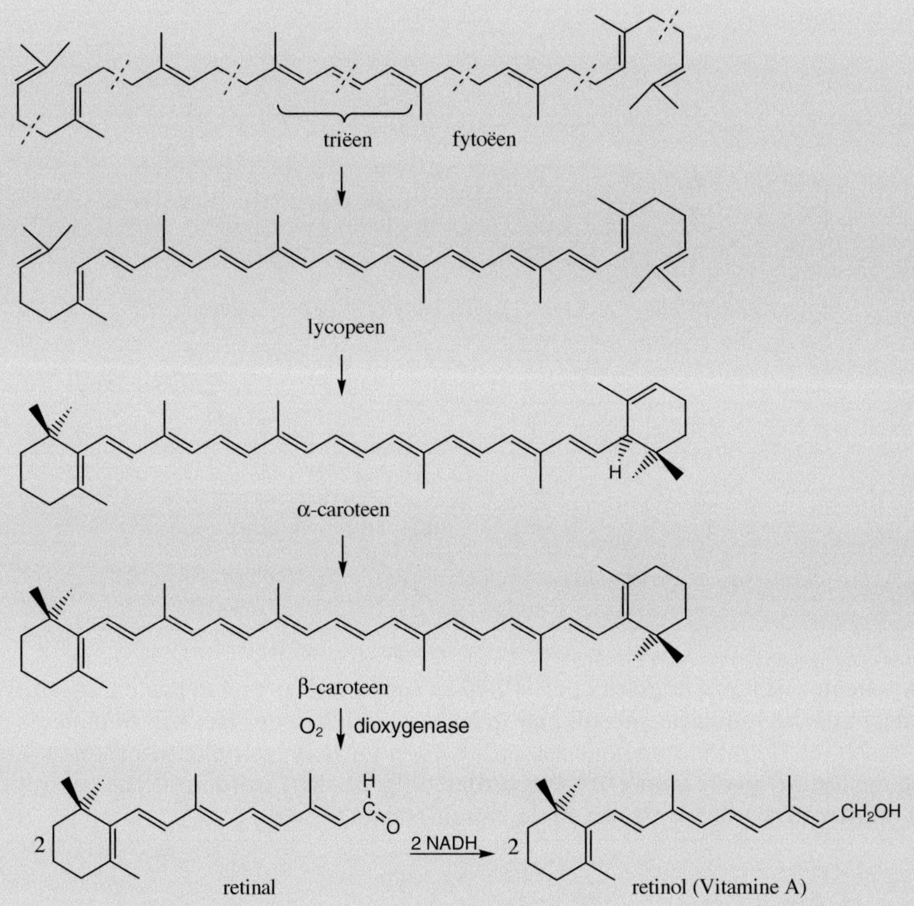

Aan de uiteinden van lycopeen kan cyclisatie optreden tot zesringen, zoals deze in α- en β-caroteen aanwezig zijn; α- en β-caroteen worden aangetroffen in (oranje) wortels en in de groene bladeren van talrijke planten. Oxidatie van β-caroteen geeft twee moleculen retinal, de lichtgevoelige verbinding die voorkomt in het netvlies van de ogen (zie § 5.2). Reductie van retinal geeft retinol (vitamine A).

## 7.8 Steroïden

De meest uitvoerige studies op het gebied van natuurproducten zijn ongetwijfeld gedaan aan de steroïden. Reeds in het begin van de 19e eeuw werd cholesterol in redelijk zuivere toestand verkregen uit galstenen, maar de structuur van deze verbinding werd pas in 1932 opgehelderd. Toen eenmaal het voor steroïden zo karakteristieke basisskelet was vastgesteld, kon de structuur van veel steroïden tamelijk snel opgehelderd worden.

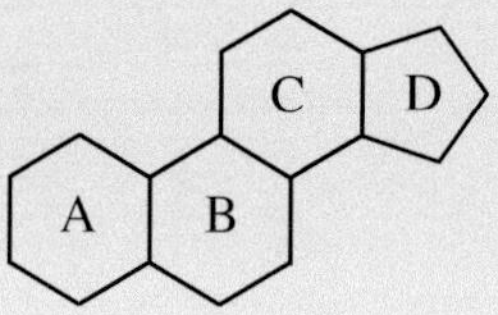

basisskelet van een steroïde 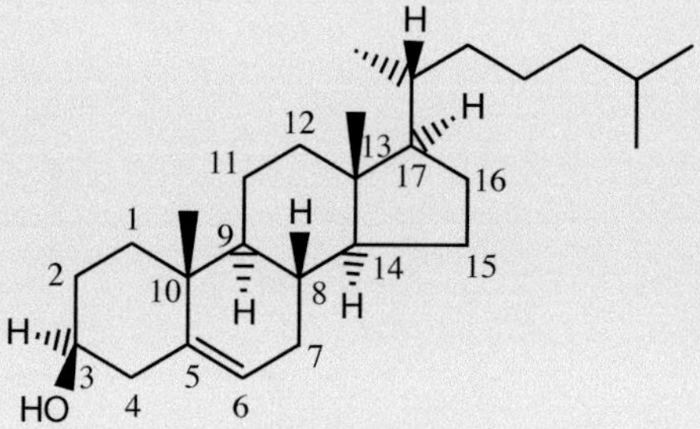 cholesterol

Sterke impulsen verkreeg het steroïdenonderzoek door de ontdekking van de sekshormonen (1929) en door de isolatie en identificatie van cortison (1949). De laatste jaren is de aandacht vooral gericht op onderzoek naar de biosynthese en het metabolisme van deze fysiologisch zo belangrijke klasse verbindingen.

Bij de mens komt cholesterol het meest voor in de hersenen en in het zenuwweefsel. Cholesterol is het sleutel-intermediair in de biosynthese van de galzuren en van steroïdhormonen zoals de adrenocorticosteroïden, de androgenen en de esterogenen.

Zoals reeds eerder is beschreven, verloopt de biosynthese van steroïden via squaleen en lanosterol. Het triterpeen lanosterol wordt omgezet in het steroïd cholesterol. Cholesterol dient als uitgangsstof voor de biosynthese van talrijke fysiologisch belangrijke steroïden.

Een opsomming van alle fysiologische activiteiten van de genoemde steroïden zou te ver voeren maar in het kort kunnen wel enkele belangrijke eigenschappen genoemd worden. Steroïden hebben een zeer belangrijke functie als hormonen; ze worden afgescheiden door de endocriene klieren. Door de bij nierschors worden o.a. aldosteron, cortisol en corticosteron afgescheiden. Deze steroïden controleren of beïnvloeden een groot aantal metabolische processen o.a. van suikers, vetten en proteïnen. Het hormoon progesteron heeft een belangrijke regulerende functie bij de zwangerschap. De estrogenen, zoals estron en estradiol, worden gevormd in de ovaria en zijn verantwoordelijk voor de secundaire geslachtskenmerken van de vrouw. De androgenen, waaronder testosteron, worden gesynthetiseerd in de testis en zijn verantwoordelijk voor de secundaire geslachtskenmerken van de man.

Fig. 7.1. Biosyntheseroutes voor de steroïdhormonen.

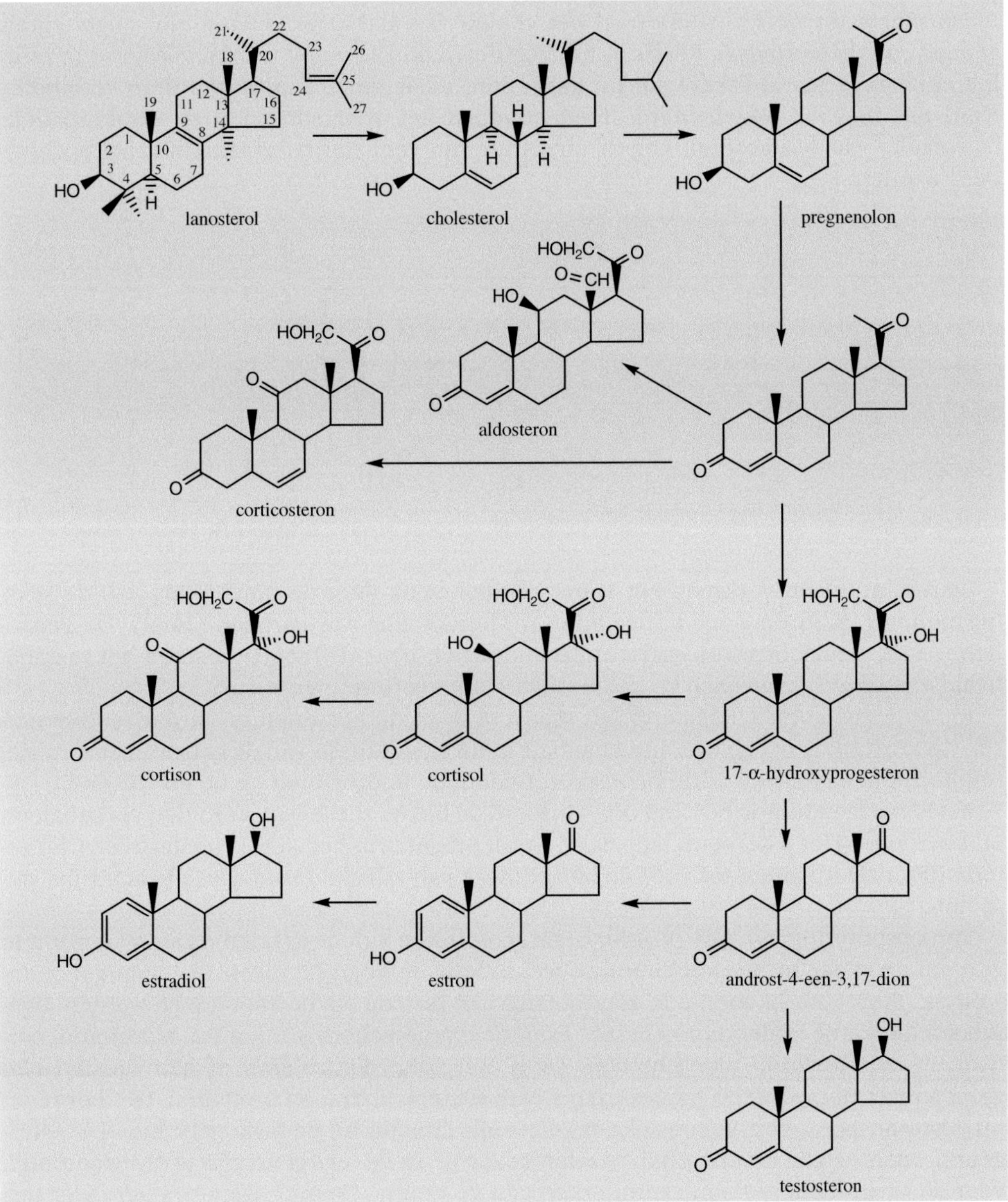

lanosterol

cholesterol

pregnenolon

aldosteron

corticosteron

cortison

cortisol

17-α-hydroxyprogesteron

estradiol

estron

androst-4-een-3,17-dion

testosteron

Een bijzondere functie hebben de galzuren, waarvan cholzuur de bekendste is. Deze zuren komen niet vrij voor maar zijn als amide gebonden aan glycine of taurine.

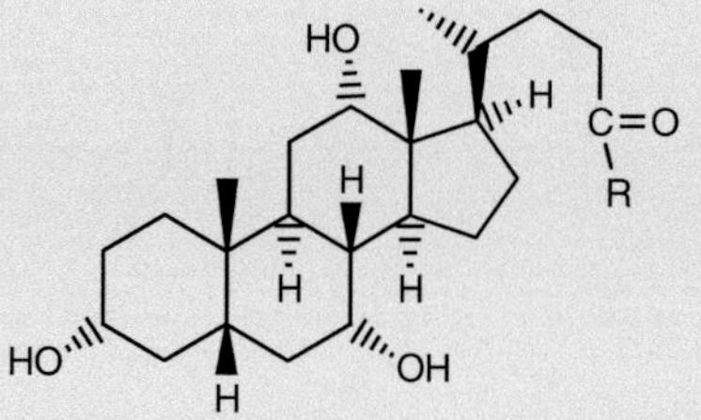

R = —OH cholzuur
R = —NH—$CH_2$—COOH glycocholzuur
R = —NH—$CH_2$—$CH_2$—$SO_3H$ taurocholzuur

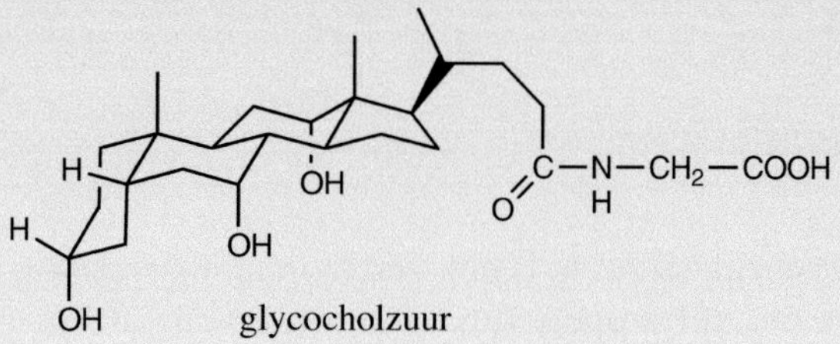

glycocholzuur

Glycocholzuur en taurocholzuur hebben speciale emulgerende eigenschappen. Oppervlakte-actieve verbindingen zoals de vetzuren hebben naast een hydrofoob gedeelte een hydrofiele eindgroep. De galzuren hebben eveneens een hydrofiele carboxylaat- of sulfaatgroep maar bevatten daarnaast nog een aantal hydroxylgroepen aan het koolstofskelet. Deze hydroxylgroepen zitten alle aan dezelfde kant van het molecuul en deze kant vormt de polaire zijde van het koolstofskelet. De andere kant van het koolstofskelet, met daaraan de methylgroepen, vormt de apolaire hydrofobe zijde. Galzuren vormen micellen door interactie van deze apolaire zijde met andere vetachtige moleculen, waarbij de polaire zijde van het molecuul beschikbaar blijft voor interactie met het omringende waterige milieu.

## 7.9 Planten- en insectensteroïden

Het meest voorkomende plantensteroïde is stigmasterol. Het kan gemakkelijk geïsoleerd worden uit de olie van sojabonen en is daarom een bruikbaar uitgangsmateriaal voor de commerciële synthese van een aantal steroïdhormonen. Daarnaast is nog een groot aantal andere steroïden uit planten geïsoleerd en vele van deze steroïden vertonen in structuur overeenkomst met stigmasterol. Kenmerkende structuurelementen zijn bijvoorbeeld een dubbele binding en een methyl- of ethylgroep in de zijketen en een of meer dubbele bindingen in de tweede ring. Een voorbeeld is ergosterol, dat geïsoleerd kan worden uit wortels. Onder invloed van licht wordt ergosterol in de huid omgezet in vitamine D.

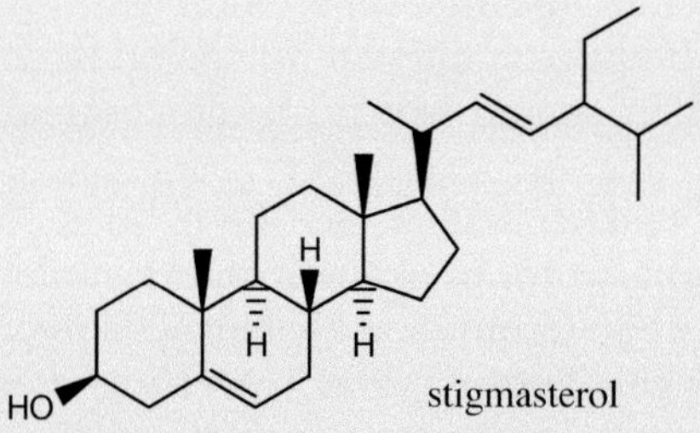

stigmasterol

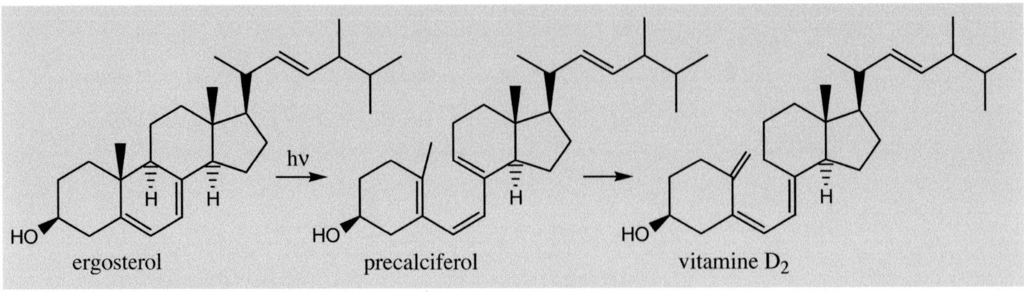

ergosterol hν precalciferol → vitamine $D_2$

Een belangrijk steroïde is ook ecdyson, dat gevonden wordt in insecten. Dit hormoon stimuleert het verpoppen van insectenlarven en het werkt dus tegengesteld aan het juvenielhormoon. Ecdyson wordt in alle insecten aangetroffen; het wordt gesynthetiseerd uit cholesterol dat met het voedsel binnenkomt.

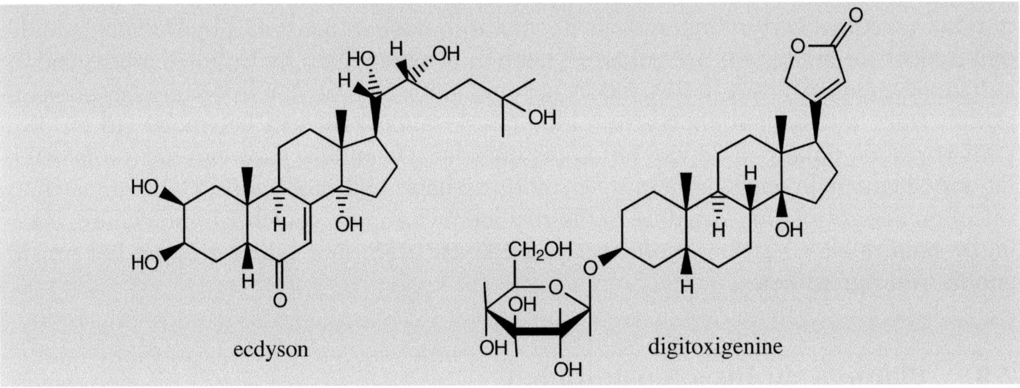

ecdyson digitoxigenine

Digitoxigenine is een plantensteroïde dat geïsoleerd kan worden uit vingerhoedskruid (Digitalis purpurea). Het glucoside van dit steroïde heeft een stimulerende werking op de hartfunctie en het wordt reeds lang met dit doel toegepast.

## 7.10 Geurstoffen en communicatie

Geurstoffen spelen in de natuur een grote rol als communicatiemiddel. Verbindingen die deze rol vervullen, worden in algemene zin aangeduid als 'signaalstoffen' en met name bij insecten is veel onderzoek gedaan naar de rol van signaalstoffen.
Signaalstoffen worden in eerste instantie onderverdeeld in feromonen en allelochemicaliën. Feromonen zijn verbindingen die een rol spelen in de communicatie binnen één diersoort. Allelochemicaliën spelen een rol in de communicatie tussen verschillende soorten.
Feromonen worden verder onderscheiden naar de invloed die ze hebben op het gedragspatroon van dieren. Daarbij wordt in eerste instantie onderscheid gemaakt tussen 'primers' en 'releasers'. Primers zijn feromonen die bepaalde metabolische of morfogenetische activiteiten op gang brengen. Deze werken irreversibel. Een voorbeeld is de koninginnestof van de honingbij die de ontwikkeling van de ovaria bij de werksters onderdrukt.

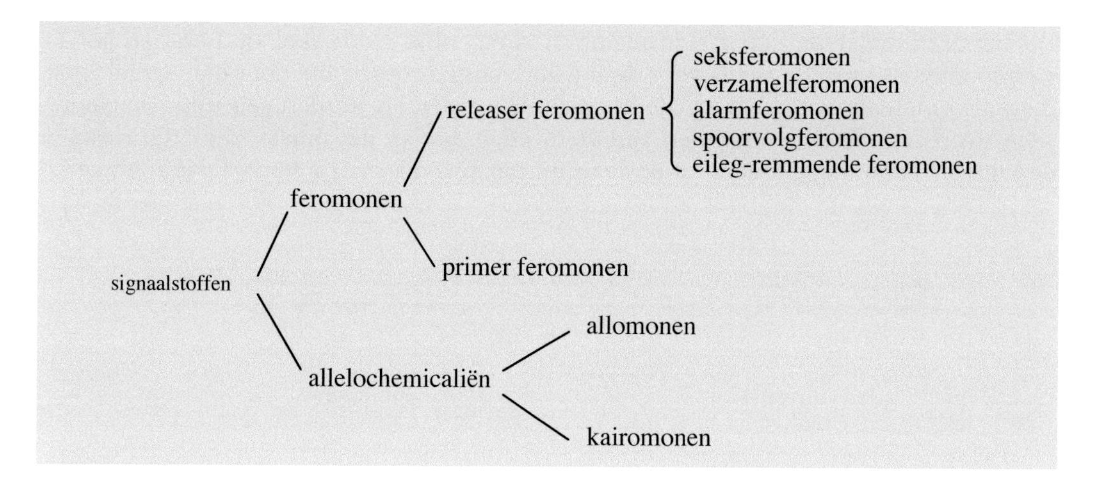


Releasers zijn feromonen die rechtstreeks een bepaald gedragspatroon opwekken. Deze werken reversibel. Voorbeelden zijn:

- De seksferomonen waarmee de ene sekse de andere aantrekt en tot paring stimuleert.
- De verzamelferomonen waarmee geschikte vestigingsplaatsen worden aangegeven.
- De alarmferomonen waarmee gewaarschuwd wordt voor gevaar.
- De spoorvolgferomonen waarmee de route van het nest naar een voedselbron wordt gemarkeerd.
- De ovipositie-remmende feromonen waarmee vrouwtjes bevorderen dat andere vrouwtjes hun eieren elders deponeren, waardoor de larven een voldoende groot voedselgebied tot hun beschikking krijgen.

Verder kennen we dispersieferomonen, agressieferomonen, nestbouwferomonen, territoriumferomonen, herkenningsferomonen en ongetwijfeld zullen er meer groepen verbindingen zijn die herkenbare gedragspatronen bij diersoorten oproepen.

Feromonen moeten niet verward worden met hormonen. Hormonen worden afgescheiden door endocriene klieren en zijn inwendige boodschappers, feromonen worden afgescheiden door exocriene klieren en zijn uitwendige boodschappers.

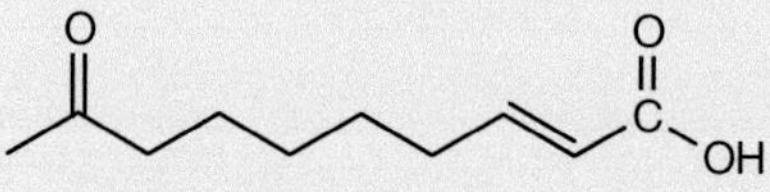

(E)-9-oxo-2-deceenzuur
koninginnestof van de honingbij

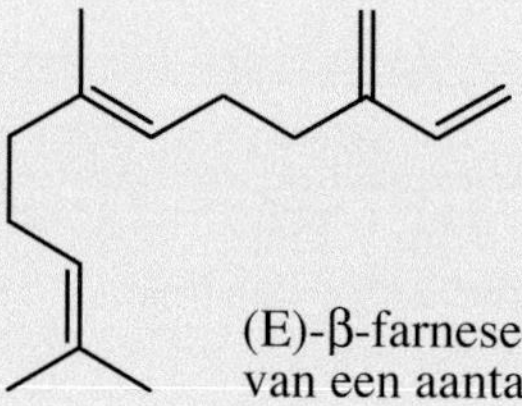

(E)-β-farneseen, het alarmferomoon
van een aantal bladluizen

De allelochemicaliën worden onderverdeeld in allomonen en kairomonen. Allomonen zijn signaalstoffen die voordeel opleveren voor het organisme dat ze produceert. Bijvoorbeeld lokstoffen die insecten aantrekken die nuttig zijn voor bestuiving van bloemen maar ook afweerstoffen voor predatoren (vijanden) zoals de geurstof die het stinkdier verspreidt. Kairomonen zijn signaalstoffen die nuttig zijn voor de ontvanger, bijvoorbeeld geurstoffen die een predator de weg wijst naar zijn prooi.

Chemisch onderzoek naar signaalstoffen is eigenlijk reeds zeer oud en een gevolg van de interesse van de mens voor de muskusachtige geuren die door een aantal zoogdieren worden afgescheiden en die in parfums werden en worden gebruikt. De chemische structuur van de geurstoffen van de civetkat en van het muskusdier zijn reeds in de vijftiger jaren opgehelderd en bestaan uit macrocyclische (onverzadigde) ketonen.

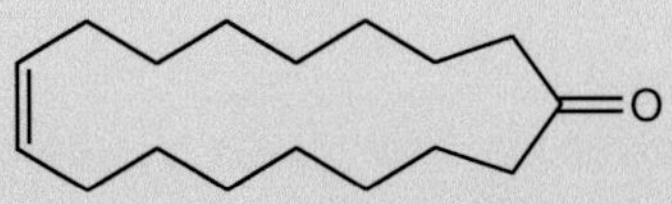

civeton 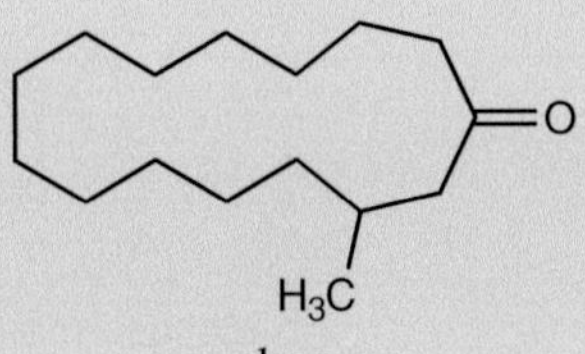 muskon

Het meeste onderzoek is de laatste decennia echter uitgevoerd naar de insectenferomonen en naar de allelochemicaliën die het gedrag van insecten beïnvloeden. In 1959 werd het seksferomoon van de zijderupsvlinder (*Bombyx mori*) geïsoleerd door Butenandt (6 mg uit 500.000 insecten) en geïdentificeerd als (Z)-12-(E)-10-hexadecadiënol (bombykol).

Door verbetering van de analytische technieken zijn de laatste jaren honderden insectenferomonen geïsoleerd en geïdentificeerd. Hiervoor zijn ook niet meer honderdduizenden insecten nodig, soms kan zelfs met enkele exemplaren worden volstaan.

In 1978 kon worden vastgesteld dat het seksferomoon van de zijderupsvlinder niet bestaat uit bombykol alleen, maar uit een mengsel van 93% bombykol en 7% bombykal. Hiermee werd ook voor het seksferomoon van deze vlinder vastgesteld wat daarvoor en daarna voor vele andere insectensoorten reeds bekend was, namelijk dat de meeste insectensoorten mengsels van verbindingen gebruiken voor hun communicatie. Insectensoorten die slechts één verbinding als (seks)feromoon gebruiken, blijken eerder uitzondering dan regel te zijn. De verhouding waarin verbindingen in deze mengsels voorkomen zijn vaak zeer kritisch

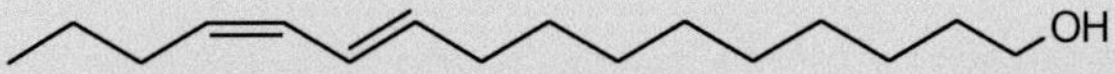

(Z)-12-(E)-10-hexadecadiënol (bombykol)

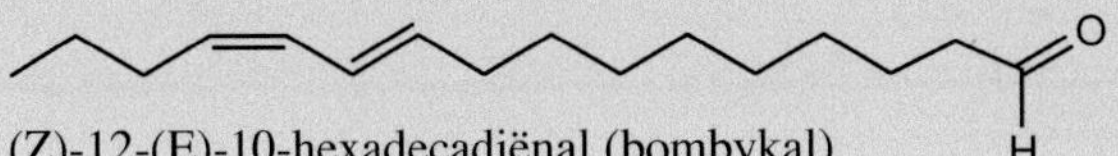

(Z)-12-(E)-10-hexadecadiënal (bombykal)

het seksferomoon van de zijderupsvlinder, 93% bombykol en 7% bombykal

Zo is voor de vruchtbladroller, de koolbladroller en de grote appelbladroller, waarvan de rupsen grote schade aanrichten aan het gewas, vastgesteld dat ze dezelfde verbindingen als seksferomoon gebruiken, alleen in de omgekeerde verhoudingen.

De grote appelbladroller gebruikt een mengsel van (Z)-11- en (E)-11-tetradecenylacetaat als seksferomoon in verhoudingen die liggen tussen respectievelijk 40-50% en 50-60%.

Het is evident dat de ruimtelijke structuur van een feromoon of allelochemicalie van essentieel belang is. Het betreffende molecuul moet immers een interactie kunnen aangaan met de receptoren van de ontvanger en deze receptormoleculen zullen zijn opgebouwd uit eiwitten of andere chirale moleculen. Als gevolg van hun eigen asymmetrie zullen deze moleculen alleen een goede interactie kunnen geven met slechts één van twee E-Z-isomeren of met slechts één van twee enantiomeren. De schorskever *Ips pini* uit Californië gebruikt bijvoorbeeld het (-)-ipsdiënol als aggregatieferomoon, het enantiomere (+)-ipsdiënol heeft zelfs een remmende werking; het racemaat werkt dan ook in het geheel niet. Dezelfde kever uit de staat New York gebruikt echter een mengsel van 65% (+)- en 35% (-)-ipsdiënol als aggregatieferomoon en reageert daarom redelijk goed op een racemaat.

Dezelfde signaalstof kan in verschillende dieren verschillende gedragspatronen oproepen. Het reeds eerder genoemde alarmferomoon van de bladluis, het (E)-ß-farneseen, is tevens een allomoon voor de mieren die deze bladluizen 'melken'. Als de bladluizen aangevallen worden door bijvoorbeeld lieveheersbeestjes en hun alarmferomoon afscheiden, dan worden ook de mieren gealarmeerd en worden zij agressief tegenover de belagers van de bladluizen. De lieveheersbeestjes reageren op hun beurt hierop door het afscheiden van coccinelline om daarmee de mieren te verjagen.

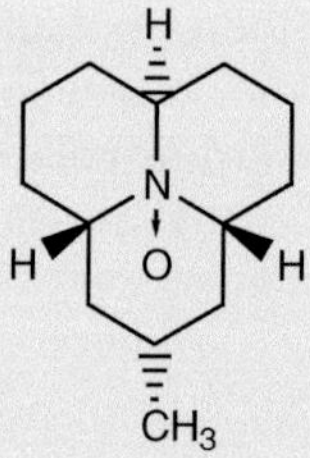

coccinelline

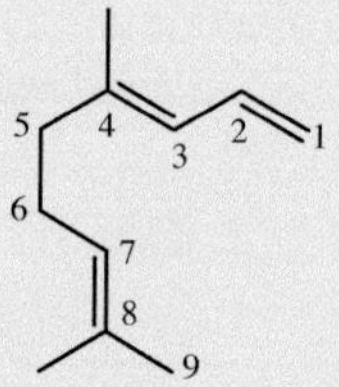

4,8-dimethyl-2,(E)-3,7-nonatrieen

Een eveneens tamelijk gecompliceerde situatie doet zich voor wanneer spintmijten zich tegoed doen aan bonenplanten. Tijdens het eten komen vluchtige verbindingen vrij, waaronder het 4,8-dimethyl-2,(E)-3,7-nonatrieen, die roofmijten naar de etende spintmijten toe lokken. De spintmijten worden dan door de roofmijt opgegeten. De vluchtige verbindingen die de plant vrijgeeft wanneer deze belaagd wordt door spintmijten, werken dus als kairomoon voor de spintmijt en als allomoon voor de plant en de roofmijt.

Het gebruik van signaalstoffen bij de gewasbescherming biedt zeker toekomstperspectieven. Om de steeds groeiende wereldbevolking van voedsel te voorzien, moet de landbouwproductie voortdurend toenemen. Deze toename kan bereikt worden door selectie van betere variëteiten, betere cultiveringstechnieken, optimalisering van de bodembehandeling, gebruik van meststoffen en toepassing van goede pesticiden. Gebruik van pesticiden is op dit moment omvangrijk en noodzakelijk om de huidige productie op peil te houden. Er zijn echter nogal wat nadelen verbonden aan toepassing van pesticiden op grote schaal; lang niet alle pesticiden zijn voldoende selectief, er treedt in toenemende mate resistentie op en er kunnen schadelijke residuen achterblijven in de geoogste producten. Om deze redenen wordt gestreefd naar betere methoden voor gewasbescherming. Een van de wegen die onderzocht wordt, is die van de geïntegreerde bestrijding waarbij chemische, biologische en cultuurtechnische middelen samen ingezet worden voor een optimaal resultaat.

De chemie draagt hiertoe bij door de ontwikkeling van meer selectieve insecticiden, maar ook door de isolatie en identificatie van feromonen en allelochemicaliën. Daardoor kan het gedrag van insecten gevolgd en eventueel beïnvloed worden waardoor het mogelijk wordt om bestrijding op een geschikt moment toe te passen.

Seksferomonen worden reeds toegepast om de populatie van insecten in een gebied te meten. Hiertoe worden vallen geplaatst waarin langzaam het seksferomoon vrijgegeven wordt. Het aantal insecten dat in de val gevangen wordt, is een maat voor de grootte van de hele populatie in dat gebied. Op grond van deze informatie kan al of niet overgegaan worden tot toepassing van bestrijdingsmiddelen.

Seksferomonen, spoorvolgferomonen en aggregatieferomonen kunnen gebruikt worden om insecten naar een plaats te lokken waar vernietiging gemakkelijk en zonder schade voor het milieu kan plaatsvinden.

Seksferomonen worden ook toegepast in verwarringstechnieken waarbij het feromoon over het hele veld wordt verspreid, zodat mannetjes een vrouwtje niet meer gemakkelijk kunnen lokaliseren.

Een recente toepassing is het gebruik van een combinatie van alarmferomoon en conventionele insecticiden bij de bestrijding van bladluizen. Het alarmferomoon zorgt ervoor dat de anders immobiele bladluizen zich verspreiden en daardoor veel beter in contact komen met het insecticide. Op deze wijze kan met ongeveer 25% van de oorspronkelijk benodigde hoeveelheid van het insecticide worden volstaan.

# 8 Stereochemie

De bindingen van een verzadigd koolstofatoom zijn gericht naar de hoekpunten van een tetraëder. Door deze tetraëdische rangschikking van atomen of atoomgroepen rond een koolstofatoom, heeft een molecuul een driedimensionale vorm. Deze ruimtelijke vorm van het molecuul is van bijzonder belang voor de interacties en reacties die het molecuul kan ondergaan. Het onderdeel van de chemie dat zich daarmee bezighoudt is de stereochemie.

In natuurproducten zoals suikers, eiwitten en nucleïnezuren is de ruimtelijke oriëntatie van de verschillende groepen in het molecuul zodanig dat het oorspronkelijke molecuul niet met zijn spiegelbeeld tot dekking te brengen is. Dergelijke moleculen zijn chiraal. Deze asymmetrie is in veel gevallen van bepalende invloed op de reacties van deze moleculen in hun biologische omgeving. Dit komt omdat deze reacties gekatalyseerd worden door enzymen die vaak een verbluffende selectiviteit vertonen voor de verbindingen die ze omzetten. Voor een groot deel berust deze selectiviteit op de ruimtelijke structuur van zowel de om te zetten stof als die van het enzym. Deze ruimtelijke structuren zijn zodanig op elkaar afgestemd dat alleen de juiste moleculen samen een goed passend complex kunnen vormen waarbij de chemische omzetting efficiënt kan verlopen. In veel gevallen gaat de selectiviteit zo ver, dat slechts met één vorm van het chirale molecuul een goed complex met het enzym gevormd kan worden. Het spiegelbeeld van dit molecuul past niet goed in het enzym. Deze situatie is vergelijkbaar met het aantrekken van een handschoen. De chirale linkerhandschoen past alleen aan de chirale linkerhand en niet aan de spiegelbeeldige rechterhand. De gevoeligheid van natuurlijke processen voor de ruimtelijke bouw van moleculen maakt het noodzakelijk ruime aandacht aan de stereochemie te schenken. Deze situatie is voor het chirale molecuul glyceraldehyde weergegeven in de volgende tekening.

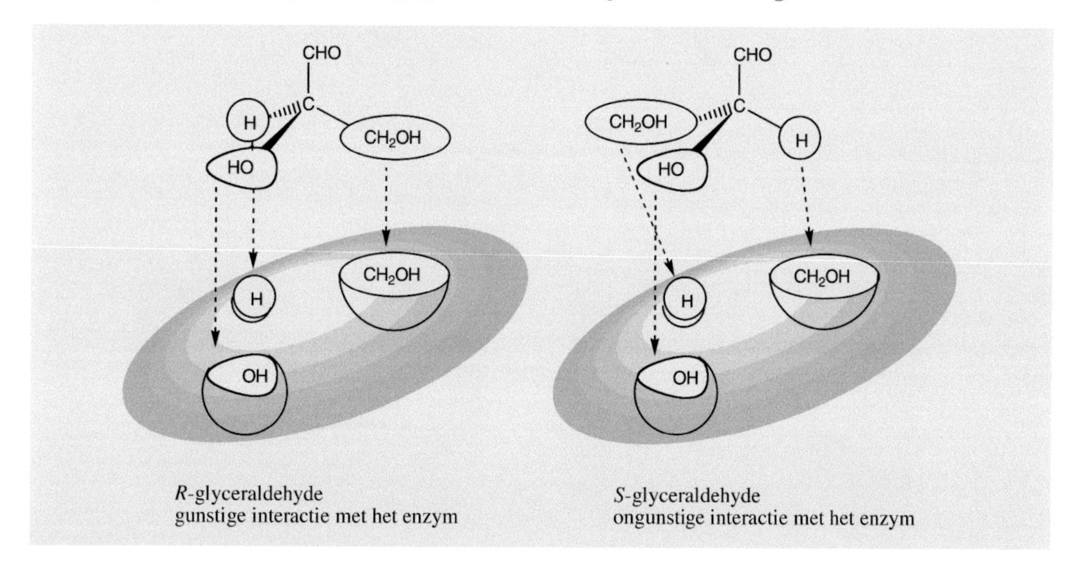


*R*-glyceraldehyde
gunstige interactie met het enzym

*S*-glyceraldehyde
ongunstige interactie met het enzym

## 8.1 Stereo-isomerie

Twee verbindingen die niet aan elkaar gelijk zijn maar wel dezelfde brutoformule hebben worden *isomeren* genoemd. Deze isomeren kunnen in twee groepen worden ingedeeld.

Isomeren waarbij de atomen op verschillende wijze aan elkaar gebonden zijn, worden *structuurisomeren* genoemd. Zo zijn bijvoorbeeld 2-methylpropaan en *n*-butaan structuurisomeren van elkaar.

Verbindingen die wel hetzelfde koolstofskelet hebben maar waarbij de rangschikking van de atomen in de ruimte verschillend is, worden *stereo-isomeren* genoemd.

Om een eenduidige beschrijving van de chemie van stereo-isomeren te kunnen geven is een aantal definities en conventies noodzakelijk. In dit hoofdstuk wordt volstaan met de introductie van de begrippen chirale verbinding, enantiomeren, diastereomeren, optische rotatie, racemaat, *R*,*S*-nomenclatuur en D,L-nomenclatuur. De stereochemie van reacties met chirale moleculen zullen in hoofdstuk 15 aan de orde komen.

## 8.2 Symmetrie en enantiomeren

Een tetraëdisch koolstofatoom met twee of meer gelijke substituenten heeft een vlak van symmetrie. Een dergelijk molecuul is dus symmetrisch en het spiegelbeeld is gelijk aan het originele molecuul. Een voorbeeld van zo'n molecuul is 2-propanol. De twee moleculen in de tekening zijn elkaars spiegelbeeld maar het linker molecuul is zo te draaien dat alle groepen ervan samenvallen met die van het rechter molecuul. Deze moleculen zijn dus identiek. Hetzelfde geldt voor andere moleculen met een vlak van symmetrie zoals methanol, cyclohexaan, etc.

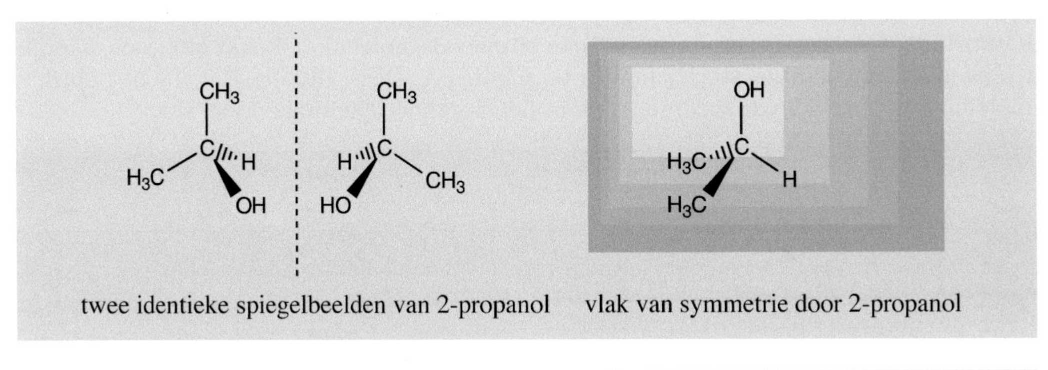

twee identieke spiegelbeelden van 2-propanol     vlak van symmetrie door 2-propanol

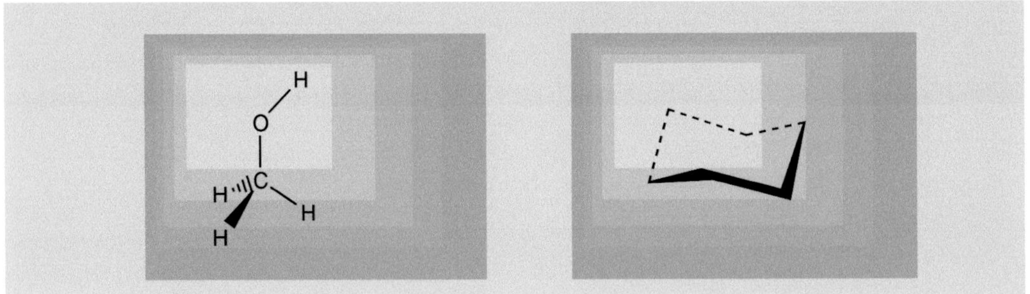

Een dergelijke bewerking is niet meer uit te voeren als het koolstofatoom gesubstitueerd is met vier verschillende substituenten, zoals het geval is in 2-butanol. Dit molecuul heeft geen vlak van symmetrie en het kan niet tot dekking gebracht worden met zijn spiegelbeeld.

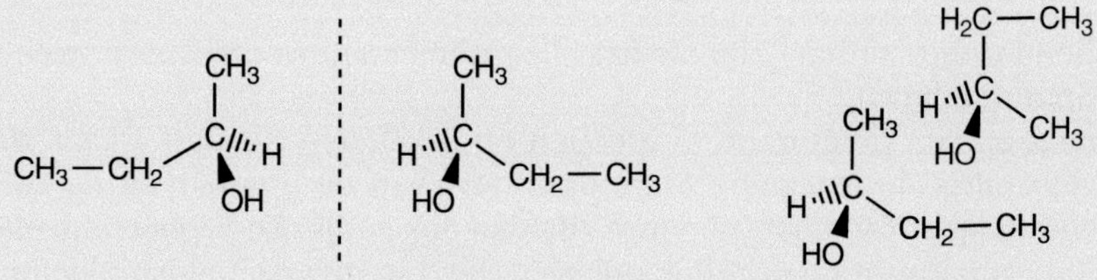

niet-identieke spiegelbeelden van 2-butanol: geen vlak van symmetrie

Als het linker molecuul 180° gedraaid wordt rond een as loodrecht op het vlak van het papier, waarbij de methyl- en de ethylgroep zich in het vlak van het papier bewegen, dan vallen het waterstofatoom en de hydroxylgroep wel samen met dezelfde groepen van het rechtermolecuul maar de methyl- en ethylgroepen niet. Het molecuul 2-butanol is dus asymmetrisch en wordt een *chiraal* molecuul genoemd. Deze term is afkomstig van het Griekse woord 'cheir' dat 'hand' betekent. Evenals er van de linkerhand een spiegelbeeldige rechterhand bestaat, bestaat er van een chiraal molecuul een spiegelbeeld dat niet hetzelfde is als het oorspronkelijke molecuul. Van een chiraal molecuul bestaan dus twee stereo-isomeren, die **enantiomeren** (of spiegelbeeldisomeren) van elkaar zijn. De meeste chirale moleculen (maar niet alle) kunnen gemakkelijk herkend worden omdat ze meestal één of meer **chirale koolstofatomen** bezitten; dit zijn koolstofatomen waaraan vier verschillende substituenten gebonden zijn.

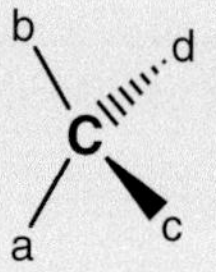

asymmetrisch chiraal koolstofatoom met vier verschillende substituenten a, b, c, en d

In bepaalde gevallen kan een molecuul ook chiraal zijn zonder dat er een asymmetrisch koolstofatoom in voorkomt. Karakteristieke voorbeelden van dit soort moleculen zijn bifenylen met grote groepen op de *ortho*-plaatsen. De grote groepen verhinderen vrije rotatie rond de centrale enkelvoudige binding waardoor deze moleculen niet meer met hun spiegelbeeld tot dekking te brengen zijn.

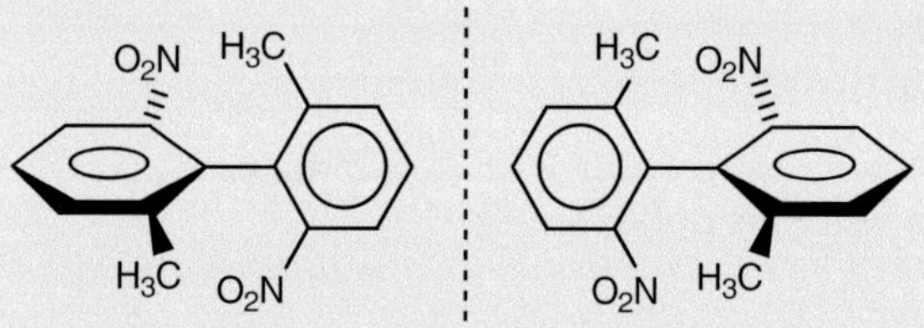

chiraliteit in een bifenyl

chiraliteit in een alleen

Ook allenen kunnen chiraal zijn als het alleenskelet aan weerskanten twee verschillende substituenten bevat.

In *enantiomeren* zijn de atomen of groepen op dezelfde wijze aan elkaar gebonden, het enige verschil is de spiegelbeeldige oriëntatie van de groepen in de ruimte. De meeste eigenschappen van enantiomeren zijn dan ook gelijk. Ze hebben hetzelfde kookpunt, hetzelfde smeltpunt en dezelfde oplosbaarheid in diverse oplosmiddelen. Ook in reacties met symmetrische reagentia treedt geen onderscheid op. Enantiomeren onderscheiden zich echter wel in interacties met andere chirale verbindingen, zoals enzymen. Ook de interactie van enantiomeren met gepolariseerd licht is verschillend en hiervan kan gebruik gemaakt worden om enantiomeren van elkaar te onderscheiden.

Gepolariseerd licht wordt verkregen door normaal licht door een polarisator (een nicolprisma) te sturen (zie fig. 8.1). Normaal licht is op te vatten als een elektromagnetische golf die trilt in alle richtingen loodrecht op de voortplantingsrichting. Bij gepolariseerd licht trillen de lichtgolven slechts in één vlak, loodrecht op de voortplantingsrichting. Wanneer nu gepolariseerd licht door een oplossing wordt gestuurd waarin zich één van de enantiomeren van een chirale verbinding bevindt, dan wordt de polarisatierichting over een zekere hoek α gedraaid (geroteerd). De mate waarin het vlak van het gepolariseerde licht wordt gedraaid is evenredig met het aantal moleculen dat het licht op zijn weg tegenkomt. De concentratie van de verbinding en de lengte van de testbuis zijn dus van invloed op de gemeten rotatie α. De optische rotatie van een enantiomeer is bovendien nog afhankelijk van de golflengte van het gebruikte licht. De *specifieke rotatie* $[\alpha]_D^{20}$ wordt gevonden door de rotatie te meten bij 20 °C met behulp van licht van de D-lijn van natrium en uit de verkregen waarde de concentratie en de lengte van de meetcel te elimineren met behulp van de volgende vergelijking:

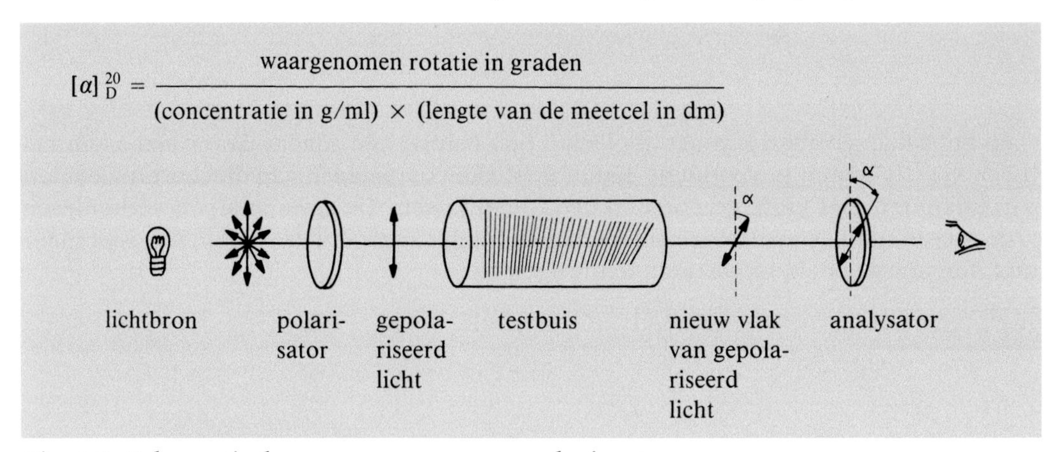

$$[\alpha]_D^{20} = \frac{\text{waargenomen rotatie in graden}}{(\text{concentratie in g/ml}) \times (\text{lengte van de meetcel in dm})}$$



Fig. 8.1. Schematische weergave van een polarimeter.

De specifieke rotatie $[\alpha]_D^{20}$ is karakteristiek voor een bepaalde chirale verbinding. Enantiomeren hebben eenzelfde specifieke rotatie maar een tegengestelde draairichting. Wordt het vlak van gepolariseerd licht naar rechts (met de klok mee) gedraaid wanneer we kijken in de richting waar het licht vandaan komt, dan wordt de verbinding die dit veroorzaakt **rechtsdraaiend** genoemd. Dit wordt aangegeven met een (+) voor de naam van de verbinding. Wordt het vlak van gepolariseerd licht vanuit de waarnemer gezien naar links (tegen de klok in) gedraaid, dan wordt de verbinding die dit veroorzaakt **linksdraaiend** genoemd. Dit wordt aangegeven met een (-) voor de naam van de verbinding. Dus chirale verbindingen die in staat zijn het vlak van gepolariseerd licht over een zekere hoek te draaien, vertonen optische activiteit en worden daarom optisch actieve verbindingen genoemd. Tengevolge van hun verschil in optisch gedrag worden enantiomeren ook wel aangeduid met de term **optische isomeren**. Een mengsel van gelijke hoeveelheden van twee enantiomeren wordt een *racemisch mengsel* of een *racemaat* genoemd. De optische activiteit van een racemaat is nul omdat de rotaties van de beide enantiomeren elkaar opheffen.

## 8.3 Configuratie van enantiomeren

De wijze waarop atomen of atoomgroepen rond een chiraal koolstofatoom zijn gerangschikt wordt aangeduid met de term **configuratie**. Enantiomeren hebben dus configuraties die elkaars spiegelbeeld zijn. In de vorige paragraaf hebben we gezien dat het teken van de optische rotatie bij twee enantiomeren tegengesteld is, maar er bestaat geen directe relatie tussen het teken van de optische rotatie en de absolute configuratie van een enantiomeer. Daardoor is het niet mogelijk om te zeggen welke configuratie bijvoorbeeld hoort bij het rechtsdraaiende enantiomeer van een bepaalde verbinding X: configuratie I dan wel configuratie II.

verbinding X
rotatie + 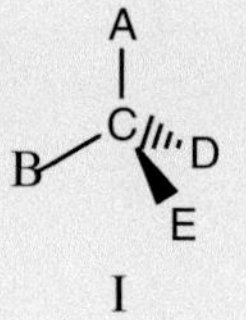
A
B C D
E
I
of 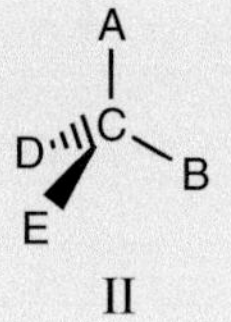
A
D C B
E
II
?

Wel is het zo dat als op de één of andere wijze is vastgesteld dat de rechtsdraaiende enantiomeer van X bijvoorbeeld configuratie II heeft, hieruit automatisch volgt dat de linksdraaiende enantiomeer configuratie I heeft.

Voor het weergeven van de configuratie van verschillende chirale verbindingen is het noodzakelijk om configuraties op een standaardmanier te benoemen. In het verleden zijn hiervoor verschillende nomenclatuursystemen ingevoerd. Eén ervan is de D,L-nomenclatuur die met name bij natuurproducten zoals suikers en aminozuren gebruikelijk is. Deze zal in § 8.6 worden behandeld. Een algemeen toepasbaar systeem is het *R*,*S*-nomenclatuursysteem, opgesteld door Cahn, Ingold en Prelog (C.I.P.-regels).

De C.I.P.-regels voor de benoeming van de configuratie van chirale koolstofatomen worden hier kort samengevat.

1. De vier atomen die direct aan het chirale koolstofatoom zijn gebonden, moeten worden gerangschikt naar afnemend atoomnummer. Het atoom met het hoogste atoomnummer krijgt daarbij rangnummer 4. Het atoom met het daarop volgende lagere atoomnummer krijgt rangnummer 3, enz. Als twee atomen die direct aan het chirale koolstofatoom gebonden zijn gelijk zijn, dan wordt gekeken naar het volgende atoom in de beide ketens; zijn deze ook gelijk, dan wordt gekeken naar de daaropvolgende atomen, enz. Zodra aan het eerstvolgende koolstofatoom één atoom met een hoger atoomnummer wordt aangetroffen, leidt dit tot een hoger rangnummer voor de betreffende keten. Het is dus niet de som van de atoomnummers die de prioriteit bepaalt. Dubbele bindingen tellen als twee enkele bindingen: een - CH = $CH_2$ -groep heeft daarom een hoger rangnummer dan een - $CH_2CH_3$-groep omdat de eerste groep gelezen moet worden als een - CH(C) - $CH_2$(C)-groep (zie ook § 5.3).

2. Als de rangnummers van de vier groepen aan het chirale koolstofatoom zijn vastgesteld, dan wordt het chirale koolstofatoom zo gedraaid, dat de groep met het laagste rangnummer (dus met rangnummer 1) naar achteren wijst. De drie andere atomen wijzen dan naar de kijker toe. Deze situatie wordt vaak vergeleken met een stuurwiel; de stuurkolom heeft rangnummer 1, de drie spaken hebben de rangnummers 2, 3 en 4.

3. Neemt in bovengenoemde situatie de volgorde van de rangnummers af van 4→3→2 met de wijzers van de klok mee, dan wordt de configuratie aangeduid met de letter *R* (rectus = rechts). Neemt de volgorde van de rangnummers af tegen de wijzers van de klok in, dan wordt de configuratie aangeduid met de letter *S* (sinister = links).

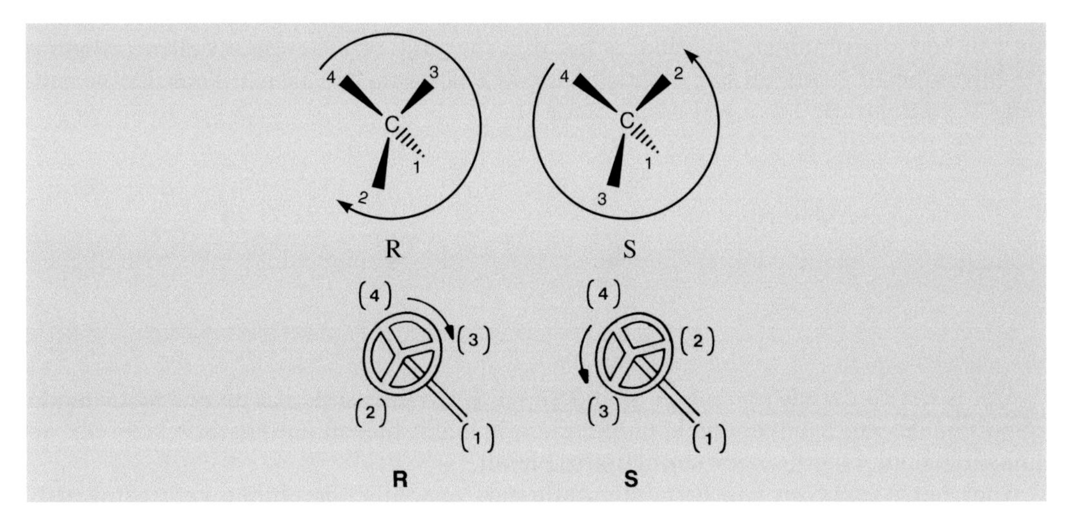


Structuren waaraan een configuratie *R* of *S* toegekend moet worden, staan niet altijd in de goede oriëntatie getekend. In die gevallen is de configuratie niet direct op een gemakkelijke wijze toe te kennen. Er zijn namelijk verschillende manieren om driedimensionale structuurformules te tekenen. De figuren A, B en C zijn daar voorbeelden van voor het molecuul appelzuur. De bepaling van de rangnummers van de groepen in appelzuur is op zich niet lastig. Het is duidelijk dat zuurstof het hoogste rangnummer (4) en waterstof het laagste rangnummer (1) krijgt.

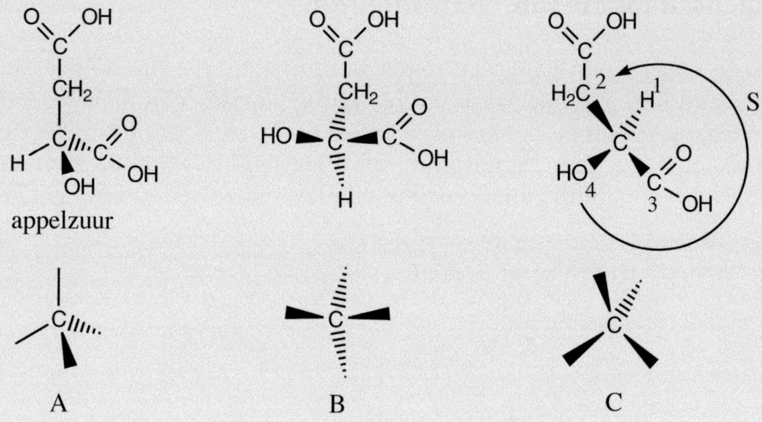

appelzuur

A B C

De beide koolstofatomen zijn gelijk, maar kijken we naar de atomen die een plaats verderop in de ketens aan deze koolstofatomen zijn gebonden, dan zijn dat voor de -$CH_2COOH$-groep 1 × koolstof en 2 × waterstof. In de - COOH-groep is echter een zuurstofatoom aan het koolstofatoom gebonden. Zuurstof heeft een hoger atoomnummer dan koolstof, dus de - COOH-groep krijgt een hoger rangnummer dan de - $CH_2$-COOH-groep. Om nu de *R*- of *S*-configuratie te kunnen benoemen, moeten de structuren A en B eerst nog gedraaid worden tot structuur C, de structuur waar de groep met het laagste rangnummer (het waterstofatoom) naar achteren wijst. Bij deze bewerking moet er goed op gelet worden dat niet per ongeluk groepen van plaats verwisselen. Uit de rangnummervolgorde van de substituenten in structuur C volgt dat de getekende enantiomeer van appelzuur de *S*-configuratie heeft.

Het teken van de optische rotatie van een bepaald enantiomeer kan eenvoudig met behulp van een polarimeter worden vastgesteld. Geheel onduidelijk is dan echter of de verbinding met bijvoorbeeld de (+)-rotatie een *R*- dan wel een *S*-configuratie heeft. Het is niet gemakkelijk de absolute configuratie (*R* of *S*) van een verbinding vast te stellen. Pas in 1951 is dit voor de eerste keer gelukt met behulp van röntgendiffractie door Bijvoet en medewerkers voor het natrium-rubidium-zout van (+)-wijnsteenzuur. Deze verbinding kon daarna eenduidig in verschillende andere chirale verbindingen worden omgezet, zodat daarmee ook voor deze verbindingen de absolute configuratie vastgesteld kon worden.

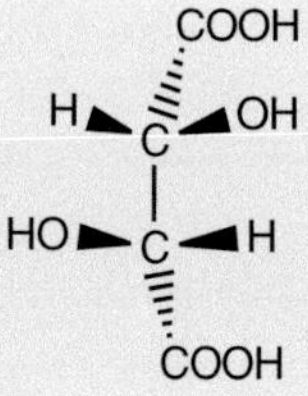

(+)-wijnsteenzuur = 2R,3R-wijnsteenzuur

Röntgendiffractie is naast enkele andere spectroscopische technieken nog steeds het belangrijkste hulpmiddel om de absolute configuratie van een chirale verbinding vast te stellen.

## 8.4 Eigenschappen van enantiomeren

Zoals in de voorgaande paragraaf reeds werd opgemerkt zijn de meeste eigenschappen van enantiomeren gelijk. Dit komt bijvoorbeeld naar voren als we een aantal fysische eigenschappen van de beide enantiomeren van melkzuur, *R*-melkzuur en *S*-melkzuur, met elkaar vergelijken. Smeltpunt, oplosbaarheid in water en zuursterkte van beide enantiomeren zijn gelijk; alleen de specifieke rotatie heeft een tegengesteld teken.

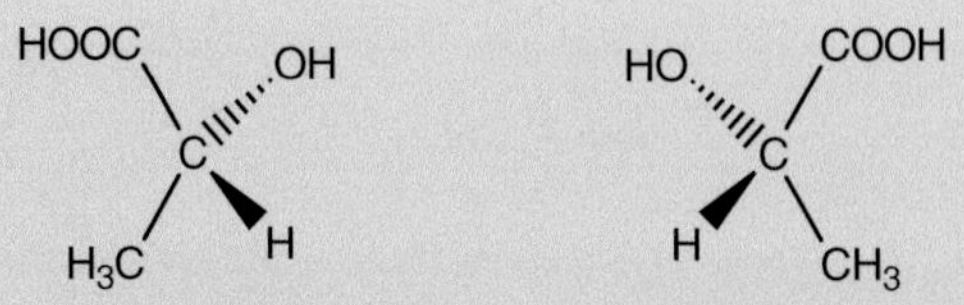

HOOC, OH, C, $H_3C$, H — HO, COOH, C, H, $CH_3$

R-melkzuur
smeltppunt: $26^0$C
pKa: 2,85
$[\alpha]_D^{20}$: – $3{,}8^0$

S-melkzuur
smeltppunt: $26^0$C
pKa: 2,85
$[\alpha]_D^{20}$: + $3{,}8^0$

Enantiomeren vertonen dezelfde eigenschappen in reacties met symmetrische reagentia. De gelijke p$K_a$-waarde voor *R*- en *S*-melkzuur is daar een voorbeeld van. De p$K_a$-waarde weerspiegelt immers het vermogen om een $H^{\oplus}$-ion af te staan aan het symmetrische $H_2O$-molecuul. Anders wordt het gedrag van enantiomeren wanneer ze in aanraking komen met andere chirale verbindingen. Dan treden er wel verschillen op in reactiviteit van beide enantiomeren. Dit komt omdat de interacties van beide enantiomeren met een andere chirale verbinding niet gelijk kunnen zijn. Enzymen die in de natuur de chemische reacties katalyseren, zijn namelijk opgebouwd uit chirale aminozuren en ze zijn dus als geheel chiraal. De interacties van enzymen met andere chirale moleculen (hun substraten) zijn daarom verschillend van aard. Een voorbeeld hiervan zagen we al bij de inleiding van dit hoofdstuk waar *R*-glyceraldehyde wel een goede interactie kan geven met het enzym en het enantiomeer *S*-glyceraldehyde niet.

In de natuur komen we talrijke voorbeelden tegen van onderscheid in reactiegedrag tussen beide enantiomeren. Alleen D-glucose is werkzaam in het dierlijk metabolisme, het spiegelbeeld L-glucose niet. Dit L-glucose kan kennelijk geen goede interactie geven met de enzymen die D-glucose wel omzetten.

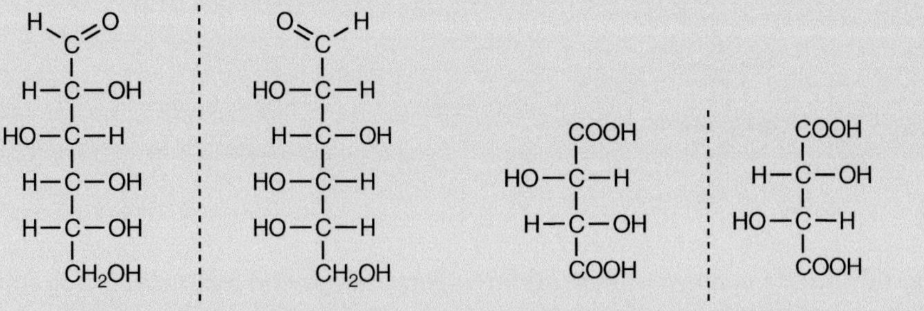

D-glucose: H–C=O; H–C–OH; HO–C–H; H–C–OH; H–C–OH; $CH_2OH$

L-glucose: O=C–H; HO–C–H; H–C–OH; HO–C–H; HO–C–H; $CH_2OH$

D-wijnsteenzuur: COOH; HO–C–H; H–C–OH; COOH

L-wijnsteenzuur: COOH; H–C–OH; HO–C–H; COOH

D-glucose L-glucose D-wijnsteenzuur L-wijnsteenzuur

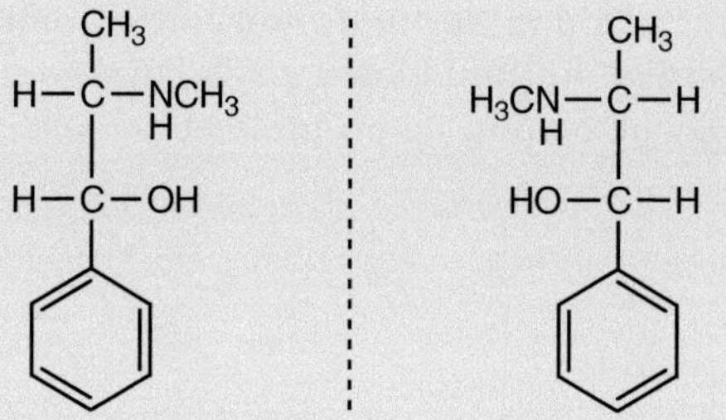

(+)-efedrine (-)-efedrine

Als de schimmel *Penicillium glaucum* wordt gevoed met een mengsel van D- en L-wijnsteenzuur, wordt alleen D-wijnsteenzuur omgezet; de andere enantiomeer, L-wijnsteenzuur, blijft onaangetast. Van het geneesmiddel efedrine is alleen de (-)-draaiende enantiomeer werkzaam; de aanwezigheid van (+)-efedrine verstoort de werking zelfs. Ook bij de geur- en smaakstoffen vinden we frappante verschillen tussen beide enantiomeren. Van de twee enantiomeren van het aminozuur asparagine smaakt de L-enantiomeer bitter en de D-enantiomeer zoet. Van de twee enantiomeren van carvon ruikt (*S*)-carvon naar overrijpe peren, terwijl (*R*)-carvon de frisse geur van hertsmunt heeft. De interacties van deze moleculen met de asymmetrische smaak- en geurreceptoren zijn dus duidelijk verschillend.

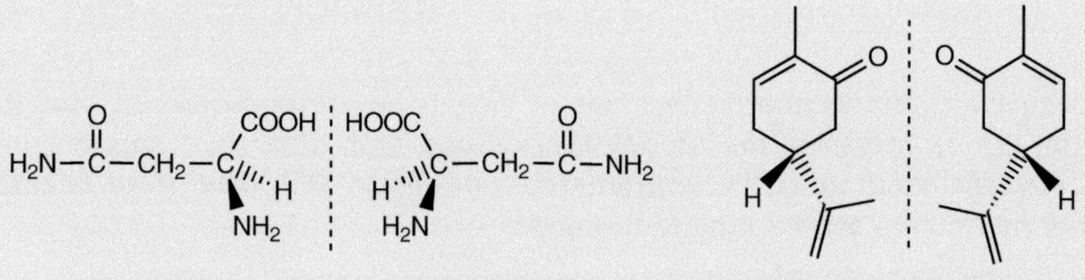

L-asparagine (bitter) D-asparagine (zoet) (R)-carvon (hertsmunt) (S)-carvon (overrijpe peren)

## 8.5 Diastereomeren en mesoverbindingen

In de vorige paragrafen zijn moleculen met één chiraal koolstofatoom beschreven. In veel natuurproducten, zoals in de koolhydraten, komen echter meerdere chirale koolstofatomen voor, waardoor het aantal mogelijke stereo-isomeren sterk toeneemt.

De moleculen die twee chirale koolstofatomen bevatten, kunnen in twee categorieën worden ingedeeld:

- de beide chirale koolstofatomen hebben verschillende substituenten (zoals treose),
- de beide chirale koolstofatomen hebben dezelfde substituenten (zoals wijnsteenzuur).

Het aantal mogelijke stereo-isomeren is in deze gevallen verschillend. Van een molecuul zoals treose zijn *vier* stereo-isomeren te onderscheiden. Voor treose zijn dit in de eerste plaats het getekende molecuul, (2*R*,3*S*)-treose, en het spiegelbeeld (enantiomeer) daarvan, (2*S*,3*R*)-treose. Deze twee moleculen zijn niet met elkaar tot dekking te brengen ondanks de vrije draaibaarheid rond de enkelvoudige bindingen. Als men problemen heeft om dit in te zien dan kunnen molecuulmodellen hierbij helpen. Bouw, desnoods met zeer eenvoudige hulpmiddelen zoals kauwgom en gekleurde lucifers of knopspelden, de beide spiegelbeelden na en probeer ze daarna met elkaar tot dekking te brengen.

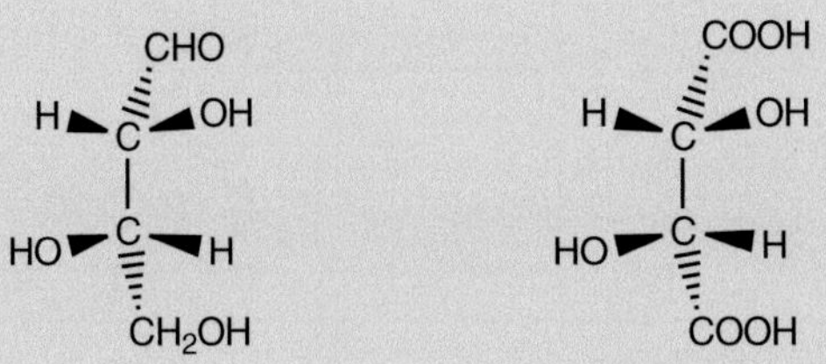

treose wijnsteenzuur

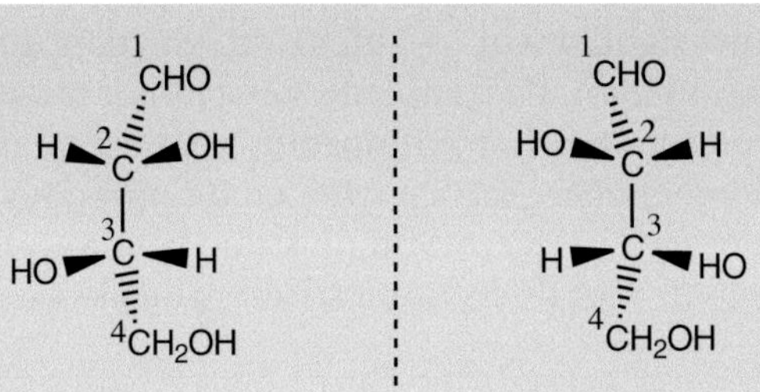

(2R,3S)-treose (2S,3R)-treose

Naast deze twee enantiomeren bestaan er nog twee stereo-isomeren van treose, namelijk het (2*R*,3*R*)-erytrose en het (2*S*,3*S*)-erytrose. Ook deze twee stereo-isomeren zijn elkaars spiegelbeeld en dus enantiomeren van elkaar. Ook deze twee enantiomeren zijn niet met elkaar tot dekking te brengen.

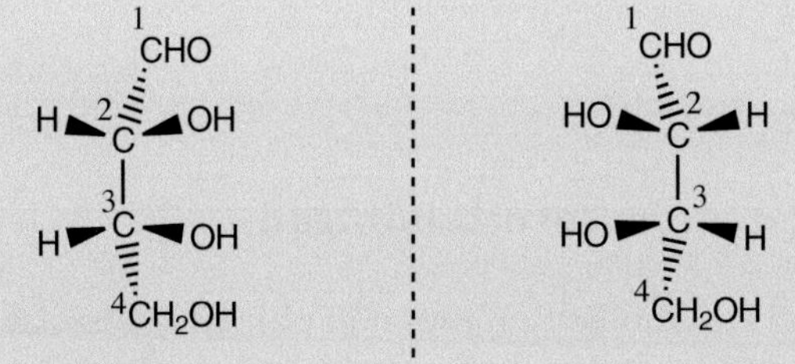

(2R,3R)-erytrose (2S,3S)-erytrose

Vergelijking van de erytrose-moleculen met de beide treose-moleculen laat zien dat geen van beide erytrose-moleculen tot dekking te brengen is met (2*R*,3*S*)-treose of (2*S*,3*R*)-treose en dat de erytrose- en treose-moleculen ook geen spiegelbeeldisomeren van elkaar zijn. De treose- en de erytrosemoleculen worden *diastereomeren* genoemd. *Stereo-isomeren die geen enantiomeren van elkaar zijn, worden diastereomeren genoemd.*

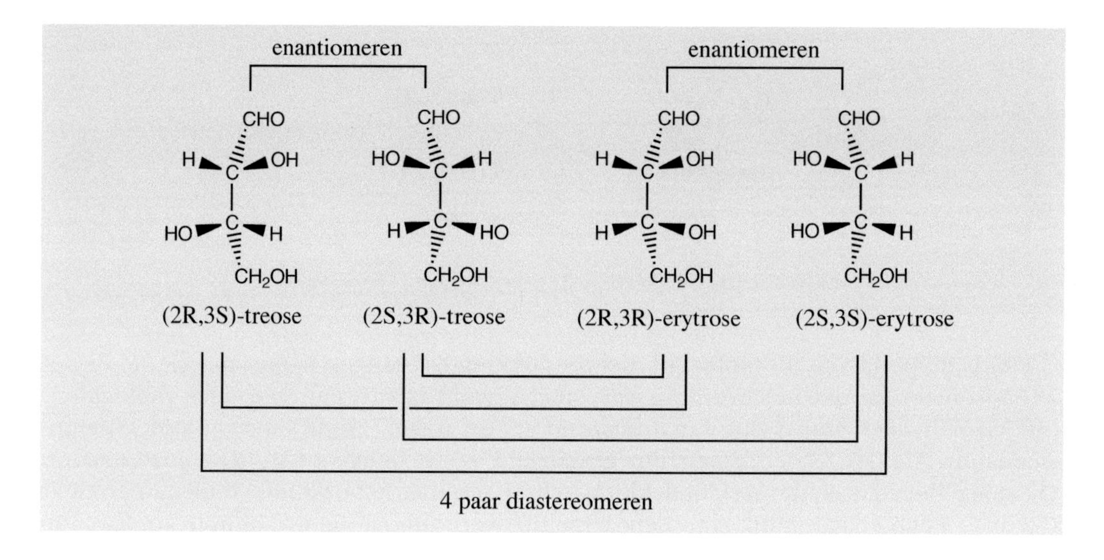


Enantiomeren hebben dezelfde fysische en chemische eigenschappen, alleen hun interactie met andere chirale moleculen is verschillend. *Diastereomeren hebben verschillende fysische eigenschappen*. Het kookpunt, het smeltpunt, de dichtheid, de oplosbaarheid en de adsorptie-eigenschappen van diastereomeren zijn niet gelijk en ook de specifieke rotatie is uiteraard verschillend. Diastereomeren kunnen meestal op grond van hun verschil in fysische eigenschappen van elkaar gescheiden worden, bijvoorbeeld door middel van gefractioneerde destillatie, kristallisatie of chromatografie. De chemische eigenschappen van diastereomeren zijn in veel opzichten gelijk omdat diastereomeren dezelfde functionele groepen bevatten. Er kunnen echter wel duidelijke verschillen optreden in de snelheid waarmee diastereomeren bepaalde reacties ondergaan. In hun interacties met andere asymmetrische moleculen, zoals enzymen, zijn diastereomeren natuurlijk ook verschillend.

Als aan de twee asymmetrische koolstofatomen dezelfde substituenten zitten, zoals in wijnsteenzuur het geval is, dan kunnen van zo'n molecuul slechts *drie* stereo-isomeren onderscheiden worden.

(2R,3R)-wijnsteenzuur (2S,3S)-wijnsteenzuur

De twee spiegelbeeldige moleculen (2*R*,3*R*)- en (2*S*,3*S*)-wijnsteenzuur zijn niet met elkaar tot dekking te brengen; dit zijn dus enantiomeren van elkaar. Naast deze twee enantiomeren is er nog een derde stereo-isomeer te onderscheiden, namelijk het (2*R*, 3*S*)-wijnsteenzuur.

symmetrievlak COOH H C OH H C OH COOH | HOOC HO C H HO C H HOOC symmetrievlak

(2R,3S)-wijnsteenzuur (2S,3R)-wijnsteenzuur

Het is duidelijk dat dit molecuul niet tot dekking te brengen is met het 2*R*,3*R*- of het 2*S*,3*S*-isomeer en dat het evenmin een spiegelbeeld is van één van deze moleculen. (2*R*,3*S*)-Wijnsteenzuur is dus een *diastereomeer* van zowel (2*R*,3*R*)- als van (2*S*,3*S*)-wijnsteenzuur. Als (2*R*,3*S*)-wijnsteenzuur gespiegeld wordt ontstaat (2*S*,3*R*)-wijnsteenzuur. Dit spiegelbeeld is echter *wel* tot dekking te brengen met het originele molecuul, omdat C-2 en C-3 aan elkaar gelijk zijn. Een dergelijke verbinding, die wel chirale koolstofatomen heeft, maar waarvan het originele molecuul gelijk is aan zijn spiegelbeeld, wordt een *meso*-verbinding genoemd.

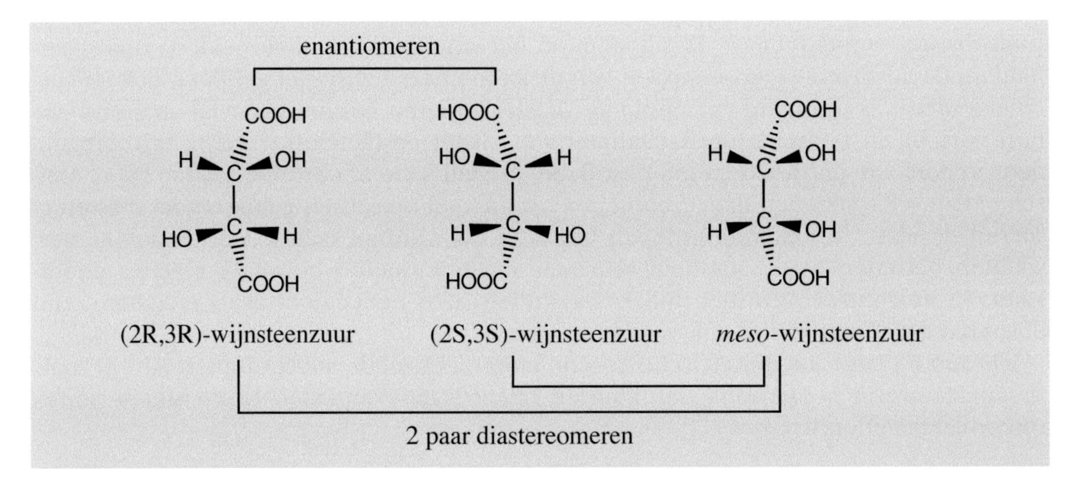


Een *meso*-verbinding is te herkennen aan het vlak van symmetrie dat in het molecuul aanwezig is. Een *meso*-verbinding is symmetrisch (achiraal) en is dus optisch inactief. De optische rotatie die teweeggebracht wordt door de chrialiteit rond koolstofatoom 2 wordt teniet gedaan door de evengrote, maar tegengestelde rotatie van het spiegelbeeldige gesubstitueerde koolstofatoom 3.

Het verschil in fysische eigenschappen van de diastereomere wijnsteenzuren wordt geïllustreerd in tabel 8.1.

In het algemeen kunnen verbindingen met *n* chirale koolstofatomen maximaal $2^n$ stereo-isomeren geven. In koolhydraten zoals ribose en glucose zijn respectievelijk 3 en 4 chirale koolstofatomen aanwezig. Van ribose en glucose bestaan dus resp. $2^3 = 8$ en $2^4 = 16$ stereo-isomeren. De structuurformules van een aantal van deze stereo-isomeren zijn gegeven in figuur 14.1 en § 8.6.

Tabel 8.1. Fysische constanten van de wijnsteenzuren.

| | *Smeltpunt* (°C) | *Oplosbaarheid* (g/100 g $H_2O$) | *Optische rotatie* $[\alpha]_D^{20}$ |
|---|---|---|---|
| (2R,3R)-wijnsteenzuur | 170 | 147 | +11,98 |
| (2S,3S)-wijnsteenzuur | 170 | 147 | −11,98 |
| *meso*-wijnsteenzuur | 140 | 120 | 0 |

## 8.6 D,L-nomenclatuur

Het D,L-nomenclatuursysteem voor het aangeven van de configuratie van een chiraal koolstofatoom werd reeds aan het eind van de vorige eeuw ontwikkeld door Emil Fischer. Dit systeem is in de organische chemie grotendeels vervangen door het *R,S*-systeem, maar bij de suikers en de aminozuren wordt het D,L-systeem nog vaak gebruikt. Vooral ook in de biochemische en biologische literatuur wordt de D,L -nomenclatuur nog veel aangetroffen en daarom is het zinvol met dit systeem vertrouwd te zijn.

De benoeming van een configuratie volgens het D,L -systeem is gebaseerd op de projectieformule van de chirale verbinding. Deze projectieformule wordt op een voorgeschreven manier afgeleid van de ruimtelijke structuur en daarvoor worden de volgende afspraken gehanteerd:

1. De ruimtelijke structuur wordt met de hoofdketen verticaal geplaatst en daarbij wordt het koolstofatoom dat volgens de gangbare nomenclatuurregels het laagst genummerd is bovenaan geplaatst (C-1 bovenaan).
2. De verticale bindingen in de ruimtelijke structuur worden naar achteren en de horizontale bindingen worden naar voren georiënteerd.
3. De aldus verkregen structuur wordt in een plat vlak geprojecteerd waardoor de projectieformule ontstaat. Het chirale koolstofatoom wordt hierbij op het snijpunt van de verticale en horizontale bindingen gedacht.
4. Om de configuratie van de projectieformule te benoemen wordt gekeken naar de positie van de functionele groepen aan de *horizontale* bindingen van het chirale koolstofatoom: zit de functionele groep (in suikers de hydroxylgroep en in aminozuren de aminogroep) in de projectieformule aan de rechterkant dan wordt de configuratie aangegeven met de letter D; zit deze functionele groep aan de linkerkant dan wordt de configuratie aangegeven met de letter L.

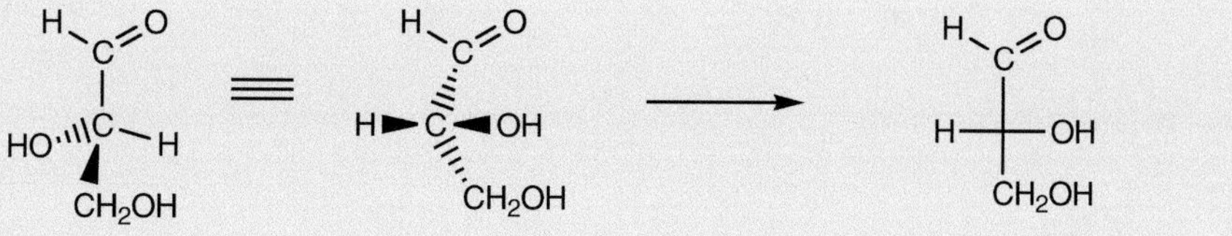

glyceraldehyde

juiste orientatie

projectieformule D-configuratie van glyceraldehyde

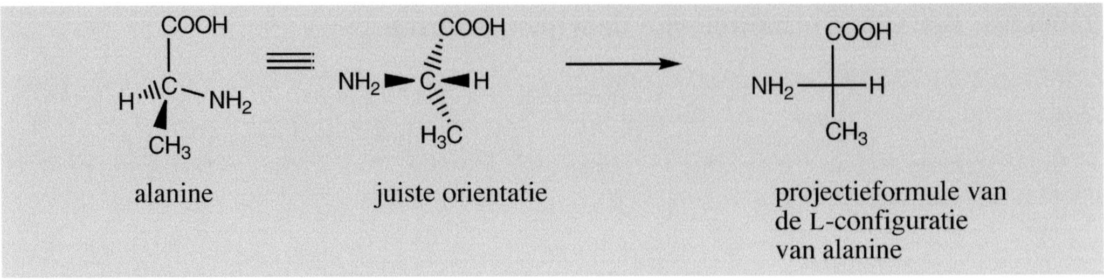

alanine — juiste orientatie — projectieformule van de L-configuratie van alanine

In suikers, uitgezonderd glyceraldehyde, zijn meerdere chirale koolstofatomen aanwezig. De aanduiding D of L voor een suiker wordt bepaald door te kijken naar de configuratie van het *hoogstgenummerde* chirale koolstofatoom.

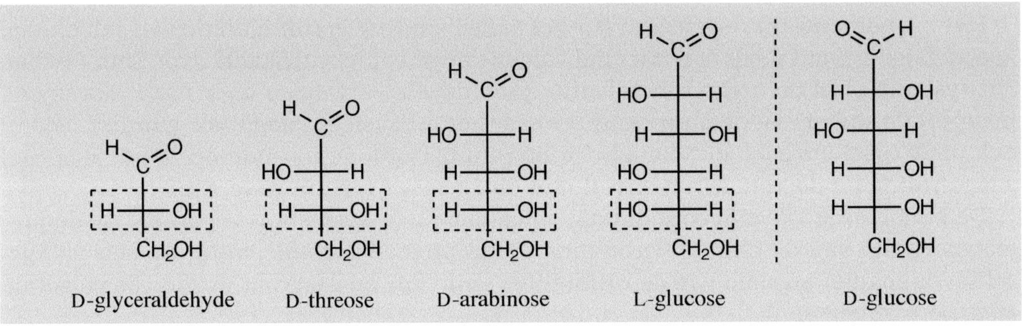

D-glyceraldehyde — D-threose — D-arabinose — L-glucose — D-glucose

Let er wel op dat de enantiomeer van een verbinding met meerdere chirale koolstofatomen die verbinding is, waarbij het *gehele* molecuul gespiegeld is (vergelijk L-glucose en D-glucose).

Het gebruik van projectieformules is vooral praktisch omdat er geen tijdrovende ruimtelijke tekeningen gemaakt behoeven te worden. Men dient - vanwege de afspraken - de projectieformules wel met de nodige voorzichtigheid te hanteren. Men mag een projectieformule nooit uit het vlak van de tekening draaien. In het vlak van de tekening hebben onderstaande transformaties het volgende effect:

- 90° draaien van de projectieformule in het platte vlak geeft het enantiomeer,
- 180° draaien in het platte vlak geeft dezelfde verbinding terug.

Voorbeeld:

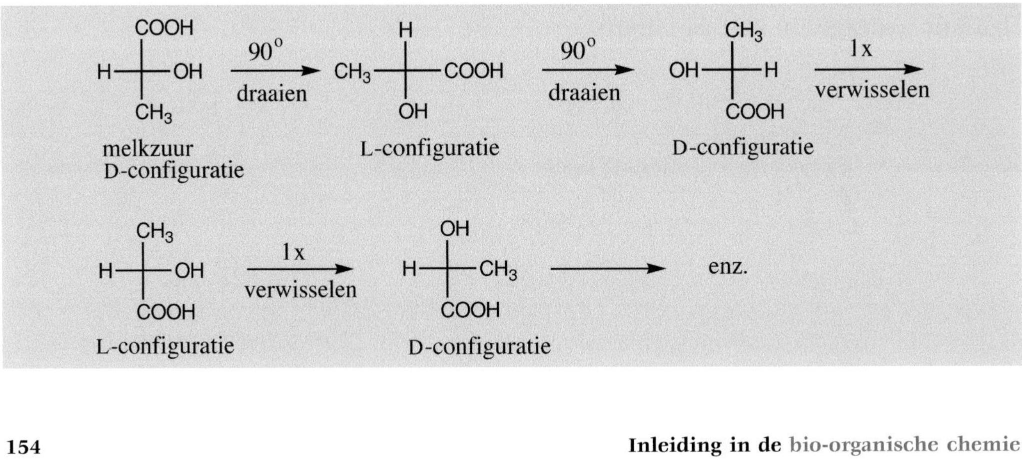

melkzuur D-configuratie —(90° draaien)→ L-configuratie —(90° draaien)→ D-configuratie —(1x verwisselen)→

L-configuratie —(1x verwisselen)→ D-configuratie → enz.

Een andere manier om projectieformules te transformeren is door twee groepen aan *hetzelfde* koolstofatoom onderling te verwisselen. Hiervoor geldt:
- een keer verwisselen van twee groepen aan *hetzelfde* koolstofatoom geeft het enantiomeer,
- twee keer verwisselen van twee groepen aan *hetzelfde* koolstofatoom geeft dezelfde verbinding terug,
- drie keer verwisselen van twee groepen aan *hetzelfde* koolstofatoom geeft het enantiomeer, enz.

N.B.: De benoeming van de configuratie volgens het D,L -systeem volgt andere conventies dan die volgens het *R*,*S*-systeem. Er is dan ook geen verband tussen de aanduidingen D en L enerzijds en *R* en *S* anderzijds, zoals ook uit onderstaande voorbeelden blijkt.

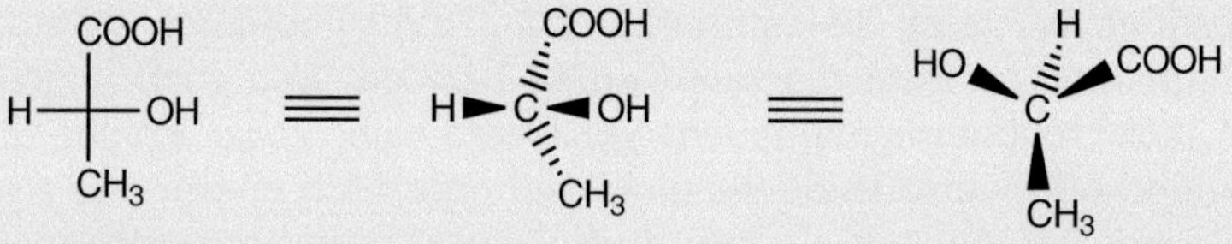

D-melkzuur ≡ ≡ (R)-melkzuur

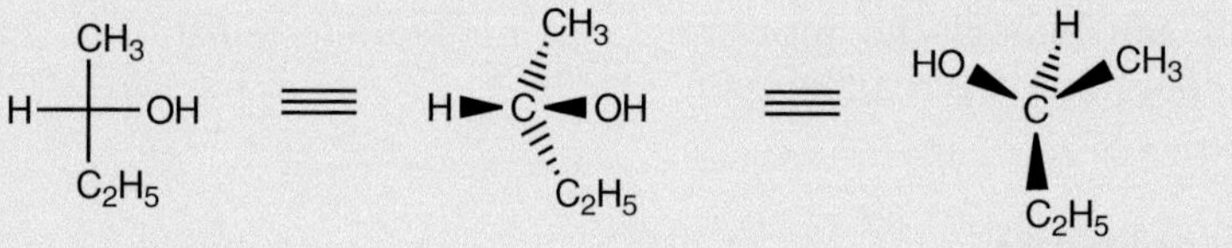

D-2-butanol ≡ ≡ (S)-2-butanol

# 9 Halogeenalkanen - Nucleofiele substitutie en eliminatie

Halogeenalkanen komen in de natuur slechts beperkt voor. De meeste natuurlijke halogeenalkanen zijn afkomstig van zee-organismen zoals algen en zeewieren. In het laboratorium en in de industrie vinden de halogeenalkanen echter veel toepassing. Ze worden gebruikt als bestrijdingsmiddel, als brandvertragend middel, als oplosmiddel of als tussenproduct bij de synthese van een grote verscheidenheid aan verbindingen.

De reden waarom halogeenalkanen op deze plaats vooral aandacht krijgen is gelegen in een tweetal belangrijke reactietypen die deze verbindingen kunnen ondergaan: de *nucleofiele substitutiereactie* en de *eliminatiereactie.* In dit hoofdstuk zal ruime aandacht aan het mechanisme van deze reacties worden besteed. Een goed inzicht in de principes waarop deze reactiemechanismen gebaseerd zijn, zorgt ervoor dat de nodige samenhang onderkend wordt in de veelheid van organisch chemische reacties van dit type. Daarbij komt dat nucleofiele substitutie- en eliminatiereacties zich niet alleen beperken tot de halogeenalkanen; ze komen ook voor bij talrijke andere verbindingen die een groep bevatten die gemakkelijk uit het molecuul kan vertrekken. Ook in een grote variëteit aan biologische processen zijn nucleofiele substitutie- en eliminatiereacties veel voorkomende reactietypen.

## 9.1 Nomenclatuur

In de IUPAC-nomenciatuur wordt de naam van een halogeenalkaan gevonden door het halogeenatoom te beschouwen als een substituent aan de alkaanketen. De plaats van het halogeenatoom wordt dan door een nummer aangegeven.

| $CH_3-CH(Cl)-CH_3$ | $CH_3-CH(CH_3)-C(CH_3)(I)-CH_3$ | $CH_3-CH(CH_3)-CH_2-CH_2-CH(Br)-CH_3$ |
|---|---|---|
| 2-chloorpropaan | 2-jood-2,3-dimethylbutaan | 2-broom-5-methylhexaan |

Eenvoudige halogeenalkanen worden vaak aangeduid als alkylderivaten van de halogeniden, bijvoorbeeld:

| $CH_3-F$ | $CH_3-CH_2-Cl$ | $CH_3-CH(I)-CH_3$ | $CH_3-C(CH_3)_2-Cl$ |
|---|---|---|---|
| methylfluoride (fluormethaan) | ethylchloride chloorethaan | isopropyljodide (2-joodpropaan) | *tert*-butylchloride (2-chloor-2-methylpropaan) |

Andere veel voorkomende halogeenalkanen met triviale namen zijn:

| $CH_2Cl_2$ | $CHCl_3$ | $CHI_3$ |
|---|---|---|
| methyleenchloride (dichloormethaan) | chloroform (trichloormethaan) | jodoform (trijoodmethaan) |
| $CCl_4$ | $CF_2Cl_2$ | $\sim CF_2-CF_2-CF_2 \sim$ |
| tetra (tetrachloormethaan) | freon (dichloordifluormethaan) | teflon (polymeer van tetrafluoretheen) |

Bij de halogeenalkanen wordt vaak het begrip primair, secundair en tertiair halogeenalkaan gehanteerd. In een primair halogeenalkaan heeft het koolstofatoom dat het halogeen bevat, twee waterstofatomen, in een secundair halogeenalkaan één waterstofatoom en in een tertiair halogeenalkaan heeft het halogeen bevattende koolstofatoom geen enkel waterstofatoom meer.

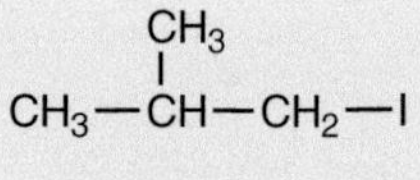

| $CH_3-CH(CH_3)-CH_2-I$ | $CH_3-C(CH_3)_2-CH(Br)-CH_2-CH_3$ | $CH_2=CH-C(CH_3)(Cl)-C_6H_5$ |
|---|---|---|
| primair halogeenalkaan | secundair halogeenalkaan | tertiair halogeenalkaan |

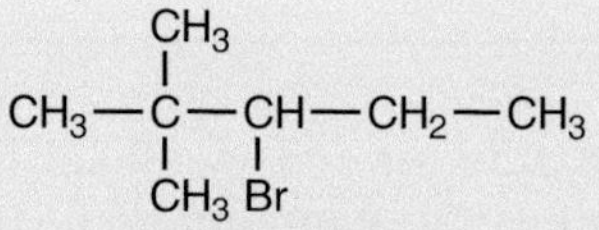

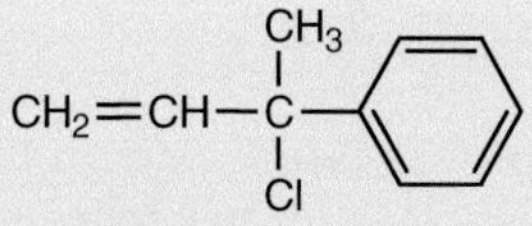

## 9.2 Fysische eigenschappen van halogeenalkanen

Halogeenalkanen hebben een hoger kookpunt dan de overeenkomstige alkanen vanwege hun hogere molecuulmassa en hun grotere polariteit. Binnen een serie halogeenalkanen die dezelfde alkylrest bevatten, neemt het kookpunt toe met toenemende grootte van het halogeenatoom; de fluorverbinding heeft dus het laagste kookpunt en de joodverbinding het hoogste.

| $H_3C-CH_2-CH_3$ | $H_3C-CH_2-CH_2-F$ | $H_3C-CH_2-CH_2-Cl$ |
|---|---|---|
| propaan<br>kookpunt -42,0°C | 1-fluorpropaan<br>kookpunt 2,5°C | 1-chloorpropaan<br>kookpunt 46,5°C |
| $H_3C-CH_2-CH_2-Br$ | $H_3C-CH_2-CH_2-I$ | |
| 1-broompropaan<br>kookpunt 71,0°C | 1-joodpropaan<br>kookpunt 102,5°C | |

Tabel 9.1 geeft de namen, kookpunten en dichtheden van een aantal eenvoudige halogeenalkanen. Halogeenalkanen zijn niet oplosbaar in water omdat de halogeenatomen geen waterstofbruggen kunnen vormen met water.

**Tabel 9.1. Fysische eigenschappen van enkele halogeenalkanen.**

| *Naam* | *Formule* | *Kookpunt (°C)* | *Dichtheid (bij 20 °C, in g/ml)* |
|---|---|---|---|
| methylchloride | $CH_3Cl$ | - 24 | gas |
| methyleenchloride | $CH_2Cl_2$ | 40 | 1,34 |
| chloroform | $CHCl_3$ | 61 | 1,39 |
| tetra | $CCl_4$ | 77 | 1,60 |
| methylbromide | $CH_3Br$ | 5 | gas |
| methyljodide | $CH_3I$ | 43 | 2,28 |

In een twee-fasensysteem bestaande uit een vloeibaar halogeenalkaan en water zal de onderste laag uit het halogeenalkaan bestaan omdat de dichtheid van vloeibare halogeenalkanen groter is dan die van water; dit in tegenstelling tot de meeste andere organische vloeistoffen die lichter zijn dan water. Vanwege het betrekkelijk apolaire karakter van veel halogeenalkanen zijn het geschikte oplosmiddelen voor vetten en andere stoffen die slecht in water oplosbaar zijn. Trichloorethyleen en tetrachloorethyleen worden daarom veel toegepast als oplosmiddel bij de chemische reiniging (dry cleaning). Een voordeel daarbij is dat halogeenalkanen weinig brandbaar zijn omdat bij verhitting chloorradicalen ontstaan die als remmer in een eventueel verbrandingsproces optreden (een verbrandingsproces is een radicaalkettingreactie).

Cl Cl
C=C
H Cl

trichloorethyleen ('tri')

Cl Cl
C=C
Cl Cl

tetrachloorethyleen ('per')

In het algemeen zijn halogeenalkanen giftig en moeten dan ook met de nodige voorzichtigheid behandeld worden. De oplosmiddelen tetra en chloroform, bijvoorbeeld, veroorzaken leverbeschadigingen wanneer er gedurende lange tijd veel van ingeademd wordt. Daardoor verdween het gebruik van chloroform als narcosemiddel, als slijmoplossend middel in hoestdrankjes en als toevoegsel met een verfrissend effect in tandpasta. In de landbouw zijn halogeenbevattende verbindingen veel toegepast als insecticide (zie § 6.3). Ook hier is het gebruik echter sterk teruggedrongen vanwege de nadelige effecten die deze verbindingen hebben op het milieu.

### *Reacties van halogeenalkanen*

De binding tussen koolstof en een halogeenatoom is polair; het koolstofatoom is enigszins positief en het halogeenatoom enigszins negatief gepolariseerd. Een gevolg hiervan is dat er bij een reactie een heterolytische bindingsbreuk zal optreden waarbij het halogeenatoom het bindingselektronenpaar opneemt en als relatief stabiel anion afsplitst. Welke reacties daarbij zullen optreden is sterk afhankelijk van de aard van de andere reagerende deeltjes in het reactiemilieu.

$$\overset{\delta+}{C}-\overset{\delta-}{X} \qquad X = (F), Cl, Br, I$$

In § 2.1 hebben we gezien dat een Lewis-base een deeltje is met een vrij elektronenpaar dat dit kan delen met een ander atoom om een nieuwe binding te vormen. Als een dergelijk deeltje $\ddot{Z}^-$ reageert met een proton, dan treedt $\ddot{Z}^-$ op als base. Wanneer $\ddot{Z}^-$ een binding vormt met een ander atoom dan waterstof, dan wordt het deeltje meestal aangeduid met de term *nucleofiel* (= kernminnend). Bij reactie van $\ddot{Z}^-$ met een halogeenalkaan kunnen beide mogelijkheden in principe optreden. Wanneer $\ddot{Z}^-$ bindt aan koolstof, treedt het op als nucleofiel en deze reactie leidt tot een *nucleofiele substitutie*. Wanneer een proton van het halogeenalkaan abstraheert, treedt het op als *base* en deze reactie leidt tot eliminatie.

*Nucleofiele substitutie*

$$\underset{\text{nucleofiel}}{\ddot{Z}^{\ominus}} + CH_3-\overset{\delta+}{CH_2}-\overset{\delta-}{Br} \longrightarrow CH_3-CH_2-Z + :Br^{\ominus}$$

*Eliminatie*

$$\underset{\text{base}}{\ddot{Z}^{\ominus}} + \underset{H}{\underset{|}{CH_2}}-\overset{\delta+}{CH_2}-\overset{\delta-}{Br} \longrightarrow CH_2{=}CH_2 + HZ + :Br^{\ominus}$$

Wanneer $\ddot{Z}^-$ als nucleofiel optreedt wordt ook vaak de aanduiding $\ddot{N}u^-$ gebruikt; treedt $\ddot{Z}^-$ als base op dan gebruikt men de aanduiding $B:^-$.
De nucleofiele substitutie- en eliminatiereactie behoren tot de belangrijkste reacties in de (bio-)organische chemie. Welke van beide reacties bij voorkeur zal optreden hangt af van de reactieomstandigheden, de structuur van het halogeenalkaan en de aard van het deeltje $\ddot{Z}^-$. Deze factoren zullen in de volgende paragrafen nader besproken worden.

## 9.3 De nucleofiele substitutie

In een nucleofiele substitutiereactie wordt een vertrekkende groep $X^-$ in een molecuul vervangen door een nucleofiele groep $Nu^-$. De reactie kan als volgt worden weergegeven:

$$Nu^{\ominus} + -\overset{|}{\underset{|}{C}}-X \longrightarrow -\overset{|}{\underset{|}{C}}-Nu + X^{\ominus}$$

nucleofiel halogeenalkaan vertrekkende groep

In de vorige paragraaf hebben we gezien dat een nucleofiel een elektronenrijk deeltje is dat in staat is een elektronenpaar te leveren om een nieuwe binding te vormen. De anionen $Cl^-$, $Br^-$, $I^-$, $CN^-$, $CH_3S^-$ en $OH^-$ hebben vrije elektronenparen en kunnen dus optreden als nucleofielen. Ook niet geladen deeltjes zoals $H_2O$ en $NH_3$ kunnen als nucleofiel optreden omdat ze in het bezit zijn van een vrij elektronenpaar. De aard van het nucleofiel zal in meer detail worden besproken in § 9.6.

$$:\ddot{\underset{..}{Cl}}:^{\ominus} \quad :\ddot{\underset{..}{Br}}:^{\ominus} \quad :\ddot{\underset{..}{I}}:^{\ominus} \quad ^{\ominus}:C{\equiv}N: \quad ^{\ominus}:\ddot{\underset{..}{S}}H \quad ^{\ominus}:\ddot{\underset{..}{O}}-CH_3 \quad ^{\ominus}:\ddot{\underset{..}{O}}H$$

negatief geladen nucleofielen

$$H_3N: \quad CH_3-\ddot{N}H_2 \quad H_2\ddot{O}: \quad C_2H_5-\ddot{\underset{..}{O}}H \quad CH_3-\ddot{\underset{..}{S}}-CH_3$$

neutrale nucleofielen

De vertrekkende groep bij een nucleofiele substitutiereactie is altijd een deeltje dat gemakkelijk een bindingselektronenpaar kan opnemen en dan relatief stabiel is. Bij de halogeenalkanen kunnen de anionen $Cl^-$, $Br^-$ of $I^-$ als vertrekkende groep optreden. $F^-$ is veel minder stabiel omdat de negatieve lading veel minder goed over dit kleine atoom verdeeld kan worden en dat is de reden waarom dit anion niet gemakkelijk als vertrekkende groep optreedt.

Naarmate een anion beter polariseerbaar is, kan het ook beter als vertrekkende groep optreden. In dit opzicht loopt het vermogen om als vertrekkende groep op te treden dus parallel aan het vermogen om als nucleofiel op te treden: zowel het vormen als het verbreken van een binding gaat gemakkelijk bij een grotere polariseerbaarheid van de betrokken atomen. De volgorde in vertrekkende eigenschappen bij de halogeenatomen is daarom:

$$I^{\ominus} > Br^{\ominus} > Cl^{\ominus} >> F^{\ominus}$$

beste vertrekkende groep geen vertrekkende groep

Voorbeelden van nucleofiele substitutiereacties zijn:

$$CH_3-CH_2-Cl + {}^{\ominus}:C{\equiv}N \longrightarrow CH_3-CH_2-C{\equiv}N + :Cl^{\ominus}$$

nucleofiel vertrekkende groep

$$CH_3-I + {}^{\ominus}:\ddot{\underset{..}{O}}H \longrightarrow CH_3-\ddot{\underset{..}{O}}H + :I^{\ominus}$$

nucleofiel vertrekkende groep

Nucleofiele substitutiereacties kunnen in *twee uiterste vormen* voor het reactiemechanisme worden onderscheiden: het **$S_N$1-mechanisme** en het **$S_N$2-mechanisme**. Welk type mechanisme in een bepaalde substitutiereactie de voorkeur heeft, is afhankelijk van de *structuur* van het halogeenalkaan, het *nucleofiel* dat gebruikt wordt en het *oplosmiddel* waarin de reactie wordt uitgevoerd. Het onderscheid tussen het $S_N$1-mechanisme en het $S_N$2-mechanisme kan het beste worden toegelicht aan de hand van de reactie van een alkylchloride met $OH^-$ als nucleofiel en water als oplosmiddel.

### 9.3.1 *Het $S_N$1 -mechanisme*

Een nucleofiele substitutiereactie volgens een $S_N$1-mechanisme verloopt in twee stappen. In de eerste stap vindt een langzame dissociatie van het alkylchloride plaats, waarbij een carbokation en een chloride-ion gevormd worden:

$$R-\overset{|}{\underset{|}{C}}{}^{\delta+}-Cl^{\delta-} \xrightarrow[\text{langzaam}]{H_2O} R-C^{\oplus} + Cl^{\ominus}$$

In de tweede stap reageert het reactieve carbokation snel verder met een vrij elektronenpaar van het nucleofiel $OH^-$ (of eventueel van het oplosmiddel $H_2O$) waarbij een alcohol gevormd wordt:

$$R-C^{\oplus} + :\ddot{O}H^{\ominus} \xrightarrow[\text{snel}]{H_2O} R-\overset{|}{\underset{|}{C}}-OH$$

De snelheid waarmee het halogeenalkaan in de alcohol wordt omgezet, wordt volledig bepaald door de snelheid waarmee de langzaamste stap van het proces verloopt. In dit geval is dat de snelheid waarmee de koolstof-chloorbinding wordt verbroken en het carbokation gevormd wordt. De snelheid van deze reactiestap is alleen afhankelijk van de concentratie van het halogeenalkaan en niet van de concentratie van $OH^-$; immers $OH^-$ wordt pas gebruikt in de tweede, snelle stap van de reactie. De reactiesnelheid $S_1$, van een $S_N$1-reactie kan daarom als volgt uitgedrukt worden:

$$S_1 = k_1 \, [RCl] \quad \text{een reactie van de eerste orde; monomoleculair}$$

Het energieverloop van een dergelijke reactie is weergegeven in figuur 9.1. De vrije energie van activering $\Delta G_1^{\ddagger}$ voor de eerste stap is veel groter dan de activeringsenergie $\Delta G_2^{\ddagger}$ voor de tweede stap. Wanneer $\Delta G_1^{\ddagger}$ eenmaal is overwonnen kan de reactie snel verder gaan naar de alcohol.

De overgangstoestand ligt wat hoger in energie dan het intermediaire carbokation omdat in de overgangstoestand de reeds gedeeltelijk gevormde ladingen nog niet goed door interactie met oplosmiddelmoleculen gestabiliseerd worden (zie fig. 9.2).

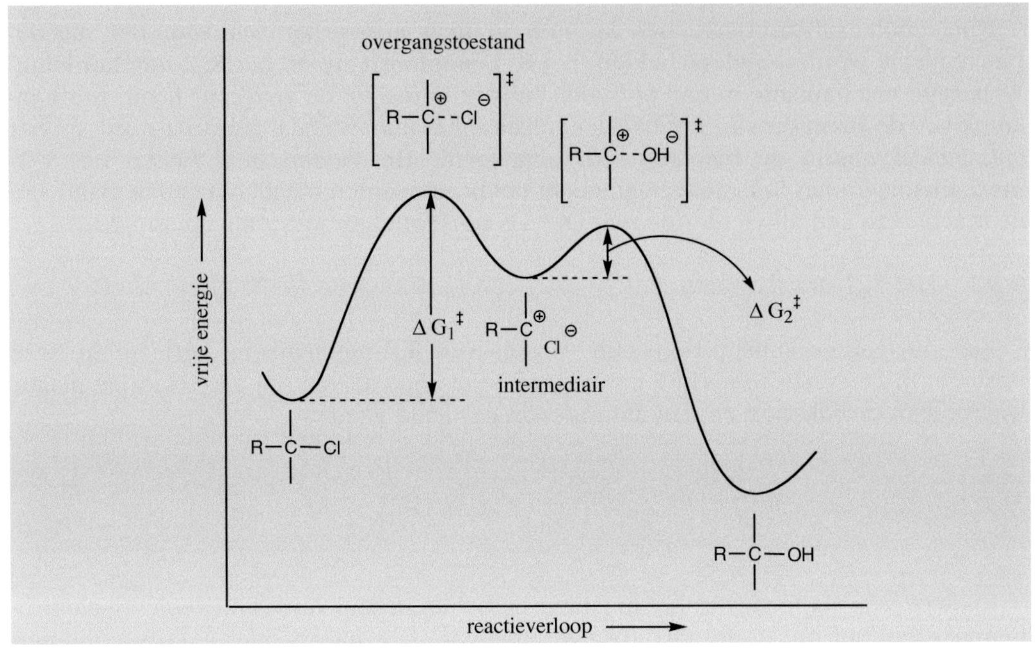


Fig. 9.1. Energieverloop van de $S_N1$-reactie.

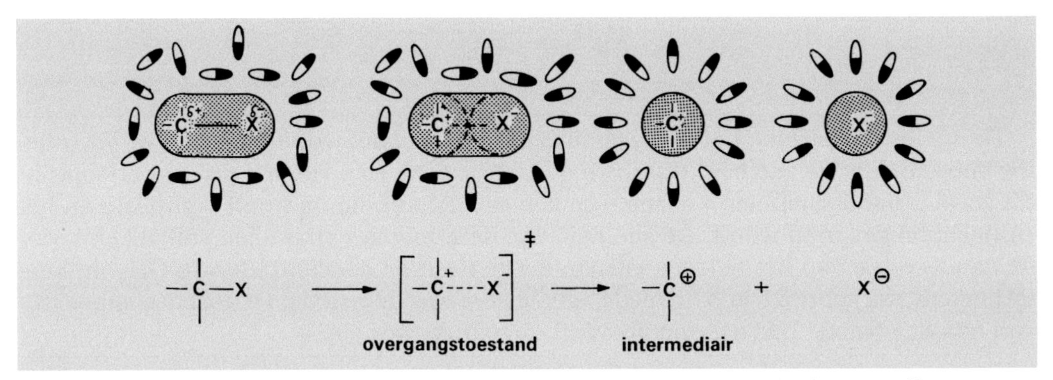


Fig. 9.2. Oplosmiddeloriëntatie tijdens de dissociatie van een halogeenalkaan.

Om een binding van een nucleofiel deeltje met het carbokation mogelijk te maken moeten de oplosmiddelmoleculen tussen het nucleofiel en het carbokation verdwijnen. Dit veroorzaakt de kleine stijging van energie die in het energieverloop van de tweede stap te zien is. We zien in het energiediagram dat bij de overgangstoestand van de eerste, snelheidsbepalende stap maar één deeltje is betrokken. Een dergelijke reactie heet een **mono**moleculaire reactie. In dit geval is er sprake van een *monomoleculaire* **n**ucleofiele substitutie, afgekort als $\mathbf{S_N1}$.

### *9.3.2 Het $S_N2$-mechanisme*

Wanneer een nucleofiele substitutie verloopt volgens een $S_N2$-mechanisme, dan vindt de omzetting van halogeenalkaan naar product in één stap plaats. Aanval van een hydroxide-ion gaat gepaard met het gelijktijdig afsplitsen van het cloride-ion, d.w.z. een nieuwe binding wordt gevormd op hetzelfde moment als de bestaande binding verbroken wordt.

$$HO^{\ominus} + R{-}C^{\delta+}{-}Cl^{\delta-} \xrightarrow{H_2O} HO{-}C{-}R + Cl^{\ominus}$$

Bij een reactie die verloopt volgens een $S_N2$-mechanisme, is de reactiesnelheid zowel afhankelijk van de concentratie van het alkylchloride als van het hydroxide-ion, in de snelheidsbepalende stap moet een hydroxide-ion botsen met een alkylchloride. De reactiesnelheid $S_2$ van de $S_N2$-reactie kan daarom als volgt uitgedrukt worden:

$S_2 = k_2\,[RCl][OH^-]$ een reactie van de tweede orde; bimoleculair

Het energieverloop van de $S_N2$-reactie wordt weergegeven in figuur 9.3. Tijdens de $S_N2$-reactie wordt er dus geen intermediair gevormd, maar de reactie verloopt in één stap via een overgangstoestand waarin de komende en vertrekkende groep beide gedeeltelijk zijn gebonden. Bij de overgangstoestand zijn dus twee deeltjes betrokken en men spreekt daarom van een **bi**moleculaire **n**ucleofiele **s**ubstitutie, afgekort als $\mathbf{S_N2}$.

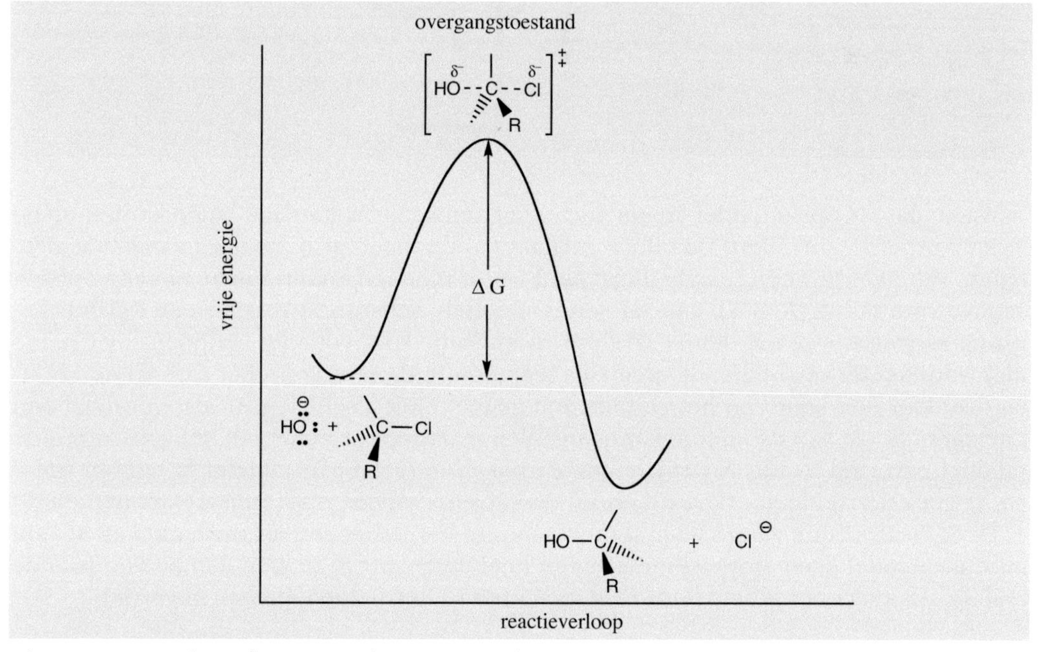


Fig. 9.3. Energieverloop van de $S_N2$-reactie.

## 9.4 De stereochemie van de nucleofiele substitutie

Wanneer een nucleofiele substitutiereactie wordt uitgevoerd met een optisch actieve verbinding dan maakt het verschil uit of de reactie via een $S_N1$ dan wel via een $S_N2$-mechanisme verloopt. Deze mechanismen geven namelijk stereochemisch verschillende eindproducten. Bij de $S_N1$ -substitutie van (*R*)-1-broom-1-fenylethaan in water bijvoorbeeld, ontstaat een mengsel van 50% (*R*)- en 50% (*S*)-1-hydroxy-1-fenylethaan (een racemisch mengsel).

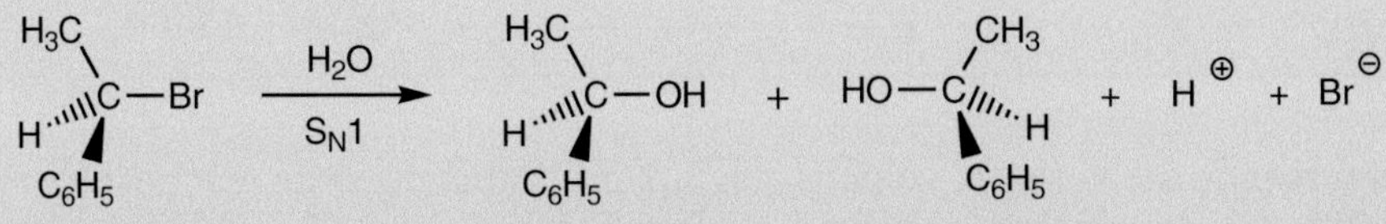


(R)-1-broom-1-fenylethaan (R)-1-hydroxy-1-fenylethaan (S)-1-hydroxy-1-fenylethaan

Het carbokation, dat als intermediair optreedt bij een reactie die verloopt volgens een $S_N1$-mechanisme, is $sp^2$-gehybridiseerd en heeft dus een vlak van symmetrie. De drie $sp^2$-orbitalen die de σ-bindingen vormen, liggen in één vlak; de overblijvende 2p-orbitaal bevat geen elektronen en staat loodrecht op het vlak van de drie $sp^2$-orbitalen.

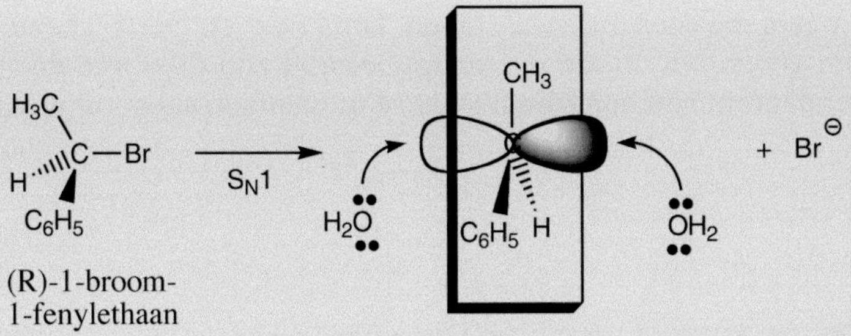


(R)-1-broom-1-fenylethaan

Water, dat als oplosmiddel en als nucleofiel aanwezig is, kan aan beide kanten op de lege 2p-orbitaal aanvallen. Daardoor ontstaat er een racemisch mengsel van beide alcoholen. Wanneer dus een reactie uitgevoerd wordt met één enantiomeer van een optisch actieve verbinding (*R* of *S*), dan zal een nucleofiele substitutie volgens een $S_N1$-mechanisme *racemisatie* geven. Soms zal deze racemisatie niet volledig verlopen, met name niet wanneer de vertrekkende groep als tegenion in de buurt van het carbokation blijft en daardoor één kant van het carbokation gedeeltelijk afschermt. In dat geval zal een nucleofiel liever van de andere kant aanvallen waardoor er meer van het geïnverteerde product gevormd wordt. Naarmate een carbokation (relatief) stabieler is, zal het meer en langer als vrij ion voorkomen en zal de kans op volledige racemisatie toenemen.

De $S_N2$-substitutie van (*R*)-2-broombutaan met het jodide-ion als nucleofiel en aceton als oplosmiddel geeft stereochemisch een heel ander beeld te zien dan de voorgaande reactie. Als reactieproduct wordt hier uitsluitend het (*S*)-2-joodbutaan gevormd.

$I^{\ominus}$ + (R)-2-broombutaan —aceton, $S_N2$→ (S)-2-broombutaan + $Br^{\ominus}$

(R)-2-broombutaan (S)-2-broombutaan

De reden hiervan is dat bij deze reactie geen carbokation als intermediair ontstaat, maar het nucleofiel ($I^-$) valt direct aan op de achterkant van het koolstofatoom waaraan de vertrekkende groep gebonden is.

$sp^3$-gehybridiseerd C-atoom met R-configuratie — overgangstoestand met $sp^2$-gehybridiseerd C-atoom — $sp^3$-gehybridiseerd C-atoom met S-configuratie

Dit koolstofatoom is $sp^3$-gehybridiseerd en door de binding met het elektronegatieve halogeenatoom positief gepolariseerd. Tijdens de aanval van $I^-$ verandert de hybridisatie van dit koolstofatoom. De overgangstoestand heeft een $sp^2$-karakter waarbij de 2p-orbitaal de gedeeltelijke bindingen verzorgt naar zowel het nucleofiel als naar de vertrekkende groep. Naarmate de orbitaaloverlap met $I^-$ beter wordt, zal die met $Br^-$ verder afnemen. Ten slotte wordt $I^-$ helemaal gebonden via een nieuwe $sp^3$-orbitaal en is de binding met $Br^-$ verbroken. De nieuwe binding met het joodatoom zit nu aan de andere kant van de molecuul, vergeleken met de oorspronkelijke koolstof-broombinding. De oriëntatie van de groepen rond het asymmetrische koolstofatoom is als het ware omgeklapt, waardoor de stereochemie van het reactieproduct veranderd is van *R* naar *S*. Bij een $S_N2$-reactie treedt bij de omzetting van uitgangsstof naar reactieproduct dus *inversie* op van de configuratie van het koolstofatoom dat de substitutie ondergaat.

$Nu^{\ominus}$ + C—X —$S_N2$→ Nu—C + $X^{\ominus}$

inversie van configuratie bij $S_N2$-reactie

## 9.5 Factoren die het reactiemechanisme van een nucleofiele substitutie bepalen

Of een nucleofiele substitutie verloopt via een $S_N1$ - dan wel via een $S_N2$-mechanisme (of mogelijk zelfs gedeeltelijk via beide mechanismen) hangt af van de relatieve snelheden van de reactie volgens de beide reactiemechanismen. Willen we iets over de snelheid van een reactie kunnen zeggen dan moeten we kijken naar de hoogte van de vrije energie van activering, $\Delta G^{\ddagger}$, van de snelheidsbepalende stap van de reactie. Deze geeft het verschil in vrije energie tussen de begintoestand (grondtoestand) en de overgangstoestand. Naarmate de overgangstoestand beter gestabiliseerd wordt, zal de vrije energie van activering kleiner zijn en zal de reactie sneller verlopen.

Bij de factoren die het reactiemechanisme van een nucleofiele substitutie bepalen is in de eerste plaats de *structuur van het halogeenalkaan* van belang.

In een $S_N1$-reactie lijkt de overgangstoestand al sterk op een carbokation (zie fig. 9.1) en daarom kunnen we stellen dat omstandigheden die een carbokation zullen stabiliseren, ook de overgangstoestand van een $S_N1$-reactie zullen stabiliseren. Hieruit kunnen we de conclusie trekken dat *naarmate het te vormen carbokation beter gestabiliseerd wordt, een $S_N1$-reactie sneller verloopt.* Carbokationen die door mesomerie gestabiliseerd worden, zijn relatief het meest stabiel. Halogeenalkanen die een dergelijk carbokation kunnen vormen, ondergaan dus relatief gemakkelijk een nucleofiele substitutie via een $S_N1$-mechanisme. Een drietal illustratieve voorbeelden van mesomeer gestabiliseerde carbokationen die optreden als intermediair in $S_N1$-reacties, staan vermeld in het volgende schema.

$$CH_2{=}CH{-}CH_2{-}Cl \xrightarrow[Cl^{\ominus}]{H_2O} CH_2{=}CH{-}\overset{\oplus}{C}H_2 \xrightarrow{H_2O} CH_2{=}CH{-}CH_2{-}OH + H^{\oplus}$$

allylchloride — allylkation — allylalcohol

$$C_6H_5{-}CH_2{-}Br \xrightarrow[Br^{\ominus}]{CH_3OH} C_6H_5{-}\overset{\oplus}{C}H_2 \xrightarrow{CH_3OH} C_6H_5{-}CH_2{-}OCH_3 + H^{\oplus}$$

benzylbromide — benzylkation — benzylmethylether

$$CH_3\ddot{O}{-}CH_2{-}Cl \xrightarrow[Cl^{\ominus}]{CH_3OH} CH_3\ddot{O}{-}\overset{\oplus}{C}H_2 \xrightarrow{CH_3\ddot{O}H} CH_3\ddot{O}{-}CH_2{-}\ddot{O}CH_3 + H^{\oplus}$$

chloormethylether — methoxymethylkation — dimethoxymethaan

Het allylkation, het benzylkation en het methoxymethylkation worden alle door mesomerie gestabiliseerd en kunnen daardoor relatief gemakkelijk gevormd worden.

$$CH_2{=}CH{-}\overset{\oplus}{C}H_2 \longleftrightarrow H_2\overset{\oplus}{C}{-}CH{=}CH_2$$

allylkation

$$C_6H_5{-}\overset{\oplus}{C}H_2 \longleftrightarrow (\text{ortho-}\oplus)C_6H_5{=}CH_2 \longleftrightarrow (\text{para-}\oplus)C_6H_5{=}CH_2 \longleftrightarrow (\text{ortho'-}\oplus)C_6H_5{=}CH_2$$

benzylkation

$$H_3C{-}\ddot{O}{-}\overset{\oplus}{C}H_2 \longleftrightarrow H_3C{-}\overset{\oplus}{\underset{\bullet\bullet}{O}}{=}CH_2$$

methoxymethylkation

Tertiaire halogeenalkanen reageren gemakkelijker via een $S_N1$-mechanisme dan secundaire halogeenalkanen, want een tertiair carbokation wordt beter gestabiliseerd dan een secundair carbokation. Primaire halogeenalkanen reageren niet via een $S_N1$-mechanisme omdat een primair carbokation erg onstabiel is. Als algemene regel kan dus gesteld worden, dat de snelheid waarmee halogeenalkanen via een $S_N1$-mechanisme reageren parallel loopt aan de stabiliteit van de intermediaire carbokationen en afneemt in de reeks:

$H_3C-O-CH_2-X$, $C_6H_5-CH_2-X$, $CH_2=CH-CH_2-X$ > $(CH_3)_3C-X$ > $(CH_3)_2HC-X$ > $CH_3CH_2-X$ > $H_3C-X$

methoxymethyl, benzyl, allyl > tertair > secundair > primair > methyl

Behalve de structuur van het halogeenalkaan is ook de aard van het oplosmiddel van grote invloed op het snelheidsverloop van een $S_N1$-mechanisme. Een polair oplosmiddel dat bovendien goed waterstofbruggen kan vormen, zal de ladingen in overgangstoestand stabiliseren en daardoor de vorming van een carbokation bevorderen. Oplosmiddelen, zoals water, methanol en ethanol bevorderen daarom reacties die verlopen volgens een $S_N1$-mechanisme (zie tabel 9.2).

**Tabel 9.2. Relatieve snelheid van carbokationvorming van tert-butylchloride.**

$$(CH_3)_3C-Cl \xrightarrow{\text{oplosmiddel}} (CH_3)_3C^{\oplus} + Cl^{\ominus}$$

| *Oplosmiddel* | *Relatieve snelheid* |
|---|---|
| $H_2O$ (water) | 300000 |
| $H_2O$ + $C_2H_5OH$ 60/40% (*V/V*) (60 vol % water + 40 vol % ethanol) | 3000 |
| HCOOH ( mierezuur) | 1200 |
| $C_2H_5OH$ (ethanol) | 1 |
| $CH_3COCH_3$ + 1% $H_2O$ (aceton + 1% water) | <1 |

Nadat het carbokation gevormd is kunnen deze oplosmiddelen tevens als nucleofiel optreden en op het carbokation aanvallen, waarbij dan in dit geval respectievelijk alcoholen en ethers gevormd worden.

$$C_6H_5-CH_2-Cl \xrightarrow[-Cl^{\ominus}]{H_2O} C_6H_5-CH_2^{\oplus} \xrightarrow{H_2O} C_6H_5-CH_2-OH + H^{\oplus}$$

benzylchloride → benzylalcohol

$$(CH_3)_3C{-}I \xrightarrow[-I^{\ominus}]{CH_3OH} (CH_3)_3C^{\oplus} \xrightarrow{CH_3OH} (CH_3)_3C{-}OCH_3 + H^{\oplus}$$

*tert*-butyljodide — *tert*-butylmethylether

In een $S_N2$-reactie moet een nucleofiel het koolstofatoom waaraan substitutie plaatsvindt aan de achterkant naderen. Dit kan het gemakkelijkst als de groepen rond dit koolstofatoom niet te groot zijn. Halogeenalkanen met weinig sterische hindering rond het aan te vallen koolstofatoom kunnen het gemakkelijkst via een $S_N2$-mechanisme reageren.

Waterstofatomen geven de minste sterische hindering en een nucleofiele aanval verloopt daarom het gemakkelijkst bij de methylhalogeniden, daarna bij de primaire halogeenalkanen, vervolgens bij de secundaire halogeenalkanen en het moeilijkst bij de tertiaire halogeenalkanen. De reactiviteitsvolgorde van de halogeenalkanen in de $S_N2$-substitutie is dus precies omgekeerd aan die voor de $S_N1$-substitutie.

Tabel 9.3 geeft de relatieve snelheden van een aantal verschillende halogeenalkanen in een $S_N2$-reactie.

**Tabel 9.3. Relatieve snelheden van $S_N2$-reacties.**

| *Halogeenalkaan* | *Type* | *Relatieve reactiesnelheid* |
|---|---|---|
| $CH_3{-}X$ | methyl | 3000000 |
| $CH_3{-}CH_2{-}X$ | primair | 100000 |
| $CH_3{-}CH_2{-}CH_2{-}X$ | primair | 40000 |
| $(CH_3)_2{-}CH{-}X$ | secundair | 2500 |
| $(CH_3)_3C{-}CH_2{-}X$ | neopentyl | 1 |
| $(CH_3)_3C{-}X$ | tertiair | 0 |

Verbindingen met een halogeenatoom in de allyl- of benzylpositie reageren niet alleen vlot volgens een $S_N1$-mechanisme (vorming van een door mesomerie gestabiliseerd carbokation), maar er kan ook een snelle reactie optreden volgens een $S_N2$-mechanisme.

$$CH_2{=}CH{-}CH_2{-}Cl + I^{\ominus} \xrightarrow[S_N2]{snel} CH_2{=}CH{-}CH_2{-}I + Cl^{\ominus}$$

allylchloride — allyljodide

$$C_6H_5-CH_2-Br + OH^{\ominus} \xrightarrow[S_N2]{\text{snel}} C_6H_5-CH_2-OH + Br^{\ominus}$$

benzylbromide → benzylalcohol

Dit komt omdat in een $S_N2$-reactie de π-orbitalen van de naburige dubbele binding een stabiliserende invloed uitoefenen op de overgangstoestand. Dit is het gevolg van een gunstige interactie tussen de naburige π-orbitaal en de 2p-orbitaal die in de overgangstoestand het nucleofiel en de vertrekkende groep gedeeltelijk bindt.

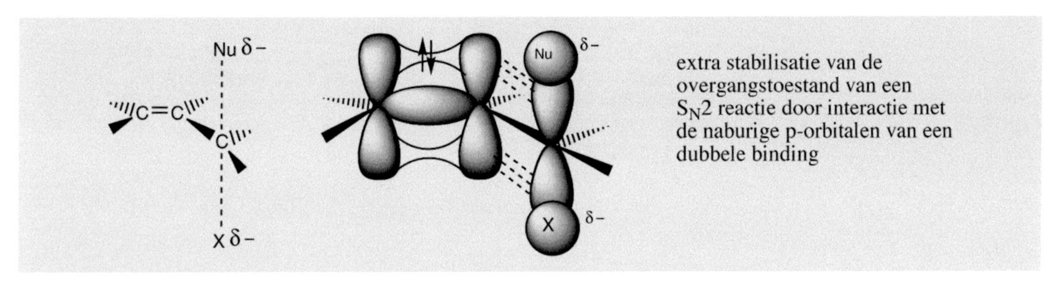


extra stabilisatie van de overgangstoestand van een $S_N2$ reactie door interactie met de naburige p-orbitalen van een dubbele binding

De gevoeligheid voor een substitutie via een $S_N2$-mechanisme neemt dus af in de reeks:

$$\text{C=C–C–X (benzyl, allyl)} > \text{H–CH}_2\text{–X (methyl)} > \text{C–CH}_2\text{–X (primair)} > \text{C}_2\text{CH–X (secundair)} > \text{C}_3\text{C–X (tertair)}$$

benzyl, allyl > methyl > primair > secundair > tertair

Of een nucleofiele substitutiereactie bij een allyl- of benzylhalogenide verloopt via een $S_N1$ dan wel via een $S_N2$-mechanisme, is afhankelijk van de reactieomstandigheden. De aanwezigheid van een goed nucleofiel in het reactiemilieu bevordert substitutie via een $S_N2$-mechanisme; is er alleen maar een matig of slecht nucleofiel aanwezig maar is het oplosmiddel voldoende polair dan kan substitutie via het $S_N1$-mechanisme optreden.

## 9.6 Nucleofielsterkte en basesterkte

De aard van het nucleofiel bepaalt in alle gevallen sterk de snelheid van een $S_N2$-substitutie. Een goed nucleofiel reageert veel sneller dan een matig of slecht nucleofiel. Laat men bijvoorbeeld $CH_3Br$ reageren met $H_2O$ als nucleofiel, dan verloopt de reactie 16.000 × langzamer dan met $OH^-$ als nucleofiel. Hieruit valt te concluderen dat $OH^-$ betere nucleofiele eigenschappen heeft dan $H_2O$; een elektronenpaar van $OH^-$ is blijkbaar beter beschikbaar voor nucleofiele aanval. Dit verschijnsel is algemeen: negatief geladen deeltjes zijn sterker nucleofiel dan ongeladen deeltjes van dezelfde soort, dus $HS^-$ is een beter nucleofiel dan $H_2S$, $NH_2^-$ beter dan $NH_3$, enz.

In overeenstemming hiermee zou verondersteld kunnen worden dat de nucleofielsterkte van een deeltje parallel zal lopen met zijn basesterkte, dat wil zeggen dat het vermogen om een elektronenpaar te doneren aan een elektronenarm centrum (zoals een positief gepolariseerd koolstofatoom) ongeveer even groot zal zijn als het vermogen om dit elektronenpaar te delen met $H^+$. Vaak is dat ook het geval, maar het hoeft niet noodzakelijk zo te zijn. Het vermogen een proton te binden - dus de basesterkte van een deeltje - wordt bepaald door de ligging van het zuur-base-evenwicht $\Delta G^\circ$ van een evenwicht), terwijl de nucleofielsterkte van een deeltje gekoppeld is aan de reactiesnelheid van een substitutiereactie ($\Delta G^\ddagger$ van een reactie).

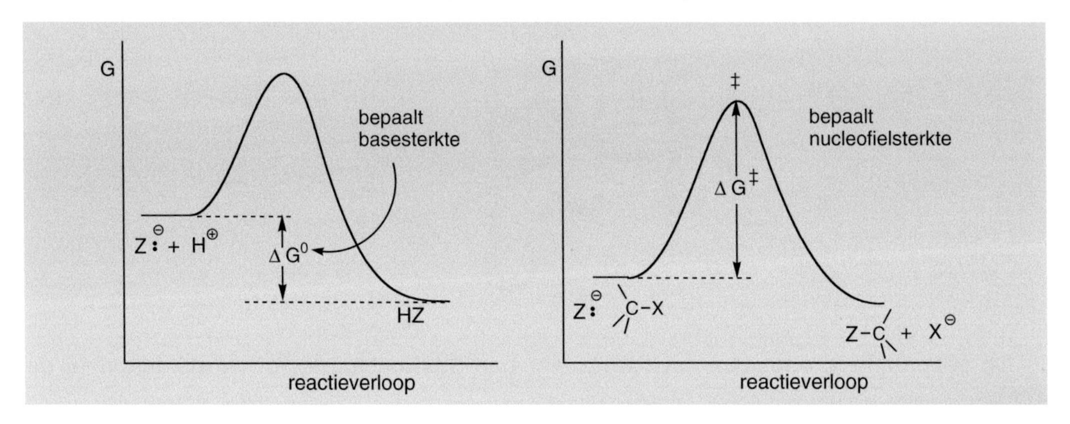


Voor de nucleofielsterkte van een deeltje zijn drie factoren van belang: de relatieve basesterkte van het deeltje, de polariseerbaarheid van het deeltje en de solvatatie van het deeltje. Wanneer steeds sterk verwante verbindingen met elkaar vergeleken worden, dan neemt de nucleofielsterkte toe als ook de basesterkte toeneemt. Bijvoorbeeld, binnen een serie deeltjes waarbij het zuurstofatoom steeds als nucleofiel of base optreedt, geldt:

$$H_3C{-}C(=O){-}\ddot{O}H < H_2\ddot{O}: < H_3C{-}C(=O){-}\ddot{O}:^\ominus < C_6H_5{-}\ddot{O}:^\ominus < :\ddot{O}H^\ominus < :\ddot{O}^\ominus{-}CH_3$$

toenemende basesterkte

toenemende nucleofielsterkte

De parallel tussen nucleofielsterkte en basesterkte geldt ook voor een serie nucleofiele atomen in dezelfde rij van het periodiek systeem.

$$H\ddot{F}: < H_2\ddot{O}: < H_3N:$$

toenemende basesterkte

en $:\ddot{F}:^{\ominus}$ < $^{\ominus}:\ddot{O}H$ < $H_2\ddot{N}:^{\ominus}$

⟹ toenemende nucleofielsterkte

Wanneer we daarentegen in dezelfde groep van het periodiek systeem van boven naar beneden gaan, neemt de nucleofielsterkte sterk toe met het toenemend atoomnummer van de deeltjes, terwijl de basesterkte juist afneemt, tenminste in oplosmiddelen als water en ethanol.

$C_6H_5-\ddot{O}:^{\ominus}$ < $C_6H_5-\ddot{S}:^{\ominus}$ $:\ddot{F}:^{\ominus}$ < $:\ddot{Cl}:^{\ominus}$ < $:\ddot{Br}:^{\ominus}$ < $:\ddot{I}:^{\ominus}$

⟸ toenemende basesterkte

⟹ toenemende nucleofielsterkte

De reden voor de toename in nucleofielsterkte bij de zwaardere atomen is dat de mate van *polariseerbaarheid* van een deeltje ook een belangrijke rol speelt voor de nucleofielsterkte. Een groot atoom is beter polariseerbaar dan een klein atoom. De valentie-elektronen in de buitenste schil van een groot atoom worden namelijk minder door de kern aangetrokken waardoor ze beweeglijker zijn. Dit houdt in dat deze elektronen in een goed polariseerbaar deeltje beter kunnen naderen tot een positief centrum, waardoor de nucleofiele aanval gemakkelijker verloopt.

$I^{\ominus}$ + C—X ⟶ $I^{\ominus}$ C—X ⟶ [I···C···X]$^{‡}$ ⟶ I—C + $X^{\ominus}$

polarisatie van de elektronenwolk van $I^{\ominus}$ — overgangstoestand

Tabel 9.4 geeft de relatieve reactiviteit van een aantal nucleofielen in een $S_N2$-reactie met methylbromide.

**Tabel 9.4. Relatieve nucleofielsterkte van een aantal nucleofielen in een $S_N2$-reactie met methylbromide. $Nu^{\ominus}: + CH_3\text{-}Br \rightarrow Nu\text{-}CH_3 + Br^{\ominus}$.**

| *Nucleofiel* | *Relatieve snelheid* | *Nucleofiel* | *Relatieve snelheid* |
|---|---|---|---|
| $HS:^{\ominus}$ | 125000 | $C_6H_5O:^{\ominus}$ | 8000 |
| $CN^{\ominus}$ | 125000 | $Cl:^{\ominus}$ | 1000 |
| $I:^{\ominus}$ | 100000 | $(CH_3)_3N:$ | 700 |
| $C_2H_5O^{\ominus}$ | 25000 | $CH_3COO:^{\ominus}$ | 500 |
| $HO:^{\ominus}$ | 16000 | $H_2O:$ | 1 |

De nucleofielsterkte van een deeltje wordt ook beïnvloed door de aanwezigheid van grote groepen. Grote groepen kunnen door sterische hindering de nadering tot het aan te vallen positieve centrum moeilijker maken. Het methoxide-ion, $CH_3O^-$, is een sterke base en een goed nucleofiel. Het verwante *tert*-butoxide $(CH_3)_3C\text{-}O^-$ heeft een iets grotere basesterkte, maar is een veel slechter nucleofiel vanwege de sterische hindering die de grote *tert*-butylgroep veroorzaakt.

Het oplosmiddel kan op verschillende manieren de nucleofielsterkte van een deeltje beïnvloeden. Een protisch oplosmiddel is in staat waterstofbruggen met het nucleofiel te vormen en het daardoor te stabiliseren, waardoor het minder reactief wordt. Aprotische oplosmiddelen zoals aceton, dimethylsulfoxide en dimethylformamide, vormen geen waterstofbruggen en verhogen daardoor de nucleofielsterkte van een deeltje.

## 9.7 Testreacties op $S_N1$- en $S_N2$-reactiviteit

Van het verschil in reactiviteit dat halogeenalkanen vertonen ten aanzien van een nucleofiele substitutie volgens een $S_N1$- en een $S_N2$-mechanisme, kan gebruik gemaakt worden bij een kwalitatieve test op de structuur van een halogeenalkaan. Wanneer een onbekend halogeenalkaan wordt behandeld met een reagens dat bij uitstek geschikt is om substitutie via een $S_N2$-mechanisme te geven, dan wijst een vlotte reactie op een allyl-, benzyl- of primair halogeenalkaan. Verloopt de reactie wat langzamer, dan hebben we waarschijnlijk te maken met een secundair halogeenalkaan. Reageert het onbekende halogeenalkaan helemaal niet, dan is het halogeenalkaan waarschijnlijk tertiair. Het reagens dat bij een dergelijke kwalitatieve test veel gebruikt wordt is een oplossing van *natriumjodide in aceton*. Het jodide-ion is een goed nucleofiel terwijl aceton net niet voldoende polair is om spontane carbokationvorming en dus een reactie van het $S_N1$-mechanisme mogelijk te maken. Natriumjodide is nog juist oplosbaar in aceton maar natriumbromide en natriumchloride zijn dit niet meer. Wanneer we nu een onbekend broom- of chlooralkaan in dit reagens oplossen, dan geeft de snelheid waarmee een neerslag van natriumbromide of natriumchloride gevormd wordt de snelheid van de $S_N2$-reactie weer.

$$R\text{—}CH_2\text{—}Cl \; + \; Na^{\oplus} \, I^{\ominus} \xrightarrow[\text{aceton}]{S_N2} R\text{—}CH_2\text{—}I \; + \; NaCl \downarrow$$

Een kwalitatieve test op de $S_N1$-reactiviteit van een halogeenalkaan kan worden uitgevoerd door het onbekende halogeenalkaan op te lossen in een oplossing van zilvernitraat in een mengsel van alcohol en water. Omdat het nitraation een zeer slecht nucleofiel is en ook alcohol en water slechts matige nucleofielen zijn, zal een substitutie volgens het $S_N2$-mechanisme niet zo snel optreden. Het oplosmiddel is evenwel voldoende polair om een eventuele vorming van een carbokation in een $S_N1$-reactie te stabiliseren. Als er een carbokation gevormd wordt, dan wordt tegelijkertijd een halogenide-ion afgesplitst dat met het $Ag^+$ onmiddellijk een neerslag van zilverhalogenide geeft.

$$R_3C{-}Br \xrightarrow[C_2H_5OH\,/\,H_2O]{Ag^{\oplus}\,NO_3^{\ominus}} R_3C^{\oplus} + AgBr\downarrow$$

$$R_3C^{\oplus} \xrightarrow[\text{snel}]{C_2H_5OH\,/\,H_2O} R_3C{-}OC_2H_5 + R_3C{-}OH$$

Allyl-, benzyl- en tertiaire halogeenalkanen reageren snel in dit testreagens; duurt de neerslagvorming langer dan is er waarschijnlijk een secundair halogeenalkaan aanwezig en treedt er in het geheel geen neerslagvorming op dan is het onbekende halogeenalkaan waarschijnlijk een primair halogeenalkaan (zie tabel 9.5).

Tabel 9.5. Reactiviteit van halogeenalkanen in $S_N1$ en $S_N2$ testreacties.

| *Halogeenalkaan* | *Formule* | *Neerslagvorming NaCl in een $S_N2$-reactie* | *Neerslagvorming AgCl in een $S_N1$-reactie* |
|---|---|---|---|
| benzylchloride | $C_6H_5CH_2Cl$ | direct | direct |
| allylchloride | $CH_2{=}CH\text{-}CH_2Cl$ | direct | na enkele seconden |
| butylchloride | $CH_3CH_2CH_2CH_2Cl$ | na enkele seconden | geen reactie |
| 2-propylchloride | $(CH_3)_2CHCl$ | na enkele minuten | na enkele minuten |
| t-butylchloride | $(CH_3)_3C\text{-}Cl$ | geen reactie | na enkele seconden |

## 9.8 Nucleofiele substitutie in biologische systemen

De nucleofiele substitutiereactie komt ook in biologische processen veelvuldig voor. Een duidelijk voorbeeld is de biologische methyleringsreactie waarbij een methylgroep wordt overgedragen van een elektrofiele donor naar een nucleofiel substraat.

$$\underset{\text{nucleofiel substraat}}{Nu{:}^{\ominus}} + \underset{\text{methyl-donor}}{CH_3{-}X{\sim}} \longrightarrow \underset{\text{gemethyleerd substraat}}{Nu{-}CH_3} + {:}X{\sim}^{\ominus}$$

In het laboratorium wordt voor de methylering van een substraat vaak methyljodide gebruikt maar dit reagens is voor levende organismen zeer schadelijk vanwege de ongecontroleerde reactiviteit. Levende organismen maken gebruik van het aminozuur methionine als biologische methylgroepdonor. Daartoe valt het zwavelatoom van methionine eerst als nucleofiel aan op adenosinetrifosfaat (ATP, zie § 25.4.1), waarbij in een $S_N2$-reactie de trifosfaatgroep als vertrekkende roep optreedt. Een verdergaande hydrolyse van dit trifosfaat in fosfaat ($P_i$) en difosfaat ($P_{ii}$) levert extra energie bij deze reactie. Hierbij ontstaat *S*-adenosylmethionine (SAM) dat een positieve lading op zwavel heeft (een sulfoniumion). Dit sulfoniumion kan uitstekend een nucleofiele substitie ondergaan omdat bij aanval van een nucleofiel op de methylgroep het neutrale sulfide als vertrekkende groep kan optreden. Dit is bijvoorbeeld het geval bij de vorming van adrenaline uit noradrenaline.

$$\text{ATP} + \text{methionine} \longrightarrow \text{S-adenosylmethionine (SAM)} + P_i + PP_i$$

$$\text{SAM} + \text{noradrenaline} \longrightarrow \text{sulfide} + \text{adrenaline} + H^{\oplus}$$

Het ogenschijnlijk ingewikkelde molecuul *S*-adenosylmethionine ondergaat dus in feite dezelfde eenvoudige nucleofiele substitutiereactie als het reagens methyljodide in een laboratoriumreactie. Het verschil is, dat de natuur geen gebruik maakt van jodide als vertrekkende groep maar van een sulfide.

De eenvoudige halogeenalkanen zijn meestal giftig voor levende organismen vanwege hun reactiviteit met nucleofiele aminogroepen $(-\ddot{N}H_2)$ en thiol groepen $(-\ddot{S}H)$ in enzymen. Wanneer enzymen gealkyleerd worden, verliezen ze doorgaans hun normale biologische activiteit.

$$\text{Enzym}\sim\ddot{N}H_2 + H_3C{-}Br \longrightarrow \text{Enzym}\sim\ddot{N}H{-}CH_3 + HBr$$

$$\text{Enzym}\sim\ddot{S}H + C_2H_5{-}I \longrightarrow \text{Enzym}\sim\ddot{S}{-}C_2H_5 + HI$$

Een bekend alkylerend reagens dat tijdens de eerste wereldoorlog veel slachtoffers heeft gemaakt, is mosterdgas. Het is zeer reactief in $S_N2$-reacties met nucleofiele groepen van eiwitten (enzymen). De hoge reactiviteit wordt toegeschreven aan de voorafgaande vorming van een sulfoniumion dat vervolgens een alkylerend vermogen heeft dat vergelijkbaar is met dat van *S* -adenosylmethionine.

$$Cl{-}CH_2{-}CH_2{-}\ddot{S}{<}(CH_2{-}CH_2{-}Cl) \xrightarrow{S_N2} Cl{-}CH_2{-}CH_2{-}\overset{\oplus}{S}{<}(CH_2)_2 + Cl^{\ominus}$$

mosterdgas — sulfoniumion

$H_2N$~~~eiwit (enzym)

$$\xrightarrow{S_N2} Cl{-}CH_2{-}CH_2{-}\ddot{S}{-}CH_2{-}CH_2{-}NH{\sim\sim}\text{eiwit}$$

gealkyleerd eiwit (enzym)

Halogeenalkanen worden ook toegepast als bestrijdingsmiddel, bijvoorbeeld om aaltjes (nematoden) in de bodem te verdelgen (nematiciden). De werking van een verbinding als nematicide is ongeveer evenredig met zijn gevoeligheid voor een $S_N2$-substitutie (reactiviteit gemeten t.o.v. NaI in aceton). Dit is een duidelijke aanwijzing dat de biologische activiteit op een $S_N2$-substitutie gebaseerd is. Tabel 9.6 laat zien dat er een redelijke correlatie bestaat tussen de $S_N2$-reactiviteit van het halogeenalkaan en de benodigde hoeveelheid stof om de helft van de nematoden te immobiliseren ($ED_{50}$).

Tabel 9.6. $S_N2$-reactiviteit en nematicidewerking (t.o.v. *Triponema semipenetrans*)

| *Verbinding* | *Relatieve $S_N2$-reactiviteit* | *$ED_{50}$ (mmol/l)* |
|---|---|---|
| $CH_2{=}CH{-}CH_2{-}Cl$ | 1,00 | 1,50 |
| $HC{\equiv}C{-}CH_2{-}Cl$ | 1,78 | 0,20 |
| $(Cl)(H)C{=}C(Cl)(CH_2{-}Cl)$ | 2,90 | 0,077 |
| $CH_2{=}CH{-}CH_2{-}Br$ | 506 | 0,075 |
| $HC{\equiv}C{-}CH_2{-}Br$ | 909 | 0,004 |

## 9.9 De eliminatiereactie

Behalve nucleofiele substitutiereacties kunnen halogeenalkanen ook eliminatiereacties ondergaan. Wanneer een halogeenalkaan R-X wordt behandeld met een base, dan kan HX geëlimineerd worden, waarbij een alkeen ontstaat.

$$-\overset{|}{\underset{\beta\,|\,H}{C}}-\overset{X}{\underset{\alpha\,|}{C}}- \; + \; :B^{\ominus} \longrightarrow \;>C{=}C<\; + \; HB \; + \; :X^{\ominus}$$

halogeenalkaan — base — alkeen — geprotoneerde base — halogenide-ion

De functie van de base is het onttrekken van een proton van de β-plaats ten opzichte van het halogeenatoom. De reactie wordt daarom een β-eliminatie genoemd. Ook deeltjes met nucleofiele eigenschappen kunnen in principe als basen optreden. $OH^-$ is wat dit betreft een typisch voorbeeld van een deeltje dat zowel de eigenschappen van een base, als die van een nucleofiel heeft. Het gedrag van zo'n deeltje is dan afhankelijk van de structuur van het halogeenalkaan en van de reactieomstandigheden. Het is heel goed mogelijk dat bij sommige reacties nucleofiele substitutie en elimininatie naast elkaar optreden. Evenals dat voor de nucleofiele substitutie het geval is, geldt ook voor de eliminatiereactie dat de structuur van het halogeenalkaan, de sterkte van de base en de aard van het oplosmiddel bepalend zijn voor het mechanisme waarmee de reactie verloopt. Ook bij de eliminatiereactie onderscheiden we een *monomoleculair* (**E1**) en een *bimoleculair* (**E2**) proces.

## *9.9.1 Het E1-mechanisme*

Het E1-mechanisme is sterk verwant aan het $S_N1$-mechanisme. In beide gevallen wordt een carbokation gevormd in de eerste, langzame stap van de reactie. In een eliminatiereactie volgens het E1-mechanisme vindt in de daaropvolgende snelle stap onder invloed van een base of het oplosmiddel de afsplitsing van een β-proton plaats en wordt daardoor een dubbele binding gevormd.

$$\mathrm{H{-}C{-}C{-}X} \xrightarrow[-X^{\ominus}]{\text{langzaam}} \mathrm{H{-}C{-}C^{\oplus}}$$

$$\mathrm{H{-}C{-}C^{\oplus}} + :B^{\ominus} \xrightarrow{\text{snel}} \mathrm{C{=}C}$$

Ook in een E1-mechanisme is de langzame vorming van het intermediaire carbokation snelheidsbepalend voor de reactie. Daardoor is de snelheid ook hier alleen afhankelijk van de concentratie van het halogeenalkaan.

$S_1 = k_1\,[RX]$ $E_1$, een reactie van de eerste orde; monomoleculair

De $S_N1$-substitutie en de E1-eliminatie hebben dus een gemeenschappelijke snelheidsbepalende stap, namelijk de vorming van het carbokation. De volgorde in reactiviteit van halogeenalkanen in een E1-reactie is daarom ook dezelfde als die voor de $S_N1$-reactie:

**tertiair** > **secundair** > **primair**

Een polair oplosmiddel werkt ook bevorderend op een E1-reactie. Tertiaire halogeenalkanen in een polair oplosmiddel geven daarom vaak E1-eliminatie en $S_N1$-substitutieprodukten naast elkaar.

$$(CH_3)_3C{-}Cl \xrightarrow[65^\circ C]{H_2O,\ C_2H_5OH} (CH_3)_3C^{\oplus} \longrightarrow (CH_3)_3C{-}OH + (H_3C)_2C{=}CH_2 + H^{\oplus}$$

*tert*-butylchloride → 64% *tert*-butanol + 36% 2-methylpropeen

De eliminatieproducten krijgen de overhand boven de substitutieproducten als er een sterke base in het reactiemilieu aanwezig is. In de getoonde voorbeelden zijn water, ethanol en methanol echter slechts zwakke basen waardoor er een ondermaat aan eliminatieproducten gevormd wordt.

Het intermediaire carbokation dat in de reactie van 2-broom-2-methylbutaan wordt gevormd, kan op twee manieren een proton afsplitsen. Afsplitsing van een proton van een van de naburige $CH_3$-groepen levert een eindstandig alkeen op, het wordt voor 8% gevormd. Afsplitsing van een proton van de naburige $CH_2$-groep geeft voor 27% een alkeen met de dubbele binding midden in de keten. We zien dus dat de vorming van dit laatste product de voorkeur heeft. Dit beeld is vrij algemeen voor een eliminatiereactie: wanneer er meer dan één alkeen gevormd kan worden dan heeft het alkeen met de minste H-atomen rond de dubbele binding de voorkeur. Anders gezegd: het meest gesubstitueerde alkeen wordt het meest gevormd (zie § 5.5).

$$H_3C{-}CH_2{-}C(Br)(CH_3){-}CH_3 \xrightarrow[CH_3OH]{langzaam} H_3C{-}CH_2{-}C^{\oplus}(CH_3){-}CH_3$$

2-broom-2-methylbutaan

$\xrightarrow[S_N1]{CH_3OH}$ $H_3C{-}CH_2{-}C(OCH_3)(CH_3){-}CH_3$ — 65% 2-methoxy-2-methylbutaan

$\xrightarrow[-H^{\oplus}]{E1}$ $H_3C{-}CH_2{-}C(=CH_2){-}CH_3$ — 8% 2-methyl-1-buteen

$+\ H_3C{-}CH{=}C(CH_3){-}CH_3$ — 27% 2-methyl-2-buteen

## 9.9.2 *Het E2-mechanisme*

Een eliminatiereactie die verloopt volgens een E2-mechanisme is een bimoleculair proces. Zowel het halogeenalkaan als de base spelen een rol in de overgangstoestand. Het E2-eliminatieproces verloopt in één stap. Abstractie van een β-proton door een base en afsplitsing van het halogenide-ion vinden gelijktijdig plaats.

$$B{:}^{\ominus} + H-\overset{|}{\underset{|}{C}}-\overset{|}{\underset{|}{C}}-X \longrightarrow \left[\overset{\delta-}{B}{:}\cdots H\cdots \overset{|}{\underset{|}{C}}{=}\overset{|}{\underset{|}{C}}\cdots {:}\overset{\delta-}{X}\right] \longrightarrow BH + \;\rangle C{=}C\langle\; + X{:}^{\ominus}$$

E2-overgangstoestand

De snelheid van een E2-reactie is dus zowel afhankelijk van de concentratie base als van de concentratie halogeenalkaan.

$S_2 = k_2$ [ RX ] [ B:⁻ ] E$_2$, een reactie van de tweede orde, bimoleculair

Tijdens de E2-reactie vindt tussen de reagerende deeltjes een ladingsverschuiving plaats; naarmate de reactie verder verloopt wordt de base steeds minder negatief en de vertrekkende groep steeds negatiever. Tegelijk krijgt de binding tussen de beide koolstofatomen steeds meer een dubbel bindingskarakter.

De sterische factoren die van belang zijn voor een E2-reactie zijn niet dezelfde als die voor een $S_N2$-reactie. In een E2-reactie moet een β-waterstofatoom geabstraheerd worden en deze zijn meestal goed bereikbaar voor een base. Daarom kunnen ook tertiaire en secundaire halogeenalkanen goed via een E2-mechanisme reageren. Het is zelfs zo dat secundaire en tertiaire halogeenalkanen in een E2-eliminatie doorgaans reactiever zijn dan primaire halogeenalkanen omdat in deze gevallen een meer gesubstitueerd - en daardoor stabieler - alkeen gevormd kan worden. Dit verschil in stabiliteit van de eindproducten is reeds voor een deel in de energie van de overgangstoestand van hun vormingsreactie terug te vinden (zie fig. 9.4).

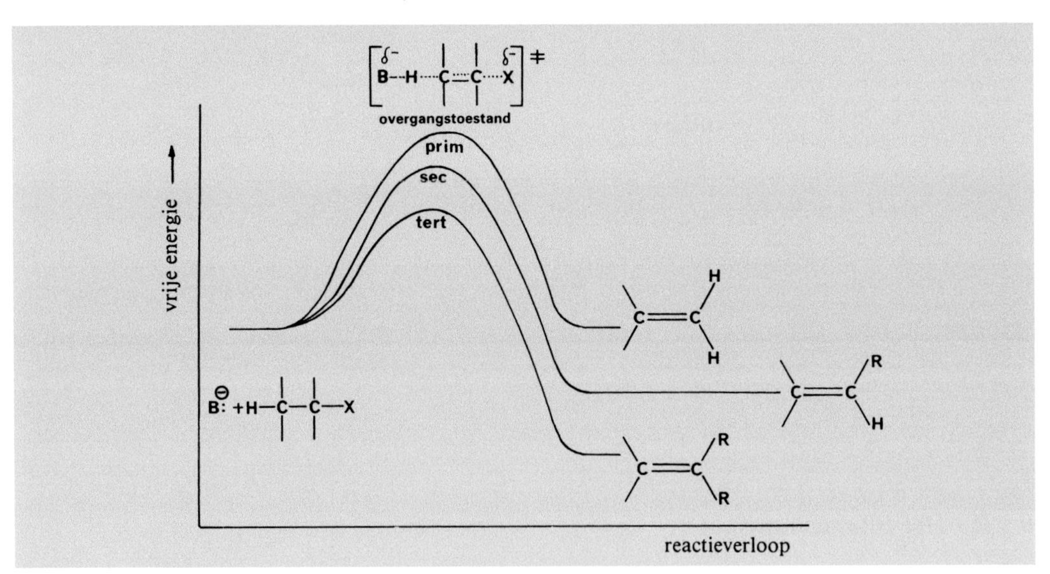


Fig. 9.4. Energiediagram voor de E2-eliminatie bij een primair, secundair en tertiair halogeenalkaan. Het meest gesubstitueerde alkeen wordt het gemakkelijkst gevormd.

Een E2-eliminatie verloopt *stereospecifiek*. De bij de reactie betrokken atomen, te weten de base, het proton, de twee koolstofatomen en de vertrekkende groep, moeten alle in één vlak liggen (periplanaire oriëntatie). Bij een E2-eliminatie bestaat er een zeer sterke voorkeur voor een overgangstoestand waarbij het proton en de vertrekkende groep *antiparallel* ten opzichte van elkaar staan, d.w.z. aan tegengestelde kanten van het molecuul zitten (anti-periplanaire oriëntatie). De orbitalen van de betrokken koolstofatomen staan dan het gunstigst georiënteerd om de nieuwe π-binding te vormen. Door deze oriëntatie geeft E2-eliminatie van HCl uit 2(*R*),3(*R*)-2-chloor-2,3-difenylbutaan *uitsluitend* Z-2,3-difenyl-2-buteen als product. Het type eliminatie wordt aangegeven met de term *anti-eliminatie* (zie ook § 15.7).

## 9.10 Weinig reactieve halogeenalkanen

In de voorgaande paragrafen hebben we gezien dat een nucleofiele substitutie bij halogeenalkanen volgens een $S_N1$- of $S_N2$-mechanisme kan optreden. In verschillende gevallen zijn deze mechanismen complementair: een tertiair halogeenalkaan reageert gemakkelijk volgens een $S_N1$-mechanisme, maar moeilijk volgens een $S_N2$-mechanisme. Een primair halogeenalkaan reageert gemakkelijk via een $S_N2$-mechanisme, maar niet via een $S_N1$-mechanisme. Er is echter een aantal halogeenalkanen die vanwege hun specifieke bouw zeer moeilijk of in het geheel geen nucleofiele substitutiereactie kunnen ondergaan. De positie van de halogeenatomen in deze verbindingen is in vier categorieën onder te brengen:

A. *Halogeenatomen aan een neopentylskelet*

Halogeenalkanen met een neopentylkoolstofskelet kunnen moeilijk een nucleofiele substitutiereactie ondergaan. Een $S_N1$-reactie zou via een hoog-energetisch primair carbokation moeten verlopen en dit is te ongunstig. Een $S_N2$ substitutie wordt sterisch zeer bemoeilijkt omdat de grote *tert*-butylgroep in de weg zit aan het koolstofatoom dat aangevallen moet worden door een nucleofiel (zie tabel 9.3).

$$CH_3-C(CH_3)_2-CH_2-Cl \xrightarrow{S_N1} \!\!\!\!\!\!\!\times\;\; CH_3-C(CH_3)_2-CH_2^{\oplus} + Cl^{\ominus}$$

neopentylchloride — neopentylkation
primair $C^{\oplus}$ wordt niet gevormd

$Nu:^{\ominus}$ — $(CH_3)_3C-CH_2^{\delta+}-Cl^{\delta-}$ $\xrightarrow{S_N2}$ ✕

afscherming van het C-atoom voor nucleofiele aanval

Opgemerkt moet worden dat het neopenstylskelet ook kan voorkomen in ingewikkelder verbindingen zoals in de volgende ringstructuren.

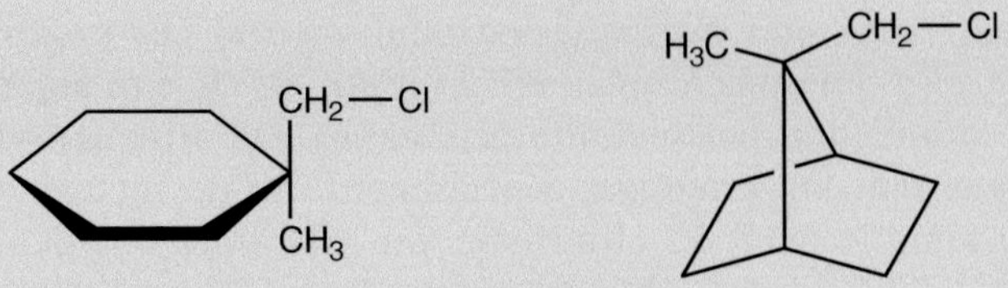

$CH_2—Cl$ $CH_3$ $H_3C$ $CH_2—Cl$

B. *Halogeenatomen aan een bruggenhoofd-koolstofatoom*
Wanneer halogeenatomen aan een bruggenhoofd-koolstofatoom verbonden zijn, is nucleofiele substitutie niet mogelijk. De starre configuratie van dit bruggenhoofd-koolstofatoom maakt inversie ($S_N2$) en $sp^2$-hybridisatie ($S_N1$-carbokation) onmogelijk. Bovendien kan een nucleofiel in een $S_N2$-reactie niet aan de achterkant van het koolstofatoom aanvallen.

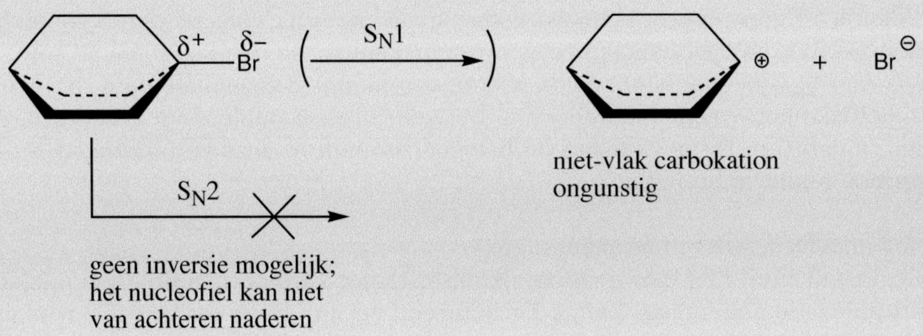

$\delta+$ $\delta-$ Br ( $S_N1$ → ) ⊕ + $Br^{\ominus}$

$S_N2$

geen inversie mogelijk;
het nucleofiel kan niet
van achteren naderen

niet-vlak carbokation
ongunstig

Reactie via een $S_N1$-mechanisme kan alleen verlopen via een hoog-energetisch nietvlak carbokation. Dat dit zeer moeilijk gaat, bewijzen de relatieve snelheden van de reacties van onderstaande verbindingen in 80% ethanol-water.

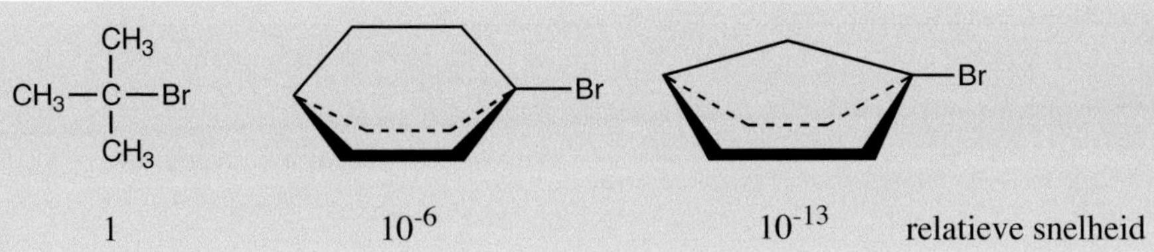

$CH_3—C(CH_3)_2—Br$ | Br | Br

| | | | |
|---|---|---|---|
| 1 | $10^{-6}$ | $10^{-13}$ | relatieve snelheid |

C. *Meerdere halogeenatomen aan hetzelfde koolstofatoom*
Verbindingen die meerdere halogeenatomen aan hetzelfde koolstofatoom bevatten zoals $CH_2Cl_2$, $CHCl_3$, $CCl_4$, $CF_2Cl_2$, $CFCl_3$, enz. kunnen moeilijk een nucleofiele substitutie ondergaan. Een $S_N1$-reactie verloopt moeilijk omdat het carbokation dat ontstaat bij afsplitsen van een halogenide-ion extra gedestabiliseerd wordt door de elektronenzuigende werking van de achtergebleven halogeenatomen.

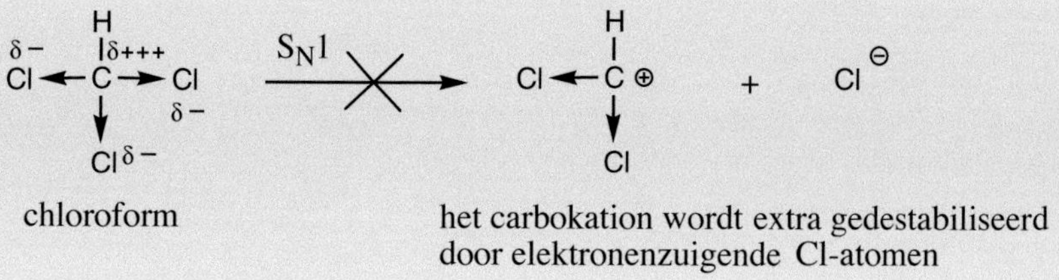

chloroform $\xrightarrow{S_N1}$ (geen reactie)

het carbokation wordt extra gedestabiliseerd door elektronenzuigende Cl-atomen

Een $S_N2$-reactie verloopt ook moeilijk omdat de elektronenrijke halogeenatomen de nadering van het eveneens elektronenrijke nucleofiel energetisch erg ongunstig maken.

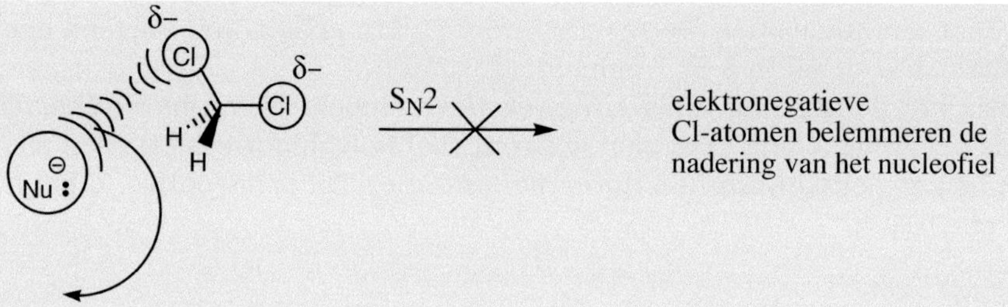

$S_N2$ (geen reactie)

elektronegatieve Cl-atomen belemmeren de nadering van het nucleofiel

D. *Halogeenatomen aan een sp²-gehybridiseerd koolstofatoom*

Vinylhalogeenverbindingen en arylhalogeenverbindingen geven erg moeilijk nucleofiele substitutiereacties.

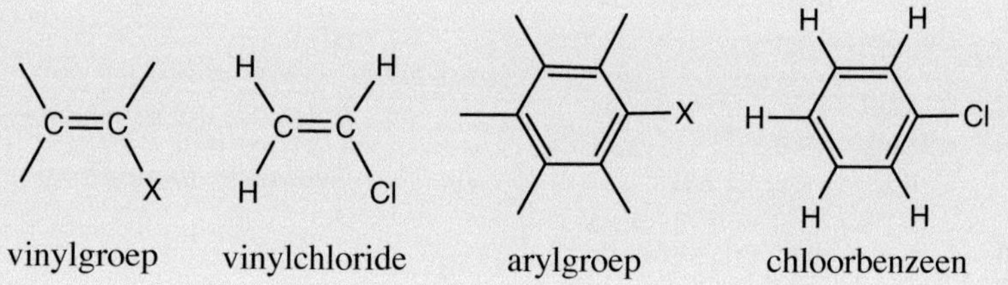

vinylgroep vinylchloride arylgroep chloorbenzeen

Een $S_N1$-reactie is weinig waarschijnlijk omdat een vinylkation een zeer onstabiel kation is dat niet gemakkelijk gevormd wordt.

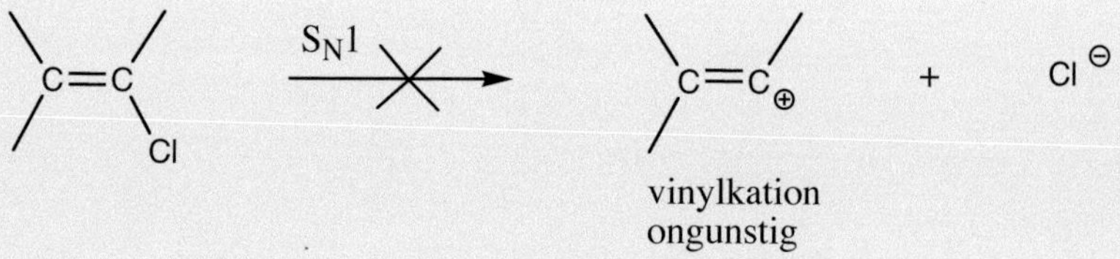

$S_N1$ (geen reactie)

vinylkation ongunstig

Ook een $S_N2$-reactie kan niet optreden, omdat door de directe nabijheid van de elektronenrijke dubbele binding een nucleofiel moeilijk kan aanvallen. Daarbij komt nog dat aryl- en vinylhalogeenverbindingen extra gestabiliseerd worden door een zekere mesomere bijdrage van het type:

Alleen wanneer de aromatische ring in arylhalogeenverbindingen voorzien is van sterk elektronenzuigende substituenten kan het halogeenatoom aan de ring vervangen worden door een nucleofiel. De reactie verloopt dan echter niet volgens het normale $S_N2$-mechanisme en zal in § 22.7 behandeld worden.

Op basis van de indeling van weinig reactieve chlooralkanen in bovenstaande categorieën is het gemakkelijk in te zien waarom veel polychloor-insecticiden zo langzaam in het milieu afgebroken worden (grote persistentie). Dit is bijvoorbeeld het geval voor dieldrin en DDT.

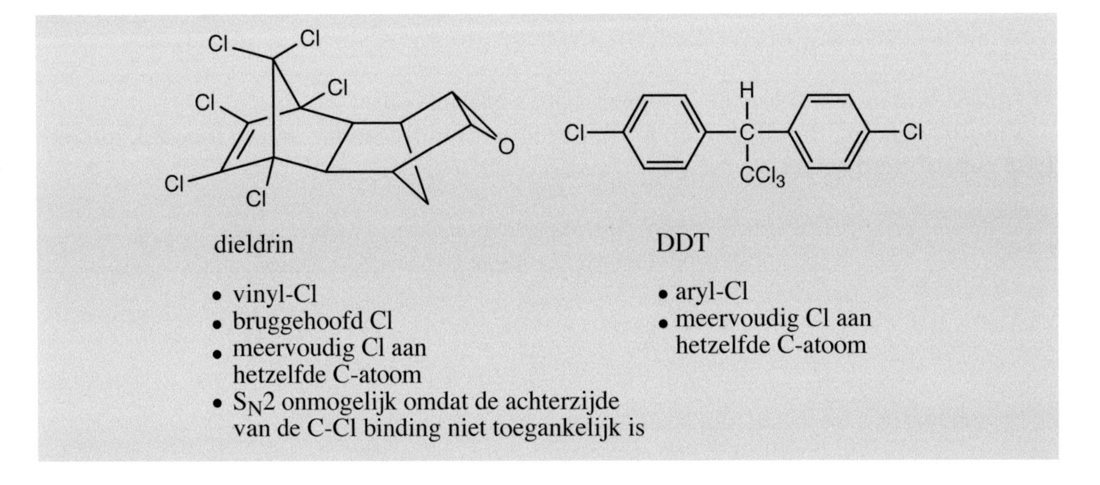

# 10 Alcoholen en thiolen

Alcoholen zijn verbindingen die afgeleid zijn te denken van water, waarbij één van de waterstofatomen is vervangen door een alkylgroep. De zwavelanaloga van deze verbindingen zijn de thiolen en deze zijn op dezelfde wijze afgeleid te denken van $H_2S$.

R—O—H alcohol

R—S—H thiol (mercaptaan)

Alle alcoholen bevatten de hydroxylgroep (OH-groep) en deze groep bepaalt sterk de eigenschappen van deze klasse van verbindingen. Uiteraard kan ook de structuur van de groep R van invloed zijn op de reactiviteit van een alcohol. Dit is vooral het geval wanneer de hydroxylgroep direct aan een aromatische ring zit. Deze verbindingen, de fenolen genaamd, hebben sterk afwijkende eigenschappen en worden daarom niet tot de alcoholen gerekend. Ze vormen een aparte klasse van verbindingen die in hoofdstuk 23 wordt behandeld.

Alcoholen komen veel voor in de natuur en hebben talrijke waardevolle industriële en farmaceutische toepassingen. Ethanol, vaak eenvoudigweg alcohol genoemd, is de bekendste alcohol. De productie door gisting van granen en suiker en de zuivering door destillatie was al bij de oude Grieken bekend. Een andere bekende alcohol is menthol dat veel wordt toegepast als geurstof en als bestanddeel in parfums. Cholesterol is een steroïd-alcohol dat in verband wordt gebracht met hart- en vaatziekten. Ondanks de zeer verschillende restgroepen vertonen deze verbindingen veel gemeenschappelijke chemische eigenschappen die berusten op de reactiviteit van de hydroxylgroep.

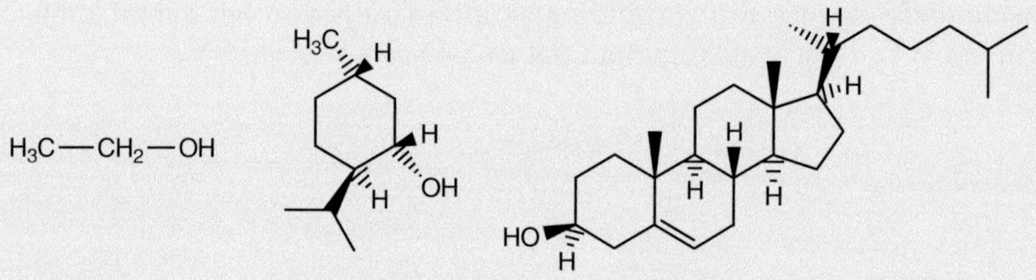

$H_3C—CH_2—OH$

ethanol   menthol   cholesterol

Thiolen vertonen in reactiegedrag veel overeenkomst met de alcoholen. Door de betere polariseerbaarheid van het zwavelatoom zijn de thiolen meestal wat reactiever dan de alcoholen.

De opvallendste fysische eigenschap van thiolen is hun verschrikkelijke geur. De lucht van stinkdieren wordt voornamelijk veroorzaakt door de eenvoudige thiolen 3-methyl-1-butaanthiol en 2-buteen-1-thiol. Aan aardgas, dat zelf reukloos is, worden kleine hoeveelheden thiolen toegevoegd om eventuele gaslekken te kunnen ruiken.

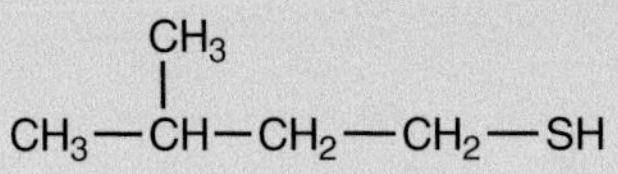

$CH_3-CH(CH_3)-CH_2-CH_2-SH$

3-methyl-1-butaanthiol

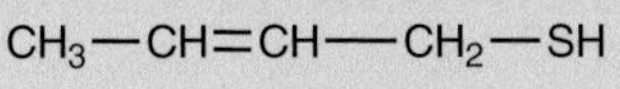

$CH_3-CH=CH-CH_2-SH$

2-buteen-1-thiol

## 10.1 Nomenclatuur

Het IUPAC-nomenclatuursysteem voor alcoholen volgt dezelfde regels als die voor de alkanen. De uitgang *-aan* van het corresponderende alkaan wordt bij alcoholen vervangen door de uitgang *-anol*. Zo nodig wordt de plaats van de hydroxylgroep aangegeven met een nummer voor de naam van de alcohol. In een ander veel toegepast nomenclatuursysteem wordt de naam van de alkylrest gevolgd door het woord *-alcohol*. Dus:

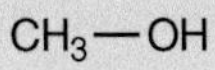

$CH_3-OH$
methanol
methylalcohol

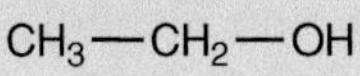

$CH_3-CH_2-OH$
ethanol
ethylalcohol

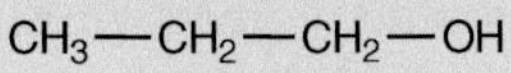

$CH_3-CH_2-CH_2-OH$
1-propanol
propylalcohol
(*n*-propanol)

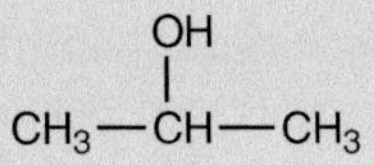

$CH_3-CH(OH)-CH_3$
2-propanol
isopropylalcohol
(isopropanol)

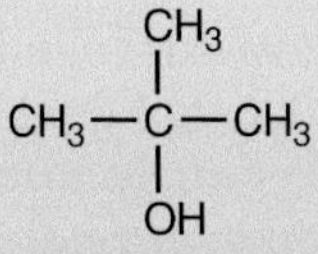

$CH_3-C(CH_3)(OH)-CH_3$
2-methyl-2-propanol
*tert*-butylalcohol
(*tert*-butanol)

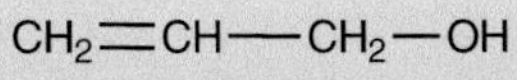

$CH_2=CH-CH_2-OH$
2-propeen-1-ol
allylalcohol

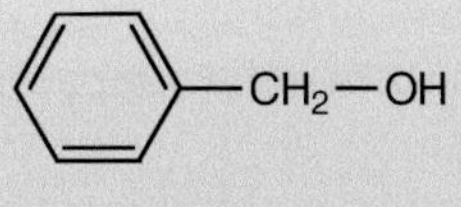

$C_6H_5-CH_2-OH$
benzylalcohol
(fenylmethanol)

Evenals bij de halogeenalkanen maken we ook bij de alcoholen onderscheid in primaire, secundaire en tertiaire verbindingen, afhankelijk van het aantal koolstofatomen dat gebonden is aan het koolstofatoom dat de OH-groep bevat.

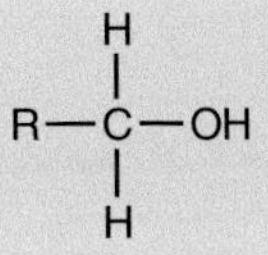

$R-CH_2-OH$
primair alcohol

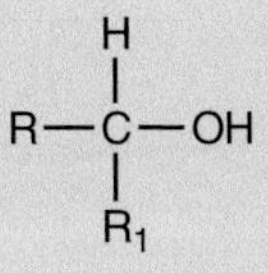

$R-CH(R_1)-OH$
secundair alcohol

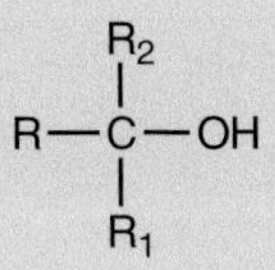

$R-C(R_1)(R_2)-OH$
tertiair alcohol

Verbindingen met twee OH-groepen worden diolen genoemd en verbindingen met drie OH-groepen triolen. Bij moleculen die tevens een hogere functionele groep bezitten kan de OH-groep ook als een substituent aangeduid worden en wordt dan aangegeven met het voorvoegsel *hydroxy-*, zoals in 3-hydroxybutaanzuur.

$CH_2(OH)-CH_2OH$ — 1,2-ethaandiol, ethyleenglycol, glycol

$CH_2(OH)-CH(OH)-CH_2OH$ — 1,2,3-propaantriol, glycerol, glycerine

*trans*-1,2-cyclohexaandiol

$\overset{4}{CH_3}-\overset{3}{CH}(OH)-\overset{2}{CH_2}-\overset{1}{COOH}$ — 3-hydroxybutaanzuur

De zwavelanaloga van de alcoholen zijn de thiolen, die ook mercaptanen genoemd worden. Bij thiolen wordt achter de uitgang *-aan* van het corresponderende alkaan de uitgang *-thiol* geplaatst. Ook wordt soms de naam van de alkylgroep geplaatst vóór de algemene naam mercaptaan maar deze nomenclatuur is nu door IUPAC verlaten.

$CH_3-CH_2-SH$ — ethaanthiol (ethylmercaptaan)

$CH_3-C(CH_3)(SH)-CH_3$ — 2-methyl-2-propaanthiol (*tert*-butylmercaptaan)

## 10.2 Fysische eigenschappen van alcoholen

Tabel 10.1 geeft de fysische eigenschappen van een aantal veel voorkomende alcoholen. Methanol, ethanol, *n*-propanol, isopropanol, *tert*-butylalcohol en veel meervoudige alcoholen zijn volledig mengbaar met water. De oplosbaarheid van de andere alcoholen in water is redelijk tot slecht, afhankelijk van het aantal koolstofatomen dat per hydroxylgroep in het molecuul aanwezig is. Een vuistregel hierbij is dat één hydroxylgroep doorgaans vier koolstofatomen in oplossing kan houden.

Tabel 10.1 Fysische eigenschappen van enige alcoholen.

| *Naam* | *Formule* | *Smeltpunt (°C)* | *Kookpunt (°C)* | *Oplosbaarheid in water (g/100 ml)* |
|---|---|---|---|---|
| methanol | $CH_3OH$ | -97 | 64,7 | ∞ |
| ethanol | $CH_3CH_2OH$ | -114 | 78,3 | ∞ |
| 1-propanol | $CH_3CH_2CH_2OH$ | -126 | 97,2 | ∞ |
| 2-propanol | $CH_3CHOHCH_3$ | -88 | 82,3 | ∞ |
| 1-butanol | $CH_3CH_2CH_2CH_2OH$ | -90 | 117,7 | 7,9 |
| 2-butanol | $CH_3CHOHCH_2CH_3$ | -114 | 99,5 | 12,5 |
| isobutanol | $(CH_3)_2CHCH_2OH$ | -108 | 107,9 | 10,0 |
| *tert*-butanol | $(CH_3)_3COH$ | 25 | 82,5 | ∞ |
| 1-pentanol | $CH_3CH_2CH_2CH_2CH_2OH$ | -78,5 | 138 | 2,3 |
| glycol | $HOCH_2CH_2OH$ | -12 | 198 | ∞ |
| glycerol | $HOCH_2CHOHCH_2OH$ | 18 | 290 | ∞ |

∞ = in iedere verhouding mengbaar

De kookpunten van alcoholen zijn veel hoger dan die van alkanen en de meeste andere verbindingen van vergelijkbare molecuulmassa. Bijvoorbeeld, butaan met molecuulmassa 58 D heeft een kookpunt van 0 °C, terwijl 1-propanol met molecuulmassa 60 D kookt bij 97 °C. Het hoge kookpunt en de goede oplosbaarheid in water wordt voornamelijk veroorzaakt door de mogelijkheid om waterstofbruggen te vormen (zie § 1.8.3).

waterstofbrugvorming in alcoholen

## 10.3 Methanol en ethanol

Methanol werd vroeger ook wel houtgeest genoemd omdat het gewonnen werd door droge destillatie van hout. Tegenwoordig wordt het onder meer gesynthetiseerd door hydrogenering van koolmonoxide bij hoge temperatuur en druk, onder invloed van een katalysator.

$$CO + 2\,H_2 \xrightarrow[\text{20 M Pa}]{CuCrO_2\ \ 400^{\circ}C} \underset{\text{methanol}}{CH_3OH}$$

Methanol is een van de goedkoopste chemicaliën in de organische chemie en wordt daarom dan ook gebruikt als grondstof voor tal van producten. Het is een kleurloze, brandbare vloeistof die in alle verhoudingen mengbaar is met water. Methanol is giftig; het werkt onder meer op de oogzenuwen, waardoor blindheid kan ontstaan. Ernstige vergiftiging veroorzaakt de dood. Methanol wordt vaak toegevoegd aan ethanol die niet voor consumptie bestemd is (gedenatureerde alcohol, bijvoorbeeld spiritus).

Ethanol is een van de weinige lagere alcoholen die in een behoorlijke hoeveelheid als natuurproduct voorkomt. De eigenschappen van ethanol als consumptieartikel zijn reeds bekend sinds mensen in de oudheid vruchten verzamelden en lieten gisten. Tijdens de gisting wordt ethanol gevormd doordat onder invloed van enzymen koolhydraten worden afgebroken. Het alcoholpercentage bij de natuurlijke gisting van druiven loopt op tot maximaal 12%. Wijn moet afgesloten bewaard worden want aan de lucht treedt verzuring op door enzymatische oxidatie van ethanol tot azijnzuur met behulp van zuurstof uit de lucht.

$$\underset{\text{glucose}}{C_6H_{12}O_6} \xrightarrow{\text{enzymen}} \underset{\text{ethanol}}{2\,C_2H_5OH} + 2\,CO_2$$

$$\underset{\text{ethanol}}{C_2H_5OH} + O_2 \xrightarrow{\text{enzymen}} \underset{\text{azijnzuur}}{CH_3COOH} + H_2O$$

Dranken die een hoger alcoholpercentage bevatten, worden bereid door destillatie. In gedestilleerde dranken is het alcoholpercentage zo hoog dat de enzymen die in wijn de ethanol in azijnzuur omzetten, niet meer werkzaam zijn. Verzuring van gedestilleerde dranken komt daarom niet voor.

In het lichaam wordt ethanol door de lever omgezet in kooldioxide en water. De menselijke lever kan ongeveer 8 gram ethanol per uur oxideren. Wanneer grotere hoeveelheden geconsumeerd worden, hoopt de alcohol zich op in het bloed. Daarbij geven concentraties lager dan 0,05% bij de meeste mensen nog geen duidelijke tekenen van dronkenschap. Hogere concentraties geven vermindering van het beoordelingsvermogen, afname van de spiercoördinatie en een toename van de reactietijd. Bijna iedereen vertoont deze effecten wanneer het alcoholgehalte in het bloed hoger is dan 0,2%. Concentraties van 1% of hoger maken het intreden van de dood tengevolge van storingen in de ademhaling en de bloedsomloop waarschijnlijk; het is echter zeker niet uitgesloten dat zoiets ook bij veel lagere concentraties kan optreden. In geval van een alcoholverslaving kan als ontwenningsmiddel onder andere *N,N,N',N'*-tetraëthylthiuramdisulfide worden toegepast door een pil onderhuids te plaatsen die deze stof langzaam vrijgeeft.

$$(C_2H_5)_2N-C(=S)-S-S-C(=S)-N(C_2H_5)_2$$

N,N,N',N'-tetraethylthiuramdisulfide

Dit middel verhindert dat de aceetaldehyde, die in de eerste stap van het oxidatieproces van ethanol wordt gevormd, verder omgezet wordt. Daardoor neemt de concentratie van aceetaldehyde in het lichaam sterk toe hetgeen leidt tot misselijkheid en braken. Dit weerhoudt de alcoholpatiënt ervan alcohol te gebruiken.

Voor gebruik in het laboratorium en in de industrie worden ethanol en verschillende andere laag-moleculaire alcoholen gesynthetiseerd uit alkenen. De zuurgekatalyseerde additie van water aan etheen, propeen, 1- of 2-buteen en isobuteen geeft respectievelijk ethanol, isopropanol, *sec*-butylalcohol en *tert*-butylalcohol.

$$\underset{\text{etheen}}{CH_2{=}CH_2} + H_2O \xrightarrow[140^\circ C]{H_2SO_4} \underset{\text{ethanol}}{CH_3-CH_2-OH}$$

$$\underset{\text{isobuteen}}{(H_3C)_2C{=}CH_2} + H_2O \underset{}{\overset{H_2SO_4}{\rightleftharpoons}} \underset{\textit{tert}\text{-butylalcohol}}{H_3C-C(CH_3)_2-OH}$$

### *Reacties van alcoholen*

De meeste reacties van alcoholen kunnen ruwweg in twee categorieën worden ingedeeld. De eerste categorie omvat de reacties waarbij de binding tussen zuurstof en waterstof wordt verbroken. Reacties waarin een alcohol optreedt als zuur (§ 10.4) of als nucleofiel (§ 10.5) vallen onder deze categorie.

verbreking O–H-binding

verbreking C–O-binding

De tweede categorie omvat reacties waarbij de binding tussen koolstof en zuurstof wordt verbroken. Reacties van dit type vertonen sterke overeenkomst met de substitutie- en eliminatiereacties, die bij de halogeenalkanen zijn behandeld. In tegenstelling tot een halogeenatoom kan een $OH^-$ groep zelf echter slecht als vertrekkende groep optreden en daarom is het meestal nodig deze eerst om te zetten in een betere vertrekkende groep. Dit kan op verschillende manieren gebeuren zoals in § 10.9 zal worden besproken.

## 10.4 Zure en basische eigenschappen van alcoholen en thiolen

Alcoholen hebben evenals water amfotere eigenschappen, dat wil zeggen dat ze afhankelijk van de reactieomstandigheden als zuur of als base kunnen reageren. Als een *alcohol als zuur* reageert dan wordt een proton afgestaan onder vorming van een anion. Dit anion wordt een alkoxide of een alcoholaat genoemd (vergelijk: hydroxide, $OH^-$).

$$C_2H_5OH \rightleftharpoons C_2H_5O^- + H^+$$

ethoxide
ethanolaat

Alkoxide-ionen worden het gemakkelijkst gemaakt door een reactie van natrium met de desbetreffende alcohol. Deze reactie is te vergelijken met de reactie van natrium met water, alleen reageert een alcohol minder fel.

$$H_2O + Na \longrightarrow Na^+ \; {}^-OH + 1/2\ H_2$$

$$CH_3OH + Na \longrightarrow CH_3O^- \; Na^+ + 1/2\ H_2$$

methanol — natriummethoxide, natriummethanolaat

De meeste alcoholen zijn zwakker zuur dan water. Dit komt omdat de negatieve lading op het zuurstofatoom van een alkoxide minder gunstig zit dan op $OH^-$. Een alkylgroep stuwt namelijk lading waardoor het anion extra wordt gedestabiliseerd. Daarbij komt nog dat de alkylgroep door zijn apolaire karakter een goede solvatatie van de lading op het zuurstofatoom hindert. Daarom zal een alkoxide in water snel een proton opnemen waarbij dan het hydroxide en de neutrale alcohol gevormd worden. Dit evenwicht ligt dus in belangrijke mate rechts.

$$R-\ddot{\underset{..}{O}}:^{\ominus} + H_2\ddot{\underset{..}{O}} \rightleftharpoons R-\ddot{\underset{..}{O}}-H + :\ddot{\underset{..}{O}}H^{\ominus}$$

Alleen wanneer de restgroep sterk elektronenzuigende substituenten bevat, splitst een alcohol gemakkelijker een proton af dan water. Dit is bijvoorbeeld het geval bij trifluorethanol (zie tabel 10.2).

*Thiolen* zijn zuurder dan alcoholen omdat de S-H-binding zwakker is dan de O-H-binding. Het thiolaatanion wordt gemakkelijker gevormd dan het alkoxide omdat de negatieve lading in het thiolaatanion beter verdeeld kan worden over het grote zwavelatoom (vergelijk de zuursterkte van $H_2S$ met die van $H_2O$). Ethaanthiol ($C_2H_5SH$) heeft een $pK_a$ van 10,5 en is dus veel zuurder dan ethanol met een $pK_a$ van 16. Een thiol kan dus in een thiolaatanion worden omgezet door een geconcentreerde oplossing van NaOH in water.

$$\underset{\text{ethaanthiol}}{C_2H_5\ddot{\underset{..}{S}}H} + :\ddot{\underset{..}{O}}H^{\ominus} \longrightarrow \underset{\text{ethaanthiolaat}}{C_2H_5\ddot{\underset{..}{S}}:^{\ominus}} + H_2\ddot{\underset{..}{O}}$$

Thiolen vormen onoplosbare zouten met lood-, kwik- en andere zware metaalionen. Deze reactie is van belang omdat veel enzymen thiolgroepen bevatten. Deze enzymen kunnen geïnactiveerd of neergeslagen worden door het toevoegen van kwikzouten.

$$2\,RSH + HgCl_2 \longrightarrow (RS)_2Hg \downarrow + 2\,HCl$$

Tabel 10.2. Zuursterkte ($pK_a$, t.o.v. water) van enige alcoholen en ethaanthiol.

| *Alcohol of thiol* | $pK_a$ |
|---|---|
| $(CH_3)_3COH$ | 18,0 |
| $CH_3CH_2OH$ | 16,0 |
| HOH(water) | 15,7 |
| $CF_3CH_2OH$ | 12,4 |
| $CH_3CH_2SH$ | 10,5 |

Evenals water kunnen *alcoholen* ook als *base* reageren en een proton opnemen. Bij reactie met een sterk zuur wordt een alkoxoniumion gevormd, deze reactie is vergelijkbaar met de vorming van een hydroxoniumion, $H_3O^+$.

$$H_3C{-}\ddot{\underset{\cdot\cdot}{O}}{-}H + H_2SO_4 \rightleftharpoons H_3C{-}\overset{H}{\underset{\cdot\cdot}{O^{\oplus}}}{-}H + HSO_4^{\ominus}$$

methanol — methoxoniumion

## 10.5 Nucleofiele eigenschappen van alcoholen en thiolen

Alcoholen en thiolen kunnen ook reageren als nucleofielen. Bij een reactie als nucleofiel valt een vrij elektronenpaar van het zuurstofatoom resp. het zwavelatoom aan op een elektronenarm centrum. Hierbij reageert een alcohol of thiol steeds op dezelfde wijze: een vrij elektronenpaar van de -OH of -SH-groep vormt een σ-binding naar het elektronenarme centrum en bij deze reactie wordt een proton afgestaan. Het onderstaande schema geeft enige belangrijke nucleofiele reacties van alcoholen op elektrofiele atomen. Thiolen geven hetzelfde type reacties, maar zijn door de betere polariseerbaarheid van het zwavelatoom sterkere nucleofielen.

Reacties met halogeenalkanen (§ 10.6)

$$R{-}OH + {>}C{-}Br \longrightarrow R{-}O{-}C{<} + HBr$$

Vorming van anorganische esters (§ 10.7)

$$R{-}OH + SO_3 \longrightarrow R{-}OSO_3H$$

$$R{-}OH + HNO_3 \longrightarrow R{-}ONO_2 + H_2O$$

Ringopening van epoxiden (§ 11.5)

$$R{-}OH + {>}\overset{O}{C{-}C}{<} \longrightarrow R{-}O{-}C{-}C{-}OH$$

Additie aan carbonylgroepen (§ 13.5)

$$R{-}OH + {>}C{=}O \longrightarrow R{-}O{-}C{-}OH$$

Substitutie in carbonzuurderivaten (§ 17.2)

$$R{-}OH + R'{-}\overset{O}{\overset{\|}{C}}{-}X \longrightarrow R'{-}\overset{O}{\overset{\|}{C}}{-}O{-}R + HX$$

De additie van alcoholen aan epoxiden en carbonylgroepen en de reacties van alcoholen met carbonzuren en derivaten daarvan zullen later in de aangegeven paragrafen behandeld worden.

## 10.6 Reacties met halogeenalkanen

Alcoholen zijn betrekkelijk zwakke nucleofielen; ze zijn bijvoorbeeld nauwelijks in staat om via een $S_N2$-mechanisme met halogeenalkanen te reageren. De nucleofielsterkte kan echter aanmerkelijk verhoogd worden door de alcohol eerst om te zetten in een alkoxide.

$$C_2H_5OH + H_3C{-}I \xrightarrow[S_N2]{\text{langzaam}} C_2H_5OCH_3 + HI$$

$$C_2H_5O^{\ominus} + H_3C{-}I \xrightarrow[S_N2]{\text{snel}} C_2H_5OCH_3 + I^{\ominus}$$

De reactie van alkoxiden met halogeenalkanen is een belangrijke methode voor de bereiding van ethers en staat bekend als de Williamson-synthese.

Thiolen en thiolaatanionen zijn betere nucleofielen dan hun zuurstof-analoga vanwege de grotere polariseerbaarheid van het zwavelatoom; vandaar dat reacties van thiolen met halogeenalkanen vlotter verlopen. Een $S_N2$-reactie van een halogeenalkaan met een thiol in aanwezigheid van een base geeft een sulfide.

$$C_2H_5SH + \text{base} \rightleftharpoons C_2H_5S^{\ominus} + \text{base H}^{\oplus}$$

$$C_2H_5S^{\ominus} + H_3C{-}I \xrightarrow[S_N2]{} C_2H_5S{-}CH_3 + I^{\ominus}$$

ethylmethylsulfide

## 10.7 Vorming van anorganische esters

Aanval van nucleofielen behoeft niet uitsluitend plaats te vinden op een elektronenarm koolstofatoom. Ook andere atomen zoals stikstof, fosfor en zwavel kunnen als elektrofiel centrum met nucleofielen reageren. Dit is het geval bij de reactie van alcoholen met anorganische zuren, waarbij anorganische esters ontstaan. Een alcohol vormt in rokend zwavelzuur een sulfaatester. Rokend zwavelzuur bevat als elektrofiel reagens vrij $SO_3$ waarop het zwak nucleofiele alcohol kan aanvallen.

$$R{-}\ddot{O}H + {}^{\oplus}S(=O)_2{-}O^{\ominus} \longrightarrow R{-}\overset{\oplus}{O}(H){-}S(=O)_2{-}O^{\ominus} \longrightarrow R{-}O{-}S(=O)_2{-}OH$$

alkylsulfaat

Op vergelijkbare wijze kunnen in nitreerzuur nitraatesters worden gevormd. Nitreerzuur is een mengsel van $HNO_3$ en $H_2SO_4$ en bevat $NO_2^+$ als elektrofiel deeltje.

$$HO{-}NO_2 + H_2SO_4 \rightleftharpoons H_2\overset{\oplus}{O}{-}NO_2 + HSO_4^{\ominus}$$

$$H_2\overset{\oplus}{O}{-}NO_2 \rightleftharpoons NO_2^{\oplus} + H_2O$$

$$R{-}\ddot{O}H + O{=}\overset{\oplus}{N}{=}O \longrightarrow R{-}O{-}\overset{\oplus}{N}(O^{\ominus}){=}O + H^{\oplus}$$

alkylnitraat

De nitraatesters van glycerol (verouderde benaming nitroglycerine) en andere polyhydroxy-verbindingen zijn zeer explosief. Dit komt omdat deze verbindingen veel zuurstof gebonden hebben dat gemakkelijk vrij gegeven kan worden bij een ontploffing. Daarbij treedt dan intramoleculair een zeer snelle, sterk exotherme verbranding op, waarbij uit een kleine hoeveelheid vaste stof of olie een grote hoeveelheid gasvormige producten gevormd worden. Door de grote reactiewarmte zijn deze gassen bovendien nog sterk uitgezet, waardoor in korte tijd een enorme volumevergroting plaatsvindt. Bij glyceroltrinitraat kan de ontleding al door een schok op gang gebracht worden en daarom is deze stof in gewone vorm niet geschikt om als explosiemiddel te gebruiken. Door adsorptie aan zaagsel of kiezelgoer vermindert de explosiegevoeligheid en wordt glyceroltrinitraat in de praktijk toepasbaar. Deze vorm is door de Zweed Alfred Nobel ontdekt en staat algemeen bekend als dynamiet.

$$4\ \begin{matrix} CH_2{-}ONO_2 \\ | \\ CH{-}ONO_2 \\ | \\ CH_2{-}ONO_2 \end{matrix} \longrightarrow 12\ CO_2 + 10\ H_2O + 6\ H_2 + O_2$$

De esters van fosforzuur zijn belangrijke verbindingen die in biologische processen een centrale rol spelen. De verbindingen die daar aangetroffen kunnen worden, zijn esters van ortho-, pyro- en trifosforzuur. Onder fysiologische omstandigheden (pH 7-8) komen deze esters voornamelijk voor als anionen (zie hoofdstuk 18).

De omzetting van een hydroxylgroep in een (pyro-)fosfaatgroep zet deze groep om in een goede vertrekkende groep, waardoor nucleofiele substitutie onder betrekkelijk milde omstandigheden kan optreden.

$$R{-}CH_2{-}O{-}P(=O)(O^{\ominus}){-}O^{\ominus}$$

alkylfosfaat

$$R{-}CH_2{-}O{-}P(=O)(O^{\ominus}){-}O{-}P(=O)(O^{\ominus}){-}O^{\ominus}$$

alkylpyrofosfaat

$$R{-}CH_2{-}O{-}P(=O)(O^{\ominus}){-}O{-}P(=O)(O^{\ominus}){-}O{-}P(=O)(O^{\ominus}){-}O^{\ominus}$$

alkyltrifosfaat

Een voorbeeld hebben we al gezien bij de biosynthese van terpenen, waar hydroxylgroepen omgezet worden in pyrofosfaat (OPP) groepen (zie § 7.3).

## 10.8 Substitutiereacties in alcoholen - De omzetting van de hydroxylgroep in een betere vertrekkende groep

De tweede categorie reacties die alcoholen kunnen ondergaan bestaat uit reacties waarbij de binding tussen koolstof en zuurstof wordt verbroken. In dit type reacties wordt de hydroxylgroep vervangen door een andere groep. Dit gebeurt echter niet rechtstreeks door afsplitsing van een $OH^-$ -groep want de OH—groep zelf kan niet goed als vertrekkende groep optreden, omdat de negatieve lading op $OH^-$ te weinig gestabiliseerd wordt ($OH^-$ is een te sterke base). Zelfs sterke nucleofielen zoals $I^-$ of $CN^-$ zijn niet in staat de OH—groep uit het molecuul te verdrijven.

$$I^{\ominus} + CH_3{-}OH \not\longrightarrow I{-}CH_3 + OH^{\ominus}$$

Dit betekent niet dat de OH-groep niet te vervangen is door een andere groep. Hiervoor zijn verschillende mogelijkheden die alle inhouden dat de OH-groep eerst wordt omgezet in een betere vertrekkende groep.

De eenvoudigste manier om een OH-groep in een beter vertrekkende groep om te zetten is **protonering** van de OH-groep. Daarna kan het neutrale watermolecuul als goede vertrekkende groep optreden.

In een geprotoneerde alcohol treedt bovendien een versterkte polarisatie van de C-O-binding op als gevolg van de positieve lading op het zuurstofatoom. De aanval van het nucleofiel op dit sterker positief gepolariseerde koolstofatoom wordt daardoor gemakkelijker.

$$\overset{\delta+}{-C}-\overset{\delta-}{\ddot{O}H} + H^{\oplus} \rightleftharpoons \overset{\delta++}{-C}\rightarrow \overset{\oplus}{\ddot{O}H_2}$$

$$Nu{:}^{\ominus} + \overset{\delta++}{-C}-\overset{\oplus}{\ddot{O}H_2} \longrightarrow Nu{-}C{-} + H_2O$$

Bij reactie van een alcohol met geconcentreerd HC1, HBr of HI ontstaat op deze wijze een halogeenalkaan. Het sterke zuur protoneert de OH-groep en het halogenide-ion treedt op als nucleofiel.

*Primaire alcoholen* reageren met een geconcentreerd halogeen-waterstofzuur via een $S_N2$-mechanisme:

$$HI + \underset{\text{primair alcohol}}{CH_3CH_2{-}OH} \rightleftharpoons I^{\ominus} + CH_3CH_2{-}\overset{\oplus}{O}H_2 \xrightarrow{S_N2} I{-}CH_2CH_3 + H_2O$$

*Secundaire alcoholen en tertiaire alcoholen* reageren via een $S_N1$-mechanisme:

$$(CH_3)_3C{-}OH + H^{\oplus} \rightleftharpoons (CH_3)_3C{-}OH_2^{\oplus} \xrightarrow[S_N1]{-H_2O} (CH_3)_3C^{\oplus} \xrightarrow{+Cl^{\ominus}} (CH_3)_3C{-}Cl$$

tertiair alcohol

$$H_3C{-}C(CH_3)_2{-}CH(OH){-}CH_3 + H^{\oplus} \rightleftharpoons H_3C{-}C(CH_3)_2{-}CH(OH_2^{\oplus}){-}CH_3 \xrightarrow{-H_2O} H_3C{-}C(CH_3)_2{-}CH^{\oplus}{-}CH_3$$

secundair alcohol

*sec*-$C^{\oplus}$-ion

$$\xrightarrow{+Br^{\ominus}} H_3C{-}C(CH_3)_2{-}CHBr{-}CH_3$$

$$CH_3{-}C^{\oplus}(CH_3){-}CH(CH_3){-}CH_3 \xrightarrow{+Br^{\ominus}} CH_3{-}CBr(CH_3){-}CH(CH_3){-}CH_3$$

*tert*-$C^{\oplus}$-ion

Omdat bij dit laatste type reactie een carbokation als intermediair optreedt, moet vooral bij secundaire alcoholen rekening gehouden worden met het optreden van omleggingen, vooral wanneer daarbij een stabieler carbokation gevormd kan worden.

De functie van $H^{\oplus}$ om de OH-groep om te zetten in een betere vertrekkende groep kan ook worden vervuld door een ander Lewis-zuur, zoals zinkchloride. Een oplossing van zinkchloride in geconcentreerd zoutzuur (Lucas-reagens) is een eenvoudig reagens om onderscheid te maken tussen wateroplosbare primaire, secundaire en tertiaire alcoholen. Tertiaire alcoholen reageren zeer snel met dit reagens en vormen daarbij de niet in water oplosbare alkylchloriden. Secundaire alcoholen reageren veel langzamer waarbij het wel enige minuten duurt voor een troebeling zichtbaar wordt als gevolg van de vorming van alkylchloride. Primaire alcoholen reageren alleen na enige tijd verwarmen van de oplossing.

$$R{-}\ddot{O}H + ZnCl_2 \rightleftharpoons R{-}O^{\oplus}(H){-}ZnCl_2^{\ominus} \xrightarrow[S_N1]{-HOZnCl_2^{\ominus}} R^{\oplus} \xrightarrow{Cl^{\ominus}} R{-}Cl$$

Lewis-zuur

snel voor een tertiaire alcohol

$$R{-}O^{\oplus}(H){-}ZnCl_2^{\ominus} \xrightarrow[S_N2]{Cl^{\ominus}} R{-}Cl + HOZnCl_2^{\ominus}$$

langzaam voor een primaire alcohol; langzamer voor een secundaire alcohol

Een andere mogelijkheid om de OH-groep om te zetten in een goede vertrekkende groep is de omzetting in een ester van een anorganisch zuur, bijvoorbeeld in een fosfaat- of een sulfaatgroep. Een voorbeeld hiervan hebben we reeds gezien bij de biosynthese van terpenen waar de OH-groep wordt omgezet in de goed vertrekkende pyrofosfaatgroep.

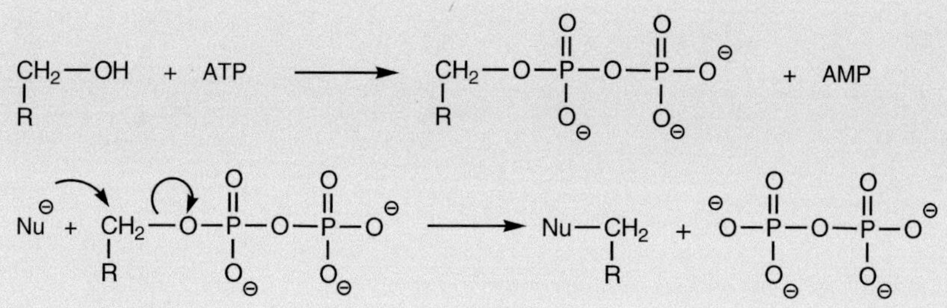

Een zeer bruikbare laboratoriummethode om de OH-groep om te zetten in een goede vertrekkende groep is de reactie met *p*-tolueensulfonylchloride. Hierbij wordt de OH-groep omgezet in een sulfonaatgroep.

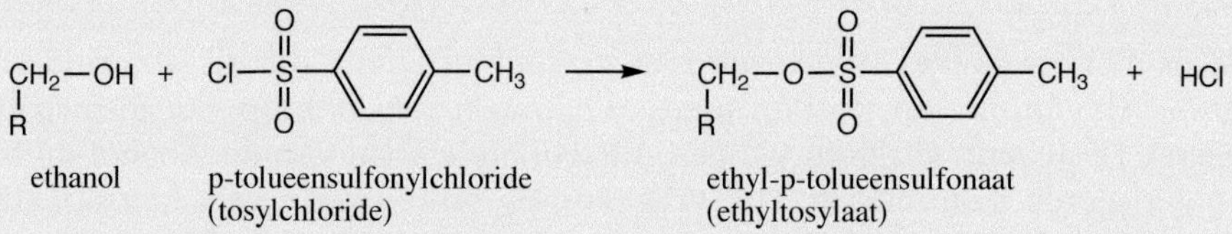

ethanol  p-tolueensulfonylchloride (tosylchloride)  ethyl-p-tolueensulfonaat (ethyltosylaat)

De sulfonaatgroep is een zeer goede vertrekkende groep omdat bij vertrek de negatieve lading uitgebreide stabilisatie door mesomerie ondervindt. Een sulfonaatester kan dan ook zeer gemakkelijk een nucleofiele substitutie ondergaan.

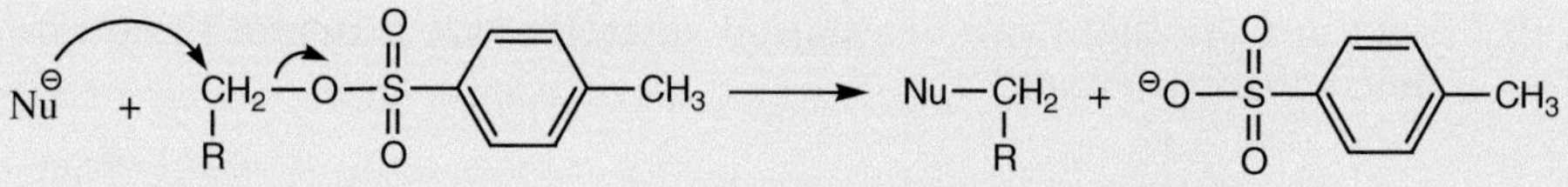

Het omzetten van de OH-groep in een betere vertrekkende groep kan ook plaatsvinden door de OH-groep als geheel te vervangen door een halogeenatoom. Een geschikt reagens hiervoor is thionylchloride, $SOC1_2$. De reactie met thionylchloride verloopt doorgaans zonder nevenreacties en heeft als bijkomend voordeel dat de bijprodukten, HC1 en $SO_2$, als gassen ontwijken uit het reactiemengsel. Daardoor loopt de reactie volledig af en is isolatie van het gevormde halogeenalkaan uit het reactiemilieu eenvoudig. Een bijzonder aspect van deze reactie is dat de omzetting van een alcohol naar een halogeenalkaan onder bepaalde omstandigheden met retentie (= behoud) van configuratie verloopt. Dit kan van belang zijn bij reacties met chirale alcoholen waarbij de configuratie rond het koolstofatoom dat de OH-groep bevat niet mag veranderen. De reactie verloopt via een interne nucleofiele substitutie ($S_Ni$), waardoor de configuratie rond het asymmetrische koolstofatoom behouden blijft. Het in eerste instantie gevormde chloorsulfiet geeft een ionpaar dat snel $SO_2$ afsplitst en een alkylchloride vormt zonder dat inversie van configuratie kan optreden.

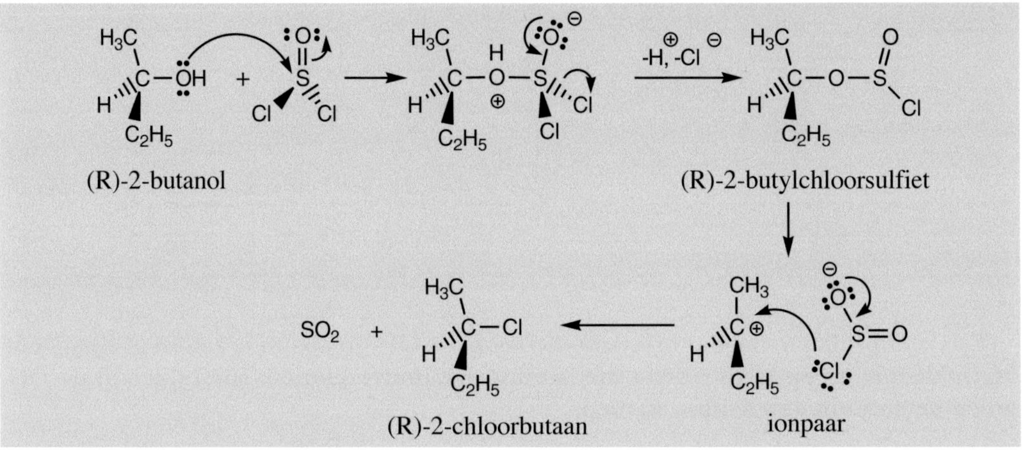

(R)-2-butanol

(R)-2-butylchloorsulfiet

(R)-2-chloorbutaan

ionpaar

$SOBr_2$ is niet erg stabiel en daarom niet zo goed bruikbaar om alkylbromiden te synthetiseren. Alkylbromiden worden meestal gemaakt met behulp van fosfortribromide als reagens. De reactie verloopt via een nucleofiele aanval van de alcohol op het positief gepolariseerde fosforatoom. Het vrijgekomen bromide-ion valt daarna aan op het fosforderivaat. Primaire alcoholen ondergaan daarbij een $S_N2$-reactie, tertiaire alcoholen reageren via een $S_N1$-reactie en bij secundaire alcoholen is het mechanisme afhankelijk van de reactieomstandigheden.

Het gemak waarmee een aantal vertrekkende groepen een nucleofiele substitutie ondergaat is weergegeven in tabel 10.3.

**Tabel 10.3. Relatieve snelheid van een aantal vertrekkende groepen in een nucleofiele substitutiereactie.**

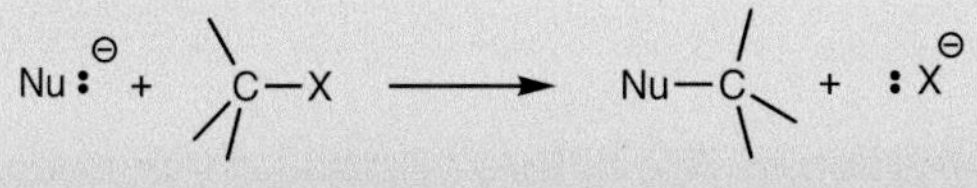

$$Nu:^{\ominus} + \ce{>C-X} \longrightarrow Nu-C\!\!< + :X^{\ominus}$$

| Vertrekkende groep | Relatieve snelheid |
|---|---|
| $CH_3-C_6H_4-SO_2-O^{\ominus}$ | 300 |
| $I^{\ominus}$ | 150 |
| $Br^{\ominus}$ | 50 |
| $H_2O$ | 50 |
| $Cl^{\ominus}$ | 1 |
| $F^{\ominus}$ | 0,005 |

toenemende basesterkte ⇓

$$3\ RCH_2{-}OH + PBr_3 \longrightarrow 3\ RCH_2{-}Br + H_3PO_3$$

$$RCH_2{-}\ddot{O}H + PBr_3 \longrightarrow RCH_2{-}\overset{\oplus}{O}H{-}PBr_2 + Br^{\ominus} \longrightarrow Br{-}CH_2R + HO{-}PBr_2$$

## 10.9 Eliminatie van water uit alcoholen

Alcoholen kunnen naast substitutiereacties ook gemakkelijk eliminatiereacties ondergaan nadat de OH-groep in een goede vertrekkende groep is omgezet. De meest voorkomende reactie is wel de eliminatie van water onder invloed van zuur (dehydratatie).

$$\text{cyclohexanol} + H_3PO_4\ (85\%) \xrightarrow{100\text{-}140^\circ C} \text{cyclohexeen} + H_2O$$

$$(CH_3)_3C{-}OH + H_2SO_4 \underset{}{\overset{60^\circ C}{\rightleftharpoons}} (H_3C)_2C{=}CH_2 + H_2O$$

Tertiaire alcoholen ondergaan gemakkelijker dehydratatie dan secundaire en deze weer gemakkelijker dan primaire. Deze volgorde in reactiviteit wijst op een reactiemechanisme dat verloopt via carbokationen als intermediairen.

$$R{-}CH_2{-}CH(OH){-}R' + H^{\oplus} \rightleftharpoons R{-}CH_2{-}CH(\overset{\oplus}{O}H_2){-}R' \rightleftharpoons$$

$$R{-}CH_2{-}\overset{\oplus}{C}H{-}R' + H_2O \rightleftharpoons R{-}CH{=}CH{-}R' + H_3O^{\oplus}$$

Het mechanisme voor de zuurgekatalyseerde dehydratatie van alcoholen verloopt in feite identiek aan dat voor de zuurgekatalyseerde additie van water aan alkenen, maar dan in omgekeerde richting. Het zuurstofatoom van de hydroxylgroep wordt dus geprotoneerd, waarna water als vertrekkende groep afsplitst. Het gevormde carbokation splitst daarna een proton af onder vorming van het alkeen. Het zal duidelijk zijn dat het voor de dehydratatie van alcoholen voordelig is water aan het reactiemilieu te onttrekken, terwijl additie van water aan alkenen juist beter zal verlopen in aanwezigheid van een overmaat water. Dehydratatiereacties die meer dan één alkeen kunnen opleveren geven het meest gesubstitueerde alkeen als hoofdproduct (zie § 5.6).

$$CH_3-\underset{CH_3}{\overset{H}{C}}-\overset{OH}{CH}-CH_2-CH_3 \xrightarrow[-H_2O]{+H^{\oplus}} CH_3-\underset{CH_3}{\overset{H}{C}}-\overset{\oplus}{C}H-CH_2-CH_3$$

$$\xrightarrow{-H^{\oplus}} (H_3C)_2C=CH-CH_2-CH_3 \quad \text{hoofdproduct}$$

$$\xrightarrow{-H^{\oplus}} CH_3-\underset{CH_3}{\overset{H}{C}}-CH=CH-CH_3 \quad \text{nevenproduct}$$

Tijdens deze evenwichtsreacties kunnen omleggingen van intermediaire secundaire carbokationen naar het stabielere tertiaire carbokation optreden. Een illustratief voorbeeld vinden we bij de dehydratatiereactie van 3,3-dimethyl-2-butanol. Hierbij ontstaat vrijwel uitsluitend het omgelegde 2,3-dimethyl-2-buteen als product. Hetzelfde intermediaire secundaire carbokation kan gevormd worden door additie van een proton aan 3,3-dimethyl-1-buteen waarna op dezelfde wijze 2,3-dimethyl-2-buteen gevormd wordt (zie ook § 5.7).

$$CH_3-\underset{CH_3}{\overset{CH_3}{C}}-\underset{H}{\overset{OH}{C}}-CH_3 \xrightarrow[-H_2O]{+H^{\oplus}} CH_3-\underset{CH_3}{\overset{CH_3}{C}}-\underset{H}{\overset{\oplus}{C}}-CH_3 \;\underset{+H^{\oplus}}{\overset{\not\rightarrow}{\longleftarrow}}\; CH_3-\underset{CH_3}{\overset{CH_3}{C}}-CH=CH_2$$

*sec*-C$^{\oplus}$-ion — 3,3-dimethyl-1-buteen

$$\downarrow$$

$$CH_3-\overset{\oplus}{\underset{CH_3}{C}}-\underset{H}{\overset{CH_3}{C}}-CH_3 \xrightarrow{-H^{\oplus}} (H_3C)_2C=C(CH_3)_2$$

*tert*-C$^{\oplus}$-ion — 2,3dimethyl-2-buteen

Als gevolg van concurrentie tussen verschillende reactiemogelijkheden geven veel reacties niet uitsluitend één reactieproduct maar een meer of minder complex mengsel van verbindingen. Vaak is het echter mogelijk de opbrengst van het gewenste product te verbeteren door de reactieomstandigheden aan te passen. Een voorbeeld van de manier waarop de reactieomstandigheden in hoge mate de productvorming bepalen, zien we in de reactie van ethanol met zwavelzuur.

In koud, geconcentreerd zwavelzuur lost ethanol goed op en vormt langzaam de zwavelzure ester. Het gevormde ethylsulfaat is bij lage temperatuur stabiel en ondergaat dan verder geen nucleofiele substitutie- of eliminatiereactie. Wanneer echter het ethanol-zwavelzuur-mengsel wordt verhit tot 130 °C treedt wel een substitutiereactie op waarbij ethanol als nucleofiel optreedt en diëthylether als reactieproduct ontwijkt.

Bij verwarming van het ethanol-zwavelzuur-mengsel boven 150 °C wint de eliminatiereactie het van de substitutiereactie en wordt etheen gevormd.

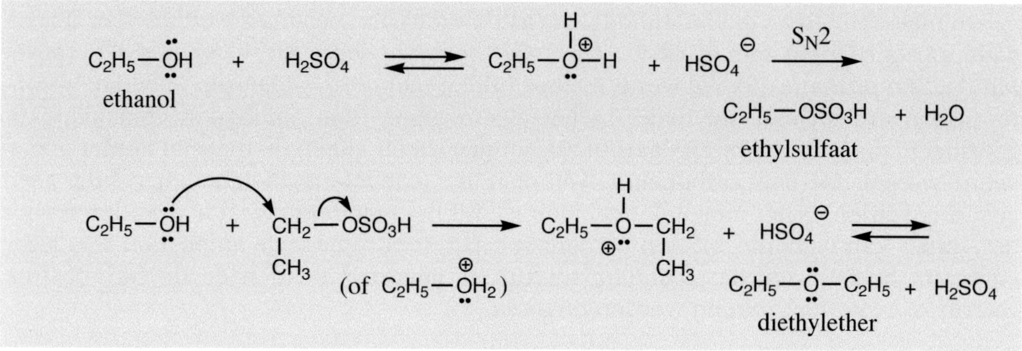

$$C_2H_5-\ddot{O}H + H_2SO_4 \rightleftharpoons C_2H_5-\overset{H}{\underset{\cdot\cdot}{O^{\oplus}}}-H + HSO_4^{\ominus} \xrightarrow{S_N2} C_2H_5-OSO_3H + H_2O$$

ethanol — ethylsulfaat

$$C_2H_5-\ddot{O}H + \underset{CH_3}{CH_2}-OSO_3H \;(\text{of } C_2H_5-\overset{\oplus}{O}H_2) \longrightarrow C_2H_5-\overset{H}{\overset{|}{O^{\oplus}}}-\underset{CH_3}{CH_2} + HSO_4^{\ominus} \rightleftharpoons C_2H_5-\ddot{O}-C_2H_5 + H_2SO_4$$

diethylether

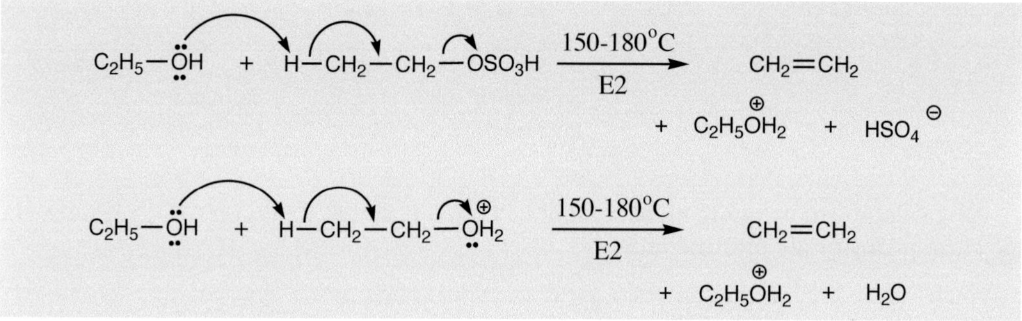

$$C_2H_5-\ddot{O}H + H-CH_2-CH_2-OSO_3H \xrightarrow[E2]{150\text{-}180^{\circ}C} CH_2{=}CH_2 + C_2H_5\overset{\oplus}{O}H_2 + HSO_4^{\ominus}$$

$$C_2H_5-\ddot{O}H + H-CH_2-CH_2-\overset{\oplus}{O}H_2 \xrightarrow[E2]{150\text{-}180^{\circ}C} CH_2{=}CH_2 + C_2H_5\overset{\oplus}{O}H_2 + H_2O$$

## 10.10 Oxidatie van alcoholen

Oxidatie van primaire alcoholen geeft aldehyden, die eventueel verder geoxideerd kunnen worden tot carbonzuren. Secundaire alcoholen geven bij oxidatie ketonen en tertiaire alcoholen reageren niet met de gebruikelijke oxidatiemiddelen. Met krachtiger oxidatiemiddelen wordt een tertiair alcohol afgebroken tot kleinere moleculen.

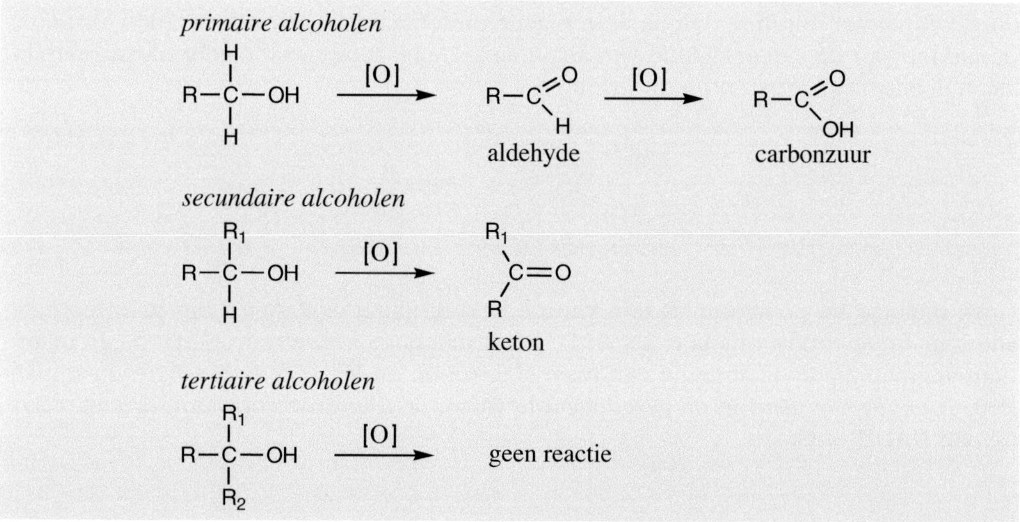

*primaire alcoholen*

$$R-\overset{H}{\underset{H}{C}}-OH \xrightarrow{[O]} R-C(=O)H \xrightarrow{[O]} R-C(=O)OH$$

aldehyde — carbonzuur

*secundaire alcoholen*

$$R-\overset{R_1}{\underset{H}{C}}-OH \xrightarrow{[O]} R_1(R)C{=}O$$

keton

*tertiaire alcoholen*

$$R-\overset{R_1}{\underset{R_2}{C}}-OH \xrightarrow{[O]} \text{geen reactie}$$

De meest gangbare oxidatiemiddelen (oxidatoren) die toegepast worden voor de oxidatie van alcoholen zijn $K_2Cr_2O_7$ en $CrO_3$ (bevatten ieder $Cr^{6+}$) en $KMnO_4$ (bevat $Mn^{7+}$). Een primaire alcohol wordt in zuur milieu met deze oxidatoren in eerste instantie geoxideerd tot een aldehyde. In het algemeen worden aldehyden gemakkelijker geoxideerd dan alcoholen en daarom zal het gevormde aldehyde meestal verder geoxideerd worden tot een carbonzuur. Wanneer de reactieomstandigheden echter goed gekozen worden, is het mogelijk het aldehyde uit het reactiemengsel te destilleren voor het verder kan oxideren tot een carbonzuur. Dit komt omdat de aldehyden een lager kookpunt hebben dan de alcoholen waaruit ze gevormd worden en de carbonzuren waarin ze eventueel zouden worden omgezet.

$$CH_3-CH_2-OH \xrightarrow[H^{\oplus}]{CrO_3} CH_3-C(=O)-H \xrightarrow[H^{\oplus}]{CrO_3} CH_3-C(=O)-OH$$

ethanol kookpunt 78°C — aceetaldehyde kookpunt 21°C — azijnzuur kookpunt 118°C

De oxidatie van primaire en secundaire alcoholen met $K_2Cr_2O_7$ en $CrO_3$ verloopt via de chromaatester als intermediair:

$$CrO_3 + H_2O \rightarrow H_2CrO_4 \leftarrow K_2Cr_2O_7 + H_2SO_4$$

$$R_1R\,C(H)(OH) + H_2CrO_4 \longrightarrow R_1R\,C(H)-O-Cr^{VI}(=O)_2-OH \longrightarrow R_1R\,C{=}O + Cr^{IV}(=O)(OH)_2$$

alcohol — chromaatester — keton

Het $Cr^{IV}$ dat ontstaat is niet stabiel en reageert verder tot $Cr^{III}$. De kleurverandering die de chroomverbinding tijdens deze reactie ondergaat kan gebruikt worden als detectiemiddel voor de aanwezigheid van alcoholen. De blaaspijpjes die gebruikt worden bij alcoholcontroles berusten op dit principe.

$$3\,R^1-CH(OH)-R^2 + \underset{\text{oranje}}{2\,H_2CrO_4} + 3\,H_2SO_4 \longrightarrow 3\,R^1-C(=O)-R^2 + 8\,H_2O + \underset{\text{groen}}{Cr_2(SO_4)_3}$$

In biologische processen is een van de belangrijkste oxidatoren het nicotinamide-adenine-dinucleotide, afgekort als $NAD^+$. Het reactieve gedeelte in $NAD^+$ is de nicotinamidegroep die door opname van twee elektronen en $H^+$ (ofwel één hydride-equivalent, $H^-$) over kan gaan in de gereduceerde vorm, de dihydronicotinamidegroep, waarbij dan NADH ontstaat.

$$CH_3CH_2OH + NAD^{\oplus} \longrightarrow CH_3CHO + NADH + H\text{–}Enzym^{\oplus}$$

NAD$^{\oplus}$ NADH

NAD$^+$ is betrokken bij een groot aantal enzymatische oxidatiereacties. Het NADH dat bij deze reacties gevormd wordt, treedt op zijn beurt weer op als reductiemiddel (reductor) in enzymatische reductiereacties, waarbij NAD$^+$ weer teruggevormd wordt. Op deze wijze speelt het NAD$^+$/NADH-koppel op tal van plaatsen een belangrijke rol in biologische oxidatie- en reductieprocessen. Voor veel enzymen is het een noodzakelijk hulpreagens om een oxidatie- of reductiereactie te kunnen uitvoeren. Een dergelijk reagens dat samen met een enzym een omzetting tot stand brengt, wordt een coënzym genoemd. Enige biologische oxidatiereacties van NAD$^+$ staan in onderstaand schema weergegeven.

$$\underset{\text{melkzuur}}{CH_3CH(OH)COOH} + NAD^{\oplus} \xrightarrow{\text{enzym}} \underset{\text{pyrodruivenzuur}}{CH_3COCOOH} + NADH + H^{\oplus}$$

$$\underset{\text{isocitroenzuur}}{HOOC\text{–}CH(OH)\text{–}CH(COOH)\text{–}CH_2\text{–}COOH} + NAD^{\oplus} \xrightarrow{\text{enzym}} \underset{\text{oxalobarnsteenzuur}}{HOOC\text{–}CO\text{–}CH(COOH)\text{–}CH_2\text{–}COOH} + NADH + H^{\oplus}$$

$$\underset{\text{3-fosfoglyceraldehyde}}{OHC\text{–}CH(OH)\text{–}CH_2OPO_3H} + NAD^{\oplus} \xrightarrow{\text{enzym}} \underset{\text{3-fosfoglycerinezuur}}{HOOC\text{–}CH(OH)\text{–}CH_2OPO_3H} + NADH + H^{\oplus}$$

$$\underset{\text{thiol}}{R\text{–}CH_2\text{–}SH} + NAD^{\oplus} \xrightarrow{\text{enzym}} \underset{\text{disulfide}}{R\text{–}CH_2\text{–}S\text{–}S\text{–}CH_2\text{–}R} + NADH + H^{\oplus}$$

### *10.10.1 Oxidatie en reductie*

Elke reactie waarbij een functionele groep met een lage oxidatiestaat omgezet wordt in een functionele groep met een hogere oxidatiestaat, is een oxidatiereactie. Gebeurt het omgekeerde, dan is er sprake van een reductiereactie. Een lijst van verschillende klassen van functionele groepen met toenemende oxidatiestaat is weergegeven in tabel 10.4. Elke binding van koolstof met een elektronegatief element telt voor een trap in de oxidatiestaat. Ook een dubbele binding telt voor een oxidatietrap. Omzettingen binnen eenzelfde groep van verbindingen verlopen dus zonder oxidatie- of reductiemiddelen. Bijvoorbeeld, de omzetting van etheen in ethanol in groep 1 verloopt met $H_2O/H^+$; de omzetting van hydroxyetheen in aceetaldehyde in groep 2 verloopt spontaan (enol-keto-tautomerie)

**Tabel 10.4. Oxidatiestaat van koolstof in verschillende verbindingen.**

| Groep 0 | Groep 1 | Groep 2 | Groep 3 | Groep 4 |
|---|---|---|---|---|
| $CH_3{-}CH_3$ | $CH_2{=}CH_2$ | $CH{\equiv}CH$ | $CH_2{=}CCl_2$ | $O{=}C{=}O$ |
| | $CH_3{-}CH_2{-}OH$ | $CH_2{=}CH{-}OH$ | $CH_3{-}C({=}O){-}OH$ | $CCl_4$ |
| | $CH_3{-}CH_2{-}Cl$ | $CH_3{-}CH{=}O$ | $CH_3{-}C({=}O){-}Cl$ | |
| | $CH_3{-}CH_2{-}NH_2$ | $CH_3{-}CH{=}NH$ | $CH_3{-}C({=}O){-}NH_2$ | |

lage oxidatiestaat → hoge oxidatiestaat

## 10.11 Oxidatie van thiolen

De oxidatie van thiolen verloopt volkomen anders dan de oxidatie van alcoholen. Bij oxidatie van alcoholen neemt de oxidatiestaat van het naburige koolstofatoom toe, maar bij thiolen wordt het **zwavelatoom** geoxideerd. Met milde oxidatoren worden thiolen omgezet in disulfiden.

$$\underset{\text{thiol}}{R{-}SH} + I_2 \longrightarrow \underset{\text{disulfide}}{R{-}S{-}S{-}R} + 2\,HI$$

De disulfidebinding wordt nogal eens aangetroffen in eiwitten, waar zij een belangrijke functie heeft bij het vastleggen van de ruimtelijke structuur van het eiwit. De vorming van een disulfidebinding tussen twee thiolgroepen die elk afkomstig zijn van de zijketen van het aminozuur cysteïne 'verankert' als het ware de conformatie van de eiwitketen met een covalente binding.

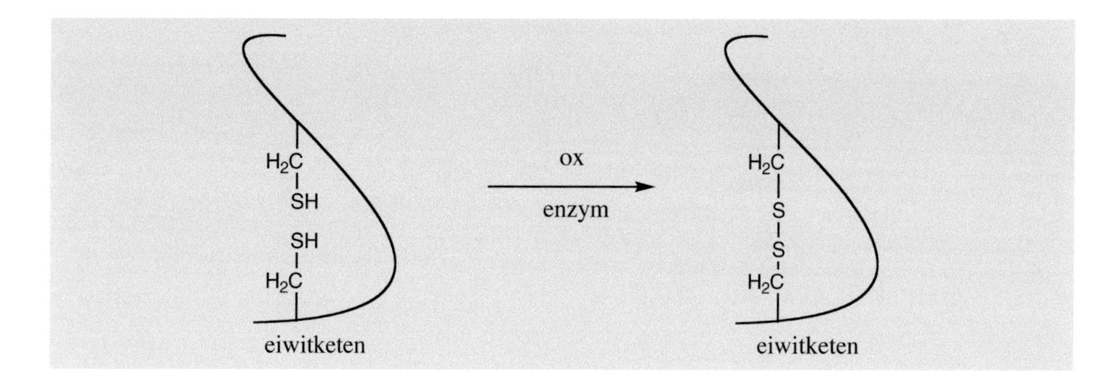


In wol en haar bijvoorbeeld bevatten de eiwitketens veel disulfidebindingen die zorgen voor de veerkrachtige eigenschappen. Bij het permanenten van haar worden de -S-S—bindingen eerst verbroken met een reductor, daarna wordt het nieuwe model aangebracht en vervolgens wordt het haar behandeld met een oxidator om nieuwe -S-S—bindingen te vormen die zorgen dat het haar voor langere tijd in model blijft (zie ook § 20.10.2).

Krachtige oxidatiemiddelen zetten een thiol om in een sulfonzuur via een sulfeenzuur en een sulfinezuur als tussenproduct.

$$\underset{\text{thiol}}{R-SH} \xrightarrow{\text{ox}} \underset{\text{sulfeenzuur}}{R-S-OH} \xrightarrow{\text{ox}} \underset{\text{sulfinezuur}}{R-S(=O)-OH} \xrightarrow{\text{ox}} \underset{\text{sulfonzuur}}{R-S(=O)_2-OH}$$

## 10.12 Synthese van alcoholen

Alcoholen kunnen op veel verschillende manieren gesynthetiseerd worden. Enkele belangrijke methoden zijn in onderstaand schema samengevat.

1. Zuur gekatalyseerde additie van water aan alkenen (§ 5.7)

$$R-CH=CH_2 + H_2O \underset{H^{\oplus}}{\overset{H^{\oplus}}{\rightleftharpoons}} R-CH(OH)-CH_3$$

2. Nucleofiele substitutie van halogeenalkanen met $OH^{\ominus}$ (§ 5.7)

$$R-Cl + OH^{\ominus} \xrightarrow{H_2O} R-OH + Cl^{\ominus}$$

3. Hydrolyse van epoxiden (§ 11.5)

$$\text{epoxide } (>C-C<, \text{ O-brug}) + H_2O \xrightarrow[\text{of } OH^{\ominus}]{H^{\oplus}} -C(OH)-C(OH)-$$

4. Additie van Grignard-reagentia aan carbonylverbindingen (§ 13.7)

$$>C=O \xrightarrow[2)\ H_2O]{1)\ RMgBr} -\overset{OH}{\underset{R}{C}}-$$

$$-\overset{O}{\overset{\|}{C}}-OR' \xrightarrow[2)\ H_2O]{1)\ RMgBr} -\overset{OH}{\underset{R}{C}}-R \quad + \quad R'OH$$

5. Reductie van carbonylverbindingen (§ 13.8.1)

$$R-\overset{O}{\overset{\|}{C}}-R' \xrightarrow{H_2\,/\,Pt} R-\overset{OH}{\underset{H}{C}}-R'$$

$$R-\overset{O}{\overset{\|}{C}}-R' \xrightarrow[\text{of } NaBH_4]{LiAlH_4} R-\overset{OH}{\underset{H}{C}}-R'$$

$$R-\overset{O}{\overset{\|}{C}}-OR' \xrightarrow{LiAlH_4} R-CH_2-OH \quad + \quad R'OH$$

6. Hydroborering van alkenen, gevolgd door peroxide-oxidatie van de gevormde trialkylboranen

$$3\ R-CH=CH_2 \xrightarrow{\text{"}BH_3\text{"}} (R-CH_2-CH_2-)_3B \xrightarrow[OH^{\ominus}]{H_2O_2} 3\ R-CH_2-CH_2-OH$$

De hydroborering is vooral van belang omdat op deze wijze de hydroxylgroep terechtkomt aan het *minst* gesubstitueerde koolstofatoom. Deze wijze van additie is dus precies omgekeerd aan de wijze waarop dit gebeurt bij een zuurgekatalyseerde additie van water aan een alkeen, waar de hydroxylgroep aan het *meest* gesubstitueerde koolstofatoom terechtkomt. De hydroborering van alkenen vormt dus een goede aanvulling op deze methode. De voorkeur voor productvorming via het hydroboreringsmechanisme is dus:

*primair alcohol* > *secundair alcohol* > *tertiair alcohol.*

Boraan ($BH_3$) bestaat niet onder normale omstandigheden. Het eigenlijke reagens is diboraan, $B_2H_6$, dat tijdens de reactie als $BH_3$ reageert. In de eerste stap van de reactie addeert $BH_3$ aan de dubbele binding; alle drie waterstofatomen van $BH_3$ kunnen achtereenvolgens worden vervangen, waardoor een trialkylboraan ontstaat.

$$H_2B-H + CH_2=CH-CH_3 \longrightarrow H_2B-CH-\overset{H}{C}H-CH_3 \xrightarrow{2\,CH_2=CH-CH_3} B(-CH_2-CH_2-CH_3)_3$$

propeen

tripropylboraan

De vorming van de binding van boor naar het primaire koolstofatoom van de propylketen is te begrijpen als we de polarisatie van de boor-koolstof-binding in beschouwing nemen. Koolstof is elektronegatiever dan boor en dat betekent dat de polarisatie van de binding zodanig zal zijn, dat het booratoom enigszins positief geladen is en het koolstofatoom enigszins negatief.

$$>\overset{\delta+}{B}—\overset{|\,\delta-}{\underset{|}{C}}—$$

Primaire koolstofatomen bevatten minder ladingstuwende alkylgroepen dan secundaire en tertiaire koolstofatomen en daarom kunnen de eerste het gemakkelijkst een binding met boor vormen. Een trialkylboraan kan voor veel synthesedoeleinden gebruikt worden. Het bekendst is de reactie van deze verbindingen met waterstofperoxide en NaOH, waarbij een alcohol en natriumboraat ontstaan.

$$\underset{\text{tripropylboraan}}{B(—CH_2—CH_2—CH_3)_3} + H_2O_2 + 3\,OH^{\ominus} \longrightarrow \underset{\text{1-propanol}}{3\ CH_3—CH_2—CH_2—OH} + BO_3^{3-} + 3\,H_2O$$

# 11 Ethers, epoxiden en sulfiden

Ethers zijn verbindingen waarbij beide waterstofatomen van water vervangen zijn door groepen R. Deze groepen R kunnen alkylgroepen, arylgroepen of andere structuurelementen bevatten. Het zuurstofatoom van de ether kan deel uitmaken van een open keten of van een ring.

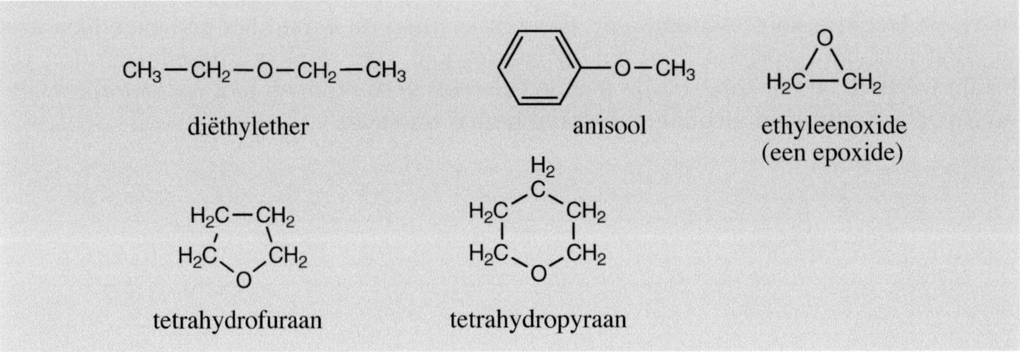

$CH_3-CH_2-O-CH_2-CH_3$

diëthylether

anisool

ethyleenoxide (een epoxide)

tetrahydrofuraan

tetrahydropyraan

Diëthylether is een bekend oplosmiddel en wordt ook als narcosemiddel toegepast, anisool is een lekker ruikende aromatische ether die gebruikt wordt in parfums, en tetrahydrofuraan is een cyclische ether die veel als oplosmiddel wordt toegepast.

Epoxiden zijn cyclische ethers met een gespannen drieringsysteem. Daardoor hebben ze een grotere reactiviteit dan de gewone acyclische ethers. Ethyleenoxide is het eenvoudigste epoxide en het wordt op grote schaal geproduceerd door oxidatie van etheen. Het wordt toegepast bij de productie van ethyleenglycol (antivries) en polyesters.

Sulfiden zijn de zwavelanaloga van de ethers en hebben de algemene formule R-S-R'.

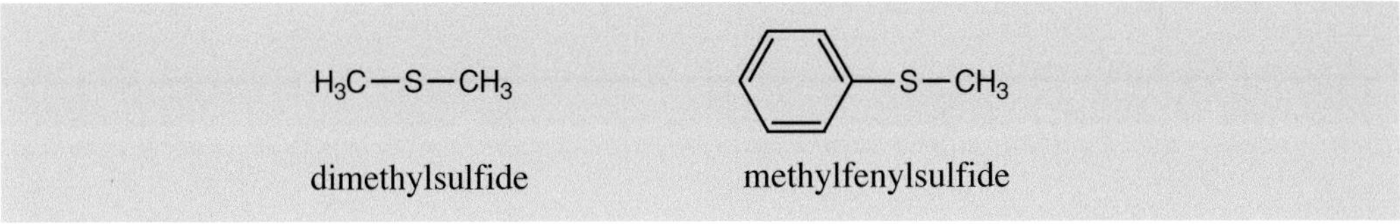

$H_3C-S-CH_3$

dimethylsulfide

methylfenylsulfide

## 11.1 Nomenclatuur

Ethers worden over het algemeen benoemd door de namen van de alkylgroepen die aan weerszijden van het zuurstofatoom zitten, te plaatsen voor de stamnaam *-ether*.

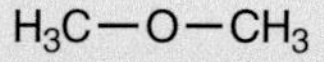

| $H_3C-O-CH_3$ | $H_3C-O-C(CH_3)_2-CH_3$ | $C_2H_5-O-C_2H_5$ |
|---|---|---|
| dimethylether | *tert*-butylmethylether | diëthylether (ether) |

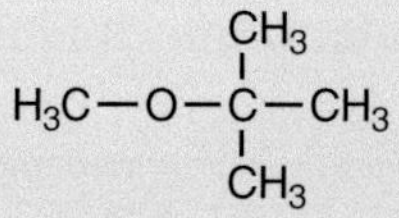

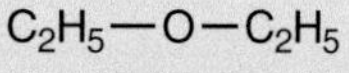

In ethers met een meer complexe structuur wordt de eenvoudigste kant van de ether vaak als een substituent aan de test van de keten beschouwd. Een dergelijke -OR-groep wordt een *alkoxy*-groep genoemd. Dus methoxy voor -$OCH_3$, ethoxy voor -$OC_2H_5$ enz.

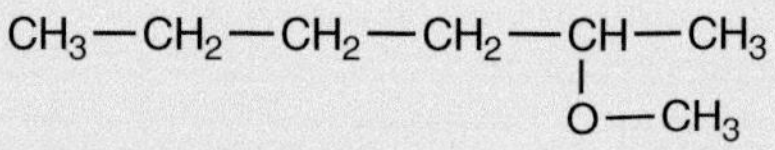

| $CH_3-CH_2-CH_2-CH_2-CH(O-CH_3)-CH_3$ | $OC_2H_5$ / OH |
|---|---|
| 2-methoxyhexaan | *trans*-2-ethoxycyclohexanol |

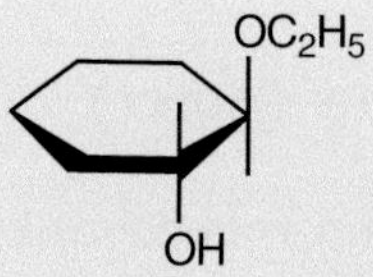

Bij de zwavelanaloga van de ethers, de sulfiden, wordt de naam ether vervangen door de naam *sulfide*.

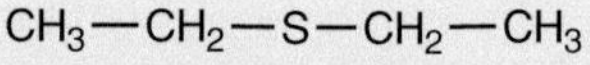

| $CH_3-CH_2-S-CH_2-CH_3$ | $H_3C-S-C_2H_5$ |
|---|---|
| diethylsulfide | ethylmethylsulfide |

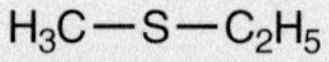

Bij de epoxiden wordt de epoxy-groep apart aangegeven door het voorvoegsel 1,2-epoxy vóór de naam van de rest van de verbinding. Voor de eenvoudigste vertegenwoordiger, 1,2-epoxyethaan zijn ook de triviale namen *ethyleenoxide* en *oxiraan* gangbaar.

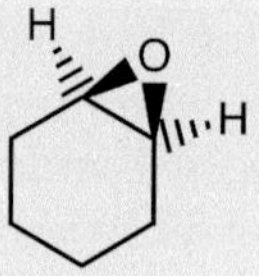

| H, O, H | H, O, H | O, $H_2C-CH_2$ |
|---|---|---|
| 1,2-epoxy-cyclohexaan | 1,2-epoxy-3,5-cyclohexadieen | 1,2-epoxiethaan<br>ethyleenoxide<br>oxiraan |

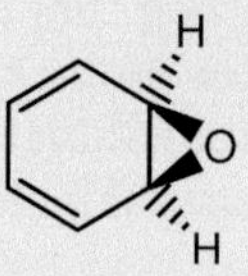

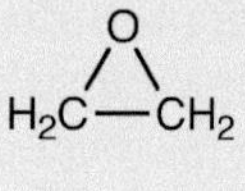

## 11.2 Fysische eigenschappen van ethers

Ethermoleculen worden onderling bij elkaar gehouden door dipoolinteracties en Van der Waals-krachten. Door het ontbreken van een waterstofbrug-donor in het molecuul kunnen zij onderling geen waterstofbruggen vormen. Het kookpunt van ethers ligt daarom veel lager dan dat van alcoholen met een vergelijkbare molecuulmassa, maar doorgaans wat hoger dan dat van de alkanen. Ook de oplosbaarheid van ethers in water is slechter dan die van de alcoholen, maar toch aanmerkelijk beter dan die van de apolaire alkanen.

Tabel 11.1. Vergelijking van de kookpunten van enige alcoholen, ethers en alkanen.

| *Verbinding* | *Molecuul massa(u)* | *Kookpunt (°C)* | *Verbinding* | *Molecuul massa(u)* | *Kookpunt (°C)* |
|---|---|---|---|---|---|
| $CH_3$-$CH_2$-OH | 46 | 78 | $CH_3$-$CH_2$-$CH_2$-OH | 60 | 97 |
| $CH_3$-O-$CH_3$ | 46 | -25 | $CH_3$-O-$CH_2$-$CH_3$ | 60 | 7 |
| $CH_3$-$CH_2$-$CH_3$ | 44 | -45 | $CH_3$-$CH_2$-$CH_2$-$CH_3$ | 58 | 0 |

## 11.3 Diëthylether (ether)

Diëthylether is een veel gebruikt oplosmiddel voor organische verbindingen. Doordat het een gemiddelde polariteit heeft, lossen veel organische verbindingen er goed in op en door het lage kookpunt (35 °C) is het oplosmiddel gemakkelijk af te dampen. Een nadeel van het gebruik van ether als oplosmiddel is echter dat het zeer brandbaar is. Etherdamp is zwaarder dan lucht en bij het werken met ether moet men er op bedacht zijn dat de etherdamp zich via de tafel of via de grond verspreidt en op die manier met een eventuele vuurbron in aanraking kan komen. Bij lang staan vormt ether met zuurstof uit de lucht niet-vluchtige peroxiden, die als explosiegevaarlijke verbindingen achterblijven wanneer ether wordt afgedestilleerd. Om de vorming van deze peroxiden te voorkomen bevat commerciële ether meestal een weinig ethanol en sporen water.

Ether is een van de bekendste narcosemiddelen. Al in de 16e eeuw schreef Paracelsus over ether. 'Het heeft een aangename smaak waardoor zelfs kuikens het gemakkelijk nemen, waarna ze in een diepe slaap vallen waaruit ze zonder enige schade ontwaken.' Toch duurde het nog lange tijd voor de toepasbaarheid als narcosemiddel ontdekt werd. Tot aan het midden van de 19e eeuw werd een operatie alleen in uiterste noodzaak uitgevoerd omdat men toen nog niet de beschikking had over goede narcosemiddelen. Patiënten die een operatie moesten ondergaan werden gehypnotiseerd, verdoofd met bepaalde alkaloïden of eenvoudigweg stevig vastgebonden. Diëthylether werd voor het eerst toegepast als narcosemiddel in 1842 door de Amerikaan W. Clarke bij een tandextractie. Het succes werd snel bekend en ether werd daarna op grote schaal toegepast, vooral omdat het eenvoudig toe te dienen is en een goede spierontspanning veroorzaakt. Bloeddruk, ademhaling en hartslag worden gewoonlijk maar weinig verstoord. De werking van ether berust niet op een directe chemische reactie maar de ether lost op in de lipoïde (vetachtige) omgeving van het zenuwweefsel, waardoor de fysische eigenschappen hiervan veranderen en zenuwprikkels niet meer worden doorgegeven.

## 11.4 Chemische eigenschappen van ethers en sulfiden

Ethers bevatten geen hydroxylgroep en zijn daardoor veel minder reactief dan alcoholen. Door hun geringe reactiviteit en omdat veel organische verbindingen goed in ethers oplossen worden laagkokende ethers gebruikt als oplosmiddel bij organische reacties.

Door de aanwezigheid van de vrije elektronenparen op het zuurstofatoom kunnen ethers in aanwezigheid van een sterk zuur een proton opnemen en oxoniumionen vormen.

$$C_2H_5{-}\ddot{O}{-}C_2H_5 + HCl \rightleftharpoons C_2H_5{-}\overset{H}{\overset{|}{O^{\oplus}}}{-}C_2H_5 + Cl^{\ominus}$$

diëthylether — diëthyloxoniumion

Een ether is niet erg reactief en reacties van ethers treden alleen op in zuur milieu. Het etherzuurstofatoom wordt dan geprotoneerd waardoor de C-O-binding sterker gepolariseerd wordt. Een nucleofiel kan dan gemakkelijker op het koolstofatoom aanvallen en bovendien kan na protonering een neutraal alcoholmolecuul als vertrekkende groep optreden. Deze situatie is vergelijkbaar met die in een alcohol waarin ook pas substitutie van de OH-groep kan optreden na protonering van het zuurstofatoom. Meestal wordt voor splitsing van een ether geconcentreerd waterstofjodide of waterstofbromide gebruikt. Het ether-zuurstofatoom wordt geprotoneerd waarna het sterk nucleofiele jodide- of bromide-ion kan aanvallen op het koolstofatoom.

alcohol: $R{-}CH_2{-}OH \overset{H^{\oplus}}{\rightleftharpoons} R{-}CH_2{-}OH_2^{\oplus} \xrightarrow{I^{\ominus}} R{-}CH_2{-}I$

ether: $CH_3{-}CH_2{-}O{-}CH_2{-}CH_3 \overset{H^{\oplus}}{\rightleftharpoons} CH_3{-}CH_2{-}\overset{\oplus}{O}H{-}CH_2{-}CH_3 \xrightarrow{I^{\ominus}} CH_3{-}CH_2{-}I + HO{-}CH_2{-}CH_3$

Evenals bij de alcoholen kunnen ethers ook met Lewis-zuren zoals $BCl_3$, gesplitst worden. Door combinatie met het etherzuurstofatoom wordt de alkoxidegroep omgezet in een betere vertrekkende groep, waarbij tegelijk het nucleofiele $Cl^{\ominus}$-ion geleverd wordt dat nodig is voor de splitsing.

$$H_3C{-}CH_2{-}\ddot{O}{-}CH_2{-}CH_3 \xrightarrow{BCl_3} H_3C{-}CH_2{-}\overset{\oplus}{O}(BCl_3^{\ominus}){-}CH_2{-}CH_3 \longrightarrow$$

$$H_3C{-}CH_2{-}Cl + H_3C{-}CH_2{-}O{-}BCl_2 \xrightarrow{H_2O} H_3C{-}CH_2{-}OH + B(OH)Cl_2$$

Ethers zoals diëthylether zijn stabiel in basisch milieu. Onder deze omstandigheden zou het ethoxide-anion als vertrekkende groep moeten optreden. Dit anion is echter een zeer sterke base en dus een slechte vertrekkende groep.

$HO^{\ominus}$ + $CH_2(CH_3)-O-CH_2-CH_3$ ⟶ (geen reactie) $HO-CH_2-CH_3$ + $^{\ominus}O-CH_2-CH_3$ slechte vertrekkende groep

## 11.5 Epoxiden

Cyclische ethers, zoals tetrahydrofuran en 1,4-dioxaan hebben grotendeels dezelfde eigenschappen als de open-ketenverbindingen. Omdat ze niet erg reactief zijn worden ze vaak als oplosmiddel gebruikt. Dit ligt geheel anders bij de epoxiden.

tetrahydrofuran 1,4-dioxaan ethyleenoxide (een epoxide)

Een epoxide is een cyclische ether met een zeer gespannen driering waarin de normale bindingshoeken van 109° zijn verbogen tot hoeken van ongeveer 60°. Door de gespannen driering zijn deze verbindingen extra reactief. In dit opzicht kan een epoxide enigszins vergeleken worden met een cyclopropaanring. Ook daar zien we een veel grotere reactiviteit dan bij de normale alkanen.

Door de ringspanning is een epoxide gevoelig voor nucleofiele aanval, dit in tegenstelling tot de normale ethers. Bij aanval van een nucleofiel op een epoxide gaat de driering open. Een typerend voorbeeld is de reactie van ethyleenoxide met methanol, waarbij 2-methoxyethanol gevormd wordt. Wanneer water als nucleofiel reagens wordt gebruikt dan wordt uit ethyleenoxide glycol gevormd.

$CH_3-OH$ + $H_2C-CH_2$ (ethyleenoxide) ⟶ $CH_3-O^{\oplus}(H)-CH_2-CH_2-O^{\ominus}$ ⟶ $CH_3-O-CH_2-CH_2-OH$ (2-methoxyethanol)

$H_2O$ + $H_2C-CH_2$ (epoxide) ⟶ $H_2O^{\oplus}-CH_2-CH_2-O^{\ominus}$ ⟶ $HO-CH_2-CH_2-OH$ (glycol)

Epoxiden zijn voor de industrie belangrijke verbindingen omdat ze gemakkelijk kunnen polymeriseren. Daarbij kunnen ketens, bestaande uit ($CH_2CH_2O$-)-eenheden, van elke gewenste lengte worden verkregen. Een bekend voorbeeld is de synthese van oppervlakte-actieve verbindingen zoals polyoxyethyleenethers.

$$C_{12}H_{25}-OH + H_2C\overset{O}{-}CH_3 \longrightarrow C_{12}H_{25}-O-CH_2-CH_2-OH \xrightarrow{22\ H_2C\overset{O}{-}CH_3} C_{12}H_{25}-O-(CH_2-CH_2-O)_{23}-H$$

laurylalcohol

polyoxyethyleen[23]-laurylether

Door het grote aantal zuurstofatomen in de keten lost dit soort verbindingen op in water. Door de lange apolaire alkylgroep hebben ze zeepachtige eigenschappen; ze worden dan ook als detergentia toegepast (zie § 19.12).

Het spreekt vanzelf dat de etherbinding in een epoxide ook gesplitst kan worden onder de zuurgekatalyseerde omstandigheden waaronder normale ethers gesplitst kunnen worden. Het belangrijkste verschil is dat bij een epoxide de omstandigheden veel milder kunnen zijn vanwege de ringspanning. Een verdunde oplossing van zwavelzuur is al voldoende om een epoxide te hydrolyseren tot een 1,2-diol. Op deze wijze worden jaarlijks miljoenen tonnen ethyleenglycol geproduceerd uit ethyleenoxide.

ethyleenoxide    $+H^{\oplus}$    $-H^{\oplus}$    ethyleenglycol

De zuurgekatalyseerde ringopening vindt plaats door een $S_N2$-aanval van het nucleofiel $H_2O$ op het geprotoneerde epoxide. Daarbij ontstaat een *trans*diol. Door de vrije draaibaarheid rond de C-C-binding is de stereochemie van de reactie in het product, ethyleenglycol, niet meer herkenbaar, maar wanneer een cycloalkaanepoxide wordt gehydrolyseerd ontstaat uitsluitend het *trans*-1,2-diol. De analogie met de aanval van $Br^{\ominus}$ op een cycloalkaanbromoniumion is hier duidelijk aanwezig (zie § 5.10).

1,2-epoxycyclohexaan    $+H^{\oplus}$    $-H^{\oplus}$    *trans*-1,2-cyclohexaandiol

In de natuur spelen epoxiden een belangrijke rol als intermediair bij de biologische afbraak van aromatische verbindingen. Enzymatische oxidatie van een aromaat kan in eerste instantie leiden tot een reactief epoxide, dat daarna op een aantal manieren verder kan reageren. Een van de reactiemogelijkheden is additie van water tot een diol dat daarna gemakkelijk verdere oxidatie kan ondergaan (zie ook § 22.8).

De reactieve epoxiden die gevormd worden door oxidatie van aromaten kunnen voor een organisme zeer schadelijk zijn. Het epoxide kan reageren met nucleofiele groepen (bijv. amino- of thiolgroep) in DNA, RNA of essentiële eiwitten.

Er wordt daarbij een covalente binding gevormd die moeilijk weer te verbreken is en deze reactie kan een initiatiestap zijn in de chemische carcinogenese. Gelukkig worden in het overgrote deel van de gevallen intermediaire epoxiden direct onschadelijk gemaakt. Dit kan, zoals reeds opgemerkt, door verdere oxidatie maar ook door koppeling aan glucuronzuur. Daarbij ontstaat een reactieproduct dat gemakkelijk kan worden uitgescheiden.



Een derde manier om de epoxiden onschadelijk te maken kan verlopen onder invloed van het enzym glutathion-*S*-epoxide transferase dat de additie katalyseert van het thiolaatanion van glutathion aan het epoxide.



Het *trans*-thiodioladduct kan vervolgens afgebroken worden door o.a. hydrolyse van de aminozuurfragmenten γ-Glu en Gly en worden uitgescheiden.

## 11.6 Kroonethers

Kroonethers zijn cyclische polyethers met bijzondere eigenschappen. Ze kunnen worden opgevat als cyclische polymeren van ethyleenglycol en worden aangeduid met de algemene naam *x*-kroon-*y* (Engels: *x*-crown-*y*), waarbij *x* het totaal aantal atomen van de ring en *y* het aantal zuurstofatomen in de ring weergeeft. De naam 18-kroon-6 staat dus voor de onderstaande verbinding:

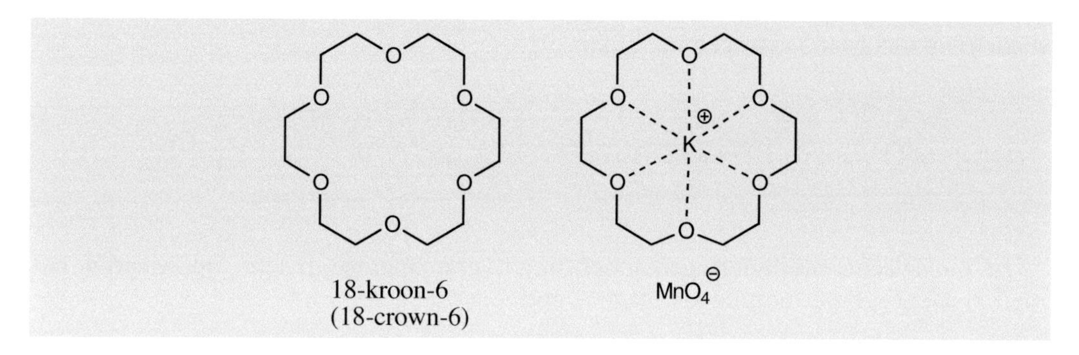

18-kroon-6
(18-crown-6)

Het belang van kroonethers ligt in hun bijzondere vermogen om metaalionen te binden door coördinatie met de vrije elektronenparen van de etherzuurstofatomen. Afhankelijk van de grootte van de kroonether kunnen verschillende metaalionen gebonden worden. Zo bindt het $K^+$-ion sterk aan 18-kroon-6. Daardoor worden complexen van 18-kroon-6 en kaliumzouten oplosbaar in weinig polaire organische oplosmiddelen. In aanwezigheid van 18-kroon-6 lost kaliumpermanganaat op in benzeen en deze paarskleurige benzeenoplossing is een oxidatiereagens met nuttige synthetische toepassingen. Ook andere zouten zoals KBr, KCN en KI kunnen op deze wijze in organische oplosmiddelen opgelost worden. Tengevolge van de geringere solvatatie van de anionen in het organisch oplosmiddel is de nucleofielsterkte van deze anionen ten opzichte van water als medium enorm toegenomen. Dit betekent dat nucleofiele substitutiereacties in organische oplosmiddelen sterk versneld kunnen worden door toevoegen van kroonethers die het kation en daarmee ook het nucleofiele tegenion in oplossing brengen.

## 11.7 Chemische reacties van sulfiden

De zwavelanaloga van de ethers, de sulfiden, kunnen gemakkelijker geprotoneerd worden dan ethers omdat zwavel minder elektronegatief is dan zuurstof.

$$C_2H_5-\ddot{\underset{\cdot\cdot}{S}}-C_2H_5 + HCl \rightleftharpoons C_2H_5-\overset{H}{\overset{|}{\underset{\cdot\cdot}{S^{\oplus}}}}-C_2H_5 + Cl^{\ominus}$$

diethylsulfide — diethylsulfoniumion

Dat een zwavelatoom gemakkelijker een positieve lading kan dragen dan een zuurstofatoom, blijkt ook uit het feit dat trimethylsulfoniumchloride een stabiel zout is dat gemaakt kan worden door alkylering van dimethylsulfide met methylchloride.

$$CH_3-\ddot{S}-CH_3 + H_3C-Cl \longrightarrow CH_3-\overset{CH_3}{\overset{|}{S^{\oplus}}}-CH_3 + Cl^{\ominus}$$

dimethylsulfide — methylchloride — trimethylsulfoniumchloride

Reacties van trialkylsulfoniumionen met nucleofielen kunnen zeer vlot verlopen, omdat het koolstofatoom waaraan het positieve zwavelatoom is gebonden, sterk positief gepolariseerd is. Bij aanval van een nucleofiel kan het neutrale sulfide optreden als een stabiele en dus goed vertrekkende groep.

$$Nu:^{\ominus} + CH_3-\underset{R_1}{\underset{|}{\ddot{S}^{\oplus}}}-R \longrightarrow Nu-CH_3 + :\underset{R_1}{\underset{|}{\ddot{S}}}-R$$

In biologische methyleringsreacties treedt een analoge reactie op, waarbij het methyl-adenosyl-methionine als reagens optreedt (zie § 9.8).

# 12 Aminen en alkaloïden

*Aminen* zijn afgeleid te denken van ammoniak door een of meer waterstofatomen te vervangen door een alkyl- of arylgroep. Hoewel de chemie van alkyl- en arylaminen veel overeenkomsten vertoont, zijn er ook duidelijke verschillen. Daarom wordt de arylamine met aniline als voornaamste vertegenwoordiger in hoofdstuk 23 apart besproken.

De aminen kunnen op basis van hun structuur worden ingedeeld in *primaire aminen*, R-$NH_2$, *secundaire aminen*, $R_2NH$ en *tertiaire aminen*, $R_3N$. De termen primair, secundair en tertiair slaan hier op het aantal alkylgroepen aan het *stikstof*atoom. Dit in tegenstelling tot het gebruik van deze termen bij de halogeenalkanen en de alcoholen, waar gekeken wordt naar het aantal substituenten aan het *koolstof*atoom met de functionele groep. Een stikstofatoom kan ook verbonden zijn met vier alkylgroepen en is dan positief geladen. Verbindingen met deze structuur kunnen we afgeleid denken van het ammoniumion ($NH_4^+$) en worden tetra-alkyl-ammoniumverbindingen of *quaternaire ammoniumzouten* $R_4N^+X^-$, genoemd.

## 12.1 Nomenclatuur

De eenvoudige aminen worden benoemd door de naam van de alkylgroep te plaatsen voor de uitgang *amine*.

primaire aminen

| $CH_3—\ddot{N}H_2$ | $CH_3CH_2CH_2—\ddot{N}H_2$ | $(CH_3)_3C—\ddot{N}H_2$ |
|---|---|---|
| methylamine | propylamine | *tert*-butylamine |

secundaire aminen

| $CH_3—\ddot{N}H—CH_3$ | $(CH_3)_3C—\ddot{N}H—C(CH_3)_3$ | $CH_3—\ddot{N}H—CH_2CH_3$ |
|---|---|---|
| dimethylamine | di-*tert*-butylamine | ethylmethylamine |

tertiaire aminen

| $(CH_3)_3N$ : | $(C_2H_5)_3N$: | $(C_2H_5)_2\ddot{N}—CH(CH_3)_2$ |
|---|---|---|
| trimethylamine | triethylamine | diethylisopropylamine |

Bij de quaternaire ammoniumzouten worden de namen van de alkylgroepen eerst genoemd, gevolgd door de uitgang *ammonium* en de naam van het anion.

quaternaire ammoniumverbindingen

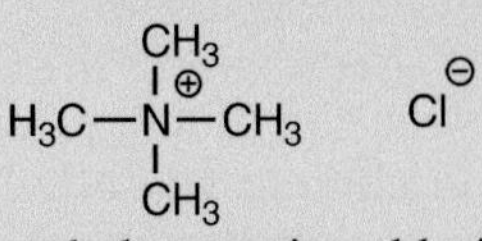

tetramethylammoniumchloride

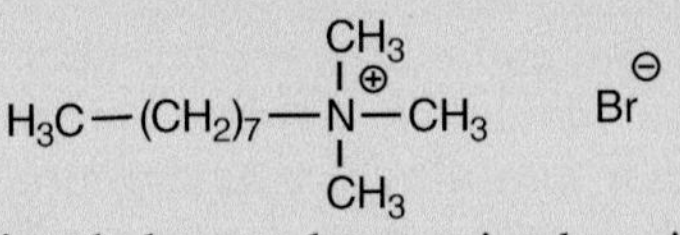

trimethyl-*n*-octylammoniumbromide

Bij moleculen die tevens een hogere functionele groep bezitten wordt de $NH_2$-groep beschouwd als een substituent en *amino*groep genoemd (of alkylaminogroep voor -NHR of dialkylaminogroep voor $-NR_2$).

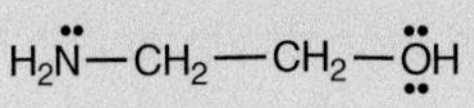

2-aminoethanol

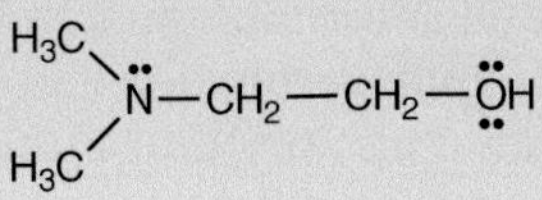

2-dimethylaminoethanol

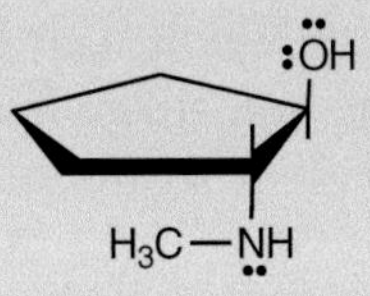

*trans*-2-methylamino-cyclopentanol

Arylaminen worden beschouwd als derivaten van aniline (zie hoofdstuk 23). Vóór de naam van de alkylgroep(en) wordt, in plaats van een nummer, de hoofdletter *N* geplaatst om aan te geven dat deze groep(en) aan het stikstofatoom zijn gebonden.

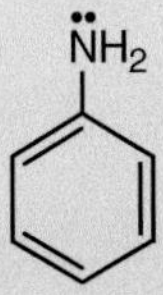

aniline

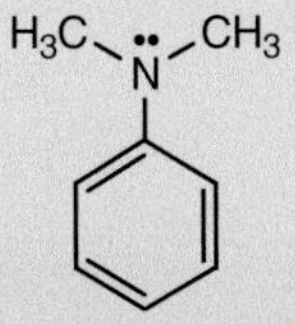

N,N-dimethyl-aniline

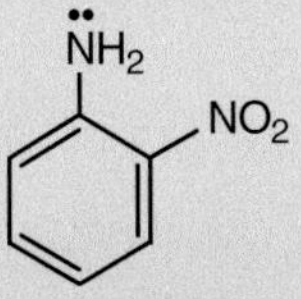

2-nitroaniline
*o*-nitroaniline

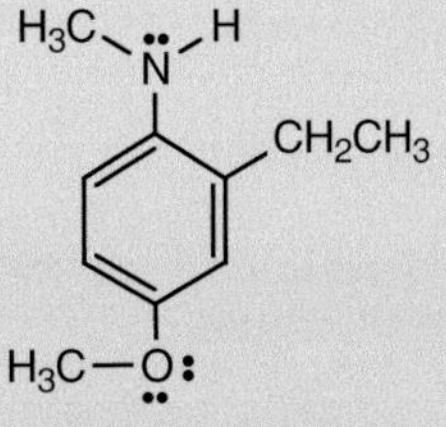

2-ethyl-4-methoxy-N-methylaniline

Wanneer het amine-stikstofatoom in een ring is opgenomen, wordt de verbinding een cyclisch amine genoemd. Piperidine en pyrrolidine zijn voorbeelden van cyclische secundaire aminen.

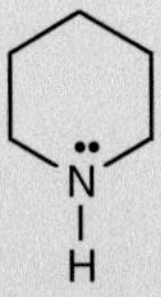

piperidine

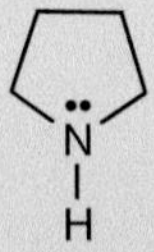

pyrrolidine

Acyclische aminen hebben een tetraëdische configuratie rond een $sp^3$-gehybridiseerd stikstofatoom. Het vrije elektronenpaar zit in één van de vier $sp^3$-orbitalen van het stikstofatoom. Een amine dat drie verschillende substituenten en een vrij elektronenpaar rond stikstof heeft, is dus chiraal. Toch is een dergelijk amine niet optisch actief. Aminen ondergaan bij kamertemperatuur namelijk gemakkelijk inversie van configuratie rond het stikstofatoom via een $sp^2$-gehybridiseerde overgangstoestand.

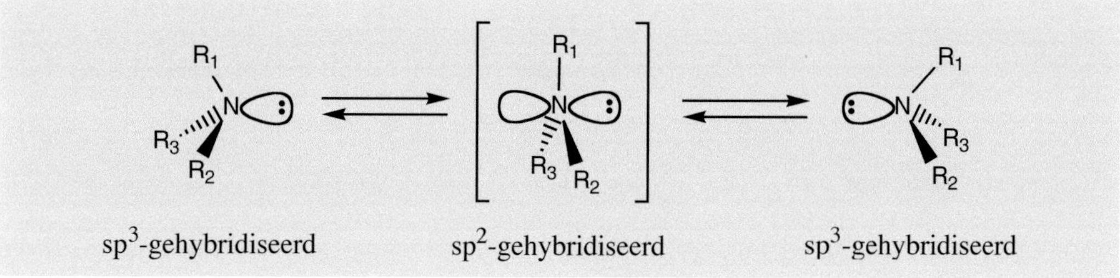

$R_1$, $R_2$, $R_3$, N

$sp^3$-gehybridiseerd $sp^2$-gehybridiseerd $sp^3$-gehybridiseerd

Wanneer de groepen $R_1$, $R_2$ en $R_3$ aan het stikstofatoom onderling verbonden zijn, is inversie niet meer mogelijk en kan er wel optische activiteit optreden. Dit is bijvoorbeeld het geval in het alkaloïd kinine waar het chirale stikstofatoom bijdraagt aan de optische activiteit van deze verbinding.

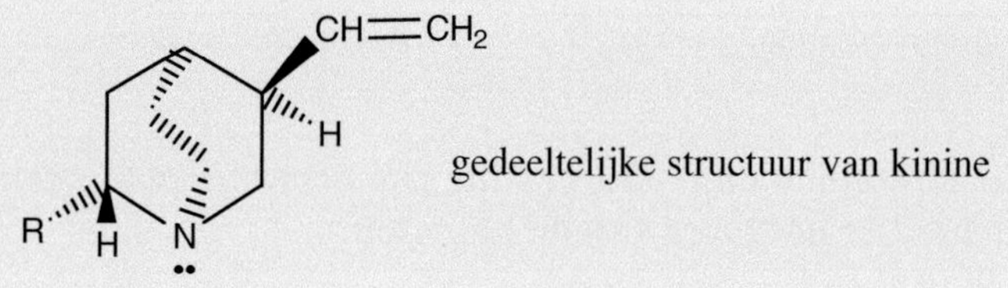

$CH{=}CH_2$, H, R, H, N

gedeeltelijke structuur van kinine

Ook tetra-alkylammoniumverbindingen kunnen optisch actief zijn als de vier substituenten rond stikstof verschillend zijn. Bij deze moleculen is geen inversie van configuratie mogelijk.

## 12.2 Voorkomen van aminen

Aminen zijn onplezierig ruikende verbindingen. De geur van rotte vis en bedorven vlees wordt in belangrijke mate veroorzaakt door vrijkomende aminen. De aminogroep speelt een belangrijke rol in biologische reacties. Het meest bekend zijn wel de aminozuren, $NH_2$-CHR-COOH, die als één van de functionele groepen een aminogroep bevatten. Deze klasse van verbindingen zal in hoofdstuk 20 uitgebreid behandeld worden. Het aminozuur lysine bevat ook in de zijketen R een aminogroep ($R = (CH_2)_4\ NH_2$) en is daardoor een van de aminozuren die zorgt voor de aanwezigheid van basische groepen in een eiwit.

Histamine is een amine dat gevormd wordt door decarboxylatie van het aminozuur histidine (zie ook § 20.6.1). Het is een stof die voorkomt in alle weefsels van het lichaam, en wordt beschouwd als een van de weefselhormonen. In het weefsel is het gebonden aan eiwitten en daardoor in een inactieve vorm aanwezig. Bij overgevoelige, allergische reacties wordt histamine vrijgemaakt en veroorzaakt het de bekende symptomen zoals het rood worden en zwellen van de huid, jeuk, hooikoorts en astma. Ook bijengif en gif van stekende mieren bevatten actief histamine. Om de werking van vrij histamine te onderdrukken worden antihistaminica toegepast. Voorbeelden hiervan zijn de tertiaire aminen difenylhydramine en dexbroomfeniramine.

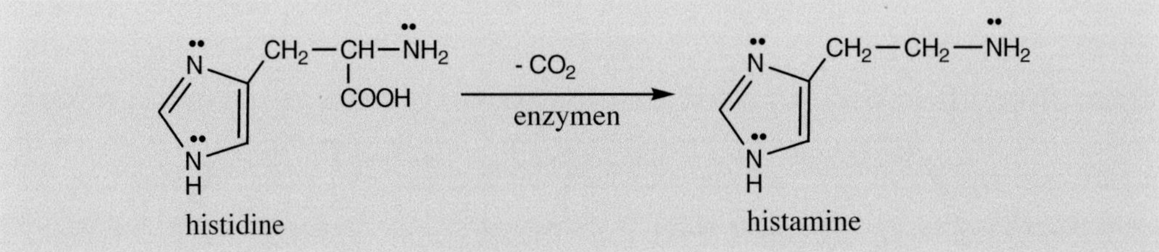

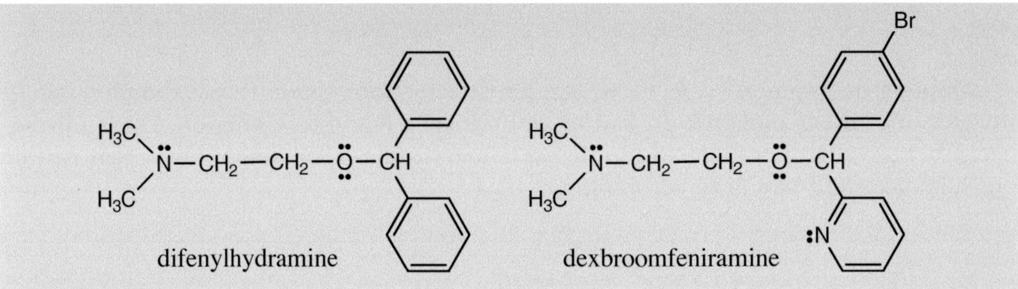

histidine $\xrightarrow[\text{enzymen}]{-CO_2}$ histamine

difenylhydramine

dexbroomfeniramine

De hormonen adrenaline en noradrenaline zijn derivaten van 2-fenylethylamine en worden geproduceerd in het merg van de bijnieren.

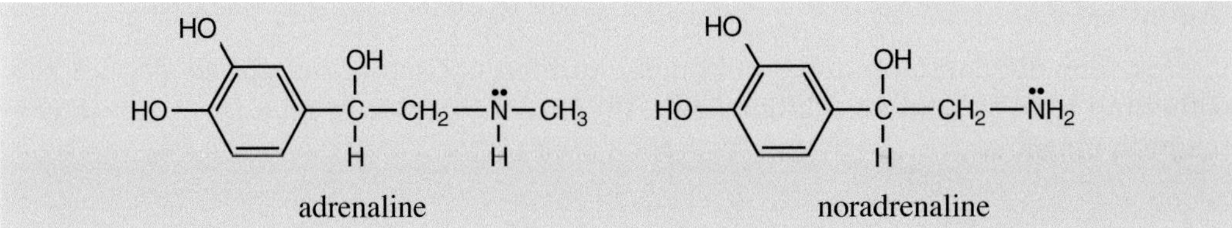

adrenaline

noradrenaline

De stereochemie van fysiologisch actieve moleculen is vaak erg belangrijk. Dit komt ook tot uitdrukking in de activiteit van adrenaline. De natuurlijke, linksdraaiende enantiomeer is meer dan twintig maal actiever dan de synthetische rechtsdraaiende isomeer. Veel andere 2-arylethylaminederivaten, zowel synthetische als natuurlijk voorkomende, hebben eveneens sterke fysiologische eigenschappen. Efedrine is een verbinding die in farmacologische werking nauw verwant is aan adrenaline. Het werkt zwakker dan adrenaline maar ook langduriger.

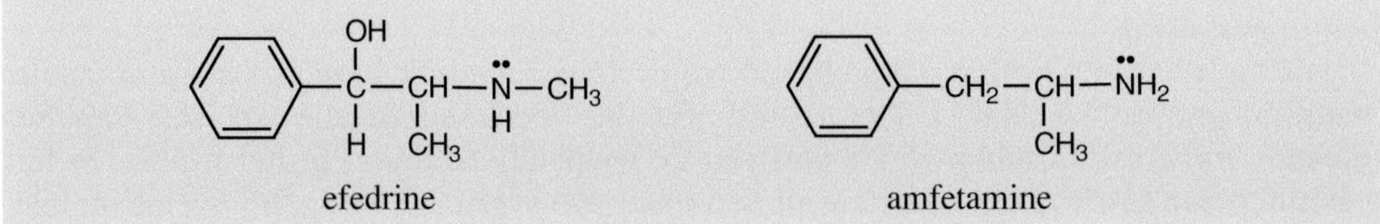

efedrine

amfetamine

Efedrine wordt onder andere toegepast bij de behandeling van astma en hooikoorts. Het is tevens een bestanddeel in bepaalde middelen tegen neusverkoudheid omdat het gezwollen neusslijmvliezen doet slinken. Ditzelfde geldt voor amfetamine (benzedrine, dexedrine). Amfetamine is echter beter bekend als *wekamine* (opwekkend amine). Een dosis amfetamine geeft een tijdelijk verhoogde alertheid, een verminderd vermoeidheidsgevoel en een verhoogde lichamelijke activiteit. Meestal wordt dit gevolgd door een toenemende geïrriteerdheid, neerslachtigheid en uitputting. Amfetaminen worden gebruikt als dopingsmiddel in de sport en als pepmiddel ('speed', 'pep'). Van doping beschuldigde sportlieden willen nog wel eens als excuus aanvoeren dat ze wegens verkoudheid neusdruppels hebben gebruikt.

Quaternaire ammoniumzouten zijn stabiele zouten. Wanneer ze een langere alkylketen bevatten, hebben ze zeepachtige eigenschappen en bovendien vaak een antibacteriële werking. Deze verbindingen worden daarom in kleine hoeveelheden toegevoegd aan ontsmettingszepen en schoonmaakmiddelen. Een bekende verbinding uit deze categorie is CTAB, cetyltrimethylammoniumbromide.

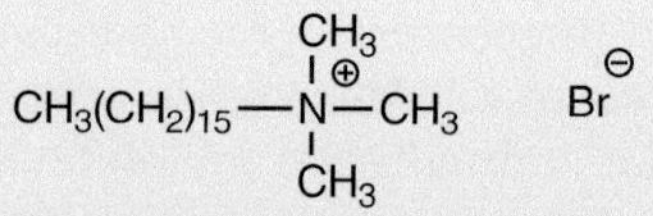

$$CH_3(CH_2)_{15}-\overset{\oplus}{N}(CH_3)_3 \quad Br^{\ominus}$$

CTAB, cetyltrimethylammoniumbromide

Een fysiologisch belangrijke verbinding met een quaternaire ammoniumgroep is acetylcholine. Acetylcholine speelt een belangrijke rol bij de overdracht van zenuwimpulsen tussen de zenuwcellen onderling en tussen zenuwcellen en de cellen van bijvoorbeeld de gladde spieren, de hartspier en de klieren.

Zenuwcellen, of neurons, bevatten draadachtige einden, axons genaamd, die meer dan een meter lang kunnen zijn. De zenuwprikkels (potentiaalverschillen) gaan vanuit het centraal zenuwstelsel (hersenen, ruggenmerg) via een verzameling van neurons (de zogenaamde ganglia) naar de verschillende organen en spieren. Wanneer een axon eindigt dan moet de elektrische boodschap overgebracht worden, bijvoorbeeld naar het axon van een andere zenuwcel of naar een spiercel. De ruimte die daarbij overbrugd moet worden (ongeveer 20 nm) wordt de synaps genoemd en prikkeloverdracht binnen de synaps gebeurt door middel van chemische stoffen. Bij bepaalde functies in het zenuwstelsel verzorgen adrenaline en noradrenaline deze overdracht maar voor een groot gedeelte treedt acetylcholine op als neurotransmitter.

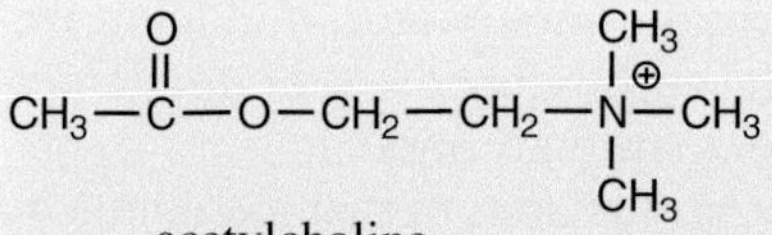

$$CH_3-\overset{O}{\overset{\|}{C}}-O-CH_2-CH_2-\overset{\oplus}{N}(CH_3)_3$$

acetylcholine

zenuw
impuls
acetylcholine
spier-, zenuw-
klier-receptor
receptor

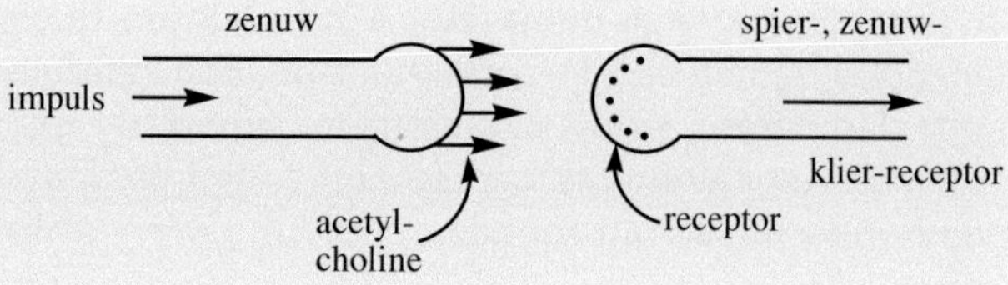

Wanneer een prikkel het eind van een axon heeft bereikt, wordt een kleine hoeveelheid acetylcholine vrijgemaakt dat in zeer kleine blaasjes aan het uiteinde van de zenuwvezel opgeslagen ligt. Het vrijgekomen acetylcholine diffundeert daarop naar de receptorplaatsen van bijvoorbeeld een naburig spiervezelmembraan. Deze receptorplaatsen zijn gevoelig voor de verandering van de elektrische lading ten gevolge van de positieve quaternaire ammoniumgroepen en daardoor ontstaat een prikkeling die de spier samentrekt. Nadat zodoende de impuls is overgedragen worden de receptorplaatsen weer vrijgemaakt doordat onder invloed van het enzym cholinesterase de esterbinding in het acetylcholine wordt gehydrolyseerd. Daarbij ontstaan azijnzuur en choline die niet meer aan de receptorplaatsen binden.

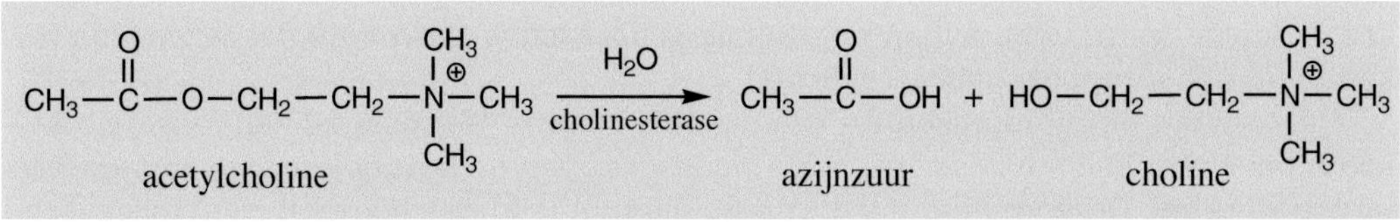

$$CH_3{-}CO{-}O{-}CH_2{-}CH_2{-}N^{\oplus}(CH_3)_3 \xrightarrow[\text{cholinesterase}]{H_2O} CH_3{-}CO{-}OH + HO{-}CH_2{-}CH_2{-}N^{\oplus}(CH_3)_3$$

acetylcholine → azijnzuur + choline

Wanneer de werking van het enzym cholinesterase wordt verstoord, dan ontstaat er een overdosis aan acetylcholine in de synaps. Daardoor ontstaat een overprikkeling van de receptorplaatsen en kunnen ongecontroleerde spiercontracties, spierverlammingen en ademhalingsproblemen ontstaan. Cholinesterase-remmende verbindingen zijn daarom erg giftig. Tot de natuurlijke verbindingen met een cholinesterase-remmende werking behoort o.a. curare. Dit plantenextract wordt door indianen in het Amazone-gebied op een pijlpunt aangebracht met het doel hun slachtoffer te verlammen of te doden. Het actieve bestanddeel van curare is tubocurarine en dit is net als acetylcholine een quaternair ammoniumzout.

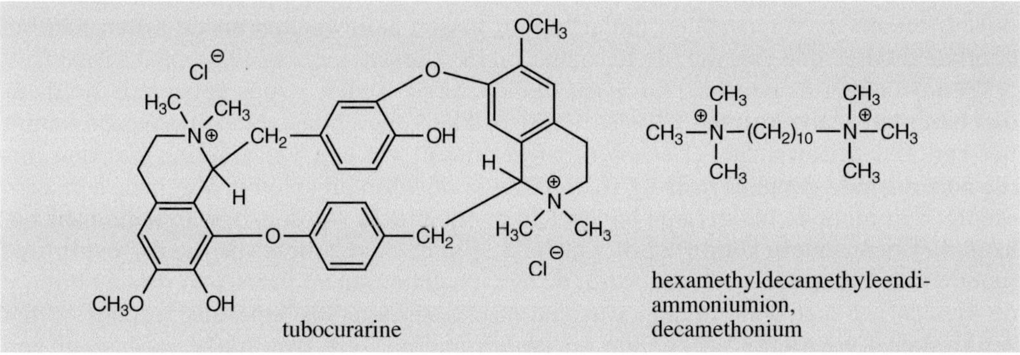

tubocurarine

$$(CH_3)_3N^{\oplus}{-}(CH_2)_{10}{-}N^{\oplus}(CH_3)_3$$

hexamethyldecamethyleendiammoniumion, decamethonium

In lage dosis kan curare spierontspanning veroorzaken zonder dat dit verlamming of de dood ten gevolge heeft. Het wordt daarom in combinatie met andere middelen wel toegepast bij narcose. Decamethonium, een synthetische verbinding die veel minder giftig is dan curare, wordt eveneens toegepast als spierontspannend middel.

De insecticidenwerking van een aantal carbamaten en fosfaten berust eveneens op de cholinesterase-remmende activiteit; deze verbindingen worden in § 17.11 en § 18.7 behandeld.

## 12.3 Fysische eigenschappen van aminen

Aminen zijn polaire verbindingen die goed in water oplosbaar zijn mits de alkylrest niet al te groot is. Deze oplosbaarheid wordt veroorzaakt doordat het vrije elektronenpaar op het stikstofatoom goed een waterstofbrug kan accepteren. De sterkte van deze waterstofbrug neemt toe met een toenemende alkyleringsgraad van het stikstofatoom vanwege het elektronenstuwend effect van de alkylgroep. Primaire en secundaire aminen kunnen bovendien een waterstofbrug doneren door de aanwezigheid van de polaire N-H-binding. De relatief hoge kookpunten van primaire en secundaire aminen worden dan ook veroorzaakt door de onderlinge waterstofbrugvorming tussen de moleculen.

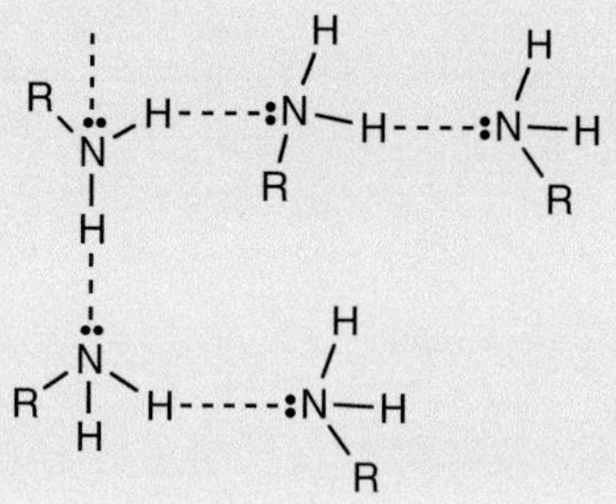

## 12.4 Basische eigenschappen van aminen

Aminen spelen een belangrijke rol als organische basen. Evenals bij ammoniak kan het vrije elektronenpaar op het stikstofatoom van een amine gemakkelijk een proton opnemen, waarbij een alkylammoniumion gevormd wordt.

$$\underset{\text{alkylamine}}{R{-}\ddot{N}H_2} + H_2O \rightleftharpoons \underset{\text{alkylammoniumion}}{R{-}\overset{\oplus}{N}H_3} + OH^{\ominus} \qquad K_b = \frac{[R\overset{\oplus}{N}H_3]\,[OH^{\ominus}]}{[RNH_2]}$$

Ammoniak heeft bij 25 °C een p$K_b$ van 4,75. Door het elektronendonerend karakter van de alkylgroep neemt de basesterkte toe wanneer een waterstofatoom in ammoniak wordt vervangen door een alkylgroep. Dit zien we in tabel 12.1 aan de toename in basesterkte bij methylamine (p$K_b$ 3,35) en dimethylamine (p$K_b$ 3,27). Wanneer echter alle drie de waterstofatomen in ammoniak zijn vervangen door alkylgroepen neemt de basiciteit weer af, zoals bij trimethylamine (p$K_b$ 4,22). Dit komt omdat de apolaire alkylgroepen in steeds toenemende mate de hydratatie van het geprotoneerde amine belemmeren en bij een tertiair amine overschaduwt dit ongunstige effect het gunstige elektronenstuwende effect van de alkylgroepen.

Aromatische aminen zoals aniline zijn aanmerkelijk minder basisch dan acyclische aminen. De $K_b$ van cyclohexylamine is bijvoorbeeld $10^6$ maal groter dan die van aniline.

Tabel 12.1. Kookpunt en basesterkte van enige aminen.

| *Naam* | *Formule* | *Kookpunt (°C)* | *Baseconstante $K_b$* | *$pK_b$* |
|---|---|---|---|---|
| (ammoniak) | $NH_3$ | -33 | $1{,}8 \times 10^{-5}$ | 4,75 |
| methylamine | $CH_3NH_2$ | -7,5 | $4{,}5 \times 10^{-4}$ | 3,25 |
| dimethylamine | $(CH_3)_2NH$ | 7,5 | $5{,}4 \times 10^{-4}$ | 3,27 |
| trimethylamine | $(CH_3)_3N$ | 3 | $0{,}6 \times 10^{-4}$ | 4,22 |
| ethylamine | $C_2H_5NH_2$ | 17 | $5{,}1 \times 10^{-4}$ | 3,29 |
| diëtylamine | $(C_2H_5)_2NH$ | 55 | $10{,}0 \times 10^{-4}$ | 3,00 |
| triëthylamine | $(C_2H_5)_3N$ | 89 | $5{,}6 \times 10^{-4}$ | 3,25 |
| *n*-propylamine | $n$-$C_3H_7NH_2$ | 49 | $4{,}1 \times 10^{-4}$ | 3,39 |
| *n*-butylamine | $n$-$C_4H_9NH_2$ | 78 | $4{,}8 \times 10^{-4}$ | 3,32 |
| *t*-butylamine | $(CH_3)_3CNH_2$ | 46 | $5{,}0 \times 10^{-4}$ | 3,30 |
| aniline | $C_6H_5NH_2$ | 184 | $4{,}2 \times 10^{-10}$ | 9,38 |

cyclohexylamine + $H_2O$ ⇌ cyclohexylammonium + $OH^-$ $K_b = 5 \times 10^{-4}$

aniline + $H_2O$ ⇌ anilinium + $OH^-$ $K_b = 4{,}2 \times 10^{-10}$

Dit grote verschil in basesterkte kan verklaard worden met behulp van mesomerie. In het niet-geprotoneerde aniline is het stikstofatoom $sp^2$-gehybridiseerd en zit het vrije elektronenpaar dus in een 2p-orbitaal die mesomere interactie heeft met de 2p-orbitalen van de fenylring.

mesomerie in aniline

Hoewel de bijdrage van de mesomere structuren waarin scheiding van lading is opgetreden niet erg groot is, zullen deze toch een zekere extra stabilisatie opleveren. In de geprotoneerde vorm van aniline wordt het vrije elektronenpaar op het stikstofatoom gebruikt om een σ-bindingen te vormen met waterstof. Het stikstofatoom moet dan vier σ-bindingen verzorgen en is daarom $sp^3$-gehybridiseerd. Er is dus geen 2p-orbitaal meer beschikbaar voor interactie met het σ-systeem van de fenylring. De protonering van aniline gaat dus gepaard met het verlies van een zekere hoeveelheid mesomere energie en is dus minder gunstig dan de protonering van een acyclisch amine waar een dergelijk verlies niet optreedt (zie fig. 12.1).

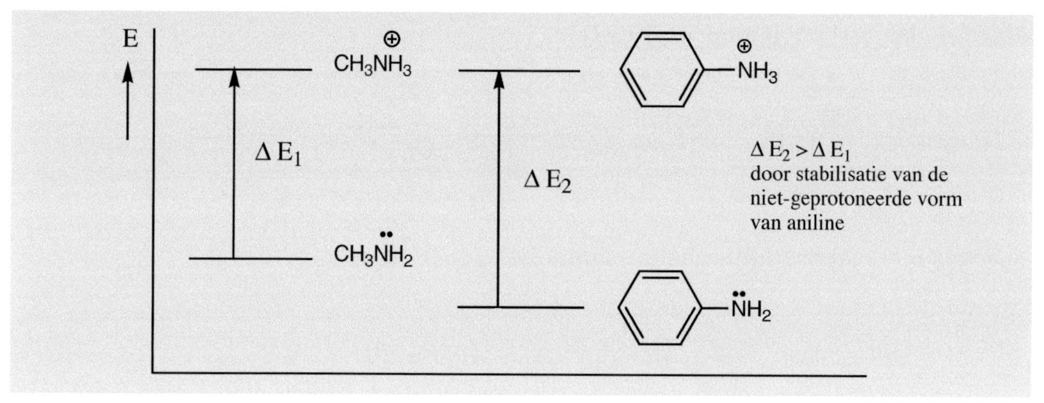


Fig. 12.1. Energiediagram van de protonering van methylamine en aniline.

## 12.5 Nucleofiele eigenschappen van aminen

Naast de basische eigenschappen zijn vooral de nucleofiele eigenschappen van een amine van belang. Het vrije elektronenpaar op het stikstofatoom van ammoniak en alkylaminen kan goed als nucleofiel optreden in substitutiereacties.

Bij een nucleofiele substitutie van een halogeenalkaan met ammoniak als nucleofiel reagens ontstaat een amine als reactieproduct. De reactie van ammoniak met methyljodide is hiervan een karakteristiek voorbeeld.

$$\underset{\text{ammoniak}}{H_3N:} + \underset{\text{methyljodide}}{H_3C{-}I} \xrightarrow{S_N2} \underset{\text{methylammoniumjodide}}{H_3\overset{\oplus}{N}{-}CH_3 \quad I^{\ominus}}$$

Het gevormde methylammoniumjodide zal in het reactiemilieu een proton afstaan aan ammoniak in een evenwichtsreactie. Als er nu overmaat methyljodide aanwezig is dan kan het ongeprotoneerde methylamine als nucleofiel optreden en verder reageren onder vorming van dimethylamine. Ook dit kan een proton afstaan en op deze wijze kunnen ook trimethylamine en tetramethylammoniumjodide gevormd worden. Daardoor worden bij reactie van halogeenalkanen met ammoniak meestal mengsels van aminen gevormd.

$$H_3\overset{\oplus}{N}{-}CH_3 \; I^{\ominus} + \ddot{N}H_3 \rightleftharpoons CH_3{-}\ddot{N}H_2 + \overset{\oplus}{N}H_4 \; I^{\ominus}$$

$$\underset{\text{primair amine}}{CH_3\ddot{N}H_2} \xrightarrow[\text{-HI}]{CH_3I} \underset{\text{secundair amine}}{(CH_3)_2\ddot{N}H} \xrightarrow[\text{-HI}]{CH_3I} \underset{\text{tertiair amine}}{(CH_3)_3\ddot{N}} \xrightarrow{CH_3I} \underset{\text{quaternair ammoniumzout}}{(CH_3)_4\overset{\oplus}{N} \; I^{\ominus}}$$

Naast de nucleofiele substitutie van aminen met halogeenalkanen zijn vooral de nucleofiele reacties van aminen met carbonylverbindingen en carbonzuurderivaten van belang. Deze reacties zullen in de hoofdstukken 13 en 17 behandeld worden.

Reacties met carbonylgroepen (§ 13.11)

R—N̈H₂ + >C=O ⇌ R—N̈(H)—C(—)—OH ⇌ R—N̈=C< + $H_2O$

Reacties met carbonzuurderviaten; aminolyse (§17.5.5)

R—N̈H₂ + X—C(=O)—R' ⟶ R—N̈(H)—C(=O)—R' + HX

## 12.6 Nitrosering van acyclische aminen

De aminogroep ($NH_2$-groep) heeft een essentiële functie in biologische systemen. In eiwitten en nucleïnezuren zorgt de aminogroep door middel van waterstofbrugvorming voor het instandhouden van de actieve conformatie van deze biomoleculen. In het katalytisch centrum van vele enzymen spelen de nucleofiele en basische eigenschappen van de $NH_2$-groep een belangrijke rol. Uiteraard is hierbij de beschikbaarheid van het vrije elektronenpaar op stikstof van essentieel belang. Daarom kunnen verbindingen die het vrije elektronenpaar op stikstof blokkeren het metabolisme ingrijpend verstoren. Alkyleringsmiddelen die gemakkelijk met het vrije elektronenpaar van stikstof reageren zijn daarom zeer giftig. Voorbeelden van dit soort verbindingen zijn methyljodide, methylbromide, benzylbromide en dimethylsulfaat. Berucht zijn in dit verband ook de nitroseringsmiddelen. Deze reagentia, zoals natriumnitriet in zuur milieu, leveren het elektrofiele $NO^+$-deeltje dat reageert met het vrije elektronenpaar op stikstof, waarbij *N*-nitrosaminen gevormd worden. Het verdere verloop van de reactie is afhankelijk van de aard van het amine.

Bij *primaire aminen* kan het positief geladen stikstofatoom een proton afsplitsen onder vorming van een *N*-nitrosamine.

$NaNO_2$ + HCl ⟶ NaCl + $HNO_2$

HÖ—N̈=Ö + $H^{\oplus}$ ⟶ H—Ö$^{\oplus}$(H)—N̈=Ö ⟶ H—Ö:(H) + :N$^{\oplus}$=Ö

$$R{-}CH_2{-}NH_2 + {:}N{=}O^{\oplus} \longrightarrow R{-}CH_2{-}\overset{\oplus}{N}H_2{-}N{=}O \xrightarrow{-H^{\oplus}} R{-}CH_2{-}NH{-}N{=}O$$

N-nitrosamine

Het tweede proton aan het stikstofatoom kan een protonverhuizing ondergaan die analoog is aan die welke optreedt bij keto-enol tautomerie. Het product is een diazozuur en deze zuren splitsen na protonering van de hydroxylgroep doorgaans snel water af, waardoor diazoniumionen gevormd worden. Deze diazoniumionen kunnen gezien worden als een combinatie van een carbokation en een stikstofmolecuul. Een stikstofmolecuul is een zeer stabiel molecuul en daarom een uitstekend vertrekkende groep. Een alkyldiazoniumion is dan ook niet erg stabiel en het splitst gemakkelijk stikstof af onder vorming van een carbokation. De daarop volgende reacties zijn typerend voor een carbokation en afhankelijk van het nucleofiel dat zich al of niet aanbiedt.

$$R{-}CH_2{-}NH{-}N{=}O \rightleftharpoons R{-}CH_2{-}N{=}N{-}OH \overset{+H^{\oplus}}{\rightleftharpoons} R{-}CH_2{-}N{=}N{-}\overset{\oplus}{O}H_2$$

tautomerisatie — diazozuur — diazoniumion

$$\xrightarrow{-H_2O} R{-}CH_2{-}\overset{\oplus}{N}{\equiv}N{:} \xrightarrow{-N_2} R{-}\overset{\oplus}{C}H_2$$

diazoniumion

$$R{-}\overset{\oplus}{C}H_2 \xrightarrow{H_2O} R{-}CH_2{-}OH + H^{\oplus}$$

$$R{-}\overset{\oplus}{C}H_2 \xrightarrow{-H^{\oplus}} R'{-}CH{=}CH_2$$

$$R{-}\overset{\oplus}{C}H_2 \xrightarrow{R''{-}NH_2} R{-}CH_2{-}NH{-}R'' + H^{\oplus}$$

Bij *secundaire aminen* kan het positief geladen stikstofatoom eveneens een proton afsplitsen waarbij ook hier een *N*-nitrosamine gevormd wordt. Omdat er nu geen tweede proton aan het stikstofatoom aanwezig is, treedt hier geen tautomerie op en de *N*-nitrosoverbinding is het eindproduct van de reactie.

$$(R{-}CH_2)_2NH + {:}N{=}O^{\oplus} \longrightarrow (R{-}CH_2)_2\overset{\oplus}{N}H{-}N{=}O \xrightarrow{-H^{\oplus}} (R{-}CH_2)_2N{-}N{=}O$$

N-nitrosamine

Bij *tertiaire aminen* zit geen proton meer aan het stikstofatoom en er is daarom geen eenvoudige stabilisering van het genitroseerde ion mogelijk. Er kan een proton van een naburig koolstofatoom worden afgesplitst waarna verdere volgreacties complexe reactieproducten geven.

$$(R{-}CH_2)_3N{:} + {:}N{=}O^{\oplus} \longrightarrow (R{-}CH_2)_3\overset{\oplus}{N}{-}N{=}O \longrightarrow \text{meerdere produkten}$$

Het zal duidelijk zijn dat al deze reacties van aminen met $NO^+$ de biologische functie van de -$NH_2$-groepen en van andere biologische aminen drastisch veranderen.

Het is bekend dat dialkylnitrosaminen zeer giftig, carcinogeen en mutageen zijn. Vooral in de lever worden tumoren veroorzaakt en er wordt verondersteld dat de gemengde functie-oxidases in de lever de nitrosaminen omzetten in zeer actieve alkyleringsmiddelen. Het volgende mechanisme zou een verklaring kunnen zijn voor dit verschijnsel. Het oxidase-enzym oxideert een α-C-atoom van het nitrosamine waarna gemakkelijk formaldehyde afgesplitst kan worden via een cyclisch mechanisme, waarin een proton verhuist naar het nitroso-zuurstofatoom. Het gevormde diazozuur, dat ook gevormd wordt bij de nitrosering van primaire aminen, verliest snel een molecuul water waarna het methyl-diazoniumion wordt gevormd. In dit diazoniumchloride is, zoals reeds eerder is opgemerkt, een zeer goede vertrekkende groep aanwezig in de vorm van het moleculaire stikstof. Na het vertrek van $N_2$ ontstaat het sterk alkylerende methylkation dat reageert met nucleïnezuren en andere nucleofiele plaatsen in biomoleculen die van vitaal belang zijn. Het is zinvol om deze reacties zoveel mogelijk te vermijden en daarom mag geen nitriet gebruikt worden ter conservering en kleuring van vlees zoals in salami, bacon, frankfurters, enz. Het zuur in de maag kan nitriet omzetten in $HNO_2$ en daarmee gunstige condities scheppen voor het nitroseren van vrije -$NH_2$- en -NHR-groepen die in aminozuren en andere biomoleculen aanwezig zijn.



## 12.7 Alkaloïden

De alkaloïden vormen een groep natuurproducten met een grote verscheidenheid in structuur en fysiologische eigenschappen. De belangrijkste natuurlijke bronnen van de alkaloïden zijn de hogere planten, maar ze worden ook in insecten, micro-organismen en lagere planten aangetroffen.

Er is geen eenduidige definitie te geven voor een alkaloïde. Vroeger rekende men die verbindingen tot de alkaloïden die met zuur extraheerbaar waren en een basisch stikstofatoom bevatten. Eenvoudige aminen werden daarbij echter niet tot de alkaloïden gerekend. Een tegenwoordig veel gebruikt classificatiesysteem deelt de alkaloïden in drie soorten in, namelijk de echte alkaloïden, de protoalkaloïden en de pseudoalkaloïden.

De *echte alkaloïden* bevatten een stikstofatoom in een heterocyclische ring. De biosynthese gaat uit van een aminozuur. De verbindingen zijn vaak giftig, hetgeen blijkt uit bekende voorbeelden uit deze categorie natuurproducten zoals morfine, nicotine en cocaïne. Andere voorbeelden van echte alkaloïden zijn reserpine, een middel tegen hoge bloeddruk, en kinine dat wordt toegepast tegen malaria.

De *protoalkaloïden* zijn relatief eenvoudige aminoverbindingen waarbij het stikstofatoom niet in een heterocyclische ring zit. De biosynthese gaat ook hier uit van een aminozuur. Deze groep verbindingen wordt soms ook aangeduid met de term 'biologische aminen'. Voorbeelden van dit type aminen zijn mescaline, adrenaline en tryptamine.

Bij de *pseudoalkaloïden* gaat de biosynthese niet uit van een aminozuur. Twee belangrijke groepen pseudoalkaloïden zijn de steroïdalkaloïden waartoe solanidine behoort en de purinealkaloïden waarvan cafeïne deel uitmaakt.

Soms komt een bepaald type alkaloïde uitsluitend voor in één plantenfamilie en dit gegeven kan van belang zijn voor de plantentaxonomie. Meestal komt een alkaloïde niet in de gehele plant voor, maar is het in zeer bepaalde delen van de plant gelokaliseerd. Voorbeelden hiervan zijn morfine, dat alleen voorkomt in de melk van de *Papaver somniferum*, kinine, dat alleen in de bast van de *Cinchona ledgeriana* aanwezig is en reserpine, dat alleen voorkomt in de wortels van de *Rauvolfia serpentina*. De vindplaats van een alkaloïde en het deel van de plant waar de biosynthese zich afspeelt, behoeven echter niet dezelfde te zijn. De biosynthese van nicotine vindt bijvoorbeeld plaats in de wortels van de tabaksplant, waarna transport naar de bladeren optreedt.

Bij de isolatie van alkaloïden uit plantaardig materiaal wordt dankbaar gebruik gemaakt van het basische karakter van deze verbindingen. Het plantenmateriaal wordt meestal eerst geëxtraheerd met petroleum-ether met het doel apolaire natuurproducten, zoals vetten, wassen en apolaire terpenen, te verwijderen. Daarna volgt een extractie met methanol of met 96% (*V/V*) ethanol waarin de meeste alkaloïden en de meer polaire andere natuurproducten oplossen. Indampen van deze alcoholische oplossing geeft een alkaloïdbevattende stroop die geschud wordt met een niet mengbaar mengsel van ethylacetaat en verdund zuur. De zure en polaire natuurproducten (polyfenolen, polaire terpenen en fenylpropanen) lossen op in ethylacetaat. De alkaloïden worden door het zuur geprotoneerd en lossen daardoor als zouten op in de waterfase. Nadat de waterfase is afgescheiden, wordt deze basisch gemaakt waardoor de alkaloïden weer vrijgemaakt worden uit hun zouten. Uitschudden van de basische oplossing met ethylacetaat geeft dan na afdampen van het ethylacetaat de vrije alkaloïden, die met behulp van chromatografische methoden verder gescheiden kunnen worden.

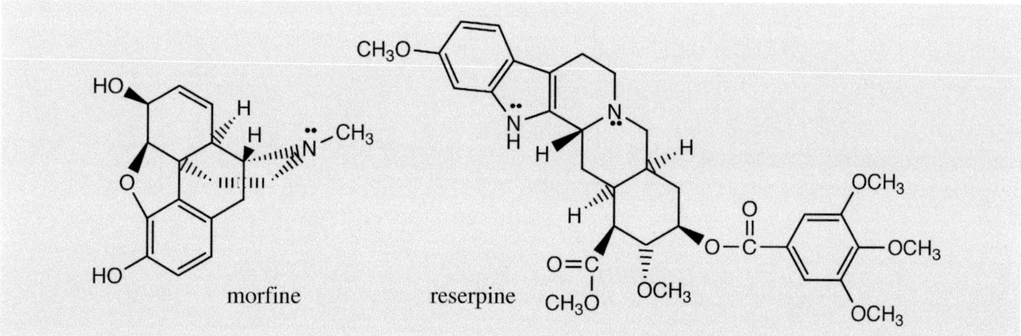

morfine

reserpine

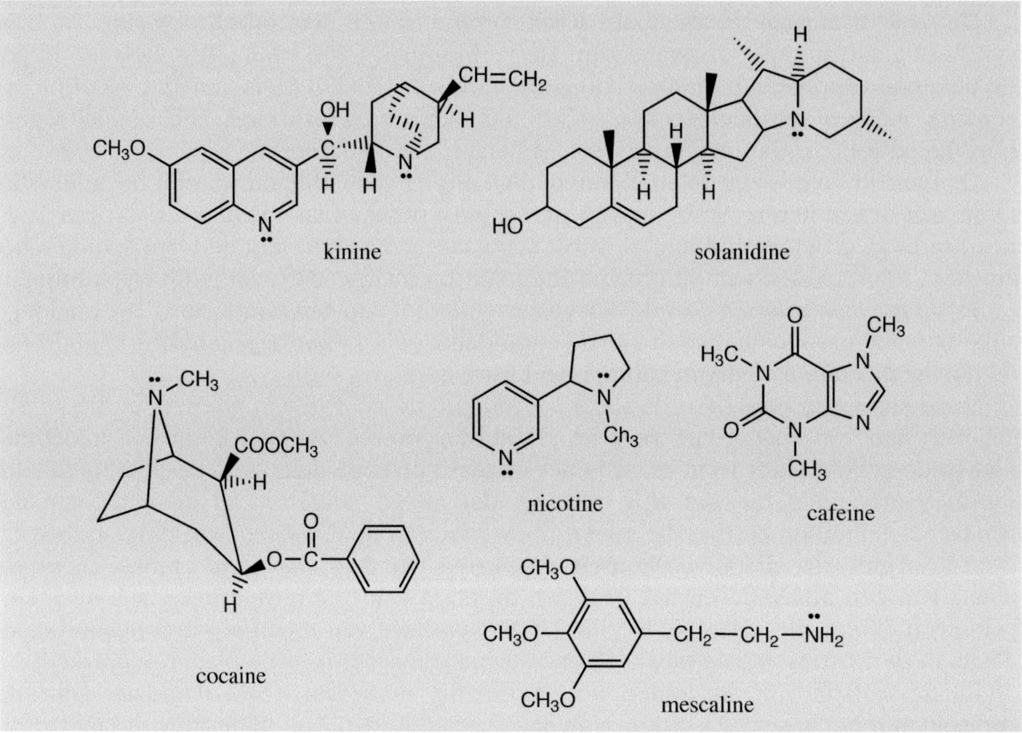

kinine solanidine

cocaine nicotine cafeine

mescaline

## 12.7.1 De biosynthese van alkaloïden

De alkaloïden met hun zeer uiteenlopende structuren worden in de natuur gesynthetiseerd vanuit een verrassend beperkt aantal uitgangsstoffen. Een zevental aminozuren, aangevuld met enkele koolstoffragmenten van andere oorsprong, zijn de voornaamste bouwstenen voor de biosynthese. Het merendeel van de alkaloïden wordt gevormd vanuit de aminozuren fenylalanine, tyrosine en tryptofaan. Daarnaast worden ornithine, lysine en histidine in mindere mate aangetroffen als uitgangsstof voor de biosynthese.

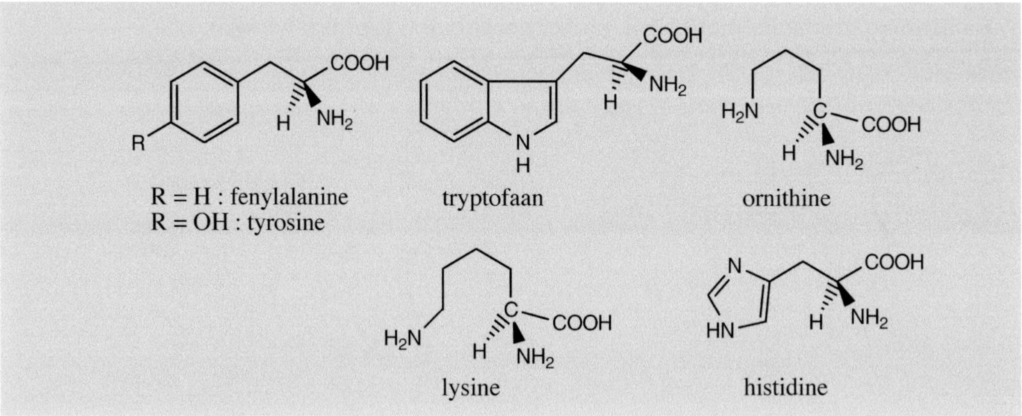

R = H : fenylalanine
R = OH : tyrosine

tryptofaan ornithine

lysine histidine

### *12.7.2 Alkaloïden uit fenylalanine en tyrosine*

De alkaloïden afgeleid van fenylalanine of tyrosine kunnen onderling grote verschillen in structuur vertonen. Dit blijkt onder meer uit het feit dat eenvoudige proto-alkaloïden, zoals dopamine, noradrenaline, adrenaline, mescaline en efedrine, tot deze groep behoren, maar ook de meer ingewikkelde alkaloïden zoals morfine.

De biosynthese van dopamine, noradrenaline en adrenaline in zoogdieren verloopt via hydroxylering en decarboxylering van tyrosine.

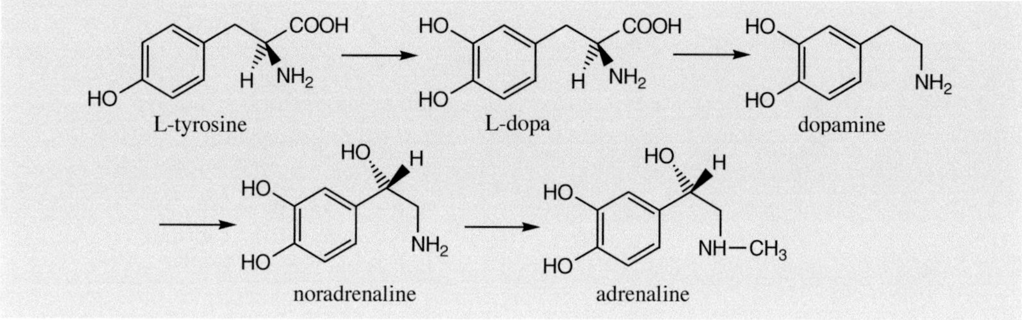

L-tyrosine L-dopa dopamine

noradrenaline adrenaline

Noradrenaline en adrenaline zijn belangrijke hormonen die geproduceerd worden door het bijniermerg. Deze hormonen spelen een rol in de integratie van het suiker- en vetmetabolisme. Ze reageren op een lage glucoseconcentratie in het bloed en stimuleren de mobilisatie van glycogeen (suikers) en triglyceriden (vetten). De adrenalineconcentratie in het bloed wordt verhoogd zodra er bijzondere eisen aan het lichaam worden gesteld, zoals bij dreigend gevaar of bij een grote lichamelijke inspanning. De voornaamste effecten van een verhoogde adrenalineconcentratie zijn versnelling van de hartslag, stijging van de bloeddruk, verwijding van de luchtpijp en de bronchiën en afgifte van glycogeen als brandstof voor de spieren.

Een van de oudste hallucinogene middelen uit Mexico en het zuiden van de Verenigde Staten is peyote. Het wordt gewonnen uit een aldaar voorkomende cactussoort door gedroogde schijven van de plant te extraheren met warm water. Het komt ook vrij door de schijven van de plant te kauwen. De verbinding die de hallucinogene activiteit van peyote veroorzaakt, is mescaline. In de biosynthese van mescaline is dopamine als intermediair aangetoond en tevens is aangetoond dat de volgorde van de methylerings- en hydroxyleringsreacties verloopt, zoals is aangegeven in het onderstaande schema.

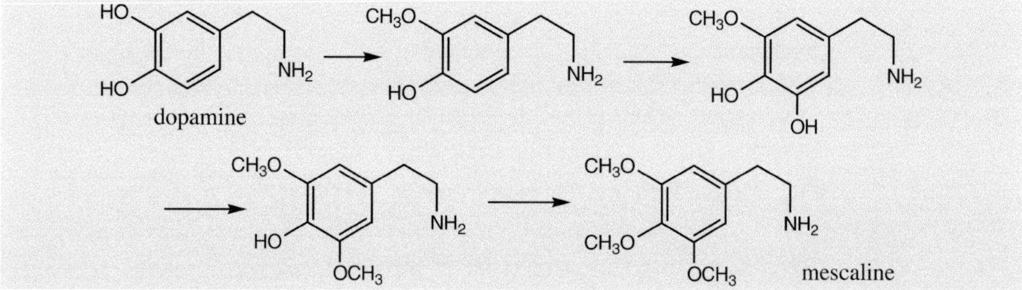

dopamine

mescaline

Alkaloïden met structuren zoals reticuline, morfine en codeïne worden gevormd uit twee moleculen fenylalanine of tyrosine. Reticuline is een tussenproduct in de biosynthese van morfine en codeïne. Een ringsluiting van reticuline gevolgd door een aantal verdere omzettingen geeft uiteindelijk morfine en codeïne. Het van morfine afgeleide heroïne is geen natuurproduct maar wordt door chemische acylering van morfine verkregen.

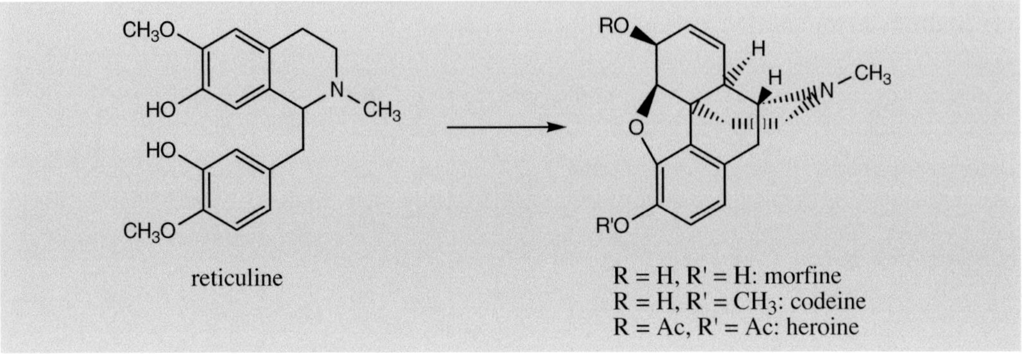

reticuline

R = H, R' = H: morfine
R = H, R' = $CH_3$: codeine
R = Ac, R' = Ac: heroine

### *12.7.3 Alkaloïden uit tryptofaan - Indoolalkaloïden*

De alkaloïden waarvan de biosynthese uitgaat van tryptofaan, worden *indoolalkaloïden* genoemd, naar het heterocyclische ringsysteem dat in deze verbindingen voorkomt. Evenals bij de alkaloïden die afgeleid zijn van fenylalanine en tyrosine, wordt ook binnen deze groep alkaloïden een grote verscheidenheid aan structuren aangetroffen. Naast de van tryptofaan afkomstige indoolring bevatten de meer gecompliceerde indoolalkaloïden vaak structuurelementen die afkomstig zijn van terpenen.

Van de eenvoudige aminoverbindingen die afgeleid zijn van tryptofaan, noemen we hier tryptamine, indool, gramine, psilocine en bufotenine. Deze verbindingen komen wijd verspreid voor in hogere planten; sommige hebben een hallucinogene activiteit die vergelijkbaar is met die van mescaline. Bufotenine is het actieve bestanddeel in een oud Haïtiaans hallucinerend middel en komt voor in sommige paddestoelen en in de huidafscheiding van de pad.

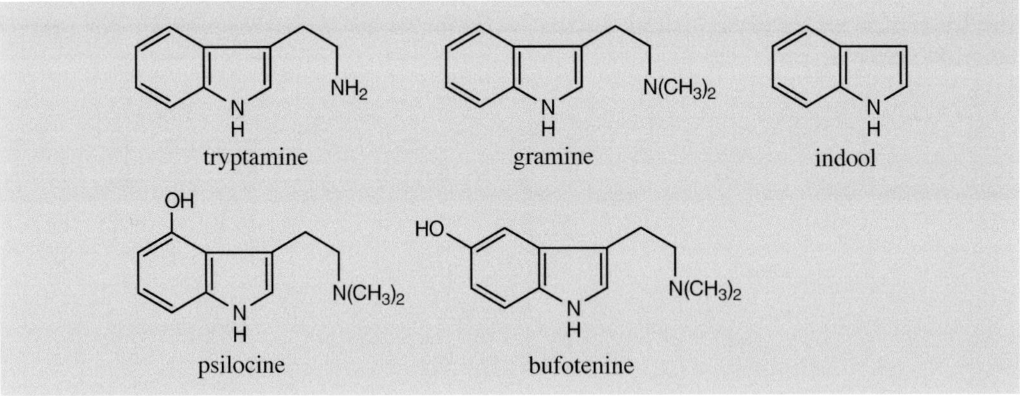

tryptamine

gramine

indool

psilocine

bufotenine

Fysostigmine is een indoolalkaloïde met een cholinesterase-remmende activiteit. De ontdekking van deze eigenschap heeft geleid tot de ontwikkeling van de carbamaat-insecticiden (zie § 17.11).

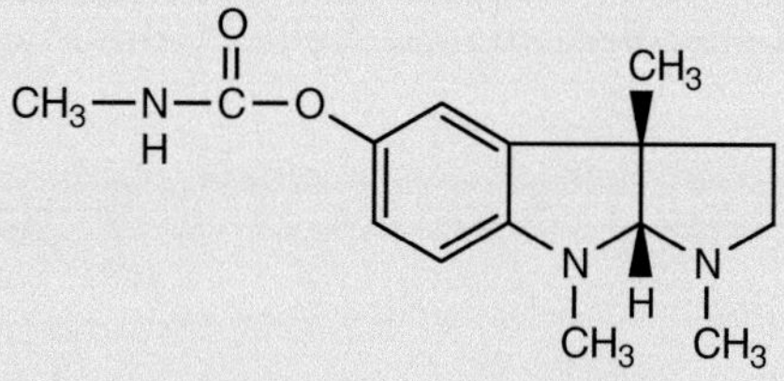

fysostigmine

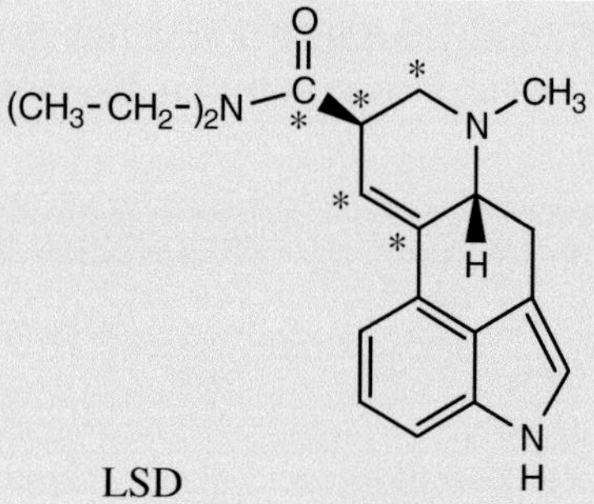

LSD
lyserginezuurdimethylamide

Verschillende indoolalkaloïden hebben uitgesproken fysiologische eigenschappen. Een oud voorbeeld vormt de groep van de ergotalkaloïden. Deze verbindingen worden o.a. geproduceerd door een op graan levende schimmel en gedurende de Middeleeuwen hebben de ergotalkaloïden vele slachtoffers veroorzaakt tengevolge van consumptie van brood dat gebakken was van besmet graan. Ergotalkaloïden hebben een sterk vaatvernauwende werking waardoor soms zelfs hele ledematen afstierven. Daarnaast hebben de ergotalkaloïden een sterk hallucinerende werking.

Een van de bekendste alkaloïden die tot deze familie behoort is LSD, een sterk hallucinogeen middel dat een tijdlang als illegale drug werd verhandeld. LSD, het diëthylamide van lyserginezuur, komt niet in de natuur voor. Andere amiden van lyserginezuur komen ruim verspreid in de natuur voor en ze zijn vaak van groot belang voor de farmaceutische industrie. In de ergotalkaloïden is een deel van het koolstofskelet afkomstig van isopentenylpyrofosfaat (zie de gemerkte C*-atomen in de formule van LSD).

In de meer gecompliceerde indoolalkaloïden is een groter deel van het koolstofskelet afkomstig van terpenen. Voorbeelden van dit type indoolalkaloïden zijn het reeds eerder genoemde reserpine en het zeer giftige strychnine.

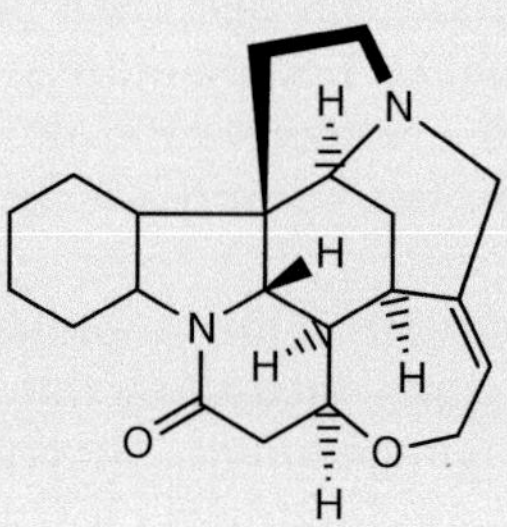

strychnine

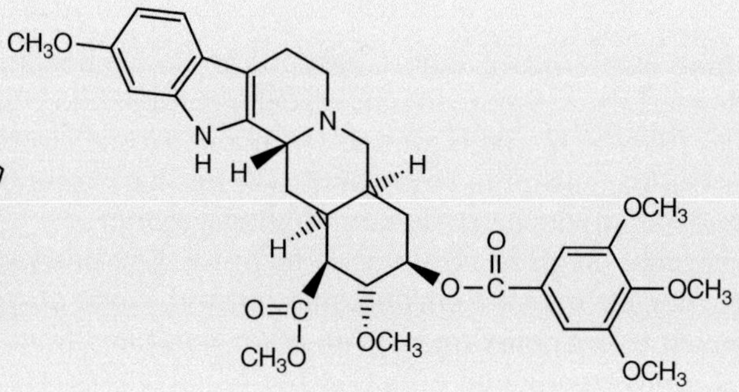

reserpine

### *12.7.4 Alkaloïden uit ornithine en lysine*

De alkaloïden die afgeleid zijn van ornithine, staan bekend als de pyrrolidine-alkaloïden. Pyrrolidine zelf is de eenvoudigste vertegenwoordiger van deze groep; samen met het *N*-methylderivaat komt het o.a. voor in tabak. Andere eenvoudige vertegenwoordigers van deze groep zijn hygrine en cuscohygrine die beide voorkomen in de cocaplant.

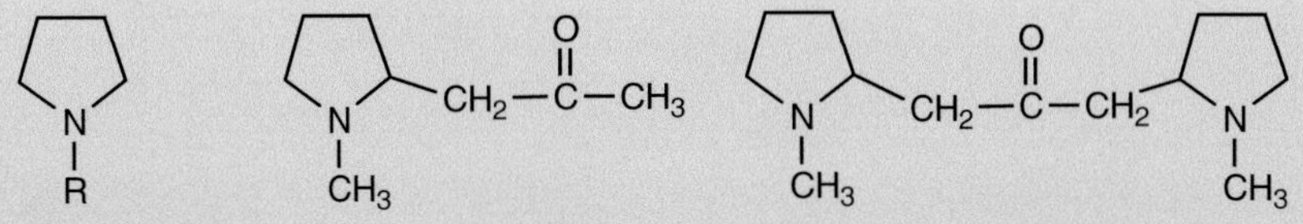

R = H; pyrrolidine
R = $CH_3$;
N-methylpyrrolidine

hygrine

cuscohygrine

Bekende en beruchte pyrrolidine-alkaloïden zijn nicotine en de tropaanalkaloïden, zoals cocaïne en atropine. Cocaïne is een bekende drug. Het is een krachtige stimulator van het centrale zenuwstelsel en het heeft een werking die vergelijkbaar is met die van efedrine.

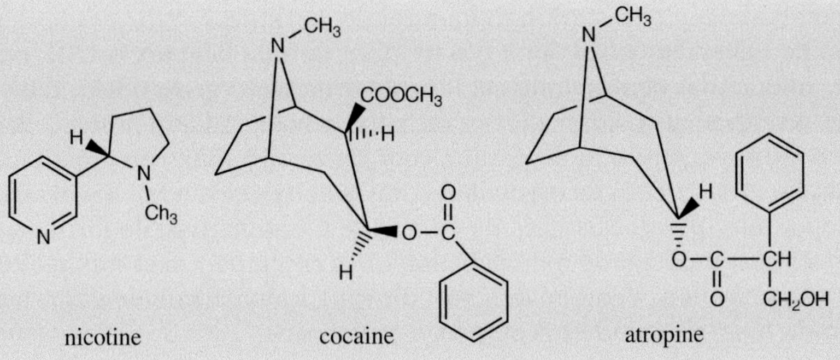

nicotine

cocaine

atropine

Atropine wordt onder andere gebruikt in de oogheelkunde; het heeft een pupil-verwijdende werking hetgeen oogonderzoek gemakkelijker maakt. Een plantenextract van de *Atropa belladonna* (bella donna = mooie vrouw) werd eveneens gebruikt voor de pupilverwijding. Atropine beïnvloedt ook het hartritme en het vermindert de afscheiding van de slijmvliezen in de ademhalingsorganen.

Een berucht en giftig alkaloïde is nicotine. Een dosis van 50-60 mg is waarschijnlijk dodelijk voor de mens. Eén doorsnee sigaret bevat 10-15 mg nicotine maar hiervan wordt bij het roken gelukkig voor de roker maar een fractie opgenomen. Nicotine heeft een sterk vaatvernauwend effect op het bloedvatenstelsel rond het hart en het relatief hoge percentage sterfgevallen tengevolge van een hartkwaal onder rokers schijnt hiermee duidelijk in verband te staan. Een carcinogeen effect van nicotine is niet duidelijk aangetoond.

# 13 Aldehyden en ketonen

Aldehyden en ketonen bevatten als kenmerkende groep de carbonylgroep. Ze maken deel uit van een grote groep verbindingen die aangeduid worden met de algemene term *carbonylverbindingen*.

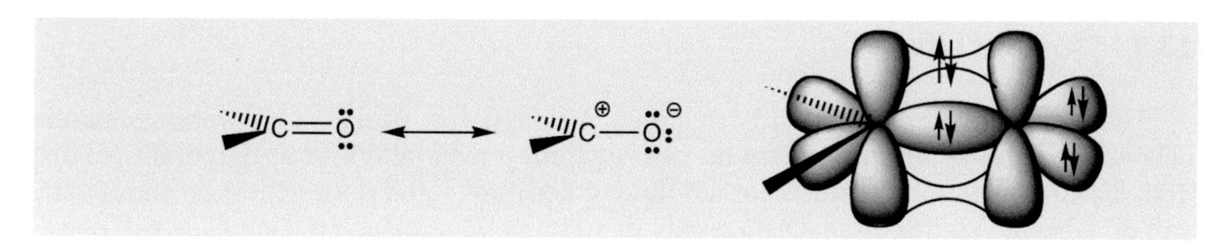

De carbonylgroep is een stabiele groep. Het carbonyl*koolstofatoom* is $sp^2$-gehybridiseerd en de drie $sp^2$-orbitalen van koolstof liggen dus in één vlak en maken hoeken van 120° met elkaar. De 2p-orbitaal van koolstof verzorgt samen met een 2p-orbitaal van zuurstof de $\pi$-binding.

Het *zuurstofatoom* is eveneens $sp^2$ gehybridiseerd. De bindingen met het koolstofatoom komen tot stand door lineaire overlap van een $sp^2$-orbitaal en door zijdelingse overlap van de $2p_y$-orbitaal. De vrije elektronenparen van zuurstof zitten in de andere twee $sp^2$ orbitalen.

Door het elektronegatieve karakter van zuurstof is de carbonylgroep sterk gepolariseerd. De beweeglijke $\pi$-elektronen worden naar de kant van het elektronegatieve zuurstofatoom getrokken en daardoor wordt het koolstofatoom enigszins positief en het zuurstofatoom enigszins negatief geladen.

De carbonylverbindingen worden onderverdeeld in de aldehyden en ketonen enerzijds en de carbonzuren en carbonzuurderivaten anderzijds. De aldehyden en ketonen bevatten aan de carbonylgroep alleen waterstof, alkyl- of arylgroepen. Is er aan het koolstofatoom van de carbonylgroep een stikstof-, zuurstof-, zwavel- of halogeenatoom gebonden, dan is er sprake van een carbonzuur of een derivaat van een carbonzuur.

| | | | | | | |
|---|---|---|---|---|---|---|
| R'(R)C=O | ≡ | R–C(=O)–R' | ≡ | RCOR' | alkanon of keton |
| H(R)C=O | ≡ | R–C(=O)–H | ≡ | RCHO | alkanal of aldehyde |

De aanwezigheid van de carbonylgroep heeft tot gevolg dat er duidelijke overeenkomsten in fysische en chemische eigenschappen bestaan tussen de aldehyden, ketonen, carbonzuren en carbonzuurderivaten. Wanneer er aan de carbonylgroep een elektronegatieve groep met een vrij elektronenpaar gebonden is, zoals dat het geval is bij de carbonzuren en de carbonzuurderivaten, dan is dit echter van directe invloed op het reactiepatroon van deze verbindingen en daarom zullen de carbonzuren en de carbonzuurderivaten in de hoofdstukken 16 en 17 apart behandeld worden.

$R-C(=O)-OH$ ; $R-C(=O)-X$ ; $R-C(=O)-OR'$ ; $R-C(=O)-SR'$ ; $R-C(=O)-NR'R''$

carbonzuur zuurhalogenide ester thioëster amide

## 13.1 Nomenclatuur

Aldehyden bevatten een carbonylgroep waaraan ten minste één waterstofatoom gebonden is. Bij ketonen zijn aan de carbonylgroep twee alkyl- of arylgroepen gebonden. De IUPAC-nomenclatuur voor aldehyden komt tot stand door achter de stamnaam van de langste keten met de -CHO-groep, de uitgang *-al* te plaatsen. De plaats van eventuele substituenten aan de keten wordt aangegeven met een cijfer. De koolstofketen wordt zo genummerd dat het aldehydekoolstofatoom het cijfer 1 krijgt.

$CH_3-CH_2-CH{=}CH-C(=O)-H$
2-pentenal

$CH_3-CH_2-C(Cl)(CH_3)-C(=O)-H$
2-chloor-2-methylbutanal

Bij eenvoudige aldehyden wordt vaak de triviale naam gebruikt en een aantal daarvan wordt genoemd in tabel 13.1. Bij gebruik van triviale namen wordt de plaats van een substituent aangegeven met een Griekse letter, te tellen vanaf het eerste koolstofatoom naast de carbonylgroep.

δ γ β α
C–C–C–C–C(=O)–H
5 4 3 2 1

$CH_3-CH(CH_3)-CH_2-C(=O)-H$
β–methylbutyraldehyde
3-methylbutanal

$CH_3-CH(Br)-C(=O)-H$
α–broompropionaldehyde
2-broompropanal

De IUPAC-nomenclatuur van ketonen komt tot stand door achter de naam van de langste keten met daarin de carbonylgroep de uitgang *-on* te plaatsen. De plaats van de carbonylgroep in de keten wordt met een cijfer voor de naam aangegeven. De nummering van de koolstofketen is zodanig dat de carbonylgroep het laagste nummer krijgt. Ketonen kunnen ook benoemd worden door de namen van de twee alkyl- of arylgroepen die aan de carbonylgroep gebonden zijn, te plaatsen voor het woord *keton*. Het eenvoudigste keton, propanon, wordt bijna altijd aangeduid met de triviale naam aceton.

$CH_3-CO-CH_3$
aceton
propanon

$CH_3-CO-CH_2-CH_2-CH_3$
methylpropylketon
2-pentanon

$CH_3-CH_2-CO-CH=CH-CH_3$
4-hexeen-3-on

2,2-dimethylcyclohexanon

$C_6H_5-CO-C_6H_5$
difenylketon
benzofenon

$C_6H_5-CO-CH_3$
methylfenylketon
acetofenon

Als er twee of drie carbonylgroepen in een molecuul aanwezig zijn, dan spreekt men van een *dion* of *trion*. Bij moleculen die tevens een hogere functionele groep bezitten, wordt het voorvoegsel *oxo-* gebruikt om aan te geven dat een carbonylgroep in het molecuul aanwezig is.

$CH_3-CO-CH_2-CO-CH_3$
2,4-pentaandion

$CH_3-CO-CH_2-CH_2-CH(CH_3)-CO-OH$
2-methyl-5-oxohexaanzuur

Tabel 13.1. Smelt- en kookpunt van enige aldehyden en ketonen.

| *Triviale naam* | *IUPAC-naam* | *Formule* | *Smeltpunt °C* | *Kookpunt °C* |
|---|---|---|---|---|
| formaldehyde | methanal | $CH_2O$ | -92 | -21 |
| acceetaldehyde | ethanal | $CH_3CHO$ | -123 | 21 |
| propionaldehyde | propanal | $C_2H_5CHO$ | -81 | 75 |
| *n*-butyraldehyde | butanal | $C_3H_7CHO$ | -97 | 75 |
| isobutyraldehyde | 2-methylpropanal | $CH_3CH(CH_3)CHO$ | -66 | 61 |
| *n*-valeeraldehyde | pentanal | $C_4H_9CHO$ | -91 | 103 |
| capronaldehyde | hexanal | $C_5H_{11}CHO$ | -56 | 129 |
| acroleïne | propenal | $CH_2=CHCHO$ | -88 | 53 |
| crotonaldehyde | 2-butenal | $CH_3CH=CHCHO$ | -77 | 104 |
| aceton | propanon | $CH_3COCH_3$ | -95 | 56 |
| methylethylkton | butanon | $CH_3COC_2H_5$ | -86 | 80 |
| diëthylketon | 3-pentanon | $C_2H_5COC_2H_5$ | -41 | 101 |
| methylvinylketon | 3-buteen-2-on | $CH_3COCH=CH_2$ | | 80 |
| cyclohexanon | cyclohexanon | $C_6H_{10}o$ | -32 | 156 |
| methylfenylketon | acetofenon | $CH_3COC_6H_5$ | 21 | 202 |
| difenylketon | benzofenon | $C_6H_5COC_6H_5$ | 48 | 305 |

## 13.2 Fysische eigenschappen van aldehyden en ketonen

Aldehyden en ketonen zijn polaire moleculen tengevolge van de aanwezigheid van de sterk gepolariseerde carbonylgroep.

De dipool-dipool-interacties tussen de moleculen onderling zorgen ervoor dat de kookpunten van aldehyden en ketonen hoger zijn dan die van alkanen, alkenen of ethers met een vergelijkbare molecuulmassa. Aldehyden en ketonen met een lage molecuulmassa lossen goed op in water dankzij de vorming van waterstofbruggen tussen de carbonylgroep en de watermoleculen. De carbonylgroep kan uiteraard alleen als waterstofbrugacceptor optreden. Wanneer de alkylresten aan de carbonylgroep groter worden neemt de oplosbaarheid in water snel af. De oplosbaarheid van 3-pentanon in water is bijvoorbeeld 40 g/l.

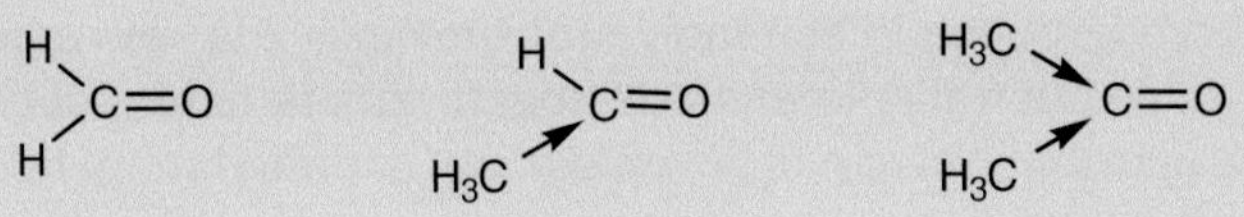

2,34 D 2,70 D 2,88 D dipoolmoment

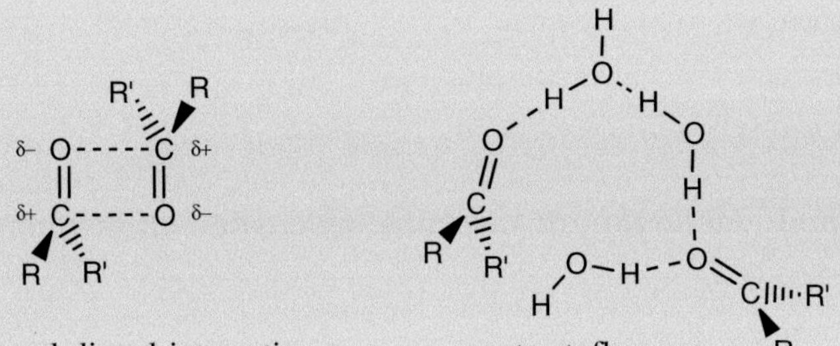

dipool-dipool-interactie waterstofbruggen

### *Reacties van aldehyden en ketonen*

De polarisatie van de carbonylgroep is van directe invloed op het reactiegedrag van aldehyden en ketonen. Nucleofielen kunnen gemakkelijk aanvallen op het positief gepolariseerde koolstofatoom en de meest typerende reactie die de carbonylgroep kan ondergaan, is dan ook de *nucleofiele additie*. Hierbij addeert een nueleofiel deeltje ($Nu^-$) aan het koolstofatoom en komt er een proton terecht op het zuurstofatoom. De reacties van dit type worden besproken in de paragrafen 13.4 t/m 13.11.

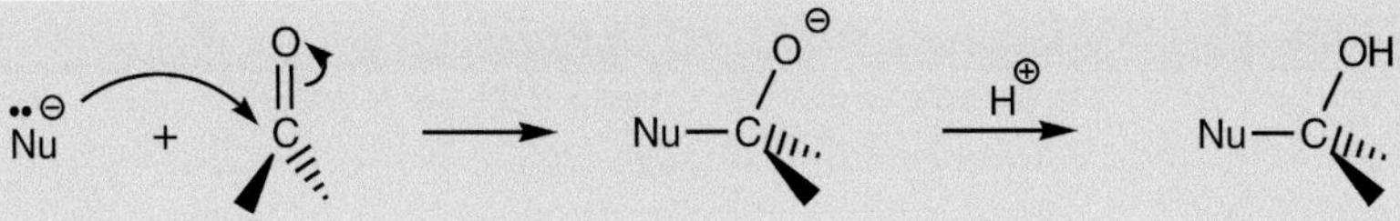

Een tweede, geheel ander type reactie van aldehyden en ketonen houdt verband met de zuurgraad van de waterstofatomen aan het α-koolstofatoom naast de carbonylgroep (α-waterstofatomen). De elektronenzuigende werking van de carbonylgroep zorgt ervoor dat er gemakkelijk een α-waterstofatoom geabstraheerd kan worden door een base. Het resulterende carbanion wordt dan door mesomerie met de carbonylgroep gestabiliseerd.

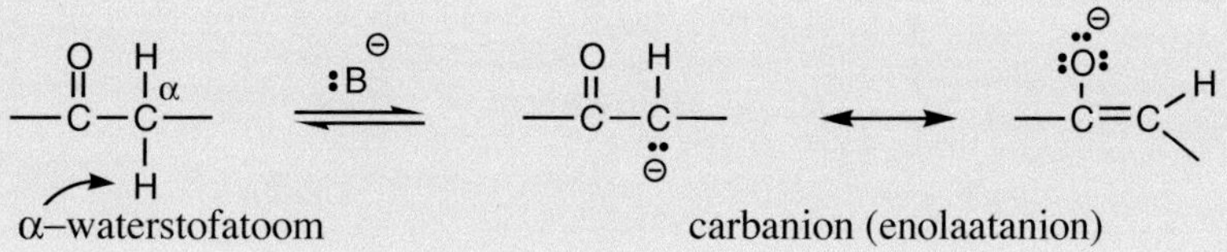

α–waterstofatoom

carbanion (enolaatanion)

Het is deze stabilisatie door mesomerie die verantwoordelijk is voor de extra zuursterkte van de α-waterstofatomen. De reacties die de gevormde enolaatanionen kunnen ondergaan, zullen besproken worden in de paragrafen 13.12 en 13.13.

## 13.3 Nucleofiele additie aan de carbonylgroep

Alvorens in te gaan op een aantal specifieke voorbeelden van nucleofiele additiereacties zullen eerst enige algemene aspecten van deze reactie bekeken worden. Het reactiemechanisme van een nucleofiele additie is namelijk afhankelijk van de omstandigheden waaronder de reactie plaatsvindt.

Additie onder neutrale of basische omstandigheden begint met een aanval van het nucleofiel op het positief gepolariseerde koolstofatoom van de carbonylgroep. Dit koolstofatoom gaat hierbij over van de vlakke $sp^2$-hybridisatie naar de tetraëdrische $sp^3$-hybridisatie. Het alkoxide-ion dat daarbij ontstaat is sterk basisch en abstraheert een proton van het oplosmiddel ($H_2O$) of wordt, bij afwezigheid van een protondonor in het reactiemilieu, geprotoneerd door het toevoegen van zuur aan het eind van de reactie.

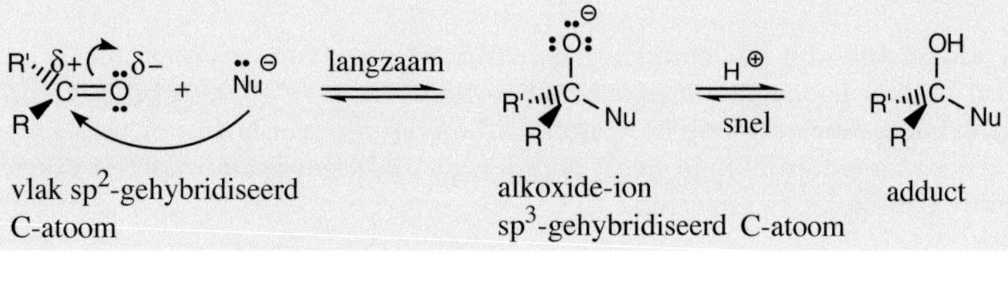

langzaam

snel

vlak $sp^2$-gehybridiseerd C-atoom

alkoxide-ion $sp^3$-gehybridiseerd C-atoom

adduct

Additie onder zure omstandigheden begint met een reversibele protonering op het zuurstofatoom van de carbonylgroep. Een geprotoneerd zuurstofatoom is nog sterker elektronegatief dan een niet-geprotoneerd zuurstofatoom en trekt nog harder aan de elektronen van de π-binding. De mesomere grensstructuur met de positieve lading op het koolstofatoom levert een belangrijke bijdrage aan de geprotoneerde carbonylverbinding en geeft aan dat dit koolstofatoom sterk positief gepolariseerd is. De aanval van een nucleofiel verloopt daardoor gemakkelijker en ook betrekkelijk zwakke nucleofielen kunnen daarom onder invloed van zuur nog reageren.

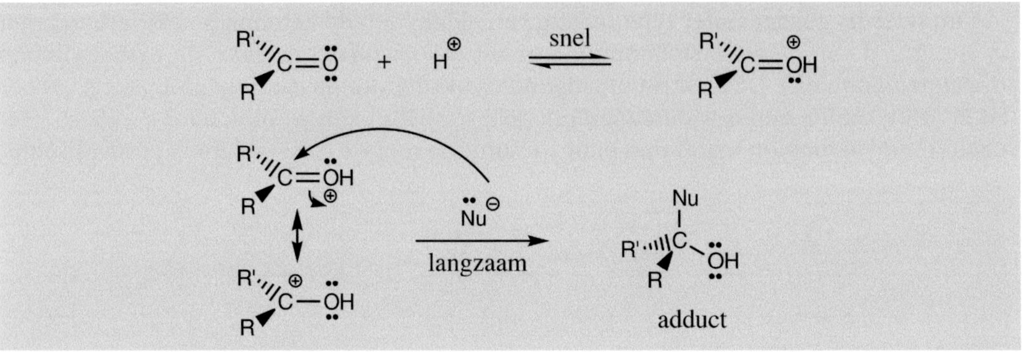

Uit het reactiemechanisme van beide typen reacties valt af te leiden dat sterische en elektronische factoren grote invloed zullen hebben op de reactiviteit van aldehyden en ketonen. Als de substituenten aan de carbonylgroep klein zijn, dan kan een nucleofiel het koolstofatoom van de carbonylgroep zonder problemen naderen en zal er in de tetraëdrische overgangstoestand weinig sterische hindering optreden. Aldehyden, die altijd een waterstofatoom als substituent aan de carbonylgroep hebben, zijn daarom reactiever dan ketonen. Grote substituenten aan de carbonylgroep geven beide typen verbindingen een lagere reactiviteit. Alkylgroepen zijn bovendien zwak ladingsstuwend en dit effect zorgt ervoor dat deze groepen de positieve polarisatie van het koolstofatoom van de carbonylgroep verminderen. Een nucleofiel zal in die gevallen minder neiging hebben op zo'n carbonylkoolstofatoom aan te vallen. Beide effecten tezamen zorgen ervoor dat de reactiviteit van aldehyden en ketonen in nucleofiele addities voor onderstaande verbindingen als volgt afneemt.

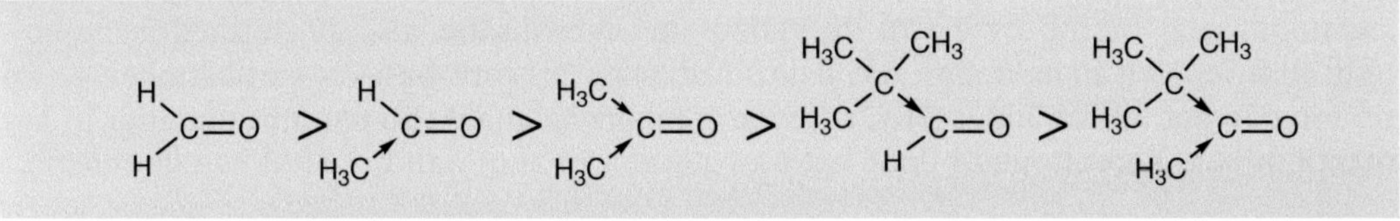

Bij additie van een nucleofiel aan de carbonylgroep van een niet-chirale verbinding kan een chiraal koolstofatoom gevormd worden als R en R' verschillend zijn. Omdat aanval van een nucleofiel op de vlakke carbonylgroep van boven en van onderen een even grote waarschijnlijkheid heeft, worden er in dit geval equimolaire hoeveelheden van beide configuraties gevormd.

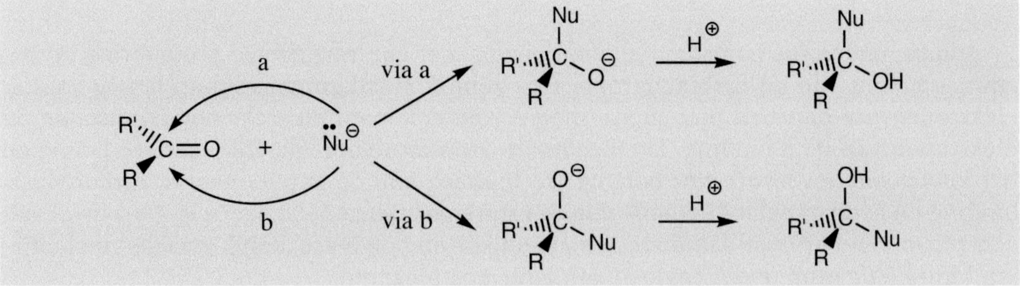

## *Nucleofiele additie onder neutrale of basische omstandigheden*

### 13.4 Additie van water

De additie van water aan aldehyden en ketonen is reversibel. Dit evenwicht ligt in de meeste gevallen duidelijk aan de kant van de carbonylverbinding.

R'RC=O + $H_2O$ ⇌ R'RC(OH)OH

De instelling van dit evenwicht kan door base en door zuur gekatalyseerd worden. In basisch milieu valt het nucleofiele OH−deeltje aan op de carbonylgroep, gevolgd door protonering van het gevormde alkoxyanion door water.

R'RC=O + $^{\ominus}OH$ ⇌ R'RC(OH)$O^{\ominus}$ (+ $H_2O$) ⇌ R'RC(OH)OH + $^{\ominus}OH$

In zuur milieu wordt eerst de carbonylgroep geprotoneerd, waardoor deze gevoeliger wordt voor aanval van het zwak nucleofiele water.

R'RC=O + $H^{\oplus}$ ⇌ R'RC=$\overset{\oplus}{O}$H (+ $H_2O$) ⇌ R'RC(OH)$OH_2^{\oplus}$ ⇌ R'RC(OH)OH + $H^{\oplus}$

Het bestaan van een reversibele additie van water aan een carbonylverbinding kan aangetoond worden door een aldehyde of keton op te lossen in water dat verrijkt is met $H_2{}^{18}O$. Na verloop van tijd wordt dan ook $^{18}O$ aangetroffen in de carbonylverbinding, hetgeen verklaard kan worden met het volgende mechanisme.

R'RC=O + $H_2{}^{18}O$ ⇌ R'RC($O^{\ominus}$)($^{18}OH_2^{\oplus}$) ⇌ R'RC(OH)($^{18}OH$) ⇌ R'RC($OH_2^{\oplus}$)($^{18}O^{\ominus}$) ⇌ R'RC=$^{18}O$ + $H_2O$

Alleen bij aldehyden en ketonen die een sterk positief gepolariseerd carbonylkoolstofatoom hebben, zoals formaldehyde, trichloorethanal of hexafluoraceton, ligt het evenwicht bij additie van water aan de kant van het additieproduct. Het adduct wordt een *hydraat* genoemd.

Tabel 13.2. Vorming van hydraten in aldehyden en ketonen.

| | | | Percentage hydraat (pH = 7) |
|---|---|---|---|
| $CH_3-C(=O)-CH_3$ | $\underset{}{\overset{H_2O}{\rightleftharpoons}}$ | $CH_3-C(OH)_2-CH_3$ | < 0,01 |
| $CH_3-C(=O)H$ | $\overset{H_2O}{\rightleftharpoons}$ | $CH_3-CH(OH)_2$ | 58 |
| $H_2C=O$ | $\overset{H_2O}{\rightleftharpoons}$ | $H_2C(OH)_2$ | 99,99 |
| $Cl_3C-C(=O)H$ | $\overset{H_2O}{\rightleftharpoons}$ | $Cl_3C-CH(OH)_2$ | 100 (isoleerbaar) |

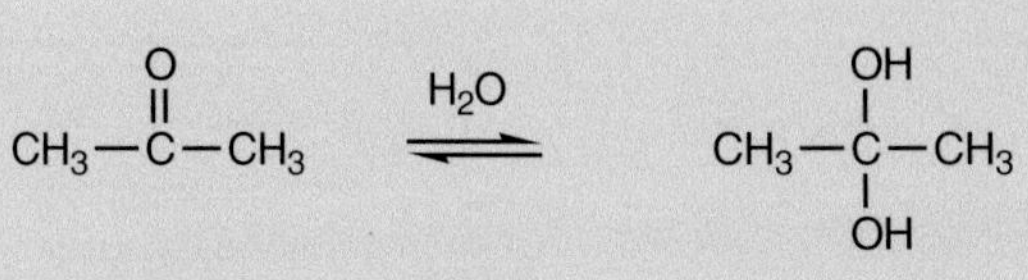

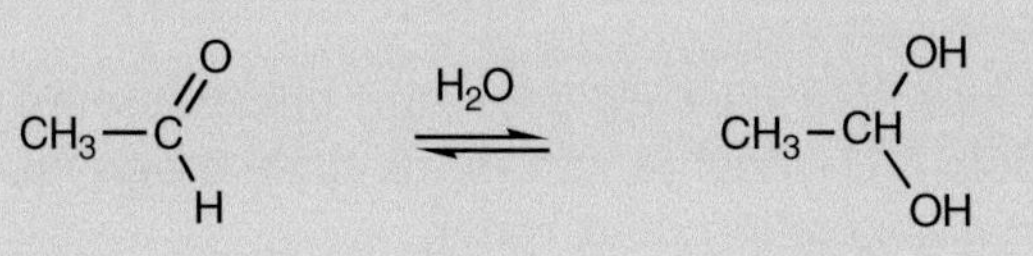

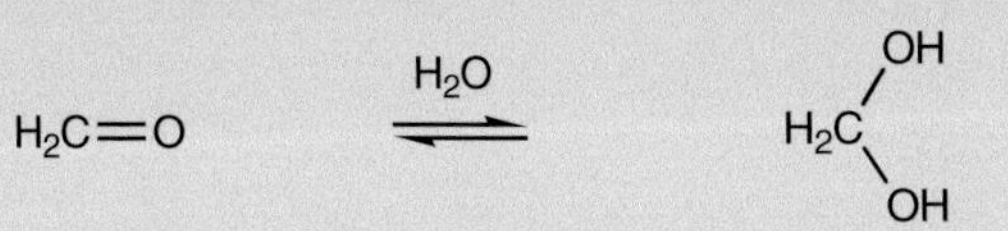

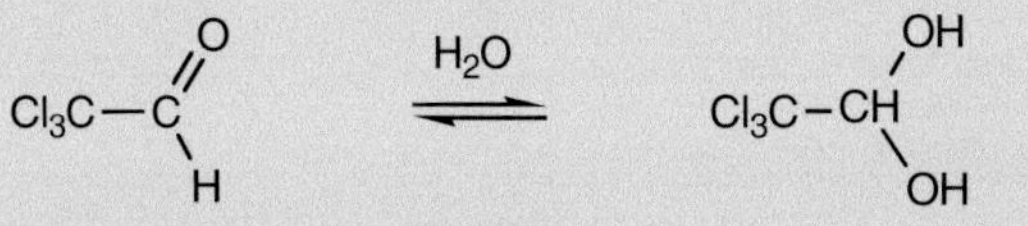

## 13.5 Additie van alcoholen - De vorming van halfacetalen

De reactie van aldehyden en ketonen met alcoholen lijkt veel op de reactie van deze verbindingen met water. In een oplossing van een aldehyde of keton in een alcohol stelt zich een evenwicht in tussen het vrije aldehyde of keton en het additieproduct.

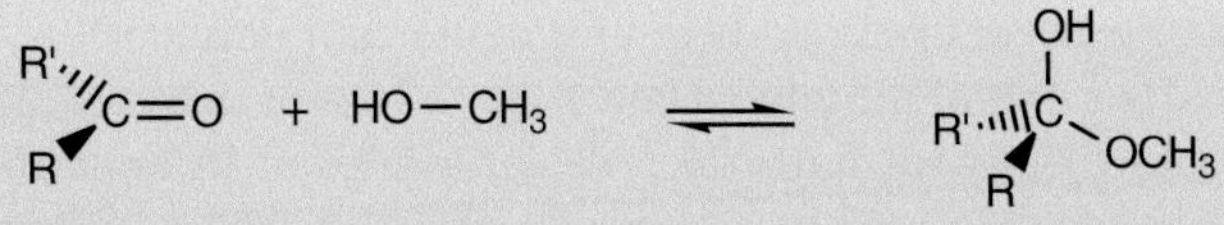

$$R'RC=O + HO-CH_3 \rightleftharpoons R'RC(OH)OCH_3$$

halfacetaal

Dit evenwicht ligt ook hier meestal ver aan de kant van de vrije carbonylverbinding. Het additieproduct wordt een *halfacetaal* genoemd.

Wanneer er binnen één molecuul zowel een carbonylgroep als een hydroxylgroep aanwezig is dan kan er door *intra*moleculaire reactie een halfacetaal gevormd worden. Hierbij ontstaat dan een cyclische verbinding; het evenwicht ligt in deze gevallen meestal duidelijk aan de kant van het halfacetaal. Een bekend voorbeeld van de vorming van cyclische halfacetalen zien we bij de suikers (zie § 14.2).

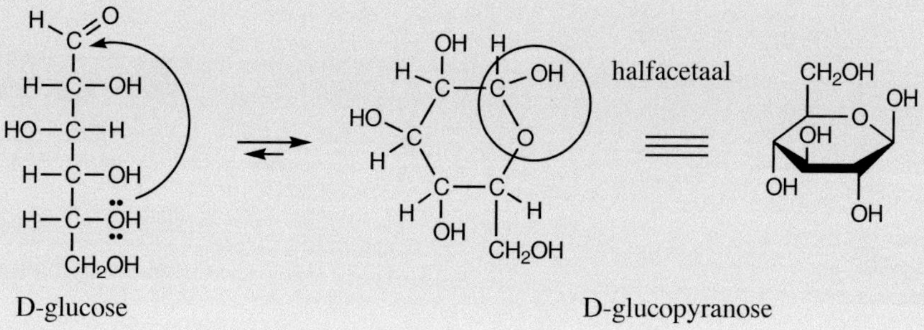

D-glucose halfacetaal D-glucopyranose

## 13.6 Additie van waterstofcyanide

Waterstofcyanide vormt additieproducten met bijna alle aldehyden en met niet te zeer sterisch gehinderde ketonen. De additieproducten staan bekend als *cyaanhydrolen*.

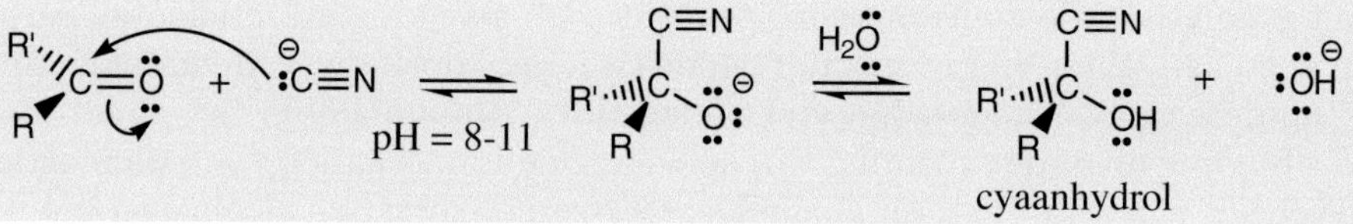

pH = 8-11

cyaanhydrol

De additie begint met de aanval van het nucleofiele cyanide-ion op het koolstofatoom van de carbonylgroep. Het gevormde alkoxide-ion wordt daarna geprotoneerd door water, waardoor het hydroxide-ion gevormd wordt. De pH van het reactiemilieu is van groot belang voor een goed verloop van deze reactie. In zuur milieu is het zwak zure HCN niet voldoende geïoniseerd, zodat er dan onvoldoende cyanide-ionen beschikbaar zijn voor nucleofiele aanval. In sterk basisch milieu verschuift door de hoge hydroxide-ionconcentratie het evenwicht van het cyaanhydrol te ver naar de carbonylverbinding.

De cyaangroep in een cyaanhydrol kan gehydrolyseerd worden tot een carboxylgroep waardoor een hydroxycarbonzuur ontstaat. Deze reactie is van belang voor de synthese van suikers en aminozuren.

## 13.7 Additie van organometaalverbindingen

Een alkyl- of arylhalogeenverbinding kan met een alkali- of aardalkalimetaal reageren onder vorming van een organometaalverbinding. Als magnesium als metaal wordt gebruikt, dan heet de gevormde organometaalverbinding een Grignard-verbinding, naar de Fransman Victor Grignard die deze reactie ontdekt heeft. De vorming van Grignard-verbindingen verloopt goed in droge ether als oplosmiddel. De ether vormt een complex met de organometaalverbinding waarbij het positief geladen metaalion wordt gestabiliseerd door de vrije elektronenparen van de zuurstofatomen.

$$R-\overset{\delta+}{CH_2}-\overset{\delta-}{Br} + Mg: \longrightarrow R-\overset{\delta-}{CH_2}-\overset{\delta++}{Mg}-\overset{\delta-}{Br}$$

$$R-\overset{\delta-}{CH_2}-\overset{\delta++}{Mg}-\overset{\delta-}{Br} + 2\,(C_2H_5)_2\ddot{O} \longrightarrow R-\overset{\delta-}{CH_2}-\overset{\delta++}{Mg}(\ddot{O}(C_2H_5)_2)_2-\overset{\delta-}{Br}$$

Grignard-verbinding

Bij de vorming van een organometaalverbinding worden elektronen overgedragen van het metaal naar de koolstof-halogeen-binding. Het metaal wordt daarbij geoxideerd en het halogeenalkaan wordt gereduceerd. De binding tussen het metaal en het halogeen is overwegend ionogeen van karakter. De binding die tussen het koolstofatoom en het metaal gevormd wordt, is een covalente, doch sterk gepolariseerde binding. Opmerkelijk is dat bij de vorming van de organometaalverbinding uit de halogeenverbinding de polarisatie van het koolstofatoom verandert van positief naar negatief. Het sterk negatief gepolariseerde koolstofatoom gedraagt zich als een sterk nucleofiel carbanion en kan goed aanvallen op het positief gepolariseerde koolstofatoom van een carbonylgroep. Bij deze aanval neemt het elektronegatieve zuurstofatoom het elektronenpaar van de π-binding op onder vorming van een alkoxide-ion. Na afloop van de reactie geeft het toevoegen van water aan dit alcoholaat de overeenkomstige alcohol en het metaalhydroxide.

$$R'R''\overset{\delta+}{C}=\overset{\delta-}{O} + R-\overset{\delta-}{CH_2}-\overset{\delta+}{MgX} \longrightarrow R'R''C(CH_2R)-O^{\ominus}\cdots{}^{\oplus}MgX \xrightarrow{H_2O} R'R''C(CH_2R)-OH$$

Afhankelijk van het type carbonylverbinding waarvan uitgegaan wordt, ontstaat na additie van een Grignard-verbinding een primaire, secundaire of tertiaire alcohol. Voorbeelden van Grignard-reacties zijn:

1. Vorming van een primaire alcohol door additie aan formaldehyde

$$(CH_3)_2CH-MgBr + H_2C=O \longrightarrow (CH_3)_2CH-CH_2-O^{\ominus}\,{}^{\oplus}MgBr \xrightarrow{H_3O^{\oplus}} (CH_3)_2CH-CH_2-OH + Mg^{2+} + Br^{\ominus}$$

isopropylmagnesiumbromide

2. Vorming van een secundaire alcohol door additie aan een aldehyde

$$CH_3-CH_2-CH_2-CH_2-MgBr + C_6H_5-\overset{O}{\overset{\|}{C}}-H \longrightarrow C_6H_5-\overset{\ominus\oplus}{\overset{OMgBr}{|}}C(H)-CH_2-CH_2-CH_2-CH_3$$

n-butylmagnesiumbromide    benzaldehyde

$$\xrightarrow{H_3O^{\oplus}} C_6H_5-\overset{OH}{\overset{|}{C}}(H)-CH_2-CH_2-CH_2-CH_3 + Mg^{2+} + Br^{\ominus}$$

3. Vorming van een tertiaire alcohol door additie aan een keton

$$CH_3-MgBr + (CH_3)_2C{=}O \longrightarrow CH_3-\overset{CH_3}{\overset{|}{C}}(CH_3)-\overset{\ominus\oplus}{OMgBr} \xrightarrow{H_3O^{\oplus}} CH_3-\overset{CH_3}{\overset{|}{C}}(CH_3)-OH + Mg^{2+} + Br^{\ominus}$$

methyl-
magnesiumbromide

Naast organomagnesiumverbindingen (Grignard-verbindingen) worden ook organolithiumverbindingen veel gebruikt. Deze verbindingen kunnen gevormd worden door reacties van een halogeenalkaan met metallisch lithium in droge ether of in een droog alkaan als oplosmiddel.

$$RCH_2-X + 2\,Li \longrightarrow RCH_2-Li + LiX$$

organolithium-verbinding

Het reactiepatroon van organolithiumverbindingen is vergelijkbaar met dat van Grignard-verbindingen, zoals uit het volgende voorbeeld blijkt.

$$(CH_3-CH_2)(CH_3)C{=}O + \overset{\delta+}{Li}-\overset{\delta-}{CH_2}-CH_2-CH_3 \longrightarrow CH_3-CH_2-\overset{\overset{\delta-\ \delta+}{O-Li}}{\overset{|}{C}}(CH_3)-CH_2-CH_2-CH_3$$

$$\xrightarrow{H_3O^{\oplus}} CH_3-CH_2-\overset{OH}{\overset{|}{C}}(CH_3)-CH_2-CH_2-CH_3 + Li^{\oplus}$$

Een organometaalverbinding is niet alleen een sterk nucleofiel maar ook een bijzonder sterke base. Daarom mogen er bij reacties met organometaalverbindingen geen verbindingen in het reactiemilieu aanwezig zijn die gemakkelijk een proton kunnen afstaan. In aanwezigheid van water of een alcohol zal er dan namelijk onmiddellijk protonuitwisseling optreden, waarbij de organometaalverbinding wordt omgezet in een alkaan. Er moet dus steeds in droge oplosmiddelen gewerkt worden.

$$\overset{\delta-}{CH_3-CH_2}\overset{\delta+}{-MgBr} + H_2O \longrightarrow CH_3-CH_3 + Mg(OH)Br$$

$$\overset{\delta-}{CH_3-CH_2}\overset{\delta+}{-Li} + CH_3OH \longrightarrow CH_3-CH_3 + CH_3O^{\ominus}\ Li^{\oplus}$$

## 13.8 Additie van metaalhydriden - Reductie van de carbonylgroep

Aldehyden en ketonen kunnen gemakkelijk gereduceerd worden tot de overeenkomstige alcoholen. Deze reductie kan plaatsvinden door middel van een nucleofiele additie van een hydride-ion ($H^-$) of door additie van waterstof ($H_2$) met behulp van een katalysator.

### *13.8.1 Reductie met $NaBH_4$ of $LiAlH_4$*

Carbonylgroepen in aldehyden en ketonen kunnen gereduceerd worden tot hydroxylgroepen met behulp van hydridedonoren zoals natriumboorhydride ($NaBH_4$) of lithiumaluminiumhydride ($LiAlH_4$).

Deze hydridedonoren ($H^-$-donoren) gelijken in bouw veel op elkaar, beide hebben vier waterstofatomen gebonden aan een metaal. Het elektropositieve metaal wordt daardoor formeel negatief geladen en het heeft een snelle neiging een $H^-$-ion als nucleofiel af te staan aan een positief gepolariseerd koolstofatoom. Het vermogen tot reductie is sterk afhankelijk van de aard van het metaal waaraan het waterstofatoom is gebonden. $LiAlH_4$ is een zeer sterke hydridedonor, $NaBH_4$ is een veel minder sterk reductiemiddel.

$$AlH_4^{\ominus}\ Li^{\oplus} \qquad BH_4^{\ominus}\ Na^{\oplus}$$

Alle vier waterstofatomen in deze verbindingen kunnen als hydride-ion ($H^-$) op een carbonylgroep worden overgedragen. De zuurstofatomen van de carbonylgroep nemen de negatieve lading op en vormen daarbij een boraat resp. een aluminaatbinding. Aan het eind van de reactie kunnen deze boraten of aluminaten gehydrolyseerd worden met verdund zuur, waarbij dan de overeenkomstige alcoholen gevormd worden.

$$RR'C{=}O + H^{\ominus}\!-BH_3\ Na^{\oplus} \longrightarrow RR'CH-O^{\ominus}-BH_3\ Na^{\oplus} \xrightarrow{3\ RR'C=O} [RR'CH-O-]_4B^{\ominus}\ Na^{\oplus}$$

$$\xrightarrow[H_2O]{H_3O^{\oplus}} 4\ RR'CH-OH + B(OH)_3 + Na^{\oplus}$$

De dubbele binding in alkenen is elektronenrijk en niet gepolariseerd en daarom niet gevoelig voor nucleofiele aanval. Alkenen reageren daarom niet met $NaBH_4$ of $LiAlH_4$ en op deze wijze kunnen dus ook carbonylgroepen in aanwezigheid van alkenen gereduceerd worden.

$$CH_3{=}CH{-}CH_2{-}CH_2{-}CHO \xrightarrow[2)\ H_3O^{\oplus}]{1)\ NaBH_4} CH_3{=}CH{-}CH_2{-}CH_2{-}CH_2OH$$

$H_3B\ {:}H^{\ominus}$ $H_3B\ {:}H^{\ominus}$

Reducties met $LiAlH_4$ moeten uitgevoerd worden in watervrije, aprotische oplosmiddelen. $LiAlH_4$ is namelijk niet alleen een zeer krachtig reductiemiddel, maar ook een sterke base. Het $H^-$-ion kan snel reageren met verbindingen die gemakkelijk een proton kunnen afstaan zoals water en de alcoholen.

$$LiAlH_4 + 4\,RCH_2OH \longrightarrow LiAl(OCH_2R)_4 + 4\,H_2\uparrow$$

$NaBH_4$ is een minder krachtig reductiemiddel en ook een veel minder sterke base dan $LiAlH_4$. $NaBH_4$ kan daarom ook toegepast worden in protische oplosmiddelen zoals methanol en ethanol. Omdat het maar langzaam reageert met hydroxylgroepen is het een geschikt reductiemiddel om carbonylgroepen in suikers te reduceren.

$$HC(=O){-}CH(OH){-}CH(OH){-}CH(OH){-}CH(OH){-}CH_2OH \xrightarrow[2)\ H_3O^{\oplus}]{1)\ NaBH_4} CH_2OH{-}CH(OH){-}CH(OH){-}CH(OH){-}CH(OH){-}CH_2OH$$

D-glucose D-sorbitol

### 13.8.2 *Reductie in biologische systemen*

Een veel voorkomende reductie in biologische systemen vertoont grote overeenkomst met de in § 13.8.1 beschreven hydridereductie. In samenwerking met een enzym kan het coënzym NADH een hydride-ion overdragen naar de carbonylgroep van een aldehyde of een keton.

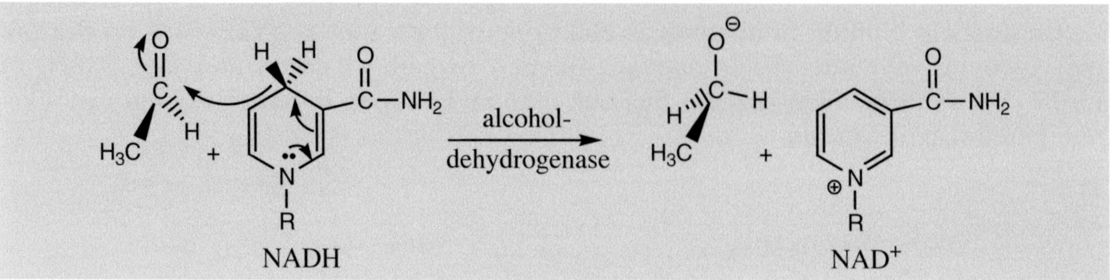

Enzymatische reducties met NADH verlopen stereospecifiek. Bij de reductie van aceetaldehyde tot ethanol is de stereospecificiteit niet te zien aan het reductieproduct. Wanneer de enzymatische reductie echter met gedeutereerd aceetaldehyde uitgevoerd wordt dan wordt slechts één van de twee enantiomere deuteroalcoholen gevormd (zie ook § 15.9).

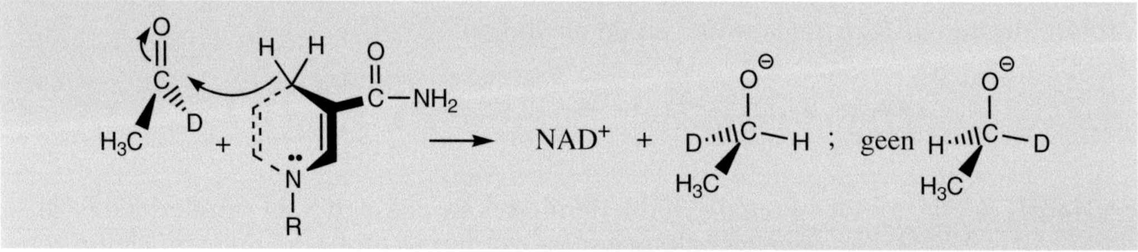

De reductie van een carbonylgroep naar een methyleengroep verloopt in biologische systemen in een aantal stappen. Eerst wordt de carbonylgroep gereduceerd tot een hydroxylgroep, gevolgd door dehydratatie tot een alkeen. Dit alkeen wordt daarna gereduceerd tot een alkaan. Dit reductieproces dat onder meer onderdeel uitmaakt van de biosynthese van vetzuren wordt nader beschreven in § 19.9. Een directe reductie van een carbonylgroep tot een methyleengroep is in biologische processen niet waargenomen.

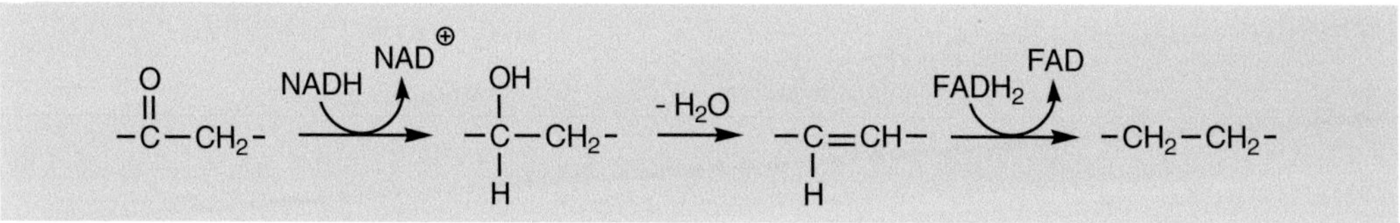

### *13.8.3 Additie van waterstof*

De katalytische reductie van de dubbele binding van de carbonylgroep van een aldehyde of keton met waterstof is vergelijkbaar met de katalytische reductie van de dubbele binding van een alkeen. Platina, nikkel en zouten van koper worden veel als katalysator toegepast. Door een geschikte keuze van de katalysator is het mogelijk om bij verbindingen die zowel een alkeen- als een carbonylgroep bevatten, één van deze dubbele bindingen selectief te reduceren.

$$H_2C{=}CH{-}CH_2{-}C({=}O){-}CH_3 \xrightarrow{H_2/CuCrO_2} H_2C{=}CH{-}CH_2{-}CH(OH){-}CH_3$$ reductie van de carbonylgroep

$$H_2C{=}CH{-}CH_2{-}C({=}O){-}CH_3 \xrightarrow{H_2/Pd} H_3C{-}CH_2{-}CH_2{-}C({=}O){-}CH_3$$ reductie van de alkeenbinding

$$H_2C{=}CH{-}CH_2{-}C({=}O){-}CH_3 \xrightarrow{H_2/Pt} H_3C{-}CH_2{-}CH_2{-}CH(OH){-}CH_3$$ reductie van de carbonyl en alkeen

Koper(I)zouten geven bij voorkeur reductie van de carbonylgroep en reageren niet met koolstof-koolstof dubbele binding. Bij de katalytische reductie van alkenen werd reeds vermeld dat palladium op koolstof een geschikte katalysator is voor reductie van alkenen. Deze katalysator is niet voldoende reactief voor de reductie van de carbonylgroep. Het reactievere platina op koolstof is in staat de katalytische reductie van zowel het alkeen als de carbonylgroep te bewerkstelligen.

### *13.8.4 Reductie van de carbonylgroep tot een methyleengroep*

De reductie van een carbonylgroep tot een methyleengroep ($-CH_2-$) is een omzetting die op meerdere manieren tot stand gebracht kan worden. Een meerstaps proces waarbij de carbonylgroep eerst tot een hydroxylgroep gereduceerd wordt, gevolgd door een dehydratatie en hydrogenering van het daaruit ontstane alkeen is één van de mogelijkheden. Deze methode is echter nogal bewerkelijk.

$$-CH_2{-}C({=}O)- \xrightarrow{NaBH_4} -CH_2{-}CH(OH)- \xrightarrow[-H_2O]{H^{\oplus}, \Delta T} -CH{=}CH- \xrightarrow{H_2/Pd} -CH_2{-}CH_2-$$

Een meer directe methode is de Clemmensen-reductie, waarbij de carbonylverbinding verhit wordt met zinkamalgaan en zoutzuur.

$$C_6H_5{-}C({=}O){-}CH_2{-}CH_3 \xrightarrow{Zn(Hg),\ HCl} C_6H_5{-}CH_2{-}CH_2{-}CH_3$$

Deze methode is niet geschikt voor zuurgevoelige verbindingen; in die gevallen kan vaak een Wolff-Kishner-reductie toegepast worden (zie § 13.10).

## *Nucleofiele additie onder zure omstandigheden*

### 13.9 Vorming van acetalen

De additie van een alcohol aan een carbonylverbinding geeft een halfacetaal, zoals we in § 13.5 reeds gezien hebben. Onder invloed van een zuur kan een halfacetaal echter verder reageren met een tweede molecuul alcohol onder vorming van een acetaal.

halfacetaal

acetaal

De aanwezigheid van zuur is noodzakelijk voor de acetaalvorming maar werkt ook katalytisch op de vorming van het halfacetaal. Door protonering van het carbonylzuurstofatoom wordt het carbonylkoolstofatoom namelijk sterker positief gepolariseerd, waardoor het zwak nucleofiele alcohol gemakkelijker kan aanvallen. Deprotonering van het gevormde oxoniumion geeft daarna het halfacetaal. Dit halfacetaal kan vervolgens onder invloed van zuur verder reageren met de alcohol.

halfacetaal

dimethylacetaal

In principe kan het zuur beide zuurstofatomen van het halfacetaal protoneren. De protonering van het etherzuurstofatoom (route a) leidt tot de terugvorming van de carbonylverbinding. De protonering van het alcoholzuurstofatoom (route b) zet deze groep om in een betere vertrekkende groep ($H_2O$ ) en afsplitsing van water kan nu gemakkelijk optreden omdat hierbij een carbokation ontstaat dat sterk door mesomerie gestabiliseerd wordt. Een nucleofiele aanval van een tweede molecuul alcohol op dit carbokation geeft opnieuw een oxoniumion dat na protonafsplitsing overgaat in het acetaal.

Elke reactiestap tijdens de vorming van het halfacetaal en het acetaal verloopt reversibel. Met overmaat alcohol en onder afvoer van water verloopt het evenwicht naar rechts en wordt het acetaal gevormd. In aanwezigheid van verdund zuur (overmaat water) verloopt het evenwicht naar links en wordt het acetaal gehydrolyseerd tot de carbonylverbinding en de alcohol.

Cyclische acetalen kunnen gevormd worden als voor de acetaalvorming een tweewaardige alcohol zoals glycol gebruikt wordt.

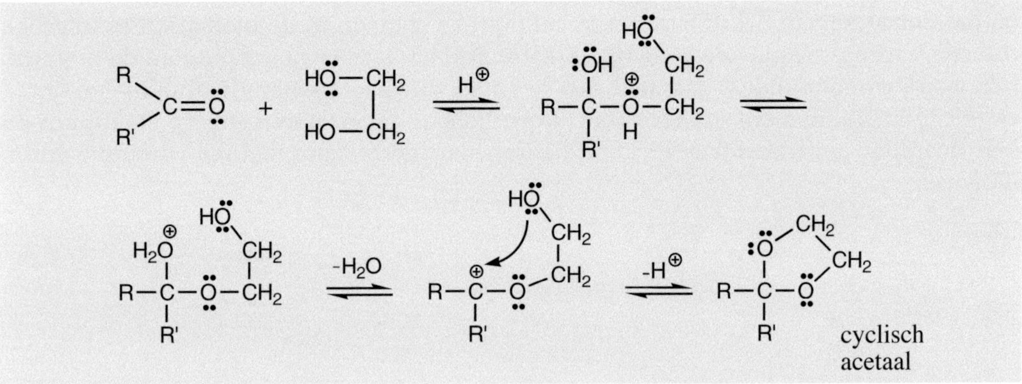

cyclisch acetaal

## 13.10 Additie van ammoniak en derivaten van ammoniak

Ammoniak ($NH_3$) en derivaten van ammoniak ($H_2N$-R) zijn nucleofielen die kunnen aanvallen op het positief gepolariseerde koolstofatoom van de carbonylgroep. Hierbij wordt in eerste instantie een instabiel α-aminoalcohol gevormd dat water afsplitst onder vorming van een dubbele binding tussen koolstof en stikstof. Het eindresultaat van deze reactie is dus dat het dubbelgebonden zuurstofatoom van de carbonylgroep vervangen wordt door een dubbelgebonden stikstofatoom. De reactie wordt gekatalyseerd door zuur. De zuurgraad van het reactiemilieu mag echter niet te groot zijn omdat dan teveel van de nucleofiele aminemoleculen geprotoneerd worden tot ammoniumionen, die niet meer nucleofiel zijn.

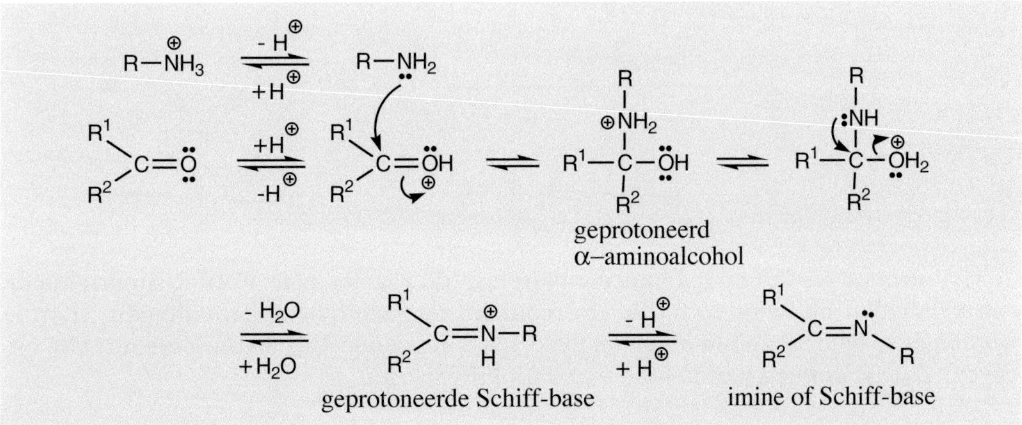

geprotoneerd α–aminoalcohol

geprotoneerde Schiff-base

imine of Schiff-base

Bij pH 4-5 zijn de optimale concentraties vrij amine en geprotoneerde carbonylverbinding aanwezig. Aanval van het amine op de geprotoneerde carbonylgroep geeft na afsplitsing van een watermolecuul een door mesomerie gestabiliseerd carbokation. (Vergelijk dit iminumion met het intermediaire carbokation, het iminiumion dat optreedt bij de vorming van acetalen.) Na afsplitsing van een proton ontstaat een stabiel additieproduct, het imine.

De structuur van de restgroep R in het additieproduct kan sterk variëren. Is R een alkyl- of arylgroep, dan wordt het product ook wel een *Schiff-base* genoemd. De vorming en de hydrolyse van Schiff-basen zijn belangrijke stappen in de biologisch belangrijke transamineringsreactie (zie § 13.16). Andere derivaten zoals de oximen en de hydrazonen worden onder andere gemaakt met het doel vloeibare carbonylverbindingen om te zetten in kristallijne stikstofderivaten. Deze hebben meestal een scherp smeltpunt en zijn daardoor gemakkelijker te identificeren dan de oorspronkelijke carbonylverbindingen.

$RR'C=O + NH_3 \rightarrow RR'C=NH$ imine

$RR'C=O + H_2N-R'' \rightarrow RR'C=N-R''$ Schiff-base

$RR'C=O + H_2N-OH \rightarrow RR'C=N-OH$ oxim

$RR'C=O + H_2N-NH_2 \rightarrow RR'C=N-NH_2$ hydrazon

$RR'C=O + H_2N-NH-C_6H_5 \rightarrow RR'C=N-NH-C_6H_5$ fenylhydrazon

$RR'C=O + H_2N-NH-C_6H_3(NO_2)_2 \rightarrow RR'C=N-NH-C_6H_3(NO_2)_2$ 2,4-dinitrofenylhydrazon

Hydrazonen treden op als intermediairen in de zogenaamde Wolff-Kishnerreductie van aldehyden en ketonen tot de overeenkomstige methyleenverbindingen. Hiertoe worden deze hydrazonen in ethyleenglycol als oplosmiddel bij een temperatuur van ongeveer 200 °C ontleed met behulp van kaliumhydroxide.

$$CH_3-C(CH_3)_2-C(=O)-CH_3 + H_2N-NH_2 \xrightarrow{-H_2O} CH_3-C(CH_3)_2-C(=N-NH_2)-CH_3$$

$$\xrightarrow[HO-(CH_2CH_2O)_2H]{KOH,\ 200^{\circ}C} CH_3-C(CH_3)_2-CH_2-CH_3 + N_2$$

## 13.11 Samenvatting nucleofiele additiereacties aan aldehyden en ketonen

In het onderstaande schema zijn de in de vorige paragrafen besproken nucleofiele additiereacties nog eens samengevat. De groepen R en R' kunnen waterstof, alkylgroepen of arylgroepen zijn.

$R'RC=O$:

- $\xrightarrow{H_2O}$ $R'RC(OH)(OH)$
- $\xrightarrow{R''-OH}$ $R'RC(OH)(OR'')$ $\xrightarrow[H^{\oplus}]{R''-OH}$ $R'RC(OR'')(OR'') + H_2O$
- $\xrightarrow{HCN}$ $R'RC(OH)(CN)$
- $\xrightarrow[2)\ H_2O]{1)\ R''-MgBr}$ $R'RC(OH)(R'') + Mg(OH)Br$
- $\xrightarrow[2)\ H_2O]{1)\ NaBH_4 \text{ of } LiAlH_4}$ $R'RC(OH)(H)$
- $\xrightarrow{R''-NH_2}$ $R'RC=N-R'' + H_2O$

## *Reacties aan het α-koolstofatoom van aldehyden en ketonen*

### 13.12 Enolisatie van aldehyden en ketonen

De sterk gepolariseerde carbonylgroep oefent invloed uit op de direct naastgelegen koolstofatomen (α-koolstofatomen). Dit heeft tot gevolg dat de α-waterstofatomen aan deze koolstofatomen aanzienlijk sterker zuur zijn dan normaal en door een base geabstraheerd kunnen worden.

$CH_3-CH_2-C(=O)-CH_3$ (β, α, α) — vijf α–waterstofatomen

$CH_3-C(=O)-H$ (α) — drie α–waterstofatomen

$C_6H_5-C(=O)-H$, $H-C(=O)-H$ — geen α–waterstofatomen

De verhoogde zuurgraad van de α-waterstofatomen wordt veroorzaakt door het elektronenzuigende effect van de carbonylgroep en vooral door de mesomere stabilisatie van het carbanion dat ontstaat bij protonafsplitsing.

keto ⇌ ($-H^{\oplus}$ / $+H^{\oplus}$) [enolaatanion] ⇌ ($+H^{\oplus}$ / $-H^{\oplus}$) enol

De negatieve lading van het carbanion is verdeeld over het koolstof- en het zuurstofatoom, met de grootste ladingsdichtheid op het sterker elektronegatieve zuurstofatoom. Bij herprotonering kan het proton zowel op het koolstofatoom als op het zuurstofatoom gaan zitten en daarbij wordt dan respectievelijk de oorspronkelijke carbonylverbinding (= ketovorm) of de overeenkomstige enolverbinding gevormd.

Het carbanion, in dit type verbindingen meestal een enolaatanion genoemd, is in evenwicht met de beide geprotoneerde vormen. Dit verschijnsel staat bekend onder de naam keto-enol-tautomerie. De ketovorm en enolvorm worden tautomeren van elkaar genoemd. In de eenvoudige aldehyden en ketonen is de enolvorm minder stabiel dan de ketovorm, zodat de ketovorm het meeste zal voorkomen. Het vormen van de enolvorm uit de ketovorm noemt men enolisatie.

Het bestaan van een enolisatie-evenwicht bij aldehyden en ketonen kan gemakkelijk aangetoond worden. Dit gebeurt door de carbonylverbinding op te lossen in een basische oplossing van $D_2O$. Na verloop van tijd zijn dan één of meerdere α-waterstofatomen uitgewisseld tegen deuteriumatomen.

$C_6H_5-CH_2-C(=O)-CH_3$ + $OD^{\ominus}$ ⇌ ($D_2O$) $C_6H_5-CH^{\ominus}-C(=O)-CH_3$ + D–OD ⇌ $C_6H_5-CHD-C(=O)-CH_3$ ⇌ ($OD^{\ominus}$) 5x tot $C_6H_5-CD_2-C(=O)-CD_3$

Enolisatie kan niet alleen door base maar ook door zuur gekatalyseerd worden:

$$R-\overset{O}{\overset{\|}{C}}-CH_2-R' \underset{-H^{\oplus}}{\overset{+H^{\oplus}}{\rightleftharpoons}} \left[ R-\overset{\oplus OH}{\overset{\|}{C}}-CH_2-R' \longleftrightarrow R-\overset{OH}{\overset{|}{C}}-\underset{H}{\underset{|}{CH}}-R' \right] \underset{+H^{\oplus}}{\overset{-H^{\oplus}}{\rightleftharpoons}} R-\overset{OH}{\overset{|}{C}}=CH-R'$$

De vorming van een enolaatanion verloopt sneller als het anion gestabiliseerd wordt door mesomerie met twee carbonylgroepen.

| | relatieve snelheid | % enolvorm |
|---|---|---|
| $CH_3-\overset{O}{\overset{\|}{C}}-CH_3$ | 1 | 0,00025 |
| $CH_3-\overset{O}{\overset{\|}{C}}-CH_2-\overset{O}{\overset{\|}{C}}-CH_3$ | 3,6 x $10^7$ | 80 |

De extra carbonylgroep in het molecuul heeft bovendien grote invloed op het percentage van de verbinding dat in de enolvorm voorkomt. In 2,4-pentaandion wordt de enolvorm gestabiliseerd door een sterke intramoleculaire waterstofbrug en extra mesomerie ten gevolge van de directe interactie tussen de carbonylgroep en de dubbele binding.

$$H_3C-\overset{O}{\overset{\|}{C}}-CH_2-\overset{O}{\overset{\|}{C}}-CH_3 \rightleftharpoons H_3C-\overset{O-H\cdots}{\overset{|}{C}}=CH-\overset{O}{\overset{\|}{C}}-CH_3$$

## 13.13 Aldolcondensatie van aldehyden en ketonen

In de vorige paragraaf hebben we gezien dat de waterstofatomen aan het koolstofatoom naast de carbonylgroep tamelijk zuur zijn en door een base geabstraheerd kunnen worden. Het enolaatanion dat daarbij gevormd wordt heeft een vrij elektronenpaar beschikbaar waardoor het als nucleofiel kan aanvallen op de carbonylgroep van een niet-gedeprotoneerd aldehyde of keton.

α–C-atoom

$$-\underset{H}{\underset{|}{\overset{|}{C}}}-C\overset{O}{\diagup\!\!\diagup} + OH^{\ominus} \rightleftharpoons \underset{\text{enolaatanion}}{-\underset{\ominus}{\overset{|}{C}}-C\overset{O}{\diagup\!\!\diagup}} \left[ \longleftrightarrow \;>C=C\overset{O^{\ominus}}{\diagup} \right] + H_2O$$

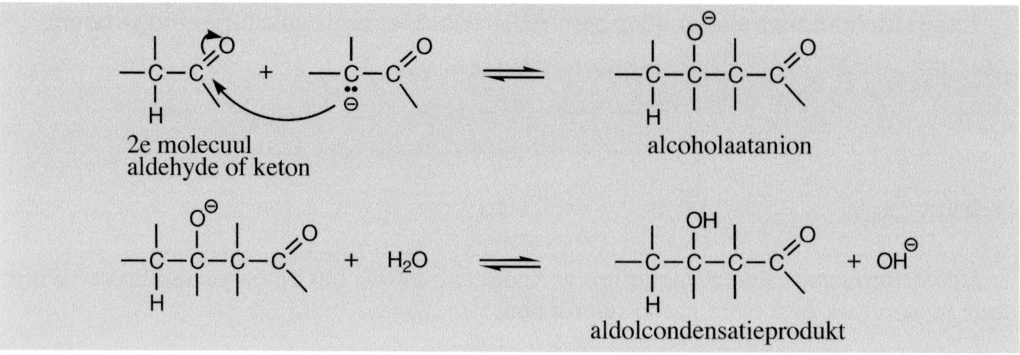

2e molecuul aldehyde of keton

alcoholaatanion

aldolcondensatieprodukt

Bij deze reactie worden twee moleculen gekoppeld (gecondenseerd) en wordt een alcoholaatanion gevormd dat door water geprotoneerd wordt. Het reactieproduct is een β-hydroxyaldehyde of een β-hydroxyketon. De reactie staat bekend als de *aldolcondensatie*; de naam aldol is een samentrekking van de woorden *ald*ehyde en alcoh*ol*.

Enkele voorbeelden van aldolcondensaties zijn:

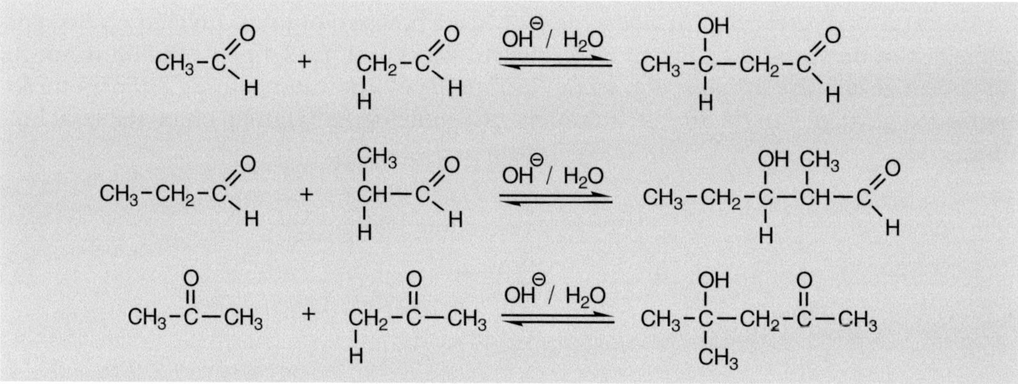

De aldolcondensatie is een evenwichtsreactie. Bij de aldehyden ligt het evenwicht meestal naar de kant van het aldolproduct, maar bij de ketonen ligt het evenwicht vaak meer naar de kant van de vrije ketonen. Aldolcondensaties kunnen in principe ook tussen twee verschillende aldehyden optreden, maar deze reacties zijn vanuit synthetisch oogpunt meestal niet erg zinvol omdat mengsels van producten gevormd worden. Goede resultaten worden alleen verkregen wanneer een keton in reactie gebracht wordt met een aldehyde dat zelf geen α-waterstofatomen bevat, zoals formaldehyde, 2,2-dimethylpropanal (pivaldehyde) of benzaldehyde.

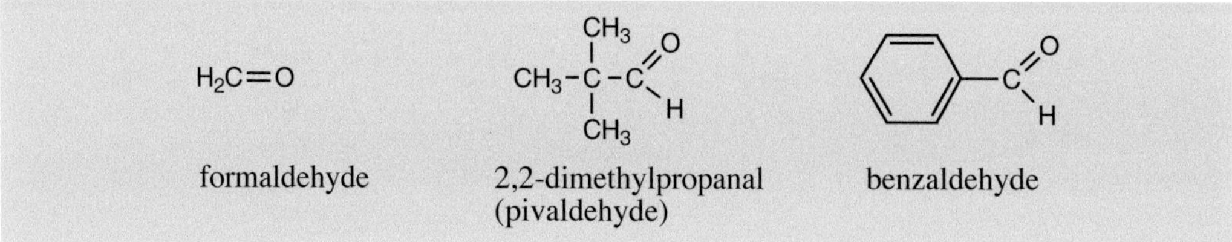

$H_2C=O$

formaldehyde

2,2-dimethylpropanal (pivaldehyde)

benzaldehyde

Deze aldehyden kunnen zelf geen enolaatanionen vormen en zullen dus in basisch milieu geen aldolcondensatie geven. Wanneer echter aan een basische oplossing van een van deze verbindingen een keton toegevoegd wordt, dan zal dit keton een enolaat-anion vormen dat op de carbonylgroep van het aldehyde aanvalt en aldus een condensatieproduct geven. Daar de carbonylgroep van een keton zelf minder gevoelig is voor nucleofiele aanval dan die van een aldehyde zal zelfcondensatie van het keton geen storende nevenreactie zijn. Bij de condensatie van benzaldehyde met een keton ondergaat het gevormde aldolcondensatieproduct in het basische reactiemilieu een dehydratatie-reactie. Hierdoor wordt een stabiel geconjugeerd systeem gevormd, waardoor het evenwicht naar rechts afloopt.

$$CH_3-CO-CH_3 + OH^{\ominus} \rightleftharpoons CH_3-CO-\ddot{C}H_2^{\ominus} + H_2O$$

$$CH_3-CO-\ddot{C}H_2^{\ominus} + C_6H_5-CHO \rightleftharpoons CH_3-CO-CH_2-CH(O^{\ominus})-C_6H_5 \overset{H_2O}{\rightleftharpoons}$$

$$CH_3-CO-CH_2-CH(OH)-C_6H_5 \xrightarrow{-H_2O} CH_3-CO-CH=CH-C_6H_5$$

aldolprodukt

De aldolcondensatie en de teruggaande reactie, de retro-aldol of aldolsplitsing, vormen samen het centrale reactiepatroon in de glycolyse. In § 13.16 zal nader worden ingegaan op deze voor de stofwisseling belangrijke serie reacties.

Aldehyden die geen α-waterstofatomen bevatten, kunnen geen enolaatanionen vormen en dus ook geen aldolcondensatie *met zichzelf* geven. In sterk basisch milieu treedt echter wel een andere reactie op, waarbij twee moleculen van het aldehyde omgezet worden (disproportioneren) in één molecuul van de overeenkomstige alcohol en één molecuul van het overeenkomstige carboxylaatanion. Deze disproportioneringsreactie wordt de *Cannizzaro-reactie* genoemd.

$$C_6H_5-CHO + OH^{\ominus} \rightleftharpoons C_6H_5-CH(O^{\ominus})(OH)$$

benzaldehyde

$$C_6H_5-CH(O^{\ominus})(OH) + C_6H_5-CHO \longrightarrow C_6H_5-COOH + C_6H_5-CH_2-O^{\ominus}$$

$$\longrightarrow C_6H_5-COO^{\ominus} + C_6H_5-CH_2OH$$

benzoaat + benzylalcohol

De eerste stap in deze reactie is een reversibele nucleofiele additie van het hydroxide-ion aan de carbonylgroep van het aldehyde. In de daaropvolgende langzame stap van de reactie wordt vanuit het gevormde adduct een hydride-ion overgedragen op de carbonylgroep van een tweede aldehydemolecuul, waarna het carbonzuur en het alcoholaat door een snelle protonuitwisseling worden omgezet in het carboxylaatanion en de alcohol.

## 13.14 Reacties van α,β-onverzadigde carbonylverbindingen

Wanneer meerdere functionele groepen in eenzelfde verbinding aanwezig zijn, geeft deze verbinding meestal de normale reacties van beide functionele groepen. In de paragrafen 13.8.1 en 13.8.3 hebben we dat gezien bij verbindingen die een koolstof-koolstof dubbele binding en een carbonylgroep bevatten. In de daar gegeven voorbeelden zijn met opzet verbindingen gekozen waarbij de beide functionele groepen op enige afstand van elkaar zitten, zodat ze elkaar niet of maar zeer weinig zullen beïnvloeden. Deze onderlinge beïnvloeding is zeer duidelijk wel aanwezig in α,β-onverzadigde carbonylverbindingen waarin de functionele groepen geconjugeerd zitten.

Naast de reacties van de individuele functionele groepen vertonen deze α,β-onverzadigde carbonylverbindingen een aantal eigenschappen die een gevolg zijn van de onderlinge interactie van de dubbele binding en de carbonylgroep. Deze interactie is de reden dat in deze verbindingen de koolstof-koolstof dubbele binding reageert met nucleofielen. De mesomere grensstructuren maken duidelijk welke interactie optreedt en waar de aanval van een nucleofiel zal plaatsvinden. In gewone alkenen is een koolstof-koolstof dubbele binding zelf elektronenrijk en reageert daarom niet met andere elektronenrijke deeltjes (nucleofielen) maar juist met elektrofielen.

α,β–onverzadigd keton

De additie van een nucleofiel aan een α,β-onverzadigde carbonylverbinding, gevolgd door een protonering, kan op twee manieren verlopen; via 1,2-additie en/of via 1,4-additie.

De **1,2-additie** van een nucleofiel verloopt op dezelfde wijze als de nucleofiele additie aan aldehyden en ketonen. Door de conjugatie met de dubbele binding is de carbonylgroep wat minder reactief dan die in een gewoon aldehyde of keton.

De **1,4-additie** verloopt door aanval op het positief gepolariseerde β-koolstofatoom van het onverzadigde systeem. Na deze aanval ontstaat een carbanion dat door mesomerie met de carbonylgroep gestabiliseerd wordt; dit is één van de drijvende krachten van deze additie.

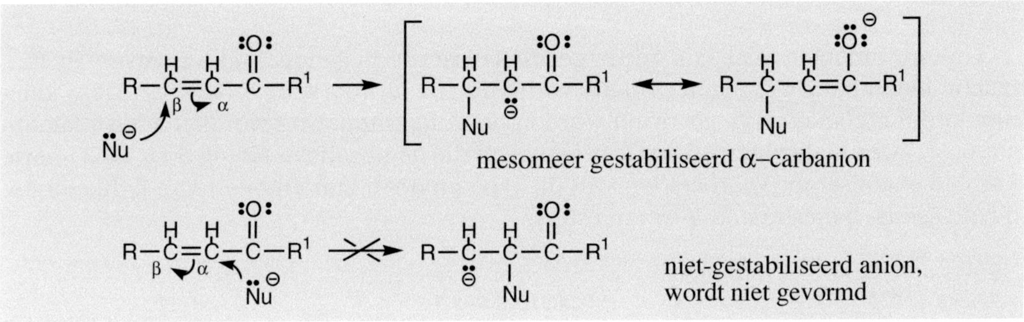

mesomeer gestabiliseerd α–carbanion

niet-gestabiliseerd anion, wordt niet gevormd

Aanval van het nucleofiel op het α-koolstofatoom geeft een carbanion dat niet gestabiliseerd wordt en dit treedt daarom niet op als intermediair.

Na de additie van het nucleofiel aan het β-koolstofatoom kan het carbanion op het koolstofatoom en/of op het zuurstofatoom geprotoneerd worden. In dit laatste geval heeft dus een 1,4-additie plaatsgevonden. Het gevormde enol zal in de meeste gevallen toch snel overgaan naar de ketovorm zodat één product verkregen wordt.

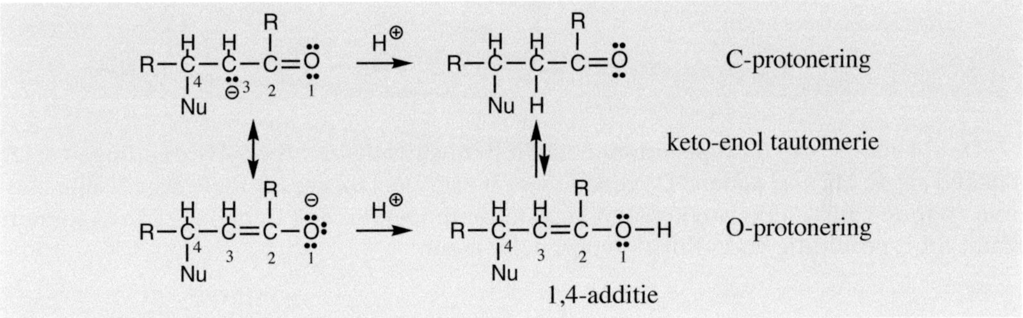

C-protonering

keto-enol tautomerie

O-protonering

1,4-additie

In de meeste gevallen zal bij nucleofiele additie aan α,β-onverzadigde carbonylverbindingen een mengsel van 1,2- en 1,4-additieproduct gevormd worden. Als de additie uitgevoerd wordt met kleine reactieve nucleofielen, zoals een Grignard-verbinding ($CH_3$-MgI) of een hydridereductiemiddel ($LiAlH_4$ of $NaBH_4$), dan is het 1,2-additieprodukt meestal het hoofdproduct.

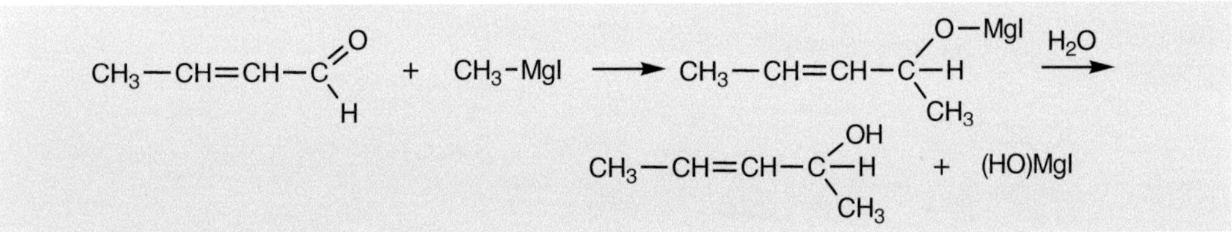

$$CH_3-CH=CH-CHO + CH_3\text{-}MgI \longrightarrow CH_3-CH=CH-CH(CH_3)-O-MgI \xrightarrow{H_2O} CH_3-CH=CH-CH(CH_3)-OH + (HO)MgI$$

$$(H_3C)_2C{=}CH{-}\overset{O}{\overset{\|}{C}}{-}CH_3 \xrightarrow[2)\,H_3O^{\oplus}]{1)\,NaBH_4} (H_3C)_2C{=}CH{-}\underset{H}{\overset{OH}{C}}{-}CH_3$$

1,2-additieprodukt, hoofdprodukt

Grotere anionen, met een meer gedelokaliseerde negatieve lading, geven in hun reactie met α,β-onverzadigde carbonylverbindingen bij voorkeur 1,4-additie. Deze anionen kunnen gemakkelijk gevormd worden door deprotonering van een koolstofatoom dat naast twee elektronenzuigende groepen zit die de negatieve lading door mesomerie kunnen stabiliseren. Voorbeelden van dit type anionen zijn anionen van β-diketonen, β-keto-esters, β-diësters en α-cyaan-esters.

$$CH_3{-}\overset{:O:}{\overset{\|}{C}}{-}CH_2{-}\overset{:O:}{\overset{\|}{C}}{-}R \xrightarrow{B^{\ominus}} CH_3{-}\overset{:O:}{\overset{\|}{C}}{-}\overset{H}{\underset{\ominus}{\ddot{C}}}{-}\overset{:O:}{\overset{\|}{C}}{-}R \longleftrightarrow CH_3{-}\overset{:\ddot{O}:^{\ominus}}{C}{=}\overset{H}{C}{-}\overset{:O:}{\overset{\|}{C}}{-}R \longleftrightarrow CH_3{-}\overset{:O:}{\overset{\|}{C}}{-}\overset{H}{C}{=}\overset{:\ddot{O}:^{\ominus}}{C}{-}R$$

R = $CH_3$, β–diketon
R = $OCH_3$, β–keto-ester

$$:N{\equiv}C{-}CH_2{-}\overset{:O:}{\overset{\|}{C}}{-}OCH_3 \xrightarrow{B^{\ominus}} :N{\equiv}C{-}\overset{H}{\underset{\ominus}{\ddot{C}}}{-}\overset{:O:}{\overset{\|}{C}}{-}OCH_3 \longleftrightarrow {}^{\ominus}:\ddot{N}{=}C{=}\overset{H}{C}{-}\overset{:O:}{\overset{\|}{C}}{-}OCH_3 \longleftrightarrow :N{\equiv}C{-}\overset{H}{C}{=}\overset{:\ddot{O}:^{\ominus}}{C}{-}OCH_3$$

α–cyano-azijnzure methylester

De 1,4-additie van dit type anionen aan α,β-onverzadigde carbonylverbindingen staat bekend als de *Michael-additie*. De reactie wordt zeer veel toegepast in de organische chemie voor de constructie van koolstof-koolstofbindingen en ook in biologische systemen komt dit type additie voor. Enkele voorbeelden zijn:

$$(CH_3{-}CO)_2CH_2 \xrightarrow{CH_3O^{\ominus}Na^{\oplus}} (CH_3{-}CO)_2HC{:}^{\ominus}\ Na^{\oplus} + H_2C{=}CH{-}CH{=}O \longrightarrow$$

$$(CH_3{-}CO)_2HC{-}CH_2{-}\overset{H}{\underset{\ominus}{\ddot{C}}}{-}CH{=}O\ \ Na^{\oplus} \xrightarrow{CH_3OH} (CH_3{-}CO)_2HC{-}CH_2{-}CH_2{-}CH{=}O + CH_3ONa$$

$$N{\equiv}C{-}CH_2{-}\overset{O}{\overset{\|}{C}}{-}OCH_3 + 2\,H_2C{=}CH{-}\overset{O}{\overset{\|}{C}}{-}CH_3 \xrightarrow{base} (CH_3O{-}\overset{O}{\overset{\|}{C}})(N{\equiv}C)C(CH_2{-}CH_2{-}\overset{O}{\overset{\|}{C}}{-}CH_3)_2$$

Ook andere nucleofielen zoals hydroxide- en alcoholaatanionen, thiolaatanionen en aminen kunnen Michael-type 1,4-addities geven aan α,β-onverzadigde carbonylverbindingen.

$$(CH_3-CH_2)_2\ddot{N}H + H_2C{=}CH-\overset{O}{\overset{\|}{C}}-CH_3 \longrightarrow (CH_3-CH_2)_2\ddot{N}-CH_2-CH_2-\overset{O}{\overset{\|}{C}}-CH_3$$

$$R-CH_2-S^{\ominus}\ Na^{\oplus} + H_2C{=}CH-C{\equiv}N \xrightarrow{H_2O} R-CH_2-S-CH_2-CH_2-C{\equiv}N + NaOH$$

## 13.15 Oxidatie van aldehyden en ketonen

Aldehyden kunnen gemakkelijk geoxideerd worden tot carbonzuren. De oxidatie van aldehyden met dichromaat verloopt waarschijnlijk via de chromaatester van het hydraat, analoog aan de oxidatie van alcoholen (zie § 10.10).

$$CH_3-CHO + H_2O \longrightarrow CH_3-CH(OH)-OH \xrightarrow[-\,H_2O]{H_2CrO_4} CH_3-CH(OH)-O-Cr(=O)(=O)-OH$$

$$\longrightarrow CH_3-COOH + HO-\overset{O}{\overset{\|}{Cr}}-OH$$

Ketonen kunnen alleen met sterke oxidatiemiddelen en niet zonder verbreking van een koolstof-koolstof-binding verder geoxideerd worden.

$$\text{cyclohexanon} + HNO_3 \longrightarrow HOOC-(CH_2)_4-COOH$$

De gemakkelijke oxideerbaarheid van aldehyden wordt toegepast om aldehyden aan te tonen. Een basische oplossing van zilverionen is in staat aldehyden te oxideren tot carbonzuren. De zilverionen worden in het basische milieu als een complex met ammonia in oplossing gehouden (Tollens-reagens).

$$R-CHO + 2\,Ag(NH_3)_2^{\oplus} + 3\,OH^{\ominus} \longrightarrow R-COO^{\ominus} + 4\,NH_3 + 2\,H_2O + 2\,Ag\downarrow$$

Wanneer in een reageerbuis enkele druppels van een aldehyde gevoegd worden bij een milliliter Tollens-reagens dan ontstaat door de oxidatie van het aldehyde metallisch zilver, dat als een zilverspiegel op de wand van de reageerbuis neerslaat. Ook een basische oplossing van koper(II)ionen is in staat aldehyden te oxideren tot carbonzuren. De koper(II)ionen worden als een blauw complex met wijnsteenzuur in de basische oplossing gehouden (Fehlings-reagens). Bij de oxidatie van het aldehyde verschijnt het gevormde koper(I)oxide als een rood neerslag.

$$R{-}CHO + 2\,[Cu^{2+}] + 5\,OH^{\ominus} \longrightarrow R{-}COO^{\ominus} + Cu_2O\downarrow + 3\,H_2O$$

(blauw: $[Cu^{2+}]$; rood: $Cu_2O$)

## 13.16 Aldehyden en ketonen in biochemische reacties

In de organische chemie in het algemeen en evenzo in talrijke biochemische processen spelen carbonylverbindingen een centrale rol. Aldehyden en ketonen zijn bijvoorbeeld tussenstadia in bijna alle biologisch belangrijke oxidatie- en reductieprocessen. Voorbeelden hiervan zijn in § 10.11 en § 13.8.2 reeds genoemd. Verschillende typen condensatiereacties van carbonylverbindingen spelen een hoofdrol in het metabolisme van suikers, vetten en aminozuren.

Het reactiemechanisme van een aantal carbonylgroepreacties die in de natuur voorkomen zoals enolisatie, tautomerie, vorming en hydrolyse van Schiff-basen, aldolcondensatie en aldolsplitsing, zijn reeds in de voorgaande paragrafen van dit hoofdstuk behandeld. In de volgende twee paragrafen zullen deze reacties in de glycolyse en de transaminering opnieuw aan de orde komen. Bij de behandeling van deze processen zullen de enzymgekatalyseerde reactiestappen steeds afzonderlijk bekeken worden. Daarbij ligt de nadruk op het belichten van de overeenkomst tussen de 'gewone' organisch chemische reactie en het enzymatisch verlopende proces, met de bedoeling duidelijk te maken dat dezelfde chemische principes voor beide soorten reacties opgaan. De consequentie van het afzonderlijk bespreken van de diverse enzymgekatalyseerde reacties van een proces is dat het overzicht over het metabolisme als geheel naar de achtergrond verdwijnt. Dit overzicht is echter te vinden in de meeste biochemische leerboeken en is buiten het bestek van dit boek gelaten.

## 13.17 De glycolyse

De glycolyse bestaat uit een serie reacties waarin glucose uiteindelijk wordt omgezet in pyrodruivenzuur. Hierbij wordt chemische energie geproduceerd die opgeslagen wordt in de vorm van ATP. Afhankelijk van het organisme wordt pyrodruivenzuur verder omgezet in melkzuur, kooldioxide of ethanol.

In de glycolyse spelen reacties als enolisatie, tautomerie en aldolsplitsing een belangrijke rol. Als de in figuur 13.1 weergegeven reacties stap voor stap worden gevolgd dan zien we dat glucose eerst wordt omgezet in glucose-6-fosfaat (*stap 1*). Daarna volgt een omzetting in fructose-6-fosfaat via een enolisatiereactie (*stap 2*).

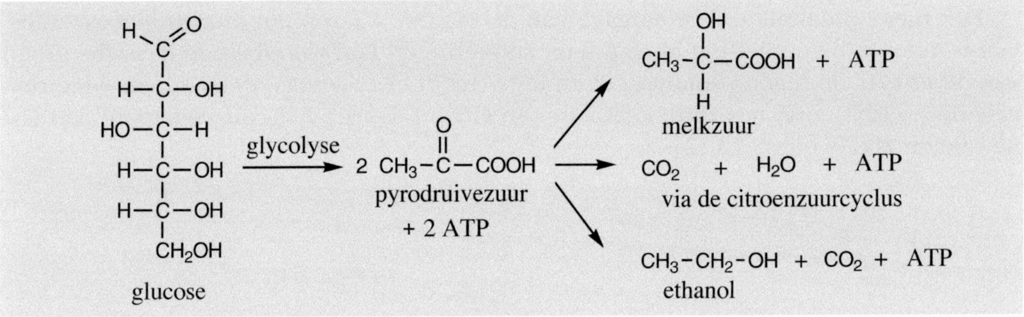

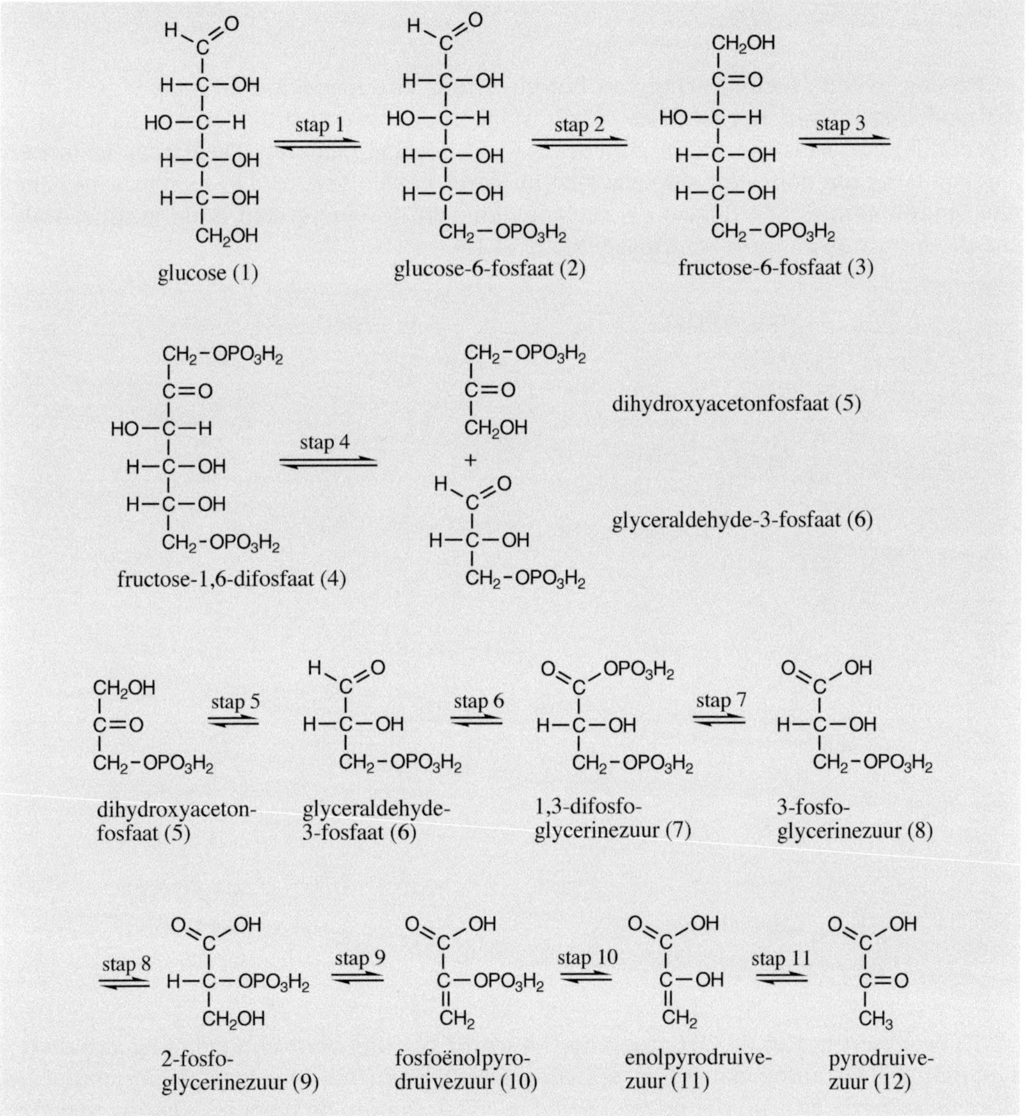

glucose (H–C=O; H–C–OH; HO–C–H; H–C–OH; H–C–OH; $CH_2OH$) $\xrightarrow{\text{glycolyse}}$ 2 $CH_3-CO-COOH$ pyrodruivezuur + 2 ATP

→ $CH_3-CH(OH)-COOH$ + ATP
melkzuur

→ $CO_2$ + $H_2O$ + ATP
via de citroenzuurcyclus

→ $CH_3-CH_2-OH$ + $CO_2$ + ATP
ethanol

glucose (1) $\rightleftharpoons$ (stap 1) glucose-6-fosfaat (2) $\rightleftharpoons$ (stap 2) fructose-6-fosfaat (3) $\rightleftharpoons$ (stap 3)

glucose (1): H–C=O; H–C–OH; HO–C–H; H–C–OH; H–C–OH; $CH_2OH$

glucose-6-fosfaat (2): H–C=O; H–C–OH; HO–C–H; H–C–OH; H–C–OH; $CH_2-OPO_3H_2$

fructose-6-fosfaat (3): $CH_2OH$; C=O; HO–C–H; H–C–OH; H–C–OH; $CH_2-OPO_3H_2$

fructose-1,6-difosfaat (4) $\rightleftharpoons$ (stap 4) dihydroxyacetonfosfaat (5) + glyceraldehyde-3-fosfaat (6)

fructose-1,6-difosfaat (4): $CH_2-OPO_3H_2$; C=O; HO–C–H; H–C–OH; H–C–OH; $CH_2-OPO_3H_2$

dihydroxyacetonfosfaat (5): $CH_2-OPO_3H_2$; C=O; $CH_2OH$

glyceraldehyde-3-fosfaat (6): H–C=O; H–C–OH; $CH_2-OPO_3H_2$

dihydroxyaceton-fosfaat (5) $\rightleftharpoons$ (stap 5) glyceraldehyde-3-fosfaat (6) $\rightleftharpoons$ (stap 6) 1,3-difosfo-glycerinezuur (7) $\rightleftharpoons$ (stap 7) 3-fosfo-glycerinezuur (8)

dihydroxyaceton-fosfaat (5): $CH_2OH$; C=O; $CH_2-OPO_3H_2$

glyceraldehyde-3-fosfaat (6): H–C=O; H–C–OH; $CH_2-OPO_3H_2$

1,3-difosfo-glycerinezuur (7): O=C–$OPO_3H_2$; H–C–OH; $CH_2-OPO_3H_2$

3-fosfo-glycerinezuur (8): O=C–OH; H–C–OH; $CH_2-OPO_3H_2$

$\rightleftharpoons$ (stap 8) 2-fosfo-glycerinezuur (9) $\rightleftharpoons$ (stap 9) fosfoënolpyro-druivezuur (10) $\rightleftharpoons$ (stap 10) enolpyrodruive-zuur (11) $\rightleftharpoons$ (stap 11) pyrodruive-zuur (12)

2-fosfo-glycerinezuur (9): O=C–OH; H–C–$OPO_3H_2$; $CH_2OH$

fosfoënolpyro-druivezuur (10): O=C–OH; C–$OPO_3H_2$; ‖ $CH_2$

enolpyrodruive-zuur (11): O=C–OH; C–OH; ‖ $CH_2$

pyrodruive-zuur (12): O=C–OH; C=O; $CH_3$

Fig. 13.1. De glycolyse

Een meer gedetailleerde weergave van de manier waarop het enzym glucose-6-fosfaat-isomerase de omzetting in stap 2 tot stand brengt laat zien dat een basische groep van dit enzym de reactie katalyseert. In feite treedt er tweemaal een keto-enol-tautomerie op waarbij eerst het zuurstofatoom aan C-1 en daarna het zuurstofatoom aan C-2 betrokken is (zie ook § 13.12).

aldehyde (2) — stap 2 — eendiol — keton (3)

Na een tweede fosforylering van het gevormde fructose-6-fosfaat (*stap 3*) treedt er een splitsing op van het fructose-1,6-difosfaat in de twee $C_3$-fragmenten, namelijk in glyceraldehyde-3-fosfaat en in dihydroxyacetonfosfaat (*stap 4*). Deze reactie is een aldolsplitsing die door een aldolase-enzym wordt gekatalyseerd. Dit enzym werkt met een geprotoneerde Schiff-base als intermediair, en de eerste stap is de zuurgekatalyseerde vorming van deze Schiffbase (zie § 13.10).

4 — $+H^{\oplus}$ / $-H_2O$ — geprotoneerde Schiff-base — aldolspitsing stap 4

6 — mesomerie — tautomerie — $H_2O$ hydrolyse — 5

Deprotonering van de OH-groep op C-4 wordt gevolgd door een splitsing van de $C_3$-$C_4$-binding. Het anion dat na de splitsing wordt gevormd, wordt sterk gestabiliseerd door mesomerie waarbij het positief geladen stikstofatoom de negatieve lading opvangt.

Opgemerkt moet worden dat de splitsing van *glucose*-6-fosfaat in twee $C_3$-*fragmenten* alleen kan verlopen *na* isomerisatie tot *fructose*-6-fosfaat, want alleen dan ontstaat na splitsing een gestabiliseerd anion op C-3. In de gevormde verbinding treedt tautomerisatie op waarbij opnieuw een Schiff-base wordt gevormd. Hydrolyse van deze Schiffbase geeft dihydroxyacetonfosfaat en het vrije enzym dat nu weer gebruikt kan worden voor de splitsing van een volgend molecuul fructose-1,6-difosfaat.

Het bij de splitsing gevormde dihydroxyacetonfosfaat wordt opnieuw via tautomerisatie omgezet in glyceraldehyde-3-fosfaat (*stap 5*). De aldehydegroep in deze verbinding wordt daarna geoxideerd waardoor de verbinding wordt omgezet in 1,3-difosfoglycerinezuur (*stap 6*). Deze oxidatie van glyceraldehyde-3-fosfaat tot 1,3-difosfoglycerinezuur vereist de verwijdering van een hydride-ion ($H^-$) van het aldehyde.

$H^\ominus$ moeilijk te abstraheren

$H^\ominus$ gemakkelijk te abstraheren

Een dergelijke abstractie van een negatief ion is moeilijk direct uit te voeren omdat het koolstofatoom van de carbonylgroep al een elektronentekort heeft. Deze situatie kan aanmerkelijk verbeterd worden door eerst een elektronenrijk nucleofiel aan de carbonylgroep te adderen en pas daarna een hydride-ion te abstraheren. In het enzym glyceraldehyde-3-fosfaatdehydrogenase, dat deze oxidatiereactie katalyseert, treedt een enzymgebonden thiolaatanion op als nucleofiel.

stap 6

De hydrideoverdracht vindt daarna plaats vanuit het gevormde additieproduct met behulp van $NAD^+$ als coënzym (vergelijk dit met de oxidatiereactie in § 10.10 en de Cannizzaro-reactie in § 13.13).

Het gemengde anhydride 1,3-difosfoglycerinezuur wordt gehydroliseerd (*stap 7*) en de fosfaatgroep wordt omgeësterd van de hydroxylgroep aan C-3 naar de hydroxylgroep op C-2 (*stap 8*).

$$\underset{\mathbf{8}}{HC(=O)\text{–}CH(OH)\text{–}CH_2\text{–}O\text{–}P(=O)(OH)_2} \xrightarrow{\text{stap 8}} \underset{\mathbf{9}}{HC(=O)\text{–}CH(O\text{–}PO_3H_2)\text{–}CH_2OH}$$

Na dehydratatie (*stap 9*) ontstaat fosfoënolpyrodruivenzuur. De hydrolyse van deze fosfaatester (*stap 10*) gevolgd door enol-keto-tautomerisatie (*stap 11*) geeft daarna pyrodruivenzuur.

Opgemerkt moet worden dat in figuur 13.1 (en verder) alle zure en basische groepen in niet-geïoniseerde vorm zijn weergegeven. De werkelijke ionisatiegraad zal afhangen van de pH ter plaatse.

## 13.18 De transaminering - De functie van het coënzym pyridoxalfosfaat

Aminozuren zijn de bouwstenen voor de synthese van eiwitten. Een belangrijk deel van de benodigde aminozuren komt beschikbaar via afbraak van eiwitten die via het voedsel zijn opgenomen of door afbraak van oude eiwitten in het lichaam. Niet alle aminozuren die bij de afbraak van eiwitten uit het voedsel vrijkomen, zijn echter direct te gebruiken voor de synthese van nieuw eiwit. Het overschot dat van bepaalde aminozuren ontstaat, moet verder worden afgebroken en andere aminozuren waaraan op dat moment een tekort is moeten worden opgebouwd. Een belangrijk onderdeel in het complexe proces waarbij het ene aminozuur in het andere wordt omgezet is de *transaminering*. Bij deze serie reacties zijn het coënzym pyridoxalfosfaat en een aantal α-ketocarbonzuren, met name α-ketoglutaarzuur, betrokken.

$$\underset{\text{af te breken aminozuur}}{HOOC\text{–}CH(NH_2)\text{–}R_1} + \underset{\alpha\text{–ketoglutaarzuur}}{HOOC\text{–}C(=O)\text{–}CH_2\text{–}CH_2\text{–}COOH} \rightleftharpoons \underset{\alpha\text{– ketocarbonzuur}}{HOOC\text{–}C(=O)\text{–}R_1} + \underset{\text{glutaminezuur}}{HOOC\text{–}CH(NH_2)\text{–}CH_2\text{–}CH_2\text{–}COOH}$$

$$\underset{\text{glutaminezuur}}{HOOC\text{–}CH(NH_2)\text{–}CH_2\text{–}CH_2\text{–}COOH} + \underset{\text{ander }\alpha\text{–ketocarbonzuur}}{HOOC\text{–}C(=O)\text{–}R_2} \rightleftharpoons \underset{\alpha\text{–ketoglutaarzuur}}{HOOC\text{–}C(=O)\text{–}CH_2\text{–}CH_2\text{–}COOH} + \underset{\text{nieuw aminozuur}}{HOOC\text{–}CH(NH_2)\text{–}R_2}$$

Als er nieuwe aminozuren gevormd moeten worden, dan wordt de aminogroep van het oude aminozuur eerst overgedragen op glutaminezuur en daarna wordt de aminogroep van glutaminezuur overgedragen op de carbonylgroep van het α-ketocarbonzuur waaruit het nieuwe aminozuur moet ontstaan.

Als er alleen maar aminozuren afgebroken moeten worden, dan wordt de aminogroep van het gevormde glutaminezuur geoxideerd tot een imine. De hydrolyse van dit imine tot het oorspronkelijke α-ketoglutaarzuur verloopt daarna gemakkelijk en kan ook zonder katalyse door enzymen plaatsvinden.

$$HOOC{-}CH(NH_2){-}CH_2{-}CH_2{-}COOH \xrightarrow{FAD \rightarrow FADH_2} HOOC{-}C({=}NH){-}CH_2{-}CH_2{-}COOH \xrightarrow{H_2O \rightarrow NH_3} HOOC{-}C({=}O){-}CH_2{-}CH_2{-}COOH$$

glutaminezuur — α–iminoglutaarzuur (een imine) — α–ketoglutaarzuur

De overdracht van de aminogroep van een aminozuur naar α-ketoglutaarzuur gebeurt onder invloed van het enzym glutamaat-transaminase. Dit enzym gebruikt daarbij pyridoxalfosfaat als coënzym. Het coënzym vormt eerst een Schiff-base met de aminogroep van het aminozuur dat gedeamineerd moet worden (*stap 1*).

pyridoxaalfosfaat + $R_1{-}CH(NH_2){-}COOH$ ⇌ (stap 1, $-H_2O$) Schiff-base ⇌ (stap 2)

:B—Enzym

H—B—Enzym

A ⟷ B ⟷ C

Met behulp van een basische groep van het enzym wordt een proton geabstraheerd en ontstaat een door mesomerie gestabiliseerd anion (*stap 2*). Van de drie grensstructuren A, B en C levert vooral de neutrale structuur B een grote bijdrage tot de stabiliteit van dit anion. Herprotonering op het oorspronkelijke aldehydekoolstofatoom (grensstructuur C) geeft de tautomere Schiff-base (*stap 3*).

stap 3 — Schiff-base; $+H_2O$, stap 4 — pyridoxaminefosfaat + α–ketozuur uit α–aminozuur

Hydrolyse van deze Schiff-base geeft dan een α-ketocarbonzuur dat afgeleid is van het aminozuur dat afgebroken wordt, en pyridoxaminefosfaat (*stap 4*). Het pyridoxaminefosfaat moet weer omgezet worden in pyridoxalfosfaat en dat gebeurt opnieuw via een transamineringsreactie. De aminogroep wordt daarbij via een analoog mechanisme uitgewisseld met de ketogroep van α-ketoglutaarzuur onder vorming van pyridoxalfosfaat en glutaminezuur (*stap 5*).

pyridoxaminefosfaat + α–ketoglutaminezuur ⇌ (stap 5) pyridoxaalfosfaat + glutaminezuur

Via een vergelijkbare serie reacties wordt daarna de aminogroep van glutaminezuur overgedragen op de ketogroep van het te synthetiseren aminozuur, weer met behulp van het coënzym pyridoxalfosfaat.

# 14 Koolhydraten

Koolhydraten, vaak ook sacchariden of eenvoudigweg suikers genoemd, zijn veel voorkomende verbindingen in de natuur. Zij vormen een belangrijk bestanddeel van ons dagelijks voedsel en komen als zodanig voor in aardappelen, groenten, fruit, brood en andere meelspijzen, melk, biet- en rietsuiker. Zowel voor planten als voor de meeste dieren vormen de koolhydraten de belangrijkste bron van energie. Bovendien hebben sommige koolhydraten in planten en insecten een belangrijke functie als bouwmateriaal.

Koolhydraten worden via de fotosynthese gesynthetiseerd in planten. Chlorofyl, een zonlicht absorberend pigment, speelt een belangrijke rol in de fotosynthese, waarbij kooldioxide en water uiteindelijk worden omgezet in glucose.

$$n\ H_2O + n\ CO_2 \xrightarrow[\text{chlorofyl}]{\text{licht}} \underset{\text{suiker}}{(CH_2O)_n} + n\ O_2$$

Glucose is de centrale verbinding in de chemie van de suikers. Het is de meest voorkomende suiker in de natuur en het speelt een hoofdrol in het metabolisme van alle levende organismen. Glucose staat ook bekend onder de naam druivensuiker. Het komt voor in het menselijk bloed (ongeveer 1 g per liter bloedplasma) en is een voedingsmiddel dat rechtstreeks in de bloedbaan gebracht kan worden.

## 14.1 Indeling en nomenclatuur

De koolhydraten kunnen worden onderverdeeld in monosacchariden, oligosacchariden en polysacchariden, afhankelijk van het aantal enkelvoudige suikers waaruit het koolhydraat is opgebouwd. *Monosacchariden* of enkelvoudige suikers zijn de kleinste eenheden die nog de karakteristieke eigenschappen van een suiker hebben. Ribose, glucose en fructose zijn voorbeelden van monosacchariden. *Oligosacchariden* zijn opgebouwd uit een beperkt aantal monosaccharide-eenheden. Di- en trisacchariden komen daarbij het meest voor. Een bekend voorbeeld van een disaccharide is sacharose ofwel de gewone tafelsuiker. *Polysacchariden* zijn opgebouwd uit veel monosaccharide-eenheden. Cellulose, zetmeel en chitine zijn voorbeelden van veel voorkomende polysacchariden.

**Monosacchariden** zijn polyfunctionele verbindingen die naast een aantal hydroxylgroepen nog een aldehyde- of een ketogroep bezitten. De groepsnaam voor een monosaccharide ontstaat door de uitgang *-ose* te plaatsen achter het telwoord dat het aantal koolstofatomen in het molecuul aangeeft. Het voorvoegsel aldo- of keto- geeft aan of er een aldehyde- dan wel een ketogroep aanwezig is. Zo ontstaan de algemene namen aldotriose, ketopentose, aldohexose, enz. Enige voorbeelden zijn:

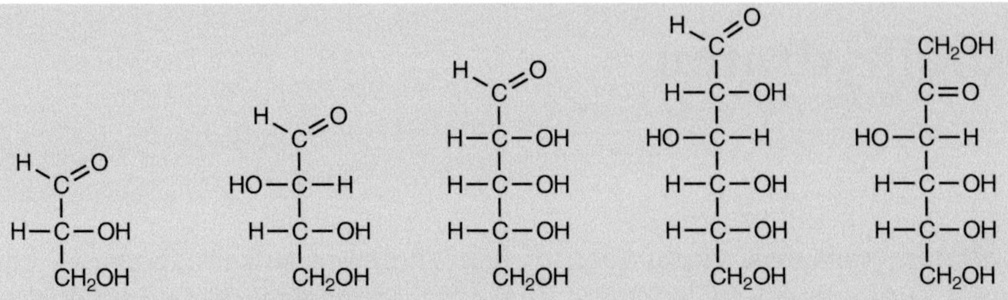

aldotriose glyceraldehyde · aldotetrose treose · aldopentose ribose · aldohexose glucose · ketohexose fructose

Dit algemene nomenclatuursysteem geeft de lengte van de koolstofketen en de aard van de carbonylgroep aan. Aangezien de verschillende suikers reeds lang bekend zijn, heeft elk monosaccharide ook een eigen, triviale naam. Het eenvoudigste monosaccharide is *glyceraldehyde*. Dit aldotriose bevat één chiraal koolstofatoom en er bestaan van glyceraldehyde dus twee enantiomeren. Het is lange tijd onbekend geweest welke van de twee mogelijke configuraties hoorde bij het rechtsdraaiende enantiomeer en welke bij het linksdraaiende. Emil Fischer, een bekend Duits chemicus, kende aan het begin van deze eeuw op goed geluk aan het (+)- en (-)-draaiende enantiomeer van glyceraldehyde de in de tekening aangegeven configuraties toe. Hij noemde de configuratie waarin de hydroxylgroep in de projectieformule rechts staat D (dextro = rechts) en de configuratie waarin de hydroxylgroep links staat L (leavo = links).

D-(+)-glyceraldehyde · L-(-)-glyceraldehyde

Pas rond 1960 kon worden vastgesteld dat (+)- en (-)-glyceraldehyde inderdaad de door Fischer aangenomen ruimtelijke configuraties hebben.

De aanduiding D of L wordt nog zeer veel toegepast om de configuratie van een suiker aan te geven. De hoofdletter D of L wordt daarbij geplaatst vóór de naam van de suiker. Hierbij bepaalt de stand van de hydroxylgroep aan het hoogst genummerde chirale koolstofatoom in de projectieformule of de configuratie van de suiker D dan wel L wordt genoemd (zie voor de overige conventies rond de D,L-nomenclatuur § 8.6).

### *14.1.1 De groep van de D-aldosen*

Een familie van D-suikers kan opgebouwd worden door uitgaande van D-glyceraldehyde steeds één H-C-OH-eenheid aan de keten toe te voegen. Op deze wijze worden twee D-aldotetrosen verkregen die beide aan C-3 dezelfde configuratie hebben als D-glyceraldehyde, maar die aan C-2 onderling in configuratie verschillen. De beide D-aldotetrosen zijn dus diastereomeren van elkaar.

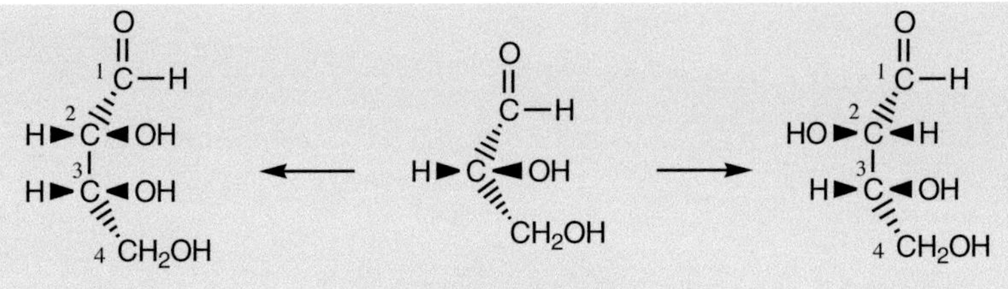

D-erytrose D-glyceraldehyde D-treose

Toevoeging van een H-C-OH-eenheid aan de twee D-aldotetrosen geeft uit beide moleculen opnieuw twee diastereomeren zodat er in totaal vier D-aldopentosen ontstaan. Het toevoegen van een H-C-OH-eenheid aan elk van deze D-aldopentosen geeft in totaal acht D-aldohexosen. In figuur 14.1 is de hele groep van D-suikers tot en met de D-aldohexosen weergegeven.

Eenzelfde groep van L-suikers is op te zetten uitgaande van L-glyceraldehyde. Elke D-suiker heeft een L-enantiomeer en dit L-enantiomeer is het spiegelbeeld van het gehele D-molecuul; dus niet alleen het hoogst genummerde asymmetrische koolstofatoom is gespiegeld. D-Glucose en D-mannose zijn D-hexosen die alleen van elkaar verschillen in configuratie aan koolstofatoom 2. Ze worden daarom *C-2-epimeren* genoemd. De aanduiding epimeren wordt gebruikt voor diastereomeren die slechts aan één koolstofatoom verschillen in configuratie. D-Glucose en D-galactose zijn dus *C-4-epimeren* van elkaar omdat alleen de configuratie aan *C-4* verschillend is.

### *14.1.2 De groep van de D-ketosen*

Op dezelfde wijze als bij de aldosen kan ook een familie van ketosuikers opgezet worden vanuit dihydroxyaceton. Dit laatste molecuul bevat geen asymmetrisch koolstofatoom, maar door het toevoegen van steeds een H-C-OH-eenheid kan ook hier een D- en een L-serie van ketosuikers opgebouwd worden. De D-ketosuikers tot en met de D-ketohexosen zijn weergegeven in figuur 14.2. De ketogroep kan in principe op verschillende plaatsen in de keten zitten, maar in de natuur komen vooral de C-2-ketosuikers voor. Omdat ketosuikers één chiraal koolstofatoom minder hebben dan aldosuikers, is het aantal stereo-isomeren de helft kleiner.

De meeste van de in figuur 14.1 en 14.2 weergegeven D-suikers komen in de natuur voor; daarnaast worden ook enkele L-suikers zoals L-arabinose en L galactose in de natuur aangetroffen. In dit hoofdstuk zal de aandacht vooral gericht worden op de suikers die het meest in de natuur voorkomen en dit zijn de aldohexosen D-glucose, D-mannose en D-galactose, de ketohexose D-fructose en de aldopentose D-ribose.

### *14.1.3 Desoxy- en aminosuikers*

De meeste suikers zijn polyhydroxyaldehyden of -ketonen. In de natuur komen echter ook suikers voor waarbij aan een van de koolstofatomen de hydroxylgroep is vervangen door een waterstofatoom (desoxysuikers), of door een aminogroep of een gesubstitueerde aminogroep (aminosuikers). De meest voorkomende desoxysuiker is 2-desoxy-D-ribose; deze suiker is een belangrijke bouwsteen in DNA (zie hoofdstuk 25).

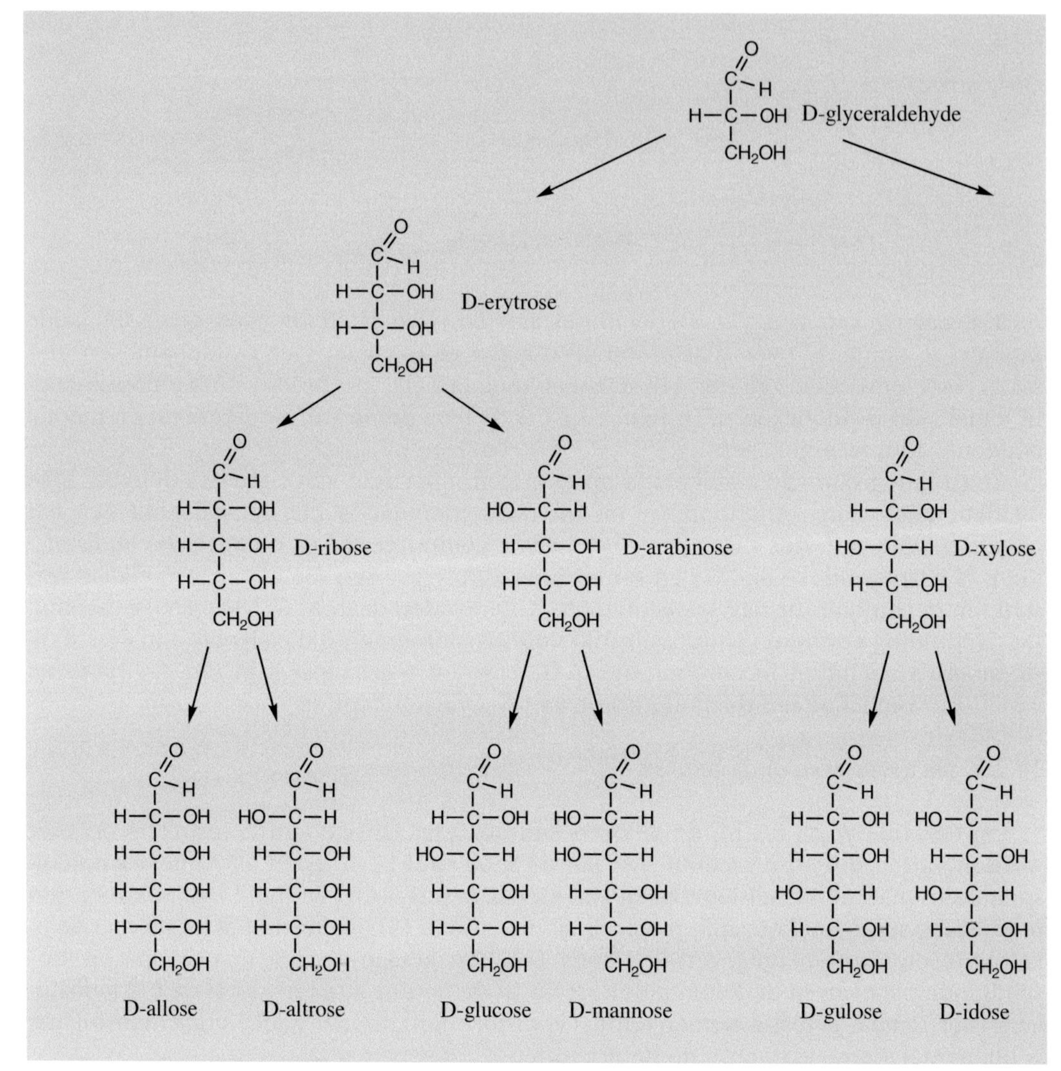


Fig. 14.1. De groep van de D-aldosen.

Aminosuikers komen vooral voor in bindweefsel. Zij maken daar deel uit van de proteoglycanen; dit zijn biopolymeren die voor ongeveer 5% (*m*/*m*) uit eiwitten en voor ongeveer 95% (*m*/*m*) uit polysacchariden bestaan. Het polysaccharidedeel is opgebouwd uit de aminosuikers glucosamine of galactosamine of uit derivaten van deze aminosuikers (zie § 14.13.7). Van de geacyleerde aminosuikers is 2-aceetamido-2-desoxyglucose een van de belangrijkste. Chitine, het belangrijkste bestanddeel van het exoskelet van insecten, is een polymeer van deze geacyleerde aminosuiker (zie § 14.13.5).

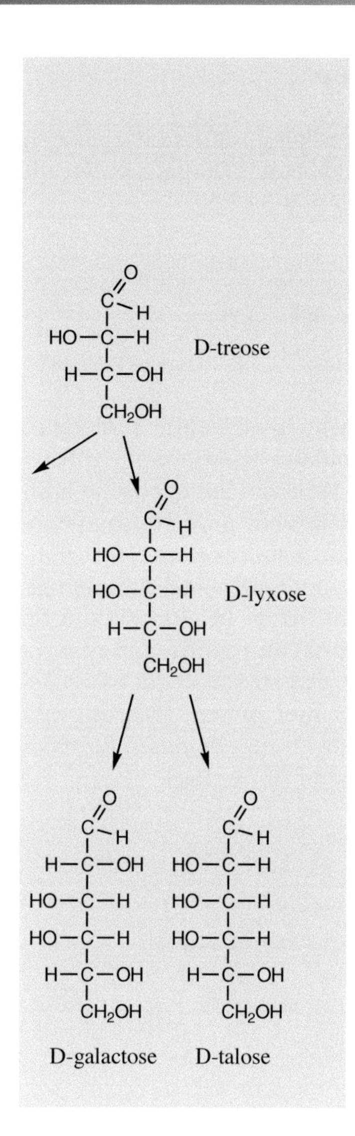


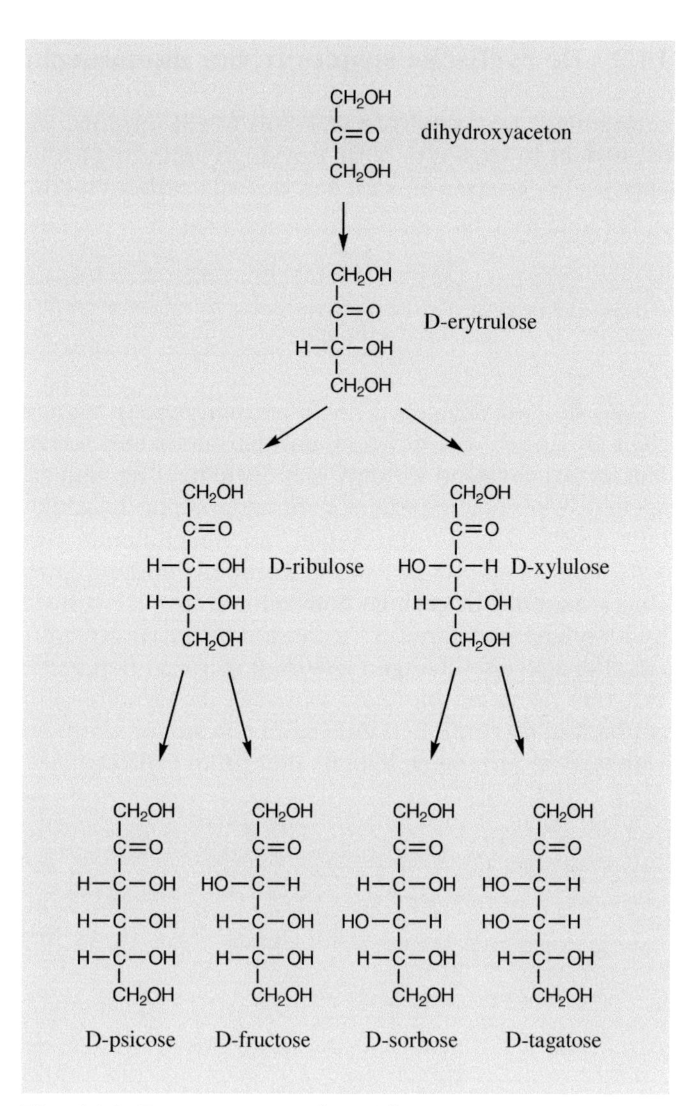


Fig. 14.2. De groep van de D-2-ketosen.

2-desoxy-
D-ribose

D-glucosamine
(2-desoxy-2-amino-
D-glucose)

2-aceetamido-
2-desoxy-D-glucose

D-galactosamine
(2-desoxy-2-amino-
D-glucose)

## 14.2 De cyclische structuur van monosacchariden

Wanneer een aldehyde of keton wordt opgelost in een alcohol, dan stelt zich een evenwicht in tussen de vrije carbonylverbinding en het halfacetaal. Doorgaans ligt dit evenwicht ver naar de kant van de vrije carbonylverbinding (zie § 13.5).

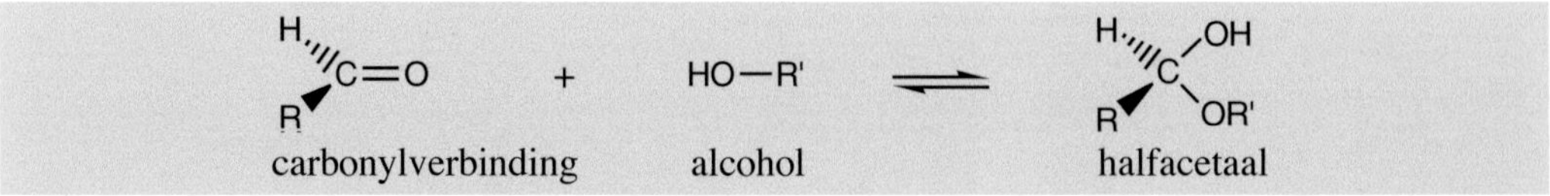

carbonylverbinding + alcohol ⇌ halfacetaal

Als de hydroxylgroep en de carbonylgroep aanwezig zijn in hetzelfde molecuul, zoals in suikers het geval is, dan kan door een intramoleculaire reactie een cyclisch halfacetaal gevormd worden. Het evenwicht ligt dan aan de kant van het cyclische halfacetaal. Wanneer meerdere hydroxylgroepen beschikbaar zijn voor deze intramoleculaire reactie dan kunnen ringen van verschillende grootte gevormd worden. Het cyclische halfacetaal met de zesring wordt bij voorkeur gevormd, het halfacetaal met de vijfring is meestal in geringe hoeveelheid in het evenwicht aanwezig. In glucose zijn de hydroxylgroepen aan *C-5* en aan *C-4* bij de ringvorming betrokken waarbij dan respectievelijk zes- en vijfringen gevormd worden. Een zesring in een suiker wordt aangegeven met de naam *pyranose* vanwege de formele gelijkenis met pyraan (zesring met zuurstof in de ring). Een vijfring in een suiker wordt aangegeven met de naam *furanose* vanwege de formele gelijkenis met furan (vijfring met zuurstof in de ring).

D-glucose

β–D-glucopyranose

β–D-glucofuranose

pyraan furaan

Haworth-structuren

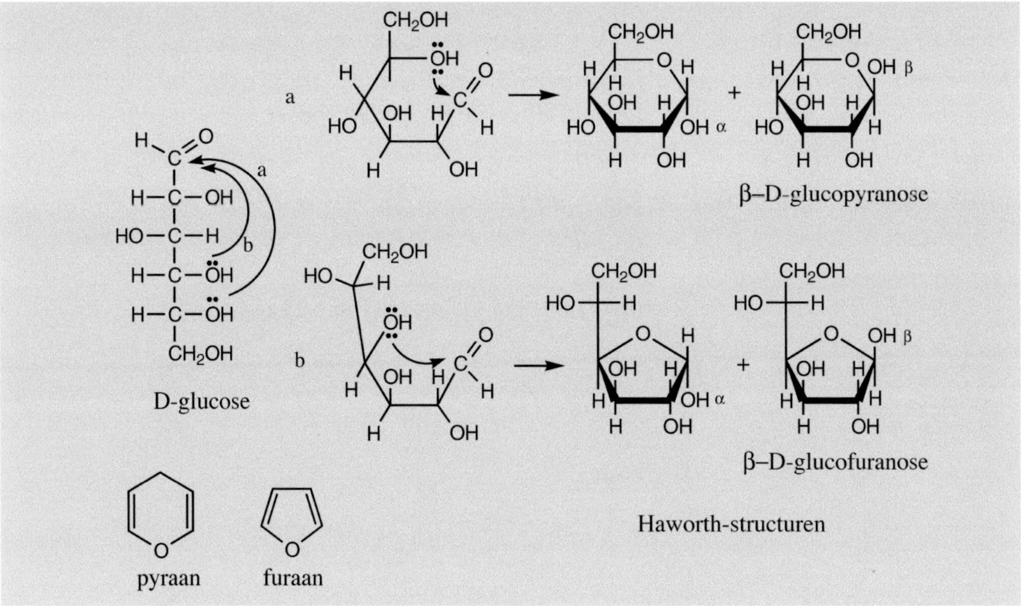

Bij de vorming van een cyclisch halfacetaal ontstaat een nieuw chiraal koolstofatoom op C-1. Dit koolstofatoom neemt een bijzondere plaats in bij de suikers en wordt aangeduid als het *anomere* koolstofatoom. De twee cyclische halfacetalen die bij de ringsluiting van eenzelfde suiker ontstaan en die dus alleen maar van elkaar verschillen in de configuratie aan C-1, worden *anomeren* genoemd. De positie van de hydroxylgroep aan het anomere koolstofatoom wordt aangegeven met de letters α en β. Het α-anomeer heeft de *S*-configuratie en het β-anomeer heeft de *R*-configuratie.

Ook in de furanose-halfacetalen wordt de positie van de hydroxylgroep aan het anomere koolstofatoom aangegeven met de letter α (*S*-configuratie) of β (*R*-configuratie).

De ietwat bewerkelijke structuurformules van de cyclische halfacetalen worden meestal vereenvoudigd weergegeven door de zogenaamde *Haworthstructuren*. In deze structuren wordt normaliter het zuurstofatoom van de ring rechtsboven getekend; de hydroxylgroep aan C-1 wijst dan in de α-vorm naar beneden en in de β-vorm naar boven.

De omzetting van een lineaire structuurformule naar een Haworth-structuur wordt in de volgende serie bewerkingen geïllustreerd voor D-glucose. De koolstofketen van de lineaire structuurformule wordt naar achteren gebogen en daarna naar rechts gekanteld, zodat een open zesring ontstaat. Door rotatie rond de $C_4$-$C_5$-binding wordt de hydroxylgroep aan C-5 in de juiste positie voor cyclisatie gebracht.

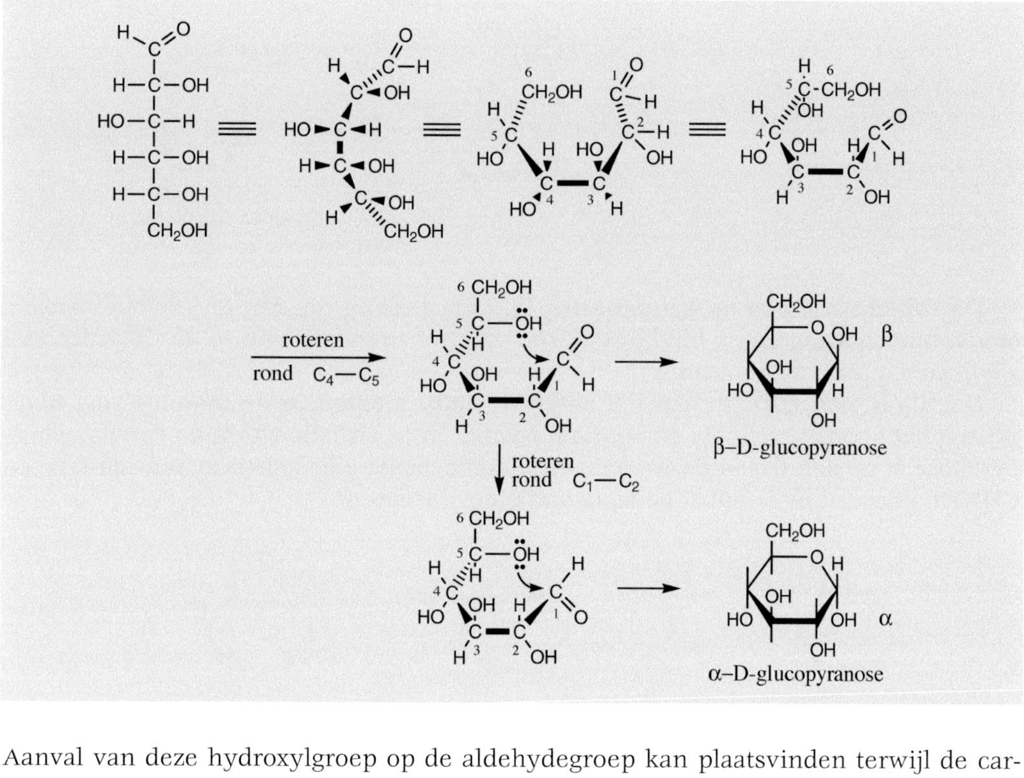

roteren rond $C_4—C_5$

roteren rond $C_1—C_2$

β-D-glucopyranose

α-D-glucopyranose

Aanval van deze hydroxylgroep op de aldehydegroep kan plaatsvinden terwijl de carbonylgroep op C-1 omhoog wijst of naar beneden. Dit resulteert dan respectievelijk in vorming van β - en α-D-glucopyranose.

De omzetting van een lineaire structuurformule naar de Haworth-formule verloopt voor de furanose-halfacetalen op analoge wijze. Hier wordt de hydroxylgroep aan C-4 door rotatie rond de $C_3$-$C_4$-binding in de juiste positie voor de cyclisatie gebracht.

Een Haworth-structuurformule geeft een vereenvoudigde weergave van de ruimtelijke bouw van een cyclische suiker. De werkelijke conformatie van het suikermolecuul wordt in deze voorstelling buiten beschouwing gelaten. De *werkelijke conformatie* van een pyranosering kan het beste weergegeven worden door een stoelvorm zoals bij cyclohexaan, waarbij dan het koolstofatoom rechtsboven in de ring vervangen is door een zuurstofatoom.

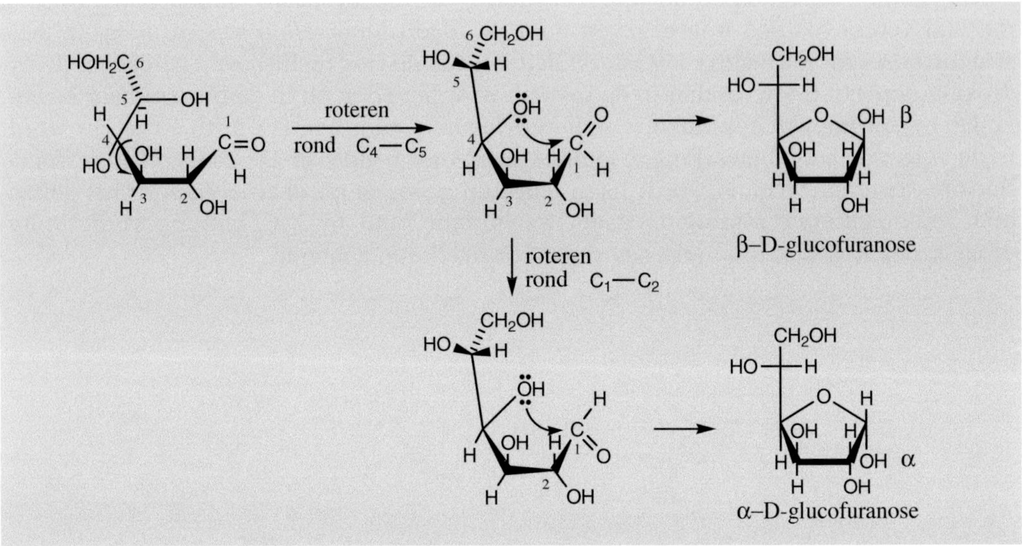

roteren rond $C_4—C_5$

roteren rond $C_1—C_2$

β–D-glucofuranose

α–D-glucofuranose

De conformatie van de pyranosering lijkt erg veel op die van de cyclohexaanring omdat bindingslengten en bindingshoeken van het zuurstofatoom in de ring niet veel afwijken van die van koolstof.

Net als in een cyclohexaanring zitten de substituenten in de pyranosering energetisch het voordeligst in de equatoriale positie. In de structuurformule van β-D-glucopyranose is te zien dat in de weergegeven conformatie alle substituenten (de OH- en $CH_2OH$-groepen) in de gunstige equatoriale positie zitten.

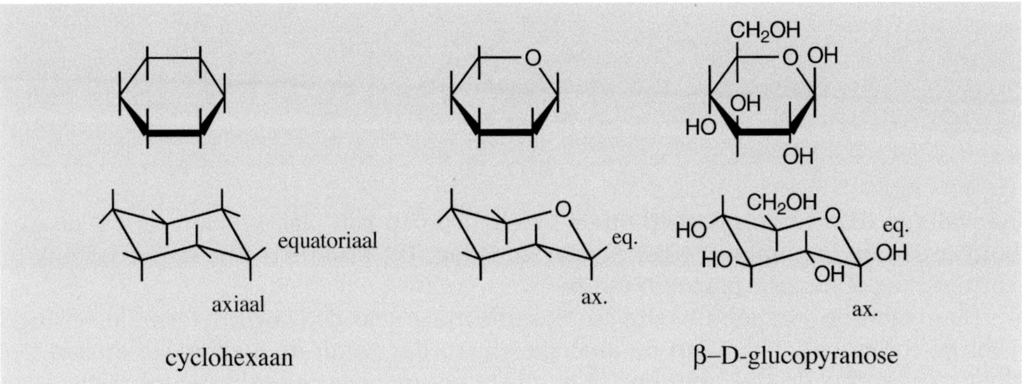

equatoriaal

axiaal

cyclohexaan

eq.

ax.

β–D-glucopyranose

## 14.3 Suikers in oplossing - Mutarotatie

α- en β-D-Glucopyranose verschillen in configuratie alleen aan het anomere koolstofatoom (C-1) en zijn dus diastereomeren van elkaar. Ze zijn onder andere te scheiden op grond van hun verschil in oplosbaarheid in water want α-D-glucopyranose kristalliseert bij kamertemperatuur eerder uit dan het β-anomeer. Wanneer zuiver α-D-glucopyranose wordt opgelost in water, dan wordt voor deze oplossing in het begin een specifieke rotatie gemeten van +113°. Deze waarde loopt echter geleidelijk terug tot +52.7°, waarna de rotatie verder constant blijft. Evenzo ziet men bij een verse oplossing van β-D-glucopyranose de aanvankelijke rotatie van +19° geleidelijk oplopen naar +52.7°. Dit verschijnsel wordt mutarotatie genoemd en wordt veroorzaakt doordat zich in oplossing een evenwicht instelt tussen het α- en het β-anomeer van de suiker via de open-ketenvorm.

β–D-glucopyranose 64% ⇌ aldehydevorm < 0,03% ⇌ α–D-glucopyranose 36%

β–D-glucofuranose < 0,5% α–D-glucofuranose < 0,5%

Na instelling van het evenwicht blijkt α-D-glucopyranose voor 36% en β-D-glucopyranose voor 64% in het mengsel voor te komen. Daarnaast zijn slechts geringe hoeveelheden van de open-ketenvorm en van de furanosevormen aanwezig. Men zou zich kunnen afvragen waarom de β-D-glucopyranosevorm met de hydroxylgroep aan C-1 in de gunstige equatoriale positie niet in een nog hoger percentage voorkomt. De oorzaak hiervan is dat de hydroxylgroep in de β-positie een minder gunstige dipool-dipool-interactie heeft met de vrije elektronenparen van het ringzuurstofatoom. In de α-vorm is de dipool-dipool-interactie gunstiger, doordat zij daar tegengesteld gericht is. Het verschil in dipool-dipool-interactie tussen de α- en β-hydroxylgroep aan het anomere koolstofatoom wordt het *anomeer effect* genoemd.

β–vorm ongunstig anomeereffect

α–vorm ongunstige 1,3-diaxiale interactie

In de α-vorm is de dipool-dipool-interactie weliswaar gunstiger maar er treden grotere 1,3-diaxiale interacties op door de axiale stand van de hydroxylgroep. Het ongunstige effect ten gevolge van deze 1,3-diaxiale interacties is groter dan het gunstige anomeereffect, hetgeen het hogere percentage van de β-vorm van glucose in water verklaart.

Mutarotatie kan optreden bij alle suikers met een halfacetaalgroep. De axiale of equatoriale positie van alle hydroxylgroepen aan de ring heeft invloed op de ligging van het evenwicht tussen de α- en de β-vorm van een suiker. Vooral de situatie in de buurt van het anomere koolstofatoom is van belang. In D-galactose is de situatie rond het anomere koolstofatoom vergelijkbaar met die in D-glucose. De α- en β-D-galactopyranoses komen in een evenwichtsmengsel in water dan ook voor in respectievelijk 27% en 73% en dit zijn percentages die in de buurt liggen van die van glucose. Bij D-mannose is de stand van de hydroxylgroep direct naast het anomere koolstofatoom gewijzigd. De hydroxylgroep aan C-2 staat hier axiaal en als gevolg van de gewijzigde dipool-dipool-interactie van de OH-groepen aan C-1 en C-2 komen de α- en β-vorm van D-mannopyranose in een evenwichtsmengsel voor in respectievelijk 67% en 33%, dus in een duidelijk andere verhouding dan bij glucose.

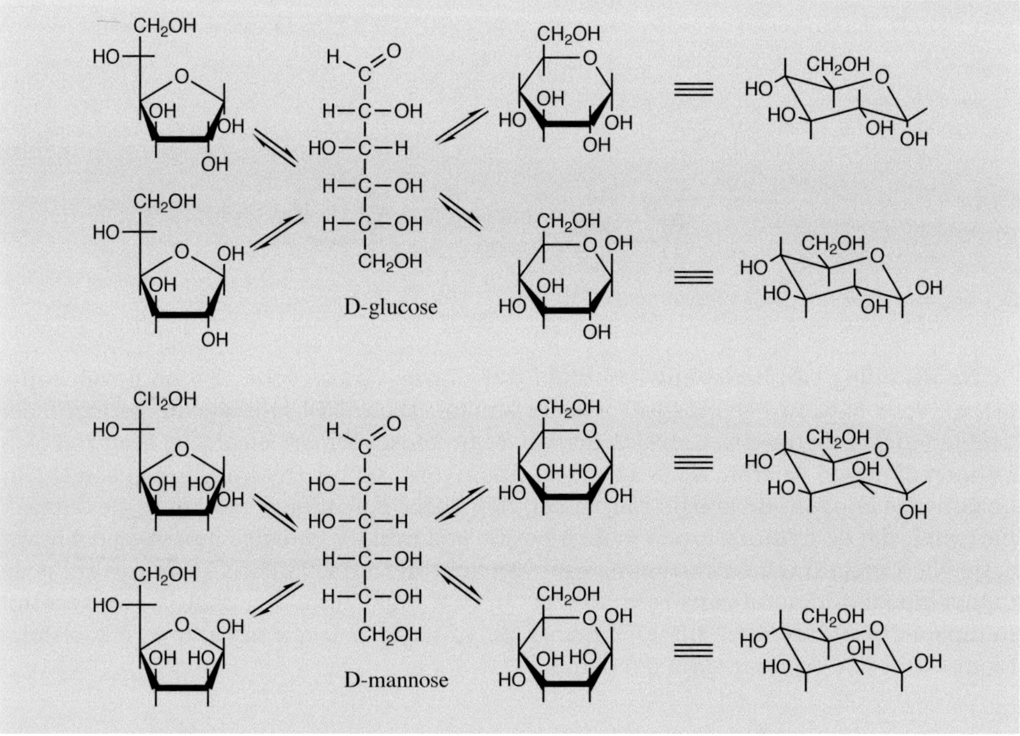

Fig. 14.3. Evenwichten van D-glucose en D-mannose in oplossing.

De furanosevormen komen in waterige oplossingen van glucose, mannose en galactose slechts in geringe percentages voor (<1%). De oorzaak is dat in deze vijfringen ongunstige eclipsed interacties optreden die in de zesringen vermeden worden.

In fructose en ribose is deze situatie gunstiger en deze suikers komen in waterige oplossingen dan ook in aanzienlijke percentages (tot 30%) als vijfring voor.

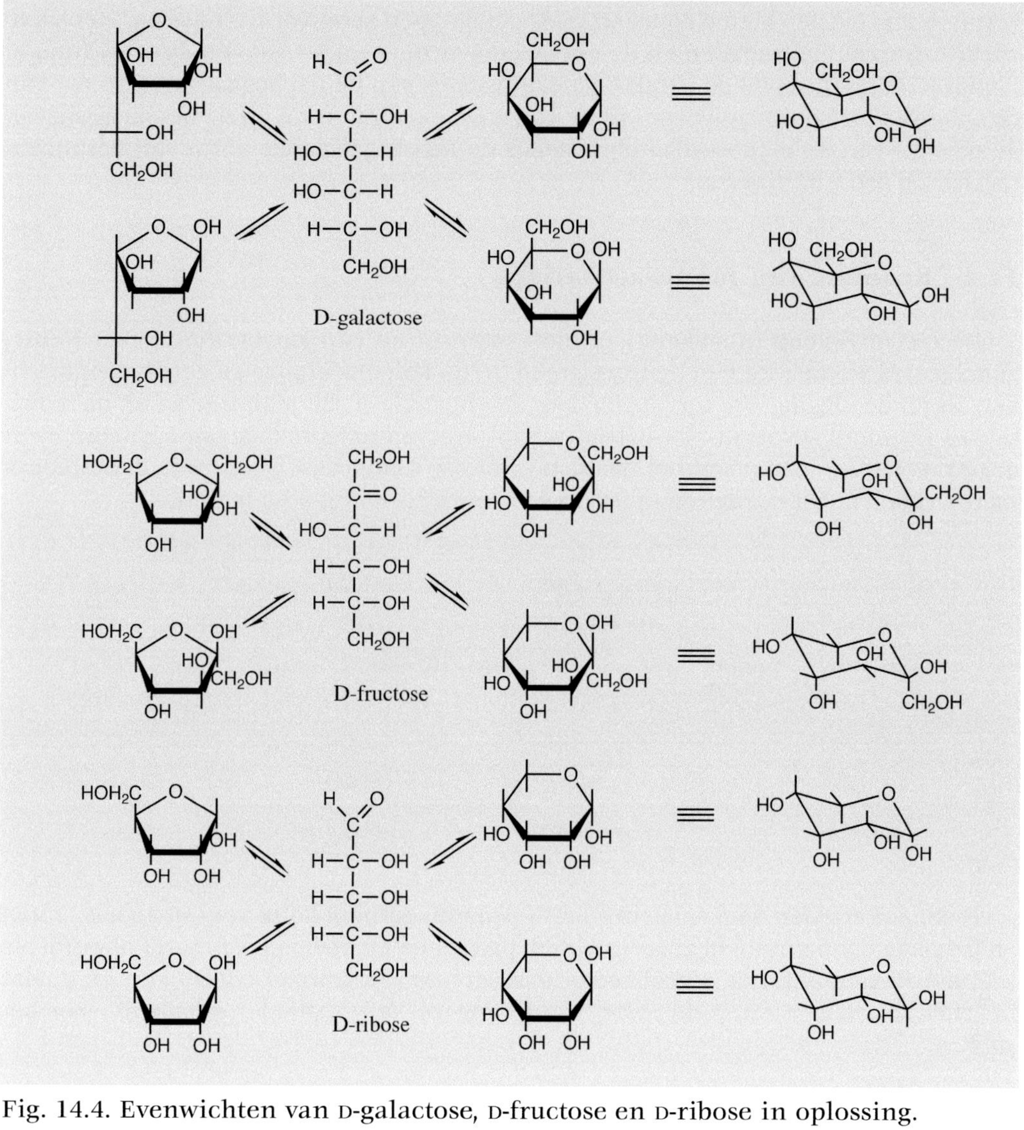

Fig. 14.4. Evenwichten van D-galactose, D-fructose en D-ribose in oplossing.

In de natuur komen fructose (in sacharose), ribose (in RNA) en desoxyribose (in DNA) *in gebonden toestand* in de furanosevorm voor. In deze suikers zitten de hydroxylgroepen in de vijfringen, vergeleken met andere suikers, in een relatief gunstige positie ten opzichte van elkaar.

## *Reacties van suikers*

De meeste monosacchariden zitten voor meer dan 99% in de cyclische halfacetaalvorm; er zijn slechts kleine concentraties van de open-ketenvorm aanwezig. Het evenwicht tussen de halfacetalen en de open-ketenvorm is echter snel en daarom kunnen monosacchariden zowel de karakteristieke reacties van de halfacetaalvorm als die van de aldehyde- of ketovorm geven. In de volgende paragrafen zal bij de beschrijving van de reacties van de monosacchariden steeds de meest geëigende vorm van het monosaccharide gebruikt worden.

## 14.4 Reductie van monosacchariden

De carbonylgroep in suikers kan met waterstof en een katalysator of met $NaBH_4$ gereduceerd worden tot een hydroxylgroep. In de nomenclatuur van gereduceerde suikers wordt de uitgang *-ose* vervangen door de uitgang *-itol*. Uit mannose wordt na reductie dus mannitol gevormd, ribose geeft ribitol. Het reductieproduct van D-glucose heeft echter de triviale naam sorbitol. Reductie van een ketohexose geeft twee diastereoisomere hexitolen. Uit D-fructose ontstaan door reductie sorbitol en mannitol.

| | | | | | | |
|---|---|---|---|---|---|---|
| H–C=O | | $CH_2OH$ | | $CH_2OH$ | | $CH_2OH$ |
| H–C–OH | | H–C–OH | | C=O | | HO–C–H |
| HO–C–H | 1) $NaBH_4$ → 2) $H_2O$ | HO–C–H | ← red. | HO–C–H | red. → | HO–C–H |
| H–C–OH | | H–C–OH | | H–C–OH | | H–C–OH |
| H–C–OH | | H–C–OH | | H–C–OH | | H–C–OH |
| $CH_2OH$ | | $CH_2OH$ | | $CH_2OH$ | | $CH_2OH$ |
| glucose | | sorbitol | | D-fructose | | mannitol |

Hexitolen worden veel aangetroffen in planten. Sorbitol komt voor in appels, peren en perziken en mannitol in gras, vruchten, paddestoelen en boomsap. Sorbitol wordt als zoetmiddel gebruikt, het is veel zoeter dan sucrose (de gewone tafelsuiker) en omdat het niet door bacteriën in de mond wordt omgezet is het minder schadelijk voor het gebit.

## 14.5 Oxidatie van monosacchariden

Suikers die een aldehydegroep bevatten zijn gemakkelijk te oxideren met milde oxidatiemiddelen zoals Tollens-reagens of Fehlings-reagens. Tollens-reagens, een basische oplossing van complex gebonden zilverionen ($Ag(NH_3)_2^+$), en Fehlings-reagens, een basische oplossing van complex-gebonden koper(II)-ionen ($Cu^{2+}$-wijnsteenzuurcomplex), bevatten metaalionen die gemakkelijk gereduceerd worden en daarbij een kenmerkend neerslag vormen (zie § 13.15). Suikers die deze reactie geven, worden *reducerende suikers* genoemd.

$$\mathrm{H{-}C(=O){-}CH(OH){\sim}} + \begin{matrix} 2\,Ag^{\oplus} \\ \text{of} \\ 2\,Cu^{2\oplus} \end{matrix} \xrightarrow{2\,OH^{\ominus}} \mathrm{HO{-}C(=O){-}CH(OH){\sim}} + H_2O + \begin{matrix} Ag\downarrow \ \text{als zilverspiegel} \\ \text{of} \\ Cu_2O\downarrow \ \text{roodbruin} \end{matrix}$$

Behalve suikers die in de open-ketenvorm een aldehydegroep bevatten, geeft ook fructose een positieve Tollens- en Fehlings-reactie. Dit komt, omdat ook hydroxylgroepen aan het koolstofatoom naast de carbonylgroep (α-hydroxyketonen) gemakkelijk geoxideerd kunnen worden door Tollens- of Fehlings-reagens. Deze oxidaties vinden plaats via electron-overdracht vanuit het eendiolaat-anion naar de metaalionen (zie § 14.6).

$$\mathrm{R{-}CH(OH){-}C(=O){-}R'} \xrightarrow[\text{of } 2\,Cu^{2\oplus}/\,OH^{\ominus}]{2\,Ag^{\oplus}/\,OH^{\ominus}} \mathrm{R{-}C(=O){-}C(=O){-}R'} + Ag\downarrow \text{ of } Cu_2O\downarrow$$

De oxidatieproducten, waarin de aldehydegroep geoxideerd is tot een carbonzuurgroep, worden benoemd door de uitgang *-ose* te vervangen door de uitgang *-onzuur*. Uit glucose ontstaat na oxidatie van de aldehydegroep dus gluconzuur.

D-gluconzuur $\xleftarrow{\text{Fehlings reagens}}$ D-glucose $\xrightarrow{HNO_3}$ D-glucaarzuur; D-glucuronzuur

Het gebruik van een sterker oxidatiemiddel zoals salpeterzuur geeft naast oxidatie van de aldehydegroep ook oxidatie van de primaire hydroxylgroep. Deze producten worden benoemd door de uitgang *-ose* te vervangen door de uitgang *-aarzuur*.

In natuurproducten worden ook dikwijls geoxideerde suikers aangetroffen waarbij alleen de primaire hydroxylgroep geoxideerd is. Deze zuren worden benoemd door de uitgang *-ose* te vervangen door de uitgang *-uronzuur*. Het menselijk en dierlijk metabolisme oxideert glucose tot glucuronzuur. Dit zuur kan door een enzymatische reactie gebonden worden aan verschillende giftige stoffen, zoals fenolen en alcoholen. Deze stoffen worden daarmee polair gemaakt en kunnen dan gemakkelijker door het lichaam worden uitgescheiden. Een ander bekend zuur van dit type is galacturonzuur dat voorkomt in pectine, een belangrijk bestanddeel van de celwand van vruchten (zie § 14.13.9).

Perjoodzuur ($HIO_4$) is een middel dat veel gebruikt wordt voor de oxidatie van suikers. Het is een reagens dat selectief reageert met 1,2-diolen en α-hydroxyaldehyden. De oxidatiereactie verloopt via een cyclisch intermediair, zoals hier is aangegeven voor 1,2-cyclohexaandiol. Bij de reactie wordt de C-C-binding tussen beide hydroxylgroep-bevattende koolstofatomen verbroken. Het eindproduct is een dialdehyde.

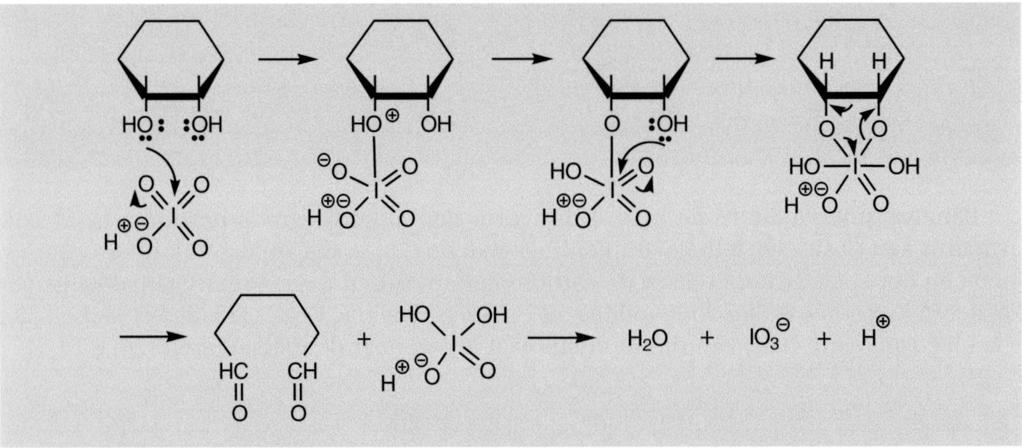

Het cyclische intermediair ontstaat gemakkelijker als de alcoholgroepen *cis* t.o.v. elkaar staan, zoals in bovenstaand voorbeeld.

De oxidatie van suikers, met vele *cis*-1,2-diol-structuurfragmenten, geeft vele producten. Bij toevoegen van voldoende perjoodzuur aan glucose wordt uiteindelijk vijf moleculen mierezuur (afkomstig van C-2 t/m C-5) en één molecuul formaldehyde (afkomstig van C-6) verkregen.

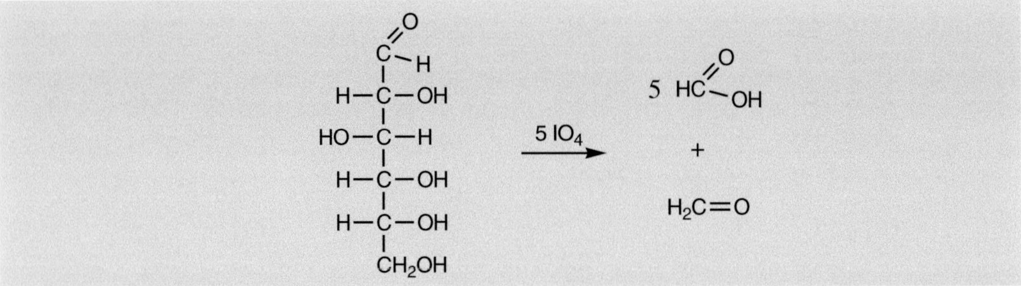

De reacties van perjoodzuur met suikers worden uitgevoerd in water als oplosmiddel. Aangenomen wordt, dat de splitsing van α-hydroxyaldehyde-fragmenten in suikers verloopt via het adduct van water met het aldehyde.

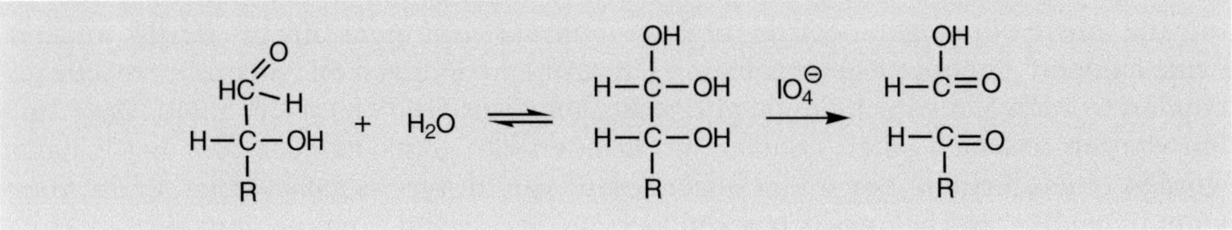

## 14.6 Isomerisatie onder invloed van base

Suikers kunnen onder invloed van een base worden omgezet in een isomere suiker door de aanwezigheid van de carbonylgroep in de open-ketenvorm. Een base is namelijk in staat het proton van het koolstofatoom naast de carbonylgroep (het α-waterstofatoom) te abstraheren, omdat daarbij een anion gevormd wordt dat door mesomerie gestabiliseerd is. Dit anion is vlak en kan op twee manieren weer een proton opnemen, waardoor naast de uitgangsstof ook het epimeer gevormd wordt.

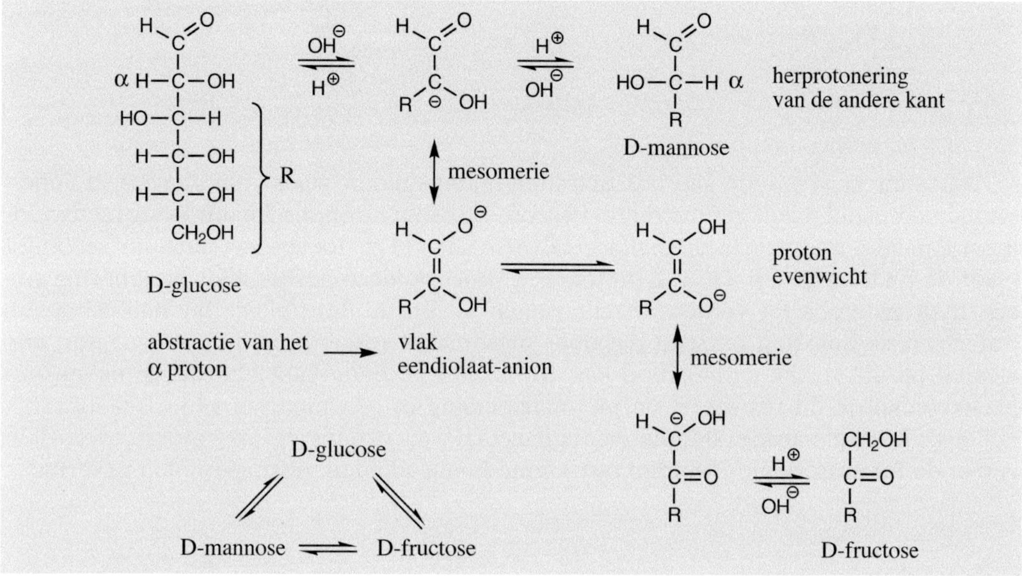

Een andere reactiemogelijkheid van het anion is een protonverhuizing van de hydroxylgroep aan C-2 naar het negatief geladen zuurstofatoom aan C-1. Herprotonering van het aldus gevormde enolaatanion op C-1 geeft dan een suiker waarin de carbonylgroep van C-1 is verhuisd naar C-2. Als D-glucose wordt opgelost in basisch milieu dan wordt dus na enige tijd naast D-glucose ook D-mannose en D-fructose in de oplossing aangetroffen. Hetzelfde evenwicht stelt zich ook in wanneer uitgegaan wordt van D-mannose of van D-fructose.

De enzymatische isomerisatie van D-glucose-6-fosfaat naar D-fructose-6-fosfaat (de eerste stap in de glycolyse) verloopt analoog aan de basische isomerisatie van D-glucose naar D-fructose. Aangenomen wordt dat deze enzymatische isomerisatie gekatalyseerd wordt door een basische (B:) en een zure groep (HA) in het enzym, zoals is weergegeven in onderstaand schema (zie ook § 13.17).

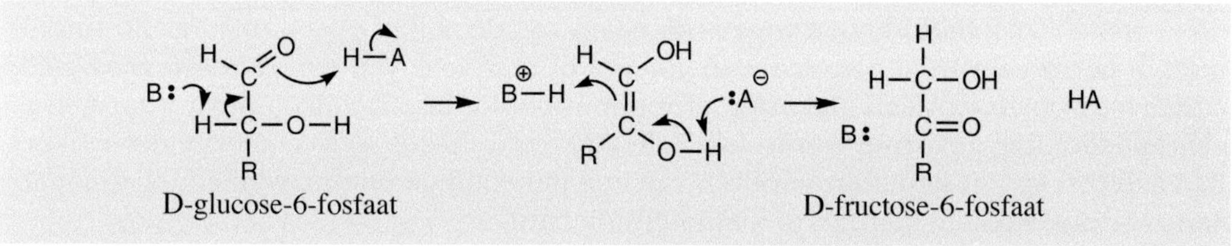

## 14.7 Glycosiden

Glycosiden zijn suikers waarvan de halfacetaalgroep is omgezet in een acetaalgroep. Reeds in § 13.9 is de acetaalvorming van aldehyden en ketonen met alcoholen besproken. We hebben daar gezien dat een halfacetaal gevormd wordt in een spontane evenwichtsreactie tussen een carbonylverbinding en een alcohol. Met behulp van een katalytische hoeveelheid zuur kan een halfacetaal omgezet worden in een acetaal.

$$R{-}CHO + CH_3OH \rightleftharpoons R{-}CH(OH){-}OCH_3 \xrightarrow[-H_2O]{H^{\oplus}/\,CH_3OH} R{-}CH(OCH_3){-}OCH_3$$

halfacetaal — acetaal

Eenzelfde type reactie kan ook optreden bij de suikers, zoals voor glucose in onderstaand voorbeeld wordt geïllustreerd. Glucose is in een alcoholische oplossing reeds voor meer dan 99% in de cyclische halfacetaalvorm aanwezig. Toevoegen van zuur zal onder meer de hydroxylgroep aan C-1 protoneren. Juist op deze positie leidt protonering van een hydroxylgroep tot verdere reactie omdat alleen op deze plaats bij afsplitsing van water een carbokation ontstaat dat door mesomerie gestabiliseerd is. Aanval van een alcohol op dit vlakke carbokation kan zowel van de onderkant als van de bovenkant plaatsvinden en dit resulteert na protonafsplitsing in een mengsel van respectievelijk het α- en het β-glucoside. Doordat het halfacetaal waarvan uitgegaan wordt in evenwicht is met de furanoseringen, worden ook kleine hoeveelheden vijfringacetalen gevormd.

α– en β– glucose $\xrightleftharpoons{H^{\oplus},\ -H_2O}$ carbokation $\longleftrightarrow$ carbokation

carbokation + HO–R $\xrightleftharpoons{-H^{\oplus}}$ β–D-glucoside + α–D-glucoside

De algemene naam voor een suikeracetaal luidt *glycoside* en de binding met de alcoholrest wordt een *glycosidebinding* genoemd. Deze namen worden vaak vervangen door meer specifieke aanduidingen waarin de naam van de suiker opgenomen is. Zo spreekt men in het geval van een acetaal van glucose of mannose van een *glucoside* resp. *mannoside* en evenzo van een glucoside of mannosidebinding. De alcoholrest waarmee de glycosidebinding gevormd wordt, heeft de algemene naam *aglycon* (= zonder suiker). Een aglycon kan in structuur variëren van een eenvoudige methoxy- of ethoxygroep tot een zeer ingewikkeld steroïd- of kleurstofmolecuul.

De α-vorm en de β-vorm van een glycoside zijn diastereomeren van elkaar en kunnen aanmerkelijk in fysische eigenschappen verschillen.

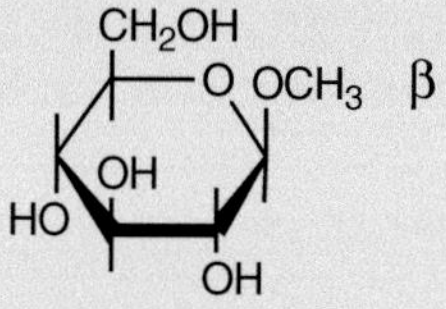

methyl-β–D–glucopyranoside
smeltpunt 107 °C;
$[\alpha]_D^{20} = -33°$

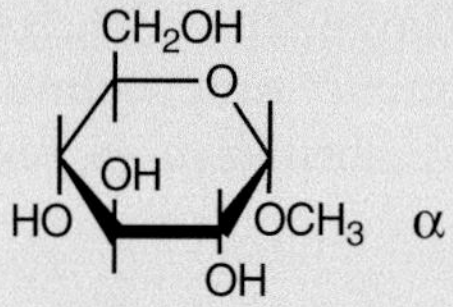

methyl-α–D–glucopyranoside
smeltpunt 165 °C;
$[\alpha]_D^{20} = +158°$

Glycosiden zijn chemisch gezien acetalen en ze zijn derhalve in een oplossing niet spontaan in evenwicht met de open-ketenvorm. Glycosiden vertonen dus geen mutarotatie. Ook zijn ze stabiel ten opzichte van oxidatiemiddelen zoals Fehlings- en Tollensreagens en dus *niet* reducerend. Glycosiden zijn, evenals acetalen, stabiel ten opzichte van base, maar in verdund zuur kunnen ze gemakkelijk gehydrolyseerd worden. Het mechanisme van de zuurgekatalyseerde hydrolyse verloopt geheel analoog aan de zuurgekatalyseerde hydrolyse van acetalen en het reactiepad is omgekeerd aan de vorming van acetalen en glycosiden.

Glycosiden kunnen ook enzymatisch gehydrolyseerd worden. De enzymatische hydrolyse is vaak zeer specifiek. Het enzym α-glucosidase, dat gewonnen kan worden uit gist, splitst alleen α-*glucoside*bindingen (dus alleen α-glycosidebindingen van glucose) en het enzym emulsinase splitst alleen β-*glucoside*bindingen (dus alleen β-glycosidebindingen van glucose).

Glycosiden komen wijd verspreid in de natuur voor; vele steroïden, terpenen en kleurstoffen worden aangetroffen als aglycon in een glycoside. In veel gevallen dient de aangehechte suikerrest om het betreffende aglycon beter oplosbaar te maken in het natuurlijke (waterige) milieu. Een aantal bekende voorbeelden van glycosiden zijn peoninechloride, digitoxigenine en amygdaline.

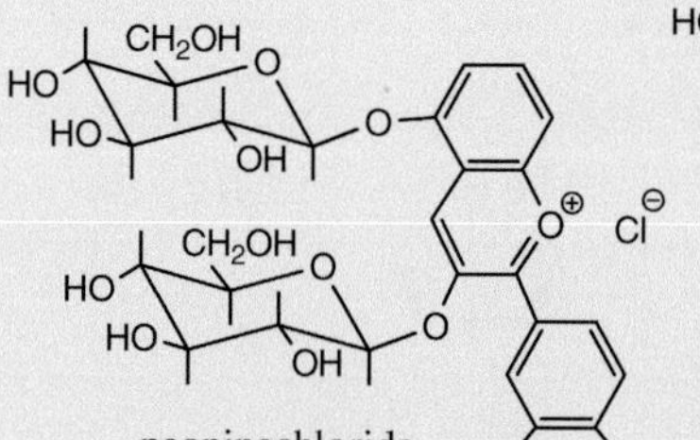

peoninechloride

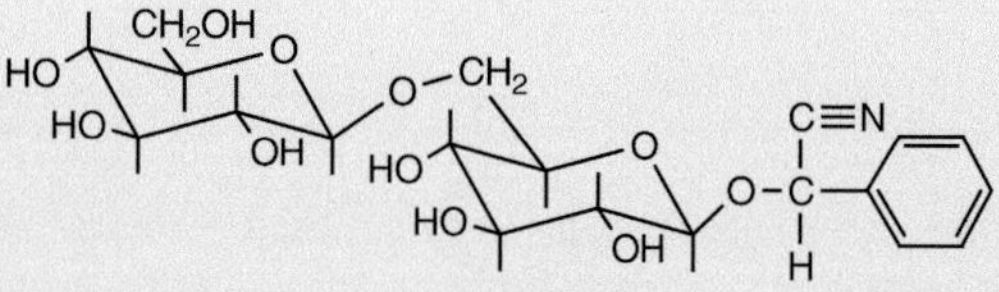

amygdaline

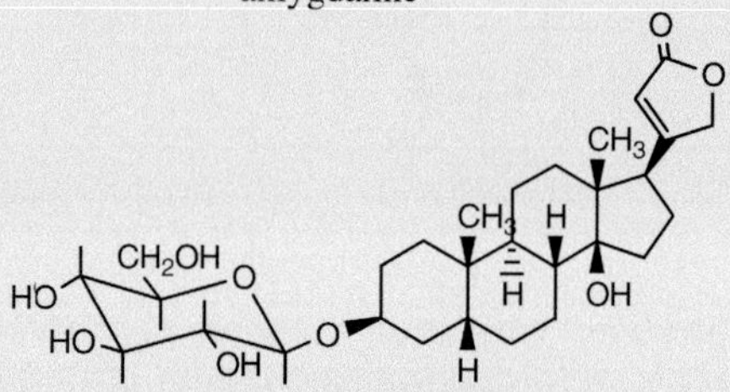

digitoxigenine

Peoninechloride is een anthocyaninekleurstof waaraan twee β-D-glucoseresten glycosidisch gebonden zijn. De violette kleurstof komt voor in pioenrozen. Digitoxigenine komt voor in vingerhoedskruid (*Digitalis purpurea*); het is een steroïdachtig molecuul dat glycosidisch is gekoppeld aan glucose. De verbinding heeft een sterk stimulerende werking op de hartfunctie. Amygdaline is een glucoside dat voorkomt in bittere amandelen en in pitten van abrikozen en kersen.

## 14.8 Glycosylaminen - N-glycosiden

Aldosen reageren vlot met ammoniak en aminen onder afsplitsing van water tot N-glycosiden, ook wel glycosylaminen genoemd. Katalyse door zuur is meestal niet nodig. In het geval van ammoniak of een primair amine kan naast de α- en β-vorm van het N-glycoside ook nog de open-ketenvorm, de anilvorm of Schiff base, voorkomen. Het evenwicht tussen de α- en β-vorm verloopt via deze anilvorm.

Veruit de belangrijkste N-glycosiden in de natuur zijn de nucleotiden. De monomeren waaruit DNA en RNA zijn opgebouwd zijn bijvoorbeeld nucleotiden. Deze verbindingen worden uitvoerig besproken in hoofdstuk 25. De verwantschap tussen gewone glycosiden (O-glycosiden) en N-glycosiden blijkt onder meer uit de hydrolyse in zuur milieu; het N-glycoside splitst volgens een analoog mechanisme in de stikstofverbinding en de vrije suiker.

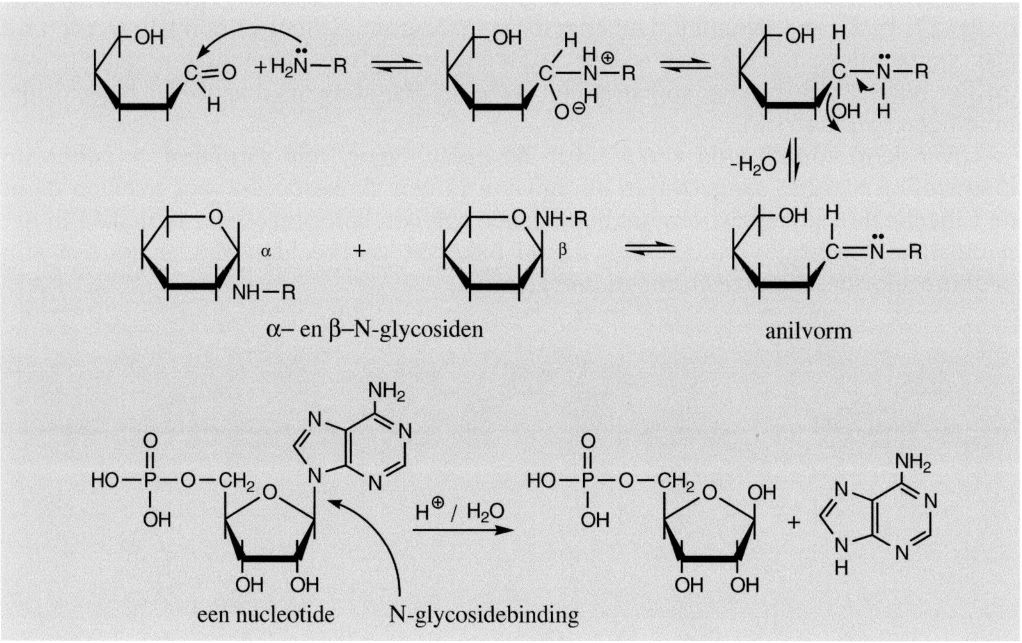

α- en β-N-glycosiden

anilvorm

een nucleotide

N-glycosidebinding

Onder invloed van zuur kunnen glycosylaminen isomeriseren tot 1-amino-1-desoxyketosen. Deze omlegging staat bekend onder de naam *Amadori-omlegging* en lijkt op de isomerisatie van glucose naar fructose onder invloed van base.

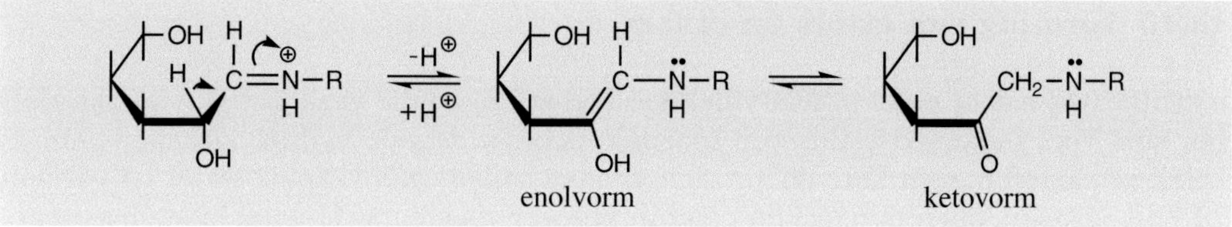

enolvorm  ketovorm

Men neemt aan dat bij het verwarmen van diverse voedingsmiddelen onder water-onttrekkende omstandigheden (roosteren, bakken, braden, e.d.) vorming van N-glycosiden plaatsvindt door reactie van aldosen met vrije aminogroepen in eiwitten. Deze reacties kunnen gevolgd worden door de Amadori-omlegging en verdergaande condensatie- en oxidatiereacties. De bruinkleuring die optreedt bij het roosteren van brood, het braden van vlees en het branden van koffie is een gevolg van het optreden van bovengenoemde processen en het geheel staat bekend als de *Maillard-reactie*.

## 14.9 Osazonvorming

Als een suiker reageert met een equivalente hoeveelheid fenylhydrazine dan wordt een fenylhydrazon gevormd. Wordt echter een overmaat fenylhydrazine toegevoegd dan ontstaat een osazon. Het in eerste instantie gevormde fenylhydrazon wordt namelijk door een tweede equivalent fenylhydrazine geoxideerd, waarna de gevormde carbonylgroep verder reageert met een derde equivalent fenylhydrazine onder vorming van een osazon.

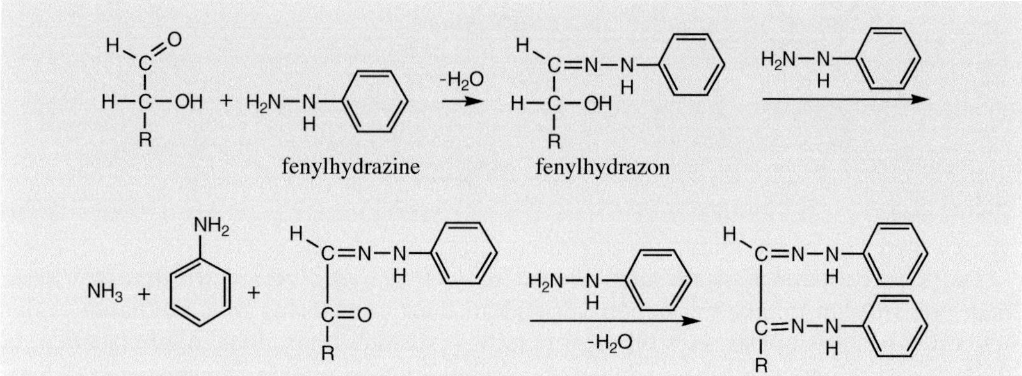

fenylhydrazine  fenylhydrazon

osazon

De osazonen van de diverse suikers hebben een goed gedefinieerd smeltpunt en een kenmerkende kristalvorm. Daarom worden onbekende suikers wel in osazonen omgezet ter karakterisering van deze suikers. Suikers die alleen van elkaar verschillen in structuur aan C-1 en C-2 zoals D-glucose, D-mannose en D-fructose (R is gelijk in deze drie suikers) geven hetzelfde osazon; in dit geval wordt dit osazon het glucosazon genoemd.

## 14.10 Vorming van esters en ethers

Suikers zijn zeer polaire, niet-vluchtige verbindingen die vaak lastig te karakteriseren zijn. Veel suikers kristalliseren moeilijk; doordat de vele hydroxylgroepen gemakkelijk waterstofbruggen kunnen vormen, binden suikers gemakkelijk water en vormen zij vaak stropen. Suikers moesten daarom vroeger vaak eerst in goed kristalliseerbare derivaten (osazonen) omgezet worden, alvorens met karakteriseringsonderzoek kon worden begonnen. Tegenwoordig worden suikers voornamelijk geanalyseerd met behulp van kernspin-magnetisehe resonantie (NMR), gaschromatografie en massaspectrometrie. Voor deze laatste twee technieken is het noodzakelijk om de niet-vluchtige suikers eerst om te zetten in vluchtige derivaten. Een geschikte manier om de vluchtigheid van suikers te verhogen is door omzetting van de hydroxylgroepen van de suiker in acetaatgroepen of in methylether- of silylethergroepen. Door het verdwijnen van de hydroxylgroepen kan de suiker geen waterstofbruggen meer vormen en daardoor neemt de vluchtigheid sterk toe.

Acylering van de hydroxylgroepen in suikers vindt meestal plaats met behulp van azijnzuuranhydride en pyridine als katalysator. Bij deze reactie worden alle hydroxylgroepen veresterd tot acetaatgroepen, ook de hydroxylgroep van een eventueel aanwezig halfacetaal. Bij reactie van D-glucose wordt dus na afloop van de reactie een mengsel van α- en β-penta-acetyl-D-glucose verkregen. Het reactiemechanisme van deze acetylering wordt behandeld in § 17.4.



De penta-acetaten kunnen later eventueel weer gehydrolyseerd worden met base. Vaak ook worden de acetylgroepen verwijderd door omestering met methanol onder invloed van methanolaat. Het bij deze reactie gevormde bijproduct, methylacetaat, is vluchtig en kan gemakkelijk van de suiker gescheiden worden (zie omestering, § 17.5.4).

Een andere mogelijkheid om de vluchtigheid van een suiker te verhogen is het omzetten van de hydroxylgroepen in ethergroepen. Met een alcohol onder invloed van zuur wordt alleen de hydroxylgroep van het halfacetaal omgezet en wordt dus een glycoside gevormd.

Alleen glycosidevorming is meestal niet voldoende om de vluchtigheid te verhogen. Met methyljodide onder basische omstandigheden kunnen echter alle hydroxylgroepen in methoxygroepen omgezet worden via een $S_N2$-reactie. Als sterke base wordt bij deze reactie vaak het anion van dimethylsulfoxide gebruikt dat gevormd wordt door reactie van dimethylsulfoxide met natriumhydride. Dit anion deprotoneert vervolgens de hydroxylgroepen waarna de gevormde alcoholaten reageren met methyljodide, zoals in het reactieschema is aangegeven voor de hydroxylgroep op C-2.

$$CH_3-S(=O)-CH_3 + Na^{\oplus}\ H^{\ominus} \longrightarrow {}^{\ominus}CH_2-S(=O)-CH_3 + Na^{\oplus} + H_2\uparrow$$

$\xrightarrow{{}^{\ominus}CH_2-S(=O)-CH_3}$ ... $\xrightarrow[\text{ethervorming}]{CH_3-I}$

$4\ x \xrightarrow[CH_3-I]{{}^{\ominus}CH_2-S(=O)-CH_3}$

methyl-β–2,3,4,6-tetra-O-methyl-D-glucoside

De gevormde ethers zijn zeer stabiele derivaten; hydrolyse met verdund zuur treedt alleen op bij de glycosidebinding aan C-1 onder vorming van het halfacetaal. De volledige methylering van een onbekende suiker met methyljodide in aanwezigheid van een base, gevolgd door hydrolyse van de glycosidebindingen met verdund zuur is een vaak toegepaste bewerking bij de structuuropheldering van oligo- en polysachariden. (zie § 14.12).

$\xrightarrow[\text{acetaalhydrolyse}]{H^{\oplus}/H_2O}$ ... $+ CH_3OH$

β–2,3,4,6-tetra-O-methyl-D-glucose

Een andere ethervorming treedt op bij de silylering van suikers. Silylering kan onder andere plaatsvinden met behulp van trimethylsilylchloride. Dit reagens reageert snel met de hydroxylgroepen van een suiker onder vorming van silylethers. Silylethers zijn vrij vluchtig en worden daarom veel toegepast bij de gaschromatografische analyse van suikers.

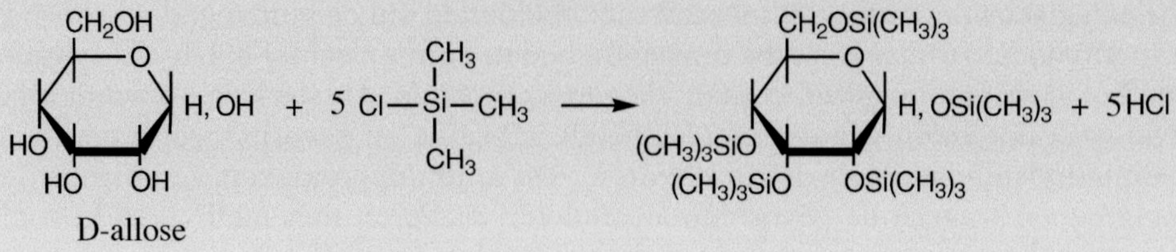

D-allose

N.B. De notatie **H,OH** in de Haworth-structuur geeft aan dat er sprake is van een mengsel van de α- en de β-vorm. Gegolfde bindingen in een ruimtelijke structuur hebben dezelfde betekenis.

## 14.11 Disacchariden

Een disaccharide is opgebouwd uit twee monosaccharide-eenheden die met elkaar verbonden zijn via een glycosidebinding. Disacchariden komen onder andere voor in enkele belangrijke voedingsmiddelen, zoals melk en biet- en rietsuiker; ze spelen bovendien een belangrijke rol bij de opbouw en afbraak van polysacchariden. Een viertal disacchariden van bijzonder belang:

1. *maltose*, de bouwsteen van de polysacchariden zetmeel en glycogeen,
2. *cellobiose*, de bouwsteen van cellulose,
3. *lactose*, het disaccharide dat voorkomt in melk,
4. *sacharose*, ook wel sucrose genoemd, de gewone tafelsuiker die uit suikerbiet of uit suikerriet wordt verkregen.

**Maltose** is opgebouwd uit twee D-glucose-eenheden die via een α-1,4-binding aan elkaar gekoppeld zijn. De koppeling tussen de twee glucose-eenheden bestaat uit een glucosidebinding vanuit de α-vorm van C-1 van de linker glucose-eenheid met de hydroxylgroep aan C-4 van de rechter glucose-eenheid. De glycosidebinding is dus α-1,4, zoals in de systematische naam van maltose is aangegeven. De rechter glucose-eenheid komt voor in een cyclische halfacetaalvorm die in evenwicht is met de open-ketenvorm.

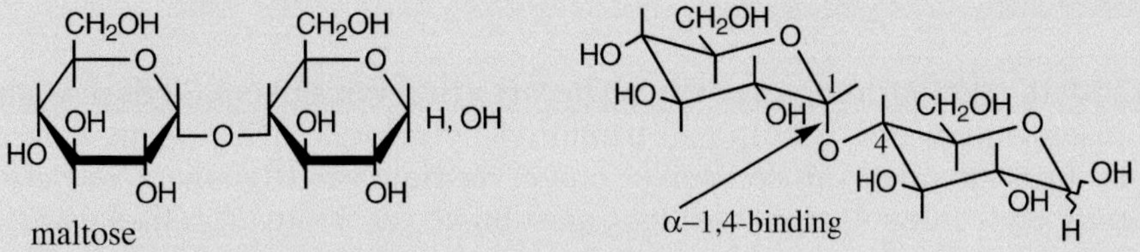

α–1,4-binding

maltose
O-α–D-glucopyranosyl-(1,4)-D-glucopyranose

**Cellobiose** is eveneens opgebouwd uit twee D-glucose-eenheden die hier echter door middel van een β-1,4-binding aan elkaar gekoppeld zijn.

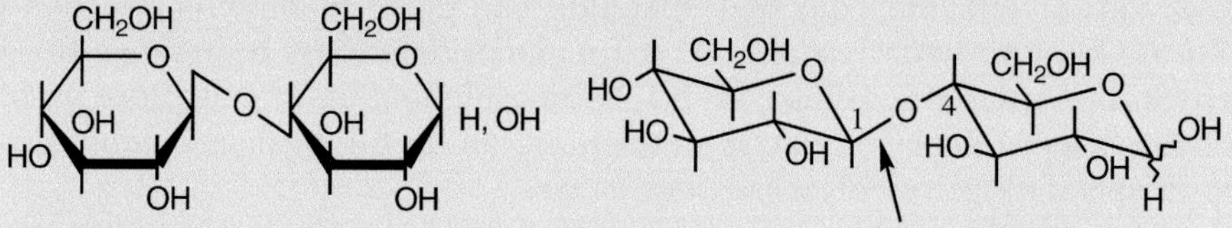

CH2OH CH2OH O O O HO OH OH H, OH OH OH
CH2OH O CH2OH O HO O 1 4 HO OH HO OH OH H

cellobiose
O-β–D-glucopyranosyl-(1,4)-D-glucopyranose

β–1,4-binding

**Lactose** is opgebouwd uit een D-galactose-eenheid die door middel van een β-1,4-binding is gekoppeld aan een D-glucose-eenheid.

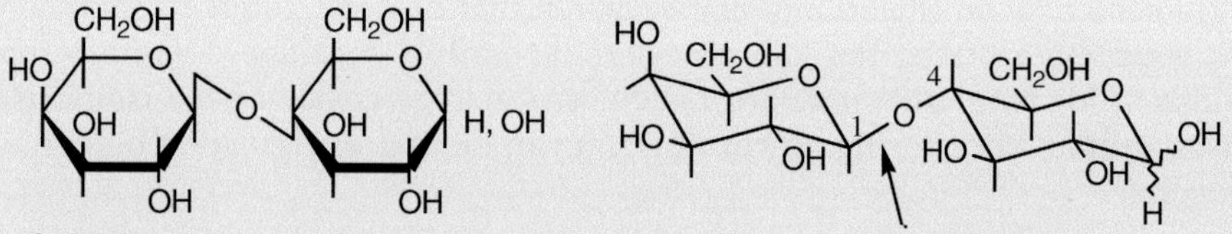

CH2OH CH2OH HO O O O OH OH H, OH OH OH
HO CH2OH O 4 CH2OH O 1 O HO OH HO OH OH H

lactose
O-β–D-galactopyranosyl-(1,4)-D-glucopyranose

β–1,4-binding

De disacchariden maltose, cellobiose en lactose kunnen beschouwd worden als D-glucosemoleculen met een bijzondere substituent op C-4 namelijk de tweede monosaccharide-eenheid.

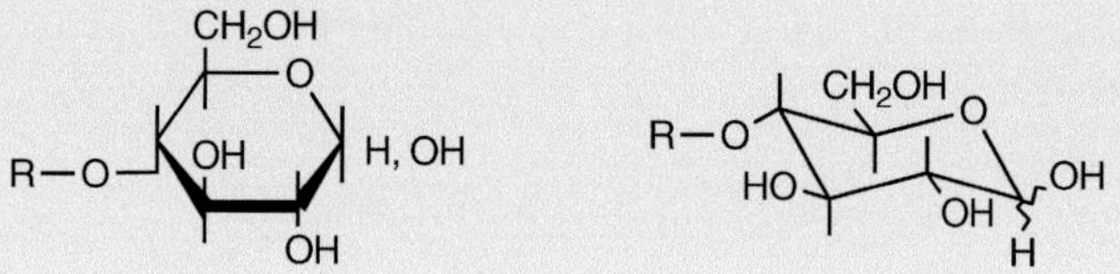

CH2OH O R—O OH H, OH OH
R—O CH2OH O HO OH OH H

R = α–glucopyranosyl, β–glucopyranosyl of β–galactopyranosyl

De halfacetaalvorm in de rechter glucose-eenheid maakt dat deze disacchariden veelal hetzelfde type reacties vertonen als glucose zelf. Dat betekent dus dat ook hier de volgende reacties kunnen optreden:

- mutarotatie
- reductie en oxidatie
- isomerisatie onder invloed van base
- vorming van osazonen
- vorming van glycosiden.

Het spreekt vanzelf dat ook in disacchariden volledige acylering of methylering van de hydroxylgroepen mogelijk is. De glycosidebinding tussen de twee monosaccharide-eenheden kan, zoals elke glycosidebinding met verdund zuur gehydrolyseerd worden. Daarnaast zijn er enzymen die zeer specifiek een glycosidebinding van één bepaald disaccharide kunnen hydrolyseren. De α-1,4-glucosidebinding in maltose wordt specifiek gehydrolyseerd door maltase; de β-1,4-glucosidebinding in cellobiose wordt specifiek gehydrolyseerd door het enzym emulsinase en de β-1,4-galactosidebinding in lactose wordt specifiek gehydrolyseerd door lactase.

**Sacharose** neemt een wat bijzondere plaats in bij de disacchariden want het bevat, in tegenstelling tot de drie voorafgaande dissacchariden, geen halfacetaalgroep. Sacharose is opgebouwd uit een D-glucose- en een D-fructose-eenheid die via een 1α-2β-binding aan elkaar gekoppeld zijn.

In deze binding is de halfacetaalgroep van beide monosacchariden aan elkaar gekoppeld, waardoor de beide halfacetaalgroepen samen in één acetaal zijn omgezet. Daardoor zijn in sucrose de ringen niet in evenwicht met de open keten en sucrose vertoont daarom geen mutarotatie; het kan niet gereduceerd of geoxideerd worden met de gebruikelijke milde reagentia; het vormt geen osazon of glycoside en het isomeriseert niet in basisch milieu. Verestering en verethering van de hydroxylgroepen blijven uiteraard wel mogelijk.

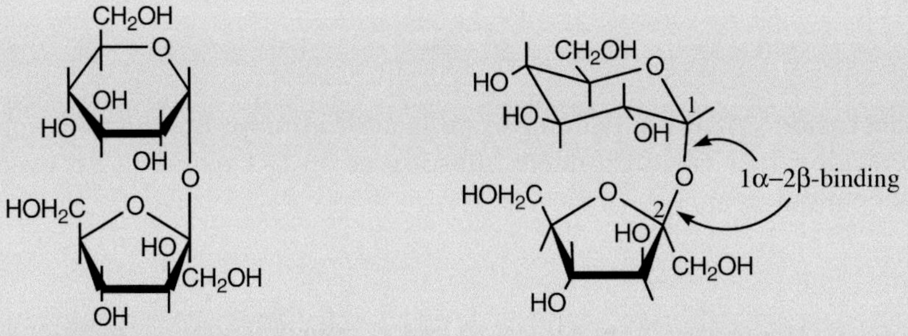

sacharose
O-α–D-glucopyranosyl-(1,2)-β–D-fructofuranoside

Sucrose kan met verdund zuur of met behulp van het enzym invertase (sucrase) gehydrolyseerd worden. Het enzym invertase heeft zijn naam te danken aan het feit dat de optische rotatie van een sucroseoplossing bij enzymatische hydrolyse verandert van positief naar negatief omdat sucrose ($[\alpha]_D^{20}$ = + 66,5°) wordt omgezet in een mengsel van α- en β-glucose ($[\alpha]_D^{20}$ = + 52,7°) en α- en β-fructose ($[\alpha]_D^{20}$ = -92,4°). Hierdoor verandert de optische rotatie tijdens de reactie van +66,5° naar -39,7°.

## 14.12 Structuuronderzoek van disacchariden

Er is een aantal reacties gangbaar die behulpzaam zijn bij het onderzoek naar de structuur van een onbekend disaccharide. Het al of niet reducerende karakter van een disaccharide kan worden vastgesteld met behulp van Fehlings-reagens ($Cu^{2+}$) of Tollens-reagens ($Ag^+$) Welke hydroxylgroepen er betrokken zijn bij de koppeling van de twee monosaccharide-eenheden, kan worden vastgesteld door een volledige methylering van het disaccharide uit te voeren, gevolgd door hydrolyse met verdund zuur.

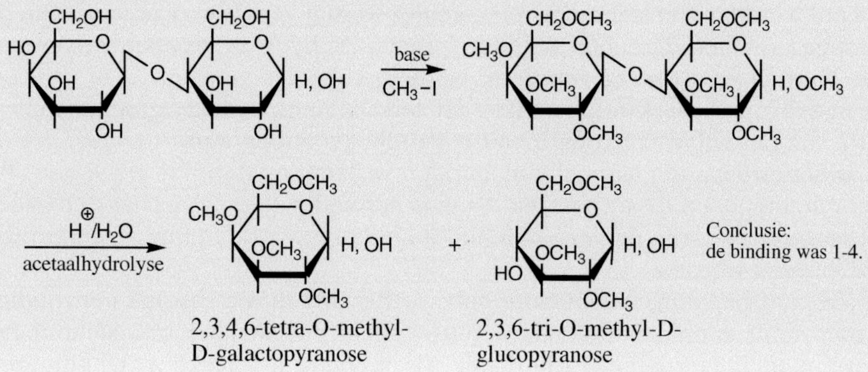

base, $CH_3$–I

$H^{\oplus}/H_2O$ acetaalhydrolyse

2,3,4,6-tetra-O-methyl-D-galactopyranose + 2,3,6-tri-O-methyl-D-glucopyranose

Conclusie: de binding was 1-4.

Bij deze hydrolyse worden de zuurstofatomen die betrokken zijn bij de glycosidebindingen, omgezet in vrije hydroxylgroepen maar alle ethergroepen blijven intact. Vervolgens kan de plaats van de vrije hydroxylgroepen in de gemethyleerde monosacchariden op verschillende manieren vastgesteld worden. Als deze plaatsen eenmaal bekend zijn kan hieruit gemakkelijk afgeleid worden waar in het oorspronkelijke disaccharide de glycosebinding aanwezig is geweest.

De aard van de glycosidebinding (α of β) kan worden vastgesteld door een hydrolyse uit te voeren met een enzym dat specifiek α- of β-glycosidebindingen hydrolyseert (een α- of β-glycosidase).

## 14.13 Polysacchariden

Polysacchariden worden in de cellen van alle organismen aangetroffen. Zij dienen vooral als constructiemateriaal en als reservevoedsel. Een polysaccharide kan opgebouwd zijn uit tien tot duizenden monosaccharide-eenheden en de keten kan zowel lineair als vertakt zijn. Wanneer een polysaccharide slechts uit één soort monosaccharide-eenheden bestaat dan wordt het een homopolysaccharide of glycaan genoemd. De naam van het glycaan komt tot stand door de uitgang *-ose* in de naam van het betreffende monomeer te vervangen door de uitgang *-an*. Cellulose en zetmeel bevatten alleen glucose-eenheden en zijn dus glucans. Een polysaccharideketen kan ook opgebouwd zijn uit verschillende monosaccharide-eenheden, maar meer dan vier verschillende monosacchariden in één keten komt zelden voor.

In de diverse natuurlijke polysacchariden treffen we een grote verscheidenheid aan monosacchariden aan. D-Glucose, D- en L-galactose, D-mannose, D-xylose en L-arabinose en derivaten van deze monosacchariden komen veel voor als monomeereenheid in een polysaccharide. In de meer complexe polysacchariden worden ook desoxysuikers, uronzuren, aminosuikers en acetaaten sulfaattesters aangetroffen. De meeste monosaccharide-eenheden komen in een polysaccharide voor in de pyranosevorm. Arabinose, fructose en galactose worden echter ook in de furanosevorm aangetroffen.

Polysacchariden geven normaal de chemische reacties van de functionele groepen die in het molecuul aanwezig zijn. De glycosidebindingen kunnen dus met verdund zuur of met een specifiek enzym gehydrolyseerd worden. Alleen de monosaccharide-eenheid aan het reducerende uiteinde (het halfacetaal-uiteinde) van het molecuul kan geoxideerd worden. Meestal merkt men echter weinig van deze reactie, gezien het relatief geringe aantal eindgroepen in het polymeer. De hydroxylgroepen van een polysaccharide kunnen veresterd of veretherd worden; volledige verestering of verethering is echter moeilijk te bewerkstelligen, doordat verscheidene hydroxylgroepen door de conformatie van het polysaccharide moeilijk bereikbaar zullen zijn.

De structuurbepaling van polysacchariden verloopt op dezelfde wijze als is beschreven voor de mono- en disacchariden. Vaak is het nodig de polysacchariden gedeeltelijk te hydrolyseren, waarna de verschillende fragmenten na scheiding afzonderlijk geanalyseerd kunnen worden.

De structuurbepaling van lineaire polysacchariden is betrekkelijk eenvoudig omdat in dit soort moleculen een kleine structuureenheid (meestal een disaccharide-eenheid) zich regelmatig in het polymeer herhaalt. Als er echter meerdere vertakkingspunten in het polysaccharide voorkomen wordt de structuuropheldering al snel gecompliceerd.

### *14.13.1 Cellulose*

Cellulose is een glucan. Het molecuul is opgebouwd uit D-glucose-eenheden die via β-1,4-bindingen aan elkaar gekoppeld zijn. Het is een lineair polymeer met een molecuulmassa dat afhankelijk van de oorsprong kan variëren van 100.000 tot 1.000.000 u. Door de lineaire structuur kunnen celluloseketens gemakkelijk onderling waterstofbruggen vormen en met elkaar associëren tot sterke vezels. Om zoveel mogelijk waterstofbruggen te kunnen vormen zijn de glucose-eenheden georiënteerd zoals in onderstaande tekening is weergegeven.

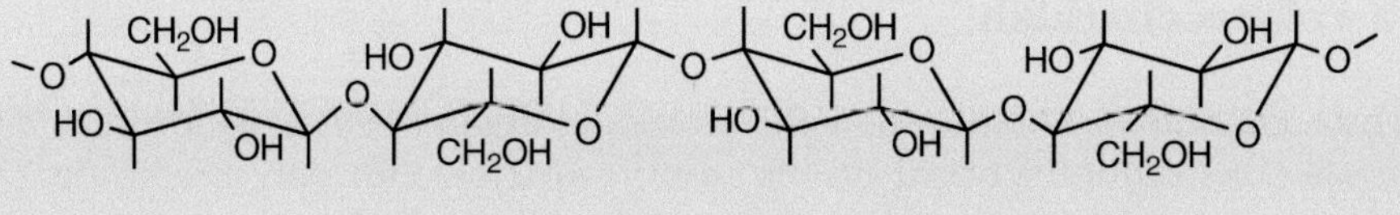

Hout is een belangrijke bron van cellulose, maar daarnaast wordt het verkregen uit vlas, hennep, suikerriet, bamboe, stro, palmbladvezels (raffia), kokosvezels en zaadpluizen (katoen en kapok). Katoenvezels bestaan voor meer dan 90% uit cellulose.

Cellulose is door de mens niet te verteren en kan daarom niet dienen als voedselbron. Wij missen een enzym dat de β-1,4-binding in cellulose kan hydrolyseren. Herkauwers hebben dit enzym evenmin, maar leven in symbiose met bacteriën die dit enzym wel hebben. Ook sommige insecten zoals termieten bezitten een enzym dat in staat is cellulose af te breken.

### *14.13.2 Zetmeel*

Zetmeel is eveneens een glucan. Het is samengesteld uit twee verschillende polysacchariden; het lineaire amylose (circa 20%) en het vertakte amylopectine (circa 80%).

Amylose is oplosbaar in heet water, maar niet in koud water; amylopectine zwelt sterk, maar lost niet echt op. De glucose-eenheden in amylose zijn door middel van α-1,4-bindingen aan elkaar gekoppeld. De lineaire keten windt zich op tot een spiraal en in de daarbij gevormde holte kunnen andere moleculen ingesloten worden. Bekend is het insluit-complex met jood, dat vanwege zijn intens blauwe kleur als indicator gebruikt wordt.

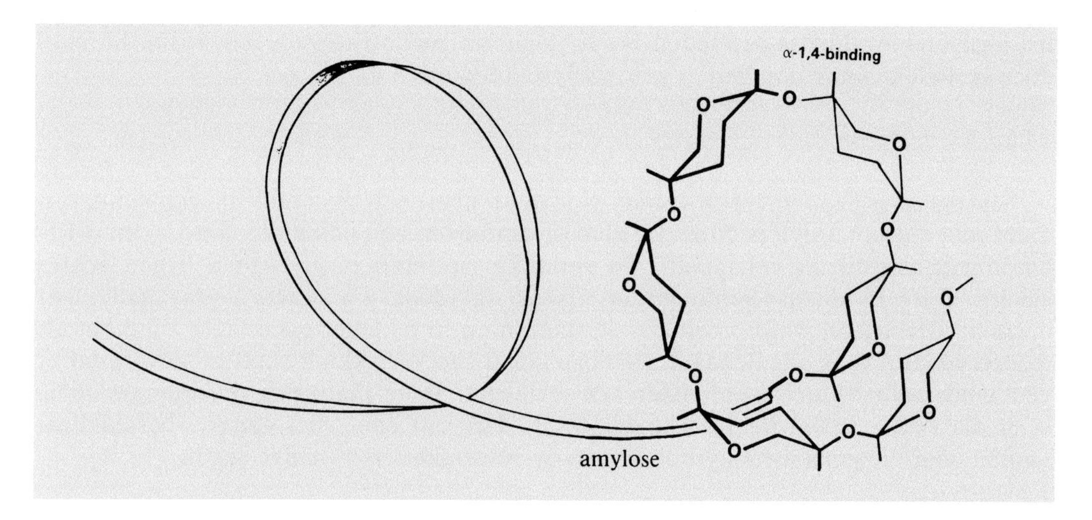


In amylopectine zijn de glucose-eenheden eveneens door middel van α-1,4-bindingen aan elkaar gekoppeld. Amylopectine is echter een vertakt polymeer waarbij de vertakkingen tot stand komen via α-1,6-bindingen. Ongeveer om de 30 tot 35 glucose-eenheden treedt er een vertakkingspunt op.

α–1,6-binding
α–1,4-binding
amylopectine

Zetmeel dient als voedselvoorraad voor planten. In tegenstelling tot cellulose is zetmeel wel verteerbaar door de mens, omdat wij wel enzymen bezitten die α-glucosidebindingen kunnen hydrolyseren. Meer dan de helft van onze dagelijkse opname aan suikers bestaat uit zetmeel. Zowel amylose als amylopectine worden in eerste instantie gedeeltelijk gehydrolyseerd door het enzym α-amylase, dat wordt uitgescheiden door de speekselklieren en de alvleesklier. Dit enzym is niet in staat een glucose-eenheid aan het eind van de polysaccharideketen af te splitsen, maar hydrolyseert alleen α-1,4-glucosidebindingen die één of twee plaatsen verderop in de polysaccharideketen zitten. Daardoor worden bij hydrolyse maltose, maltotriose en α-dextrine gevormd. Maltotriose is een trisaccharide dat bestaat uit drie glucose-eenheden die via α-1,4-bindingen gekoppeld zijn; α-dextrine is gedeeltelijk afgebroken amylopectine dat zowel α-1,4- als α-1,6-gebonden glucose-eenheden bevat. Maltose, maltotriose en α-dextrine kunnen door specifieke enzymen verder gehydrolyseerd worden tot glucose.

### *14.13.3 Glycogeen*

Glycogeen is eveneens een vertakt glucan en heeft een structuur die gelijkenis vertoont met die van amylopectine. De glucose-eenheden zijn ook hier via α-1,4- en α-1,6-bindingen aan elkaar gekoppeld. De vertakkingspunten in glycogeen liggen echter slechts 10 tot 12 glucose-eenheden uit elkaar, waardoor een sterker vertakt polymeer ontstaat. Glycogeen wordt vooral in de spieren en in de lever opgeslagen en dient als reservevoedsel voor ons lichaam. De hoge graad van vertakking heeft tot gevolg dat er veel eindstandige glucose-eenheden aanwezig zijn. Als er plotseling veel energie nodig is of als zware spierarbeid verlangd wordt, dan kan snel veel glucose beschikbaar komen door enzymatische hydrolyse van de vele zijketens van glycogeen.

### *14.13.4 Dextraan*

Dextran is een glucan waarin de glucose-eenheden vooral via α-1,6-bindingen aan elkaar gekoppeld zijn. Dextran dient als voedselreserve voor gisten en bacteriën.

### *14.13.5 Chitine*

Chitine is een polysaccharide dat qua structuur veel lijkt op cellulose. Het is opgebouwd uit eenheden van 2-aceetamido-2-desoxy-D-glucose die via β-1,4-bindingen aan elkaar gekoppeld zijn.

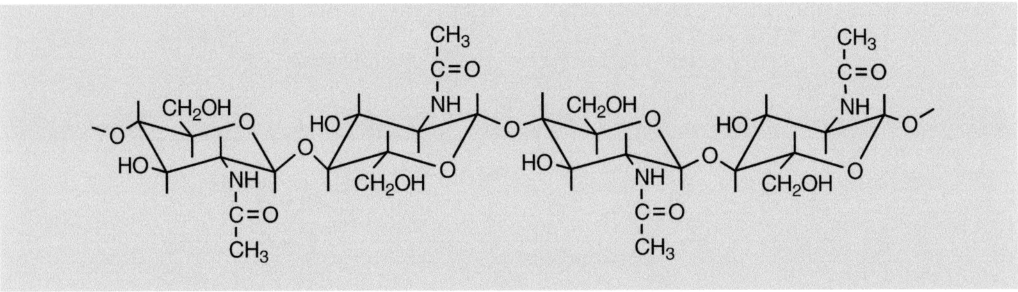

Het exoskelet van insecten is opgebouwd uit o.a. chitine. Chitine is na cellulose het meest gesynthetiseerde polysaccharide op aarde.

### 14.13.6 *Inuline en levan*

Inuline en levan zijn polysacchariden die opgebouwd zijn uit D-fructofuranose-eenheden. Deze eenheden zijn in inuline via β-1,2-bindingen en in levan via β-2,6-bindingen aan elkaar gekoppeld. Inuline en levan worden in planten zoals dahliaknollen, cichorei en aardperen, en in grassen, als voedselreserve aangetroffen in plaats van zetmeel.

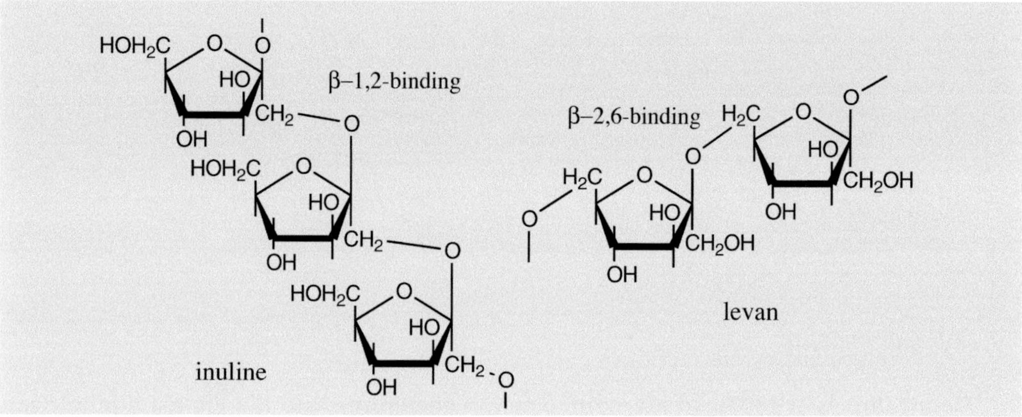

### 14.13.7 *Hyaluronzuur*

Hyaluronzuur is een polysaccharide dat is samengesteld uit eenheden van D-glucuronzuur en 2-aceetamido-2-desoxy-D-glucose, die respectievelijk via β-1,3- en β-1,4-bindingen aan elkaar gekoppeld zijn.

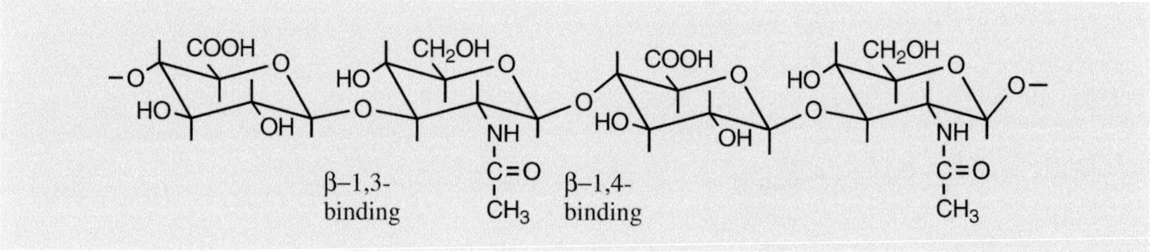

Hyaluronzuur komt zeer verspreid in de natuur voor. Het wordt vooral aangetroffen in bindweefsel en is daar meestal geassocieerd met of gebonden aan eiwitten (proteoglycans). Deze proteoglycans bepalen in belangrijke mate de viscoëlastische eigenschappen van gewrichten en andere structuren die onderhevig zijn aan mechanische deformatie.

### 14.13.8 *Heparine*

Heparine is een polysaccharide dat is opgebouwd uit de sulfaatesters van twee verschillende glucosederivaten. De glycose-eenheden zijn via α-1,4-bindingen aan elkaar gekoppeld. Heparine wordt door hogere organismen geproduceerd en komt voor in lever-, long- en hartweefsel.

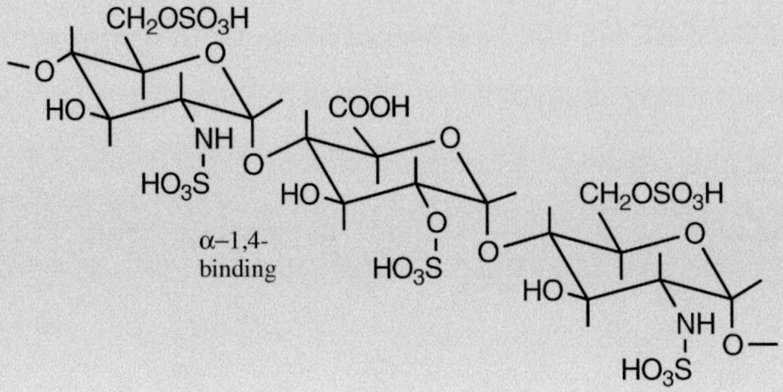

α–1,4-binding

### 14.13.9 *Pectinezuur*

Pectinezuur is opgebouwd uit eenheden van galacturonzuur die via α-1,4-bindingen aan elkaar gekoppeld zijn. Pectinezuur is het voornaamste bestanddeel van pectine, een mengsel van polygalacturonzuurderivaten dat voorkomt in de celwand van vruchten. De carboxylgroepen van de galacturonzuren zijn in pectine voor een belangrijk deel aanwezig als methylesters. Een warme oplossing van pectine geeft bij afkoeling een stevige gel. Deze eigenschap vindt vooral toepassing bij de bereiding van jam en bij verdikking van vruchtensappen.

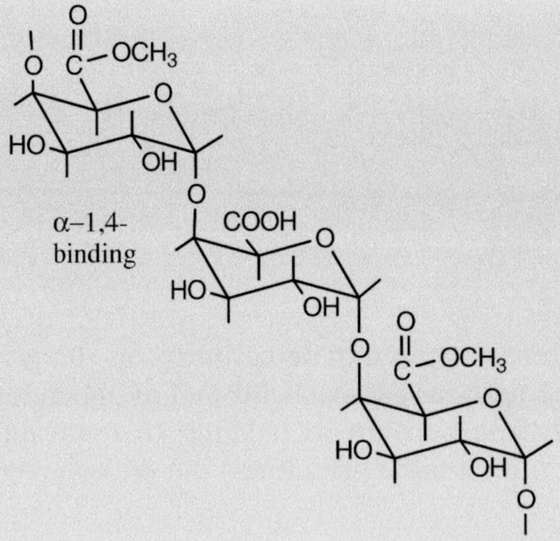

α–1,4-binding

# 15 Stereochemie en reacties

Stereochemie is een belangrijk facet van de organische chemie. Organische moleculen zijn geen tweedimensionale formules in een plat vlak, maar driedimensionale vormen die bewegen, botsen en reageren in een driedimensionale ruimte. In hoofdstuk 8 zijn het bestaan en de indeling van stereo-isomeren geïntroduceerd en het begrip configuratie is daarbij uitgebreid aan de orde geweest. In de hoofdstukken over alkanen en cycloalkanen zijn driedimensionale vormen van moleculen en hun *conformaties* besproken. Beide begrippen zijn daarna op meerdere plaatsen in het boek toegepast in reacties van allerlei verbindingen zoals de additie van waterstof of broom aan alkenen, de nucleofiele substitutie en de eliminatie in halogeenalkanen en alcoholen en de nucleofiele additie aan carbonylverbindingen. In het voorgaande hoofdstuk over de chemie van koolhydraten zijn de stereochemische aspecten van reacties nadrukkelijk aanwezig.

In organismen worden de chemische omzettingen gekatalyseerd door enzymen. Enzymen zijn eiwitten, dus opgebouwd uit chirale aminozuren, die op sterisch zeer specifieke wijze met een substraat kunnen complexeren en een omzetting daarvan op een sterisch eenduidige wijze kunnen bewerkstelligen. In een organische reactie die in het laboratorium wordt uitgevoerd is de controle van het stereochemisch verloop van een reactie veel lastiger. Een goede selectie van reagentia, controle van reactieomstandigheden en gebruik van speciale katalysatoren kunnen het stereochemische verloop echter in hoge mate beïnvloeden en sturen. Inzicht en kennis van het stereochemische verloop van organische reacties is hiervoor een eerste vereiste. In dit hoofdstuk zullen daarom de *stereochemische aspecten van organische reacties* nader bekeken worden.

In de eerste plaats zal gekeken worden naar reacties waarbij chirale producten gevormd worden uit achirale uitgangsstoffen. Indien reeds chirale centra in een molecuul aanwezig zijn dan zullen deze centra het stereochemische verloop van reacties van dat molecuul beïnvloeden. Een aantal voorbeelden waarin deze situatie zich voordoet, zal eveneens bekeken worden. Reacties kunnen stereoselectief en/of stereospecifiek verlopen; de betekenis van deze termen zal worden uitgelegd.

Ten slotte zal aandacht geschonken worden aan het begrip prochiraliteit.

## 15.1 Reacties van achirale verbindingen - Enantioselectiviteit

Het komt nogal eens voor dat een symmetrische verbinding bij een chemische reactie omgezet wordt in een product dat een chiraal koolstofatoom bevat. Dit gebeurt bijvoorbeeld bij de reductie van butanon tot butanol, de additie van HBr aan 2-buteen, de additie van HCN aan ethanal, de additie van water aan fumaarzuur en vele andere reacties.

$$CH_3-\overset{\overset{\large O}{\|}}{C}-CH_2-CH_3 \xrightarrow{NaBH_4} CH_3-\overset{\overset{\large OH}{|}}{\underset{\underset{\large H}{|}}{C^*}}-CH_2-CH_3$$

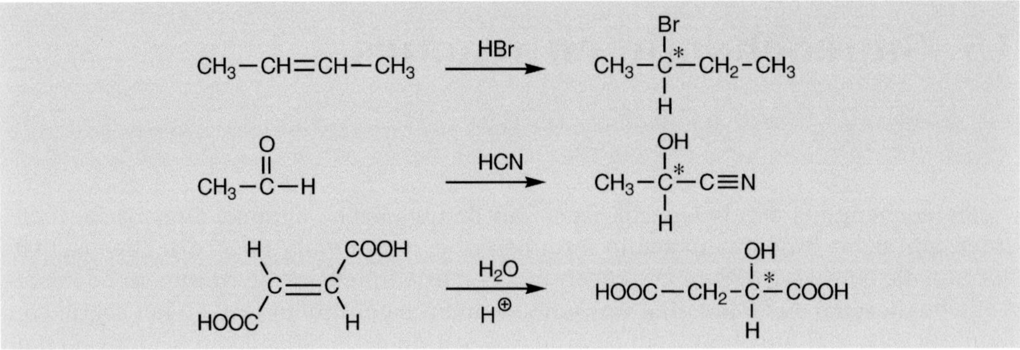

$$CH_3-CH{=}CH-CH_3 \xrightarrow{HBr} CH_3-\overset{*}{C}H(Br)-CH_2-CH_3$$

$$CH_3-\overset{O}{\overset{\|}{C}}-H \xrightarrow{HCN} CH_3-\overset{*}{C}H(OH)-C{\equiv}N$$

$$HOOC-CH{=}CH-COOH \xrightarrow[H^{\oplus}]{H_2O} HOOC-CH_2-\overset{*}{C}H(OH)-COOH$$

Bij al deze reacties wordt een racemisch mengsel van beide enantiomeren gevormd, omdat de nadering van een reagens tot een symmetrisch substraat of intermediair aan beide kanten dezelfde waarschijnlijkheid heeft.

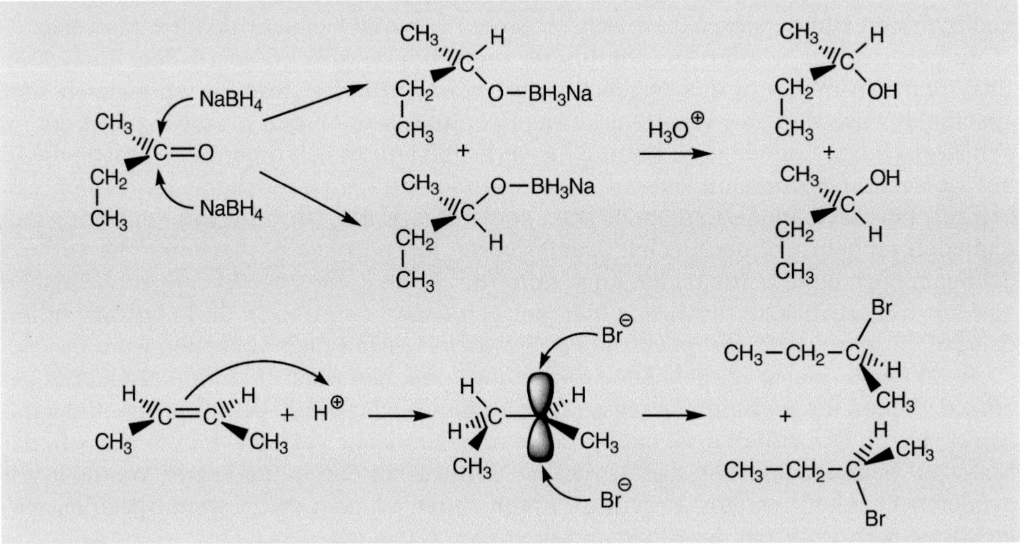

Wanneer een symmetrische verbinding wordt omgezet onder invloed van een enzym en er wordt daarbij een product met een chiraal koolstofatoom gevormd, dan wordt bijna altijd slechts één van de beide enantiomeren verkregen. Dit komt omdat een enzym zelf in hoge mate chiraal is, waardoor het verschil uitmaakt van welke kant een reagens in een enzymsubstraat-complex nadert. Een voorbeeld van een reactie die onder invloed van een enzym zeer stereospecifiek verloopt, is de vorming van appelzuur uit fumaarzuur (één van de reacties in de citroenzuurcyclus). Het symmetrisch fumaarzuur wordt door het enzym in één bepaalde positie gebonden, onder andere door de vorming van waterstofbruggen. De katalytische groepen aan het enzym en het te adderen watermolecuul nemen een chirale positie rond de dubbele binding in. Het molecuul water zal daardoor maar aan één kant van de dubbele binding adderen, waarbij uitsluitend (*S*)-appelzuur gevormd wordt (zie ook § 15.8 en § 15.9). Doordat slechts één van de beide enantiomeren wordt gevormd spreken we van een *enantioselectieve reactie*.

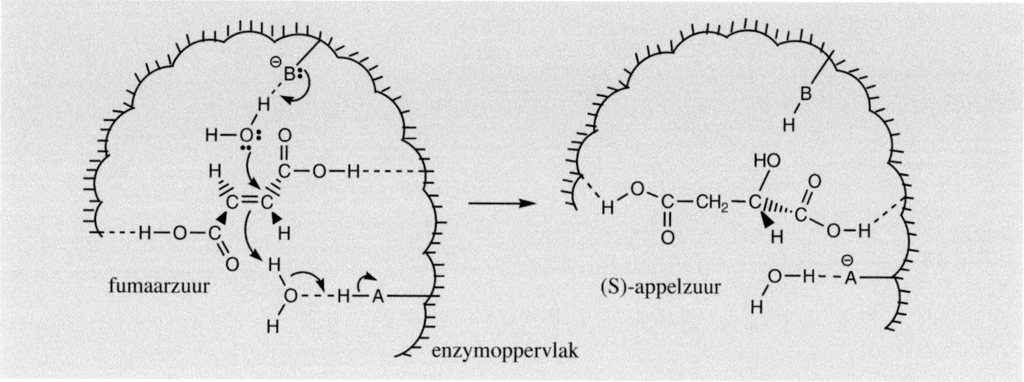

fumaarzuur (S)-appelzuur enzymoppervlak

## 15.2 Reacties van chirale verbindingen - Diastereoselectiviteit

Wanneer een **chirale verbinding** een chemische reactie ondergaat, dan kan dit verschillende gevolgen hebben voor de stereochemie van het molecuul. Het stereochemisch verloop van een reactie is afhankelijk van de plaats in het molecuul waar de reactie plaatsvindt en van het reactiemechanisme. Er kan zich hierbij een aantal gevallen voordoen:

1. De reactie vindt *niet* plaats aan het chirale koolstofatoom en er wordt:
   a. *geen* nieuw chiraal koolstofatoom gevormd,
   b. *wel* een nieuw chiraal koolstofatoom gevormd.
2. De reactie vindt *wel* plaats aan het chirale koolstofatoom. Afhankelijk van het reactiemechanisme treedt aan het betrokken koolstofatoom dan racemisatie, inversie of retentie van configuratie op.

### *15.2.1 Reacties van chirale verbindingen*

Als de reactie met een chiraal molecuul niet plaatsvindt aan het chirale koolstofatoom en er wordt bij de reactie geen nieuw chiraal koolstofatoom gevormd (situatie 1a), dan verandert bij deze reacties niets aan de absolute configuratie van het chiraal koolstofatoom. Tijdens de reactie wordt immers geen van de bindingen aan dat atoom verbroken. Deze reacties verlopen dus met retentie van configuratie. Wel verandert de optische rotatie tijdens de reactie, want er ontstaan nieuwe verbindingen die een andere specifieke rotatie hebben. Voorbeelden van deze soort reacties zijn de verestering van de carbonzuurgroep van een aminozuur met methanol of de reductie van de dubbele bindingen in linalool. Hoewel de reductie van de dubbele bindingen in linalool op zichzelf niets verandert aan de configuratie van het chirale koolstofatoom, wordt de *benoeming* van de configuratie toevallig wel anders, omdat de prioriteitsvolgorde van de groepen rond het chirale koolstofatoom in dit geval een wijziging ondergaat. Dit heeft echter niets met de stereochemie van de reactie als zodanig te maken.

$C_2H_5OH / H^{\oplus}$

(S)-alanine.HCl
$[\alpha]_D^{20} = +3{,}1^{o}$

(S)-alanine-ethylester.HCl
$[\alpha]_D^{20} = -11^{o}$

$H_2 / Pd$

(S)-linalool

(R)-3-hyroxy-3,7-dimethyloctaan

### *15.2.2 Diastereoselectieve reacties - Chirale inductie*

De reactie met een chiraal molecuul vindt *niet* plaats aan het chirale koolstofatoom maar er wordt *wel* een nieuw chiraal koolstofatoom gevormd (situatie 1b).

Als er een nieuw chiraal koolstofatoom ontstaat in een molecuul waarin reeds een of meer chirale koolstofatomen aanwezig zijn, dan zijn de gevormde producten diastereomeren van elkaar. De beide diastereomere reactieproducten worden doorgaans *niet* in dezelfde hoeveelheden gevormd. De reeds in het molecuul aanwezige chiraliteit heeft tot gevolg dat de nadering van een reagens tot het reactiecentrum niet meer aan beide kanten dezelfde waarschijnlijkheid heeft. Daardoor wordt het nieuwe chiraal koolstofatoom in verschillende hoeveelheden *R* en *S* gevormd. We spreken hier van een diastereoselectieve reactie; het verschijnsel staat ook bekend onder de naam *chirale inductie*. De mate waarin chirale inductie optreedt, is sterk afhankelijk van de bouw van het molecuul. Doorgaans is het zo, dat de invloed van een bestaand chiraal centrum groter is naarmate het nieuw te vormen chirale koolstofatoom er dichter bij in de buurt zit.

Bij de reductie van kamfer met $LiA1H_4$ is de nadering van het reductiemiddel van de onderkant van het molecuul sterisch aanmerkelijk gunstiger dan de nadering van de bovenkant, zodat vooral de alcohol met het waterstofatoom aan de onderkant gevormd wordt. De beide alcoholen die gevormd worden zijn diastereomeren van elkaar.

De stereoselectiviteit is meestal minder uitgesproken in lineaire verbindingen, maar ook daar is een zekere selectiviteit toch vaak duidelijk aanwezig.

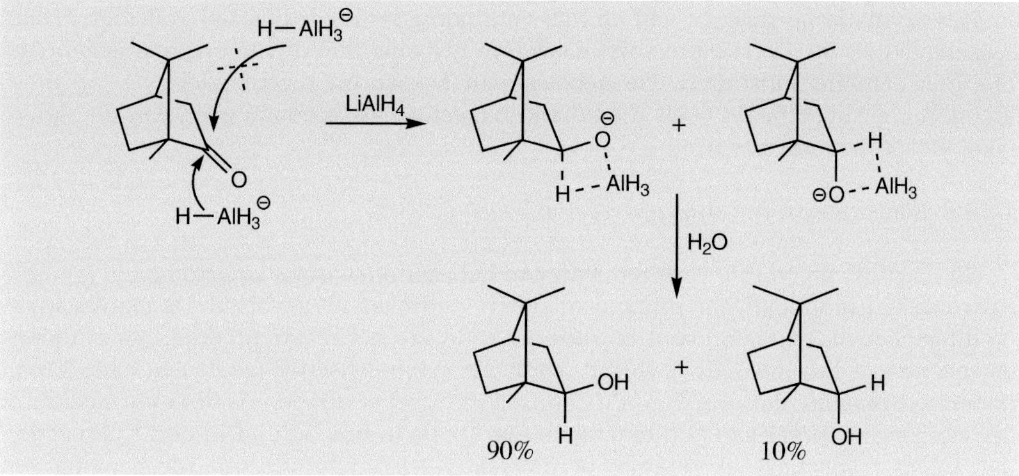

Het asymmetrische ($R$)-2-fenylpropanal reageert bijvoorbeeld met methylmagnesiumbromide tot een mengsel van twee diastereomere adducten, waarbij het ($R$,$R$)-adduct en het ($R$,$S$)-adduct in een verhouding van 2 : 1 gevormd worden.

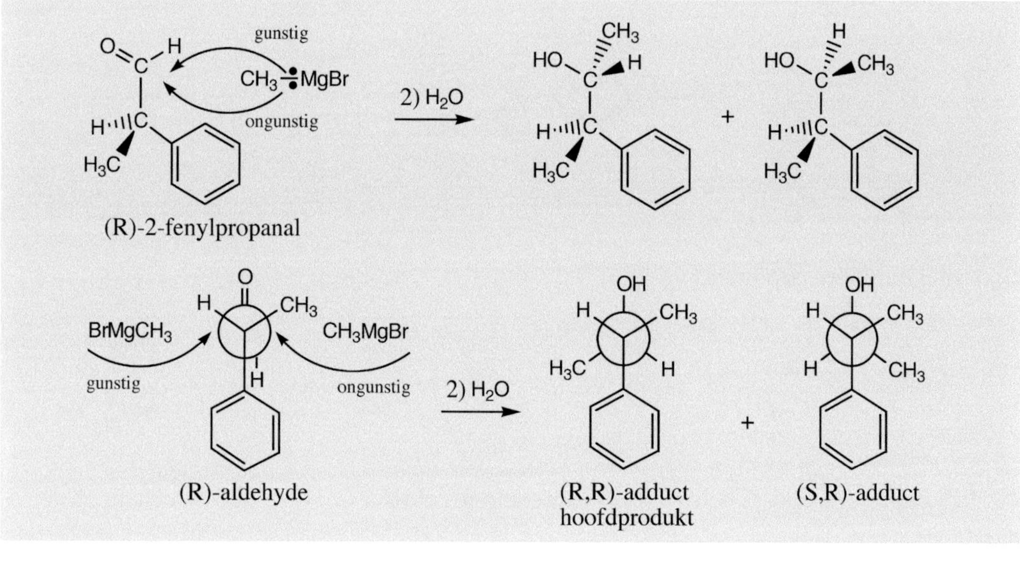

Reeds in het begin van de vijftiger jaren zijn er regels voor dit soort additiereacties opgesteld, waarmee voorspeld kan worden welke van de twee adducten in overmaat gevormd zal worden (regels van Cram). De aldehydegroep wordt daartoe eerst in de conformatie gedraaid die het meest gunstig is voor additie. Dit is de conformatie waarin de carbonylgroep het verst verwijderd zit van de grootste groep aan het naburige chirale koolstofatoom. De organometaalverbinding kan in deze conformatie het gemakkelijkst naderen vanaf de minst gehinderde kant en dat is de kant waar aan het naburige koolstofatoom het waterstofatoom zit. Het adduct dat resulteert uit een aanval vanaf die kant wordt als hoofdproduct gevormd.

In enzymatische reacties van chirale verbindingen treedt meestal volledige diastereoselectiviteit op. De situatie wijkt daarbij in principe niet af van enzymatische reacties met achirale substraten. De opbouw van hexose uit D-glyceraldehyde en dihydroxyaceton bijvoorbeeld geeft uitsluitend D-fructose als product; geen van de andere D-ketohexosen wordt gevormd.

### *15.2.3 Reacties aan het asymmetrische koolstofatoom*

Bij reacties van chirale verbindingen aan het asymmetrische koolstofatoom (situatie 2), worden er bindingen aan dit koolstofatoom verbroken en gevormd. De manier waarop dit gebeurt, is bepalend voor de stereochemie van het reactieproduct. Als er tijdens de reactie een intermediair gevormd wordt dat symmetrisch is (zoals een carbokation in een $S_N1$-reactie), dan wordt een racemisch mengsel verkregen. Is het intermediair of de overgangstoestand van een reactie chiraal (zoals in een $S_Ni$ - of in een $S_N2$-reactie), dan treedt respectievelijk retentie of inversie van configuratie op. Voorbeelden van deze reacties zijn:

$S_N1$-mechanisme (racemisatie)

S configuratie optisch actief — symmetrisch carbokation — S / R — racemaat optisch inactief

$S_N2$- mechanisme (inversie)

R configuratie optisch actief — asymmetrische overgangstoestand — S configuratie optisch actief

$S_Ni$- mechanisme (retentie)

R configuratie optisch actief — asymmetrisch intermediair — R configuratie optisch actief

## 15.3 Racemaatsplitsing

Als een mengsel van twee enantiomeren (*R,S*) reageert met het zuivere enantiomeer van een andere chirale verbinding (bijvoorbeeld *R*) zonder dat de chirale koolstofatomen bij de reactie betrokken zijn, dan ontstaat een mengsel van twee producten met elk twee chirale koolstofatomen (*R,R* en *S,R*).

$$\begin{matrix} 50\%\ R_1 \\ 50\%\ S_1 \\ \text{enantiomeren} \end{matrix} + R_2 \longrightarrow \begin{matrix} 50\%\ R_1 R_2 \\ 50\%\ S_1 R_2 \\ \text{diastereomeren} \end{matrix}$$

Deze producten zijn diastereomeren van elkaar, want de configuratie aan slechts één van de koolstofatomen is verschillend en ze hebben dus verschillende fysische eigenschappen. Van dit verschijnsel kan gebruik worden gemaakt bij de scheiding van enantiomeren in een racemisch mengsel door dit mengsel door reactie met één zuiver enantiomeer van een andere verbinding tijdelijk om te zetten in een mengsel van diastereomeren (racemaatsplitsing). Een voorbeeld zien we in de volgende serie reacties.

$CH_3CH{=}O$ + $HC{\equiv}N$ → $CH_3CH(OH)CN$ (50% S) → $CH_3CH(OH)COOH$

$CH_3CH{=}O$ + $HC{\equiv}N$ → $CH_3CH(CN)OH$ (50% R) → $CH_3CH(COOH)OH$

De additie van HCN aan aceetaldehyde geeft een racemisch mengsel van (*R*)- en (*S*)-cyaanhydrol. Verzeping van de cyaangroep geeft daarna eveneens een racemisch mengsel van (*R*)- en (*S*)-melkzuur. De beide enantiomeren in dit mengsel kunnen van elkaar gescheiden worden door het mengsel te laten reageren met een chirale stikstofbase, bijvoorbeeld (*R*)-strychnine. Daarbij wordt dan een diastereomeer mengsel van (*R,R*)- en (*S,R*)-zouten gevormd.

Dit mengsel is nu te scheiden omdat de oplosbaarheid in water van de diastereomere zouten verschillend is, waardoor gefractioneerde kristallisatie mogelijk wordt. Na de scheiding kan het melkzuur weer vrijgemaakt worden door aanzuren met een sterk zuur (fig. 15.1).

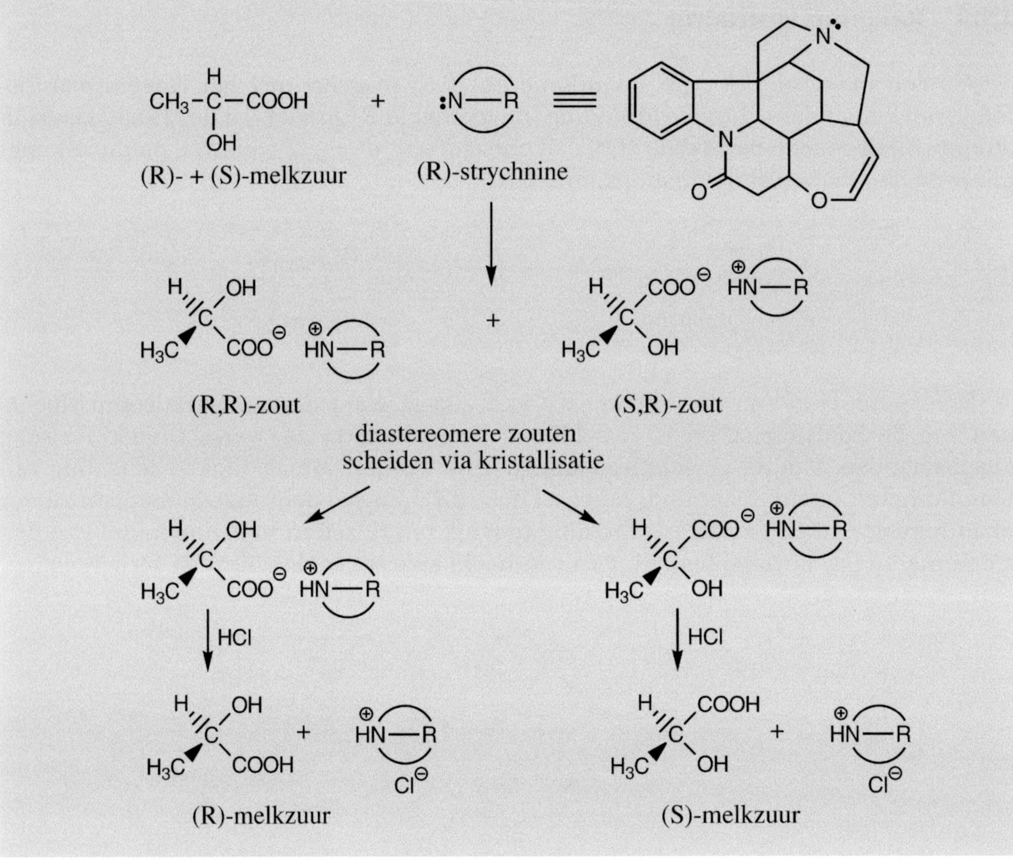


Fig. 15.1. Racemaatsplitsing van (R)- en (S)-melkzuur.

## 15.4 Enzymatische scheiding van racematen

Omdat enzymen doorgaans reacties van slechts één van de beide enantiomere vormen van een substraat katalyseren, is het mogelijk een zuivere enantiomeer uit een racemisch mengsel in handen te krijgen door enzymatische omzetting van de andere enantiomeer. Pasteur heeft dit als eerste ontdekt toen bleek dat de schimmel *Penicillium glaucum* op een voedingsbodem van racemisch wijnsteenzuur alleen het (+)-isomeer opgebruikte waardoor na verloop van tijd alleen het (-)-isomeer achterbleef.

$$(\pm)\text{-wijnsteenzuur} \xrightarrow{\textit{Penicillium glaucum}} (-)\text{-wijnsteenzuur}$$

Zo zijn er talrijke enzymen of micro-organismen die bij voorkeur slechts één enantiomeer omzetten en de andere isomeer intact laten of met een veel lagere snelheid omzetten. De complexen tussen het sterk chirale enzym en de betreffende enantiomeren zijn in feite diastereomeer aan elkaar en zullen dus met verschillende snelheid reageren.

## 15.5 Stereoselectieve en stereospecifieke reacties

Als *R*-2-broombutaan reageert met een goed nucleofiel zoals $CN^-$ of $OH^-$ onder omstandigheden die gunstig zijn voor een $S_N2$-mechanisme dan wordt alleen het *S*-2-cyaanbutaan of het S-2-butanol als reactieproduct verkregen. Alhoewel in principe beide enantiomeren gevormd kunnen worden, wordt in deze gevallen slechts één van beide selectief verkregen. De optredende reactie is dus *stereoselectief*. Stereoselectieve reacties kunnen enantioselectief of diastereoselectief zijn. In het genoemde voorbeeld is sprake van een enantioselectieve $S_N2$-reactie. De mate van stereoselectiviteit van een reactie wordt globaal aangegeven met de termen volledig, groot of matig. De $S_N2$-reactie is volledig stereoselectief; dit in tegenstelling tot de $S_N1$-reactie die niet stereoselectief is en waarbij racemisatie optreedt. De reductie van kamfer en de reactie van (*R*)-2-fenylpropanal met methylmagnesiumbromide die in paragraaf 15.2.2 zijn genoemd kunnen gekarakteriseerd worden als reacties met een grote, respectievelijk een matige diastereoselectiviteit.

$:Nu^{\ominus}$ + R-2-broombutaan ⟶ S-2-cyaanbutaan of S-2-butanol + $Br^{\ominus}$

$:Nu^{\ominus}$ = $CN^{\ominus}$ of $:\ddot{O}H^{\ominus}$

De aanduiding *stereoselectiviteit* is geheel gerelateerd aan de *producten* die in een reactie gevormd worden; uit een aantal stereoïsomere producten wordt er één met een zekere voorkeur geselecteerd. Dit in tegenstelling tot de term *stereospecifiek* die geheel is gerelateerd aan de *reactanten* en de stereochemie van hun reactie.

Een stereospecifieke reactie wordt gedefinieerd als een reactie waarbij een specifieke relatie bestaat tussen de configuratie van de reactant en de configuratie van het product. De $S_N2$-reactie van *R*-2-broombutaan met $CN^-$ of $OH^-$ is niet alleen stereoselectief maar ook stereospecifiek. Als gevolg van de inversie bij de $S_N2$-reactie is er een vaste relatie tussen de configuratie van reactant en product (*R*-2-broombutaan geeft *S*-2-butanol).

De reacties die in paragraaf 15.2.2 zijn genoemd, zijn echter niet stereospecifiek. Er is daar alleen sprake van stereoselectiviteit, er is geen specifieke relatie tussen de configuratie van de reactant en het product, er is slechts sprake van een voorkeur voor één van beide reactiemogelijkheden.

## 15.6 De stereospecificiteit van additiereacties

De elektrofiele anti-additie van broom aan een alkeen is een typisch voorbeeld van een stereospecifieke reactie. Dit kan goed geïllustreerd worden met de additie van broom aan *Z*- en *E*-2-buteen.

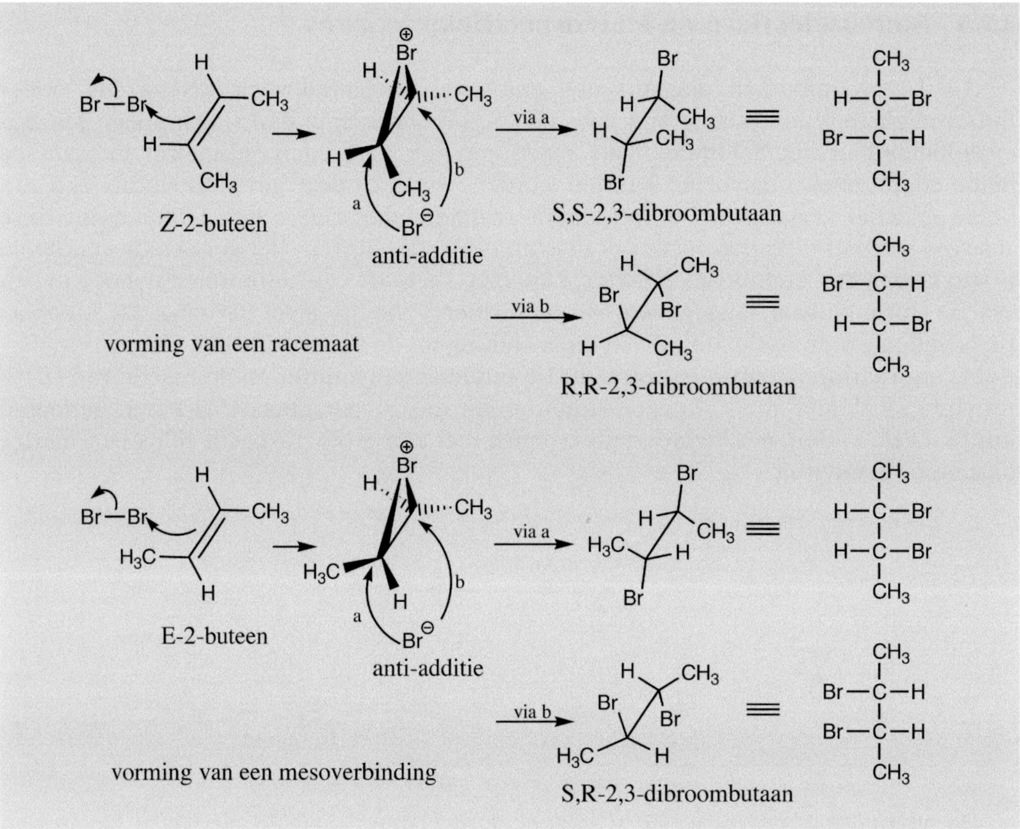

Z-2-buteen — anti-additie — via a: S,S-2,3-dibroombutaan; via b: R,R-2,3-dibroombutaan

vorming van een racemaat

E-2-buteen — anti-additie — via a / via b: S,R-2,3-dibroombutaan

vorming van een mesoverbinding

In deze reactie worden twee chirale centra gevormd waarvoor kan worden aangetoond dat een specifieke relatie bestaat tussen de configuratie van het alkeen en het additieproduct. De additie verloopt via een bromoniumion als intermediair waarna een aanval van het nucleofiele bromide-ion op beide positief gepolariseerde koolstofatomen kan plaatsvinden.

In feite hebben we bij deze laatste stap te maken met een $S_N2$-type-reactie met $Br^-$ als nucleofiel en één van de bindingen tussen koolstof en $Br^+$ als vertrekkende groep. Er treedt inversie op aan het koolstofatoom, waarop het nucleofiel aanvalt. De aanval van $Br^-$ op het bromoniumion dat gevormd wordt uit *Z*-2-buteen, geeft op deze manier een racemaat van *S*,*S*- en *R*,*R*-2,3-dibroombutaan. De aanval van $Br^-$ op het bromoniumion dat gevormd wordt uit *E*-2-buteen geeft een mesoverbinding, het *S*,*R*-2,3-dibroombutaan. De additie is volledig stereospecifiek. In de additie van broom aan *Z*-2-buteen wordt niets van de mesoverbinding gevormd en additie van broom aan *E*-2-buteen geeft niets van het racemaat.

Ook de katalytische additie van waterstof aan een alkeen is een voorbeeld van een stereospecifieke reactie. We hebben hier een stereospecifieke syn-additie van waterstof, waarbij alleen meso-cis-1,2-dimethylcyclohexaan gevormd wordt. Het overeenkomstige trans- 1,2-dimethylcyclohexaan wordt niet gevormd.

1,2-dimethylcyclohexeen $\xrightarrow{H_2/Pd}$ meso-cis-1,2-dimethylcyclohexaan

## 15.7 Stereospecifieke eliminatiereacties

De E2-eliminatie van halogeenwaterstofzuren uit halogeenalkanen onder vorming van alkenen is een voorbeeld van een stereospecifieke anti-eliminatie. De stereochemische relatie tussen reactant en product is ook in dit geval volkomen specifiek en maakt een betrouwbare voorspelling mogelijk van de configuratie van het alkeen, als de configuratie van het halogenide bekend is.

Zo kan voorspeld worden, dat de anti-eliminatie van HBr uit 1*S*,2*R*-1broom-1-fenyl-2-deuteropropaan twee alkenen zal geven. Het *E*-alkeen zal nog deuterium bevatten, het *Z*-alkeen niet meer.

Gezien de grotere sterische hindering in de conformatie die resulteert in de vorming van het *Z*-fenylpropeen, mag bovendien verwacht worden, dat het *E*-fenylpropeen het hoofdproduct van deze reactie zal zijn.

1S,2R-1-broom-1-fenyl-2-deutero-propaan → E-1-fenyl-2-deutero-propeen + HB + $Br^{\ominus}$

1S,2R-1-broom-1-fenyl-2-deutero-propaan → Z-1-fenylpropeen + DB + $Br^{\ominus}$

## 15.8 Prochirale verbindingen

Reeds in paragraaf 10.11 werd aangegeven dat ethanol in biologische systemen wordt geoxideerd tot ethanal met behulp van het coënzym $NAD^{\oplus}$. Een nauwkeurig onderzoek van deze oxidatie heeft uitgewezen dat één van de waterstofatomen van het ethanol als een hydride wordt overgedragen op $NAD^{\oplus}$.

$NAD^{\oplus}$ $\longrightarrow$ NADH

De twee waterstofatomen van de $CH_2$-groep in ethanol zijn chemisch gezien equivalent. Een nauwkeurig stereochemische beschouwing van deze biologische oxidatie leert echter, dat de beide waterstofatomen in een chirale omgeving (enzym) in stereochemische zin niet gelijk zijn. Dit kan nagegaan worden door deze oxidatie uit te voeren met ethanol waarin één van de beide waterstofatomen vervangen is door een deuteriumatoom (zie onderstaand schema).

R-(+)-1-deutero-ethanol verliest alleen D

S-(-)-1-deutero-ethanol verliest alleen H

gewone ethanol verliest alleen $H_R$

Van dit monogedeutereerde ethanol bestaan twee enantiomeren (**1** en **2**) omdat het koolstofatoom nu chiraal is geworden. Wanneer deze twee enantiomeren afzonderlijk omgezet worden in ethanal, dan blijkt dat in enantiomeer **1** alleen deuterium overgedragen wordt op $NAD^+$ onder vorming van niet-gedeutereerd ethanal. In enantiomeer **2** wordt alleen waterstof overgedragen op $NAD^+$ onder vorming van gedeutereerd ethanal. Het is duidelijk dat slechts één van de beide 'waterstof'-atomen in een positie zit waarin het kan worden overgedragen op $NAD^+$. In de ruimtelijke structuren zoals die in het schema getekend zijn, wordt alleen het atoom dat aan de linkerkant zit, overgedragen; het atoom dat aan de rechterkant zit blijft gebonden aan het koolstofatoom van ethanal. Het enzym dat de overdracht van het hydride-ion katalyseert kan dus onderscheid maken tussen de twee waterstofatomen in ethanol (zie figuur 15.2). Wanneer gewone ethanol op enzymatische wijze wordt geoxideerd dan wordt alleen het linker waterstofatoom ($H_R$) overgedragen op $NAD^+$.

We hebben hier te maken met een ander soort stereochemie. Zowel het ongedeutereerde ethanol als het gevormde ethanal zijn symmetrische achirale verbindingen en er worden geen chirale centra gevormd of vernietigd tijdens de reactie. Toch zijn bij deze reactie stereochemische aspecten betrokken want het enzym-coënzym-complex maakt onderscheid tussen twee schijnbaar equivalente posities in ethanol. In een driedimensionale omgeving, waarin moleculen op één bepaalde manier gefixeerd zijn en dus geen vrije rotatie mogelijk is (zoals in een enzym-coënzym-substraatcomplex), hebben we inderdaad te maken met het niet gelijkwaardig zijn (een 'schijnbare' equivalentie) van beide waterstofatomen. Uit figuur 15.2 is te zien dat het atoom dat overgedragen wordt dichter bij $NAD^+$ zit dan het atoom dat in het ethanal achterblijft.

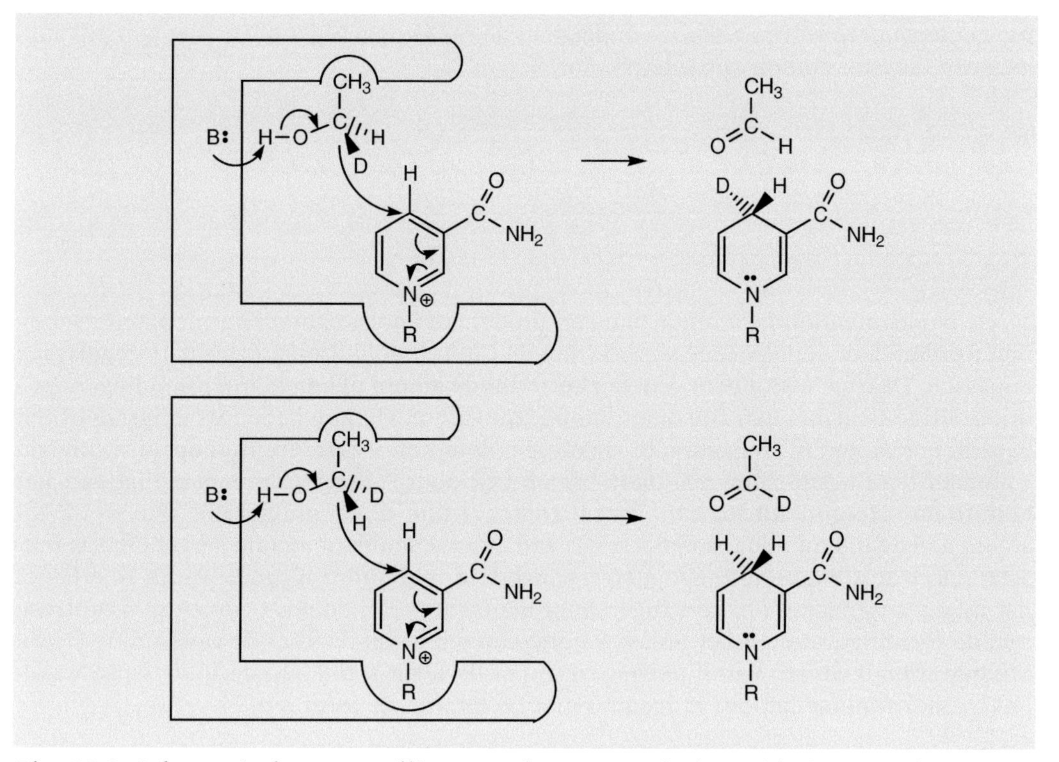


Fig. 15.2. Schematische voorstelling van de enzymatische oxidatie van ethanol.

In biologische systemen zijn situaties zoals hiervoor zijn beschreven eerder regel dan uitzondering. Om de beide waterstofatomen die een dergelijk onderscheiden gedrag in biologische reacties kunnen vertonen te herkennen, past men het volgende gedachtenproces toe:

$CH_3$ / H–C–H / OH

$CH_3$ / H–C–A / OH — 1

$H_3C$ / A–C–H / HO — 2

Eén van de beide waterstofatomen wordt vervangen door een ander atoom of atoomgroep A. Als het rechter waterstofatoom wordt vervangen dan wordt verbinding **1** gevormd, als het linker waterstofatoom wordt vervangen krijgen we verbinding **2**. Het is eenvoudig te zien dat de verbindingen **1** en **2** enantiomeren van elkaar zijn en dat er een chiraal centrum is gevormd. De beide waterstofatomen zijn dus stereochemisch niet equivalent want vervanging van de ene geeft één van twee mogelijke enantiomeren. Twee van dit soort waterstofatomen worden *enantiotope atomen* genoemd, ofwel atomen die zich bevinden op plaatsen die elkaars spiegelbeeld zijn. Het koolstofatoom waaraan een paar enantiotope atomen of groepen zijn gebonden wordt een *prochiraal centrum* genoemd, omdat door vervanging van één van de beide enantiotope atomen of groepen een chiraal centrum gevormd wordt. Prochirale centra zijn in vele soorten moleculen aan te wijzen zoals uit onderstaande reeks mag blijken. De met een pijl aangegeven koolstofatomen zijn alle prochirale centra.

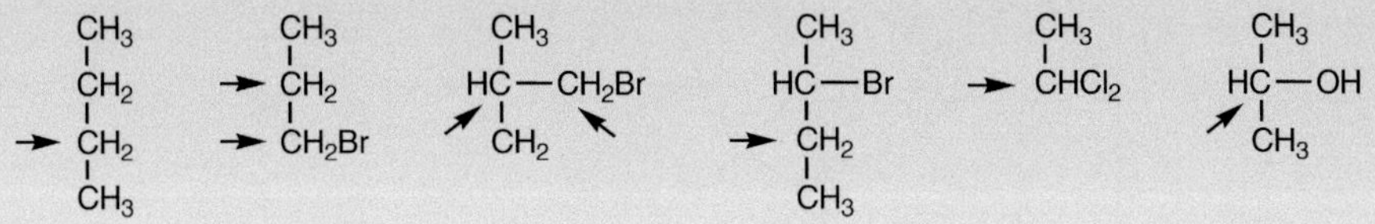

De beide enantiotope atomen aan een prochiraal koolstofatoom kunnen onderscheiden worden door een speciale variatie van de Cahn Ingold Prelogregels (CIP-regels) toe te passen. Daartoe wordt eerst aan het betreffende atoom of atoomgroep een hogere prioriteit toegekend dan aan zijn enantiotope equivalent. Dit kan het eenvoudigst door het betreffende atoom in gedachten te vervangen door een zwaardere isotoop, bijvoorbeeld waterstof door deuterium, $^{12}C$ door $^{13}C$ of $^{35}Cl$ door $^{37}Cl$. Als de vervanging van het betreffende atoom leidt tot een chiraal centrum met de *R*-configuratie, dan wordt dit atoom aangeduid met de term pro-*R*. Als een chiraal centrum met de *S*-configuratie ontstaat dan wordt het betreffende atoom aangeduid met de term pro-*R*. Wordt in ethanol het linker waterstofatoom vervangen door deuterium dan ontstaat een chiraal centrum met de *R*-configuratie en het linker waterstofatoom krijgt daarom de aanduiding $H_R$ en het betreffende atoom wordt aangegeven met de term pro-*R*. Op dezelfde wijze wordt het rechter waterstofatoom aangeduid met $H_S$ en met de term pro-*S*.

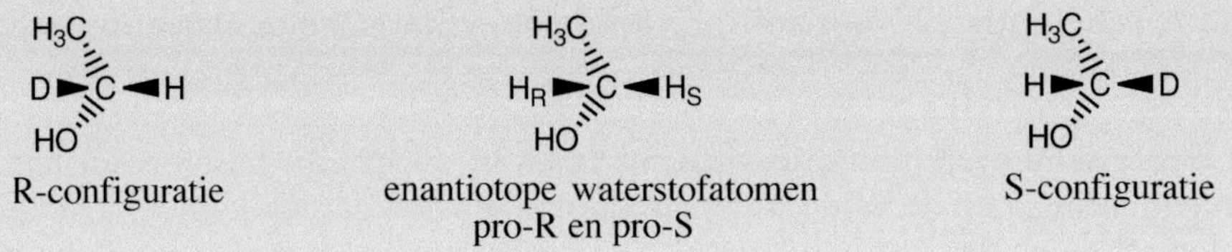

R-configuratie

enantiotope waterstofatomen pro-R en pro-S

S-configuratie

## 15.9 Enantiotope zijden van een molecuul

In vlakke moleculen of in moleculen waarin delen van het molecuul vlak zijn, kunnen twee zijden onderscheiden worden. Een alkeen of een carbonylverbinding heeft een onderzijde en een bovenzijde.

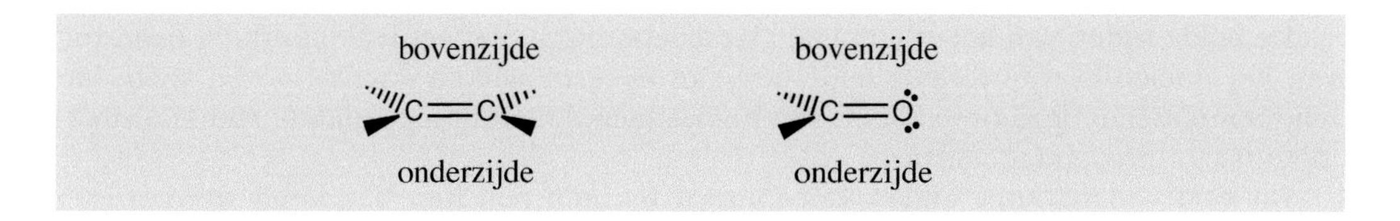


In een symmetrische omgeving wordt geen onderscheid gemaakt tussen beide zijden maar in een chirale omgeving wordt dat wel gedaan, zoals ook uit figuur 15.3 blijkt.

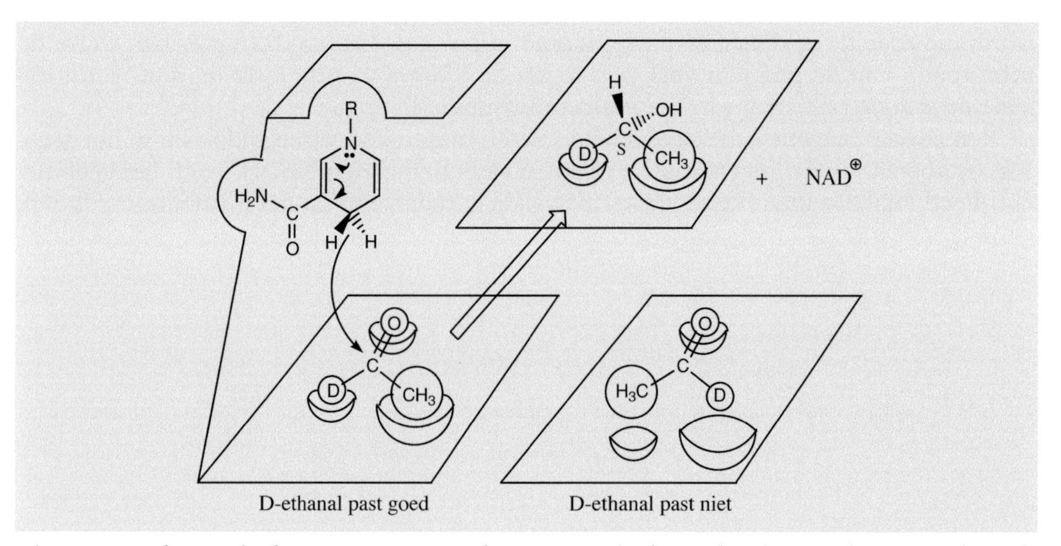


Fig. 15.3. Schematische weergave van de enzymatische reductie van deutero-ethanal.

Ethanal past maar op één manier goed in het enzym en in die situatie is alleen nadering vanaf de bovenzijde mogelijk. De enzymatische reductie van deutero-ethanal geeft daarom slechts één van de beide enantiomeren, het *S*-1-deutero-ethanol als reactieproduct (zie ook § 13.8.2).

Ook met vlakke moleculen zoals ethanal kan een gedachtenproces uitgevoerd worden om uit te zoeken of de beide zijden van het molecuul werkelijk equivalent zijn of niet. Dit gedachtenproces houdt in dat een denkbeeldig nucleofiel geaddeerd wordt aan de carbonylgroep vanaf beide zijden van het molecuul. Het is gemakkelijk te zien dat daarbij in het geval van ethanal twee enantiomere adducten gevormd worden en dat een nieuw chiraal centrum is ontstaan.

*re*-zijde
$Nu^{\ominus}$
H
$H_3C$
C=O
$Nu^{\ominus}$
*si*-zijde
H
Nu
C
$H_3C$
$O^{\ominus}$
H
$O^{\ominus}$
C
$H_3C$
Nu

enantiotope zijden van ethanal

De beide zijden van het ethanal zijn stereochemisch niet equivalent omdat nadering van het nucleofiel van de ene zijde één van twee mogelijke enantiomeren geeft. We noemen ook hier deze twee zijden van het molecuul enantiotope zijden. Het koolstofatoom is een prochiraal centrum.

De beide enantiotope zijden van ethanal kunnen ook hier benoemd worden met behulp van een variant van de CIP-regels. De prioriteiten van de groepen aan het prochirale koolstofatoom worden daartoe op de normale wijze vastgesteld. Als nu vanaf één bepaalde kant gekeken wordt naar het vlak waarin het molecuul ligt en vanaf die kant verlopen de prioriteiten van de groepen van hoog naar laag met de klok mee, dan wordt die zijde de *re*-zijde (rectus) genoemd. Als vanaf waarvandaan gekeken wordt de prioriteiten van de groepen verlopen tegen de wijzers van de klok in, dan wordt die zijde de *si*-zijde (sinister) van het molecuul genoemd.

Een chiraal reagens kan onderscheid maken tussen deze twee zijden en in het gegeven voorbeeld van de enzymatische reductie van ethanal met NADH wordt het gedeutereerde ethanal dus uitsluitend vanaf de *re*-zijde gereduceerd tot het *S*-1-deutero-ethanol.

# 16 Carbonzuren

Carbonzuren hebben als kenmerkende groep de *carboxylgroep*. Deze groep is formeel een combinatie van een carbonylgroep en een hydroxylgroep, maar door de mesomerie tussen de π-binding van de carbonylgroep en de vrije elektronenparen van de hydroxylgroep heeft de combinatie een geheel eigen karakter. De carboxylgroep wordt daarom als een aparte functionele groep beschouwd.

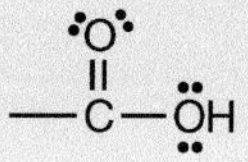

$$-\overset{\overset{\large\ddot{O}}{\|}}{C}-\ddot{O}H$$

carboxylgroep

Verbindingen die een carboxylgroep bevatten, kunnen gemakkelijk een proton afstaan en dus als zuur reageren. Dit heeft de naam *carbonzuren* aan deze groep verbindingen gegeven. De anionen van de carbonzuren worden *carboxylaationen* genoemd.

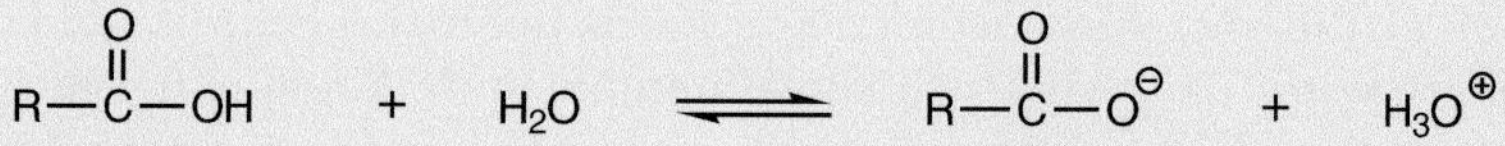

$$\underset{\text{carbonzuur}}{R-\overset{\overset{O}{\|}}{C}-OH} + H_2O \rightleftharpoons \underset{\text{carboxylaation}}{R-\overset{\overset{O}{\|}}{C}-O^{\ominus}} + H_3O^{\oplus}$$

Carbonzuren komen veel in de natuur voor en spelen daarin een belangrijke rol. De citroenzuurcyclus en het vetzuurmetabolisme verlopen via reacties van carbonzuren en van carbonzuurderivaten. De aminozuren, die als één van de functionele groepen de carboxylgroep bevatten, zijn de bouwstenen voor de eiwitten. In de volgende paragrafen zullen de chemische eigenschappen van carbonzuren behandeld worden. Tevens zal de rol van carbonzuren in een aantal biologisch belangrijke processen nader worden bekeken.

## 16.1 Nomenclatuur

De IUPAC-nomenclatuur voor carbonzuren komt tot stand door achter de naam van het corresponderende alkaan de uitgang *-zuur* te plaatsen. Het koolstofatoom van de carboxylgroep wordt altijd nr. 1 genummerd.

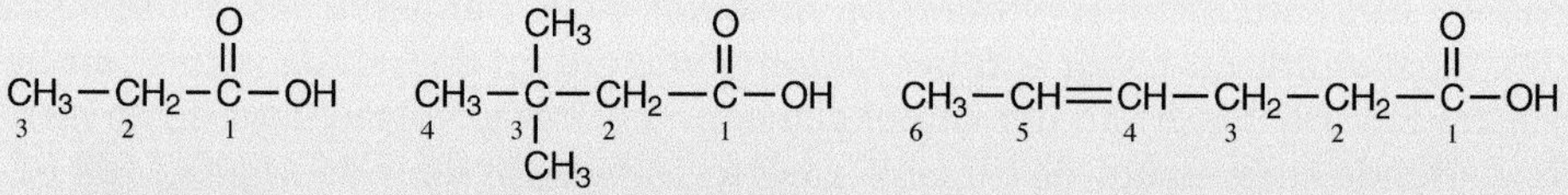

$$\underset{\text{propaanzuur}}{\underset{3}{CH_3}-\underset{2}{CH_2}-\underset{1}{\overset{\overset{O}{\|}}{C}}-OH} \qquad \underset{\text{3,3-dimethylbutaanzuur}}{\underset{4}{CH_3}-\underset{3}{\overset{\overset{CH_3}{|}}{\underset{\underset{CH_3}{|}}{C}}}-\underset{2}{CH_2}-\underset{1}{\overset{\overset{O}{\|}}{C}}-OH} \qquad \underset{\text{4-hexeenzuur}}{\underset{6}{CH_3}-\underset{5}{CH}=\underset{4}{CH}-\underset{3}{CH_2}-\underset{2}{CH_2}-\underset{1}{\overset{\overset{O}{\|}}{C}}-OH}$$

Ook kan men in de literatuur een benamingssysteem aantreffen waarbij de COOH-groep niet meegeteld wordt in de koolstofketen. De COOH-groep wordt dan als een substituent aan het alkaan beschouwd. De naam van het alkaan wordt dan gevolgd door het woord *-carbonzuur*. Deze nomenclatuur wordt vooral gebruikt als de COOH-groep aan een cyclisch systeem gebonden is. Een variant op deze nomenclatuur is om de COOH-groep als substituent apart te noemen. De benaming voor de COOH-groep als substituent is de *carboxy*-groep.

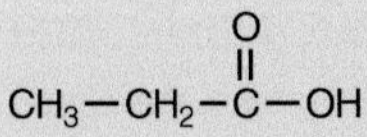

$CH_3-CH_2-C(=O)-OH$

ethaancarbonzuur

$CH_3-C(CH_3)_2-CH_2-C(=O)-OH$

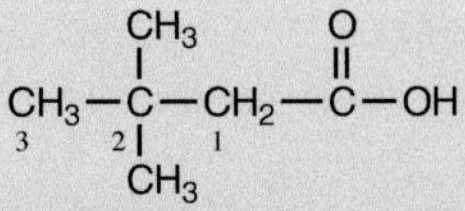

2,2-dimethylpropaancarbonzuur

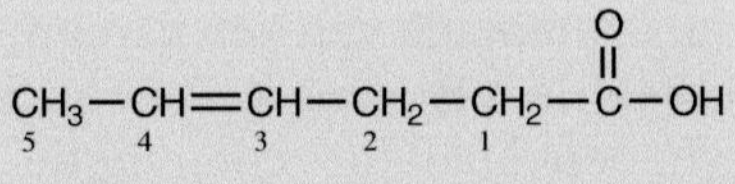

$CH_3-CH=CH-CH_2-CH_2-C(=O)-OH$

3-penteencarbonzuur

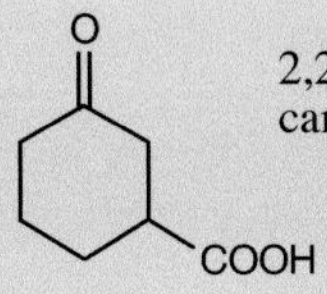

3-oxocyclohexaancarbonzuur

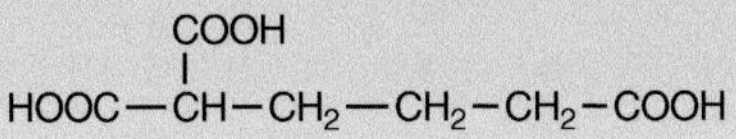

$HOOC-CH(COOH)-CH_2-CH_2-CH_2-COOH$

2-carboxyhexaandizuur

Omdat veel carbonzuren al in de tijd van de alchemie bekend waren, treft men voor veel van deze zuren triviale namen aan. Deze namen zijn meestal afgeleid van de natuurlijke bron waaruit deze carbonzuren geïsoleerd werden. De triviale namen voor de carbonzuren en de dicarbonzuren worden nog steeds het meest gebruikt (zie tabel 16.1). In deze gevallen wordt de positie van substituenten in de keten aangegeven door de Griekse letters α, β, γ, δ, enz. Het α-C-atoom is dan het eerste C-atoom naast de carboxylgroep.

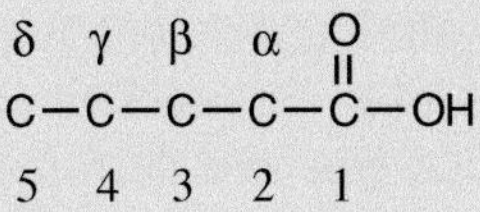

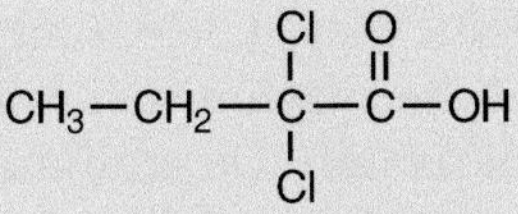

δ γ β α

C—C—C—C—C(=O)—OH

5 4 3 2 1

$CH_3-CH_2-CCl_2-C(=O)-OH$

α,α-dichloorboterzuur

Aromatische carbonzuren worden ook vaak aangeduid met hun triviale namen of worden beschouwd als producten afgeleid van benzoëzuur.

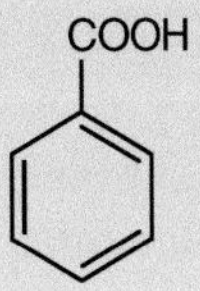

benzoëzuur

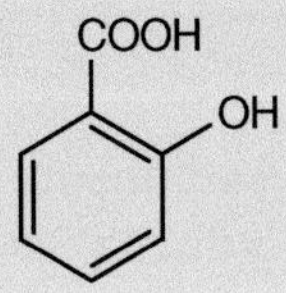

2-hydroxybenzoëzuur
salicylzuur

Zouten van carbonzuren worden op dezelfde wijze benoemd als de anorganische zouten; eerst wordt de naam van het kation genoemd en daarna de naam van het carboxylaatanion. De naam van het carboxylaatanion wordt gevormd door bij de naam van het betreffende carbonzuur de uitgang *-zuur* te vervangen door de uitgang *-aat* of *-oaat*, bijvoorbeeld:

| | | | |
|---|---|---|---|
| $CH_3CH_2COOH$ | $CH_3CH_2COO^{\ominus}$ | COOH (benzeenring) | $COO^{\ominus}$ (benzeenring) |
| propaanzuur | propanoaat | | |
| $CH_3(CH_2)_4COOH$ | $CH_3(CH_2)_4COO^{\ominus}$ | | |
| hexaanzuur | hexanoaat | benzoëzuur | benzoaat |

Ook hier treft men vaak de triviale naamgeving aan; deze is dan afgeleid van de Engelse triviale naam.

| | | | |
|---|---|---|---|
| $HCOO^{\ominus}$ | formiaat | $^{\ominus}OOC-COO^{\ominus}$ | oxalaat |
| $CH_3COO^{\ominus}$ | acetaat | $^{\ominus}OOC-CH_2COO^{\ominus}$ | malonaat |
| $CH_3CH_2COO^{\ominus}$ | propionaat | $^{\ominus}OOC-CH_2CH_2COO^{\ominus}$ | succinaat |
| $CH_3CH_2CH_2COO^{\ominus}$ | butyraat | $^{\ominus}OOC-CH_2CH_2CH_2COO^{\ominus}$ | glutaraat |

Tabel 16.1. Officiële en triviale namen en eigenschappen van carbonzuren en dicarbonzuren.

| *Structuur formule* | *IUPAC-naam* | *Triviale Nederlandse naam* | *Triviale Engelse naam* | *Smelt punt (°C)* | *Kook punt (°C)* | *Oplosbaarheid (g/100 g $H_2O$)* |
|---|---|---|---|---|---|---|
| H-COOH | methaanzuur | mierezuur | formic acid | 8 | 100,5 | ∞ |
| $H_3C$-COOH | ethaanzuur | azijnzuur | acetic acid | 17 | 118 | ∞ |
| $H_3C$-$CH_2$-COOH | propaanzuur | propionzuur | propionic acid | -22 | 141 | ∞ |
| $H_3C$-($CH_2$-)$_2$COOH | butaanzuur | boterzuur | butyric acid | -4,7 | 162,5 | ∞ |
| $H_3C$-($CH_2$-)$_3$COOH | pentaanzuur | valeriaanzuur | valeric acid | -34,5 | 187 | 3,9 |
| $H_3C$-($CH_2$-)$_4$COOH | hexaanzuur | capronzuur | caproic acid | -1,5 | 205 | 1,2 |
| $H_3C$-($CH_2$-)$_5$COOH | heptaaanzuur | – | enantic acid | 16 | 237 | 0,7 |
| $H_3C$-($CH_2$-)$_6$COOH | octaanzuur | caprylzuur | caprylic acid | 31 | 270 | 0,3 |
| $H_3C$-($CH_2$-)$_{10}$COOH | dodecaanzuur | laurinezuur | lauric acid | 44 | . | 0,0 |
| $H_3C$-($CH_2$-)$_{16}$COOH | octadecaanzuur | stearinezuur | stearic acid | 70 | . | 0,0 |
| $C_6H_5$-COOH | benzoëzuur | benzoëzuur | benzoic acid | 122 | 250 | 0,35 |
| HOOC-COOH | ethaandizuur | oxaalzuur | oxalic acid | 187 | . | 10,2 |
| HOOC-$CH_2$-COOH | propaandizuur | malonzuur | malonic acid | 135 | . | 138 |
| HOOC-($CH_2$-)$_2$COOH | butaandizuur | barnsteenzuur | succinic acid | 185 | . | 6,8 |
| HOOC-($CH_2$-)$_3$COOH | pentaandizuur | glutaarzuur | glutaric acid | 98 | . | 64 |
| HOOC-($CH_2$-)$_4$COOH | hexaandizuur | adipinezuur | adipic acid | 135 | . | |

∞ = in iedere verhouding mengbaar

## 16.2 Voorkomen en fysische eigenschappen van carbonzuren

Carbonzuren hebben een scherpe, onaangename geur. Ze worden op diverse plaatsen in natuurlijke producten gevonden. Het eenvoudigste carbonzuur is methaanzuur of *mierenzuur*, dat zo genoemd wordt omdat het wordt geproduceerd door bepaalde mieren. Het komt ook voor in brandnetels en het zuur is voor een deel verantwoordelijk voor het irriterende effect dat deze planten veroorzaken, wanneer ze in contact komen met de huid. Ethaanzuur of *azijnzuur* is het zure bestanddeel van azijn. De in wijn aanwezige ethanol kan door enzymen met behulp van zuurstof uit de lucht gemakkelijk geoxideerd worden tot azijnzuur waardoor de wijn verzuurt. Zuiver azijnzuur smelt bij 16,6 °C en wordt dus vast bij lage temperatuur; om deze reden wordt zuiver azijnzuur ook wel aangeduid met de naam ijsazijn. Veel carbonzuren komen voor als esters in plantaardige of dierlijke producten. Butaanzuur (of boterzuur) komt veresterd met glycerol voor in boter. Hexaanzuur en octaanzuur (respectievelijk capronzuur en caprylzuur) komen als glycerolesters voor in het vet van geitenmelk (*capra* betekent geit in het Latijn). De geur en smaak van ranzige boter worden vooral veroorzaakt door carbonzuren met zes, acht en tien C-atomen. Hogere carbonzuren komen voor als de belangrijkste bestanddelen in plantaardige en dierlijke oliën en vetten (zie hoofdstuk 19) en worden daarom meestal vetzuren genoemd. In de natuur komen ook vele gesubstitueerde carbonzuren voor, onder meer in vruchten en voedingsmiddelen. Enkele voorbeelden zijn:

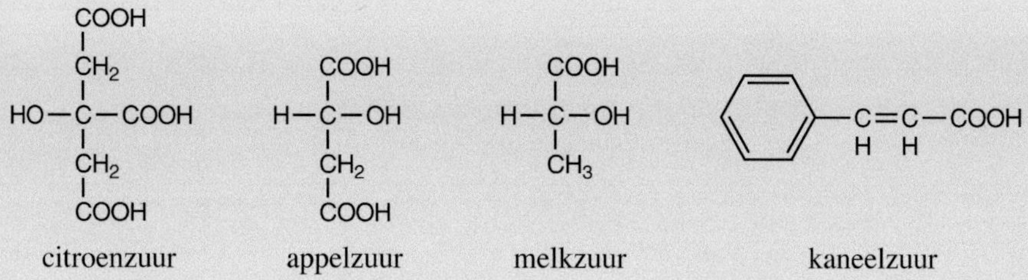

citroenzuur appelzuur melkzuur kaneelzuur

Carbonzuren hebben een hoger kookpunt dan alcoholen, aldehyden en ketonen van vergelijkbare molecuulmassa. Dit is niet verrassend, gezien de goede mogelijkheden die de carboxylgroep heeft om waterstofbruggen te vormen. Molecuulmassabepalingen tonen aan dat laagmoleculaire carbonzuren zowel in de vloeibare fase als in de gasfase voorkomen als dimeren. De hoogmoleculaire carbonzuren komen in oplossing eveneens als dimeren voor.

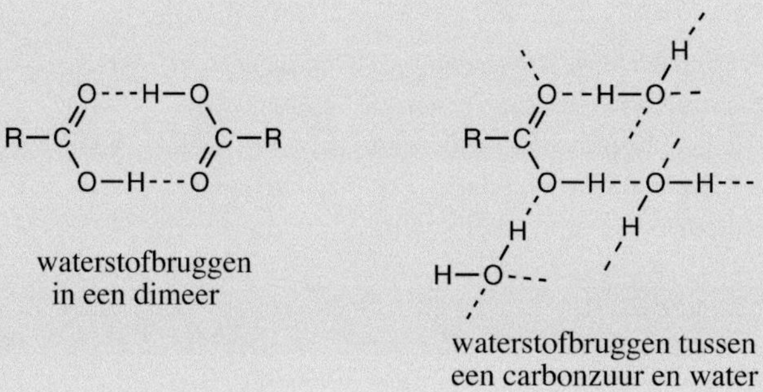

waterstofbruggen in een dimeer

waterstofbruggen tussen een carbonzuur en water

In het dimeer treedt de hydroxylgroep op als waterstofbrugdonor en de carbonylgroep als waterstofbrugacceptor. De goede mogelijkheid tot vorming van waterstofbruggen is eveneens de oorzaak van de goede oplosbaarheid van de lagere carbonzuren in water.

## 16.3 Synthese van carbonzuren

Een aantal methoden voor de synthese van carbonzuren is al in vorige hoofdstukken gegeven. Het oxidatieniveau van koolstof in de carboxylgroep is een trap hoger dan dat in de aldehyden. Carbonzuren kunnen dus verkregen worden door oxidatie van aldehyden. In de praktijk worden primaire alcoholen meestal direct geoxideerd tot carbonzuren zonder eerst de intermediaire aldehyden te isoleren (zie § 10.11).

$$R-CH_2-OH \xrightarrow{H_2CrO_4} R-\overset{O}{\overset{\|}{C}}-H \xrightarrow{H_2CrO_4} R-\overset{O}{\overset{\|}{C}}-OH$$

Krachtige oxidatie van alkylbenzenen geeft benzoëzuur als reactieproduct. Grotere zijketens worden volledig weg geoxideerd, alleen het koolstofatoom dat direct aan de aromatische ring gebonden is blijft zitten en wordt geoxideerd tot een carboxylgroep.

$$C_6H_5-CH_2-R \xrightarrow[\text{verhitten}]{H_2CrO_4} C_6H_5-\overset{O}{\overset{\|}{C}}-OH \quad \text{benzoëzuur}$$

In § 13.7 hebben we gezien dat organometaalverbindingen zeer goede nucleofielen zijn die gemakkelijk kunnen adderen aan carbonylgroepen. Gebruik van kooldioxide als carbonylverbinding is een goede algemene methode voor de synthese van carbonzuren.

$$CH_3-CH_2-CH(CH_3)-Br \xrightarrow[\text{droge ether}]{Mg} CH_3-CH_2-\overset{\delta-}{CH}(CH_3)-\overset{\delta+}{MgBr} \xrightarrow{O^{\delta-}=C^{\delta+}=O}$$

$$CH_3-CH_2-CH(CH_3)-C(=O)-\overset{\ominus\oplus}{O}MgBr \xrightarrow{H^{\oplus}} CH_3-CH_2-CH(CH_3)-COOH + Mg^{2+} + Br^{\ominus}$$

2-methylbutaanzuur

Een organometaalverbinding kan bijvoorbeeld worden gemaakt door reactie van een halogeenalkaan met magnesium in droge ether. Dit reactiemengsel wordt daarna uitgegoten op een overmaat vast kooldioxide. Na verdampen van de overmaat kooldioxide wordt het reactiemengsel aangezuurd met een sterk mineraal zuur, waarbij het zwak zure carbonzuur vrijkomt. Opgemerkt moet worden dat het gevormde carbonzuur één koolstofatoom meer heeft dan het halogeenalkaan waarvan werd uitgegaan. Dit is ook het geval als een halogeenalkaan wordt omgezet in een carbonzuur via een nitril. Het nitril kan gemakkelijk verkregen worden door een $S_N2$-reactie van een halogeenalkaan met natriumcyanide.

$$R{-}CH_2{-}Br + {:}\overset{\ominus}{C}{\equiv}N \xrightarrow[S_N2]{-\,Br^{\ominus}} R{-}CH_2{-}C{\equiv}N \xrightarrow[OH^{\ominus}\,/\,H_2O]{H_3O^{\oplus}\text{ of}} R{-}CH_2{-}COOH$$

Het gevormde nitril kan daarna gehydrolyseerd worden door koken met zuur of base (zie § 17.9). Secundaire en tertiaire halogeenalkanen kunnen niet via nitrillen worden omgezet in carbonzuren omdat bij deze verbindingen de E2-eliminatie van halogeenwaterstofzuur onder invloed van het basische cyanideion, een sterk storende nevenreactie is.

$$-\overset{Br}{\underset{|}{C}}-\overset{|}{\underset{H}{C}}- + {:}\overset{\ominus}{C}{\equiv}N \xrightarrow{E2} {>}C{=}C{<} + Br^{\ominus} + HCN$$

## 16.4 De zuurgraad van carbonzuren

Carbonzuren zijn zwakke zuren in vergelijking met sterke minerale zuren zoals waterstofchloride (HCl) en zwavelzuur ($H_2SO_4$), maar binnen de organische chemie behoren ze tot de verbindingen die relatief gemakkelijk een proton kunnen afstaan. In het algemeen wordt de zuursterkte van een verbinding bepaald door de mate waarin deze geïoniseerd is en deze ionisatiegraad wordt weergegeven door de zuurconstante $K_a$.

$$HZ + H_2O \rightleftharpoons H_3O^{\oplus} + Z^{\ominus} \qquad K_a = \frac{[H_3O^{\oplus}][Z^{\ominus}]}{[HZ]}$$

Omdat de concentratie van water constant blijft als water tevens dienst doet als oplosmiddel, wordt de constante term $[H_2O]$ nooit meegenomen in de vergelijking voor $K_a$. Uit de vergelijking blijkt dat $K_a$ groter wordt naarmate het zuur meer geïoniseerd is. Sterke zuren hebben dus een hoge $K_a$, zwakke zuren een lage $K_a$. De zuursterkte van een zuur is sterk afhankelijk van de stabiliteit van het anion dat na protonafsplitsing ontstaat; naarmate dit anion stabieler is, kan het beter als zodanig bestaan en zal het evenwicht verder naar rechts liggen. Zoals de $H^+$-concentratie meestal wordt weergegeven in pH, zo wordt de zuursterkte van een zuur uitgedrukt in $pK_a$.

$$pH = -\log[H^{\oplus}] \qquad pK_a = -\log K_a$$

Bij het gebruik van p$K_a$-waarden van zuren moet vanwege de negatieve logaritme die daarin verwerkt zit, er goed op gelet worden dat geldt:
– hoe groter de p$K_a$ -waarde, hoe zwakker het zuur;
– vanwege het exponentiële karakter stelt elke p$K_a$-eenheid een factor tien in zuursterkte voor, dus voor een zuur met p$K_a$ = 3 is het product van $H^+$ en de anionenconcentratie tienmaal groter dan voor een zuur met p$K_a$ = 4. Eenvoudige carbonzuren zoals azijnzuur hebben $K_a$-waarden tussen $10^{-4}$ en $10^{-5}$, dus p$K_a$-waarden tussen 4 en 5. Daarmee zijn het veel sterkere zuren dan bijvoorbeeld de alcoholen; deze hebben een veel lagere ionisatiegraad met p$K_a$-waarden tussen 15 en 19 (dus $K_a$ tussen $10^{-15}$en $10^{-19}$).

$$R{-}OH + H_2O \rightleftharpoons R{-}O^{\ominus} + H_3O^{\oplus} \qquad K_a = \frac{[R{-}O^{\ominus}][H_3O^{\oplus}]}{[R{-}OH]} \sim 10^{-15} - 10^{-19}$$

$$R{-}COOH + H_2O \rightleftharpoons R{-}COO^{\ominus} + H_3O^{\oplus} \qquad K_a = \frac{[R{-}COO^{\ominus}][H_3O^{\oplus}]}{[R{-}COOH]} \sim 10^{-4} - 10^{-5}$$

De grotere zuursterkte van carbonzuren ten opzichte van alcoholen komt doordat bij afsplitsing van een proton van een carbonzuur een carboxylaatanion ontstaat, dat wordt gestabiliseerd door mesomerie, terwijl het alcoholaatanion geen mesomere stabilisatie ondervindt (zie fig. 16.1).

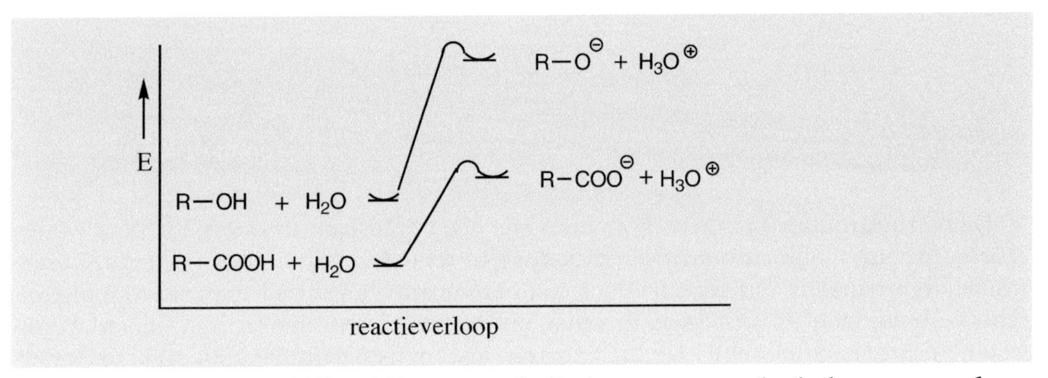


**Fig. 16.1. Energieverschillen bij protonafsplitsing van een alcohol en een carbonzuur.**

De negatieve lading in het carboxylaatanion is gelijk verdeeld over beide zuurstofatomen. De beide koolstof-zuurstofbindingen zijn equivalent, hetgeen wordt bevestigd door de gelijke bindingslengten die in het carboxylaatanion gemeten worden.

$R{-}O^{\ominus}$ — niet gestabiliseerd

$R{-}C(=O){-}O^{\ominus} \longleftrightarrow R{-}C(-O^{\ominus}){=}O$ ; $R{-}C(\dot{\cdot}O)_2^{\ominus}$ — gestabiliseerd door mesomerie

In het niet-geïoniseerde carbonzuur zijn de koolstof-zuurstofverbindingen niet equivalent. Toch is ook in het niet-geïoniseerde carbonzuur een zekere stabilisatie door mesomerie aanwezig, maar deze is duidelijk van minder belang dan die in het anion. De bijdrage van de rechter grensstructuur is klein omdat hier een scheiding van lading optreedt.

Carbonzuren zijn sterkere zuren dan koolzuur ($H_2CO_3$); een carbonzuur wordt dan ook bijna volledig omgezet in het natriumzout na toevoegen van natriumcarbonaat of natriumwaterstofcarbonaat.

$$R{-}COOH + NaHCO_3 \longrightarrow R{-}COO^{\ominus}\,Na^{\oplus} + H_2CO_3$$
$$H_2CO_3 \longrightarrow H_2O + CO_2$$

De natriumzouten van de carbonzuren zijn goed oplosbaar in water. Via deze wateroplosbare zouten zijn carbonzuren vaak goed te scheiden van andere (niet-zure) organische verbindingen. Dit gebeurt door een carbonzuur bevattend mengsel van organische verbindingen op te lossen in ether en daarna te extraheren met een natriumwaterstofcarbonaatoplossing. De carbonzuren lossen als natriumzouten op in de waterlaag en kunnen als zodanig afgescheiden worden van de etherlaag. Aanzuren van de zoutoplossing geeft daarna de vrije carbonzuren.

De zuursterkte van een carbonzuur wordt bepaald door de stabiliteit van het overeenkomstige carboxylaatanion. Het is duidelijk dat deze stabiliteit beïnvloed wordt door de aanwezigheid van elektronenstuwende of elektronenzuigende groepen aan de carboxylaatgroep. Een elektronenstuwende groep destabiliseert het carboxylaatanion en vermindert dus de zuursterkte van het carbonzuur. Een elektronenzuigende groep stabiliseert juist het carboxylaatanion en verhoogt daardoor de zuursterkte.

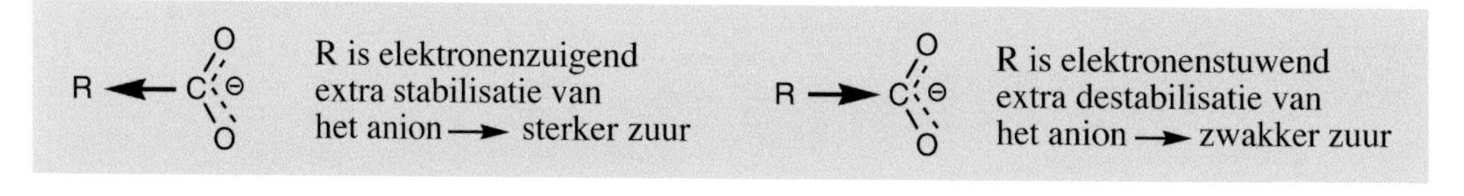

Wanneer de zuursterkten van mierenzuur, azijnzuur en een aantal andere alkaancarbonzuren met elkaar vergeleken worden, dan zien we deze afnemen met het toenemend elektronenstuwend vermogen van de alkylrest.

| | H–COOH | $CH_3$→COOH | $CH_3$→$CH_2$→COOH | $CH_3$→CH($CH_3$)→COOH | $CH_3$→C($CH_3$)$_2$→COOH |
|---|---|---|---|---|---|
| $K_a$ | 1,8 x $10^{-4}$ | 1,8 x $10^{-5}$ | 1,35 x $10^{-5}$ | 1,44 x $10^{-5}$ | 9,4 x $10^{-6}$ |

Tabel 16.2 geeft een indicatie van de mate waarin de aard van de substituent, het aantal substituenten en de plaats van de substituent aan de alkylketen van invloed is op de zuursterkte van carbonzuren.

Tabel 16.2. Invloed van de aard, het aantal en de plaats van halogeenatomen in de keten op de zuurconstanten ($K_a$) van een aantal carbonzuren.

| **Aard** | $K_a$ | p$K_a$ | **Aantal** | $K_a$ | p$K_a$ |
|---|---|---|---|---|---|
| F←$CH_2$←COOH | 2,6x$10^{-3}$ | 2,59 | $CH_3$→COOH | 1,8x$10^{-5}$ | 4,76 |
| Cl←$CH_2$←COOH | 1,4x$10^{-3}$ | 2,86 | Cl←$CH_2$←COOH | 1,4x$10^{-3}$ | 2.86 |
| Br←$CH_2$←COOH | 1,3x$10^{-3}$ | 2,90 | $Cl_2$CH←COOH | 3,3x$10^{-2}$ | 1,48 |
| I←$CH_2$←COOH | 6,7x$10^{-4}$ | 3,17 | $Cl_3$C←COOH | 2,0x$10^{-1}$ | 0,70 |

| **Plaats** | $K_a$ | p$K_a$ |
|---|---|---|
| $H_3C$—$CH_2$-$CH_2$-COOH | 1,5x$10^{-5}$ | 4,82 |
| $H_3C$—$CH_2$-CH(Cl)—COOH | 1,4x$10^{-3}$ | 2,86 |
| $H_3C$—CH(Cl)—$CH_2$-COOH | 9,0x$10^{-5}$ | 4,05 |
| Cl←$CH_2$–$CH_2$-$CH_2$-COOH | 2,8x$10^{-5}$ | 4,55 |

## 16.5 Vorming van carbonzuurderivaten

Evenals bij de alcoholen is de hydroxylgroep in de carbonzuren niet rechtstreeks te substitueren door een nucleofiel. Dit komt omdat een nucleofiel dat in staat zou moeten zijn een OH—groep te vervangen, ook altijd basische eigenschappen heeft. Deprotonering van de carboxylgroep treedt dan eerder op dan nucleofiele substitutie. Reactie van een nucleofiel met het gevormde carboxylaatanion is daarna zeer moeilijk, omdat het nucleofiel moeilijk op een negatief geladen deeltje kan aanvallen. Bovendien bevat het carboxylaatanion geen goede vertrekkende groep.

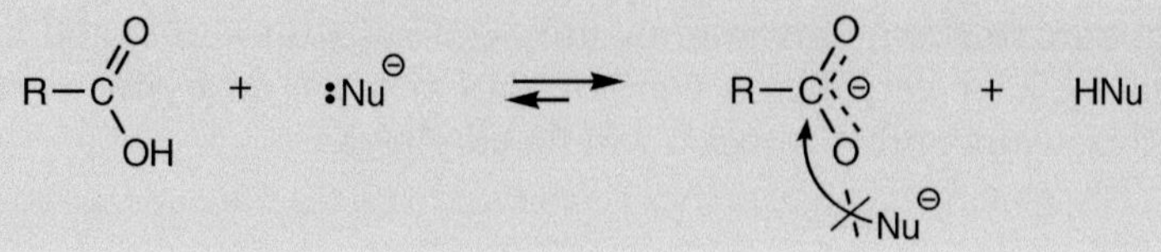

Carbonzuren kunnen echter omgezet worden in carbonzuurderivaten wanneer de hydroxylgroep eerst wordt getransformeerd tot een betere vertrekkende groep. Dit kan gebeuren door de vorming van een reactief intermediair of door protonering van de hydroxylgroep, zodat water als vertrekkende groep op kan treden. De analogie met substitutiereacties van de hydroxylgroep in alcoholen is hier duidelijk aanwezig. De reactieproducten die gevormd worden zijn derivaten van carbonzuren zoals zuurchloriden, zuuranhydriden, esters en amiden.

### *16.5.1 Vorming van zuurchloriden en anhydriden*

Een carbonzuur kan omgezet worden in een zuurchloride met behulp van thionylchloride of met fosfortrichloride. Dit zijn dezelfde reagentia waarmee ook in alcoholen de hydroxylgroep kan worden vervangen door een chlooratoom. De hydroxylgroep wordt bij deze reacties eerst omgezet in een betere vertrekkende groep, waarna substitutie kan optreden.

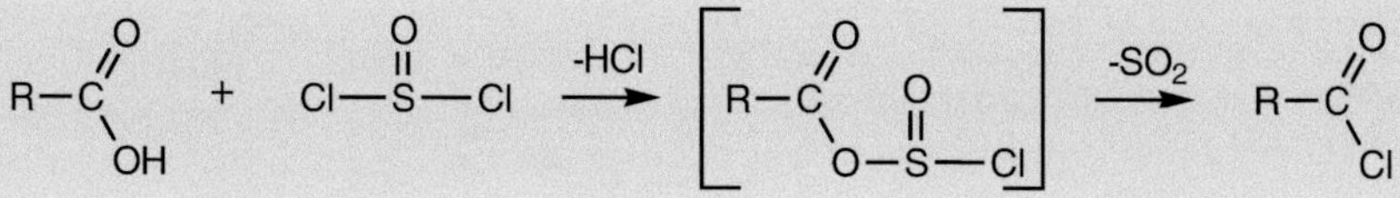

Een anhydride ontstaat door het onttrekken van water aan twee moleculen carbonzuur. Dicarbonzuren met vier of vijf koolstofatomen vormen gemakkelijk cyclische anhydriden bij verhitting boven het smeltpunt.

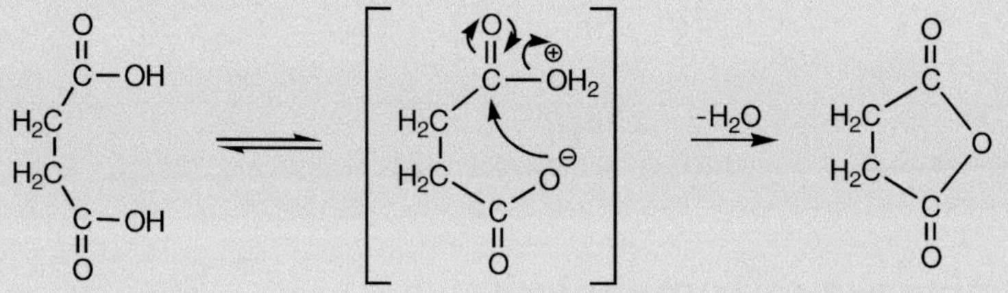

barnsteenzuur

barnsteenzuuranhydride

### *16.5.2 Vorming van esters*

Carbonzuren kunnen met alcoholen omgezet worden in esters. Dit kan niet door middel van een directe nucleofiele substitutie van de hydroxylgroep door een alcoholaatanion, omdat bij het samenvoegen van een carbonzuur en een alcoholaat onmiddellijk een zuur-basereactie zal optreden.

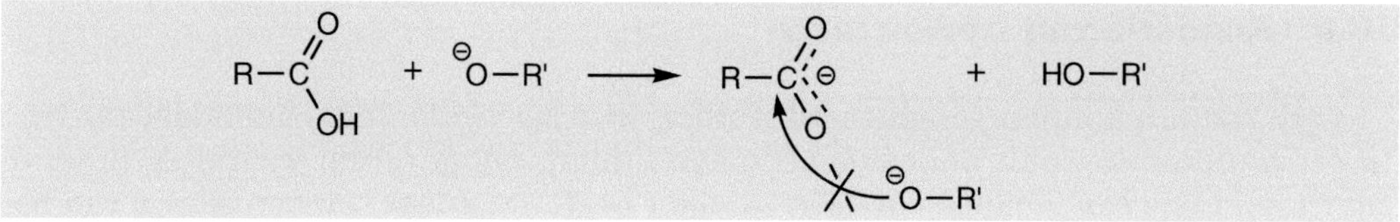

Het eenvoudigweg samenvoegen van een carbonzuur en een alcohol zonder de aanwezigheid van een katalysator geeft een zeer trage estervorming, onder andere omdat een alcohol maar een zwak nucleofiel is. Voor een redelijk snelle reactie is het nodig de reactie te katalyseren met behulp van zuur.

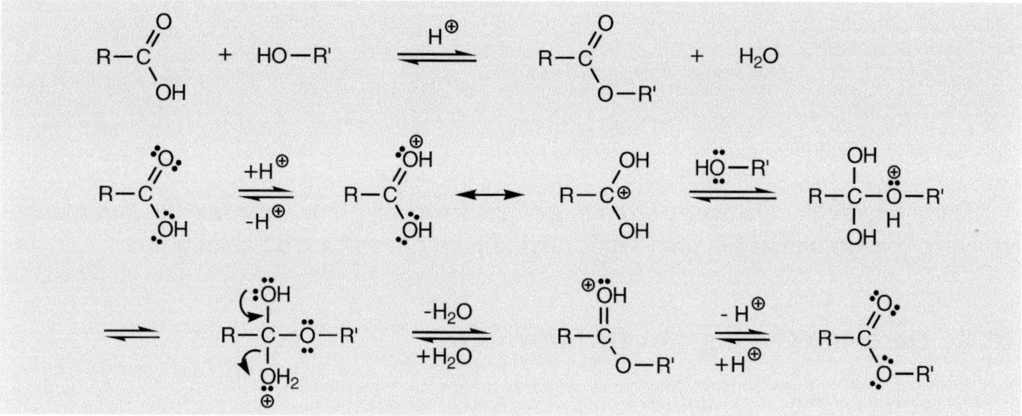

De functie van het zuur is hier tweeledig:
- Het zuur protoneert de carbonylgroep van het carbonzuur, waardoor deze gevoeliger wordt voor aanval van de zwak nucleofiele alcohol.
- Protonering zet één van de hydroxylgroepen van het intermediair om in een betere vertrekkende groep ($H_2O$).

Wanneer het bij de reactie gevormde water afgevoerd wordt, verschuift het evenwicht naar rechts en kan vorming van de ester volledig verlopen.

### *16.5.3 Vorming van amiden*

Carbonzuren kunnen omgezet worden in amiden door verhitting van het ammoniumzout. Bij hoge temperatuur splitst water af en wordt, vaak in een slechte opbrengst, het amide gevormd. Een betere synthese voor amiden vormt de reactie van carbonzuurchloriden met ammoniak of met aminen. Deze reactie wordt in § 17.3 behandeld.

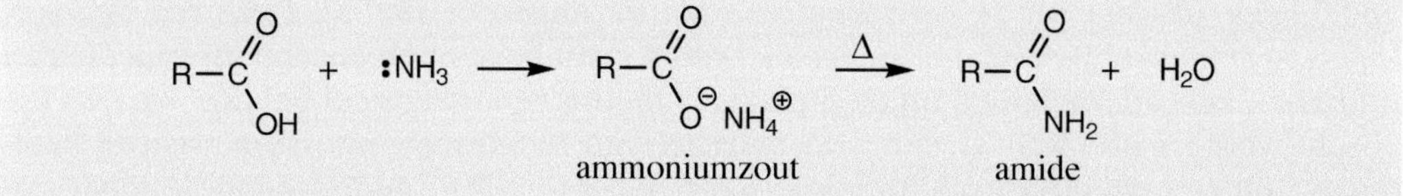

ammoniumzout amide

## 16.6 Reductie van carbonzuren

Carbonzuren kunnen gereduceerd worden met het sterke reductiemiddel $LiAlH_4$. In eerste instantie wordt in deze reactie een lithiumzout gevormd waarin de lithium-zuurstofbinding een tamelijk covalent karakter heeft. Daardoor kan een aanval van het sterk nucleofiele hydride ($H^-$), afkomstig van het aluminiumhydride, op deze verbinding optreden.

$$R{-}C({=}O){-}OH \;+\; LiAlH_4 \;\longrightarrow\; R{-}C({=}O){-}O{-}Li \;+\; H{-}AlH_2 \;+\; H_2$$

$$R{-}CH(O{-}AlH_2)(O{-}Li) \xrightarrow{-\,LiOAlH_2} R{-}C({=}O){-}H \xrightarrow{+\,LiAlH_4} R{-}CH_2{-}O^{\ominus}AlH_3\;Li^{\oplus} \xrightarrow{H_2O} R{-}CH_2{-}OH$$

Het aldehyde dat als tussenproduct gevormd wordt tijdens deze reactie, kan niet geïsoleerd worden omdat het snel verder gereduceerd wordt tot de alcohol.

## 16.7 Decarboxylering van carbonzuren

De term decarboxylering beschrijft een reactie waarbij de carboxylgroep het carbonzuur verlaat in de vorm van kooldioxide. Voor deze reactie is de splitsing van een koolstof-koolstof-binding nodig zoals aangegeven in onderstaande algemene vergelijking.

$$R{-}CH_2{-}C({=}O){-}OH \;\longrightarrow\; R{-}CH_2{-}H \;+\; O{=}C{=}O$$

De decarboxylering van gewone alkaancarbonzuren verloopt zeer moeilijk; sommige gesubstitueerde carbonzuren kunnen echter zeer gemakkelijk decarboxyleren. Deze decarboxylering van gesubstitueerde carbonzuren en carboxylaatanionen is een biologisch zeer belangrijke reactie en komt onder andere voor in de citroenzuurcyclus (zie § 16.8).

### *16.7.1 Decarboxylering van β-ketocarbonzuren en β-dicarbonzuren*

De decarboxylering van carbonzuren waarbij op de β-plaats een C = O dubbele binding aanwezig is, verloopt redelijk gemakkelijk. Deze verbindingen splitsen spontaan kooldioxide af wanneer ze verwarmd worden tot ongeveer 100 °C. Deze reacties verlopen zo gemakkelijk omdat er in deze gevallen geen hoog energetische intermediairen optreden. De carbonylgroep op de β-plaats is hierbij van essentieel belang. Via een cyclische conformatie kan er een verschuiving van elektronen optreden waarbij kooldioxide en een enol ontstaan. Tautomerisatie van de enolverbinding geeft de meer stabiele ketovorm.

β-ketocarbonzuur — $-CO_2$ → enol ⇌ keto

β-dicarbonzuur — $-CO_2$ → enol ⇌ keto

## 16.7.2 *Decarboxylering van carboxylaatanionen*

In het algemeen kan gesteld worden dat de decarboxylering van een carboxylaatanion goed verloopt als de elektronen van het anion een goed toevluchtsoord kunnen vinden. Een β-carbonylgroep kan ook hier als zodanig dienst doen, vooral als het anion door coördinatie met metaalionen gestabiliseerd wordt. Isocitraatdehydrogenase is een enzym dat in de citroenzuurcyclus de oxidatieve decarboxylatie van isocitraat naar α-ketoglutaraat katalyseert. Dit enzym bevat mangaanionen in het actieve centrum en aangenomen wordt dat deze ionen nodig zijn om de ketocarbonylgroep te polariseren en het zich ontwikkelende enolaatanion te stabiliseren.

isocitraat — $NAD^{\oplus}$ → $NADH + H^{\oplus}$ — $-CO_2$ — $Mn^{2+}$ enzym

enol-vorm ⇌ keto-vorm

Wanneer bij β-ketocarbonzuren op de plaats van de β-carbonylgroep een positief geladen functie gecreëerd wordt die gemakkelijk een elektronenpaar kan opnemen, dan mag verwacht worden dat de decarboxylering beter verloopt. Dit zou bijvoorbeeld al het geval zijn wanneer de carbonylgroep geprotoneerd zou worden.

$$R{-}C({=}\overset{\oplus}{O}H){-}CH_2{-}C(=O){-}O^{\ominus} \xrightarrow{-CO_2} R{-}C(OH){=}CH_2 \rightleftharpoons R{-}C(=O){-}CH_3$$

Een carbonylgroep is echter niet erg basisch en in β-ketocarboxylaatanionen zullen geprotoneerde carbonylgroepen niet veel voorkomen, omdat het carboxylaatanion eerder een proton zal opnemen dan de carbonylgroep.

Dit probleem kan omzeild worden door de ketofunctie om te zetten in een Schiff-base. Een Schiff-base (= imine) is, zoals de naam al zegt, basisch van karakter en kan geprotoneerd worden tot een iminiumion. Deze positief geladen groep kan bij decarboxylering het elektronenpaar van het carboxylaatanion opnemen. Men veronderstelt dat een aantal enzymgekatalyseerde decarboxyleringsreacties volgens het onderstaande reactiepatroon verloopt, waarbij de Schiff-base gevormd wordt met de eindstandige aminogroep van lysine in het actieve centrum van het enzym.

$$R{-}C(=O){-}CH_2{-}C(=O){-}O^{\ominus} + H_2\ddot{N}{-}\text{lysine-enzym} \underset{}{\overset{-H_2O}{\rightleftharpoons}} \underset{\text{Schiff base}}{R{-}C(={:}N{-}\text{lysine-enzym}){-}CH_2{-}C(=O){-}O^{\ominus}} \overset{H^{\oplus}}{\rightleftharpoons} \underset{\text{iminiumion}}{R{-}C(=\overset{\oplus}{N}H{-}\text{lysine-enzym}){-}CH_2{-}C(=O){-}O^{\ominus}}$$

$$\xrightarrow{-CO_2} R{-}C(=CH_2){-}HN{:}{-}\text{lysine-enzym} \xrightarrow{H^{\oplus}} R{-}C(=\overset{\oplus}{N}H{-}\text{lysine-enzym}){-}CH_3 \xrightarrow{+H_2O} R{-}C(=O){-}CH_3 + H^{\oplus} + H_2\ddot{N}{-}\text{lysine-enzym}$$

Bij carboxylaatanionen kan een gemakkelijke decarboxylering ook optreden als aan het β-koolstofatoom een goede vertrekkende groep zit. Deze wordt dan gelijktijdig met de afsplitsing van $CO_2$ uit het molecuul geëlimineerd. We spreken dan van een *decarboxylatieve eliminatie.* Het isopentenylpyrofosfaat, een belangrijke bouwstof in de biosynthese van terpenen, wordt via een decarboxylatieve eliminatie gevormd uit gefosforyleerd mevalonaat.

$$^{\ominus}O{-}C(=O){-}CH_2{-}CH_2{-}V \xrightarrow{-CO_2} CH_2{=}CH_2 + {:}V^{\ominus}$$

decarboxylatieve eliminatie

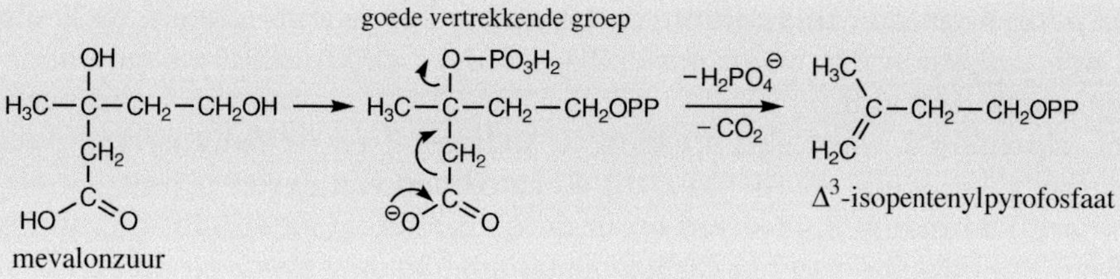

goede vertrekkende groep

$-H_2PO_4^{\ominus}$, $-CO_2$

mevalonzuur

$\Delta^3$-isopentenylpyrofosfaat

## *16.7.3 Decarboxylering van α-ketocarbonzuren - Het werkingsmechanisme van het coënzym thiaminepyrofosfaat*

Op een aantal plaatsen in het metabolisme moet uit een verbinding een carboxylaatgroep verwijderd worden die op een α-plaats ten opzichte van een carbonylfunctie zit. Deze situatie wordt onder meer aangetroffen in pyrodruivenzuur, dat omgezet moet worden in azijnzuur (nauwkeuriger gezegd in acetylcoënzym A) en in de citroenzuurcyclus, waar α-ketoglutaraat omgezet moet worden in succinaat. De decarboxylering van een α-ketocarboxylaat kan niet zonder kunstgrepen tot stand gebracht worden. Directe decarboxylering is niet mogelijk omdat het gevormde anion niet door mesomerie gestabiliseerd wordt en dus een veel te hoge energie zou hebben. De $sp^2$-orbitaal van het koolstofatoom waarin het elektronenpaar terecht zou komen, staat namelijk loodrecht op de p-orbitalen die de π-binding vormen.

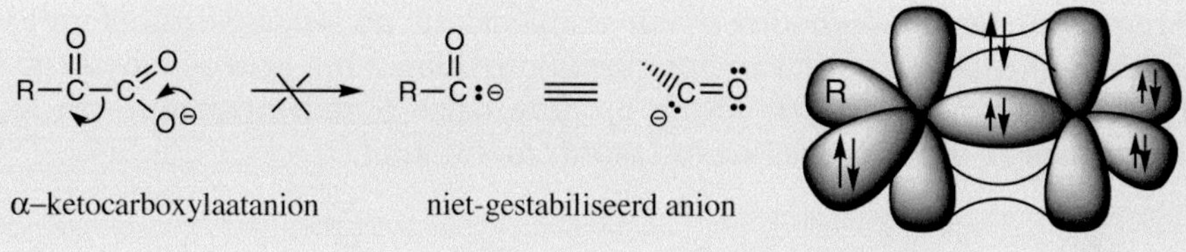

α–ketocarboxylaatanion

niet-gestabiliseerd anion

In het metabolisme wordt dit probleem opgelost door met een hulpreagens (een coënzym) in het molecuul tijdelijk een situatie te scheppen waarbij het vrije elektronenpaar van het carboxylaatanion bij decarboxylering wel goed opgevangen wordt. Dit gebeurt ook hier door in het molecuul een iminiumfunctie te creëren op de β-plaats ten opzichte van de carboxylgroep (zie § 16.7.2). Het coënzym dat hiervoor gebruikt wordt, is thiaminepyrofosfaat; de thiazoliumring in dit coënzym is hier het werkzame structuurelement.

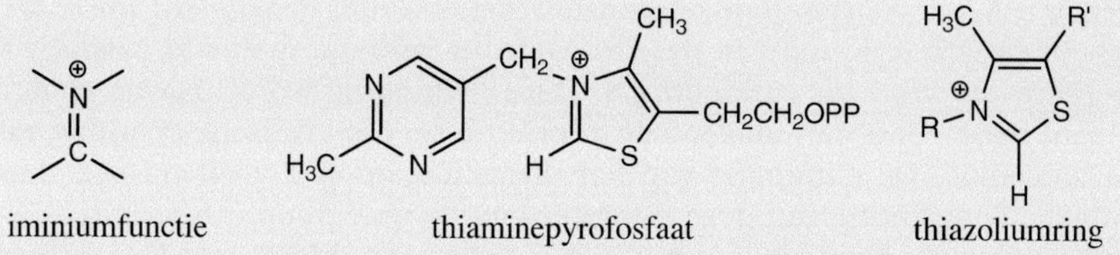

iminiumfunctie

thiaminepyrofosfaat

thiazoliumring

De positief geladen thiazoliumring **1** kan worden gedeprotoneerd op koolstofatoom **2** tot een carbanion dat wordt gestabiliseerd door elektrostatische interactie met het positieve stikstofatoom.

Dit carbanion **2** voert een nucleofiele additie uit op de carbonylgroep van een α-ketocarboxylaat; in dit voorbeeld is dit de ketogroep van pyrodruivenzuur. Na protonering wordt verbinding **3** gevormd en in deze verbinding zit een iminiumfunctie op de β-γ-plaats ten opzichte van het carboxylaatanion. Op de γ-plaats zit nu een positief geladen stikstofatoom waar de elektronen van het carboxylaatanion bij decarboxylering een goed heenkomen kunnen vinden (vergelijk iminiumion op pag. 326 en verbinding **3**). Na de decarboxylering ontstaat de neutrale verbinding **4**. Deze verbinding kan - afhankelijk van de omstandigheden - op een oxidatieve of op een niet-oxidatieve manier verder reageren.

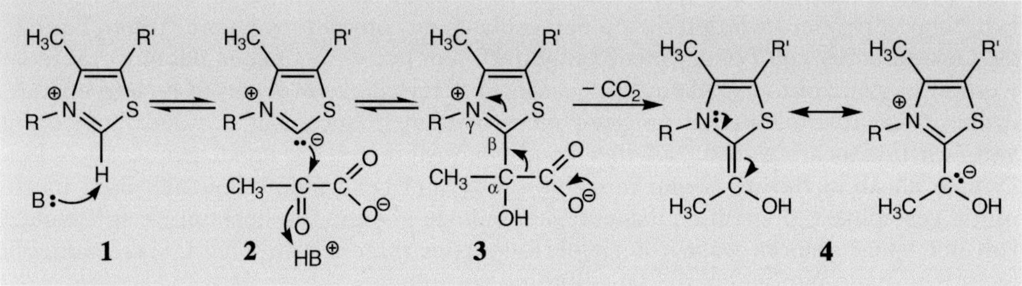

Onder *anaërobe* omstandigheden treedt geen oxidatie op, maar wordt na protonering van het carbanion en eliminatie van het thiazoliumanion **2** het aceetaldehyde gevormd. Anaërobe organismen, zoals gist, zetten op deze wijze pyrodruivenzuur om in aceetaldehyde dat daarna verder gereduceerd wordt tot ethanol.

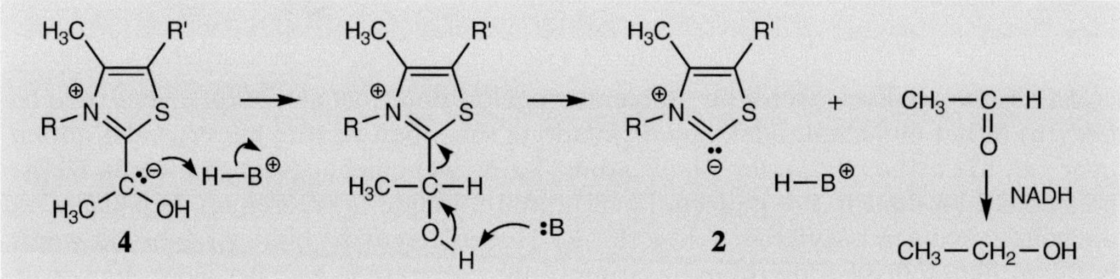

Onder *aërobe* omstandigheden wordt pyrodruivenzuur *oxidatief* gedecarboxyleerd tot acetylcoënzym A, dat daarna in de citroenzuurcyclus verder geoxideerd wordt tot $CO_2$. De oxidatieve decarboxylering van pyrodruivenzuur verloopt in eerste instantie op de eerder beschreven wijze tot verbinding **4**. Deze verbinding wordt daarna echter niet geprotoneerd maar voert een nucleofiele aanval uit op het cyclische disulfide van het coënzym lipoamide. De eliminatie van het thiazoliumanion **2** geeft nu een thioëster van lipoamide. Omestering van deze thioëster met de thiolgroep van coënzym A geeft dan acetylcoënzym A. Oxidatie van het hierbij gevormde dithiol met $NAD^+$ geeft het oorspronkelijk lipoamide terug, samen met een molecuul NADH.

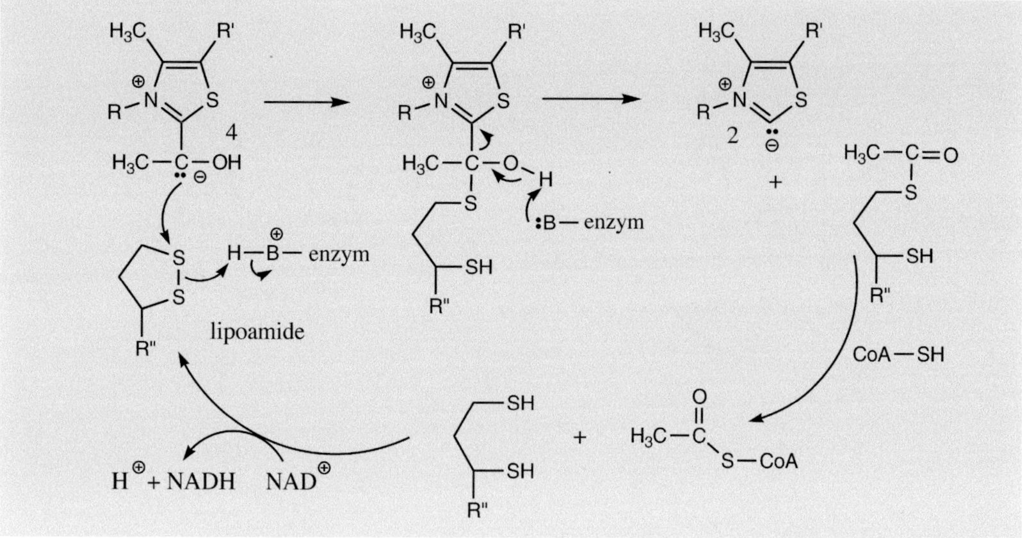

In een van de reactiestappen van de citroenzuurcyclus wordt eveneens een α-keto-carboxylaat, het α-ketoglutaraat, oxidatief gedecarboxyleerd tot de monothioëster van succinaat (zie stap 5, § 16.8). Dit proces verloopt op dezelfde wijze als hiervoor is beschreven voor de oxidatieve decarboxylering van pyrodruivenzuur.

## 16.8 De citroenzuurcyclus

In § 13.17 werd beschreven op welke wijze glucose in de glycolyse wordt omgezet in pyrodruivenzuur. In de vorige paragraaf werd de omzetting van pyruvaat in acetylco-enzym A beschreven via de oxidatieve decarboxylering. Dit acetyl-CoA wordt ten slotte in de citroenzuurcyclus volledig omgezet in kooldioxide en energie (zie figuur 16.2). De citroenzuurcyclus is een oxidatiecyclus waarin brandstofmolcculen afkomstig uit vetten (Acetyl-CoA), suikers (acetyl-CoA) en aminozuren (acetyl-CoA, α-ketoglutaarzuur, barnsteenzuur en ketobarnsteenzuur) geoxideerd worden tot kooldioxide. Veruit de meeste brandstof wordt aangeleverd in de vorm van acetyl-CoA.

Als het verloop van de chemische reacties in de citroenzuurcyclus gevolgd wordt dan zien we dat eerst citraat wordt omgezet in isocitraat via achtereenvolgens een dehydratatie (*stap 1*) en een hydratatie (*stap 2*). Deze omzetting van een tertiaire alcohol in een secundaire alcohol is nodig om de hydroxylgroep te kunnen oxideren tot een carbonylgroep (*stap 3*).

De nu gemakkelijke decarboxylering van de omcirkelde carboxylaatgroep β ten opzichte van de ketogroep (stap 4) is in § 16.7 uitvoerig besproken, evenals de daarop volgende oxidatieve decarboxylering van β-ketoglutaraat (*stap 5*). Het gevormde succinaat wordt gedehydrogeneerd (ook een oxidatiereactie) tot fumaraat (*stap 6*). Additie van water aan dit fumaraat geeft malaat (*stap 7*), waarbij opnieuw een oxideerbare hydroxylgroep in het molecuul ontstaat. De additie van water aan fumaraat is in § 15.1 reeds besproken.

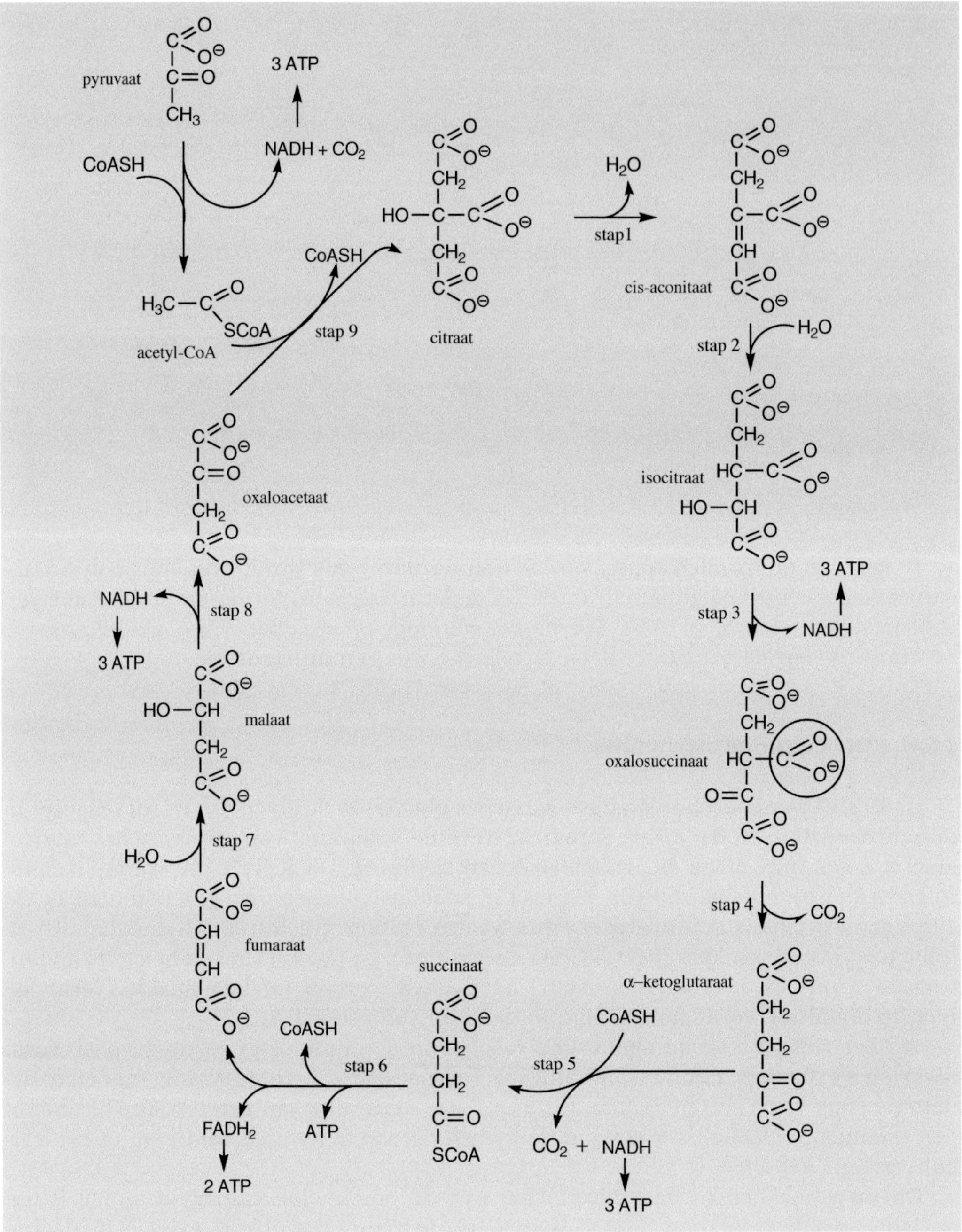

Fig. 16.2. De citroenzuurcyclus.

De hydroxylgroep in malaat wordt geoxideerd tot een carbonylgroep (*stap 8*) en nucleofiele additie van acetyl-CoA aan deze carbonylgroep geeft daarna opnieuw het citraat (*stap 9*), waarmee de cyclus gesloten is.

enzym —B: H—CH$_2$—C(=O)—SCoA → enzym —BH$^{\oplus}$ CH$_2$—C(=O)—SCoA

$^{\ominus}$OOC—C(=O)—CH$_2$—COO$^{\ominus}$ HO—C—COO$^{\ominus}$

H—B$^{\oplus}$— enzym H$_2$C—COO$^{\ominus}$

:B— enzym

Voor nucleofiele additie van acetyl-CoA aan de carbonylgroep wordt eerst een gestabiliseerd carbanion gevormd op het α-koolstofatoom van acetyl-CoA, dat daarna aanvalt op het positief gepolariseerde koolstofatoom van de carbonylgroep van het oxaloacetaat. Deze reactie vertoont enige analogie met de aldolcondensatie; het anion wordt hier echter door een thioëster in plaats van door een aldehyde geleverd.

De energie die de verbranding van één acetylgroep in de citroenzuurcyclus levert, wordt opgeslagen in de vorm van ATP. In één cyclus worden tijdens de oxidatiestappen 3 moleculen NADH en 1 molecuul FADH gevormd. De hydrolyse van de succinaat-thioester levert 1 molecuul ATP. In de elektrontransportketen worden NADH en $FADH_2$ weer geoxideerd tot $NAD^+$ en FAD, waarbij in totaal 11 moleculen ATP gevormd worden. Uiteindelijk wordt dus in de citroenzuurcyclus door de oxidatie van één acetylgroep tot twee moleculen kooldioxide, 12 moleculen ATP gevormd die in totaal 12 x 30,5 kJ = 366 kJ energie leveren bij hydrolyse van 1 mol ATP tot ADP en fosfaat.

N.B. Bij de weergave van biochemische processen kan men op verschillende plaatsen in de literatuur carboxylgroepen en fosfaatgroepen zowel in de geïoniseerde vorm als in de niet-geïoniseerde vorm aantreffen. De wijze van weergave is vaak afhankelijk van het verband waarin ze beschreven worden. Men dient zich evenwel te realiseren dat onder fysiologische omstandigheden de carboxylgroepen en de fosfaatgroepen in het algemeen als anionen aanwezig zijn.

# 17 Derivaten van carbonzuren

Verbindingen worden derivaten van carbonzuren genoemd als de hydroxylgroep van het carbonzuur is vervangen door een andere elektronegatieve substituent Y. Een gemeenschappelijk kenmerk van derivaten van carbonzuren is dat zij door hydrolyse weer in carbonzuren zijn om te zetten.

$$R-C(=O)-Y \xrightarrow{H_2O} R-C(=O)-OH + HY$$

carbonzuurderivaat → carbonzuur

In dit hoofdstuk zullen we aandacht besteden aan de volgende carbonzuurderivaten:

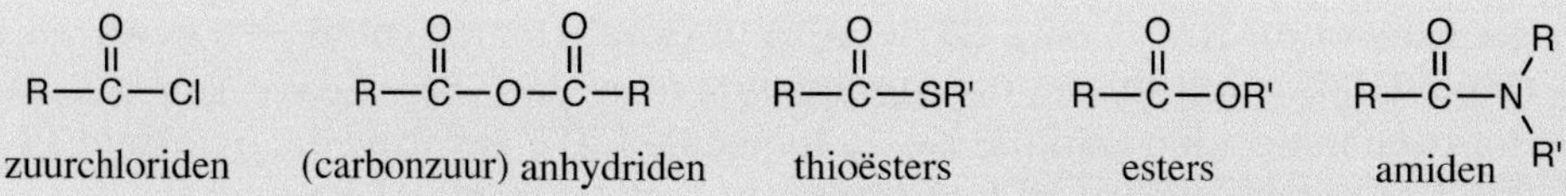

| $R-C(=O)-Cl$ | $R-C(=O)-O-C(=O)-R$ | $R-C(=O)-SR'$ | $R-C(=O)-OR'$ | $R-C(=O)-NRR'$ |
|---|---|---|---|---|
| zuurchloriden | (carbonzuur) anhydriden | thioësters | esters | amiden |

Derivaten van carbonzuren komen in de natuur veel voor. Acetylfosfaat, het gemengde anhydride van azijnzuur en fosforzuur, is een reactief intermediair in de vorming van acetylcoënzym A. Acetylcoënzym A is een thioëster die een sleutelrol vervult in de citroenzuurcyclus en in het metabolisme van vetten. Vetten zijn esters van vetzuren en glycerol; eiwitten zijn in feite polyamiden. Kennis en inzicht in de reactiviteit en de eigenschappen van anhydriden, (thio)esters en amiden kan dan ook direct vertaald worden in een beter begrip van metabolismen en een beter inzicht in de chemie van vetten en eiwitten.

## 17.1 Nomenclatuur

De nomenclatuur van carbonzuurderivaten loopt parallel met de nomenclatuur van de carbonzuren waarvan de derivaten afgeleid zijn.

### *17.1.1 Zuurchloriden*

De naam van een zuurchloride wordt verkregen door de uitgang *-zuur* van het overeenkomstige carbonzuur te vervangen door de uitgang *-zuurchloride.*

| $CH_3-C(=O)-Cl$ | $CH_3-CH(CH_3)-CH_2-C(=O)-Cl$ |
|---|---|
| acetylchloride<br>ethaanzuurchloride | 3- methylbutaanzuurchloride |

### *17.1.2 Anhydriden*

De naam van een anhydride wordt verkregen door *toevoeging* van het woord *anhydride* achter de naam van het carbonzuur waarvan het anhydride is afgeleid.

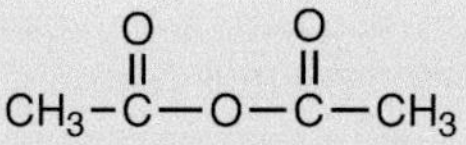

$CH_3-C(=O)-O-C(=O)-CH_3$
azijnzuuranhydride
ethaanzuuranhydride

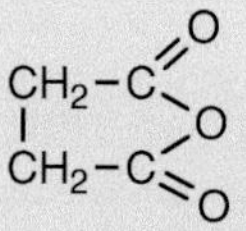

$CH_2-C(=O)-O-C(=O)-CH_2$ (ring)
barnsteenzuuranhydride
butaandizuuranhydride

### *17.1.3 Esters en thioësters*

De naamgeving van esters heeft grote overeenkomst met de naamgeving van de zouten van carbonzuren. In de nomenclatuur wordt ervan uitgegaan dat het zure waterstofatoom van de hydroxylgroep vervangen is door een alkylgroep. De naam van de alkylgroep wordt het eerst genoemd, gevolgd door de naam van het carboxylaatanion.

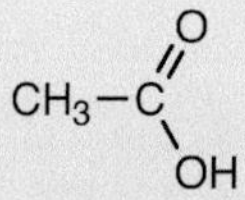

$CH_3-C(=O)OH$
azijnzuur
ethaanzuur

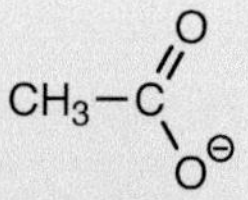

$CH_3-C(=O)O^{\ominus}$
acetaat
ethanoaat

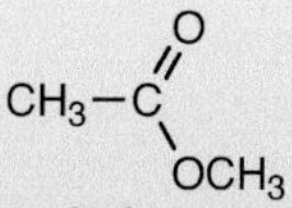

$CH_3-C(=O)OCH_3$
methylacetaat
methylethanoaat

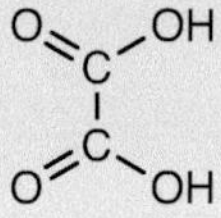

$HO(O=)C-C(=O)OH$
oxaalzuur

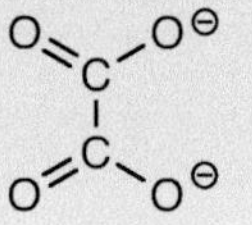

$^{\ominus}O(O=)C-C(=O)O^{\ominus}$
oxalaat

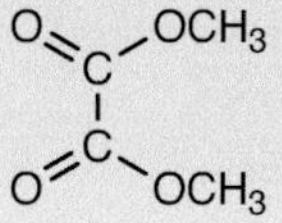

$CH_3O(O=)C-C(=O)OCH_3$
dimethyloxalaat

De naam van een thioëster wordt verkregen door de uitgang *-oaat* in de naam van een gewone ester te vervangen door de uitgang *-thioaat*. Bij triviale namen wordt het voorvoegsel *thio-* vóór de naam van het carbonzuur geplaatst om aan te geven dat een zuurstofatoom in het molecuul vervangen is door een zwavelatoom.

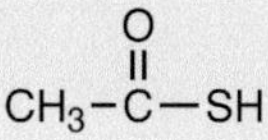

$CH_3-C(=O)-SH$ thioazijnzuur

$CH_3-C(=O)-S-CH_3$ methylethaanthioaat
thioazijnzure methylester

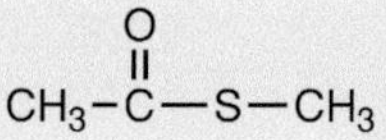

### *17.1.4 Amiden*

De naam van een amide wordt verkregen door de uitgang *-zuur* van het overeenkomstige carbonzuur te vervangen door de uitgang *-amide*. Is het amide op het stikstofatoom gesubstitueerd, dan worden voor de naam van de stof de alkylgroepen (substituenten) genoemd met daarbij de letters *N* of *N,N* om aan te geven dat er één, respectievelijk twee alkylgroepen (substituenten) aan het amidestikstofatoom gebonden zijn.

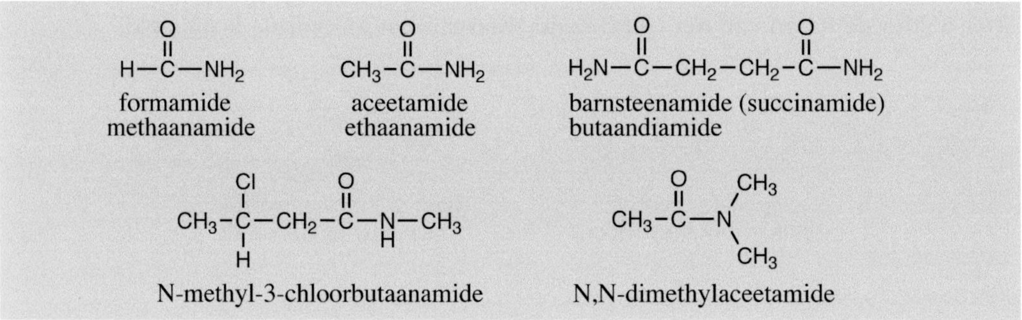

$H-C(=O)-NH_2$
formamide
methaanamide

$CH_3-C(=O)-NH_2$
aceetamide
ethaanamide

$H_2N-C(=O)-CH_2-CH_2-C(=O)-NH_2$
barnsteenamide (succinamide)
butaandiamide

$CH_3-CH(Cl)-CH_2-C(=O)-NH-CH_3$
N-methyl-3-chloorbutaanamide

$CH_3-C(=O)-N(CH_3)_2$
N,N-dimethylaceetamide

*17.1.5 Namen van de structuurfragmenten*

Bij de behandeling van de eigenschappen van carbonzuurderivaten worden af en toe namen van structuurfragmenten gebruikt. Zo zit in alle carbonzuurderivaten de acylgroep als gemeenschappelijk structuurelement. Verder zijn de volgende termen van belang:

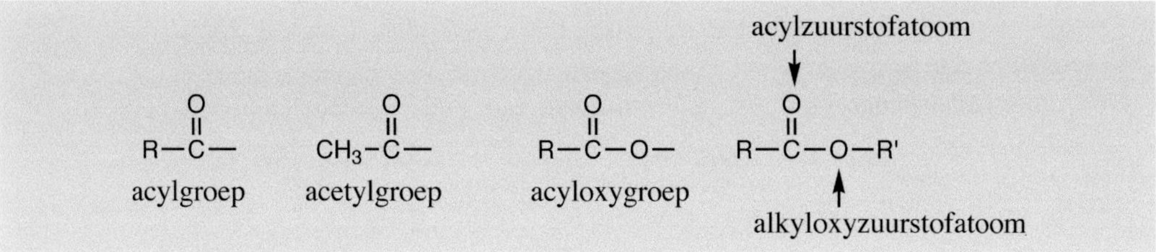

$R-C(=O)-$
acylgroep

$CH_3-C(=O)-$
acetylgroep

$R-C(=O)-O-$
acyloxygroep

$R-C(=O)-O-R'$
acylzuurstofatoom (de =O)
alkyloxyzuurstofatoom (de -O-)

## 17.2 De nucleofiele acylsubstitutie

Alvorens nader in te gaan op de chemische eigenschappen van de carbonzuurderivaten afzonderlijk, is het zinvol aandacht te schenken aan één reactiepatroon dat al deze derivaten gemeenschappelijk hebben, namelijk de *nucleofiele acylsubstitutie*.

$R(V)C=O + Nu^{\ominus} \rightleftharpoons R(V)(Nu)C-O^{\ominus} \rightleftharpoons Nu(R)C=O + V^{\ominus}$

zuurderivaat

onstabiel
tetraëdrisch
intermediair

zuur of
zuurderivaat

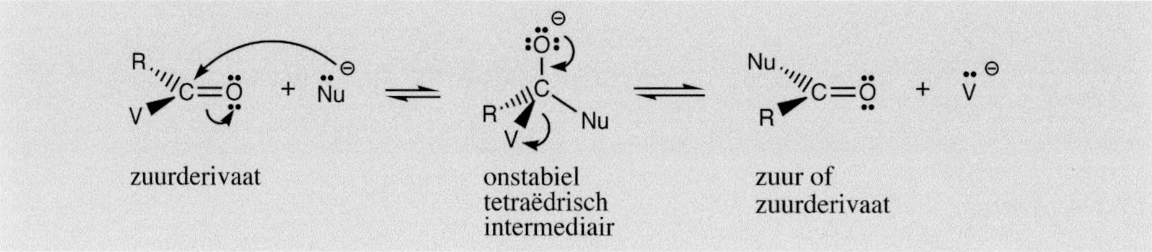

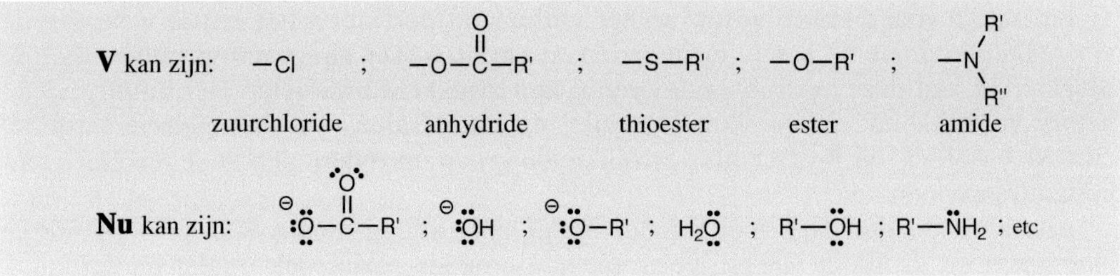

**V** kan zijn: —Cl (zuurchloride) ; —O—C(=O)—R' (anhydride) ; —S—R' (thioester) ; —O—R' (ester) ; —N(R')(R'') (amide)

**Nu** kan zijn: $^{\ominus}$O—C(=O)—R' ; $^{\ominus}$OH ; $^{\ominus}$O—R' ; $H_2O$ ; R'—OH ; R'—$NH_2$ ; etc

Als naar het begin- en het eindproduct van de reactie gekeken wordt, dan is het duidelijk dat we hier te maken hebben met een substitutiereactie (V wordt vervangen door Nu). Een gedetailleerde beschouwing van het mechanisme van deze reactie toont echter dat eerst een *additie* van het nucleofiel Nu$^-$ aan de carbonylgroep optreedt, gevolgd door een *eliminatie* van de vertrekkende groep V$^-$.Een dergelijk mechanisme wordt een *additie-eliminatie*-mechanisme genoemd.

De eerste stap van dit mechanisme lijkt zeer veel op de nucleofiele additie aan aldehyden of ketonen. Het tetraëdrische intermediair dat bij deze carbonyladditie gevormd wordt, bevat echter *geen* goede vertrekkende groep (behalve Nu$^-$, maar dan wordt de uitgangsstof teruggevormd); $H_3C^-$ of $H^-$ zijn zeer sterke basen en kunnen niet als vertrekkende groep optreden. De reactie loopt af door protonering van het adduct zoals is aangegeven in § 13.3.

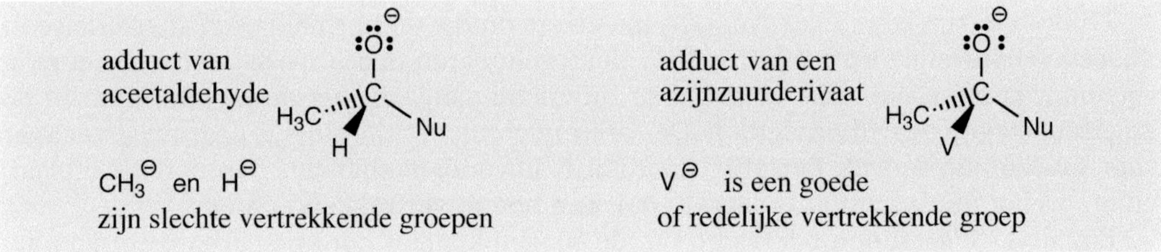

adduct van aceetaldehyde: $^{\ominus}$O—C(H)(Nu)($H_3C$)

$CH_3^{\ominus}$ en $H^{\ominus}$ zijn slechte vertrekkende groepen

adduct van een azijnzuurderivaat: $^{\ominus}$O—C(V)(Nu)($H_3C$)

$V^{\ominus}$ is een goede of redelijke vertrekkende groep

Het tetraëdrische intermediair dat gevormd wordt bij een additie aan een carbonzuurderivaat, bevat naast Nu$^-$ *wel* een vertrekkende groep, namelijk V$^-$. Wanneer V$^-$ het tetraëdrische intermediair verlaat ontstaat er een nieuwe verbinding waarin V$^-$ is vervangen door Nu$^-$, zoals in de algemene voorstelling van het reactiemechanisme is aangegeven.

De relatieve reactiviteit van carbonzuurderivaten verandert met de aard van de elektronegatieve substituent V aan de carbonylgroep.

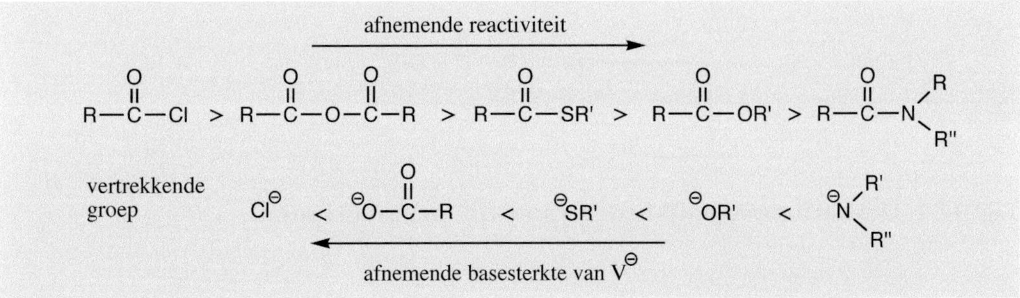

afnemende reactiviteit →

R—C(=O)—Cl > R—C(=O)—O—C(=O)—R > R—C(=O)—SR' > R—C(=O)—OR' > R—C(=O)—N(R)(R'')

vertrekkende groep: $Cl^{\ominus}$ < $^{\ominus}$O—C(=O)—R < $^{\ominus}$SR' < $^{\ominus}$OR' < $^{\ominus}$N(R')(R'')

← afnemende basesterkte van $V^{\ominus}$

Belangrijk voor de reactiviteit van een carbonzuurderivaat is het gemak waarmee de vertrekkende groep $V^-$ het intermediair kan verlaten. Dit hangt nauw samen met de basesterkte van deze vertrekkende groep. Een zwakkere base (stabieler anion) is een betere vertrekkende groep. Zuurchloriden en anhydriden, waarin respectievelijk de zwakke basen $Cl^-$ en $R\text{-}COO^-$ als vertrekkende groep optreden, zijn zeer reactieve carbonzuurderivaten.

Esters en amiden zijn veel minder actief, niet alleen omdat $R\text{-}O^-$ en $R_2N^-$ sterke basen zijn en daardoor slechte vertrekkende groepen, maar ook omdat de carbonylgroep in esters en amiden beter gestabiliseerd wordt door mesomerie. Daardoor zal ook de aanval van een nucleofiel op de carbonylgroep minder goed verlopen.

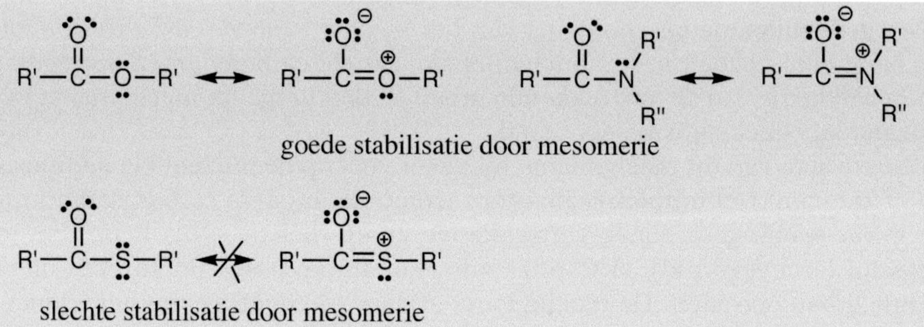

goede stabilisatie door mesomerie

slechte stabilisatie door mesomerie

Thioësters zijn reactiever dan gewone esters omdat de normale ester-mesomerie in thioësters nauwelijks optreedt. De vrije elektronenparen in de 3p-orbitalen van het zwavelatoom kunnen namelijk geen goede interactie aangaan met de $\pi$-elektronen in de 2p-orbitalen van de carbonylgroep. De carbonylgroep in thioësters is daarom gevoeliger voor nucleofiele aanval. Een thiolaatanion is bovendien stabieler dan een alcoholaatanion en het thiolaatanion is daarom ook een betere vertrekkende groep.

Figuur 17.1 geeft een overzicht van de mogelijkheden het ene carbonzuurderivaat in het andere om te zetten en illustreert daarmee tevens de volgorde in reactiviteit van deze derivaten.

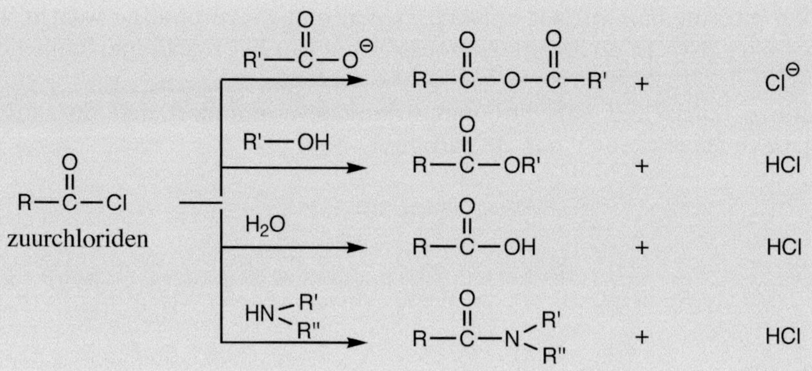

zuurchloriden

Fig. 17.1. Omzettingsmogelijkheden van carbonzuurderivaten.

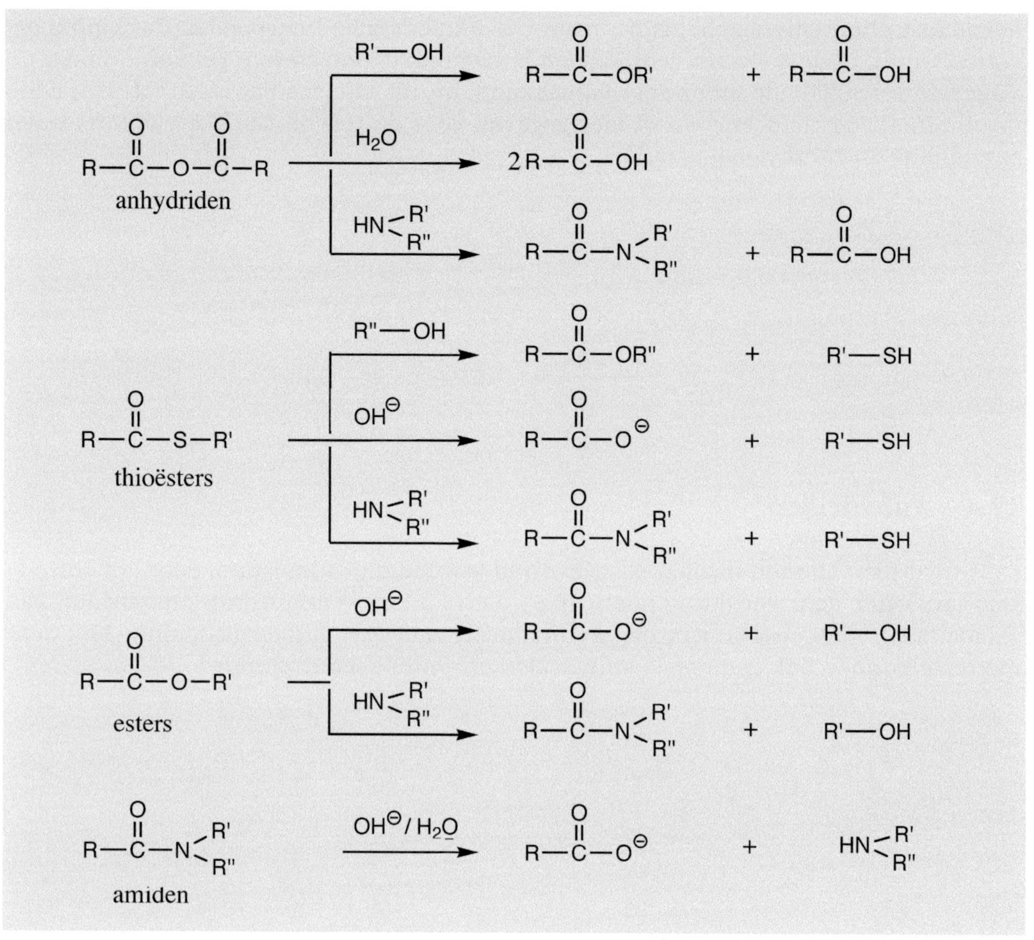


Fig. 17.1. (vervolg)

## 17.3 Zuurchloriden

Alhoewel ook andere zuurhalogeniden bekend zijn, worden de zuur*chloriden* het meest toegepast. Zuurchloriden kunnen gesynthetiseerd worden uit carbonzuren met behulp van thionylchloride (zie § 16.5) of een fosforchloride.

$$R\text{-}C(=O)OH + PCl_3 \longrightarrow R\text{-}C(=O)\text{-}\overset{\oplus}{O}H\text{-}PCl_2 \;\; (Cl^{\ominus}) \longrightarrow R\text{-}C(=O)Cl + HO\text{-}PCl_2$$

Zuurchloriden zijn zeer reactieve verbindingen die vooral gebruikt worden als intermediairen in de organische synthese (zie fig. 17.1). Zuurchloriden moeten goed afgesloten bewaard worden, want met vocht uit de lucht ontleden de meeste zuurchloriden reeds in het carbonzuur en zoutzuur. Men vermoedt dat zuurchloriden reageren volgens het additie-eliminatie-mechanisme, maar het tetraëdrische intermediair dat hierbij gevormd wordt, bestaat slechts zeer kort en is moeilijk te detecteren. Dit komt omdat $Cl^-$ als goede vertrekkende groep zeer gemakkelijk uit dit intermediair vertrekt. Het additie-eliminatie-mechanisme wordt hier gegeven voor de reactie van acetylchloride met ethylamine tot *N*-ethylaceetamide.

$$CH_3-C(=O)Cl + H_2\ddot{N}-C_2H_5 \rightleftharpoons CH_3-C(O^-)(Cl)-N^+H_2-C_2H_5 \xrightarrow{-Cl^-} CH_3-C(=O)-N^+H_2-C_2H_5$$

$$\xrightarrow{C_2H_5\ddot{N}H_2} CH_3-C(=O)-NH-C_2H_5 + C_2H_5\overset{\oplus}{N}H_3$$

## 17.4 Anhydriden

Anhydriden kunnen rechtstreeks gevormd worden uit carbonzuren door het onttrekken van water door verhitting (zie § 16.5). Een andere synthese van anhydriden kan plaatsvinden door reactie van een zuurchloride met een carboxylaatanion. Met deze methode kunnen ook gemengde anhydriden gesynthetiseerd worden.

$$CH_3-C(=O)Cl + {}^{\ominus}:\ddot{O}-C(=O)-C_6H_5\ Na^{\oplus} \longrightarrow CH_3-C(O^{\ominus})(Cl)-O-C(=O)-C_6H_5\ Na^{\oplus}$$

$$\longrightarrow CH_3-C(=O)-O-C(=O)-C_6H_5 + NaCl$$

De reactie van een anhydride met een alcohol of met een alcoholaatanion is een goede methode voor de bereiding van esters (acylering van alcoholen). Ook aminen kunnen met anhydriden gemakkelijk geacyleerd worden (zie§ 17.7.2).

$$CH_3-C(=O)-O-C(=O)-CH_3 + H\ddot{O}-R' \rightleftharpoons CH_3-C(O^{\ominus})(O-C(=O)CH_3)-\overset{\oplus}{O}H-R' \rightleftharpoons CH_3-C(OH)(O-C(=O)CH_3)-O-R'$$

$$\longrightarrow CH_3-C(=O)-OR' + CH_3-C(=O)OH$$

In § 14.10 is aangegeven dat pyridine gebruikt kan worden als katalysator in acyleringsreacties van alcoholen met een anhydride. Nucleofiele aanval van pyridine op de carbonylgroep van het anhydride geeft eerst een acylpyridiniumion als reactief intermediair. De carbonylgroep in dit intermediair is nu sterker positief gepolariseerd door het naburige positieve stikstofatoom, waardoor de zwak nucleofiele alcohol gemakkelijk kan aanvallen. Het neutrale pyridine treedt daarna op als een goede vertrekkende groep. In feite treedt dus tweemaal achtereen een additie-eliminatie op.

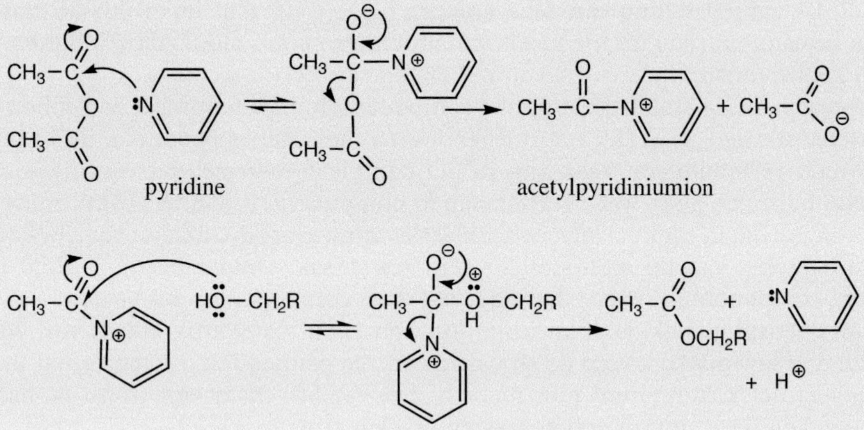

pyridine

acetylpyridiniumion

Acetylfosfaat, het gemengde anhydride van azijnzuur en fosforzuur speelt een sleutelrol in de acetylering van coënzym A tot acetylcoënzym A. Dit acetylcoënzym A is een thioëster en het is o.a. het belangrijkste intermediair in de opbouw van vetzuren uit azijnzuur. In het gemengde anhydride treedt het stabiele fosfaatdianion op als een goede vertrekkende groep, het mechanisme is opnieuw een voorbeeld van het algemeen gangbare additie-eliminatie-mechanisme.

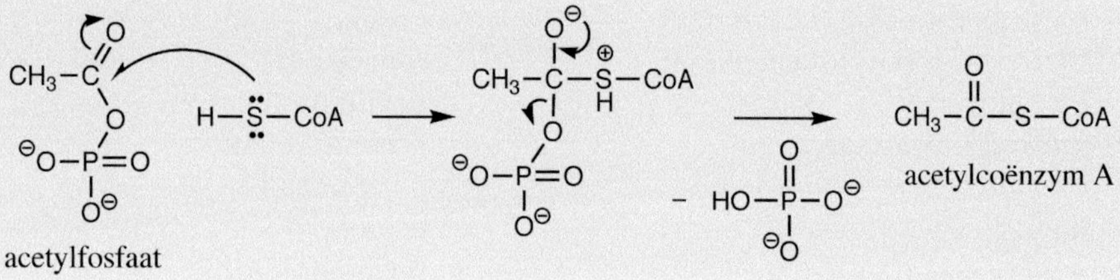

acetylfosfaat

acetylcoënzym A

## 17.5 Esters

Esters zijn belangrijke carbonzuurderivaten. In de natuur worden veel esters aangetroffen, vooral als geur- en smaakstoffen en in de vorm van wassen, oliën en vetten. Naast de chemische eigenschappen van esters zal in deze paragraaf aandacht geschonken worden aan het voorkomen van esters in natuurlijke aroma's. Wassen, oliën en vetten zullen in hoofdstuk 19 apart worden behandeld.

### *17.5.1 Esters in geur- en smaakstoffen*

Een aspect van esters dat bijna dagelijks een rol speelt in ons leven is hun functie als geur- en smaakstof. Het toevoegen van specerijen of andere smaakmakers aan voedsel is al van oudsher bekend. Geur en smaak zijn niet los van elkaar te denken. De smaakpapillen op de tong kunnen zoet, zuur, zout en bitter onderscheiden, maar de meer genuanceerde facetten van de smaakgewaarwording worden geregistreerd door de neus en worden veroorzaakt door de geur van de vluchtige componenten in het voedsel. De samenstelling van deze aroma's blijkt vaak zeer ingewikkeld. Natuurlijke geuren bestaan meestal uit mengsels van vluchtige esters, aldehyden, ketonen, alcoholen en koolwaterstoffen.

Esters zijn onder andere belangrijke componenten in fruitaroma's; ze hebben meestal een zoete, prettige geur. Het natuurlijke aroma van ananas bevat o.a. de in tabel 17.1 opgesomde verbindingen. Vaak zijn in het complexe mengsel dat verantwoordelijk is voor een bepaalde geur wel overheersende componenten aan te geven, maar ook de verbindingen die in zeer geringe concentraties aanwezig zijn, dragen vaak belangrijk bij aan de beleving van de uiteindelijke geur en smaak. Omdat het hier altijd gaat om *vluchtige* componenten, is het duidelijk dat deze componenten bij bewaren of verwerken van voedsel gemakkelijk verloren kunnen gaan. Langdurig koken van voedsel is meestal niet bevorderlijk voor de smaak ervan. De geurstoffen die men ruikt in de keuken tijdens het koken zitten niet meer in het voedsel maar een troost is, dat in een goede keuken deze geuren een genoegen op zich zijn.

**Tabel 17.1. Componenten uit het natuurlijke aroma van ananas.**

| *Esters* | *Overige verbindingen* |
|---|---|
| methyl- en ethylacetaat | azijnzuur |
| methyl- en ethyl-*n*-butyraat | |
| methyl- en ethylisovaleraat | methanol |
| methyl- en ethyl-*n*-carporaat | ethanol |
| methyl- en ethyl-*n*-carpylaat | *n*-propanol |
| ethylacrylaat | isobutanol |
| methyl-*n*-valeraat | *n*-penanol |
| ethyllactaat | |
| methyl-isocaproaat | aceton |
| pentyl-*n*-caproaat | formaldehyde |
| methyl-β-methylthiopropionaat | aceetaldehyde |
| ethyl-β-methylthiopropionaat | diacetyl |
| | 2-pentanon |
| | furfural |
| | 5-hydroxy-2-methyl-furfural |

Bij de industriële voedselbereiding voorkomt het vriesdrogen of invriezen van voedsel zoveel mogelijk het voortijdig verlies van geurstoffen.

De meeste groenten moeten voordien echter toch gedurende korte tijd gekookt worden om de enzymen te inactiveren die anders, ook bij lage temperatuur, een langzaam bederven van het voedsel zouden veroorzaken. Daarom is een gering verlies van geurstoffen niet altijd te vermijden.

De productie van geur- en smaakstoffen is tegenwoordig een belangrijke industriële bezigheid. De geur- en smaakstoffenindustrie probeert vaak met synthetische geur- en smaakstofcomposities de natuurlijke geur en smaak van een bloem of vrucht zo dicht mogelijk te benaderen. Sommige esters hebben karakteristieke geuren die sterk aan bepaalde vruchten doen denken. Zo ruikt isopentenylacetaat naar banaan, methyl-*n*-butyraat naar appel en *n*-octylacetaat naar sinaasappel. Het lukt echter meestal niet met behulp van slechts één verbinding het natuurlijke aroma volledig na te bootsen. Daarom is het verzamelen van kennis omtrent de samenstelling van aroma's en de analyse van geur- en smaakstofcomposities van voedingsmiddelen, fruit en bloemen (voor parfums) een belangrijke activiteit in de geur- en smaakstoffenindustrie.

$H_2C{=}C(CH_3){-}CH_2{-}CH_2{-}O{-}C({=}O){-}CH_3$
banaan

$CH_3{-}CH_2{-}CH_2{-}C({=}O){-}OCH_3$
appel

$CH_3{-}C({=}O){-}O{-}(CH_2{-})_7CH_3$
sinaasappel

## 17.5.2 *Synthese van esters*

Esters kunnen gesynthetiseerd worden door reactie van een zuurchloride of een anhydride met een alcohol. Ook de directe zuurgekatalyseerde reactie van een carbonzuur met een alcohol tot een ester is een gangbare methode (zie § 16.5.2). Als een hydroxylgroep en een carboxylgroep op een geschikte afstand van elkaar in hetzelfde molecuul voorkomen, dan kan een cyclische ester gevormd worden. Een cyclische ester wordt een *lacton* genoemd. Vooral 5- en 6-ringlactonen worden gemakkelijk gevormd en komen ook veel voor in natuurproducten.

$$HO{-}C({=}O){-}CH_2{-}CH_2{-}CH(OH){-}CH_3 \xrightarrow{-\,H_2O} \text{valerolacton}$$

4-hydroxyvaleriaanzuur → valerolacton

## 17.5.3 *Hydrolyse van esters*

Esters reageren vlot met sterke nucleofielen. Een bekend voorbeeld van zo'n reactie is de basische hydrolyse (verzeping) van een ester tot een carboxylaatanion en een alcohol. Ook deze reactie verloopt volgens het additie-eliminatie-mechanisme.

$$CH_3-CH_2-C(=O)-OCH_3 + {}^{\ominus}OH \rightleftharpoons CH_3-CH_2-C(O^{\ominus})(OCH_3)-OH \rightleftharpoons CH_3-CH_2-C(=O)-OH + {}^{\ominus}OCH_3$$

$$\longrightarrow CH_3-CH_2-C(=O)-O^{\ominus} + HOCH_3$$

De hydrolyse van een ester kan ook uitgevoerd worden met behulp van verdund zuur en verloopt volgens hetzelfde mechanisme als de zuurgekatalyseerde vorming van esters, maar dan in omgekeerde richting (zie § 16.5.2). Doorgaans is het echter gemakkelijker de hydrolyse uit te voeren met een base omdat de laatste stap van deze reactie, een snelle zuurbasereactie, afloopt naar het stabiele carboxylaatanion en op deze wijze zorgt voor een volledige verzeping.

### *17.5.4 Omestering*

Een ester kan onder invloed van zuur of base reageren met een alcohol. Als deze alcohol een andere is dan die waaruit de ester gevormd is, dan wordt een andere ester gevormd. Dit proces wordt omesteren genoemd. Omestering wordt onder andere toegepast bij de analyse van vetten (zie § 17.7); ook in natuurlijke processen komt omestering van bijv. thioësters veel voor. Een basegekatalyseerde omestering wordt uitgevoerd met het alcoholaatanion van de nieuw in te voeren alcoholrest als katalysator en met een grote overmaat van de nieuwe alcohol. De reactie verloopt via het additie-eliminatie-mechanisme.

$$CH_3-(CH_2-)_{14}C(=O)-O-(CH_2-)_{29}CH_3 + {}^{\ominus}OCH_3 \rightleftharpoons CH_3-(CH_2-)_{14}C(O^{\ominus})(-OCH_3)-O-(CH_2-)_{29}CH_3 \rightleftharpoons$$

$$CH_3-(CH_2-)_{14}C(=O)-OCH_3 + {}^{\ominus}O-(CH_2-)_{29}CH_3 \xrightarrow{CH_3OH} CH_3-(CH_2-)_{14}C(=O)-OCH_3 + {}^{\ominus}OCH_3 + HO-(CH_2-)_{29}CH_3$$

Een zuurgekatalyseerde omestering verloopt door aanval van de nieuw in te voeren alcohol op de geprotoneerde carbonylgroep, gevolgd door een protonuitwisseling en het vertrekken van de oude alcohol.

$$CH_3-CH_2-C(=O)-OCH_3 \underset{-H^{\oplus}}{\overset{+H^{\oplus}}{\rightleftharpoons}} CH_3-CH_2-C(={}^{\oplus}OH)-OCH_3 \underset{-\,C_2H_5OH}{\overset{+\,H\ddot{O}-C_2H_5}{\rightleftharpoons}} CH_3-CH_2-C(OH)(OCH_3)-\overset{\oplus}{O}(H)-C_2H_5$$

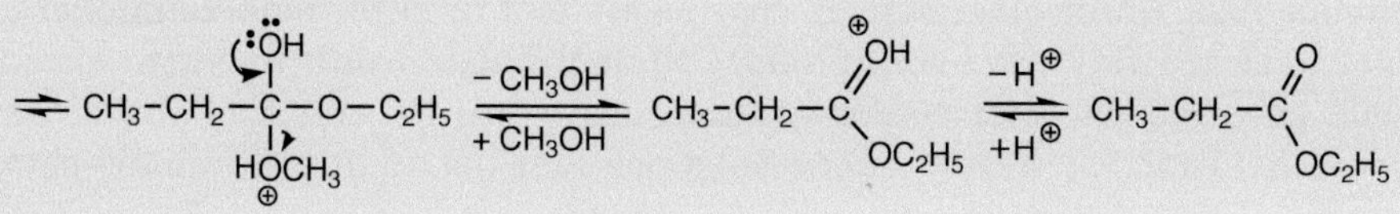

### 17.5.5 *Aminolyse van esters*

Esters kunnen met ammoniak of met aminen omgezet worden in amiden. Ook deze reactie verloopt via het additie-eliminatie-mechanisme. De reactie van een amine met een ester speelt een belangrijke rol in de eiwitsynthese (zie § 25.7).

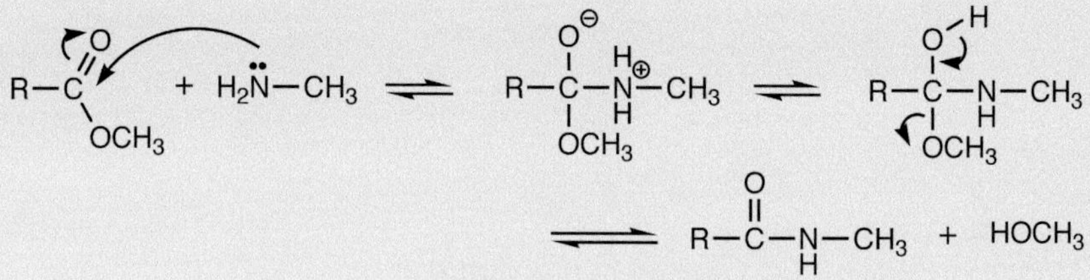

### 17.5.6 *Reactie van esters met organometaalverbindingen*

Ook de sterk nucleofiele organometaalverbindingen reageren snel met esters volgens het additie-eliminatie-mechanisme. In eerste instantie wordt daarbij een keton als reactieproduct gevormd maar dit keton is zelden te isoleren. Ketonen zijn namelijk reactiever dan esters in nucleofiele additiereacties. Het keton zal daarom onder de reactieomstandigheden snel doorreageren met een tweede molecuul van de organometaalverbinding tot een tertiaire alcoholaat. Na aanzuren van het reactiemengsel wordt dan de tertiaire alcohol gevormd.

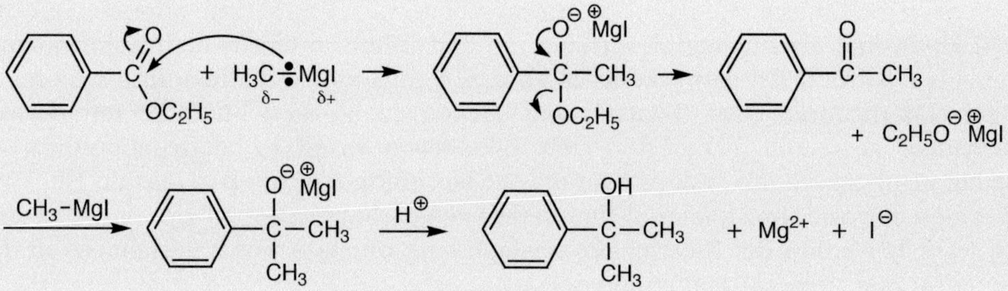

### 17.5.7 *Reductie van esters*

Esters kunnen vlot gereduceerd worden tot primaire alcoholen met behulp van hydride-reductoren zoals $LiAlH_4$ en $LiBH_4$ ($NaBH_4$, dat bij de reductie van aldehyden en de ketonen vaak wordt toegepast, is voor esters een te zwak reductiemiddel en geeft een zeer trage reactie). Als tussenproduct bij de reductie wordt in eerste instantie een aldehyde gevormd dat snel verder gereduceerd wordt tot een primaire alcohol. Het reactiemechanisme van deze reductie volgt ook hier het additie-eliminatie-patroon.

$$C_3H_7-C(=O)-OCH_3 + H{:}AlH_3^{\ominus}\ Li^{\oplus} \longrightarrow C_3H_7-C(O^{\ominus}\ AlH_3Li^{\oplus})(H)-OCH_3 \longrightarrow C_3H_7-C(=O)-H + H-Al^{\ominus}(H)(H)(OCH_3)\ Li^{\oplus}$$

$$\longrightarrow C_3H_7-CH_2-O^{\ominus}\ Al(OCH_3)H_2\ Li^{\oplus} \xrightarrow[2 \times H^{\ominus} \text{ overdracht}]{C_3H_7-C(=O)-OCH_3} (C_3H_7-CH_2-O)_2Al^{\ominus}(OCH_3)_2\ Li^{\oplus}$$

$$\xrightarrow{H_2O} 2\,CH_3-OH + 2\,C_3H_7-CH_2-OH + Al(OH)_3 + LiOH$$

## *17.5.8 Estercondensatie - De Claisen-condensatie*

De meeste esters hebben waterstofatomen aan het α-koolstofatoom direct naast de carbonylgroep. Ook in esters zijn deze α-waterstofatomen tamelijk zuur omdat, net als in aldehyden en ketonen, de anionen die gevormd worden bij protonafsplitsing gestabiliseerd worden door mesomerie met de carbonylgroep. Met behulp van een sterke base kan daarom een α-waterstofatoom geabstraheerd worden onder vorming van een enolaat-anion.

$$R-\underset{\alpha}{CH_2}-C(=O)-OC_2H_5 \underset{HOC_2H_5}{\overset{^{\ominus}OC_2H_5}{\rightleftharpoons}} \underset{\text{enolaatanion}}{R-\overset{\ominus}{\ddot{C}}H-C(=O)-OC_2H_5} \longleftrightarrow R-CH=C(O^{\ominus})-OC_2H_5$$

Dit anion kan als nucleofiel optreden en aanvallen op een tweede estermolecuul volgens het patroon dat gebruikelijk is voor een nucleofiele additie-eliminatie-reactie van een carbonzuurderivaat. De afsplitsing van een alcoholaatanion uit het tetraëdrische intermediair geeft een β-ketoëster. Deze β-ketoëster wordt in het reactiemilieu snel door het alcoholaatanion gedeprotoneerd tot het anion van die β-ketoëster. De waterstofatomen aan het koolstofatoom tussen de twee carbonylgroepen zijn namelijk extra zuur, want het anion dat hier bij protonafsplitsing ontstaat wordt gestabiliseerd door mesomerie met twee carbonylgroepen.

De opeenvolgende stappen in de condensatiereactie zelf zijn reversibel en dit evenwicht ligt aan de kant van de uitgangsstof. Als echter minimaal één equivalent base wordt gebruikt, loopt het evenwicht geheel naar rechts af door de vorming van het stabiele anion van de β-ketoëster. Na afloop van de reactie kan dan door aanzuren de β-ketoëster zelf worden geïsoleerd. Deze condensatiereactie staat bekend als de Claisen-condensatie.

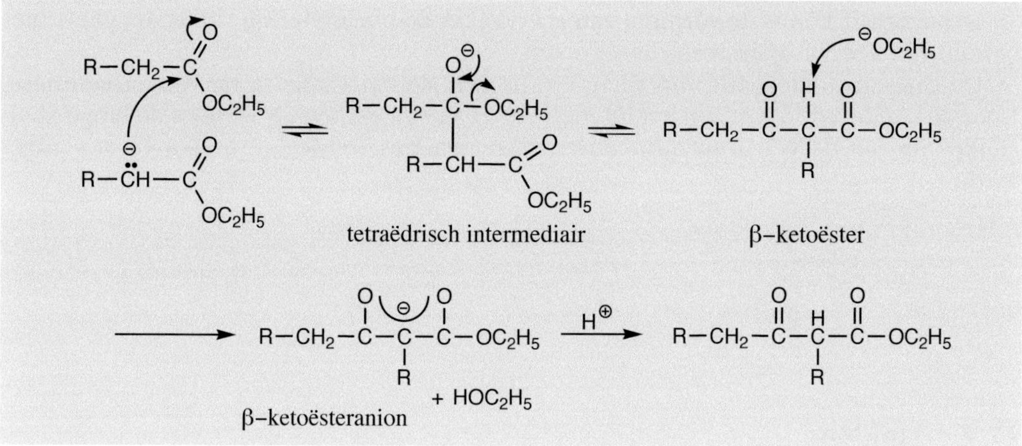

tetraëdrisch intermediair

β-ketoëster

β-ketoësteranion

$+ HOC_2H_5$

Het is nodig om als sterke base voor deze condensatie hetzelfde alcoholaatanion te nemen als de alcoholgroep in de ester. Als dat niet gebeurt zal door gedeeltelijke omestering een lastig te scheiden mengsel van β-ketoësters ontstaan. Ook NaOH kan niet als base gebruikt worden omdat dan verzeping van de ester op zal treden.

## 17.6 Thioësters - De functie van acetylcoënzym A

Thioësters geven in principe dezelfde reacties als gewone esters, alleen de reactiviteit van thioësters is groter. In paragraaf 17.2 is reeds opgemerkt dat dit een gevolg is van de geringere stabilisatie van de thioëster door mesomerie en van de betere vertrekkende groepeigenschappen van het thiolaatanion. De hydrolyse, de omestering, de reactie met organometaalverbindingen en de reductie geven vergelijkbare producten als die bij gewone esters en deze reacties zijn in de vorige paragraaf reeds uitgewerkt.

Bijzondere aandacht moet besteed worden aan de thioëster van azijnzuur met coënzym A, het acetylcoënzym A, omdat deze thioëster een centrale rol speelt in het metabolisme van mens, dier en plant.

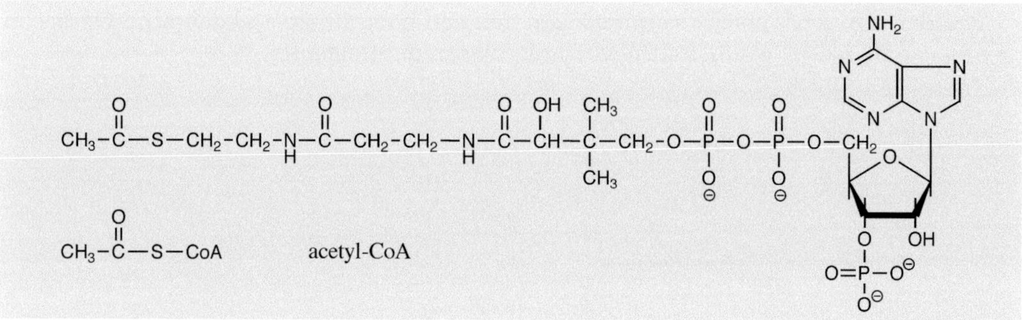

$CH_3-C(=O)-S-CoA$ acetyl-CoA

Acetyl-CoA fungeert als acetyleringsmiddel in belangrijke biologische cycli zoals de opbouw en afbraak van vetzuren en in de biosynthese van talloze secundaire metabolieten zoals terpenen (zie hoofdstuk 7) en polyketiden (zie § 23.14).

In paragraaf 17.4 is de vorming van acetyl-CoA door acetylering van coënzym A met behulp van acetylfosfaat reeds beschreven.

De Claisen-condensatie van thioësters is een sleutelreactie in de vetzuursynthese. Door de condensatie van een aantal moleculen acetylcoënzym A worden de lange koolstofketens van de vetzuren opgebouwd, deze reacties worden in § 19.9 verder uitgewerkt.

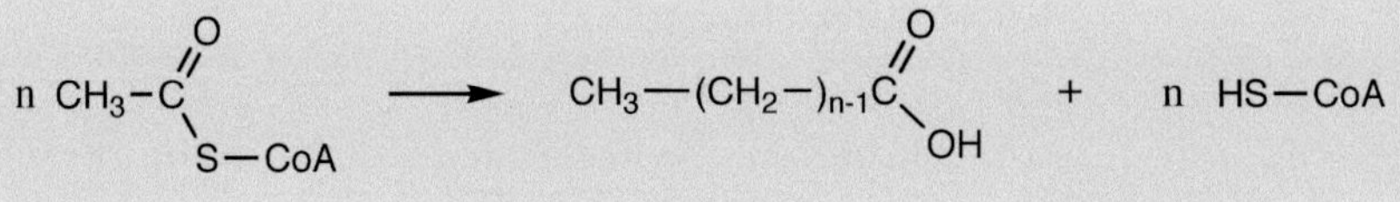

$$n\ CH_3{-}C({=}O){-}S{-}CoA \longrightarrow CH_3{-}(CH_2{-})_{n-1}C({=}O){-}OH \ + \ n\ HS{-}CoA$$

## 17.7 Amiden

Naast de acylfosfaten, de thioësters en de gewone esters zijn ook de amiden belangrijke carbonzuurderivaten. De binding tussen de aminozuren in een eiwit, de peptidebinding, is in essentie een amidebinding. De binding in een gewoon amide kan daarom beschouwd worden als een vereenvoudigd voorbeeld van de peptidebinding. Eigenschappen en reacties van amiden kunnen dus model staan voor eigenschappen en reacties van eiwitten.

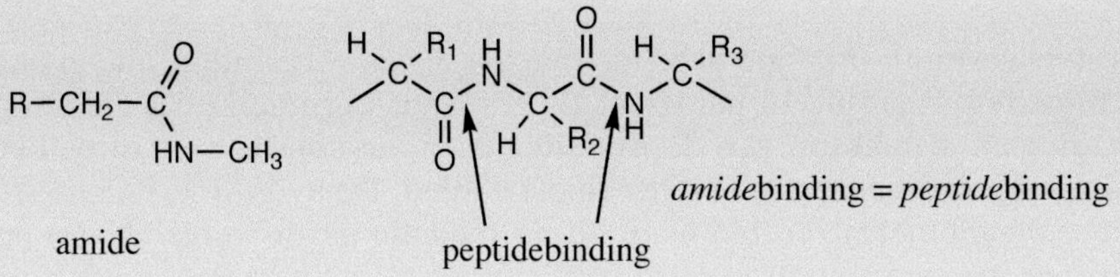

$R{-}CH_2{-}C({=}O){-}HN{-}CH_3$

amide

peptidebinding

*amide*binding = *peptide*binding

### *17.7.1 Structuur en basesterkte van amiden*

Amiden zijn sterk polaire verbindingen met een hoog smelt- en kookpunt. Dit is een gevolg van de sterke waterstofbrugvorming tussen de moleculen.

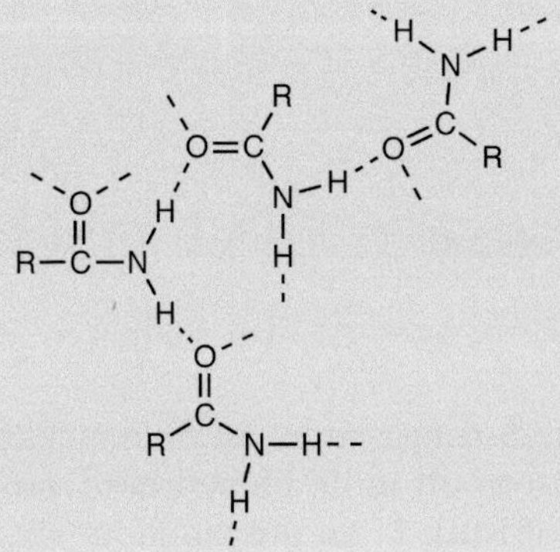

Amiden zijn veel zwakkere basen dan aminen. Dit komt omdat het vrije elektronenpaar op het stikstofatoom in een amine volledig beschikbaar is voor de opname van een proton, terwijl in amiden dit elektronenpaar niet beschikbaar is omdat het deelneemt aan de mesomerie met de carbonylgroep. Het gedeeltelijk positief geladen stikstofatoom in een amide heeft geen neiging tot het binden van een proton. Protonering in amiden vindt dan ook bij voorkeur plaats op het zuurstofatoom van de carbonylgroep. Overigens gedraagt een amide zich als een neutrale verbinding; de basesterkte van een amide is vergelijkbaar met die van water of een alcohol.

$$R-CH_2-\ddot{N}H_2 + H_3O^{\oplus} \rightleftharpoons R-CH_2-\overset{\oplus}{N}H_3 + H_2O \qquad \text{amine, basisch}$$

$$R-C(=O)-\ddot{N}H_2 + H_3O^{\oplus} \rightleftharpoons R-C(=\overset{\oplus}{O}H)-\ddot{N}H_2 + H_2O \qquad \text{amide, neutraal}$$

$$R-C(=O)-\ddot{N}H_2 \longleftrightarrow R-C(-O^{\ominus})=\overset{\oplus}{N}H_2$$

Een tweede gevolg van de sterke mesomerie in amiden is de vlakke structuur van de amidegroep. De binding tussen stikstof en koolstof heeft gedeeltelijk het karakter van een dubbele binding waardoor de rotatie rond deze binding enigszins gehinderd is. Koolstof en stikstof met de daaraan gebonden atomen (O, R en H) liggen in één vlak. Zowel de goede mogelijkheid van waterstofbrugvorming als de vlakke structuur van de amidegroep heeft belangrijke consequenties voor de conformatie van eiwitten.

### *17.7.2 Synthese van amiden*

Amiden kunnen gesynthetiseerd worden door reactie van een amine met een zuurchloride (zie § 17.3) of met een anhydride. Ook esters kunnen door middel van aminolyse omgezet worden in amiden (zie § 17.5.5). De reactie van methylamine met azijnzuuranhydride is een voorbeeld van een amidesynthese die ook hier weer verloopt via het additie-eliminatie-mechanisme.

$$(CH_3CO)_2O + H_2\ddot{N}-CH_3 \rightleftharpoons CH_3-C(O^{\ominus})(\overset{\oplus}{N}H_2-CH_3)-O-C(=O)-CH_3 \rightleftharpoons CH_3-C(O-H)(NH-CH_3)-O-C(=O)-CH_3 \longrightarrow CH_3-C(=O)-NH-CH_3 + CH_3-C(=O)-OH$$

### *17.7.3 Hydrolyse van amiden*

De belangrijkste reactie van amiden is ongetwijfeld de hydrolyse. Het belang van deze reactie houdt rechtstreeks verband met het voorkomen van de amidebinding (de peptidebinding) in eiwitten.

peptidebindingen
(amidebindingen)

eiwitfragment —hydrolyse→ afzonderlijke aminozuren

Hydrolyse van eiwitten betekent hydrolyse van amidebindingen. Deze hydrolyse kan met base of met zuur als katalysator uitgevoerd worden en beide methoden worden toegepast. De hydrolyse van een amide met base verloopt volgens het additie-eliminatiemechanisme. Het amideanion ($R\text{-}NH^-$) is een zeer slechte vertrekkende groep en uit het tetraëdrische intermediair zal dan ook bij voorkeur het zwakker basische hydroxide-ion weer vertrekken.

Onder gunstige solvatatieomstandigheden zal echter ook soms het $R\text{-}NH^-$- anion als vertrekkende groep optreden. Dit vertrek is irreversibel omdat het onmiddellijk geprotoneerd wordt onder vorming van een amine en een carboxylaatanion. Daardoor loopt de reactie uiteindelijk toch volledig naar rechts af.

De hydrolyse van een amide onder invloed van zuur verloopt via een geprotoneerd amide, waarop het betrekkelijk zwak nucleofiele watermolecuul kan aanvallen.

Protonverhuizing in het tetraëdrische intermediair maakt van de aminogroep een betere vertrekkende groep. Het afgesplitste amine wordt in het zure milieu onmiddellijk geprotoneerd tot een niet-nucleofiel ammoniumion en aldus aan het evenwicht onttrokken, waardoor de hydrolysereactie ook hier afloopt.

## 17.8 Polyesters en polyamiden

Carbonzuren kunnen met alcoholen reageren tot esters en met aminen tot amiden. Wanneer een carbonzuur dat meer dan één COOH-groep bevat, reageert met een alcohol die meer dan één OH-groep bevat, dan worden *polyesters* verkregen. Een bekend polyester is polyetheen tereftalaat (PET), dat gemaakt wordt door polycondensatie van tereftaalzuur en glycol. Met aminen die meer dan één $NH_2$-groep bevatten, ontstaan *polyamiden*, zoals nylon. Polyesters en polyamiden ontstaan door een *condensatiereactie*, omdat moleculen met elkaar reageren onder afsplitsing van een klein molecuul zoals $H_2O$, $CH_3OH$ of HCl.

$$HOOC{-}C_6H_4{-}COOH + HO{-}CH_2{-}CH_2{-}OH \xrightarrow[-nH_2O]{H^{\oplus}}$$

tereftaalzuur — glycol

$$\sim C(=O){-}C_6H_4{-}C(=O){-}O{-}CH_2{-}CH_2{-}O{-}C(=O){-}C_6H_4{-}C(=O){-}O{-}CH_2{-}CH_2 \sim$$

polyetheen tereftalaat (PET)

$$HOOC{-}(CH_2)_4{-}COOH + H_2N{-}(CH_2)_6{-}NH_2 \xrightarrow[-nH_2O]{\Delta T}$$

adipinezuur — hexamethyleendiamine

$$\sim C(=O){-}(CH_2)_4{-}C(=O){-}NH{-}(CH_2)_6{-}NH{-}C(=O){-}(CH_2)_4{-}C(=O){-}NH \sim$$

nylon 66, een polyamide

Bij de synthese van polyesters wordt in de praktijk vaak gebruik gemaakt van omestering. Bij gebruik van methylesters kan het vluchtige methanol gemakkelijk uit het reactiemedium verwijderd worden.

$$H_3CO{-}C(=O){-}C_6H_4{-}C(=O){-}OCH_3 + HO{-}CH_2{-}CH_2{-}OH \xrightarrow[\text{kat.}]{200^{\circ}C} \sim\left[C(=O){-}C_6H_4{-}C(=O){-}O{-}CH_2{-}CH_2{-}O\right]_n{-} + 2n\ CH_3OH$$

Polyesters met een sterk vertakt netwerk kunnen verkregen worden door als monomeer polyhydroxyverbindingen of polycarboxylverbindingen te gebruiken. Bijvoorbeeld, een verhouding van 2 mol glycerol op 3 mol ftaalzuuranhydride geeft een sterk vernet polymeer, Glyptal genaamd, dat toegepast wordt in lakken.

Ook fosgeen, het uiterst giftige dizuurchloride van koolzuur, kan vanwege zijn bifunctionele karakter goed gebruikt worden in polymerisatiereacties. Een voorbeeld hiervan is de synthese van Lexaan, een polycarbonaat dat buitengewoon hard is en doorzichtig als glas. Het wordt onder meer gebruikt voor inbraakvrije ramen en als kogelvrij glas.

Polyamiden worden veel toegepast als kunstvezel. Een bekend polyamide is nylon 66 dat ontstaat door polycondensatie van adipinezuur met hexamethyleendiamine. In het polyamide nylon 66 geeft de aanduiding 66 aan dat het polymeer gevormd is door condensatie van een dicarbonzuur met *zes* koolstofatomen en een diamine met *zes* koolstofatomen.

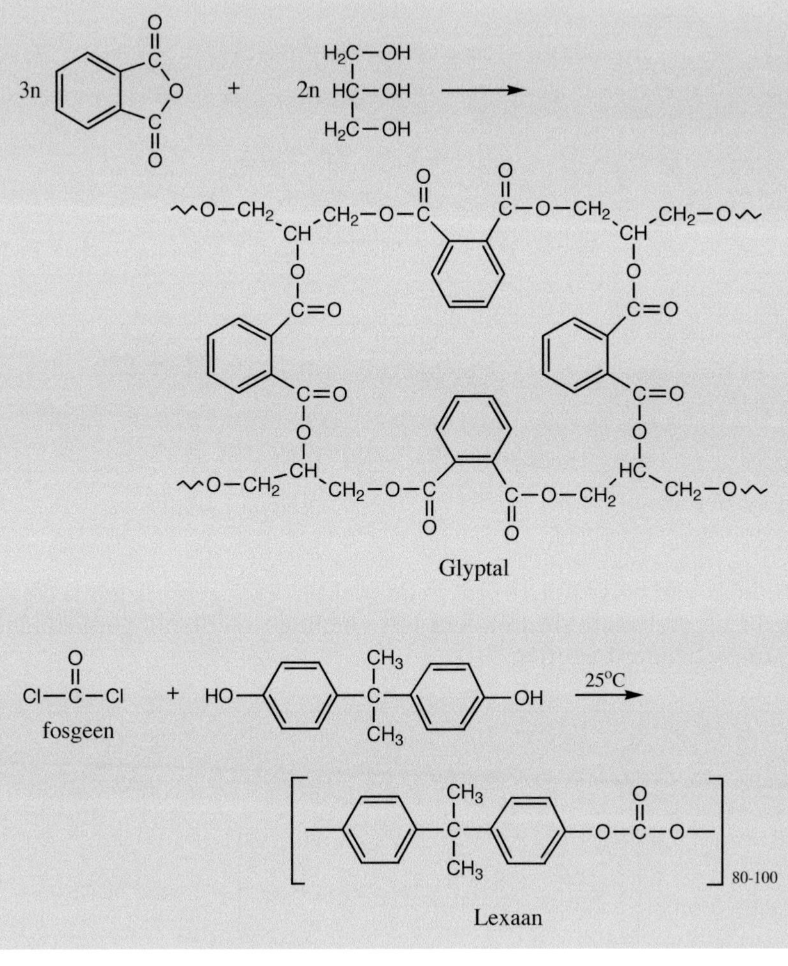

3n [ftaalzuuranhydride] + 2n $H_2C{-}OH$ / $HC{-}OH$ / $H_2C{-}OH$ ⟶

Glyptal

$Cl{-}C(=O){-}Cl$ (fosgeen) + $HO{-}C_6H_4{-}C(CH_3)_2{-}C_6H_4{-}OH$ $\xrightarrow{25^oC}$

$[{-}C_6H_4{-}C(CH_3)_2{-}C_6H_4{-}O{-}C(=O){-}O{-}]_{80\text{-}100}$

Lexaan

Een ander bekend polyamide is nylon 6, dat gemaakt wordt door polymerisatie van ε-caprolactam.

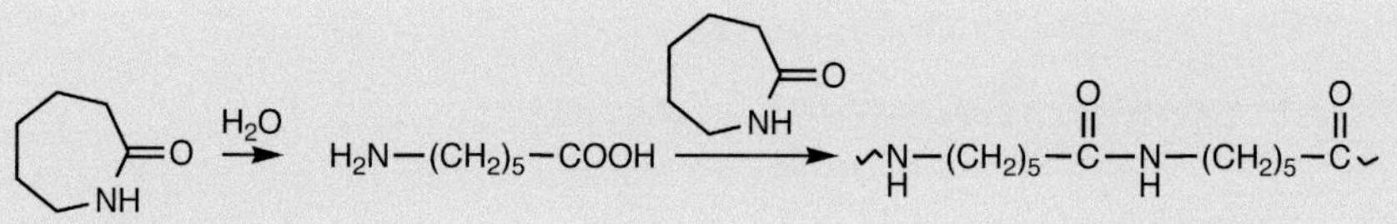

ε-caprolactam $\xrightarrow{H_2O}$ $H_2N-(CH_2)_5-COOH$ $\xrightarrow{\text{caprolactam}}$ $\sim NH-(CH_2)_5-C(=O)-NH-(CH_2)_5-C(=O)\sim$

nylon 6

Polyamiden worden doorgaans direct vanuit de smelt tot garen versponnen. Doordat de polyamideketens door intermoleculaire waterstofbrugvorming een sterke onderlinge interactie hebben, zijn de vezels erg sterk. Als nadeel kan gelden de gemakkelijke elektrostatische oplading en de relatief grote rekbaarheid.

## 17.9 Nitrillen

Nitrillen kunnen beschouwd worden als derivaten van carbonzuren omdat door hydrolyse van een nitril een carbonzuur ontstaat. De naam van een nitril wordt verkregen door de toevoeging *-nitril* achter de naam van de koolwaterstofketen. Het koolstofatoom van de -C≡N-groep wordt daarbij ook meegeteld.

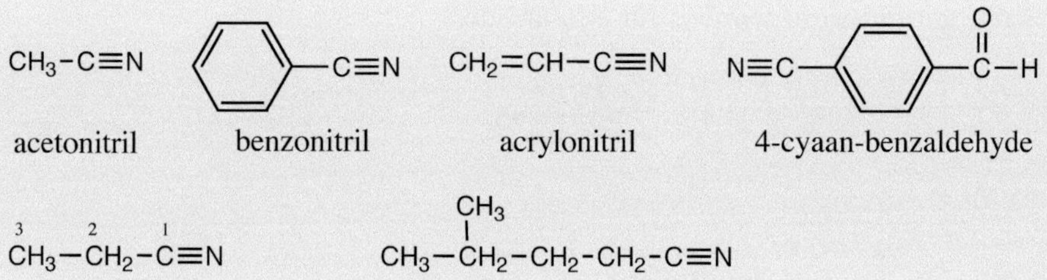

$CH_3-C\equiv N$ acetonitril

$C_6H_5-C\equiv N$ benzonitril

$CH_2=CH-C\equiv N$ acrylonitril

$N\equiv C-C_6H_4-CHO$ 4-cyaan-benzaldehyde

$\overset{3}{C}H_3-\overset{2}{C}H_2-\overset{1}{C}\equiv N$ propaannitril

$CH_3-CH(CH_3)-CH_2-CH_2-C\equiv N$ 4-methylpentaannitril

Bij eenvoudige nitrillen treft men ook dikwijls triviale namen aan die zijn afgeleid van de Engelse triviale naam van het carbonzuur, waarbij de uitgang *-ic acid* vervangen is door de uitgang *-onitril*. In meer ingewikkelde verbindingen wordt de -C ≡ N-groep ook vaak als een substituent beschouwd en dan wordt het voorvoegsel *cyaan-* vóór de naam van het alkaan geplaatst.

Hydrolyse van een nitril geeft in eerste instantie een amide, wat verder gehydrolyseerd kan worden tot een carbonzuur. De drievoudige koolstof-stikstofbinding is door zijn polarisatie gevoelig voor aanval van nucleofielen en vertoont in dat opzicht overeenkomsten met de carbonylgroep. Hydrolyse met base tot het amide verloopt volgens een additiemechanisme. Dit amide kan eventueel geïsoleerd worden of het reageert verder op de wijze zoals in § 17.7.3 is beschreven.

De zuurgekatalyseerde hydrolyse van een nitril begint met een protonering van het stikstofatoom. Door deze protonering is het koolstofatoom meer positief gepolariseerd waardoor de aanval van het zwak nucleofiele water gemakkelijker verloopt. Na tautomerisatie wordt ook hier eerst het amide gevormd dat ook in dit geval eventueel geïsoleerd kan worden. De zure hydrolyse van een amide tot carbonzuur is eveneens in § 17.7.3 beschreven.

$$R-C\equiv N: + {}^{\ominus}OH \rightleftharpoons R-\overset{OH}{\overset{|}{C}}=\overset{\ominus}{\ddot{N}}: \xrightarrow{H_2O} R-\overset{OH}{\overset{|}{C}}=NH + {}^{\ominus}OH$$

tautomerisatie

$$NH_3\uparrow + R-C(=O)O^{\ominus} \xleftarrow{{}^{\ominus}OH} R-\overset{O}{\overset{||}{C}}-NH_2$$

amide

$$R-CH_2-C\equiv N \underset{}{\overset{+H^{\oplus}}{\rightleftharpoons}} R-CH_2-C\equiv\overset{\oplus}{N}H \quad \ddot{O}H_2 \overset{-H^{\oplus}}{\rightleftharpoons} R-CH_2-C(O-H)=NH$$

$$\rightleftharpoons R-CH_2-C(=O)NH_2 \xrightarrow[H_2O]{+H^{\oplus}} R-CH_2-C(=O)OH + \overset{\oplus}{N}H_4$$

tautomerisatie

De drievoudige binding in nitrillen kan zowel met $LiA1H_4$ als met waterstof en een katalysator gereduceerd worden tot een amine.

$$CH_3-C\equiv N \xrightarrow[\text{of } LiAlH_4]{H_2 / Ni} CH_3-CH_2-NH_2$$

## 17.10 Derivaten van koolzuur

Koolzuur en derivaten van koolzuur zijn verbindingen met een koolstofatoom in de hoogste oxidatiestaat. Koolzuur zelf is niet stabiel en ontleedt in kooldioxide en water. Het monoamide van koolzuur, het carbaminezuur, is evenmin stabiel en ontleedt in kooldioxide en ammoniak.

$$\underset{\text{koolzuur}}{HO-\overset{O}{\overset{||}{C}}-OH} \longrightarrow H_2O + CO_2 \quad ; \quad \underset{\text{carbaminezuur}}{HO-\overset{O}{\overset{||}{C}}-NH_2} \longrightarrow NH_3 + CO_2$$

$$\underset{\text{ureum}}{H_2\ddot{N}-\overset{:O:}{\overset{||}{C}}-\ddot{N}H_2} \longleftrightarrow H_2\ddot{N}-\overset{:\ddot{O}:^{\ominus}}{\overset{|}{C}}=\overset{\oplus}{N}H \longleftrightarrow H_2\overset{\oplus}{N}=\overset{:\ddot{O}:^{\ominus}}{\overset{|}{C}}-\ddot{N}H_2$$

Ureum, het diamide van koolzuur, is echter een bijzonder stabiele verbinding met sterk polaire eigenschappen. Door de aanwezigheid van goede donor- en acceptorplaatsen kan ureum sterke waterstofbruggen vormen. De oplosbaarheid van ureum in water is dan ook zeer groot (1000 g/l).

Derivaten van koolzuur en carbaminezuur die nog een vrije hydroxylgroep bevatten zijn, net als de zuren zelf, niet stabiel en splitsen gemakkelijk kooldioxide af.

$$RO-C(=O)-OH \longrightarrow ROH + CO_2 \quad ; \quad R-NH-C(=O)-OH \longrightarrow R-NH_2 + CO_2$$

De carbonaatesters en de carbamaatesters zijn echter stabiele verbindingen. Deze verbindingen kunnen onder meer worden gesynthetiseerd uit fosgeen. Fosgeen kan beschouwd worden als het dizuurchloride van koolzuur. Deze zeer reactieve verbinding kan - net als een zuurchloride van een carbonzuur - snel reageren met alcoholen en aminen.

$$\underset{\text{fosgeen}}{Cl-C(=O)-Cl} \xrightarrow{R-OH} \underset{\text{chloorcarbonaat}}{R-O-C(=O)-Cl}$$

$$\underset{\text{chloorcarbonaat}}{R-O-C(=O)-Cl} \xrightarrow{R-OH} \underset{\text{carbonaatester}}{R-O-C(=O)-O-R}$$

$$\underset{\text{chloorcarbonaat}}{R-O-C(=O)-Cl} \xrightarrow{R'-NH_2} \underset{\text{carbamaatester}}{R-O-C(=O)-NH-R'}$$

$$\underset{\text{fosgeen}}{Cl-C(=O)-Cl} \xrightarrow{R'-NH_2} \underset{\text{chloorcarbamaat}}{R'-NH-C(=O)-Cl}$$

$$\underset{\text{chloorcarbamaat}}{R'-NH-C(=O)-Cl} \xrightarrow{R-OH} \underset{\text{carbamaatester}}{R-O-C(=O)-NH-R'}$$

$$\underset{\text{chloorcarbamaat}}{R'-NH-C(=O)-Cl} \xrightarrow{R'-NH_2} \underset{\text{ureumderivaat}}{R'-NH-C(=O)-NH-R'}$$

Reactie van fosgeen met een alcohol geeft een alkylchloorcarbonaat; reactie met een amine geeft een alkylchloorcarbamaat. Beide typen verbindingen bevatten nog steeds een zuurchloridefunctie en kunnen met een tweede molecuul alcohol of amine reageren tot respectievelijk een carbonaatester, een carbamaatester of een ureumderivaat. De carbamaatesters, ook wel kortweg carbamaten genoemd, vormen een belangrijke groep insecticiden die in de volgende paragraaf verder besproken zullen worden.

## 17.11 Carbamaatinsecticiden

Reeds in § 12.2 werd de belangrijke rol beschreven die het quaternaire ammoniumzout acetylcholine speelt bij het transport van zenuwimpulsen. Als een prikkel het eind van een axon bereikt, wordt daar een kleine hoeveelheid acetylcholine afgegeven en diffundeert naar de receptorplaatsen van een volgend axon of een naburige spiervezelmembraan. Deze receptorplaatsen zijn gevoelig voor de positieve lading van de quaternaire ammoniumgroep waardoor een prikkeling ontstaat in de zenuwcel. Het enzym cholinesterase zorgt ervoor dat de receptorplaatsen weer vrijgemaakt worden voor de eventuele ontvangst van nieuw acetylcholine voor een volgende prikkel. Cholinesterase katalyseert de hydrolyse van acetylcholine tot azijnzuur en choline en deze moleculen hebben niet voldoende affiniteit meer tot de receptorplaats en diffunderen daar vandaan. Cholinesterase maakt bij de hydrolyse van acetylcholine gebruik van een nucleofiele hydroxylgroep van het aminozuur serine dat op de juiste plaats in de actieve holte van het enzym is ingebouwd. Het mechanisme van deze esterhydrolyse kan op onderstaande manier schematisch worden weergegeven. Vergelijk dit mechanisme met dat van de omestering onder invloed van base (zie § 17.4.4) en met dat van de verzeping van een ester onder invloed van base (zie § 17.4.3).

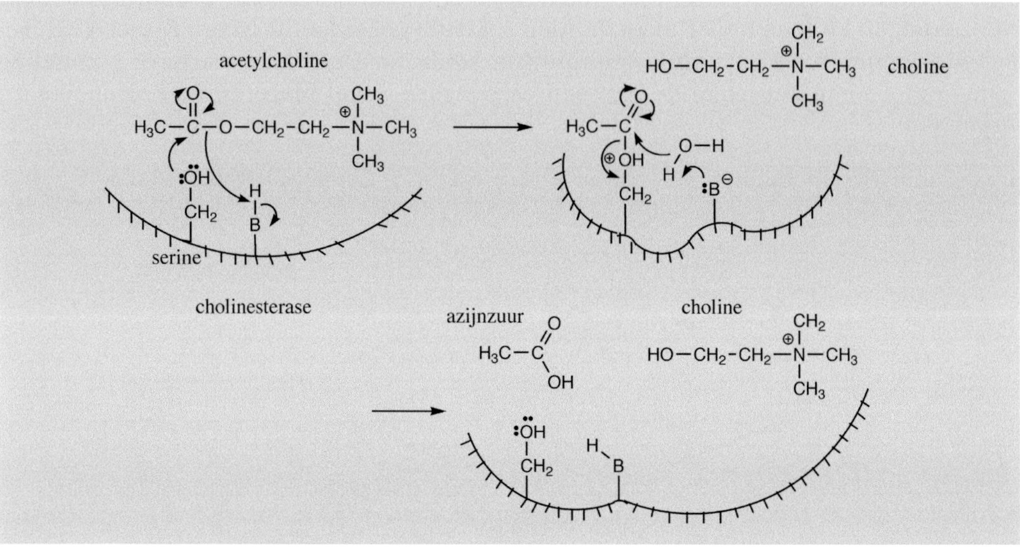

Carbamaatinsecticiden blokkeren de werking van het cholinesterase. Hierdoor hoopt acetyleholine zich op in de synaps van de zenuwcellen, waardoor een voortdurende prikkeling van de receptorplaatsen optreedt hetgeen stuiptrekkingen, hartkloppingen, ademhalingsproblemen en uiteindelijk de dood van het insect tot gevolg heeft.

De blokkering van de actieve plaats van het cholinesterase is een gevolg van reactie van de hydroxylgroep van de serinerest met de carbamaatgroep van het insecticide, waarbij een tamelijk stabiel enzymgebonden carbamaat gevormd wordt. De hydroxylgroep van de serinerest is daardoor niet meer beschikbaar voor reactie met acetylcholine, waardoor het enzym onwerkzaam is geworden.

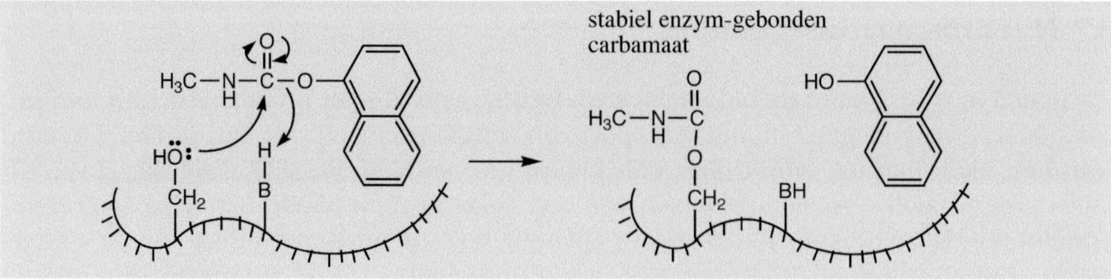

Het weergegeven carbamaatinsecticide wordt in de handel gebracht onder de naam carbaryl; andere veel toegepaste carbamaatinsecticiden zijn propoxur en aldicarb.

carbaryl propoxur aldicarb

# 18 Fosfaten en fosfaatesters

Fosfor is aanwezig in alle levende weefsels en het komt daarin voor in de vorm van orthofosfaat, pyrofosfaat, trifosfaat, of als esters van deze fosforzuren.

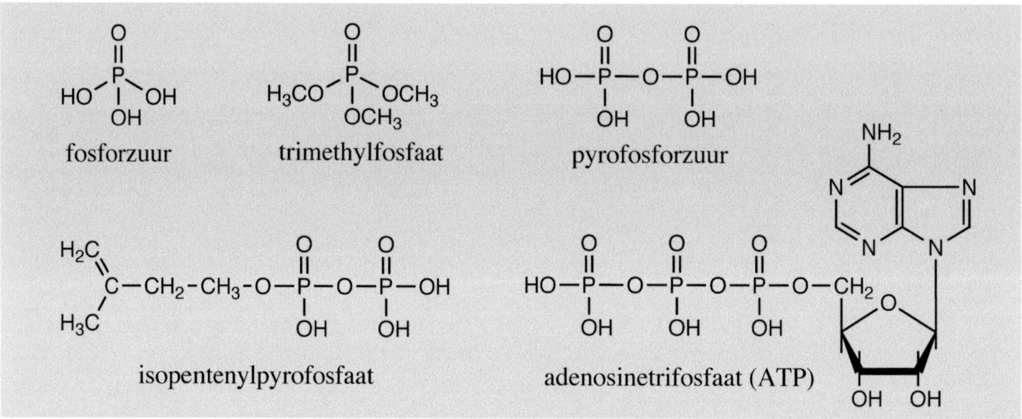

fosforzuur

trimethylfosfaat

pyrofosforzuur

isopentenylpyrofosfaat

adenosinetrifosfaat (ATP)

Fosforverbindingen zijn in biologische systemen onder meer verantwoordelijk voor het energietransport naar de biosyntheseprocessen in de cel; ze spelen een belangrijke rol in het activeren van verbindingen voor omzettingen in het metabolisme en als energiebron voor zenuwtransport en spiercontractie. Fosfaatesters worden aangetroffen als derivaten van suikers, vetten, eiwitten en nucleïnezuren. In dit hoofdstuk zal daarom aandacht geschonken worden aan enige fundamentele eigenschappen van fosfor, fosforzuren, fosfaatesters en fosfaatanhydriden.

## 18.1 De binding in fosfaten

Fosfor heeft meer mogelijkheden tot het vormen van bindingen dan stikstof, het element dat in het periodiek systeem een rij boven fosfor staat. Dit komt omdat bij fosfor niet alleen de 3s- en 3p-orbitalen bindingen met naburige atomen verzorgen, maar ook de 3d-orbitalen bij de binding betrokken kunnen worden. Dit betekent dat vanuit fosfor meer dan vier covalente bindingen gevormd kunnen worden. Daarbij komen dan elektronen in de 3d-orbitalen terecht, waardoor een bindingselektronenschil met 10 of 12 elektronen ontstaat. Deelname van 3d-orbitalen aan een binding resulteert in de vorming van een ander type π-binding dan de normale π-binding, die ontstaat door zijdelingse overlap van twee 2p-orbitalen. Als fosfor in een fosfaat een π-binding vormt met zuurstof, dan komt deze tot stand door overlap van twee 2p-orbitalen van zuurstof met twee 3d-orbitalen van fosfor, waarbij twee zogenaamde 3d-2p-π-bindingen ontstaan.

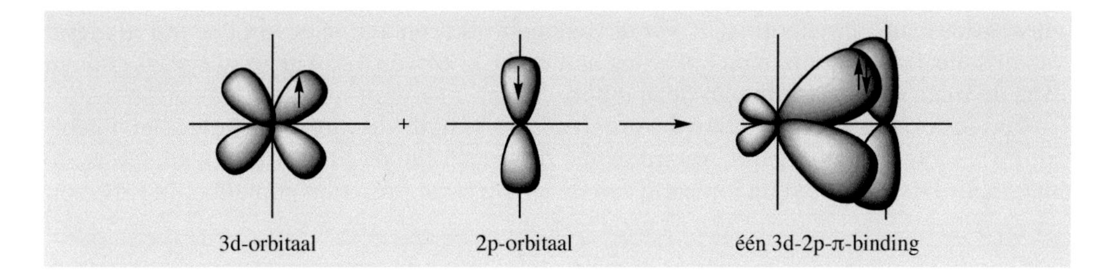


In mesomere structuren wordt de fosfor-zuurstofbinding beschreven met twee grensstructuren I en II, waarvan de rechterstructuur II de meest gangbare is.

$$\underset{\text{I}}{(HO)_3P^{\oplus}\!-\!\ddot{\underset{..}{O}}{:}^{\ominus}} \longleftrightarrow \underset{\text{II}}{(HO)_3P\!=\!\ddot{O}{:}} \qquad \underset{\text{III}}{(HO)_3P\equiv O}$$

Het sterk polaire karakter van een fosfor-zuurstof dubbele binding wordt benadrukt in de linker grensstructuur (I). Het sterk elektronenzuigend effect van het elektronegatieve zuurstofatoom wordt enigszins gecompenseerd door het ten dele teruggeven van twee elektronenparen van zuurstof bij de overlap van de 2p-orbitalen van zuurstof met de 3d-orbitalen van fosfor. Dit verschijnsel wordt omschreven met de term 'back donation'; een fosfor-zuurstof dubbele binding kan dus eigenlijk beschouwd worden als een soort drievoudige binding, opgebouwd uit één σ-binding en twee zwakkere 3d-2p-π-bindingen (structuur III). De fosfor-zuurstof dubbele binding is dus anders opgebouwd dan de koolstof-zuurstof dubbele binding en dit heeft tot gevolg dat er, ondanks ogenschijnlijke overeenkomsten, verschillen zijn in de mechanismen van de reacties van bijvoorbeeld fosfaatesters en carbonzure esters.

## 18.2 Orthofosfaten, pyrofosfaten en trifosfaten

Orthofosforzuur (fosforzuur) is een redelijk sterk zuur dat in water voor een groot deel geïoniseerd is.

$$H_3PO_4 \underset{+H^{\oplus}}{\overset{-H^{\oplus}}{\rightleftharpoons}} H_2PO_4^{\ominus} \underset{+H^{\oplus}}{\overset{-H^{\oplus}}{\rightleftharpoons}} HPO_4^{2\ominus} \underset{+H^{\oplus}}{\overset{-H^{\oplus}}{\rightleftharpoons}} PO_4^{3\ominus}$$

$pK_a = 1{,}9 \qquad pK_a = 6.7 \qquad pK_a = 12{,}4$

Bij pH-waarden groter dan 4 is ongeïoniseerd fosforzuur niet meer aanwezig. Bij fysiologische pH (7,0-7,4) zijn vooral het mono- en het dianion aanwezig in hoeveelheden die met de pH variëren van 2 : 1 tot 5 : 1; de hoeveelheid trianion is bij deze pH verwaarloosbaar. De afkorting $P_i$ wordt vaak gebruikt om aan te geven dat een mengsel van orthofosfaatanionen in de oplossing aanwezig is; er wordt dan geen uitspraak gedaan over de mate van ionisatie van deze ionen.

Pyrofosforzuur kan beschouwd worden als het anhydride van twee moleculen fosforzuur. De structuren en de p$K_a$-waarden van de verschillende ionisatiestappen van pyrofosforzuur laten zien dat de ionisatie van de eerste twee protonen gemakkelijk verloopt.

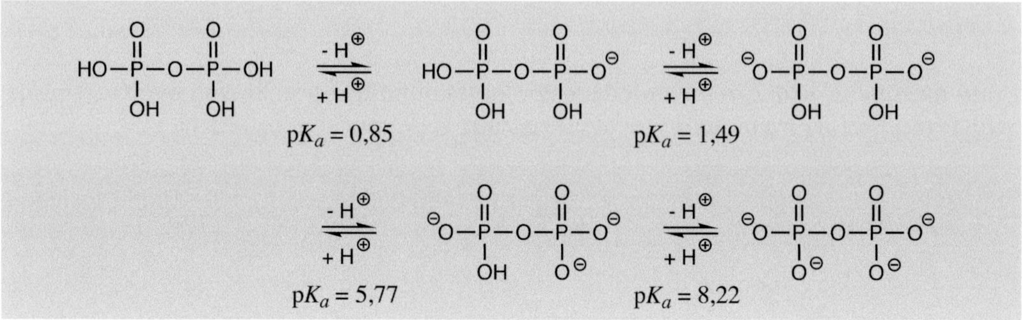

$$HO-P(=O)(OH)-O-P(=O)(OH)-OH \underset{+H^{\oplus}}{\overset{-H^{\oplus}}{\rightleftharpoons}} HO-P(=O)(OH)-O-P(=O)(OH)-O^{\ominus} \quad pK_a = 0{,}85$$

$$\underset{+H^{\oplus}}{\overset{-H^{\oplus}}{\rightleftharpoons}} {}^{\ominus}O-P(=O)(OH)-O-P(=O)(OH)-O^{\ominus} \quad pK_a = 1{,}49$$

$$\underset{+H^{\oplus}}{\overset{-H^{\oplus}}{\rightleftharpoons}} {}^{\ominus}O-P(=O)(OH)-O-P(=O)(O^{\ominus})-O^{\ominus} \quad pK_a = 5{,}77$$

$$\underset{+H^{\oplus}}{\overset{-H^{\oplus}}{\rightleftharpoons}} {}^{\ominus}O-P(=O)(O^{\ominus})-O-P(=O)(O^{\ominus})-O^{\ominus} \quad pK_a = 8{,}22$$

De negatieve ladingen in het dianion zitten ver van elkaar verwijderd, zodat de elektrostatische afstoting betrekkelijk gering is. Verdere deprotonering verloopt wat moeilijker, maar kan toch nog redelijk goed optreden. Bij fysiologische pH bestaat het pyrofosfaatanion voornamelijk als een evenwichtsmengsel van het tri- en het tetra-anion.

De p$K_a$-waarden van een aantal fosfaat-, pyrofosfaat- en trifosfaatesters zijn hierna weergegeven. De p$K_a$-waarde van ATP laat zien dat dit molecuul bij fysiologische pH bestaat als een mengsel van het trianion en het tetra-anion.

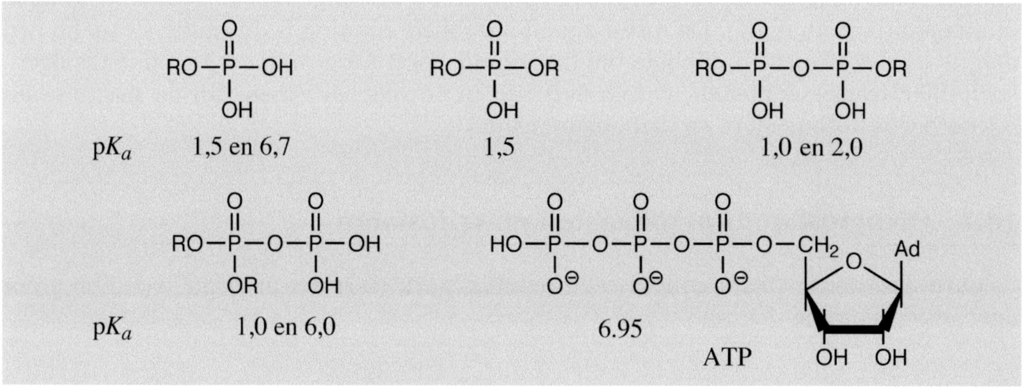

| |  | p$K_a$ |
|---|---|---|
| | RO–P(=O)(OH)–OH | 1,5 en 6,7 |
| | RO–P(=O)(OH)–OR | 1,5 |
| | RO–P(=O)(OH)–O–P(=O)(OH)–OR | 1,0 en 2,0 |
| | RO–P(=O)(OR)–O–P(=O)(OH)–OH | 1,0 en 6,0 |
| ATP | HO–P(=O)(O⊖)–O–P(=O)(O⊖)–O–P(=O)(O⊖)–O–CH₂–(ribose, OH OH)–Ad | 6.95 |

## 18.3 Hydrolyse van fosfaatesters

De hydrolyse van (ortho)fosfaatesters is een veel voorkomend biologisch proces. Het reactiepatroon is nogal complex omdat verschillende hydrolysemechanismen een rol kunnen spelen, afhankelijk van de pH en de graad van verestering van het fosfaat. Van fosforzuur kunnen tri-, di- en monoalkylfosfaten afgeleid worden en de hydrolysemechanismen van deze esters in basisch en in zuur milieu zullen besproken worden.

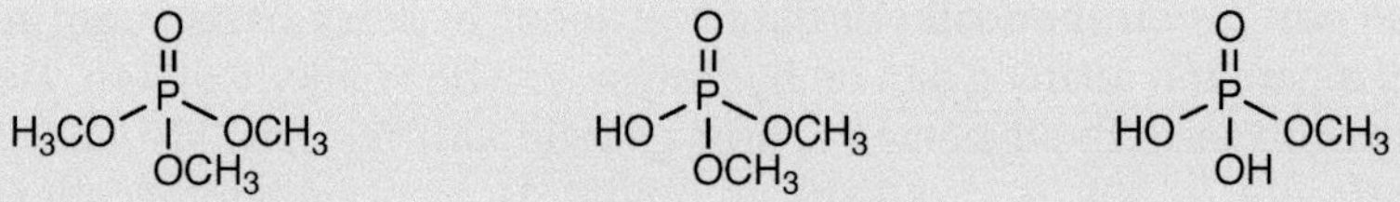

trimethylfosfaat dimethylfosfaat monomethylfosfaat

De hydrolyse van fosfaatesters verloopt via een ander mechanisme dan de hydrolyse van carbonzure esters. In dit laatste geval treedt een tetraëdrisch intermediair als tussenproduct op. Bij de hydrolyse van fosfaatesters wordt een vergelijkbaar intermediair niet waargenomen, maar vindt een directe substitutie van de alcoholrest plaats.

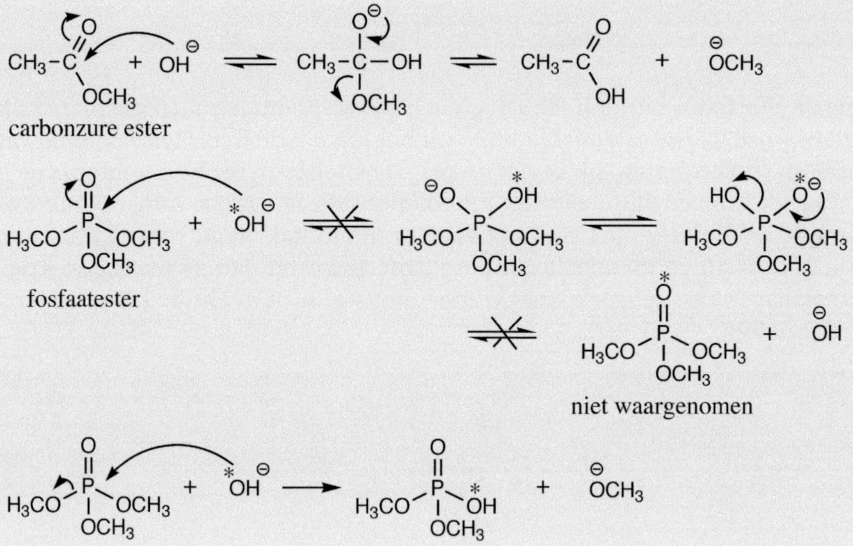

carbonzure ester

fosfaatester

niet waargenomen

Met behulp van isotoopgemerkt $^{*}OH^{-}$ werd aangetoond dat de hydrolyse via een direct substitutiemechanisme verloopt. De zuurstofisotoop wordt bij halverwege onderbreken van de reactie alleen aangetroffen in het gehydrolyseerde dialkylfosfaat en niet in de uitgangsstof, zodat het onwaarschijnlijk is dat er een penta-gecoördineerd intermediair tijdens de reactie optreedt. Deze directe substitutie treedt op bij hydrolyse van *lineaire* alkylfosfaten; *cyclische* fosfaatesters hydrolyseren volgens een ander mechanisme waarbij penta-gecoördineerde intermediairen wel een rol spelen.

De hydrolyse van trialkylfosfaten in zuur milieu verloopt via een splitsing van een koolstof-zuurstofbinding in de geprotoneerde ester. Een reactie met isotoop-gemerkt water geeft hier een product waarbij het label uitsluitend in de alcohol zit, hetgeen een bewijs is voor de aanval van water op het koolstofatoom.

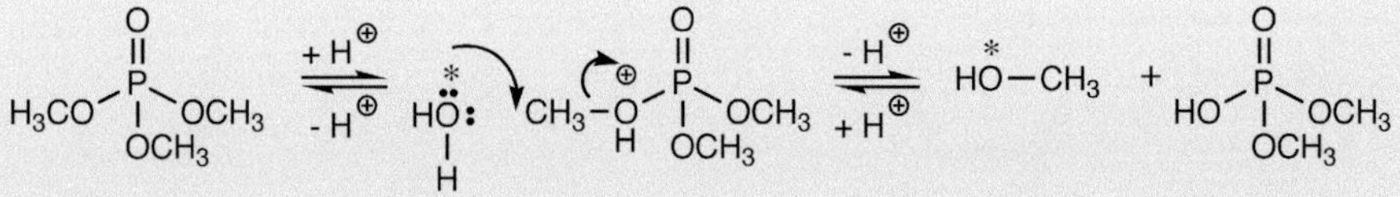

Hydrolyse van di- en monoalkylfosfaten verloopt in sterk basisch en in sterk zuur milieu in het algemeen analoog aan de hydrolyse van de trialkylfosfaten. De base-gekatalyseerde hydrolysesnelheid neemt echter gaande van tri- naar di- naar monoalkylfosfaten aanzienlijk af. Dit is verklaarbaar, omdat de toenemende negatieve lading de nadering van het nucleofiel steeds moeilijker zal maken.

afnemende reactiesnelheid

Monoalkylfosfaten kunnen, behalve via bovengenoemde mechanismen, ook nog op een andere wijze hydrolyseren. Dit blijkt uit het feit dat de hydrolysesnelheid van monoalkylfosfaten sterk afhankelijk is van de pH. De snelste hydrolyse vindt plaats bij pH 4, de pH waar de concentratie van het monoanion het hoogst is. Aangenomen wordt dat de hydrolyse zelf bij deze pH verloopt via een monomoleculair proces waarbij in eerste instantie het reactieve metafosfaatanion wordt gevormd. Dit anion is een krachtig fosforyleringsreagens en reageert snel verder met water of eventueel met andere aanwezige nucleofielen.

$- CH_3OH$   $H_2\ddot{O}:$

metafosfaat

## 18.4 Hydrolyse van pyrofosfaten en trifosfaten

Pyrofosfaten en trifosfaten bevatten een fosfaatanhydridebinding en verschillen daardoor zeer duidelijk van de orthofosfaatesters. Van de carbonzuuranhydriden is bekend dat ze veel reactiever zijn dan de carbonzure esters (zie § 17.2). Evenzo en om vergelijkbare redenen zijn de fosfaatanhydriden, dus de pyro- en trifosfaten, reactiever dan de orthofosfaatesters.

fosfaat anhydride   fosfaatanhydride   fosfaatester

ADP   ATP

De anhydridebinding in een pyrofosfaat kan gehydrolyseerd worden door de verbinding korte tijd (7 minuten) bij 100 °C te verhitten in 1 mol/l zuur. Fosfaatesters zijn meestal stabiel onder deze omstandigheden. Trifosfaten zoals ATP zijn reactiever dan pyrofosfaten zoals ADP, maar het verschil in reactiesnelheid is niet groter dan een factor 10. Zoals te verwachten, is de hydrolysesnelheid van pyrofosfaten en trifosfaten eveneens sterk afhankelijk van de pH. Ook hier treedt de snelste hydrolyse op bij die pH waarbij ten minste één hydroxylgroep niet geïoniseerd is. Aangenomen wordt daarom dat ook hier bij deze pH het metafosfaatanion als reactief intermediair optreedt tijdens de hydrolyse.

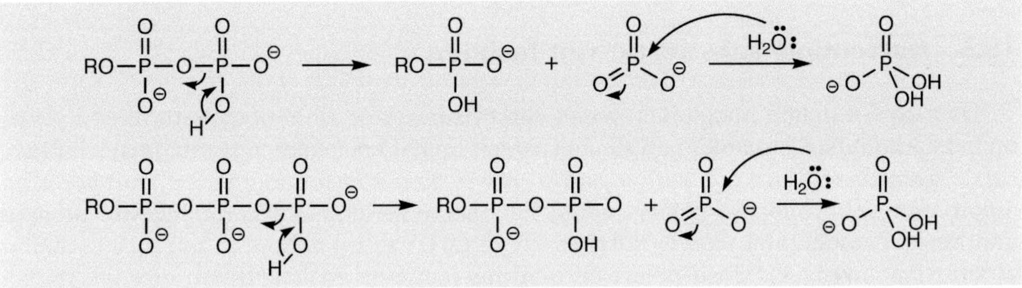

Behalve in hydrolysereacties (dit zijn dus reacties met het hydroxide-ion of met water als nucleofiel) reageren fosfaatesters in biochemische processen ook veelvuldig met andere nucleofielen. Nucleofielen, zoals hydroxylgroepen en carboxylaatanionen, kunnen reageren met bijvoorbeeld ATP of andere fosforylerende reagentia, en worden op deze wijze omgezet in reactieve verbindingen die verdere omzettingen in het metabolisme kunnen ondergaan. Een hydroxylgroep kan bijvoorbeeld worden omgezet in een fosfaatgroep en wordt daardoor een veel betere vertrekkende groep, zodat substitutie of eliminatie mogelijk wordt (zie § 10.9). De fosforylering van deze verbindingen verloopt via de aanval van het nucleofiel op de eindstandige fosfaatrest van ATP onder afsplitsing van ADP. In het geval van pyrofosforylering vindt de aanval van het nucleofiel plaats op de centrale fosfaatrest onder afsplitsing van AMP.

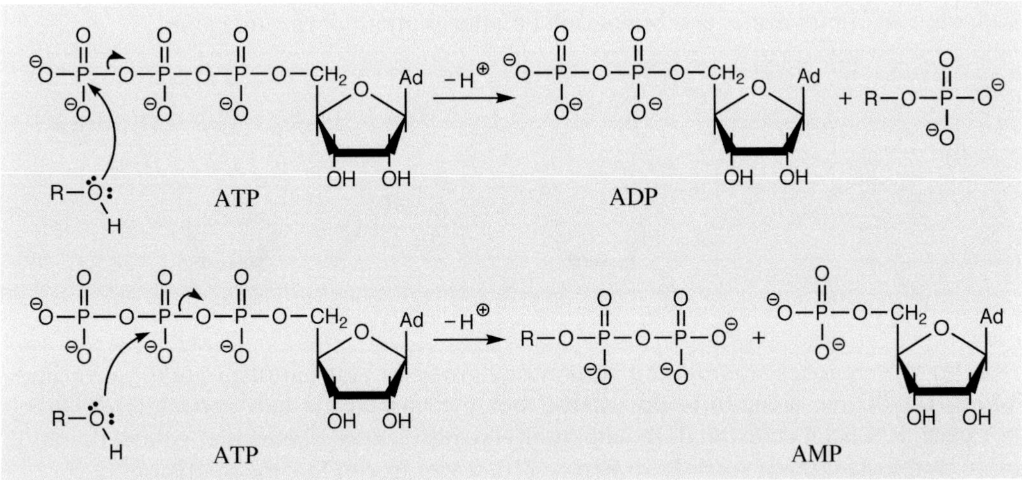

De activering van een niet-reactief acetaatanion met ATP geeft op deze manier een reactief acetylfosfaat, een gemengd anhydride van een carbonzuur en fosforzuur, dat in de cel onder meer wordt omgezet in acetylcoënzym A.

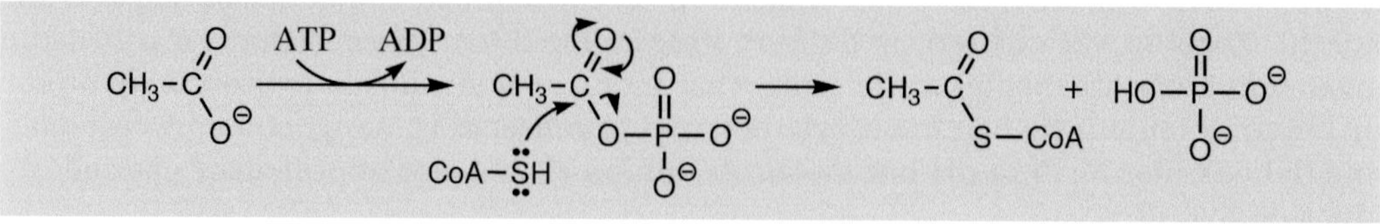

## 18.5 Nucleofiele substitutie van fosfaten

De aanval van een nucleofiel op een carbonzure ester vindt doorgaans alleen plaats op het carbonylkoolstofatoom en slechts zelden op het koolstofatoom van de alcoholrest. Bij de fosfaatesters kan nucleofiele aanval zowel op het fosforatoom als op het koolstofatoom van de alcoholrest plaatsvinden, het reactieverloop is afhankelijk van de aard van het nucleofiel. Het weinig polariseerbare $OH^-$ valt bij voorkeur aan op het fosforatoom (reactieweg 1). Goed polariseerbare nucleofielen zoals sulfiden of enolaatanionen vallen bij voorkeur aan op het koolstofatoom (reactieweg 2).

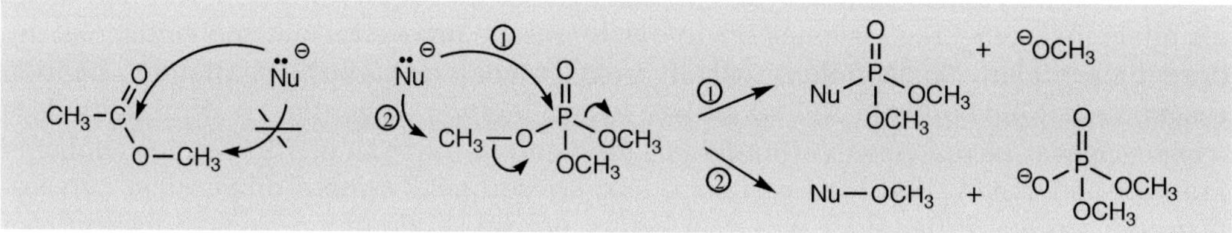

Het is de grotere stabiliteit en daarmee de betere vertrekkende eigenschappen van het fosfaatanion die maken dat de nucleofiele aanval op het koolstofatoom in fosfaatesters met succes kan verlopen. Een voorbeeld van een substitutiereactie op het koolstofatoom van een fosfaatester is de reactie van methionine met ATP onder vorming van adenosylmethionine, een biologisch belangrijk methyleringsreagens.

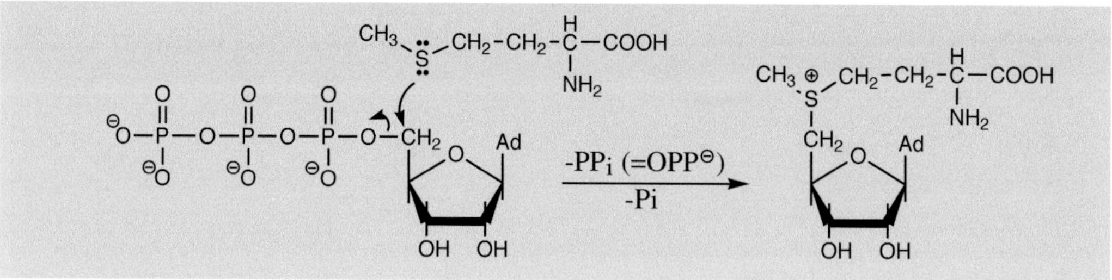

Ook bij vele reacties waarbij een isopentenylgroep in een natuurprodukt wordt ingevoerd, treedt een substitutie op waarbij het pyrofosfaat als een vertrekkende groep optreedt. Het is bij vele van deze isopentenyleringsreacties echter niet geheel duidelijk of de pyrofosfaatgroep vertrekt in een $S_N2$- dan wel in een $S_N1$-mechanisme.

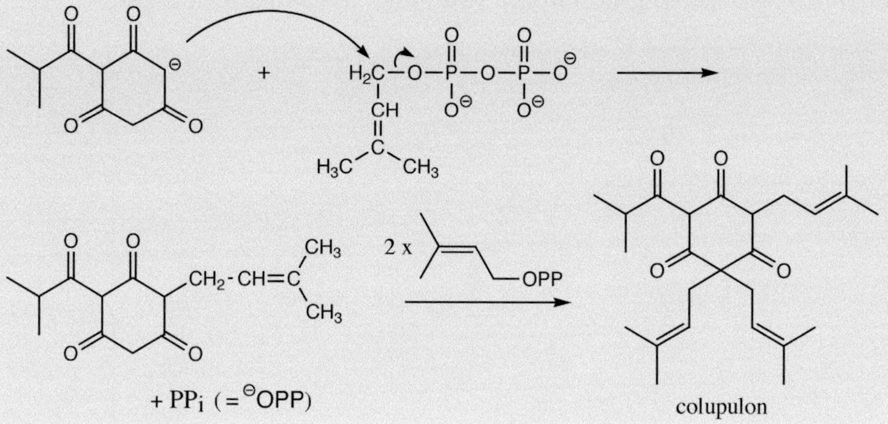

+ PPi (= ⊖OPP)

colupulon

Tijdens de biosynthese van colupulon, een smaakstof uit hop die een bijdrage levert aan de smaak van bier, moet driemaal een substitutiereactie optreden die steeds verloopt via een mesomeer gestabiliseerd carbanion als nucleofiel.

## 18.6 Fosforylering en fosforyleringspotentiaal

Reeds herhaaldelijk is naar voren gekomen dat bepaalde verbindingen een fosfaatgroep moeten bevatten om een biochemische reactie in de gewenste richting te laten verlopen. Naast o.a. het omzetten van de hydroxylgroep in een betere vertrekkende groep door fosforylering, vervult de fosfaatbinding met name een belangrijke rol bij de energiehuishouding van biochemische processen. Verbindingen die het vermogen hebben een fosforylgroep over te dragen op een substraat zijn daarom van groot belang en worden, vanwege de energie die vrijkomt bij deze overdracht, energierijke verbindingen genoemd.

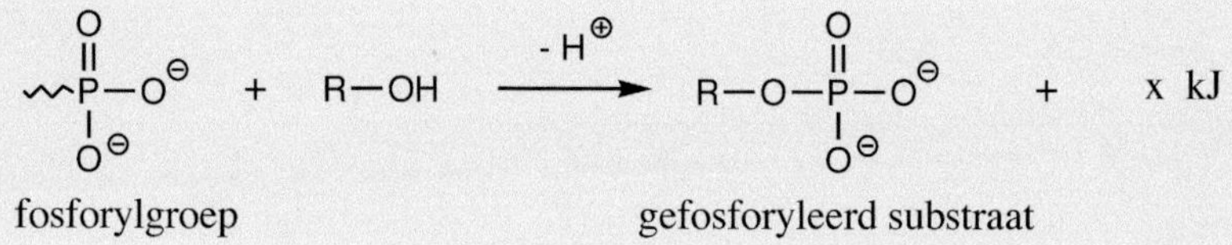

fosforylgroep + R—OH → (- $H^{\oplus}$) gefosforyleerd substraat + x kJ

Het vermogen om als fosforylerend reagens op te treden kan weergegeven worden met de fosforyleringspotentiaal. Dit is de standaard vrije energie voor de hydrolyse van de verbinding onder standaard omstandigheden, $\Delta G^{\circ\prime}$; voor biologische systemen bij 25 °C, pH 7,0 en in aanwezigheid van 0,01 mol/l $Mg^{2+}$. Hoe negatiever $\Delta G^{\circ\prime}$ is, hoe beter een fosforylgroep op water - en ook op andere nucleofielen - kan worden overgedragen. Tabel 18.1 geeft de fosforyleringspotentiaal van een aantal veel voorkomende fosfaatverbindingen.

Tabel 18.1. Fosforyleringspotentiaal van enige fosfaatverbindingen.

| *Fosfaatverbinding* | | *Δ G^o (kJ/mol)* | |
|---|---|---|---|
| fosfoënolpyruvaat | 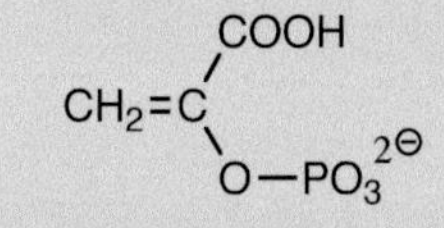 $CH_2=C(COOH)-O-PO_3^{2\ominus}$ | - 62,0 | energierijke verbindingen |
| acetylfosfaat | 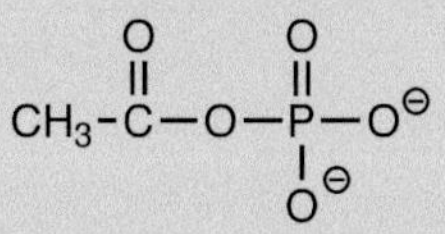 $CH_3-C(=O)-O-P(=O)(O^\ominus)-O^\ominus$ | - 42,3 | energierijke verbindingen |
| ATP | | - 30,6 | energierijke verbindingen |
| glucose-1-fosfaat | | - 20,9 | energierijke verbindingen |
| glucose-6-fosfaat | | - 13,8 | |

Fosfoënolpyruvaat heeft de hoogste fosforyleringspotentiaal; een belangrijk deel van de vrije energiewinst bij de fosforylering van deze verbinding wordt veroorzaakt door de tautomerisatie van het gevormde enolpyruvaat naar de ketovorm, pyruvaat. Arbitrair heeft men de grens voor een energierijke fosfaatbinding gelegd bij een $\Delta G^{\circ\prime} \leq -20$ kJ/mol. Glucose-6-fosfaat wordt dus niet meer beschouwd als een energierijke fosfaatverbinding, glucose-1-fosfaat met de fosfaatgroep op de acetaalpositie daarentegen wel. Een verbinding met een hoge fosforyleringspotentiaal kan in principe een fosforylgroep overdragen op een verbinding met een lagere fosforyleringspotentiaal.

De meeste fosforyl-overdrachtsreacties naar organische substraten worden door ATP uitgevoerd. Zo kan glucose met behulp van ATP worden omgezet in glucose-6-fosfaat. Het daarbij gevormde ADP kan met behulp van fosfoënolpyruvaat, elders in het metabolisme, weer geregenereerd worden tot ATP.

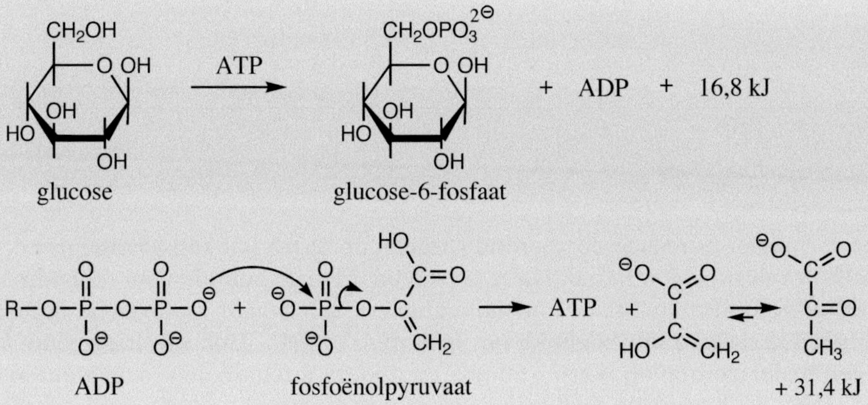

glucose $\xrightarrow{ATP}$ glucose-6-fosfaat + ADP + 16,8 kJ

ADP + fosfoënolpyruvaat ⟶ ATP + enolpyruvaat ⇌ pyruvaat + 31,4 kJ

De standaard vrije energie voor deze reacties kan worden afgeleid uit de fosforyleringspotentiaal door elke fosforyleringsreactie te beschouwen als de som van de hydrolysereacties van de betrokken verbindingen.

| | | | |
|---|---|---|---|
| ATP + $H_2O$ | ⟶ | ADP + fosfaat | + 30,6 kJ/mol |
| glucose + fosfaat | ⟶ | glucose-6-fosfaat + $H_2O$ | - 13,8 kJ/mol |
| ATP + glucose | ⟶ | ADP + glucose-6-fosfaat | + 16,8 kJ/mol |
| | | | |
| fosfoënolpyruvaat + $H_2O$ | ⟶ | pyruvaat + fosfaat | + 62,0 kJ/mol |
| ADP + fosfaat | ⟶ | ATP + $H_20$ | - 30,6 kJ/mol |
| fosfoënolpyruvaat + ADP | ⟶ | pyruvaat + ATP | + 31,4 kJ/mol |

## 18.7 Fosfaatinsecticiden

Een belangrijke groep van insecticiden wordt gevormd door de fosfaatesters. De werking van fosfaatinsecticiden berust op een blokkade van het enzym cholinesterase. Dit gebeurt door de vorming van een stabiele fosfaatester met de hydroxylgroep van de serinerest in het actieve centrum van het enzym. Daardoor wordt het enzym onwerkzaam. De werking van fosfaatinsecticiden vertoont dus grote overeenkomst met die van de carbamaatinsecticiden (zie § 17.11).

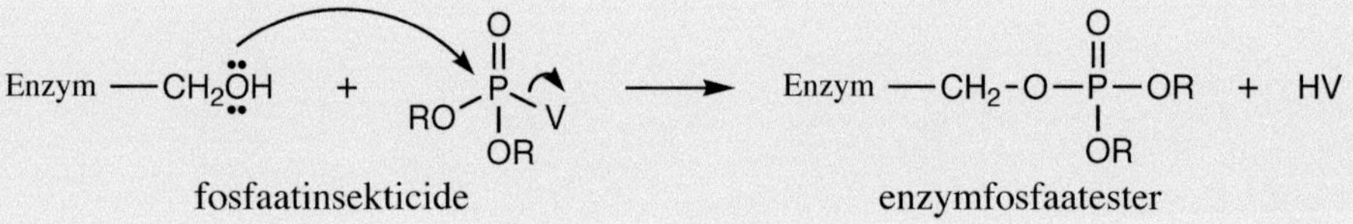

Enzym —$CH_2\ddot{O}H$ + (RO)(OR)P(=O)–V ⟶ Enzym —$CH_2$-O—P(=O)(OR)—OR + HV

fosfaatinsekticide — enzymfosfaatester

Voor een goede reactie van het insecticide met de hydroxylgroep van de serinerest in cholinesterase moet het fosfaatinsecticide een goede vertrekkende groep bevatten. Voorbeelden van dit type verbindingen zijn:

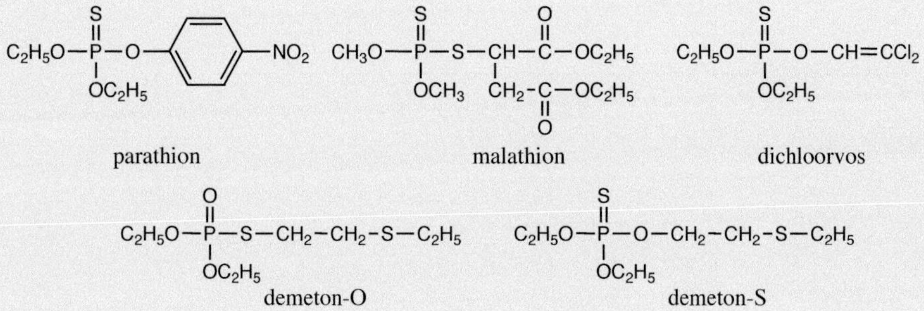

$C_2H_5O$—P(=S)($OC_2H_5$)—O—$C_6H_4$—$NO_2$
parathion

$CH_3O$—P(=S)($OCH_3$)—S—CH(—C(=O)—$OC_2H_5$)—$CH_2$-C(=O)—$OC_2H_5$
malathion

$C_2H_5O$—P(=S)($OC_2H_5$)—O—CH=$CCl_2$
dichloorvos

$C_2H_5O$—P(=O)($OC_2H_5$)—S—$CH_2$—$CH_2$—S—$C_2H_5$
demeton-O

$C_2H_5O$—P(=S)($OC_2H_5$)—O—$CH_2$—$CH_2$—S—$C_2H_5$
demeton-S

Zoals uit deze structuren blijkt, bestaan deze fosfaatinsecticiden uit esters van fosforzuur of van de zwavelanaloga van fosforzuur, waarin een groep aanwezig is die goed als vertrekkende groep kan optreden. De blokkerende werking van het bekende insecticide parathion kan weergegeven worden met de volgende reactievergelijking:

$$\text{Enzym}-CH_2\ddot{O}H + C_2H_5O-\overset{\overset{S}{\|}}{P}(OC_2H_5)-O-C_6H_4-NO_2 \longrightarrow \text{Enzym}-CH_2-O-\overset{\overset{S}{\|}}{P}(OC_2H_5)-OC_2H_5 + HO-C_6H_4-NO_2$$

stabiele enzymgebonden fosfaatester

# 19 Lipiden

Wassen, vetten, zepen, detergentia en fosfolipiden behoren tot de lipide (= vetachtige) verbindingen en hebben met elkaar gemeen dat ze alle één of meer lange apolaire alkylketens bevatten. Dit aspect bepaalt in sterke mate hun eigenschappen en een aantal van deze eigenschappen, die min of meer verband houden met het voorkomen en de functie van deze verbindingen in de natuur, zal in dit hoofdstuk worden behandeld.

## 19.1 Wassen

Natuurlijke wassen bestaan voor het overgrote deel uit esters van hogere vetzuren met hogere alcoholen. Vaak zijn het mengsels van deze esters maar meestal is er wel een duidelijke hoofdcomponent aanwezig:

Voornaamste bestanddeel van

| | |
|---|---|
| $CH_3-(CH_2)_{24}-C(=O)-O-(CH_2)_{29}-CH_3$ | carnaubawas |
| $CH_3-(CH_2)_{14}-C(=O)-O-(CH_2)_{15}-CH_3$ | spermacetiwas (walschot) |
| $CH_3-(CH_2)_{14}-C(=O)-O-(CH_2)_{29}-CH_3$ | bijenwas |

Wassen zijn apolaire, zachte vaste stoffen. Het smeltpunt en de hardheid nemen toe met de lengte van de alkaanketens. Het smeltpunt is min of meer onafhankelijk van de plaats van de esterfunctie in de keten.

Wassen hebben in planten en dieren verschillende functies. Bij planten dienen ze onder meer als inerte waterafwerende beschermingslaag en zorgen ze bovendien voor een geringere verdamping waardoor snelle uitdroging wordt voorkomen. Het blad van *Copernica cerifera*, een waaierpalm uit Brazilië, levert de carnaubawas, een hoge kwaliteit vloer- en meubelwas.

Sommige diersoorten gebruiken wassen in plaats van vetten als voedselreserve. Het lichaamsvet van de potvis bestaat vooral uit wasachtige esters. Spermaceti, afkomstig uit de schedel van potvissen, is een vloeibare was die na de dood van de potvis stolt. Deze was wordt gebruikt voor de fabricage van bepaalde dure, doorzichtige kaarsen en bij de bereiding van cosmetica. Het gebruik van was als bouwstof komen we tegen in de raat van de honingbij. Lanoline is een was die geëxtraheerd wordt uit wol. Naast gewone esters bevat lanoline ook esters van steroïdalcoholen. Lanoline wordt gebruikt in zalven en in cosmetische preparaten.

Een bijzonder type was is aanwezig in de veren van vogels en met name bij watervogels vervult deze was een belangrijke rol als waterafstotende stof. Deze was, die uitgescheiden wordt door de stuitklier onder de staart, is een viskeuze vloeistof die bestaat uit een complex mengsel van esters van vertakte carbonzuren met vertakte en lineaire alcoholen. De exacte samenstelling van het wasmengsel is afhankelijk van de soort vogel. De ingewikkelde samenstelling vormt een speciaal probleem bij de hulpverlening aan watervogels die terecht zijn gekomen in door olie vervuild water. Bij verwijdering van de olie wordt ongewild ook de beschermende waslaag verwijderd en deze moet vervangen worden door een stof die zoveel mogelijk op de natuurlijke was lijkt. Enig succes is hierbij geboekt met octadecyl-2-methylhexanoaat.

$$CH_3CH_2CH_2CH_2CH(CH_3)—C(=O)—O—(CH_2)_{17}—CH_3$$ octadecyl-2-methylhexanoaat

## 19.2 Oliën en vetten

Oliën en vetten zijn plantaardige of dierlijke producten die al van oudsher een belangrijke rol spelen in het leven van de mens. De eenvoudige manier van isolering heeft hier in grote mate toe bijgedragen en bijvoorbeeld olijfolie was daarom al in de oudheid bekend. Deze olie kan op grote schaal uit olijven worden verkregen door uitpersen (het zgn. kneuzen) en wordt voor allerlei doeleinden gebruikt, zoals voor voeding, voor lotions en als basis voor parfums. Olijfpitolie wordt als brandstof voor lampen gebruikt. In de Romeinse tijd werd reeds melding gemaakt van het bereiden van roomboter, terwijl het gebruik van lijnolie als basis voor verven in de middeleeuwen zijn intrede deed.

Ook nu nog wordt het uitpersen als isoleringsmethode toegepast. Daarnaast worden ook nieuwere methoden gebruikt, zoals inleiden van stoom en extractie. Bij het inleiden van stoom in olie- of vethoudende materialen wordt de olie of het vet daaruit vrijgemaakt door de hoge temperatuur. Na verwijderen van het vaste residu worden de oliën en vetten van de waterlaag afgescheiden. Bij extractie wordt het olie- of vetbevattende product geëxtraheerd met een organisch oplosmiddel zoals chloroform, tetra of hexaan. Na afdampen van de extractievloeistof wordt de olie verkregen.

Oorspronkelijk betekende de naam 'vet' eenvoudig alles wat met een apolair organisch oplosmiddel geëxtraheerd kon worden uit biologisch materiaal. Hiertoe behoorden naast de triglyceriden, de wassen en de fosfolipiden ook de terpenen, de steroïden en bepaalde vitaminen. Tegenwoordig bestaat er een veel beter inzicht in de structuur en de biologische oorsprong van al deze verbindingen en dit heeft geresulteerd in een betere indeling op grond van structuurformule en biosynthese.

Oliën en vetten worden tegenwoordig gedefinieerd als **esters van glycerol en vetzuren**. Ze worden in alle levende organismen gevonden en vervullen daarin een functie als brandstof, als opslagplaats van energie, als component in membranen, als warmteisolator, als schokdemper, als oplosmiddel voor vitamines en als stof die zorgt voor de stroomlijning van vele dieren.

## 19.3 Structuur en nomenclatuur van glyceriden

Oliën en vetten zijn esters van vetzuren en glycerol; deze verbindingen worden daarom ook aangegeven met de algemene naam *glyceriden*. Het verschil tussen een vet en een olie is gelegen in de aggregatietoestand bij kamertemperatuur en, in mindere mate, in de herkomst. *Vetten* zijn vaste stoffen en meestal van dierlijke herkomst; *oliën* zijn vloeibaar en meestal van plantaardige origine.

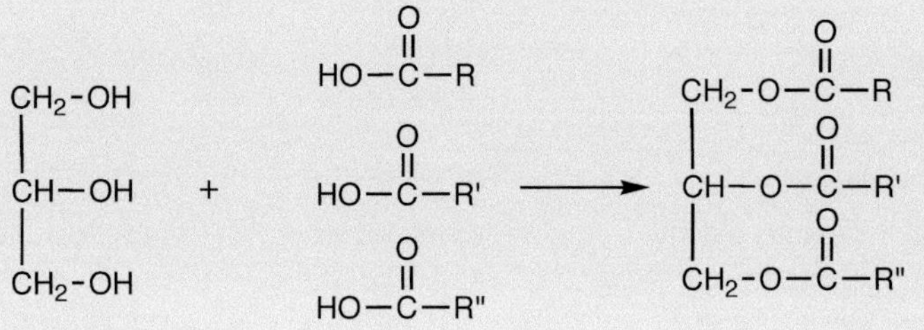

$CH_2\text{-}OH$, $CH\text{-}OH$, $CH_2\text{-}OH$ + $HO\text{-}C(=O)\text{-}R$, $HO\text{-}C(=O)\text{-}R'$, $HO\text{-}C(=O)\text{-}R''$ ⟶ $CH_2\text{-}O\text{-}C(=O)\text{-}R$, $CH\text{-}O\text{-}C(=O)\text{-}R'$, $CH_2\text{-}O\text{-}C(=O)\text{-}R''$

glycerol — vetzuren — olie of vet (triglyceride)

In de meeste oliën en vetten zijn alle drie hydroxylgroepen van glycerol veresterd met vetzuren; kleine hoeveelheden mono- en diglyceriden komen echter voor in de natuur.

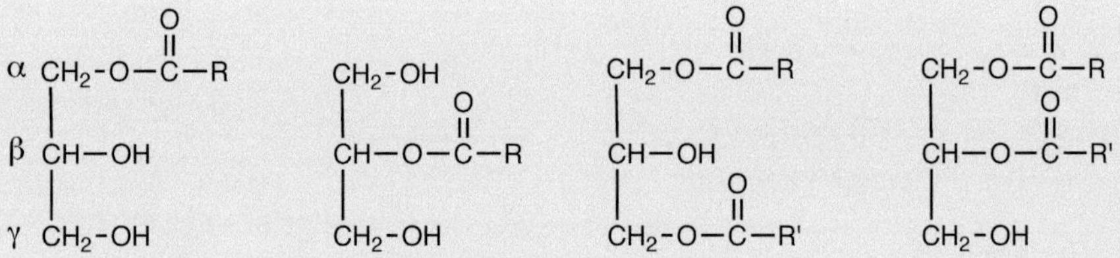

α $CH_2\text{-}O\text{-}C(=O)\text{-}R$, β $CH\text{-}OH$, γ $CH_2\text{-}OH$ — α–monoglyceride

$CH_2\text{-}OH$, $CH\text{-}O\text{-}C(=O)\text{-}R$, $CH_2\text{-}OH$ — β–monoglyceride

$CH_2\text{-}O\text{-}C(=O)\text{-}R$, $CH\text{-}OH$, $CH_2\text{-}O\text{-}C(=O)\text{-}R'$ — α,γ–diglyceride

$CH_2\text{-}O\text{-}C(=O)\text{-}R$, $CH\text{-}O\text{-}C(=O)\text{-}R'$, $CH_2\text{-}OH$ — α,β–diglyceride

Een grotere variatie in de structuur van oliën en vetten komt voor in het vetzuurgedeelte van deze moleculen. Daarbij zijn een aantal algemene kenmerken te noemen waaraan vooral vetzuren van plantaardige oorsprong voldoen.

- De vetzuren bestaan uit lange onvertakte ketens met een even aantal koolstofatomen. Ketenlengten van 12, 14, 16 en 18 koolstofatomen komen het meeste voor.
- In een koolstofketen van een vetzuur kunnen nul tot drie dubbele bindingen voorkomen.
- De configuratie van een dubbele binding in een vetzuurketen is *cis* en wanneer er meerdere dubbele bindingen in een keten zitten, zijn deze zo ver van elkaar verwijderd dat ze niet geconjugeerd zijn.

De nomenclatuur van de vetzuren volgt die van de carbonzuren. Een carbonzuur met 16 koolstofatomen wordt hexadecaanzuur genoemd. Als in deze koolstofketen één (16 : 1), twee (16 : 2) of drie (16 : 3) dubbele bindingen voorkomen, dan spreekt men van respectievelijk een hexadeceenzuur, een hexadecadieenzuur en een hexadecatrieenzuur. De positie van een dubbele binding wordt aangegeven met het teken Δ, met als index het nummer van het koolstofatoom waarvan de dubbele binding uitgaat.

De aanduiding *cis*-$\Delta^9$ betekent dus dat er een *cis*-dubbele binding aanwezig is tussen de koolstofatomen 9 en 10. Triviale namen, afgeleid van de natuurlijke oorsprong van het vet, worden veel gebruikt voor de vetzuren. In tabel 19.1 is een aantal veel voorkomende vetzuren opgenomen en in tabel 19.2 is de vetzuursamenstelling van een aantal veel voorkomende oliën en vetten weergegeven.

**Tabel 19.1. De voornaamste in de natuur voorkomende vetzuren.**

| *Aantal koolstof-atomen* | *Aantal dubbele bindingen* | *Systematische naam* | *Triviale naam* | *Structuur formule* |
|---|---|---|---|---|
| 4 | 0 | butaanzuur | boterzuur | $H_3C$-$(CH_2$-$)_2COOH$ |
| 6 | 0 | hexaanzuur | capronzuur | $H_3C$-$(CH_2$-$)_4COOH$ |
| 8 | 0 | octaanzuur | caprylzuur | $H_3C$-$(CH_2$-$)_6COOH$ |
| 10 | 0 | decaanzuur | caprinezuur | $H_3C$-$(CH_2$-$)_8COOH$ |
| 12 | 0 | dodecaanzuur | laurinezuur | $H_3C$-$(CH_2$-$)_{10}COOH$ |
| 14 | 0 | tetradecaanzuur | myristinezuur | $H_3C$-$(CH_2$-$)_{12}COOH$ |
| 16 | 0 | hexadecaanzuur | palmitinezuur | $H_3C$-$(CH_2$-$)_{14}COOH$ |
| 18 | 0 | octadecaanzuur | stearinezuur | $H_3C$-$(CH_2$-$)_{16}COOH$ |
| 20 | 0 | icosaanzuur | arachinezuur | $H_3C$-$(CH_2$-$)_{18}COOH$ |
| 16 | 1 | cis-$\Delta^9$-hexadeceenzuur | palmiteenzuur | $H_3C$-$(CH_2$-$)_5CH=CH$-$(CH_2$-$)_7COOH$ |
| 18 | 1 | cis-$\Delta^9$-octadeceenzuur | oliezuur | $H_3C$-$(CH_2$-$)_7CH=CH$-$(CH_2$-$)_7COOH$ |
| 18 | 1 | 12-hydroxy-cis-$\Delta^9$-octadeceenzuur | ricinolzuur | $H_3C$-$(CH_2$-$)_5$-$CHOHCH_2$-$CH=CH$ $(CH_2$-$)_7COOH$ |
| 18 | 2 | cis,cis-$\Delta^9$,$\Delta^{12}$,-octadecadieenzuur | linolzuur | $H_3C$-$(CH_2$-$)_4(CH=CHCH_2)_2$-$(CH_2$-$)_6COOH$ |
| 18 | 3 | all cis-$\Delta^9$,$\Delta^{12}$,$\Delta^{15}$,-octadecatrieenzuur | linoleenzuur | $H_3CCH_2$-$(CH=CHCH_2$-$)_3$-$(CH_2$-$)_6COOH$ |

**Tabel 19.2. Vetzuursamenstelling (% (m/m)) van een aantal veelvoorkomende oliën en vetten.**

| *Vet of Olie* | *Laurine-zuur* | *Myristine-zuur* | *Palmitine-zuur* | *Stearine-zuur* | *Olie zuur* | *Linol-zuur* | *Andere vetzuren** |
|---|---|---|---|---|---|---|---|
| *Dierlijke vet* | | | | | | | |
| boter van koemelk | 3-5 | 7-11 | 23-26 | 10-13 | 30-40 | 2-4 | 3-4 boterzuur<br>1-2 capronzuur<br>2-3 caprinezuur |
| vet uit moedermelk | 5-7 | 8-14 | 22-25 | 8-10 | 30-35 | 4-8 | 1-3 caprinezuur<br>3-4 palmiteenzuur |

vervolg Tabel 19.2.

| | | | | | | | |
|---|---|---|---|---|---|---|---|
| reuzel (varkensvet) | | 1-2 | 28-30 | 15-22 | 41-52 | 6-8 | 1-3 palmiteenzuur |
| rundvet, talk | | 2-3 | 24-32 | 14-32 | 35-48 | 2-7 | 1-3 palmiteenzuur |
| *Plantaardig vet* | | | | | | | |
| palmolie | | 1-3 | 35-40 | 3-6 | 38-40 | 5-11 | 5-10 caprylzuur |
| cocosvet | 45-51 | 17-20 | 4-10 | 1-5 | 5-8 | 0-2 | 5-11 caprinezuur |
| *Plantaardige olie* | | | | | | | |
| olijfolie | | 0-1 | 6-15 | 1-4 | 69-85 | 4-12 | |
| pindaolie | | | 6-9 | 2-6 | 50-70 | 13-26 | |
| ricinusolie | | | 0-1 | | 0-9 | 3-7 | 80-92 ricinolzuur |
| katoenzaadolie | | 1-3 | 19-24 | 1-2 | 23-31 | 40-50 | |
| sojaolie | | 0-1 | 7-10 | 2-4 | 21-31 | 50-62 | 4-8 linoleenzuur |
| lijnolie | | | 4-6 | 3-5 | 9-30 | 3-40 | 25-55 linoleenzuur |

* De opsomming van de andere vetzuren is niet volledig

## 19.4 De onverzadigdheid van oliën en vetten

Triglyceriden met een hoog gehalte aan meervoudig onverzadigde vetzuren hebben een lager smelttraject dan triglyceriden die uitsluitend bestaan uit verzadigde vetzuren. Dit komt omdat de aanwezigheid van een dubbele binding in de alkylketen door zijn *cis*-geometrie een compacte rangschikking van de alkylketens belemmert. Hierdoor is de Van der Waals-interactie tussen de alkylketens kleiner (fig. 19.1) en dat geeft een lager smelttraject.

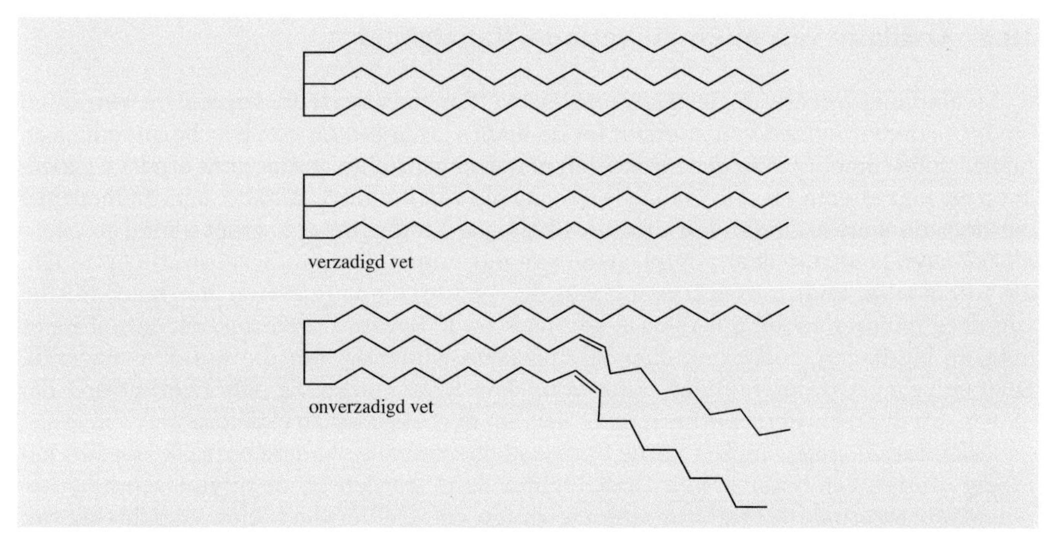


Fig. 19.1. Rangschikking van de alkylketens in een verzadigd vet en in een onverzadigd vet.

Oliën hebben een hoog gehalte aan onverzadigde vetzuren (zie tabel 19.2). Vissen in de poolzeeën bevatten in verhouding tot andere vissen een hoog gehalte aan onverzadigde vetzuren. Daarmee wordt voorkomen dat bij lage temperatuur het lichaamsvet te hard wordt.

In de afgelopen jaren is er veel gepubliceerd over vet eten, over meervoudig onverzadigde vetzuren in het dieet en over het belang van bepaalde zgn. 'essentiële' vetzuren in het voedsel. Ondanks veel research zijn alle facetten van de werking van vetzuren in biologische systemen nog niet doorgrond. Vet is van belang voor mens en dier om energie te kunnen leveren voor te verrichten arbeid. Een volkomen vetvrij dieet is dan ook dodelijk. Bij ratten die absoluut vetvrij voedsel kregen, werd de huid schilferig, vervolgens viel het haar uit en daarna trad de dood in. Wanneer linolzuur of andere meervoudig onverzadigde vetzuren (arachidonzuur) aan het voedsel werden toegevoegd, ontstond dit ziektebeeld niet. Deze vetzuren zijn 'essentiële' vetzuren, die onmisbaar zijn voor zoogdieren. Zoogdieren zijn namelijk niet, zoals planten, in staat om verzadigde vetzuren om te zetten in (meervoudig) onverzadigde vetzuren. Daarom is aanvulling noodzakelijk door consumptie van plantaardige oliën.

Hydrogenering van plantaardige oliën vermindert de graad van onverzadiging van de vetzuren en daardoor stijgt het smelttraject van de betreffende olie.

De hydrogenering kan zo geregeld worden dat de olie omgezet wordt in een vet dat over een vrij groot temperatuurgebied een half vaste (smeerbare) aggregatietoestand heeft. Dit proces noemt men het harden van oliën en vetten. De geharde oliën en vetten worden als margarine gebruikt voor bakken en braden, en als vervanging van roomboter. Omdat roomboter vitamine A en D bevat, dienen deze vitaminen volgens de Warenwet ook aan margarine te worden toegevoegd. Ook het watergehalte in roomboter en margarine is aan normen gebonden en mag in beide produkten hoogstens 16% (*m*/*m*) bedragen. Halvarine, een margarine die door een speciaal emulgeerproces meer water bevat, moet minstens een watergehalte van 50% (*m*/*m*) bezitten.

## 19.5 Oxidatie van oliën en vetten - Ranzigheid

Meervoudig onverzadigde triglyceriden worden toegepast in verven en vernissen omdat ze onder invloed van zuurstof uit de lucht verharden tot een beschermende laag. Lijnzaadolie (lijnolie) is in deze middelen een veel gebruikte component omdat ze goedkoop en zeer effectief is. Dit laatste is een gevolg van het hoge gehalte aan linoleenzuur dat door de aanwezigheid van drie onverzadigde bindingen een groot aantal *reactieve allylplaatsen* heeft. Op deze allylplaatsen kan met zuurstof een radicaalreactie optreden, die uiteindelijk leidt tot verknoping van de vetzuurketens (zie voor het mechanisme van deze radicaalreactie § 5.13). De ketens R en R' bevatten meestal ook één of meer dubbele bindingen, zodat ook daar allylplaatsen aanwezig zijn die kunnen reageren. Door de vele peroxidebindingen ontstaat op deze wijze een stevig polymeernetwerk dat dienst kan doen als een beschermende laag op gevoelige oppervlakken.

*Oxidatieve afbraak* van met name onverzadigde vetzuren kan de oorzaak zijn van het ranzig worden van boter of vet. Door luchtoxidatie worden op de allylplaatsen hydroperoxiden gevormd die verder kunnen reageren via reacties die leiden tot splitsing van de alkylketen in kleinere fragmenten.

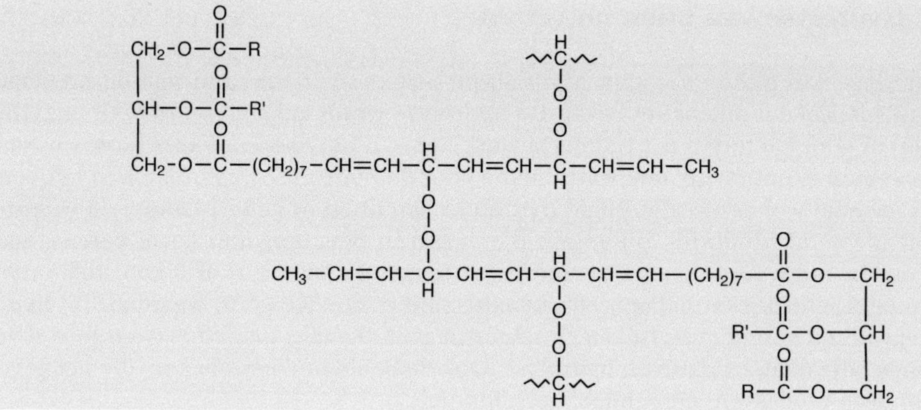

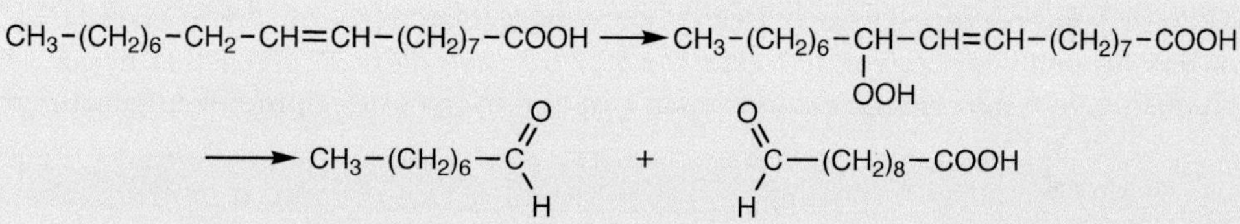

$$CH_3-(CH_2)_6-CH_2-CH=CH-(CH_2)_7-COOH \longrightarrow CH_3-(CH_2)_6-CH(OOH)-CH=CH-(CH_2)_7-COOH$$

$$\longrightarrow CH_3-(CH_2)_6-CHO + OHC-(CH_2)_8-COOH$$

Daarbij worden mengsels van aldehyden, ketonen, carbonzuren en ketocarbonzuren gevormd die een zeer onaangename geur verspreiden. In natuurlijke producten worden deze oxidatiereacties vertraagd door de aanwezigheid van natuurlijke anti-oxidantia, zoals vitamine E en vitamine C. Deze kunnen eventueel ook aan voedingsmiddelen worden toegevoegd. Verder kan deze oxidatie bestreden worden door voedingsmiddelen die onverzadigde vetten bevatten, luchtdicht en in het donker te bewaren.

Een speciale groep verbindingen die afgeleid zijn van vetzuren, vormen de **prostaglandines**. De biosynthese van deze verbindingen verloopt via een bijzonder type oxidatiereactie van meervoudig onverzadigde vetzuren, waarbij de vetzuurketen cycliseert. De volledige functie van de prostaglandines is nog niet duidelijk, maar bekend is al wel dat vertegenwoordigers van deze groep een rol spelen bij een aantal belangrijke fysiologische processen, zoals de regulatie van de bloeddruk, de contractie van de zachte spieren, de bloedstolling en de regeling van de vruchtbaarheid.

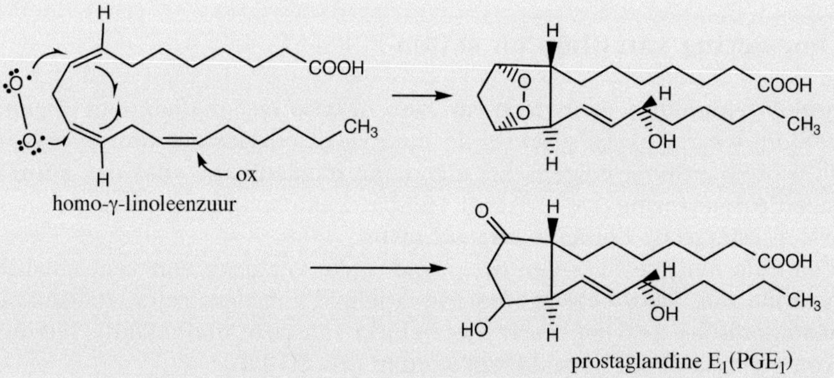

homo-γ-linoleenzuur

prostaglandine $E_1$ ($PGE_1$)

## 19.6 Hydrolyse van oliën en vetten

Hydrolyse van oliën en vetten is van grote betekenis in verband met de houdbaarheid van voedsel dat olie of vet bevat. De hydrolyse wordt gekatalyseerd door enzymen (lipasen) of door bacteriën die tijdens bewerkingen in het voedsel terechtkomen. Naast deze enzymen is natuurlijk ook water nodig voor de hydrolyse, maar dat is in het voedsel zelf meestal wel aanwezig. Bij de hydrolyse van oliën of vetten komen de vetzuren vrij. Dit is vooral hinderlijk bij vetten die vetzuren bevatten met korte ketens, zoals boter- en cocosvet. Deze lagere vetzuren (carbonzuren met 4, 6 of 8 koolstofatomen) zijn tamelijk vluchtig en hebben een onaangename, ranzige geur, waardoor bij hydrolyse de kwaliteit van het voedsel sterk achteruit gaat. 'Ranzig' heeft dus twee geheel verschillende oorzaken, oxidatie en hydrolyse. Ook de beide ranzige smaken, die het gevolg zijn van deze processen, zijn geheel verschillend.

Glyceriden kunnen verzeept worden met natrium- of kaliumhydroxide tot glycerol en vetzure zouten (zepen, zie § 19.12). Deze basegekatalyseerde hydrolysereactie is reeds beschreven voor eenvoudige esters in § 17.5.3. In onderstaand reactieschema is het mechanisme voor één van de estergroepen van een triglyceride opnieuw uitgeschreven.

$$\begin{array}{l} CH_2\text{-}O\text{-}C(=O)\text{-}R \\ CH\text{-}O\text{-}C(=O)\text{-}R' \\ CH_2\text{-}O\text{-}C(=O)\text{-}R'' \end{array} + {}^{\ominus}OH \rightleftharpoons \begin{array}{l} CH_2\text{-}O\text{-}C(=O)\text{-}R \\ CH\text{-}O\text{-}C(=O)\text{-}R' \\ CH_2\text{-}O\text{-}C(O^{\ominus})(OH)\text{-}R'' \end{array} \rightleftharpoons \begin{array}{l} CH_2\text{-}O\text{-}C(=O)\text{-}R \\ CH\text{-}O\text{-}C(=O)\text{-}R' \\ CH_2\text{-}O^{\ominus} \end{array} + HO\text{-}C(=O)\text{-}R''$$

$$\longrightarrow \begin{array}{l} CH_2\text{-}O\text{-}C(=O)\text{-}R \\ CH\text{-}O\text{-}C(=O)\text{-}R' \\ CH_2\text{-}OH \end{array} + {}^{\ominus}O\text{-}C(=O)\text{-}R'' \xrightarrow[2\,x]{{}^{\ominus}OH} \begin{array}{l} CH_2\text{-}OH \\ CH\text{-}OH \\ CH_2\text{-}OH \end{array} + \begin{array}{l} R\text{-}COO^{\ominus} \\ R'\text{-}COO^{\ominus} \\ R''\text{-}COO^{\ominus} \end{array}$$

Ook onder invloed van zuur kan een vet gehydrolyseerd worden. Hierbij ontstaan glycerol en de vrije vetzuren (zie voor het mechanisme § 16.5.2).

## 19.7 Omestering van oliën en vetten

Glyceriden kunnen onder invloed van zuur of base met methanol of ethanol omgeesterd worden, waarbij naast glycerol de methyl- of ethylesters van de vetzuren ontstaan. Dit proces verloopt volgens het algemene mechanisme voor een zuur- of basegekatalyseerde omestering (zie § 17.5.4). Het basegekatalyseerde reactiemechanisme is hier voor één estergroep opnieuw uitgeschreven.

De gevormde methylesters van de afzonderlijke vetzuren zijn veel vluchtiger dan het triglyceride zelf. Door deze grotere vluchtigheid zijn deze esters toegankelijk voor gaschromatografische analyse, zodat met behulp van deze methode de vetzuursamenstelling van een olie of vet bepaald kan worden (zie § 19.8).

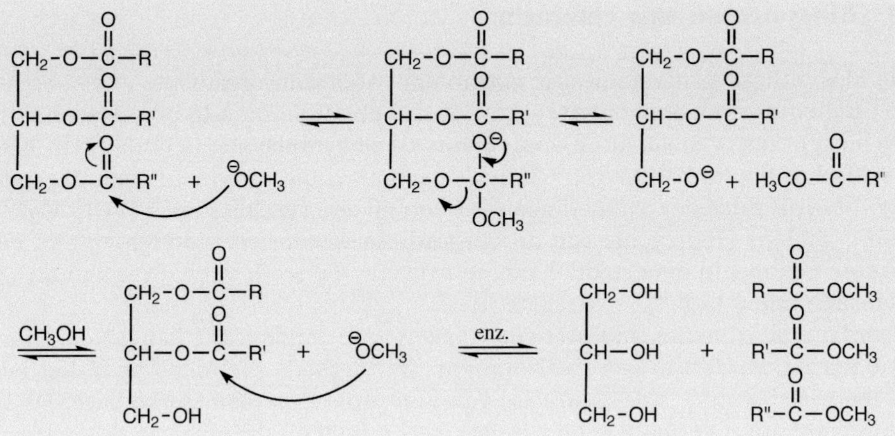

## 19.8 Analyse van oliën en vetten

Bij analyse van oliën en vetten wordt gebruik gemaakt van de aanwezigheid van de dubbele bindingen en de estergroepen in het molecuul.

De mate van onverzadigdheid van een olie of een vet wordt uitgedrukt in het *joodgetal*. Dit is het getal dat aangeeft hoeveel gram jood geaddeerd kan worden aan 100 gram olie of vet. Voor 100 gram vet is nodig:

$\frac{100}{M} \times n$ mol $I_2$

$M$ = molaire massa van het vet (g/mol)
$n$ = aantal dubbele bindingen

Het aantal grammen $I_2$ nodig voor 100 gram vet is dan:

$$\text{joodgetal} = \frac{100 \text{ x } n \text{ x } 253{,}8}{M} = \frac{25380 \text{ x } n}{M}$$

molaire massa jood = 253,8 g/mol

Daarnaast werd ook veel gebruik gemaakt van het *verzepingsgetal*. Dit is het getal dat aangeeft hoeveel mg KOH nodig is om 1 gram vet te verzepen.

Het verzepingsgetal is een maat voor de molaire massa van het vet en daarmee voor de gemiddelde lengte van de vetzuurketens in het vet. Hoe groter de molaire massa, des te minder moleculen bevat 1 gram vet en des te kleiner is het verzepingsgetal.

Verschillende charges olie of vet kunnen met behulp van het joodgetal en het verzepingsgetal worden vergeleken. Deze getallen geven echter geen informatie over de exacte chemische samenstelling van de oliën of vetten. Voor deze kwantitatieve analyse maakt men gebruik van gas-vloeistofchromatografie (GLC). Om het vet voor deze methode geschikt te maken wordt eerst het triglyceride waaruit de olie of het vet bestaat, omgezet in glycerol en de methylester van de vetzuren. De methylesters zijn vluchtiger dan de triglyceriden waardoor GLC-analyse mogelijk wordt. Een gaschromatogram laat de pieken van de verschillende vetzure methylesters zien. Door nauwkeurige bepaling van de plaats van de pieken in het chromatogram en berekening van de oppervlakten van deze pieken kan de vetzuursamenstelling worden berekend.

## 19.9 Biosynthese van vetzuren

De biosynthese van vetzuren is een middel voor een organisme om energie op te slaan en dient tevens om bouwstenen voor de celmembranen te produceren.

De biosynthese van vetzuren vindt plaats op de cytoplasmamembranen in het endoplasmatisch reticulum. Vetzuren worden opgebouwd uit acetyleenheden die tijdens de biosynthese als thioëster overgedragen worden op een synthese-eiwit (ACP, Acyl Carrier Proteïn). Tijdens elke cyclus van de biosynthese wordt één acetylgroep aan een vetzuurketen gekoppeld door middel van een reactie die sterk verwant is aan de Claisen-condensatie (zie § 17.5.8).

Voordat een azijnzure thioëster een Claisen-type condensatie kan geven, moet deze eerst omgezet worden in een enolaatanion. De methode die hiervoor in het laboratorium toegepast wordt, is de abstractie van een proton meteen sterke base. De biosynthese van vetzuren verloopt echter in neutraal milieu en daarom kan de abstractie van een proton door een sterke base hier niet optreden. Dit wordt door de natuur opgelost door het benodigde enolaatanion in situ te genereren door decarboxylatie van het malonaatanion. De negatieve lading zit dus vóór de condensatiereactie geparkeerd op een veel minder basisch carboxylaatanion.

$$R{-}S{-}C(=O){-}CH_3 \;+\; :B^{\ominus} \;\rightleftharpoons\; R{-}S{-}C(=O){-}\ddot{C}H_2^{\ominus} \;+\; HB \qquad \text{in het laboratorium}$$

$$R{-}S{-}C(=O){-}CH_2{-}C(=O){-}O^{\ominus} \;\longrightarrow\; R{-}S{-}C(=O){-}\ddot{C}H_2^{\ominus} \;+\; CO_2 \qquad \text{biosynthetisch}$$

Als eerste stap in de biosynthese van vetzuren wordt daarom in het acetylcoënzym A een carboxylgroep aangebracht door een carboxylase-enzym dat daarvoor gebruik maakt van het coënzym biotine (*stap 1*). Het gevormde malonylcoënzym A en een tweede molecuul acetylcoënzym A worden daarna via een omestering overgedragen op twee thiolgroepen van het synthese-eiwit ACP (*stap 2*).

De acetylgroep waarop de nucleofiele aanval moet plaatsvinden en de malonylgroep waaruit het nucleofiele enolaatanion gevormd moet worden, zitten nu zodanig in elkaars nabijheid, dat er goed een condensatiereactie kan plaatsvinden onder afsplitsing van kooldioxide (*stap 3*). In een volgende stap wordt de β-ketoacylgroep gereduceerd tot een β-hydroxyacylgroep, waarbij het gevormde chirale koolstofatoom de *R*-configuratie krijgt (*stap 4*).

Dehydratering geeft vervolgens een *trans*-dubbele binding (*stap 5*), die door NADPH verder gereduceerd wordt tot een verzadigde keten (*stap 6*). Al deze reactiestappen verlopen enzymgekatalyseerd. Daarna kan in een volgende cyclus een nieuwe acetyleenheid in de keten worden ingebouwd. Hiervoor moet eerst de butyrylgroep die na de stappen 4, 5 en 6 is gevormd, omgeësterd worden op de andere thiolgroep (*stap 7*), waarna op de vrijgekomen thiolgroep opnieuw een malonylgroep kan worden overgedragen (*stap 8*), en een volgende Claisen-type condensatie kan plaatsvinden (*stap 9*).

Na reductie van de ketogroep en dehydratatie en reductie van de dubbele binding is een carbonzuurrest met zes koolstofatomen gevormd. Deze wordt weer omgeësterd op de andere thiolgroep waarna het proces opnieuw kan beginnen.

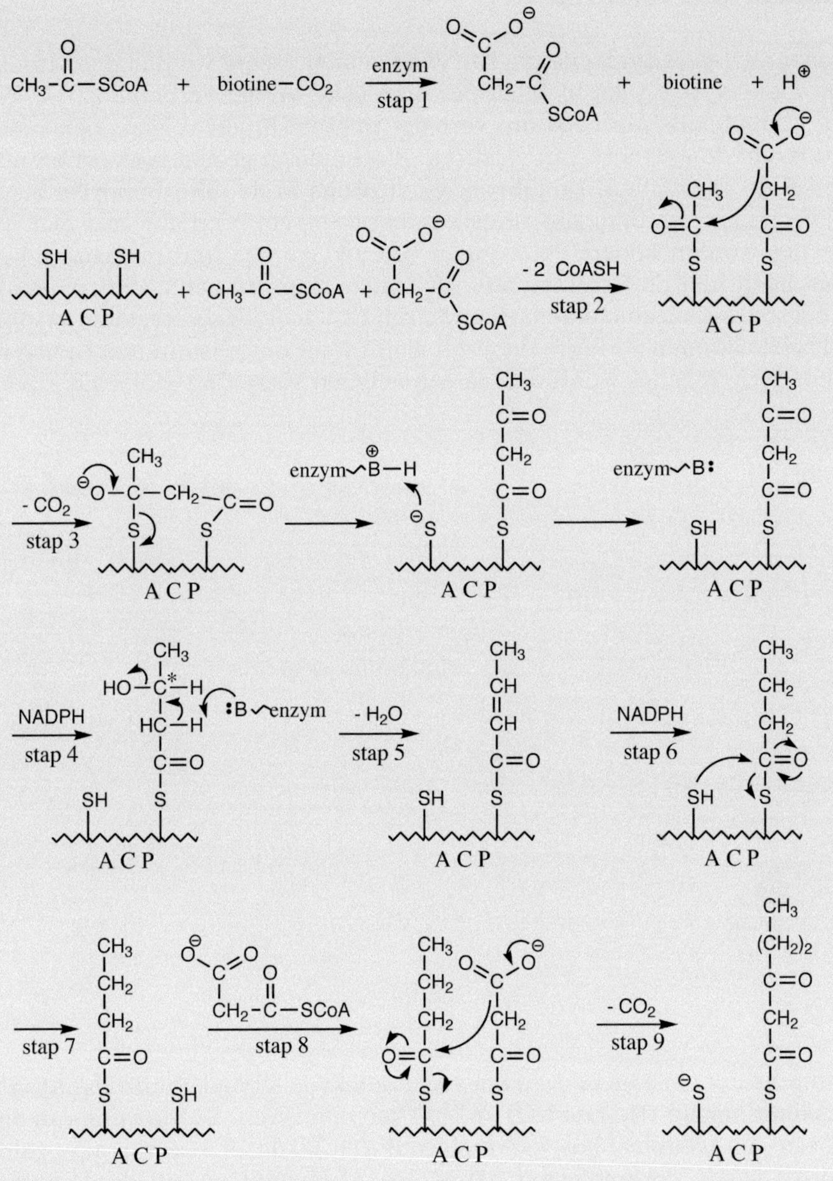

De biosynthese van een vetzuurketen

Bij elke reactiecyclus worden op deze wijze en in deze reactievolgorde steeds twee koolstofatomen aan het vetzuur toegevoegd. Meestal worden zeven cycli voltooid waarna het palmitaat van het synthese-eiwit verwijderd wordt. Na de synthese kan verestering met glycerol plaatsvinden of kan het vetzuur omgezet worden in andere producten.

## 19.10 Afbraak van vetzuren

De in vetzuren opgeslagen energie kan weer gemobiliseerd worden door afbraak van het vetzuur tot acetyl-CoA dat in de citroenzuurcyclus verder verbrand kan worden tot kooldioxide. De afbraak van vetzuren verloopt in grote lijnen volgens een proces dat omgekeerd is aan de synthese van vetzuren. Biochemisch gezien is er echter een aantal kenmerkende verschillen. De afbraak vindt plaats in de mitochondriën en de vetzuren die afgebroken worden, zijn veresterd met coënzym A en niet met ACP. Voor de afbraakreacties worden andere coënzymen gebruikt en het intermediaire β-hydroxyacylderivaat heeft hier de *S*-configuratie. De laatste stap van een cyclus in de afbraakreactie is een retro-Claisen-condensatie, waarbij een acetyl-CoA-fragment afsplitst. De met twee koolstofatomen verkorte thioëster wordt weer omgeëesterd met coënzym A en via eenzelfde serie reacties wordt daarna een volgend acetylCoA-molecuul afgesplitst.

$CH_3-(CH_2)_{14}-COOH + CoA-SH \longrightarrow CH_3-(CH_2)_{14}-C(=O)-SCoA \xrightarrow{FAD \to FADH_2}$

$CH_3-(CH_2)_{12}-CH=CH-C(=O)-SCoA \xrightarrow{H_2O} CH_3-(CH_2)_{12}-C^{*}H(OH)-CH_2-C(=O)-SCoA \xrightarrow{NAD^{\oplus} \to NADH}$

S-β–hydroxyacyl-CoA

$CH_3-(CH_2)_{12}-C(=O)-CH_2-C(=O)-SCoA \xrightarrow{Enz.\sim S^{\ominus}} CH_3-(CH_2)_{12}-C(O^{\ominus})(S\sim Enzym)-CH_2-C(=O)SCoA \xrightarrow{H-B^{\oplus}\sim enzym}$

retro-Claisen-condensatie

$CH_3-(CH_2)_{12}-C(=O)-S-Enzym + H_2C=C(OH)SCoA \xrightleftharpoons{tautomerisatie} H_3C-C(=O)SCoA$

Het is interessant eens na te gaan hoeveel energie de afbraak (verbranding) van één molecuul palmitinezuur ($C_{16}$) tot $CO_2$ en $H_2O$ kan opleveren. De vorming van de coënzym-A-thioëster uit palmitaat kost één molecuul ATP. Bij de afbraak van deze palmitinezure thioëster wordt per molecuul geproduceerd acetyl-CoA steeds één molecuul NADH en één molecuul $FADH_2$ gevormd. Via de oxidatieve fosforylering worden daaruit 5 moleculen ATP gevormd. In totaal wordt dus bij de afbraak van één molecuul palmitaat 8 moleculen acetyl-CoA en $8 \times 5 - 1 = 39$ moleculen ATP gevormd. De oxidatie van elk molecuul acetyl-CoA in de citroenzuurcyclus levert 12 moleculen ATP op, zodat volledige verbranding van één molecuul palmitaat tot $CO_2$ en $H_2O$ in totaal $39 + 8 \times 12 = 135$ moleculen ATP oplevert. Bij hydrolyse van 1 mol ATP komt 30,5 kJ vrij, dus in totaal wordt bij verbranding van één mol (258 g) palmitaat $135 \times 30{,}5$ kJ = 4117 kJ energie geproduceerd. Dit is bijvoorbeeld voldoende om een lamp van 100 W meer dan 10 uur te laten branden.

## 19.11 Fosfolipiden

Fosfolipiden zijn moleculen die een lang apolair vetzuurgedeelte bevatten en een hydrofiel gedeelte dat via een fosfaatester hieraan gebonden is. De bekendste vertegenwoordigers zijn de fosfoglyceriden. Dit zijn lange, bijna staafvormige moleculen, opgebouwd uit twee apolaire vetzuurketens die vrijwel parallel naast elkaar liggen en een polair gedeelte bestaande uit de glycerylfosfaatester waaraan choline, serine, ethanolamine of inositol gebonden is.

De cholinederivaten worden lecithines genoemd en zijn betrokken bij de emulsievorming en het transport van vetten. Plantaardige 'lecithines' kunnen gemakkelijk geïsoleerd worden en vinden veel toepassing als emulgatoren in de levensmiddelenindustrie.

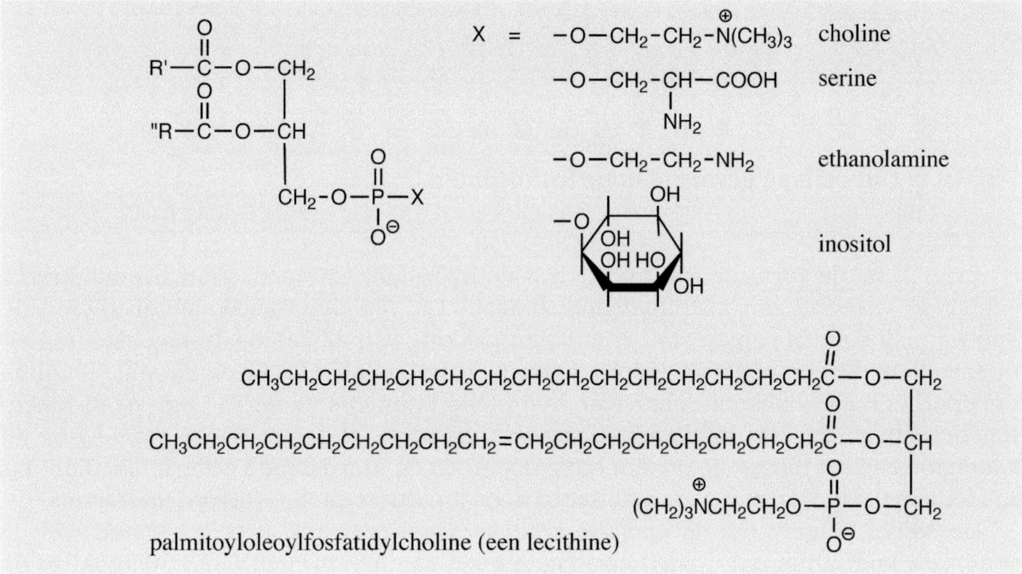

$R'-C(=O)-O-CH_2$
$''R-C(=O)-O-CH$
$CH_2-O-P(=O)(O^{\ominus})-X$

X = $-O-CH_2-CH_2-\overset{\oplus}{N}(CH_3)_3$ choline
$-O-CH_2-CH(NH_2)-COOH$ serine
$-O-CH_2-CH_2-NH_2$ ethanolamine
$-O-$ (ring met OH, OH, OH HO, OH) inositol

$CH_3CH_2CH_2CH_2CH_2CH_2CH_2CH_2CH_2CH_2CH_2CH_2CH_2CH_2CH_2C(=O)-O-CH_2$
$CH_3CH_2CH_2CH_2CH_2CH_2CH_2CH_2CH_2{=}CH_2CH_2CH_2CH_2CH_2CH_2CH_2CH_2C(=O)-O-CH$
$(CH_2)_3\overset{\oplus}{N}CH_2CH_2O-P(=O)(O^{\ominus})-O-CH_2$

palmitoyloleoylfosfatidylcholine (een lecithine)

**Membranen** van plantaardige en dierlijke cellen bestaan meestal voor 40-50% (*m/m*) uit fosfoglyceriden en voor 50-60% (*m/m*) uit eiwitten. Membranen vervullen een belangrijke functie in de cel. In de eerste plaats scheidt een celmembraan de inhoud van de cel van de omgeving daarbuiten. Daarnaast dient het celmembraan als een matrix voor eiwitten die het transport van ionen en polaire moleculen door de celwand regelen. Sommige eiwitten in het membraan werken als pompen die bepaalde moleculen door het membraan transporteren en andere moleculen juist buiten sluiten. Andere membraaneiwitten werken als receptoren die ervoor zorgen, dat boodschappen van buiten de cel naar binnen doorgegeven worden. Het polypeptidehormoon insuline regelt bijvoorbeeld de opname van glucose door de cel zonder zelf door het celmembraan te gaan. Het is dus duidelijk dat een celmembraan meer is dan alleen maar een fysische barrière om het binnenste van de cel van de buitenwereld af te sluiten. Een celmembraan is een zeer geordende structuur met een veelheid aan taken die met grote nauwkeurigheid uitgevoerd moeten worden. Hoewel er uitgebreid onderzoek op het gebied van celmembranen gaande is zijn er nog steeds veel aspecten van de membraanstructuur niet opgehelderd.

Zoals vermeld, bestaan celmembranen voor een belangrijk gedeelte uit fosfolipiden. Wanneer een fosfolipide in een waterige omgeving komt, zullen de apolaire ketens vanwege hun hydrofobe karakter de neiging hebben om te gaan associëren. Dit verschijnsel treedt ook op bij zeep- en detergensmoleculen, waarbij dan micelvorming plaatsvindt (zie § 19.12, figuur 19.4). Ook fosfolipiden kunnen micellen vormen, maar meestal maken ze gebruik van een andere manier om het watercontact van de apolaire ketens zoveel mogelijk te vermijden. Fosfolipiden vormen bij voorkeur een zogenaamde lipidedubbellaag. Een schematische weergave van een lipidedubbellaag is gegeven in figuur 19.2.

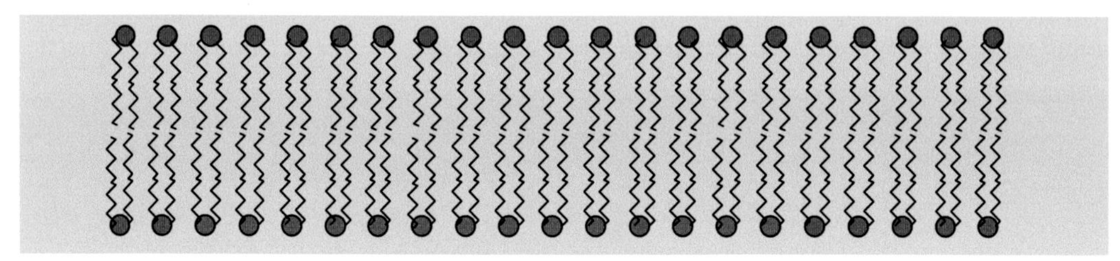

Fig. 19.2. Dubbellaag gevormd door fosfolipiden.

Evenals bij de vorming van micellen is de hydrofobe interactie de drijvende kracht achter de vorming van fosfolipidedubbellagen. De Van der Waalskrachten tussen de koolwaterstofketens zorgen voor een dichte pakking van de ketens. In tegenstelling tot de micellen, die een beperkte grootte hebben, kunnen dubbellagen aangroeien tot bijna onbeperkte oppervlakken. Behalve de hydrofobe interactie en de Van der Waals-krachten bestaan er in een lipidedubbellaag ook gunstige elektrostatische interacties en waterstofbruggen tussen de polaire kopgroepen en de omringende watermoleculen. De lipidedubbellaag wordt dus gestabiliseerd door meerdere niet-covalente interacties.

De sterke neiging om de apolaire ketens zoveel mogelijk af te schermen van de waterfase leidt ertoe dat lipidedubbellagen geen gaten vertonen, omdat een gat in de dubbellaag energetisch onvoordelig is. Bovendien zullen lipidedubbellagen de neiging hebben een afgesloten systeem te vormen, zodat geen uiteinden blootgesteld worden aan de waterfase. Dit resulteert in de vorming van celruimten. Het meest gangbare model voor de rangschikking van fosfolipiden en eiwitten in celmembranen is weergegeven in figuur 19.3.

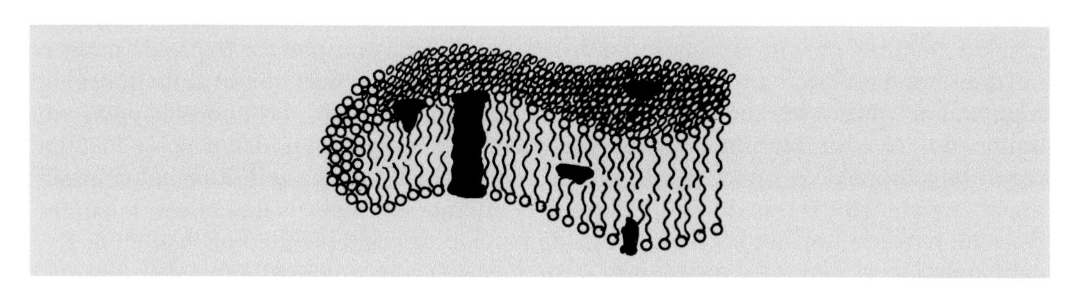

Fig. 19.3. Model van een celmembraan met membraaneiwitten.

In dit model zijn de membraaneiwitten ingebed in de lipidedubbellaag. Sommige eiwitten staan in contact met de buitenste waterfase, andere liggen over de hele dikte van het membraan en weer andere liggen midden in de fosfolipidedubbellaag. De eiwitten verzorgen de processen die via de celmembraanwand uitgevoerd moeten worden, zoals transport, communicatie en energieoverdracht. Afhankelijk van de functie van de cel verschilt het eiwitgehalte van het celmembraan. Myeline, een membraan dat voornamelijk dienst doet als isolatiemateriaal rond bepaalde zenuwvezels, bevat maar weinig eiwit (18% *m/m*). De membranen van de meeste plasmacellen bevatten daarentegen wel 50% (*m/m*) eiwit omdat daar veel functies vervuld moeten worden.

## 19.12 Eigenschappen van zepen en detergentia

**Zepen** zijn natrium-, kalium- of ammoniumzouten van vetzuren. Ze worden bereid door basische hydrolyse van plantaardige of dierlijke oliën en vetten (verzeping, zie § 19.6). De meeste vetzure zouten zijn natriumzouten die verwerkt worden tot harde zeep. Kaliumzouten houden meer water vast waardoor ze zachter blijven en zachte zepen vormen. De kaliumzouten van de vetzuren zijn beter in water oplosbaar dan de natriumzouten en worden toegepast in sommige vloeibare zepen en in shampoos.

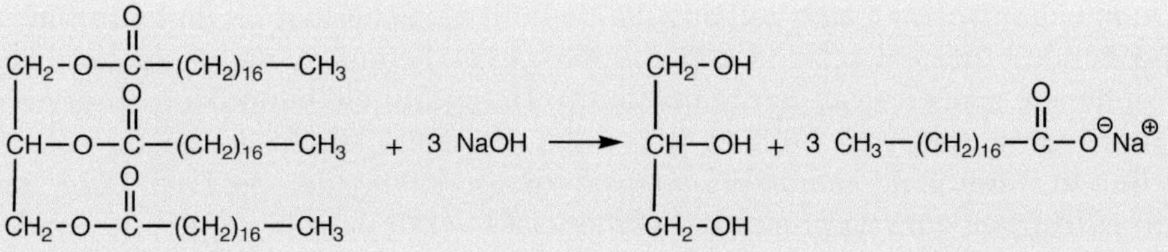

$$\begin{array}{l} CH_2\text{-}O\text{-}C(=O)\text{-}(CH_2)_{16}\text{-}CH_3 \\ CH\text{-}O\text{-}C(=O)\text{-}(CH_2)_{16}\text{-}CH_3 \\ CH_2\text{-}O\text{-}C(=O)\text{-}(CH_2)_{16}\text{-}CH_3 \end{array} + 3\ NaOH \longrightarrow \begin{array}{l} CH_2\text{-}OH \\ CH\text{-}OH \\ CH_2\text{-}OH \end{array} + 3\ CH_3\text{-}(CH_2)_{16}\text{-}C(=O)\text{-}O^{\ominus}Na^{\oplus}$$

glyceryltristearaat — glycerol — natriumstearaat

**Detergentia** zijn petrochemische producten die qua structuur veel overeenkomst vertonen met zepen; beide bevatten een lange apolaire alkylketen en een polaire, meestal geladen eindgroep. Vaak zijn detergentia zouten van organische zwavelzuurderivaten.

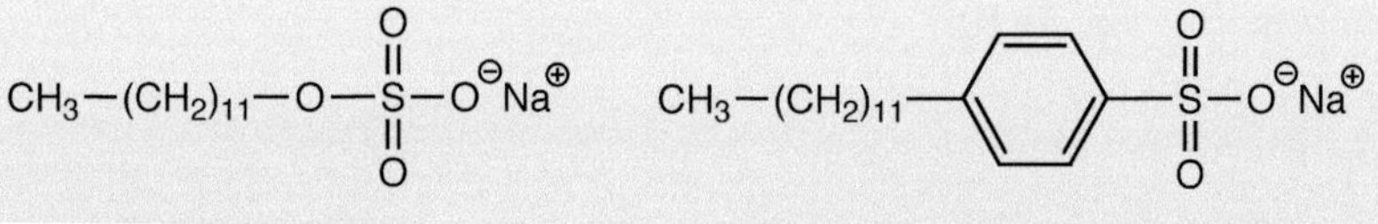

$$CH_3\text{-}(CH_2)_{11}\text{-}O\text{-}S(=O)_2\text{-}O^{\ominus}Na^{\oplus} \qquad CH_3\text{-}(CH_2)_{11}\text{-}C_6H_4\text{-}S(=O)_2\text{-}O^{\ominus}Na^{\oplus}$$

natriumdodecylsulfaat
natriumlaurylsulfaat — natriumdodecylbenzeensulfonaat

Zepen en detergentia vertonen een bijzonder gedrag in water. Wanneer ze in water worden opgelost blijven deze verbindingen boven een bepaalde concentratie niet langer als afzonderlijke moleculen in oplossing, maar vormen aggregaten van 25-100 moleculen, *micellen* genaamd (fig. 19.4). De oorzaak van de micelvorming is dat de hydrofobe (= watervrezende) alkylketens dicht tegen elkaar gaan liggen om zodoende het contact met het omringende water zo gering mogelijk te maken.

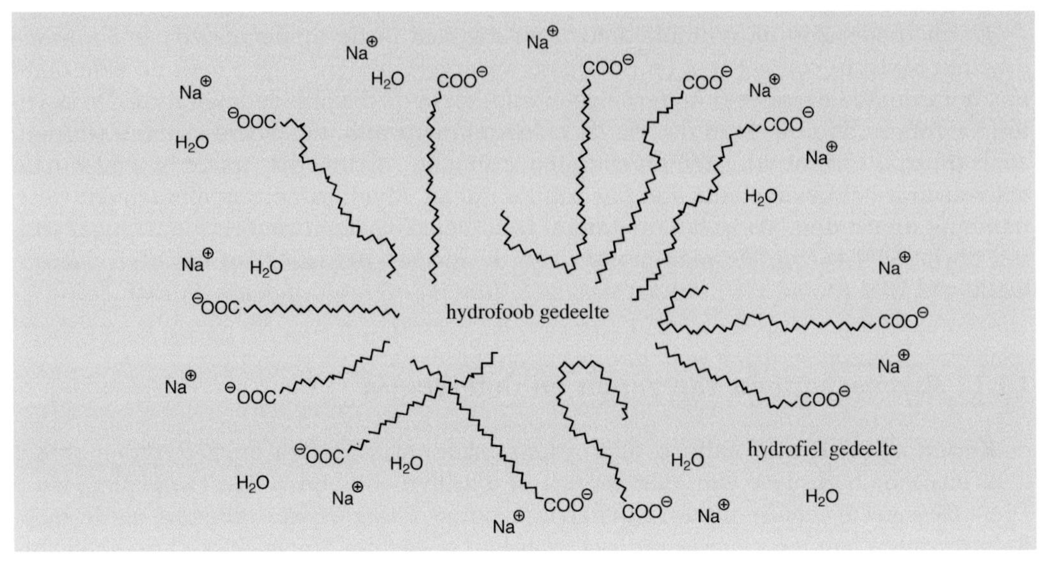


Fig. 19.4. Schematische weergave van een micel.

De micellen vormen zich zodanig dat de buitenlaag bestaat uit de hydrofiele (= waterminnende), meestal geladen kopgroepen van de ketens en dat de apolaire ketens in het binnenste gedeelte van het micel zitten. De hydrofiele buitenkant zorgt ervoor dat het micel goed oplosbaar blijft in water. De drijvende kracht achter de vorming van micellen in water is de *hydrofobe interactie* tussen de alkylketens. Hydrofobe interactie is een entropisch gunstig proces dat veroorzaakt wordt door het *afnemen* van de *hydrofobe hydratatie* om de alkylketens. Samen met de Van der Waals-aantrekking tussen de ketens zorgt dit effect voor een afname van de vrije energie.

Hydrofobe hydratatie van alkylketens wordt veroorzaakt door de bijzondere eigenschappen van water. Wanneer een apolair molecuul in water wordt gebracht, dan zullen de omringende watermoleculen een meer geordende structuur aannemen door sterkere waterstofbrugvorming met naburige watermoleculen. Dit gaat ten koste van de bewegingsvrijheid van de watermoleculen en de structuur rond het apolaire deeltje wordt 'ijsachtig' (zie fig. 19.5).

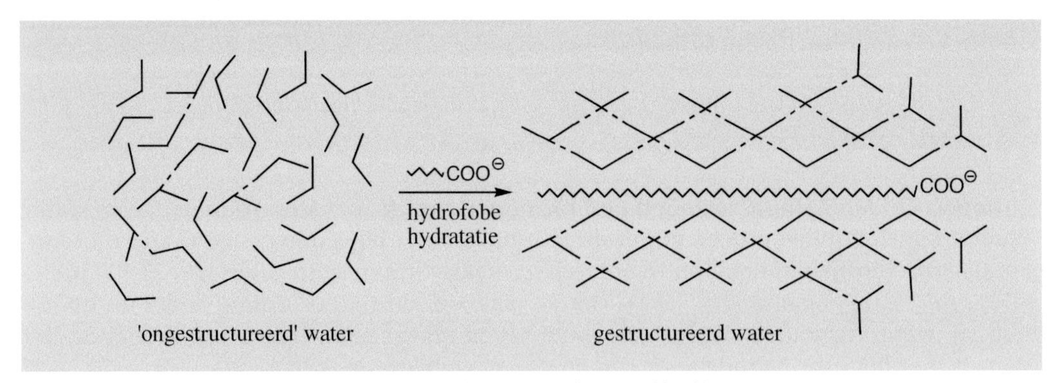


Fig. 19.5. Hydrofobe hydratatie rond een apolaire alkylketen.

Door de sterkere ordening van de watermoleculen rond het apolaire deeltje zullen de watermoleculen daar een geringere bewegingsvrijheid hebben en daardoor zal de entropie van het systeem afnemen. Wanneer nu twee apolaire ketens tegen elkaar gaan liggen, zal een deel van de hydrofobe hydratatiemantel rond deze ketens verdwijnen en een gedeelte van de watermoleculen zal hiermee dus zijn grotere bewegingsvrijheid terug krijgen. Dit heeft tot gevolg dat de entropie in de oplossing zal toenemen. Deze toename in entropie is voordelig en is, naast de gunstige Van der Waals-interactie tussen de alkylketens, de drijvende kracht achter het associëren van apolaire ketens in waterig milieu.

De reinigende werking van zepen en detergentia berust op de aanwezigheid van zowel een hydrofoob als een hydrofiel gedeelte in deze moleculen. Wanneer een olieachtig of vet deeltje in aanraking komt met een zeepoplossing, dan lost dit deeltje op in het apolaire gedeelte van de micel. Daarna kan het micel met het vuile deeltje weggewassen worden. Zepen en detergentia zijn oppervlakte-actief, dat wil zeggen dat hun concentratie relatief groot is aan het grensvlak van een waterige oplossing. De veel gebruikte Engelse term *surfactant* voor dit soort verbindingen is een samentrekking van de woorden *surface active agent*. Door de aanwezigheid van apolaire ketens aan het grensvlak wordt de oppervlaktespanning van het water verlaagd en daardoor kan het water gemakkelijker binnendringen in de kleine tussenruimten van het te reinigen vezelmateriaal (zoals textiel). De polaire vuildeeltjes worden door het binnendringende water gemakkelijk weggewassen en de apolaire vuildeeltjes die meestal aan de textielvezel geadsorbeerd zitten, worden verdrongen door de concurrerende interactie van de apolaire alkylketens van het zeep- of detergensmolecuul. Deze zullen de vuildeeltjes naar de waterfase verdringen, waar ze door een micel worden opgenomen. De polaire kopgroepen aan de buitenkant van de micellen zorgen ervoor dat de opgenomen vuildeeltjes in oplossing blijven en met het water weggespoeld kunnen worden.

Het grootste nadeel bij het gebruik van zepen als reinigingsmiddel is de vorming van onoplosbare neerslagen met calcium- en magnesiumionen. Het vlokkig grijze neerslag slaat neer op de textielvezel en dit is niet alleen minder wenselijk vanuit esthetisch oogpunt maar ook omdat daardoor grotere hoeveelheden zeep nodig zijn. Als gevolg hiervan is de reinigende functie van zepen tegenwoordig voor een belangrijk gedeelte overgenomen door detergentia. Het voornaamste voordeel van detergentia is dat ze niet neerslaan in hard water omdat hun magnesium- en calciumzouten oplosbaar zijn. Toch daalt ook hun reinigende werking aanzienlijk bij aanwezigheid van calcium- en magnesiumionen in het water, zodat het toch nog nodig is om zgn. 'builders' (vroeger vaak polyfosfaten) toe te voegen. Wanneer een wasmiddel met deze polyfosfaten opgelost wordt, dan hydrolyseren de polyfosfaten in water.

$$^{\ominus}O-\underset{O^{\ominus}}{\overset{O}{\overset{\|}{P}}}-O-\underset{O^{\ominus}}{\overset{O}{\overset{\|}{P}}}-O-\underset{O^{\ominus}}{\overset{O}{\overset{\|}{P}}}-O^{\ominus} + 2\ H_2O \longrightarrow {}^{\ominus}O-\underset{O^{\ominus}}{\overset{O}{\overset{\|}{P}}}-O-\underset{O^{\ominus}}{\overset{O}{\overset{\|}{P}}}-OH + HO-\underset{O^{\ominus}}{\overset{O}{\overset{\|}{P}}}-OH + {}^{\ominus}OH$$

tripolyfosfaat, een 'builder'

De pyro- of orthofosfaten die hierbij ontstaan, vormen chelaten (complexen) met de metaalionen in oplossing en voorkomen zo dat deze ionen neerslaan, en er bijvoorbeeld kalkvlekken achterblijven op bestek en serviesgoed na het afwassen. Bovendien wordt bij hydrolyse van de polyfosfaten de oplossing basischer, waardoor er een betere emulsievorming van vetten optreedt. Tegenwoordig worden verschillende alternatieven voor polyfosfaten gebruikt. De samenstelling van een doorsnee synthetisch waspoeder is gegeven in tabel 19.3.

**Tabel 19.3. Voorbeeld van de samenstelling van een synthetisch waspoeder (in massaprocenten).**

|  |  |
|---|---|
| Natrium alkylbenzeensulfanaat, $R\text{-}C_6H_4\text{-}SO_3^-\ Na^+$ (detergens) | 18 |
| Builder | 50 |
| Anticorrosiestoffen | 6 |
| Schuimstimulator | 3 |
| Component om stuiven tegen te gaan | 3 |
| Optische witmaker | 0,3 |
| Water en anorganische vulmiddelen | 19,7 |
| | 100,0 |

Het grote nadeel van het gebruik van dergelijke grote hoeveelheden fosfaten in wasmiddelen is dat deze fosfaten rechtstreeks in het milieu terechtkomen en een sterke toename van de algengroei in het oppervlaktewater veroorzaken (eutrofiëring). Daardoor wordt te veel zuurstof uit het water gebruikt en kunnen vele andere levensvormen in het zuurstofarme water niet meer gedijen. Dit heeft tot gevolg dat anaërobe processen sterk worden bevorderd, wat op den duur leidt tot algehele sterfte. Door de nadelen die het vele gebruik van polyfosfaten in wasmiddelen met zich meebrengt, is er tegenwoordig veel belangstelling voor verbindingen die de polyfosfaten kunnen vervangen. Een verbinding die goede complexerende eigenschappen heeft en een commercieel haalbaar alternatief biedt, is NTA (nitrilotriazijnzuur). Andere bekende complexerende verbindingen zijn citraat en EDTA (= ethyleendiaminotetra-azijnzuur).

$N(CH_2-COOH)_3$

nitrilotriazijnzuur

$HOOC-CH_2-C(OH)(COOH)-CH_2-COOH$

citroenzuur

$(HOOC-CH_2)_2N-CH_2-CH_2-N(CH_2-COOH)_2$

ethyleendiaminotetra-azijnzuur

Vaak bevatten wasmiddelen optische witmakers om het wasgoed witter te doen lijken. Optische witmakers zijn fluorescerende stoffen die licht met een niet-zichtbare golflengte ($< 400$ nm) omzetten in zichtbaar licht. Daardoor reflecteert het wasgoed meer zichtbaar licht en lijkt het helderder. Voor het witmaken van wasgoed worden ook bleekmiddelen toegevoegd. Dit zijn stoffen met een oxiderende werking. Veel voorkomend zijn natriumperboraat en peroxyazijnzuur. Peroxyazijnzuur is niet stabiel en wordt tijdens het wasproces gevormd uit natriumperboraat en TAED (tetra-acetylethyleendiamine)

$$\underset{\text{TAED}}{(H_3C-CO)_2N-CH_2-CH_2-N(CO-CH_3)_2} \xrightarrow{NaBO_2 \cdot H_2O_2} \underset{\text{peroxyazijnzuur}}{CH_3-C(=O)-O-O-H}$$

## 19.13 Bereiding van zepen

Een van de oudste bereidingswijzen van zeep is het koken van reuzel met soda. Rundvet kan door partiële kristallisatie in een 'vaste' en een vloeibare fase worden gescheiden. Deze fracties worden de stearine- en oleïnefracties genoemd. De stearine werd voor de zeepbereiding gebruikt. In de industrie wordt zeep gemaakt door gesmolten vet (zoals glyceryltristearaat) te verhitten met een geringe overmaat natriumhydroxide. Wanneer de verzeping volledig is wordt de oplossing afgekoeld en wordt een anorganisch zout, zoals natriumchloride, toegevoegd, waardoor de zeep als een dikke brij neerslaat. De waterlaag wordt afgegoten en hieruit wordt het glycerol gewonnen door vacuümdestillatie. De ruwe zeep, welke nog zout, loog en resten glycerol bevat, wordt daarna gekookt met water en opnieuw neergeslagen. Na verschillende zuiveringen kan de zeep gebruikt worden als industriezeep (kernzeep). Voor toepassing als huishoudzeep, vloeibare zeep, toiletzeep, medicinale zeep e.d. zijn nog verdere bewerkingen nodig. In modernere bereidingsmethoden wordt vet bij verhoogde temperatuur en druk katalytisch gehydrolyseerd tot glycerol en vetzuren. De vetzuren worden daarna met loog, natrium- of kaliumcarbonaat, omgezet in zeep. Het zout van stearinezuur is het voornaamste zout dat vrijkomt hij de verzeping van dierlijk vet. Hydrolyse van olijfolie geeft als voornaamste product een zout van oliezuur en hydrolyse van palmolie geeft ongeveer evenveel zouten van oliezuur als van palminezuur (zie tabel 19.2). Omdat vetzuren in de natuur voorkomen kan ook door natuurlijke zepen enige schuimvorming optreden bij watervallen en stroomversnellingen.

## 19.14 Synthese van detergentia

Het is mogelijk een groot aantal detergentia te synthetiseren door variatie in zowel het polaire als het apolaire gedeelte van het molecuul. Het polaire gedeelte van een detergens kan anionisch, kationisch of neutraal zijn. Is het detergens anionisch dan bestaat het polaire gedeelte vaak uit een benzeensulfonaatgroep; soms worden ook alkylsulfaten gebruikt.

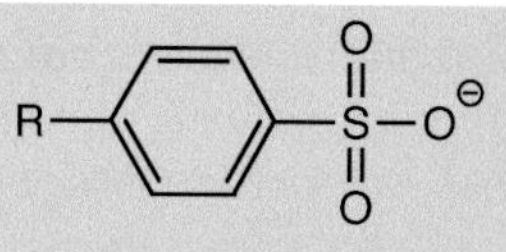

$$R-C_6H_4-SO_3^{\ominus}$$

alkylbenzeensulfonaat

$$R-CH_2-O-SO_3^{\ominus}$$

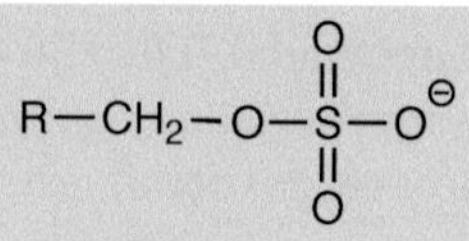

alkylsulfaat

Kationische detergentia hebben meestal een hydrofiele quaternaire ammoniumgroep, bij voorbeeld cetyltrimethylammoniumbromide (CTAB).

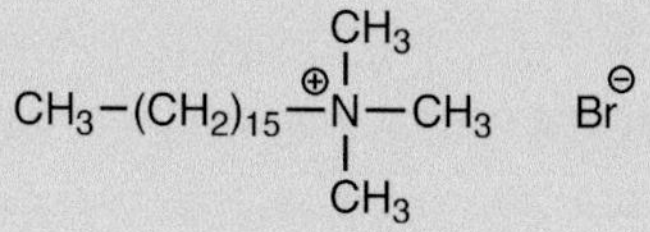

$$CH_3-(CH_2)_{15}-\overset{\oplus}{N}(CH_3)_3 \quad Br^{\ominus}$$ CTAB

Kationische detergentia hebben doorgaans geen al te beste reinigende eigenschappen, maar het zijn vaak goede germiciden (kiemdoders, tegen bacteriën, algen, etc.). Daarom worden ze o.a. in desinfecterende zepen toegepast.

Neutrale, ongeladen detergentia hebben meerdere hydroxyl- of ethergroepen als hydrofiel gedeelte, bijvoorbeeld:

$R-(OCH_2CH_2-)_nOH$ polyoxyethyleen (6) dodecanol $R = C_{12}H_{25}$, $n = 6$.

In de jaren vijftig werden de alkylbenzeensulfonaten (ABS) op grote schaal als detergentia toegepast. De verbindingen waren eenvoudig te maken uit propeen en benzeen en goedkoop in gebruik.

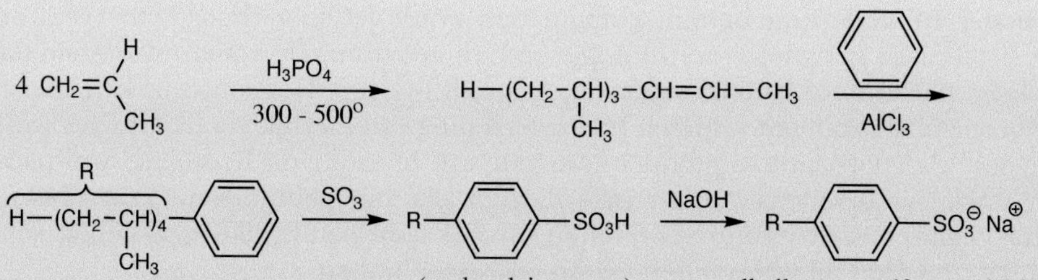

$$4\ CH_2=C(H)CH_3 \xrightarrow[300-500^{o}]{H_3PO_4} H-(CH_2-CH(CH_3))_3-CH=CH-CH_3 \xrightarrow[AlCl_3]{C_6H_6}$$

$$\underbrace{H-(CH_2-CH(CH_3))_4}_{R}-C_6H_5 \xrightarrow{SO_3} R-C_6H_4-SO_3H \xrightarrow{NaOH} R-C_6H_4-SO_3^{\ominus}\,Na^{\oplus}$$

(vaak ook isomeren) alkylbenzeensulfonaat (ABS)

Door het grootschalige gebruik van ABS-detergentia kwam al spoedig een belangrijk nadeel van deze verbindingen aan het licht. Vanwege de hoge vertakkingsgraad van de alkylketen konden deze verbindingen niet goed door micro-organismen in het milieu worden afgebroken. De afbraak van alkylketens verloopt namelijk via het β-ketodecarboxylatiemechanisme dat reeds behandeld is voor de afbraak van vetzuren (zie § 19.10). Tijdens de afbraak van de vertakte ketens wordt bij de wateradditie aan de dubbele binding een tertiaire alcohol gevormd en deze is in de volgende stap niet door $NAD^+$ te oxideren.

$$R-CH(CH_3)-CH_2-C(=O)-SCoA \xrightarrow[\text{enzym}]{FAD \rightarrow FADH_2} R-C(CH_3)=CH-C(=O)-SCoA \xrightarrow[\text{enzym}]{H_2O}$$

$$R-C(OH)(CH_3)-CH_2-C(=O)-SCoA \xrightarrow{\text{ox}} \!\!\!\!\!\!\!\!\times$$

Doordat deze verbindingen niet goed door micro-organismen werden afgebroken, ontstonden aanzienlijke concentraties ABS-detergentia in het grond- en oppervlaktewater. Vanwege het sterke schuimen werd de waterzuivering bijzonder bemoeilijkt. De ABS-detergentia zijn daarom tegenwoordig grotendeels vervangen door de lineaire alkylbenzeensulfonaten (LAS), die wel goed biologisch afbreekbaar zijn. De synthese van lineaire alkylketens is echter aanzienlijk lastiger dan de synthese van vertakte ketens. Het is namelijk niet mogelijk om lineaire ketens te synthetiseren volgens de methode die hiervoor beschreven is voor de ABS-detergentia. Bij gebruik van etheen als grondstof zou deze synthese immers via hoog-energetische primaire carbokationen moeten lopen.

Lineaire koolstofketens moeten daarom op een andere wijze verkregen worden. Dit is bijvoorbeeld mogelijk door lineaire koolwaterstofketens te isoleren uit aardoliefracties door middel van speciale filtratietechnieken. Daarbij kan men gebruik maken van zeolieten (silicaten die werken als een moleculaire zeef) of men maakt gebruik van de unieke wijze waarop ureum kristalliseert. Deze stof vormt namelijk pijpvormige kristallen (helix) met binnen in de helix een ruimte waarin een lineaire koolwaterstofketen opgenomen kan worden.

Het is ook mogelijk lineaire koolwaterstofketens te synthetiseren. Daarvoor is het nodig gebruik te maken van speciale katalysatoren zoals $(C_2H_5)_3Al$ of $TiCl_4$. Deze katalysatoren hebben een 'elektronengat' waardoor via een insertiemechanisme hoog-energetische primaire carbokationen als intermediair vermeden kunnen worden.

$$(C_2H_5)_3Al\square + CH_2=CH_2 \longrightarrow (C_2H_5)_3Al\cdots(CH_2=CH_2) \longrightarrow (C_2H_5)_2Al\square-CH_2-CH_2-C_2H_5 \xrightarrow{H_2C=CH_2}$$

(electronengat)

$$(C_2H_5)_2Al(CH_2-CH_2-C_2H_5)\cdots(H_2C=CH_2) \longrightarrow (C_2H_5)_2Al\square-CH_2-CH_2-CH_2-CH_2-C_2H_5 \xrightarrow{H_2C=CH_2} \text{enz.}$$

Na afloop van de polymerisatie van etheen kan de keten door verwarmen met nikkel vrijgemaakt worden en kan het lineaire alkeen gebruikt worden voor de synthese van een detergens. De vertakking van slechts één methylgroep dichtbij de benzeenring hindert de biologische afbraak niet.

$$\xrightarrow[\Delta]{Ni} CH_3-(CH_2)_n-CH=CH_2 \xrightarrow[\text{2) } SO_3 \text{ 3) } NaOH]{\text{1) benzeen, } AlCl_3} CH_3-(CH_2)_n-CH(CH_3)-C_6H_4-SO_3^{\ominus}\ Na^{\oplus}$$

lineair alkylbenzeensulfonaat (LAS)

# 20 Aminozuren en eiwitten

Eiwitten zijn biopolymeren die essentieel zijn voor elke levende cel. Ze worden ook wel proteïnen genoemd, afgeleid van het Griekse woord proteios, dat eerste betekent. Eiwitten kunnen in tal van verschillende functies voorkomen. In de vorm van huid, haar, kraakbeen, spieren en pezen geven eiwitten bescherming en structuur aan het lichaam. Ook de chemische processen in het lichaam worden voor een belangrijk deel geregeld door eiwitten en wel door middel van enzymen, hormonen en antilichamen. De eiwitten hemoglobine, myoglobine en verschillende lipoproteïnen zorgen voor het transport van zuurstof en andere stoffen in het lichaam.

Eiwitten zijn opgebouwd uit α-*aminozuren* die onderling verbonden zijn door amidebindingen. De amidebinding in een eiwit wordt een *peptidebinding* genoemd.

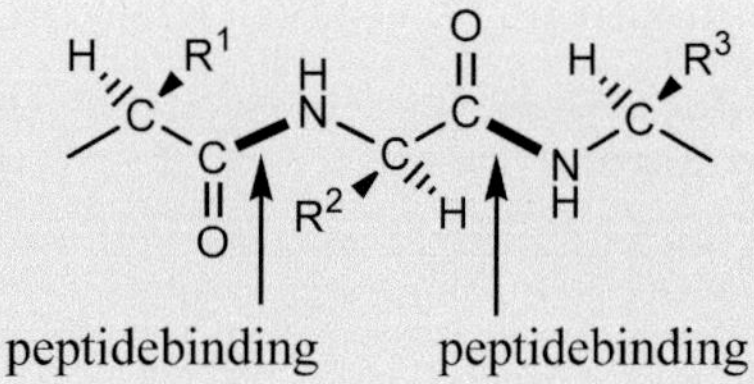

peptidebinding peptidebinding

In de volgende paragrafen bespreken we eerst uitvoerig de α-aminozuren die in eiwitten voorkomen, daarna zullen we nader ingaan op de analyse, de synthese en de structuur van eiwitten.

## 20.1 α-Aminocarbonzuren

De aminocarbonzuren die voorkomen in eiwitten, zijn α-aminocarbonzuren. Meestal worden ze gewoon α-aminozuren genoemd. α-Aminozuren bevatten een aminogroep en een carboxylgroep aan hetzelfde koolstofatoom. De algemene formule voor een α-aminozuur is hieronder weergegeven.

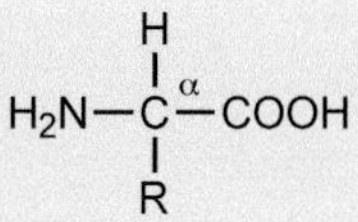

$$H_2N-\overset{\overset{\displaystyle H}{|}}{\underset{\underset{\displaystyle R}{|}}{C^{\alpha}}}-COOH$$

De groep R kan sterk variëren en bepaalt de specifieke eigenschappen van elk aminozuur. Behalve glycine (R = 1-1) bevatten alle natuurlijke aminozuren een chiraal α-koolstofatoom. Op een enkele uitzondering na worden in de natuur alleen de enantiomeren met de L-configuratie aangetroffen, dat wil zeggen, in de projectieformule van het aminozuur, staat de $NH_2$-groep links en het α-H-atoom rechts.

$$H_2N-C(COOH)(R)-H$$

Evenals bij de koolhydraten wordt ook bij de aminozuren de D,L-nomenclatuur nog algemeen toegepast en daarom zal deze ook hier gebruikt worden. Volgens de *R,S*-nomenclatuur hebben de natuurlijke α-aminozuren de *S*-configuratie; alleen cysteïne heeft, ten gevolge van een andere prioriteitsvolgorde van de restgroep en de carbonzuurgroep de *R*-configuratie.

Er zijn in totaal 20 verschillende aminozuren die wijd verbreid in eiwitten voorkomen. De samenstelling en de volgorde van de aminozuren zijn voor elk eiwit verschillend en zijn bepalend voor de functie die het eiwit heeft. De 20 aminozuren worden vaak ingedeeld op grond van het chemische karakter van de zijketens. Deze indeling in apolaire, hydroxy-, zure, basische of zwavelbevattende aminozuren staat in tabel 20.1 aangegeven.

Tabel 20.1. De twintig α-aminozuren ($H_2NCHRCOOH$) die voorkomen in eiwitten.

| **Naam** | **Afkorting** | **R** | **Isoelektrische pH (pI)** |
|---|---|---|---|
| *Apolaire zijketen* | | | |
| Glycine | Gly | H— | 5,97 |
| Alanine | Ala | $CH_3-$ | 6,00 |
| Valine | Val | $(CH_3)_2CH-$ | 5,96 |
| Leucine | Leu | $(CH_3)_2CH-CH_2-$ | 5,98 |
| Isoleucine | Ile | $CH_3CH_2(CH_3)CH-$ | 6,02 |
| Fenylalanine | Phe | $C_6H_5-CH_2-$ | 5,48 |
| Tryptofaan | Trp | indol-3-yl-$CH_2-$ (N-H) | 5,89 |
| Proline | Pro | pyrrolidine-ring met NH en COOH (gehele structuur) | 6,30 |

Tabel 20.1. Vervolg.

| | | | |
|---|---|---|---|
| *Zijketen met een hydroxylgroep* | | | |
| Serine | Ser | $HO-CH_2-$ | 5,68 |
| Threonine | Thr | $HO-CH(CH_3)-$ | 5,64 |
| Tyrosine | Tyr | $HO-C_6H_4-CH_2-$ | 5,66 |
| *Zijketen met een carboxylgroep* | | | |
| Asparaginezuur | Asp | $HOOC-CH_2-$ | 2,77 |
| Glutaminezuur | Glu | $HOOC-(CH_2)_2-$ | 3,22 |
| *Zijketen met een amidegroep* | | | |
| Asparagine | Asn | $H_2N-C(=O)-CH_2-$ | 5,41 |
| Glutamine | Gln | $H_2N-C(=O)-(CH_2)_2-$ | 5,65 |
| *Zijketen met een basische groep* | | | |
| Lysine | Lys | $H_2N-(CH_2)_4-$ | 9,74 |
| Histidine | His | imidazolyl$-CH_2-$ (N, N–H ring) | 7,59 |
| Arginine | Arg | $H_2N(HN=)C-NH-(CH_2)_3-$ | 10,76 |
| *Zijketen met een zwavelbevattende groep* | | | |
| Cysteine | Cys | $HS-CH_2-$ | 5,07 |
| Methionine | Met | $CH_3-S-(CH_2)_2-$ | 5,74 |

Naast de twintig aminozuren die in tabel 20.1 zijn opgenomen, is er nog een aantal dat veel beperkter voorkomt. Hydroxylysine en hydroxyproline zijn bijvoorbeeld belangrijke aminozuren in het vezeleiwit collageen, maar worden praktisch nergens anders aangetroffen. Deze aminozuren worden ook niet rechtstreeks in de eiwitketen ingebouwd maar worden gevormd uit proline en lysine nadat de biosynthese van de eiwitketen reeds voltooid is.

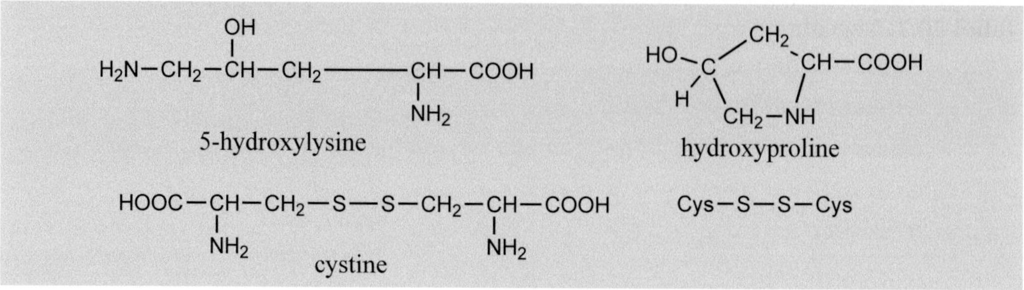

$H_2N-CH_2-CH(OH)-CH_2-CH_2-CH(NH_2)-COOH$

5-hydroxylysine

hydroxyproline

$HOOC-CH(NH_2)-CH_2-S-S-CH_2-CH(NH_2)-COOH$

cystine

Cys–S–S–Cys

Een verbinding die nogal vaak wordt aangetroffen in hydrolysemengsels van eiwitten, is cystine. Cystine is een dimeer van cysteïne, waarbij de thiolgroepen zijn geoxideerd tot een disulfide. Thiolgroepen die in een eiwitketen ruimtelijk dicht bij elkaar liggen, kunnen gekoppeld worden tot disulfidebruggen. De vorming van disulfidebruggen is een van de hulpmiddelen waarmee in een eiwit de driedimensionale structuur van de keten wordt vastgelegd.

Er zijn ook enkele belangrijke aminozuren die niet in eiwitten worden aangetroffen. Ornithine en citruline komen in het metabolisme voor en dienen om de overmaat $NH_4^+$ om te zetten in ureum. Thyroxine en tri-joodthyronine, afgeleid van het aminozuur tyrosine, zijn hormonen die voorkomen in de schildklier. Hoewel de werking van deze joodhoudende hormonen niet exact bekend is, weten we dat ze een belangrijke rol spelen in de regeling van de celstofwisseling.

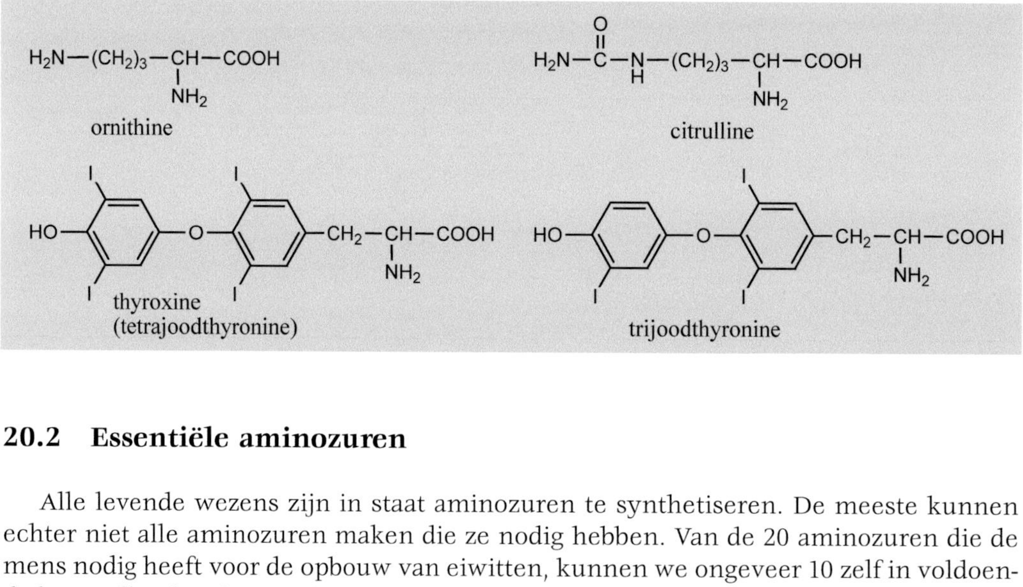

$H_2N-(CH_2)_3-CH(NH_2)-COOH$

ornithine

$H_2N-C(=O)-NH-(CH_2)_3-CH(NH_2)-COOH$

citrulline

thyroxine
(tetrajoodthyronine)

trijoodthyronine

## 20.2 Essentiële aminozuren

Alle levende wezens zijn in staat aminozuren te synthetiseren. De meeste kunnen echter niet alle aminozuren maken die ze nodig hebben. Van de 20 aminozuren die de mens nodig heeft voor de opbouw van eiwitten, kunnen we ongeveer 10 zelf in voldoende hoeveelheid maken uit koolhydraten, vetten en een stikstofbron. De aminozuren die we zelf niet kunnen maken, moeten via het voedsel opgenomen worden en worden daarom *essentiële aminozuren* genoemd. Voor volwassenen zijn acht aminozuren essentieel in het voedsel. Tabel 20.2 geeft de minimale hoeveelheden van deze aminozuren die dagelijks moeten worden opgenomen. Ook arginine en histidine zijn aminozuren die essentieel kunnen zijn, met name in perioden van snelle groei.

Tabel 20.2. Geschatte minimale hoeveelheid van de essentiële aminozuren die dagelijks via het voedsel opgenomen moet worden.

| *Essentiële aminozuren* | *Man (g)* | *Vrouw (g)* | *Kind (mg/kg)* |
|---|---|---|---|
| Fenylalanine | 1,40 | 1,12 | 90 |
| Leucine | 1,10 | 0,62 | 150 |
| Methionine | 1,01 | 0,55 | 45 |
| Valine | 0,80 | 0,65 | 105 |
| Lysine | 0,80 | 0,50 | 103 |
| Isoleucine | 0,70 | 0,45 | 126 |
| Threonine | 0,50 | 0,30 | 87 |
| Tryptofaan | 0,25 | 0,16 | 22 |

Sommige afwijkingen in het metabolisme kunnen ook andere aminozuren essentieel maken. Tyrosine bijvoorbeeld wordt in het metabolisme gemaakt uit fenylalanine. Lijders aan fenylketonurie (PKU, imbecillitas pyruvica) kunnen dit echter niet en voor hen is de aanwezigheid van voldoende tyrosine in het dieet een essentiële voorwaarde. Een tekort aan tyrosine kan zwakzinnigheid veroorzaken; bij vroegtijdige ontdekking van PKU kan voldoende tyrosine in het dieet zwakzinnigheid voorkomen (diagnose na 'hielprik' bij baby's).

Iedereen die per dag 40-60 g eiwitten eet in de vorm van vlees, vis, melk, kaas of eieren, krijgt voldoende essentiële aminozuren binnen. De voedseleiwitten worden in het lichaam eerst volledig gehydrolyseerd tot de vrije aminozuren, waarna deze gebruikt worden voor de synthese van eigen eiwitten. Bij zo'n eiwitsynthese moeten alle vereiste aminozuren gelijktijdig aanwezig zijn. Ontbreekt er één aminozuur, dan kan het eiwit niet gesynthetiseerd worden. Als een essentieel aminozuur meer dan enkele uren afwezig is, begint het lichaam eigen eiwitten af te breken om de ontbrekende essentiële aminozuren aan te vullen.

Eiwitten afkomstig uit planten variëren sterk in aminozuursamenstelling. In de meeste plantaardige eiwitten ontbreken wel een of meer essentiële aminozuren. Deze incomplete eiwitten hebben daardoor slechts een beperkte voedingswaarde. Gelukkig ontbreken niet steeds dezelfde essentiële aminozuren in de diverse planteneiwitten, zodat een goede dieetsamenstelling de noodzakelijke aminozuren kan leveren. Het meest voorkomend is een tekort aan lysine; o.a. de meeste granen, aardappelen en maïs bevatten te weinig lysine. Het merendeel van de groenten daarentegen bevat voldoende lysine maar vaak is daar weer een tekort aan andere aminozuren. Zo hebben bonen een hoog lysinegehalte maar zij bevatten weinig van de zwavelhoudende aminozuren cysteine en methionine, bij tarwe is dit juist omgekeerd. Door gelijkertijd bonen en tarwe te eten is het mogelijk de eiwitopname in het lichaam met 33% op te voeren ten opzichte van de afzonderlijke consumptie van deze voedingsmiddelen.

Omdat een belangrijk gedeelte van de wereldbevolking, met name in Azië, Afrika en Latijns-Amerika, te arm is om voldoende vlees te eten, is de voorziening van vegetarische diëten met een complete aminozuursamenstelling (complete eiwitten) een eerste vereiste om tot een oplossing van het wereldvoedselprobleem te komen. Dit kan bijvoorbeeld gebeuren door de ontbrekende aminozuren of voedingsmiddelen met een complete eiwitsamenstelling (zoals vismeel) aan het voedsel toe te voegen. Het ontwikkelen van nieuwe plantenrassen die kunnen voorzien in de noodzakelijke aminozuren (zoals maïs en graansoorten die rijk zijn aan lysine) kan ook een belangrijke bijdrage leveren aan de oplossing van het voedselprobleem.

## 20.3 Zure en basische eigenschappen van α-aminozuren

Hoewel een aminozuur meestal wordt weergegeven met de formule die in onderstaand evenwicht links is getekend, is dit in feite geen goede weergave van de werkelijke situatie. Omdat een aminozuur zowel een zure (-COOH) als een basische (-$NH_2$) groep bevat, vindt er binnen het molecuul een zuur-basereactie plaats, waarbij de COOH-groep een proton overdraagt aan de $NH_2$-groep.

$$H_2N{-}CH(R){-}COOH \rightleftharpoons \overset{\oplus}{H_3N}{-}CH(R){-}COO^{\ominus} \quad \text{zwitterion}$$

Hierdoor ontstaat een deeltje dat zowel een positieve als een negatieve lading bevat: een **zwitterion** (rechts). Een zwitterion draagt netto geen lading en is dus elektrisch neutraal. Doordat de aminozuren ook in de kristalvorm als zwitterion voorkomen, hebben aminozuren zoutachtige eigenschappen. Het smeltpunt van de aminozuren is erg hoog, boven 200 °C, wat wijst op een sterke elektrostatische aantrekking binnen het kristalrooster. Ook in oplossing, bij fysiologische pH, komen de aminozuren voornamelijk voor als zwitterionen. Bij het toevoegen van zuur aan een aminozuuroplossing worden de -$COO^-$-groepen geprotoneerd en het aminozuur als geheel krijgt dan een positieve lading; het toevoegen van base deprotoneert de -$NH_3^+$-groep en het aminozuur heeft dan netto een negatieve lading. Voor glycine gelden bij voorbeeld de volgende evenwichten:

$$\underset{\substack{\text{kation}\\ pH<2{,}5}}{\overset{\oplus}{H_3N}{-}CH_2{-}COOH} \underset{H^{\oplus}}{\overset{OH^{\ominus}}{\rightleftharpoons}} \underset{\substack{\text{zwitterion}\\ 2{,}5<pH<9}}{\overset{\oplus}{H_3N}{-}CH_2{-}COO^{\ominus}} \underset{H^{\oplus}}{\overset{OH^{\ominus}}{\rightleftharpoons}} \underset{\substack{\text{anion}\\ pH>9}}{H_2N{-}CH_2{-}COO^{\ominus}}$$

De titratiecurve van glycine heeft de vorm zoals in figuur 20.1 is weergegeven. Wanneer er uitgegaan wordt van één mol volledig geproponeerd glycine, $H_3N^+$-$CH_2$-COOH, dan is na het toevoegen van een half mol NaOH de helft van de COOH-groepen omgezet in $COO^-$-groepen. De pH waarbij [RCOOH] = [$RCOO^-$] komt overeen met de $pK_1$ van glycine. Bij toevoegen van meer NaOH wordt ook de rest van de $COOH^-$-groepen omgezet in $COO^-$- groepen en na toevoeging van 1 mol NaOH is deze omzetting volledig. Toevoegen van nog meer NaOH deprotoneert de $NH_3^+$-groepen. Bij pH 9,6 is de helft van de $NH_3^+$ -groepen gedeprotoneerd en deze pH-waarde komt overeen met de $pK_2$ van glycine. De $pK_a$-waarden van glycine liggen dus bij 2,4 en 9,6. Het deeltje $H_3N^+$-$CH_2$-COOH is een sterker zuur dan azijnzuur ($pK_a$ = 4,8), wat veroorzaakt wordt door het inductief zuigende effect van de positieve $H_3N^+$-groepen.

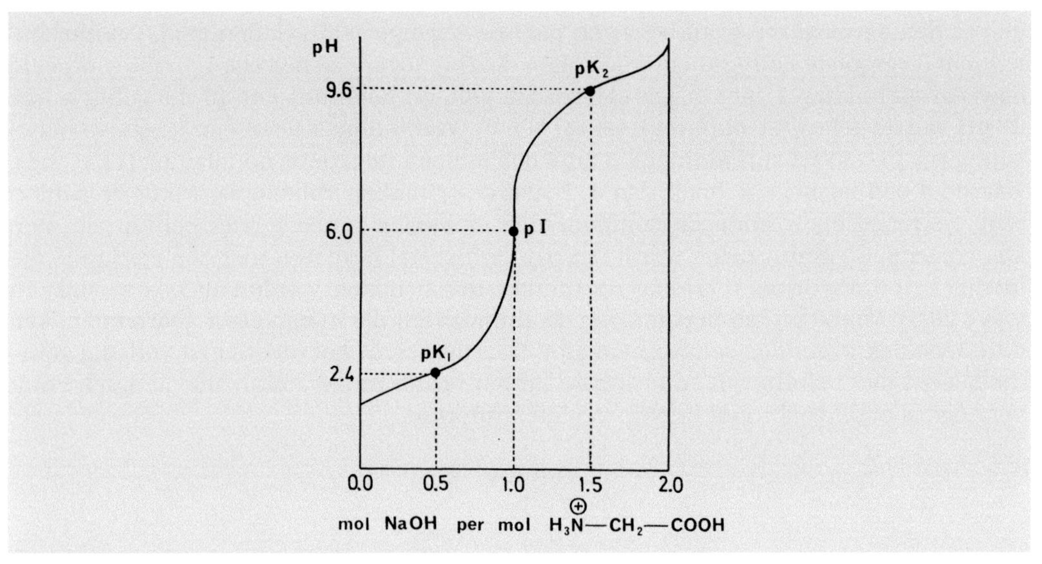


Fig. 20.1. Titratiecurve van glycine met NaOH.

Speciale aandacht verdient het midden van de titratiecurve. Bij pH 6,0 is precies één mol NaOH toegevoegd en de nettolading van glycine in oplossing is daar nul, dat wil zeggen dat veruit de meeste moleculen voorkomen in de vorm van het neutrale $H_3N^+$ $-CH_2-COO^-$, naast zeer weinig $H_3N^+$ $-CH_2-$ COOH dat in lading precies gecompenseerd wordt door een even grote concentratie $H_2N-CH_2COO^-$. De pH waarbij het aminozuur geen nettolading heeft, heet het **isoëlektrisch punt** (i.e.p.). De pI geeft de pH-waarde aan waar dit isoëlektrisch punt bereikt wordt. Voor neutrale aminozurcn (de restgroep R bevat geen extra zure of basische groepen) ligt het i.e.p. meestal tussen pH 5,5-6,5. Bij basische aminozuren ligt het i.e.p. hoger (bijvoorbeeld 9,74 voor lysine) en bij zure aminozuren lager (bijvoorbeeld 3,22 voor glutaminezuur).

Het isoëlektrisch punt speelt een belangrijke rol bij de oplosbaarheid van aminozuren. Vanwege het zwitterionkarakter lossen aminozuren doorgaans goed op in water, vooral wanneer de restgroep R klein of hydrofiel is. Als R een grote hydrofobe groep is, dan is de oplosbaarheid minder. De oplosbaarheid van aminozuren is het kleinst bij het isoëlektrisch punt omdat dan de nettolading van het aminozuur nul is en er dus geen elektrostatische afstoting optreedt. Daarom vindt kristalvorming het gemakkelijkst plaats bij het isoëlektrisch punt. Om een bepaald aminozuur uit te laten kristalliseren brengt men de pH van een oplossing op de pI van de desbetreffende verbinding. De uitgekristalliseerde stof wordt daarna afgefiltreerd en eventueel nog enkele keren opgelost en weer neergeslagen om deze verder te zuiveren. Een dergelijke bewerking noemt men isoëlektrische precipitatie.

Het isoëlektrisch punt kan ook behulpzaam zijn bij de scheiding van mengsels van aminozuren. Door middel van elektroforese is het mogelijk verbindingen te scheiden op grond van verschil in lading. Figuur 20.2 geeft het principe van de papierelektroforese. Een papierstrip verzadigd met een bufferoplossing dient als brug tussen twee elektroden. Een oplossing van een aminozuurmengsel wordt als een vlek in het midden van het papier opgebracht. Daarna wordt een sterk elektrisch veld aangelegd, waarbij de geladen aminozuren gaan bewegen naar de tegengesteld geladen pool. De moleculen met de grootste ladingsdichtheid zullen daarbij het snelst bewegen. In dit voorbeeld beweegt verbinding **1** niet in het elektrische veld en heeft dus een pI die gelijk is aan de pH van de gebruikte bufferoplossing (pI 6,0). Verbinding **2** heeft een positieve nettolading (i.e.p. >6) en verbindingen **3** en **4** hebben een negatieve nettolading (i.e.p. <6), waarbij **4** een lager i.e.p. heeft dan **3**. Nadat de scheiding volledig is, wordt de papierstrip gedroogd en worden de componenten zichtbaar gemaakt met behulp van een kleurreactie. Bij aminozuren wordt het papier meestal bespoten met een verdunde oplossing van ninhydrine, waardoor de aminozuren zichtbaar worden als paarse vlekken (zie § 20.5). Vooral bij het bepalen van de aminozuren die in een eiwit voorkomen, kan deze techniek bijzonder behulpzaam zijn. Daartoe wordt het eiwit eerst volledig gehydrolyseerd met behulp van zuur of base en het resulterende aminozuurmengsel wordt vervolgens onderzocht met behulp van elektroforese.

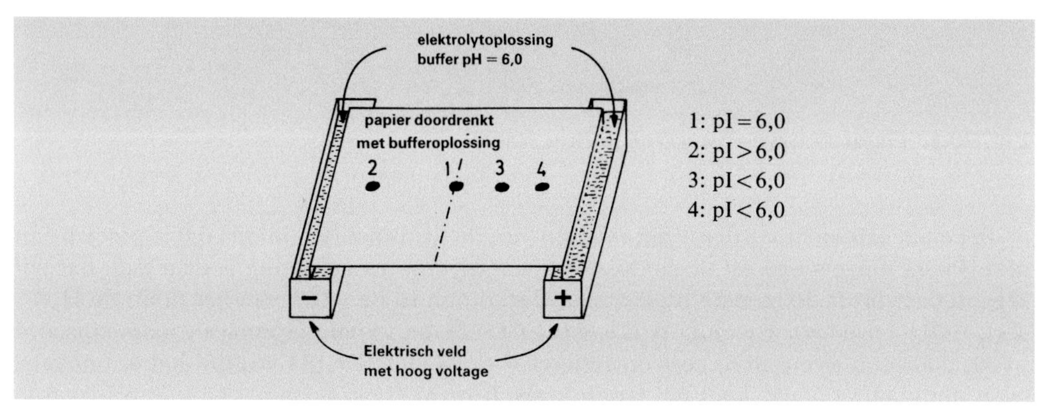


**Fig. 20.2. Papierelektroforese van een mengsel van aminozuren.**

Een tweede methode om een mengsel van aminozuren te onderzoeken is door middel van ionenuitwisselingschromatografie. Het aminozuurmengsel wordt dan gescheiden over een kolom van polymeermateriaal dat geladen zijgroepen in de polymeerketens bevat. Veel gebruikt wordt polystyreen waarvan een zeker percentage van de fenylgroepen gesulfoneerd is. De sulfonzuurgroep is een sterk zure groep die volledig geïoniseerd is en in het polymere materiaal als anion voorkomt. Wanneer een mengsel van aminozuren op het kolommateriaal gebracht wordt, dan zullen de positieve tegenionen van de -$SO_3^-$-groepen (bijvoorbeeld $Na^+$ of $H^+$) voor een groot gedeelte vervangen worden door de positieve $H_3N^+$-groepen van het aminozuur (ionenuitwisseling). Bij lage pH zullen de meest positief geladen aminozuren (de geprotoneerde basische aminozuren) door elektrostatische aantrekking het sterkst worden vastgehouden op het kolommateriaal. Door te elueren met buffers van toenemende pH worden eerst de zure, daarna de neutrale en als laatste de basische aminozuren van de kolom verdrongen.

Met behulp van ijkmengsels kunnen de aminozuren geïdentificeerd worden aan de hand van de volgorde waarin ze van de kolom komen. De concentratie van elk aminozuur kan daarna bepaald worden door via een kleurreactie met ninhydrine de kleurintensiteit van de oplossing te meten. Deze methode kan tegenwoordig volledig geautomatiseerd verlopen met behulp van een zogenaamde aminozuuranalysator.

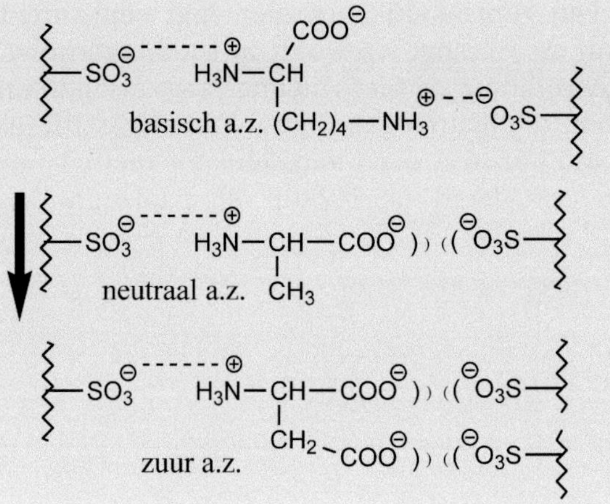

basisch a.z. — gunstige elektrostatische interacties

neutraal a.z. — gunstige en ongunstige elektrostatische interacties

zuur a.z. — in meerderheid ongunstige elektrostatische interacties

Fig. 20.3. Interacties op een ionenuitwisselingskolom

## 20.4 Reacties van α-aminozuren

Alle aminozuren hebben een aminogroep en een carbonzuurgroep en vertonen dus de chemische reacties van deze groepen. Daarnaast kunnen de functionele groepen aan de zijketen van de aminozuren karakteristieke reacties vertonen. Vooral de specifieke kleurreacties van enkele van deze groepen zijn nuttig voor een semi-kwantitatieve bepaling van het betreffende aminozuur.

De aminogroep van aminozuren kan als nucleofiel optreden in een nucleofiele substitutiereactie. In dit opzicht onderscheidt de aminogroep zich van de amidefunctie, die niet nucleofiel is, omdat in een amide het vrije elektronenpaar niet beschikbaar is vanwege de mesomerie met de carbonylgroep (zie § 17.7.1). Door het nucleofiele karakter van de aminogroep kan met halogeenalkanen alkylering optreden. Met overmaat alkylhalogenide worden trialkylderivaten (betaïnen) gevormd. Bij deze reacties moet natriumcarbonaat toegevoegd worden om de ammoniumgroep te deprotoneren en daardoor geschikt te maken als nucleofiel.

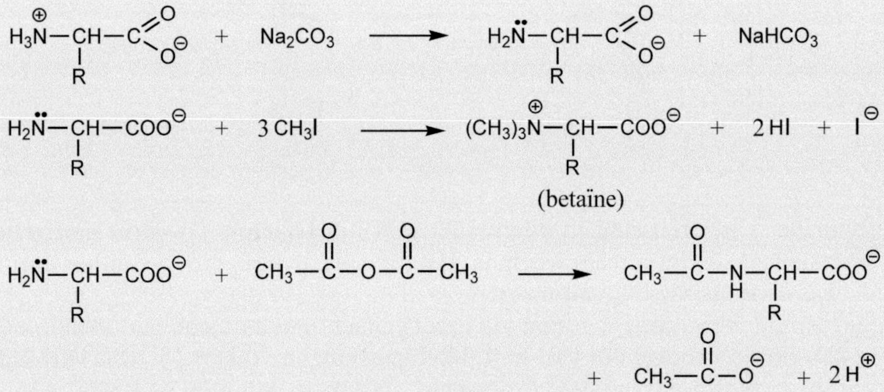

$$H_3N^{\oplus}-CH(R)-COO^{\ominus} + Na_2CO_3 \longrightarrow H_2\ddot{N}-CH(R)-COO^{\ominus} + NaHCO_3$$

$$H_2\ddot{N}-CH(R)-COO^{\ominus} + 3\,CH_3I \longrightarrow (CH_3)_3N^{\oplus}-CH(R)-COO^{\ominus} + 2\,HI + I^{\ominus}$$

(betaïne)

$$H_2\ddot{N}-CH(R)-COO^{\ominus} + CH_3-C(=O)-O-C(=O)-CH_3 \longrightarrow CH_3-C(=O)-NH-CH(R)-COO^{\ominus} + CH_3-C(=O)-O^{\ominus} + 2\,H^{\oplus}$$

Acylering van de aminogroep kan gemakkelijk optreden met een anhydride en natriumcarbonaat. De acylering van de aminogroep wordt in combinatie met de verestering van de carbonzuurgroep gebruikt om de niet-vluchtige zwitterionen om te zetten in vluchtige aminozuurderivaten, die daarna geschikt zijn voor gaschromatografische analyse. Daartoe worden de aminozuren eerst veresterd tot methyl-, *n*-propyl-, *n*-butyl- of *n*-pentylesters en daarna geacyleerd met behulp van azijnzuuranhydride of trifluorazijnzuuranhydride.

$$\overset{\oplus}{H_3N}-CH(R)-COO^{\ominus} \xrightarrow[-\,H_2O]{R^1OH\,/\,H^{\oplus}} \overset{\oplus}{H_3N}-CH(R)-C(=O)-OR^1 \xrightarrow[Na_2CO_3]{(R^2-C(=O))_2O} R^2-C(=O)-N(H)-CH(R)-C(=O)-OR^1$$

$R^1 = CH_3$, $n$-$C_3H_7$, $n$-$C_4H_9$ of $n$-$C_5H_{11}$

$R^2 = CH_3$ of $CF_3$

De fluorbevattende acylgroep wordt vaak ingevoerd omdat dan bij de gaschromatografische analyse de zeer gevoelige elektron-capture-detectoren gebruikt kunnen worden. Met deze detectoren is het mogelijk *halogeen*-bevattende verbindingen tot in zeer lage concentraties kwantitatief te bepalen. De trifluoracylderivaten zijn relatief nogal vluchtig, vandaar dat het gebruikelijk is om met name de laag-moleculaire aminozuren te veresteren met wat hogere alcoholen, zoals pentanol, waardoor na acylering derivaten met de juiste vluchtigheid verkregen worden.

## 20.5 De ninhydrinereactie

De ninhydrinereactie is een belangrijke kleurreactie die dient om de van zichzelf kleurloze aminozuren zichtbaar te maken. De reactie is zeer gevoelig en specifiek voor α-aminozuren. Zeer kleine hoeveelheden ($10^{-6}$ g) aminozuur kunnen met behulp van deze reactie nog aangetoond worden.

ninhydrine ⇌ 1,2,3-indaantrion (**1**) + $H_2O$

Ninhydrine is in oplossing in evenwicht met het triketon **1** waarin een zeer reactieve centrale carbonylgroep aanwezig is. Hierop valt de $NH_2$-groep van het aminozuur aan, gevolgd door afsplitsing van water.

De gevormde verbinding **2** splitst via een cyclisch mechanisme gemakkelijk $CO_2$ af, analoog aan de decarboxylatie van een β-ketocarbonzuur (zie § 16.7.1). Verbinding **3**, een Schiff-base, wordt daarna gehydrolyseerd tot een amine **4** en een aldehyde.

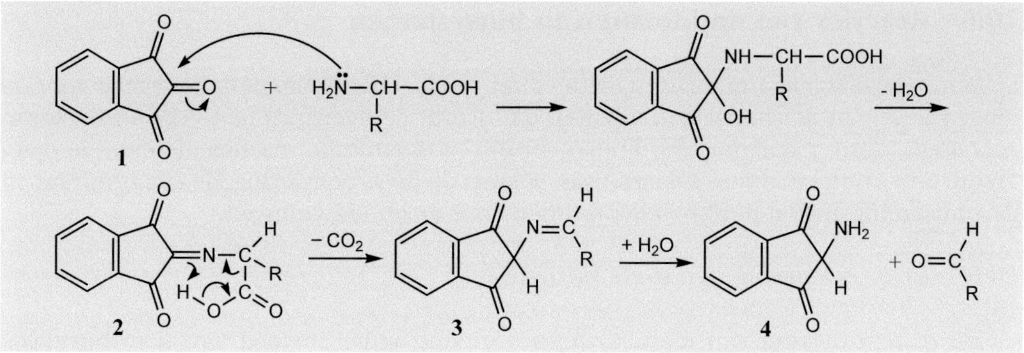

Het amine **4** reageert opnieuw met het triketon **1** tot verbinding **5**, die gemakkelijk een proton afsplitst tot de geconjugeerde base **6**.

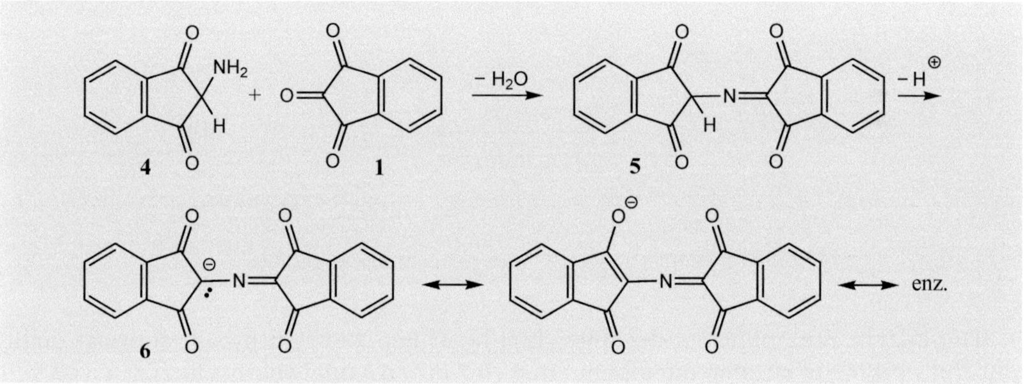

Het anion 6 is sterk blauwpaars gekleurd en ontstaat gemakkelijk omdat het door mesomerie gestabiliseerd is. Proline en hydroxyproline geven na reactie met ninhydrine een andere verbinding die geelbruin van kleur is.

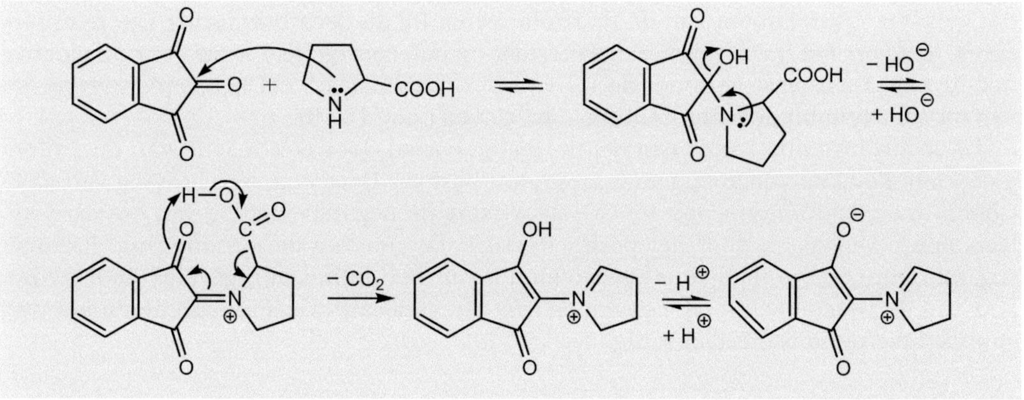

## 20.6 Reacties van aminozuren in biosystemen

Wanneer niet alle aminozuren die met het voedsel binnenkomen, nodig zijn voor de biosynthese van lichaamseigen eiwitten dan wordt de overmaat aan vrije aminozuren niet opgeslagen, maar meestal direct gebruikt in chemische reacties die energie opleveren. Een drietal reacties is daarbij van belang: de decarboxylering, de deaminering en de transaminering; al deze reacties worden door enzymen geregeld.

### *20.6.1 Decarboxylering van α-aminozuren*

De *decarboxylering* van α-aminozuren verloopt onder invloed van decarboxylase-enzymen. Een belangrijk voorbeeld is de decarboxylering van glutaminezuur tot γ-aminoboterzuur (GABA), een verbinding die onder meer in de hersenen voorkomt en ingrijpt in de overdracht van zenuwimpulsen. Het kan beschouwd worden als een natuurlijke kalmerende stof.

$$\underset{\text{glutaminezuur}}{HOOC\text{-}CH_2\text{-}CH_2\text{-}CH(NH_2)\text{-}COOH} \xrightarrow[\text{pyridoxalfosfaat}]{\text{glutaminezuur-decarboxylase}} \underset{\gamma\text{-aminoboterzuur}}{H_2N\text{-}CH_2\text{-}CH_2\text{-}CH_2\text{-}COOH} + CO_2$$

Het enzym glutaminezuur-decarboxylase heeft het coënzym pyridoxalfosfaat nodig om zijn werking te kunnen uitoefenen. In § 16.7 is een aantal voorbeelden gegeven van decarboxyleringsreacties van carbonzuren en carboxylaatanionen. Daar hebben we kunnen zien dat een decarboxylering goed kan optreden als de elektronen van het carboxylaatanion een goed heenkomen kunnen vinden. Dit is bijvoorbeeld het geval bij de decarboxylering van α-ketocarbonzuren, waar het coënzym thiaminepyrofosfaat ervoor zorgt dat de elektronen van het carboxylaatanion door kunnen schuiven naar het positief geladen stikstofatoom van de thiazoliumring. Bij de decarboxylering van α-aminozuren fungeert het coënzym pyridoxalfosfaat op een soortgelijke wijze voor de elektronenopvang. Daarnaast vertoont de rol van pyridoxalfosfaat veel gelijkenis met de rol van dit coënzym bij de transaminiseringsreacties (zie§ 13.18).

In eerste instantie wordt een Schiff-base gevormd door een reactie van de aminogroep met de aldehydegroep van het pyridoxalfosfaat. Door een verschuiving van elektronen in de Schiff-base wordt bij $CO_2$-afsplitsing de negatieve lading van het carboxylaatanion opgevangen door het positieve stikstofatoom van de pyridinering. Protonering van het oorspronkelijke α-koolstofatoom van het aminozuur, gevolgd door hydrolyse van de tweede Schiff-base geven daarna het gedecarboxyleerde amine en het oorspronkelijke pyridoxalfosfaat terug.

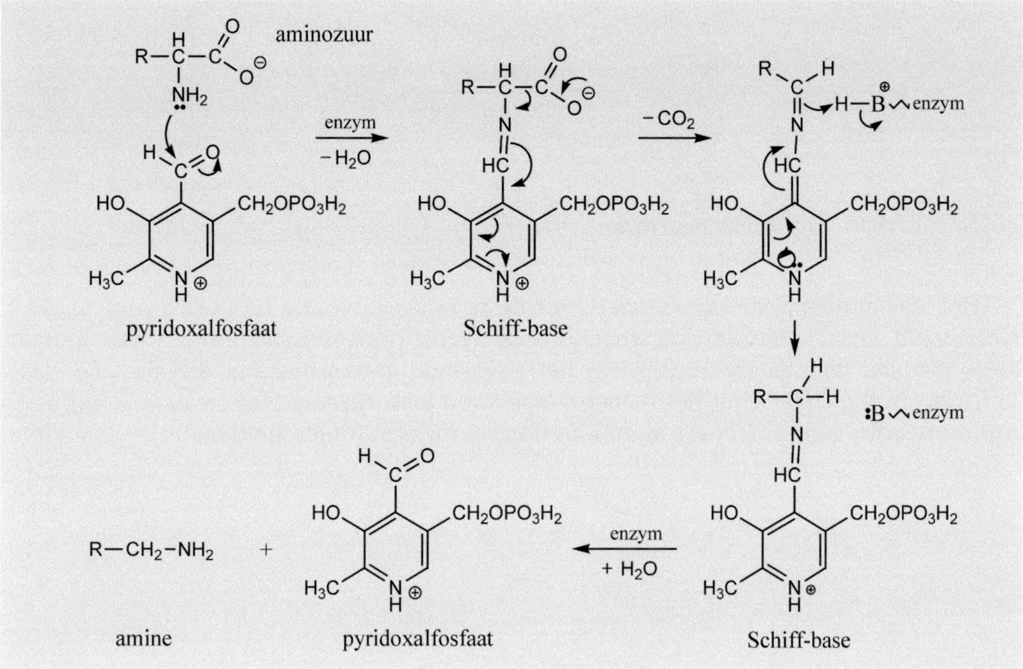

aminozuur

enzym $-H_2O$   $-CO_2$

pyridoxalfosfaat   Schiff-base

amine   pyridoxalfosfaat   enzym $+H_2O$   Schiff-base

### 20.6.2 *Deaminering en transaminering van α-aminozuren*

De meest voorkomende *deaminering* is de oxidatieve deaminering. In een eerste stap wordt de aminogroep geoxideerd tot een iminogroep. Het coënzym $NAD^+$ fungeert hierbij als waterstofacceptor. Het imine wordt vervolgens gehydrolyseerd tot een carbonylgroep en $NH_4^+$.

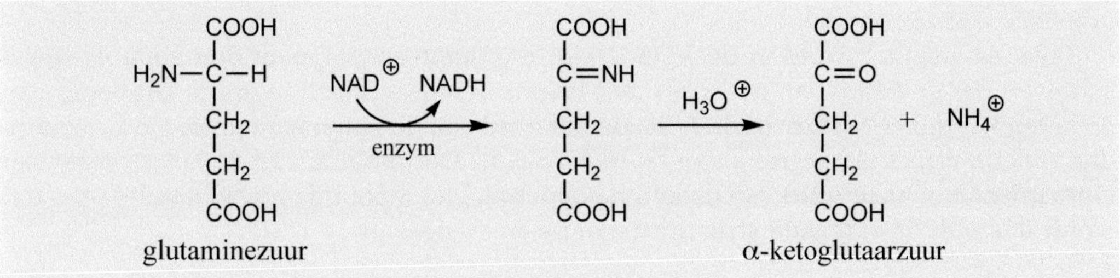

glutaminezuur → (NAD⁺ → NADH, enzym) → imine → ($H_3O^+$) → α-ketoglutaarzuur + $NH_4^+$

De transaminering is direct gekoppeld aan de deaminering. In de transaminering wordt tussen twee verbindingen een aminogroep uitgewisseld tegen een carbonylgroep. Behalve voor de afbraak van overtollige aminozuren dient deze reactie ook voor de synthese van nieuwe aminozuren. Glutaminezuurtransaminase is in dit verband een van de belangrijkste enzymen; dit enzym katalyseert de overdracht van een aminogroep naar α-ketoglutaarzuur. Het glutaminezuur dat bij deze reactie gevormd wordt, kan de aminogroep weer overdragen op een ander α-ketocarbonzuur, waarbij dan α-ketoglutaarzuur teruggevormd wordt en een nieuw aminozuur wordt gevormd.

$$H_2N{-}CH(R){-}COOH + HOOC{-}CO{-}CH_2{-}CH_2{-}COOH \xrightarrow[\text{pyridoxaalfosfaat}]{\text{glutaminaat-transaminase}} HOOC{-}CO{-}R + H_2N{-}CH(COOH){-}CH_2{-}CH_2{-}COOH$$

α-ketoglutaarzuur — glutaminezuur

Het mechanisme van de transaminering is reeds uitvoerig beschreven in § 13.18. Gekoppeld aan de deamineringsreactie is de cyclus transaminering met α-ketoglutaarzuur, gevolgd door deaminering van het gevormde glutaminezuur, dus de weg waarlangs overtollig stikstof uit het lichaam afgevoerd kan worden. Het gevormde ammoniumion wordt omgezet in ureum en kan daarna worden uitgescheiden.

α-aminozuur → α-ketozuur; α-ketoglutaarzuur ⇄ glutaminezuur; NADH + $NH_4^{\oplus}$ → → $H_2N{-}C(=O){-}NH_2$; $NAD^{\oplus}$ + $H_2O$

transaminering — deaminering

## 20.7 Peptiden

De aminogroep van een aminozuur kan reageren met de carboxylgroep van een ander aminozuur, waarbij onder afsplitsing van water een amidebinding gevormd wordt. Op deze wijze kunnen aminozuren met elkaar reageren tot ketens van polyamiden. Afhankelijk van de ketenlengte worden polyamiden afgeleid van α-aminozuren, *peptiden* of *polypeptiden* genoemd.

Volgens afspraak worden de ketens van peptiden en polypeptiden zodanig opgeschreven dat de keten aan de linkerkant begint met de vrije $NH_2$-groep. Dit begin van de keten wordt het **N-terminale** of **basische eind** van de keten genoemd. De keten eindigt met de vrije COOH-groep aan de rechterkant. Dit uiteinde van de keten wordt het **C-terminale** of **zure eind** van de keten genoemd. Het dipeptide glycylalanine (gly-ala) wordt dus met de volgende structuurformule weergegeven:

$$H_2N{-}CH_2{-}C(=O){-}NH{-}CH(CH_3){-}COOH$$

N-terminaal — C-terminaal

glycylalanine (gly-ala)

$$H_2N{-}CH(CH_3){-}C(=O){-}NH{-}CH_2{-}COOH$$

N-terminaal — C-terminaal

alanylglycine (ala-gly)

In het isomere alanylglycine (ala-gly) zijn de aminozuren in omgekeerde volgorde met elkaar verbonden en dit is dus een ander dipeptide.

In een tripeptide kunnen drie verschillende aminozuren in zes combinaties voorkomen; bijvoorbeeld uit serine, fenylalanine en valine kunnen we de volgende zes tripeptiden samenstellen:

ser—phe—val    phe—ser—val    val—ser—phe
ser—val—phe    phe—val—ser    val—phe—ser

Bij vier verschillende aminozuren groeit het aantal mogelijke tetrapeptiden al tot 1 x 2 x 3 x 4 = 24. Een keten met 20 verschillende aminozuren heeft 20! isomeren, ofwel circa 2 x $10^{18}$. Door dit onvoorstelbare grote aantal combinatiemogelijkheden heeft de natuur de mogelijkheid door middel van de aminozuursamenstelling en -volgorde een chemische taal te spreken die vergelijkbaar is met de mogelijkheden die het gebruik van de letters van het alfabet biedt!

Er is geen scherpe grens getrokken tussen de ketenlengte van peptiden en polypeptiden. Gewoonlijk worden ketens langer dan tien aminozuureenheden polypeptiden genoemd. Bij kortere ketens geeft het voorvoegsel di-, tri-, tetra-, enz. aan uit hoeveel aminozuureenheden de peptideketen bestaat. Ook het onderscheid tussen een polypeptide en een eiwit ligt niet zo nauwkeurig vast. Meestal bedoelt men met een eiwit één of meer polypeptideketens met een minimum molecuulmassa van circa 5000 u. Eiwitten kunnen ook gedeelten bevatten die niet uit aminozuren zijn opgebouwd. Myoglobine (fig. 20.9) bevat bijvoorbeeld een porfirinering die onmisbaar is voor de biochemische werking van dit eiwit.

**Peptiden** zijn dus relatief korte ketens bestaande uit een betrekkelijk gering aantal aminozuureenheden. Vandaar ook dat ze uitvoerig onderzocht zijn. Enkele bekende peptiden zijn oxytocine en vasopressine, hormonen die worden afgescheiden door de hypofyse.

S—S (tussen Cys 1 en Cys 6)
Cys–Tyr—Ile—Gln—Asn—Cys–Pro—Leu—Gly($NH_2$)    oxytocine

S—S (tussen Cys 1 en Cys 6)
Cys-Tyr—Phe—Gln—Asn—Cys–Pro—Arg—Gly($NH_2$)    vasopressine

Oxytocine stimuleert tijdens de geboorte de spieren van de uterus en wordt vaak toegediend om de geboorte op gang te brengen. Ook speelt oxytocine een rol bij de melkafgifte. Vasopressine reguleert de vloeistofbalans in het lichaam; het is betrokken bij de vochtregeling door de nieren en het stimuleert de vernauwing van de bloedvaten waardoor het de bloeddruk regelt. De structuren van oxytocine en vasopressine lijken erg veel op elkaar; ze verschillen alleen in aminozuursamenstelling op de plaatsen 3 en 8. Hun fysiologische werking vertoont dan ook duidelijke raakvlakken, wat onder meer blijkt uit het feit dat het toedienen van vasopressine voor de geboorte dezelfde effecten heeft als het toedienen van oxytocine, maar dan in geringere mate. Zowel oxytocine als vasopressine bevatten een disulfidebrug (-S-S-), waardoor de peptideketen cyclisch is. Wanneer de disulfidebrug gereduceerd wordt tot twee afzonderlijke **SH**-groepen, dan is de resulterende open verbinding niet meer actief.

Een ander belangrijk peptidehormoon is insuline, dat geproduceerd wordt in de alvleesklier door de eilandjes van Langerhans. De taak van insuline is de regulatie van de glucosestofwisseling. Insuline bestaat uit twee peptideketens die via twee disulfidebruggen met elkaar verbonden zijn.

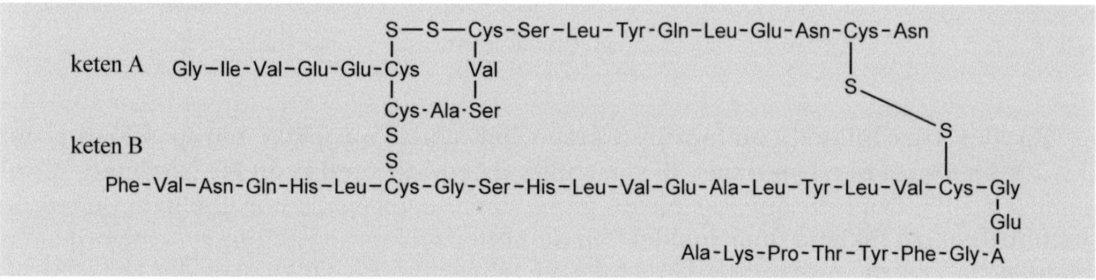

```
                                      S—S—Cys-Ser-Leu-Tyr-Gln-Leu-Glu-Asn-Cys-Asn
                                      |   |                               |
keten A   Gly-Ile-Val-Glu-Glu-Cys   Val                               |
                                      |   |                               S
                                      Cys-Ala-Ser                            \
                                      S                                       S
keten B                               S                                       |
Phe-Val-Asn-Gln-His-Leu-Cys-Gly-Ser-His-Leu-Val-Glu-Ala-Leu-Tyr-Leu-Val-Cys-Gly
                                                                                 |
                                                                                Glu
                                                                                 |
                                              Ala-Lys-Pro-Thr-Tyr-Phe-Gly-A
```

## 20.8 Analyse van peptiden

Het is zonder meer duidelijk dat inzicht in de eigenschappen van (poly)peptiden en eiwitten van bijzonder belang is voor het begrijpen van hun functie in biologische processen. Gedetailleerde kennis van zowel de **samenstelling** als de **volgorde** van de aminozuren in een peptideketen is daarbij essentieel. Nu is het beslist geen eenvoudige zaak om de samenstelling, en meer nog de volgorde, van de aminozuren in een peptideketen vast te stellen, alhoewel er de laatste jaren indrukwekkende resultaten op dit gebied behaald zijn. Op dit onderzoeksterrein is een aantal methoden gangbaar die vaak naast elkaar toegepast worden.

De **aminozuursamenstelling** kan onderzocht worden door de peptideketen volledig te hydrolyseren met behulp van zuur of base als katalysator. De aard en de hoeveelheid van de afzonderlijke aminozuren in het hydrolysemengsel kan daarna vastgesteld worden met behulp van een automatische aminozuuranalysator. In een aminozuuranalysator worden de aminozuren eerst gescheiden door middel van ionenuitwisselingschromatografie. Hierbij zijn de eigenschappen van de zijketen van ieder aminozuur bepalend voor de volgorde waarin deze van de chromatografiekolom komen. De relatieve hoeveelheid van elk aminozuur kan daarna gemeten worden met behulp van de ninhydrinereactie zoals beschreven staat in § 20.5. Op deze wijze kan dus vastgesteld worden welke aminozuren in de peptideketen voorkomen en in welke verhouding zij voorkomen. Geen informatie wordt echter verkregen over de plaats van de afzonderlijke aminozuren in de oorspronkelijke keten.

De bepaling van de **aminozuurvolgorde** in de keten begint meestal met de identificatie van het N-terminale aminozuur. Dit aminozuur kan bepaald worden door het peptide te laten reageren met 2,4-dinitrofluorbenzeen (Sanger-reagens). Het N-terminale aminozuur bevat een nucleofiele aminogroep die reageert met 2,4-dinitrofluorbenzeen, waarbij een binding gevormd wordt die bij volledige hydrolyse van het peptide niet kapot gaat. Er ontstaat daardoor bij hydrolyse naast de vrije aminozuren het 2,4-dinitrofenylderivaat van het eindstandige aminozuur. Dit geelgekleurde derivaat kan met behulp van ijkstoffen gemakkelijk geïdentificeerd worden door middel van dunnelaagchromatografie.

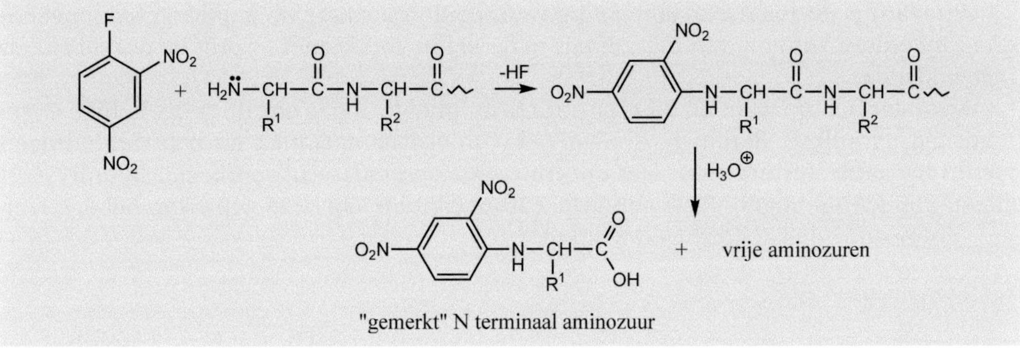

"gemerkt" N terminaal aminozuur

Een andere verbinding die veel wordt toegepast bij de bepaling van het eindstandige aminozuur, is dansylchloride. Dansylchloride reageert met de eindstandige aminogroep tot een sulfonamide en deze verbindingen zijn ongevoelig voor hydrolyse onder de omstandigheden waaronder de peptidebindingen wel gehydrolyseerd worden. Derivaten van dansylchloride zijn sterk fluorescerend en kunnen daardoor in zeer lage concentraties nog aangetoond en geïdentificeerd worden.

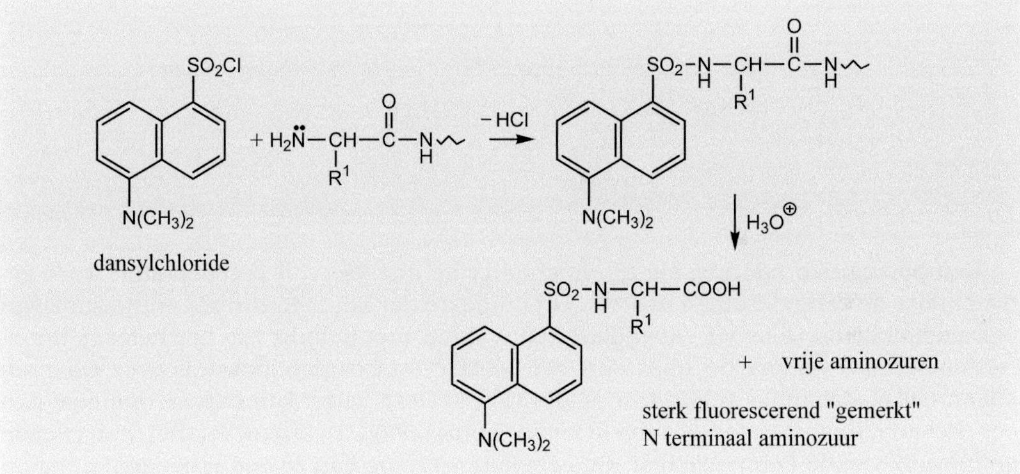

dansylchloride

sterk fluorescerend "gemerkt" N terminaal aminozuur

Behalve bepaling van het eindstandig aminozuur kan gedeeltelijke hydrolyse van een peptideketen verdere informatie verschaffen omtrent de aminozuurvolgorde. Scheiding van een aantal hydrolysefragmenten en bepaling van de aminozuursamenstelling hiervan kan leiden tot de opheldering van de aminozuurvolgorde in de totale peptideketen. Bijvoorbeeld, bij een onbekend hexapeptide blijkt na reactie met 2,4-dinitrofluorbenzeen en volledige hydrolyse dat het N-terminaal aminozuur alanine is en dat het verder bestaat uit de aminozuren gly, phe, val, ser en leu. Bij gedeeltelijke hydrolyse van het hexapeptide ontstaat een mengsel van korte peptidefragmenten en na verder onderzoek blijken daarin onder andere de volgende fragmenten aantoonbaar te zijn: ala-leu; leu-ser; gly-val en val-phe. Door deze gegevens als een legpuzzel in elkaar te schuiven kan voor het hexapeptide de aminozuurvolgorde ala-leu-ser-gly-val-phe vastgesteld worden.

Uiteraard is dit maar een eenvoudig voorbeeld. Naarmate de peptideketen langer is en er meerdere aminozuren meermaals in de keten voorkomen, wordt de puzzel steeds ingewikkelder.

Bijzonder behulpzaam bij dit type structuuropheldering is ook de gedeeltelijke enzymatische hydrolyse. Sommige enzymen hydrolyseren specifiek de peptidebindingen tussen bepaalde aminozuren. Het enzym carboxypeptidase bijvoorbeeld, hydrolyseert alleen peptidebindingen naast een vrije carboxylgroep. Op deze wijze kan het C-terminale aminozuur dus achterhaald worden.

$$\sim\!\underset{H}{N}-\underset{R_{n-1}}{CH}-\overset{O}{\overset{\|}{C}}-\underset{H}{N}-\underset{R_n}{CH}-COOH \xrightarrow[+\,H_2O]{\text{carboxy-peptidase}} \sim\!\underset{H}{N}-\underset{R_{n-1}}{CH}-COOH + H_2N-\underset{R_n}{CH}-COOH$$

Trypsine katalyseert de hydrolyse van peptidebindingen waarvan het carboxylgedeelte afkomstig is van een van de basische aminozuren arginine of lysine en chymotrypsine katalyseert de hydrolyse van peptidebindingen waarvan het carboxygedeelte afkomstig is van een aminozuur dat een aromatische restgroep bevat, dus fenylalanine, tyrosine of tryptofaan.

$$\text{Arg-Gly-Phe-Lys-Ala-Ser} \xrightarrow{\text{trypsine}} \text{Arg} + \text{Gly-Phe-Lys} + \text{Ala-Ser}$$

$$\text{Arg-Gly-Phe-Lys-Ala-Ser} \xrightarrow{\text{chymotrypsine}} \text{Arg-Gly-Phe} + \text{Lys-Ala-Ser}$$

Een belangrijke vooruitgang bij de chemische analyse van polypeptiden werd geboekt door de Zweed Edman in 1950. Hij ontdekte dat het N-terminale aminozuur van een peptideketen selectief verwijderd kan worden met behulp van het reagens fenylisothiocyanaat. Na reactie blijft dan een verder intacte peptideketen over waarvan alleen het N-terminale aminozuur is afgesplitst. Deze keten kan daarna opnieuw aan een behandeling met fenylisothiocyanaat worden onderworpen waarbij het tweede aminozuur van de keten afsplitst. De gehele bewerking kan zo een groot aantal malen herhaald worden en staat bekend als de **Edman-degradatie** van peptideketens. De methode is dus niet destructief voor het restpeptide, dit in tegenstelling tot de reacties met 2,4-dinitrofluorbenzeen of met dansylchloride, waar bij de vaststelling van het eindstandig aminozuur het restpeptide door hydrolyse verloren gaat.

Fenylisothiocyanaat reageert eerst in basisch milieu bij pH 10 met de eindstandige aminogroep tot een thio-ureumderivaat. Toevoegen van zuur geeft daarna cyclisatie, waarbij de peptideketen, met één aminozuur minder afgesplitst wordt en een stabiel thiohydantoïne ontstaat. Dit proces is in het volgende schema op vereenvoudigde wijze weergegeven. Door het gevormde thiohydantoïne te vergelijken met referentiestoffen kan het aminozuur geïdentificeerd worden.

Doordat de vorming van het thiohydantoïne in twee stappen verloopt die bij verschillende pH plaatsvinden, kan voorkomen worden dat de ingekorte keten direct verder reageert met nog aanwezig fenylisothiocyanaat. Bij pH 10 wordt eerst de overmaat reagens verwijderd, pas daarna wordt aangezuurd en treedt de cyclisatie en afsplitsing van het thiohydantoïne op. De gehele bewerking kan daarna herhaald worden met de ingekorte peptideketen. Door het zure uiteinde van een peptideketen te koppelen aan een onoplosbaar polymeer kan de reactie met fenylisothiocyanaat, de splitsing met zuur en de extractie en analyse van het vrijgekomen thiohydantoïne geautomatiseerd worden. Momenteel zijn er apparaten die meer dan 30 achtereenvolgende bewerkingen kunnen uitvoeren. Wanneer een langere keten onderzocht moet worden dan wordt het polypeptide eerst gesplitst in kortere ketens, die daarna op de hiervoor beschreven wijze geanalyseerd worden.

fenylisothiocyanaat + peptide —(pH 10)→ ... —($+H^{\oplus}$, pH 1)→ ... → peptide, één aminozuur korter + een thiohydantoine

## 20.9 Synthese van peptiden

De synthese van een peptideketen lijkt op het eerste gezicht eenvoudigweg een kwestie van het vormen van een aantal amidebindingen tussen een aantal aminozuren. Door het bifunctionele karakter van aminozuren is deze bewerking echter niet op een simpele wijze uit te voeren. Wanneer we bijvoorbeeld het dipeptide glycylalanine willen synthetiseren, dan lukt dit niet door gewoon glycine en alanine samen te verhitten. Allereerst zal de directe reactie tussen een carbonzuurgroep en een aminogroep slechts moeilijk verlopen en als dit al lukt dan zal er een weinig gecontroleerde amidevorming plaatsvinden, waarbij naast het beoogde dipeptide gly-ala ook gly-gly, ala-gly, ala-ala en hogere peptiden gevormd worden.

Voor een beheersbare synthese van gly-ala is het nodig dat de carbonzuurgroep van glycine zodanig reactief gemaakt wordt dat deze gemakkelijk met de aminogroep van alanine kan reageren. Voordat dit gebeurt, is het echter noodzakelijk om de reactiviteit van de aminogroep van glycine zelf te blokkeren, omdat anders de carboxylgeactiveerde glycinemoleculen onderling gaan reageren tot polyglycine. Een schema voor de synthese van het dipeptide gly-ala komt er daarom als volgt uit te zien:

$H_2N-CH_2-COOH$ (N-terminaal aminozuur) —(blokkeren van de aminogroep)→ $X-NH-CH_2-COOH$ —(activeren van de carboxylgroep)→ $X-NH-CH_2-C(=O)Y$

$$\xrightarrow{\text{toevoegen van 2e aminozuur}} X{-}\ddot{N}H{-}CH_2{-}\overset{O}{\overset{\|}{C}}{-}\ddot{N}H{-}\underset{CH_3}{\underset{|}{CH}}{-}COOH \xrightarrow[\text{eindstandige aminogroep}]{\text{verwijderen van de blokkade van de}} H_2\ddot{N}{-}CH_2{-}\overset{O}{\overset{\|}{C}}{-}\ddot{N}H{-}\underset{CH_3}{\underset{|}{CH}}{-}COOH$$

De *blokkerende groep* voor het *N-terminale aminozuur* moet aan een aantal eisen voldoen. Uiteraard moet de blokkerende groep verhinderen dat de N-terminale aminogroep tijdens de peptidesynthese als nucleofiel optreedt. Dit kan bijvoorbeeld gebeuren door de eindstandige *amino*groep om te zetten in een amidegroep. Het vrije elektronenpaar op stikstof in een amide is namelijk niet meer nucleofiel, want het is bij de mesomerie van de amidegroep betrokken (zie § 17.7.1). Verdere voorwaarden zijn dat de blokkerende groep gedurende de gehele peptidesynthese stabiel is en na afloop van de synthese weer gemakkelijk en *selectief* is te verwijderen. Door deze laatste eis zijn gewone zuurchloriden, zoals acetylchloride ($CH_3COCl$), niet geschikt om als blokkerend reagens gebruikt te worden, want daarmee wordt de eindstandige aminogroep omgezet in een gewone amidegroep die zich in chemisch opzicht in niets onderscheidt van een peptidebinding. Dit houdt in dat bij verwijdering van de eindstandige acetylgroep door hydrolyse onvermijdelijk ook de moeizaam gesynthetiscerde peptidebindingen zouden hydrolyseren. Er moet dus een slimmere oplossing gevonden worden die een selectieve afsplitsing van de blokkerende groep mogelijk maakt. Een veel gekozen benadering is de omzetting van de eindstandige aminogroep in een benzyl- of *tert*-butyl*carbamaatgroep*. Deze groep is aan het eind van de synthese te verwijderen door een selectieve reactie, zonder gevaar voor hydrolyse van de peptidebindingen.

$$C_6H_5{-}CH_2{-}O{-}\overset{O}{\overset{\|}{C}}{-}Cl + H_2\ddot{N}{-}\underset{R^1}{\underset{|}{CH}}{-}COOH \longrightarrow C_6H_5{-}CH_2{-}O{-}\overset{O}{\overset{\|}{C}}{-}\ddot{N}H{-}\underset{R^1}{\underset{|}{CH}}{-}COOH$$

benzyloxycarbonylchloride — benzyloxybinding

$$CH_3{-}\underset{CH_3}{\underset{|}{\overset{CH_3}{\overset{|}{C}}}}{-}O{-}\overset{O}{\overset{\|}{C}}{-}Cl + H_2\ddot{N}{-}\underset{R^1}{\underset{|}{CH}}{-}COOH \longrightarrow CH_3{-}\underset{CH_3}{\underset{|}{\overset{CH_3}{\overset{|}{C}}}}{-}O{-}\overset{O}{\overset{\|}{C}}{-}\ddot{N}H{-}\underset{R^1}{\underset{|}{CH}}{-}COOH$$

*tert*-butyloxycarbonylchloride (BOC)

De meest gebruikte reagentia om een blokkerende carbamaatgroep aan te brengen zijn benzyloxycarbonylchloride en *tert*-butyloxycarbonylchloride (BOC). De structuren van deze verbindingen zijn zeer goed gekozen en alle structuurelementen hebben een eigen functie.

- Door de aanwezigheid van de reactieve zuurchloridegroep in deze moleculen reageren ze snel en vrijwel kwantitatief met de aminogroep die geblokkeerd moet worden.
- Door mesomerie met de carbonylgroep is het vrije elektronenpaar op het stikstofatoom in het beschermde aminozuur niet meer nucleofiel.
- Na de peptidesynthese kan de blokkerende groep door katalytische hydrogenering, respectievelijk watervrij HC1 verwijderd worden. De bijproducten die daarbij ontstaan, zijn laagkokende verbindingen die gemakkelijk uit het reactiemedium verwijderd kunnen worden.

De aanwezigheid van de benzyloxygroep is noodzakelijk voor een vlot verloop van de katalytische hydrogenering. De benzyl-zuurstofbinding is tamelijk zwak omdat de radicaal-intermediairen die bij katalytische hydrogenering een rol spelen, gestabiliseerd worden door mesomerie met de benzeenring. De hydrogenering geeft tolueen en een carbaminezuur. Dit carbaminezuur is niet stabiel en splitst spontaan in kooldioxide en het amine (zie § 13.10).

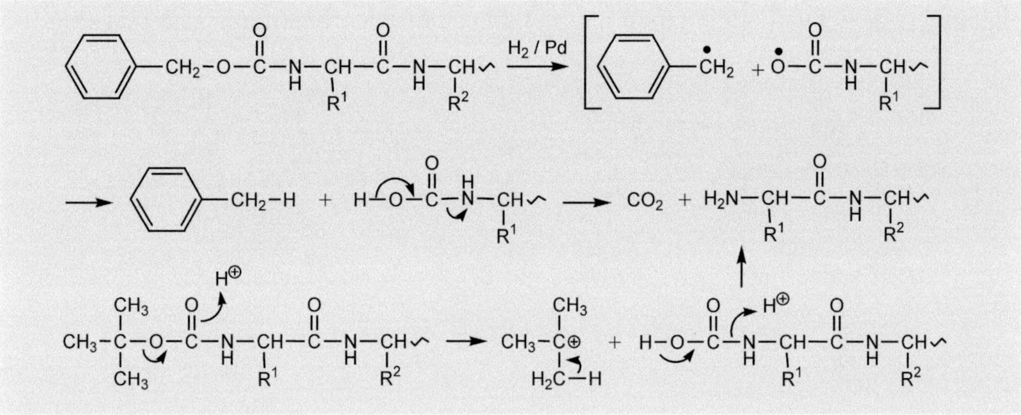

Ook de tertiaire butylgroep in de BOC-groep is een essentieel structuurelement voor de selectieve verwijdering van deze groep met watervrij HCl. De tertiaire koolstof-zuurstofbinding splitst gemakkelijk omdat daarbij een stabiel tertiair carbokation gevormd wordt. De gevormde ionen reageren verder naar de aangegeven eindproducten.

Voor de *activering* van de carboxylgroep zijn verschillende benaderingswijzen mogelijk. Het is mogelijk de carboxylgroep om te zetten in een zuurchloride, maar het is gebleken dat bij reactie met een zuurchloride de kans bestaat dat bepaalde aminozuren racemiseren. Daarom wordt de voorkeur gegeven aan een mildere vorm van activering die inhoudt, dat de carboxylgroep wordt omgezet in een *p*-nitrofenylester of in een acylazide. In deze carboxylgeactiveerde aminozuurderivaten kan het *p*-nitrofenolaatanion, respectievelijk het azide-anion als goede vertrekkende groep optreden.

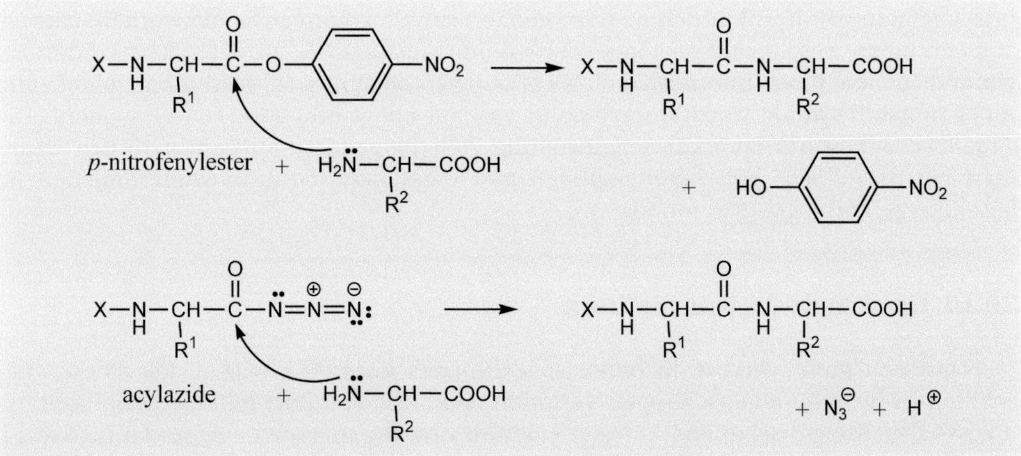

Bijzonder waardevol voor de koppeling van twee aminozuren is ook het gebruik van dicyclohexylcarbodiimide. Dit zeer reactieve reagens is afgeleid te denken van $CO_2$ door hierin de beide zuurstofatomen te vervangen door een $=N\text{-}C_6H_{11}$-groep. Dit reagens activeert de carbonzuurgroep en bindt tegelijkertijd het vrijkomende water bij de vorming van een peptidebinding. Het stabiele dicyclohexylureum treedt hierbij op als een goede vertrekkende groep.

De aminogroep van het eerste aminozuur moet bij deze reactie beschermd zijn omdat anders deze nucleofiele groep met het dicyclohexylcarbodiimide gaat reageren.

beschermd 1e aminozuur + dicyclohexylcarbodiimide → ... + 2e aminozuur → dipeptide + dicyclohexylureum

Een bijzonder elegante methode om peptiden te synthetiseren is de door Merrifield ontwikkelde *vaste-fasepeptidesynthese* (zie fig. 20.4). Deze methode heeft als groot voordeel dat de vaak zeer bewerkelijke isolatie en zuivering van producten na elke reactiestap sterk vereenvoudigd kan worden. In de vaste-fase-peptidesynthese wordt de COOH-groep van het C-terminale aminozuur gebonden aan een fijnkorrelig onoplosbaar polymeer. Daarmee wordt een kolom gevuld zoals dat gebruikelijk is bij kolomchromatografie. Door deze kolom laat men een aminozuur lopen waarvan de aminogroep geblokkeerd is en waarvan de carbonzuurgroep geactiveerd is met dicyclohexylcarbodiimide. De geactiveerde carboxylgroep reageert nu met de aminogroep van het aan het polymeer gebonden aminozuur. Na selectief verwijderen van de beschermende groep (eventuele beschermende groepen in de zijketens van de aminozuren moeten intact gelaten worden) kunnen de bijproducten van de kolom gespoeld worden; daarna kan een nieuw beschermd en geactiveerd aminozuur op de kolom gebracht worden en wordt de gehele procedure herhaald. Na afloop van de synthese wordt de peptideketen met waterstofbromide in trifluorazijnzuur van het polymere materiaal verwijderd. De gehele serie bewerkingen kan tegenwoordig volledig geautomatiseerd verlopen waardoor het mogelijk is geworden peptiden met meer dan 100 aminozuureenheden in betrekkelijk korte tijd te synthetiseren.

## 20.10 De structuur van eiwitten

Naast een grote variatie in biologische functies kunnen eiwitten ook sterke verschillen in fysische eigenschappen vertonen. Op basis van hun relatieve stabiliteit en oplosbaarheidseigenschappen kunnen eiwitten ruwweg in twee categorieën ingedeeld

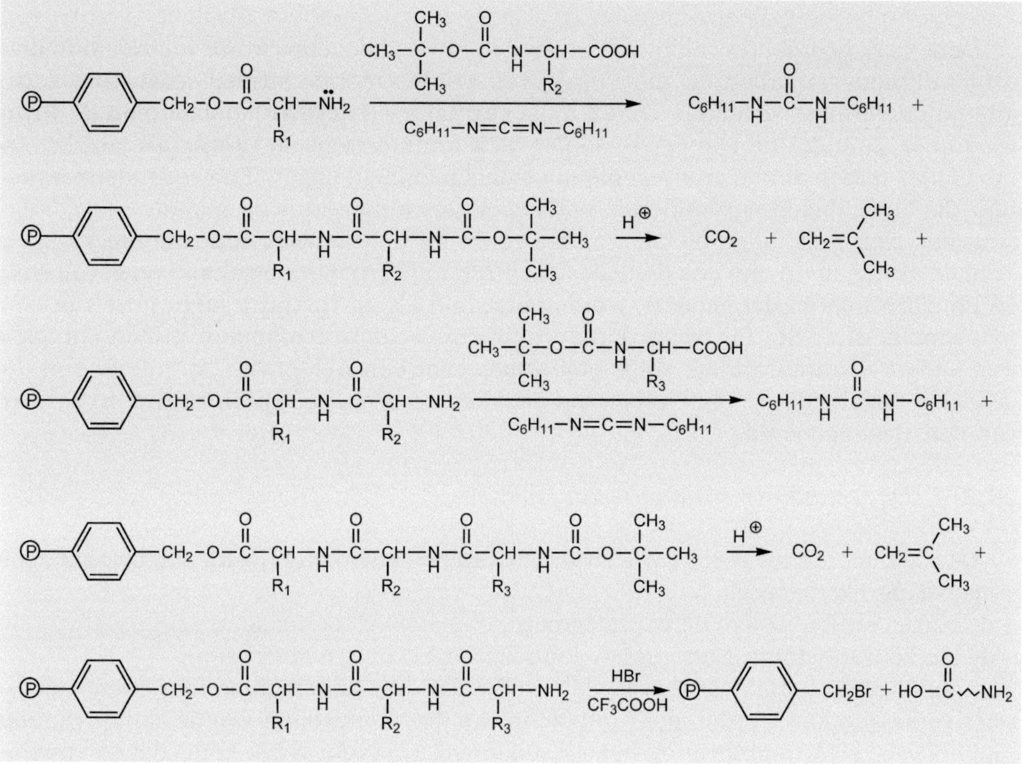

Fig. 20.4. Vaste-fase peptidesynthese

worden: de *fibrillaire eiwitten* en de *globulaire eiwitten*.

*Fibrillaire eiwitten* hebben een vezelachtige structuur; ze zijn het belangrijkste bouwmateriaal voor dierlijk weefsel. Collageen en elastine (in bindweefsel, gewrichtsbanden en pezen), keratine (in huid, haar, veren, horens en hoeven), myosine (in spieren) en fibrinogeen (het eiwit dat de bloedstolling veroorzaakt) zijn fibrillaire eiwitten. Vanwege hun functie zijn fibrillaire eiwitten onoplosbaar in water en betrekkelijk stabiel bij verandering van temperatuur en pH.

*Globulaire eiwitten* zijn oplosbaar in water of vormen colloïdale suspensies. Deze eiwitten hebben een regulerende functie (enzymen, hormonen, antilichamen) en zijn veel gevoeliger voor veranderingen in temperatuur en pH. De verschillen tussen de twee categorieën hangen nauw samen met verschillen in de ruimtelijke bouw van de eiwitketens.

Tot nu toe hebben we een (poly)peptideketen alleen nog maar behandeld als een lineaire keten van aminozuureenheden. De volgorde waarin deze aminozuren in de keten voorkomen wordt de **primaire structuur** van een (poly)peptide of eiwit genoemd. Behalve de aminozuurvolgorde in de keten is ook de ruimtelijke oriëntatie van de keten van groot belang. Slechts zelden is een polypeptideketen willekeurig in de ruimte georiënteerd, integendeel, doordat de peptidebindingen en de zijketens van de aminozuren in de keten elkaar sterk beïnvloeden neemt iedere polypeptideketen een eigen, karakteristieke conformatie aan.

Deze sterk geordende conformatie van de polypeptideketen wordt ingedeeld in een aantal niveaus van ordening, die aangegeven worden met de termen secundaire, tertiaire en quaternaire structuur. Onder de **secundaire structuur** verstaat men de wijze waarop de peptideketen in eerste aanleg zich oriënteert in de ruimte als gevolg van interacties tussen amide groepen die in elkaars nabijheid liggen. Een secundaire structuur die bijvoorbeeld verschillende polypeptiden aannemen is de *spiraalvormige helix-structuur.* Net zoals lange metalen spiraalveren hij het vouwen in de ruimte knikken kunnen vertonen, zo zijn ook de helixstructuren in polypeptiden geknikt en gevouwen, en de wijze waarop dat gebeurt, wordt aangeduid als de **tertiaire structuur** van een polypeptide of eiwit. Ten slotte kunnen eiwitmoleculen voorkomen in een complex met andere eiwitmoleculen, soms ook samen met een niet-eiwit. De ordening in dit geheel is bepalend voor de biologische activiteit en wordt de **quaternaire structuur** van een eiwit genoemd.

### *20.10.1 De secundaire structuur van eiwitten*

De sterk geordende secundaire structuur van een eiwitketen wordt veroorzaakt door twee belangrijke factoren:
- de vlakke structuur van de peptidegroep
- de sterke waterstofbruggen tussen peptidegroepen in een eiwitketen.

Een amidegroep (peptidegroep) is vlak omdat dan een aanzienlijke mesomere stabilisatie verkregen kan worden door interactie van de π-elektronen van de carbonylgroep met het vrije elektronenpaar op het stikstofatoom. Hiervoor is het nodig dat de 2p-orbitalen van de zuurstof-koolstofbinding en die van het stikstofatoom ($sp^2$-gehybridiseerd) parallel aan elkaar staan, zoals is getekend in figuur 20.5.

Röntgenanalyses van eiwitstructuren hebben aangetoond dat de peptidegroepen in een eiwitketen inderdaad vlak zijn en bijna volledig voorkomen in conformaties waarin de ketendelen aan weerskanten van de peptidegroep *'trans'* ten opzichte van elkaar georiënteerd zijn. Op deze wijze treedt de minste sterische hindering op tussen de ketens.

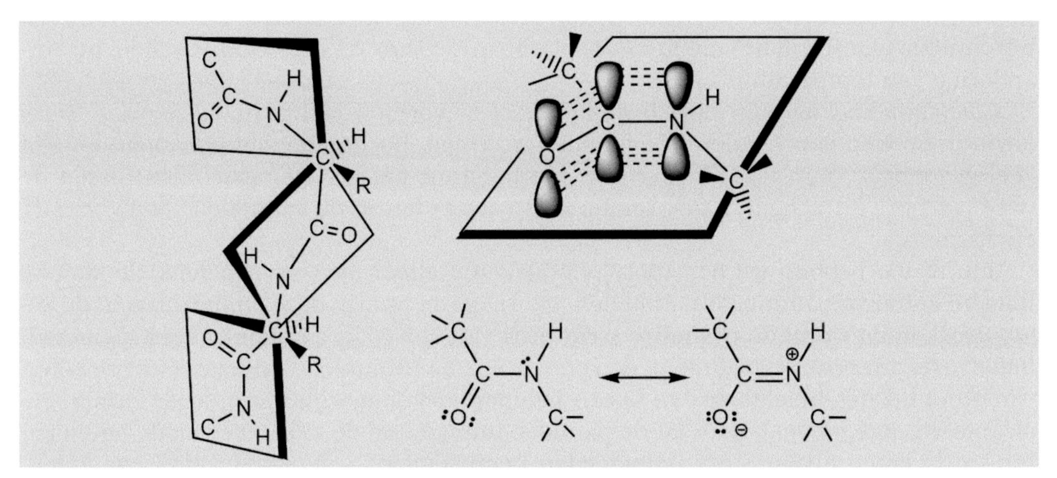

Fig. 20.5. Trans-oriëntatie van de keten rond de peptidebinding.

De flexibiliteit van een peptideketen wordt veroorzaakt doordat de enkele bindingen rond het α-koolstofatoom van elk aminozuur vrij draaibaar zijn, waardoor de peptideketen toch verschillende oriëntaties in de ruimte kan aannemen. Deze oriëntaties worden in de eerste plaats bepaald door de waterstofbruggen die tussen peptidegroepen gevormd worden. Een peptidegroep zal gemakkelijk waterstofbruggen vormen, want deze groep kan door zijn sterke polarisatie zowel goed waterstofbruggen accepteren (op het gedeeltelijk negatief geladen carbonylzuurstofatoom) als een waterstofbrug doneren (vanuit de gedeeltelijk positief geladen N-H-groep). Peptideketens zullen daarom bij voorkeur conformaties aannemen waarin elke peptidegroep twee waterstofbruggen kan vormen met twee naburige peptidegroepen.

---O=C      N—H---O=C
N—H---O=C      N—H---

Een conformatie waarbij zowel de vlakke structuur van de peptidegroep als de waterstofbruggen goed aanwezig kunnen zijn is de α-helix. In een α-helix is de peptideketen gewonden in een rechtsdraaiende schroef waarin 3,6-aminozuureenheden per winding voorkomen. De zijketens van de aminozuureenheden steken naar buiten, waar zij de minste sterische hindering ondervinden. De structuur van een α-helix is weergegeven in figuur 20.6. De α-helixstructuur komt geheel of gedeeltelijk voor in veel polypeptiden, zoals in α-keratinen en globulinen. Een duidelijk voorbeeld is aan te treffen in hemoglobine, dat voor ongeveer 75% uit α-helices bestaat. Polypeptiden waarin de α-helixstructuur veel voorkomt, zoals in wol, vertonen als gevolg van deze structuur rekbare eigenschappen.

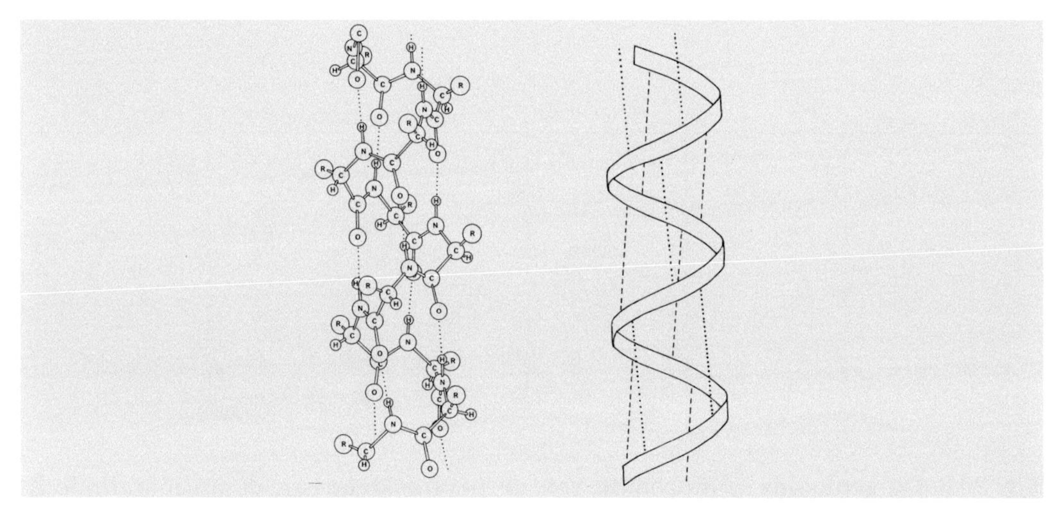

Fig. 20.6. De α-helixstructuur van een peptideketen. De gestippelde lijnen stellen de waterstofbruggen voor.

Een andere secundaire structuur waarin warterstofbrugvorming tussen de peptidegroepen goed kan optreden is de β-plaatstructuur (zie fig. 20.7). In een β-plaatstructuur vindt waterstofbrugvorming plaats tussen peptidegroepen van naburige ketens. Deze ketens liggen antiparallel tegen elkaar waardoor een maximaal aantal waterstofbruggen gevormd kan worden. Om sterische hindering tussen de zijketens van de aminozuureenheden zoveel mogelijk te vermijden liggen de ketens niet in één plat vlak maar nemen ze een golfplaatachtige structuur aan waarbij de amidegroepen steeds in het vlakke gedeelte van elk segment zitten. De antiparallelle β-plaatstructuur (zie fig. 20.8) kunnen we aantreffen bij polypeptideketens die opgebouwd zijn uit aminozuren die geen al te grote restgroepen bevatten, zoals in zijde, haar en veren. Zijde bestaat voor meer dan 80% uit glycine en alanine, waardoor de polypeptideketens zonder veel sterische hindering in de β-plaatstructuur kunnen voorkomen.

In tegenstelling tot wol met de α-helixstructuur is zijde niet erg rekbaar, maar de β-plaatstructuur zorgt er wel voor dat zijde goed plooibaar is.

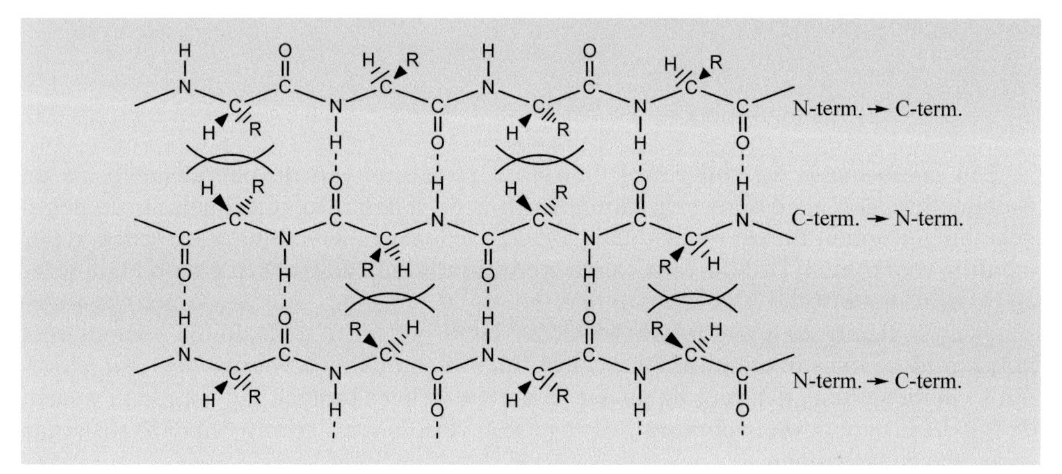


Fig. 20.7. De β-plaatstructuur. De peptideketens liggen antiparallel naast elkaar.

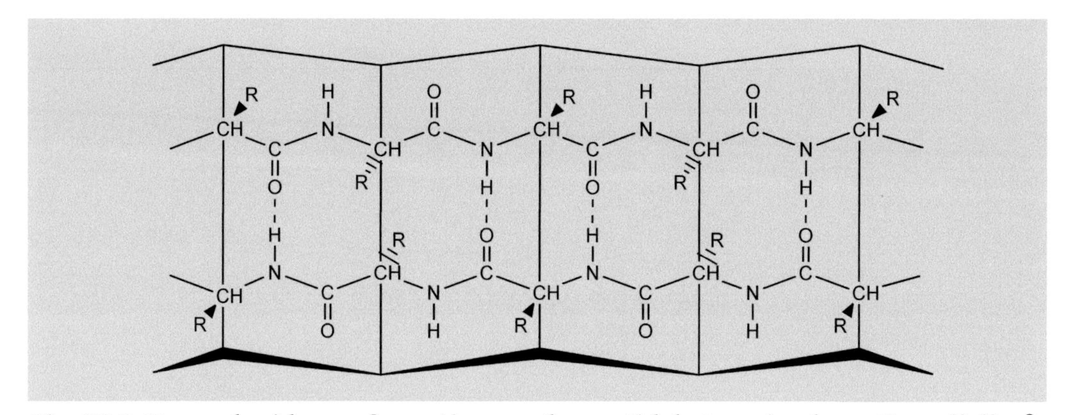

Fig. 20.8. De geplooide conformatie van de peptideketens in de antiparallelle β-plaatstructuur.

### *20.10.2 De tertiaire structuur van eiwitten*

Uit het voorgaande is gebleken dat vooral waterstofbruggen tussen peptidegroepen verantwoordelijk zijn voor de secundaire structuur van eiwitten. De secundaire structuur, bijvoorbeeld een α-helix, zal op zijn beurt weer op een bepaalde wijze in de ruimte gevouwen moeten zijn. Onregelmatigheden in de opbouw van de secundaire structuur bepalen voor een deel de tertiaire structuur van een eiwit. Dit komt bijvoorbeeld voor op plaatsen waar proline in de keten zit. Proline is een aminozuur dat vanwege zijn cyclische structuur slecht past in een α-helix. Bovendien zal op plaatsen waar proline in de eiwitketen voorkomt, de α-helix verzwakt zijn omdat proline niet als waterstofbrugdonor kan optreden. Daardoor kan op deze plaatsen gemakkelijk een knik in de helix optreden.

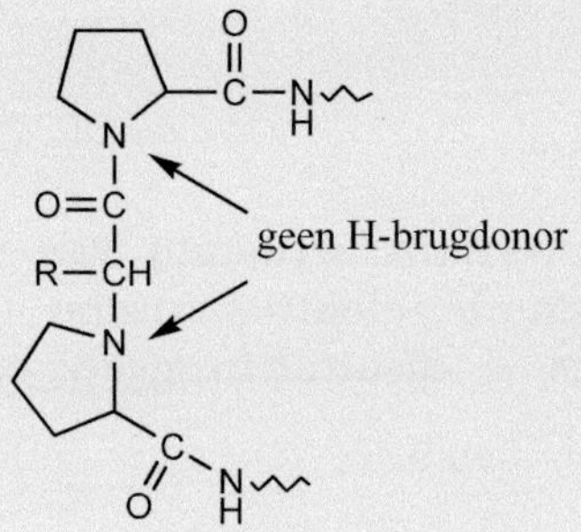

geen H-brugdonor

De tertiaire structuur van een eiwitketen wordt voornamelijk bijeengehouden door interacties tussen de zijketens van de aminozuureenheden. Waterstofbruginteracties, elektrostatische interacties (ioninteracties), dipoolkrachten, disulfidebindingen, Van der Waals-krachten en vooral hydrofobe interacties spelen hierbij een grote rol (zie fig. 20.9).

Een tertiaire structuur die volledig is opgehelderd met behulp van röntgendiffractie, is die van myoglobine (zie fig. 20.10). Myoglobine dient als opslagplaats voor zuurstof in dierlijk weefsel. In de tertiaire structuur is een eiwithelixketen gevouwen om een molecuul heem.

Een bijzondere tertiaire structuur vinden we in collageen. Collageen is het belangrijkste eiwit in gewervelde dieren: bijna 50% van het droge gewicht van kraakbeen en ongeveer 30% van de vaste stof in bot bestaat uit collageen. Ook pezen bestaan voor een belangrijk gedeelte uit collageen. Collageen is voornamelijk opgebouwd uit glycine, proline en hydroxyproline. Door de aanwezigheid van de cyclische aminozuren is een regelmatige α-helix of β-plaatstructuur niet goed mogelijk. Collageen bestaat uit drie linksom schroevende helices, die samen gedraaid zijn tot een rechtsdraaiende schroef, waardoor een drievoudige superhelix ontstaat (zie fig. 20.11). Doordat een behoorlijk deel van de peptideketens uit glycine bestaat (33%) is het mogelijk dat de drie ketens dicht tegen elkaar liggen en bij elkaar gehouden worden door waterstofbruggen. Daardoor ontstaat een zeer taaie, sterke ketenstructuur. Behandeling van collageen in kokend water verbreekt de drievoudige superhelix tot drie afzonderlijke ketens, waardoor het wateroplosbare gelatine ontstaat. Omdat gelatine beter verteerd kan worden dan collageen is dit proces belangrijk bij het koken, bakken en braden van vlees.

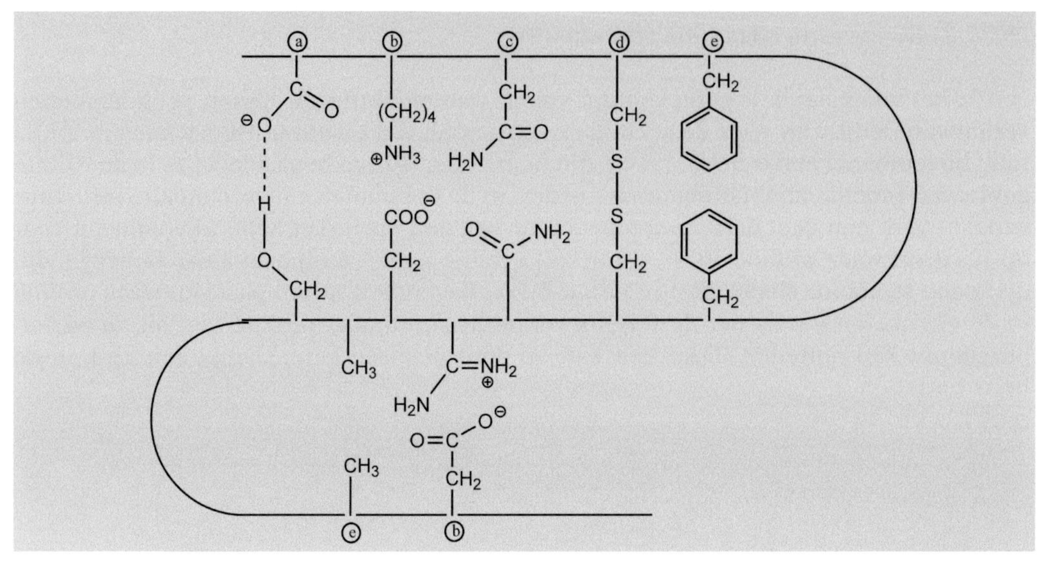


Fig. 20.9. Interacties die de tertiaire structuur van een eiwitketen stabiliseren. a: waterstofbruggen; b: elektrostatische interacties (ioninteracties); c: dipoolinteracties; d: disulfidebruggen; e: Van der Waals-interacties, hydrofobe interacties.

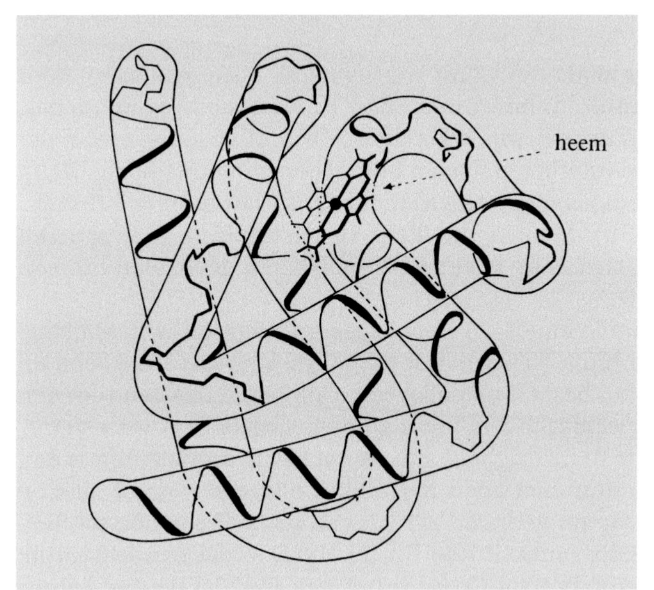


Fig. 20.10. De structuur van myoglobine. In de rechte stukken van de tertiaire structuur komt de keten als α-helix voor.

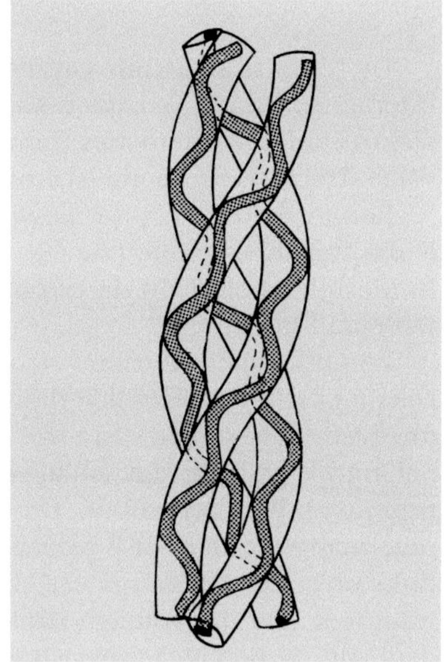

Fig. 20.11. De collageenhelix.

In keratinen is de tertiaire structuur nog complexer. De α-helices worden parallel aan elkaar gehouden door disulfidebruggen. Zachte keratinen, zoals huid en haar, hebben een relatief laag zwavelgehalte en zijn daardoor flexibeler dan de meer zwavelbevattende harde keratinen, zoals nagels, hoeven en horens.

Haar en wol zijn in natte vorm zeer verwerkbaar. De meeste interacties in de polypeptideketens, zoals waterstofbruggen, elektrostatische aantrekking en dipoolkrachten, worden door het water verstoord. Daardoor kan nat haar wel tot tweemaal zijn normale lengte uitgerekt worden; de waterstofbruggen in de α-helix worden dan volledig verbroken. Volledig uitgerekt haar neemt uiteindelijk een β-plaatstructuur aan met alle peptideketens parallel aan elkaar. De disulfidebruggen zorgen ervoor dat het haar als het opdroogt zijn oorspronkelijke vorm weer aanneemt. Bij het aanbrengen van permanent (zie fig. 20.12) wordende disulfidebruggen in het haar eerst verbroken met een reductiemiddel (thioglycolaat). Daarna wordt het gewenste model aangebracht en worden door milde oxidatie nieuwe disulfidebruggen gemaakt, waardoor het model voor langere tijd behouden blijft.

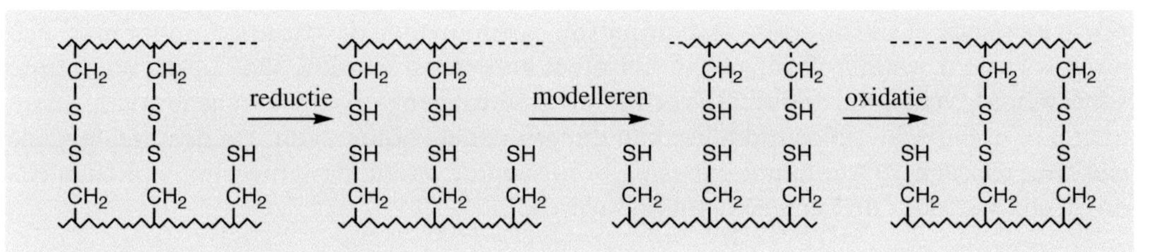


Fig. 20.12. Bewerkingen bij het permanenten van haar.

## *20.10.3 De quaternaire structuur van eiwitten*

Bij de biologische activiteit van sommige eiwitten zijn meerdere polypeptideketens betrokken die dan als zogenaamde subeenheden tezamen een groter complex vormen. De structuur van een dergelijk complex, waarin vaak ook nog een niet-eiwitgedeelte aanwezig is, wordt de quaternaire structuur van een eiwit genoemd. Een voorbeeld is hemoglobine, dat vier subeenheden heeft. Deze subeenheden hebben een tertiaire structuur die vergelijkbaar is met die van myoglobine. Elke subeenheid bevat een molecuul heem dat zorgdraagt voor het zuurstoftransport. In fig. 20.13 zijn twee subeenheden van hemoglobine gegeven. De overige twee subeenheden zijn zodanig gerangschikt dat ze tezamen de hoekpunten van een tetraëder vormen.

Fig. 20.13. Twee subeenheden van de structuur van hemoglobine.

## 20.11 Denatureren van eiwitten

Bij het denatureren van eiwitten worden de secundaire, tertiaire en quaternaire structuur verbroken omdat de balans tussen alle aantrekkende en afstotende krachten in een eiwitketen verstoord wordt. Sommige eiwitten zijn uit de aard van hun functie vrij goed bestand tegen denaturering: bijvoorbeeld huid, haar en nagels worden niet gemakkelijk gedenatureerd omdat ze veel disulfidebruggen bevatten. Veel enzymen daarentegen worden snel gedenatureerd wanneer hun omgeving te veel gaat afwijken van de natuurlijke omstandigheden. Door denaturering gaat de activiteit van het enzym verloren.

Denatureren kan op verschillende manieren gebeuren, bijvoorbeeld door temperatuurverhoging of pH-verandering. Meestal coaguleren eiwitten bij het denatureren (stremmen, uitvlokken). Een bekend voorbeeld van denatureren door temperatuurverhoging is het geleren van het eiwit (albumine) van een ei tijdens het koken, het inactiveren van enzymen en het doden van bacteriën door verhitten. Ionen van zware metalen kunnen een eiwit denatureren omdat ze binden aan thiol-groepen waardoor het eiwit neerslaat. Ook kunnen ze complexen vormen met de carbonylgroepen in een eiwit waardoor waterstofbruggen in het eiwit verbroken worden. Ook bestraling, ultrasone vibratie, oxidatie, reductie (verbreken S-S-bruggen) en het toevoegen van detergentia of organische oplosmiddelen kan denaturering veroorzaken. De desinfecterende werking van een 70% ethanoloplossing berust op de snelle denaturering van bacterie-eiwitten, waardoor de bacteriën gedood worden.

# 21 Enzymen, coënzymen en vitaminen

Het unieke van een levende cel is, dat deze in staat is een grote verscheidenheid aan reacties met grote efficiëntie en specificiteit te laten verlopen. De belangrijkste stoffen die zorg dragen voor de processen in de cel zijn de **enzymen**. De verbindingen die door de enzymen worden omgezet noemt men *substraten*.

Enzymen zijn eiwitten die ieder op een eigen, specifieke wijze zeer efficiënt de omzetting van een substraat katalyseren. De evenwichtsinstelling tussen kooldioxide en water tot koolzuur bijvoorbeeld, verloopt normaal vrij langzaam; het kan meer dan een uur duren voor dit evenwicht zich volledig heeft ingesteld. Wanneer echter het enzym koolzuuranhydrase wordt toegevoegd, verloopt de evenwichtsinstelling maar liefst 10 miljoen maal sneller.

$$CO_2 + H_2O \xrightleftharpoons{\text{koolzuuranhydrase}} H_2CO_3$$

Bij aanwezigheid van voldoende $CO_2$ kan elk enzym per seconde 60 000 moleculen $CO_2$ omzetten in koolzuur. Rode bloedlichaampjes bevatten veel koolzuuranhydrase en hun aanwezigheid zorgt voor een snelle, reversibele omzetting van kooldioxide in waterstofcarbonaat via het niet-gedissocieerde koolzuur.

Een ander enzym waarvan een zeer snelle werking wordt vereist, is cholinesterase. Dit enzym speelt een belangrijke rol bij het doorgeven van zenuwprikkels tussen de zenuwcellen onderling en tussen zenuwcellen en spiercellen. Eén enzymmolecuul is in staat 25 000 moleculen acetylcholine per seconde te hydrolyseren. De meeste enzymen katalyseren processen echter met een snelheid van 1 tot 10 000 omzettingen per seconde per enzymmolecuul.

## 21.1 Enzymstructuur

Bijna alle enzymen die bekend zijn, zijn eiwitten. De molecuulmassa en de structuur van enzymen kan zeer variëren. Ribonuclease, een enzym dat nucleinezuren hydrolyseert die een ribosering bevatten, is bijvoorbeeld een relatief klein eiwit met een molecuulmassa van 13 700 u. Het bestaat uit één enkele polypeptideketen van 124 aminozuureenheden en door deze voor een enzym betrekkelijk eenvoudige samenstelling is de volgorde van deze aminozuren in de keten volledig opgehelderd. In tegenstelling hiermee staat de ingewikkelde structuur van het enzym aldolase dat betrokken is bij het glucosemetabolisme. Dit enzym heeft een totale molecuulmassa van 156 000 u en bestaat uit vier subeenheden met elk een molecuulmassa van ongeveer 40 000 u De polypeptideketens van leveraldolase hebben daarbij ook nog een andere primaire structuur dan de polypeptiden van dit enzym in de spieren. Het macromoleculaire complex van pyruvaatdehydrogenase is zelfs nog groter. Dit enzymcomplex katalyseert de belangrijke omzetting van pyruvaat naar acetylcoënzym A. Pyruvaatdehydrogenase is een multi-enzymcomplex waarbinnen de verschillende componenten zo sterk aan elkaar gebonden zijn dat het systeem als geheel geïsoleerd kan worden uit verschillende weefsels. Het complex dat uit varkenshart geïsoleerd wordt, heeft een molecuulmassa van ongeveer 10 miljoen u en bevat ten minste 42 verschillende polypeptiden en cofactoren, die alle nodig zijn voor de biologische activiteit.

## 21.2 Enzymcofactoren

Naast het polypeptidegedeelte hebben veel enzymen nog een niet-proteïnecomponent nodig om hun werking te kunnen uitoefenen. Deze component wordt een *cofactor* genoemd. Wanneer een cofactor nodig is, wordt het eiwitgedeelte het apoënzym genoemd. De cofactor kan een metaalion zijn dat complex aan het enzym gebonden is. Deze wordt dan de metaalionactivator genoemd. Voor koolzuuranhydrase bijvoorbeeld is de aanwezigheid van $Zn^{2+}$ in dit enzym een absolute voorwaarde voor zijn activiteit. Verwijdering van het $Zn^{2+}$ door middel van een sterk metaalion-complexerend reagens inactiveert het koolzuuranhydrase volledig.

Veel enzymen hebben een organisch reagens nodig om de omzetting van substraat naar product tot stand te brengen. Dit kan een verbinding zijn die bijvoorbeeld een hydride-ion, een methylgroep, of een acetylgroep overdraagt naar het substraat. Dergelijke organische verbindingen die in vergelijking met het enzym relatief klein zijn, worden **coënzymen** genoemd. Er zijn coënzymen voor oxidatie, reductie, alkylering, acylering, isomerisatie, decarboxylering, enz. Een coënzym zelf is niet specifiek voor een bepaald substraat; het is de combinatie enzym + coënzym die de specificiteit bepaalt. De samenwerking tussen apoënzym en cofactor staat nog eens in het onderstaande schema samengevat.

| *proteïne* | | *cofactor* | | *actieve enzym* |
|---|---|---|---|---|
| apoënzym | + | metaalion-activator | → | enzym (metalloënzym) |
| apoënzym | + | coënzym | → | enzym (holoënzym) |

Als een cofactor stevig aan het enzym gebonden zit door middel van covalente of coördinatieverbindingen, dan wordt de cofactor een prosthetische groep genoemd. Sommige coënzymen zitten stevig gebonden aan het enzym als prosthetische groep, andere komen vrij voor en kunnen door verschillende enzymen gebruikt worden. De heemgroep is een bekend voorbeeld van een prosthetische groep en is onder meer gebonden aan de cytochromen en aan hemoglobine.

Zoals alle biologische verbindingen hebben enzymen en coënzymen slechts een beperkte levensduur en ze moeten op tijd vervangen worden. Daarom moeten er in een dieet voldoende essentiële aminozuren, vitaminen en metaalionen aanwezig zijn om afgebroken enzymen en coënzymen tijdig te kunnen vervangen. **Vitaminen** zijn organische moleculen die onmisbaar zijn voor de opbouw van enzymen en coënzymen die niet door het organisme zelf gemaakt kunnen worden. Daarom is het noodzakelijk dat ze via het voedsel worden opgenomen. De mens heeft eveneens slechts een beperkte mogelijkheid om essentiële metaalionen op te slaan, en de biologische labiliteit van de meeste metallo-enzymen vereist dat ook deze ionen dagelijks via ons voedsel worden opgenomen.

## 21.3 Nomenclatuur en indeling van enzymen

Enzymen worden meestal benoemd naar het proces dat zij katalyseren, gevolgd door de uitgang *-ase*. Men kan de enzymen op grond van hun werking indelen in zes hoofdgroepen:

1. *Oxidoreductasen*: deze enzymen katalyseren redoxprocessen. Tot deze groep behoren de hydrogenasen, oxidasen, reductasen, transhydrogenasen en hydroxylasen. Coënzymen die bij deze groep enzymen veel voorkomen zijn $NAD^+$ en FAD.
2. *Transferasen*: deze enzymen katalyseren groepsoverdrachtsreacties zoals methyl-, carboxyl-, acyl-, glycosyl-, amino- of fosfaatgroepoverdracht. Tot deze groep behoren onder meer de transfosfatasen (kinasen) en de transaminasen. Een coënzym dat bij de laatst genoemde enzymen een rol speelt, is pyridoxalfosfaat.
3. *Hydrolasen*: deze enzymen katalyseren hydrolysereacties. Tot deze groep behoren de peptidasen, de esterasen, de glycosidasen en de fosfatasen. Coënzymen zijn niet nodig want water is uiteraard het reagens.
4. *Lyasen*: deze enzymen katalyseren de splitsing van C-C-, C-O- en C-N-bindingen door middel van eliminatiereacties. Tot deze groep behoren de decarboxylasen en de dehydratasen. Coënzymen die behulpzaam zijn bij deze categorie enzymen zijn onder meer coënzym A en thiaminepyrofosfaat.
5. *Isomerasen*: deze enzymen katalyseren isomerisatiereacties. Tot deze groep behoren de racemasen en de epimerasen. Fosfohexose-isomerase dat in de glycolyse de omzetting van glucose-6-fosfaat in fructose-6-fosfaat katalyseert, is een voorbeeld uit deze groep.
6. *Ligasen*: deze enzymen katalyseren de koppeling van twee substraten waarbij een binding van een koolstofatoom met een zuurstof-, stikstof-, zwavel- of een ander atoom gevormd wordt. De energie die voor de bindingsvorming nodig is wordt meestal geleverd door hydrolyse van ATP. Tot deze groep behoren de synthetasen en carboxylasen. Coënzymen die bij deze categorie enzymen voorkomen zijn coënzym A en biotine.

Binnen deze hoofdgroepen vindt naar soort substraat of reactietype nog een verdere onderverdeling plaats in subgroepen en sub-subgroepen, waarbinnen de afzonderlijke enzymen genummerd worden. Elke groep heeft zijn eigen codecijfer waardoor men de enzymen kan indelen door middel van een vierdelig codenummer (het enzymclassificatienummer, *EC-nummer*). Elk volgend cijfer van het nummer geeft dus een meer gedetailleerde onderverdeling en op deze wijze is naast de triviale naam en de systematische naam nog een derde aanduiding voor een enzym mogelijk. De systematische naam van bijvoorbeeld het enzym lactaatdehydrogenase (triviale naam) is L-lactaat-NAD-oxidoreductase en het codenummer is EC 1.1.1.27.

## 21.4 Werking van enzymen

In principe katalyseren enzymen hun reacties op dezelfde wijze als normale anorganische en organische laboratoriumkatalysatoren. Elke katalysator, van welk soort ook, combineert met een reactant en activeert het. In het geval van enzymkatalyse combineert het enzym (E) met het substraat tot een enzym-substraat-complex (ES), waarna de eigenlijke chemische omzetting van substraat naar product plaatsvindt (EP). Het product (P) en het enzym (E) dissociëren vervolgens, waarna het vrije enzym een nieuw substraatmolecuul kan opnemen.

$$E + S \rightleftharpoons E.S. \rightleftharpoons E.P. \rightleftharpoons E + P$$

De katalytische activiteit van een enzym is gelokaliseerd in een zeer beperkt gebied van het enzymmolecuul, bekend als de actieve plaats. De katalytische groepen hoeven in de primaire structuur van de eiwitketen niet dicht bij elkaar te zitten, maar door de ruimtelijke structuur van het eiwit komen ze op de actieve plaats van het enzym bij elkaar. Het enzym chymotrypsine is hiervan een duidelijk voorbeeld. Dit enzym is betrokken bij de spijsvertering en katalyseert de hydrolyse van eiwitten en van eenvoudige ester- en amidegroepen. De katalytische groepen bij het hydrolyseproces zijn een imidazoolring van histidine, een carboxylgroep van asparaginezuur en een hydroxylgroep van serine. Deze aminozuurresten nemen in de primaire structuur van het enzym de plaatsen 57, 102 en 195 in, maar in de biologisch actieve conformatie van het enzym komen ze op de actieve plaats in precies de juiste oriëntatie ten opzichte van elkaar bijeen. Deze groepen kunnen tijdens de hydrolyse van een substraat zodanig samenwerken, dat de vorming van energetisch ongunstige intermediairen tijdens de reactie vermeden wordt. Figuur 21.1 geeft de hydrolyse van een amide weer onder invloed van chymotrypsine.

## 21.5 Specificiteit van enzymen

Er zijn enzymen die zeer specifiek zijn voor een bepaald substraat (substraatspecificiteit), maar er zijn ook enzymen die een groot aantal verschillende substraten aan één bepaald type reactie, bijvoorbeeld hydrolyse, kunnen onderwerpen (reactiespecificiteit).

Een voorbeeld van een enzym met een absolute substraatspecificiteit is urease; dit enzym hydrolyseert alleen de amidebindingen van ureum maar niet die van andere amiden. Chymotrypsine is een voorbeeld van een enzym met reactiespecificiteit; dit enzym katalyseert de hydrolyse van eiwitten maar ook van eenvoudige esters en amiden.

De specificiteit van een enzym voor een bepaald substraat kan verklaard worden door ervan uit te gaan dat de vorm en de grootte van het substraat en de oriëntatie van bepaalde functionele groepen aan het substraat complementair moeten zijn met ten minste een deel van de actieve plaats van het enzym. In dat geval kunnen er interacties optreden die het substraat aan de actieve plaats van het enzym binden. Gunstige interacties tussen substraat en enzym kunnen ontstaan door aantrekking van tegengesteld geladen groepen, dipooldipool-interacties en waterstofbrugvorming.

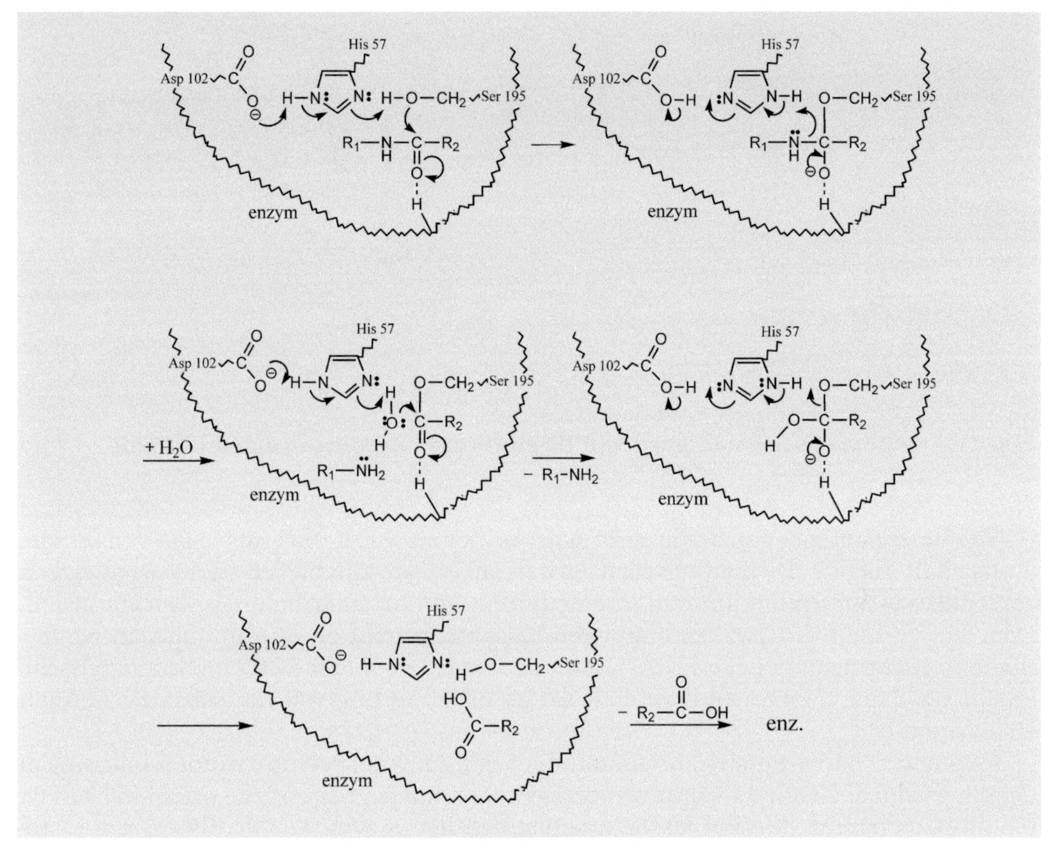


Fig. 21.1. Mechanisme voor de hydrolyse van een amide door chymotrypsine.

Het feit dat elk enzym voor zijn werking een pH-optimum heeft, hangt nauw samen met de verandering in de interacties tussen substraat en enzym die ontstaan bij verandering van de pH. Het pH-optimum voor het enzym pepsine is 1,5 en dit komt overeen met de zuurgraad van de maag, waar dit enzym zijn werking uitoefent. Trypsine, een ander hydrolytisch enzym, is het meest actief bij pH 7,7 en dit komt overeen met de licht basische omstandigheden van het eerste gedeelte van het darmkanaal waar dit enzym voorkomt.

Doordat in het enzym de groepen die het substraat binden (bindingsplaatsen) en de groepen die de omzetting van het substraat katalyseren (katalytische groepen) in één bepaalde ruimtelijke oriëntatie ten opzichte van elkaar staan, werken enzymen vaak zeer stereospecifiek. Door het stereospecifieke karakter van enzymatische reacties komen vrijwel alle chirale verbindingen in de natuur slechts in één enantiomere vorm voor. De chiraliteit van de bindingsplaatsen aan het enzym zorgt er namelijk voor dat slechts één van de twee mogelijke enantiomeren van een substraat goed door een enzym opgenomen kan worden (sleutel-slot-theorie). Een voorbeeld hiervan is gegeven in figuur 21.2. Alleen het biologisch actieve *R*-glyceraldehyde heeft een goede binding met het enzym en wordt enzymatisch omgezet.

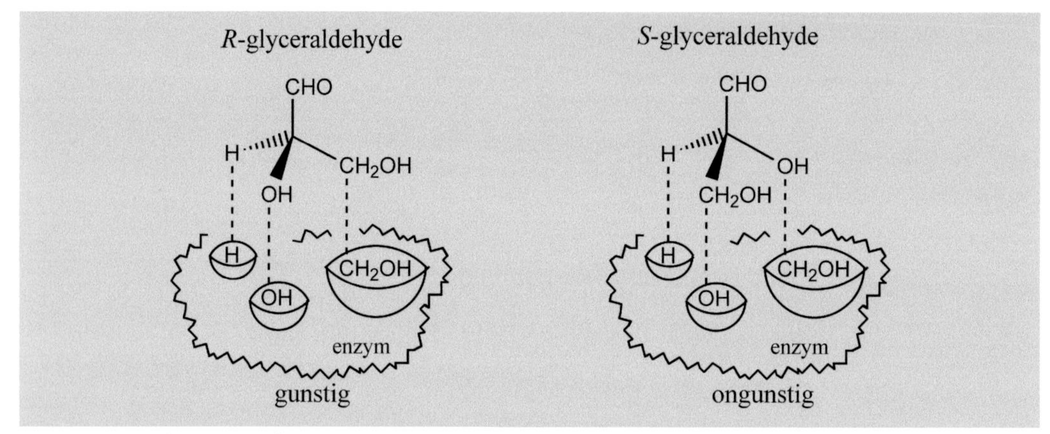


Fig. 21.2. Schematische weergave van de stereospecificiteit van een enzym.

Voor enzymen met een brede substraatspecificiteit wordt vaak uitgegaan van de zgn. 'induced-fit'-theorie. De bindingsplaatsen aan het enzym zijn niet zo sterk vastgelegd en verschillende substraten kunnen interactie met één of meer bindingsplaatsen geven. Door het vormen van zwakke bindingen tussen substraat en enzym ontstaan conformatieveranderingen in het enzym, waardoor de pasvorm beter wordt en de katalytische groepen zodanig georiënteerd worden dat ze de omzetting van het substraat kunnen katalyseren.

Symmetrische verbindingen kunnen door een enzym specifiek worden omgezet in chirale producten. Ook dit wordt veroorzaakt door een zeer specifieke oriëntatie van de bindingsgroepen en de katalytische groepen aan het enzym. Een voorbeeld van stereospecifieke synthese vinden we bij de additie van water aan het symmetrische fumaarzuur onder invloed van het enzym fumarase. Bij deze reactie wordt uitsluitend het *S*-appelzuur gevormd.

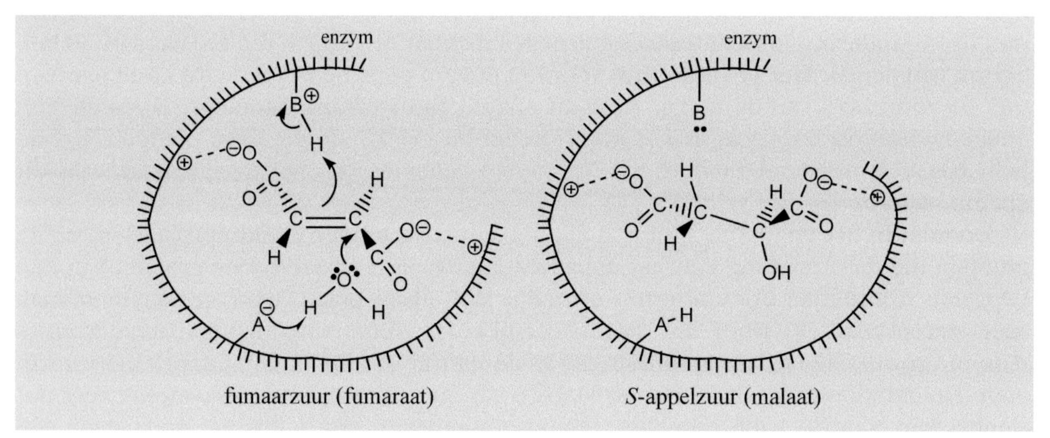


Fig. 21.3. De stereospecifieke additie van water aan fumaarzuur tot *S*-appelzuur.

De actieve plaats van het enzym bevat vier groepen die van bijzonder belang zijn voor het stereospecifieke verloop van de wateradditie. Het fumaarzuur wordt gebonden doordat twee positief geladen plaatsen aan het enzym fungeren als tegenion voor de carboxylaatanionen. Daardoor wordt het fumaraat in een vaste positie gehouden en door de specifieke positie van de katalytische groepen kan het watermolecuul maar op één plaats op de dubbele binding aanvallen. De basische groep $A^-$ is een carboxylaatanion, $-COO^-$, dat tijdens de aanval van water een proton opneemt. Tegelijkertijd staat een zure groep $BH^+$ (een geprotoneerde aminegroep $R\text{-}NH_3^+$) een proton af aan de andere kant van de dubbele binding waardoor uitsluitend het *trans*-additieproduct wordt verkregen en dus alleen *S*-appelzuur gevormd wordt (zie fig. 21.3).

## 21.6 Kinetiek van de enzymkatalyse

Bij de katalyse van een reactie wordt door de katalysator de activeringsenergie in de snelheidsbepalende stap van de reactie verlaagd. Dit kan gebeuren door (a) een stabilisatie van de overgangstoestand, (b) een destabilisatie van het reactieve centrum in de uitgangstoestand, (c) beide. Deze drie situaties zijn schematisch weergegeven in figuur 21.4.

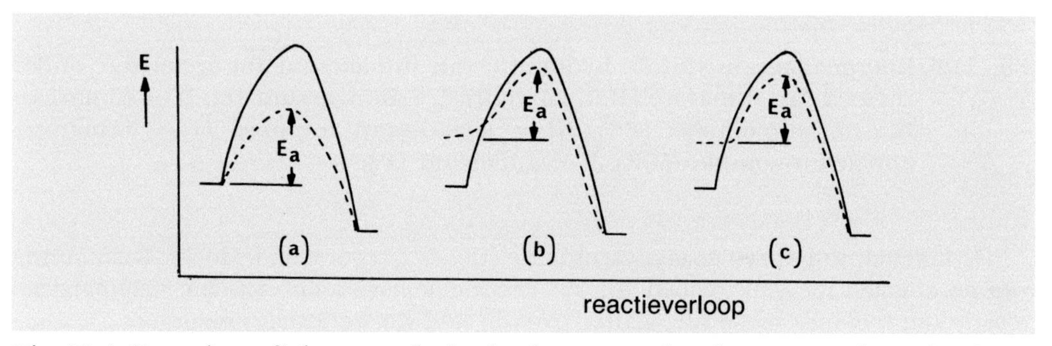


Fig. 21.4. Energieprofielen van de invloed van een katalysator op de activeringsenergie. — niet gekataliseerd, ---- wel gekataliseerd.

In enzymatische reacties kan gebruik gemaakt worden van deze drie mogelijkheden. Tussen enzym en substraat wordt eerst een enzym-substraat-complex gevormd, waarna de chemische omzetting van het substraat plaatsvindt. Voor de eerder genoemde omzetting van fumaarzuur in appelzuur kunnen we de volgende vergelijking opstellen:

fumarase + fumaarzuur ⇄ fumarase-fumaarzuur-complex ⇄

E + S ⇄ E.S.

fumarase-*S*-appelzuur-complex ⇄ fumarase + *S*-appelzuur

E.P. ⇄ E + P

Het substraat fumaarzuur vormt met het enzym fumarase een fumarase-fumaarzuur-complex, dat in een snelheidsbepalende stap wordt omgezet in een fumarase-appelzuur-complex en vervolgens in enzym en product uiteenvalt. Het energieprofiel van dit proces is weergegeven in figuur 21.5.

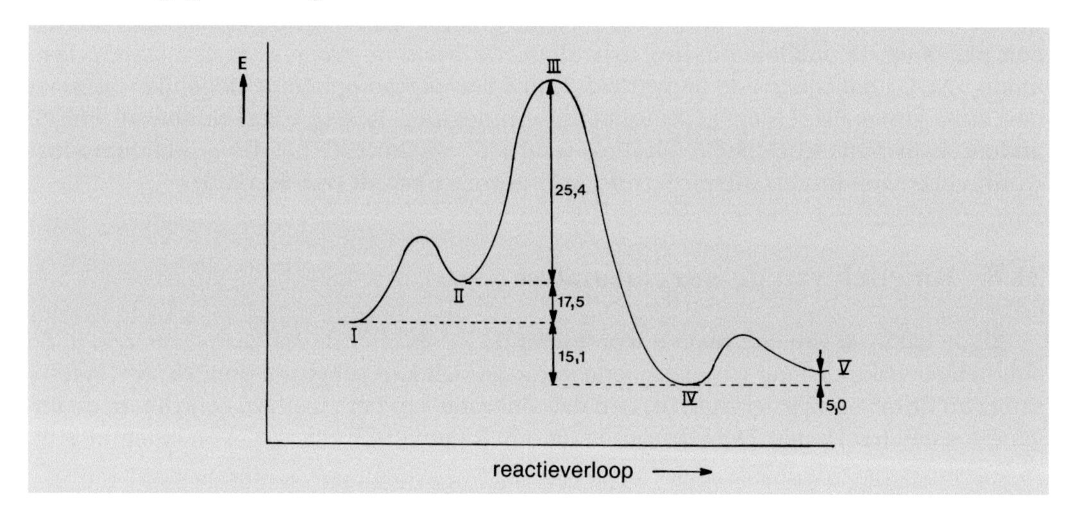


Fig. 21.5. Energiediagram van de hydratatie van fumaarzuur tot appelzuur onder invloed van fumarase (E in kJ/mol). I = fumaarzuur (s), II = fumarase-fumaarzuurcomplex (ES), III = geactiveerd complex, IV = fumarase-appelzuur-complex (EP), V = appelzuur (P).

De kinetiek van enzymgekatalyseerde reacties is uitvoerig onderzocht. Bestudering van de effecten die van invloed zijn op het snelheidsverloop van een enzymatische reactie kan veel informatie verschaffen over de aard van het katalysatieproces. De reactiesnelheid ($v$) van de meeste enzymgekatalyseerde reacties is recht evenredig met de enzymconcentratie; als dus de concentratie van het enzym verdubbeld wordt, neemt de omzettingssnelheid van het substraat ook met een factor twee toe. Voor substraatconcentraties die *veel lager* zijn dan de enzymconcentratie geldt:

$$v = k\,[E][S]$$

waarbij:

[E] = enzymconcentratie
[S] = substraatconcentratie
$k$ = reactieconstante

Wanneer de substraatconcentratie echter geleidelijk verhoogd wordt zonder dat de enzymconcentratie toeneemt, dan zien we dat de lineaire toename van de reactiesnelheid verdwijnt; de toename in reactiesnelheid blijft achter bij de toename in substraatconcentratie tot bij zekere substraatconcentratie verdere verhoging zelfs geen enkele toename in reactiesnelheid meer zal geven. Bij deze substraatconcentratie zijn alle actieve plaatsen aan het enzym bezet door substraat en is de maximale omzettingssnelheid van het substraat bereikt.

De kinetiek van enzymatische reacties is uitvoerig door Michaelis en Menten onderzocht. In hun kinetisch model gaan ze uit van de reversibele vorming van een enzym-substraat-complex dat in de snelheidsbepalende stap wordt omgezet in product en vrij enzym.

$$E + S \underset{k_{-1}}{\overset{k_1}{\rightleftharpoons}} E.S \overset{k_2}{\rightleftharpoons} E + P$$

Belangrijk in deze kinetische benadering is de invoering van een constante die de stabiliteit van het enzym-substraat-complex aangeeft. Deze constante, meestal aangeduid als de *Michaelis-Menten-constante*, $K_m$, is de som van de reactieconstanten die het complex afbreken ($k_1$ en $k_2$) gedeeld door de vormingsconstante van het complex ($k_1$), dus:

$$K_m = \frac{k_{-1} + k_2}{k_1}$$

De Michaelis-Menten-constante $K_m$ geeft dus de mate van stabiliteit van het enzym-substraat-complex aan; hoe kleiner $K_m$, hoe groter de affiniteit van het enzym voor het substraat.

Tussen de omzettingssnelheid van het substraat (v) en de concentratie van het substraat, [S], bestaat de volgende relatie:

$$v = \frac{V_{max}[S]}{K_m + [S]} \qquad (1)$$

Dit is de bekende Michaelis-Menten-snelheidsvergelijking. $V_{max}$, is de maximale snelheid waarmee het substraat omgezet kan worden bij een bepaalde concentratie enzym. De reactiesnelheid v neemt aanvankelijk toe met toenemende substraatconcentratie, maar wordt bij hogere substraatconcentratie constant, omdat dan alle katalytische plaatsen aan de enzymmoleculen bezet zijn (zie fig. 21.6). $K_m$ is te bepalen door eerst $V_{max}$, te bepalen en daarna te bepalen bij welke concentratie substraat v = 1/2 $V_{max}$. Immers, bij deze concentratie geldt:

$$v = 1/2\ V_{max} = V_{max} \frac{[S]}{K_m + [S]} \longrightarrow K_m = [S]$$

De Michaelis-Menten-vergelijking (1) kan worden omgezet in zijn reciproke vorm. Daarbij ontstaat de zogenaamde Lineweaver-Burk-vergelijking (2).

$$\frac{1}{v} = \frac{K_m}{V_{max}} \bullet \frac{1}{[S]} + \frac{1}{V_{max}} \qquad (2)$$

Uit deze vergelijking zijn de constanten $K_m$, en $V_{max}$, gemakkelijker te herleiden: het uitzetten van 1/v tegen 1/[S] geeft een rechte lijn met helling $K_m/V_{max}$, en verticale asafsnede $1/V_{max}$. Verder volgt uit de grafiek dat op de horizontale as, waar 1/v = 0, geldt dat 1/[S] = - ($1/K_m$), zie figuur 21.7.

Het bestuderen van de reactiesnelheid als functie van de substraatconcentratie biedt de mogelijkheid om de invloed te onderzoeken van verbindingen die een enzymatische reactie remmen. In het geval van een competitieve remming concurreert de enzymremmer (inhibitor) met het substraat om de actieve plaats aan het enzym. De maximale omzetting wordt pas bij grotere substraatconcentratie bereikt en $K_m$ is groter geworden. Bij een niet-competitieve remming blokkeert de inhibitor het enzym irreversibel; de maximale omzetting is geringer dan zonder remstof, maar $K_m$ blijft onveranderd. De werking van verschillende medicijnen en vergiften berust op enzymremmingen.

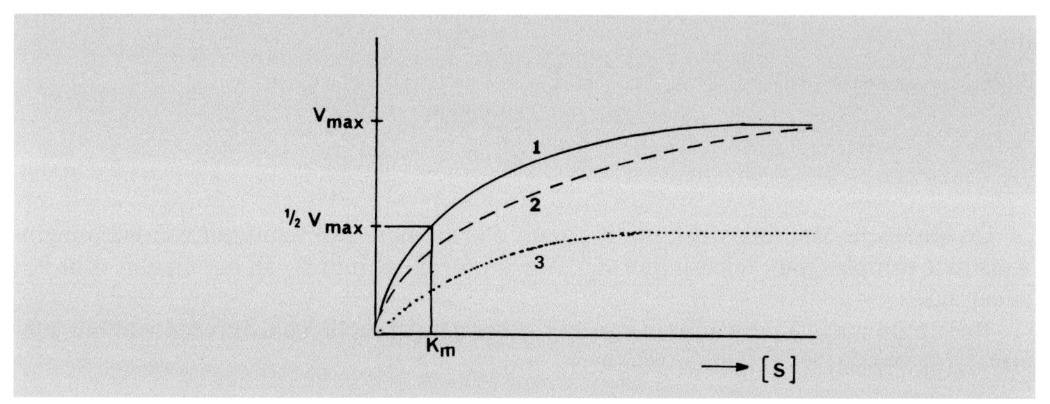


Fig. 21.6. De afhankelijkheid van de reactiesnelheid v van de substraatconcentratie S bij een enzymatische reactie. 1 = normaal verloop, 2 = competitieve remming, 3 = niet-competitieve remming.

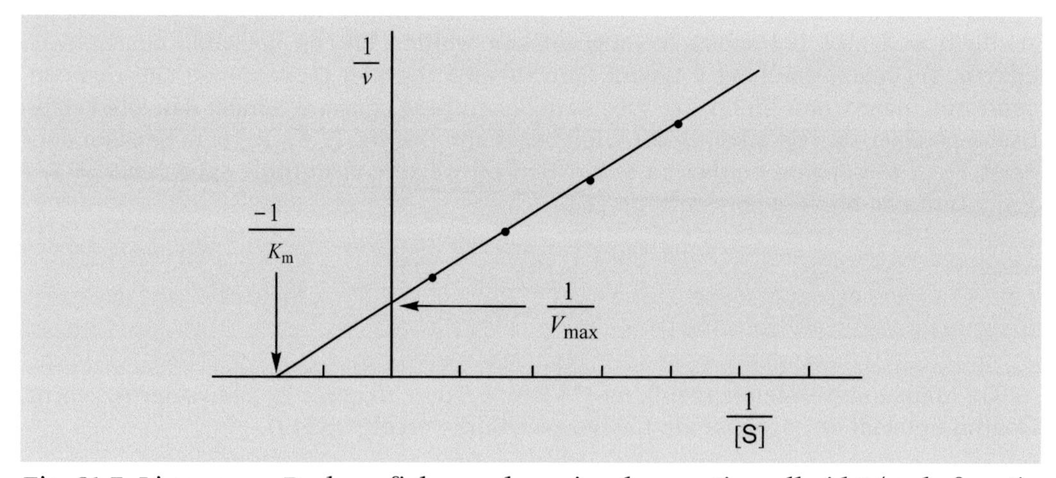


Fig. 21.7. Lineweaver-Burk-grafiek van de reciproke reactiesnelheid 1/v als functie van de reciproke substraatconcentratie 1/[S].

## 21.7 De betekenis van $K_m$ en $V_{max}$ -waarden

De $K_m$-waarden van enzymen kunnen sterk variëren. Behalve het enzym zelf bepalen ook het substraat en het reactiemilieu de grootte van $K_m$. Voor de meeste enzymen ligt de $K_m$ tussen $10^{-1}$ en $10^{-6}$ mol/l. Tabel 21.1 geeft een aantal $K_m$-waarden voor verschillende enzymen en substraten. $K_m$ heeft in de enzymkinetiek twee betekenissen. In de eerste plaats kan het geïnterpreteerd worden als de concentratie substraat waarbij de helft van de katalytische plaatsen in het enzym bezet is. Daarnaast is $K_m$ gerelateerd aan de snelheidsconstanten van de afzonderlijke stappen van het enzymkatalyseproces, immers $K_m = (k_{-1} + k_2)/k_1$. Wanneer de katalytische stap $k_2$ veel langzamer is dan de dissociatiestap $k_{-1}$, vereenvoudigt $K_m$ tot $K_m = k_{-1}/k_1$. Dit is de dissociatieconstante van het enzym-substraat-complex, ES. De grootte van $K_m$, wordt dan een maat voor de instabiliteit van het enzym-substraat-complex. Anders gezegd: hoe kleiner $K_m$, hoe stabieler het ES-complex.

Tabel 21.1. $K_m$-waarden van enkele enzymen.

| *Enzym* | *Substraat* | *$K_m$ (mol/l)* |
|---|---|---|
| katalase | $H_2O_2$ | $2{,}5x10^{-2}$ |
| koolzuuranhydrase | $HCO3^-$ | $9{,}0x10^{-3}$ |
| chymotrypsine | acetyl-L-tryptofaanamide | $5{,}0x10^{-3}$ |
| hexokinase | fructose | $1{,}5x10^{-3}$ |
| | glucose | $1{,}5x10^{-4}$ |
| glutamaatdehydrogenase | α-ketoglutaraat | $2{,}0x10^{-3}$ |
| | glutaraat | $1{,}2x10^{-3}$ |
| lysozym | hexa-N-acetylglucosamine | $6{,}1x10^{-6}$ |

De maximale snelheid, $V_{max}$ waarmee het substraat wordt omgezet, geeft de molaire activiteit van het enzym weer, mits het aantal actieve plaatsen per enzym en de totale enzymconcentratie $[E_T]$ bekend is. De molaire activiteit wordt ook het turnover-getal genoemd. Dit is het aantal substraatmoleculen dat per tijdseenheid (seconde) wordt omgezet in product wanneer het enzym volledig verzadigd is met substraat. Hiervoor geldt: turnover-getal = molaire activiteit = $k_2 = V_{max}/[E_T]$. Bijvoorbeeld, $10^{-6}$ mol/l van het enzym koolzuuranhydrase katalyseert de vorming van 0,6 mol/1 $H_2CO_3$ per seconde, wanneer het enzym volledig verzadigd is met substraat. Het turnover-getal is dus $k_2 = 0{,}6/10^{-6} = 600.000$. Tabel 21.2 geeft een aantal turnover-getallen van enzymen met hun substraten waarbij maximale omzetting bereikt wordt.

Gezien de substraatspecificiteit van veel enzymen is het niet verwonderlijk dat de molaire activiteit (turnover), en daarmee de $V_{max}$, afhangt van het substraat dat het enzym wordt aangeboden. Dit wordt geïllustreerd in tabel 21.3. D-aminozuuroxidase is een enzym met een brede substraatspecificiteit; het best zet het echter D-tyrosine om, terwijl glycine in het geheel niet omgezet wordt.

Tabel 21.2. Maximum turnover-getallen van enkele enzymen.

| *Enzym* | *Turnover-getal* $k_2$ *($s^{-1}$)* |
|---|---|
| koolzuuranhydrase | 600000 |
| acetylcholinesterase | 25000 |
| lactaatdehydrogenase | 1000 |
| chymotrypsine | 100 |
| lysozym | 0,5 |

Tabel 21.3. Invloed van het substraat op de $V_{max}$ van D-aminozuuroxidase.

| *Substraat* | $V_{max}$ *(relatief)* |
|---|---|
| D-tyrosine | 300 |
| D-proline | 230 |
| D-methionine | 125 |
| D-alanine | 100 |
| D-valine | 55 |
| D-histidine | 10 |
| glycine | 0 |

## 21.8 Controlemechanismen voor enzymactiviteit

De enzymen die in een cel aanwezig zijn, kunnen niet allemaal tegelijk actief zijn, want dan zou zich binnen de cel als het ware een chemische explosie voordoen. De reacties die zich binnen de cel moeten afspelen variëren met de tijd. Als er bijvoorbeeld vanuit de hersenen een signaal komt dat er ergens een spier moet samentrekken, dan moet zeer snel een stel enzymen in actie komen. Wanneer de spier moet ontspannen, dan moeten deze enzymen hun activiteiten staken en moeten andere enzymen actief worden. De enzymactiviteiten moeten dus streng gereguleerd worden. Soms is activering nodig, soms remming. De controlemechanismen die daarbij een rol spelen, zijn de volgende:

*(1) Allosterische effecten.* Bij sommige enzymen verloopt de toename in reactiesnelheid minder snel dan normaal wanneer bij een aanvankelijk lage substraatconcentratie de substraatconcentratie wordt verhoogd. De grafiek van de reactiesnelheid tegen de substraatconcentratie heeft bij deze enzymen de vorm van een uitgerekte S (zie fig. 21.8).

Enzymen met dit snelheidsprofiel hebben twee of meer actieve plaatsen. Wanneer geen of nog slechts één van de actieve plaatsen van het enzym bezet is door een substraat, dan past het substraat nog niet goed in de actieve holte, maar zodra beide plaatsen bezet zijn, wordt het enzym in de goede conformatie gedwongen en vindt er een goede katalyse plaats. Dit verschijnsel wordt allosterische activering genoemd (allo =

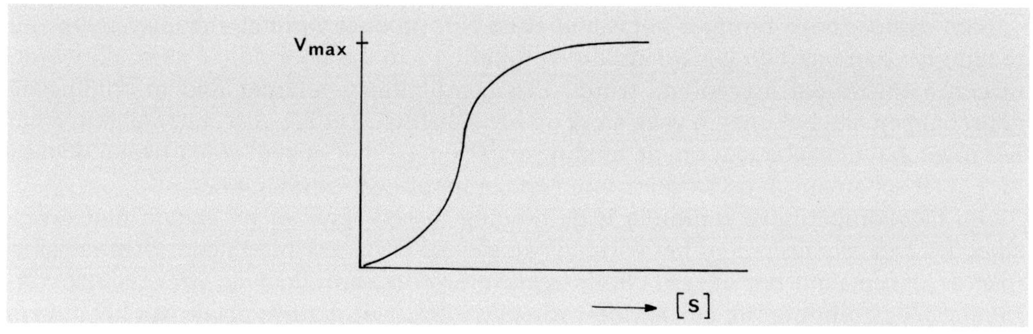


**Fig. 21.8. Invloed van de substraatconcentratie op de reactiesnelheid bij aanwezigheid van allosterische effecten.**

ander; sterisch = ruimte). Dit houdt dus in dat een actieve plaats van het enzym wordt geactiveerd door een conformatieverandering en deze wordt veroorzaakt door een interactie van een verbinding met het enzym op een andere plaats. Allosterische activering kan worden veroorzaakt door een substraatmolecuul maar ook door een geheel andere verbinding, bijvoorbeeld een hormoon. Een verbinding die een enzym kan activeren, wordt een effector genoemd en door de concentratie effector te reguleren kan een cel de enzymactiviteit van dit type enzymen regelen.

*(2) Enzymremming.* In de vorige paragraaf hebben we reeds de invloed van enzymremmers op de omzettingssnelheid van het substraat bekeken. Daarbij is onderscheid gemaakt tussen competitieve remming en niet-competitieve remming. Soms kan als competitieve remmer een product optreden dat door het enzym zelf is gemaakt of dat gevormd is door een aansluitende enzymatische reactie. Deze vorm van competitieve remming heet feedback-remming en stelt de cel in staat de concentraties van bepaalde stoffen te regelen. Een voorbeeld vinden we in de enzymatische omzetting van het aminozuur treonine in het aminozuur isoleucine. Deze omzetting verloopt in een serie stappen die allemaal gekatalyseerd worden door hun eigen enzym. Het uiteindelijke reactieproduct isoleucine treedt op als competitieve remmer bij de omzetting van treonine.

competitieve remming

$H_2N-CH(-HC(OH)-CH_3)-COOH \xrightarrow{E_1} \rightarrow \rightarrow \rightarrow \rightarrow H_2N-CH(-HC(C_2H_5)-CH_3)-COOH$

treonine — isoleucine

Als de concentratie isoleucine toeneemt, neemt de effectieve concentratie van enzym $E_1$ af en de snelheid waarmee treonine in isoleucine wordt omgezet daalt. Wanneer de isoleucine door het systeem opgebruikt wordt, neemt de competitieve remming af en daardoor zal het enzym $E_1$ een grotere activiteit krijgen en meer treonine omzetten. Op deze wijze kan het systeem zijn behoefte aan bepaalde producten regelen.

Een competitieve remmer hoeft niet altijd een product van het enzymsysteem zelf te zijn; het kan ook een geheel andere verbinding zijn die door de cel gemaakt wordt, of een medicijn dat toegediend wordt. Een competitieve remmer lijkt in bindingseigenschappen aan het enzym vaak sterk op het substraat. Dit is ook te verwachten, want het moet met het substraat om de bindingsplaatsen aan het enzym concurreren. Figuur 21.9 geeft schematisch de werking van een competitieve remmer weer.

Bij niet-competitieve remming is de binding tussen remmer en enzym niet reversibel. Dit kan gebeuren door het vormen van stevige covalente bindingen. Organofosforinsecticiden maken het enzym cholinesterase onwerkzaam door de irreversibele vorming van een binding van een serine-hydroxylgroep op de actieve plaats van het enzym met een fosfaatestergroep.

Een andere vorm van niet-competitieve remming is de allosterische remming. De remmer bindt niet op de actieve plaats aan het enzym maar ergens anders. Door deze binding wordt de conformatie van het enzym echter veranderd, waardoor of het substraat niet meer goed aan het enzym bindt of de katalytische groepen niet meer juist georiënteerd zitten.

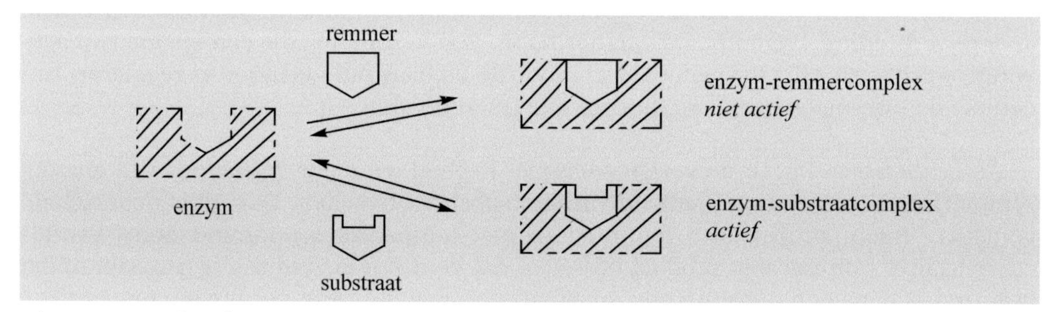


**Fig. 21.9. Invloed van een competitieve remmer op de vorming van een enzym-substraat-complex.**

*(3) Omzetting van een proënzym in een enzym.* Sommige enzymen worden door het lichaam eerst in een inactieve vorm gemaakt door een polypeptideketen te sythetiseren die langer is dan het werkelijke enzym. De conformatie van dit te lange polypeptide is zodanig dat de actieve plaats van het enzym wordt afgeschermd. Deze verbindingen worden proënzymen of zymogenen genoemd. Verschillende spijsverteringsenzymen worden eerst als **proënzymen** gemaakt en veranderen pas in actieve enzymen als er voedsel verteerd moet worden. Dit is ook nodig omdat deze enzymen de hydrolyse van eiwitten katalyseren en voorkomen moet worden, dat deze enzymen elkaar of andere lichaamseiwitten voortijdig afbreken. De omzetting van een proënzym in een enzym gebeurt door de hydrolyse van één of twee specifieke peptidebindingen waardoor het overbodige gedeelte van de polypeptideketen afsplitst en de actieve plaats van het enzym beschikbaar komt.

*(4) Regulatie van coënzymen of actieve metaalionen.* Door controle van de concentratie coënzymen en de noodzakelijke metaalionen kan de activiteit van enzymen die van deze cofactoren afhankelijk zijn geregeld worden.

*(5) Regulatie door synthese van enzymen.* Enzymen worden gesynthetiseerd onder regie van de genen, dus alle factoren die de enzymsynthese-activiteit beïnvloeden, beïnvloeden daarmee ook de processen die gecontroleerd worden door dit enzym.

## 21.9 Coënzymen

Zoals reeds in paragraaf 21.2 is vermeld, zijn coënzymen organische verbindingen (reagentia) die een enzym nodig heeft om een bepaalde reactie te kunnen uitvoeren. In tabel 21.4 zijn enkele bekende coënzymen vermeld; het vitamine dat een essentieel structuurelement van het coënzym levert, is daarin met een stippellijn omkaderd.

### *21.9.1 Coënzym A*

Coënzym A is opgebouwd uit een cysteamine-eenheid, een pantotheenzuurfragment en adenosinedifosfaat. Het chemisch actieve gedeelte van dit coënzym is de thiolgroep, vandaar dat het vaak wordt afgekort als CoA-SH. Het lange CoA-gedeelte van CoA-SH dient om goede bindingsinteracties aan te gaan met de enzymen die van dit coënzym gebruikmaken. Het zuurionisatie-evenwicht heeft een $pK_a$ = 8, wat betekent dat bij cellulaire pH voldoende van het thiolaat-anion aanwezig is.

$$\text{CoA{-}SH} \rightleftharpoons \text{CoA{-}S}^{\ominus} + \text{H}^{\oplus} \qquad pK_a = 8$$

Het thiolaatanion is door zijn goede polariseerbaarheid een zeer goed nucleofiel en bovendien een zeer goede vertrekkende groep. Deze eigenschap maakt coënzym A bijzonder geschikt om op te treden in omesteringsreacties. Bekend is de werking van acetylcoënzym A in de biosynthese van vetzuren (zie § 19.9). Acetylcoënzym A treedt op als algemeen reagens voor acetyloverdracht op talrijke plaatsen in de cel. De acetylering van CoA-SH tot acetyl-SCoA door de energieke verbinding acetylfosfaat (zie § 18.4), wordt gekatalyseerd door het enzym fosfotransacetylase:

$$\underset{\text{acetylfosfaat}}{CH_3{-}C({=}O){-}O{-}P({=}O)(O^{\ominus}){-}O^{\ominus}} + \underset{\text{coenzym A}}{\text{CoA{-}SH}} \longrightarrow \underset{\text{acetylcoenzym A}}{\text{CoA{-}S{-}C({=}O){-}CH_3}} + HPO_4^{2-}$$

### *21.9.2 Nicotinamide-Adenine-Dinucleotide (NAD⁺)*

Nicotinamide-Adenine-Dinucleotide, afgekort als $NAD^+$ is de belangrijkste elektronenacceptor bij de *oxidatie* van brandstofmoleculen. Het belangrijkste deel van dit coënzym is de pyridiniumring, die reversibel gereduceerd kan worden tot een dihydropyridinering door opname van een hydride-ion. In principe zijn de 2-, 4- en 6-plaats in een pyridiniumring geschikt voor aanval van een nucleofiel; in biologische reacties treedt echter uitsluitend reductie op de 4-plaats op. Een veel voorkomend proces waarbij $NAD^+$ een rol speelt is de oxidatie van een hydroxylgroep tot een carbonylgroep.

Tabel 21.4. Enkele veel voorkomende coënzymen.

*Vitamine* *Coënzym*

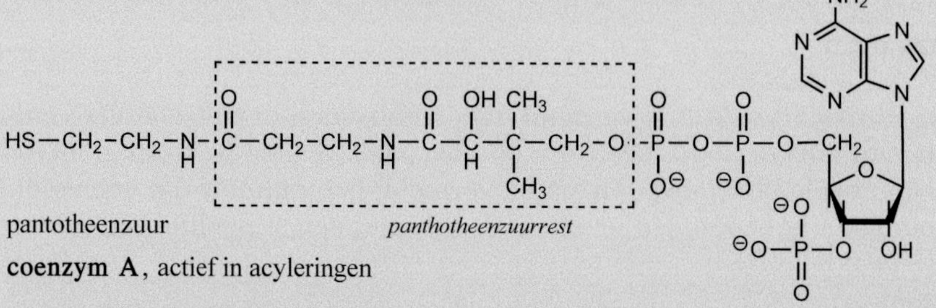

*panthotheenzuurrest*

pantotheenzuur

**coenzym A**, actief in acyleringen

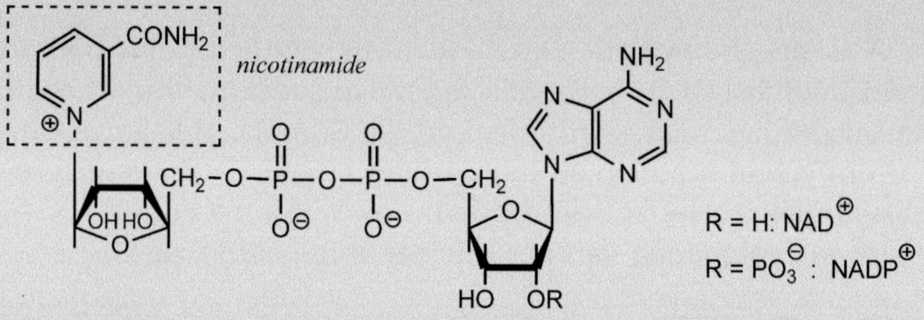

*nicotinamide*

R = H: $NAD^{\oplus}$

R = $PO_3^{\ominus}$ : $NADP^{\oplus}$

niacine

**nicotinamide-adenine-dinucleotide** (fosfaat), $NAD(P)^{\oplus}$, actief in dehydrogeneringen

*riboflavine*

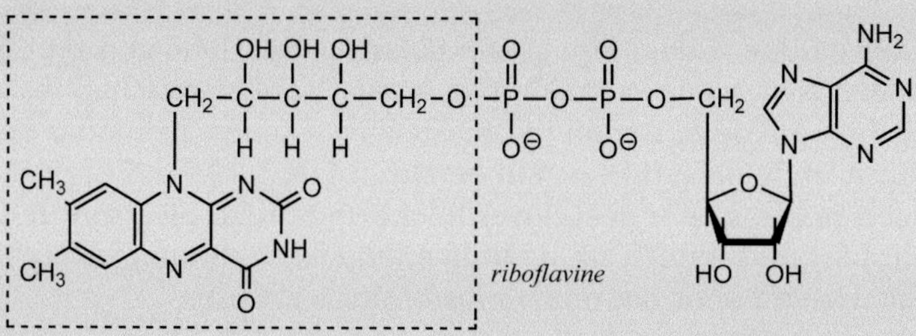

riboflavine ($B_2$)

**flavine-adenine-dinucleotide** (FAD), actief in dehydrogeneringen

*thiamine*

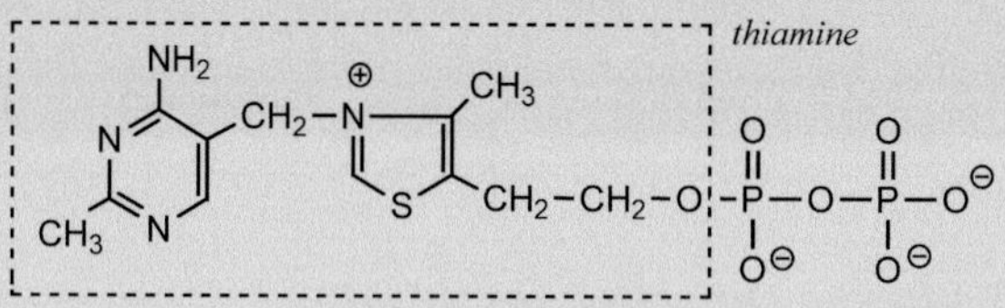

thiamine ($B_1$)

**thiaminepyrofosfaat**, actief in (oxidatieve) decarboxylering van α–ketozuren

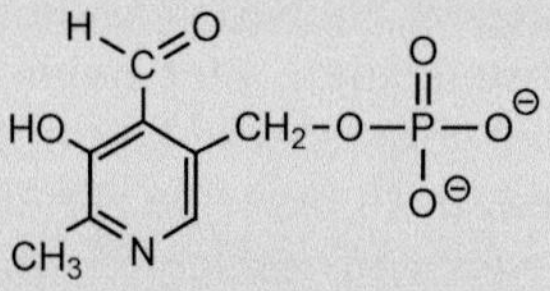

pyridoxine ($B_6$)

**pyridoxalfosfaat**, actief in transamineringen, deamineringen, decarboxyleringen en racemisaties

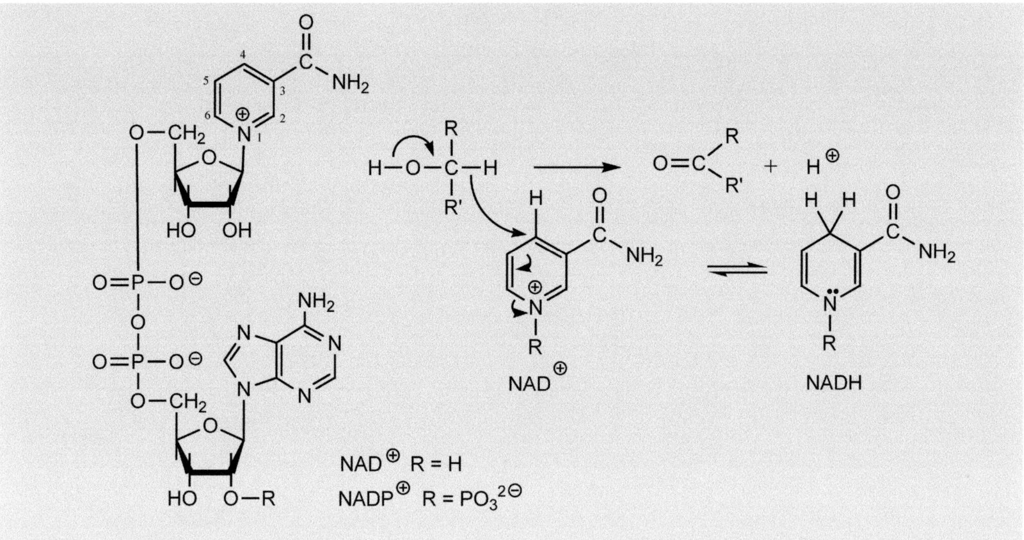

De gereduceerde vorm van $NAD^+$ is NADH. Dit NADH wordt via de elektronentransportketen weer geoxideerd, waarbij het energierijke ATP opgebouwd wordt. Wanneer het coënzym is betrokken bij de opbouw van stoffen tijdens de biosynthese (anabole processen), bevat het een extra fosfaatgroep op de 2'-plaats van ribose ($NADP^+$ en NADPH). Bij de biosynthese van de vetzuren, bijvoorbeeld, worden de vier elektronen die nodig zijn voor de reductie van een carbonylgroep tot een methyleengroep, geleverd door twee moleculen NADPH.

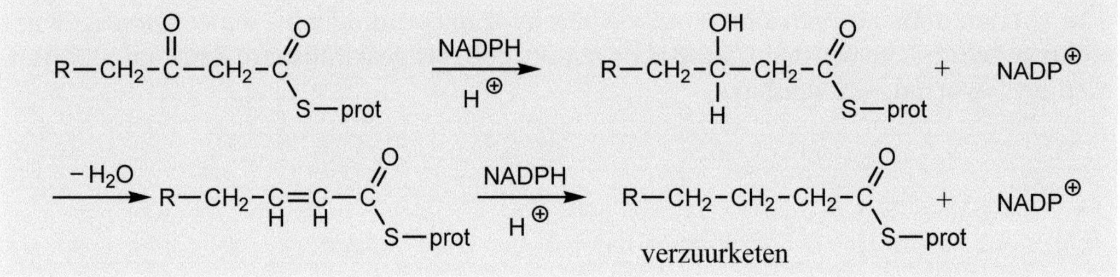

verzuurketen

## 21.9.3 *Flavine-Adenine-Dinucleotide (FAD) en Flavine-Adenine-Mononucleotide (FMN)*

Flavine-Adenine-Dinucleotide (FAD) en Flavine-Adenine-Mononucleotide (FMN) zijn belangrijke coënzymen in enzymatische redoxreacties. De coënzymen zijn enzymatisch gemodificeerde versies van vitamine $B_2$ (riboflavine) en bevatten als chemisch actief deel het flavinefragment (de isoalloxazinering). De flavine-ring dankt zijn naam aan het Latijnse woord flavius dat geel betekent. Verbindingen met het flavinefragment zijn als vaste stof en in neutrale oplossing helder geel. Het vitamine riboflavine wordt enzymatisch in twee actieve coënzymvormen omgezet. Fosforylering op de 5' -OH van de ribitylgroep geeft FMN en adenosinylering van FMN geeft FAD:

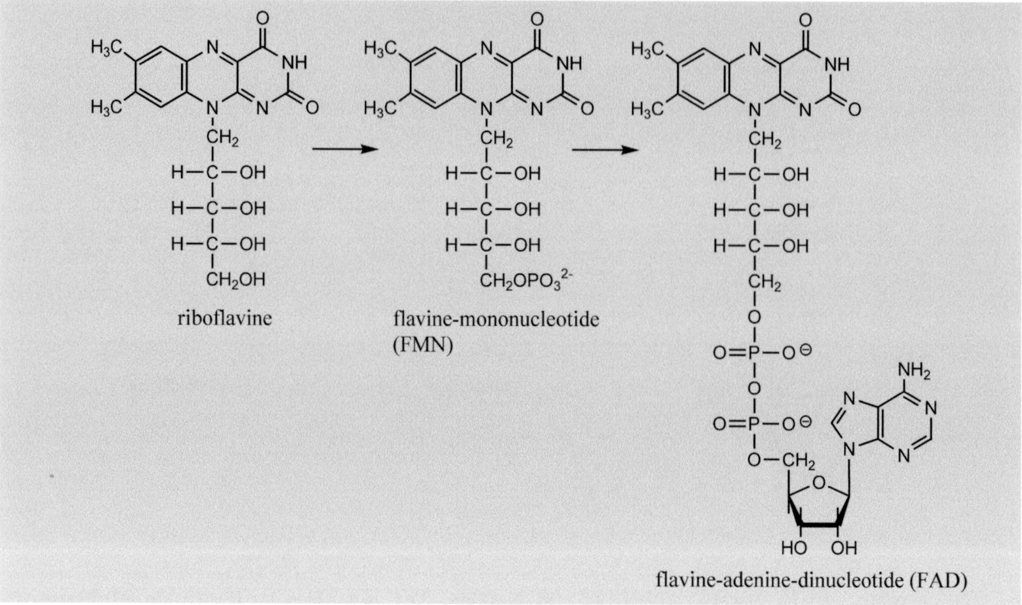

riboflavine

flavine-mononucleotide (FMN)

flavine-adenine-dinucleotide (FAD)

Het flavine-ribitolgedeelte van deze moleculen is strikt genomen geen nucleotide omdat de binding tussen het ringstikstofatoom en het koolstofatoom van de suiker geen glycosidebinding is. De foutieve aanduiding dinucleotide wordt echter toch algemeen gebruikt. Het reactieve gedeelte in dit dinucleotide is de isoalloxazinering. Evenals bij $NAD^+$ worden in totaal twee elektronen door dit ringsysteem opgenomen.

De isoalloxazinering kan beschouwd worden als een equivalent van een chinon (zie § 13.16). Reductie hiervan kan zowel via een hydrideoverdracht als via een stapsgewijze elektronoverdracht verlopen, omdat er eventueel een gestabiliseerd radicaal als intermediair gevormd kan worden.

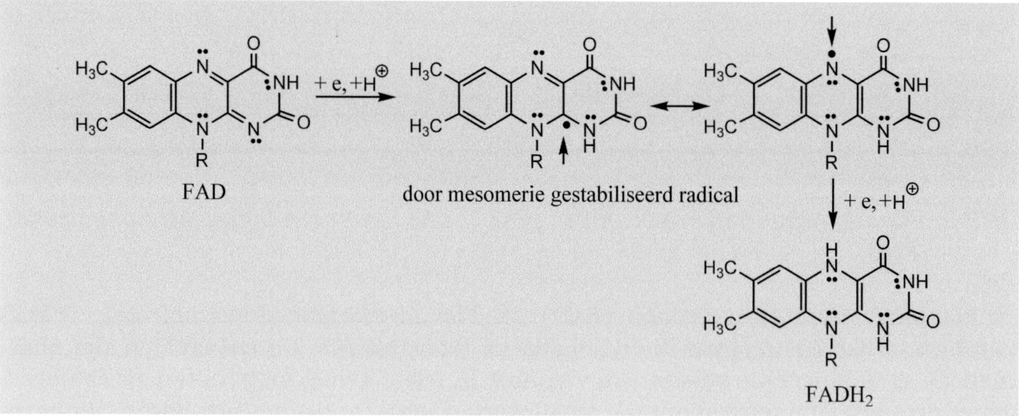

FAD

door mesomerie gestabiliseerd radical

$FADH_2$

FAD treedt onder andere op als elektronenacceptor in oxidaties van alkanen naar alkenen waarbij FAD gereduceerd wordt tot $FADH_2$.

enzym

FAD $\rightleftharpoons$ $FADH_2$

### *21.9.4 Thiaminepyrofosfaat*

Thiaminepyrofosfaat is opgebouwd uit thiamine (vitamine B) en een pyrofosfaatgroep. De pyrofosfaatgroep fungeert als geladen groep voor bindingsinteracties met de enzymen die van dit coënzym gebruikmaken. Het thiaminedeel bestaat uit een pyrimidine- en een thiazoliumring, verbonden via een methyleengroep. Het coënzym is behulpzaam bij de enzymatische decarboxylering van α-ketozuren. Het mechanisme hiervan is beschreven in § 16.7.3.

### *21.9.5 Pyridoxalfosfaat*

Het coënzym pyridoxalfosfaat wordt opgebouwd uit vitamine $B_6$ (pyridoxine). Pyridoxalfosfaat is een coënzym voor een groot aantal verschillende enzymen die betrokken zijn bij chemische veranderingen op de α, β of γ-plaats van de natuurlijke α-aminozuren. Enzymen die met behulp van pyridoxalfosfaat werken, vallen in één van de volgende vier klassen:

- aminotransferasen (§ 13.18)
- decarboxylasen (§ 20.6)
- racemasen
- lyasen

De reactie tussen aminozuren en de pyridoxalfosfaat-bevattende enzymen verloopt via de positief geladen iminiumverbindingen. Voorbeelden hiervan hebben we reeds gezien in § 13.18 bij de transaminering van aminozuren en in § 20.6 bij de decarboxylatie van aminozuren. In alle gevallen is de functie van het pyridoxalfosfaat die van een energetisch gunstige 'elektronenput' waardoor de carbanionen gestabiliseerd worden, die tijdens de enzymatische reactie gevormd worden. In deze reacties treedt een intermediair op met een negatieve lading op het α-C-atoom welke door mesomerie gestabiliseerd wordt; de rechter grensstructuur in bijgaand schema geeft aan dat het positief geladen stikstofatoom daarbij een sleutelrol vervult.

In onderstaand schema staat samengevat welke processen het intermediaire iminium-ion kan ondergaan; de cijfers die de binding aangeven die verbroken wordt, corresponderen met de aangegeven reacties.

pyridoxalfosfaat + serine $\xrightarrow{+H^{\oplus}}$

De eerste reactie geeft de reeds eerder besproken decarboxylering weer. Protonering van het gestabiliseerde anion gevolgd door hydrolyse geeft daarna ethanolamine en pyridoxalfosfaat.

In de tweede reactie ontstaat de negatieve lading op het α-C-atoom als gevolg van een aldolsplitsing. Na afsplitsing van formaldehyde wordt ook hier weer het gevormde anion geprotoneerd en gehydrolyseerd, nu onder vorming van glycine en pyridoxalfosfaat.

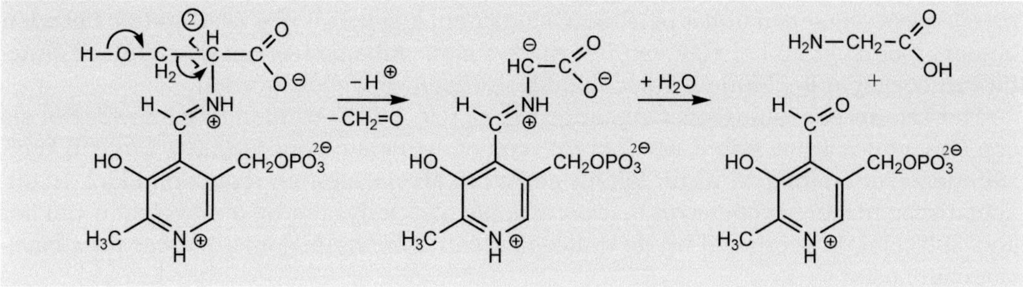

In de derde reactie wordt het anion gevormd door directe deprotonering van het α-C-atoom. Herprotonering van dit anion kan, na hydrolyse, leiden tot vorming van het enantiomere aminozuur; er heeft dan dus een racemisatie plaatsgevonden.

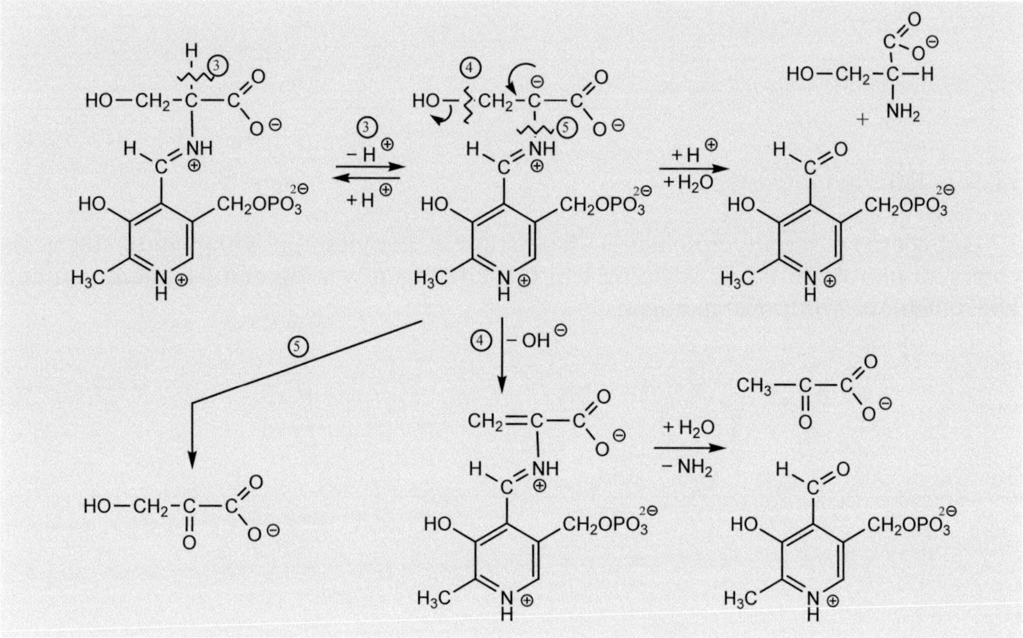

Het gevormde anion kan ook een hydroxide-ion afsplitsen waardoor dus een stapsgewijze dehydratatie (reactie 4) is opgetreden. Hydrolyse van het enamine geeft daarna pyruvaat en pyridoxalfosfaat.

De rol van het intermediaire anion in de transaminering (reactie 5) is in § 13.18 reeds uitvoerig aan de orde geweest en kortheidshalve wordt hier volstaan met een verwijzing naar deze paragraaf.

### *21.9.6 Coënzym $B_{12}$*

Coënzym $B_{12}$, een vorm van vitamine $B_{12}$, is een kobalt-bevattend coënzym met een complexe structuur. Het bevat een gemodificeerd porfirineringsysteem. Naast bindingen met de pyrroolgroepen in het porfirineringsysteem kan kobalt nog twee andere liganden binden, loodrecht op het vlak van het ringsysteem. Afhankelijk van de cellulaire functie van coënzym $B_{12}$ kunnen verschillende groepen gebonden worden.

Het kan als een biologisch Grignard-reagens (zie § 13.7) worden beschouwd. Net als een Grignard-reagens stabiliseert het $Co^+$-ion carbanionen door vorming van een koolstof-metaalionbinding en wordt het als een sterk alkylerings- en reductiemiddel. In enzymatische reacties is coënzym $B_{12}$ vooral actief als katalysator bij omleggingen van het koolstofskelet, bijvoorbeeld bij de omlegging van 2-methylmalonzure ester naar barnsteenzure ester.

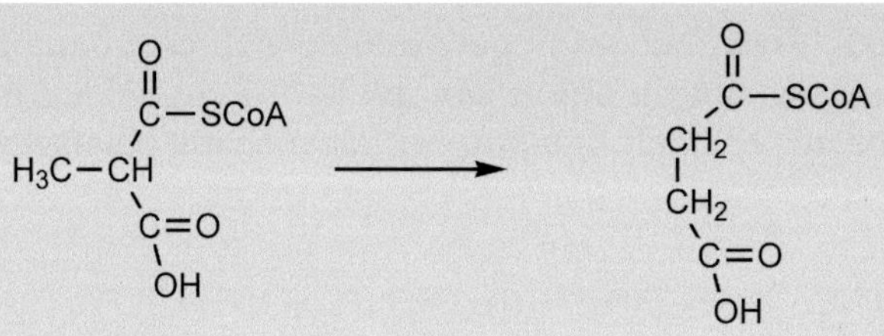

### *21.9.7 Tetrahydrofolaat*

Het coënzym tetrahydrofolaat is afkomstig van het vitamine foliumzuur. Het is als coënzym betrokken bij de vorming van C-C-bindingen waarbij een fragment van één koolstofatoom wordt overgedragen.

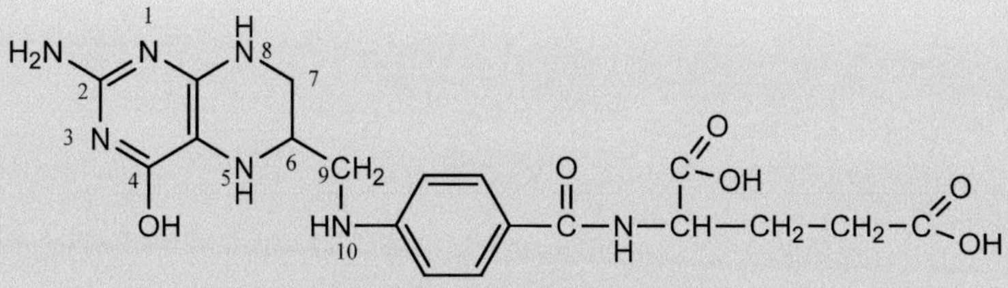

tetrahydrofoliumzuur ($FH_4$)

Het één-koolstoffragment dat door $FH_4$ wordt overgedragen is gebonden aan N-5, N-10 of aan beide. De koolstofeenheid kan voorkomen in drie oxidatietoestanden: de meest gereduceerde vorm (de methylgroep, $-CH_3$), een tussenvorm (de methyleengroep, $-CH_2-$) en de meest geoxideerde vorm (de formylgroep, -CHO). De hoogst geoxideerde vorm van koolstof, $CO_2$, wordt door biotine overgedragen en niet door $FH_4$. Door enzymatische redoxreacties zijn de verschillende oxidatievormen van het één-koolstoffragment in elkaar om te zetten.

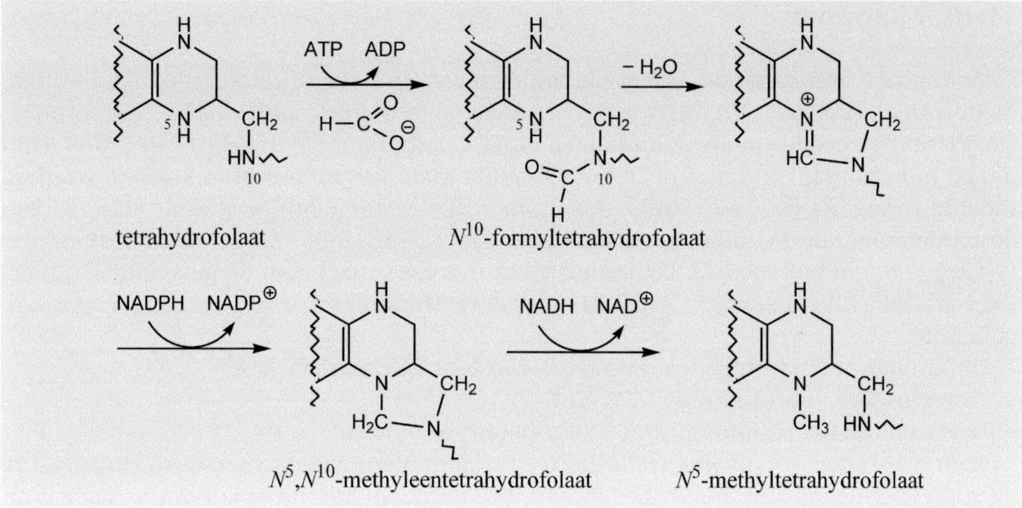
ATP ADP
$- H_2O$
NADPH NADP⊕
NADH NAD⊕
tetrahydrofolaat
$N^{10}$-formyltetrahydrofolaat
$N^5,N^{10}$-methyleentetrahydrofolaat
$N^5$-methyltetrahydrofolaat

## 21.9.8 *Biotine*

Biotine (een enkele maal aangeduid als vitamine H) wordt in de biosynthese toegepast als coënzym op plaatsen waar $CO_2$ wordt overgedragen. Een voorbeeld waar dit gebeurt, vinden we in de biosynthese van vetzuren waar acetyl-CoA wordt omgezet in malonyl-CoA (zie § 19.9). Dit proces wordt gekatalyseerd door het enzym acetyl-CoA-carboxylase dat gebruikmaakt van biotine als coënzym. Het biotine is hierbij covalent gebonden aan de ε-aminogroep van een lysineresidu van het enzym. Bij de carboxylering van acetyl-CoA wordt eerst een carboxy-biotine intermediair gevormd. De geactiveerde $CO_2$-groep wordt daarna overgedragen naar acetyl-CoA, waarbij malonyl CoA wordt gevormd.

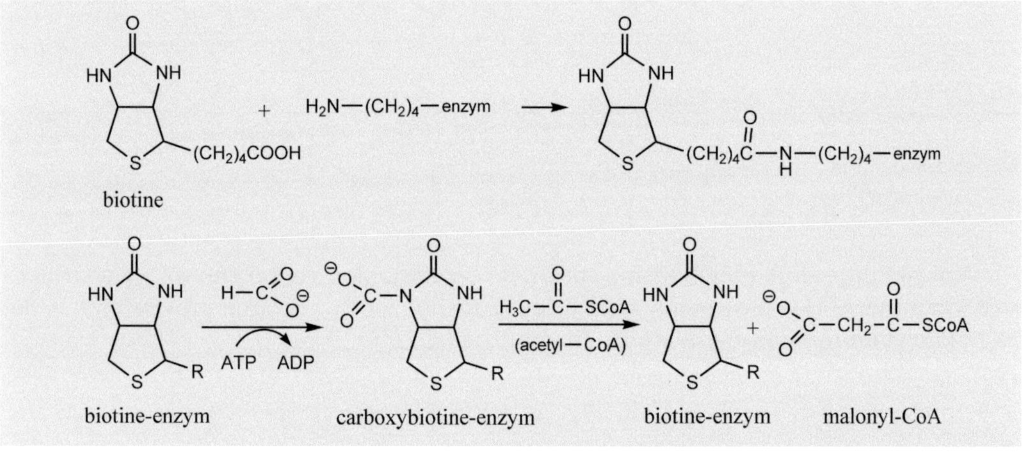
$H_2N—(CH_2)_4—$enzym
ATP ADP
(acetyl—CoA)
biotine
biotine-enzym
carboxybiotine-enzym
biotine-enzym
malonyl-CoA

Biotine wordt in voldoende mate aangemaakt door bacteriën in de dikke darm. Deficiëntieverschijnselen treden bij de mens onder normale omstandigheden dan ook niet op.

## 21.10 Vitaminen

Vitaminen zijn naast de essentiële aminozuren en vetzuren noodzakelijke bestanddelen van ons voedsel. Vitaminen zijn organische verbindingen die als katalysatoren bij stofwisselingsreacties of als redoxactieve membraanbestanddelen gebruikt worden. Omdat ze in het organisme niet of in onvoldoende mate gesynthetiseerd kunnen worden, moeten ze via het voedsel worden opgenomen. De naamgeving 'vitamine' stamt af van de ontdekking dat de ziekte beri-beri veroorzaakt werd door een gebrek aan thiamine (vitamine $B_1$) in het voedsel. Dit amine bleek dus essentieel voor de gezondheid. Sindsdien worden alle essentiële organische spoorverbindingen in de voeding vitaminen genoemd.

Vitaminen worden ingedeeld op basis van hun vetoplosbaarheid:

- vetoplosbare vitaminen: A, D, E en K
- wateroplosbare vitaminen: B, C, foliumzuur en biotine

Een tekort aan vet- of wateroplosbare vitaminen veroorzaakt specifieke storingen in de stofwisseling, de zgn. hypovitaminosen. Daarentegen komen hypervitaminosen, veroorzaakt door een teveel aan vitaminen alleen voor bij de vetoplosbare vitaminen, in het bijzonder bij vitamine D. De schadelijke werking is vergelijkbaar met die veroorzaakt door een vitaminetekort. Bij wateroplosbare vitaminen treedt geen schadelijke werking op bij een overaanbod omdat deze verbindingen door het metabolisme worden omgezet en uitgescheiden.

### *21.10.1 Vitamine A - De carotenoïden*

Carotenoïden zijn geconjugeerde polyenen of geoxideerde derivaten daarvan die formeel uit acht isopreen-eenheden (40 C-atomen) zijn opgebouwd. Bekende vertegenwoordigers zijn β-caroteen en het geoxideerde derivaat luteïne.

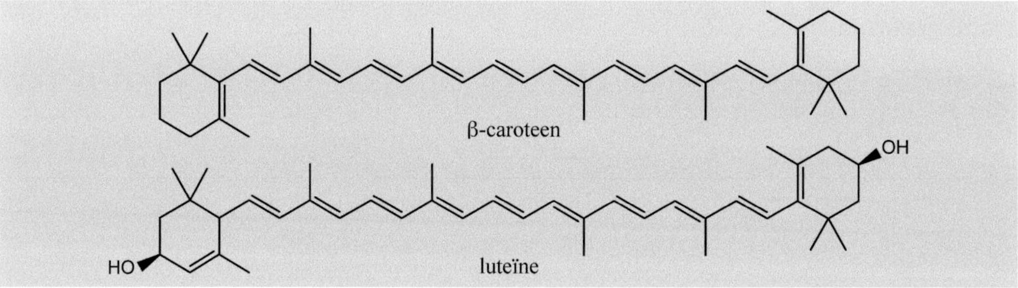

β-caroteen

OH

HO

luteïne

Voor het menselijk metabolisme spelen de carotenoïden vooral een rol als voorloper van vitamine A. Het β-caroteen staat bekend als het zeer werkzame provitamine A dat in het lichaam in vitamine A wordt omgezet (zie § 7.7).

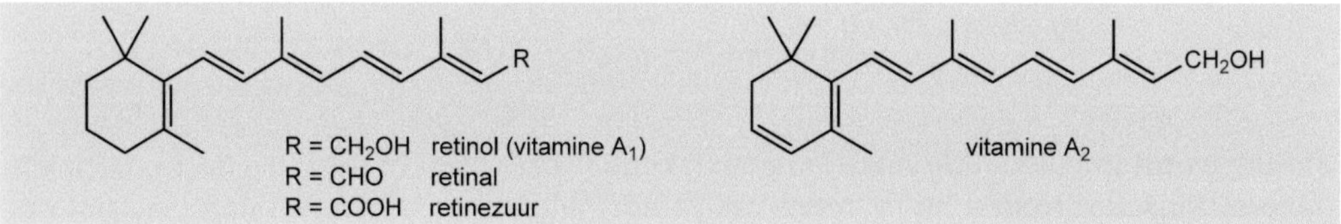

R

$R = CH_2OH$ retinol (vitamine $A_1$)
$R = CHO$ retinal
$R = COOH$ retinezuur

$CH_2OH$

vitamine $A_2$

De moleculaire werking van vitamine A is nog grotendeels onbekend. Gevonden is dat verschillende enzymen door vitamine A worden geactiveerd en dat het gemakkelijk in celmembranen wordt opgenomen. Vitamine A vervult voornamelijk een rol bij de celopbouw - dus de groei - en niet bij de stofwisseling. Een langdurig tekort leidt onder andere tot ontwikkelingsstoornissen, uitdroging van het slijmvlies (neus, mond en darmen) en verhoorning van de huid. Tevens kunnen de lichtgevoelige fotoreceptoren (staafjes), nodig voor het zien in het schemerdonker, niet worden gevormd door onvoldoende aanmaak van retinal (zie § 5.2).

### *21.10.2 Vitamine B*

Er zijn een negental vitaminen die tot de B-groep behoren. Ze hebben met elkaar gemeen dat ze alle oplosbaar zijn in water en voorkomen in gist. De belangrijkste zijn vitamine $B_1$, $B_2$, $B_6$ en $B_{12}$.

*Vitamine $B_1$,*

Dit vitamine met de chemische naam thiamine wordt ook wel eens het antiberiberivitamine genoemd omdat de ontdekking van deze stof onverbrekelijk met deze ziekte verbonden is.

Een tekort aan thiamine veroorzaakt zenuwontstekingen en uiteindelijk spierverlammingen. De ziekte 'beri-beri' (Singalees voor 'ik kan niet') komt bijna uitsluitend in de tropen voor en wordt veroorzaakt door een stoornis in de suikerstofwisseling waardoor afwijkingen in de zenuwen ontstaan. Veel voedingsmiddelen, zoals brood en aardappelen, bevatten een overschot aan vitamine $B_1$ zodat in westerse landen een tekort niet gauw voorkomt. Vooral zemelen van graanprodukten zijn rijk aan vitamine $B_1$. Gepelde rijst bevat daarentegen slechts weinig vitamine $B_1$.

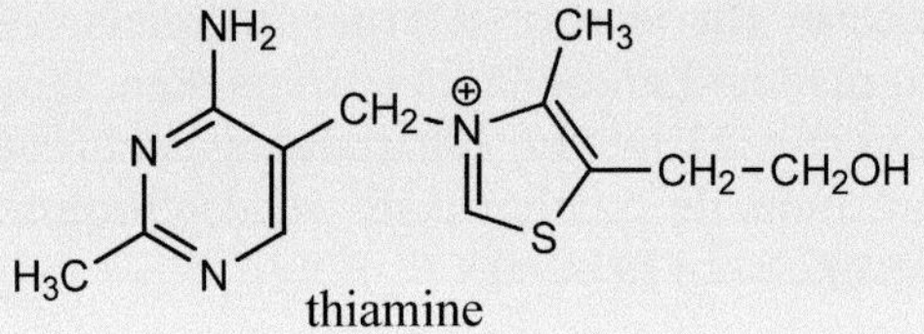

thiamine

*Vitamine $B_2$*

Vitamine $B_2$ (riboflavine) is een belangrijk vitamine voor veel stofwisselingsprocessen. Het is de bouwsteen voor de redoxcoënzymen Flavine-Mono-Nucleotide (FMN) en Flavine-Adenine-Dinucleotide.

Vitamine $B_2$ komt veel voor in melk, brood en jonge groenten. Het wordt niet opgeslagen in het lichaam, een overmaat wordt uitgescheiden. Gebrek aan vitamine $B_2$ leidt tot ontstekingen en afbraak van weefsel rond de mond, neus en tong, verschraling van de huid en brandende ogen.

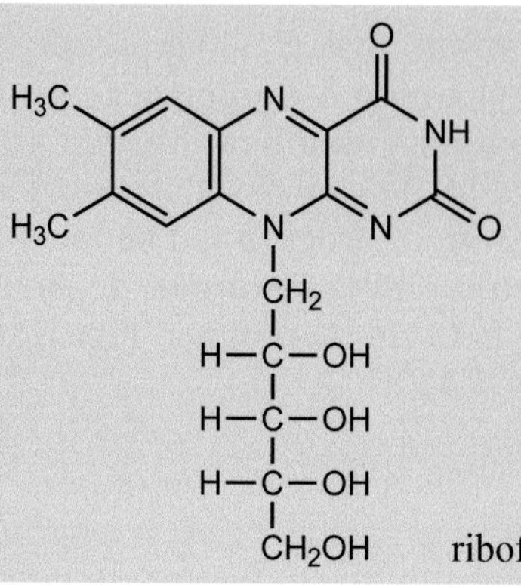

riboflavine

*Vitamine $B_3$*

Vitamine $B_3$ is beter bekend als niacine, dat zowel de aanduiding is voor nicotinezuur als voor nicotinamide. Het is de bouwsteen voor $NAD^+$ en $NADP^+$ (§ 10. 11 en § 13.8.2), belangrijke coënzymen bij biologische redoxreacties. Niacine komt voor in vlees.

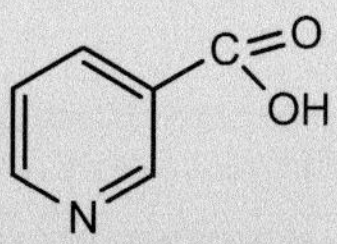

nicotinezuur
(niacine)

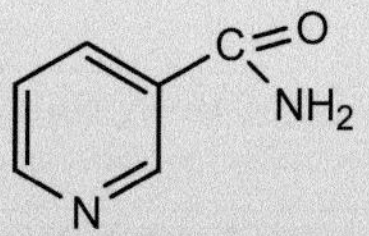

nicotinamide
(niacine)

Niacine is een vitamine dat het lichaam tot op zekere hoogte zelf kan maken uit het essentiële aminozuur tryptofaan. Op elke 60 mg tryptofaan in het dieet wordt ongeveer 1 mg niacine geproduceerd. Dit is voor de meeste mensen ongeveer de dagelijkse behoefte. Een tekort aan niacine kan pellagra veroorzaken, een ziekte die gepaard gaat met huidproblemen en verzwakking van het zenuwstelsel. Pellagra is vooral een probleem wanneer graan en maïs de belangrijkste voedselbronnen zijn omdat deze producten een laag tryptofaangehalte hebben.

*Vitamine $B_5$*

Pantotheenzuur (vitamine $B_5$) wordt gebruikt als bouwsteen in het coënzym A-molecuul. Coënzym A vervult een centrale rol in het metabolisme (zie § 19.9, § 19.10 en § 25.4.3). Pantotheenzuur komt voldoende voor in het voedsel en deficiëntieziekten treden dan ook niet op.

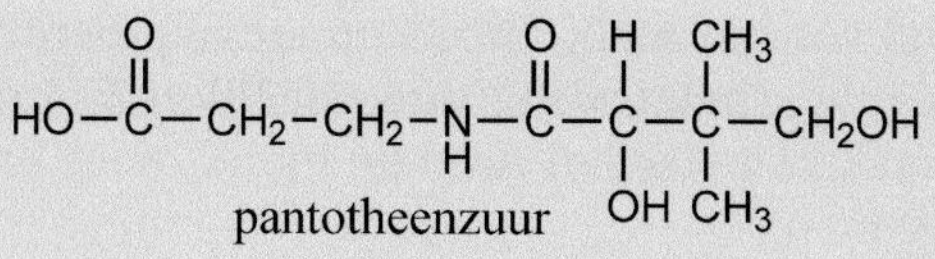

pantotheenzuur

*Vitamine $B_6$*

Vitamine $B_6$, met de chemische naam pyridoxine, is belangrijk voor talrijke processen in de stofwisseling. In de enzymatische stofwisselingsreacties is vitamine $B_6$ echter niet de biologisch actieve vorm. Daarvoor wordt pyridoxine eerst omgezet in de aldehydevorm en wordt de hydroxymethylgroep omgezet in een fosfaatester waardoor het werkelijke coënzym, pyridoxalfosfaat, ontstaat.

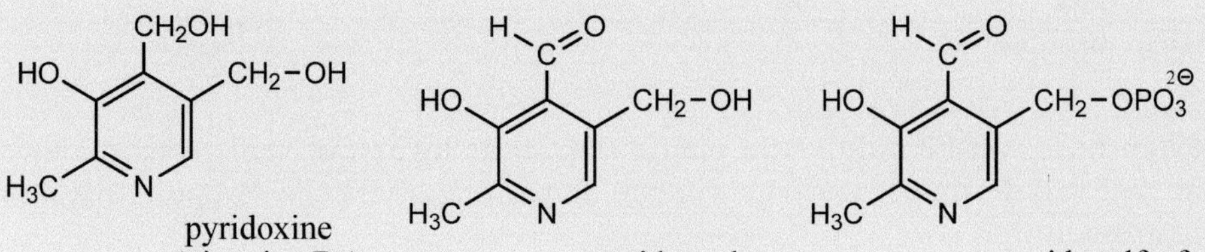

pyridoxine (vitamine $B_6$) — pyridoxaal — pyridoxalfosfaat (PLP)

Vitamine $B_6$ komt voor in vlees, lever, bruinbrood en een aantal groenten. Tekort aan vitamine $B_6$ uit zich in rode, schilferige huidveranderingen, vooral rond de neus, mond en ogen.

*Vitamine $B_{12}$*

Vitamine $B_{12}$, of cobalamine, is een ingewikkelde stof met een molecuulmassa van 1400 u. Het is onmisbaar voor de aanmaak van rode bloedlichaampjes. Daarnaast speelt het een belangrijke rol bij de aanmaak van de nucleïnezuren in de cel en bij de stofwisseling van aminozuren. Vitamine $B_{12}$ (coënzym $B_{12}$) is de enige bekende verbinding in een levend organisme waarin zich kobalt bevindt.

Vitamine $B_{12}$ komt voor in vlees, vis en zuivelproducten en wordt tevens door de darmbacteriën gevormd. Per dag heeft de mens niet meer dan één microgram nodig, zodat normaal geen tekort zal optreden. Alleen wanneer in het maagsap een bepaalde factor ('intrinsic factor') ontbreekt, kan vitamine $B_{12}$ niet door de darm worden opgenomen, en ontstaan stoornissen in de rijping van de rode bloedlichaampjes. Dit kan een kwaadaardige vorm van bloedarmoede (pernicieuze anemie) veroorzaken.

### *21.10.3 Vitamine C*

Vitamine C, of ascorbinezuur, vervult een rol bij de stofwisseling van aminozuren, de vorming van rode bloedlichaampjes, de opname van ijzer door de darmwand en bij de synthese van adrenalinehormonen. Daarnaast is het betrokken bij de vorming van collageen, een belangrijk eiwit voor steungevend weefsel in het lichaam, zoals kraakbeen, beenweefsel en tandweefsel (zie 20.10.2). In vergelijking met andere vitaminen is de dagelijkse behoefte aan vitamine C hoog, circa 45 mg wordt als minimumhoeveelheid aanbevolen. Hogere doses kunnen zonder schade opgenomen worden en worden door sommigen (onder andere Linus Pauling) aanbevolen als middel tegen het ontstaan van hartkwalen en verkoudheden. De vitamine komt voor in citrusvruchten, aardappelen, bladgroenten en tomaten. De bekendste deficiëntieziekte van vitamine C is scheurbuik. Het ziektebeeld wordt gekenmerkt door grote vermoeidheid, tandvleesbloedingen en reuma-achtige gewrichtsklachten. Het was vroeger vooral een ziekte die voorkwam bij zeelieden, door gebrek aan voedsel dat voldoende vitamine C bevatte.

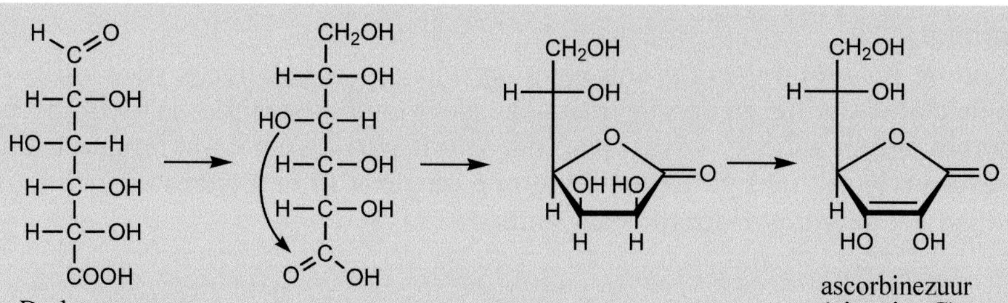

D-glucuronzuur

ascorbinezuur (vitamine C)

De biosynthese van vitamine C in planten en in de lever van veel gewervelde dieren (maar niet van de mens) verloopt via een aantal enzymatische stappen, uitgaande van D-glucuronzuur.

Ascorbinezuur heeft verschillende chemische functionaliteiten. Het is een lacton en tevens een enol, nauwkeuriger gezegd, een een-diol. De een-diolfunctie kan goed een elektronenpaar overdragen; het is een functie met reducerende eigenschappen en wordt daarbij dus zelf geoxideerd. Vitamine C vervult deze functie als reductiemiddel in tal van biologische processen.

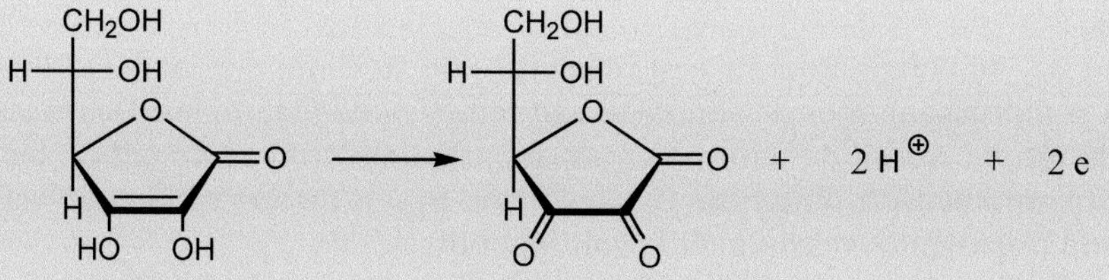

ascorbinezuur → dehydroascorbinezuur + 2 $H^{\oplus}$ + 2 e

### *21.10.4 Vitamine D*

Vitamine D bestaat net als vitamine B uit een groep verschillende stoffen, aangeduid met $D_1$, $D_2$, $D_3$, $D_4$ en $D_5$. Deze verschillende stoffen ontstaan door bestraling met ultraviolet licht van bepaalde voorstadia, de provitaminen, die in de huid aanwezig zijn.

De twee belangrijke vormen zijn het natuurlijk voorkomende cholecalciferol ($D_1$) en ergocalciferol ($D_2$), dat uit het plantensteroïd ergosterol wordt gemaakt (zie § 7.9).

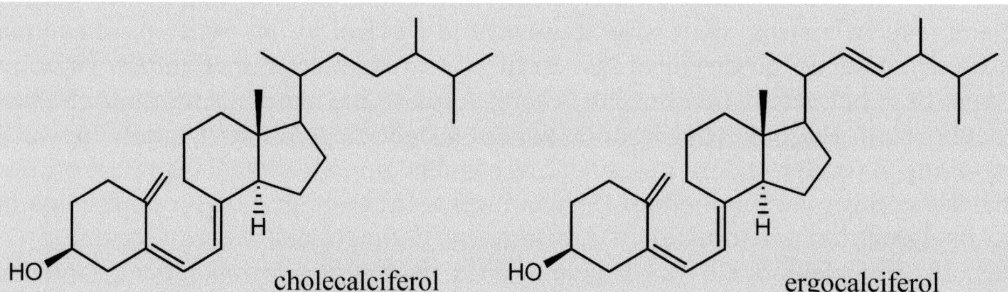

cholecalciferol (vitamine $D_3$)

ergocalciferol (vitamine $D_2$)

Beide vormen van vitamine D zijn even nuttig en kunnen in de lever en nieren worden omgezet in de hydroxy- en dihydroxyderivaten, de eigenlijke actieve verbindingen. Vitamine D bevordert de toelevering van calcium en fosfaat bij de opbouw van tanden en beenderen. Eieren, boter, melkvet, lever en vette vis bevatten veel vitamine D.

De belangrijkste natuurlijke bronnen van vitamine D zijn echter de steroïden die in het lichaam geproduceerd worden. Deze worden door de werking van direct zonlicht op de huid omgezet in vitamine D. Een tekort aan vitamine D in de kinderjaren (o.a. door gebrek aan zonlicht) kan leiden tot rachitis, de zgn. Engelse ziekte, een ernstige afwijking van het skelet.

### *21.10.5 Vitamine E*

Vitamine E is in werkelijkheid een mengsel van verschillende tocoferolen en komt vooral voor in plantaardige oliën. Het fungeert daar als een natuurlijk anti-oxidans (zie § 23.11). De exacte werking van vitamine E in het lichaam is nog niet aangetoond. Bekend is dat het de oxidatie van meervoudig onverzadigde vetzuren tegengaat. Hoe hoger het gehalte aan meervoudig onverzadigde vetzuren in het dieet, hoe hoger het gehalte aan vitamine E dat in het bloedserum wordt aangetroffen. Bij een normale voeding wordt voldoende vitamine E opgenomen. Een kunstmatig laag gehouden gehalte aan vitamine E in het bloed veroorzaakte bloedarmoede en spieraandoeningen. De biologisch meest actieve component van vitamine E is α-tocoferol.

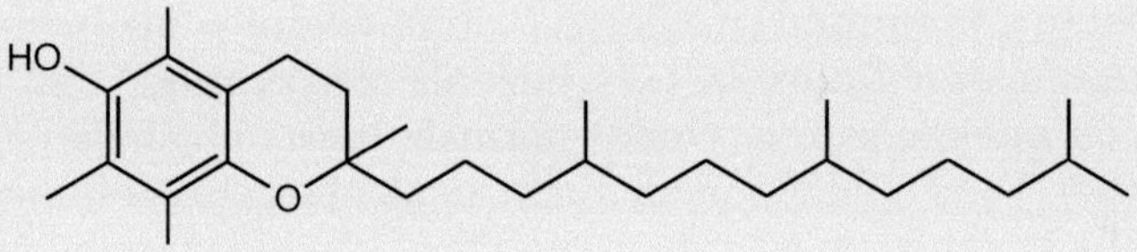

HO O

α-tocoferol

### *21.10.6 Vitamine K*

Vitamine K wordt vanwege zijn belangrijke rol hij de bloedstolling ook wel (anti) bloedstollingsvitamine genoemd. De letter K is afkomstig van het Duitse Koagulation, wat stolling betekent. Vitamine K is nodig voor de vorming van protrombine in de lever. Het eiwit protrombine wordt hij het bloedstollingsproces omgezet in trombine waarna een groot aantal ingewikkelde reacties volgt. Zonder de aanwezigheid van protrombine is geen bloedstolling mogelijk.

Van vitamine K zijn verschillende verwante verbindingen bekend, aangeduid met $K_1$, $K_2$, $K_3$, enz. Al deze verbindingen hebben de 1,4-naftochinonstructuur gemeen (zie § 23.12).

Andere kenmerken zijn een ongesubstitueerde benzeenring en een methylgroep op positie 2 van de naftochinongroep. Verder blijkt de structuurspecificiteit gering; alle onderstaande verbindingen zijn actief.

Vitamine K komt in groenbladerige planten rijkelijk voor en wordt bovendien in de darmflora geproduceerd. Een deficiëntie zal daarom niet snel optreden. Vitamine K is echter alleen in aanwezigheid van emulgerende galzuren (zie § 7.8) in bloed oplosbaar, zodat storingen van de galfunctie tot een gestoord stollingsmechanisme kunnen leiden.

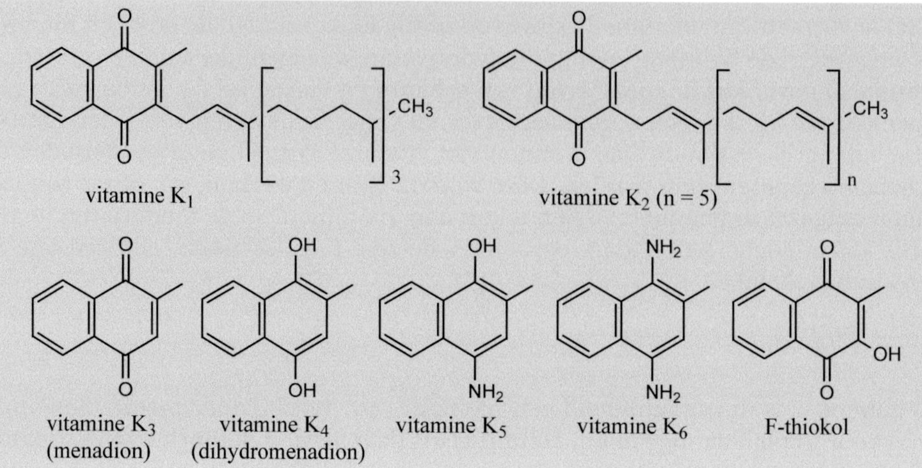

vitamine $K_1$ vitamine $K_2$ (n = 5)

vitamine $K_3$ (menadion) vitamine $K_4$ (dihydromenadion) vitamine $K_5$ vitamine $K_6$ F-thiokol

### *21.10.7 Foliumzuur*

Foliumzuur stond in de literatuur onder veel namen beschreven totdat men ontdekte met een en dezelfde stof te doen te hebben. Namen die men tegen kan komen zijn vitamine $B_{10}$, $B_{11}$, $B_c$. en M. Foliumzuur (*N*-pteroyl-glutaminezuur) is een pteridinederivaat dat uit groene bladeren kan worden geïsoleerd (Latijn: folium = blad). Het is nodig voor de aanmaak van tetrahydrofoliumzuur ($FH_4$) dat als coënzym optreedt tijdens de biosynthese van heem en nucleïnezuren. Onder normale omstandigheden komt geen tekort aan foliumzuur voor. Verschillende medicijnen en alcoholgebruik kunnen echter een foliumzuurdeficiëntie bevorderen waardoor een vorm van bloedarmoede ontstaat.

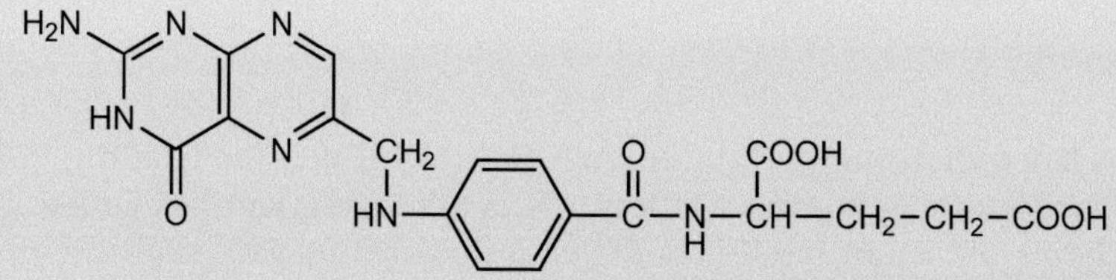

foliumzuur

# 22 Aromaten

## 22.1 Benzeen en aromaticiteit

Benzeen is de bekendste en eenvoudigste vertegenwoordiger van de aromatische verbindingen. Het is een vloeistof met een kookpunt van 80 °C en de brutoformule $C_6H_6$ geeft al aan dat de verbinding onverzadigd is. Benzeen werd in 1825 voor het eerst geïsoleerd door Faraday. De term aromatische verbinding werd in de 19e eeuw ingevoerd toen bleek dat een groot aantal verbindingen met de benzeenring als gemeenschappelijk structuurelement een aangename geur had. In de organische chemie heeft de term *aromatisch* in de loop van de tijd echter een geheel andere betekenis gekregen. In 1865 werd door Kekulé voor benzeen de cyclische 1,3,5-cyclohexatrieenformule voorgesteld.

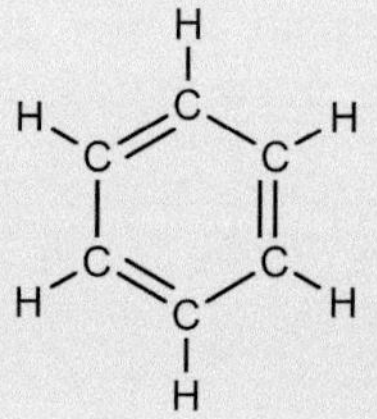

Kekule-formule voor benzeen

In die tijd kon men maar moeilijk begrijpen waarom een sterk onverzadigde verbinding met een structuur zoals weergegeven door de Kekulé-formule, niet reactief was ten opzichte van broom en waterstofbromide, reagentia die normaal snel reageren met onverzadigde verbindingen. Ook kon men niet verklaren waarom men maar één 1,2-dibroombenzeen kon aantonen terwijl de Kekulé-structuur het bestaan van twee isomeren voorspelt.

twee Kekule-structuren van 1,2-dibroombenzeen

Pas later is de theorie ontwikkeld dat benzeen bestaat uit een hybride van twee Kekulé-structuren. De werkelijke structuur van benzeen ligt tussen die van de grensstructuren **1** en **2** in.

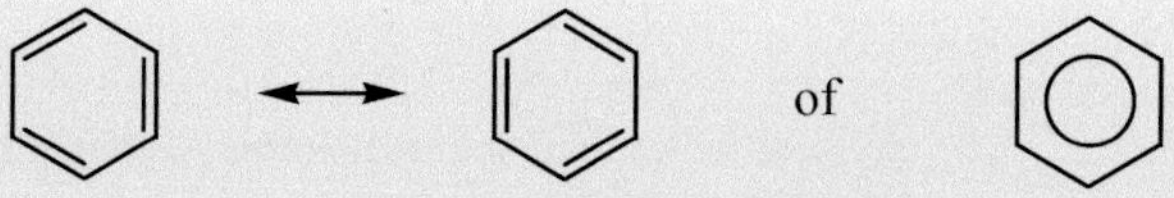

1 ⟷ 2 of

De π-elektronen van de dubbele bindingen zijn dus niet gelokaliseerd tussen de koolstofatomen zoals in de grensstructuren 1 en 2 is aangegeven, maar zijn verdeeld over alle bindingen. De delokalisatie van π-elektronen wordt ook vaak aangegeven door een cirkeltje in de zesring, maar deze schrijfwijze is minder praktisch wanneer bij een reactiemechanisme de betrokkenheid van de π-elektronen beschreven moet worden. In dat geval wordt de benzeenring meestal weergegeven met één van de twee grensstructuren.

Röntgenanalyses hebben aangetoond dat alle C-C-bindingen in benzeen een gelijke bindingslengte van 0,139 nm hebben. Dit is een waarde die in ligt tussen de lengte van een normale enkele C-C-binding (0,154 nm) en een normale dubbele C-C-binding (0,133 nm). Experimenteel blijkt dus, dat benzeen de bindingslengte van de hybride bezit en niet die van de klassieke Kekulé-structuur. Röntgenanalyses geven ook aan dat alle koolstof- en waterstofatomen van benzeen in hetzelfde vlak liggen. Dit is mogelijk in een zesringstructuur waarin alle koolstofatomen $sp^2$-gehybridiseerd zijn. De drie $sp^2$-orbitalen van elk koolstofatoom verzorgen de twee bindingen naar de naburige koolstofatomen en de binding naar waterstof. Elk koolstofatoom bevat dan nog een 2p-orbitaal loodrecht op het vlak van de zesring. Deze zes 2p-orbitalen kunnen tezamen door zijdelingse overlap een cyclisch systeem van π-orbitalen vormen. Uit de zes 2p-orbitalen worden drie bindende molecuulorbitalen gevormd en hierin kunnen de zes π-elektronen geplaatst worden. Een π-elektronenpaar is niet gebonden aan een vaste combinatie van twee overlappende 2p-orbitalen, maar is gedelokaliseerd in de π-molecuulorbitaal boven en onder de ring.

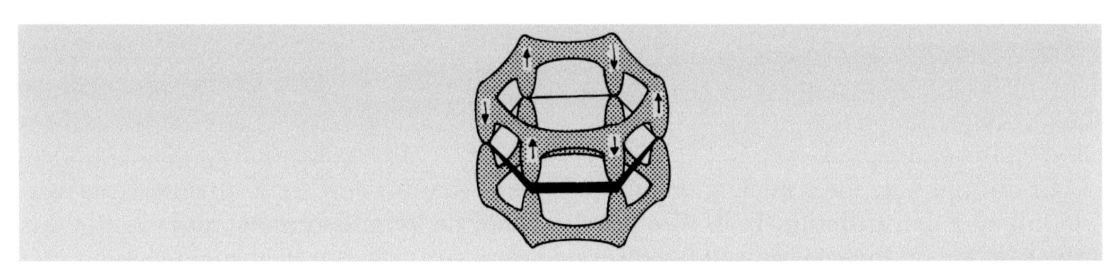

Theoretische berekeningen wijzen uit, dat een molecuul extra stabilisatie ondervindt als het een *aaneengesloten, vlak, cyclisch π-systeem* heeft met daarin $(4n + 2)$ π-elektronen ($n$ is een geheel getal, dus 0, 1, 2, 3, etc.). Verbindingen die aan deze voorwaarde (de regel van Hückel) voldoen, noemen we *aromatisch*.

Een aromatische verbinding heeft geheel andere eigenschappen dan een onverzadigde niet-aromatische verbinding. Een extra bewijs voor de bijzondere stabiliteit van een aaneengesloten cyclisch π-orbitalensysteem met $(4n + 2)$ π-elektronen werd gevonden, toen bleek dat cyclopentadieen gemakkelijk een proton kan afstaan, waarbij een relatief stabiel aromatisch anion ontstaat met zes π-elektronen.

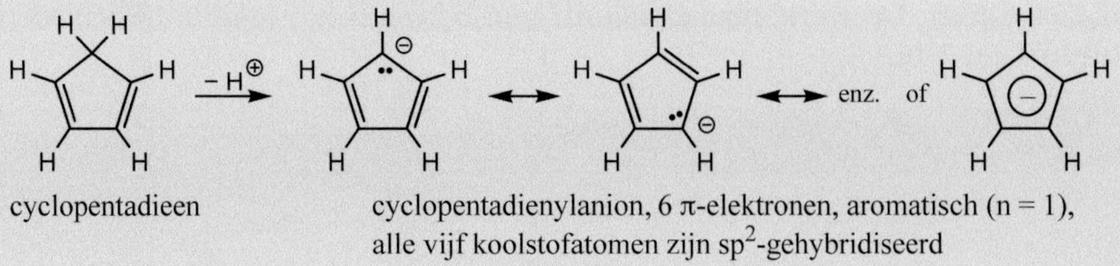

cyclopentadieen

cyclopentadienylanion, 6 π-elektronen, aromatisch (n = 1), alle vijf koolstofatomen zijn $sp^2$-gehybridiseerd

Eveneens bleek dat chloorcycloheptatrieen gemakkelijk een chloride-ion kan afstaan. Hierbij gaat het verzadigde, $sp^3$-gehybridiseerde koolstofatoom over in een $2p^2$-gehybridiseerd carbokation, waardoor ook hier een aaneengesloten, vlak, cyclisch systeem van 2p-orbitalen ontstaat met in totaal zes π-elektronen. Het systeem dat ontstaat, is aromatisch en extra gestabiliseerd waardoor het gemakkelijk gevormd wordt.

H Cl

$-Cl^{\ominus}$ → ↔ ↔ enz. of

chloorcyclo-heptatrieen

cycloheptatrienylkation, 6 π-elektronen, aromatisch (n = 1), alle zeven koolstofatomen zijn $sp^2$-gehybridiseerd

Een hybride van een aantal grensstructuren heeft een lagere energie dan de (theoretisch berekende) energie van elk van de grensstructuren afzonderlijk. Dit energieverschil is de energiewinst die wordt verkregen door de mesomerie en wordt aangeduid met de term mesomere energie of resonantie-energie. Een maat voor de extra stabilisatie die benzeen tengevolge van mesomerie ondervindt kan worden verkregen door de experimenteel gevonden hydrogeneringswarmte van benzeen te vergelijken met de berekende hydrogeneringswarmte van het hypothetische 1,3,5-cyclohexatrieen, een niet-bestaande verbinding waarin alle drie π-verbindingen gelokaliseerd zijn en dus onderling geen interactie hebben (zie fig. 22.1).

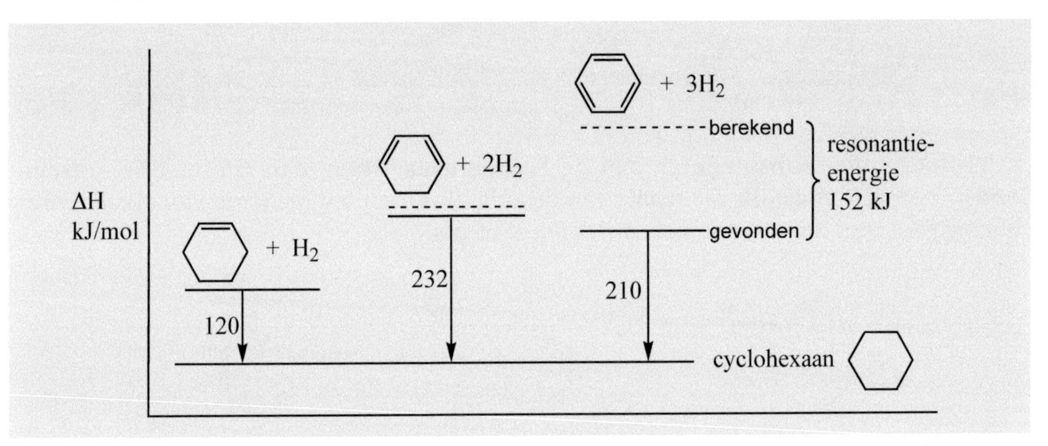


Fig. 22.1. Hydrogeneringswarmte voor cyclohexeen, cyclohexadieen en benzeen. Het verschil tussen de berekende en gevonden waarde wordt veroorzaakt door de stabilisatie ten gevolge van mesomerie.

Hydrogenering van een mol cyclohexeen levert 120 kJ warmte op. Voor cyclohexadieen, dat twee dubbele bindingen bevat, verwachten we een ongeveer tweemaal zo grote waarde. Experimenteel vinden we een reactiewarmte die iets lager ligt, namelijk 232 kJ en dit geringe verschil is het gevolg van mesomere stabilisatie in het dieensysteem. Voor benzeen zouden we op grond van deze waarden verwachten dat de hydrogeneringswarmte iets lager dan 360 kJ per mol zou zijn. Gevonden wordt echter een hydrogeneringswarmte van slechts 210 kJ per mol, dus ongeveer 150 kJ minder. Dat betekent dus dat de energie-inhoud van benzeen 150 kJ lager is dan is berekend voor het hypothetische 1,3,5-cyclohexatrieen. Deze extra stabilisatie van benzeen is een gevolg van de aromaticiteit in het cyclische π-elektronensysteem.

## 22.2 Nomenclatuur

In de nomenclatuur van benzeenverbindingen kan men tal van triviale namen aantreffen die veelvuldig gebruikt worden. Daarnaast kunnen veel verbindingen benoemd worden door eenvoudig de naam van de substituent voor de uitgang *benzeen* te plaatsen.

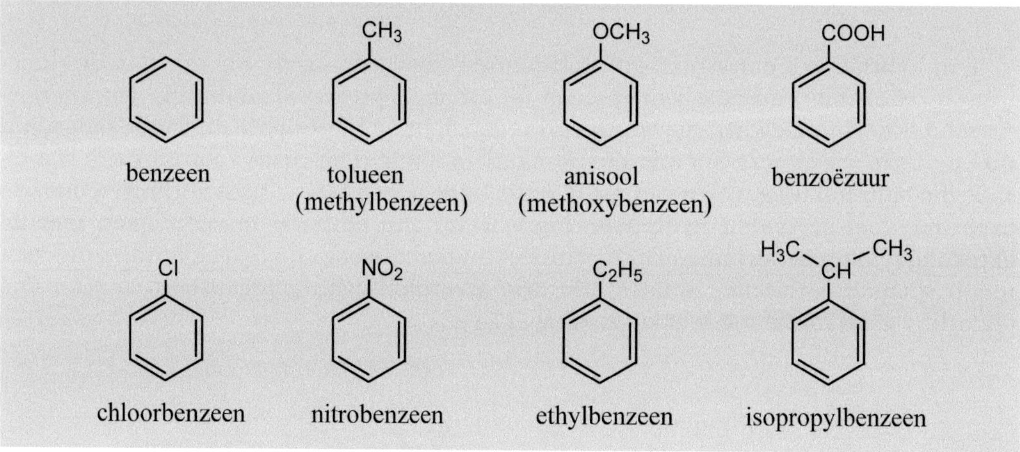

benzeen

$CH_3$ — tolueen (methylbenzeen)

$OCH_3$ — anisool (methoxybenzeen)

COOH — benzoëzuur

Cl — chloorbenzeen

$NO_2$ — nitrobenzeen

$C_2H_5$ — ethylbenzeen

$H_3C$–CH–$CH_3$ — isopropylbenzeen

Wanneer twee substituenten aan de benzeenring zitten, dan zijn er drie verschillende isomeren mogelijk. De plaats van de substituenten ten opzichte van elkaar wordt aangegeven met de voorvoegsels *ortho*, *meta* of *para*.

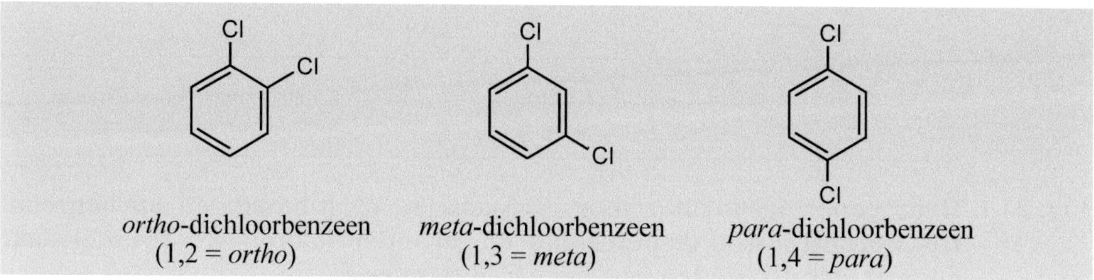

Cl, Cl — *ortho*-dichloorbenzeen (1,2 = *ortho*)

Cl, Cl — *meta*-dichloorbenzeen (1,3 = *meta*)

Cl, Cl — *para*-dichloorbenzeen (1,4 = *para*)

Wanneer er meer dan twee substituenten aan de benzeenring zitten, wordt een nummering toegepast.

Ook de benzeenring zelf kan als een substituent beschouwd worden en deze groep wordt dan een *fenylgroep* genoemd. Vaak wordt deze groep verkort weergegeven met een φ of met de letters *Ph*, afgeleid van het Engelse woord phenyl. De fenylgroep moet niet verward worden met de *benzylgroep*, die een extra $CH_2$-groep bevat.

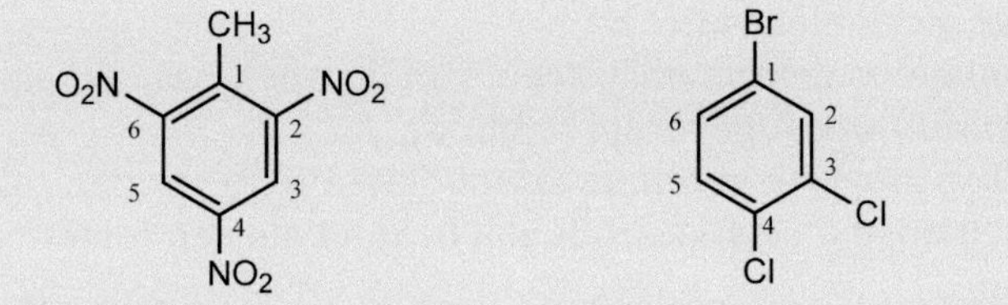

2,4,6-trinitrotolueen (TNT) broom-3,4-dichloorbenzeen

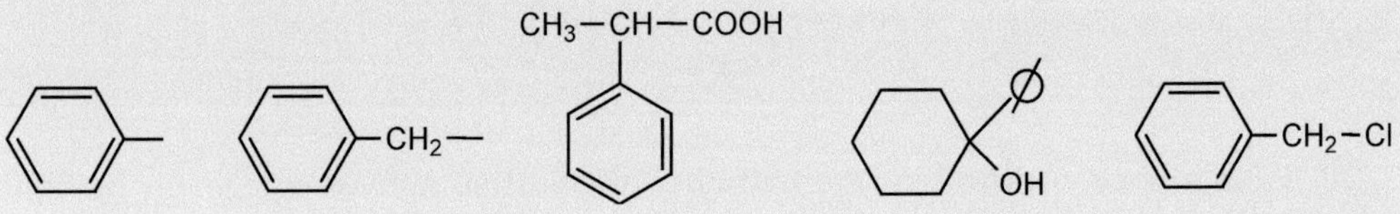

fenylgroep benzylgroep 2-fenylpropaanzuur 1-fenylcyclohexanol benzylchloride

## 22.3 De elektrofiele aromatische substitutie

Het reactiepatroon van aromatische verbindingen zoals benzeen is fundamenteel anders dan dat van de alkenen. Alkenen ondergaan met elektrofiele reagentia voornamelijk *additiereacties*; de π-binding wordt daarbij vervangen door twee nieuwe σ-bindingen. Aromatische verbindingen geven veel moeilijker hun π-elektronen prijs. Ze reageren veel slechter met elektrofielen en geven dan een *substitutiereactie* waarbij na afloop van de reactie het aromatische systeem behouden is gebleven.

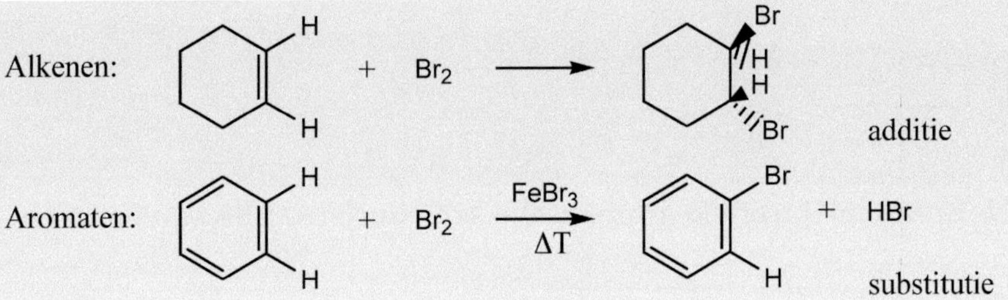

De π-elektronen in een benzeenring vormen een systeem met een hoge elektronendichtheid boven en onder de ring. Elektronenarme deeltjes (elektrofielen) worden hierdoor aangetrokken en wanneer een elektrofiel voldoende sterk is kan het tijdelijk een π-elektronenpaar aan de benzeenring onttrekken. Het aromatische systeem wordt daarbij verstoord, maar het gevormde intermediaire carbokation wordt sterk gestabiliseerd door mesomerie. Het aromatische systeem wordt daarna hersteld door afsplitsing van een proton. Het uiteindelijke resultaat is dat een waterstofatoom aan de benzeenring vervangen is door een elektrofiele groep: de *elektrofiele aromatische substitutie*. Er zijn verschillende reagentia die een elektrofiele aromatische substitutie met benzeen kunnen geven en bij elk van deze reacties is het reactiepatroon steeds hetzelfde:

– vorming van een sterk elektrofiel $E^+$ ;
– aanval van $E^+$ op het π-elektronensysteem van benzeen, waarbij een mesomeer gestabiliseerd carbokation wordt gevormd (additie);
– afsplitsing van een ringproton om de aromaticiteit te herstellen (eliminatie).
Een dergelijk mechanisme staat daarom ook bekend als een (elektrofiel) additie-eliminatie-mechanisme.

+ $E^{\oplus}$ → [ E H $\oplus$ ↔ $\oplus$ E H ↔ $\oplus$ E H ] → E + $H^{\oplus}$

De belangrijkste elektrofiele aromatische substituties zijn weergegeven in figuur 22.2. Het energieschema voor de reactie is gegeven in figuur 22.3.

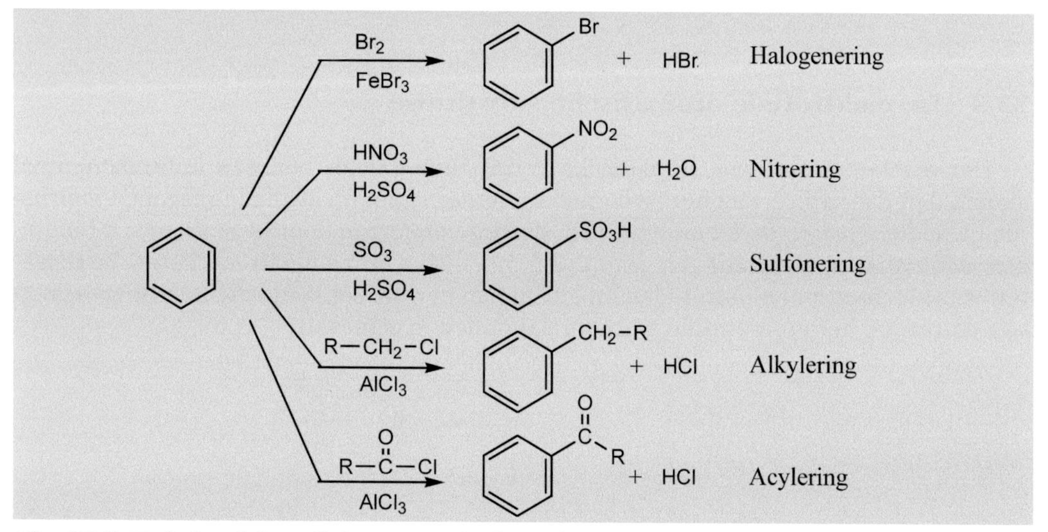

Fig. 22.2. Enkele elektrofiele aromatische substitutiereacties van benzeen.

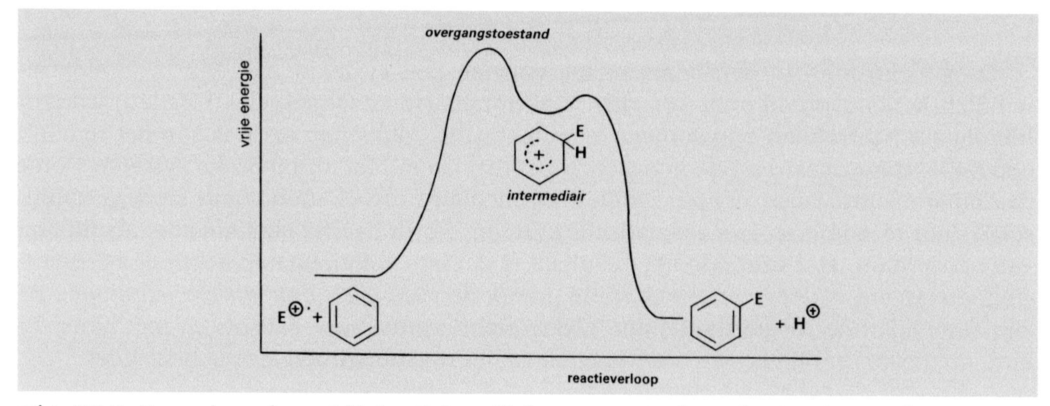

Fig. 22.3. Energieverloop bij de elektrofiele aromatische substitutie van benzeen.

### *22.3.1 Halogenering*

Chloor en broom reageren gemakkelijk met alkenen, maar onder dezelfde reactieomstandigheden treedt geen reactie met benzeen op. Het is nodig de reactie van benzeen met chloor of broom te katalyseren met behulp van een Lewis-zuur zoals $A1X_3$ of $FeX_3$ (X = Cl of Br). Het Lewis-zuur genereert een sterk elektrofiel deeltje $X^+$ dat reageert met de benzeenring volgens het algemene mechanisme van de elektrofiele aromatische substitutiereactie. Fluor reageert heftig met benzeen zonder katalysator en jood is weinig reactief onder de omstandigheden waar chloor en broom vlot reageren in aanwezigheid van een katalysator.

$$Br_2 + FeBr_3 \rightleftharpoons \overset{\delta+}{Br}\text{----}Br\text{---}\overset{\delta-}{FeBr_3} \rightleftharpoons Br^{\oplus} + FeBr_4^{\ominus}$$

broombenzeen

### *22.3.2 Nitrering*

In de nitreringsreactie is $NO_2^+$ het elektrofiele reagens. Dit deeltje komt voor in een mengsel van geconcentreerd salpeterzuur en geconcentreerd zwavelzuur (nitreermengsel). Salpeterzuur wordt geprotoneerd door zwavelzuur, waarna het een molecuul water kan afstaan en het elektrofiele nitroniumion gevormd wordt; dit nitroniumion reageert daarna met de benzeenring volgens het algemene additie-eliminatie-mechanisme onder vorming van nitrobenzeen.

Nitrobenzeen is een gele olieachtige vloeistof met een zoete geur. Door het grote dipoolmoment van de nitrogroep is het een polaire verbinding. Nitrobenzeen is niet erg reactief en wordt daarom als oplosmiddel toegepast in de industrie.

$$H_2SO_4 + HO{-}NO_2 \rightleftharpoons HSO_4^{\ominus} + H_2O^{\oplus}{-}NO_2 \longrightarrow H_2O + O{=}N^{\oplus}{=}O$$

nitroniumion, $NO_2^{\oplus}$

nitrobenzeen

Onder zeer krachtige reactieomstandigheden kan nitrobenzeen verder genitreerd worden, waarbij di- en trinitrobenzeen ontstaat. Zowel trinitrobenzeen als trinitrotolueen (TNT) zijn krachtige explosiemiddelen. Wanneer ze ontstoken worden, exploderen ze doordat deze stoffen vanuit de vaste toestand in een snelle exotherme reactie worden omgezet in gassen zoals $CO_2$, CO, $H_2O$ en $N_2$, waardoor in zeer korte tijd een enorme volumevergroting optreedt.

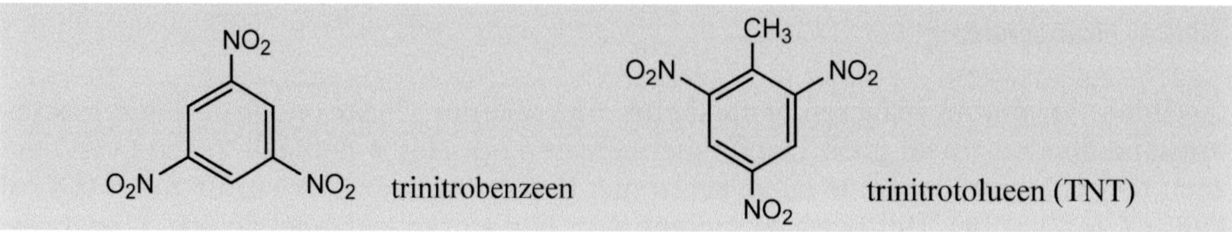

trinitrobenzeen

trinitrotolueen (TNT)

### 22.3.3 *Sulfonering*

De sulfonering is een van de belangrijkste elektrofiele aromatische substitutiereacties in de industrie. De reactieproducten, de aromatische sulfonzuren, worden onder meer op grote schaal toegepast in de wasmiddelenindustrie. Het reagens dat voor de sulfonering gebruikt wordt is rokend zwavelzuur. Dit is zwavelzuur 100% (*m/m*) waarin veel vrij $SO_3$ voorkomt. Hoewel $SO_3$ niet positief geladen is, reageert het toch als een sterk elektrofiel vanwege de sterke polarisatie van de zwavel-zuurstofbindingen. Het positief gepolariseerde zwavelatoom valt aan op de benzeenring waarbij substitutie volgens het additie-eliminatie-mechanisme volgt tot een sulfonzuur.

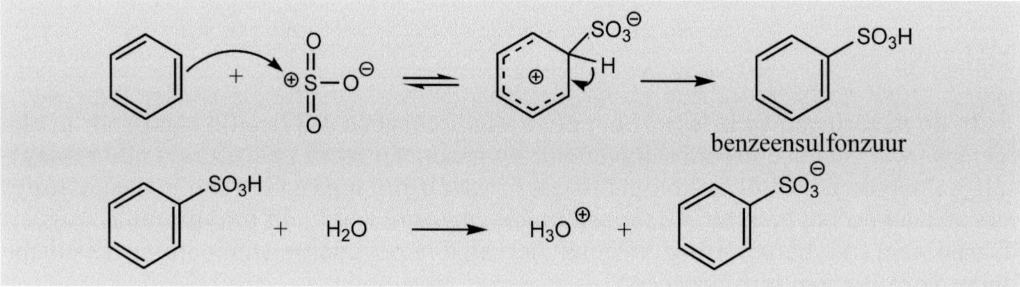

benzeensulfonzuur

Aromatische sulfonzuren zijn sterke zuren, vergelijkbaar met sterke anorganische zuren zoals zwavelzuur. De aanwezigheid van een $-SO_3H$-groep of van het zout van deze groep, $-SO_3^-Na^+$, verhoogt de oplosbaarheid van een aromatische verbinding in water aanzienlijk. Vandaar dat de $-SO_3H$-groep vaak wordt aangebracht om een aromaat wateroplosbaar te maken. Dit vindt belangrijke toepassing bij de synthese van kleurstoffen en detergentia (zie § 19.12).

### 22.3.4 *Alkylering*

In de alkyleringsreactie wordt een waterstofatoom aan de benzeenring vervangen door een alkylgroep. Het elektrofiel is een alkylcarbokation. Alkylcarbokationen kunnen op verschillende manieren gegenereerd worden, onder andere door protonering van een alkeen of door waterafsplitsing uit een geprotoneerde alcohol. Het gevormde carbokation reageert daarna met benzeen volgens het additie-eliminatie-mechanisme onder vorming van een alkylbenzeen.

Een bekende manier om aromaten te alkyleren is de *Friedel-Crafts-alkylering*, In deze reactie wordt het carbokation gevormd uit een alkylchloride met behulp van watervrij aluminiumchloride als katalysator.

$$CH_3-C(CH_3)_2-OH \xrightarrow{+H^{\oplus},\ -H_2O} (H_3C)_2C^{\oplus}-CH_3$$

$$(H_3C)_2C=CH_2 + H_3PO_4 \longrightarrow (H_3C)_2C^{\oplus}-CH_3 + H_2PO_4^{\ominus}$$

$$C_6H_6 + {}^{\oplus}C(CH_3)_3 \rightleftharpoons [C_6H_6-C(CH_3)_3]^{\oplus} \longrightarrow C_6H_5-C(CH_3)_3 + H^{\oplus}$$

*tert*-butylbenzeen

$AlCl_3$ vormt met bijvoorbeeld ethylchloride een ionenpaar met een sterk carbokationkarakter. Het elektrofiele ethylkation reageert met benzeen volgens het normale mechanisme van de elektrofiele aromatische substitutiereactie.

$$CH_3-CH_2-Cl + AlCl_3 \rightleftharpoons CH_3-\overset{\oplus}{C}H_2----Cl-AlCl_3^{\ominus}$$ ionpaar

zeer sterk elektrofiel

$$C_6H_6 + CH_3-\overset{\oplus}{C}H_2---AlCl_4^{\ominus} \longrightarrow [C_6H_6-CH_2-CH_3]^{\oplus}\ AlCl_4^{\ominus} \longrightarrow C_6H_5-CH_2-CH_3 + HCl + AlCl_3$$

ethylbenzeen

Alkylering van aromatische verbindingen is doorgaans beperkt tot de invoering van methyl-, ethyl-, isopropyl- en *tert*-butylgroepen. Bij alkylering met hogere halogeenalkanen vinden er namelijk omleggingen plaats, waardoor mengsels van gealkyleerde benzenen worden verkregen. Primaire en secundaire halogeenalkanen geven met aluminiumchloride in eerste instantie primaire, resp. secundaire carbokationen die vaak kunnen omleggen tot stabielere secundaire of tertiaire carbokationen. In deze gevallen wordt er een omgelegd carbokation aan de benzeenring gebonden. De reactie van 1-chloorpropaan met benzeen en $AlCl_3$ als katalysator geeft bijvoorbeeld hoofdzakelijk het isopropylbenzeen.

$$CH_3-CH_2-CH_2-Cl + AlCl_3 \longrightarrow CH_3-CH_2-\overset{\oplus}{C}H_2\ AlCl_4^{\ominus} \longrightarrow CH_3-\overset{\oplus}{C}H-CH_3\ AlCl_4^{\ominus}$$

$$\xrightarrow{C_6H_6} C_6H_5-CH(CH_3)-CH_3 + C_6H_5-CH_2-CH_2-CH_3$$

isopropylbenzeen — *n*-propylbenzeen

### *22.3.5 Acylering*

In de *Friedel-Crafts-acyleringsreactie* wordt een acylgroep (een R-CO-groep) ingevoerd door reactie van de aromaat met een zuurchloride onder invloed van $AlCl_3$ als katalysator. Als eerste wordt een elektrofiel acylkation gevormd dat reageert met de aromatische ring. Protonafsplitsing geeft daarna een aromatisch keton en HCl. De reactie van butaanzuurchloride met benzeen onder invloed van $AlCl_3$ geeft op deze wijze fenylpropylketon.

$$CH_3-CH_2-CH_2-C(=O)-Cl + AlCl_3 \rightleftharpoons CH_3-CH_2-CH_2-\overset{\oplus}{C}=O \quad AlCl_4^{\ominus}$$

acylkation (ionenpaar)

$$C_6H_6 + CH_3-CH_2-CH_2-\overset{\oplus}{C}=O \longrightarrow [C_6H_6-C(=O)-CH_2-CH_2-CH_3]^{\oplus} \xrightarrow{-H^{\oplus}} C_6H_5-C(=O)-CH_2-CH_2-CH_3$$

fenylpropylketon

De *Friedel-Crafts-acylering* lijkt sterk op de *Friedel-Crafts-alkylering*, maar heeft als voordeel dat het intermediaire acylkation geen neiging vertoont tot omleggen. De positieve lading op het carbonylkoolstofatoom wordt namelijk gestabiliseerd door mesomerie met de vrije elektronenparen van het zuurstofatoom.

$$R-\overset{\oplus}{C}=\ddot{O}: \longleftrightarrow R-C\equiv\overset{\oplus}{O}:$$

Wanneer een lange lineaire koolwaterstofketen aan een aromatische ring gekoppeld moet worden, kan gebruik gemaakt worden van de acyleringsreactie. Op deze wijze worden omleggingen van de primaire carbokationen tot secundaire carbokationen en daarmee de invoering van vertakte alkylketens vermeden. Om een volledig verzadigde alkylrest aan de benzeenring te krijgen, moet de carbonylgroep na de acyleringsreactie nog gereduceerd worden tot een methyleengroep. Hiervoor zijn meerdere methoden beschikbaar zoals een reductie met zink en zoutzuur (Clemmensen-reductie) of de ontleding van het overeenkomstige hydrazon (Wolff-Kishner-reductie, zie § 13.10).

$$C_6H_5-C(=O)-R \xrightarrow{Zn\,/\,HCl} C_6H_5-CH_2-R$$

## 22.4 De invloed van substituenten aan de benzeenring op de elektrofiele aromatische substitutie

Tot nu toe hebben we bij de elektrofiele aromatische substitutiereacties alleen benzeen zelf als substraat gebruikt. Wanneer er echter in de uitgangstof een substituent aan de benzeenring aanwezig is, dan zal deze substituent invloed uitoefenen op het verloop van de reactie. Dit komt zeer duidelijk naar voren wanneer we de bromering van anisool en nitrobenzeen met elkaar vergelijken. Anisool reageert vlot met broom in aanwezigheid van ijzertribromide en er wordt daarbij een mengsel van *ortho*- en *para*-broomanisool gevormd. Nitrobenzeen reageert veel langzamer onder dezelfde reactieomstandigheden en het *meta*-broomnitrobenzeen wordt als vrijwel enige product gevormd.

$OCH_3$ — anisool $\xrightarrow[FeBr_3]{Br_2}$ *o*-broomanisool + *p*-broomanisool

$NO_2$ — nitrobenzeen $\xrightarrow[FeBr_3]{Br_2}$ *m*-broomnitrobenzeen

Uit deze experimenten blijkt duidelijk, dat de methoxygroep een andere invloed op de reactie heeft dan de nitrogroep. Dit komt, omdat de methoxygroep een *elektronenstuwend* effect en de nitrogroep een *elektronenzuigend* effect op de benzeenring heeft.

Het effect dat een substituent heeft op de elektrofiele aromatische substitutie kunnen we het gemakkelijkst inzien door te kijken naar de structuur van het intermediair dat ontstaat na de aanval van het elektrofiel op de aromatische ring. De structuur van dit intermediair lijkt veel op die van de overgangstoestand van de reactie en we mogen daarom aannemen, dat factoren die het intermediair stabiliseren, ook de energie van de overgangstoestand zullen verlagen. Hoe beter het intermediair dus gestabiliseerd wordt, des te sneller zal de reactie verlopen.

### *22.4.1 Ortho-para-richtende substituenten*

Een groep met een *elektronenstuwend* effect *activeert* de benzeenring voor elektrofiele aromatische substitutie. Immers, bij additie van het elektrofiel aan de benzeenring ontstaat een positief geladen intermediair dat door de elektronenstuwende groep extra gestabiliseerd wordt. De reactie zal in zo'n geval sneller verlopen dan die bij benzeen zelf.

De methoxygroep is een goed voorbeeld van een elektronenstuwende groep. Bij aanval van een elektrofiel op de *ortho*- of *para*-plaats van de ring kunnen de vrije elektronenparen op het zuurstofatoom van de methoxygroep de positieve lading in het intermediair extra stabiliseren door mesomerie.

octet, zeer gunstige grensstructuur

In de grensstructuur met de positieve lading op zuurstof hebben alle atomen een elektronenoctet en juist deze grensstructuur draagt in het bijzonder bij aan de stabilisatie van het intermediair. Voor het intermediair dat gevormd wordt bij aanval op de *ortho*-plaats, kunnen we een vergelijkbare serie grensstructuren opschrijven.

geen extra stabilisatie door de methoxygroep

Bij aanval van het elektrofiel op de *meta*-plaats kan de methoxygroep echter geen mesomere bijdrage leveren, omdat de positieve lading in het intermediair niet op het koolstofatoom gelokaliseerd kan worden waaraan de methoxygroep zit. Vanwege de stabiliserende bijdrage van de methoxygroep bij aanval op de *ortho*- of *para*-plaats is de activeringsenergie voor de vorming van deze intermediairen lager en substitutie zal dus bij voorkeur op deze plaats optreden. Bovendien zal door dit stabiliserende effect op deze plaatsen de substitutie sneller verlopen dan bij het ongesubstitueerde benzeen (zie fig. 22.4).

Ook andere substituenten met een vrij elektronenpaar op het atoom direct aan de ring kunnen op dezelfde manier het intermediaire kation door mesomerie stabiliseren en zijn dus activerende substituenten die een tweede substituent naar de *ortho*- en *para*-plaats richten. *Activerende ortho-para-richtende* substituenten zijn onder andere:

$—OH$, $—OCH_3$, $—NH_2$, $—NHR$, $—CH_3$, $—C_2H_5$

Ook alkylgroepen zijn zwak activerende *ortho-para*-richters omdat een alkylgroep *inductief* lading stuwt (d.w.z. via de σ-binding). De andere groepen stuwen *mesomeer* lading door middel van het vrije elektronenpaar. Door het elektronegatieve karakter van de atomen waarop dit vrije elektronenpaar zit, zijn deze groepen echter inductief ladingszuigers. Bij substitutie op de *ortho*- en *para*-plaatsen wint het mesomere effect het echter duidelijk van het inductieve effect, waardoor de reactie op die plaatsen sneller verloopt dan bij benzeen

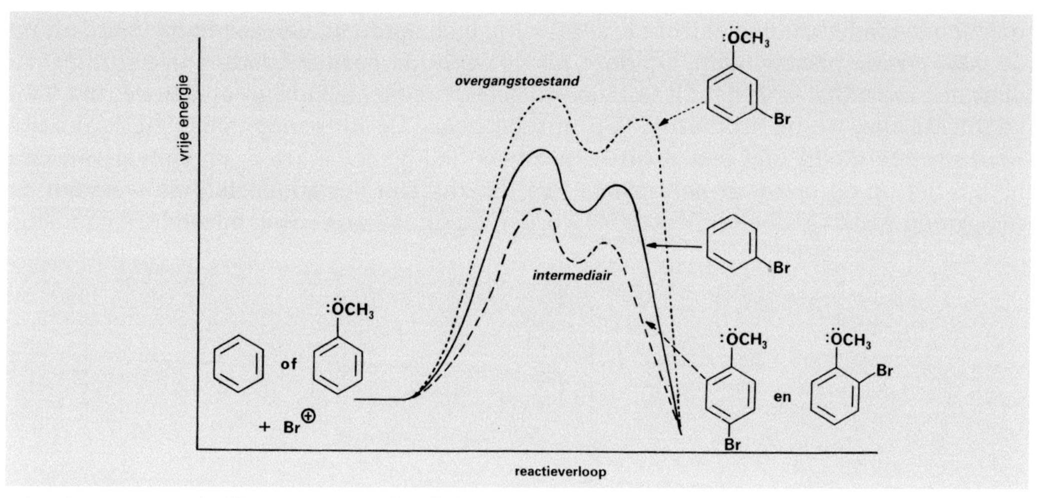


Fig. 22.4. Energiediagram van de elektrofiele substitutie op de ortho/para-plaats en op de meta-plaats van anisool, vergeleken met de substitutie in benzeen.

Ook in halogeenaromaten zitten vrije elektronenparen op het atoom dat direct aan de benzeenring gebonden is. Een halogeenatoom heeft echter door zijn sterk elektronegatieve karakter veel minder neiging een vrij elektronenpaar mesomeer ter beschikking te stellen. In dit geval wint het inductief zuigende effect het van het mesomeer stuwend effect. Dit heeft tot gevolg dat de aromatische ring enigszins gedesactiveerd wordt voor elektrofiele aromatische substitutie.

δ−
Br⊕
langzaam
ring minder gevoelig
voor elektrofiele aanval
−H⊕

Wanneer een elektrofiele aanval onder krachtige reactieomstandigheden toch optreedt, dan kan dit altijd nog het beste op de *ortho*- of *para*-plaatsen van de ring, omdat op die plaatsen het halogeenatoom toch een geringe mesomere bijdrage kan leveren. Hierdoor zal het intermediaire carbokation een kleine extra stabilisatie ondervinden die niet op kan treden bij een aanval op de *meta*-positie. Halogeenatomen zijn daarom *desactiverende ortho-pararichters*.

### 22.4.2 Meta-richtende substituenten

Het valt gemakkelijk in te zien dat elektronenzuigende substituenten een aromatische ring minder gevoelig maken voor elektrofiele aanval. De elektronenzuigende groep destabiliseert de positieve lading in het intermediair nog eens extra, waardoor een elektrofiele additie aan de ring energetisch minder gunstig wordt. De reactie zal in deze gevallen dus langzamer verlopen dan bij benzeen zelf. Wanneer onder krachtige reactieomstandigheden elektrofiele substitutie toch optreedt, dan zal dit bij voorkeur op de *meta*-positie plaatsvinden. Op deze plaats wordt de positieve lading in het intermediair nog het minst gedestabiliseerd door de elektronenzuigende groep aan de ring. Een voorbeeld zien we bij bromering van nitrobenzeen. De nitrogoep is een sterk elektronenzuigende groep met een formele positieve lading op stikstof. Bij aanval van een elektrofiel op de *ortho*- of *para*-plaats van de ring zou het koolstofatoom waaraan de nitrogroep vastzit gedeeltelijk positief worden en dit is energetisch bijzonder ongunstig.

*para*- of *ortho*-aanval

ongunstig twee positieve ladingen naast elkaar

Groepen waarbij in de structuurformule of in een van de grensstructuren een (gedeeltelijke) positieve lading is gelokaliseerd op het atoom dat direct aan de ring vastzit, zijn desactiverende substituenten die een tweede substituent naar de meta-plaats richten.

*meta*-aanval

minder ongunstige grensstructuren

Ook alkylgroepen met sterk elektronegatieve atomen aan het koolstofatoom direct aan de ring zijn om deze reden desactiverende *meta*-richtende groepen. Enkele veel voorkomende desactiverende *meta-richtende substituenten* zijn:

$-SO_3H$   $-CCl_3$   $-CF_3$   $-NO_2$   $-C(=O)-R$   $-C\equiv N:$

Tabel 22.1 vat de invloed die de verschillende substituenten op de elektrofiele aromatische substitutie hebben nog eens samen. In deze tabel wordt de invloed van het mesomere effect (M) en van het inductieve effect (I) afzonderlijk aangegeven. Het mesomere effect treedt op door interactie van de π-elektronen of de vrije elektronenparen van een substituent met het π-systeem van de aromatische ring. Wanneer een substituent mesomeer een elektronenpaar aan de ring kan doneren, wordt het effect weergegeven met + M, wanneer een substituent mesomeer een elektronenpaar kan opnemen dan wordt dit weergegeven met - M. Grensstructuren laten zien, dat het mesomere effect alleen van directe invloed is op de *ortho-* en *para*-plaatsen van de ring.

Het inductieve effect van een substituent treedt op via polarisatie van de σ-binding waarmee de substituent aan de ring vastzit. Is de substituent inductief elektronenzuigend (bijvoorbeeld een elektronegatief atoom) dan wordt het effect aangegeven met - I; het effect van een inductief elektronenstuwende substituent wordt aangegeven met + I. Het inductieve effect heeft invloed op alle plaatsen van de ring maar is het grootst op de *ortho-* en *para*-plaatsen.

**Tabel 22.1. Richteffecten bij de elektrofiele aromatische substitutie.**

| Activerende *ortho-para*-richters | | |
|---|---|---|
| +M > -I | : | -OH,-$NH_2$, -OR,-NHR |
| +I | : | -$CH_3$, $C_2H_5$,e.d. |
| Desactiverende *ortho-para*-richters | | |
| -I > +M | : | -F, -Cl, -Br, -I |
| Desactiverende *meta*-richters | | |
| -I, -M | : | -$NO_2$, -COR, CN, -$SO_3H$ |
| -I | : | -$CCl_3$, -$CF_3$ |

## 22.5 DDT

Een verbinding die in het verleden op zeer grote schaal werd gemaakt door middel van een elektrofiele aromatische substitutiereactie, is DDT. 1,1,1Trichloor-2,2-bis(*p*-chloorfenyl)ethaan, ook wel incorrect **d**ichloor**d**ifenyl**t**richloorethaan genoemd, is ongetwijfeld het meest toegepaste bestrijdingsmiddel van deze eeuw. Sinds het begin van de jaren veertig is er meer dan 1,8 miljoen ton DDT gebruikt, waarvan 80% in de landbouw. DDT is een buitengewoon goedkoop bestrijdingsmiddel, omdat de synthese eenvoudig is en de grondstoffen, chloraal en chloorbenzeen, gemakkelijk verkrijgbaar zijn. Bij de synthese van DDT wordt chloraal eerst geprotoneerd, waardoor de carbonylgroep sterker elektrofiel wordt en de π-elektronen van chloorbenzeen hierop kunnen aanvallen. Het mechanisme van de reactie verloopt volgens het normale mechanisme voor de elektrofiele aromatische substitutie. Het product dat in eerste instantie gevormd wordt, is een alcohol die in het zure milieu geprotoneerd wordt en snel water verliest onder vorming van een mesomeer gestabiliseerd carbokation. Een tweede elektrofiele aromatische substitutie met chloorbenzeen geeft daarna DDT. Het *p,p'*-isomeer is niet het enige reactieproduct dat gevormd wordt; er worden ook aanzienlijke hoeveelheden *o,p'* en *o,o'*-DDT gevormd.

Als geen ander middel heeft DDT zijn invloed uitgeoefend op de menselijke gezondheid, de landbouw en het milieu. DDT leek in het begin van zijn ontdekking een universeel insectenbestrijdingsmiddel dat het antwoord was op bijna alle insectenproblemen, met inbegrip van de bestrijding van ziekteoverbrengende insecten. De verdienste van DDT bij de bestrijding van malaria, gele koorts en tyfus is in dit opzicht zeer groot geweest. In de eerste 8 jaar van het gebruik heeft DDT volgens gegevens van de wereldgezondheidsorganisatie (WHO) 100 miljoen ziektegevallen en 5 miljoen doden voorkomen. In India liep het aantal malariagevallen terug van ongeveer 75 miljoen in 1952 tot 100000 in 1964. In Sri Lanka kwam in het begin van de zestiger jaren praktisch geen malaria meer voor; nadat het gebruik van DDT gestopt werd, liep dit aantal weer op tot 1 miljoen op een bevolking van 8 miljoen. Vanwege de vele mensenlevens die door de toepassing van DDT gespaard zijn, werd in 1948 aan de ontdekker van de werking van DDT, de Zwitserse entomoloog P. Müller, de Nobelprijs voor geneeskunde toegekend.

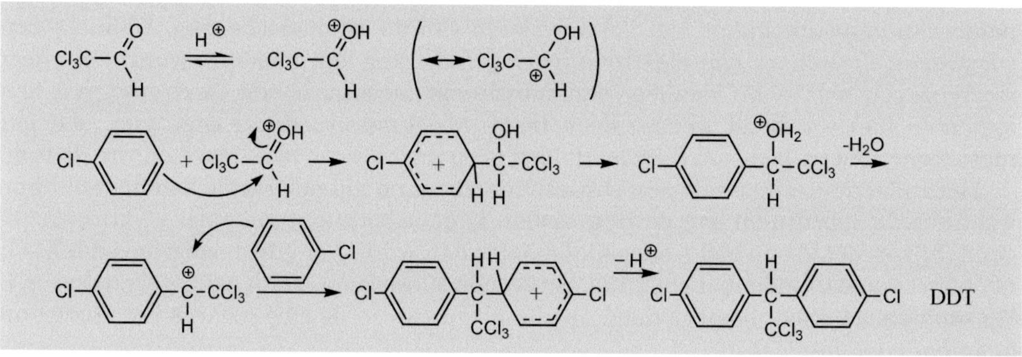

DDT bleek echter na enige tijd toch niet zo'n ideaal middel te zijn als men aanvankelijk had gedacht. Insecten bleken een resistentie voor DDT te ontwikkelen, maar veel erger was, dat DDT op langere termijn duidelijk schadelijke effecten had op het milieu omdat het zo slecht wordt afgebroken. DDT en zijn in eerste instantie gevormde omzettingsproduct DDE zijn zeer *persistent*, d.w.z. door hun chemische stabiliteit worden deze verbindingen niet gemakkelijk afgebroken door micro-organismen, enzymen, warmte of zonlicht, waardoor ze lang aanwezig blijven in bodem, water, dierlijk en plantaardig weefsel.

DDT is een bijzonder apolaire verbinding; het lost zeer slecht op in water, nl. slechts $6 \times 10^{-6}$ g/l, zodat het misschien wel de slechtst in water oplosbare verbinding is die ooit is gesynthetiseerd. Het is echter zeer goed oplosbaar in vet en wordt daardoor gemakkelijk opgeslagen in het vetweefsel van elk dier dat DDT direct of indirect via het voedsel binnenkrijgt. Omdat het daar niet wordt omgezet, heeft het sterke neiging te accumuleren (bioaccumulatie). Heden ten dage is het niet ongewoon dat een mens 10-20 mg/kg DDT in zijn lichaamsvet heeft. De zorg omtrent deze bioaccumulatie en het feit dat verschillende organismen een resistentie tegen DDT ontwikkelen, heeft het gebruik van DDT tegenwoordig sterk aan banden gelegd.

### *22.5.1 Werkingsmechanisme van DDT en DDT-analoga*

Insecten die behandeld zijn met DDT vertonen hyperactiviteit en stuiptrekkingen die duiden op een interactie van DDT met het zenuwstelsel. Er zijn verschillende theorieën over de toxische werking van DDT, maar het exacte werkingsmechanisme is niet bekend. Omdat DDT niet reageert met enig speciaal enzym, neemt men aan dat de fysische eigenschappen van DDT verantwoordelijk zijn voor de werking. Men denkt dat DDT-moleculen de juiste vorm en grootte hebben om in de poorten van de zenuwcelmembranen te gaan zitten (zie fig. 22.5). Dit vervormt de membranen, waardoor natriumionen door het membraan lekken en de zenuwcel depolariseren. Hierdoor is deze niet langer in staat impulsen door te geven. Volgens deze zgn. 'special fit' theorie wordt de toxiciteit van DDT dus niet veroorzaakt door zijn chemische reactiviteit maar door zijn vorm en grootte.

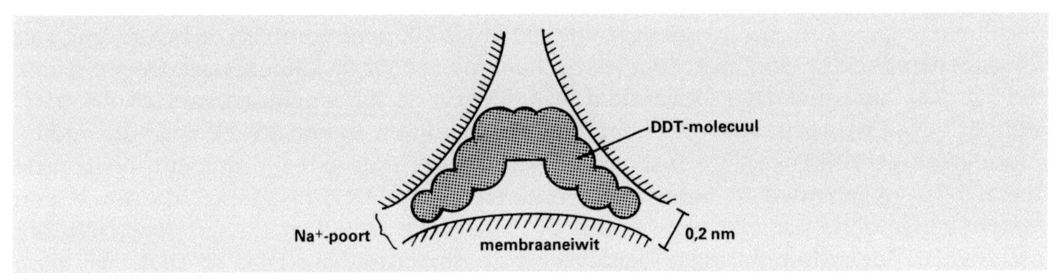


Fig. 22.5. Plaats van DDT in een poort van een zenuwcelmembraan.

Deze theorie wordt ondersteund door de waarneming dat een groot aantal chemisch verschillende verbindingen met dezelfde ruimtelijke bouw als DDT een soortgelijke activiteit vertonen, zoals:

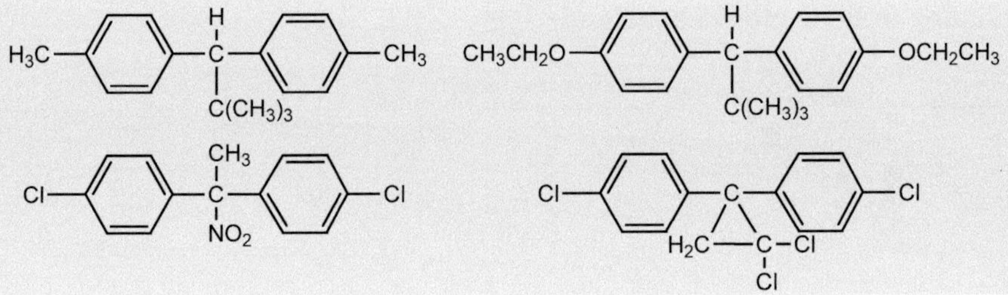

De 'special fit'-hypothese wordt ook ondersteund door de waarneming dat de biologische activiteit van methoxychloor-analoga snel afneemt als R in onderstaande formule vijf of meer koolstofatomen bevat. Waarschijnlijk passen deze verbindingen dan niet meer zo goed in de membraanpoorten.

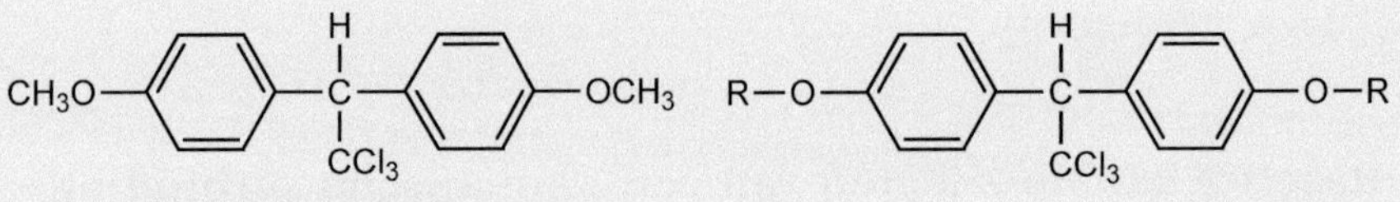

methoxychloor

Speciaal insecten zijn gevoelig voor DDT, omdat het gemakkelijk door de insectenhuid kan dringen. DDT wordt niet opgenomen door de huid van zoogdieren. Wanneer de polariteit van DDT-analoga verhoogd wordt door het plaatsen van een $NO_2$-, $COOCH_3$-, COOH- of OH-groep aan de aromatische ring, dan gaat de toxiciteit verloren. Dit komt enerzijds door een verminderde doordringbaarheid door de insectenhuid en anderzijds doordat de meer polaire verbinding minder goed absorbeert aan het apolaire membraan.

### *22.5.2 Resistentie van insecten tegen DDT*

Toen na de Tweede Wereldoorlog DDT op zeer grote schaal werd toegepast, bleek na verloop van tijd dat bepaalde insectenstammen steeds minder gevoelig voor DDT werden en dat er steeds grotere hoeveelheden DDT nodig waren om dezelfde resultaten als voorheen te bereiken. Dit kwam bijvoorbeeld duidelijk naar voren bij de bestrijding van de katoensnuitkever, een insect dat zeer schadelijk is voor de katoenoogst. In een streek die vijf jaar lang met DDT behandeld was, bleken de katoensnuitkevers 30 000 maal minder gevoelig te zijn voor DDT dan hun soortgenoten in een streek waar dit middel niet eerder gebruikt was. De insecten bleken na verloop van tijd dus een resistentie tegen DDT opgebouwd te hebben. Bij onderzoek van DDT-resistente vliegen is een enzym aangetoond dat niet aanwezig is in vliegen die wel gevoelig zijn voor DDT. Dit enzym (DDT-dehydrochlorinase) katalyseert de omzetting van DDT in DDE, dat geen insecticidewerking meer heeft.

Een interessant resultaat dat overeenkomt met de veronderstelde werking van DDT-dehydrochlorinase is het verschijnsel dat het deuteriumgesubstitueerde DDT-derivaat een grotere effectiviteit vertoont tegen DDT-resistente vliegen dan DDT zelf, terwijl geen enkel verschil tussen beide verbindingen waarneembaar is bij gewone DDT-gevoelige vliegen. Dit is een aanwijzing dat de enzymatische dehydrochlorering van DDT waarschijnlijk verloopt via een E2-mechanisme met het verbreken van een C-H- of (C-D-)binding in de snelheidsbepalende stap:

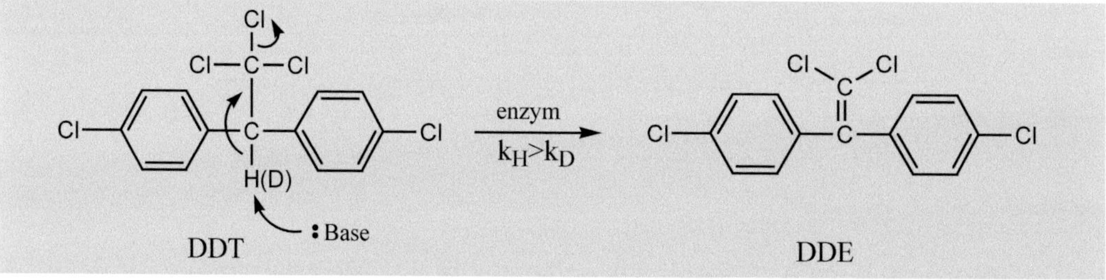

Aangezien de C-D-binding ongeveer 5 kJ/mol sterker is dan de C-H-binding zal de abstractie van een deuteriumion langzamer verlopen dan de abstractie van een proton. Doordat gedeutereerd DDT dus langzamer wordt omgezet in DDE kan het zijn toxische werking langer uitoefenen.

## 22.6 Reacties aan de zijketen van een aromatische verbinding

De π-elektronenwolk van de benzeenring heeft invloed op de reactiviteit van het koolstofatoom dat in een zijketen *direct* aan de ring gebonden is. Doorgaans zijn alkylgroepen weinig reactief, maar in aanwezigheid van een benzeenring neemt de gevoeligheid voor met name oxidatiereacties en andere radicaalreacties aanmerkelijk toe. Deze toegenomen reactiviteit wordt veroorzaakt doordat de benzeenring de optredende intermediairen op het koolstofatoom naast de ring kan stabiliseren door mesomerie. Onder krachtige oxidatieve omstandigheden worden alkylgroepen aan de aromatische ring geheel weg geoxideerd tot er alleen een carbonzuurgroep aan de benzeenring overblijft. De benzeenring zelf is in de regel goed bestand tegen oxidatiemiddelen.

$$C_6H_5\text{-}CH_3 \xrightarrow[H_2O]{KMnO_4} C_6H_5\text{-}COOH \quad ; \quad CH_3CH_2\text{-}C_6H_4\text{-}C(CH_3)_3 \xrightarrow{H_2Cr_2O_4^{\oplus}} HOOC\text{-}C_6H_4\text{-}C(CH_3)_3$$

Voorwaarde voor de oxidatie van een alkylgroep is wel dat een waterstofatoom aanwezig is aan het koolstofatoom dat direct aan de aromatische ring vastzit. Een *tert*-butylgroep wordt daarom niet geoxideerd.

Ook andere radicaalreacties kunnen gemakkelijk aan het koolstofatoom direct naast de ring plaatsvinden omdat de radicalen die daarbij als intermediair optreden, worden gestabiliseerd door mesomerie met de benzeenring. Bijvoorbeeld, ethylbenzeen wordt door broom onder invloed van licht gemakkelijk gebromeerd tot 1-broom-1-fenylethaan.

$$Br_2 \xrightarrow{h\nu} 2\ Br\bullet$$

$$C_6H_5\text{-}\underset{\alpha}{CH_2}\text{-}\underset{\beta}{CH_3} + Br\bullet \longrightarrow HBr + C_6H_5\text{-}\dot{C}H\text{-}CH_3$$

ethylbenzeen

$$\left[ \dot{C}_6H_5{=}CH\text{-}CH_3 \longleftrightarrow \text{enz.} \right]$$

$$C_6H_5\text{-}\dot{C}H\text{-}CH_3 + Br_2 \longrightarrow C_6H_5\text{-}CHBr\text{-}CH_3 + Br\bullet$$

1-broom-1-fenylethaan

Onder invloed van licht kan een broommolecuul splitsen in twee broomradicalen. Een broomradicaal kan daarna een α-waterstofatoom abstraheren, waarbij er naast waterstofbromide een nieuw radicaal ontstaat dat door mesomerie gestabiliseerd is. Dit radicaal reageert met een broommolecuul tot de broomverbinding en een nieuw broomradicaal. Het broomradicaal kan daarna opnieuw een α-waterstofatoom abstraheren van ethylbenzeen, waardoor een kettingreactie optreedt. De kettingreactie kan eindigen door combinatie van twee radicalen.

## 22.7 De nucleofiele aromatische substitutie

Een nucleofiel is een elektronenrijk deeltje dat graag wil aanvallen op een elektronenarm centrum. Van een dergelijk type reactie zijn reeds verschillende voorbeelden besproken bij de nucleofiele substitutie van halogeenalkanen (§ 9.3), de nucleofiele additie aan carbonylverbindingen (§ 13.3) en de nucleofiele acylsubstitutie (§ 17.2).

Het valt te verwachten, dat onder normale omstandigheden een nucleofiel weinig neiging zal hebben aan te vallen op een elektronenrijke aromatische ring. Substitutie van een halogeenatoom aan een aromatische ring zal daarom ook zeer moeilijk verlopen. Alleen onder zeer drastische condities is het mogelijk chloorbenzeen in fenol om te zetten. Dit gebeurt industrieel via het zgn. Dow-proces, waarbij chloorbenzeen met NaOH reageert bij 200 °C en 250 bar in aanwezigheid van een katalysator. Wanneer echter de aromatische ring een aantal elektronenzuigende groepen bevat, dan wordt de ring relatief elektronenarm en is nucleofiele aanval veel beter mogelijk.

Cl, $OH^{\ominus}$ / Cu kat, 200°C / 250 atm., OH, Cl, $NO_2$, $NO_2$, $CH_3O^{\ominus}$, 80°C, $OCH_3$, $NO_2$, $NO_2$, + $Cl^{\ominus}$

Alleen wanneer het nucleofiel aanvalt op een koolstofatoom waaraan een goed vertrekkende groep zit, kan substitutie optreden. Bij aanval van het nucleofiel op de ring wordt in eerste instantie een intermediair gevormd waarin de negatieve lading door de elektronenzuigende groepen aan de ring gestabiliseerd wordt. De aanwezigheid van de nitrogroepen op de *ortho*- en *para*plaatsen zorgen voor een extra stabilisatie van de negatieve lading in het intermediair. Deze extra stabilisatie wordt zowel door het *inductief* als door het *mesomeer* effect veroorzaakt (- I, - M). Evenals bij de elektrofiele aromatische substitutie zal de aromaticiteit van het systeem zich willen herstellen en dat kan in dit geval gebeuren door afsplitsing van het chloride-ion. Het resultaat is dat een chlooratoom aan de ring vervangen is door een methoxygroep.

Cl, $NO_2$, $NO_2$, + $CH_3O^{\ominus}$, $CH_3O$, Cl, $NO_2$, $NO_2$, $-Cl^{\ominus}$, $OCH_3$, $NO_2$, $NO_2$, $CH_3O$, Cl, $NO_2$, $NO_2$, $CH_3O$, Cl, $NO_2$, N, O, O, etc.

Er is hier dus sprake van een substitutie die begint met een aanval van een nucleofiel op een aromatische ring: *de nucleofiele aromatische substitutie*.

Een ander voorbeeld van een nucleofiele aromatische substitutie treffen we aan bij de analyse van de aminozuurvolgorde in een peptideketen. Hierbij wordt gebruik gemaakt van de reactie van 2,4-dinitrofluorbenzeen met de eindstandige aminogroep van de peptideketen. De 2,4-dinitrobenzeengroep wordt gekoppeld aan de eindstandige aminogroep en deze binding blijft intact tijdens de hydrolyse van de peptideketen.

$NO_2$ $O_2N$ F + $H_2\ddot{N}$–CH(R')–C(=O)∿ → $O_2N$–C6H3($NO_2$)–N(H)–CH(R')–C(=O)∿ + HF

In het algemeen zal een nucleofiele aromatische substitutie redelijk goed verlopen als er ten opzichte van de vertrekkende groep sterk elektronenzuigende substituenten op de *ortho*- en *para*-plaatsen van de ring aanwezig zijn. Wanneer er minder sterk elektronenzuigende groepen aan de ring zitten, zijn meestal zeer krachtige reactieomstandigheden noodzakelijk.

### *22.7.1 Dioxinen*

De industrieel belangrijke bereiding van fenol uit chloorbenzeen verloopt alleen door reactie met NaOH bij hoge temperatuur en druk. De hieraan verwante bereidingsmethode van 2,4,5-trichloorfenol uit 1,2,4,5-tetrachloorbenzeen staat tegenwoordig in een bijzonder kwaad daglicht omdat bij dit proces als verontreiniging het uiterst giftige 2,3,7,8-tetrachloordibenzo-*p*-dioxine (TCDD, 'dioxine') kan ontstaan. **Dioxinen** ontstaan als de krachtige reactie-omstandigheden die nodig zijn om chlooraromaten om te zetten in fenolen, niet nauwkeurig onder controle gehouden worden.

Wanneer de temperatuur te hoog oploopt, wordt ook het ontstane 2,4,5-trichloorfenolaatanion reactief genoeg om als nucleofiel te reageren en treedt koppeling op met de uitgangsstof. Na reactie van dit koppelingsproduct met $OH^-$ geeft het daarbij gevormde fenolaatanion een ringsluitingsreactie tot het dioxine.

TCDD is de giftigste synthetische verbinding die tot nu toe bekend is. Het werkt onder meer teratogeen (vruchtbeschadigend) en acnegeen (ontstaan van puisten) en kan stoornissen in lever-, nier- en maagdarmfuncties alsmede neurologische afwijkingen veroorzaken. TCDD wordt slecht afgebroken in het milieu en kan daarin op verschillende manieren terechtkomen. Er kunnen sporen aanwezig zijn in 2,4,5-trichloorfenol, dat als fungicide (middel ter bestrijding van schimmels) wordt toegepast. Ook producten die uit 2,4,5-trichloorfenol bereid worden, zoals het onkruidbestrijdingsmiddel 2,4,5-trichloorfenoxyazijnzuur (2,4,5-T), de esters van deze verbinding (2,4,5-T-ester) en het bactericide hexachlorofeen kunnen sporen TCDD bevatten. In dit verband zijn vooral de schadelijke effecten bekend geworden die veroorzaakt zijn door het gebruik op grote schaal van 2,4,5-T(-ester) dat tijdens de oorlog in Vietnam werd toegepast als ontbladeringsmiddel onder de naam Agent Orange.

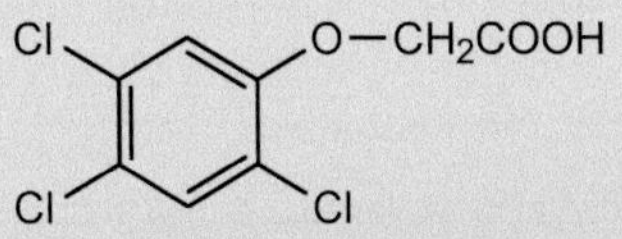

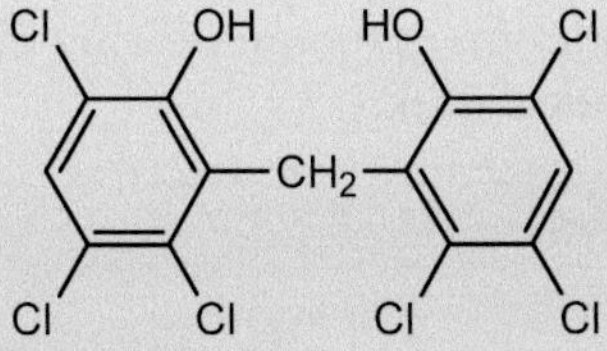

Andere mogelijkheden waardoor dioxinen in het milieu kunnen terechtkomen, zijn industriële lozingen en ongelukken, met name bij de trichloorfenolbereiding, het verbranden van chloorbenzeen en polychloorbifenylen (PCB's) en via vliegas en schoorsteenrookgassen van vuilverbrandingsinstallaties.

## 22.8 Polycyclische aromaten

In verschillende aromatische moleculen zijn twee of meer aromatische ringen zodanig met elkaar verknoopt, dat de aanliggende ringen twee koolstofatomen gemeenschappelijk hebben. Deze moleculen noemt men *gecondenseerde aromaten* of *polycyclische aromaten*. Enkele van de meest voorkomende polycyclische aromaten zijn naftaleen, antraceen en fenantreen.

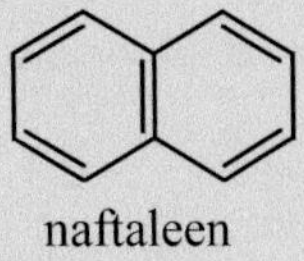

naftaleen 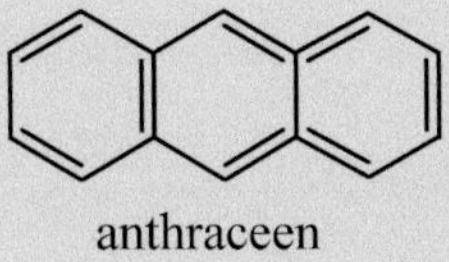 anthraceen 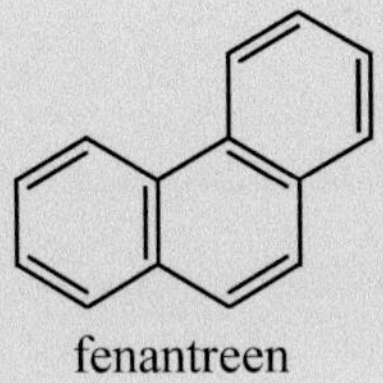 fenantreen

Hoewel in gecondenseerde aromatische systemen steeds een aantal π-elektronen wordt gedeeld door meerdere ringen, heeft iedere ring apart geteld toch steeds zes π-elektronen. De eigenschappen van deze verbindingen zijn daarom dan ook in grote lijnen dezelfde als die van benzeen. Naarmate het aantal ringen in een gecondenseerd aromatisch systeem toeneemt, wordt het smeltpunt hoger en de kleur donkerder. Uiteindelijk komen we terecht bij grafiet, dat bestaat uit platen met in principe een oneindig aantal gecondenseerde aromatische ringen. Omdat deze platen gemakkelijk over elkaar kunnen schuiven is grafiet een goed smeermiddel. Ook is grafiet een geleider van elektrische stroom omdat de beweeglijke π-elektronen een elektronenstroom van de ene pool naar de andere kunnen doorgeven.

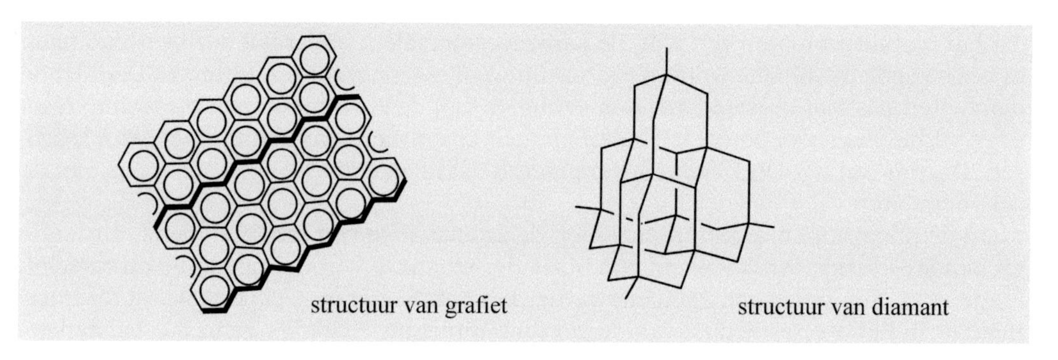

structuur van grafiet

structuur van diamant

Grafiet is bij normale temperatuur en druk stabieler dan diamant. Dit is opmerkelijk, omdat diamant geheel uit σ-bindingen bestaat, die op zichzelf stabieler zijn dan π-bindingen. De bijzondere stabiliteit van aromatische π-systemen zal voor een belangrijk deel de oorzaak zijn van de grotere stabiliteit van grafiet.

## 22.9 Polycyclische aromaten en kanker

Al in 1775 maakte de Engelse arts Percival Potts melding van een ongewoon hoog percentage kankergevallen aan het scrotum bij Londense schoorsteenvegers. Hij vermoedde dat het veelvuldig contact met schoorsteenroet wel eens de oorzaak van deze kwaal zou kunnen zijn. Meer dan 150 jaar later werd aangetoond dat verschillende aromaten die in roet voorkomen en in het bijzonder dibenz[a,h]antraceen en benz[a]pyreen actieve carcinogenen (kankerinducerende stoffen) waren. Waarschijnlijk waren deze polycyclische aromaten de voornaamste oorzaak van de schoorsteenvegersziekte en ook van het optreden van huidkanker bij arbeiders in de kolenindustrie.

benz[a]pyreen

dibenz[a,h]anthraceen

Polycyclische aromaten worden gevormd bij onvolledige verbranding van olie, kolen, hout, papier, houtskool, kortom bijna elke brandstof bestaande uit organische moleculen. Daardoor kunnen ze bijna overal worden aangetroffen, maar hun concentratie is het hoogst in industriegebieden waar veel gestookt wordt. Ook voedingsmiddelen kunnen polycyclische aromaten bevatten, met name gerookte en op houtskool bereide gerechten. Omdat polycyclische aromaten in tabaksrook in relatief hoge concentraties voorkomen, wordt aangenomen dat deze verbindingen de belangrijkste oorzaak zijn van longkanker onder rokers.

De chemische achtergrond van de carcinogene eigenschappen van polycyclische aromaten is nog steeds onderwerp van veel studie. De polycyclische aromaten met carcinogene eigenschappen hebben geen opvallend hoge reactiviteit. Aangenomen wordt, dat het niet de aromaten zelf zijn die kanker veroorzaken, maar dat deze verbindingen in het levende organisme worden omgezet in veel reactievere verbindingen. Doordat de reactiviteit pas laat ontstaat, kunnen sommige van deze verbindingen als weinig reactieve verbindingen in de cel belanden en daar geactiveerd worden en met DNA reageren. Daarbij kan het DNA zodanig veranderen dat de genetische eigenschappen van de cel veranderen.

In de microsomen oxideren enzymen de aromatische verbinding in eerste instantie tot een areenoxide. Areenoxiden zijn bijzonder reactieve verbindingen, die op verschillende manieren in het metabolisme verder kunnen reageren. Gelukkig wordt dit intermediair in het overgrote deel van de gevallen direct onschadelijk gemaakt. Dit kan gebeuren door verdere oxidatie of door koppeling aan glucuronzuur, waardoor een polaire verbinding gevormd wordt die vervolgens door het lichaam kan worden uitgescheiden. Een van de reacties in het metabolisme is bijvoorbeeld de nucleofiele aanval van water op het areenoxide tot een transdiol dat daarna verder geoxideerd kan worden, eventueel via een catechol, tot een 1,2-benzochinonstructuur. Een andere reactiemogelijkheid is een protonering van het areenoxide en een ringopening waarbij een carbokation ontstaat. Dit carbokation zal in de meeste gevallen door protonafsplitsing weer aromatiseren tot een fenol. Het merendeel van de reactieproducten verlaat het lichaam via allerlei volgreacties, o.a. koppeling aan glucuronzuur, of wordt indirect gebruikt als bouwstof.



Daarna kan koppeling met bijvoorbeeld glucuronzuur optreden.

fenol + glucuronzuur → een polair glucuronide, wordt uitgescheiden

Het gevaar schuilt in het feit dat naast de normale metabolische reacties het areenoxide of het carbokation in bepaalde gevallen kan reageren met nucleofiele groepen in DNA, RNA of essentiële eiwitten. Het vormt hiermee dan een covalente binding die zeer moeilijk te verbreken is. Dit reactiepad kan zeer schadelijk zijn voor het organisme en een initiatiestap betekenen in de chemische carcinogenese.

cyt. $P_{450}$ → areenoxide; $+ H^{\oplus}$ → reactief carbokation; $- H^{\oplus}$ → fenol

reactief carbokation → DNA, RNA, essentiele eiwitten → carcinogenese

Benz[a]pyreen is een verbinding die in dit opzicht veel onderzocht is. Men heeft gevonden, dat deze stof op verschillende manieren in het lichaam gemetaboliseerd kan worden. Epoxidatie kan bijvoorbeeld optreden op de 7,8- of 9,10-positie. Het eerste epoxide wordt meestal gemakkelijk gehydrolyseerd tot het 7,8-dihydrodiol dat daarna gebonden wordt aan glucuronzuur en dan uitgescheiden. Een alternatieve mogelijkheid voor het 7,8-dihydrodiol is een verdere oxidatie op de 9,10-positie waarbij het 7,8-dihydrol-9,10-epoxide van benz[a]pyreen ontstaat. Juist op deze plaats wordt dit epoxide niet zo snel gedetoxificeerd vanwege de sterische hindering van de rest van het molecuul ten opzichte van deze positie. Het epoxide is daardoor langer in het organisme aanwezig en krijgt daardoor de kans covalent te binden aan o.a. DNA. Het kan op die manier carcinogenese initiëren.

Benzeen zelf heeft geen sterk carcinogene eigenschappen. Het wordt in het lichaam echter onder meer omgezet in fenol en deze verbinding is bijzonder giftig. Langdurige blootstelling aan benzeendampen kan daarom leverbeschadiging, ademhalingsmoeilijkheden, stoornissen in de beenmerggroei en soms leukemie veroorzaken. Benzeen werd in het verleden veel toegepast als organisch oplosmiddel. Omdat het met de tegenwoordige kennis beschouwd moet worden als een gevaarlijke chemische stof die met de nodige voorzichtigheid moet worden behandeld, is benzeen als oplosmiddel in de meeste gevallen vervangen door het veel minder giftige tolueen.

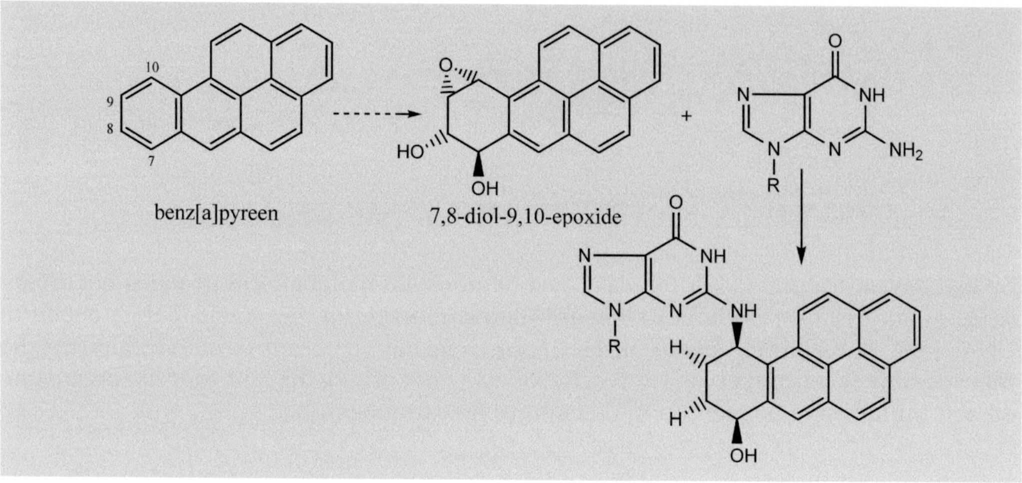

benz[a]pyreen

7,8-diol-9,10-epoxide

# 23 Fenolen en anilinen

Een hydroxylgroep die direct gebonden is aan een aromatische ring heeft nogal wat eigenschappen die afwijken van een hydroxylgroep in alcoholen. Daarom worden aromatische hydroxyverbindingen, **fenolen** genaamd, als een aparte klasse van verbindingen beschouwd.

Aromatische aminen waarbij de aminogroep direct aan de benzeenring gebonden is, worden eveneens beschouwd als een aparte klasse verbindingen. Ook bij deze verbindingen, de **anilinen**, vertoont het gedrag van de aminogroep afwijkende eigenschappen ten opzichte van die van de alkylaminen.

## 23.1 Nomenclatuur

Bij de naamgeving van gesubstitueerde fenolen en anilinen wordt aan het koolstofatoom waaraan de OH-groep of de $NH_2$-groep is gebonden, het nummer 1 gegeven. De overige substituenten worden voorzien van een zo laag mogelijk nummer en in alfabetische volgorde voor de naam fenol of aniline geplaatst. Methylfenolen worden meestal kresolen genoemd, methylanilinen worden toluïdinen genoemd.

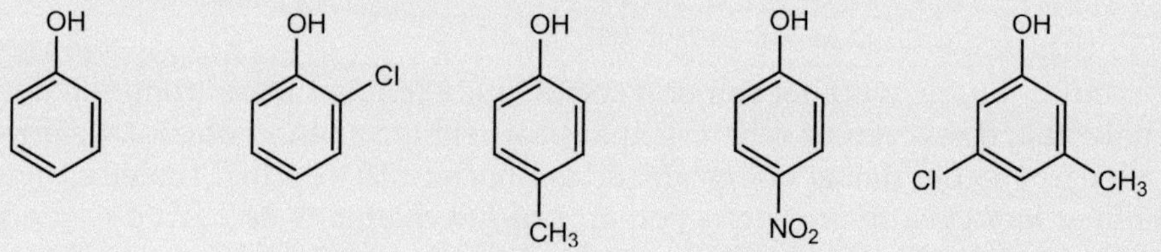

fenol — 2-chloorfenol *o*-chloorfenol — 4-methylfenol (*p*-kresol) — *p*-nitrofenol — 3-chloor-5-methylfenol

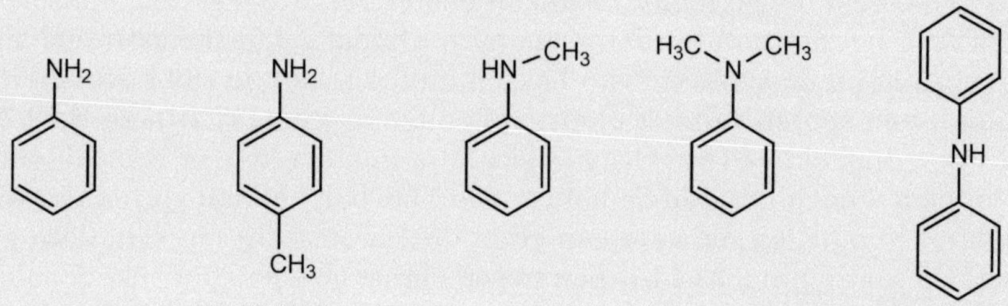

aniline — *p*-methylaniline (*p*-toluïdine) — *N*-methylaniline — *N*,*N*-dimethylaniline — difenylaniline

## 23.2 Voorkomen en eigenschappen van fenolen

Fenolen zijn laagsmeltende stoffen of oliën met een scherpe geur. Fenol zelf is slechts weinig oplosbaar in water. In verdunde oplossing heeft het antiseptische eigenschappen, maar in geconcentreerde vorm is het schadelijk voor alle weefselmateriaal. De medische toepassing is heden ten dage beperkt, omdat fenol niet alleen de groei van bacteriën verhindert, maar ook ernstige beschadigingen kan toebrengen aan de opperhuid. Fenol is daarom als antisepticum vervangen door middelen die niet alleen krachtiger zijn, maar die ook minder ongewenste neveneffecten hebben. De effectiviteit van deze middelen tegen *Staphylococcus aureus* wordt echter routinematig nog altijd vergeleken met die van een 5% ($m/V$) oplossing van fenol. De antiseptische activiteit van een verbinding wordt dan weergegeven met een fenolcoëfficiënt. Bekende verbindingen met antibacteriële eigenschappen zijn *o*-fenylfenol (een belangrijk bestanddeel van Lysol), *n*-hexylresorcinol en thymol. Thymol wordt gewonnen uit tijmolie en is een effectief desinfecterend middel dat onder meer in tandpasta en mondwater wordt toegepast.

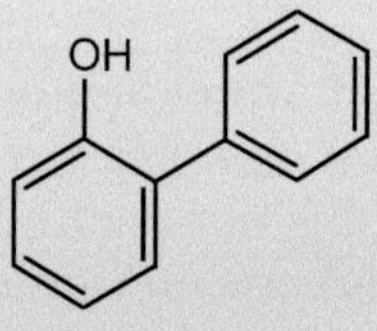

OH OH OH $CH_3$ CH $CH_3$ OH $H_3C$ $CH_2CH_2CH_2CH_2CH_2CH_3$

*o*-fenylfenol 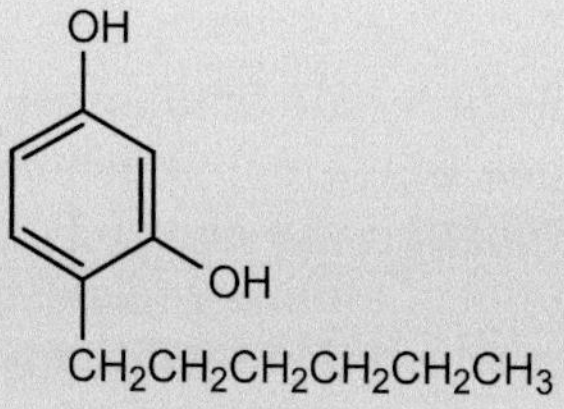 *n*-hexylresorcinol 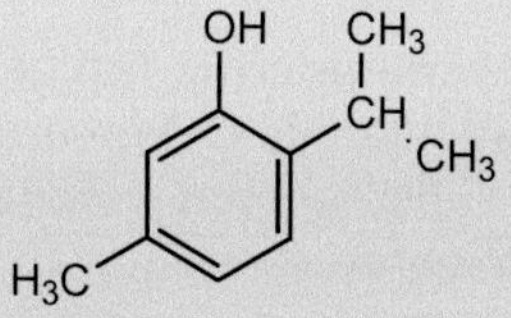 thymol

De antibacteriële werking van de verschillende fenolen hangt voor een deel af van hun polariteit, d.w.z. van de relatieve oplosbaarheid in vet en in water. De aanwezigheid van alkylgroepen verhoogt doorgaans de antibacteriële werking. Hexylresorcinol, een verbinding met twee hydroxylgroepen en een hexylketen is één van de actiefste fenolische antiseptica. Een antiseptische verbinding die nogal veel in reinigingsmiddelen voor de huid werd toegepast, is hexachlorofeen. Deze verbinding is actief tegen bacteriën die puistjes veroorzaken. Hexachlorofeen kan echter vergiftigingsverschijnselen geven wanneer het door het lichaam wordt opgenomen. Omdat 2,4,5-trichloorfenol als grondstof wordt gebruikt bij de synthese van hexachlorofeen, kan de stof bovendien verontreinigd worden met sporen van het uitermate giftige dioxine (TCDD, zie § 22.7).

Ondanks de giftigheid van veel laagmoleculaire fenolen komen verschillende meer complexe fenolen wijdverbreid in de natuur voor. De polyketiden vormen bijvoorbeeld een groep natuurproducten die voor een groot deel bestaat uit fenolen; deze groep zal apart behandeld worden in § 23.14.1. Een tweede grote groep natuurlijke fenolen wordt gevormd uitgaande van shikiminezuur en ze worden aangeduid als shikimaten en fenylpropanen. Deze groepen zullen apart behandeld worden in § 23.14.2 t/m § 23.14.5.

Fenolgroepen komen ook voor in moleculen die verschillende lichaamsprocessen regelen, zoals in het vrouwelijke geslachtshormoon estron en in het schildklierhormoon thyroxine.

estron (oestron)

thyroxine

## 23.3 Zuursterkte van fenolen

Fenolen zijn aanzienlijk sterker zuur dan alcoholen. Dit komt omdat het fenolaat-anion dat ontstaat bij protonafsplitsing, wordt gestabiliseerd door mesomerie. Fenol is daardoor ongeveer een miljoen keer zuurder dan ethanol (p$K_a$ fenol = 10; p$K_a$ ethanol = 16; zie fig. 23.1).

Elektronenzuigende substituenten aan de aromatische ring verhogen de zuursterkte van fenolen, speciaal wanneer deze substituenten door middel van mesomerie de negatieve lading op het fenoxyzuurstofatoom kunnen stabiliseren. Nitrogroepen op de *ortho-* en *para*-plaatsen hebben daarom grote invloed op de zuursterkte. Met twee nitrogroepen op de *ortho-para*-plaatsen heeft een fenol een zuursterkte die ongeveer gelijk is aan die van een carbonzuur. Picrinezuur, een fenol met op alle *ortho-para*-plaatsen een nitrogroep, gedraagt zich in water als een sterk zuur.

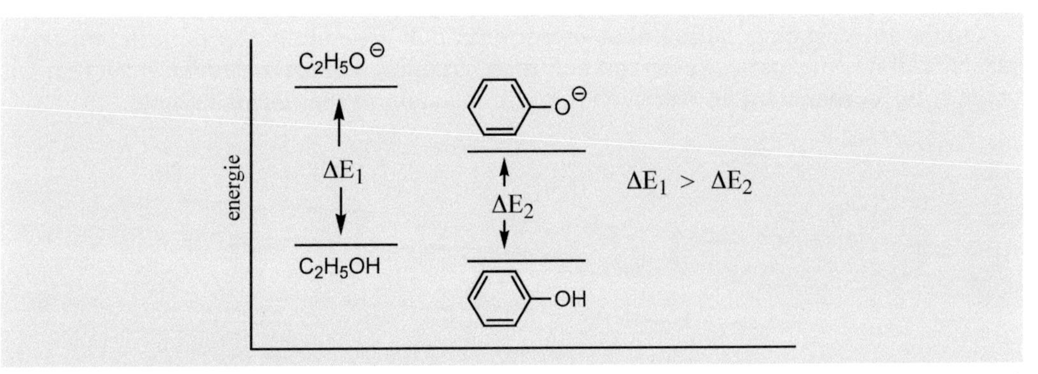


Fig. 23.1. Dissociatie-energieën van ethanol en fenol. De grotere protolysegraad van fenol wordt voornamelijk veroorzaakt door een betere stabilisatie van het fenolaatanion.

| | OH (fenol) | OH, p-$NO_2$ | OH, o-$NO_2$, p-$NO_2$ | OH, 2,4,6-tri-$NO_2$ |
|---|---|---|---|---|
| p$K_a$ | 10 | 7,2 | 4,1 | 0,25 picrinezuur |

## 23.4 Fenol als nucleofiel

In de vorige paragraaf hebben we gezien, dat fenolen onder basische omstandigheden worden omgezet in mesomeer gestabiliseerde fenolaatanionen. Deze anionen zijn goede nucleofielen en kunnen verschillende reacties ondergaan. Een $S_N2$-reactie van het fenolaatanion met methyljodide geeft anisool; een nucleofiele acylsubstitutie met acetylchloride levert fenylacetaat.



In deze reacties treedt het negatief geladen zuurstofatoom op als nucleofiel en volgt het fenolaatanion het normale gedrag, zoals we dat van nucleofielen kennen.

Omdat de negatieve lading door mesomerie ook gedeeltelijk op de *ortho* en *para*-plaatsen in de ring aanwezig is, kan een fenolaatanion ook als *carbanion* reageren. Dit gebeurt bijvoorbeeld bij de reactie van het fenolaatanion met formaldehyde.

Deze reactie geeft in eerste instantie een mengsel van *ortho*- en *para*-benzylalcoholen. Onder de juiste omstandigheden kan dit reactiemengsel verder reageren tot een sterk verknoopt polymeer, bakeliet genaamd. Bakeliet, een hard broos materiaal, is een van de eerste polymeren die langs synthetische weg bereid werd.

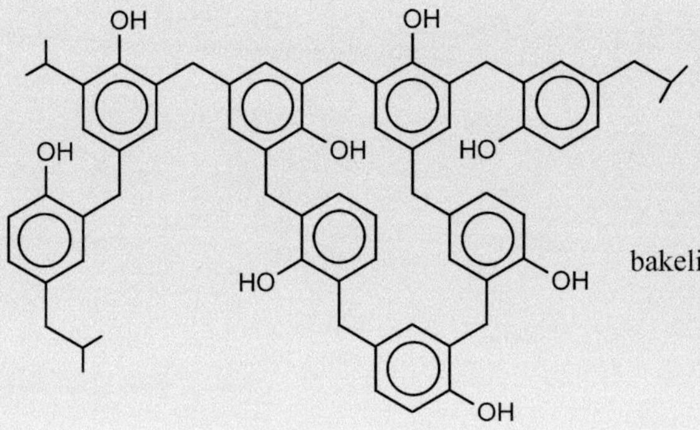

bakeliet

## 23.5 Ringsubstitutie in fenolen

Fenolen kunnen dezelfde elektrofiele substitutiereacties ondergaan als benzeen. Deze reacties verlopen bij fenolen echter veel gemakkelijker, omdat de vrije elektronenparen op het zuurstofatoom de overgangstoestand en het intermediaire kation sterk stabiliseren, als de aanval van het elektrofiel op de *ortho*- of *para*-plaats geschiedt. In feite hebben we dan meer te maken met oxoniumionen, zoals in de grensstructuren **1** en **2**, dan met carbokationen als intermediair. In de grensstructuren **1** en **2** hebben alle atomen een elektronenoctet en om die reden dragen ze in hoge mate bij aan de stabilisatie van het intermediair. Dit heeft tot gevolg dat fenol vlot reageert met broom, zelfs zonder de aanwezigheid van een katalysator.

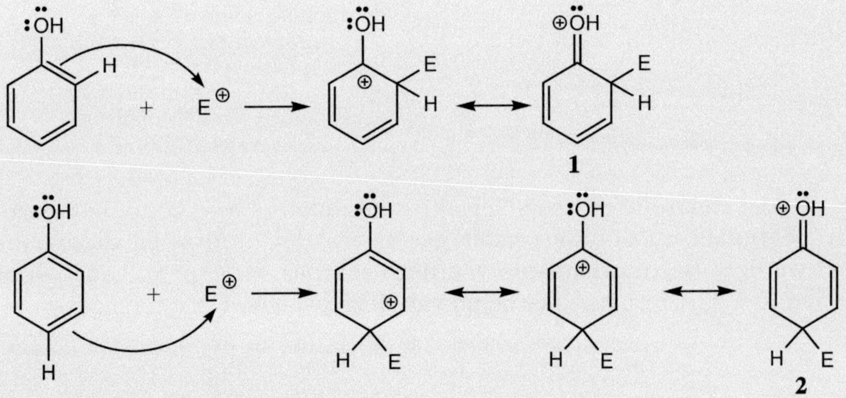

**1**

**2**

In water als oplosmiddel worden alle *ortho*- en *para*-plaatsen gesubstitueerd als voldoende broom wordt toegevoegd. In een apolair oplosmiddel, zoals tetrachloorkoolstof, kan bij lage temperatuur (0 °C) het monobroomfenol verkregen worden.

De reactie van fenol met geconcentreerd salpeterzuur geeft het eerder genoemde picrinezuur. Bij lage temperatuur en met verdund salpeterzuur wordt een mengsel van *ortho*- en *para*-nitrofenol gevormd. In beide gevallen vindt eveneens aanzienlijke oxidatie plaats (zie § 23.11).



Ook zwakke elektrofielen zoals het nitrosoniumion ($^+N = O$) en het diazoniumion kunnen elektrofiele substitutiereacties geven, waarbij nitroso- en diazoverbindingen gevormd worden. Het mechanisme van deze reacties verloopt volgens het algemene patroon dat in § 22.4.1 en aan het begin van deze paragraaf is weergegeven.

OH + ⊕N=N–$C_6H_5$ ⟶ HO–$C_6H_4$–N=N–$C_6H_5$ *p*-(fenylazo)fenol

## 23.6 Anilinen

Het basische karakter van aminen en aniline is reeds in § 12.4 aan de orde geweest. De basesterkte van anilinen is aanmerkelijk lager dan die van alifatische aminen. Dit komt doordat het vrije elektronenpaar van het stikstofatoom in een 2p-orbitaal zit die mesomere interactie heeft met de 2p-orbitalen van de fenylring. In het geprotoneerde aniline wordt dit elektronenpaar gebruikt voor de binding met het proton. Daardoor is het niet meer beschikbaar voor mesomere interactie waardoor een zeker verlies aan mesomere energie optreedt, wat ongunstig is. Dit verlies treedt niet op bij protonering van acyclische aminen, waardoor het energieverschil tussen de geprotoneerde en de ongeprotoneerde verbindingen daar kleiner is (zie fig. 23.2).

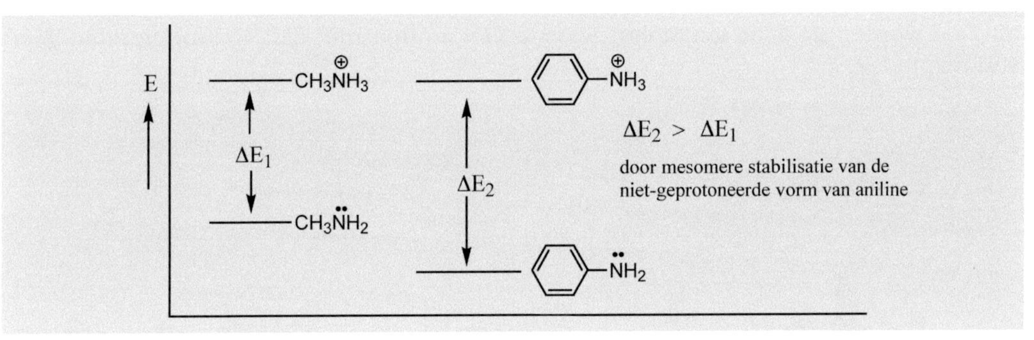


Fig. 23.2. Energiediagram van de protonering van methylamine en aniline.

De verklaring van de lage basesterkte van anilinen kan ook eenvoudiger geformuleerd worden door te stellen dat het elektronenpaar op het stikstofatoom mesomere interactie heeft met de π-elektronen van de fenylring waardoor het in mindere mate beschikbaar is voor de binding van een proton.

Het zal duidelijk zijn, dat elektronenstuwende substituenten aan de ring ook de elektronendichtheid op het stikstofatoom verhogen, waardoor de basesterkte toeneemt. Omgekeerd zullen elektronenzuigende substituenten aan de ring de elektronendichtheid in die ring en op het stikstofatoom verlagen, waardoor de basesterkte afneemt.

$NH_2$, X: sterkere basen dan aniline; X = $-NH_2$, $-OCH_3$, $-CH_3$

$NH_2$, Y: zwakkere basen dan aniline; Y = $-NO_2$, $-C(=O)-R$, Cl, Br, F, $\overset{\oplus}{N}H_3$

## 23.7 Aniline als nucleofiel

De reacties van aniline als nucleofiel zijn te vergelijken met die van fenol en die van de aminen. Het vrije elektronenpaar op het stikstofatoom treedt op als nucleofiel in $S_N2$-substitutiereacties en net als bij acyclische aminen, worden ook hier vaak mengsels van gealkyleerde anilinen verkregen.

aniline + $CH_3$–I $\xrightarrow{-\,HI}$ *N*-methylaniline $\xrightarrow[-\,HI]{+CH_3-I}$

*N,N*-dimethylaniline $\xrightarrow{+CH_3-I}$ *N,N,N*-trimethylaniliniumjodide

De acylering van anilinen wordt meestal uitgevoerd met anhydriden; de gevormde amiden worden *aniliden* genoemd. Reactie van aniline met sulfonzuurchioriden geeft sulfonaniliden.

aniline + azijnzuuranhydride ⟶ aceetanilide + $CH_3$–COOH

aniline + Cl–$SO_2$–$C_6H_5$ ⟶ fenylsulfonanilide + HCl

## 23.8 Ringsubstitutie in anilinen

De $NH_2$-groep of een gesubstitueerde -NHR- of -$NR_2$-groep is, net als de OH-groep, een krachtige, activerende en *ortho-para*-richtende groep in elektrofiele aromatische substituties. Ook bij anilinen dragen de grensstructuren **1** en **2** in hoge mate bij tot de stabilisatie van het intermediaire ion omdat in deze structuur alle atomen een elektronenoctet hebben.

aniline + $E^{\oplus}$ ⟶ intermediair ⟷ **1**

Anilinen zijn vaak te reactief in elektrofiele aromatische substituties, zodat polysubstitutie en oxidatie als nevenreacties optreden. Een eenvoudige oplossing voor dit probleem is beschikbaar door niet de anilinen zelf maar de overeenkomstige (aceet)aniliden als uitgangsstof te gebruiken. De aminogroep wordt hierbij omgezet in een amidegroep en het vrije elektronenpaar op stikstof is nu niet langer beschikbaar voor activering van de aromatische ring. In amiden is de carbonylgroep in mesomerie met het vrije elektronenpaar op het stikstofatoom waardoor het in mindere mate beschikbaar is voor stabilisatie van kationische intermediairen als **1** en **2** (zie ook § 23.5).

aniline aceetanilide *p*-nitroaceetanilide *p*-nitroaniline

De amidegroep in aceetanilide is nog steeds een activerende, *ortho-para*-richtende substituent maar de reactiviteit is nu veel lager dan die van aniline. De amidegroep in aceetanilide is bovendien zo groot dat aanval op de *ortho*-plaatsen bemoeilijkt wordt en er vrijwel uitsluitend *para*-substitutie plaatsvindt. Hydrolyse van het anilide geeft daarna het vrije p-nitro-aniline.

## 23.9 Reacties van anilinen met salpeterigzuur

In hoofdstuk 12, over aminen, hebben we gezien dat primaire, secundaire en tertiaire aminen op verschillende manieren kunnen reageren met salpeterigzuur. Salpeterigzuur is niet stabiel, maar het kan worden gemaakt uit natriumnitriet met een mineraalzuur. Het gevormde $HNO_2$ verliest daarna een molecuul water waarna het zwak elektrofiele nitrosoniumion ($^+N = O$) ontstaat. In aminen reageert $^+N{=}O$ in eerste instantie met het vrije elektronenpaar van het stikstofatoom, waarna eventueel volgreacties kunnen optreden. De acyclische aminen en de aromatische aminen (anilinen) vertonen daarbij in grote lijnen hetzelfde reactiepatroon (zie § 12.6).

Primaire aminen reageren met $^{+}N=O$ tot onstabiele diazoniumzouten die ontleden onder afsplitsing van een molecuul stikstof. Primaire anilinen reageren eveneens met $^{+}N=O$ tot diazoniumzouten. De gevormde diazoniumzouten worden nu echter gestabiliseerd door mesomerie met de aromatische ring en zijn daardoor redelijk stabiel bij 0-5 °C.

tautomerisatie

benzeendiazoniumchloride

Secundaire aminen geven na reactie met $^{+}N=O$ stabiele *N*-nitrosoverbindingen. Dit is ook het geval bij secundaire anilinen.

*N*-methylaniline

*N*-methyl-*N*-nitrosoaniline

In tertiaire anilinen is naast aanval van het vrije elektronenpaar van stikstof op $^{+}N=O$, een alternatief reactiepatroon beschikbaar. Het zwak elektrofiele $^{+}N=O$ kan nu ook reageren met de sterk geactiveerde aromatische ring, net zoals bij de fenolen het geval is (zie § 23.5). Op deze wijze wordt het *para*-nitroso-*N,N*-dimethylaniline gevormd; de *ortho*-verbinding wordt niet gevormd, omdat beide *ortho*-plaatsen sterisch gehinderd zijn door de methylgroepen aan het stikstofatoom.

$NaNO_2$, HCl

0 - 10°C

*p*-nitroso-*N,N*-dimethylaniline

## 23.10 Diazoniumzouten

In de vorige paragraaf is reeds vermeld dat anilinen met salpeterigzuur, of beter $^{+}N{=}O$, reageren tot diazoniumzouten die redelijk stabiel zijn bij 0 °C. Meestal wordt een diazoniumzout na bereiding direct verder gebruikt voor andere reacties. Twee typen reacties worden daarbij veel toegepast. In het eerste type wordt de diazoniumgroep gesubstitueerd bij aanval door een nucleofiel, waarbij het stikstofmolecuul als vertrekkende groep optreedt. In het tweede type treedt de diazoniumgroep op als een zwak elektrofiel in een zogenaamde *azokoppelingsreactie*. In dit geval blijven de beide stikstofatomen in het molecuul.

Substitutie van de diazoniumgroep

De azokoppelingsreactie

Substitutie van de diazoniumgroep door een ander atoom of een andere groep is de beste manier om een -$NH_2$-groep in een aniline te vervangen. Daarvoor wordt dan eerst de $NH_2$-groep in een aniline in een diazoniumgroep omgezet.

Aromatische diazoniumzouten reageren in aanwezigheid van koper(I)zouten waarbij een halogeenatoom of cyanidegroep op de plaats van de diazoniumgroep ingevoerd kan worden. De reactie van diazoniumzouten in water geeft het overeenkomstige fenol.

Sterk geactiveerde aromaten, zoals fenolen en anilinen, geven gemakkelijk elektrofiele substitutiereacties. Het diazoniumzout kan als zwak elektrofiel met deze aromaten goed reageren onder vorming van azoverbindingen.

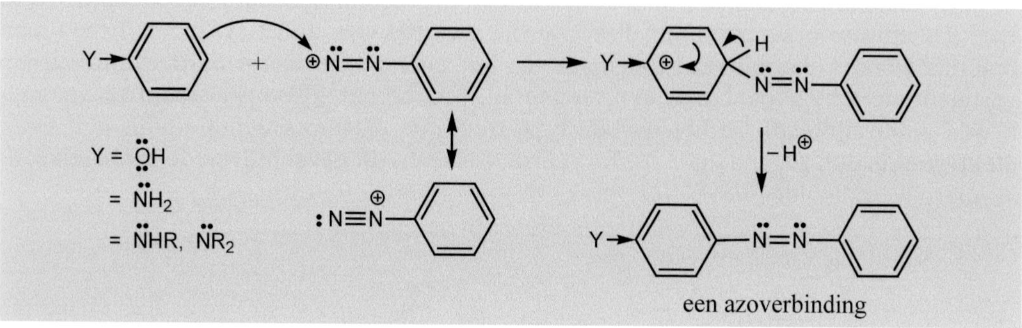

Y = ÖH
= $NH_2$
= NHR, $NR_2$

een azoverbinding

Azoverbindingen zijn sterk gekleurd en ze worden daarom zeer veel toegepast in de verfindustrie. Een paar bekende azokleurstoffen zijn methyloranje, Acid red 88, briljantgeel en botergeel.

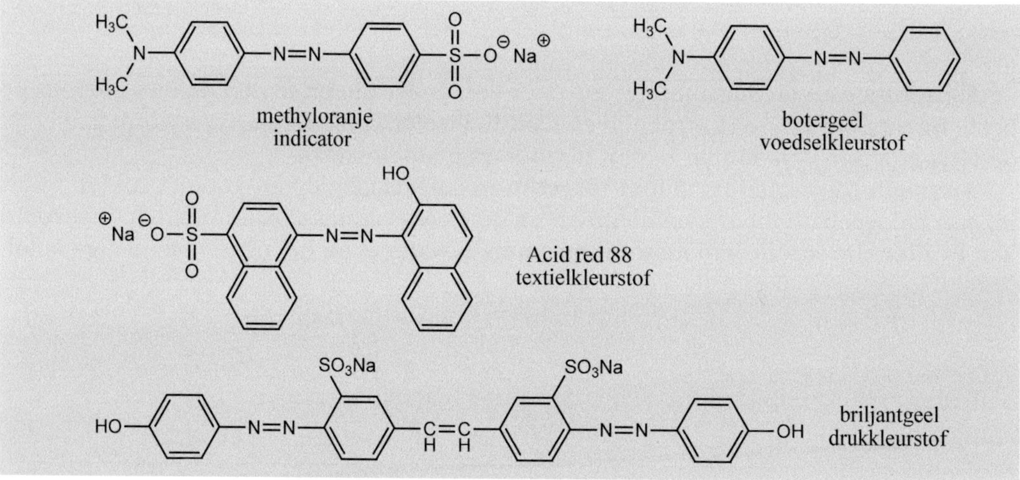

methyloranje
indicator

botergeel
voedselkleurstof

Acid red 88
textielkleurstof

briljantgeel
drukkleurstof

## 23.11 Oxidatie van fenolen

De anionen van fenolen kunnen geoxideerd worden door het afstaan van één elektron. Daarbij worden dan fenoxyradicalen gevormd die relatief stabiel zijn omdat ze door mesomerie gestabiliseerd worden.

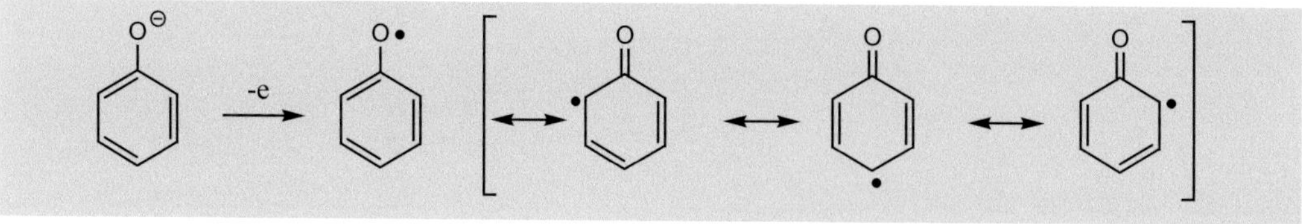

Verbindingen die één elektron kunnen opnemen zijn bijvoorbeeld moleculaire zuurstof en peroxiden. Ook fenol zelf kan op deze wijze geoxideerd worden. Fenol staat in deze reacties formeel een waterstofradicaal af, maar dit is ook op te vatten als de overdracht van achtereenvolgens een proton en één elektron. De fenoxyradicalen die ontstaan, kunnen eventueel verder reageren tot chinonen (zie § 23.12) of onderling koppelen.

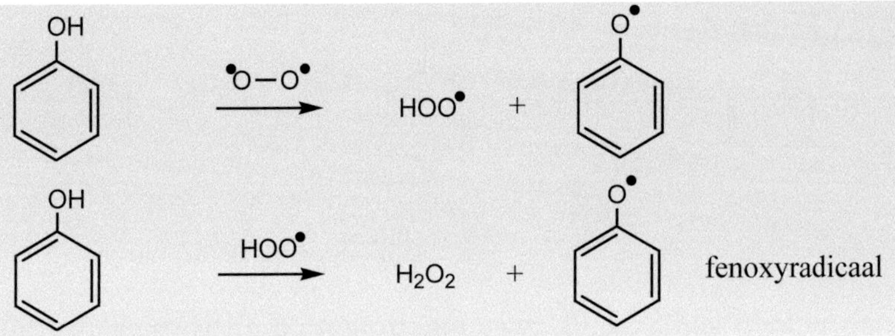

fenoxyradicaal

Het gemak waarmee fenolen met oxiderende radicalen reageren, maakt ze geschikt als anti-oxidantia. De oxidatie van onverzadigde vetzuurketens door zuurstof uit de lucht is bijvoorbeeld een proces dat verloopt via een radicaalkettingreactie (zie § 5.13). De aanwezigheid van een fenol zal dit proces onderbreken door met de intermediaire radicalen te reageren. BHA en BHT zijn fenolen die daarom in zeer lage concentraties toegevoegd mogen worden aan voedingsmiddelen die onverzadigde vetzuren bevatten.

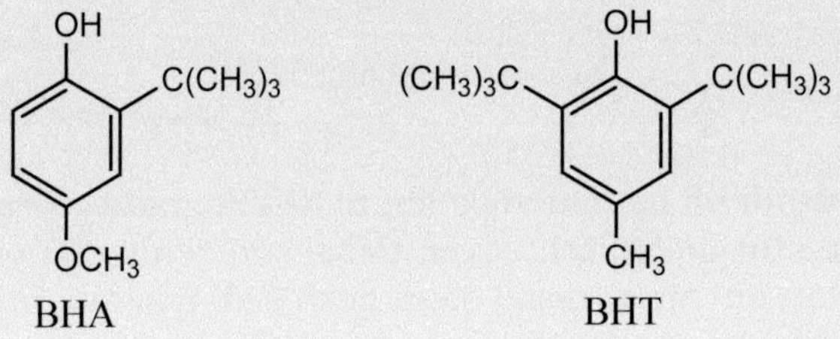

BHA BHT

Ook de natuur maakt gebruik van fenolen om planten en dieren tegen ongewenste oxidatie te beschermen. De tocoferolen (vitamine-E-complex) zijn natuurlijke anti-oxidantia die onder andere veel voorkomen in plantaardige oliën. Tocoferolen zijn derivaten van hydrochinon en bevatten een lange alkylrest om deze verbindingen goed in vet oplosbaar te maken. Ze worden gemakkelijk geoxideerd tot de chinonvorm waardoor het weefsel zelf beschermd wordt tegen oxidatie of vernieling door radicaalreacties. Radicaalreacties zijn ook nauw betrokken bij verouderingsprocessen.

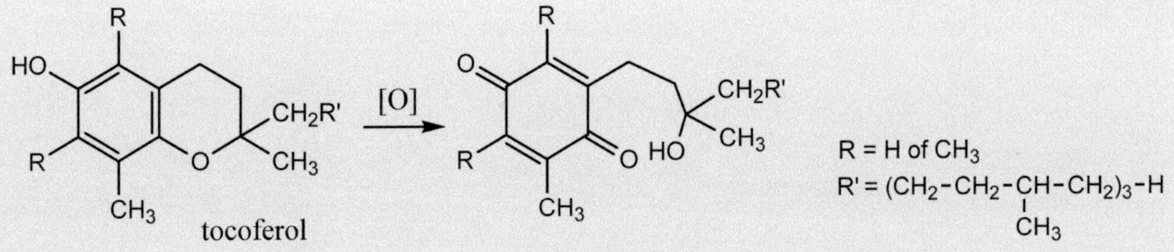

tocoferol

R = H of $CH_3$

R' = $(CH_2-CH_2-CH(CH_3)-CH_2)_3-H$

## 23.12 Chinonen

Doordat fenolen en aniline een relatief grote elektronendichtheid bezitten, kan ook het koolstofskelet in deze verbindingen betrekkelijk gemakkelijk geoxideerd worden. De oxidatie van fenol of aniline met chroomzuur geeft benzochinon.

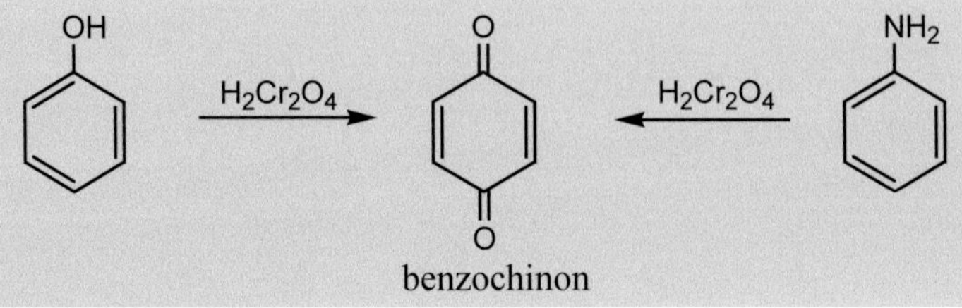

$H_2Cr_2O_4$ $H_2Cr_2O_4$

benzochinon

Chinonen nemen gemakkelijk twee elektronen op en vormen daarbij de overeenkomstige dihydroxybenzenen (hydrochinonen). Deze omzetting is vaak een reversibele redoxreactie.

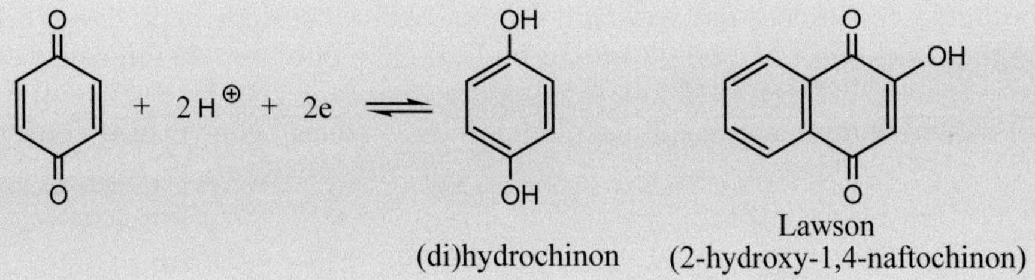

$+ 2H^{\oplus} + 2e \rightleftharpoons$

(di)hydrochinon

Lawson (2-hydroxy-1,4-naftochinon)

Hydrochinon wordt bij het ontwikkelen in de fotografie gebruikt om belichte zilverionen te reduceren tot metallisch zilver. Gesubstitueerde chinonen worden vaak aangetroffen in planten en zijn meestal sterk gekleurd. Lawson, bijvoorbeeld, is een gele kleurstof die verkregen wordt uit de hennastruik *Lawsonia inermis*. Een pasta van gedroogde hennabladeren wordt gebruikt om het haar een rode tint te geven.

Een belangrijke chinonverbinding is vitamine $K_1$ bij deficiëntie wordt er o.a. onvoldoende van de bloedstollingsfactor protrombine gevormd. Vitamine $K_1$ komt voor in verschillende planten en wordt normaal in voldoende mate geconsumeerd. De verbinding heeft een 1,4-naftochinonstructuur en deze is essentieel voor de werking bij de bloedstolling. De lange alkylketen is voor deze werking niet nodig, want ook zonder deze alkylketen is de stof bijna even actief (het synthetische menadion).

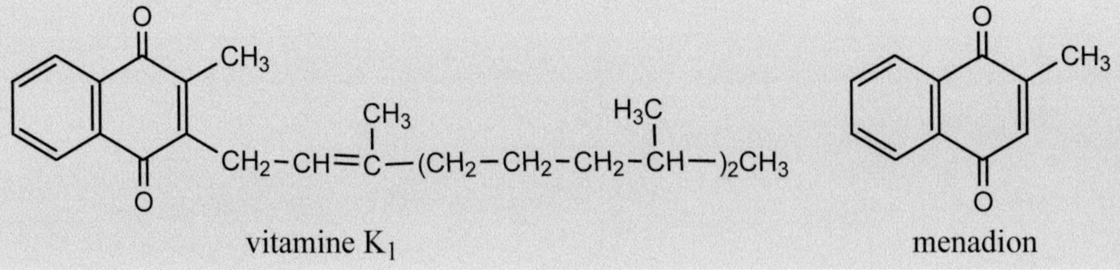

vitamine $K_1$

menadion

De meeste organismen maken gebruik van de gemakkelijke en reversibele omzetting van de chinonstructuur in de dihydrochinonstructuur door gebruik te maken van coënzym Q als mild redox-agens. Dit coënzym komt in een aantal vormen voor die onderling verschillen in de lengte van de zijketen. In zoogdieren komt coënzym $Q_{10}$ het meest voor; het getal 10 geeft het aantal repeterende isopreeneenheden in de zijketen aan.

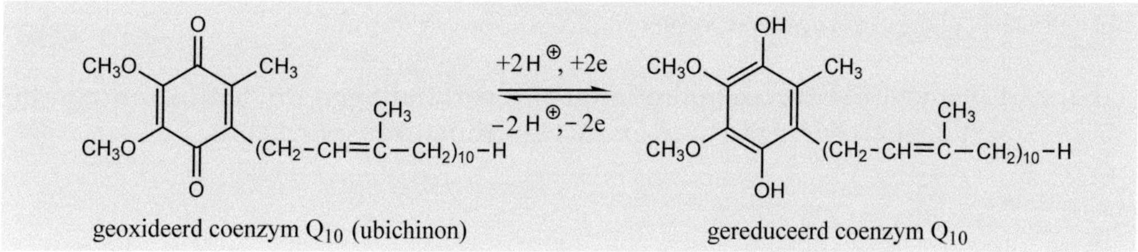

$+2H^{\oplus}, +2e$ / $-2H^{\oplus}, -2e$

geoxideerd coenzym $Q_{10}$ (ubichinon) — gereduceerd coenzym $Q_{10}$

De coënzymen Q zijn zeer wijd verspreid in de natuur aanwezig. De Engelse naam ubiquinone voor dit coënzym geeft dit ook aan, de naam is een samentrekking van de woorden ubiquitous (= alomtegenwoordig) en quinone (= chinon).

Een zeer belangrijke functie vervult coënzym Q in de mitochondriën van de cel, waar het als schakel in de elektronentransportketen twee elektronen opneemt van de flavoproteïnen en weer doorgeeft aan de cytochromen. Het actieve gedeelte in de flavoproteïnen is de isoalloxazinering en deze heeft in de geoxideerde vorm eveneens een chinonachtige structuur. In de gereduceerde vorm tautomeriseert de hydroxylgroep van de dihydrochinonvorm in de pyrimidinering tot een ketogroep (zie § 24.4).

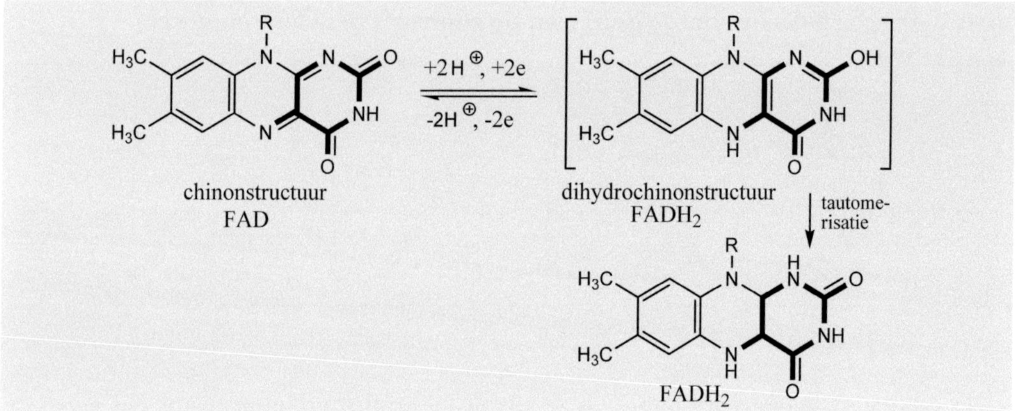

$+2H^{\oplus}, +2e$ / $-2H^{\oplus}, -2e$

chinonstructuur FAD — dihydrochinonstructuur $FADH_2$ — tautomerisatie — $FADH_2$

## 23.13 De elektronentransportketen

Bij de ademhaling wordt zuurstof opgenomen dat via de longen en de bloedbaan getransporteerd wordt naar de mitochondriën in de cel. De functie van zuurstof is de verschillende brandstofmoleculen te oxideren, waarbij energie vrijkomt die voor tal van processen benut kan worden. Bij deze oxidatiereacties worden uiteindelijk elektronen van een substraat overgedragen op zuurstof. In biologische oxidaties vindt deze elektronenoverdracht echter niet rechtstreeks plaats, maar verloopt via een vaste serie reacties die bekend staat als de elektronentransportketen of ook wel de ademhalingsketen. Aan de elektronentransportketen neemt een aantal verbindingen deel die ieder voor zich goed een reversibele redoxreactie kunnen ondergaan. Iedere schakel in de keten reduceert een volgende schakel en wordt daarbij zelf geoxideerd. Tabel 23.1 geeft de reductiepotentialen van de verbindingen die betrokken zijn bij de elektronentransportketen. Het $NAD^+/NADH$-redoxkoppel heeft de meest negatieve reductiepotentiaal en kan dus het gemakkelijkst elektronen doorgeven aan andere systemen.

**Tabel 23.1. Standaard-reductiepotentialen van verbindingen die betrokken zijn bij het elektronentransport in de elektronentransportketen.**

| *Reactie* | *$E'_0$ (pH 7)* |
|---|---|
| $NAD^+ + H^+ + 2e \rightleftarrows NADH$ | -0,32 V |
| riboflavine + $2H^+ + 2e \rightleftarrows$ dihydroriboflavine | -0,20 V |
| coënzym $Q_{10}$ + $2H^+ + 2e \rightleftarrows$ dihydrocoënzym $Q_{10}$ | +0,10 V |
| cytochroom c ($Fe^{3+}$) + e $\rightleftarrows$ cytochroom c ($Fe^{2+}$) | +0,30 V |
| cytochroom $a_3$ ($Fe^{3+}$) + e $\rightleftarrows$ cytochroom $a_3$ ($Fe^{2+}$) | +0,55 V |
| $O_2 + 4H^+ + 4e \rightleftarrows 2H_2O$ | +0,81 V |

Het elektronenverloop in de elektronentransportketen volgt de thermodynamisch strikt logische route van NADH (twee-elektronoverdracht) via de flavinen FMN of FAD naar coënzym Q. Dit coënzym draagt vervolgens de elektronen via vijf cytochromen (b, $c_1$, e, a en $a_3$ één-elektronprocessen) over op zuurstof (vier-elektronproces).



Coënzym Q is een knooppunt in de elektronentransportketen, want het sluist de elektronen van twee verschillende redoxpaden door naar zuurstof via het cytochromensysteem. Coënzym Q is de enige verbinding in de elektronentransportketen die niet sterk gebonden zit aan een eiwit. De isopreenketen aan coënzym Q maakt de verbinding zeer apolair, waardoor deze zich gemakkelijk in de apolaire omgeving van de mitochondriën kan bewegen en zodoende een mobiele schakel vormt tussen de flavoproteïnen en de cytochromen.

Bij het elektronentransport vindt een geleidelijke verlaging van energie plaats. Een deel van de energie wordt opgeslagen in de vorm van ATP doordat het elektronentransport in de mitochondriën gekoppeld is aan de productie van ATP uit ADP en fosfaat. Dit proces wordt *oxidatieve fosforylering* genoemd.

## 23.14 Fenolen in natuurproducten

### *23.14.1 Polyketiden*

Acetylcoënzym A speelt een centrale rol in het primaire metabolisme. Het voert de brandstof aan in de citroenzuurcyclus en het levert de bouwstenen voor de biosynthese van vetzuren. Daarnaast heeft deze verbinding een belangrijke functie als leverancier van acetyleenheden voor de biosynthese van een groot aantal andere natuurproducten. In deze paragraaf zal de betrokkenheid van acetylcoënzym A bij de opbouw van de polyketiden behandeld worden.

De polyketiden vormen een groep van natuurproducten die zijn opgebouwd uit *polyacetylketens*. Deze ketens worden gevormd door condensatie van vier tot tien acetyleenheden die geleverd worden door acetylcoënzym A. Vanwege de grote variëteit aan verbindingen die bij verdere omzetting van een polyacetylketen kan ontstaan, worden de polyketiden onderverdeeld in een aantal kleinere groepen. Deze indeling vindt plaats op grond van het aantal acetyleenheden waaruit het basisskelet is opgebouwd. Eventueel kan deze indeling verder onderverdeeld worden op grond van bepaalde gemeenschappelijke structuurelementen die door kenmerkende cyclisatiereacties van de polyacetylketen ontstaan zijn. De structuurformules van een aantal polyketiden in figuur 23.3 geven een indruk van de veelheid aan verbindingen die op deze wijze gevormd worden. Gemeenschappelijke structuurelementen in deze verbindingen hebben geleid tot een onderverdeling van de polyketiden in o.a.: chromonen, naftochinonen, xanthonen, anthrachinonen, tetracyclines en aflatoxines. Deze verbindingen worden in de natuur zeer verspreid aangetroffen en komen onder andere veel voor als natuurlijke kleurstoffen. Vele herfsttinten, de kleuren van een groot aantal bloemen, de donkere tinten van tropische houtsoorten en de veelkleurigheid van korstmossen, paddestoelen en schimmels worden veroorzaakt door polyketiden. Sommige polyketiden hebben antibiotische eigenschappen zoals een aantal tetracyclines; andere werken als fungicide of zijn zeer giftig, zoals de aflatoxines.

De biosynthese van polyketiden begint met de opbouw van een lineaire polyacetylketen uit een aantal moleculen acetylcoënzym A. De opbouw van de polyacetylketen vertoont grote overeenkomst met het begin van de vetzuursynthese. Een acetylgroep en een malonylgroep worden door omestering als thioëster gekoppeld aan een synthese-enzym en daarna reageren ze met elkaar in een Claisen-type condensatiereactie onder afsplitsing van kooldioxide. De koppeling van steeds een acetylfragment aan de keten wordt herhaald tot de voor het betreffende enzym karakteristieke lengte van de polyacetylketen is bereikt.

$$^{\ominus}O-C(=O)-CH_2-C(=O)-S\text{-enzym} + CH_3-C(=O)-S\text{-enzym} \xrightarrow[-\,^{\ominus}S\text{-enzym}]{-CO_2} H_3C-C(=O)-CH_2-C(=O)-S\text{-enzym}$$

$$H_3C-C(=O)-CH_2-C(=O)-S\text{-enzym} + {}^{\ominus}O-C(=O)-CH_2-C(=O)-S\text{-enzym} \xrightarrow[-CO_2\ ;\ -\,^{\ominus}S\text{-enzym}]{} CH_3-C(=O)-CH_2-C(=O)-CH_2-C(=O)-S\text{-enzym}$$

$$\longrightarrow\ \longrightarrow\ CH_3-C(=O)-(CH_2-C(=O)-)_nCH_2-C(=O)-S\text{-enzym}$$

polyacetylketen

De structuurformules van de polyketiden in figuur 23.3 laten zien dat het patroon van elkaar afwisselende methyleen- en carbonylgroepen in bijna alle eindproducten terug te vinden is.

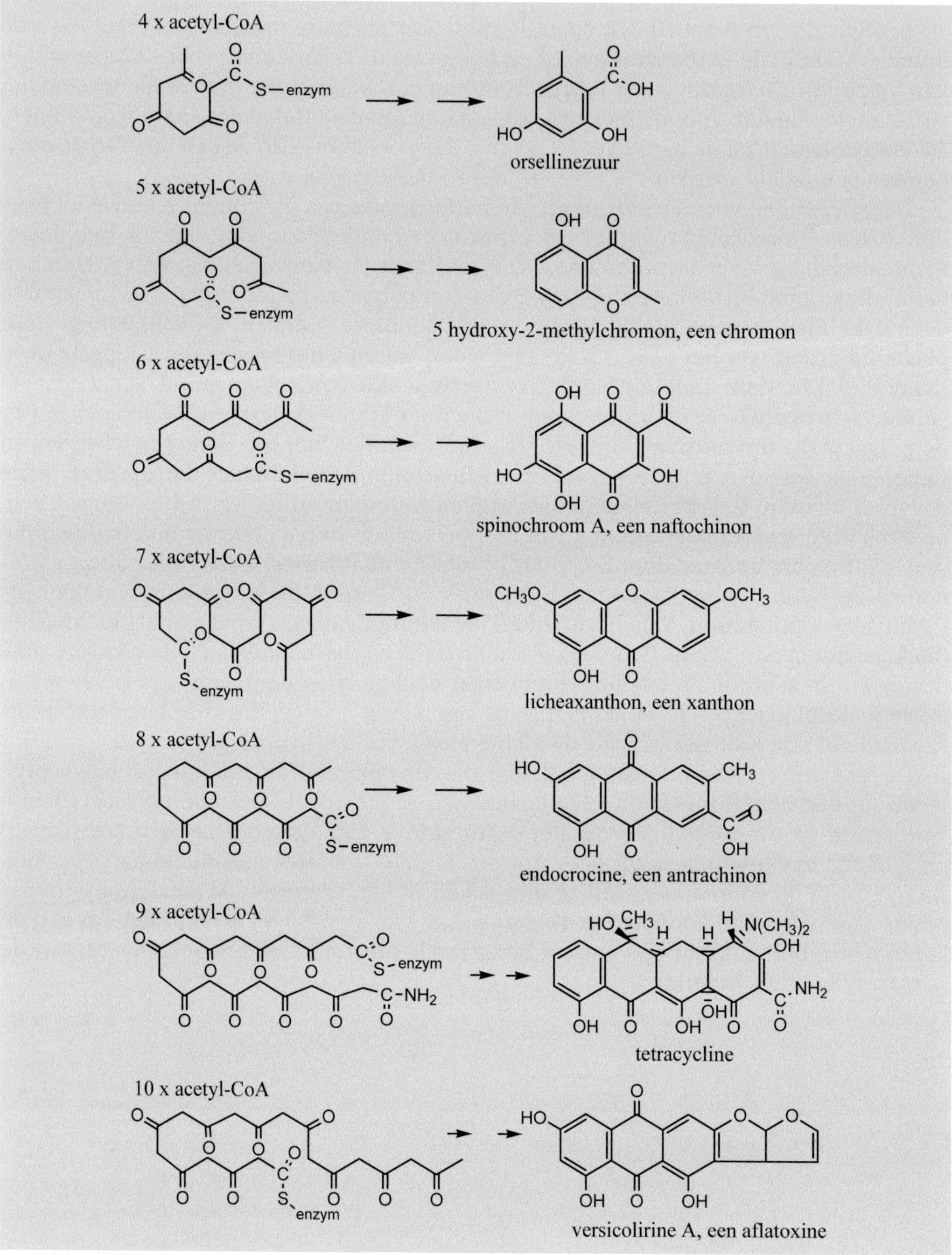

4 x acetyl-CoA → → orsellinezuur

5 x acetyl-CoA → → 5 hydroxy-2-methylchromon, een chromon

6 x acetyl-CoA → → spinochroom A, een naftochinon

7 x acetyl-CoA → → licheaxanthon, een xanthon

8 x acetyl-CoA → → endocrocine, een antrachinon

9 x acetyl-CoA → → tetracycline

10 x acetyl-CoA → → versicolirine A, een aflatoxine

Fig. 23.3. De bouw van een aantal polyketiden.

De polyacetylketen heeft een aantal mogelijkheden om een intramoleculaire cyclisatiereactie te ondergaan waarbij dan een fenol gevormd wordt. De cyclisatie van polyacetylketens is één van de biosyntheseroutes voor aromatische verbindingen; een tweede route verloopt via shikimizuur en deze wordt in de volgende paragraaf besproken.

### *23.14.2 Shikimaten en fenylpropanen*

In de vorige paragraaf hebben we gezien dat een belangrijke biosyntheseroute voor aromatische verbindingen verloopt via de cyclisatie van polyacetylketens. Daarnaast bestaat er een tweede route voor de biosynthese van aromaten die bekend staat als de shikimaatroute.

Shikimizuur wordt in een aantal belangrijke verbindingen omgezet die samengevat worden onder de naam **shikimaten**. Een eerste groep van shikimaten omvat de *poly*hydroxybenzoëzuren, waarvan galluszuur, een bestanddeel van de tannines, een voorbeeld is.

Een tweede type aromaten waarvan de biosynthese via shikimizuur verloopt, zijn de *mono*amino- en de *mono*hydroxybenzoëzuren. Uit deze benzoëzuren kunnen door verdere omzettingen o.a. de ubichinonen, foliumzuur, tryptofaan en verschillende alkaloïden worden gevormd.

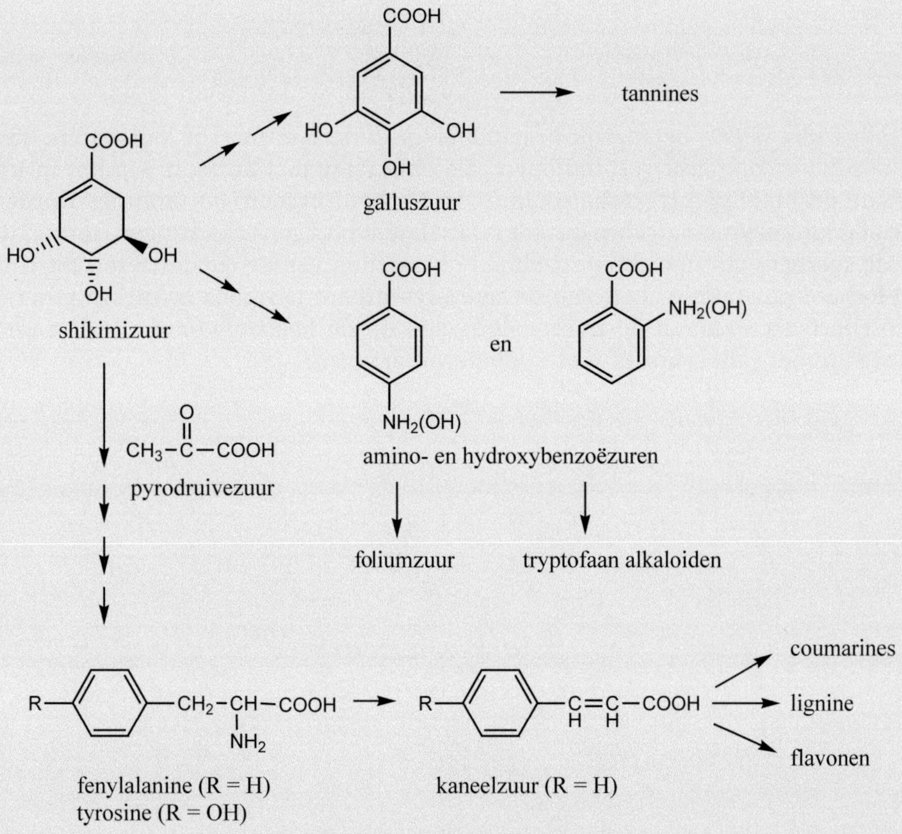

COOH, HO, OH, OH
shikimizuur
COOH, HO, OH, OH
galluszuur
tannines
COOH, $NH_2$(OH)
en
COOH, $NH_2$(OH)
amino- en hydroxybenzoëzuren
foliumzuur
tryptofaan alkaloiden
$CH_3-C(=O)-COOH$
pyrodruivezuur
R–$C_6H_4$–$CH_2$–CH($NH_2$)–COOH
fenylalanine (R = H)
tyrosine (R = OH)
R–$C_6H_4$–CH=CH–COOH
kaneelzuur (R = H)
coumarines
lignine
flavonen

Shikimizuur is ook intermediair in de biosynthese van de aromatische aminozuren fenylalanine en tyrosine. Deze twee aminozuren zijn op hun beurt uitgangsstoffen voor de groep natuurproducten die bekend staan onder de naam **fenylpropanen**. Fenylpropanen zijn opgebouwd uit een (gesubstitueerde) benzeenring met daaraan een zijketen bestaande uit drie koolstofatomen. Kaneelzuur is één van de kenmerkende tussenproducten in de biosynthese van fenylpropanen. Deze verbindingen worden wijd verbreid aangetroffen, o.a. in groenten en fruit. Verdere omzetting van kaneelzuur leidt onder meer tot de vorming van coumarines (plantenhormonen), lignine (komt voor in hout) en plantenkleurstoffen zoals flavonen en anthocyanen.

### 23.14.3 *Natuurprodukten uit shikimaat*

*Galluszuur* is één van de veel voorkomende polyhydroxybenzoëzuren die uit shikimaat gevormd worden. De kortste biosyntheseroute verloopt via directe oxidatie van shikimaat.

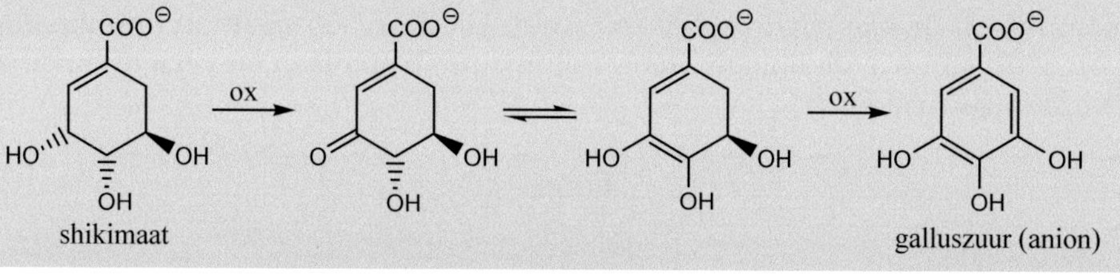

shikimaat — ox → ⇌ — ox → galluszuur (anion)

Galluszuur is een belangrijk bestanddeel van de tannines of looistoffen. Tannines zijn bijzonder complexe verbindingen, die onderverdeeld kunnen worden in hydrolyseerbare en niet-hydrolyseerbare tannines. De hydrolyseerbare tannines worden door zuur of door enzymen afgebroken tot relatief eenvoudige verbindingen, terwijl de niet-hydrolyseerbare tannines bij eenzelfde behandeling verder condenseren tot complexe onoplosbare polymeren. Eén van de hydrolyseerbare tannines is Turkse tannine, een glucosederivaat waarvan de hydroxylgroepen op de koolstofatomen 1, 3, 4 en 6 veresterd zijn met galluszuur of met oligomeren daarvan.

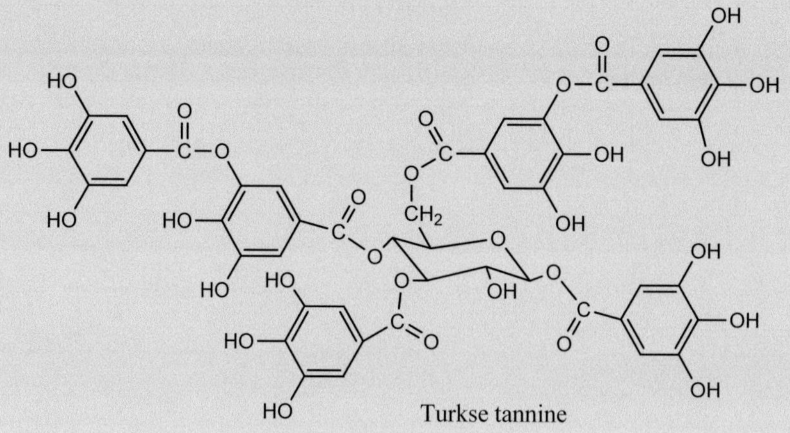

Turkse tannine

Tannines komen voor in diverse delen van planten. Ze kunnen geëxtraheerd worden uit fruit, bladeren, hout of uit plantengalbulten die ontstaan zijn door aanval van insekten. In de praktijk worden tannines voornamelijk gewonnen uit sumakbladeren. Ze vinden toepassing in de leerlooierij, als beitsmiddel, in de inktfabricage en als stopmiddel in de farmacie.

*para-Aminobenzoëzuur* maakt deel uit van het coënzym tetrahydrofoliumzuur. Dit coënzym functioneert in biosynthesereacties als overdrager van een groep bestaande uit één koolstofatoom in de vorm van een methylgroep (-$CH_3$), een hydroxymethylgroep (-$CH_2OH$) of een formylgroep (-CHO) naar een nucleofiel centrum. De over te dragen groep is in tetrahydrofoliumzuur gebonden aan het N-5 of N-10 stikstofatoom of aan beide (zie ook § 21.9.6 en 21.10.7).

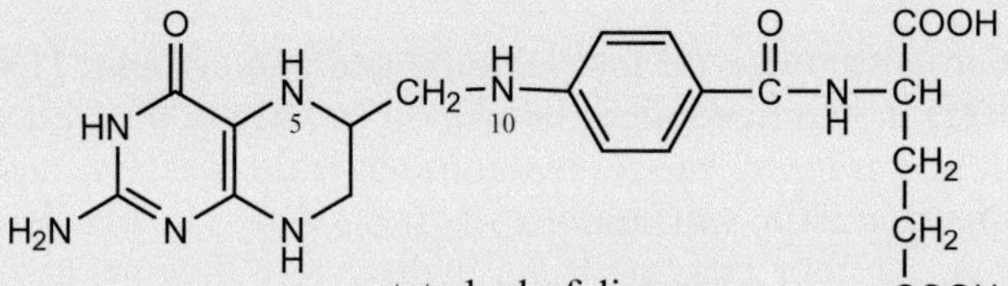

tetrahydrofoliumzuur

*ortho-Aminobenzoëzuur* (antranilzuur) is een sleutelverbinding in de biosynthese van het aminozuur tryptofaan. Dit aminozuur fungeert als uitgangsstof voor de biosynthese van veel alkaloïden. Ook andere belangrijke biologische aminen zoals serotonine en het plantenhormoon indolylazijnzuur worden gevormd uit tryptofaan.

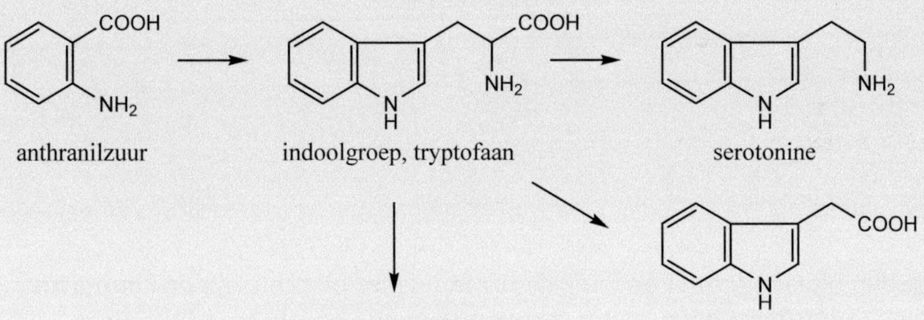

anthranilzuur → indoolgroep, tryptofaan → serotonine

indoolgroep, tryptofaan → indolylazijnzuur

indoolgroep, tryptofaan → indoolalkaloïden

## 23.14.4 Fenylpropanen

*Fenylpyruvaat* en *4-hydroxylfenylpyruvaat* worden door transaminering omgezet in de aminozuren fenylalanine en tyrosine. Deze aromatische aminozuren komen in de natuur wijd verbreid voor en kunnen worden omgezet in vele andere verbindingen die eveneens het fenylpropaanskelet bevatten, zoals kaneelzuur en derivaten daarvan, coumarines en lignine. Daarnaast worden ook nog andere natuurproducten zoals de plantenkleurstoffen met een flavon-of anthocyaanskelet en vele alkaloïden uit deze aminozuren gevormd.

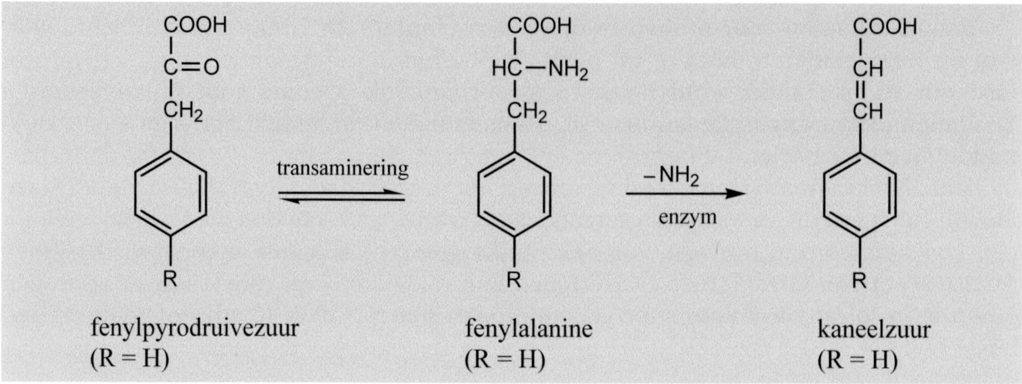

fenylpyrodruivezuur (R = H) —transaminering⇌— fenylalanine (R = H) —($-NH_2$, enzym)→ kaneelzuur (R = H)

De eliminatie van ammoniak uit fenylalanine geeft *kaneelzuur*. Het enzym dat deze eliminatie katalyseert is van bijzondere betekenis in hogere planten. Het speelt waarschijnlijk een rol in de verdeling van fenylalanine over de eiwitsynthese in het primaire metabolisme en de productie van andere natuurstoffen via het secundaire metabolisme. Kaneelzuur wordt door enzymatische hydroxylering, soms gevolgd door methylering, omgezet in een aantal andere fenylpropaancarbonzuren die, vaak als glycoside, voorkomen in groenten en fruit.

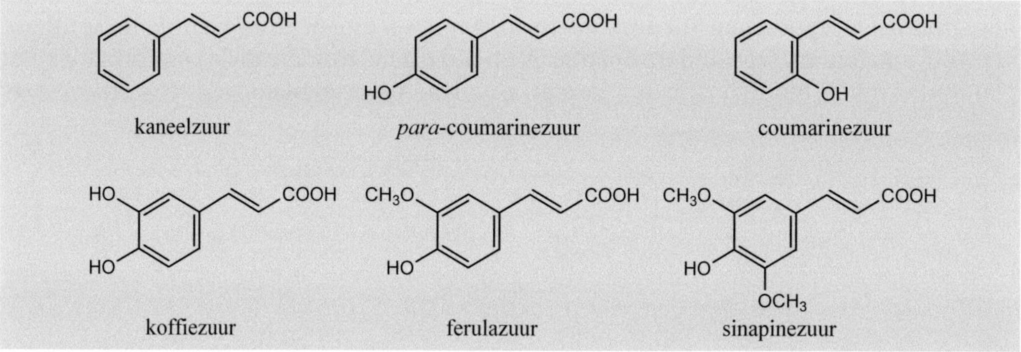

kaneelzuur — *para*-coumarinezuur — coumarinezuur

koffiezuur — ferulazuur — sinapinezuur

Typische metabolieten van kaneelzuur in hogere planten zijn de coumarines. Coumarine, umbelliferon en bergapteen zijn voorbeelden van deze verbindingen.

coumarine — umbelliferon — bergapteen

Coumarine komt als glucoside voor in verscheidene grassoorten. Tijdens het drogen van gras wordt door hydrolyse van het glucoside het vrije coumarine gevormd, dat verantwoordelijk is voor de typerende geur van vers hooi.

Zoals de naam al aangeeft, komt umbelliferon veel voor in de plantenfamilie van de schermbloemigen (Umbelliferae). De verbinding wordt onder meer toegepast in middelen tegen zonnebrand. Bergapteen komt voor als ongewenste, voor sommigen allergisch werkende, verontreiniging in bergamotolie, een essentiële olie die gebruikt wordt in de geur- en smaakstoffenindustrie.

### *23.14.5 Lignine*

Lignine is een complex polymeer dat in grote hoeveelheden in planten als bouwmateriaal voorkomt. Samen met de cellulosevezels geeft het ligninepolymeer stevigheid aan planten en bomen. Lignine is opgebouwd uit monomeren met een fenylpropaankoolstofskelet. Deze monomeren bestaan vooral uit alcoholen die afgeleid zijn van de reeds eerder genoemde kaneelzuurderivaten. Enkele van de meest voorkomende zijn coniferol en sinapylalcohol.

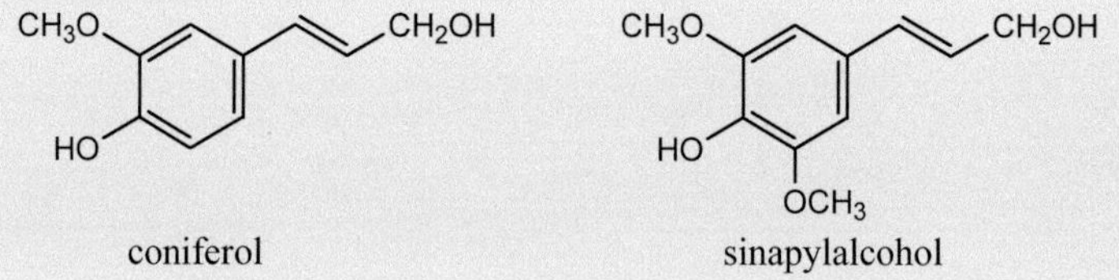

coniferol

sinapylalcohol

Oxidatieve radicaalkoppeling van deze fenolen geeft een sterk vertakt polymeer, waarbij koppelingen kunnen voorkomen op alle plaatsen die in de mesomere structuren een radicaal karakter hebben.

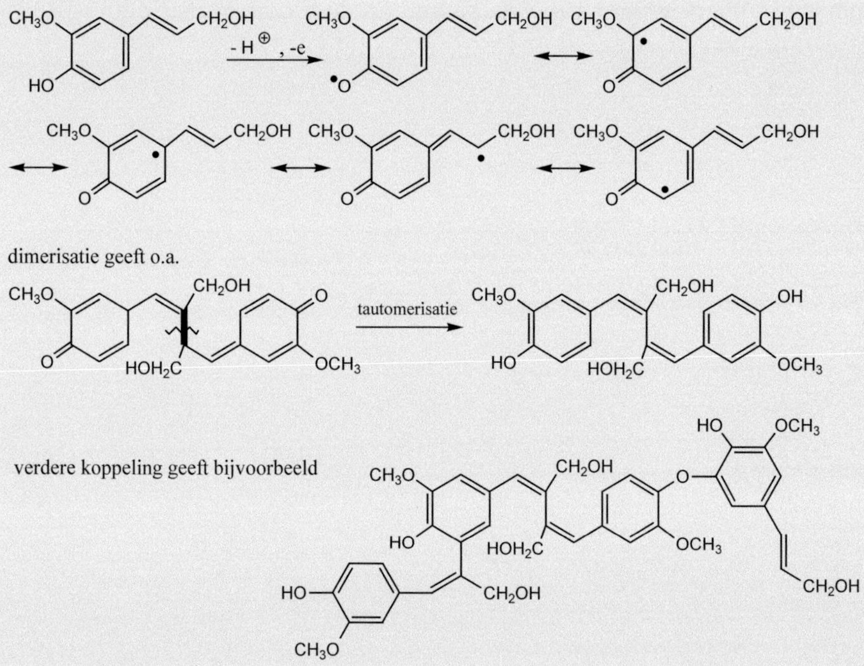

dimerisatie geeft o.a.

tautomerisatie

verdere koppeling geeft bijvoorbeeld

### 23.14.6 *Flavonen*

Flavonen vormen een belangrijke groep natuurlijke, meestal gele, kleurstoffen, die voorkomen in varens en de hogere planten. Uit flavonen worden flaviliumzouten of anthocyanidinen gevormd door reductie van de carbonylgroep, gevolgd door dehydratatie. Een voorbeeld is cyanidinechloride, dat een donkerrode kleur heeft en voorkomt in rozen. In basisch milieu heeft de verbinding een blauwe kleur en komt als zodanig voor in korenbloemen.

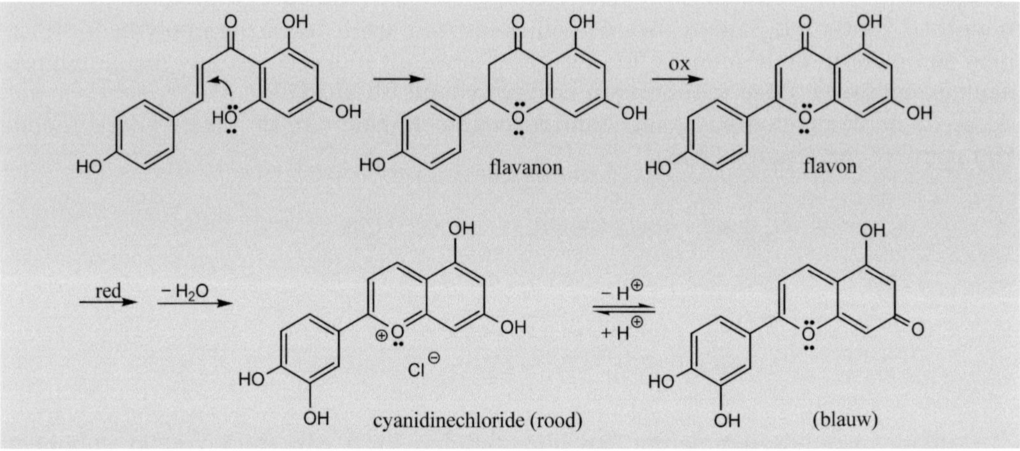

flavanon

flavon

red

$- H_2O$

cyanidinechloride (rood)

$- H^{\oplus}$

$+ H^{\oplus}$

(blauw)

Anthocyanidinen zijn meestal als aglycon gebonden aan een suikermolecuul; deze glycosiden worden *anthocyanen* genoemd. Anthocyanen zijn verantwoordelijk voor de rode, purper of blauwe kleur van vele bessen en de mooie herfsttinten van vele bladeren.

# 24 Heteroaromaten

De vele cyclische verbindingen die tot nu toe behandeld zijn, bevatten meestal uitsluitend koolstofatomen in de ring en deze verbindingen worden aangeduid met de term homocyclisch of carbocyclisch. Voorbeelden van aromatische carbocyclische verbindingen zijn benzeen, tolueen, naftaleen en antraceen.

Heterocyclische verbindingen bevatten naast koolstof nog andere ( = hetero) atomen in de ring. Van de verzadigde heterocyclische verbindingen is reeds een aantal in eerdere hoofdstukken genoemd, zoals tetrahydrofuran, tetrahydropyraan, epoxiden, pyrrolidine en piperidine.

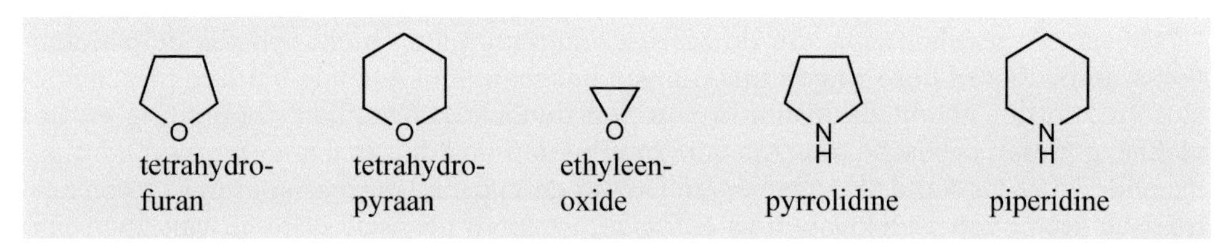


In dit hoofdstuk zullen de aromatische heterocyclische verbindingen, meestal *heteroaromaten* genoemd, behandeld worden. Heteroaromaten lijken in veel reacties sterk op de gewone carbocyclische aromaten. De verschillen die optreden, zijn een gevolg van twee eigenschappen van de heteroatomen.

- Het heteroatoom (N, O of S) is elektronegatiever dan koolstof waardoor in heteroaromaten gepolariseerde bindingen voorkomen.
- Het heteroatoom bevat één of meer vrije elektronenparen.

Heteroaromaten kunnen globaal in twee groepen worden onderverdeeld, de vijfring- en de zesring-heteroaromaten. Deze twee groepen tonen een opmerkelijk verschil in chemische eigenschappen. De vijfring-heteroaromaten zijn meestal elektronenrijke verbindingen in vergelijking met benzeen en geven dus gemakkelijk elektrofiele aromatische substitutiereacties. De zesring-heteroaromaten zijn meestal elektronenarm in vergelijking met benzeen en reageren daardoor vaak moeizaam in elektrofiele substituties. Nucleofiele substitutiereacties verlopen in deze zesring-heteroaromaten daarentegen redelijk gemakkelijk.

In dit hoofdstuk zal eerst ingegaan worden op het aromatische karakter van heteroaromaten, daarna zullen de vijfring- en de zesring-heteroaromaten apart aan de orde komen. Ten slotte zal de biologisch zeer belangrijke klasse van gesubstitueerde heteroaromaten die deel uitmaken van nucleotiden, behandeld worden.

## 24.1 De aromaticiteit in heteroaromaten

Veel voorkomende stikstofbevattende heteroaromaten zijn pyrrool, pyridine, imidazool en pyrimidine. De chemische eigenschappen van deze verbindingen vertonen gelijkenis met die van benzeen. De mesomere stabilisatie van 92-117 kJ/mol die uit verbrandingswarmten kan worden afgeleid is veel groter dan de 12,5-25 kJ/mol die verwacht mag worden voor een cyclisch dieen of trieen, maar kleiner dan die van benzeen (152 kJ/mol).

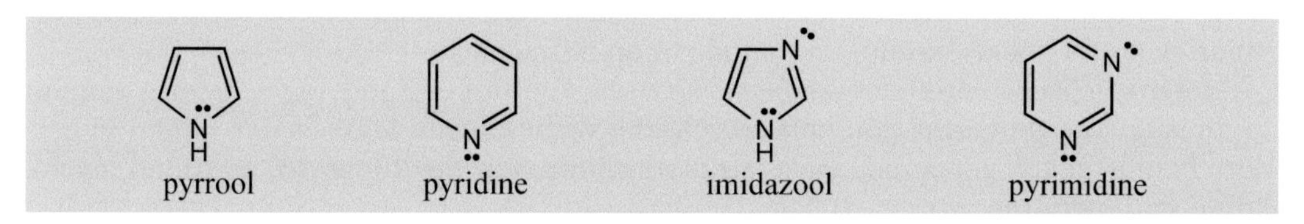


Uit nadere beschouwing van de zesring-heteroaromaten blijkt spoedig de overeenkomst in bouw van deze ringen met die van benzeen. Een dubbele binding tussen stikstof en koolstof neemt de plaats in van een dubbele koolstofkoolstof-binding en het vlakke, gesloten cyclische systeem van 2p-orbitalen met daarin 6 π-elektronen komt op dezelfde wijze tot stand als in benzeen. Ook in de vijfring-heteroaromaten kan een aromatisch sextet van π-elektronen in een vlak, gesloten cyclisch systeem van 2p-orbitalen verkregen worden. Dit gebeurt in deze ringen doordat naast vier π-elektronen in de dubbele bindingen de vrije elektronenparen van een hetero-atoom meedoen om het elektronensextet vol te maken. We zien dus dat een heteroatoom op twee manieren een bijdrage kan leveren aan de aromaticiteit van de ring. Deze manier is afhankelijk van de wijze waarop het heteroatoom in de ring is ingebouwd en van de functie die het vrije elektronenpaar op het heteroatoom heeft.

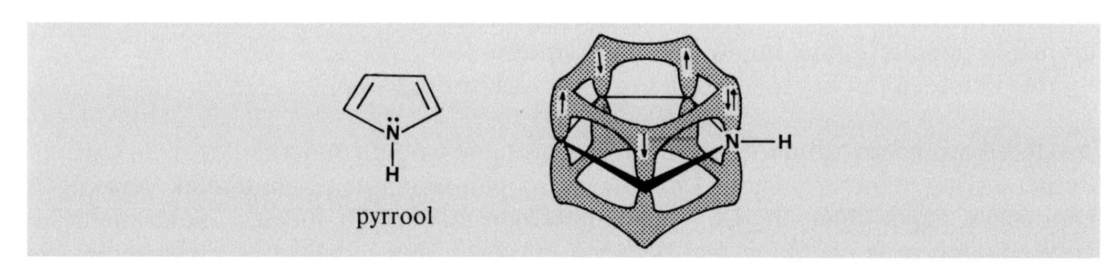


In een molecuul als pyrrool dragen de beide dubbele bindingen vier π-elektronen bij aan het aromatische π-elektronensysteem. Het vrije elektronenpaar op het stikstofatoom completeert het aromatische sextet van π-elektronen. Het stikstofatoom is $sp^2$-gehybridiseerd en het vrije elektronenpaar zit dus in de 2p-orbitaal van stikstof. Deze 2p-orbitaal staat loodrecht op het vlak van de vijfring en staat parallel aan de 2p-orbitalen van de dubbele bindingen. Daardoor ontstaat een vlak, gesloten cyclisch π-elektronensysteem dat zes elektronen bevat. Pyrrool voldoet dus aan de regel van Hückel en het is aromatisch.

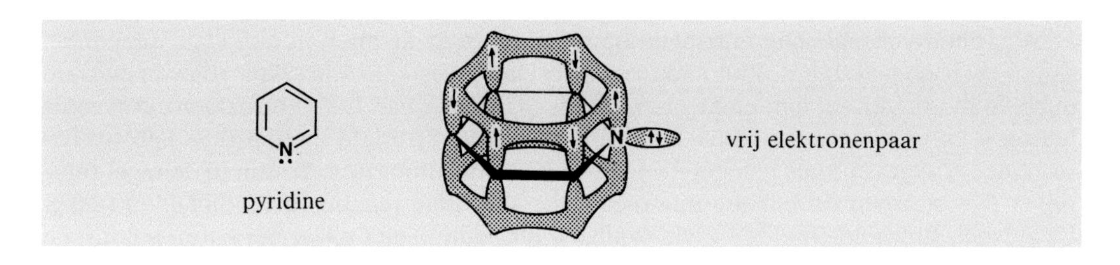


In pyridine doet het vrije elektronenpaar op stikstof niet mee met het aromatische systeem. Het stikstofatoom is in pyridine eveneens $sp^2$-gehybridiseerd. In de 2p-orbitaal van stikstof zit nu slechts één valentie-elektron en dit elektron vormt samen met de vijf elektronen in de vijf 2p-orbitalen van de koolstofatomen het aromatische $\pi$-elektronensextet. Het vrije elektronenpaar van stikstof bevindt zich in pyridine in een $sp^2$-orbitaal die ligt *in* het vlak van de zesring. Dit elektronenpaar maakt dus geen deel uit van het aromatische $\pi$-systeem en het heeft daarmee ook geen interactie, omdat de $sp^2$-orbitaal waarin dit elektronenpaar zich bevindt, loodrecht staat op de 2p-orbitalen van het $\pi$-systeem. Dit elektronenpaar is dus een werkelijk **vrij** elektronenpaar dat kan optreden als nucleofiel en als base.

In imidazool zijn twee stikstofatomen ingebouwd in het ringsysteem: één op de manier zoals dat in pyrrool het geval is en één op de wijze zoals in pyridine. In pyrimidine zijn de beide stikstofatomen op dezelfde wijze als in pyridine in de ring opgenomen.

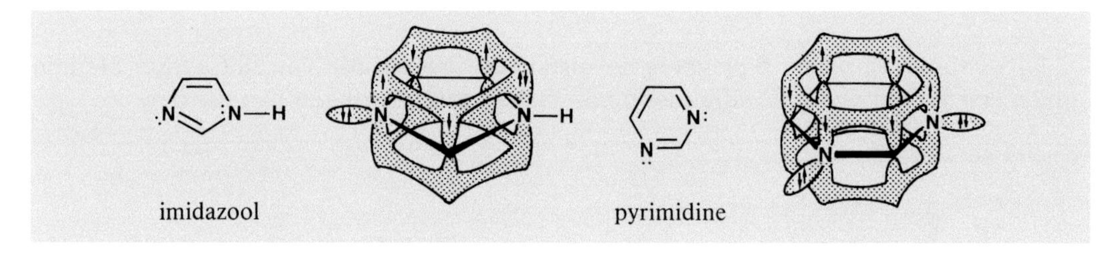


## 24.2 Heteroaromatische vijfringen

De belangrijkste heteroaromatische vijfringen met één heteroatoom zijn pyrrool, furan en thiofeen. Van de aromatische vijfringen met meerdere heteroatomen is imidazool de belangrijkste. Daarnaast is thiazool van belang omdat het deel uitmaakt van het coënzym thiaminepyrofosfaat (zie § 16.7.3 en § 21.9.4).

In gesubstitueerde heteroaromaten wordt de plaats van de substituent aangegeven met een cijfer. Het heteroatoom krijgt altijd het laagste cijfer. Als er meerdere heteroatomen in een ring zitten dan krijgt het heteroatoom met het hoogste atoomnummer het laagste cijfer.

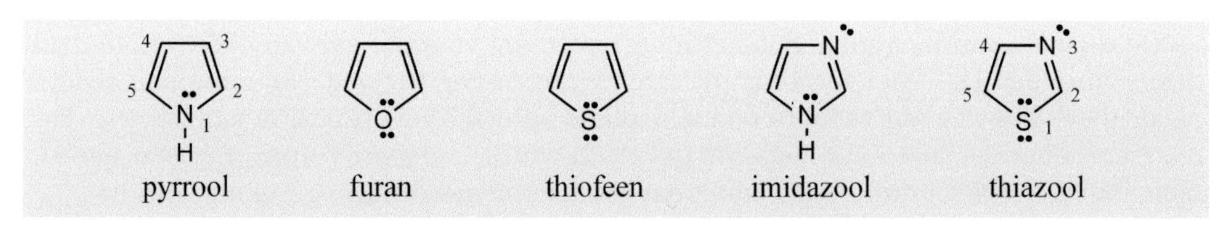

Alle heteroaromatische vijfringen bevatten zes π-elektronen in een vlak, aaneengesloten cyclisch π-systeem. Vier elektronen van het π-systeem zijn afkomstig van de twee dubbele bindingen en één elektronenpaar is afkomstig van het heteroatoom. Net zoals benzeen kunnen deze aromatische verbindingen elektrofiele aromatische substitutiereacties ondergaan, zoals halogenering, nitrering en sulfonering. Ze zijn in de regel reactiever dan benzeen en hebben dus niet zulke krachtige reactieomstandigheden nodig. In pyrrool, furan en thiofeen is de α-plaats, dit is de plaats naast het heteroatoom, de reactiefste plaats in elektrofiele substitutiereacties.

### *24.2.1 Pyrrool*

In biologische systemen is pyrrool de meest voorkomende heteroaromatische vijfring. Doordat het vrije elektronenpaar op stikstof deel uitmaakt van het aromatische π-systeem, is het stikstofatoom van pyrrool *niet* basisch. Wanneer pyrrool behandeld wordt met een sterk zuur, dan zal protonering zelfs niet op het stikstofatoom plaatsvinden, maar op de α-plaats aan de ring. Protonering op de α-plaats geeft een intermediair waarin de positieve lading het beste door mesomerie gestabiliseerd wordt.

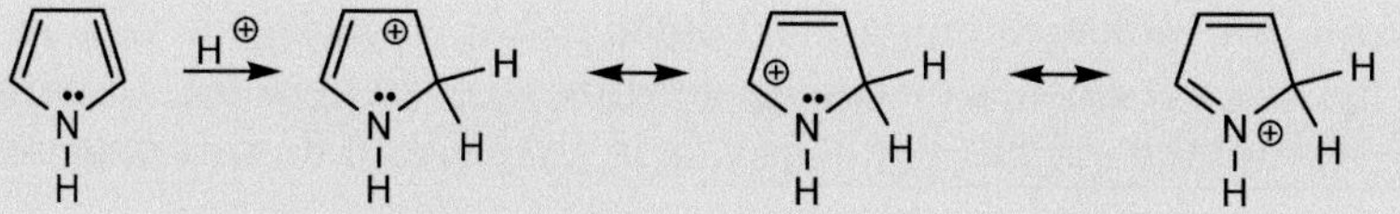

gunstig;
alle atomen
de edelgas-
configuratie

Bij protonering op de β-plaats is de mesomere stabilisatie van het kation kleiner, omdat een gedeelte van de ring niet bij de mesomerie betrokken kan worden.

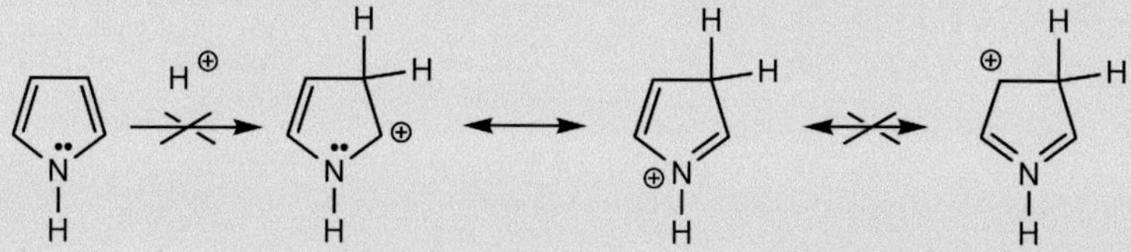

niet mogelijk;
10 elektronen
rond stikstof

Protonering op het stikstofatoom treedt niet op omdat dan het aromatische π-elektronensextet verbroken wordt. De positieve lading in de ring kan bovendien in het geheel niet door mesomerie gestabiliseerd worden.

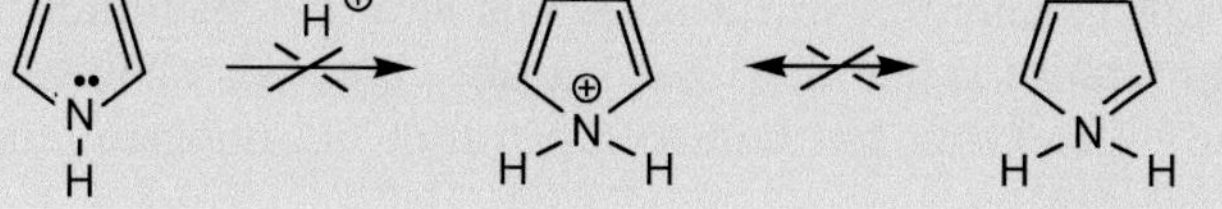

niet mogelijk;
10 elektronen
rond stikstof

De α-plaats van pyrrool is dus het meest gevoelig voor aanval van elektrofiele deeltjes, waaronder $H^+$. Met mierenzure ester vindt onder invloed van zuur een reactie plaats die eveneens begint met een elektrofiele aanval op de α-positie van de ring. Het reactieproduct dat in eerste instantie gevormd wordt, reageert verder met een tweede molecuul pyrrool tot een eindproduct dat sterk door mesomerie gestabiliseerd is.

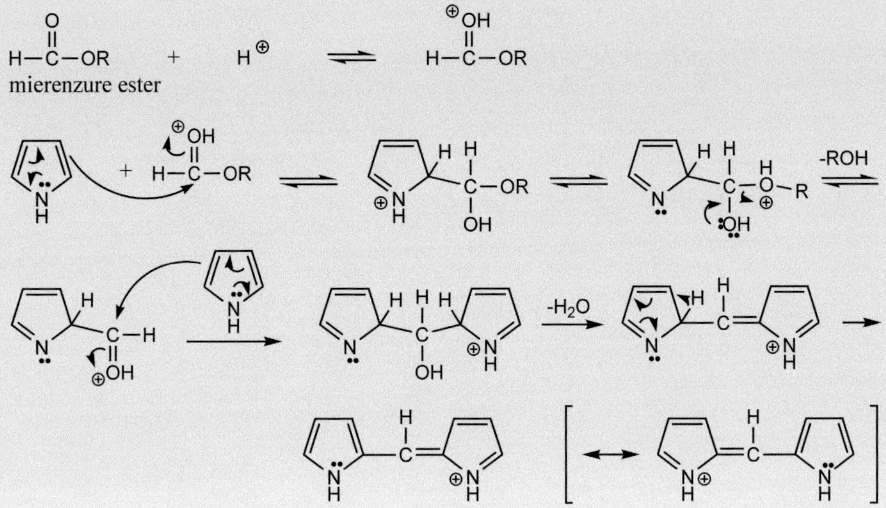

mierenzure ester

Dit type reactie vindt op vergelijkbare wijze plaats tijdens de biosynthese van de pigmenten heem en chlorofyl, stoffen die een belangrijke rol spelen in respectievelijk de ademhaling en de fotosynthese. Het ringsysteem van deze pigmenten is opgebouwd uit vier pyrroolringen en wordt een *porfirine* genoemd.

Het porfirinesysteem is buitengewoon stabiel; de eigenschappen zijn vergelijkbaar met die van aromatische moleculen. Het is vlak en heeft een buitengewoon hoge mesomere energie. Het kan worden verhit tot vrij hoge temperatuur zonder dat er noemenswaardige ontleding optreedt. Een nadere beschouwing van de porfirinering laat zien, dat het molecuul een gesloten 2p-orbitaal systeem bevat met in totaal 18 π-elektronen. Dit π-systeem voldoet daarmee aan de regel van Hückel, het criterium voor aromaticiteit. In de ring zitten $[4n + 2]$ π-elektronen, waarbij $n$ in dit geval 4 is.

In de tekening zijn de dubbele bindingen die deel uitmaken van dit aromatische π-systeem, iets dikker weergegeven.

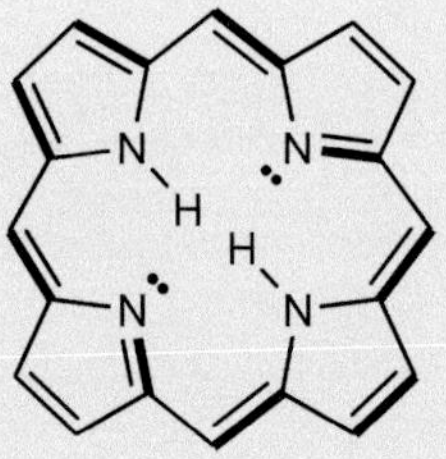

porfirine-ringsysteem, 18 π-elektronen

Twee van de dubbele bindingen in porfirine doen niet mee met het aromatische systeem en kunnen verdwijnen zonder dat de aromaticiteit van het 18 , π-elektronensysteem wordt aangetast. Deze twee dubbele bindingen zijn daardoor in verhouding reactieve plaatsen in het porfirinesysteem en het is daarom niet verrassend, dat in een verbinding als chlorofyl *a* juist een van deze bindingen gereduceerd is.

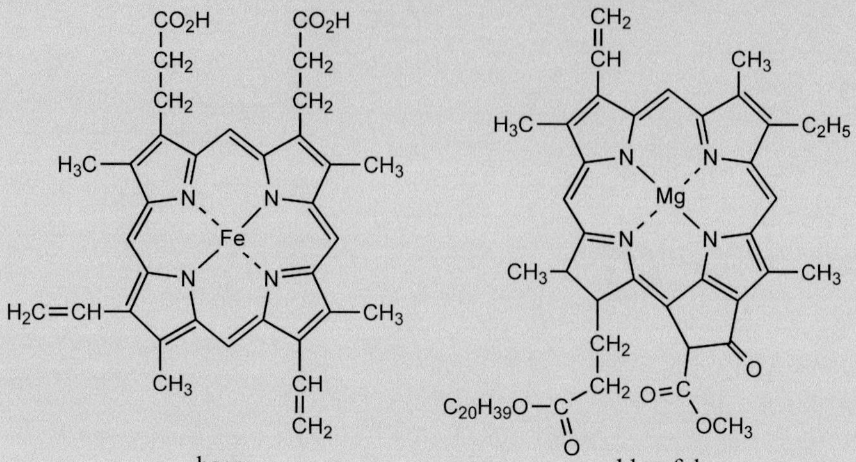

heem

chlorofyl *a*

De vier stikstofatomen in het vlakke porfirinesysteem zitten precies goed om een metaalion te binden. In heem bindt het protoporfirine een ijzerion en in chlorofyl bindt porfirine een magnesiumion. IJzer- en magnesiumionen kunnen door middel van valentie- en coördinatiebindingen in totaal zes groepen met een elektronenpaar binden en daarom kunnen de ijzer- en magnesiumionen in de porfirinering naast twee normale valentiebindingen naar stikstof nog eens vier coördinatiebindingen aangaan.

Twee van deze coördinatieplaatsen worden bezet door interactie van twee lege orbitalen van het metaalion met de twee overige stikstofatomen van de porfirinering. Het $Fe^{2+}$ - ion in heem heeft dan nog twee coördinatieplaatsen over in de vorm van twee lege orbitalen boven en onder het vlak van de ring. Eén van deze plaatsen wordt gebruikt om heem te binden aan het eiwit globine. Bij deze binding is een elektronenpaar van de imidazoolring, afkomstig van een histidinerest in het eiwit betrokken. De laatste coördinatieplaats kan worden ingenomen door een elektronenpaar van moleculaire zuurstof.

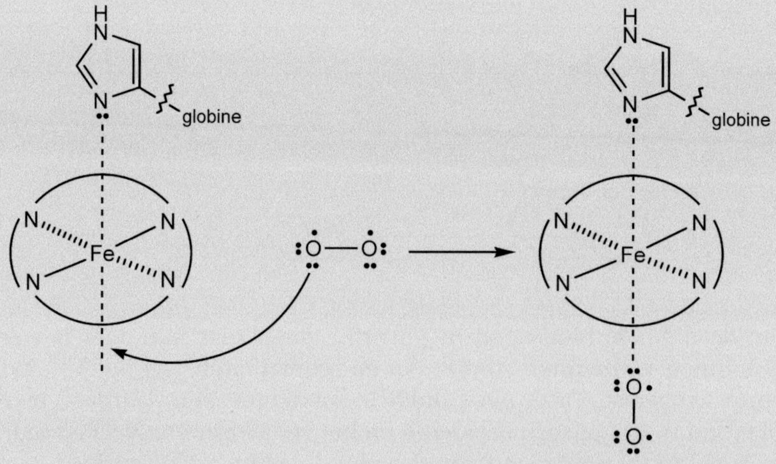

hemoglobine

oxyhemoglobine

Omdat zuurstof slechts een matige elektronenpaardonor is, kan het gemakkelijk worden overgedragen naar myoglobine, een molecuul dat veel lijkt op hemoglobine en dat in het spierweefsel aanwezig is. Daar wordt zuurstof door opname van vier elektronen uit de elektronentransport keten omgezet in $H_2O$.

Sterke elektronenpaardonoren zoals koolmonoxide en cyanide-ionen vormen bindingen met hemoglobine die niet door zuurstof te verdringen zijn. In zo'n geval kan er geen zuurstof meer naar het weefsel getransporteerd worden met als gevolg dat er een vergiftiging optreedt door gebrek aan zuurstof in het weefsel.

### *24.2.2 Furan*

De furanring wordt aangetroffen in tal van natuurlijke verbindingen. Een bekend furanderivaat is furfural, dat gewonnen wordt uit plantaardig afvalmateriaal zoals zemelen. Zure hydrolyse van de polysacchariden in dit materiaal geeft veel pentosen die omgezet kunnen worden in furfural.

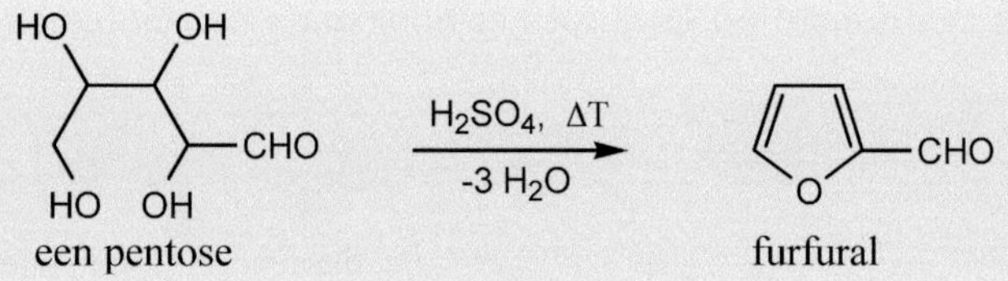

HO OH CHO HO OH
een pentose
$H_2SO_4$, ΔT
$-3\ H_2O$
CHO O
furfural

Furfural is een kleurloze vloeistof die als grondstof wordt gebruikt bij de fabricage van bestrijdingsmiddelen, kleurstoffen en polymeren.

De aromaticiteit van furan is niet erg groot (67 kJ/mol). Om die reden kunnen bij furan naast substitutiereacties ook additiereacties optreden die karakteristiek zijn voor een dieensysteem.

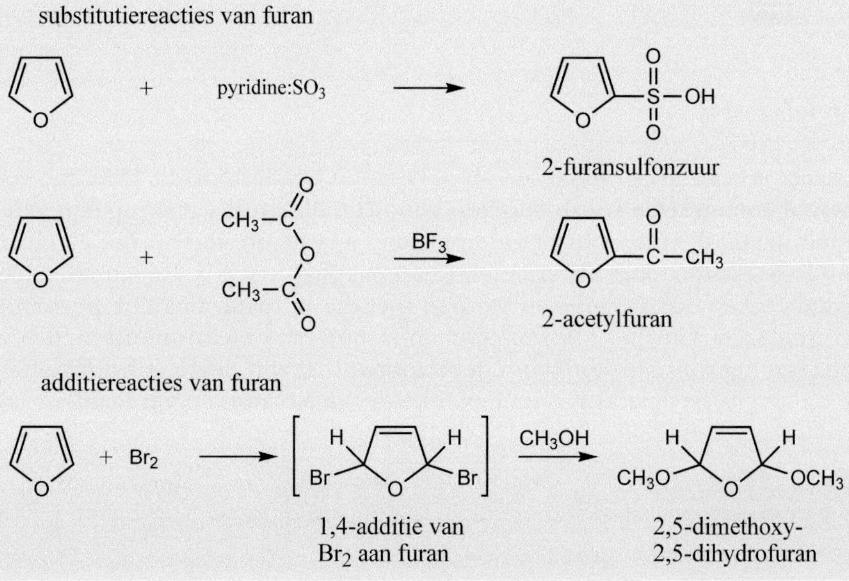

substitutiereacties van furan

O + pyridine:$SO_3$ → O S(=O)(=O)–OH
2-furansulfonzuur

O + $CH_3$–C(=O)–O–C(=O)–$CH_3$ —$BF_3$→ O C(=O)–$CH_3$
2-acetylfuran

additiereacties van furan

O + $Br_2$ → [ H Br O H Br ] —$CH_3OH$→ H $CH_3O$ O H $OCH_3$
1,4-additie van $Br_2$ aan furan
2,5-dimethoxy-2,5-dihydrofuran

Diels-Alder-additie van furan met maleinezuuranhydride

### *24.2.3 Thiofeen*

Thiofeen komt onder meer voor als zwavelbevattende verontreiniging in aardolie. Bij de ontzwaveling van aardoliefracties is thiofeen een van de lastigst te verwijderen verbindingen. Bij destillatie van steenkoolteer komt thiofeen (kookpunt 84 °C) samen met de benzeenfractie (kookpunt 80 °C) over. Omdat thiofeen gemakkelijker gesulfoneerd wordt dan benzeen kan het met een weinig geconcentreerd zwavelzuur uit benzeen verwijderd worden. Deze reactie is een aromatische elektrofiele substitutie op de reactieve α-plaats in thiofeen en leidt tot het hoogkokende thiofeen-2-sulfonzuur.

thiofeen + $H_2SO_4$ —(30°C)→ thiofeen-2-sulfonzuur + $H_2O$

thiofeen-2-sulfonzuur

Een ander voorbeeld van elektrofiele substitutie is de acylering van thiofeen met een zuurchloride.

thiofeen + Cl–C(=O)–$C_6H_5$ —($AlCl_3$; $CS_2$, 25°C)→ 2-benzoylthiofeen

2-benzoylthiofeen

### *24.2.4 Imidazool*

Imidazool is belangrijk omdat het als zijketen in het aminozuur histidine voorkomt. In imidazool komen twee stikstofatomen voor. Het elektronenpaar op één van de stikstofatomen maakt deel uit van het aromatische π-systeem, terwijl het elektronenpaar op het andere stikstofatoom als vrij elektronenpaar aanwezig is. De situatie op de beide stikstofatomen kan dus vergeleken worden met die in respectievelijk pyrrool en pyridine. In imidazool kan het stikstofatoom met het vrije elektronenpaar dus als base optreden. Wanneer dit stikstofatoom geprotoneerd is, zijn beide stikstofatomen gelijkwaardig en de positieve lading is dan over beide stikstofatomen verdeeld.

Imidazool is effectief als katalysator bij de hydrolyse van esters in neutraal milieu. In deze reacties treedt imidazool op als nucleofiel en als vertrekkende groep.

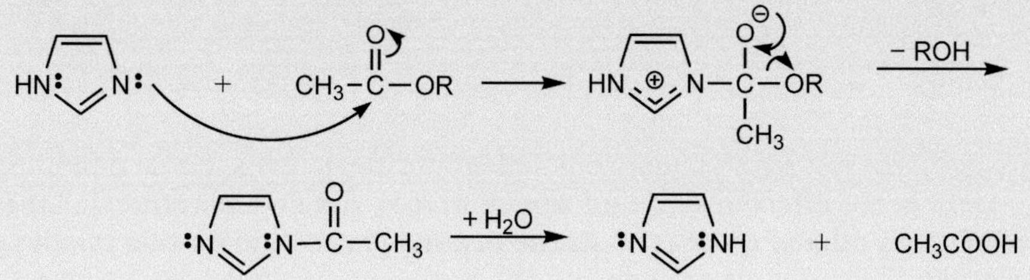

De imidazoolring van histidine vervult een belangrijke rol in enzymatische hydrolysereacties, waar het een protonenpendel kan verzorgen. Een voorbeeld hiervan is gegeven in § 21.4 bij de hydrolyse van een amide, gekatalyseerd door het enzym chymotrypsine.

## 24.3 Heteroaromatische zesringen

De belangrijkste vertegenwoordigers van de heteroaromatische zesringen zijn pyridine en pyrimidine.

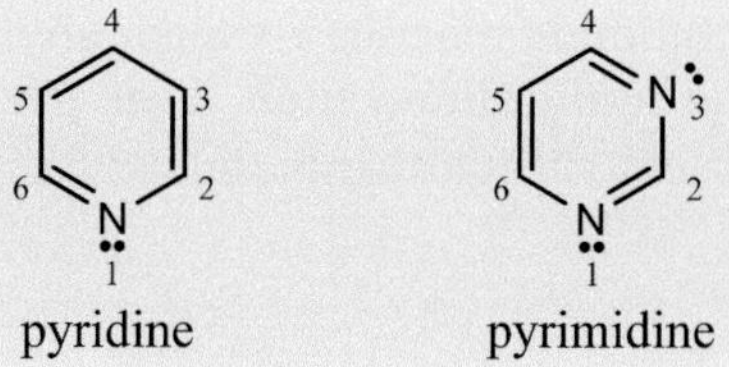

pyridine pyrimidine

In deze verbindingen maakt het elektronenpaar op stikstof geen deel uit van het aromatische π-elektronensysteem en is dus vrij beschikbaar als nucleofiel en als base. De pyrimidinering is een belangrijke bouwsteen in de nucleïnezuren DNA en RNA.

De aanwezigheid van een of meer elektronegatieve stikstofatomen in de ring maakt de overige plaatsen in de ring elektronenarmer door de elektronenzuigende werking die een stikstofatoom uitoefent. Deze zesring-heteroaromaten ondergaan daarom minder gemakkelijk elektrofiele substitutiereacties in vergelijking met benzeen. De aanval van nucleofiele reagentia verloopt daarentegen redelijk vlot. De gevolgen die dit heeft voor de chemische eigenschappen van deze verbindingen kunnen we het gemakkelijkst laten zien met pyridine als voorbeeld.

### *24.3.1 Pyridine en pyridinium verbindingen*

In pyridine zuigt het elektronegatieve stikstofatoom de π-elektronen van de ring naar zich toe en daardoor worden de α en γ-plaatsen in de ring positief gepolariseerd.

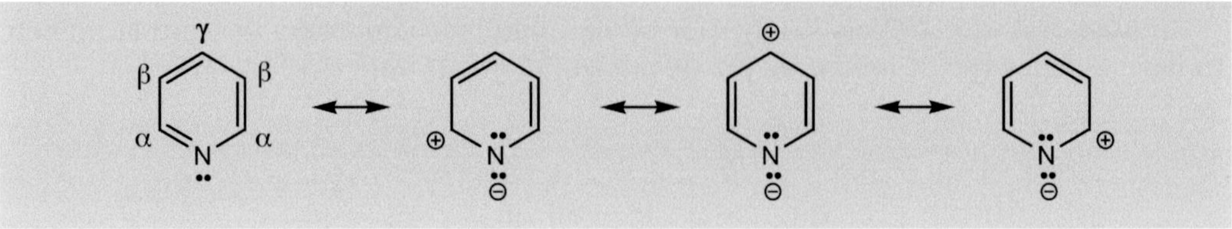

Daarnaast zuigt het stikstofatoom ook inductief lading, d.w.z. via de σ-bindingen van de ring. Deze beide effecten tezamen zorgen ervoor, dat de elektronendichtheid rond het stikstofatoom relatief groot is en dat de overige plaatsen in de ring relatief elektronenarmer zijn dan in een benzeenring. Dit heeft tot gevolg dat de pyridinering niet gevoelig is voor elektrofiele aromatische substitutie. Elektrofielen reageren bij voorkeur met het vrije elektronenpaar van het stikstofatoom in de ring en daarbij ontstaat er een positief geladen deeltje dat niet gevoelig is voor verdere aanval van elektrofielen.

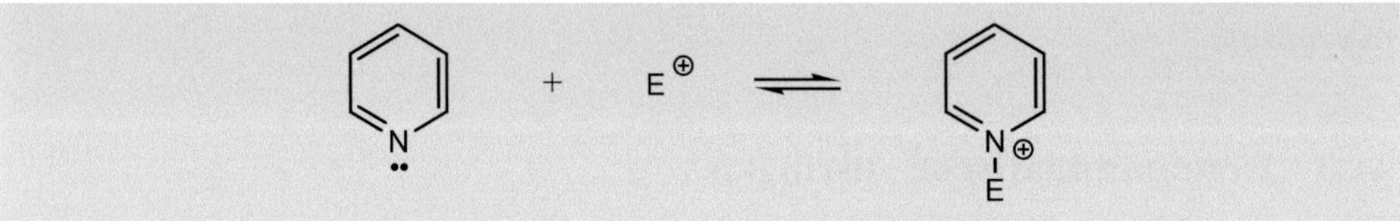

Het elektronegatieve stikstofatoom reageert in deze reactie dus in feite als een nucleofiel. Door de beschikbaarheid van het vrije elektronenpaar op het stikstofatoom kan pyridine inderdaad in verschillende reacties als nucleofiel optreden. Zo reageren alkylhalogeniden met pyridine tot pyridiniumzouten. Deze pyridiniumzouten zijn net als de alkylammoniumzouten stabiele verbindingen, die goed isoleerbaar zijn.

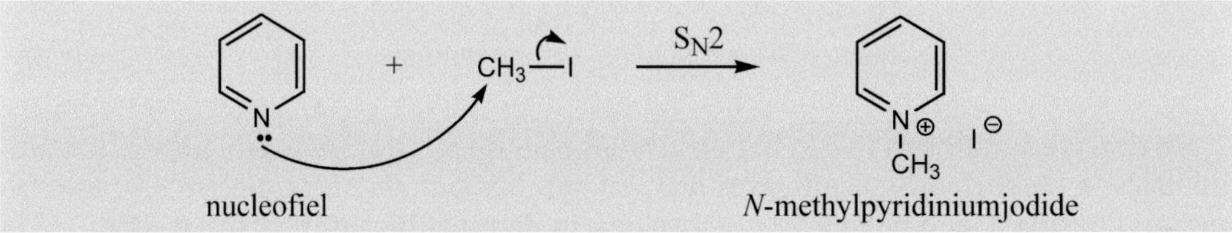

nucleofiel

*N*-methylpyridiniumjodide

Ten gevolge van de mesomerie in de ring zijn in pyridiniumionen de 2- en 4-posities nog sterker positief gepolariseerd dan die in pyridine zelf. Daarom kan op deze plaatsen gemakkelijk een reactie optreden met nucleofielen, waarbij het positief geladen ringstikstofatoom uiteindelijk het elektronenpaar opneemt.

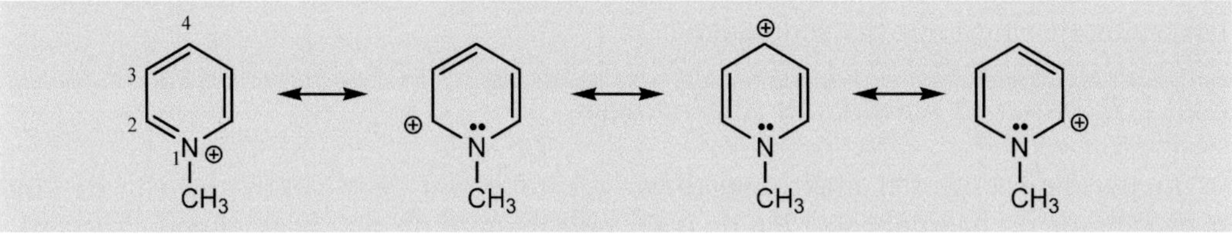

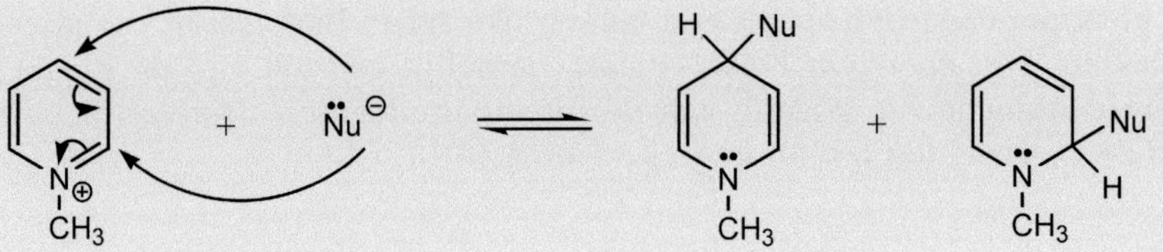

Natriumboorhydride reageert met pyridiniumionen tot producten waarbij een hydride-ion ($H^-$) is overgedragen op de 2- of de 4-plaats van de ring.

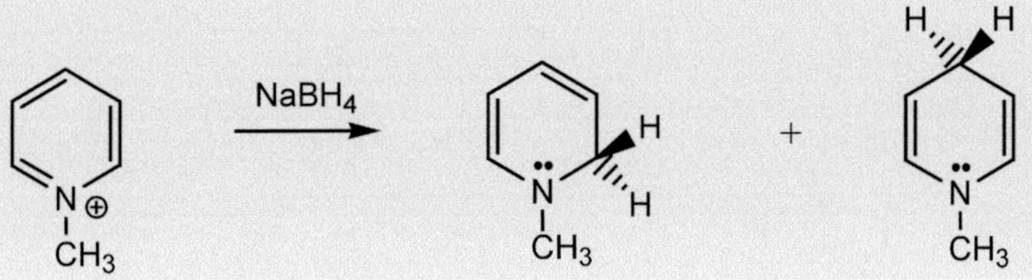

$NaBH_4$

De gereduceerde reactieproducten zijn moeilijk te isoleren. Ze worden niet meer gestabiliseerd door aromaticiteit, want het cyclisch π-orbitalensysteem is onderbroken door een $sp^3$-gehybridiseerd koolstofatoom. Omdat deze verbindingen bijzonder elektronenrijk zijn door de aanwezigheid van de twee π-bindingen en het vrije elektronenpaar op stikstof, worden ze aan de lucht weer gemakkelijk geoxideerd tot het aromatische pyridiniumzout.

Met een elektronenzuigende carbonamidegroep op de 3-positie van de ring is de gereduceerde vorm wel redelijk stabiel. Het elektronenzuigende effect van de carbonamidegroep zorgt ervoor dat luchtzuurstof niet meer spontaan reageert met de ring. Met milde oxidatiemiddelen kan de gereduceerde ring echter weer in de pyridiniumvorm worden omgezet.

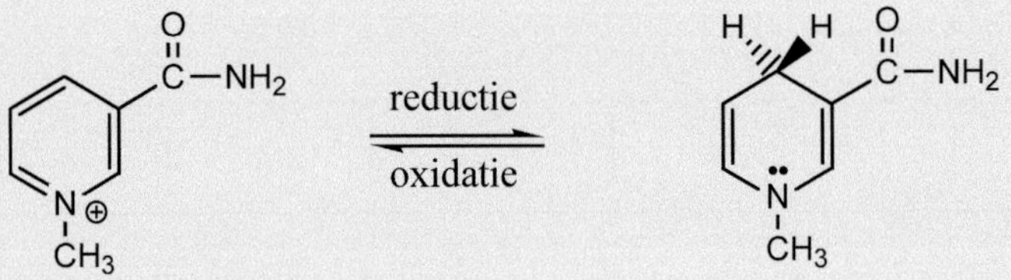

reductie

oxidatie

*N*-methylnicotinamidiumion

Nicotinamide is het amide van nicotinezuur. Dit zuur heeft deze naam gekregen omdat het in het laboratorium door oxidatie van nicotine kan worden verkregen.

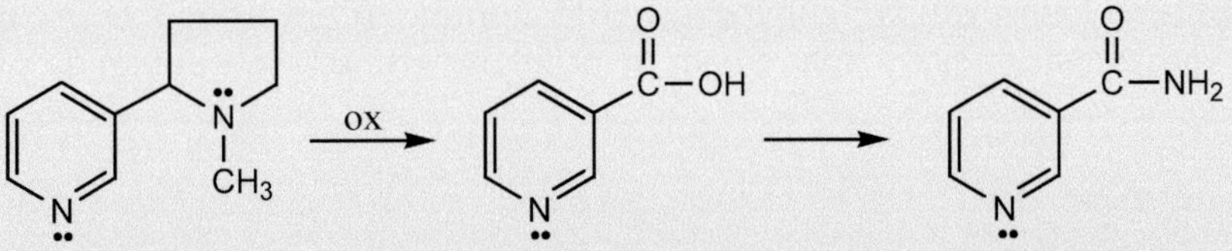

ox

nicotine

nicotinezuur

nicotinamide

De nicotinamidegroep speelt een belangrijke rol in biologische oxidatie- en reductieprocessen. Het coënzym $NAD^+$ maakt namelijk gebruik van de mogelijkheid tot reversibele reductie en oxidatie van de nicotinamidegroep. Hiervan hebben we verschillende voorbeelden gezien in § 13.8.2 en § 13.17.

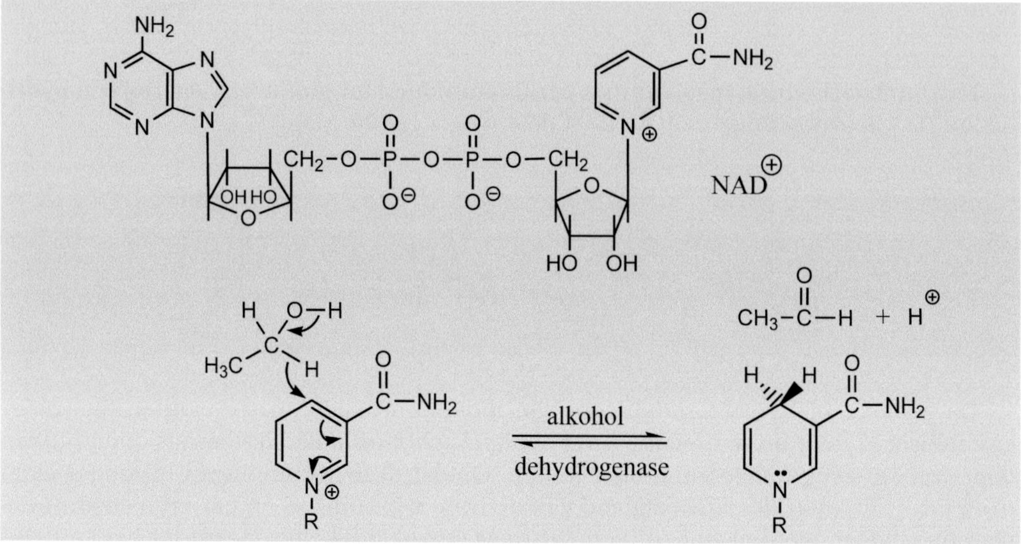

NAD⊕

alkohol dehydrogenase

## 24.4 Hydroxypyridinen, pyridonen, hydroxypyrimidinen en pyrimidonen

2-Hydroxypyridine en 4-hydroxypyridine komen voornamelijk voor in hun tautomere carbonylvorm. Deze tautomeren staan bekend als 2-pyridon en 4-pyridon.

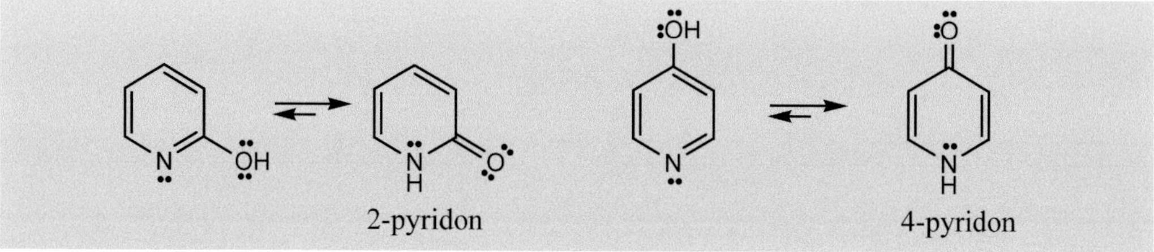

2-pyridon

4-pyridon

De pyridonen zijn stabieler dan hun hydroxypyridine tautomeren. Op het eerste gezicht is dit misschien wat verrassend, omdat het lijkt alsof de aromaticiteit verloren gaat bij de tautomerisatie. Dit is echter niet het geval. Beide ringsystemen bevatten een aaneengesloten keten van $sp^2$-gehybridiseerde atomen en bevatten 6 $\pi$-elektronen. Dit wordt duidelijk, wanneer we kijken naar de dipolaire grensstructuur van de pyridonen.

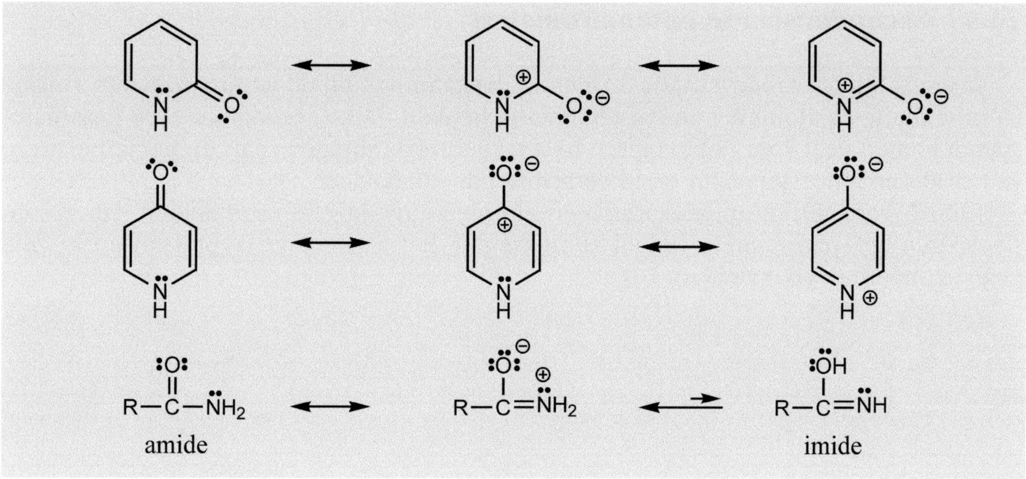

amide imide

De pyridonen hebben eigenschappen die sterk aan een amide doen denken. In feite is 2-pyridon ook te beschouwen als een cyclisch amide en ook 4-pyridon lijkt daar, wat eigenschappen betreft, veel op. De amidegroep is hier als het ware verlengd met een π-binding die de mesomere interactie tussen het vrije elektronenpaar op stikstof en de carbonylgroep doorgeeft. De voorkeur van 2- en 4-hydroxypyridines voor de pyridonvorm is dan ook vergelijkbaar met de situatie bij de amiden, want ook de amiden zijn stabieler dan hun tautomeren, de imiden.

Ook pyrimidinen met een hydroxylgroep op de 2- of 4-plaats aan de ring bestaan vrijwel geheel in de pyrimidonvorm. Pyrimidonen zijn belangrijke moleculen vanwege hun voorkomen in de nucleïnezuren DNA en RNA.

Cytosine en thymine zijn de pyrimidinebasen die voorkomen in DNA. In RNA is thymine vervangen door uracil. Deze verbindingen vormen in de nucleïnezuren sterke waterstofbruggen met de purinebasen adenine en guanine.

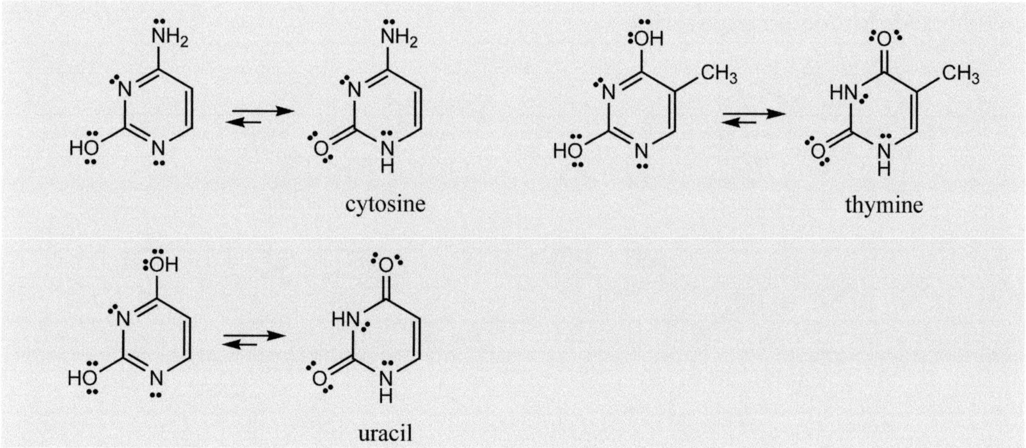

cytosine thymine

uracil

## 24.5 Gecondenseerde heteroaromaten

Evenals bij de carbocyclische aromaten, bestaan ook bij de heteroaromaten ringsystemen die twee atomen gemeenschappelijk hebben. Deze gecondenseerde heteroaromaten komen veel voor in biologisch belangrijke verbindingen zoals de nucleïnezuren, in het aminozuur tryptofaan en in verschillende alkaloïden.

Indool, benzofuran en benzothiofeen zijn de eenvoudigste voorbeelden van gecondenseerde heteroaromaten. Indool komt voor in het aminozuur tryptofaan en in vele zogenaamde indoolalkaloiden.

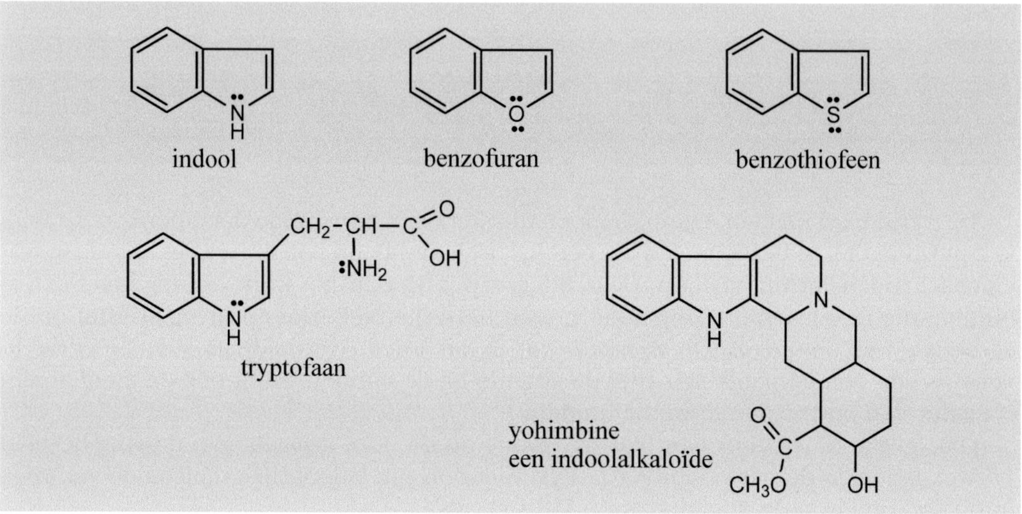

indool benzofuran benzothiofeen

tryptofaan

yohimbine
een indoolalkaloïde

Ook systemen waarin twee zesringen gecondenseerd zijn worden veelvuldig aangetroffen in natuurproducten. Chinoline en isochinoline zijn de eenvoudigste voorbeelden van dit type verbindingen en beide ringsystemen komen voor in belangrijke alkaloïden zoals kinine en papaverine.

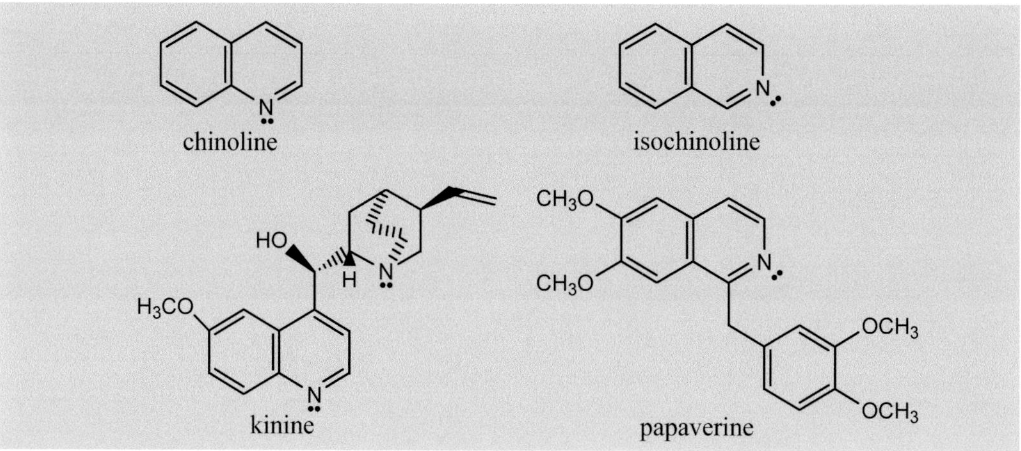

chinoline isochinoline

kinine papaverine

Gecondenseerde ringsystemen waarbij beide ringen heteroatomen bevatten, zijn eveneens mogelijk en een van de belangrijkste basistructuren is hier het purine.

Purine kunnen we opvatten als een gecondenseerd ringsysteem bestaande uit een pyrimidinering en een imidazoolring. Purine is het basisskelet van de purinebasen adenine en guanine. Adenine bevat een $NH_2$-groep aan de purinering en guanine een $NH_2$-groep en een getautomeriseerde OH-groep. Samen met de pyrimidinebasen zijn de purinebasen de fundamentele bouwstenen van DNA en RNA. Hun functie zal in hoofdstuk 25 uitvoerig besproken worden.

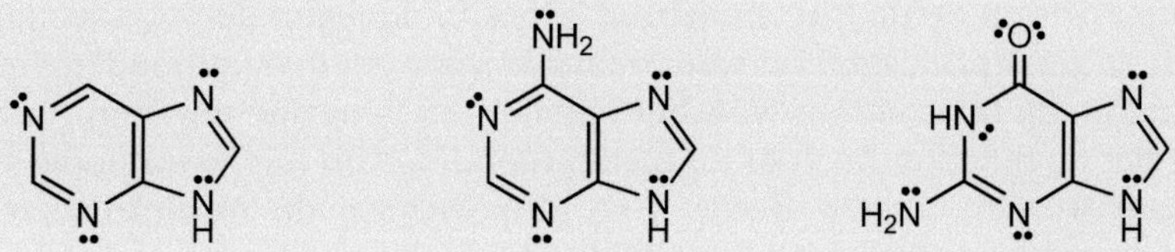

purine | adenine | guanine

# 25 Nucleotiden en nucleïnezuren

## 25.1 Inleiding

De drie biopolymeren die essentieel zijn voor het leven op aarde, zijn de polysacchariden, de eiwitten en de nucleïnezuren. Door middel van de polysacchariden wordt energie van de zon opgeslagen en weer gebruikt voor het instandhouden van het leven. De eiwitten zijn de bouwstenen van het lichaam en bepaalde eiwitten (enzymen) zorgen ervoor dat de reacties die voor de instandhouding van het leven nodig zijn effectief gekatalyseerd worden. In het derde type biopolymeer, de **nucleïnezuren**, ligt alle informatie opgeslagen die nodig is voor de synthese van eiwitten. De nucleïnezuren zorgen er ook voor dat deze informatie doorgegeven wordt aan de volgende generatie en zijn dus de *dragers van de erfelijke eigenschappen.*

Nucleïnezuren zijn biopolymeren waarvan de monomeren bestaan uit nucleotiden. Hoewel er in de nucleïnezuren maar een viertal verschillende nucleotiden voorkomt, kan een enorme hoeveelheid informatie worden opgeslagen door deze nucleotiden in een bepaalde volgorde te plaatsen. Deze nucleotidevolgorde, de genetische code, zorgt ervoor dat bij de eiwitsynthese de aminozuren in de juiste volgorde in het eiwit of enzym terechtkomen.

Er zijn twee typen nucleïnezuren die bij het ingewikkelde proces van de eiwitsynthese een rol spelen, namelijk **DNA** (**D**esoxyribo**n**ucleic **A**cid) en **RNA** (**R**ibo**n**ucleic **A**cid). DNA komt voor in de chromosomen van de celkern en, zij het in kleinere hoeveelheden, in mitochondriën en chloroplasten. Het is de matrijs waarop alle genetische informatie is vastgelegd. Bij deling van de cel wordt de code van het bestaande DNA doorgegeven aan het DNA van de nieuwe celkern. Voor de eiwitsynthese wordt de code van DNA overgezet op RNA en daarna getransporteerd naar de ribosomen. Daar wordt de nucleotidevolgorde vertaald in de aminozuurvolgorde van het te synthetiseren eiwit.

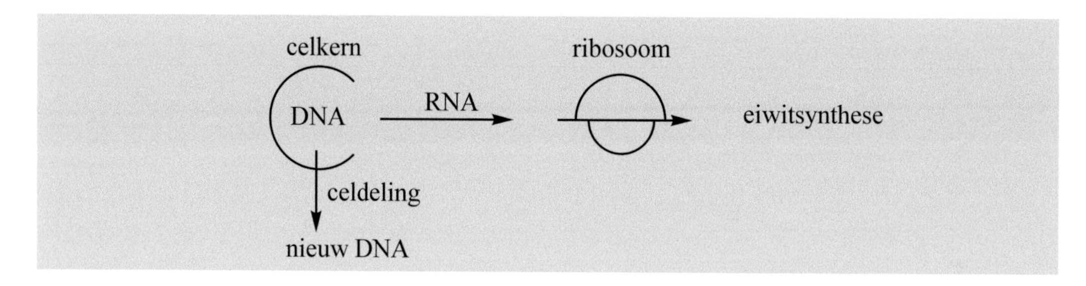


Nucleotiden zijn samengestelde moleculen die opgebouwd zijn uit een *fosfaatgroep*, een *monosaccharide* en een *stikstofbase*; in DNA en RNA zijn dit pyrimidinebasen en purinebasen.

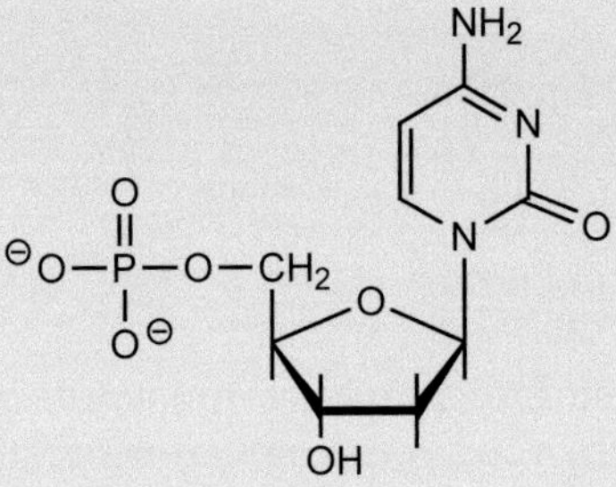

fosfaat-suiker-pyrimidine

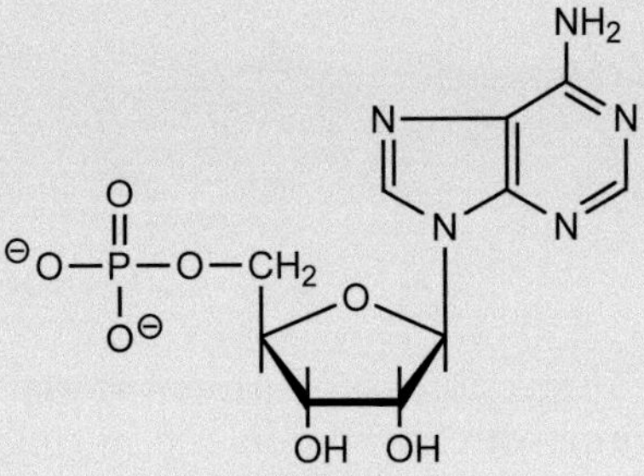

fosfaat-suiker-purine

Nucleotiden komen niet alleen in DNA en RNA voor. Een aantal mono- en dinucleotiden komt voor als een cofactor bij enzymatische reacties in bijna alle cellen en speelt als zodanig een belangrijke rol in het metabolisme en in de energiehuishouding van de cel.

In dit hoofdstuk zullen eerst de pyrimidine- en purinebasen behandeld worden. Daarna worden de bouw, de eigenschappen en de functie van een aantal nucleotiden beschreven. Ten slotte komen dan de bouw en de functie van DNA en RNA aan de orde.

## 25.2 Pyrimidine- en purinebasen

De vijf stikstofbasen die in DNA en RNA voorkomen, zijn de pyrimidinederivaten uracil (U), thymine (T) en cytosine (C) en de purinederivaten adenine (A) en guanine (G). Bij fysiologische pH komen de hydroxylgroepen van deze pyrimidine- en purinebasen in de ketovorm voor.

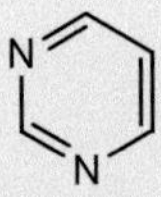

pyrimidine

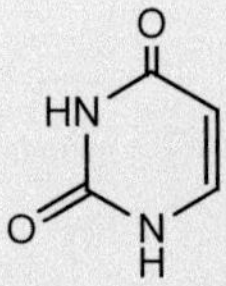

uracil (U)

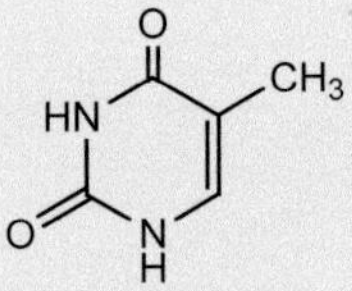

thymine (T)

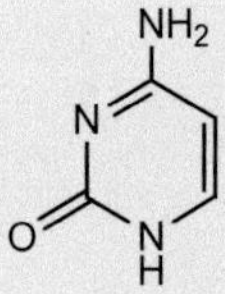

cytosine (C)

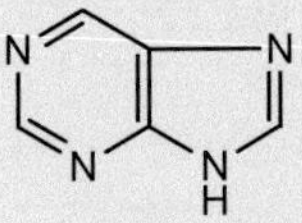

purine

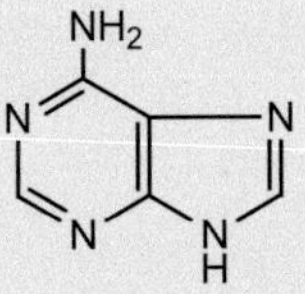

adenine (A)

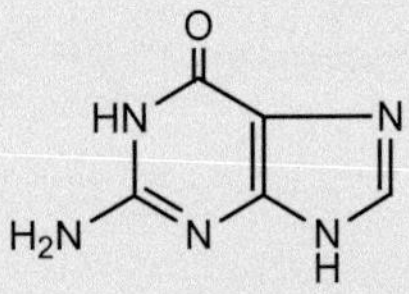

guanine (G)

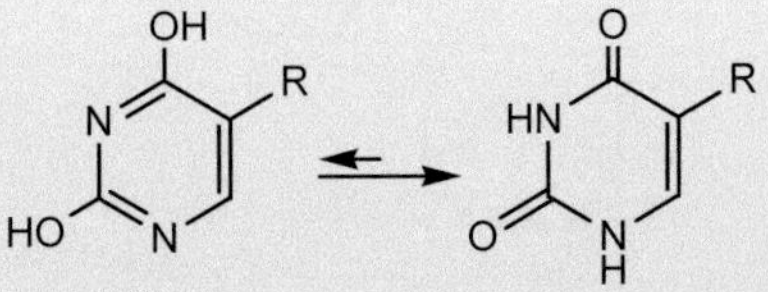

thymine (R = $CH_3$) en uracil (R = H)

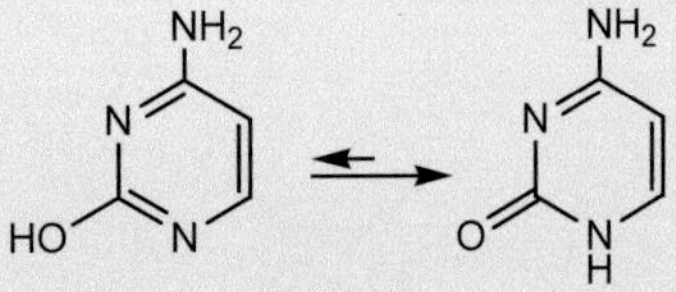

cytosine

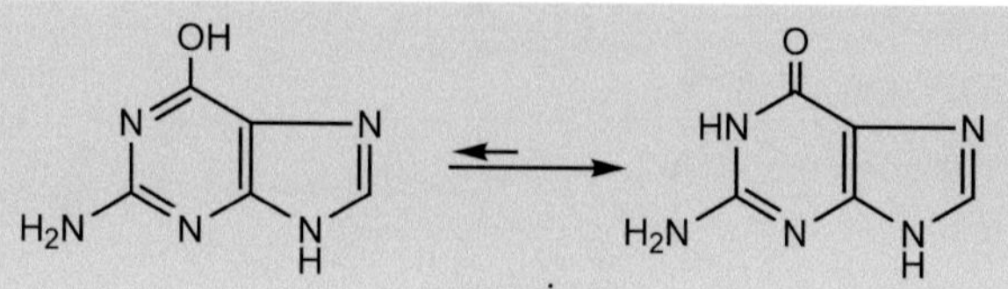

guanine

Tussen de stikstofbasen kunnen sterke waterstofbruggen gevormd worden, wat leidt tot de vorming van baseparen. De mogelijkheden voor vorming van waterstofbruggen worden optimaal benut als cytosine een paar vormt met guanine en als thymine of uracil een paar vormt met adenine. Elke andere combinatie resulteert in baseparen met in totaal een kleiner aantal waterstofbruggen.

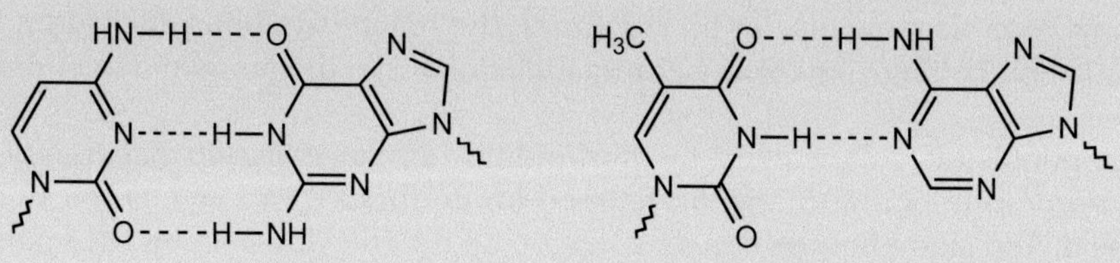

cytosine-guanine (C-G)

thymine-adenine (T-A)

## 25.3 Nucleosiden en nucleotiden

Een nucleoside onderscheidt zich van een nucleotide, doordat het geen fosfaatgroep bevat. Nucleosiden zijn dus opgebouwd uit een suikerring met daaraan een pyrimidine- of purinebase gebonden. In RNA is deze suiker D-ribose en in DNA is dit 2-desoxy-D-ribose.

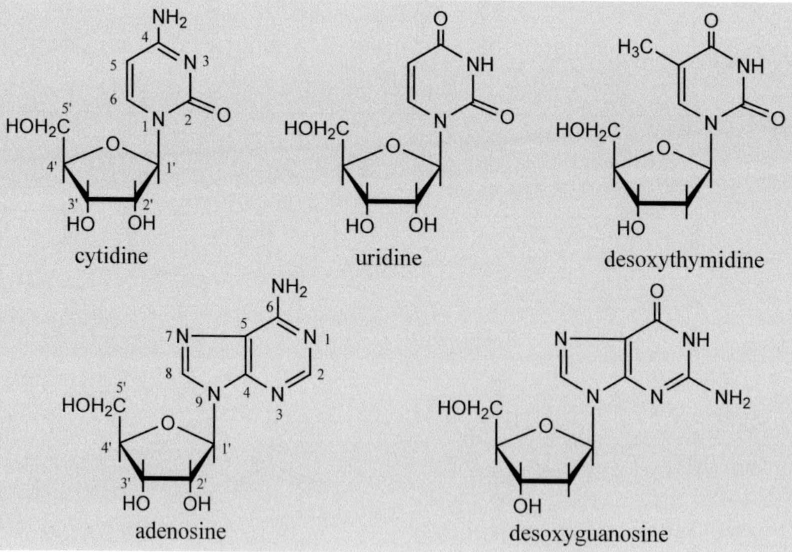

cytidine

uridine

desoxythymidine

adenosine

desoxyguanosine

De binding tussen de base en de suiker is β en wordt gevormd tussen koolstofatoom 1′ van het (2-desoxy)-D-ribose en stikstofatoom 1 van een pyrimidinebase of stikstofatoom 9 van een purinebase. De nummering van de koolstofatomen in het (desoxy) ribose wordt met accenten aangegeven. De ribonucleosiden in RNA zijn cytidine, uridine, adenosine en guanosine. De 2-desoxyribonucleosiden in DNA zijn desoxycytidine, desoxythymidine, desoxyadenosine en desoxyguanosine.

In een *nucleotide* is één van de hydroxylgroepen van de suikerrest omgezet in een *fosfaatester*. Meestal is de fosfaatgroep gebonden aan de 5′-hydroxylgroep van de suiker. Deze verbindingen worden aangegeven met de algemene term 5′-nucleotide of nucleoside-5′-fosfaat. Als er geen cijfer voor de naam van het nucleotide staat, dan wordt eveneens het 5′-nucleotide bedoeld. Het 5′-nucleotide dat als stikstofbase adenine bevat, wordt aangegeven als adenosine-5′-monofosfaat of als adenylaat. Deze laatste naam geeft aan, dat de fosfaatgroep bij fysiologische pH geïoniseerd is. De standaardafkorting voor adenylaat is AMP (Engels: **a**denosine-5′-**m**ono**p**hosphate). De namen en afkortingen van een aantal nucleosiden en nucleotiden zijn weergegeven in de tabellen 25.1 en 25.2. Nucleosiden kunnen ook veresterd zijn met **d**ifosfaat of **t**rifosfaatgroepen. De aanduiding *mono-* in de naam wordt dan respectievelijk vervangen door *di-* of *tri-* en in de afkortingen wordt de M vervangen door een D of een T; voorbeelden zijn guanosine-5′-difosfaat (GDP) en adenosine-5′-trifosfaat (ATP).

Tabel 25.1. Nucleosiden afkomstig uit nucleïnezuren.

| *Stikstofbase* | *Ribonucleoside* | *Desoxyribonucleoside* |
|---|---|---|
| adenine (A) | adenosine | desoxyadenosine |
| guanine (G) | guanosine | desoxyguanosine |
| cytosine (C) | cytidine | desoxycytidine |
| thymine (T) | | desoxythymidine |
| uracil (U) | uridine | |

Tabel 25.2. Verschillende namen van nucleotiden, afgeleid van nucleïnezuren.

| *Ribonucleotiden (fosfaat)* | *Gedissocieerd fosfaat* | *Afkorting* |
|---|---|---|
| adenosine -2′ -monofosfaat | 2′ -adenylaat | 2′ -AMP |
| adenosine -3′ -monofosfaat | 3′ -adenylaat | 3′ -AMP |
| adenosine -5′ -monofosfaat | adenylaat | AMP |
| guanosine -5′ -monofosfaat | guanylaat | GMP |
| cytidine-5′ -monofosfaat | cytidylaat | CMP |
| uridine -5′ -monofosfaat | uridylaat | UMP |
| adenosine -5′ -difosfaat | | ADP |
| adenosine -5′ -trifosfaat | | ATP |

Tabel 25.2. Vervolg

| *Desoxyribonucleotiden (fosfaat)* | *Gedissocieerd fosfaat* | *Afkorting* |
|---|---|---|
| desoxyadenosine -5' -monofosfaat | desoxyadenylaat | dAMP |
| desoxyguanosine -5' -monofosfaat | desoxyguanylaat | dGMP |
| desoxycytidine -5' -monofosfaat | desoxycytidylaat | dCMP |
| desoxythymidine -5' -monofosfaat | desoxythymidylaat | dTMP |
| desoxyadenosine -5' -difosfaat | | dADP |
| desoxyadenosine -5' -trifosfaat | | dATP |

## 25.4 De adeninenucleotiden ATP en cAMP

### *25.4.1 Adenosine-5′-trifosfaat (ATP)*

Adenosine-5′-trifosfaat (ATP) wordt beschouwd als een zgn. energierijke verbinding, omdat bij hydrolyse van de trifosfaatgroep energie vrijkomt die voor andere doeleinden in het metabolisme gebruikt kan worden. Daardoor is deze verbinding geschikt om energie te leveren bij spiercontractie, actief transport, signaalversterking en biosynthese. De hydrolyse van de fosfaatanhydridefunctie in ATP is een thermodynamisch gunstige reactie; de energie die hierbij vrijkomt maakt het mogelijk dat in het metabolisme een thermodynamisch ongunstige reactie toch kan plaatsvinden door deze te koppelen aan de hydrolyse van een voldoende aantal moleculen ATP. In de biosynthese worden daartoe niet-reactieve verbindingen met ATP eerst omgezet in reactieve tussenproducten die daarna vlot de vereiste reactie kunnen geven. Veel voorkomend is de omzetting door ATP van een hydroxylgroep van een alcohol of een carbonzuur in een fosfaatgroep, waarbij dan respectievelijk een fosfaatester of een reactief acylfosfaat (dit is een gemengd anhydride van fosforzuur en een carbonzuur) ontstaat. De hydroxylgroep met zijn slechte vertrekkende eigenschappen wordt in beide gevallen omgezet in een goede vertrekkende groep, namelijk in het fosfaatanion (zie voor voorbeelden van dit type reactie § 7.3, § 13.17 en § 17.4).

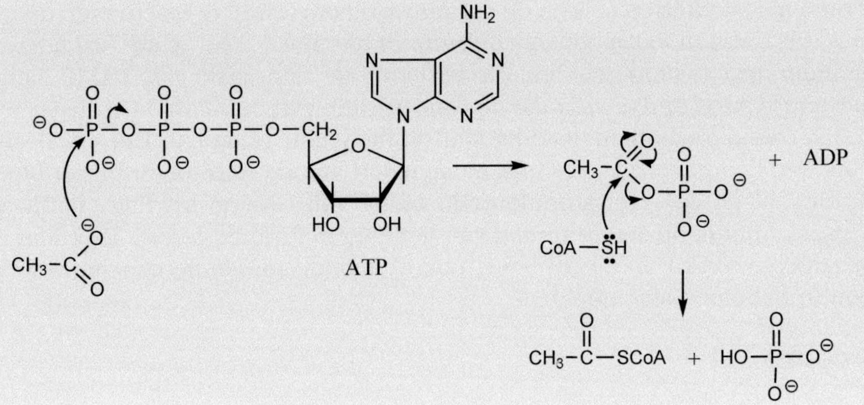

### 25.4.2 Cyclisch adenosinemonofosfaat (cAMP)

In cyclisch adenosinemonofosfaat is één fosfaatgroep cyclisch gebonden aan zowel de 5′- als de 3′-hydroxylgroep van ribose. cAMP heeft een belangrijke functie in de regulatie van het metabolisme in de cel. Cellen bevatten aan en in het celmembraan eiwiten die dienen als receptoren voor hormonen, waardoor boodschappen van buiten de cel doorgegeven kunnen worden naar het binnenste van de cel. Als een hormoon dat aanwezig is in het bloed gebonden wordt aan zijn specifieke receptor, dan wordt binnen in de cel het enzym adenylaatcyclase geactiveerd. Dit enzym is daar aan het celmembraan gebonden en cycliseert ATP in de cel tot cAMP onder afsplitsing van pyrofosfaat. Daardoor wordt dus in de cel de concentratie van cAMP verhoogd. cAMP beïnvloedt op zijn beurt weer enzymen in de cel die de gewenste verandering in het metabolisme teweegbrengen.

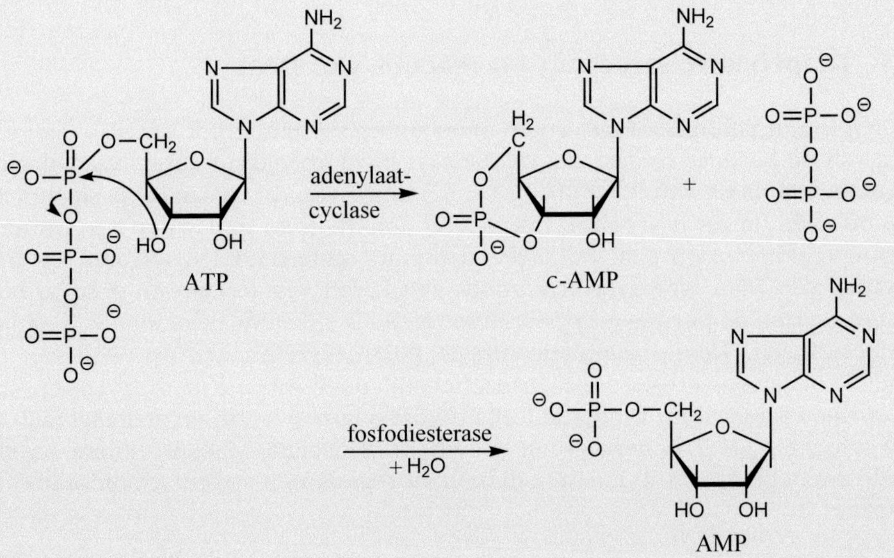

Het enzym fosfodiësterase is in de cel aanwezig om cAMP te inactiveren door hydrolyse tot AMP. Zodra de hormoonconcentratie in het bloed lager wordt, zal adenylaatcyclase minder geactiveerd worden en verloopt de aanmaak van cAMP langzamer. Fosfodiësterase zorgt er dan voor dat de concentratie van cAMP in de cel lager wordt en daarmee vermindert de beïnvloeding van de enzymen in de cel. Het cAMP doet dus dienst als een doorgever van chemische signalen van de hormonen in het bloed naar de enzymen in de cel. Het stimulerende effect van cafeïne uit thee, koffie en cola berust waarschijnlijk op een remming van het enzym fosfodiësterase. Hierdoor blijft de concentratie van cAMP in de cel hoog, ook al is ondertussen de concentratie van het hormoon in het bloed afgenomen.

### *25.4.3 Coënzym A*

Coënzym A is een centraal molecuul in het metabolisme. Het is nodig als cofactor in vele enzymgekatalyseerde acyleringen. De reactieve plaats in dit nucleotidederivaat is de eindstandige thiolgroep. Acylgroepen worden aan deze thiolgroep gebonden als thioëster. Veruit de belangrijkste acylgroep is hierbij de acetylgroep. De rol van acetyl-coënzym A in het metabolisme van vetten is reeds in § 19.9 en in § 19.10 besproken.

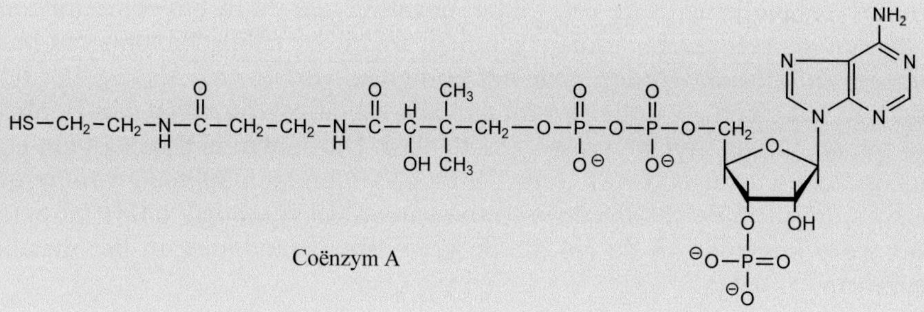

Coënzym A

## 25.5 De primaire structuur en reacties van DNA

DNA is een polymeer waarvan de molecuulmassa zeer groot kan zijn. Het chromosoom van de bacterie *Escherichia coli* bestaat bijvoorbeeld uit één DNA-molecuul met een molecuulmassa van $2{,}3 \times 10^9$ u. De diameter van dit molecuul is slechts $2 \times 10^{-6}$ mm, maar de lengte is 1,2 mm. Evenals bij andere grote moleculen kan bij nucleïnezuren een *primaire* en een *secundaire* structuur onderscheiden worden. De primaire structuur van DNA wordt gevormd door een keten van fosfaat- en desoxyribosefragmenten waarbij de purine- en pyrimidinebasen als zijketens gebonden zijn aan de desoxyriboseringen. De fosfaatgroepen in de polymeerketen zijn op twee van de drie mogelijke plaatsen veresterd met respectievelijk de 3′- en de 5′-hydroxylgroep van twee desoxyribosemoleculen. De derde fosfaathydroxylgroep is vrij en gedraagt zich als een sterk zuur; bij pH 7 is deze groep volledig geïoniseerd. Metaalkationen en geprotoneerde aminogroepen van eiwitten dienen als tegenionen voor de geïoniseerde fosfaatgroepen.

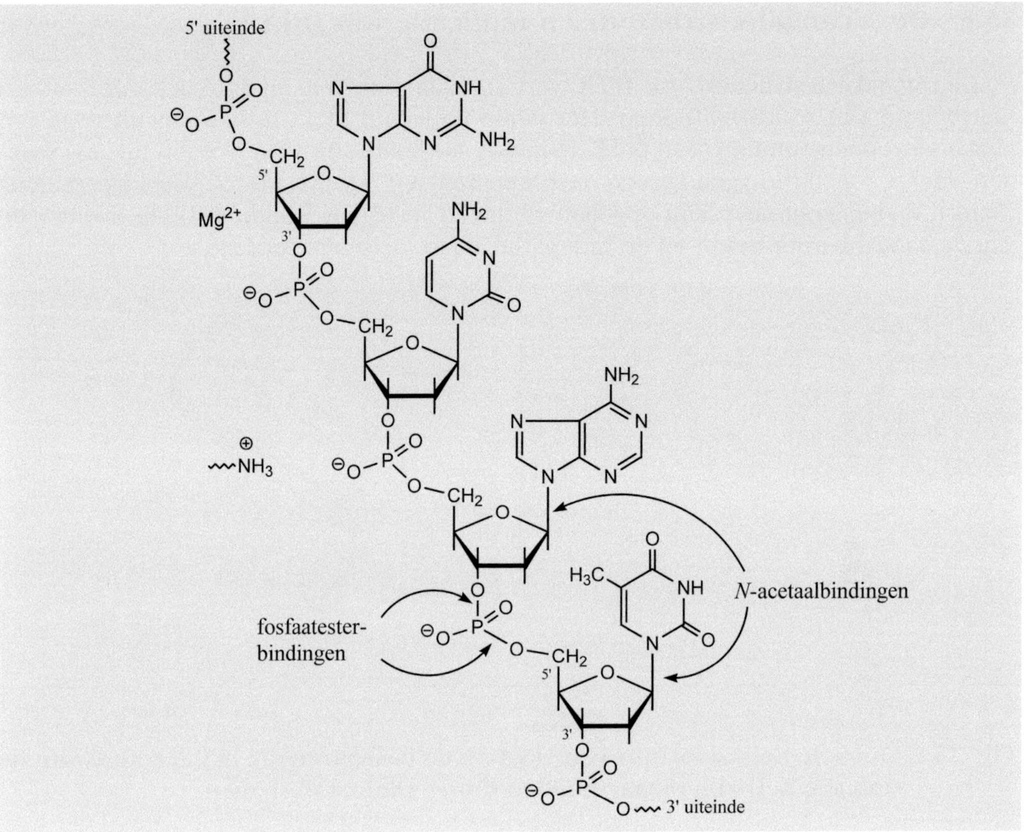

5' uiteinde
$Mg^{2+}$
$\overset{\oplus}{\sim NH_3}$
fosfaatester-bindingen
*N*-acetaalbindingen
3' uiteinde

De beide uiteinden van de polymeerketen in DNA zijn verschillend; ze worden aangegeven als het 5′- en het 3′-uiteinde van de keten. Een nucleïnezuur wordt vaak met een verkorte schrijfwijze weergegeven. Het 5′-uiteinde wordt daarbij links geplaatst en het 3′-uiteinde wordt rechts geplaatst.

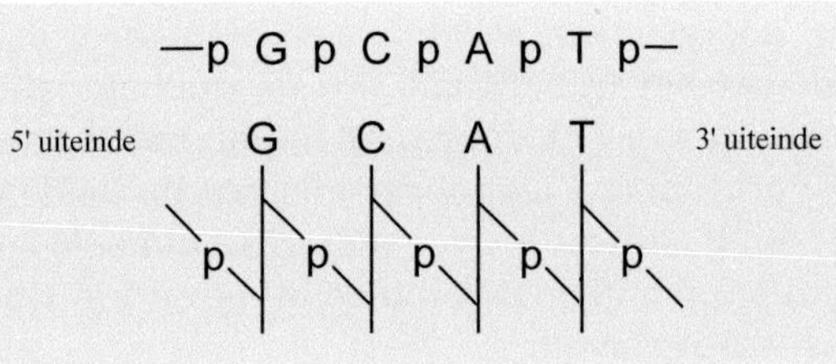

—p G p C p A p T p—

5' uiteinde G C A T 3' uiteinde

p p p p p

Het polymere DNA kan in zuur milieu volledig gehydrolyseerd worden tot fosforzuur, desoxyribose en de stikstofbasen. De *N*-acetaalbinding is net als een gewoon acetaal zeer gevoelig voor zure hydrolyse. Bij voldoend lage pH wordt ook de fosfaatester gehydrolyseerd. Een acetaal, en ook een *N*-acetaal, is stabiel in basisch milieu. Ook de fosfaatesterbindingen in DNA worden in basisch milieu moeilijk gehydrolyseerd, omdat het negatieve OH-ion moeilijk kan aanvallen op het eveneens negatieve fosfaatanion (zie § 18.3).

## 25.6 De secundaire structuur en replicatie van DNA

De secundaire structuur van DNA werd in 1953 door Watson en Crick opgehelderd met behulp van röntgendiffractie. Het totale molecuul blijkt te bestaan uit twee om elkaar gewonden spiralen (een dubbele helix). De beide strengen worden bijeengehouden door waterstofbruggen tussen de baseparen A-T en C-G. De suikerfosfaatketens waaruit de beide spiralen zijn opgebouwd, lopen in tegengestelde richting evenwijdig aan de as van het molecuul en de baseparen staan loodrecht op deze as (zie fig. 25.1).

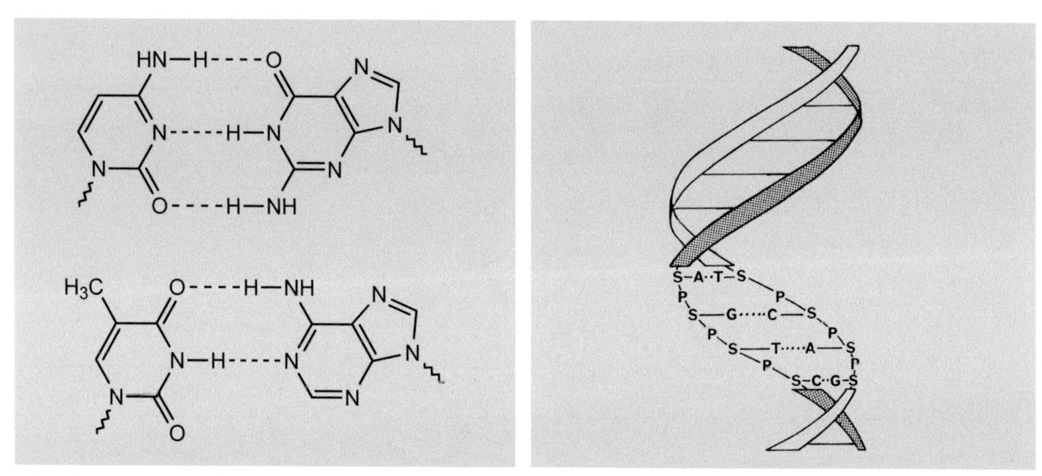


**Fig. 25.1. Dubbele-helixstructuur van DNA en de baseparen die beide ketens van de dubbele helix bij elkaar houden d.m.v. waterstofbruggen.**

Het geheel vormt een dubbele helix met tien nucleotiden per winding. De twee afzonderlijke spiralen zijn wat betreft de stikstofbasen complementair aan elkaar. Als in de ene spiraal de basevolgorde A-G-T-C wordt aangetroffen, dan worden in de andere spiraal daar tegenover de basen T-C-A-G gevonden.

Bij de deling van een cel moet de informatie die opgeslagen is in de basevolgorde van het DNA-molecuul doorgegeven worden; het DNA moet daartoe *gerepliceerd* worden. Dit proces begint met het uiteengaan van de dubbele spiraal van een bestaand DNA-molecuul. Met behulp van het enzym DNA-polymerase wordt daarna een complementaire keten gesynthetiseerd tegenover elk van de beide strengen van het oorspronkelijke DNA. Het eindresultaat is twee identieke dubbele spiralen die elk één van de strengen van het oorspronkelijke DNA-molecuul bevatten. Het replicatieproces is in figuur 25.2 schematisch weergegeven.

## 25.7 De structuur en reacties van RNA

De polymeerketen van RNA is op dezelfde manier opgebouwd als die van DNA, met dit verschil dat als suiker desoxyribose is vervangen door ribose. Ook in RNA zijn de nucleotiden gekoppeld via 3′- en 5′-fosfaatesterbindingen en zijn de stikstofbasen *N*-glycosidisch gebonden aan het ribose. In RNA neemt echter uracil de plaats in van thymine.

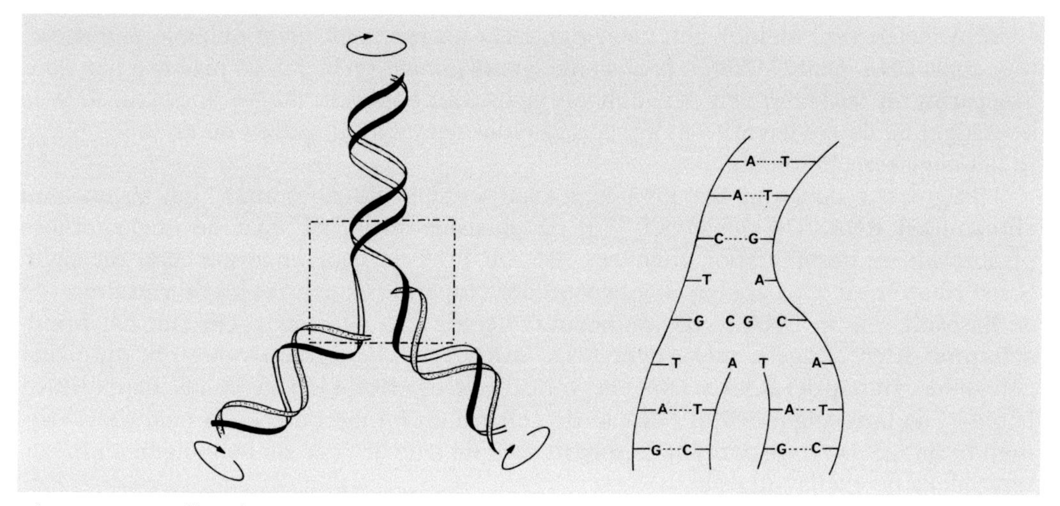


Fig. 25.2. Replicatie van DNA.

Het polymere RNA reageert in zuur milieu op dezelfde wijze als DNA; het wordt dus volledig gehydrolyseerd tot fosforzuur, ribose en de stikstofbasen.
RNA is in basisch milieu niet erg stabiel, dit in tegenstelling tot DNA. De reden hiervoor is de intramoleculaire katalyse die optreedt door deprotonering van de vrije OH-groep in ribose waarbij in eerste instantie een cyclisch fosfaat gevormd wordt. Verdere hydrolyse geeft daarna mengsels van 2′- en 3′ -ribosefosfaten. Het *N*-acetaal is ook hier uiteraard stabiel ten opzichte van base.

RNA is een veel kleiner polymeer dan DNA en het heeft geen dubbele helixstructuur zoals DNA. De RNA-keten is dus enkelvoudig, maar op bepaalde plaatsen kan door baseparing in de keten zelf een dubbele helix van beperkte lengte ontstaan. RNA is betrokken bij de eiwitsynthese; het zorgt ervoor dat de aminozuren op de juiste plaats in het eiwit terechtkomen.

Het grootste deel van het RNA is gelokaliseerd in de ribosomen, het zogenaamd **ribosomaal RNA**. De ribosomen zijn de plaatsen in de cel waar de eiwitsynthese plaatsvindt; ze bestaan voor ongeveer 70% uit RNA en voor ongeveer 30% uit eiwit. Naast ribosomaal RNA spelen nog twee andere typen RNA een rol bij de vertaling van de basevolgorde in DNA in de aminozuurvolgorde van een eiwit. Dit zijn het **boodschapper-RNA** (Engels: messenger RNA, **mRNA**) en een groep van sterk op elkaar gelijkende **transport-RNA**'s (Engels: transfer RNA, **tRNA**). Het boodschapper-RNA kopieert de basevolgorde van DNA in de celkern en brengt deze code naar de ribosomen in de cel. De transport-RNA's zorgen voor de aanvoer van de benodigde aminozuren tijdens de eiwitsynthese.

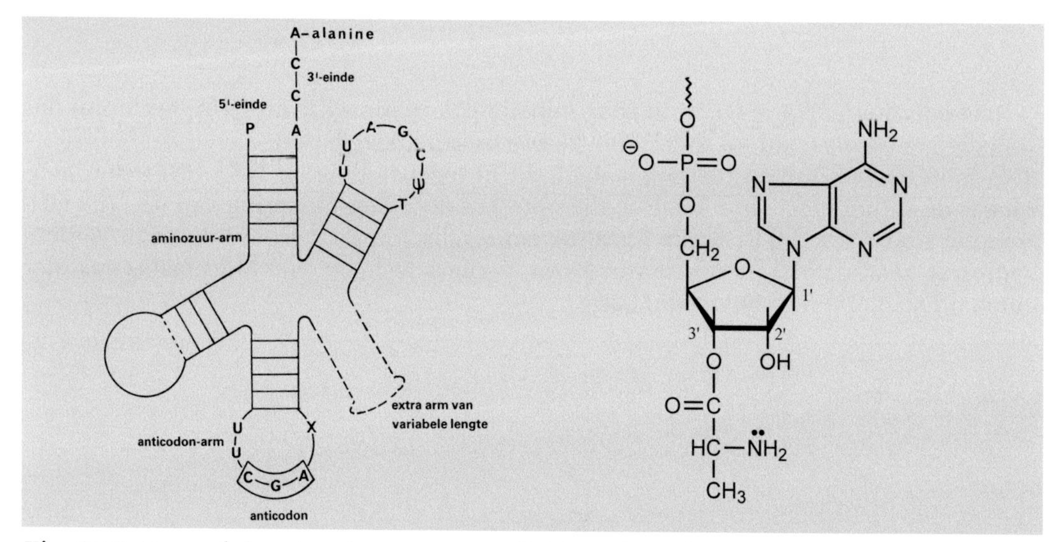


Fig. 25.3. Secundaire structuur van een tRNA-molecuul.

Er zijn ongeveer 80 transport-RNA's geïsoleerd en dat betekent dus dat er meerdere transport-RNA's beschikbaar zijn voor een en hetzelfde aminozuur. Transport-RNA's zijn in verhouding vrij kleine moleculen, bestaande uit zo'n 70-90 nucleotide-eenheden. Ook andere dan de vier gebruikelijke stikstofbasen A, G, U en C worden in transport-RNA's aangetroffen. De secundaire structuren van transport-RNA's zijn zeer karakteristiek. In beperkte delen van de keten kan door basepaarvorming een dubbele helix optreden. De tussen de helixstructuren liggende delen van de RNA-keten vormen daardoor lussen. In figuur 25.3 is een transport-RNA voor het aminozuur alanine weergegeven. De delen waarin de basen gepaard zijn en de lussen waarin geen basepaarvorming optreedt, zijn duidelijk te herkennen. Een zeer belangrijk onderdeel van de tRNA-structuur is de zogenaamde *anticodon-lus*. In deze lus wordt door middel van de volgorde van drie nucleotiden aangegeven welk aminozuur het betreffende transport-

RNA vervoert. De anticodonlus wordt tijdens de aminozuursynthese afgelezen door het boodschapper-RNA, doordat de drie nucleotiden van de anticodonlus associëren met complementaire nucleotiden in boodschapper-RNA. Het aminozuur dat door het transport-RNA wordt vervoerd, is gebonden aan het 3′-uiteinde van de keten. Dit uiteinde heeft bij alle transport-RNA's de nucleotidevolgorde C-C-A. Het betreffende aminozuur is als ester aan de 3′-hydroxylgroep van het eindstandige adenylaat gebonden.

## 25.8 De rol van transport-RNA in de koppeling van aminozuren

De biosynthese van een eiwit is een fraaie illustratie van een serie reacties waarin reactieve carbonzuurderivaten (anhydriden) omgezet worden in steeds minder reactieve carbonzuurderivaten, zoals esters en ten slotte amiden. Als eerste stap in de eiwitsynthese wordt de carboxylgroep van een aminozuur, bijvoorbeeld alanine, omgezet in een reactief acylfosfaat door reactie met een molecuul ATP (stap 1). Dit acylfosfaat reageert met de 3′-hydroxylgroep van het eindstandige adenylaat van het transport-RNA van alanine waardoor het alanine als ester aan zijn tRNA wordt gebonden (stap 2).

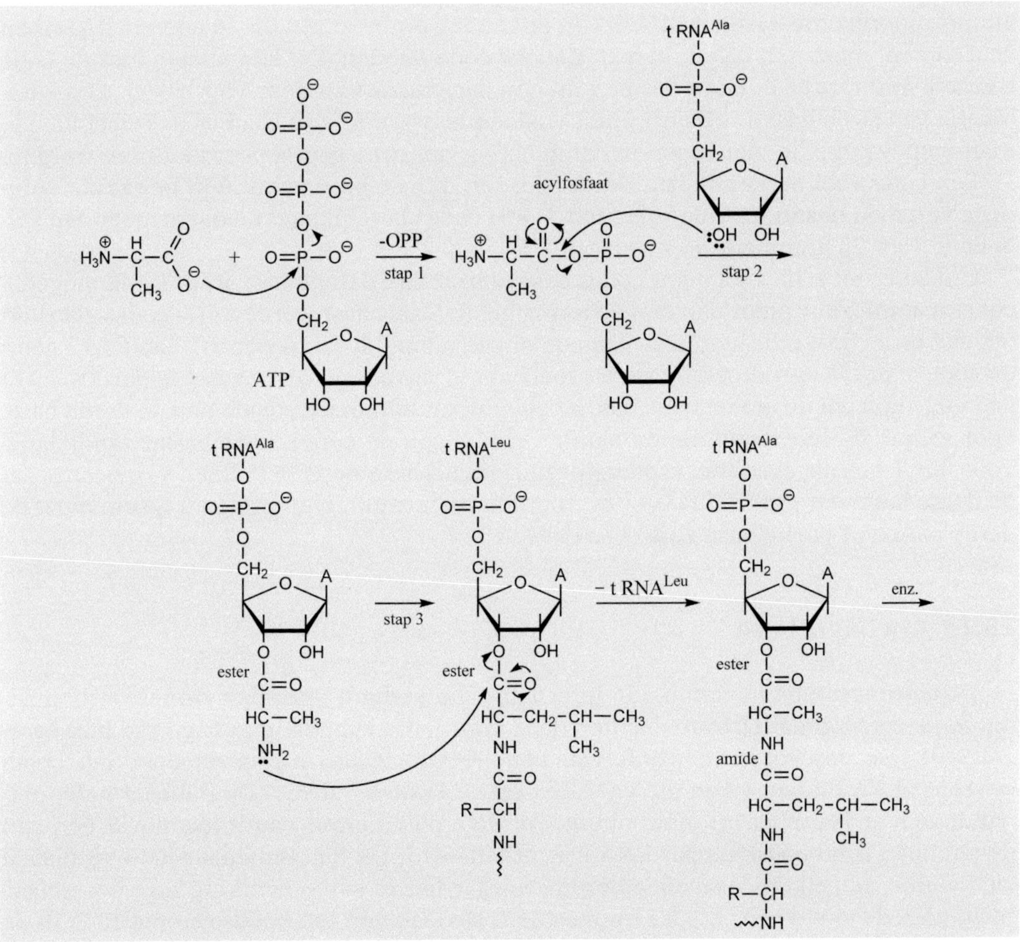

In de eiwitsynthese vindt daarna een reactie plaats tussen de aminogroep van alanine en het reeds gesynthetiseerde deel van de eiwitketen dat eveneens als ester aan het voorafgaande transport-RNA gebonden is, in dit voorbeeld tRNA-Leu (stap 3). In deze stap wordt de esterfunctie omgezet in de meer stabiele amidefunctie (peptidebinding). De met alanine verlengde eiwitketen is nu als ester gebonden aan tRNA-Ala en het volgende aminozuur kan op dezelfde wijze gekoppeld worden (zie ook de tekening in § 25.10).

## 25.9 De genetische code

De volgorde waarin de purine- en pyrimidinebasen voorkomen in DNA wordt afgelezen door een boodschapper-RNA en dit organiseert de volgorde waarin de aminozuren, die gebonden zijn aan de transport-RNA's, uiteindelijk worden ingebouwd in het te synthetiseren eiwit. Een transport-RNA moet dus op een of andere manier te weten zien te komen waar zijn aminozuur in de eiwitketen ingebouwd moet worden. Daartoe moet het in staat zijn een bepaalde code te lezen die in het boodschapper-RNA is vastgelegd. In deze code is door een bepaalde volgorde van de vier basen A, U, C en G de aminozuurvolgorde vastgelegd. Elk van de twintig aminozuren die in een eiwit kunnen voorkomen, moet een eigen, karakteristieke code hebben. Dit kan alleen door de code voor elk aminozuur te laten bestaan uit een *combinatie* van deze vier basen. Een combinatie van twee basen is daarbij niet voldoende, want er zijn slechts 16 verschillende manieren waarop de vier basen in combinaties van twee gegroepeerd kunnen worden.

Een **code** voor een aminozuur moet dus ten minste bestaan uit **één bepaalde volgorde van drie basen**. Hierdoor komen $4^3 = 64$ codes beschikbaar en dat is meer dan voldoende voor 20 aminozuren.

Omdat er nu zelfs veel meer codes beschikbaar zijn dan aminozuren, is het mogelijk dat een aminozuur meer dan één codering heeft. Daarnaast worden drie codes gebruikt om aan te geven dat de synthese van een eiwit voltooid is (stopcodons). Tabel 25.3 geeft de code voor elk van de aminozuren zoals die is vastgelegd op boodschapper-RNA. Uit de tabel blijkt dat de eerste twee basen belangrijker zijn in deze code dan de derde base. Voor valine, proline, treonine en alanine zijn alleen de eerste twee basen van belang. Voor fenylalanine, cysteïne, asparaginezuur en asparagine is het alleen van belang dat de derde base een pyrimidinebase is, voor glutaminezuur, glutamine en lysine moet de derde base een purinebase zijn.

## 25.10 Eiwitsynthese

De chromosomen bevatten alle informatie die nodig is voor de synthese van eiwitten in de cel, doordat DNA-moleculen deze informatie hebben opgeslagen in hun basevolgorde. De basevolgorde wordt van een DNA-molecuul afgelezen door het boodschapper-RNA op een wijze die veel lijkt op de DNA-replicatie. De dubbele helix ontwindt zich gedeeltelijk en met behulp van RNA-polymerase wordt tegenover één van de strengen een boodschapper-RNA gesynthetiseerd. Dit boodschapper-RNA verplaatst zich vanuit de celkern naar de ribosomen waar het in samenwerking met het ribosomale RNA de eiwitketen helpt samenstellen. De taak van het boodschapper-RNA in de

Tabel 25.3. De genetische code.

| | U | | C | | A | | G | |
|---|---|---|---|---|---|---|---|---|
| U | UUU | Phe | UCU | Ser | UAU | Tyr | UGU | Cys |
| | UUC | Phe | UCC | Ser | UAC | Tyr | UGC | Cys |
| | UUA | Leu | UCA | Ser | UAA | Stop | UGA | Stop |
| | UUG | Leu | UCG | Ser | UAG | Stop | UGG | Try |
| C | CUU | Leu | CCU | Pro | CAU | His | CGU | Arg |
| | CUC | Leu | CCC | Pro | CAC | His | CGC | Arg |
| | CUA | Leu | CCA | Pro | CAA | Gln | CGA | Arg |
| | CUG | Leu | CCG | Pro | CAG | Gln | CGG | Arg |
| A | AUU | Ile | ACU | Thr | AAU | Asn | AGU | Ser |
| | AUC | Ile | ACC | Thr | AAC | Asn | AGC | Ser |
| | AUA | Ile | ACA | Thr | AAA | Lys | AGA | Arg |
| | AUG | Met | ACG | Thr | AAG | Lys | AGG | Arg |
| G | GUU | Val | GCU | Ala | GAU | Asp | GGU | Gly |
| | GUC | Val | GCC | Ala | GAC | Asp | GGC | Gly |
| | GUA | Val | GCA | Ala | GAA | Glu | GGA | Gly |
| | GUG | Val | GCG | Ala | GAG | Glu | GGG | Gly |

eiwitsynthese is van organiserende aard. De basevolgorde in het boodschapper-RNA zorgt ervoor dat de transport-RNA's met hun anticodon op de juiste plaats associëren met het boodschapper-RNA; daarmee wordt dan tegelijk de goede aminozuurvolgorde in het te synthetiseren eiwit totstandgebracht.

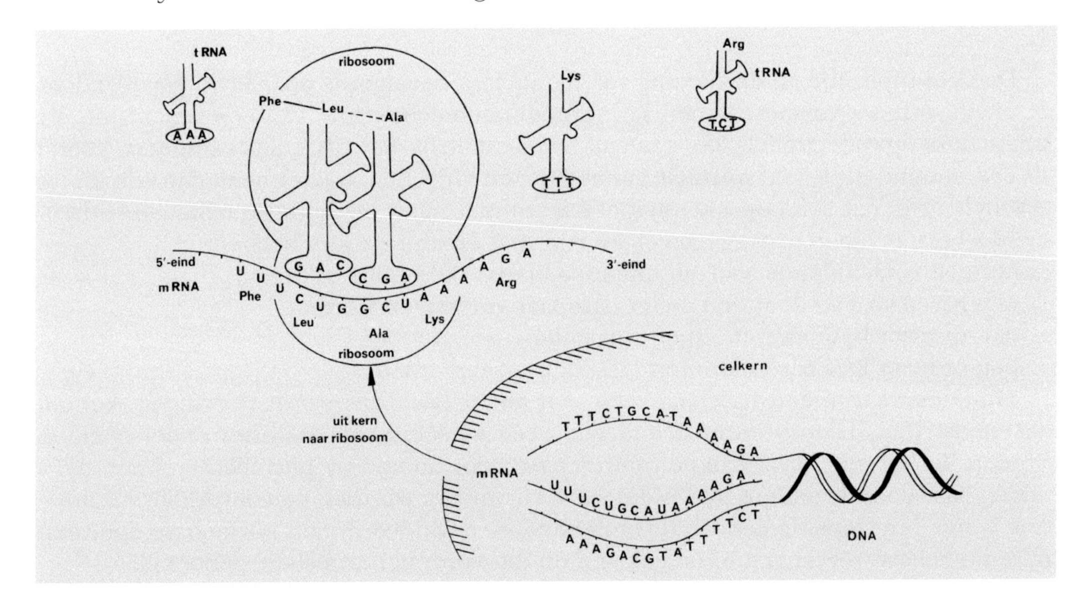

De daadwerkelijke koppeling van de aminozuren tot een eiwitketen wordt verzorgd door een peptidyltransferase dat deel uitmaakt van het ribosoom (zie § 25.8). Na de koppeling verlaat het transport-RNA het boodschapper-RNA en het geheel is gereed voor associatie met het volgende transport-RNA en koppeling van het daaraan gebonden aminozuur. Dit proces gaat door tot het stopcodon op het boodschapper-RNA wordt bereikt. Er kunnen tegelijkertijd meerdere ribosomen bezig zijn met het aflezen van één boodschapper-RNA. Deze ribosomen schuiven achter elkaar langs de RNA-keten, ze werken onafhankelijk van elkaar en elk ribosoom synthetiseert een volledig eiwitmolecuul.

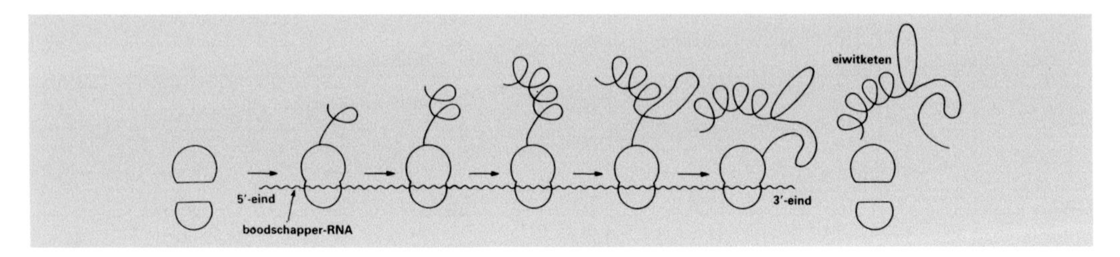


Aan het 5′-uiteinde van het boodschapper-RNA komen de twee delen van het ribosoom en het transport-RNA bij elkaar. Als het stopcodon aan het 3′-uiteinde van het boodschapper-RNA bereikt is, dan associëren de beide delen van het ribosoom weer en de gesynthetiseerde eiwitketen komt vrij. De eiwitketen wordt reeds tijdens het syntheseproces in zijn natuurlijke conformatie gevouwen. Deze conformatie wordt bepaald door de volgorde van de aminozuren in de eiwitketen en komt tot stand tengevolge van interacties in de keten, zoals waterstofbrugvorming, zoutbruggen, dipoolinteracties en apolaire interacties. De eiwitketens kunnen na de synthese nog verder gemodificeerd worden door vorming van disulfidebruggen, hydroxylering van zijketens of splitsing in kortere ketens.

## 25.11 Mutaties in DNA

De DNA-replicatie en de aflezing van de nucleotidevolgorde door RNA, gevolgd door de eiwitsynthese, vormen samen het reproductiemechanisme van een organisme. Er kan in deze reproductie iets fout gaan als aan de matrijs, het DNA, iets verandert. Vooral als deze verandering, een **mutatie** genoemd, een blijvend karakter heeft dan kan dit tot gevolg hebben dat een bepaald eiwit of enzym niet meer op de juiste wijze gesynthetiseerd wordt, hetgeen ernstige gevolgen voor het organisme kan hebben.
Er kunnen verschillende soorten mutaties in een DNA-helix optreden:
- een basepaar kan door een ander basepaar vervangen worden,
- een of meer baseparen kunnen wegvallen,
- een of meer baseparen kunnen tussengevoegd worden.

Mutaties waarbij een basepaar door een ander basepaar wordt vervangen, komen het meest voor. Hierbij kunnen dan nog twee verschillende situaties onderscheiden worden. In het ene geval kan een purinebase door de andere purinebase of een pyrimidinebase door de andere pyrimidinebase vervangen worden. Een dergelijke verandering wordt een transitie genoemd. In het andere geval wordt een purinebase door een pyrimidinebase vervangen of omgekeerd en dit wordt een translatie genoemd.

A—T ↘↗ T—A
C—G ↗↘ G—C
transitie

A—T ↔ T—A
↕ ↕
C—G ↔ G—C
translatie

Mutaties kunnen door verschillende oorzaken optreden. Allereerst kan een mutatie min of meer spontaan ontstaan. De frequentie waarmee dit gebeurt verschilt van organisme tot organisme. Spontane mutaties hebben een belangrijke functie in de evolutie. Een mogelijke verklaring voor hun optreden kan liggen in het incidenteel voorkomen van een stikstofbase in zijn tautomere vorm, waardoor in zeldzame gevallen C-A- en T-G-baseparen kunnen ontstaan. Ook door een niet goed functionerend DNA-polymerase kunnen fouten in de replicatie ontstaan die een mutatie tot gevolg hebben.

Daarnaast kan een mutatie ontstaan door invloeden van buitenaf. Mutaties kunnen bijvoorbeeld teweeggebracht worden door opname van analoga van de stikstofbasen die dan in DNA ingebouwd worden, of ze kunnen ontstaan door een chemische omzetting van een van de stikstofbasen in DNA zelf. Sommige analoga van de in DNA voorkomende stikstofbasen worden door DNA-polymerase in DNA ingebouwd, omdat ze zeer veel op de echte basen lijken. De kleine verschillen die er tussen het base-analoog en de echte base zijn, kunnen echter het optreden van mutaties veroorzaken. Dit is bijvoorbeeld het geval bij de base-analoga 5-broomuracil, een thymine-analoog en 2-aminopurine, een adenine-analoog.

Het keto-enolevenwicht ligt in 5-broomuracil iets meer naar de enolkant dan dat in thymine en juist dit hogere enolgehalte kan op bepaalde plaatsen in de keten een transitie tot gevolg hebben. Hierbij vormt het enoltautomeer een basepaar met guanine in plaats van met adenine, waardoor bij replicatie op de plaats waar een T-A-basepaar hoort te zitten een C-G-basepaar ontstaat in de nieuwe DNA-keten.

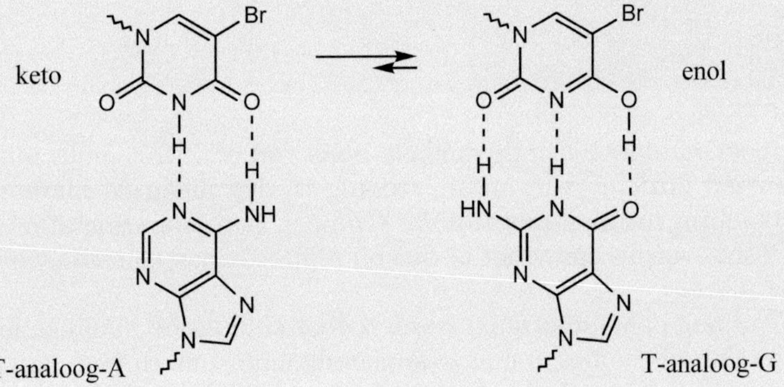

keto ⇌ enol

T-analoog-A T-analoog-G

Een vergelijkbare situatie doet zich voor, wanneer het adenine-analoog 2-aminopurine ingebouwd wordt in de DNA-keten. 2-Aminopurine kan namelijk niet alleen een 'normaal' basepaar vormen met thymine, maar het kan ook een basepaar vormen met cytosine; dit in tegenstelling tot adenine dat alleen een basepaar vormt met thymine. In het basepaar van 2-aminopurine en cytosine is slechts vorming van één waterstofbrug mogelijk.

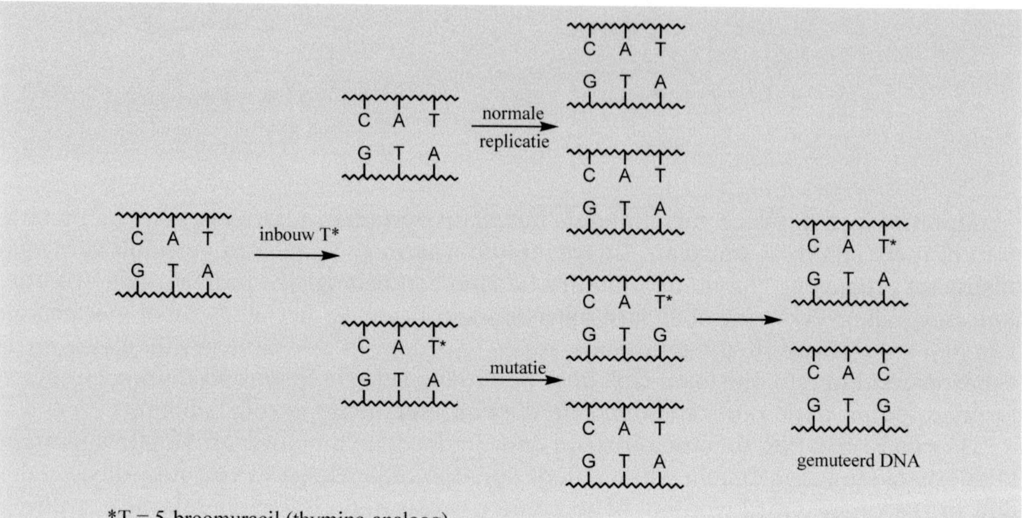

*T = 5-broomuracil (thymine-analoog)

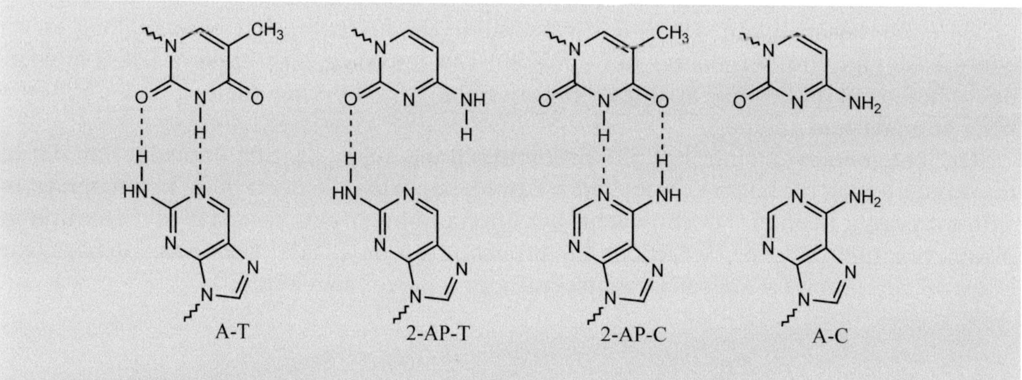

2-AP = 2-aminopurine

Bedacht moet worden dat in de dubbele helix van een DNA-molecuul de oriëntatie van de basen ten opzichte van elkaar zodanig is, dat alleen de hierboven gepresenteerde waterstofbrugvorming mogelijk is. Wanneer 2-aminopurine af en toe een basepaar met cytosine vormt, dan vindt er dus bij replicatie een transitie van een A-T naar een G-C paar plaats.

Mutaties kunnen ook veroorzaakt worden door chemische modificatie van de reeds in DNA aanwezige stikstofbasen met zogenaamde mutagene stoffen. Een zeer specifiek mutageen reagens is bijvoorbeeld hydroxylamine ($H_2NOH$). Hydroxylamine reageert met cytosine tot een derivaat dat bij replicatie een basepaar vormt met adenine in plaats van met guanine. Bij het replicatieproces wordt dus de verkeerde base ingebouwd waardoor gemuteerd DNA ontstaat; er treedt daarbij een transitie van C-G naar T-A op.

Salpeterigzuur is eveneens een bekend mutageen reagens. De aminogroepen in adenine, guanine en cytosine worden door salpeterigzuur gedeamineerd en omgezet in carbonylgroepen, waarbij respectievelijk hypoxanthine, xanthine en uracil gevormd worden.

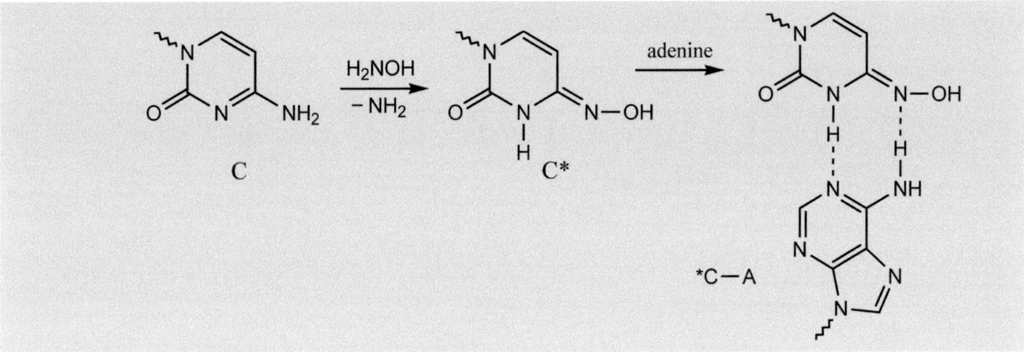

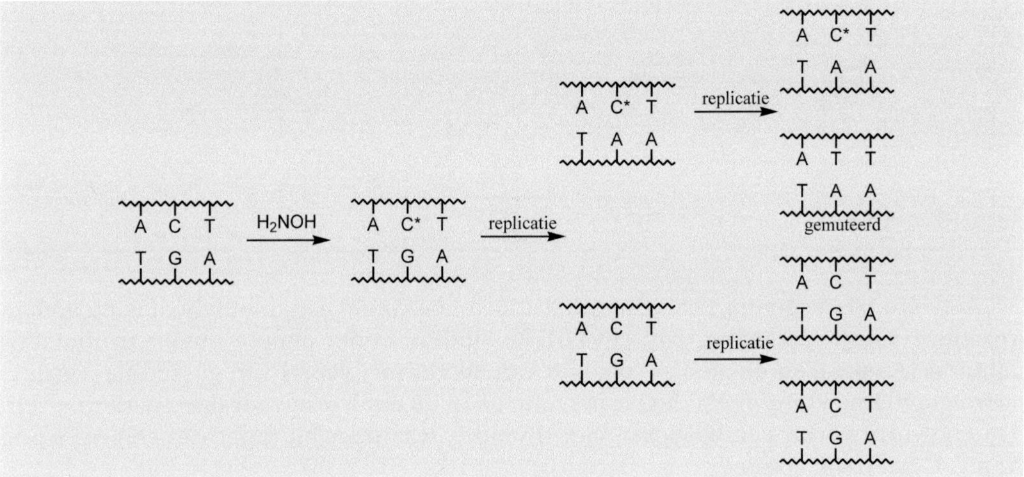

Omzetting van adenine in hypoxanthine heeft bij replicatie een overgang van A-T naar een G-C tot gevolg. Omzetting van guanine naar xanthine geeft geen mutatie omdat beide verbindingen een basepaar vormen met cytosine. Omzetting van cytosine in uracil resulteert in een mutatie van G-C naar A-T.

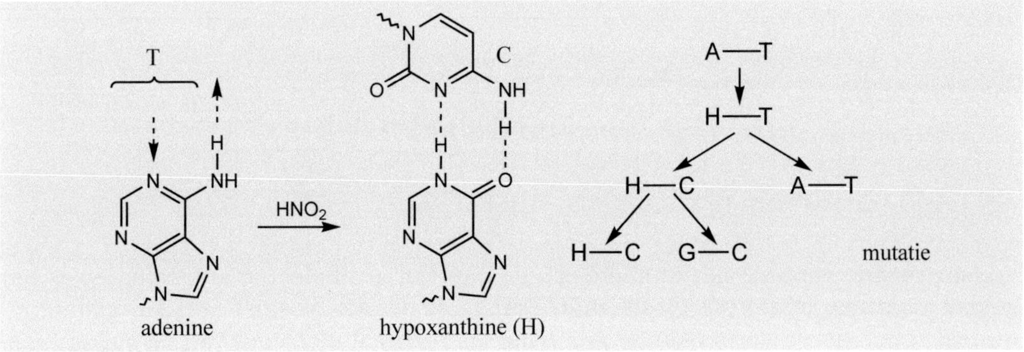

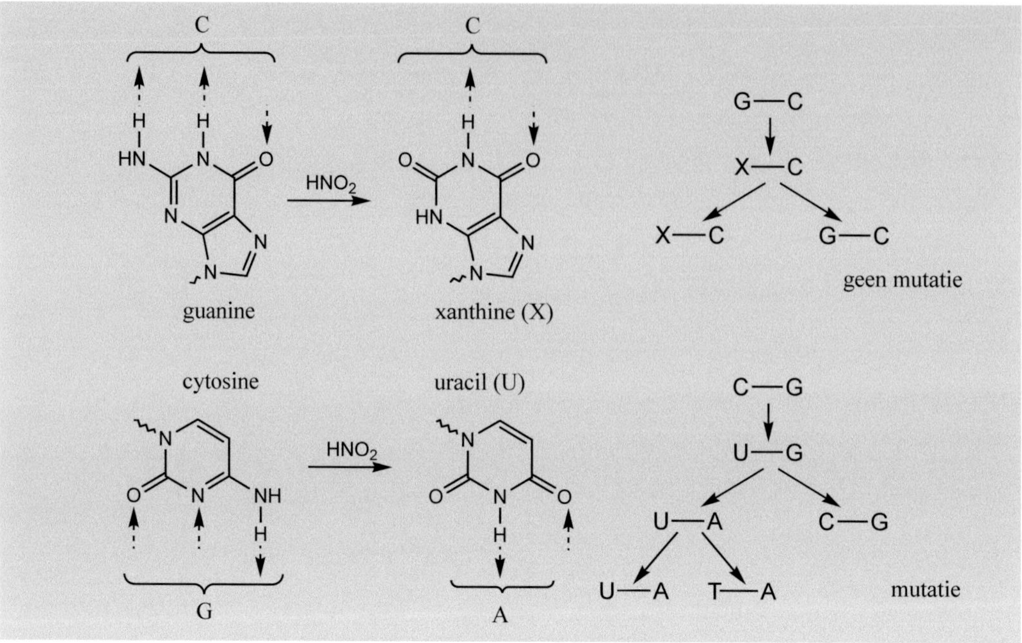

Alkylerende reagentia, zoals dimethylsulfaat, diazomethaan, methyljodide en andere reactieve halogeenalkanen, zijn gevaarlijke stoffen, onder andere omdat ze mutaties kunnen veroorzaken die een gevolg zijn van alkylering, vooral van guanidine. Gealkyleerd guanidine komt in een hoger percentage in de enolvorm voor dan guadinine zelf. De enolvorm vormt een basepaar met thymine, waardoor bij replicatie een overgang van G-C naar A-T optreedt.

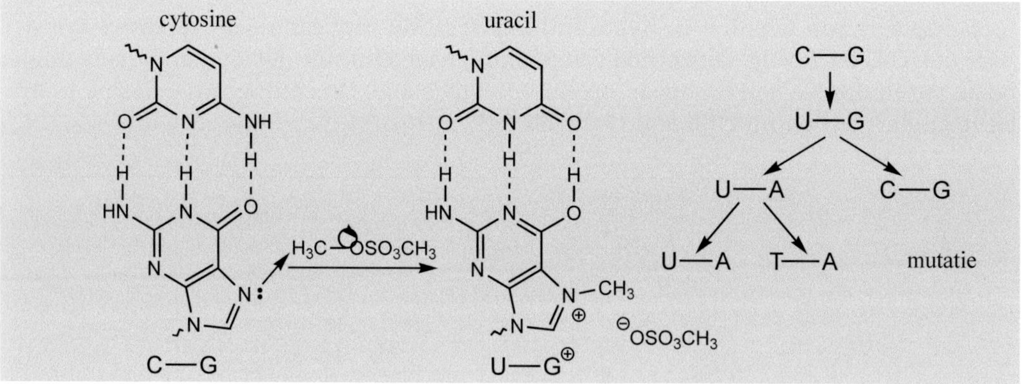

Een tweede verandering in chemisch gedrag van gealkyleerde stikstofbasen is het gemak waarmee hydrolyse plaatsvindt. Een gealkyleerde, positief geladen guanidiniumrest is een goede vertrekkende groep die als neutraal molecuul van de suiker afgesplitst kan worden. Op plaatsen waar op deze wijze een stikstofbase verwijderd is uit de DNA-keten is de keten kwetsbaar en gevoelig voor splitsing. Bovendien kan bij replicatie een betrekkelijk willekeurige base tegenover de lege plaats ingevoerd worden.

Een ander soort mutatie kan worden veroorzaakt door platte aromatische moleculen, zoals acridine. Deze moleculen schuiven tussen de stikstofbasen in de DNA-helix (intercalatie), waardoor bij de replicatie fouten in het aflezen kunnen optreden.

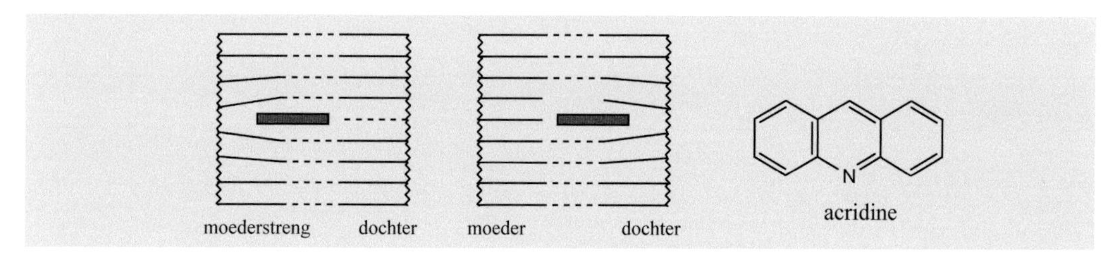


Als het inschuiven van acridine in de moederstreng plaatsvindt, dan krijgt de dochterstreng een base extra (insertie). Als het inschuiven van acridine in de te synthetiseren dochterstreng plaatsvindt, dan wordt een of meer basen van de moederstreng niet gekopieerd (deletie).

Ook de inwerking van ioniserende straling ($\alpha$, $\beta$, $\gamma$, neutronen- en röntgenstraling) kan resulteren in mutaties. De gevolgen van bestraling van hele cellen is zeer gecompliceerd, omdat vele componenten in de cel aangegrepen kunnen worden. Het is bekend dat DNA-ketens onder invloed van dit type straling kunnen breken.

De inwerking van ultraviolette straling op nucleïnezuren is tamelijk uitvoerig onderzocht. In eerste instantie treedt dimerisatie op van twee naburige thyminebasen. Daarnaast kunnen er ook dimerisaties van andere pyrimidinebasen en onderlinge reacties optreden.

Dit kan de replicatie van DNA bemoeilijken of aanleiding geven tot mutaties. Er zijn gelukkig ook enzymen die deze beschadigingen van DNA weer kunnen repareren.

# Register

**Q**



**R**

**T**

Printed in the United States
by Baker & Taylor Publisher Services